U0007378

鑽石鑑定全書

the basic of diamond identification

樊成
著

推薦序

樊成兄專精地質相關工程，對於鑽石的好奇、熱忱及求知，自然不在話下。

廿一世紀的今日，鑽石已不如往昔神秘與遙不可及。人們對於鑽石的認識，管道頗多，網路的興起也讓鑽石的訊息四處飛揚，無遠弗屆。

然而一如現代明亮式鑽石上的諸多刻面，如鏡又如窗，鑽石的知識涵蓋非常多層面，歷史的、文化的、科學的、感性的、浪漫的、商業的，每個方面都如它閃亮的光芒，熠熠映照著你我世界。

當絕大多數消費者被導向以數據取決鑽石品質良莠，似是而非的理盲觀念時，國際級拍賣公司已悄悄推行葛康達古礦。II A類鑽石在化學上的純淨，更引領流行，基礎不札實的寶石業者對此泰半生疏，即便有所聽聞，也無法體會箇中訣竅與奧妙。

樊成兄治學態度篤實，遇阻礙必追根究柢，雖未從事鑽石相關行業，然其對鑽石的認識及所學，已遠遠凌駕多數寶石學院畢業且從業多年的專家，儼然專家中的專家。

鑽石學問的博大精深，迷人的身世與豐富的色彩，恰和它耀眼的光芒相得益彰，令人愛不釋手。今樊成兄學有所成，將數年的研究與心血，化成近七百頁圖文並茂之巨作，向我邀序。本人至為榮幸，小作《彩色鑽石》曾獲古柏林博士作序，也得漢尼博士為《鑽石的學問》提文。今能為文為樊兄大作推薦，深感開心與祝福。

高嘉興 2014 年 5 月

AIGS 中華區總裁 / 董事會顧問

Asian Institute of Gemological Sciences

作者序

人的一生幾乎離不開鑽石，但有多少人懂得鑽石的價值？懂得欣賞鑽石呢？一般人會藉由媒體、網路、書本、雜誌等略窺鑽石的知識。而真正想要瞭解鑽石的人，多半會選擇去坊間的寶石教育機構上鑽石分級 (Diamond Grading) 課程。目前在國內開課的國際寶石教育機構包括美國寶石學院 (GIA)、英國皇家寶石學院 (Gem-A)、歐洲寶石學院 (EGL)、中國武漢地質大學 (GIC) 等。另外，也有國內寶石相關的協會、鑑定所、寶石業者開設類似課程。

本人曾在寶石學院、協會、業者所開設之鑽石課任教多年、研究鑽石多年，常常見到社會人士對鑽石正確知識的渴望，深深覺得鑽石不應該是少數人的專業知識，而應該是一般民眾的通俗知識。但前述鑽石課程的學費動則數萬甚或十數萬，學習時間也相當長，實非一般民眾所能負荷，因此想將鑽石相關的知識彙總成冊，提供一個讓國人容易接觸、了解鑽石相關知識的管道。爰依據多年教學經驗、個人研究心得、擷取各大教學機構教材的精華、加強鑑定合成鑽石及優化處理鑽石等令寶石業者極為困擾的課題，編撰此書。

將書名定為「鑽石鑑定全書」，是希望將鑽石相關課題的原理與應用完整傳授，因此本書由鑽石的結晶學、地質學出發，詳盡解說鑽石相關的物理化學特性。以圖片詳細解說鑽石探勘、開採、處理流程，並明白揭示鑽石銷售管道。書中將評鑑鑽石時的每一個步驟均攝影收錄，使得初學者得以比照操作，按部就班學會辨識鑽石品質的優劣與價格。其中又收錄彩色鑽石、合成鑽石、優化處理鑽石及鑑別假鑽等相關圖片數百幅，使得寶石業者得以按圖索驥，避免糾紛。所以雖以課本為體編撰，實為一本初學者、想複習、深入了解鑽石的鑑定師、寶石業者必備的好參考書。

本書中引用包括 DeBeers、GIA、HRD、IGI、EGL、Gem-A、GIC、AIGS、Rapaport、Tiffany、Cartier 等品牌或鑑定所名稱，是因為其在寶石業享有盛名，讀者接觸到的機會大，為使讀者能充分認識，故而收錄於書中加以介紹，並無侵犯商標權之意。另外，有部分資料節錄自網路上公布之文字或圖片，是因為認為該資料具有閱讀價值，並無侵犯著作權之意，特此申明致意。

樊成 2014 年 1 月 20 日

推薦序

所有的一切都是源自於宇宙的愛

蘇怡，彩石珠寶創辦人，茹素三十年的純素企業家，提倡並落實純素生活、動物平等、愛滿天下，一位熱愛所有生命的女人。

曾幫助許多 Vegan 產業，愛護友善動物，救援無數的流浪狗，幫助無數家庭與人，持續為純素世界打拚中。

不僅很愛很愛動物，也很愛上帝巧手造物創造的每個生命。喜愛美麗的東西，更感恩地球上的所有資源，認為唯有懂得珍惜愛護地球，才能珍愛地球資源。她發現到地球資源中專屬珠寶的璀璨，於是成為了彩鑽、珠寶收藏家。她更想將此地球的珍貴資產介紹給朋友認識，於是創辦了彩石珠寶。

自古以來在各種寶石中，鑽石以其璀璨火彩，凌駕所有寶石，被尊稱為寶石之王。在經濟面上，鑽石的地位亦不亞於現金、黃金，是最易攜帶和最值得珍藏的濃縮資產。更因為「鑽石恆久遠，一顆永流傳」的深植人心，奠定了鑽石在世人心中不可取代的崇高地位。無色的鑽石是一般民眾最常接觸的鑽石，比較少人知道鑽石也是具有各種顏色的。當被美麗的珠寶深深吸引，開始收藏鑽石時，才發現到原來鑽石也是有各種繽紛色彩的，這些鑽石被稱為天然彩色鑽石，而且是鑽石中更希有、更珍貴，更值得收藏的。

彩色鑽石的顏色包括有紅、橙、黃、綠、藍、靛、紫、黑、白、粉紅、棕和灰等，各種顏色的成因不同，包括有雜質元素、包體、晶格扭曲、輻射等等，甚是有趣。這些歷經自然界淬煉的石頭，在經過光線折射後展現出繽紛的顏色，是宇宙送給人們最神奇的禮物。

接觸鑽石鑑定全書的緣由

在驚豔於彩色鑽石的繽紛璀璨之際，彩石珠寶在因緣際會下，接觸到《鑽石鑑定全書》這本書，

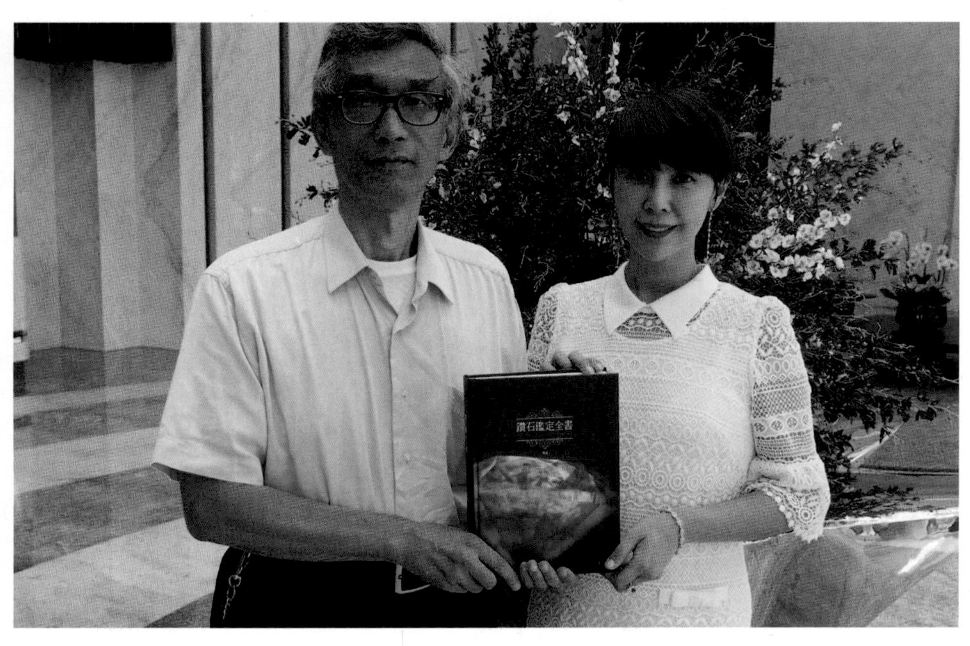

發現到書中洋洋四十萬言、二千五百餘張圖，涉獵鑽石的形成、開採、鑒定、加工、處理、商貿等各個方面，是當今眾多同類書籍無法比擬的集大成之作。全書結構嚴謹，深入淺出，足見作者博學宏觀，並具豐富的實戰經驗，爰邀請作者樊成老師講座授課。

在聆聽樊成老師授課之後，學員們均希望擁有此書，可以細細拜讀，彩石珠寶也常常以此書餽贈對鑽石有興趣的朋友。但當彩石珠寶業務蒸蒸日上，對《鑽石鑑定全書》需求日增之際，卻發現這本書已經絕版，成為與彩色鑽石一樣的珍希品。彩石珠寶董事長蘇怡覺得：如果這本書絕版了，將是寶石界的重大損失，於是與作者樊成老師商量，希望贊助這本書的再版以饗寶石愛好者，也獲樊成老師欣然首肯，於是再版誕生了。

彩石珠寶希望藉由與樊成老師合作推廣《鑽石鑑定全書》這本書，使這本書得以重新出版，讓更多的人們可以了解寶石的價值，進而能夠放開胸懷，認識並接觸更多更美好的鑽石，提升更美好的生活。

Fanny Su

彩石珠寶董事長
蘇怡 Fanny Su
純素企業家
彩鑽、珠寶收藏家
Color diamond association member
上海非常素公司
上海茹樹公司
維維彩食（素食）嘉年華會創辦人
彩石珠寶皇家俱樂部創辦人
中華全球蔬食協會顧問
我們這一家－毛孩中途救援捐款
全愛素食狗園土地捐款者及其他中途支援者

彩石珠寶

董事長的話：

生命是掌握在自己的手裡，我們可以學習一切對自我有幫助的人、事、物，可以探索自我價值與生命潛能的深度，而不只是表面的物質生活把時間都占據了。善，是人性中所蘊藏的一種最柔軟，但卻也是最有力量的情懷。不管如何艱難，我們也應該堅持善良；不管多麼孤獨，也要堅守人格的高尚。因為總有一天你會明白，善良比聰明更難。因為聰明只是一種天賦，而善良，卻是一種選擇。
現在付出了善良，或許不會馬上得到回報，但一定會在另外的空間節點，得以彌補。古有云：「花若盛開，蝴蝶自來。」人的生命價值，不只呈現在物質、人際關係、家庭或社會，更應該從自己開始，唯有照顧好自己的心與生命，才能健康圓滿的延續到家庭、人際關係、社會的貢獻上，也將這樣的體認運用在自己經營的企業上，因此也啟發了內部員工甚至廠商、客戶內心的良善種子。

彩石珠寶公司介紹

由於彩石珠寶靈魂人物一蘇怡董事長有著大無畏的精神，使得她更具有大格局、大志向，她明白一個成功的企業，必須要有相當的企業責任，她發揮影響力，讓企業員工成為蔬食者。對於投資市場的脈動，有著如鷹眼般銳利的靈敏度，舉凡房產時代、黃金年代，皆以具前瞻性的思維投入並取得豐碩的成果，更於黃金十年中，大膽為鑽石與彩鑽做深度的布局，於 2015 年創辦了彩石珠寶公司，積極推廣頂級的鑽石與彩鑽為希有、增值、抗通膨的資產、傳承觀念。
蘇怡董事長堅信內心充滿著歡喜，才能把歡喜帶給別人；內心蘊藏著慈悲，才能把慈悲傳遞出去；自己有財，才能舍財；自己有道，才能舍道的良善經營理念；彩石珠寶的品牌精神建立在「生命、價值、愛」傳遞一切的價值始於生命的尊貴，而最大的價值來自於「愛」。 物質是短暫的，但賦與的意義與價值是無限的，憑著這份精神讓彩石珠寶帶領人們走向更美好的未來。

儲蓄鑽石 Saving Diamonds

儲蓄鑽石這個名詞是從彩石珠寶發明出來的，什麼叫作儲蓄鑽石呢？

從古至今，父母為子孫留存很多文化、財富等……其中房子、保險、現金等都是常見的，在外國文化裡，他們經常將自己身邊的珠寶首飾如鑽石等做傳承留給下一代。

彩石珠寶在鑽石專業的發展方向裡，特別將此鑽石文化帶入到東方人的市場裡，並且專業的將有價值、希有的彩色鑽石「鑽石裡的勞斯萊斯」帶給客戶貴賓。 我們設立了一個專有名詞：「儲蓄鑽石 Saving Diamonds 」為下一代做最有價值的傳承。

什麼是最有價值的傳承呢？

1. 傳承家族地位：鑽石本身即是屬於高資產的家庭才會擁有的財富，因特性屬希有、罕見的資產，並非大部分的人能夠持有，所以通常在一定高的資產家族才會擁有。
2. 節稅並容易傳承： 鑽石本身並不像房地產有稅物方面的必要性，並且很容易傳承給下一代，所以也是富貴人家喜愛留給子孫的財富之一。
3. 獨特並堅固恆久遠： 鑽石是全世界最堅硬的東西，比石頭還要硬，所以在良好的保存下是唯一可以傳承千年也不變的希有價值財富，也不需再去特別保養，是史上對子孫最有幫助的資產之一。
4. 最具代表性資產： 鑽石能永久留傳，最能代表父母、祖先的智慧與永恆之愛，是最大價值的父母留存的感情。

   我們為孩子在小時候便開始「儲蓄鑽石」，將儲蓄的概念放進鑽石裡，也同樣能夠為孩子做人生完整規畫的一個重要部分，無論是結婚時可以為孩子準備好，或者是提早的準備節省了更多的花費，都是父母最好的選擇，彩石珠寶一一傳承每個人的璀燦人生！

Color Stone
彩石珠寶

彩色鑽石收藏介紹

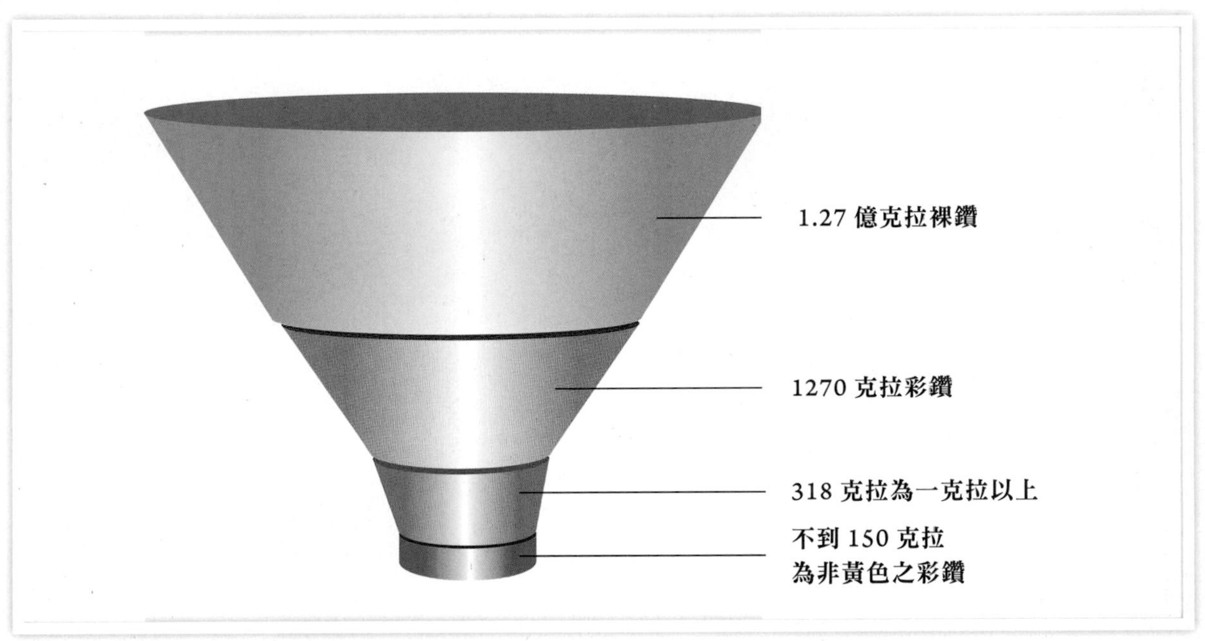

彩鑽是容易被控制的市場，年產量不到三百克拉。2015 年鑽石總產量 1.27 億克拉來做估計，並根據部分研究數據顯示十萬克拉裡有 1 ～ 2 克拉為彩色鑽石，推估約有 25% 的鑽石為一克拉，推估彩鑽年產量不超過 350 克拉，而其中有一半以上為入門黃鑽。

根據國外彩鑽研究機構記錄顯示，在過去的 10 年間頂級彩鑽的漲幅水漲船高。

粉鑽，漲幅 361.9 %

藍鑽，漲幅 200.2 %

黃鑽，漲幅 44.5 %

綠鑽，供應商提供 2015-2016 漲幅 80-100%

橘鑽，量少，所以後勢看漲。

紫鑽，數量過於稀少，所以開價以賣方說了算。

收藏級彩鑽適合投資的六大原因

1. 國際流通具變現性
2. 漲幅穩定且風險低
3. 容易攜帶及保存
4. 可節稅
5. 絕對希有：產量減少，需求增加
6. 外表美麗可佩戴並彰顯身分

由企業發展歷程可以看出，彩石珠寶在共享經濟方面所做的努力，我們在教育訓練方面，從專業的彩鑽數據分析和聘請最專業的鑑定師資……花了不少的金錢與人力在這方面，無非是要給客人最好的專業知識。

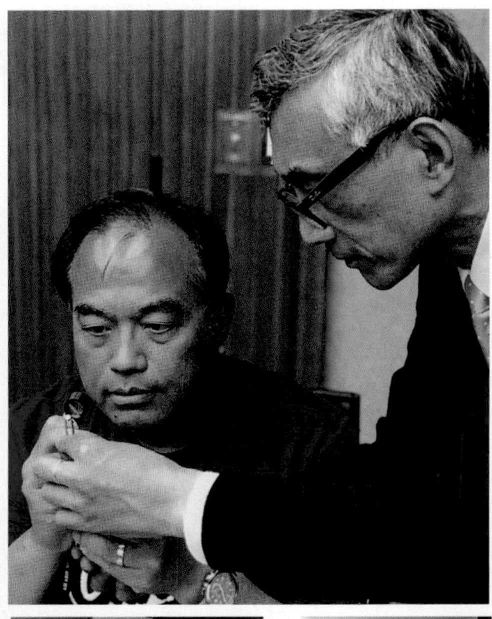

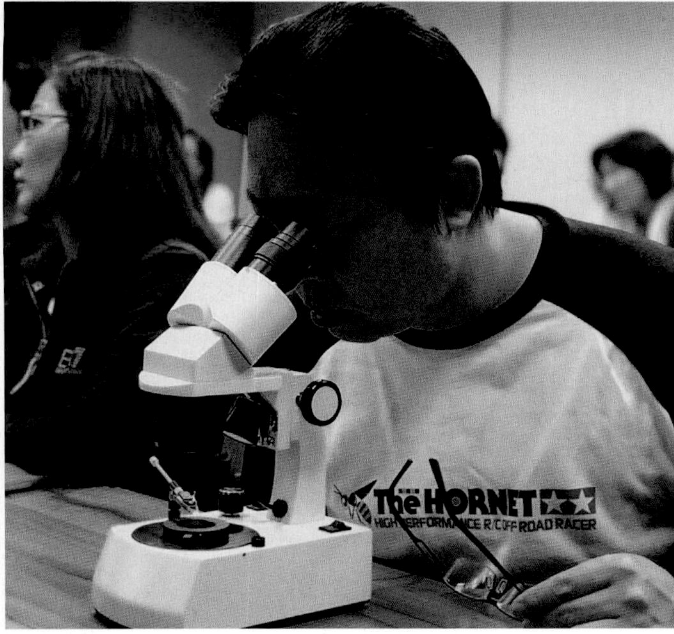

彩石珠寶設計展示

鑽石組成
3.42 ct Fancy Vivid Yellow-Orange VS2
附 GIA 國際鑑定證書

鑽石組成
MD:1.14 ct Fancy Vivid Orange VS2
附 GIA 國際鑑定證書

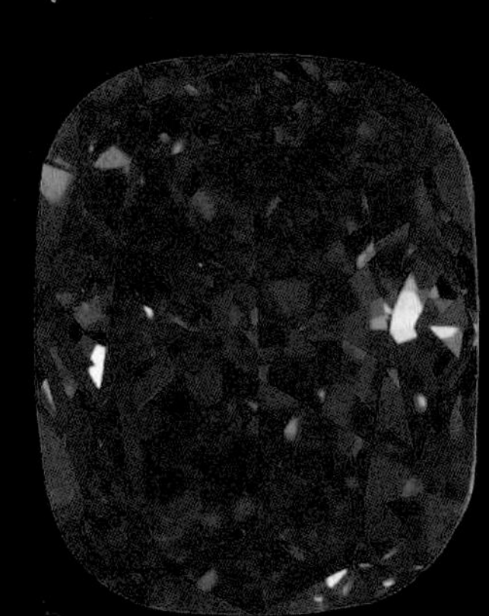

鑽石組成
2.65 ct Fancy Light Pink VS2
附 GIA 國際鑑定證書

鑽石組成
1.09 ct Fancy Intense Pink VS2
附 GIA 國際鑑定證書

鑽石組成
1.30 ct Fancy Light Greenish Blue VVS1
附 GIA 國際鑑定證書

彩石珠寶
企業社會責任

純素生活

彩石珠寶創辦人一蘇怡董事長茹素三十年，畢生致力推廣蔬食生活，零暴力、愛動物；董事長為了推廣純素生活，每個月定期透過彩石珠寶粉絲專頁直播介紹各地純素美食，只為了讓更多人透過簡單輕鬆的方式，搜尋到不同料理的純素佳餚。

全公司也在董事長的薰陶下，全部員工都學習蔬食方式取代傷害生命，並且也積極的在公益上推行相關活動，讓更多人能夠了解蔬食生活。

動物救援

彩石珠寶董事長蘇怡，除了致力於推廣素食，對於動物救援等相關關懷行動也是非常大力支持與推廣。她愛世界上所有的動物，長年支持流浪貓狗救護及照顧。在台南成立素食狗園救助流浪狗，長期贊助照生會支援救助流狗，也長期資助贊助流浪狗中途之家「我們這一家」的醫療及伙食。還有長期資助流浪狗，包含海外送養之機票及食宿費用等。

照暖角落公益活動

彩石珠寶跟隨著蘇董事長的慈善腳步，帶著小朋友和好朋友，在當地里長陪同之下，步行穿梭市場小巷、開車穿梭大街，一路到訪其中十戶被社會局忽視需要的弱勢家庭。其中不乏九十多歲獨居，卻被親人暴力相向的老伯伯、需要長期洗腎的獨居老媽媽、努力獨力撫養著三個孩子的單親媽媽、獨居在小平房內的老媽媽， 貼心米克斯黃狗陪同生活的鐵衣阿嬤……這些人就如同我們的家人長輩、街坊鄰居，靜下心相處才發現，原來人和人之間的關聯性是這麼緊密，這樣的衝擊真的很強烈。

我們帶著單純滿滿的愛與物資來探望他們，即使無法長坐久聊，卻讓他們開心不已、滿心感動。殊不知，他們開心的笑容回報影響著在現場的我們，原來細心付出，可以這麼平實、這麼舒服。

我們是如此平凡，現場只有愛的能量交流，充斥整個空間；雖然滿身臭汗，小孩跟著大人的腳步，身體力行，收穫最大的卻是我們自己。真實感受到要踏實去做每一步，才能知道自己的能力到底有多大，感恩上帝有這樣的機會，讓我們有機會去關懷、去實踐愛心。

彩石珠寶了解關懷人及友愛動物的優點，藉由許多公益活動，期許透過自己的一份心力讓地球可以受到保護。期許這樣的生活方式讓我們自己更有愛心，提升心靈層次，讓覺知力更敏銳，智慧更開闊。我們期許越來越多企業重視對人及動物的關懷跟影響力，透過這個影響力，讓社會更美好，環境更良善。

彩石珠寶 ・ 純素企業

純素生活 動物平等 愛滿天下

Color Stone

彩 石 珠 寶

Contents

目錄

Chapter 1

第 1 章
鑽石鑑定的基礎

the basic of diamond identification

鑽石是世界上最堅硬的天然物質。自古以來，人們就常用鑽石來象徵男士的剛強和堅毅，英文的鑽石（diamond）一詞其實是源自於希臘文（adamas），即是不可征服的意思。遠於盤古初開的億萬年前，鑽石已經深藏於地殼深處，至今仍是大自然最堅硬持久的瑰寶。正因為鑽石歷經千萬年仍保持璀璨的光芒，因而贏得「永恆」的美譽，更成為今日「恆久真愛」的象徵。

香奈兒女士（Gabrielle "Coco" Chanel 圖 1-1 ）曾說：「我之所以選擇鑽石，是因為它的密度高，以最小的體積，表現出最大的價值。」（If I have chosen the diamond, it is because it represents, in its density, the greatest value in the smallest volume.）

那麼鑽石到底是什麼呢？對化學家而言，它是一堆碳元素的組合；對礦物學家而言，是全世界最硬的東西；對情侶而言，是愛情堅貞的象徵；對珠寶商而言，是一個必賣的商品；對猶太人而言，是所有的家當；對國稅局而言，則是一個不敢徵奢侈稅的物件。

為什麼不敢徵奢侈稅？因為鑽石已經不是奢侈品，而是民生必需品。為什麼這樣說？是因為沒有了鑽石就無法定情、無法結婚、無法生兒育女，會影響人口成長，所以國稅局不敢輕易課徵奢侈稅。

人稱「寶石之王」的鑽石蘊著豐富的文化內涵，一般而言有五個象徵意義：一、財富的象徵；二、權力的象徵；三、藝術與美的象徵；四、愛情的象徵；五、完滿的象徵。

或許你會問：鑽石不就是一個商品，為什麼會有豐富的文化內涵呢？甚至還有什麼象徵的意義？一般人認為鑽石只是一種商品的印象，是源自於鑽石的 4C，然而其實鑽石的 4C 不過是鑽石基本知識中的一小部分，無法說明鑽石學問的全貌。

「鑽石學」是「寶石學」的一部分，寶石學則是「礦物學」的一支。追根究底，礦物學是由「地質學」而來，而地質學又可溯自「天文學」，由此可知「鑽石學」可謂源遠流長。雖然鑽石學是由地質學、寶石學而來，但是鑽石學的內容卻不僅僅是地質學的知識而已，它還添加了美學、人文、經濟、科技等各項元素在內，其間相關性如圖 1-2 所示。

圖 1-1 香奈兒女士

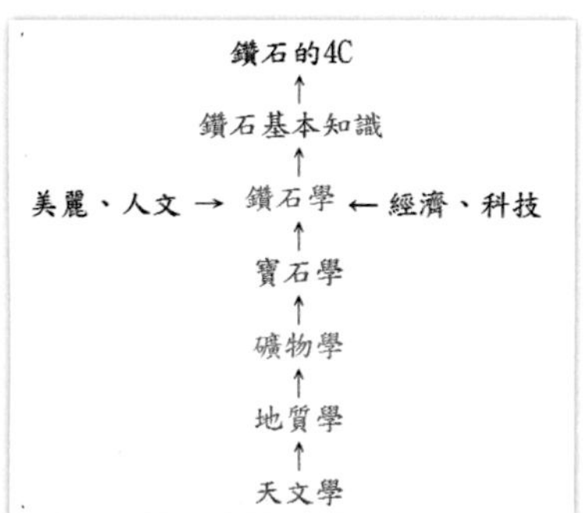

圖 1-2 鑽石知識相關系譜

為什麼要研習鑽石的知識？

1. 獲得正確的鑽石知識
2. 學會辨識鑽石特徵，避免爭議或上當
3. 對無證鑽石，學會自己判斷等級，可便宜入手
4. 在有證的鑽石中做出聰明的選擇
5. 幫親朋好友鑑賞，增進樂趣與話題
6. 學習寶石學知識，觸類旁通
7. 增進歷史、地理、物理、化學的知識
8. 欣賞美麗的藝術品
9. 瞭解未來科技發展
10. 成為收藏家
11. 當職業鑑定師、鑽石採購人員
12. 經營珠寶生意

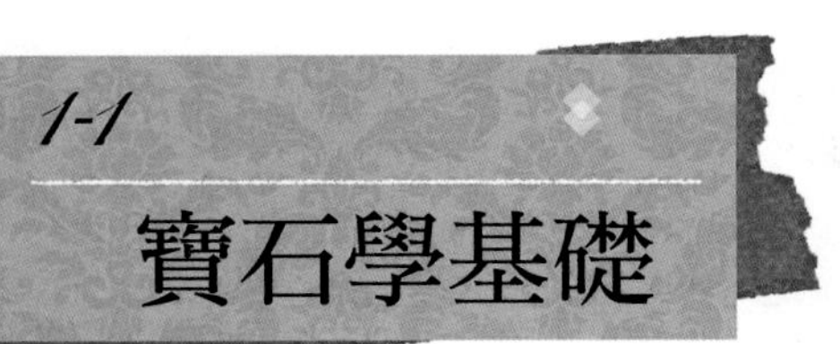

寶石的基本條件

鑽石相關的天文學與地質學的知識，在第 4 章另有詳述，在此我們先來了解一下寶石學。要稱得上是寶石，必須具備一些客觀的條件，也有其專業上的判斷，以下我們先談寶石的特性與寶石的來源，並解說岩石、礦物與寶石的類別。所謂「寶石」基本上應具有以下特性：

（1）美觀性：晶瑩豔麗、光彩奪目，吸引眾人目光，是做為寶石的首要條件。
（2）稀有性：物以稀為貴，「稀少」對寶石的價值有關鍵的決定性。
（3）耐用性：硬度至少 7 以上，才不易刮傷；少裂紋，避免斷裂。
（4）穩定性：不因環境的酸鹼而產生變化。
（5）保值性：某些寶石的確能增值及保值，但須注意變現性。
（6）易帶性：能夠方便攜帶，而且在某些國家攜帶裸石是免稅的。
（7）民族性：許多寶石深受某些民族所喜愛，而成為該族的代表性寶石。

寶石的來源分類

天然寶石的來源包括：

- 寶石
  - 礦物：例如鑽石、翡翠玉石、祖母綠、紅、藍寶石等
  - 有機物
    - 動物：如珊瑚、珍珠等
    - 植物：如琥珀

岩石：礦物是在岩石的循環過程中生成，讓我們先了解一下「岩石」。地殼是由岩石所組成，現狀岩石又可分為火成岩、沉積岩、變質岩等三類，但並非固定不變，因為岩石的形成是循環性的。地殼內岩漿噴發或流出後，冷卻形成**火成岩**；火成岩經過風化及侵蝕作用，成為小顆粒，經由河川搬運，沉澱後逐漸受壓成為**沉積岩**；在大規模造山運動中，沉積岩和火成岩受到高溫高壓作用，就變成**變質岩**；如果壓力和溫度再升高，岩石熔化又成為岩漿噴出地面，形成岩石的循環。在岩石的循環過程中，某些化學元素會被析出，如果形成

礦物依成分可區分為：
自然元素：金、銀、銅、硫黃、鑽石
硫化物（S^{-2}）：雄黃、黃銅礦
鹵化物（F^{-1}、Cl^{-1}、Br^{-1}、I^{-1}）：螢石、石鹽
氧化物和氫氧化物（O^{-2}、$(OH)^{-1}$）：剛玉、尖晶石、金綠玉、舒俱來石、紫龍晶、黑曜石、捷克隕石、石英、玉髓
碳酸鹽（$(CO3)^{-2}$）、硝酸鹽、硼酸鹽：孔雀石、菱錳礦、方解石
硫酸鹽（$(SO4)^{-2}$）、鉻酸鹽：石膏、天青石
磷酸鹽（$(PO4)^{-3}$）、砷酸鹽、釩酸鹽：磷灰石
矽酸鹽（$(SiO4)^{-4}$）：石榴石、電氣石、托帕石、綠柱石、橄欖石、長石、薔薇輝石、葡萄石、黝簾石、鋯石、鋰輝石、矽孔雀石、軟玉、硬玉、符山石、堇青石、滑石、雲母、蛇紋石、方鈉石、矽線石

單一且具有固定的化學成份與結晶構造的物質，就稱為礦物。兩種以上礦物的聚合體就稱為岩石，寶石中如翡翠、土耳其石、青金石等即屬之。

礦物：具有固定的**化學成份**與**結晶構造**的物質，其形成可分為：由**氣態**物質生成——稱為凝華作用，例如火山噴出硫氣，直接生成硫黃結晶。由**液態**物質生成——例如岩漿結晶成橄欖石、長石等。由**固態**物質生成——稱為再結晶作用，例如因壓力、溫度改變而結晶成為另一礦物之變質作用等。

寶石品種分類

在寶石學中，寶石是依以下特徵做品種的分類：
化學成份：即前述之礦物成分，例如，鑽石是完全碳；紅寶石是氧化鋁。
結晶系統：例如，立方晶系、三方晶系、單斜晶系。
而同一種寶石還會有不同變化，例如：晶體習性，有八面體結晶、十二面體結晶。顏色則有紅寶石和不同顏色的藍寶石，都是剛玉變化而來的。微量元素：金綠玉有金綠玉貓眼石、亞歷山大變色石。

寶石與結晶系統（晶系）

礦物的原子（Atom）排列大部分都有一定的方向，物理學家在研究內部原子的時候，發覺原子是很整齊地排列的，所以構成一定的外型。寶石在地下發掘出來時，部分可以看見明顯的晶體形狀，幫助我們鑑別是哪一種寶石。晶系分為七種，各種寶石與晶系之間的歸屬關係如次表所示。

晶系	寶石
1. 等軸晶系（Cubic）	鑽石、石榴石、尖晶石、方鈉石、螢石
2. 四方晶系（Tetragonal）	鋯石（風信子石）
3. 六方晶系（Hexagonal）	綠柱石（包括祖母綠）
4. 三方晶系（Trigonal）	剛玉（紅、藍寶）、石英、電氣石
5. 斜方晶系（Orthorhombic）	拓帕石、金綠玉、橄欖石
6. 單斜晶系（Monoclinic）	硬玉、軟玉、正長石、孔雀石
7. 三斜晶系（Triclinic）	綠松石、長石

寶石與半寶石

傳統的寶石又可分為「寶石」與「半寶石」兩種。
寶石（貴重寶石）：所謂「寶石」有五種，即鑽石、藍寶石、紅寶石、祖母綠、金綠玉（亞歷山大變色石）。
半寶石（次貴重寶石）：種類則相當多，有二十多種常見的，包括瑪瑙、紫水晶、綠柱石（海水藍寶）、黃水晶、石榴石、橄欖石、蛋白石、尖晶石、黝簾石、土耳其石（綠松石）、拓帕石（黃玉）、電氣石（碧璽）、鋯石、舒俱來石。

嚴格來說，非礦物的有機體通常不算做寶石，但也有非礦物的有機體仍被視作珠寶的，例如琥珀、彩斑菊石、珍珠、珊瑚、象牙等。近年來，帕拉伊巴電氣石、丹泉石、翠榴石等等，價格亦達到甚至超過前列「寶石」級的水準，所以現在「寶石」與「半寶石」或許需要重新定義了，但是身為寶石之王——鑽石，它的地位卻從來不曾動搖過。

1-2
寶石之王——鑽石

鑽石之所以被稱為寶石之王，是因為它具有卓越的堅固度。所謂堅固度包括硬度、韌度及耐久度。

硬度：礦物學上將礦物的硬度按最軟到最硬分為十級，最硬的第十級只有一種礦物，就是鑽石，也就是說，鑽石是所有礦物中最硬的。

韌度：鑽石的韌度次於白玉、翡翠，但也非常高。

化學穩定性：鑽石的化學性質非常穩定。

鑽石品質的 4C

De Beers 在 1939 年第一次向顧客介紹鑽石品質「4C」的觀念，所謂「4C」就是 Color（顏色）、Clarity（淨度）、Cut（車工）、Carat（重量），因為正好都是以英文字母 C 開頭，因此就稱為鑽石品質的 4C。這個「4C」的觀念，日後由國際級鑑定所，例如 GIA、AGS 等逐一將其制度化，成為現今大家對鑽石品質的共識，廣泛記載在各鑑定所的鑑定報告書中。

茲以圖 1-3 中 GIA 報告書中粉紅色圈示的部分為例，可以看到 Carat Weight 2.06、Color Grade F、Clarity Grade VS1、Cut Grade Excellent，這些項目究竟是如何評定出來的？鑽石分級有其專業的評級原理與制度，後續章節會一一詳細介紹。

圖 1-3 中 GIA 報告書分綠色圈示的部分為淨度的製圖，是要將所看到鑽石中淨度的特徵（圖 1-4 ），依規定的方式如圖 1-5 所示，繪製成圖。

圖 1-3 中 GIA 報告書是屬於無色或近無色的鑽石用的，彩色鑽石則另有彩鑽的報告書，我們在後續的章節中，會對彩鑽評級的原理與制度做詳盡的解說。

圖 1-3 中 GIA 報告書是屬於圓形明亮型切磨的，但是鑽石還可以切磨成方型、心型、橢圓形、橄欖型等等，這些切磨方式稱為花式車工，我們將在花式車工的章節中（第 19 章）教大家認識什麼是好的花式車工，什麼是不好的花式車工。

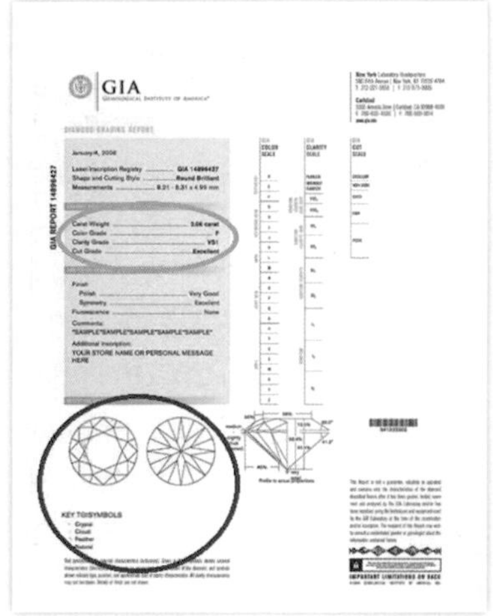

圖 1-3

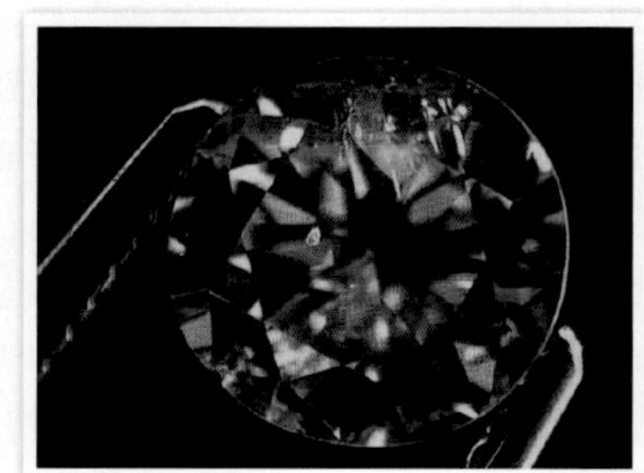

圖 1-4 淨度的特徵

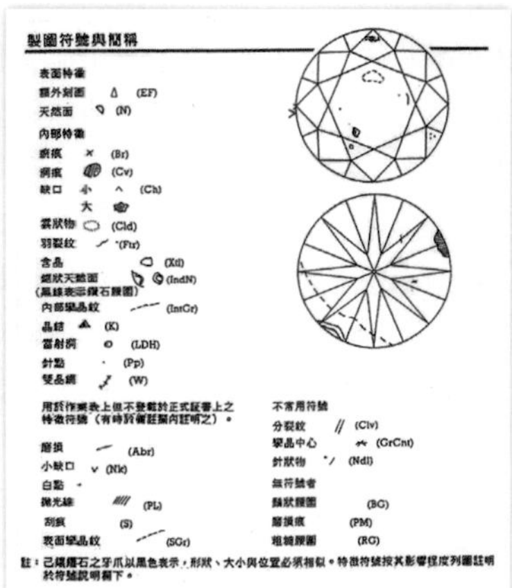

圖 1-5 淨度製圖方式

1-3 鑽石鑑定的課題

本書內容依以下課題編列，在此先分別說明各課題的學習重點。

1. 鑽石鑑定的基礎：認識寶石的分類基礎。
2. 鑑定鑽石的基本工具：學會如何正確使用各項鑑定鑽石的基本工具。
3. 鑽石結晶學：認識鑽石結晶構造種類、成因及其特徵分辨與應用。
4. 鑽石的寶石學特徵：認識鑽石的寶石學特徵，以為鑑定鑽石的基礎。
5. 鑽石地質學：由鑽石相關的天文學與地質學的知識，了解各種鑽石的成因。
6. 戈爾康達鑽石：認識鑽石的歷史起源及其現代意義。
7. 鑽石礦探勘與開採：了解如何找到鑽石礦，以及如何將鑽石提煉出來。
8. 鑽石產地與世界名鑽：認識世界各地鑽石礦區及所產之名鑽。
9. 鑽石產業與鑽石銷售：認識整個鑽石業的供應銷售鏈，了解到哪裡買鑽石，以及如何賣鑽石。
10. 淨度特徵解說：學會如何依鑽石淨度分級鑽石，以及如何將特徵製圖。
11. 成色分級解說：學會如何依鑽石顏色分級鑽石，以及如何創造分級環境。
12. 彩鑽分級原理：由色彩學學會如何將彩鑽分級。
13. 天然彩色鑽石：了解彩色鑽石致色因素，並以彩鑽分級實例圖片解釋其中差異。
14. 阿蓋爾粉紅鑽：了解阿蓋爾粉紅鑽分級制度，學會正確挑選阿蓋爾粉紅鑽。
15. 螢光反應解說：學會如何就鑽石螢光反應分級，以及螢光反應對鑽石價值的影響。
16. 鑽石切磨的演進與工序：認識七百年鑽石切磨史，以及現代如何切磨鑽石。
17. 光行進與鑽石切磨理論：了解光與鑽石切磨的關係，學會肉眼判斷切磨好壞。
18. 切磨分級解說：學會如何依鑽石切磨分級鑽石。
19. 花式切磨解說：認識什麼是花式車工，以及分辨花式車工的好壞。
20. 鑽石的重新切磨：了解如果鑽石切磨的不好應如何處置，以及可能之損失。
21. 鑽石的重量：學會如何正確量得鑽石重量，以及如何用公式計算鑽石重量。
22. 鑽石鑑定書與鑑定所：認識國際級的鑑定所與鑑定書，學會解讀鑑定書內容，以及辨識鑑定書真偽。
23. 鑽石的價格：看懂報表，了解影響折扣的因素，判斷鑽石合理價位。
24. 合成鑽石與鑑識：懂得鑽石合成的歷史與原理，學會分辨天然與合成的鑽石。
25. 鑽石優化處理：了解優化處理的種類，學會分辨鑽石是否經過優化處理。
26. 認識鑽石類似石：學會分辨鑽石的真偽。
27. 以進階儀器鑑定鑽石：認識鑑定鑽石的進階儀器，學會解讀各種儀器分析結果。

希望讀者諸君讀完本書之後，能具備鑽石分級師的鑑定能力，創造出適合鑑定鑽石的環境，懂得欣賞鑽石之美與價值之餘，還能夠侃侃而談鑽石的故事，並因鑽石增加財富。

Chapter 2

第 2 章
鑑定鑽石的基本工具

the basic of diamond identification

鑑定鑽石的工具有許多種，依使用頻率及價位約略可分為基本工具、特殊工具與進階儀器等三類。其中特殊工具的部分，例如，比色卡紙、測微計、桌面量尺、角度量板、八心八箭觀察鏡等，價位不高，但因用途特殊，將配合在應用的章節中加以介紹。另外，鑑定鑽石的進階儀器部分，例如，紅外線光譜儀、拉曼光譜儀等，價位偏高、用途特殊，一般人較少接觸使用，將於第 27 章〈以進階儀器鑑定鑽石〉中加以闡述說明。

本章節介紹的基本工具，依序為：

1. 小型放大鏡
2. 寶石擦布
3. 鑷子
4. 鑽石紙包
5. 寶石顯微鏡

2-1 小型放大鏡

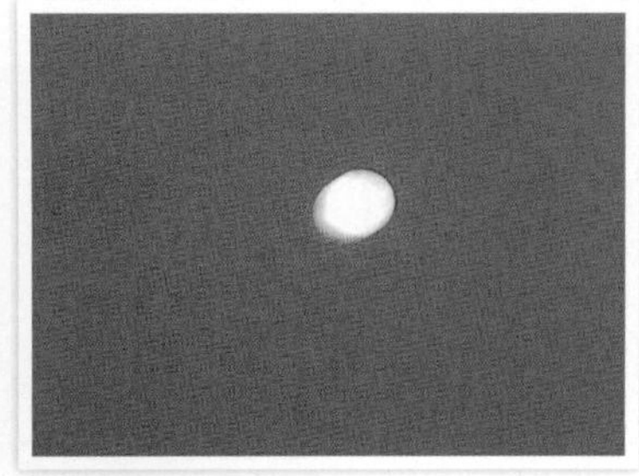

圖 2-1 影像抖動

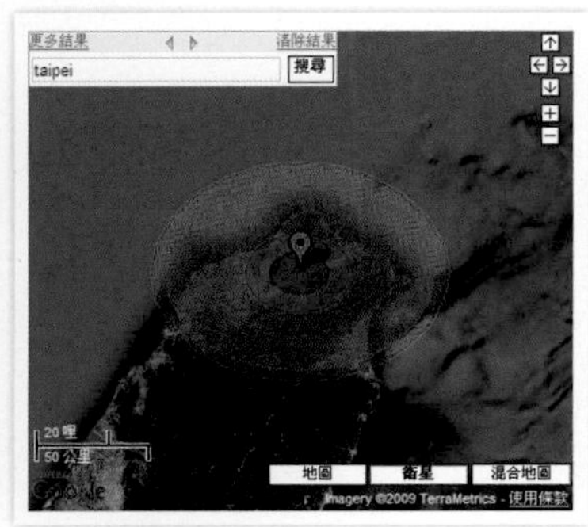

圖 2-2 視域例

鑑定鑽石的淨度是以 10 倍放大鏡（Loupe）下檢視，此放大鏡必須為三層玻璃鏡面，能夠放大，同時能避免邊緣變形及色差，稱 Triplet。

為何要放大 10 倍

1. 看到鑽石內部和表面的許多鑑定特徵。

2. 避免更高倍放大時出現的影像抖動。
例如圖 2-1 所示，當以照相機捕捉月亮時，調整鏡頭放大影像，結果微小的振動被捕捉進去，應該是圓的月亮，變成連續重影。放大鏡亦是如此，當放大倍率很大時，無論是風吹過或是稍微一點抖動，都會造成影像不清楚，所以不宜放大過大。

3. 獲得適當的視域。
什麼是「視域」？簡單的說就是可以看到的範圍大小。以現代人喜歡用的 Google 地圖來舉例說明，以圖 2-2 為例，當放大倍率適當時，可以看到台灣北部，但如果繼續放大到看清楚台北市時，就看不到整個台灣了。使用放大鏡鑑定鑽石，往往是要了解鑑定特徵與鑽石間大小、位置等關係，如果只為了看清楚特徵本身，可能鏡內就容不下整顆鑽石，反而不知道其與鑽石間的相對關係。譬如說，若執意以 40 倍進行觀察鑽石，50 分以上的鑽石就無法看到全貌，因此選擇適當倍數，獲得適當的視域很重要。

4. 保持鑽石內部的充分聚焦（足夠的景深），以便清晰地看到待測鑽石的許多特徵。

因為鑽石是立體的、鑽石內的許多特徵也是立體的，因此在觀察特徵時，對焦點前後範圍也必須相對清晰，如圖 2-3 及圖 2-4 所示。如果過分集中於某一點放大，就會因為景深不夠，無法看清楚整個內含物，無法辨識出為何種特徵。

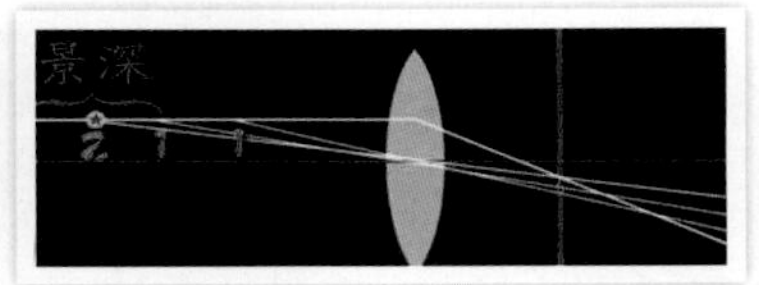

圖 2-3 景深說明

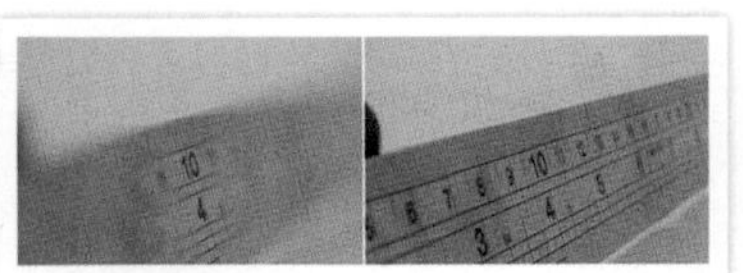

圖 2-4 景深示意

為何要三層玻璃？

請看下一圖 2-5，將二十盒彩鑽裝在黑色盒子中，明明裝彩鑽的盒子與黑色盒子的邊都是直線，但照片中只有中央的白色盒子的邊是呈直線，越往外，邊就越呈曲線，這是為什麼呢？

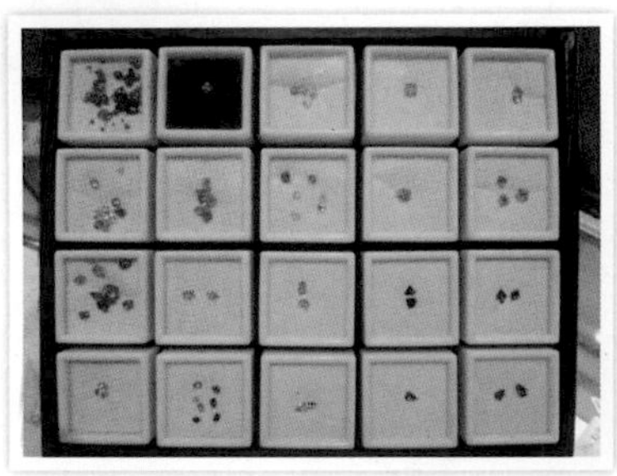

圖 2-5 盒裝彩鑽照片

這是由於相機或放大鏡中物鏡是彎曲的，聚焦面並不一致，只有在放大區域的中央，聚焦才會良好。因此產生二種像差：球面像差（Sopherical aberration）及色像差（Chromtic aberration），如圖 2-6 所示。

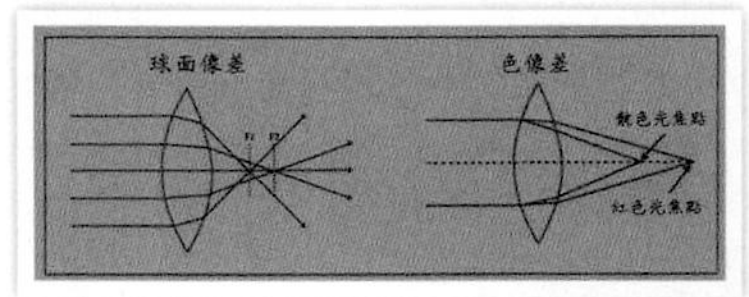

圖 2-6 二種像差

為何要避免邊緣變形？

因為觀察寶石時，線條呈直線或曲線，如圖 2-7 所示，可能會造成不同的解讀，所以要將色像校正（aplamatic correction），使呈現真實。校正的方法就是在放大鏡片後再加一片校正鏡片。

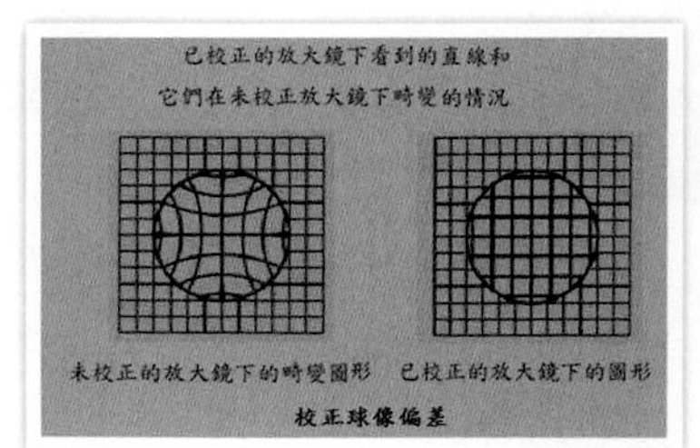

圖 2-7 球面像差校正

為何要避免色像差？

因為觀察寶石時，顏色的準確度很重要，單一顏色與七彩色，可能會造成不同的解讀，所以要將色像校正（achromatic correction），使真實呈現該有的顏色。校正的方法就是在放大鏡片後再加一片校正鏡片，如圖 2-8 所示。

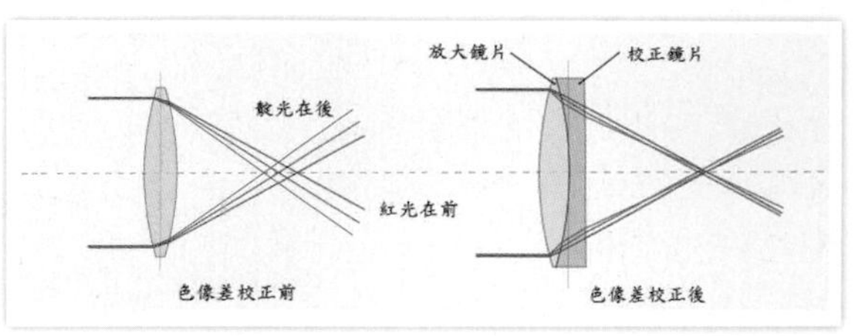

圖 2-8 色像差校正

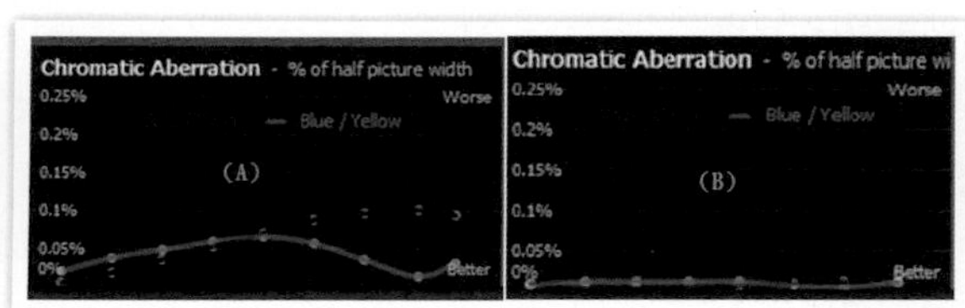

圖 2-9 相機鏡頭選擇

同樣的道理也可以用在選擇照相機的鏡頭，圖 2-9 中，（A）鏡頭紅光藍光偏差較大，而（B）鏡頭紅光藍光偏差較小，你會選哪一個呢？

綜合而言，寶石放大鏡的球面像差，是靠添加一片不同曲度的鏡片，抵銷第一片鏡片的曲度加以校正；色像差或是所謂色散呢，則是靠再加第三片鏡片，這片鏡片可以把不同顏色的光波，聚焦在相同的位置。此三層鏡片：主要鏡片、消球面像差的鏡片及消色像差的鏡片，組合成完整校正的放大鏡，如圖 2-10 所示。至於各層的上下位置，各家廠商則可能有不同安排。

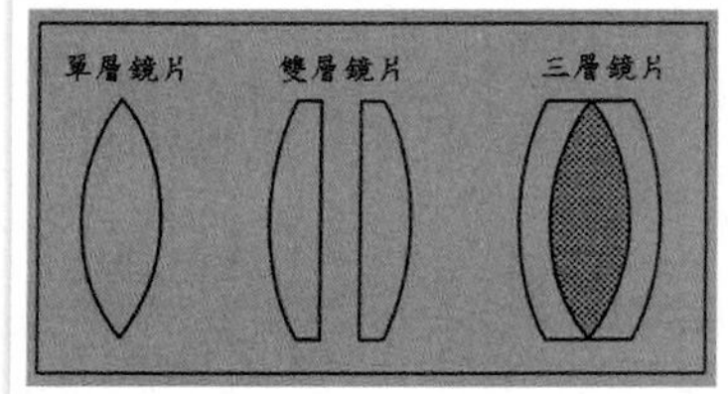

圖 2-10 放大鏡三層鏡片

圖 2-11 是常見的放大鏡，其中，有的只是單一鏡片純粹放大用，有的只校正了色相差，有的鏡片是塑膠做的不是玻璃的，只有左二的放大鏡是 10 倍的 Triplet，選購時要注意。

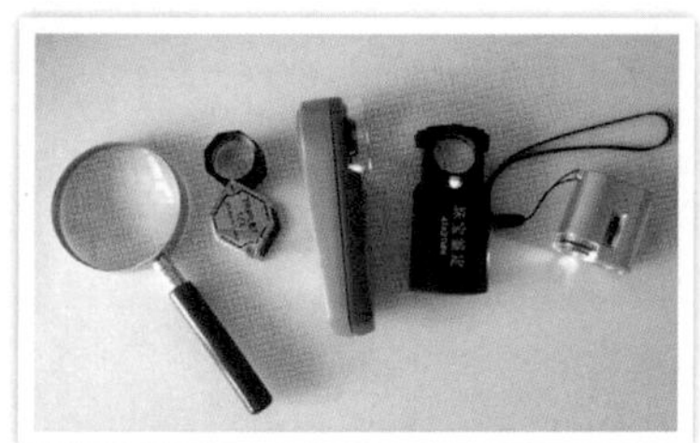

圖 2-11 常見之放大鏡

2-2 寶石擦布

擦布的基本要求是不能起毛球或是纖維（棉絨、線頭），因為如果會起纖維，纖維會沾附在鑽石上，愈擦愈髒，觀察時會困擾。在擦布使用時，我們經常將擦布略分為三等份，其中第一份蓋著第二份，避免沾灰塵，如圖 2-12 所示。將鑽石放入第一份與第二份之間用力擦乾淨（圖 2-13），不要怕太用力，因為鑽石是擦不壞的（擦得壞就不是鑽石了）。擦乾淨後，要用鑷子夾出來，不要再用手觸碰。擦布要經常以肥皂、清水清洗，保持乾淨，洗完晾乾即可，如果會掉屑就要換掉。

圖 2-12 擦布分為三等份

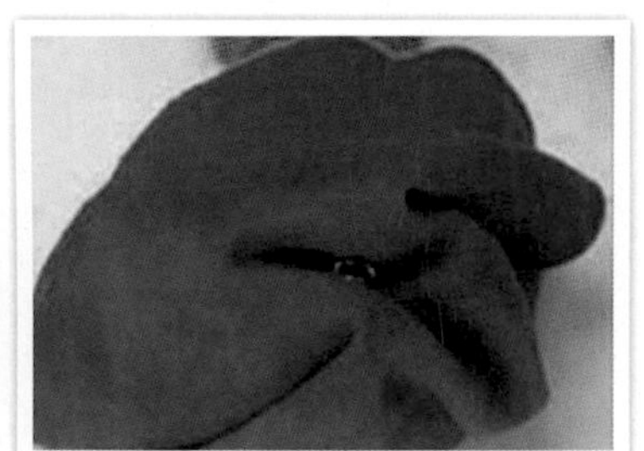

圖 2-13 用力擦鑽石

2-3 鑷子 (Tweezer)

鑷子也稱夾子，種類繁多，如圖 2-14 所示。一般有溝槽，可依據常應用的鑽石尺寸做選擇，但不建議使用塗有鑽石粉的，以免夾傷寶石。有的鑷子上附有彈簧，可以推動固定寶石，如圖 2-14 右圖所示。教學時，常常見到學員們使用鑷子時用力不當，使寶石飛出去，為防止這種情形就可選用這種附彈簧的鑷子。不過也不是一定需要，當你能熟練地使用鑷子後，自然能準確拿捏力道了。另外，這種鑷子也適合用於夾著寶石傳遞時使用。

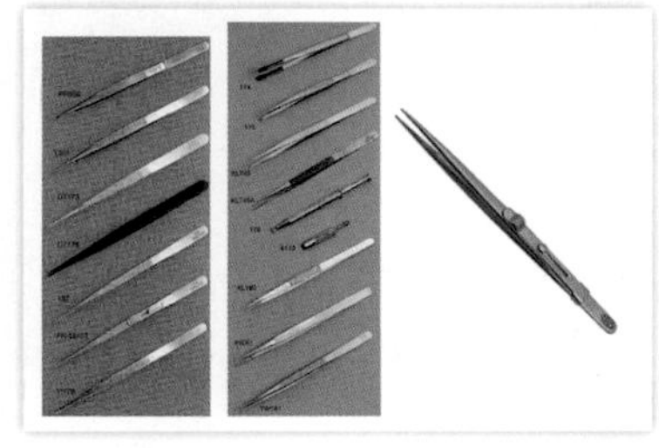

圖 2-14 鑷子

不過，如果考慮到移動和整理寶石的需求，不妨準備一個寶石畚箕（如圖 2-15），會較方便，寶石畚箕的其他用途，我們會在後面的章節中見到其應用。

圖 2-15 寶石畚箕

放大鏡、寶石擦布與鑷子聯合使用

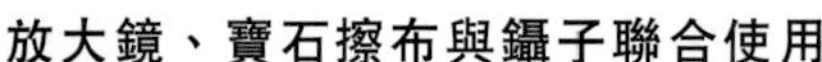

用鑷子夾鑽石

當使用鑷子夾鑽石時，有兩種夾法：一是硬式夾法（Hard-surface pick-up），二是軟式夾法（Soft-surface pick-up）。

硬式夾法（Hard-surface pick-up）：用於觀察正、反面，將鑽石放在硬面上，以鑷子夾起，如圖 2-16 所示。

軟式夾法（Soft-surface pick-up）：用於觀察側面，將鑽石放在軟面（擦布）上，鏟起來（硬面上鏟不起來），如圖 2-17 所示。當欲觀察腰圍的不同方位時，可夾住鑽石在布上滾動以變換位置。

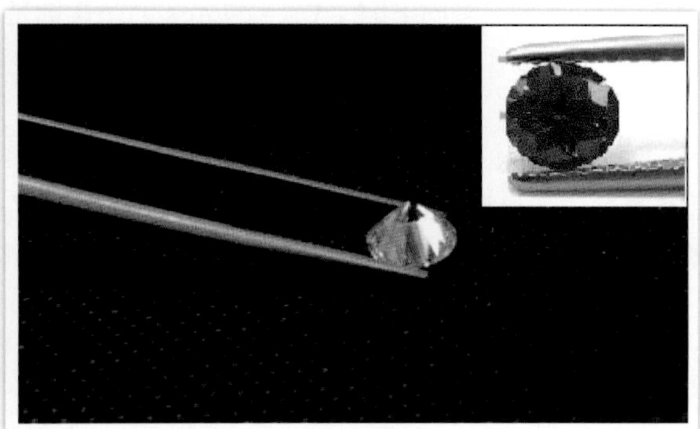

圖 2-16 硬式夾法

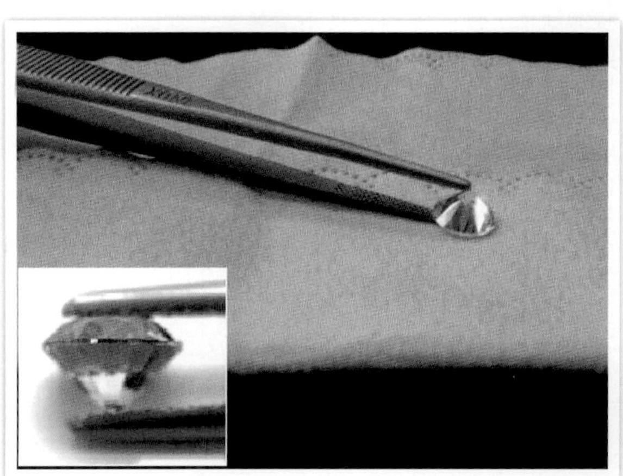

圖 2-17 軟式夾法

圖 2-18 使用放大鏡觀察鑽石

使用放大鏡

使用放大鏡看鑽石的時候，我們有三個物件，兩個距離。三個物件就是眼睛、放大鏡與鑽石，兩個距離就是眼睛與放大鏡之間的距離，以及放大鏡與鑽石之間的距離。當眼睛透過放大鏡看鑽石時，是要將眼睛的焦距對準鑽石，如果前述兩個距離都可能變動，那麼幾乎就無法對焦。因此我們要先將其中一個距離固定，只調整另一個距離，這樣就很容易對焦了。要如何固定其中一個距離呢？我們選擇使眼睛與放大鏡之間的距離不變，亦即：用右手食指勾入住放大鏡，放大鏡貼住眼睛，右手拇指背靠緊臉頰，使放大鏡不致晃動，眼睛與放大鏡之間的距離也不會變動。

當用鑷子夾鑽石時，鑷子永遠朝上，先用左手夾住，置鑷子在右手無名指與中指間，鑷子與放大鏡距離約 2 公分，左手調整放大鏡與鑽石之間的距離，此時右手維持不動，只有左手動，如果兩手都動就無法對焦。調好焦距後，亦即可清楚看到鑽石時，兩眼都保持張開狀態，避免單眼過分疲勞（圖 2-18）。也可以伸出左手小指，勾住右手手背，讓整體更形穩固。

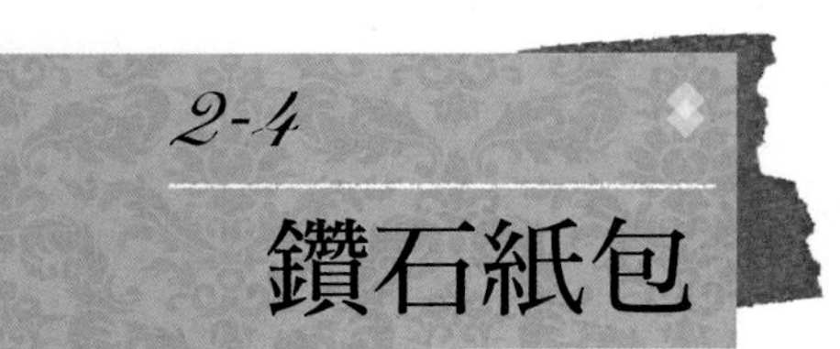

2-4 鑽石紙包

鑽石紙包是用來包住鑽石的，拿到鑽石紙包時，不要急著打開，先觀察。一般鑽石紙包上會寫鑽石的等級、重量或是鑑定所編號，如圖 2-19 中（1）所示，表明所包鑽石的身分。

打開前務必先用手按，確定有鑽石，才繼續打開的動作，否則不要打開，以免有爭議。因為打開後，萬一鑽石不見了，責任歸屬會講不清楚。

打開的動作如圖所示：向上開（2），向下開（3），向左、右開（4），再向下開（5）。包起來的時候則是反順序操作。

有沒有注意到，圖 2-19 的鑽石紙包裡墊了一張薄的、半透明的藍色襯紙？這種紙稱為單光紙（Flute）。如果是無色及接近無色的鑽石，藍色的單光紙會使鑽石看起來更白；如果是帶黃或帶褐色的鑽石，就不能選藍色的單光紙，反而要選淡黃色的單光紙，因為淡黃色的單光紙對帶黃或帶褐色的鑽石有加分效果，會使這類顏色的鑽石更漂亮，如圖 2-20 所示。

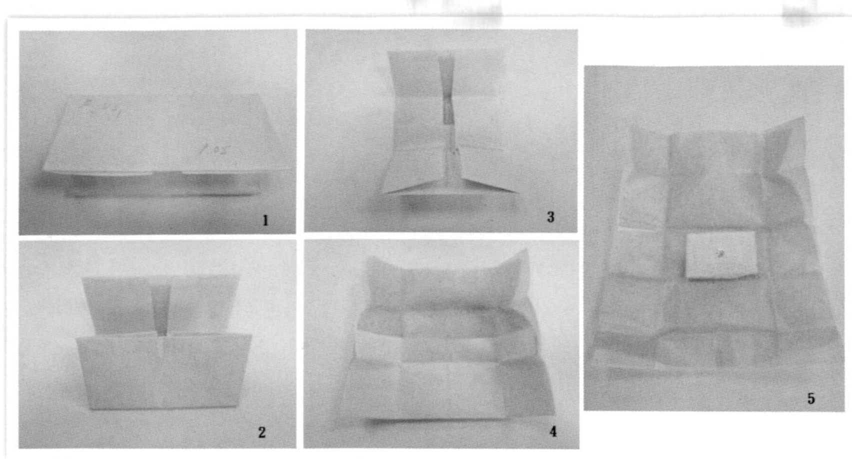
圖 2-19 鑽石紙包

圖 2-20 市售之單光紙

盒裝鑽石

如果要取出裝在盒子內的鑽石（寶石），記得要讓蓋子朝下開（如圖 2-21），鑽石（寶石）才不會彈跳開。寶石或鑽石都是很小的東西，一但彈開，要費很大功夫找，甚至可能找不到，一定要謹記開法。

觀察練習

一克拉以下經 GIA 鑑定的鑽石，在腰圍上都刻有 GIA 編號（圖 2-22）。試著以軟式夾法夾起鑽石，觀察鑽石的腰圍。首先對焦使能看見腰圍，輕微晃動確認腰圍兩側邊線位置，再觀察腰圍有無刻字，如果沒有，夾住鑽石在布上稍微滾動以變換位置，再繼續觀察，練習直到找到為止。這樣的練習，是觀察鑽石的基礎，務必要學會。

無論是開紙包、開盒子、使用鑷子或是使用放大鏡的技巧，都可以用來判斷一個人是否為行家。是否為行家重要嗎？當然，賣方不會對行家亂開價，買方也會認為你專業知識夠，所以，在學習評鑑之前，務必熟悉前述各項基本工具的使用技巧。

圖 2-21 取出盒裝鑽石

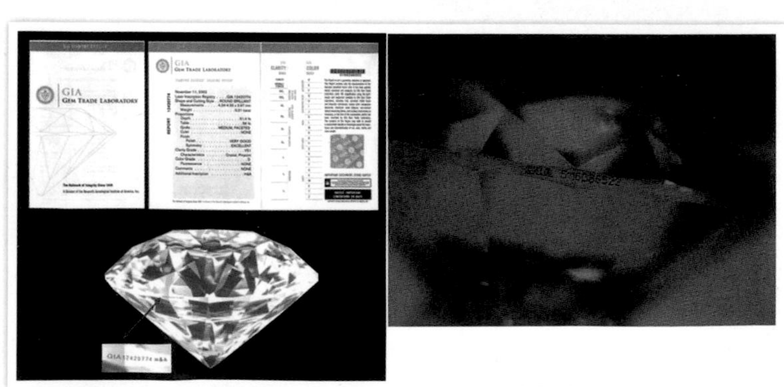

圖 2-22 鑽石腰圍刻字

2-5 寶石顯微鏡

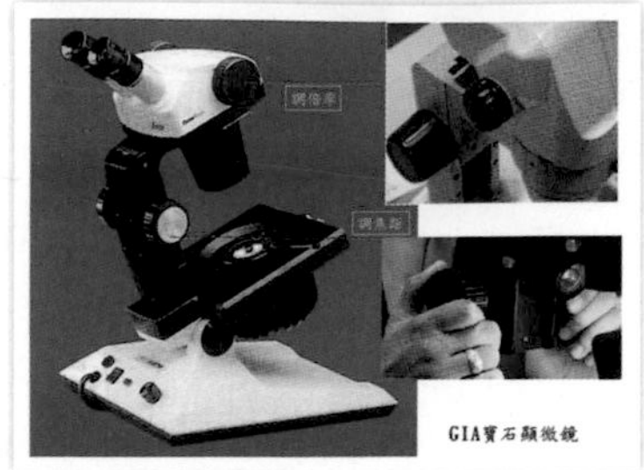

圖 2-23 GIA 寶石顯微鏡

寶石顯微鏡可說是鑑定寶石最有力的工具。寶石顯微鏡目前最基本的用途是將天然寶石與合成寶石或類似品做一區分，因為許多天然寶石由母岩析出時，含有大量的各種三維礦物，這在合成寶石中是沒有的。除此之外，在某些情況下，藉由寶石的特徵內含物，可以分辨出寶石的產地。寶石顯微鏡應用於鑽石，則有以下功能：判定鑽石淨度等級、輔助淨度製圖、輔助判定鑽石車工等級、判斷鑽石真偽、判別鑽石是天然或合成的等等。

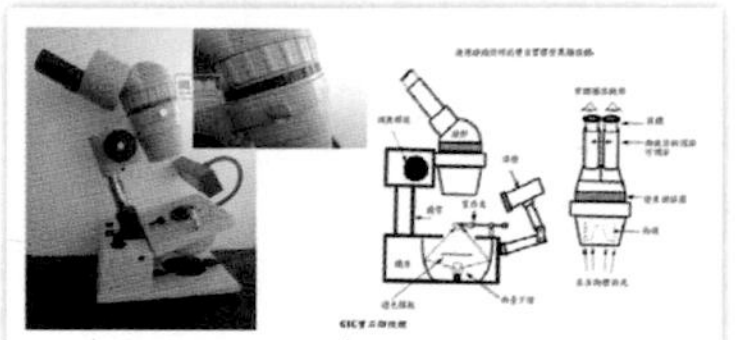
圖 2-24 GIC 寶石顯微鏡

顯微鏡與 10x 放大鏡作用基本相同，都是對樣品進行放大觀察，不同的是，顯微鏡的視域、視景深和照明條件均優於放大鏡。在鑽石鑑定時，常接觸到的寶石顯微鏡有兩大類，一是標準型，另一則是精簡型。

標準型寶石顯微鏡

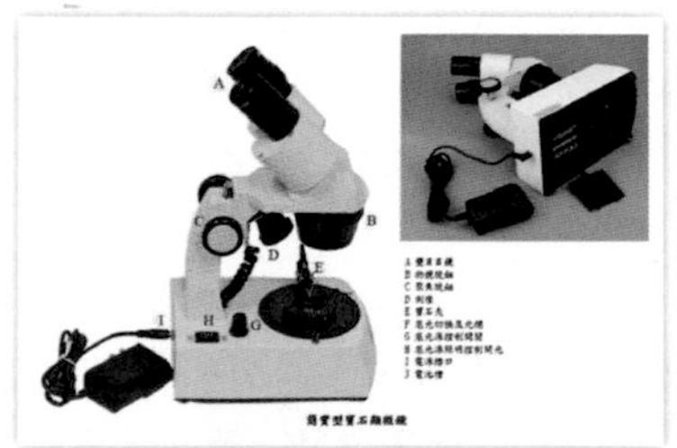
圖 2-25 精簡型寶石顯微鏡

例如 GIA 寶石顯微鏡（圖 2-23 ）或 GIC 寶石顯微鏡（圖 2-24 ），兩者外型雖稍有不同，基本功能卻差不多。具備無段變焦功能、無段變倍、放大倍數 10 至 45 倍（160 倍）、明、暗場照明、頭燈、可調燈光強度、可傾斜支架等。

精簡型寶石顯微鏡

圖 2-26 精簡型寶石顯微鏡變更放大倍數

比標準型精簡實用，基本功能包括：無段變焦功能、放大倍數 10 或 30 倍（20 或 40 倍）、明、暗場照明、頭燈等（圖 2-25）。一般與標準型的差異在於：體積較小、可攜式、不可無段變倍、燈光強度不可調、明、暗場照明以旋鈕控制、支架不可傾斜等。

精簡型寶石顯微鏡改變放大倍數時，是更換不同倍數物鏡，所以要以手動扭轉物鏡，如圖 2-26 所示，且只可選擇 10 或 30 倍。

每個人兩眼之間的距離不同，兩眼的焦距也可能不同（就如同兩眼的近視度數可能不同），因此寶石顯微鏡的兩個目鏡之間的距離是可以調整的。例如圖 2-27 所示，觀察時，先移動目鏡之間的距離，使兩眼均可正常對準目鏡（粉紅色箭頭標示）；對焦時，以右側目鏡為準，如果左側也能清楚對焦觀察，就不必調整；如果右側清楚而左側不清楚，則可使用圖示紅色箭頭標示之微調裝置加以微調，務必使兩眼都能舒服地清楚對焦。

圖 2-27 目鏡間距與焦距微調

無論是標準型或精簡型寶石顯微鏡，在目鏡上都可裝上遮光罩，以遮住側面過來的光線（如圖 2-28）。不過是否需要安裝，隨人而異，只要自己覺得舒適即可，不影響使用。

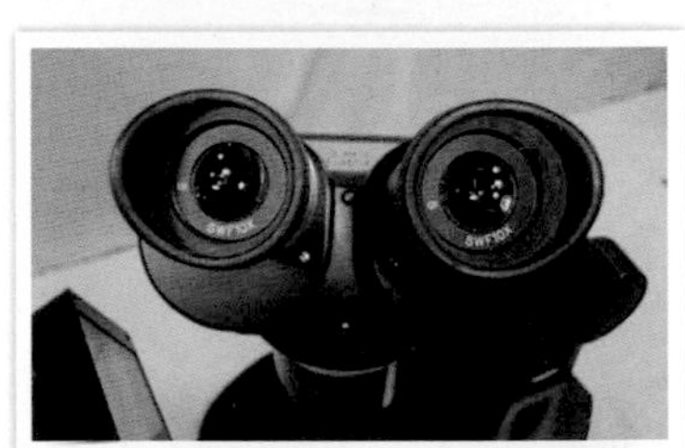

圖 2-28 遮光罩

圖 2-29 Gübelin 寶石實驗室 Gübelin 博士所使用的寶石顯微鏡。（攝於 2013 年 9 月香港珠寶展）

圖 2-29 Gübelin 寶石實驗室 Gübelin 博士所使用的寶石顯微鏡。（攝於 2013 年 9 月香港珠寶展）

寶石顯微鏡照明系統

寶石顯微鏡可使用的照明系統有很多種，大致可以分成兩種型式：一是由外在光源照射到寶石，反射出來的光；另一種是由顯微鏡內在光源照射到寶石，穿透出來的光。

照明的強度可以藉散光方式減低，或是以不透明遮板消除直接射入寶石的光，使得射入寶石的光全由反射邊光而來，因此寶石顯微鏡可變換之照明方式，包括明場照明、暗場照明、散射照明、頂部照明、偏光照明等。其中最重要的照明方式是間接的照明稱為「暗場照明」，亦即只允許由反射出來的光進入顯微鏡的光學系統中。

因為鑽石是立體的，為呈現出鑽石及其內含物的立體影像，所以鑑定鑽石時，最常用到的兩種方式顯微鏡照明為：看內部特徵的暗場式照明（Dark field illumination）以及看表面特徵的投射燈（Overhead）。分別介紹如次：

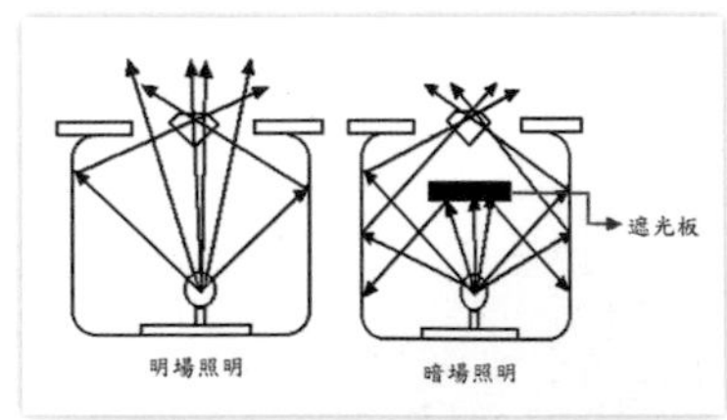

圖 2-30 明場照明與暗場照明

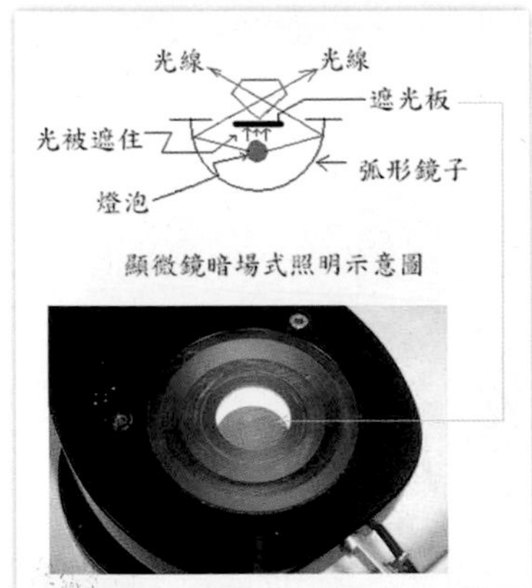

圖 2-31 暗場照明的遮光板

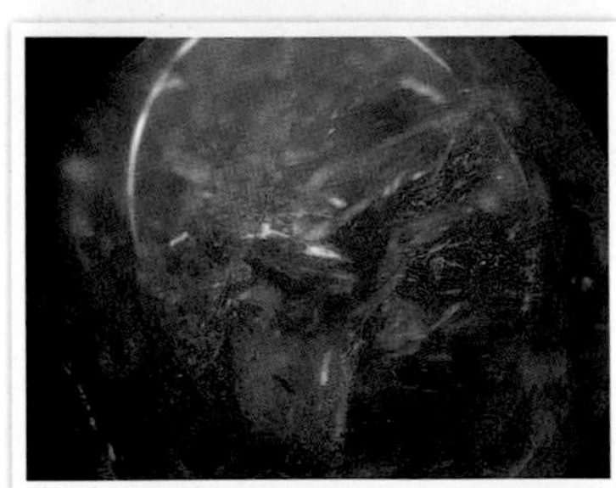

圖 2-32 以暗場照明觀察碧璽

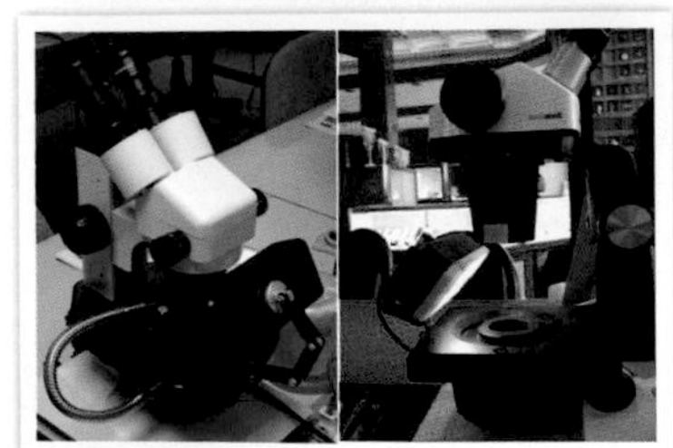

圖 2-33 投射光源

圖 2-34 投射光線角度

圖 2-35 以投射光觀察紅寶表面

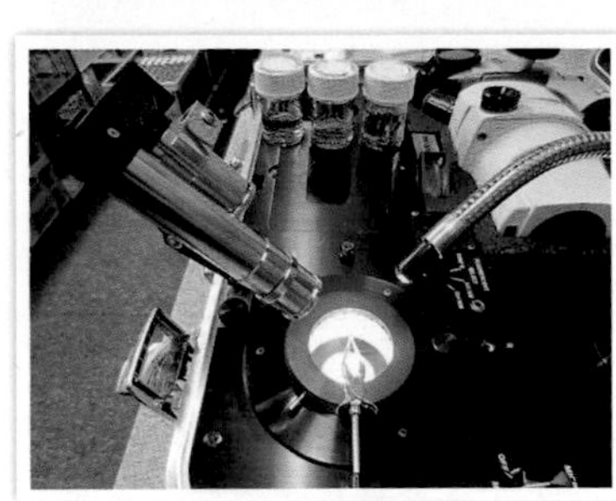

圖 2-36 投射纖維光燈

暗場式照明

燈光由下方燈箱照射，燈光上有遮光板，如圖 2-30 所示。透明寶石如鑽石等，如果不使用遮光板，光線直接射入寶石內，會太亮、太刺眼，就看不清楚。因此 GIA 設計用如圖 2-31 的暗場式照明，將圖中直射寶石的光擋住，造成寶石本身背景很暗，而由碗狀弧形鏡子反射光線照射，就可以看得清楚，如圖 2-32 所示（圖中的寶石是碧璽）。

投射燈

投射燈又稱上方光源，如圖 2-33 所示。是利用光線以適當的角度，照射寶石（鑽石），即可觀察到寶石（鑽石）的表面，如圖 2-34 所示，觀察結果如圖 2-35（圖中的寶石是紅寶）。這種上方投射燈，可以是燈泡、燈管、LED 燈或是纖維光燈（圖 2-36 ），視需要而異。

顯微鏡使用口訣

使用顯微鏡時，先用低倍數放大，確定位置並觀察，如有必要，隨後可再使用高倍數放大觀察。先確定要觀察哪裡，並依該觀察項目選擇照明，然後才調對焦；對焦時先對到寶石表面，確定對焦點，再往內部對焦，找到欲觀察之特徵。按前述順序可編為使用口訣：

「先低後高，
　先光後焦，
　先表後裡。」

依此口訣操作，使用顯微鏡就非常容易了。

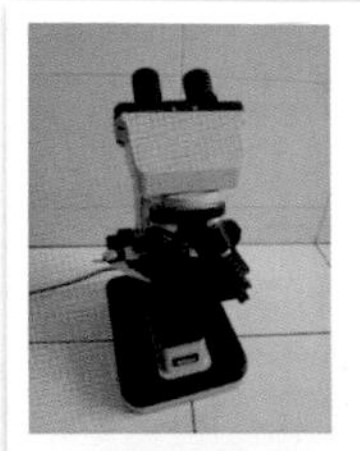

圖 2-37 生化用顯微鏡

生化顯微鏡和珠寶用顯微鏡的比較

「生化用顯微鏡」（如圖 2-37）的倍率比「鑽石用顯微鏡」的倍率（10x 及 30x）高很多，但某些研究珠寶用的顯微鏡倍率（160x 等）也不比生化顯微鏡差。兩者最大的差別應該是照明方式。「珠寶用顯微鏡」有的書上稱為「實物顯微鏡」或是「立體顯微鏡」，主要是因為具有暗場照明功能，可以將三維空間的寶石內部看得很清楚；而生化用顯微鏡多觀察平面物體，沒有暗場照明功能，因此如果用生化用顯微鏡觀察寶石，恐怕會非常辛苦。要區分兩者，只要檢視井口位置，就很容易分辨。

圖 2-38 交易時常以 10 倍放大鏡檢查鑽石，圖為以色列鑽石交易

應該用 10 倍放大鏡還是顯微鏡？

與顯微鏡不同，10 倍放大鏡輕便、便宜，可隨身攜帶，通用的放大鏡也多，特別是對那些到處走動的買主或鑑定師（如圖 2-38）而言，是非常實用的。然而，顯微鏡能讓使用者一邊觀察鑽石，一邊書寫或畫圖。鑽石是用固定在顯微鏡底座上的鑷子來夾持的，因而手可以騰出來做別的事。所有寶石實驗室都用雙目實體顯微鏡進行鑽石分級（如圖 2-39），但即使使用顯微鏡，也只放大 10 倍。

圖 2-39 鑽石分級實驗室都很類似，必定會有昏暗的燈光環境，配合雙目顯微鏡以進行淨度分級，圖示為 IGI 實驗室

手持式暗場照明放大鏡

既然暗場照明對觀察寶石那麼重要，而一般附光源的放大鏡只提供直接照明，於是有人製造出手持式暗場照明放大鏡（如圖 2-40）。該手持式暗場照明放大鏡，方便於旅途中隨身攜帶用，可以提供如顯微鏡暗場照明般放大效果，協助偵測內含物。

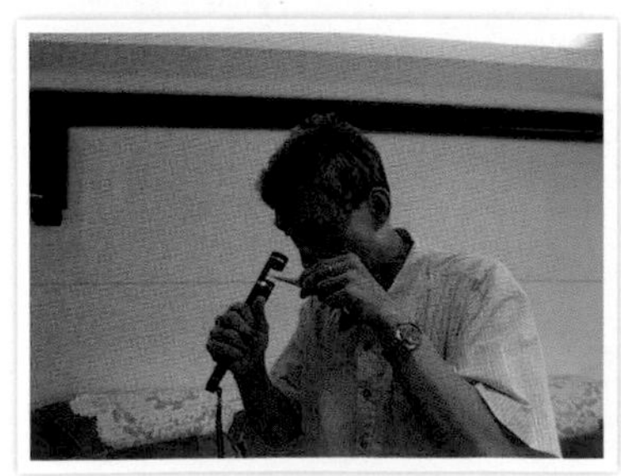

圖 2-40 手持式暗場照明放大鏡

Chapter 3

第 3 章
鑽石結晶學

the basic of diamond identification

在第 1 章中我們提到，在寶石學中，寶石是依**化學成份**與**結晶系統**兩種特徵做為品種的分類，本章將探討鑽石的**化學成份**與**結晶系統**，並介紹鑽石晶體外形的種類。

3-1 化學成份

西元 1673 年英國物理學家 Robert Boyle（波義耳，圖 3-1）率先發現鑽石可以在空氣中燃燒。1772 年法國化學家 Antoinc Lavoisier（拉瓦錫，圖 3-2）以鑽石燃燒時所釋出的氣體為二氧化碳，來說明鑽石的成分是碳，稱為間接證明。1796 年英國化學家 Smithson Tennant（譚能，圖 3-3）把鑽石放在純氧中燃燒，他證明燃燒所產生的二氧化碳中的碳含量與原來鑽石的重量相當，稱為直接證明。自此鑽石的成份是碳已無人置疑。

現代化學分析結果顯示：鑽石的主要成分是碳（C）元素，如圖 3-4 元素周期表中紫色所圈示，其成分比例可高達 99.95%，但也可能含有的微量元素，包括 N、B、H、Si、Ca、Mg、Mn、Ti、Cr、S、惰性氣體及稀有元素等多達 50 多種。這些微量元素的量對鑽石的類型、顏色及物理性質有很大的影響，將依序介紹。

圖 3-1 Robert Boyle

圖 3-2 Antoinc Lavoisier

圖 3-3 Smithson Tennant

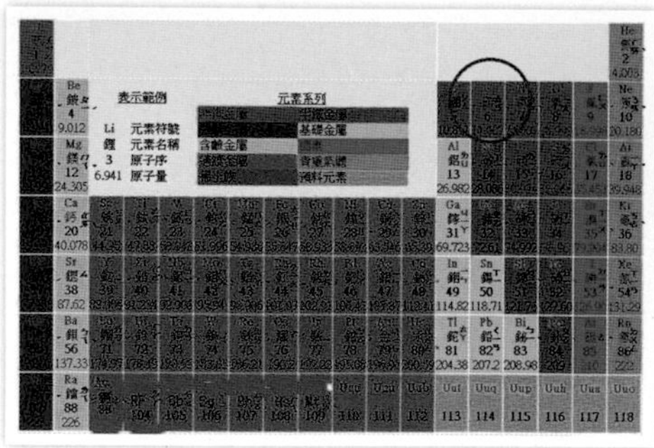

圖 3-4 元素周期表

3-2 結晶系統

碳的同質異形體

組成鑽石的主要元素是碳，但並不是說只要物質的組成元素是碳，就一定是鑽石。碳有許多同質異形體，如圖 3-5 所示，所謂的同質異形體就是：組成的元素同樣都是碳，但因生成時的溫度和壓力等物理條件的差異，使得各種異形體具有不同的晶形和原子排列方式，從而造成彼等在物理性質上有著明顯的差異。其中，我們特別注意到石墨與鑽石，兩者為同質異形體，都是由碳所組成的，如圖 3-6 所示。

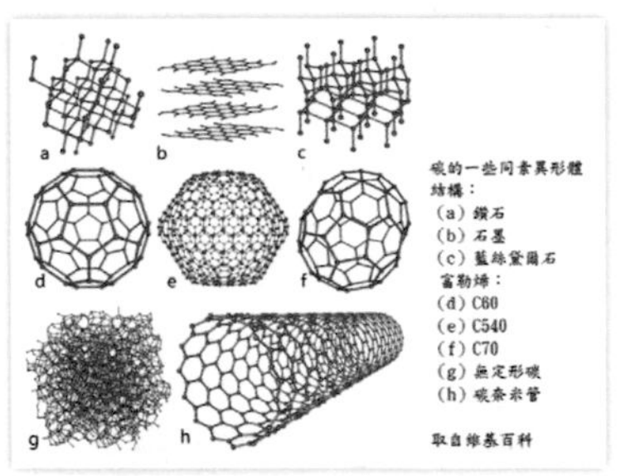

圖 3-5 碳的同質異形體

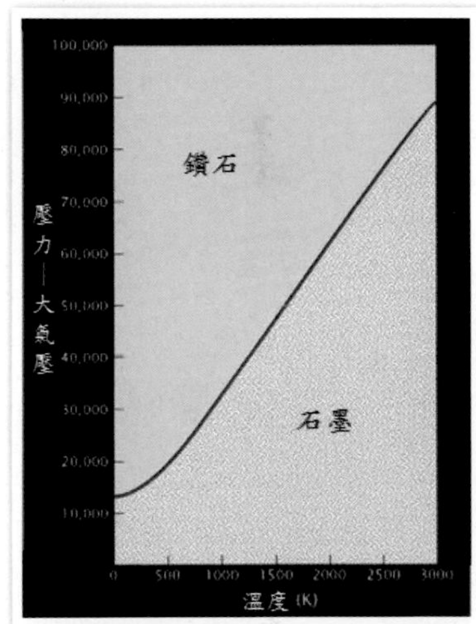

圖 3-6 碳的同質異形體石墨

晶體結構（Crystal Structure）

地球上很多礦物都是屬於結晶質（crystalline），意思是：它的原子（atom）是有規律、重複地排列成一個不變的模式，這些內部原子分布情形叫晶體結構。有些東西是沒有晶體結構的，內部雜亂無章，叫無定形體（amorphous），例如玻璃、塑膠等便屬於這一種。

晶體結構（晶系）分 7 種，如圖 3-7 所示。鑽石屬於等軸晶系，又叫正方體（cubic system），是各種晶體結構中最對稱均衡的一種。

所謂等軸晶系是在立方格子內三個軸等長，並互相正交，如圖 3-8 所示。

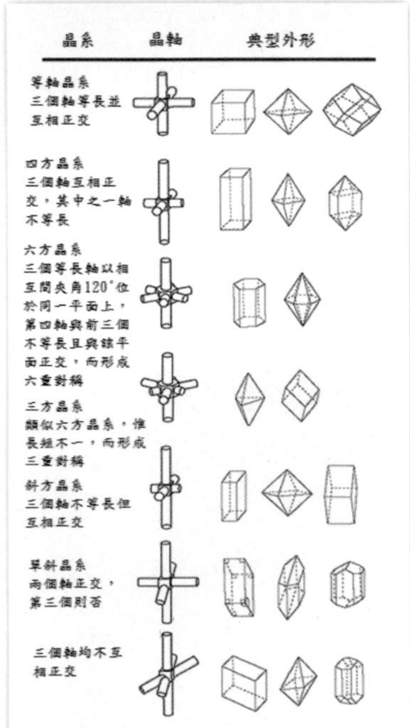

圖 3-7 7 種晶系

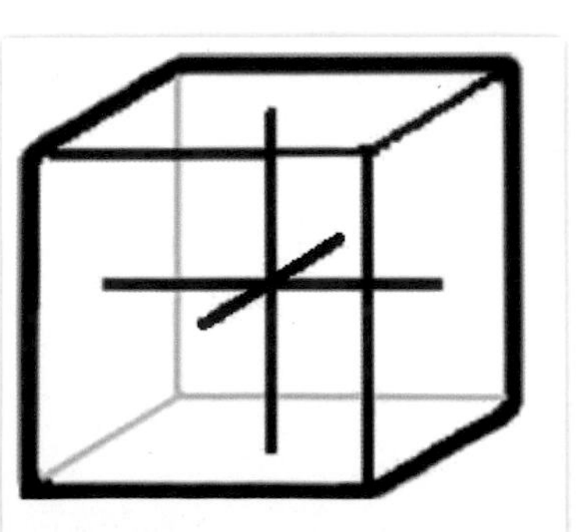
圖 3-8 等軸晶系

3-3 鑽石結晶學

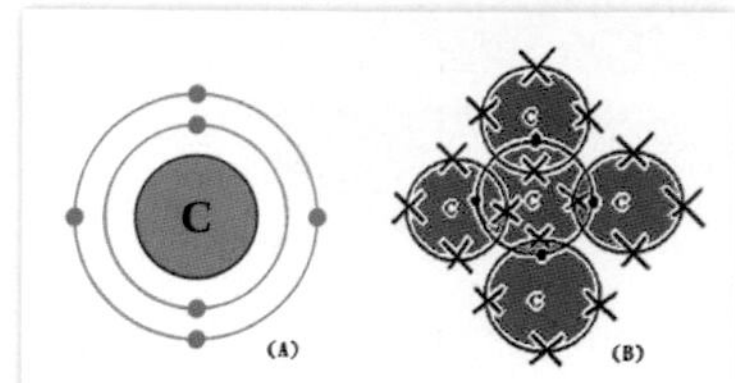

圖 3-9

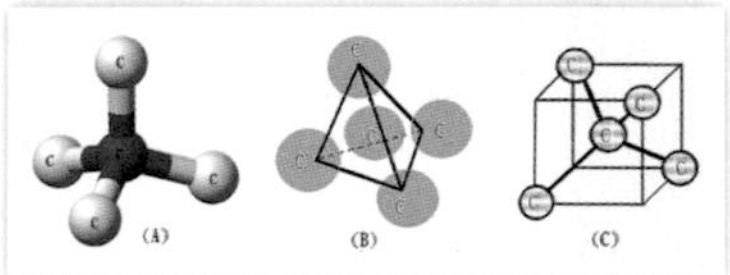

圖 3-10

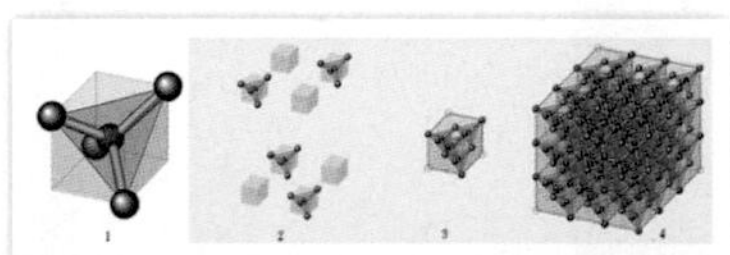

圖 3-11

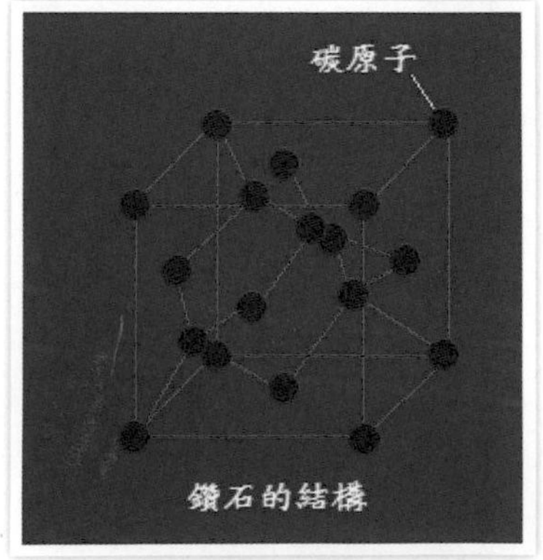

圖 3-12

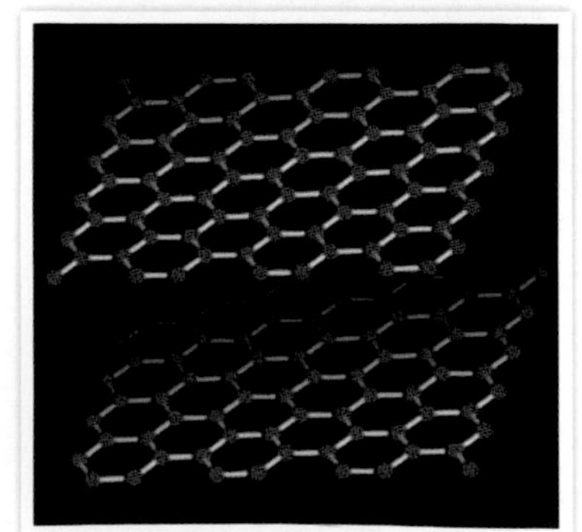

圖 3-13 石墨的結構

鑽石的基本結構

構成鑽石的基本元素是碳，如圖 3-9（A） 所示。每個碳原子的外圈有四顆能夠進行鍵合的電子，碳原子於是與四個碳原子間以 sp^3 雜化軌道與另外 4 個碳原子形成共價鍵（C—C 間距為 0.154nm），互相連接，如圖 3-9（B）所示。

但這個構造並非平面的，而是一個三維骨架，如圖 3-10（A）所示。若將外側的四個碳原子連接起來，就可形成一個正四面體，如圖 3-10（B）所示。但由於其共價鍵長度與方向的對稱性，如將此五個碳原子所構成的基本構造置入立方面格子中，則可以發現外側的四個碳原子正好可位於立方格子的四個頂點如圖 3-10（C）所示。

將圖 3-10（B）中四面體與圖（C）中立方格子標示在一起，則如圖 3-11（1）所示。如圖 3-11（2）所示，找來 8 個立方格子，拼合在一起，就形成如圖 3-11（3）所示的較大立方格子。找更多的大立方格子，就可以在三維空間裡不斷展延，構成如圖 3-11（4）所示的更大的立方格子。從基本構造到大格子，碳原子所處的立方格子，個個邊都是互相垂直，並且等長的，正好符合前述等軸晶系的條件，所以說鑽石是等軸晶系。

但圖 3-11（4）所示的大立方格子相當複雜，我們可以簡化成如圖 3-12 所示的立方格子，在這個格子中，每個角落以及每個面的中心，都有一個碳原子，這種結構非常強大，是構成鑽石高硬度及高熔點的主要原因。

前面提到，石墨也是由碳所組成，是鑽石的同質異形體。石墨的結構見圖 3-13，它是屬六方晶系，其晶體結構與鑽石不同，具典型的層狀結構，每層碳原子呈六方環狀排列，層內碳原子以共價鍵——金屬鍵相結合；層與層之間以分子鍵結合。由於鑽石和石墨的結構不同，導致二者在晶體形態、物理化學性質等方面都有很大的差異。

結晶習性

圖 3-14 為鑽石原石，既然鑽石的晶體結構是正方體，為什麼我們在圖 3-14 中看到的鑽石原石卻多是八面體而非正方體？事實上，常見的鑽石晶體外形包括立方體、八面體、菱形十二面體等，原因是與結晶習性（habit）有關，這可以由圖 3-15 來說明。鑽石結晶是由龐大數量的單元立方體聚集生成。就好像堆積木似的，將立方體堆疊起來，就可以聚集產生鑽石晶體常見的八面體形狀。

圖 3-14

如果鑽石結晶成八面體，究竟還是不是立方晶系呢？由圖 3-16 來看，八面體的六個頂點（或兩個頂點四個邊）位於立方體的每一個正方面的中心，所以仍然是立方晶系。

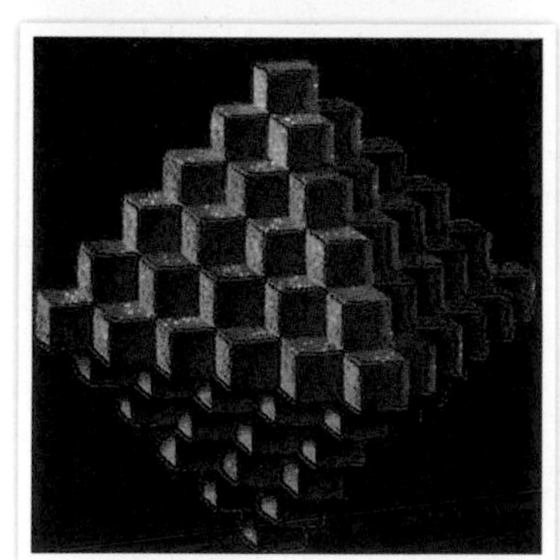
圖 3-15

同理，立方體與菱形十二面體也可以用圖 3-16 所示之方式堆疊出來。但是立方體與菱形十二面體是否仍然是立方晶系呢？在圖 3-17 左側，我們放上三個等長正交的軸，右側則分別將立方體、八面體、菱形十二面體套入。圖 3-17（A）中立方體可維持三個軸不變；圖 3-17（B）中八面體亦可維持三個軸不變；圖 3-17（C）中菱形十二面體是怎麼做出來的呢？我們將八面體的四個角垂直各切一刀圖 3-17（C）中，就切出了四個菱形圖 3-17 （C）右，這四個菱形再加上上下各四個菱形，就成了菱形十二面體，所以菱形十二面體仍然是立方晶系，我們同時也知道菱形十二面體是由八面體切角變化而來。

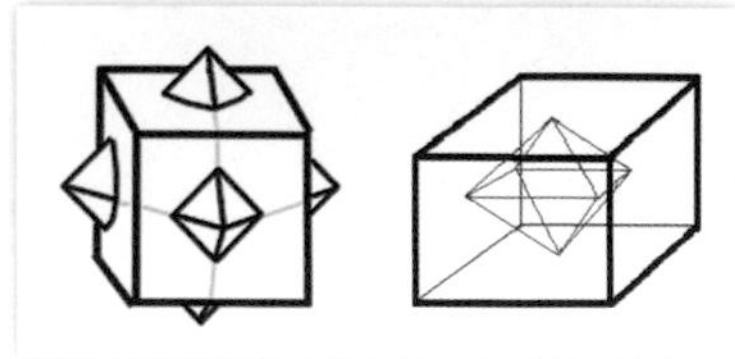
圖 3-16

除了菱形十二面體外，還可能衍生出四六面體、三八面體、六八面體等各種晶形。立方體又稱六面體，英文稱 Cubic；八面體英文稱 Octahedron；十二面體英文稱 Dodecahedron；三八面體英文稱 Trisoctahedron；六八面體英文稱 Hexoctahedron，看起來相當複雜，這是因為幾何圖案的命名是依希臘字。希臘字根 Tris 是三，Tetra 是四，Hexa 是六，Octa 是八，Dodeca 是十二，Hedron 是面，兩兩組合，就可以得到晶體的英文名。例如 Trisoctahedron，我們將它拆成 Tris（三）-octa（八）-hedron（面）三段，就很容易了解是三八面體。

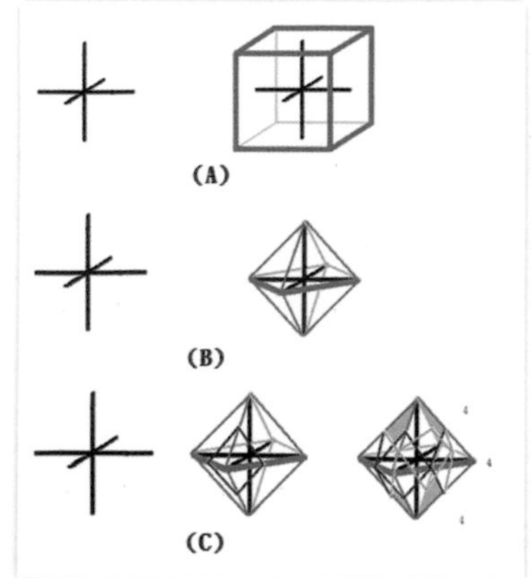

圖 3-17

常見的晶體外形

至於晶體所顯示的習性，則是取決於一系列因素，例如生成溫度、生長速度、微量元素及晶體生成後的環境外營力等。因而產生以下常見鑽石晶體外形：

圖 3-18

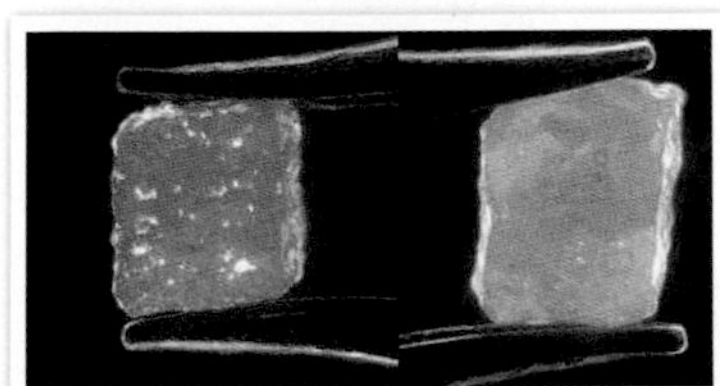
圖 3-19

圖 3-20 圓球六面體

圖 3-21 八面體晶體

圖 3-22 帶不同顏色的八面體晶體

圖 3-23 91.72 克拉八面體鑽石原石

1. 立方體（六面體）

當溫度較低時，結晶化的速度就快，會形成立方晶體。但是這樣生成的晶體都不大，因此立方體的晶形主要見於小的鑽石晶體，如圖 3-18 及圖 3-19 所示。由於結晶化快速，使得晶體產生了不平整的表面，嚴重一點的時候，立方體的稜線會很不明顯，顯得像個圓球體，如圖 3-20 中所示。

2. 八面體

當溫度增高時，很多晶體被一層一層堆積起來，就形成八面體晶體（圖 3-21、3-22、3-23）。Diamcor 礦業公司於 2013 年 10 月，出售之鑽石原石中，有一顆 91.72 克拉寶石級的八面體鑽石原石，如圖 3-23 所示，當時以 817,920 美元售出，平均每克拉 $8,918 美元。

八面體還可以演變為三八面體（圖 3-24）、四六面體（圖 3-25）、六八面體等各種晶形。

3. 十二面體

若八面體在被捕獲運送的過程中接觸到運送溶液，八面體的四個頂點被熔掉，就形成十二面體（如圖 3-26 至圖 3-28）。或是成為瘦長的十二面體（如圖 3-29）。

但事實上，前述的完美晶形是非常罕見的，實際上鑽石晶體通常會顯得較扁平（三角薄片雙晶（macle）的三角形雙晶）、被拉長或較圓、聚形等（如圖 3-30）。接著我們來一一了解這是如何變化出來的。

圖 3-24 三八面體

圖 3-25 四六面體

圖 3-26 黃色十二面體

圖 3-27 棕色十二面體

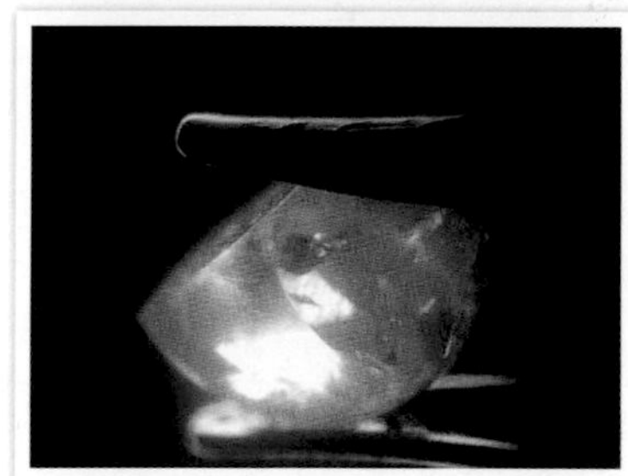

圖 3-28 黃色十二面體側面

圖 3-29 瘦長的十二面體

圖 3-30 各種聚形十二面體

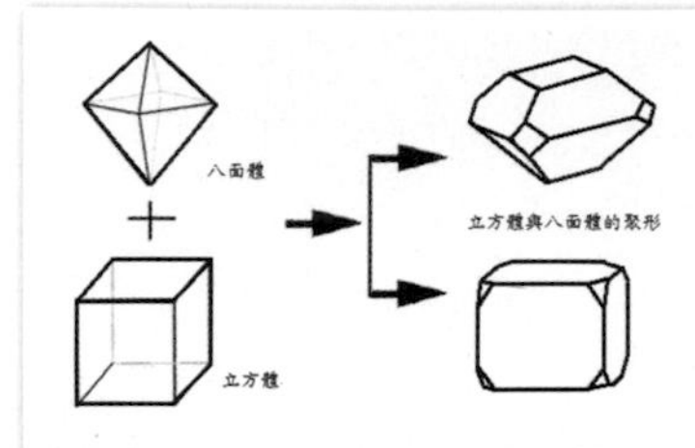

圖 3-31

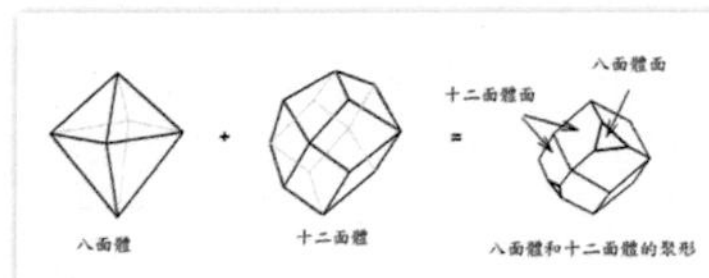

圖 3-32

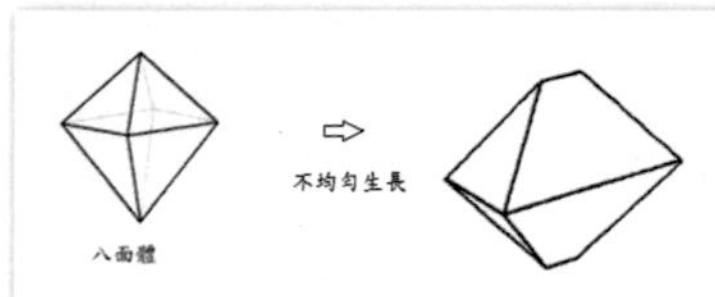

圖 3-33

前面說過，在某特定條件下可能生成某種晶體外形。但是在晶體生長過程中，若是溫度或壓力突然改變，那麼原來按照甲形生長的晶體，會改成照乙形晶體生長，生長完的晶體，同時具有甲、乙兩種外形（或是更多種外形），我們把這樣的晶體稱為「聚形」。換句話說「聚形」就是：在晶體形狀中可以清楚地看出兩種或多種晶形（單形）的組合。如果在單一晶體上看到多種晶形，在說明晶體屬何種外形時，這幾種組合都必須描述。譬如說立方體與八面體的聚形，或是八面體與十二面體的聚形（如圖 3-31 及圖 3-32）等等。

還有一種情形就是：當條件改變不大時，晶體本身還未完全轉換成另一種外形生長，維持在原外形生長，但卻長得有點畸形，譬如說該匯集在某一點的位置成了一條線（如圖 3-33），或是直線的線形成了曲線等等，因為與完美的晶體外形相較顯得不完美、不均勻，我們就稱之為不均勻生長。

另外還有一種情形就是：在同樣的環境中，因為某種原因，使得兩個或多個晶體生長時，像連體嬰似的連結在一起。這種連結在一起狀態又可分為三類。一是，如果這兩個或多個晶體，是以互不關聯的角度穿插生長到一起，我們稱這種情形為「多重連生」（如圖 3-34）。

第二種是，如果這兩個或更多個晶體沿同一方向長到一起，其晶面相互平行，這種外形的生長，我們稱為「平行生長」（如圖 3-35）。

圖 3-34

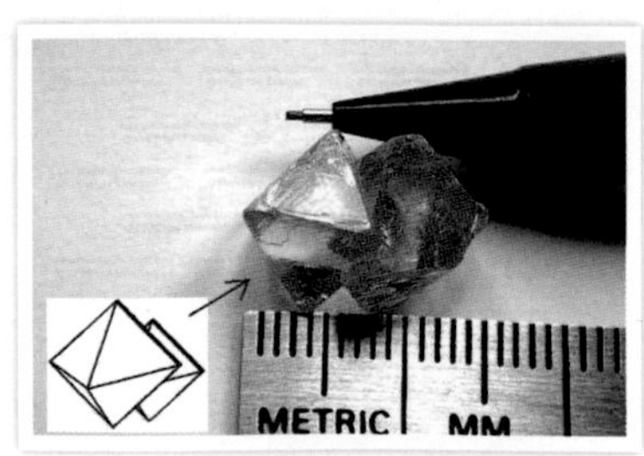

圖 3-35

第三種，如同前述兩種情況，兩個或更多個晶體長在一起，但特別的是兩個或多個晶體共用了一個面或是一個軸，晶體在這個面或軸的兩側形成鏡射，也就是在兩側各自發展出一個晶體，發展出的晶體長得一模一樣；但這兩個晶體除共用一個面或是一個軸外，實為獨立的個體。這種情形，我們稱為「雙晶」或是「孿晶」，（如圖 3-36）。

圖 3-36

「雙晶」或是「孿晶」的情形在鑽石並不罕見，也在鑽石課題中創造許多有趣的話題，其中一個最有趣的就是「三角薄片雙晶」（如圖 3-37）。三角薄片雙晶的晶體很薄，但它其實是由兩個八面體的雙晶，經過旋轉、壓扁而形成（如圖 3-38）。此外，兩個相反方向的三角薄片雙晶也可以組成星形鑽石原石（如圖 3-39）。

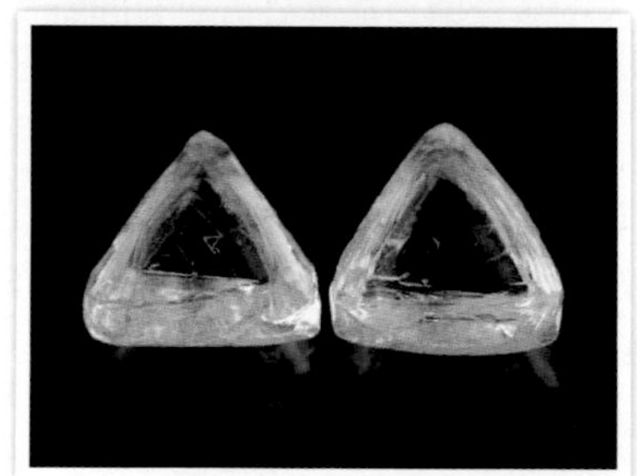
圖 3-37

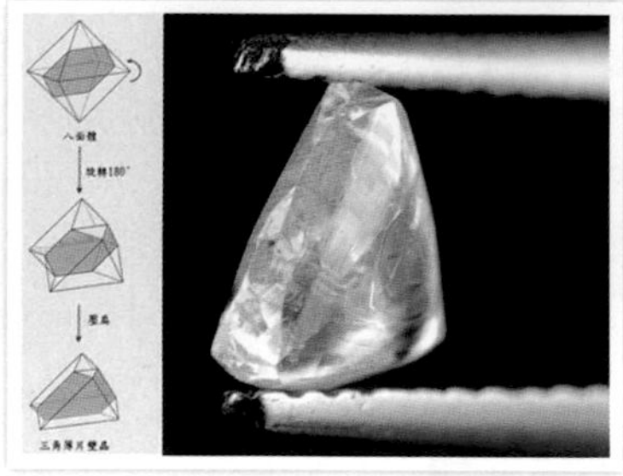
圖 3-38

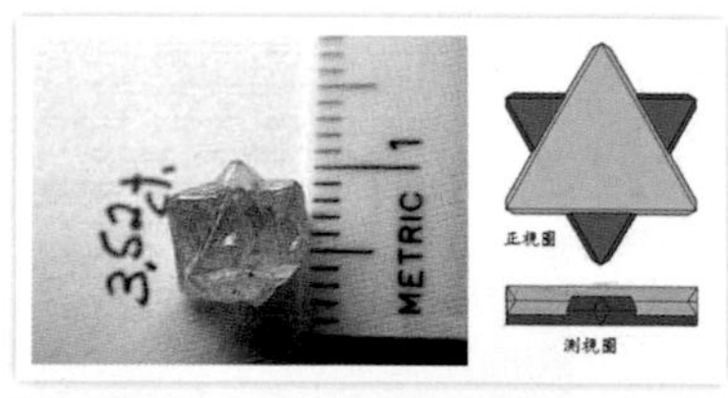

圖 3-39

壓扁的情形不只是發生在八面體，十二面體也會發生，圖 3-40 即為壓平的十二面體。

圖 3-40

「雙晶」或是「孿晶」的鑽石，也有可能因生成後環境的改變，兩側發展出不同的外形。圖 3-41 是香菇形鑽石孿晶原石，兩側的晶型就明顯不同。

圖 3-41

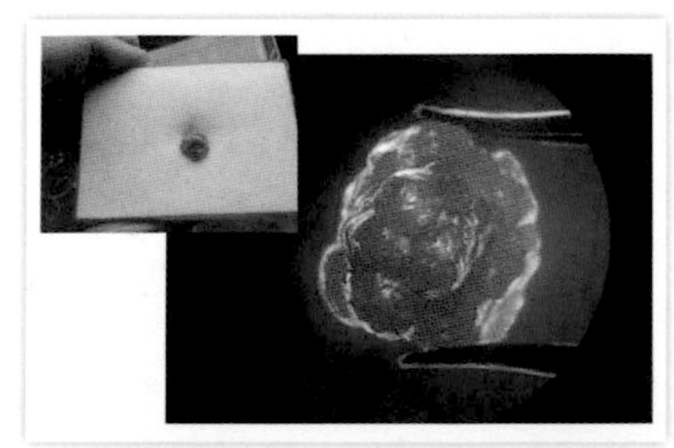
圖 3-42 多晶晶體

圖 3-43 工業用鑽

除了以上介紹的點形晶體外形外，還有一種常見的晶形，就是所謂工業用鑽（Bort）。一般而言，如果鑽石的原石太小、太畸形、透明度差、顏色差，未達寶石級，也就是說無法當作珠寶使用，只能供應工業使用，我們就將其歸類於工業用鑽，如圖 3-42 及圖 3-43 所示。

鑽石晶體外形的特徵

前面介紹了很多種鑽石原石的外形，但因為鑽石原石往往沒照典型的生長模式生長、不完美，因此若要一一區分出來，有時會有點麻煩。以下說明各種鑽石晶體外形會有的特徵，可據以分辨晶體外形，進一步可藉此分辨此一晶體究竟是不是鑽石。

1. 表面紋理（Surface grain）或生長紋理：

晶面上的表面紋理提供了內部晶體結構的外部證據，表面紋理也稱為 striations（條紋）。

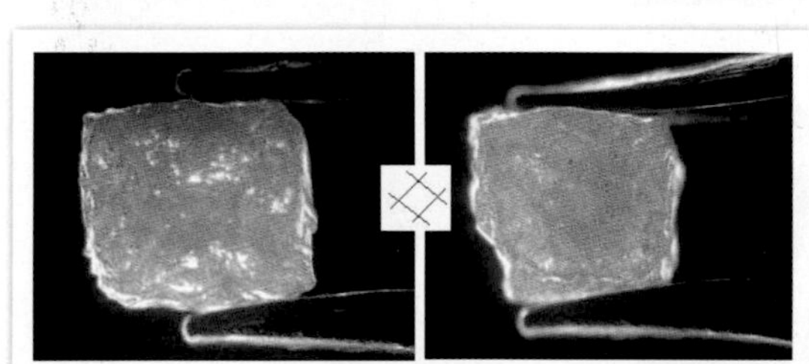
圖 3-44 六面體的正方形蝕坑

2. 六面體

在六面體上常見到正方形的蝕坑，因為它是六個正方形面組成的，每一個面上都可能出現正方形的蝕坑，且有兩個方向的生長紋理，如圖 3-44 所示。

圖 3-45

3. 八面體

八面體則是由八個三角形組成，常出現平行於八面體上三角形的三個邊的三角形的蝕坑，亦有可能因兩種聚形產生六邊形的蝕坑，只是比較少見。在三角形的面上常有三個方向的生長紋理，如圖 3-45 所示，注意看該鑽石中的八面體鑽石晶體。當然圖 3-45 之情況較為特殊，因為其為鑽石中生長的鑽石。然而一般的鑽石單一晶體也更容易看到，如圖 3-46 所示。

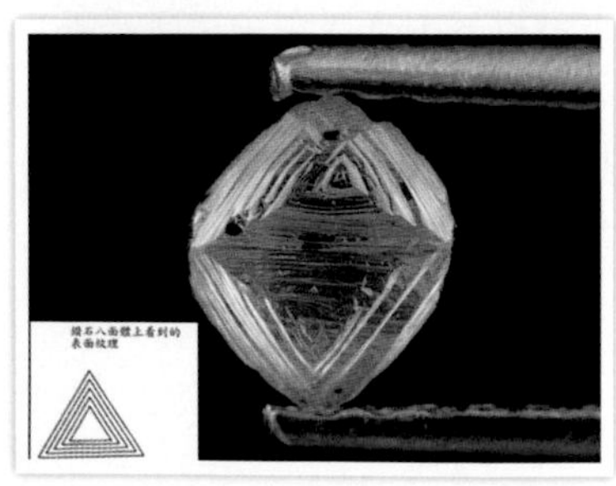

圖 3-46

但是八面體上的生長紋理並不是獨一無二的特徵，八面體上最有趣的特徵當屬 Trigon（三角印記）無疑。大多數天然八面體有侵蝕入鑽石表面的小三角形標誌，這些標誌稱為三角凹痕，如圖 3-47 所示。

圖 3-47

三角凹痕是等邊三角形的坑，其大小變化很大，有些互相疊置，通常這些三角形蝕坑的角頂指向八面體面稜線，如圖 3-48 所示。三角凹痕與八面體面稜線方向一致的情況也有，但是極為少見。

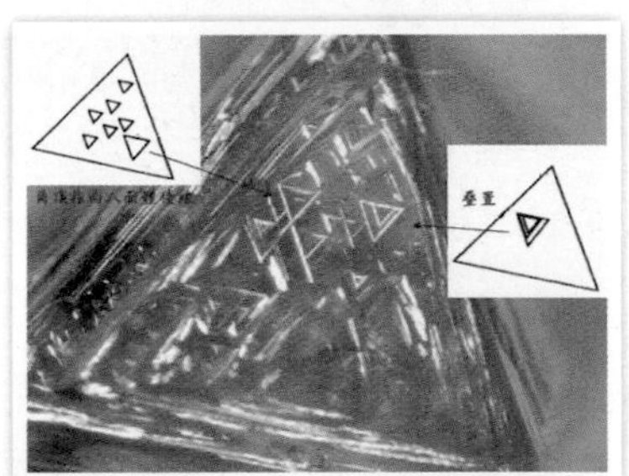

圖 3-48

Trigon 是鑽石晶面上常見的生長印記，是在有關鑽石的許多著作中必然提到的特徵，而且都用 Trigon 這個字。那麼 Trigon 中文到底該怎麼翻譯？有人翻成「三角凹痕」，GIA 的鑽石教材 7-22 翻成「三角印記」，「三角」是沒有疑問，因為就是長得像三角形，但到底該用「凹痕」還是「印記」？

我們先來探討 Trigon 的由來。很久以來 Trigon 的存在被認為是不完全生長所致；其後，有學者認為 Trigon 純粹是由於侵蝕所致，兩派爭論不休。直到以 X 光衍射技術對 Trigon 進行「地形」分析，才終於確認 Trigon 是由於侵蝕所致，並有學者以運動波動理論推導出其生長模式，並在實驗室中成功複製出 Trigon。至此，對於 Trigon 的由來，終於有了定論。

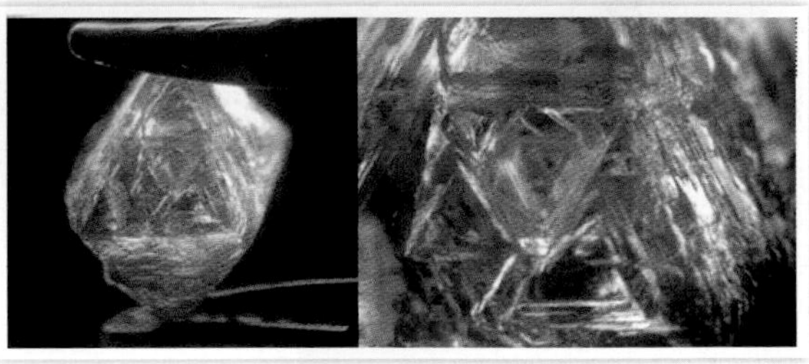

圖 3-49　鑽石原石中間的三角凹痕非常「凹」，像是一個深入鑽石內部的三角形隧道

再來，Trigon 到底是「凹痕」還是「印記」？在以前 Trigon 常被認為是「生長小丘」，是凸起的，但是現在證實 Trigon 是經由侵蝕所造成，絕大多數是蝕坑，也就是「凹痕」，但也有少部分成為小丘狀，其成因雖然也是由於生長後再經輕微侵蝕所致，但不同於蝕坑狀，它們是凸起的。所以把 Trigon 說成是「三角凹痕」，好像很對但又不完全對。因此，將 Trigon 翻譯成「三角印記」，似乎比較適當。

圖 3-50

Trigon 到底是不是鑑識鑽石的特徵，一般而言是，或者說曾經是對的。為什麼？在其他寶石晶體上會不會也有 Trigon ？在天然尖晶石的晶體上，偶爾也有 Trigon 出現。另外，現在以 CVD 法生產的鑽石晶體上，也會有 Trigon 出現，所以說 Trigon 恐怕已經不能是鑑識鑽石的特徵，必須再留意其他的證據。

鑽石表面也有六邊形的凹痕，這是極其少見的，有人認為：「可能是別的礦物被熔蝕而沾到鑽石表面上」，或是「可能有鑽石表面的稜線完全被熔蝕的情形」。但根據目前實驗室仿製 Trigon 的經驗顯示，在某些特定溫度及侵蝕條件下，就可以產生六邊形的凹痕。

圖 3-51

4. 菱形十二面體

菱形十二面體則只有一個方向的生長紋理，如圖 3-50 所示。

這種紋理若是太密集，會使鑽石表面看起來像絲綢狀，甚至成為無光澤的煙幕狀，所謂「煙幕鑽石」就是指這類鑽石，一般而言，此種無光澤表面很容易藉由拋光去除。

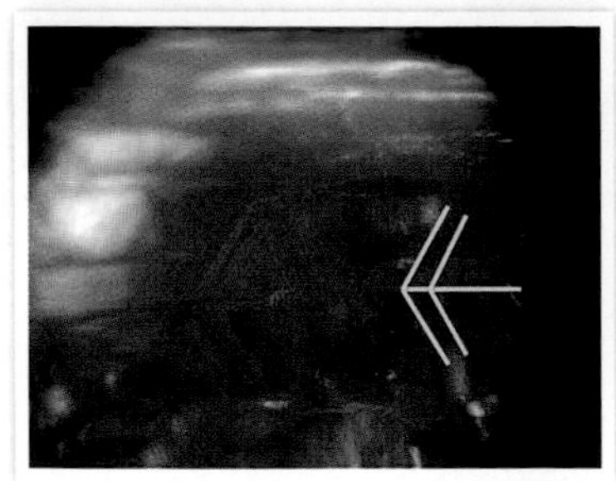
圖 3-52

5. 三角薄片雙晶

三角薄片雙晶是八面體的雙晶，經過旋轉、壓扁而成，在圖 3-38 中已有解釋。從該圖中亦可看到：由於是雙晶，所以在側面會有三個凹角，如圖 3-51 所示。

凹角之間有類似魚骨頭的生長紋理（如圖 3-52）。為什會有「類似魚骨頭」的生長紋理？由該照片中可以看出：由於雙晶扭轉後上下兩個晶體的方向相反，使得上下兩個八面體晶體的三角形生長紋理，在此交會並呈鏡面反像，再加上雙晶界線，即形成所謂「似魚骨頭」紋理。

此種「類似魚骨頭」的生長紋理，常有人稱為「青魚骨頭」。「青魚（Mackerel）」究竟是什麼魚呢？「青魚」其實就是台灣常見的烏溜魚（Black carp），下次食用烏溜魚時，記得觀察其骨頭的形狀，並分享鑽石結晶學的知識。

3-4

鑽石結晶學在切磨上的應用

結晶體之平面和方向

英國礦物學家威廉．洛斯．米勒（William Hallowes Miller）於 1839 年提出米勒指標（Miller indices）。米勒指標將任意單元的各個基本面及其延伸方向標示出來，如圖 3-53 所示，這種標示法就成了結晶學中晶格平面的一套符號系統。

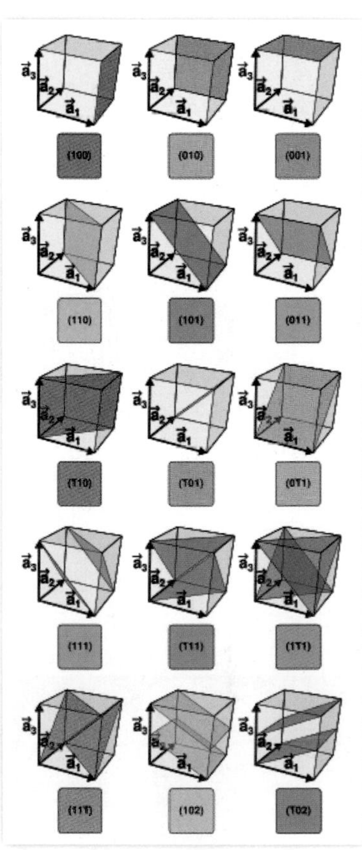

圖 3-53 米勒指標

此系統中，晶格中的各個面是由米勒指標的三個數字 h、k 和 l 定義出來，寫成（hkl），h、k 和 l 是最小為 1 的整數，如果數字是負的，就在上面加一橫來表示。其中每一個數字代表與晶格方向正交的一個平面，例如說米勒指數 100 表示平面正交到 h 的方向；指數 010 表示平面正交到方向 k，而指數 001 就表示平面正交到 l，如圖 3-54 所示。

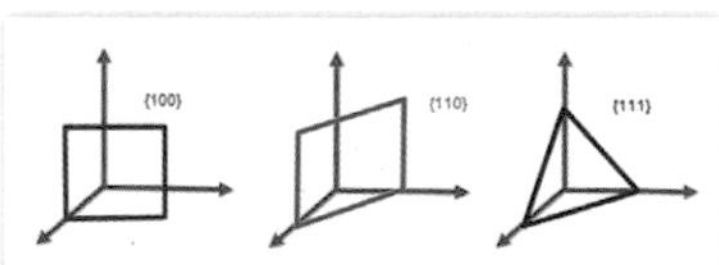

圖 3-54 米勒指標晶體面

另外還有幾個相關的表示方式：若寫成 {hkl} 則表示所有晶格系統中平行於（hkl）的對稱平面；若寫成 [hkl] 則表示所有晶格系統中的方向（不是面喔）；同理，若寫成〈hkl〉則表示所有晶格系統中與 [hkl] 對稱的方向。

鑽石晶體的各個平面具有不同硬度，拋磨的方位取決於晶體面的方向。拋磨時最軟的是 <100> 方向上的 {100} 晶面。最硬的是 <111> 方向的 {111}。圖 3-55 顯示了一個三維立方晶體 {100}，{110} 和 {111} 面。由該圖中可以看出 {111} 就是八面體的面，{100} 是六面體的面，{110} 是十二面體的面。也就是說八面體的面最硬，六面體的面最軟，十二面體面的硬度介乎兩者之間。切鑽石的時候要用最硬的面去切最軟的面；磨鑽石時則要在最硬的面上磨，這樣才能事半功倍。

圖 3-55 鑽石的晶面編號

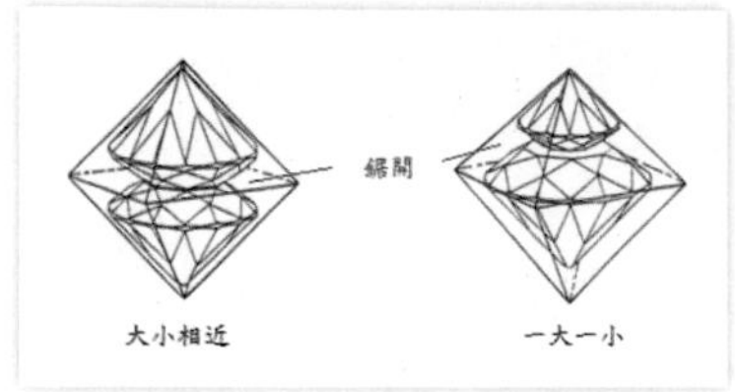

圖 3-56

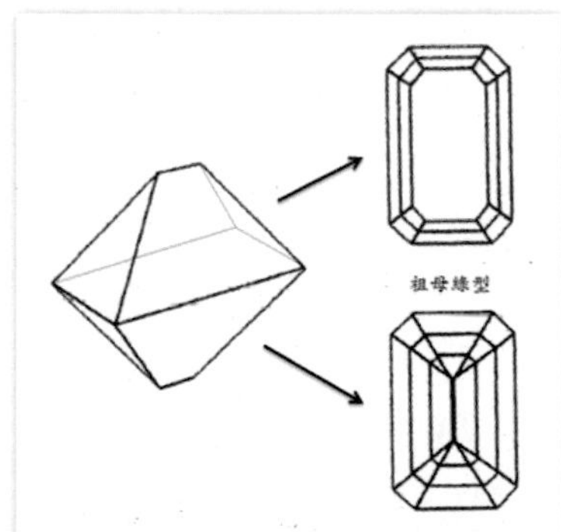

圖 3-57

圖 3-58 Octahedron/Sawable

生長紋理和蝕坑常是決定鑽石加工（鋸開、劈開）和拋光的方向依據，也可以跟同是等軸晶系寶石區分，例如：因常見原石型態為八面晶體，故常做上、下切割。以完美八面體原石為例，鑽石的切割如圖 3-56 所示，首先將原石切成兩個金字塔型。然後，即可依淨度及保留最多重量之原則，將鑽石做適當的切割。

不完美的八面體則可視其形狀，選擇適合的花式切割，例如圖 3-57 中將不均勻生長的八面體，切割成祖母綠形。相對扁平的晶體，例如三角薄片雙晶或是其他壓扁的形狀，則適合切割成玫瑰式、三角形或心型等。

由上述說明與案例我們可以理解，晶體的形狀直接關係到工匠決定如何切割，同時也會決定切磨後所得到鑽石重量以及其價值。

鑽石原石之分類

在鑽石行業內，鑽石原石依照其結晶外形及品質之不同，可分為：
1. 八面體 / 可鋸開（Octahedron/Sawable）
2. 十二面體 / 可以用（Dodecahedron/Makable）
3. 順劈裂裂開（Cleavage/Cleaved）
4. 扁平狀（Macle/Flat）
5. 圓粒狀（Boart）
6. 表面霜霧狀 / 完全被覆蓋（Frosted/Coated）
分別敘述如次。

1. 八面體 / 可鋸開（Octahedron/Sawable）

Sawable 的原石是形狀完美的八面體或是十二面體。大部分鑽石的原石都是八面體，如圖 3-58 所示。八面體原石的材料是由兩個金字塔形的石塊結合成為一個八面體，因此可以按結合的平面加以鋸開。Sawable 原石材料的特點是其晶體形狀極為對稱、乾淨及透明度高，被稱為透亮（glassy），有時生長紋相當明顯。所有開採的原石中只有 15％屬於此種寶貴的類別。

2. 可用的（Makable）

所謂 Makable（GIA 翻譯為可磨級），指的是有某種程度的變形，形狀不完美的八面體或十二面體。這種原石屬中等品質的類別。可以用，但切磨時要根據它的形狀為之。雖然從 makable 的原石也可能切磨出高品質的鑽石，但是有時也會產生缺乏美感的低級品。

圖 3-59 Makable

以上兩類屬於寶石級原石，另外還有近寶石級。所謂「近寶石級」，由於缺乏透明度，而且含有許多裂隙，這種原石主要是供工業使用。即使拋光後，這類石頭也不會顯示出美麗的光彩，因此用於低價珠寶。

3. Cleavage 或 Cleaved

所謂 cleavage 指的是已經破裂開來，或是說末端部分或者表面呈現凹凹凸凸狀的不規則形狀的原石。不管外型如何，其劈裂面會與八面體的一個面平行。Cleaved 指的則是已經裂成兩塊。

圖 3-60 Cleaved

4. 扁平狀（Macle/Flat）

基本上扁平狀（Macle/Flat）的鑽石都是三角形的。就像是八面體的兩個或三個面在底部黏成一塊（圖 3-61）。輪廓的邊是直線或是稍有曲度，面上生長紋或波浪紋相當明顯。這種古怪的形狀也有可能是原石內平行底部的劈裂面，而非八面體的面。

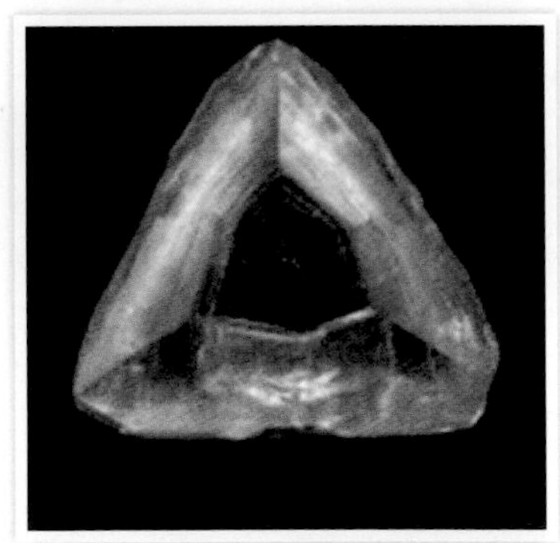

圖 3-61 Macle/Flat

5. 圓粒狀（Boart）

原石中約有 80％屬圓粒狀，之所以稱為 Boart，是因其品質很差，只能供工業使用。Boart 多半是不完美、不純淨、形狀怪異、表面凹凹凸凸的（圖 3-62）。由於其堅硬的本質，適合用於切割或研磨。

圖 3-62 Boart

圖 3-63 Frosted/Coated

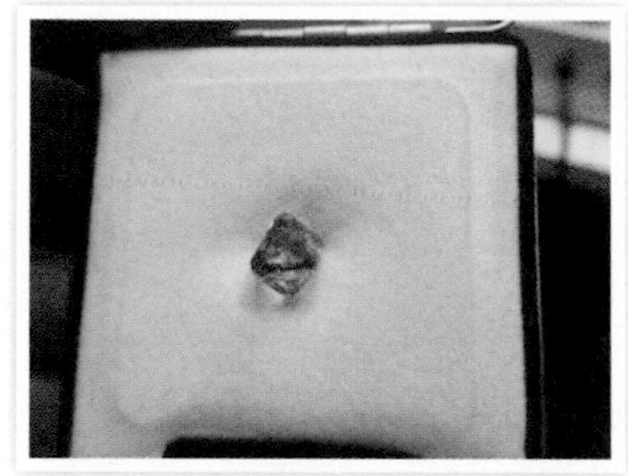
圖 3-64a Flower Diamond

6. 表面霜霧狀 / 完全被覆蓋（Frosted/Coated）

有些鑽石不太透明，就程度上來說，有的只是表面霜霧狀（Frosted），有些卻是整顆完全被覆蓋住（Coated），變得幾乎完全不透光（圖 3-62）。

星芒鑽石

瑞士寶石研究所 SSEF 的 J-P.Chalain 曾於 2010 年發表「Diamond with a "star"： Asteriated Diamonds」一文（2010 年 SSEF FACETTE No.17；page 13.），文中介紹其購自 2009 年 9 月香港珠寶展香港珠寶展的星芒鑽石。該文中所謂星芒鑽石，是指以片狀切磨的鑽石，而這些鑽石的典型特徵，是有明顯的灰到棕灰色調的色域，宛如花瓣般地，從透明到次透明的鑽石中心點放射開來。文中指出：經研究顯示，星芒圖案的地方聚集了高量的氫元素，而氫元素（H）的存在就會導致產生灰色。

圖 3-64b 星芒圖案

圖 3-64a 為 GIA 描述為「花鑽石（Flower Diamond）」的八面體星芒鑽石，將其放大來看，如圖 3-64b 所示，可以清楚看到灰色區塊形成的星芒圖案，相當有趣。

為什麼在這裡提到星芒鑽石，是因為想告訴大家：理論上，鑽石應該是由純碳元素組合而成，但是在組成的時候，往往存在其他微量元素或者未整齊排列，構成了所謂的「晶體缺陷」。例如說前述的星芒鑽石，其中含有部分氫元素，而這些微量的元素，對鑽石的外觀及性質會有很大的影響，也成為鑽石結晶學的重要課題。

晶體缺陷

主要的鑽石晶體缺陷，大致可分為兩類，即「點缺陷」與「排差」。這些缺陷對鑽石的分類、顏色、外形、物理性質等產生了很大的影響。

點缺陷

所謂的「點缺陷」，是在鑽石排列時呈質點狀的不完美排列，包括大、小原子置換、空穴、移位至空隙間、成對缺陷等，如圖 3-65 所示。

排差

所謂的「排差」，則是在鑽石排列時，整排的原子未按整齊排列，呈線狀偏移的不完美排列，如圖 3-66 所示。寶石學上，排差往往被稱為「邊線錯位（edge dislocation）」或是「晶格錯亂」。

首先說明「點缺陷」。因為大、小原子置換與空穴等形成的缺陷，使得鑽石被區分出了類別，即所謂「鑽石的分類」。

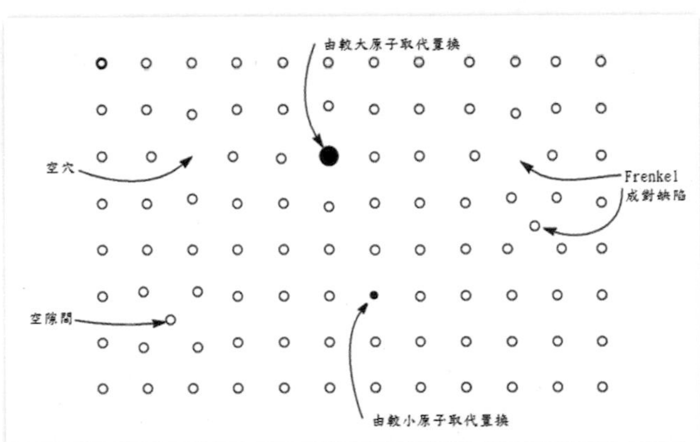

圖 3-65

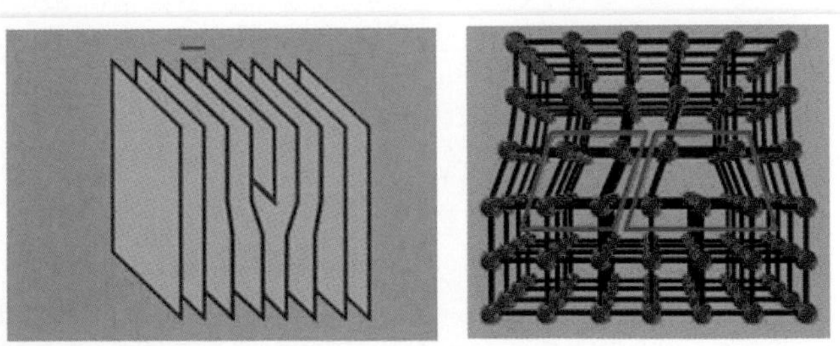

圖 3-66

3-5
鑽石的分類

圖 3-67

鑽石由碳構成，純度極高，但幾乎所有鑽石均含一小部分其他元素，這些元素作為晶體結構的一部分，散佈於碳內。鑽石最常見的微量元素是氮元素 N（圖 3-67），N 以類質同象形式替代 C 而進入晶格，N 原子的含量和存在形式對鑽石的性質有重要影響。同時也是鑽石分類的依據。根據鑽石內 N 原子在晶格中存在的不同形式及特徵，可將鑽石劃分為如下 4 種類型，即Ⅰa、Ⅰb、Ⅱa，及Ⅱb 類。

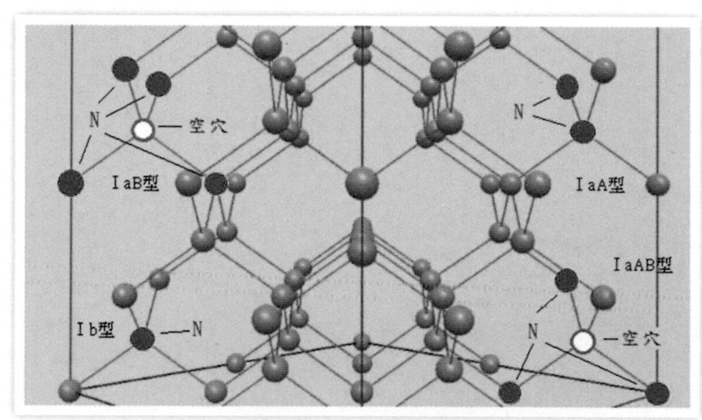

圖 3-68 I 型鑽石分類

Ⅰ類鑽石

含有氮，最多時 w（N）可達 0．25％（一般是 100~3000ppm）。根據 N 在晶格中的存在方式，I 型鑽石又可分為 Ia 型和 Ib 型。

Ⅰa

如果氮原子在碳素晶格中群聚，即氮原子以原子對或小集合體形式存在，那麼此類鑽石可歸為 Ia 類鑽石。Ia 類鑽石依小集合體形式的不同，又可分為 IaA、IaB 及 IaAB 三型：IaA 型含 2 個氮原子集合體，又稱 A 集合體（如圖 3-68）；IaB 型是氮以環繞一個空穴的 4 原子集合體存在，又稱 B 集合體（如圖 3-68）；IaAB 型則是含 A 和 B 兩種型式的氮，惟 IaB 型及 IaAB 型中大多數含一些 B 集合體氮原子的鑽石也含環繞一個空穴的 3 氮原子集合體（如圖 3-68）。

所有鑽石中約有 98％為 Ia 類。由於此類鑽石可吸收藍光，因此具備淺黃色或褐色。南非發現的第一顆鑽 Eureka 即屬此類。

Ⅰb

在 Ib 類鑽石中，氮原子以孤立的原子狀態取代晶格中的碳原子，如圖 3-68 所示。此類鑽石可吸收綠光和藍光，顏色較 Ia 類鑽石暗。根據氮原子的散佈情況和聚集密度，此類鑽石可呈現出深黃色（嫩黃色）、橙色、褐色或綠色。天然 Ib 型鑽石極少，只有不足 0.1％ 的鑽石屬於 Ib 類，主要見於合成鑽石中。在一定的溫度、壓力及長時間的作用下，氮原子相互聚集 Ib 型鑽石可轉換為 Ia 型。因此，天然鑽石以 Ia 型為主。

Ⅱ類鑽石

不含有氮或 w（N）小於 0．001％（或 5ppm）。又分內部幾近純淨的Ⅱa 類鑽石與不含氮的Ⅱb 類鑽石。

Ⅱ a

此類鑽石不含或僅含極少量（或所謂零檢出）的非碳元素，內部幾近純淨，如圖 3-69 所示，圖中白色小球均為碳原子無其他雜質元素。具有極高的導熱性，通常為無色，如著名的庫里南鑽石和塞拉里昂之星鑽石就是其中的典型代表。但是，不完全的碳元素晶格（碳原子錯位而造成缺陷）將令鑽石吸收某些光，使其呈現出黃色、褐色甚至粉紅色或紅色。1 ～ 2%的鑽石屬於Ⅱ a 類。

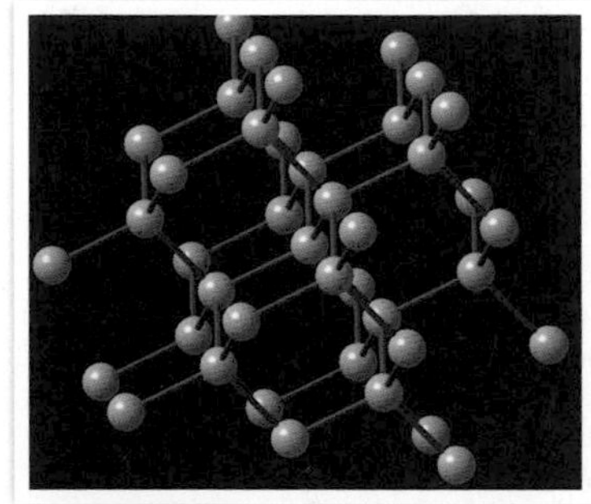
圖 3-69 Type Ⅱ a

Ⅱ b

此類鑽石不含氮，但卻含硼（圖 3-70），硼以孤立的原子狀態取代晶格中的碳原子如圖 3-71 所示。Ⅱ b 型鑽石為半導體，是天然鑽石中唯一能導電的。據此性質，可以區別天然藍色鑽石和輻射處理致色的藍色鑽石。大部分Ⅱ b 型鑽石可吸收紅色、橙色和黃色光。因此，此類鑽石通常呈現藍色，但它們也可以是灰色或接近無色。所有天然藍鑽石均屬於Ⅱ b 類，占所有鑽石的 0.1%，霍普（Hope）鑽石是最著名的Ⅱ b 型鑽石。

圖 3-70

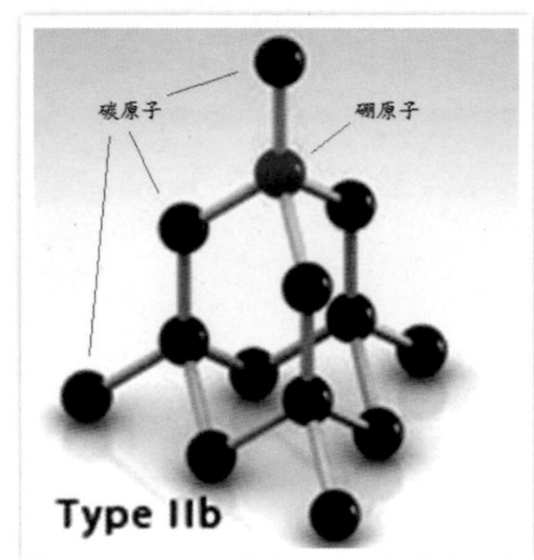

圖 3-71 Type Ⅱ b

混合型鑽石

大多數鑽石包含多種鑽石類型的特徵，有許多原因導致鑽石成為混合型的：

第一個原因是氮聚合的過程。當鑽石結晶時、所有的 N 雜質都被認為是以單個原子存在於鑽石晶格中（Collins et al., 2005）。由於鑽石停留在地球深處的高溫和壓力之下很長一段時間，在此期間內，N 原子在晶格中移動，並組合成聚合體。當兩個 N 原子結合，就形成了 A 集合體，當兩個 A 集合體（與它們之間的一個空穴）再次組合時，就形成了 B 集合體。這一種氮聚合的傾向有助於解釋為什麼天然鑽石中的 Ib 型比 Ia 型罕見。這種 N 雜質的聚合在某些天然鑽石中幾近已發展完全（Collins et al., 2005），結果造成幾乎全是「純」IaB 型，但在許多情況下，氮雜質的聚合並不完全，因此在單個晶體中常有多種氮雜質共同存在的現象（Hainschwang et al，2006）。

造成混合類型光譜的另一個原因是，大多數 I 型鑽石晶體中各個區域的含氮量也有所不同（例如：Breeding,2005; Chadwick,2008）。此一實際情況，再加上採集刻面鑽石紅外線光譜的方式，所得的光譜幾乎不可能避免成為混合型。

3-6
5 種鑑別鑽石的方法

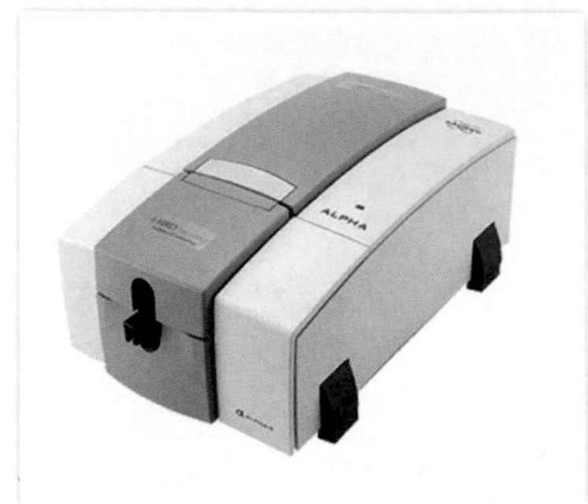

圖 3-72

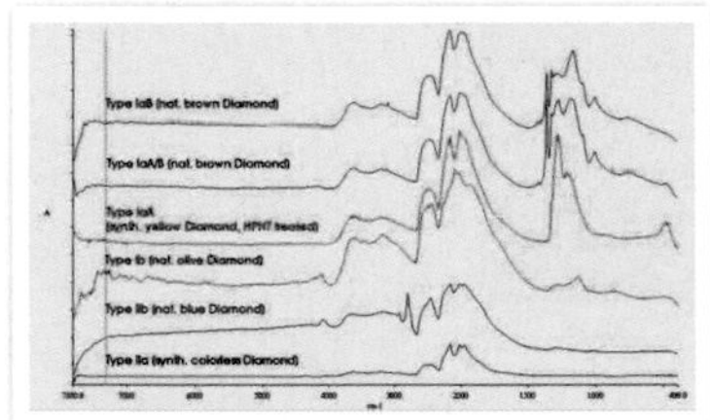

圖 3-73

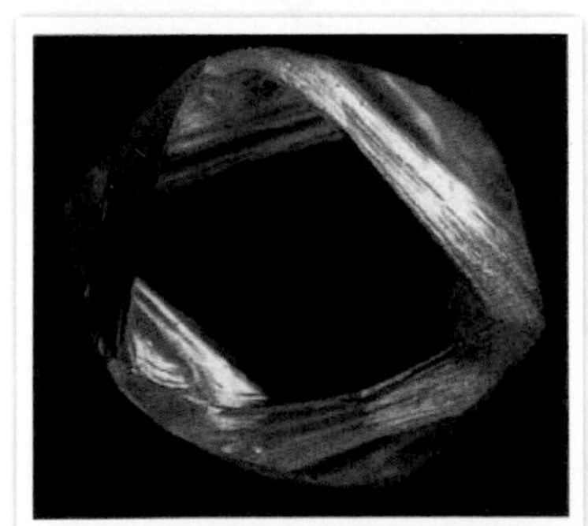
圖 3-74

1934 年英國人羅伯遜在研究鑽石的透光性時，無意中發現同樣是鑽石卻有不同的透光性。他發現絕大多數的鑽石不允許波長 3000 Å(1 Å = 10^{-10} 米）以下的紫外光通過，換句話說，對於波長小於 3000 Å 的紫外光而言，這類鑽石是不透明的。同樣的，這類鑽石對波長在 7 ～ 13μm(微米，10^{-6} 米）的中紅外線來說，也是近乎不透明的。但是有很少數鑽石的表現，卻與上述情況不同，允許波長在 7 ～ 13μm 的中紅外線全部通過；而對於波長小於 3000 Å 的紫外光而言，只有 2000 Å ～ 2500 Å 很窄的一段不能通過，其他的紫外光則可通行無阻。為了區分這兩類鑽石，羅伯遜就把前面一類稱為 I 型鑽石，後者稱為 II 型鑽石。

就是因為組合時純淨度與所含雜質的微量差異，使得 I 型及 II 型鑽石在：

1. 吸收光譜有差
2. 顏色有差
3. 物理性質有差
4. 晶體的形態有差（鑽石形態學）
5. 異常消光

吸收光譜

如前所述發現過程，並藉此特性以紅外線光譜儀 FTIR（圖 3-72）加以鑑別，而主要鑑別的區域則是在 1332 ～ $800cm^{-1}$。其中 IaB 型因 B 心在 1307、1175 cm^{-1} 處有特徵峰；IaAB 在 1175 cm^{-1} 處亦有吸收峰但不強，主要的特徵峰是位於 $1282cm^{-1}$ 處；Ib 型的特徵則位於 1344、1130 cm^{-1}。此外，如果是合成的鑽石，也會有不同的光譜表現，如圖 3-73 所示。

顏色差異

含群聚氮（主要是 3 氮原子）的鑽石（ I a 型），對可見光中的紫色光有少量選擇性吸收，因而導致剩下的可見光出現黃色調，使鑽石產生輕微的黃色。鑽石中 3 氮原子愈多，鑽石的黃色調愈濃。天然鑽石中有 98% 屬於此種 I a 型。

I b 型鑽石中含孤立氮原子，這種形態的氮，不但會阻止紫外光和中紅外線通過外，還對可見光中藍紫的光均有較明顯的吸收，因此 I b 型鑽石比 I a 型的黃色更深些。但天然鑽石中 I b 型極少，人工合成鑽石則以 I b 型為主。

II a 型幾乎不含雜質，因此 II a 型鑽石大多純淨無色。II b 型含硼，會吸收可見光中紅色、橙色和黃色光。因此，剩餘透出來的光多呈現藍紫色。整理其中差異，如下表所示：

類型	存在比率	特徵	顏色
I a	98%	群聚氮原子	無色、黃色
I b	0.1%	孤立氮原子	黃色、橘色、棕色
II a	1～2%	碳純度高	無色、黃色、棕色、粉紅色、紫色
II b	0.1%	硼原子	藍色、灰色

物理性質差異

II a 型鑽石除透光性優於 I 型外，其導熱度亦優於 I 型。II b 型是唯一能導電的鑽石，對溫度微小變化或是高溫下工作有極優的表現。

形態

I a 型鑽石往往是透亮的扭曲八面體，而且在晶體邊緣上有平行條紋及裂片般的面，如圖 3-74 中照片所示。

II a 型鑽石，如圖 3-75 所示，沒有確切的晶體學上的形式，往往被視為劈裂的一部分或平板狀。

圖 3-75

圖中所示的 II a 型鑽石晶體，受到應力作用很嚴重。在偏光鏡下，往往顯現出干擾色以及展現出「榻榻米」效應圖案（圖 3-76）。（榻榻米效應看上去像是地毯的纖維）。

圖 3-76

II a 型鑽石，如圖 3-77 中所示，其形態往往具有典型的「山丘造型」。

異常消光

鑽石屬等軸晶系，等軸晶系的物質理論上是等向性（各個方向性質相同）的單折射物質。但是鑽石是一種具有異常雙折射的物質，而各類鑽石的異常消光現象各不相同，因此可據以區分鑽石的類別。

圖 3-77

3-7 其他鑑別方式

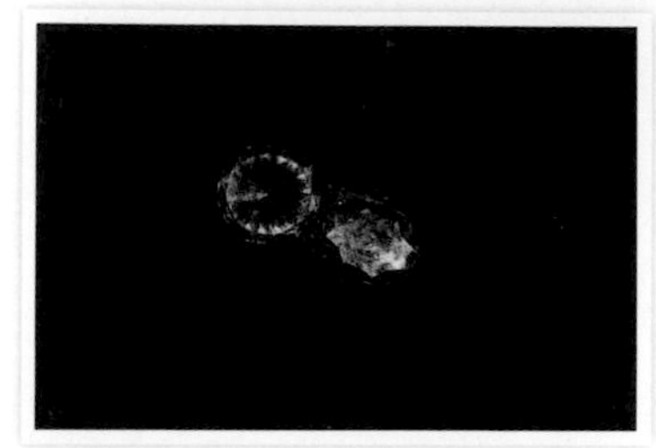
圖 3-78 鑽石異常雙折射

要區分鑽石的類別，除以顏色、形態、紅外線光譜儀 FTIR 鑑別外，還可以以下方式加以區分：

以傳統寶石實驗室分光鏡及顯微鏡作區分

（A）在桌上型或手持分光鏡下Ⅰ a 型鑽石往往僅顯示 415nm 線，其他「cape」線出現與否則不一定。

（B）Ⅰ b 型鑽石顯示強 450 nm 線。通常包含特徵的系列針狀包裹體（放大 50×）。

（C）天然Ⅱ型鑽石在正交偏光顯微鏡中，幾乎總會顯現交錯影線的「榻榻米」應變圖案（詳見以偏光顯微鏡區分一節）。

圖 3-79

以偏光顯微鏡（CPF）區分

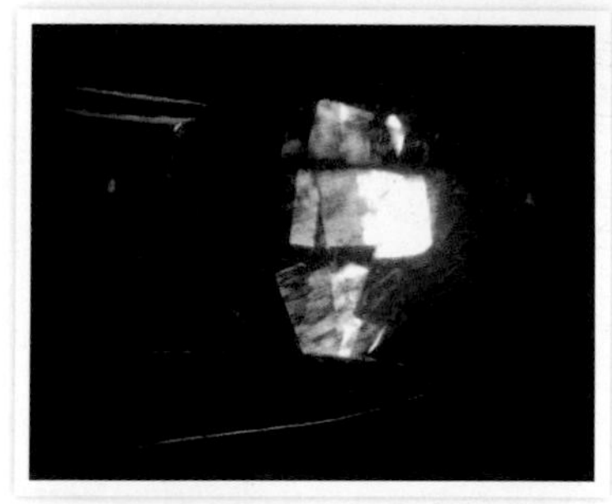
圖 3-80

鑽石中塑性變形理論

鑽石是一種具有異常雙折射（anomalous double refraction ADR）的等向性物質（各個方向性質相同）。所謂 ADR 是指在單折射的寶石中卻有雙折射現象，又稱為應變（strain）或雙折射（birefringence），如圖 3-78 所示。 鑽石之所以會發生雙折射原因如次：

塑性變形、內含物附近的彈性變形、生長條紋、生長區塊邊界、錯位、鑽石與基底邊界。

前述原因複合引起鑽石雙折射跡象，顯示出的效應，稱為干擾色（interference colors）。複合程度愈複雜，干擾色愈明顯。

鑽石的雙折射是相當穩定的效應，不會因為退火、HPHT 或是輻照等處理程序而被移除。

雙折射是 3D 立體效應，必須在穿透光下由各個方向觀察，如圖 3-79 所示，其中左圖是以偏光鏡觀察，右圖則是以偏光顯微鏡觀察。

圖 3-81

偏光鏡區分的方式及限制

Ia 型鑽石

天然 Ia 型鑽石由於非均勻雜質分佈，正交偏光下常具有典型明亮顏色的鑲嵌圖案。不同類型的鑽石其雙折射圖案亦不相同，如圖 3-80 及圖 3-81 所示。

IaA>B

不規則的針點圖案，只能說明棕色的原石是 Ia 型鑽石。Ia 型棕色鑽石可以藉 HPHT 處理成黃帶綠色，而正交偏光圖案（CPF）觀察視覺上並不會改變。因此不能用 CPF 辨識是否經過 HPHT 處理，必須靠紅外線光譜儀（FTIR）、UV-VIS-NIR 確定其曾經過 HPHT 處理。

IaB 型

帶有似變色針狀的不規則補丁圖案，只能說明棕色的鑽石是含氮量低的 Ia 型鑽石，還是要靠紅外線光譜儀（FTIR）確定其為 IaB 型。這種鑽石可以藉 HPHT 處理成近無色、黃色，或多重步驟處理成粉紅色。

IaAB 型鑽石

微弱、難以看到的髒污圖案，說明是 IaAB 型鑽石（Cape 系列），是最常見的近無色至黃色的鑽石，如圖 3-82 所示。

b+IaA

補丁中有針狀的不規則圖案，只能說明是含氮量低的 Ia 型鑽石，只有紅外線光譜儀（FTIR）可以區分氮的形式及聚合體類型。

Ⅱ a 型鑽石

Ⅱ a 及Ⅱ b 型鑽石中有典型的「針狀」、「網狀」平行線。Ⅱ a 型鑽石中有典型的「榻榻米」圖案（交叉錯位的平行細線）（圖 3-83）。即使顏色等級相同，雙折射的明顯度及圖案仍不盡相同。要以正交偏光圖案（CPF）辨識Ⅱ a 型鑽石原石有些複雜，如果原石是棕色，又帶有針狀平行線，就是Ⅱ a 型鑽石的有力徵兆。

Ⅱ b

Ⅱ b 型天然鑽石中有明顯的「針狀」圖案，如圖 3-85。Ⅱ b 型 HPHT 改色鑽石中有明顯的「榻榻米」圖案，此種圖案與Ⅱ a 型鑽石中的圖案相似，無法就正交偏光圖案（CPF）加以區分，必須借助紅外線光譜儀（FTIR）加以區分。

合成鑽石

目前合成鑽石的方法有兩種，即 HPHT 及 CVD。無論是 HPHT 或 CVD 生產出來的鑽石，其生成時間遠遠低於天然鑽石在地底下蘊藏的歲月，其中的雜質並沒有像天然鑽石般移動並形成多種集合體，因此並不會產生前述斑雜的圖案，頂多只能看到生長的紋理（圖 3-86）。因此藉由 CPF 觀察，即可區分出鑽石是天然的或是合成的。

在 CVD 法合成鑽石中，鑽石是一層一層堆疊上去，因此在垂直桌面的方向，以 CPF 觀察可以看到明顯的平行柱狀圖案，只要看到這種平行柱狀圖案，就可以強烈懷疑是 CVD 法合成的鑽石。

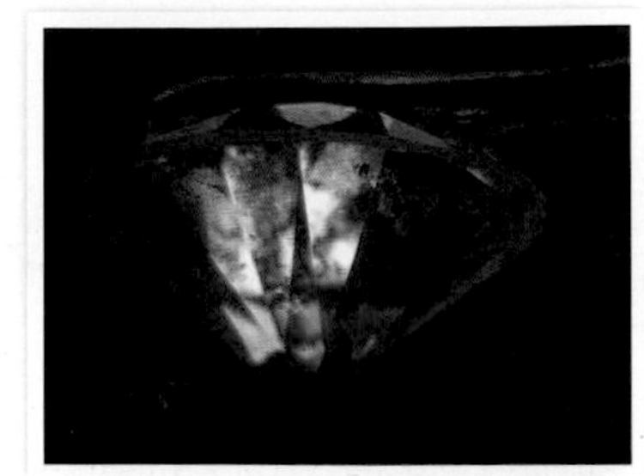

圖 3-82 IaAB 型鑽石

圖 3-83 6.45 克拉 D IF Type Ⅱ a（GIA 1142140961）中的「榻榻米」現象。

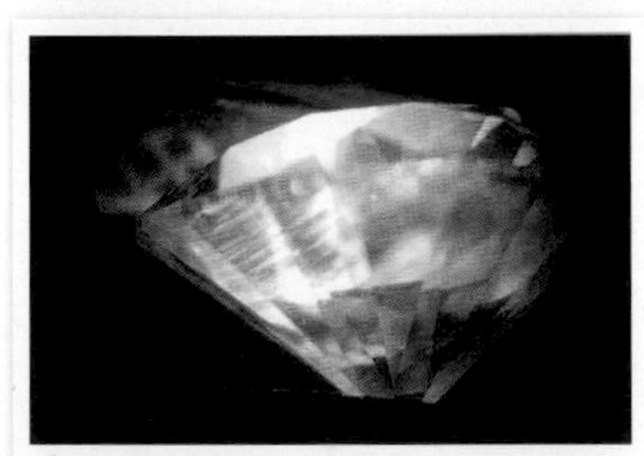

圖 3-84 這一顆鑽石也有榻榻米現象，但卻是由 HPHT 處理產生。

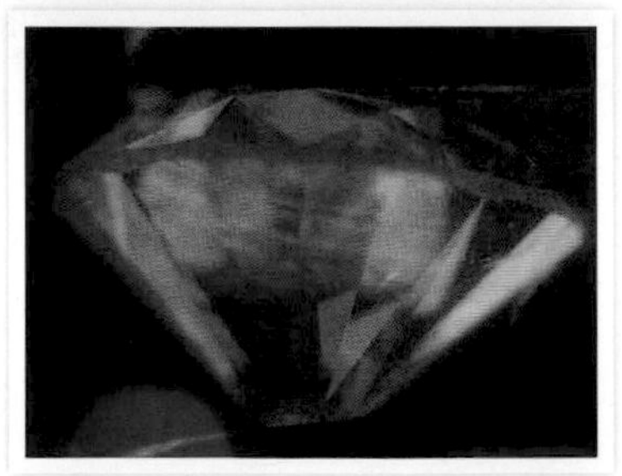

圖 3-85 這一顆 GIA 評為 Fancy Blue 的天然Ⅱ b 型鑽石中，有典型針狀平行線，局部顯現出交錯現象。

圖 3-86 AOTC 合成 Ib 型鑽石正交偏光圖案

3-8

鑽石的分類小結

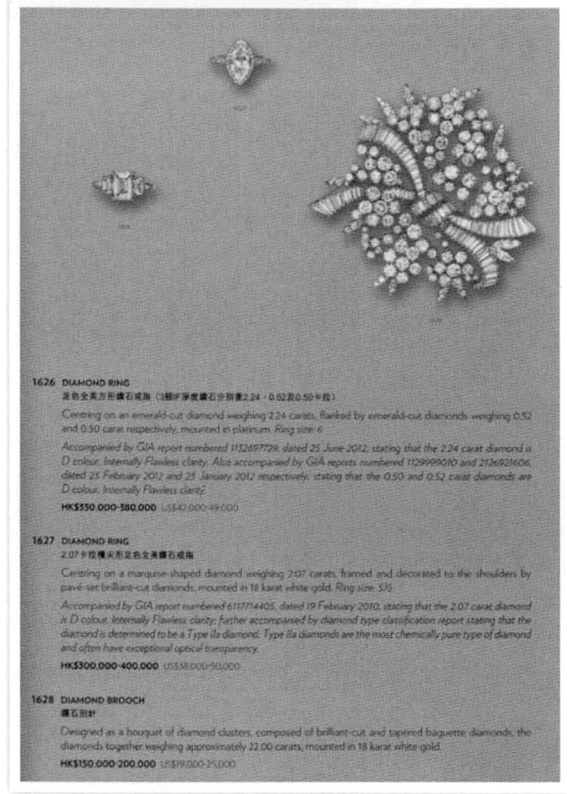
1626 DIAMOND RING
足色全美方形鑽石戒指（3顆IF淨度鑽石分別重2.24、0.52及0.50卡拉）
Centring on an emerald-cut diamond weighing 2.24 carats, flanked by emerald-cut diamonds weighing 0.52 and 0.50 carat respectively, mounted in platinum. *Ring size: 6*
Accompanied by GIA report numbered 1132697729, dated 25 June 2012, stating that the 2.24 carat diamond is D colour, Internally Flawless clarity. Also accompanied by GIA reports numbered 1129999010 and 2126921606, dated 25 February 2012 and 25 January 2012 respectively, stating that the 0.50 and 0.52 carat diamonds are D colour, Internally Flawless clarity.
HK$550,000-380,000 US$42,000-49,000

1627 DIAMOND RING
2.07卡拉欖尖形足色全美鑽石戒指
Centring on a marquise-shaped diamond weighing 2.07 carats, framed and decorated to the shoulders by pavé-set brilliant-cut diamonds, mounted in 18 karat white gold. *Ring size: 5½*
Accompanied by GIA report numbered 6117714405, dated 19 February 2010, stating that the 2.07 carat diamond is D colour, Internally Flawless clarity; further accompanied by diamond type classification report stating that the diamond is determined to be a Type IIa diamond. Type IIa diamonds are the most chemically pure type of diamond and often have exceptional optical transparency.
HK$300,000-400,000 US$38,000-50,000

1628 DIAMOND BROOCH
鑽石別針
Designed as a bouquet of diamond clusters, composed of brilliant-cut and tapered baguette diamonds, the diamonds together weighing approximately 22.00 carats, mounted in 18 karat white gold.
HK$150,000-200,000 US$19,000-25,000

圖 3-87

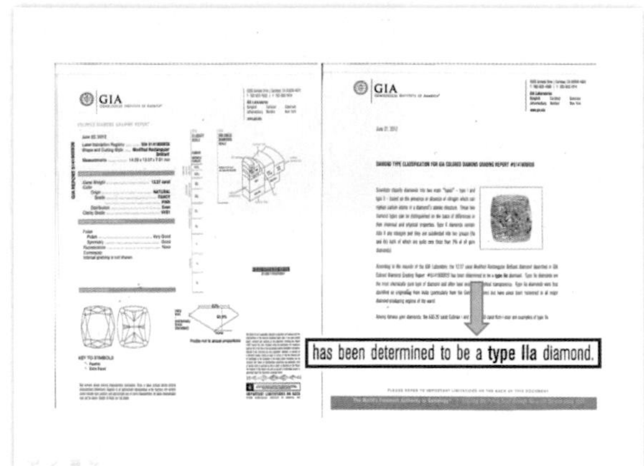
GIA
GIA
has been determined to be a type IIa diamond.

圖 3-88

就鑽石的類別而言，II 型鑽石極為稀少，又具有優異性能，不少國家都將其視為戰略物質加以控管；拍賣會中 II 型鑽石極為搶手，拍賣價格屢創新高。以 2012 年 10 月 Sotheby's 香港珠寶展為例：Lot 1628 的鑽石別針，鑽石無特別處，因此只標明有多少克拉；Lot 1626 的鑽戒因為主石等級好，就特別註明為全美（D,IF）；而 Lot 1627 的鑽戒主石，除為全美（D,IF）外，並特別註明為 Type Ⅱ a ，及敘述其特性，如圖 3-87 所示。

於是產生另外一個問題：如何證明該鑽石為 Type Ⅱ a 的鑽石？

GIA 在其一般分級報告書（DIAMOND GRADING REPORT）上，是不會註明其類型的，必須就該分級報告書另外配合申請做 DIAMOND TYPE CLASSIFICATION 的鑑定，如圖 3-88 所示。其中左圖為分級報告書，右圖為配合之 DIAMOND TYPE CLASSIFICATION 報告書。

聲譽卓著的瑞士 Gübelin 寶石實驗室亦是如是。如圖 3-89 所示，其中左圖為分級報告書，右圖為配合之 DIAMOND TYPE CLASSIFICATION 報告書。

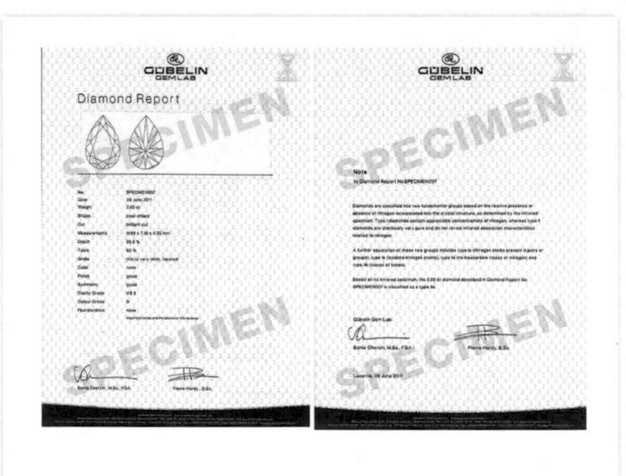
GÜBELIN GEM LAB
Diamond Report
SPECIMEN
GÜBELIN GEM LAB
SPECIMEN

圖 3-89

Chapter 4

第 4 章
鑽石的寶石學特徵

the basic of diamond identification

繼前一章鑽石結晶學後，本章將介紹鑽石因結晶而衍生的硬度、韌度、斷口、解理、比重、熔點、化學穩定性、熱學性質、電學特性、顏色、吸收光譜、光學特性等，可與其他寶石作區分的基本特徵。

4-1 硬度

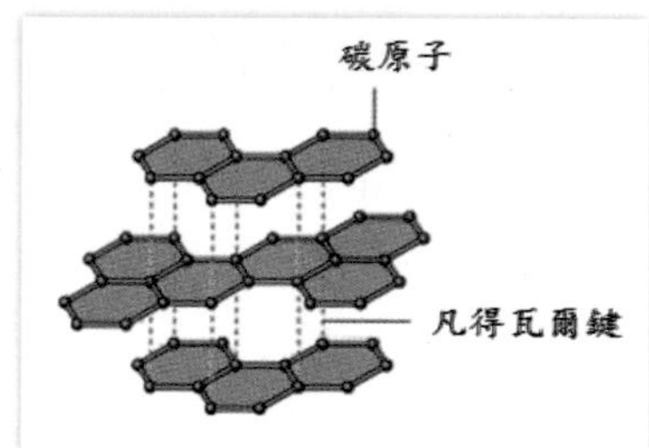

圖 4-1

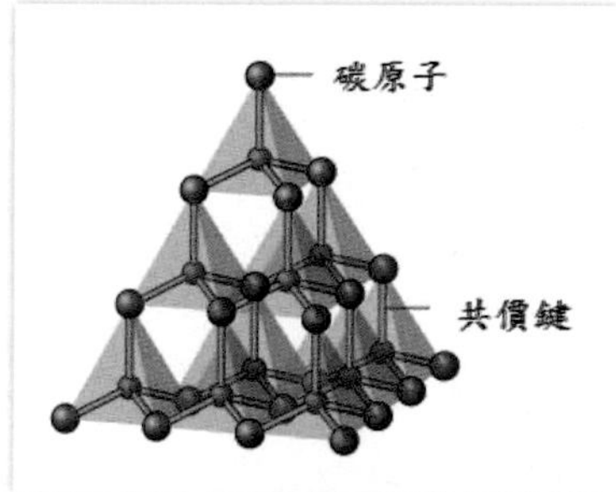

圖 4-2

圖 4-3

鑽石的硬度是最為人們津津樂道的。硬度的定義是：「物體抵抗刮傷、磨損及凹陷的能力」。硬度也可被理解為「物體表面結構的強度」，由於組成元素不同，分子結構不同，因而不同的物質各有不同的硬度值。硬度的描述可分為「相對硬度」（摩氏硬度）及「絕對硬度」（以科學儀器來量測，例如維氏硬度、諾布氏硬度等）。

礦物硬度的關鍵，在晶體結構抵抗外界拉張力量的強度，如果原子與原子之間的鍵結力量越強，礦物就越硬。礦物化學鍵的強度，跟元素成份、鍵結方式、幾何排列形狀都有關係，例如石墨和鑽石都是純碳組成，不過石墨的碳原子以片狀鍵結，碳層之間僅仰賴分子間微弱的凡得瓦爾鍵（Van der Waals bond）相吸，很容易切斷，因此硬度不高（圖 4-1）；鑽石的碳原子則以正四面體鍵結，每個碳原子間以結合力較強的共價鍵鍵結，穩固的結構使它的四面八方都難以破壞（圖 4-2）。

為什麼要談「硬度」？

從珠寶的觀點來看，做為配戴首飾的寶石硬度是很重要的，尤其是戒指上的寶石。 因為在日常生活中的各種動作，都會造成首飾與家用物品相互摩擦的機會，若寶石的硬度不夠，則很容易在表面造成刮痕。

而一般環境中常有的石英微粒，其硬度為 7，因此首飾寶石的硬度最好是大於 7，才不易在日常生活中被刮花。可這也不代表硬度低於 7 的礦物不能被當作寶石，只是若要將較低硬度的寶石作成首飾，最好是選擇作為胸針、墜子等，因這些首飾較不易與物體擦摩。

摩氏（摩斯）硬度

德國的摩斯（腓特烈 · 摩斯 Friedrich Mohs）是地質學家（圖 4-3 ），為了方便在山上分辨礦石，就用了十種不同硬度的石塊代表十種礦石分類。在找到一塊岩石時，就用這塊岩石在其他岩石上輪流刻劃，如果刻出紋路（如圖 4-4）就表示找到的岩石比試石軟，就用比較軟的一塊石再試，直到試出硬度差不多的，就可以辦別那塊岩石是那一類礦石。

摩氏訂定了一個包括十種礦物質的表，以做為硬度的標準，稱之為「摩氏硬度標」，其中最軟的為滑石，硬度標為 1；最硬的為鑽石，硬度標為 10。數字愈大，則硬度愈高。圖 4-5 是設立於維也納的摩氏硬度紀念牌。

現代礦物學上硬度的量測，所使用的工具是一組各具有不同硬度礦物嵌於其上的硬度筆，如圖 4-6 所示。以輕劃物體，看是否留下刮痕來決定物體的硬度。由於會傷到物體，屬於破壞性測試，因此並不能適用於寶石首飾的測試。

摩氏硬度只分十種，許多寶石並沒有被列入。寶石學家便將常見的寶石以及方便對比的日常物質增補列入，如圖 4-7 所示。

由圖 4-7 中可以瞭解，鑽石是所有寶石中最硬的，除了鑽石自己之外，沒有其他礦物可以刮傷它，甚至連鋼刀都不行。鑽石反而常常被裝在刀具上，用來切磨其他物質，如圖 4-8 的鑽石磨具即是一例。

維氏硬度（Vickers Hardness）

前述的摩氏硬度是在礦物學上的相對硬度，只是比較甲礦物比乙礦物軟或是硬，無法顯示出硬多少，如果要知道硬多少倍，就要測試絕對硬度。對硬度的測試法有很多種，例如：勃氏、洛氏、維氏等型式之硬度試驗，茲以維氏硬度為例介紹如次。

圖 4-4

圖 4-5 維也納的摩氏硬度紀念牌

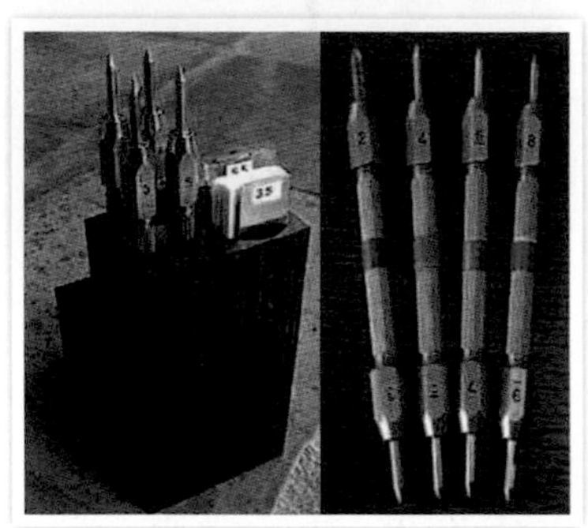

圖 4-6

第10級　：Diamond 鑽石
第9級　：Corundum 剛玉（Ruby 紅寶石、Sapphire 藍寶石）
第8.5級：Chrysoberyl 金綠玉
第8級　：Beryl 綠柱石、Spinel 尖晶石、Topaz 拓帕石(黃玉)
第7.5級：Tourmaline 電氣石、Zircon 鋯石
第7級　：Quartz 石英（Amethyst 紫水晶）
第6級　：Feldspar 長石、Tanzanite 丹泉石（坦桑石）
第5.5級：Window Glass 玻璃、鋼刀
第5級　：Apatite 磷灰石
第4級　：Fluorite 螢石、Sterling Silver 925 銀
第3.5級：Shell 貝殼、Copper Penny 銅板(3.5~4)
第3級　：Calcite 方解石、Pearl 珍珠
第2.5級：Amber 琥珀、Ivory 象牙、Fine Gold 黃金、指甲
第2級　：Gypsum 石膏
第1.5級：Human Skin 人類皮膚
第1級　：Graphite 石墨、Taic 滑石

圖 4-7

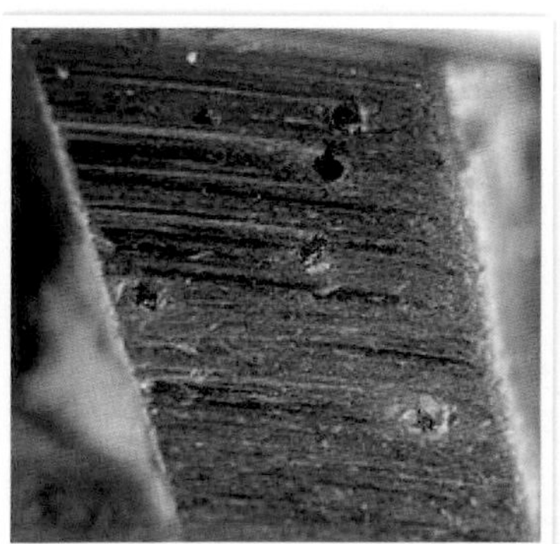

圖 4-8 鑽石磨具

用加上指定重量的錐形鑽石針來壓（圖 4-9），壓出痕跡的面積越小，礦物或材料就越硬，反之則越軟。指定重量視測試樣品而定，通常在 1 ～ 50 kg 之間。

如將「摩氏硬度標」中各種礦物進行維氏硬度測試，會發現每種礦物的硬度並不是單一的絕對數字，而是一個範圍，如圖 4-10（A）所示；再將維氏硬度測試結果與摩氏硬度繪圖，如圖 4-10（B）所示，會發現摩氏硬度中的級數間，並不呈直線關係，尤其是在第 9 級的剛玉與第 10 級鑽石間差距是最大的。

有的書上說 10 級的鑽石硬度是 9 級剛玉硬度的 140 ～ 150 倍，是 7 級石英硬度的 1000 倍；有的書上說鑽石與剛玉間硬度差 3 ～ 5 倍，常常有人爭議何者正確，其實端視採用何種絕對硬度測試法，測試結果表達方式不同，其倍數當然會不同，所以無分對錯。我們只要知道鑽石是自然界最硬的礦物，它的摩氏硬度為 10，而且比其他礦物硬了很多很多倍就可以了。

鑽石的硬度具有各向異性的特徵，不同方向硬度不同：八面體方向＞菱形十二面體方向＞立方體方向的硬度。此外，無色透明鑽石硬度比彩色鑽石硬度略高。切磨鑽石時是利用鑽石較硬的方向去磨另一顆鑽石較軟的方向，只有用鑽石才能磨動鑽石。雖然鑽石是世界上最硬的物質，但其解理發育、性脆，所以在成品鑽石的鑑定中，禁止進行硬度測試，以免造成不可挽回的損失。

大家也許會好奇：台灣最硬的礦物是什麼？竹東地區的玄武岩脈發現在礦物硬度表排名僅次於鑽石的剛玉（紅寶石和藍寶石的主要成份，摩氏硬度為 9），但非常稀少，必須用高倍率顯微鏡才能看得見。肉眼可見且分佈普遍的台灣最硬礦物寶座，就屬硬度最高可到 7.5 的「石榴子石」（garnet）。

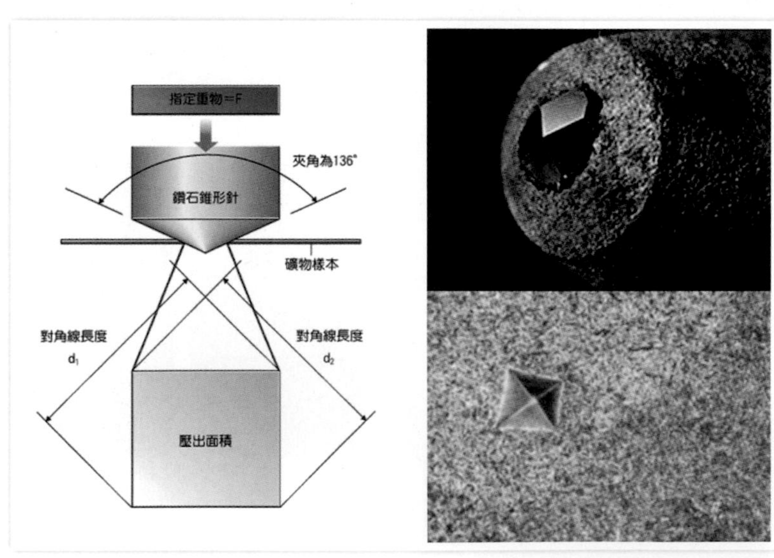

圖 4-9

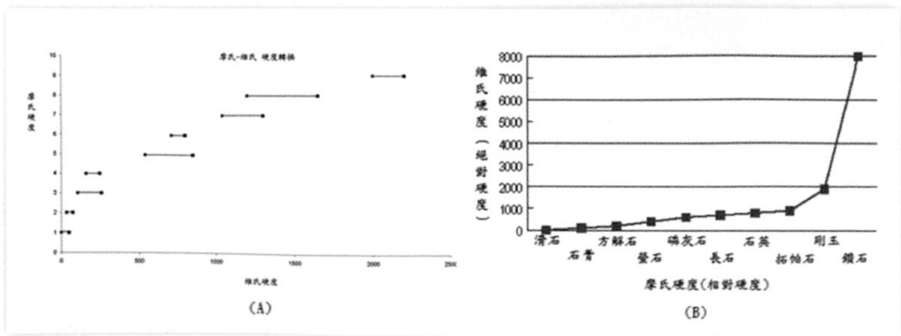

圖 4-10

4-2 韌度

硬度本身的定義並沒有「無法摧毀」的意義，最常見的例子是，鑽石是世界上硬度最高的物質，但以鐵鎚猛擊鑽石，或是用板手夾壓鑽石，如圖 4-11 所示，鑽石會破碎，可是這不表示鐵鎚或板手的硬度比鑽石高。當物質受強大外力衝擊時，是否會破碎，取決於物體的「韌度」，相較於硬度，韌度的意義可被理解為「物體內部結構的強度」。以鐵鎚敲擊銅塊，銅塊可以展延變形，但不會破碎，而鑽石在鐵鎚猛擊下則會破碎，這可理解為，銅塊的韌度比鑽石的韌度高。換句話說，硬度與韌度的差，在於受靜力或動力作用。硬度的比較是以兩尖銳物互相「輕刮」，來決定兩者的硬度高低。而物體的韌度的比較，則是將兩物體強烈對撞，看何者受損，來決定兩者的韌度的高低。

韌度的特性，在首飾上也是很重要的，常見的寶石韌度比較：黑鑽石＞軟玉＞硬玉＞剛玉＞鑽石＞水晶＞海藍寶石＞橄欖石＞綠柱石＞黃玉＞月光石＞金綠寶石＞螢石。

軟玉、硬玉的硬度只在 6 ～ 7 度，但注意上列比較中白玉（軟玉）、翡翠（硬玉）的韌度卻優於鑽石，因此常有店家號稱：「我的玉是摔不壞的」，而不說：「我的玉是刮不壞的」。但其實白玉、翡翠還是會摔壞的，我們常常見到白玉、翡翠摔斷後，以金子鑲起來號稱「金鑲玉」，就是這麼來的。

寶石的韌度與硬度並不一定有固定的比例關係，如鑽石的硬度最高，但其韌度相對不高，因此儘管鑽石堅硬耐磨，但在受到撞擊時易破碎。相當多的寶石的脆性都較大，譬如說祖母綠的硬度雖達到 8，但由於其內部解理發達，韌度較差，在加工或佩戴時均需注意避免撞擊和跌落地面。

據說以前的礦工不懂硬度與韌度的差，當他們尋獲鑽石，拿去賣給鑽石批發商時，鑽石批發商會用錘子打破礦工的鑽石，藉此說服礦工說：「鑽石是最硬的東西，而你的石頭一敲就破，所以不是鑽石。」等失望的礦工離開後，批發商再撿起碎片去賣錢。

圖 4-11

4-3
斷口與解理

圖 4-12

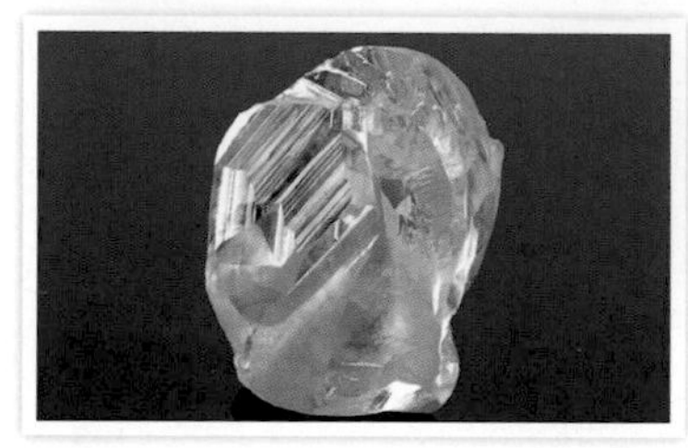
圖 4-13

斷口與解理都是礦物在受到外力作用下，發生破裂的性質。

斷口（fracture）與斷口的形狀

礦物擊破後，如果不依一定的方向裂開者，稱為斷口。原則上斷口是一個不規則的破裂面，但是裂面仍會有某些特徵，決定於礦物中所含微裂痕的種類、多寡和分佈以及晶體的缺陷。

斷口也常具有一定的形態，因此也是鑑定礦物的參考之一。礦物斷口的形狀主要有下列幾種：

貝殼狀（conchoidal）
斷口呈圓形的光滑曲面，面上常出現不規則的同心條紋。如石英和玻璃質體。

鋸齒狀（hackly）
斷口為尖銳的鋸齒狀。通常發生於延展性很強的礦物，例如自然銅。

平坦狀（even）
斷口略呈凹凸，然大致比較平坦，有此類斷口的礦物非常稀少，如高嶺土、石印版石灰岩等。

參差狀（uneven）
斷口面參差不齊，粗糙不平，大多數礦物具有此種斷口。如磷灰石。

多片狀（splintery）
礦物破碎後細片狀，如白雲母。

土狀（earthy）
斷口呈細粉狀，斷口粗糙，如高嶺石。

鑽石斷口則是所謂「階梯狀」的，如圖 4-12 所示，圖中右上角的插圖是台北街頭的階梯，看起來是不是很像？

另外，如圖 4-13 所示 Laurence Graff 於 2010 年 11 月 24 日買下的 184ct 鑽石原石上，也可以清楚看到階梯狀斷口。

如果是其他寶石，斷口會是什麼樣子呢？如圖 4-14 之紅寶，其斷口就是貝殼狀斷口（玻璃的斷口也是貝殼狀，觀察到的機會比較多）。觀察斷口的形狀，就很容易將鑽石與其他寶石區分出來，但千萬不要為了區分，刻意去創造出鑽石的斷口，這樣子是得不償失的。

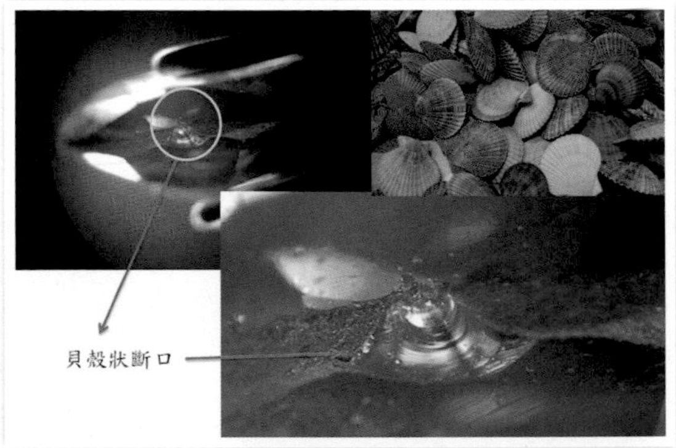

圖 4-14

解理（cleavage）

結晶礦物受到外力作用後，通常會沿著一定的結晶方向破裂，這樣的裂面光滑，好像天然形成的晶面，這種容易破裂的特性，就是解理。而解理所造成的破裂面稱之為解理面，相同系列的解理面稱之為一組解理。解理面的形成，通常發生於鍵合密度和強度最低的面上，因為這個方向缺乏凝聚力，而容易成為結晶構造內的弱面所致，詳細說明如次：

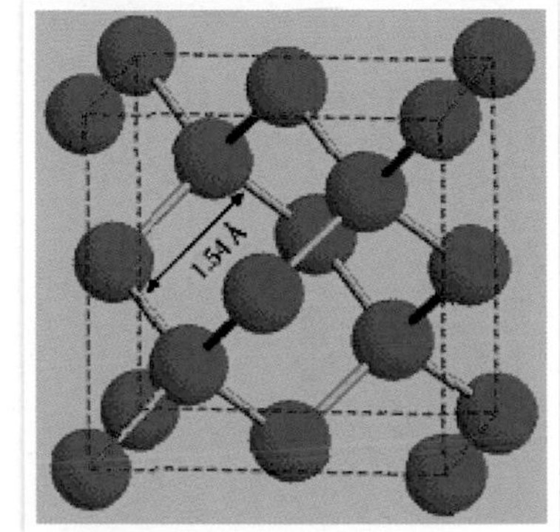

圖 4-15

首先，讓我們回顧第三章中鑽石結晶的基本結構：鑽石內部將 4 個碳原子與另外 4 個碳原子共價鍵連結在一起。而這種鑽石內部原子間互相吸引的力量，也是阻止其分離的力量，也稱為凝聚力，如圖 4-15 所示。當觀察鑽石內原子的排列，就可以發現在某個方向上，碳原子的數量最少，如圖 4-16 紅色虛線所示，這條線就是凝聚力最弱的方向，反映在立體結構上，就成為其弱面，也就是鑽石的解理面。

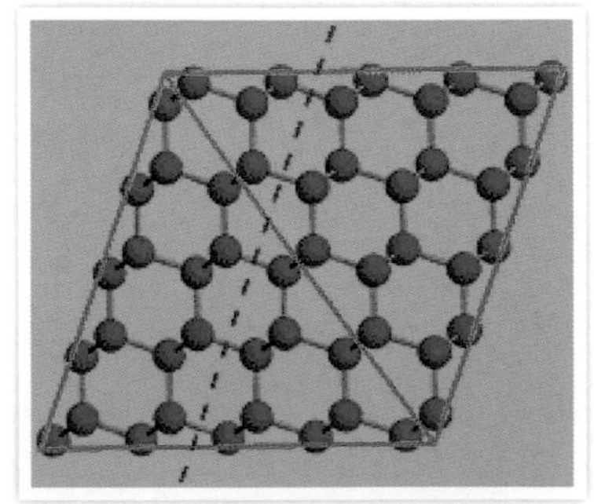
圖 4-16

在第三章中，我們提到鑽石的碳原子連接起來，就可形成一個正四面體的基本構造，那麼解理面與這個正四面體的基本構造如何關連呢？我們將鑽石的基本結構翻轉，使得粉紅線所示的節理面成水平狀，如圖 4-17 左所示。圖 4-17 右則是以同樣的方位觀查，只是碳原子改以四面體表示，因為這樣更容易突顯出結構的弱面。注意看：將四面體頂點的碳原子連串構成一個面，這個面就會與解理面平行，就可能構成鑽石的解理。

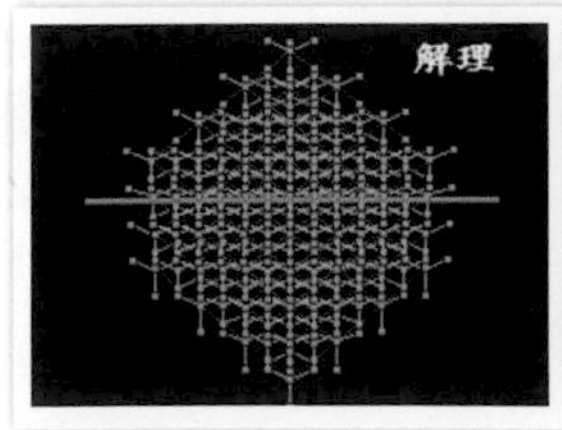

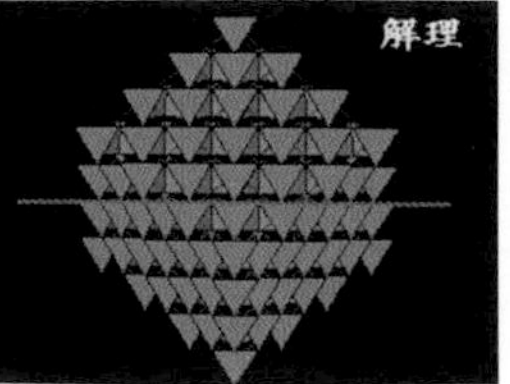

圖 4-17

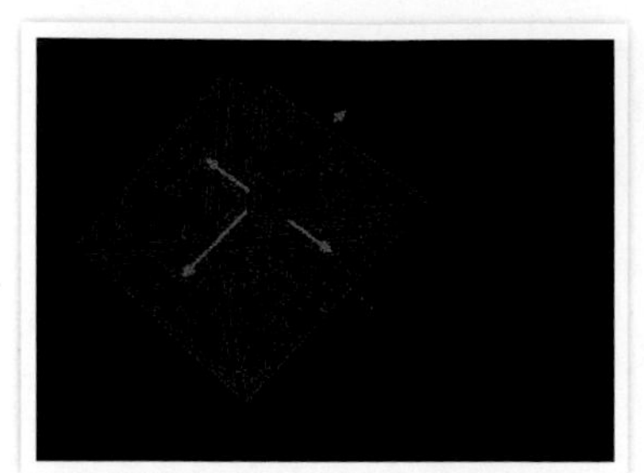
圖 4-18 八面體的解理面

如果觀察鑽石內原子的排列，就可以發現在四個方向上碳原子的數量最少，而構成所謂四個解理面，或稱為四組解理。

微觀的說明比較難想像，我們就以常見的鑽石晶體來說明，簡言之鑽石八面體的晶面就是解理面，如圖 4-18 所示。八面體可以分成上下兩個金字塔型，每個金字塔各有四個面，就是四個解理面；而上下兩個金字塔相對方向的面是平行的，那麼就兩兩成為一組解理，所以說鑽石具有平行方向的四組完全解理。反過來說，因為鑽石八面體的晶面方向最弱，要多堆疊上去的基本立方格子就容易在這個面脫落，最後顯現的就是八面體的晶型。

那麼如何在晶體上找到解理面呢？一般在鑽石原石的外皮上，可以找到這些相關平面的記號：八面體上有三角痕；十二面體上有平形溝痕，這些其實就是第三章中所說的晶體表面紋理。那麼切磨好的鑽石呢？觀察圓形鑽石的腰圍，就比較容易發現：切磨好的鑽石在腰部有時會有平面或呈「V」字形的所謂天然面，這就是解理面；切磨好的鑽石內部也可能有，我們會在第十章淨度特徵解說中加以說明。鑑別鑽石與其仿製品，有時亦可利用此一特徵。

當然，解理面的用途不只於此，解理面的最大用途在於加工時藉以劈開鑽石，而且解理面通常是最硬的面，最適合拋光，因此解理也常被稱為「劈裂」。鑽石原石的所有各個方向都是相關連的，因此切磨師只要看到一個解理面，就可以在腦海中勾勒出其他方向，得以進行切磨。相關細節將在鑽石切磨一章中說明。

另外要解釋的是「解理（cleavage）」這個字，代表的是說天然該裂開的意思。解理在寶石學上與用於地質學（工程地質學）上，雖然都在表達裂開的意思，但其成因卻是不相同的。在寶石學上的成因，前面已經解釋過，現在解釋地質學上的成因。當岩石形成後，歷經地質作用的推擠，有些部位呈受壓力，有些部位承受拉力。壓力沒什麼問題，岩石很能呈受壓力，但拉力就不同了，岩石抵抗拉力的能力很弱，很容易就拉開成一道縫隙，這樣裂開的縫隙就是解理。裂開的解理日後可能滲水，水滲入岩石的層面後，降低摩擦力，就可能造成順向邊坡的滑動。多年前汐止林肯大郡的悲劇，就是肇因於此。

4-4 比重(密度)

鑽石的密度為 3.52（±0.01）g ／ cm^3，也可以說鑽石的比重是 3.52。由於鑽石成分單一，並且很純，所以鑽石的密度很穩定，變化不大，只有部分含雜質和內含較多的鑽石，密度才有微小的變化。鑽石的這一特徵在鑑定工作中也是非常重要的。

什麼是「比重」？當我們拿一包米，會感覺它有重量，拿兩包米它更重，也就是說體積越大，重量越重。換拿一小塊的鐵，它的體積比兩包米小很多，可是它的重量可能就跟兩包米一樣重，為什麼？因為同體積的米與鐵重量不同，也就是說在一樣大的盒子裡，裝入米或是鐵，秤出來的重量差很多，裝鐵的會重很多，這種情形我們就說鐵的「密度」比米的「密度」大(或是高)。

所謂「密度」(Density)，就是物質每立方公分的重量，單位是 g/ ㎝ ^{3}。水是最常見的物質，所以科學上常以「水」作為標準。於是將 4℃時水的「密度」定為 1 g/ ㎝ ^{3}，以方便定出其它所有物質的「密度」。譬如說鐵的「密度」是 7.8 g/ ㎝ ^{3}，銅的「密度」是 8.9 g/ ㎝ ^{3}，鑽石的「密度」是 3.52 g/ ㎝ ^{3}……等等。

所謂「比重」（SPECIFIC GRAVITY（S.G.）），就是物質的密度除以水的密度，因為 g/ ㎝ ^{3} 除以 g/ ㎝ ^{3} 互相抵消，所以是無單位的，譬如說鑽石比重 3.52，就沒有單位。

和寶石比重有關的因素

寶石的比重主要和下列幾項因素有關：

1. 組成寶石的元素的原子量，原子量越大者，組成寶石的比重也越大。
2. 組成寶石離子或原子的體積也有影響。
3. 晶體結構排列的緊密程度。

比重可以圖 4-19 示之電子磅秤及燒杯組加以量測。

如果不必知道比重精確數值，只是要比較比重大小，則可藉由將寶石置入不同比重的比重液中，觀察其沉浮即可，如圖 4-20 所示。

寶石比重的用途

每一種寶石（或是說每一種礦物）都有其特定的比重（或是範圍），因此比重是寶石的特徵之一，於是可以藉由測比重，區分出寶石可能的種類。當然，不同的寶石其比重有可能很接近，這時就必須借助寶石的其他的性質加以區分。

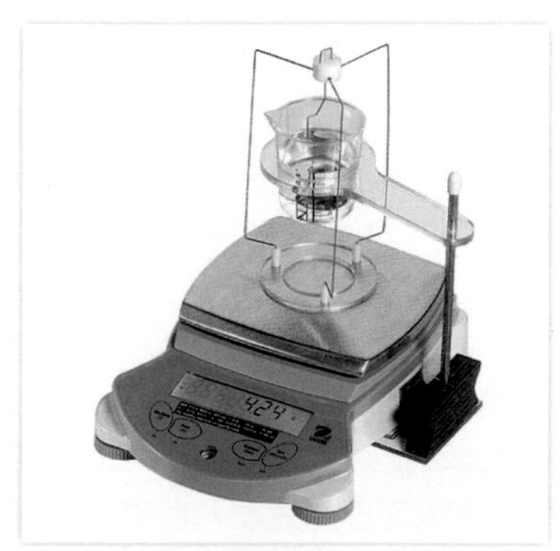

圖 4-19 電子磅秤及燒杯組

圖 4-20 比重液

4-5 鑽石熔點

鑽石的熔點高達 3500 ~ 3700℃，比鋼的熔點高出兩倍半；鑽石如果遇到超過攝氏三千八百度的岩漿，便有可能熔化。

在純氧氣中加熱到 650℃，將開始緩慢燃燒並轉變為二氧化碳氣體，但是純氧狀況非常態，相當罕見。一般常見的狀況是火災的火場，鑽石是由純碳組成，雖然質地堅硬，但是無法耐太高的溫度，而火災火場的溫度往往高達 1000℃，所以鑽石歷經火災之後，無法保持原狀，鑽石表面可能燒成白霧狀的一層，但經過拋磨去除此層，鑽石又可恢復其明亮外觀。

鑽石石墨化

超過 1700℃高溫的環境中，鑽石內部及表面會發展成石墨（石墨熔點約 3600~3700℃）。內部形成的結晶石墨內含物，往往會在鑽石周邊產生強烈的張力，因而導致應力裂縫或羽裂紋。

鑽石的雷射切割和鑽孔淨度處理技術就是利用了鑽石的低熱膨脹性和可燃性。但對鑽石首飾進行維修時，仍應避免溫度過高灼傷鑽石。圖 4-21 左為一只鉑金鑽戒的原貌，師傅調整戒圍時未將鑽石取下，結果鑽石表面被燒傷。

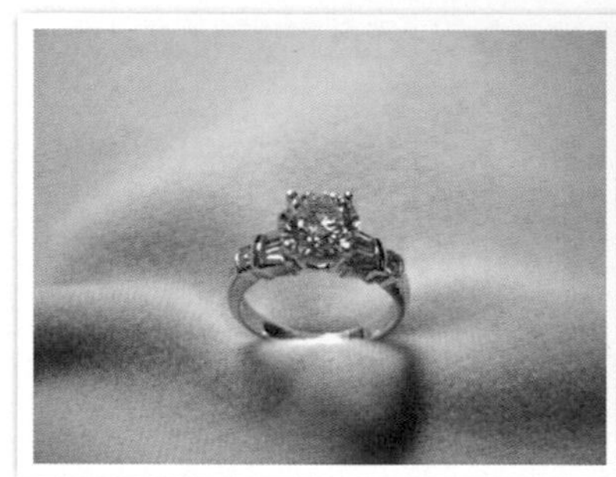

圖 4-21 灼傷的鑽石

4-6 化學穩定性

鑽石呈化學和生化惰性，也就是說鑽石的化學性質非常穩定，在酸和鹼中均不溶解，王水對它也不起作用，所以經常用硫酸來清洗鑽石，但是以酸洗清潔鑽石時，務必注意良好通風，以免人體吸入過多有毒氣體，造成不幸。熱的氧化劑可以腐蝕鑽石，在其表面形成蝕象，也要小心避免。

4-7 內外部顯微特徵

鑽石的內含物以鑽石本身最多，除鑽石以外，還可能有石墨、石榴石、單斜輝石、斜方輝石、硫化物、橄欖石、藍晶石、剛玉、紅柱石、柯石英、自然鐵、鎂方解石、鐵方鎂石、碳矽石、雲母、長石、角閃石、鈦鐵礦、鉻透輝石、綠泥石、鋯石、透輝石等各種礦物。另外在顯微觀察中常可看到鑽石的生長紋、解理（羽狀裂紋）、色帶（稀有）等特徵（詳見鑽石淨度一章）。

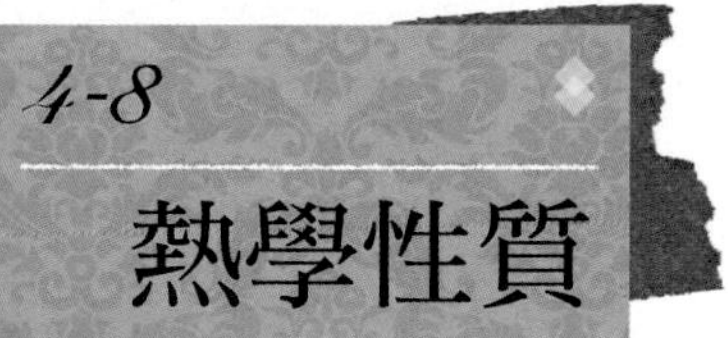

4-8 熱學性質

傳導性

導熱性就是傳導熱的能力（定義為單位截面、長度的材料在單位溫差下和單位時間內直接傳導的熱量），導熱性強，讓熱迅速通過，本身就顯冰涼。鑽石的熱導率為 870 ～ 2010w/(m．k)，導熱性能超過金屬，如次表所示，是導熱性最高的物質。

鑽石熱導率為 870 ～ 2010w/(m．k)
摩星石熱導率為 230 ～ 490w/(m．k)
銀熱導率為 410w/(m．k)
銅熱導率為 380w/(m．k)
鐵熱導率為 60w/(m．k)
藍寶石 20 ～ 30w/(m．k)
蘇聯鑽熱導率為 1.7w/(m．k)
玻璃熱導率為 1.1w/(m．k)

其中Ⅱ a 型鑽石的導熱性最好，這一性質在微電子領域具有寬廣的應用前景。在第二十六章認識鑽石常見替代品中，將介紹藉由此特徵而發展出來的數種鑑識鑽石的方法。

熱膨脹性

熱膨脹是物質受熱膨脹的能力。鑽石的熱膨脹係數極低（$1.2x10^{-6}$/K），溫度的突然變化對鑽石影響不大。但是鑽石中若含有熱膨脹性大於鑽石的其他礦物內含物，或存在裂隙時，就不宜加熱，否則會使鑽石產生破裂。KM 鑽石的處理就是利用了這一特性。

註：鋁 23.0×10^{-6}/K
鐵 12.2×10^{-6}/K
玻璃 3.25 ～ 7.1×10^{-6}/K
石墨 2.0×10^{-6}/K

4-9 電學性質

鑽石中的 C 原子彼此以共價鍵結合，在結構中沒有自由電子存在，因此大多數鑽石是良好的絕緣體。鑽石越純淨，其絕緣性越好，II a 型鑽石的絕緣性最好。

II b 型鑽石含有微量元素硼（B），硼的存在產生了自由電子，使這一類型的鑽石可以導電，是優質的高溫半導體材料。鑽石半導體的電阻值隨溫度變化特別靈敏，甚至連很微小的變化（±0．0024℃）都能在瞬間被記錄下來，這一特點為把鑽石應用於真空儀器進行精密測溫的儀器，開闢了寬廣的前景。合成鑽石中如果含有大量的金屬內含物也可以導電。

4-10 光學特性

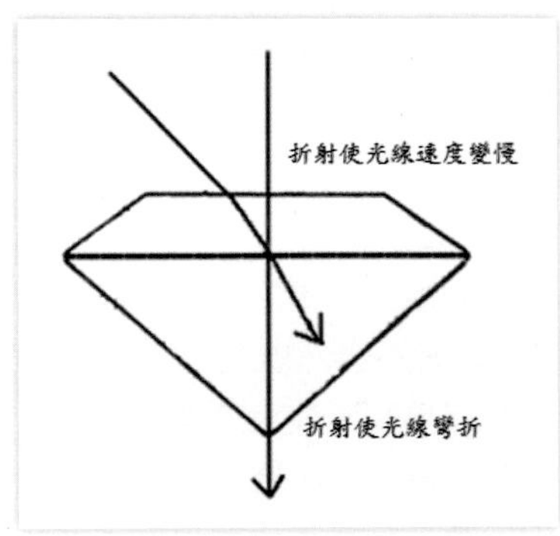

圖 4-22

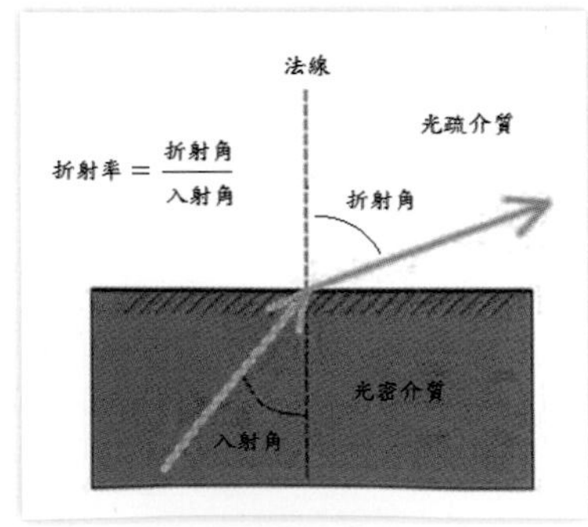

圖 4-23

折射率

所謂折射率，就定義來說是「真空中光線行進的速度／測試物中光線行進的速度」，這個比值稱為此物質的折射率，如圖 4-22 所示。

例如：

光在空氣中的速度 3,00,000 公里 / 秒

光在鑽石中的速度 1,24,120 公里 / 秒

鑽石的折射率（R.I.）＝ 3,00,000÷1,24,120 ＝ 2.417 或說 2.42

但是要量測光在各種寶石中的速度，似乎有那麼一點點難度。於是我們可以考慮折射的另外一種特性：行進速度的不同會使得光線在通過兩不同介質的交接面時，改變其行進方向，而兩介質中，行進方向與法線所夾的角度，分別稱為其入射角與折射角，折射角除以入射角，得出來的值就是影響寶石外觀，可以量測出來的折射率，如圖 4-23 所示。

折射性與晶系有關，鑽石屬單折射，蘇聯鑽屬單折射，紅寶石、風信子石則屬雙折射。鑽石的折射率 2.417，是天然無色透明礦物中折射率最大的礦物，如下表所示，所以拋光良好的鑽石具有很強的光澤和亮度。

物質中光速率 mps (kps)	折射率
空氣 186,232 (299,890)	1.00
水 140,061 (225,442)	1.33
玻璃 122,554 (197,349)	1.52
鑽石 77,056 (124,083)	2.417

常用的折射計只可以測試折射率 1.81 以下的寶石，所以不能用於測試鑽石。至於其道理為何，將在第十七章光行進與鑽石切磨理論中詳細說明。

4-11 光澤（Luster）

光線照射在物體表面之上，因發生反射作用產生光彩者，名叫光澤。

光澤和礦物的化學成份和結晶構造有關，其控制因素為礦物的折射率（Index of Refraction）和構成礦物元素對光線的吸收能力，這又和其鍵合有關（或說硬度）。 當光照射到寶石表面時，會有兩種情形發生：穿透及反射。

穿透進入寶石的光
有關穿透光的部份，將在顏色及切磨的章節中詳細說明。

自寶石表面反射的光
既然部份光被反射，部份吸收進入寶石，那麼將其中有多少比率的光被反射定義為反射率（R），亦即反射光強度佔垂直入射光的強度之比率。經光學理論推導：

$$R= (n1- n2)^2+K ／ (n1 + n2)^2+K$$

其中：
K 為光吸收係數＝（物質吸收的光能／總光能），在透明寶石時 K ＝ 0。
n1 為寶石折射率，n2 為進入寶石前介質的折射率，如果是空氣 n2 ＝ 1。
因此如為空氣中的透明寶石，則可簡化為
$R= (n1- 1)^2 ／ (n1 + 1)^2$
試著將數字代入公式計算：
n1 ＝ 3， R=0.25
n1 ＝ 2.5，R=0.18
n1 ＝ 2， R=0.11

n1 ＝ 1.5，R=0.08

可以看出 n1 值愈高，反射率 R 愈高，亦即寶石折射率愈高，其反射率 R 愈高。

一般對光澤所作的分類可以有下述二種：金屬光澤（Metallic Luster）與非金屬光澤（Non-metallic Luster），非金屬光澤又可細分如下。

1. 金剛光澤（Adamantine）
2. 玻璃光澤（Vitreous）
3. 樹脂光澤（Resinous）
4. 油脂光澤（Greasy）
5. 珍珠光澤（Pearly）
6. 絹絲光澤（Silky）
7. 蠟狀光澤（Waxy）
8. 暗晦狀（Dull）

然而影響寶石光澤的重要因素包括寶石本身的折射率、寶石的拋光程度、寶石本身的硬度及寶石的切割方式等，分述如下：

1. 寶石本身的折射率（最重要因素）

本身折射率愈高的寶石，其光澤必然就愈好，如前所述。

2. 寶石的拋光程度

拋光程度愈好、愈平整，光澤就愈好，如圖 4-24 所示，圖左拋光好，圖右拋光不好。

3. 寶石本身的硬度

硬度愈高的寶石愈能拋出漂亮的光澤，硬度較低的寶石要做出良好的拋光就較不容易了。

4. 寶石的切割方式

良好的切割方式能增加寶石反射出的光澤，當然也就增加了它的價值，這也就是為什麼鑽石、藍寶石、紅寶石等高價寶石都會切割成很多的面了。

鑽石具有特徵的金剛光澤，金剛光澤是天然無色透明礦物中最強的光澤。值得注意的是觀察鑽石光澤時，要選擇強度適中的光源，鑽石表面要儘可能平滑，當鑽石表面有熔蝕及風化特徵時，鑽石光澤將受到影響而顯得暗淡。

雖然光澤是鑑定寶石的手段之一，但是光澤卻不是絕對的鑑定依據，因為光澤除受寶石本身因素影響外，還會受到硬度及拋光度等的影響，因此需要與其他手段配合使用，才能準確的鑑定寶石。

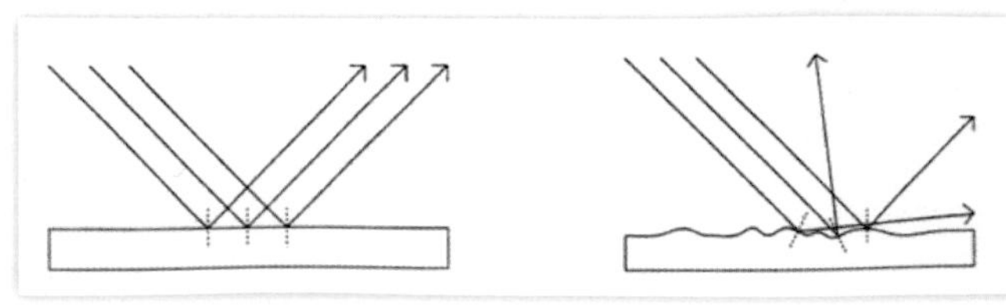

圖 4-24

4-12 色散

色散意為分散顏色的能力，即太陽光經過後，分成紅、紫等色的能力，我們常見的彩虹，就是天空中水氣造成的色散，如圖 4-25 所示。

圖 4-25 彩虹

色散光又稱為火光，色散愈好，寶石的火光愈好，如圖 4-26 所示。鑽石的色散值為 0.044（將在第十七章光行進與鑽石切磨理論中詳細說明），也是所有天然無色透明寶石中色散值最大的礦物。強的「火光」使得鑽石看起來很「彩」，為鑽石增添了無窮的魅力，同時也是肉眼鑑定鑽石的重要依據之一。但要注意的是俗稱蘇聯鑽的方晶鋯石色散達 0.060，比鑽石更高，所以方晶鋯石的火光甚至比鑽石更亮、更耀眼。

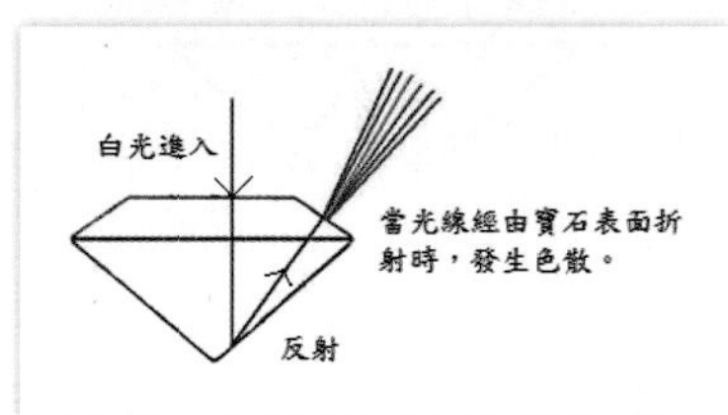

圖 4-26

鑽石屬均質體礦物，無多色性，所謂色散與因光軸而造成不同方向看到不同顏色的多色性無關。

4-13 吸收光譜

一般而言，鑽石以可見光光譜儀測試，多數在 415nm（奈米）處有吸收線，如圖 4-27 所示。

圖 4-27

但事實上鑽石在可見光譜中可能出現的吸收線包括 415nm、453nm、478nm、594nm 等多條，不是只有 415nm 而已，而是與其反應的色心有關。不同顏色的鑽石，或是帶有不同色心的鑽石，其吸收線就會不同。

例如：無色－淺黃色的鑽石，在紫區 415nm 處有一吸收譜帶；褐－綠色鑽石，在綠區 504nm 處有一條吸收窄帶，有的鑽石可能同時具有 415nm 和 504nm 處的兩條吸收帶等等，如圖 4-28 所示。何種鑽石會有何種相對應的吸收譜帶，我們會陸續加以說明。

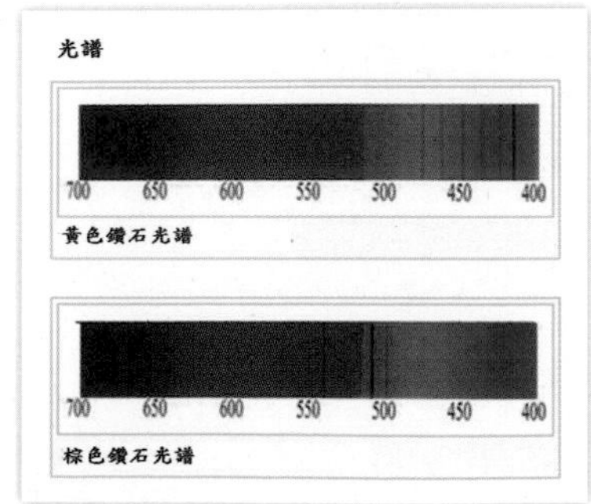

圖 4-28

4-14 顏色（Color）

圖 4-29

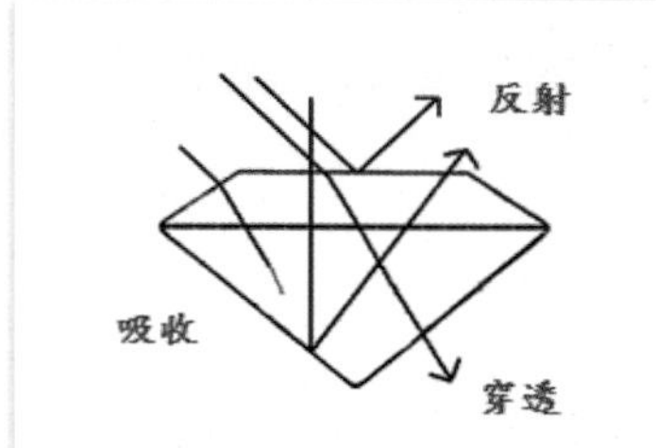

圖 4-30

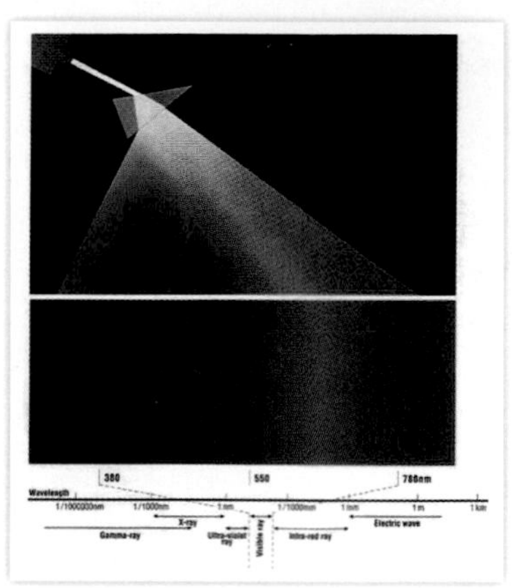

圖 4-31

鑽石的顏色有很多種，圖 4-29 所示僅為其中部分顏色。鑽石的顏色，以無色略帶淺黃或褐色居多，一般稱為白鑽；其他特別的顏色還有粉紅、橙、黃、綠、藍、紫、黑等，顏色夠特別，就稱為彩鑽（Fancy color diamond）。為什麼會有那麼多種顏色，我們可以先從礦物的顏色是怎麼產生的開始瞭解。

當光照射到寶石表面時，會有兩種情形發生：穿透及反射。先說穿透進入寶石的光。

穿透

光進入寶石後又有三種情況：

1. 寶石不吸收，穿越寶石後出去，在寶石後面被觀察到。
2. 寶石不吸收，在寶石內部折射、反射後出去，在寶石正面被觀察到。
3. 寶石吸收其中適合能階提升部份波長的光，其餘的光或直接穿越寶石後出去，或經過內部折射、反射後出去，然後被觀察到，這時因為某特定的波長被吸收，剩下波長的光就組合成吾人眼睛看到的顏色，如圖 4-30 所示。有關穿透光的部份，將在顏色及切磨的章節中詳細說明。

顏色是指礦物表面的色，也是礦物的一種重要物理性質。太陽光譜中的「可見光」稱為七色光，各有不同的波長，成為不同的波段。不同波段光波的組合產生不同的顏色，所有波段混合在一起則成為白色光線，如圖 4-31 所示。

顏色是礦物晶體構造內的原子，對這個白色光線內某種特定波長，所做選擇性吸收的結果，礦物反射出來的顏色，代表沒有被吸收而被反射出來的波長顏色。礦物如能吸收白色光線內所有不同的波長，則沒有光從該礦物反射出來，此礦物就呈黑色；相反的，礦物只能吸收少數波長，或不能吸收任何波長時，則呈極淡的顏色或白色。各種光譜顏色及其補色關係如次表所示。

光線	波長範圍（mu）	光譜色相	補色	深淺
紫外	～ 380	無	無	
可視	380 ～ 425	紫	黃綠	淺
可視	425 ～ 455	藍	黃	
可視	455 ～ 485	青	橙	
可視	485 ～ 495	青綠	紅	
可視	495 ～ 545	綠	紅紫	
可視	545 ～ 575	黃綠	紫	
可視	575 ～ 585	黃	藍	
可視	585 ～ 605	橙	青	
可視	605 ～ 690	紅	青綠	
可視	690 ～ 720	紅紫	綠	深
紅外	720 ～	無	無	

穿透與寶石的關係

無色鑽石

在無任何雜質的純碳鑽石晶體中，每個 C 原子以共價鍵與另外 4 個 C 原子連接，帶隙能 E=5．4eV，而可見光能量 E<3．5eV，不具有足夠高的能量來激發價帶中的電子，因而沒有光波被吸收，鑽石是無色透明的。

黃色鑽石

由於氮 N，N3 心、N2 心吸收了可見光中的紫光和藍光，從而使鑽石呈現黃色。

藍色鑽石

Ⅱ b 型鑽石含有硼，硼原子能把從紅外至 500nm（綠光邊緣）的光吸收，使鑽石產生藍色。

紅色、粉紅色、褐色鑽石

黃色或藍色鑽石的產生是由於第三章所提到的晶體缺陷中的「點缺陷」；而紅色、粉紅色、褐色鑽石則與晶體缺陷中的「排差」有關。此類鑽石在其形成環境及運移過程中發生塑性變形，造成晶體排差，從而使鑽石呈現紅色、粉紅色或褐色。

綠色鑽石

綠色和藍綠色鑽石通常是由於長期天然輻射作用而形成的。當輻射線的能量高於晶體的閾值時，C 原子被打入間隙位置，形成一系列空穴一間隙原子對，使鑽石的電子結構發生變化，從而產生一系列新的吸收，可使鑽石呈綠色。

黑色鑽石

黑色鑽石的顏色可能因為其為多晶集合體，亦即含有大量黑色內含物（石墨、鐵礦等）和裂隙造成的。

鑽石特性的結論

· 是已知最硬的物質
· 階梯狀斷口
· 具有廣泛透射光譜（具各種顏色）
· 單折射
· 折射率高
· 具有最高的熱傳導性
· 具有低的熱膨脹係數
· 只有在極高溫度下才會石墨化
· 化學和生化惰性
· 很好的電絕緣體
· 摻雜質時成為一個好的電導體

Chapter 5

第 5 章
鑽石地質學

the basic of diamond identification

鑽石一向與恆久的愛連結在一起，讓人此生不渝的愛神丘比特之箭，據說箭頭就是以鑽石造成。那麼鑽石是怎麼來的？有一些古代神話傳說是這麼說的：鑽石是月亮的銀光、殞落的星辰，或者是眾神的眼淚墜落地球而生成；印度人則相信鑽石是由閃電擊中石頭而產生。以現代科學的角度來說，鑽石又是怎麼來的呢？

從第三章我們知道鑽石是由碳所組成，因此當我們要探討鑽石的來源時，首先來瞭解一下「碳從哪裡來？」要瞭解「碳從那裡來？」就必須從「宇宙的誕生」說起。我們生長的地球位於太陽系，我們就以太陽的生命周期為例，說明所處宇宙的由來，以下將依次序探討鑽石的成因。

5-1 太陽系的形成

天文學中，質量大的星星會在極短的時間內度過它的一生，並多以激烈的大爆炸做為結束。其演化過程為：星球誕生，並快速成長→在主序帶上停留數十億年→ 膨脹成為紅巨星→爆炸時成為超新星→爆炸完後收縮成為中子星。我們所處太陽系的太陽就是如此，茲解說如次。

太陽的形成

星雲

宇宙開始之際，星際氣體占銀河系質量的十分之一。這些星際氣體並不是平均地分佈在宇宙內，而是像雲一般組成一個個塊狀的星際雲。星際塵埃有可能是由石墨晶體、矽酸鹽、以及水、氨、甲烷等的冰粒（溫度很低 –200℃凝結成固態的冰）組成。太空中的氣體與塵埃受萬有引力作用聚集，因重力收縮使其溫度和密度逐漸上昇，當中心溫度高到足以點燃核融合反應時，恆星乃告誕生。

氫核融合

氫融合為氦的主要流程為

$^{1}H + {}^{1}H \rightarrow {}^{2}H + e+ + \nu e$（微中子）

$^{2}H + {}^{1}H \rightarrow {}^{3}He + \gamma$

$^{3}He + {}^{3}He \rightarrow 4He + 2{}^{1}H$

淨反應可寫成

$4^{1}H \rightarrow 4He + 2\nu e$（微中子）＋能量

正電子（e+）與一般電子相遇後，相互湮滅產生二個 X 射線，故氫歷經質子－質子鏈的融合反應，可以簡單的表示成

$4^{1}H \rightarrow 4He + 2e+ + 2\nu e$（微中子）＋能量

而此處所產生的微中子屬於電子家族，故又常稱為電子微中子（electron neutrino），微中子為電中性，至於其靜態質量為零或近乎零。以上的化學式對一般寶石學的讀者而言相當窒礙難懂，因此不妨換個角度想這個問題，就是「氫」這個元素的質量是 1（圖 5-1），而「氦」元素的質量是 4（圖 5-2），所以

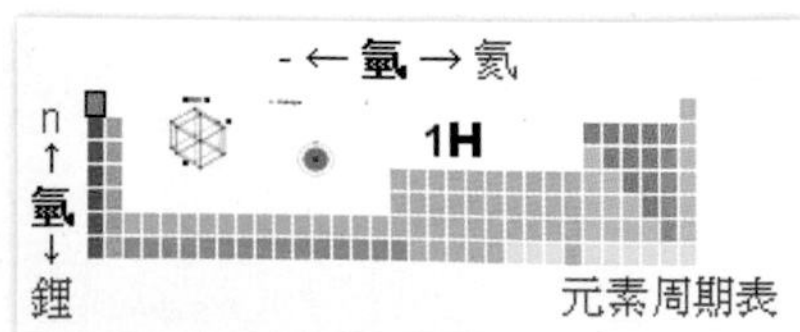

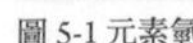
圖 5-1 元素氫

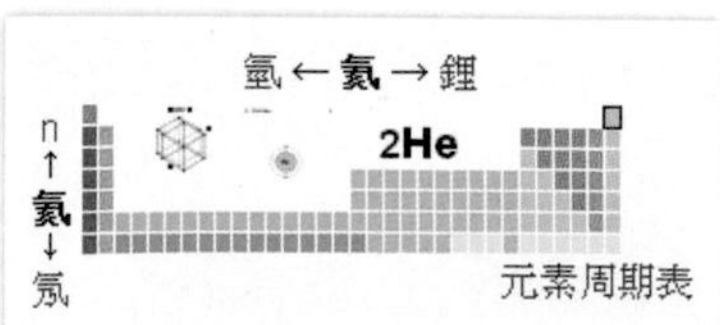

圖 5-2 元素氦

氫融合為氦的過程，是要有四個氫融合成在一起，才能成為一個氦，過程中並將多餘的能量釋放掉，這樣想就比較容易理解。

恆星依靠其內部的熱核聚變而熊熊燃燒著。核聚變的結果，是把每四個氫原子核結合成一個氦原子核，並釋放出大量的原子能，形成輻射壓。處於主星序階段的恆星，核聚變主要在它的中心（核心）部分發生。輻射壓與它自身收縮的引力相平衡。因此有：「宇宙誕生初期，只有氫和氦這兩種構造最簡單的元素。」的說法。

主序帶恆星的演化

星球誕生以後，其產生的核能維持表面的發光，與高溫相伴而來的熱膨脹壓力，又平衡了重力的吸引。因此，有很長很長的一段時間（約佔星球整個壽命 90% 以上），星球的大小亮度等都一無變化，這一段時期，稱為主序星時期。這時期的星球，就稱為主序星。

太陽就是一顆很標準的主序星。它已經誕生了五十億年，估計在主序星的位置，還會再待一百億年。（如圖 5-3）

氫的燃燒消耗極快，中心形成氦核並且不斷增大。隨著時間的延長，氦核周圍的氫越來越少，中心核產生的能量已經不足以維持其輻射，於是平衡被打破，引力占了上風。有著氦核和氫外殼的恆星在引力作用下收縮，使其密度、壓力和溫度都升高。氫的燃燒向氦核周圍的一個殼層裡推進。於是恆星開始以下的演化過程——內核收縮、外殼膨脹，燃燒殼層內部的氦核向內收縮並變熱，而其恆星外殼則向外膨脹並不斷變冷，表面溫度大大降低。這個過程僅僅持續了數十萬年，這顆恆星在迅速膨脹中變為紅巨星（圖 5-4）。

所謂紅巨星就是：到了靠中心的氫耗盡後，氫融合逐漸移至外層發生，使恆星突然膨脹，此時恆星表面溫度相對很低，但卻極為明亮。之所以被稱為紅巨星就是因為看起來的顏色是紅的，體積又很巨大的緣故。

紅巨星一旦形成，就朝恆星的下一階段——白矮星進發。當外部區域迅速膨脹時，氦核受反作用力卻強烈向內收縮，被壓縮的物質不斷變熱，最終內核溫度將超過一億度，點燃氦聚變，最後爆發形成行星狀星雲，於是再重新開始生命周期。

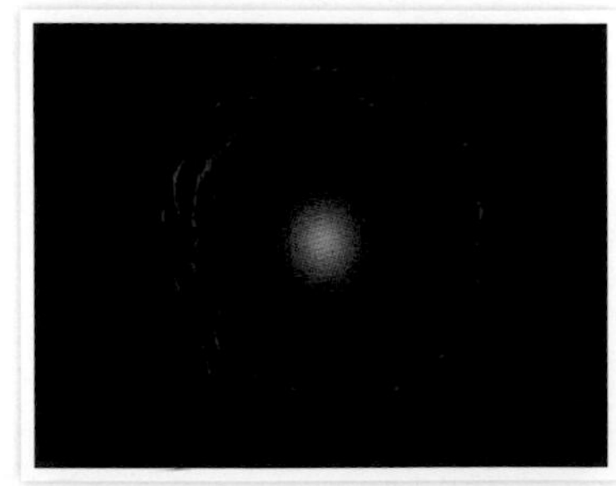

圖 5-4 紅巨星

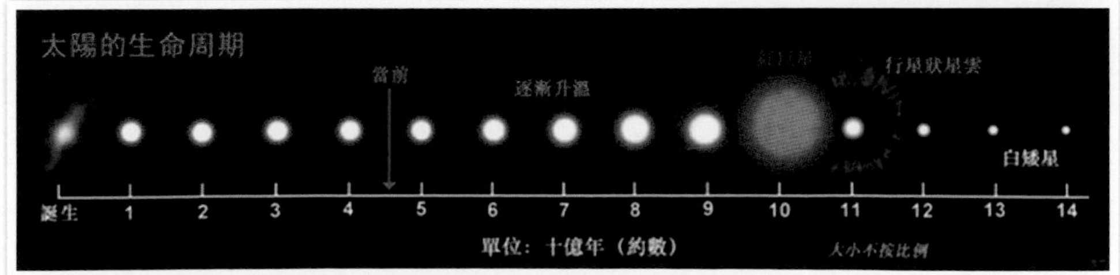

圖 5-3 恆星太陽的演化

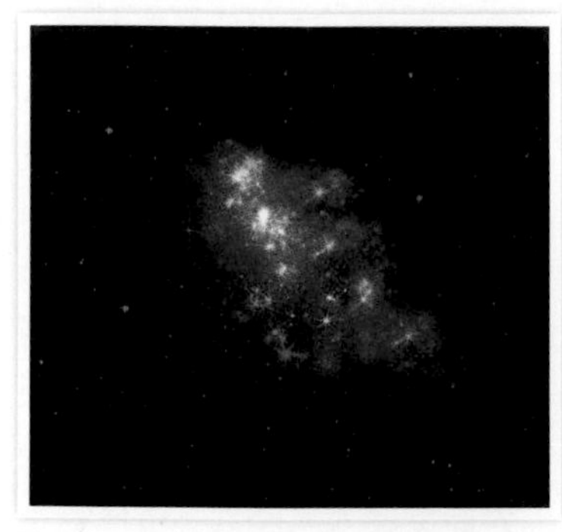

圖 5-5

圖 5-5 圖中所示為目前天文學家發現已知最遠的星系 z8_GND_5296，它距離大爆炸之後僅 7 億年（相當於當前宇宙 138 億年年齡之 5%）。

但在此同時，各種元素開始進一步融合，產生了各式各樣新的元素，例如：

He + He + He → C （氦融合產生了碳）

C + He → O （碳與氦融合產生了氧）

C + O → CO/CO_2 （碳與氧融合產生了一氧化碳或二氧化氧）

C + 4H → CH_4 （碳與氫融合產生了甲烷）

原始太陽星雲大部份的碳，都是以甲烷（CH_4）的形式存在。壓力大於 20 萬個大氣壓、溫度升高超過 2000℃時 CH_4（甲烷）會分解為氫和碳，碳又可進一步轉變成鑽石。

同理類推，經過適當的組合，例如說：

N + 3H → NH_3 （氨）

O + O + O + O → S（硫）

隨之可以產生出包括鐵（Fe，原子序 26）等各種金屬礦物。鐵在地球上含量豐富，太空中的隕石也經常含鐵元素。

天上到處都是鑽石

在銀河系裡，有固體顆粒地方都可以觀察到大紅射線，台灣的中央研究院模擬外太空的條件，在實驗室中先以中研院物理所高能加速器產生的質子束，轟擊市售的人工奈米鑽石，製造晶格缺陷，接著再以攝氏 800 度的高溫加熱，退火後得到螢光奈米鑽石。這些鑽石與太空望遠鏡所觀察到的大紅射線非常相似，推斷太空中到處都是奈米鑽石，根據天文學家估計，僅僅在蠍蜓座附近，鑽石的總重量就有十的廿一次方公斤，約為月球百分之一的重量。不過人類若要到太空中採集奈米鑽石，恐怕不符合經效益。

5-2 地球的形成

瞭解了太陽是如何誕生的，那麼我們所居住、產鑽石的地球又是如何形成的？關於地球的形成，有眾多的理論，最主流的包括：康德．拉普拉斯星雲說及原始行星說等。此兩種說法的差異在於，前者認為地球等行星是由熱氣體集合、凝固而成；而後者認為是由氫、氦、冷卻的塵粒或矽酸（或隕石）等聚合而成。無論何者正確，當各個聚合體及氣體會再度因重力作用而彼此吸引在一起、經過墜落及聚集，不斷發生合併作用，直到形成目前的太陽系與地球為止，如圖 5-6 所示。

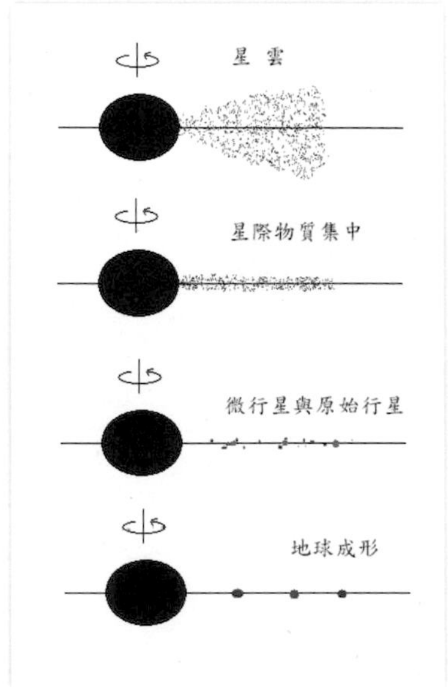

圖 5-6 地球的形成

地球的內部構造

在地球形成後，又經過如圖所示之對流作用，使地球的內部分成地核、地函及地殼等三部分構造，如圖 5-7 及圖 5-8 所示。

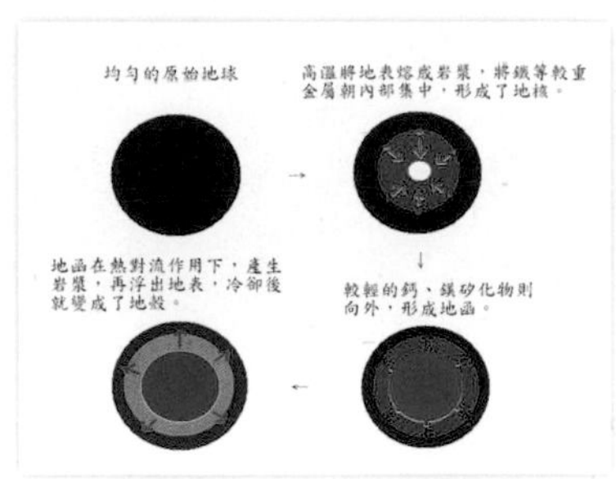

圖 5-7 地球形成後之對流作用

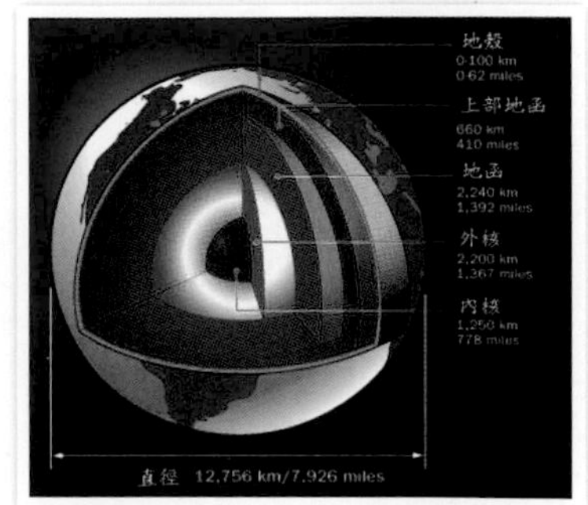

圖 5-8 地球剖面

地核

高溫將地表熔成岩漿，將鐵、鎳等較重金屬朝內部集中，形成了地核（亦稱為行星分異）。地核內部可分為兩個部分：內核與外核。外核由熔化鐵組成；內核由固態鐵，甚至是鐵晶體組成。就深度言，自地函的下限至 5,100 公里稱為外核，再由外核的下限至地球中心，稱為內核。

地函

形成地核的同時，岩漿中較輕的鈣、鎂矽化物向外，形成地函。就深度言，約從地殼下部至 2,900 公里。地函可以分成三層，包括上部地函、過渡層及下部地函。上部地函又可分為岩石圈和軟流圈。其中岩石圈溫度低而且堅硬；而軟流圈溫度高而且柔軟。岩石圈在地球表面的運動即為板塊運動，是寶石學較為關心的部份。地函的主要成分是氧（O）、矽（Si）及鎂（Mg），此三種元素組合成橄欖石，因此可以說地函主要是由橄欖石構成。

地殼

地函在熱對流作用下，產生岩漿，再浮出地表，冷卻後就變成了地殼。地殼深度介於 5 公里至 70 公里之間，是地球最外層的結構。地殼與地函以莫荷不連續面區分。地球陸地和海洋下面的地殼，分別被稱為大陸地殼和海洋地殼。海盆下比較薄的海洋地殼是由含鐵、鎂的矽酸鹽岩石組成的。比較厚的大陸地殼則是由含鈉、鉀、鋁的矽酸鹽岩石構成。由於大陸地殼的主要構成元素是矽和鋁，因此也稱為矽鋁層。同樣，海洋地殼被稱為矽鎂層。大陸地殼的比重 2.7，海洋地殼比重 3.0，地函比重 3.2，所以地殼會浮在地函上；而海洋地殼遭遇大陸地殼時則會下沉到地球內部。

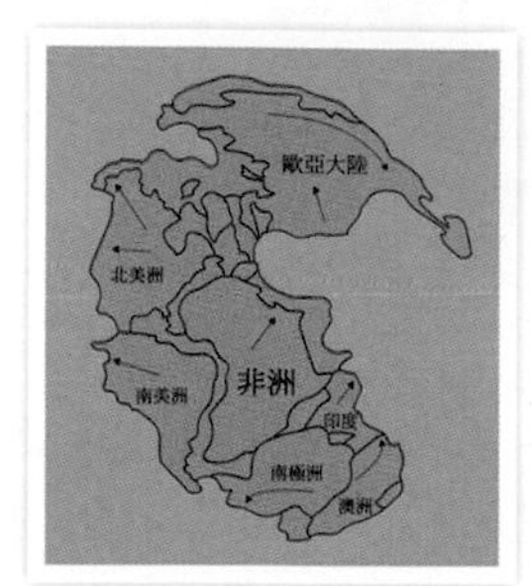

圖 5-9 盤古大陸之七大板塊

板塊運動

約在二億四千五百萬年前地球上的陸地是相連在一起的，科學家將之稱為盤古大陸（「Pangaea」或「Pangea」，又稱「超大陸」）。盤古大陸經過階段性的分裂，形成現今七塊大陸的分布情形（圖 5-9）。

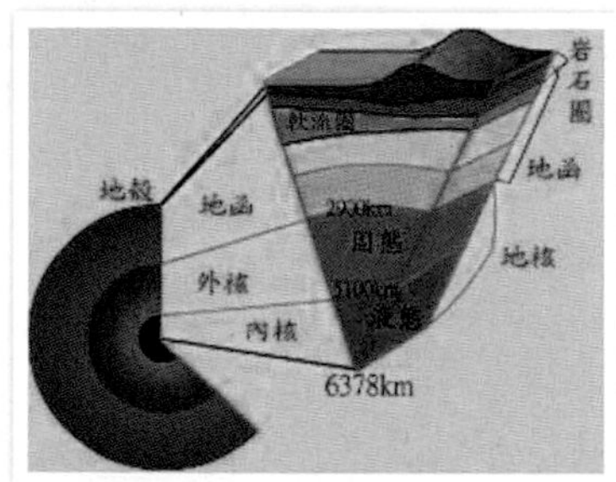

圖 5-10 岩石圈

如果再往前推，事實上這些大陸在地殼形成起，已經經過多次分裂－離散－集合－形成超大陸的循環，這種循環被稱為威爾遜循環。地球的年齡為四十六億年，而目前所找到最古老的岩石年齡為三十八億年，這些數據為研究鑽石的形成，提供了證據。

如前所述：地球的最外部為冷而硬的可移動之岩石，稱為岩石圈（lithosphere）（圖 5-10），其厚度平均約 100 公里，岩石圈之下為軟流圈（asthenosphere）為黏度高的液體物質所組成，在高溫、高壓作用下而成可塑性，使岩石圈漂浮其上。

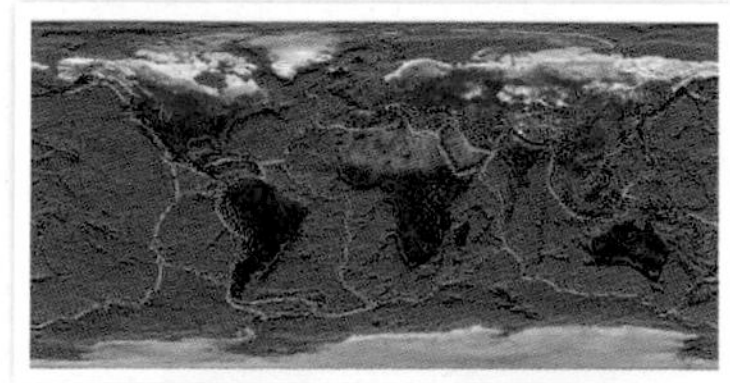
圖 5-11 板塊構造

板塊理論

板塊構造的基本觀念是將岩石圈分成數個接近剛性之板塊，包括較大的歐亞板塊、美洲板塊、非洲板塊、印度洋板塊、太平洋板塊及南極洲板塊，和數個較小之板塊（圖 5-11），板塊受到張力、壓力、重力及地函對流的作用，不同的板塊之間每年以數公分的相對速度緩慢移動，大部分的地震、火山及造山運動便由於相鄰板塊之互相作用而發生（見圖 5-12）。

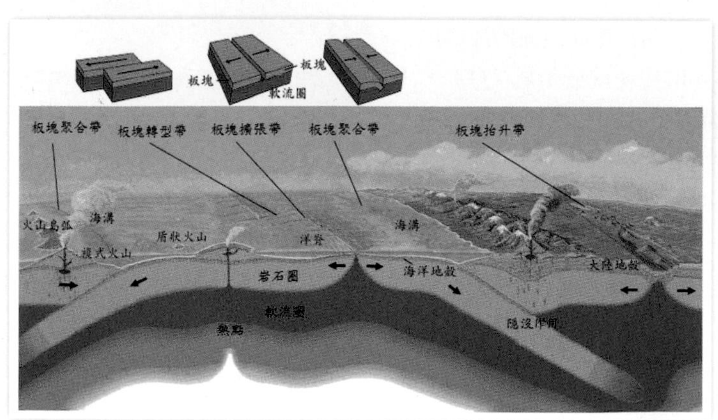

圖 5-12 板塊互相作用

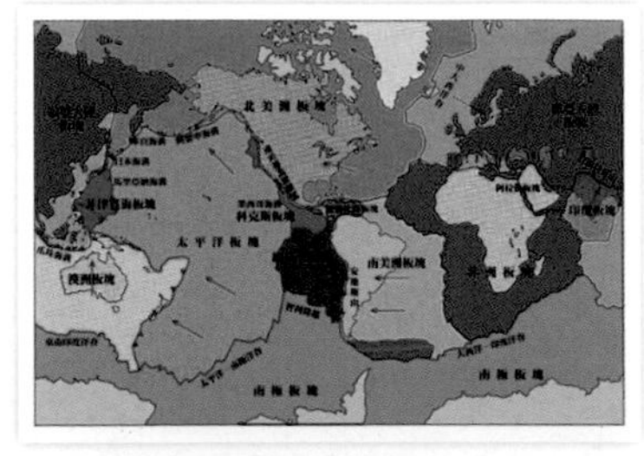

圖 5-13 世界板塊分佈及移動方向

運動的板塊邊界上，與相臨的板塊的相對運動方式有三種：

1. 分離邊界運動
2. 聚合邊界運動
3. 錯動邊界運動

由圖 5-13 中你可以分辨出來，相臨板塊間的相對運動，屬於哪一種方式嗎？

岩石循環

岩石的循環可以從板塊的分離開始講：當兩個板塊分離時，地函的物質（玄武岩漿）上升，來填補板塊分開的空間。但是因為地球的大小沒有變化，所以當有新物質產生時，就要有舊物質被消滅，消滅之處係位於兩個板塊碰撞的地方，較重的海洋殼板塊要向下潛沒（稱為隱沒，Subduction），較輕的大陸殼板塊則永不下沉（因為其密度比地函還小）。

當較重的板塊下沉時，越往深處就會遇到越高的地溫，於是發生部份融熔的現象，海洋地殼加上原來沉積在海床上的沉積物之混合物於融熔後，便形成安山岩質的岩漿，侵入圍岩內形成侵入岩（侵入岩，大陸地殼，花崗岩），噴出地表後便成為火山岩（噴出岩，海洋地殼，玄武岩）。火山岩在地表的環境下被侵蝕、搬運、沉積，而後岩化成沉積岩。兩個板塊互相擠壓的關係，在高溫高壓之下，板塊碰撞帶的岩石就會形成變質岩。火成岩及變質岩露出地表，受到風化及侵蝕作用後就慢慢的轉化為沉積岩。

鑽石的形成

前面花了好多時間從太陽系的形成、地球的形成、地球的構造、板塊運動談到岩石循環，但這些與鑽石的形成究竟有什麼關聯呢？科學家研究鑽石的內含物及與其一起發現的礦物，得到一個結論，認為：鑽石需要在特定的溫度、壓力和化學反應下，經過億萬年的地殼變動才能形成鑽石。

所謂溫度：是在地球的地函中溫度大約是 1100 ～ 2000℃的地方形成的。
所謂壓力：必須在 45 ～ 60 kilobars（kB）之間。若以岩石力學計算：

50 kB ≒地表下 150 公里（90 英里）
60 kB ≒地表下 200 公里（120 英里）

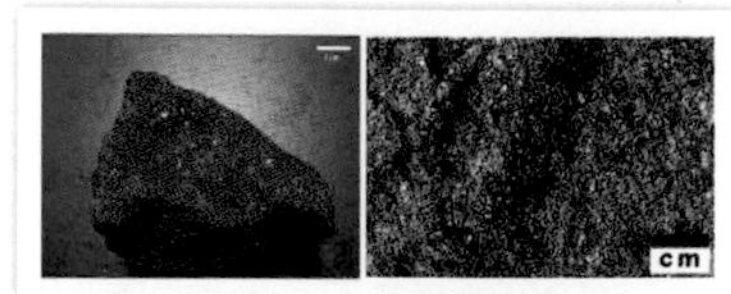
圖 5-14 橄欖岩

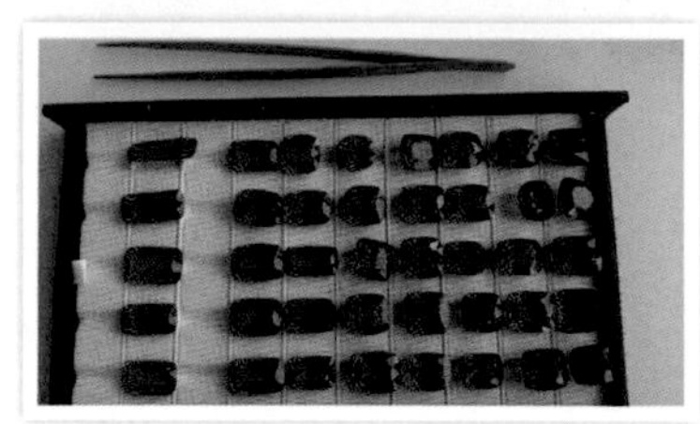
圖 5-15 橄欖石

則可推估鑽石在地表以下 120 公里至 200 公里之間的地球深處形成。

綜合鑽石形成特殊條件的結論是

1. 其形成的環境：
   a. 地底下：120 ～ 200 公里，
   b. 溫度：1100 ～ 2000℃，
   c. 壓力：50000 ～ 70000 大氣壓之橄欖岩（Peridotite）與榴輝岩（Eclogite）等兩種岩石中。

2. 經由火山爆發後，將含鑽石的岩漿帶到地表，形成金伯利岩（Kimberlite）或金雲白榴岩（Lamporite）等含鑽石岩石。

橄欖岩與榴輝岩

以下我們將該結論的細節一一討論。先說什麼是橄欖岩與榴輝岩？

橄欖岩（Peridotite）

上部地函的主要構成成分就是橄欖岩（圖 5-14），其中二氧化矽含量少於 45%，屬於超基性侵入岩，深綠色，粒狀結構。主要由橄欖石（達到 40%-50% 以上）、輝石和鉻尖晶石組成，並混有石榴子石、角閃石、黑雲母、鎂鐵礦等。

寶石學中常見的橄欖石如圖 5-15 所示，化學成份鎂鐵矽酸鹽 $(Mg,Fe)2SiO_4$ 即產自橄欖岩中。

當原始地球形成地核、地函和地殼時，與氫、氧等結合在一起的碳（CH_4、CO_2 等）被帶入地函中，其中有部分的氫、氧等，因為受不了高溫，就與碳分離，化為氣體就逃到地球周邊，構成了大氣與水。

也有部分的無機質的碳源例如 CO_2，被留在地下，經過化學變化產生了純碳，例如：2FeS（硫化亞鐵）$+CO_2 = 2FeO+S_2+C$（碳）

此時碳被留在地下，承受高溫高壓形成了鑽石。等到有金伯利岩或金雲白榴岩噴出地面時，就將鑽石捕獲帶出，這樣形成的鑽石有人稱為 P 型鑽石（因為橄欖岩 Peridotite 的第一個字母是 P）。

榴輝岩（Eclogite）

主要由輝石（綠色的綠輝石），紅色的石榴子石組成（圖 5-16）。藍晶石晶體有時也會出現。結構：中粒至粗粒，並可能成帶狀。

圖 5-16 榴輝岩

鎂、鐵含量高的橄欖岩，經部分熔融後，可能產生玄武岩（圖 5-17）的岩漿。岩漿經噴發就形成海洋地殼。在岩石循環中，海洋地殼的玄武岩帶著沉積有機質隱沒於地殼深部（圖 5-18 ），經過長時間在地殼深部受高溫和高壓的作用，而發生了變質作用，形成變質岩。部分玄武岩於是變質成了榴輝岩。

圖 5-17 澎湖玄武岩石柱

其實榴輝岩是在極大的壓力下變質產生的，溫度不限，在低溫或高溫下都可以相成這種變質岩，如圖 5-19 所示。

圖 5-18 海洋地殼隱沒

由該圖中可以瞭解：由於條件特殊，榴輝岩相岩類較少，且大多由玄武岩類變成。在其中同時符合高溫和高壓的條件時，一起被帶下去的生活於海底軟泥中，早期微生物有機質及石灰石、白雲石、大理石等含碳無機質，就有機會析出碳元素形成鑽石（圖 5-20）。等到有金伯利岩或金雲白榴岩噴出地面時，就將榴輝岩與鑽石包裹帶出，這樣形成的鑽石有人稱為 E 型鑽石（因為榴輝岩 Eclogite 的第一個字母是 E）。

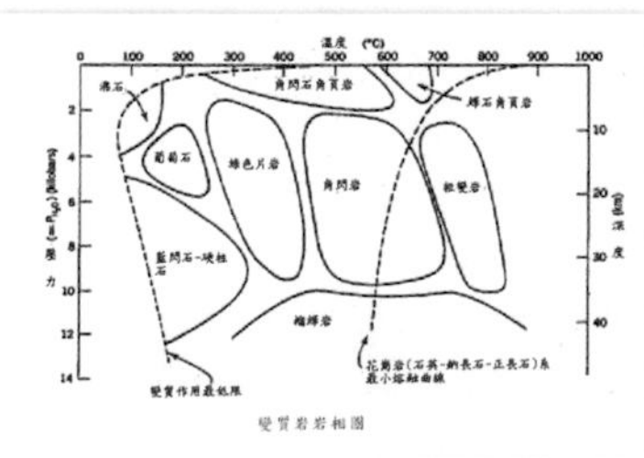

圖 5-19 變質岩岩相圖

溫度與壓力

經過熱力學的研究，科學家發現碳這個元素，要形成鑽石而非其他同質異形體（例如石墨），其溫度的要求是 1,100 ～ 2,000℃，而壓力的要求是 50,000 ～ 70,000 大氣壓。如果溫度適當，壓力不夠，可能形成石墨；但是如果壓力適當，溫度太高，則可能無法形成固體。

經過計算，這樣的環境條件在地底下 120 ～ 200 公里間。與地球構造比對，則發現大約是在地函的上部。而且是在大陸地殼之下，不在海洋地殼之下。為什麼呢？因為在海洋地殼下溫度上升較大陸地殼快，還沒達到需要的壓力，溫度已經太高了。

圖 5-20 玄武岩變質為榴輝岩

地盾

前面說到不論是隨著橄欖岩或是榴輝岩產生的鑽石，都要等到有金伯利岩或金雲白榴岩噴出地面時，將鑽石包裹帶出。說起來容易，但這個等待過程可能一等就是幾億年或是幾十億年，這麼長久的等待時間，鑽石一定要藏身在一個安全的地方，這個藏身之所，除要符合前述溫度壓力

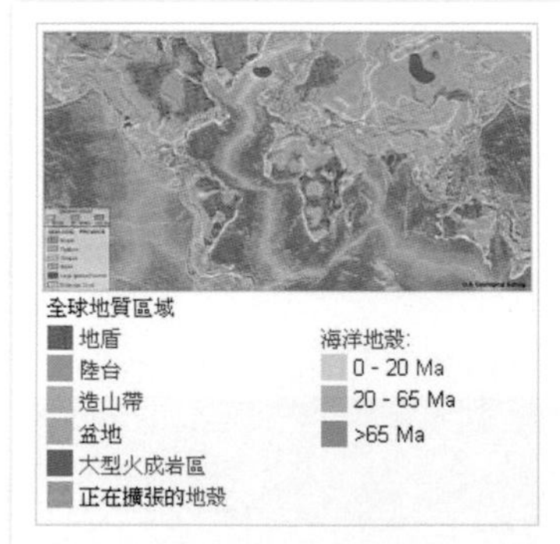

圖 5-21 全球地盾分佈

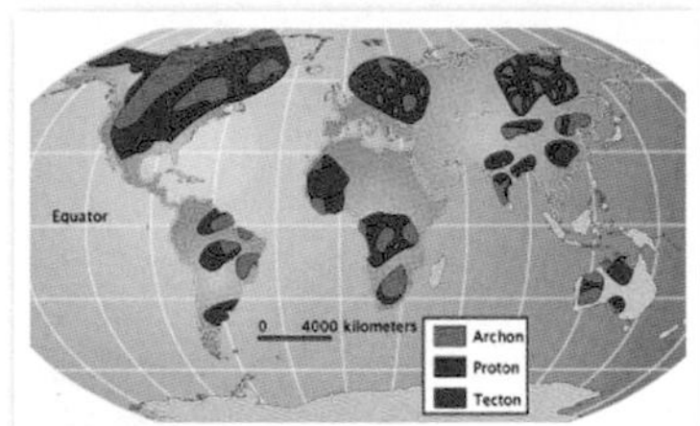

圖 5-22 太古岩與始成岩分佈

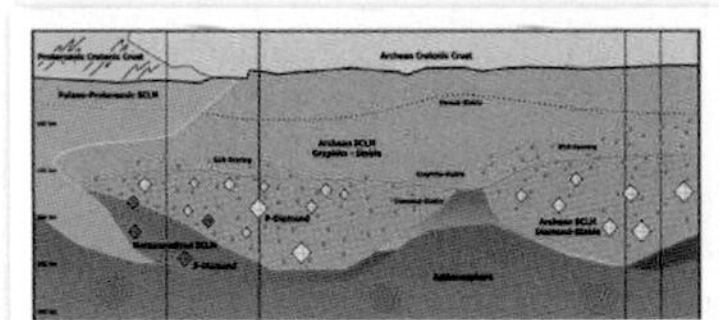

圖 5-23 鑽石藏身地盾下（一）

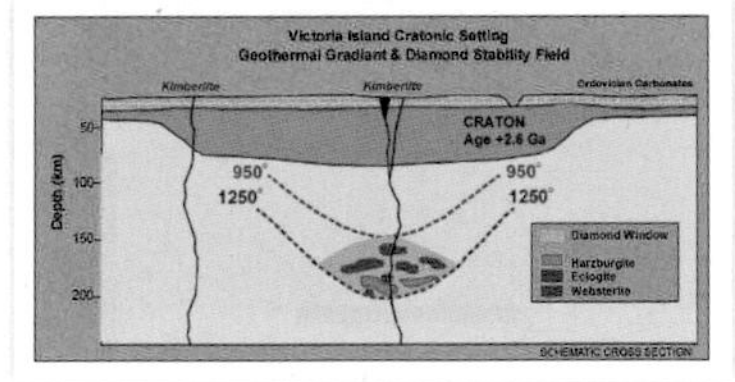

圖 5-24 鑽石藏身地盾下（二）

圖 5-25 岩漿捕獲鑽石

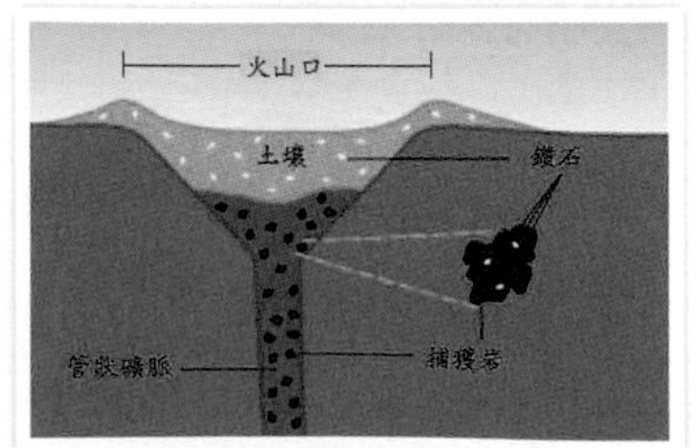

圖 5-26 金雲白榴岩管狀礦脈和殘積土礦藏的簡化斷面

條件外，並在億年計的時間內不會受到地質變動或是岩石循環的影響，這個地方就是「地盾」的下方。

什麼是地盾（或稱克拉通 Craton）？大陸地盾（Continental Shields）是指大陸板塊在古老的造山運動中，岩石經過熔合的過程，因受侵蝕作用，而使地表呈現出地勢低緩、穩定、平坦等典型的特徵。這些地區的大陸地質，通常十分堅硬，且體積單一巨大，並不受大陸漂移（continental drift）作用而分裂成塊的影響。地球表面最原始的岩石來自地盾，接近 40 億年之齡。

全球的著名地盾包括：北美洲的加拿大地盾；南美洲的亞馬遜地盾、蓋亞那地盾；歐洲的波羅的地盾；非洲的西衣索匹亞地盾；大洋洲的西澳大利亞地盾；阿拉伯 – 努比亞地盾（分布在紅海沿岸從以色列到索馬里）；亞洲的淮陽地盾、華北陸塊、華南陸塊；南極洲地盾；西伯利亞地盾。如圖 5-21 所示。

鑽石的存在條件

1. 在堅固的大陸地盾或地台下方和周邊的深度和溫度下，其物理和和化學條件有利碳以鑽石形式長期存在，且位於地函岩較淺處。

2. 陸殼較厚的部分與鑽石產出，極少受到現今地球表面的影響，是穩定的地區，包括有「南部非洲、巴西、西伯利亞、澳大利亞」。

圖 5-22 顯示出主要礦床及古老床岩。其中具 25 億年歷史的太古岩（Archon）及 16 至 25 億年歷史的始成岩（Proton）含有鑽石筒（始成岩的產量較少）。鑽石筒經由侵蝕再形成次生礦。

地盾與鑽石藏身的關係，如圖 5-23、圖 5-24 案例所示：

捕獲岩

當溫度與壓力的組合條件，達到特殊的要求，又正好也有地殼裂縫等管道時，便促使金伯利岩或金雲白榴岩向上移動，在金伯利岩或金雲白榴岩向上移的過程中，當經過較淺的鑽石穩定層時，便順道捕獲（夾帶）包藏鑽石的岩塊，一起升到地表（圖 5-25）。金伯利岩或金雲白榴岩被稱為鑽石的捕獲岩（Xenolith）。

金伯利岩最初上升的速度非常的緩慢，每年大約只有數毫米，當它距地表剩幾千呎時，則加速以 30-70 km/hr 上升衝出，形成管狀礦脈如圖 5-26 所示。

但不是所有的火山噴發都會帶出鑽石，例如圖 5-27 右側的火山，因為岩漿沒經過包藏鑽石的位置，就不會帶出鑽石。根據 De Beers 公司調查結果，最早噴出來的鑽石大約在距今四億年前。

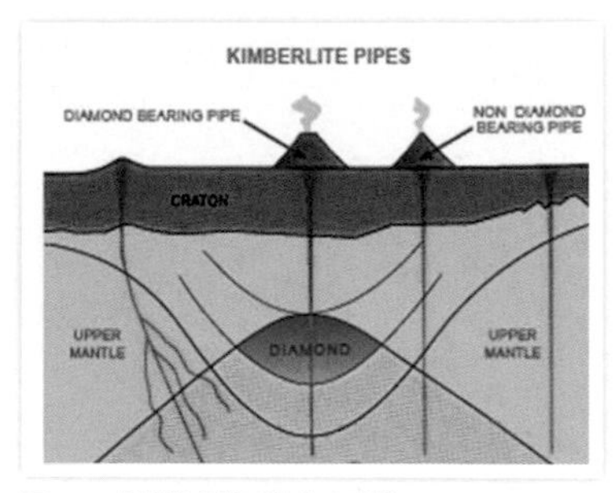

圖 5-27 有與沒有鑽石的火山噴發

5-4 鑽石的形成分類

圖 5-28 礦中的鑽石原石

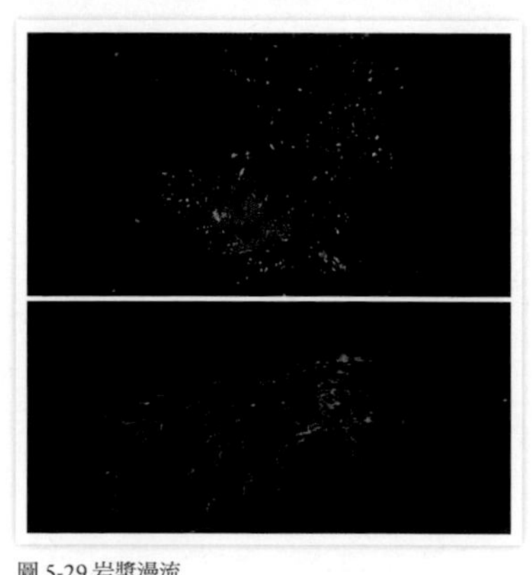
圖 5-29 岩漿漫流

鑽石為極高壓下之產物，全世界以澳洲、薩伊及南非為最大的出產國。含有這種礦物的岩漿岩有金伯利岩（Kimberlite，又稱角礫雲母橄欖岩），橄欖岩、鉀鎂煌斑岩（Lamproite，又稱金雲火山岩）、榴輝岩、輝綠岩（澳洲新南威爾斯）和鐵橄欖岩（隕石）等。其中金伯利岩型、鉀鎂煌斑岩型和橄欖石型是三個主要的含礦類型，但目前只有金伯利岩型和鉀鎂煌斑岩型（西澳為主）具有經濟價值。此等岩石常以爆破岩筒的方式產出（圖 5-28），除含有鑽石之外，亦常發現捕獲上部地函的石榴子石橄欖岩。

當然火山噴發時，岩漿大量漫流，也會將鑽石帶離火山口位（圖 5-29）。

二類鑽石岩石

將鑽石形成的情形分為橄欖岩型和榴輝石型，而此二類岩石更就發現地加以命名，橄欖岩型即為金伯利岩，而鉀鎂煌斑岩（榴輝石）型則為金雲白榴岩，分別敘述如次。

圖 5-30 金伯利岩

圖 5-31 金伯利岩礦場（The Big Hole）

圖 5-32

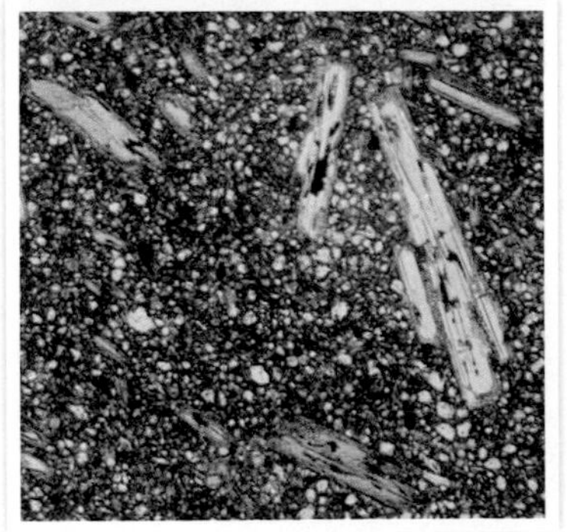
圖 5-33 鉀鎂煌斑岩

金伯利岩

橄欖岩型的鑽石形成在地下 120 ～ 150 公里深處形成，被金伯利岩漿捕獲而帶到地球表面，如果岩漿上升的速度不夠快，鑽石可能會熔於岩漿中或完全消失，一般計算岩漿上升速度每小時 20 ～ 30 公里，最高可達 70 公里／時，目前所發現的鑽石大多數的都是這種型式，如非洲各國（圖 5-30）。

南非金伯利的「大洞」是一個名符其實的露天礦場，據說這是最大的手工開鑿的洞穴（圖 5-31）。雖然這個礦場在 1914 年已經關閉，但在其 43 年的開採過程中，5 萬名工人使用鎬和鐵鍬移走 2250 萬噸泥土，總共生產近 3 噸鑽石。「大洞」463 米寬，挖至 240 米深處，由於被水填充，可見深度是 175 米。現在它成了一個用於展示的礦場，旁邊的古鎮也已恢復完成，作為觀光之用。

由於火山爆發時，夾帶鑽石沖上地球表層的泥土，稱為角礫雲母橄欖岩（Kimberlite）。此種土壤非常堅硬，其顏色呈深灰藍綠色，俗稱藍土（Blue ground），越接近表面的藍土，因為受空氣和日光的影響，會變為黃色，稱為黃土（Yellow ground），鑽石原石便蘊藏在藍土之中。

圖 5-32 是在礦坑中找出來的金伯利岩石 Kimberlite，當中含有大家想要的鑽石。

金雲白榴岩

榴輝型鑽石是在地下 180 公里形成，被鉀鎂煌斑岩岩漿捕獲而帶到地球表面，澳洲西部阿蓋爾（Argyle）所產的鑽石都是這種型式，每噸岩石中含 1.03 克鑽石。

鉀鎂煌斑岩（lamproite）（圖 5-33）是一種過鹼性鎂質火山岩，主要由白榴石、黑雲母、普通角閃石、火山玻璃形成，可含輝石、橄欖石等礦物所構成。具斑狀結構，深色鐵鎂質礦物的斑晶包裹在細粒或緻密的基質中，具有數量多、品粒大、晶體外形發育完好及其解理面閃閃發亮等特色，尤其沒有長石斑晶與一般火成岩迥然不同。Lamprophyre 源自於希臘文的「lampros」，代表光輝，此乃因岩石中含有閃亮黑雲母。

台灣有沒有？

在台灣東北角的三貂角南側之萊萊鼻海濱附近的海蝕平臺上（圖 5-34），有三條灰黑色煌斑岩脈侵入大桶山層中，而北部濱海公路靠近外澳聚落之北方約六百公尺，有一由漸新世大桶山層硬頁岩與薄砂岩互層所構成的海蝕平臺上，可觀察到寬約 55 公分之煌斑岩脈。另外，中央山脈東斜面的大南澳北溪鴻昌片麻岩場中可看到基性的煌斑岩脈被偉晶岩脈所貫切。離島的金門有多處可觀察到煌斑岩脈，如夏墅海岸、九宮碼頭、峰上海邊、小金門之大山頂海岸、羅厝以東碼頭附近、獅山以南公路邊。但是台灣不具備捕獲鑽石的條件，所以去那些地方找鑽石，恐怕會失望而歸。什麼是鑽石的捕獲條件呢？

圖 5-34

鑽石的捕獲條件

1. 岩漿產生：要低於鑽石儲庫或儲庫內
2. 壓力：要使含鑽石的岩漿噴發至地表
3. 岩漿運移要夠快：以免鑽石在高溫低壓時變成石墨
4. 未被岩漿溶蝕，也未被氧化成 CO_2

雖然理論上說，鑽石可形成於地球歷史的各個時期／階段，而目前所開採的礦區中，大部分鑽石主要形成於 33 億年前以及 12 ～ 17 億年這兩個時期（表 5-1）。如南非的一些鑽石年齡為 45 億左右，表示說這些鑽石在地球誕生後不久便已開始在地球深部結晶，鑽石是世界上最古老的寶石。鑽石的形成需要一個漫長的歷史過程，這從鑽石主要出產於地球上古老的穩定大陸地區可以證實。

名稱：	橄欖岩型鑽石	榴輝岩型鑽石
形成溫度：	1000 ～ 1300℃	1250℃
形成壓力：	45 ～ 50kb	45-50kb
形成深度：	130 ～ 180km	180km 以下
碳源：	從地函形成，碳就已存在岩石中	可能來自生活於海底軟泥中早期微生物
形成部位：	地函岩的一個部位	地函岩的不同部位
形成年代：	至少 30 億年	低於 30 億年
性質：	角礫雲母橄欖岩	鉀鎂煌斑岩
產出狀態：	淺層、超淺層相的層狀直立岩筒體	淺層、超淺層的火山岩筒、岩牆、岩床
特徵：	岩筒呈長漏斗狀	岩筒的主要通道有特別大的火山口

表 5-1 形成鑽石晶體的兩個來源的比較

鑽石的成因探討

鑽石的成因眾說紛紜，大致可歸納如次：

1. 岩漿噴出後，在靠近地面的淺部環境裡由岩漿中結晶析出。

反證：鑽石不僅散佈於金伯利岩中，也常常出現在榴輝岩包體內。一般認為榴輝岩是一種地函岩石，如果鑽石出現在榴輝岩包體內，顯然鑽石在地下深處即已形成。於是有第二種推測：

2. 鑽石在地下深處經高溫高壓形成，隨著金伯利岩及榴輝岩殘體，經岩漿噴發來到地面。

證據 1：榴輝岩包體存有鑽石，鑽石晶體還常有受扭曲、變形的特徵。

證據 2：同一岩筒中，金伯利岩與鑽石的年齡差距有 20 ～ 30 億年（因為金伯利岩是榴輝岩局部熔融而形成）。

調查鑽石的年齡結果如下：

產地	鑽石的年齡 (億年)	圍岩 (礦物) 的年齡 (億年)
南非金伯利岩	32 ～ 33	0.9
美國阿肯色州	31	1
中國山東	32.65	4.65

圖 5-35 鑽石內部的八面體鑽石

圖 5-36 西伯利亞雅庫特礦場

圖 5-37 俄羅斯 Popigai Astroblem

說明鑽石形成在前，圍岩形成在後；且許多鑽石的年齡都在 30 億年左右。但無法解釋的是：為何圍岩總是金伯利岩或是鉀鎂煌斑岩，別種岩內鑽石量都少？可能要繼續研究。

經以電子顯微鏡對鑽石進行研究，發現某些立方體鑽石的內部有一個八面體的鑽石核（圖 5-35），這意味著鑽石可能有「二次形成」。

既然有二次形成，就得分出第一次形成的成因與第二次形成的成因。對於第一次形成，一般都支持「地下深處經高溫高壓形成」的說法；至於第二次形成的成因，則又分為兩派：

1. 學者研究西伯利亞雅庫特地區（圖 5-36）產的鑽石，發現該地區鑽石的碳同位素與周圍碳質頁岩的碳同位素組成十分相似。因此主張：鑽石有來自深部地函的，也有因為岩漿的高溫高壓，使得周圍淺層岩石中的碳，圍繞著地下生成的鑽石核增生結晶成鑽石的，還有獨立結晶成鑽石的。

2. 學者研究鑽石內含極微量稀有氣體氦、氖、氬時，發現氦和氖的濃度比地球上任何岩石都高很多，幾乎是地球剛生成時，太陽風的濃度。這意味著鑽石形成的年代與地球生成的年代相近，才能捕捉到當時的氣體。至於二次形成的核外鑽石，也應該是在深部地函中形成的，因為這樣才能保證稀有氣體不會有太大變化。

既然說鑽石形成的年代與地球生成的年代相近，那又有可能是：生成鑽石的高溫高壓並非是地球地下深處的高溫高壓，而是地球生成初期隕石撞擊地球產生的高溫高壓，鑽石生成時即埋入地球深處，或是在隕石坑內生成後經地質變動埋入地球深處，再經岩漿噴發至地面。

是這樣嗎？有幾項證據支持這種說法：
1. 大規模隕石撞擊地球的時期，在太陽系形成時最活躍，大約持續到 30 億年前才逐漸減少。而根據前述調查，許多地區鑽石的年齡都在 30 億年以上。
2. 地球隕石坑內真的發現了鑽石！

講到隕石坑內發現鑽石，又分成兩種可能：
1. 鑽石也可能是流星互撞或與地球相撞時生成的。

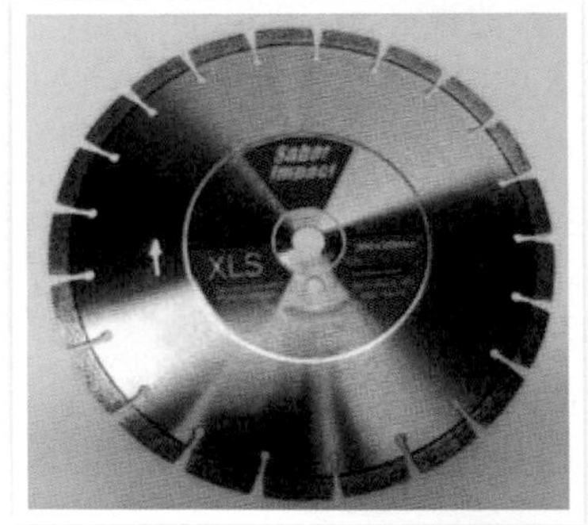

圖 5-38 工業用砂輪

2. 隕石本身含有鑽石。

例如說，俄羅斯科學院在西伯利亞東部一處行星造成的隕石坑「Popigai Astroblem」（圖 5-37）中發現鑽石。俄羅斯科學家聲稱在這個 3500 萬年歷史、直徑 60 英里（相當於 96 公里，約從基隆到新竹）的隕石坑中藏有數十億克拉的鑽石，足以供應全球市場 3000 年使用。

記載於《淮南子 · 覽冥訓》的中國古代神話傳說「女媧補天」提到：「往古之時，四極廢，九州裂，天不兼覆，地不周載；火爁焱而不滅，水浩洋而不息……。」據現代的推測，可能就是一起隕石撞地球的事件，或許該去那附近找找有沒有鑽石。

這種由行星衝擊地球時，瞬間造成的高溫高壓所產生的鑽石，其硬度甚至高過一般鑽石兩倍，被稱為衝擊鑽石（Impact diamond）。這種作用形成的鑽石，一般無法當作寶石，而是供工業上用於砂輪等用途（圖 5-38）。

圖 5-39 衝擊鑽石（左）與寶石級鑽石（右）

如果一定要做成珠寶，就如圖 5-39 左所示，實在無法與圖 5-39 右之寶石級鑽石相比。

圖 5-40 隕石中的鑽石（1mm（毫米）= 0.1 公分（1 公分的 1/10））

隕石本身含有鑽石

如 1988 年前蘇聯科學院報導在隕石中發現了鑽石，在澳洲、印度和美國亞利桑那州，科學家也曾在隕石中找到鑽石，如圖 5-40。

經研究這種鑽石內還含有地球上非常稀有的氣體－氙。不但如此，該種鑽石的年齡竟然與太陽系相同，說明該種鑽石可能是前述紅巨星爆炸石之星雲物質經由拋射而來，所以有報導說有些星球含有鑽石，如圖 5-41。

新星球超值錢 滿地鑽石

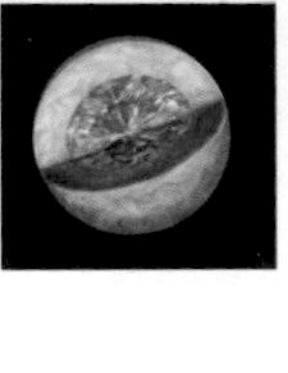

圖 5-41 含有鑽石的星球報導

鑽石形態學（Morphology）

在第 3 章鑽石結晶學中，我們提到許多鑽石原石的型態，在瞭解鑽石形成的原因後，我們試著找出其關聯性。鑽石原石及其指標礦物隱藏了許多許多鑽石商渴望瞭解的線索。由鑽石晶體的形態，可以告訴我們鑽石形成的歷史、地質環境、年齡、含不含氮等條件，亦即可由晶體的型態確定出產地、分辨鑽石類別以及是否經過自然或人為輻射。當面對鑽石原石時，應該學著由所看到的線索得以辨識樣本。其中：

產地的測定

有關鑽石原石的產地，對製造商和購買者都是相當重要的。因為有衝突鑽石的問題，或是想進一步了解有關某一個礦的運作或平均品質與價值。

類型的測定

隨著高溫高壓技術的普及，以鑽石的類型來購買鑽石的需求日增。如能依鑽石原石的形態就能辨識鑽石的類型是最好不過的。

天然或人為工輻射的測定

當一顆鑽石是在原石的階段時，由原石的表皮的一些線索，比較容易判斷鑽石是經過天然或人為的輻射。

切磨／顏色的測定

就只購買原石的人而言，他們很迫切想根據這些原石的尺寸，知道該如何切磨，以得到最好形狀、最大的重量，甚至鑽石成品的顏色將是什麼。

生長特徵

鑽石在地函中形成，並散布於地球表面的原生和次生（沖積）礦床。反映出鑽石的形狀、結構特徵和物理屬性等標準形狀特徵的形態發生（morphogenesis）過程，可分為三個主要階段，包括：

（1）生長階段；（2）生長完成後，在形成後來將其帶到地球表面的金伯利岩或鉀鎂煌班岩熔岩階段的改變；（3）在搬運至定位後經過風化或是形成沖積礦的過程中產生的外營力（exogenic）變化。就任何單一鑽石晶體而言，在形成的每一個階段，所創造出來的標準形狀特徵都會是不同的。

生長階段

鑽石主要的生長習性是形成八面體。立方體的面主要存在於小鑽石晶體，在八面體上很少觀察的到。八面體在過渡的時候習慣產生「多核心」的晶體，在其面上會一層一層地進一步生長出來。這些生長層形成的過渡晶體形狀從八面體到菱形十二面體（rhombo dodecahedral）、薄片菱形十二面體和准立方體晶體（pseudocubic）都有。

立方晶體

內部特徵：從一開始直到最後成長階段的晶體生長，形成條件都可能改變。這些改變會反映在鑽石的內部結構。當溫度和壓力都較低時，結晶化的速度就快，於是形成了立方晶體。實際上這種晶體並沒有立方體的面，反而是由於快速生長或是纖維化與和層面化的生長組合，使得晶體產生了不平整的表面。

八面體

在鑽石中，很少看到平滑面與銳利邊稜的純正八面體的生長形式。初期生長後，鑽石在母圍岩內留在地函中一段時間，然後經歷了礦物融化運輸並將其帶至地球表面的過程。當岩漿熔體升高超出了熱力學穩定範圍時，鑽石晶體發生形態學上的變化。根據實驗，可以將形態發生敘述成兩種類型，分別稱為是「乾式」（dry）和「濕式」（wet）的形態發生。

「乾式」形態是在無 H_2O（水）的矽酸鹽熔體中形成的。反映在圓的生長層上，以面取代了八面體的邊稜，在八面體的表面上形成平行的條紋，並發展出倒立的三角印痕（Trigons）。這種類型的形態發生可能不會導致晶體基本形狀有所變化。這些轉變是鑽石為捕獲岩體的特徵，特別是對出自帶有鑽石的榴輝岩的鑽石。這些特點可能反映了鑽石在生成後、進入運送之母岩前的變化。

十二面體

在有水存在的矽酸鹽中一再重複實驗「濕式」形態發生，其特點是將八面體邊緣以雙三角（ditrigonal）面加以圓化。這種類型的生長形態，可以從八面體經過形式轉換成為十二面體。圓角的八面體可能是在運輸熔體中塑造出來的。觀察十二面體原石，可以看出十二面體的面與生長層相交，這種特徵就證明十二面體是一種溶解的形式。

我們可已藉由溶解的類型，瞭解鑽石之典型是如何發生的。例如說：不是從捕獲岩出來的鑽石，因為該鑽石不受攻擊，而會其有典型形態。而如果從捕獲岩出來的鑽石，曾接觸到運送媒介的話，會形成具有兩側不同類型的晶體。在捕獲岩受到保護的部分就形成八面體；而接觸到運送溶液的部分就形成十二面體（例如金伯利岩漿），而形成部分溶解。甚至在極端情況下「濕」的形態可能會導致晶體的毀滅，尤其是小的晶體。

表面變化

與金伯利岩漿成形之前或是與金伯利岩漿成形同時比較，金伯利岩漿運送的最後階段，對鑽石型態的影響相對小了很多。這些影響主要是會影響鑽石的表面，在某些情況下會導致局部開裂。三角印痕（Trigons）可能先轉變成六角形再轉變為倒立的三角印痕，四六面體（tetrahexahedroidal）也可能在此同時形成。

在俄羅斯雅庫特 Alakinskyi 鑽石礦場之中，有一個管狀礦脈受到熱液由岩床貫穿，而其中鑽石的表面改變就是受到此熱液的影響。此一岩床造成鑽石形態的高度改變，在某些時候，與岩床接觸區內的鑽石甚至被徹底摧毀。

地球表面上的表面外營力過程，無關乎地球深部能量，而是與重力的能量有關。鑽石的形態在外營力的條件下，會有些許的變化，由標準形狀的角度來看，這種變化非常重要。當形成沖積礦床的過程中，鑽石變化的主要外營力之一是機械性磨耗。機械磨耗有兩種主要形式：表面的條紋和冰柱狀特徵，這兩種特徵都顯示出晶體的機械性磨耗（主要是在邊邊角角處）。許多沖積礦床的鑽石都看的到冰柱狀特徵，但並不是所有冰柱狀特徵都被詮釋為一種機械性磨耗的形式。磨耗表示鑽石的年代久遠，可能已經通過無數的侵蝕和沉積循環；這種特徵被稱為鑽石「古代特徵」（通常來自前寒武紀時代）。

鑽石的形態（形狀和表面特徵）反映出生長條件和生成後的歷史，不論是對任一單晶體或是出自任一礦區的晶體群組而言，鑽石的形態都會是獨一無二的。舉個例子：觀察來自雅庫特（Yakutia）Verhnemunskoye 金伯利管狀礦脈的鑽石，會發現其特點是在表面上有因接觸氧化而生的溶洞，澳洲 Argyle 管狀礦脈挖掘出來的鑽石也會有類似溶洞存在，可建立新的形態學模式來說明這些溶洞的由來。

將以上所述做個整理複習，鑽石形成的四種原因如圖 5-42 所示：

目前發現最深的鑽石形成在地下 600 公里，約上地函的地方，它要被帶上來的速度可能要更快，否則會被岩漿熔蝕而消失的無影無蹤，鑽石在地下形成後，被岩漿捕獲而帶到地球表面上來，速度雖然很快，但還是會有熔蝕的痕跡，其中以三角凹痕為最多，此三角凹痕即為鑽石表面的特徵，胎記。

礦床

經由火山爆發後，將含鑽石的岩漿帶到地表，形成金伯利岩（Kimberlite）或金雲白榴岩（Lamporite）等含鑽石岩石。岩漿冷卻後即形成管狀礦脈（Pipe，含鑽石的火山岩）稱為原生礦床（Primary Deposit）；露在地表的鑽石受到太陽高溫照射及風吹雨打的侵蝕，被沖刷到河床沉積則稱為次生礦床（Secondary Deposit），又稱沖積礦床（Alluvial Deposit）。詳圖 5-43。

於是歸納鑽石的礦場，會包括：

原生礦——管狀礦脈（Pipe Primary）
——露天礦場（Open pit）
——地下礦場（Underground）
次生礦——沖積層（Alluvial secondary）
海洋礦場（Marine）

圖 5-42

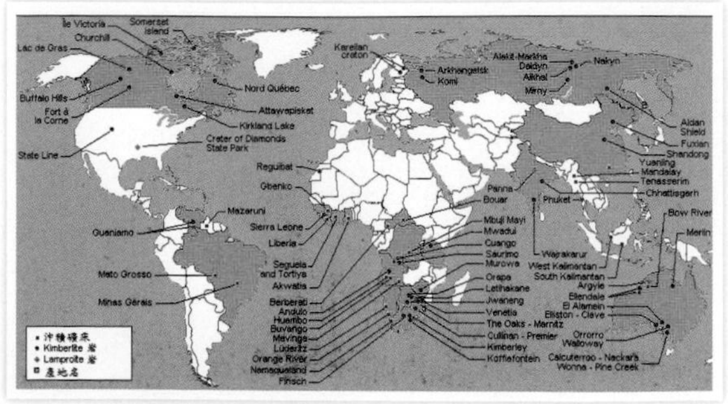

圖 5-43 世界鑽石礦全覽圖

Chapter 6

第 6 章
戈爾康達鑽石

the basic of diamond identification

圖 6-1 古代印度利用 鷹採鑽石

鑽石的故事可以追溯到大概三千多年以前的印度，人類所最知的第一顆鑽石在印度第五大城市海得拉巴附近德干高原的 Golconda 地區，Godavari 和 Krishna 兩條河流之間的河谷沖積地中發現，這個傳說中的山谷，有一個被鑽石覆蓋的深坑，據說是由凶惡的毒蛇所守衛，採礦者將羊的屍體或肉塊拋向鑽石，肉上的油脂就會黏在肉上，禿鷹俯衝將肉塊啄走，採礦者就將禿鷹擊斃，或讓牠們將肉帶回巢中，稍後再到巢中取回鑽石（圖 6-1）。

圖 6-2

2011 年香港佳士得春拍假香港會議展覽中心舉辦，拍賣會的矚目焦點是一對枕形切割分別重達 23.49 及 23.11 克拉珍貴的戈爾康達鑽石，「The Imperial Cushions」D/VVS1，Type IIa 鑽石耳墜（圖 6-2），以每克拉 20 萬美元（總價約為 932 萬美元）的高價創下戈爾康達白鑽每克拉價格的世界拍賣記錄。

為什麼這對鑽石要特別加註是戈爾康達鑽石呢？既然 Golconda 鑽石是產於印度的鑽石，就讓我們從印度開始來瞭解。

圖 6-3 印度國旗

印度名稱的由來

印度歷史悠久，是世界上最早出現文明的地區之一。而印度河是其文明的發源地。古代印度人以「信度」（Sindhu）一詞表示河流，所以「印度」最初指印度河流域這個地理名稱。後來才逐漸包括恆河流域及至整個南亞大陸。

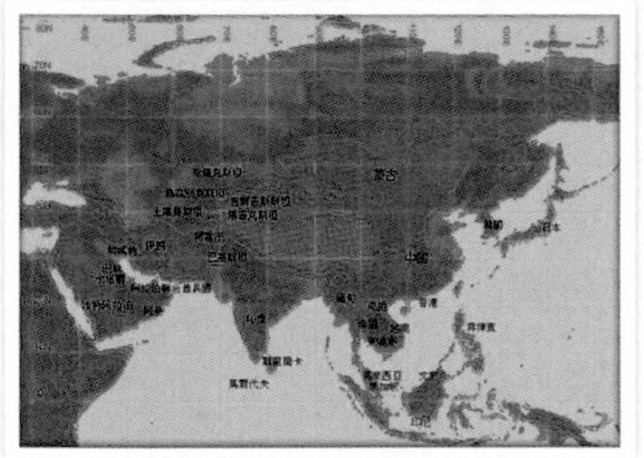
圖 6-4 印度的地理位置

中國的史書對印度的稱呼也都不相同。最初稱印度為「身毒」，後又有「天竺」、「忻都」、「賢豆」等。今日的「印度」一詞是唐代高僧玄奘首創。他在鉅著《大唐西域記》中記載：「譯夫天竺之稱，異議糾紛，歸云身毒，或曰賢豆，今從正音，宜云印度。」印度一稱就此而生。

印度的地理位置

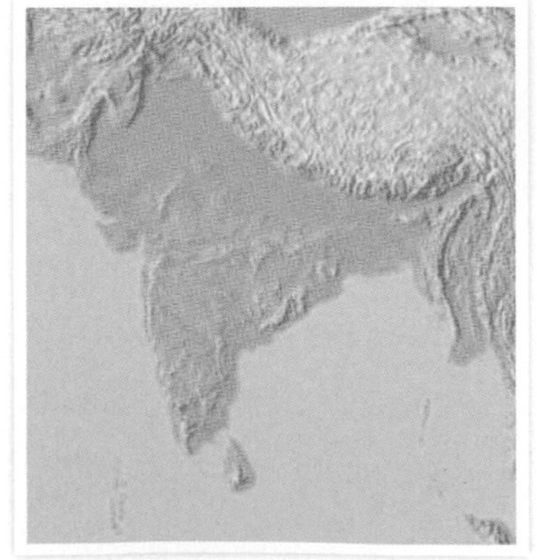
圖 6-5 印度的地形

地理上的印度位於南亞，其西北部、北部和東北部以高大的山脈（興都庫什山脈和喜馬拉雅山脈）為界，其餘部分面向印度洋（圖 6-5），有次大陸之稱。

次大陸與外界的交往傳統上是通過陸路，尤其是西北部興都庫什山脈的那些山口（開伯爾山口，古馬爾山口和博倫山口）。

次大陸本身可以分為四個區域：北部新褶曲山地，北印的印度河 - 恆河平原，南印的德干高原，和印度半島最南端（圖 6-6）。在英國人最終控制整個次大陸之前，印度從未實現過政治上的完全統一，其分野大概即以這四個區域為界。

印度的歷史

研究印度的歷史的人，都面臨很大的難題，原因是印度缺乏有系統的歷史記錄。口語傳播時，往往因同名，造成年代上極大差距，有的差距甚至達到千年以上。因此現今的印度歷史，往往是借助當代外國人的一些遊記，輔助編纂出來。為方便瞭解，筆者將其節略如次：

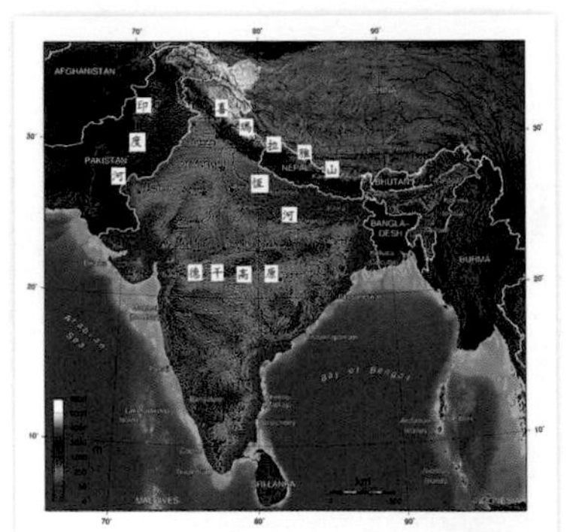
圖 6-6 印度地理分區

圖 6-7 印度地圖

1. 哈拉巴文化

西元前 2500 ～ 1700 年，德拉威人（黑種原住民）創造了著名的印度河流域文明，即「哈拉巴文化」。

2. 吠陀時期

約西元前 1500 年，白種的阿利安（Aryan）人自中亞乾草原進入印度河流域，創造出了超過以往的高度發達文明。這一時期史稱吠陀時期，造成大部分德拉威人南遷。

3. 佛陀時期

西元前 6 世紀，印度出現了十幾個國家，進入列國時代（印度十六雄國），其中最為強大的是摩揭陀國。耆那教和佛教也在此時興起（西元前五世紀佛陀創立佛教，隨後佛教盛行於印度半島，因為佛教產生於這一時期，也常稱為佛陀時期。）

4. 波斯大流士、亞歷山大大帝時期

公元前 6 世紀末期，波斯國王大流士一世征服了印度西北部地區。在大流士之後侵入印度的是古代歐洲最偉大的征服者馬其頓國王亞歷山大大帝，波斯帝國的衰弱導致他可以長驅直入亞洲，其兵鋒所及最遠之處就是印度。

大約從前 4 世紀開始，難陀王朝統治了摩揭陀，甚至德干高原的某些地區也服從他的王權。

5. 孔雀王朝

亞歷山大撤出印度之後不久，約公元前 324 年，經過征戰，出身於孔雀族的陀羅笈多建立了印度歷史上著名的孔雀王朝。公元前 187 年，孔雀王朝覆滅，印度再次陷入分裂和戰亂。

6. 貴霜帝國

從前 2 世紀初開始，大夏希臘人、塞人和安息人先後侵入印度；塞人的侵略尤其廣泛，他們在整個西印度建立了許多公國。大月氏人成為最成功的侵入者，他們在北印度建立了強大的貴霜帝國，這個國家被列舉為古典世界的四大帝國（羅馬帝國、安息、貴霜帝國和漢朝）之一。貴霜時代的寶貴產物是大乘佛教和犍陀羅藝術。

圖 6-8 莫臥兒王朝領土範圍

圖 6-9 莫臥兒王朝國旗

7. 笈多王朝

直到 320 年，摩揭陀地區的一個小國再度強盛，建立了笈多王朝，勢力不斷擴大，統一了印度。笈多王朝是孔雀王朝之後印度的第一個強大王朝，也是由印度人建立的最後一個帝國政權，常常被認為是印度古典文化的黃金時期。

8. 戒日王時期

5 世紀中葉，中亞的㘚噠人（白匈奴）入侵印度，笈多王朝不復存在。北印度諸小國日漸強盛，到 7 世紀初，普西亞布蒂王朝的戒日王稱雄北印度。戒日王大力宣揚佛教，藉以鞏固其統治。中國唐代高僧玄奘就是在這個時期雲遊印度。

9. 拉其普特時期

戒日王之後，北印度又陷入分裂狀態，大約在 7 世紀北印度興起了一種新的力量，即拉其普特人。他們在 7 ～ 8 世紀之後的印度歷史中起了突出作用。從 7 世紀中葉直到 12 世紀末穆斯林征服北印度之間的歷史時期常常被稱為拉其普特時期。南方泰米爾也曾建立起強盛的王國，但未能波及到北印度。

10. 德里蘇丹國

10 世紀之後，突厥人、阿拉伯人、阿富汗人、波斯人等陸續入侵印度，給印度帶來戰火和災難，同時帶來了伊斯蘭文明。1206 年被穆斯林征服的北印度地區，建立德里蘇丹國，定都德里。此後直到莫臥兒帝國建立，北印度的歷史即為德里蘇丹國的歷史。

11. 莫臥兒王朝

到 16 世紀，蒙古成吉思汗和帖木兒後裔的巴布爾開始擴張，他從今日阿富汗的喀布爾一直打到印度的德里，1526 年，他宣布為印度斯坦大帝，建立了莫臥兒王朝（圖 6-8 及圖 6-9 ）。莫臥兒就是蒙古之意。莫臥兒王朝是印度歷史上最後一個王朝。擁有蒙古血統的蒙兀兒幾乎是一個和鑽石畫上等號的帝國，現存只要是百年以上的老鑽石，幾乎都和這個帝國有關，鑽石故事都快成了蒙兀兒史。

12. 殖民地時期

17 世紀，西班牙、荷蘭、英國和法國等歐洲列強開始了對印度的侵略。英國「東印度公司」以貿易為借口，從印度南部和東部逐漸擴張勢力，經過一百多年的侵略戰爭，到 1843 ～ 1859 年間，英國人陸續吞併了整個印度。

13. 印度共和國

印度人民在民族英雄甘地的領導下，終於在 1947 年 8 月 14 日午夜獲得了獨立，這就是今天的印度共和國。21 世紀初的印度，已成為世界

第四大經濟體

由以上印度歷史可以瞭解，印度屢遭各鄰近國家入侵，以致印度所產鑽石，往往流落國外。

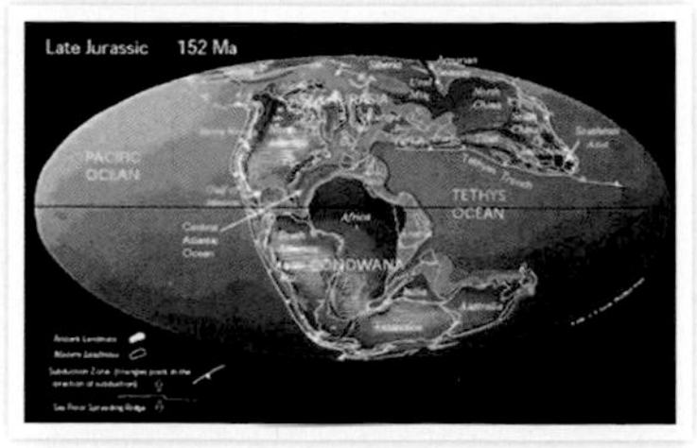

圖 6-10 特提斯洋

印度的地質

發源在印度次大陸的 Golconda 鑽石，是由板塊構造引起的具大的力量所創造出來的。當古地中海（Tethys 特提斯洋，圖 6-10）海洋外殼碰撞並消失在歐亞大陸板塊之下，雖然這些巨型的大陸板塊僅以每年 10 厘米左右的慢速度碰撞，但是這種慢速度碰撞卻在億萬年後，不可思議的創造出喜馬拉雅山脈。並造成足夠的火山運動，使產鑽石的火成岩 - 金伯利岩得以侵入及噴發出來。

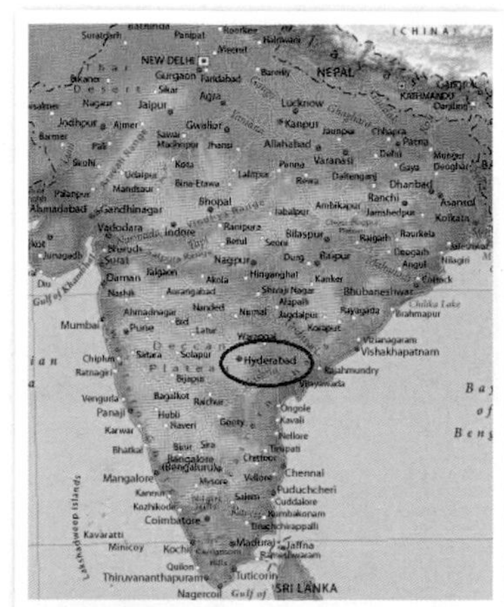

圖 6-11 海德拉巴位置

經過億萬年的降雨與溶雪侵蝕地面，使得 Golconda 鑽石由金伯利岩中被沖刷出來，接著順流而下，就到達 Golconda 鑽石最後的棲息地 – 河流的沖積層與礫石中。這些鑽石在沖積層藏的不深，可說是垂手可得。

Golconda 在那裡？

十八世紀以前，印度幾乎是世界唯一的鑽石產地，確切的 Golconda 鑽石礦區位置已不可考。一般認為，主要產於克里希納（Krishna）與哥達瓦里（Godavari）兩河流域的鑽石，因為都送到戈爾康達琢磨，故以戈爾康達為名，其位置大約位於今日的印度中南部海得拉巴地區，如圖 6-11 所示。

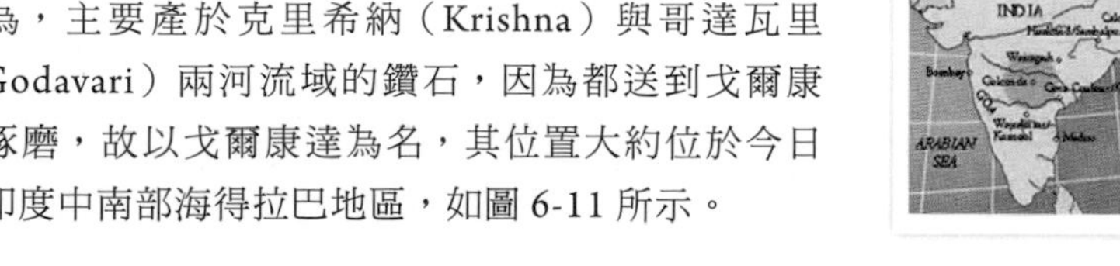
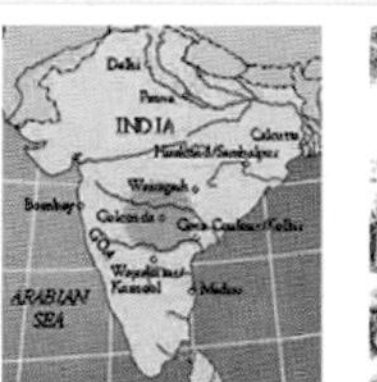

圖 6-12 Golconda 位置

海得拉巴是印度電子工業重鎮，也是伊斯蘭教徒最多的城市，如今成為世界矚目焦點。其實，早在 16 世紀時，海得拉巴已經是名聞天下的貿易商城，曾經是印度最有錢的藩國。

Golconda 是十六、十七世紀時代印度南部一個小王國的名字，它的首都也叫做 Golconda。這個小王國農工業都很發達，盛產棉織品和鋼鐵。境內的 Krishna 河更以出產鑽石聞名。通常人們採到了鑽石之後，就送到首都 Golconda 去分割、磨光和銷售，Golconda 而變有名的鑽石集散中心（圖 6-12）。

圖 6-13 Golconda（1）

圖 6-14 Golconda（2）

圖 6-15 Golconda（3）

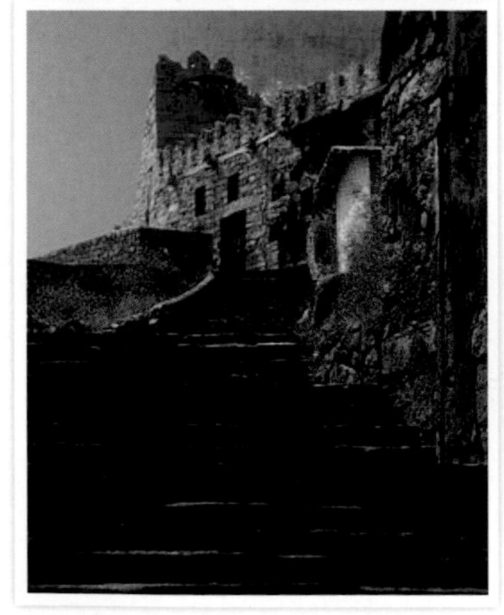
圖 6-16 Golconda（4）

應該強調的是 Golconda 是該地區的前首府，是鑽石買賣的商業中心，但是 Golconda 從來就沒有發現過鑽石。今日在該處仍然可以見到舊城堡遺址（圖 6-13 至圖 6-16）。13 世紀時的 Golconda 堡壘由 Kakatiya 國王修造。 現有的結構由 Qutub 沙赫國王以後建立。在 16 世 ，Qutub 沙赫國王是這個區域內最強有力的回教蘇丹王國。Golkonda 是 Qutub 沙赫王國首都和堡壘城市，也是繁盛的鑽石貿易的中心。

歷史著名的印度鑽石

印度戈爾康達礦區曾出產許多名鑽，如「沙汗」、「康代」、「奧爾洛夫」、「仙希鑽石」、「大莫臥兒鑽」、「光明之海」、「光明之山」、「攝政王之鑽」、「希望藍鑽」等美麗鑽石（圖 6-17），都被當成蒙兀兒帝國的重要寶藏被收藏著，但在幾個世紀的戰亂流離，這些寶物流散到世界各地。茲以代表愛情故事的「沙汗」，以及可能與慈禧太后有關的「大莫臥兒鑽」，介紹如次：

沙汗鑽石

刻有兩個國王署名的沙汗鑽石，在 1738 年波斯和蒙兀兒的戰爭中，被波斯國王阿里．沙罕奪走，之後阿里也效法的在鑽石上留下第三個記念，珍藏在德黑蘭的宮殿中。

直到了 1829 年，俄國外交官和作家亞歷山大（Alexandr Griboyedov）被謀殺刺死在波斯首都德黑蘭，俄國沙皇尼古拉斯一世（Nicholas I）大怒，威脅要報復，波斯國王只好派遣自己的兒子霍斯列夫王子（Hosrov Mirza）率領代表團到聖彼德堡謝罪，所帶的伴手禮就是沙汗鑽石，之後沙罕鑽石就成了俄國歷史七寶石的其中之一，現在珍藏在克里姆林宮（圖 6-18）。

沙汗鑽石重 88.7 克拉，3 cm 長，帶有黃色色澤，D 色無瑕，於 1450 年的 Golconda 礦區發現， 其中三面都刻上了國王的記號。而第二個刻字的是蒙兀兒最知名的帝王沙．賈汗（Shah Jahan），諷刺的是沙．賈汗的知名是因為他建築而非執政能力，他建造了許多現存的知名古蹟，包括像泰姬瑪哈陵、紅堡、阿格拉堡……等，還有他和泰姬（圖 6-19）的愛情，也是世人讚許的。

沙賈汗病倒後，四個王子爭奪王位，自相殘殺，最後由奧朗則布（Aurangzeb）殺害儲君達拉奪下皇位，奧朗則布將沙賈汗軟禁在阿格拉堡中的八角塔樓中，直到 1666 年沙賈汗才在城樓中孤獨的死去，享年七十四歲。阿格拉堡的八角塔和泰姬陵（圖 6-20）只有一里之遙，沙賈汗每天在窗前遙望妻陵，甚至到了最後病入膏肓，無法起身之時，還使用鑽石的反射來看著陵墓。

據傳說：在 1630 年（泰姬入宮 19 年，生有八男六女），當皇后姬蔓巴露誕下第十四個孩子時，不幸感染產褥熱，死於南征的軍營中。而臨終前向沙迦罕王要求四個承諾（也有傳說是三個承諾）。

其一、要沙迦罕王永遠愛自己。

其二、在她死後，沙迦罕王不再娶（續弦）。

其三、要公平對待自己兒女。

其四、在她死後，為她建造一座能紀念她，且華麗無比，永遠被人景仰的陵墓。

圖 6-17 Golconda 名鑽

於是沙迦罕動員了約 2 萬名的建築師、工匠，以胡馬雍陵為範本，花費了 22 年的時間，打造了這座白色大理石的美麗陵墓，這個美麗的墳墓成了印度伊斯蘭建築的代表，並於 1983 年被登錄於世界遺產，揚名世界。

圖 6-18 The Diamond Shah

「泰姬瑪哈陵」同時表達了沙迦罕（Shah Jahan）國王對亡妻（Mumtaz Mahal）履行的承諾及無盡的情義與思念。由於在王位爭奪戰時泰姬（本名亞珠曼德貝儂比古姆）幫助沙迦罕順利即位為王，贏得沙迦罕國王歡心，乃賜一個封號「慕泰姬瑪哈（Mumtaz Mahal）」的封號，意即宮廷之寵。印度人把她稱為「泰姬瑪哈」或簡稱泰姬。

「泰姬瑪哈陵」，其實只是 Taj Mahal 的外來語讀音，將「Taj Mahal」翻成「泰姬瑪哈」，由於它是陵墓，故又加上「陵」讓人容易了解。

圖 6-19 沙迦罕（Shah Jahan）國王與泰姬瑪哈（Mumtaz Mahal）

大莫臥兒（Great Mogul）

大莫臥兒（Great Mogul）在 1650 年在 Golconda 礦被發現了，是 17 世紀在印度發現的最大的鑽石，Great Mogul 是由泰姬陵的建造者沙迦汗命名。法國珠寶貿易商達文尼 Baptiste Tavernier 在 1665 曾描述它：冠部很高的玫瑰式車工，在底部有一瑕疵，內部則有一小斑點（如圖 6-21）。但是，這顆鑽石目前去向成謎，有人認為，Orlov 鑽石或光之山鑽石可能就是由這顆鑽石切割而成。網路上有號稱是大莫臥兒鑽石的照片，但可能有誤，因為大莫臥兒鑽石在十七世紀中葉就已經失蹤了，而攝影術是十九世紀末才有的技術，所以應該不會有大莫臥兒鑽石的照片才是。

圖 6-20 泰姬瑪哈陵

近年來，中國科學院廣州地球化學研究所根據重量及相關考證研究指出：「莫臥兒大帝鑽石最早出現在印度南部。1657 年印度莫臥兒王朝征服兩小國，統一印度南部，寶石流入莫臥兒王朝宮中。隔年莫臥兒王朝發生政變，寶石在混亂中神秘失蹤。據稱，阿富汗牡蘭尼王朝八次入侵印度期間，寶石被搶掠到阿富汗。

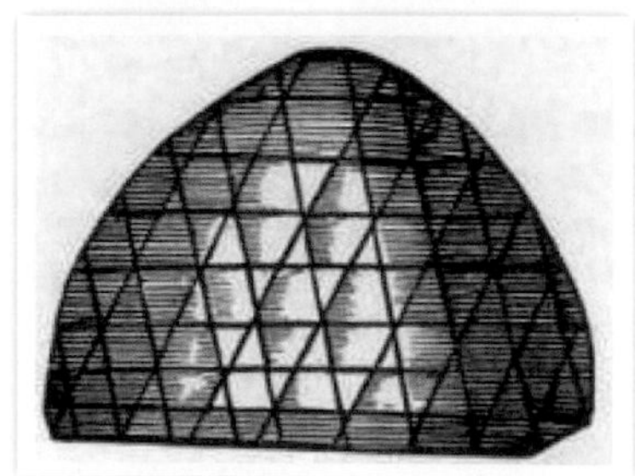

圖 6-21 1676 年線條繪圖

1760 年乾隆朝鎮壓準噶爾叛亂，威震南疆。阿富汗向清朝臣服，1760 年與 1762 年兩度派使團向清廷朝貢。「莫臥兒大帝鑽石」被作為貢禮

圖 6-22 Jean Baptiste Tavernier

圖 6-23

圖 6-24 2005 年 4 月 29 日，香港佳士得公司展示兩顆拍賣的印度戈爾康達鑽石

圖 6-25 13.53 克拉無色全美梨形鑽石

流入清廷，一直傳到慈禧。慈禧太后大殮時含於口中隨葬、1928 年被軍閥孫殿英及部隊盜走的夜明珠，應該就是由印度莫臥兒王朝沙・賈汗（Shah Jahan）國王命名，已遺失將近 350 年的「莫臥兒大帝鑽石」（the Great Mugul）。」

現代鑽石之父

法國旅行家達文尼（Jean Baptiste Tavernier，圖 6-22），在 1631 年至 1668 年的 37 年時間裡，他曾六次（1630 ～ 1633、1638 ～ 43、1643 ～ 49、1651 ～ 55、1657 ～ 62、1664 ～ 68）東航至盛產鑽石的印度等地。他是最早觀察記錄印度這一古老鑽石開發地的歐洲人，並記錄下了他在航海途中所經歷的驚險刺激及海盜與強盜的爭戰。在 1676 年他出版了《達文尼六航記》（Tavernier，1676、1677a、1677b、1678、1680、1925；達文尼、1676），其大部分內容都涉及鑽石，備受歡迎，並先後譯成了英文和德文及義大利文。達文尼是歷史上最早跨大洲經紀珠寶的商人，更重要的是他為全球認識鑽石、開採鑽石和傳播鑽石知識起到了先導作用，並打開了歐洲與印度的鑽石貿易通道，因此，被譽為「現代鑽石之父」。

達文尼親眼見到莫臥兒皇帝的寶藏，親赴印度南部傳奇的戈爾康達（Golconda）鑽石礦區，對此他做了詳細的描述。這個神祕的地方如今只剩下一座堡壘廢墟，是蘇丹與回教君主的別宮，也是昔日買賣亞洲最美珠寶的地方。達文尼記載：當地的親王與君主全權掌控礦場，不但自己留下最大的鑽石，還禁止開發過多礦場，以免引起鄰邦覬覦。

1678 年，戈爾康達邦內有 23 處礦場，據達文尼記述，其中多處都是無意間發現的：「有個窮人用鏟子挖地，想播種玉蜀黍，竟發現一塊重約 25 克拉的尖形原石。……他找上鑽石買賣商。……消息不久便傳遍全國，城裡一些有錢人開始找人掘土尋寶。……在這片土地裡，有許多 10 至 40 克拉或甚至更大的鑽石，其中有顆切磨前重 90 克拉的大鑽石，後來被波斯冒險家密基姆拉（Mir Jumla）獻給莫臥兒王朝最後一位皇帝奧朗澤（Aurangzeb）。」

現代印度鑽石礦

大部份印度的鑽石礦幾個世紀前就已經枯竭，鑽石原石幾乎已不再復見。目前仍在運作的只有在印度中部馬得亞帕得許省的潘南（Panna）礦（圖 6-23），由印度國營的礦業開發公司在經營。

此外，2010 年 6 月印度地質學家在恰蒂斯加爾（Chhattisgarh）省齋浦爾（Jasipur）縣發現高品質鑽石礦藏。印度政府主管官員表示，鑽石蘊藏量以及開採是否符合經濟價值，仍須等確定區內詳細調查結果出爐後，才能確定。

近年來出現的戈爾康達鑽石

戈爾康達鑽石非常稀有，近年來所謂戈爾康達鑽石，幾乎均在蘇富比或佳士得拍賣會上現身，例如 2005 年佳士得公司的兩顆戈爾康達鑽石、2006 年佳士得公司的一枚 13.53 克拉足色全美梨形鑽石以及 2011 年佳士得的一對戈爾康達鑽石「The Imperial Cushions」鑽石耳墜等（如圖 6-24）。

2006 年 6 月 1 日 香港佳士得在拍賣中推出的一枚 13.53 克拉無色全美梨形鑽石戒指，擁有 Golconda 鑽石證書，因此極為珍罕。整顆鑽石完美無瑕，閃耀著迷人的棱柱光華，使人目眩神迷，堪稱 Golconda 鑽石的典範。

Gübelin 寶石實驗室 2005 年 3 月 16 日的報告提到：
顏色是 D，淨度 VS1，IIa 型，這種特殊的顏色、透明度程度和古色古香的切工，令人聯想到 GOLCONDA（will most certainly evoke references to the historic term of "Golconda"）。

Gübelin 寶石實驗室對現今 Golconda 鑽石的定義

如今，要能被 Gübelin 寶石實驗室評定為 Golconda 鑽石的條件包括：
1. 淨度：無瑕，內部無瑕（IF），或者潛在性無瑕（重磨後可達 IF）。
2. 顏色：具有顏色等級 D 的無色的鑽石。其他顏色例如藍色，則必須是具備大量證明文件的一些歷史上特定著名鑽石才會被考慮（例如藍色 Hope 鑽石或是粉紅色 Condé 鑽石）。
3. 大小：重量最小 5.00 ct。
4. 鑽石類型： II 型。因為歷史上 Golconda 鑽石大多為 IIa 型，而且 II 型鑽石相當稀少（世界上 IIa 型的鑽石少於 1%）。Gübelin 寶石實驗室既然要反映 Golconda 鑽石的高品質，因此規定無論鑽石產於何處，一定要能符合古代 Golconda 鑽石的典型特性。
5. 形狀：老式桌面裁切，或是直到 18 世紀時具圓底的枕墊形、橢圓形、老式梨形及馬眼形。現代切割如圓形明亮式鑽石就不符合。
6. 切磨：Golconda 必須具有古董的資質，也就是說能展現典型的古董級切磨特質（在 1920 年之前）。所謂古董級切磨特質包括：冠部非常高、大尖底、很多不規則多餘刻面以及原石表面的天然面或內凹天然面等。

Golconda 鑽石與其他鑽石最大的不同點，就是微妙的透亮感，這種特質往往令鑑賞家詞窮。當本書作者凝視 Golconda 鑽石時，頓時有被來自天堂一股的清流穿透，並徹底洗滌了心靈的感覺，這種美妙的感覺，久久無法平復。即使花上一整天的時間，用「比白色更白」、「像一條清澈的河流小溪」和「比明亮更加明亮」等用語來描述這種感覺，但恐

圖 6-26 一對老礦梨形的「GOLCONDA」鑽石耳墜，重量分別為 27.72 和 33.83 克拉，1990 年以 US$3,300,000 賣出

圖 6-27 1990 年 10 月 23 日紐約佳士得，Magnificent Jewels，標號 446，以 3,300,000 美元賣出

圖 6-28 祖母綠型切割之 Golconda 鑽石

圖 6-29 2011 年香港佳士得一對枕形切割 23.49 及 23.11 克拉珍貴的戈爾康達鑽石

圖 6-30 「The Light of Golconda」2011 年 12 月紐約蘇富比拍賣會，33.03 克拉、D、IF、Type II a、老礦式枕型車工，預估價七百萬美金。

圖 6-31 76 克拉 Golçonda 鑽石

怕都不足以讓你真正瞭解其中玄妙之處，最好還是親眼目睹，才能真正的感受到它的力量。

要如何獲得一顆戈爾康達鑽石？

在此，容作者引用法國文豪大仲馬的一句話：「人類全部智慧在上帝未昭示之前，都蘊含在等待和希望之中」。

要獲得一顆戈爾康達鑽石，首先是耐心等待。戈爾康達鑽石偶爾會在蘇富比或佳士得拍賣會中出現，因此必須要懷著希望耐心等待。

其次，就是要準備很多很多的錢，因為它的美麗永遠是用價錢來衡量的。

史上最大最完美 76 克拉 Golconda 鑽石如圖 6-31 所示。

佳士得拍賣會於 2012 年 11 月 13 日，在瑞士日內瓦拍賣一顆 76 克拉巨鑽，原先預估成交價約新台幣 4 億 4 千萬元，最後以約台幣 6.25 億元破紀錄高價拍出。

佳士得指出，該顆巨鑽名為「約瑟夫大公爵美鑽」（Archduke Joseph Diamond），是拍賣史上最大及最完美的戈爾康達（Golconda）鑽石，色澤完美，且內部全無瑕疵，大小如 1 顆大草莓，曾為哈布斯堡王朝匈牙利支系王子、奧地利約瑟夫大公爵擁有。

（本章節內容曾刊載於 2011 年 10 月高雄市金銀珠寶會訊。）

Chapter 7

第 7 章
鑽石礦探勘與開採

the basic of diamond identification

7-1 鑽石礦探勘

圖 7-1 1895 年時澳洲淘金者在沖積層中發現第一顆鑽石 Courtesy Argyle

圖 7-2 地質學家踏勘各地區，尋找鑽石礦的蹤跡（1）Courtesy Argyle

圖 7-3 地質學家踏勘各地區，尋找鑽石礦的蹤跡（2）Courtesy Argyle

自從鑽石在印度被發現以來，我們不斷聽到人們在河邊、河灘上撿到鑽石的故事，這是由於位於河流上游某處含有鑽石的原岩，被風化、破碎後，鑽石隨水流被帶到下游地帶，比重大的鑽石被埋在沙礫中。1870 年人們在南非的一個農場的黃土中挖出了鑽石，此後鑽石的開掘由河床轉移到黃土中，黃土下面就是堅硬的深藍色岩石，它就是鑽石原岩——金伯利岩（kimberlite）。那麼到底要如何發現鑽石？

零星發現

如同前述印度與南非的例子，以往的發現鑽石，都是在其他作業時，不經意地零星發現，例如淘金（圖 7-1）。

現地踏勘並尋找指標性礦物

地質學家由零星發現的位置，順河道或舊河床尋找源頭，並尋找指標性礦物，研判金伯利岩或金雲白榴岩存在的可能性與位置，所謂指標性礦物包括含鉻鎂鋁榴石、鉻透輝石、鉻尖晶石、鎂鈦鐵礦、鈣鈦礦（Perovskite, $CaTiO_3$）、銳鈦礦（Anatase, TiO_2）等。一旦認為有可能性，即可進一步擬定探勘計畫，如圖 7-2 至圖 7-6 所示。

圖 7-7 所示為美國懷俄明州地質調查所出版探勘鑽石地圖的一小部分。懷俄明州地質調查所（WYOMING STATE GEOLOGICAL SURVEY）確認了幾個幾百個金伯利岩指標礦物的集中處，指出附近可能隱藏有鑽石礦床。

澳洲地質學家原先想尋找金伯利岩（Kimberlite，又稱角礫雲母橄欖岩）結果找到的卻是金雲白榴岩（Lamproite，又稱榴輝岩的鉀鎂煌斑岩），如圖 7-8 所示。

當然，如同鑽石地質學一節所述，鑽石礦往往藏身於地盾之下，因此現代欲發現鑽石礦亦可由地盾地區開始尋找。大致確定後開始進行衛星遙感探測及實地地質鑽探。

航空、衛星遙感探測

所謂遙感探測，是一種遠距離不直接接觸物體而取得其訊息的探測技術。遙感探測的原理是基於相同的物質具有相同的電磁波譜特徵，地面景物或地物均有自己獨特的波譜反射和輻射特性，因而可以空載（人造衛星、飛機等）感應器，感應與記錄地面物體反射及放射的電磁輻射能量，並依儀器所接收到的電磁波譜特徵的差異，來識別不同的物體如圖 7-9 所示。而地面的地形坡度變化，則可借助側試雷達取像，加以描繪出來如圖 7-10 所示。

探礦用的遙感技術，現在有四種：可見光、紅外線、微波和多波段。其中要注意的是：波的穿透力不夠強，因此所能探知的深度受限，因此在取得初步資料後，必須進行現地勘查，以確認礦床的規模範圍。

現地鑽探與地球物理探測

現地勘查最簡易的就是開挖橫溝，由橫溝跨越的不同地質材料與遙感探測結果做比對，即可瞭解遙感探測結果的意義，如圖 7-11 及圖 7-12 所示。

圖 7-4　地質學家踏勘各地區，尋找鑽石礦的蹤跡（3）Courtesy Argyle

圖 7-5　由蟻窩觀察地質材料 Courtesy Argyle

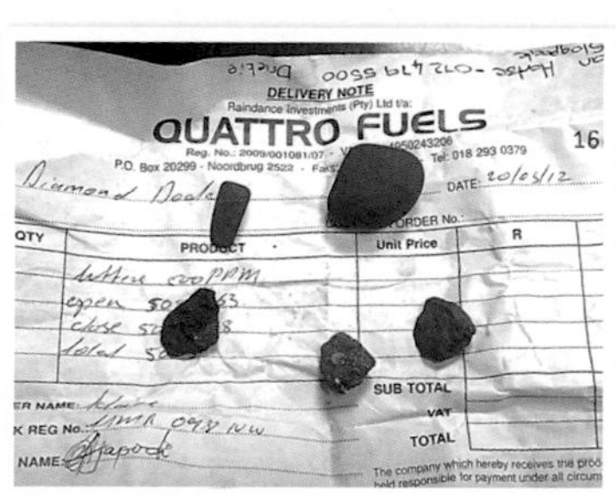

圖 7-6　採集自南非的指標性礦物

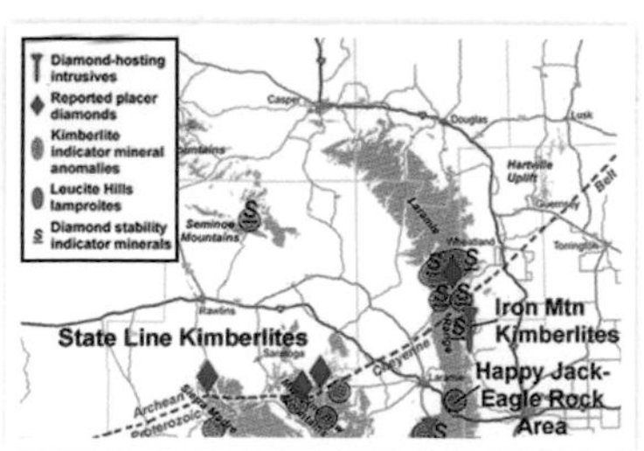

圖 7-7　懷俄明州地質調查所的地質圖

圖 7-8　鉀鎂煌斑岩 Courtesy Argyle

圖 7-9　遙感探測繪圖

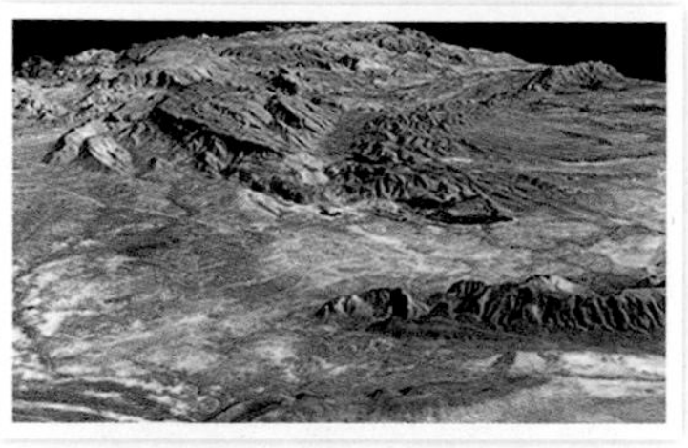

圖 7-10　遙感探測地形圖

圖 7-11　開挖橫溝

圖 7-12　橫溝地質比對

其次是進行現地鑽探，由地表垂直或傾斜向下鑽孔，將取出的岩心材料收集排列，並進行檢視分析，即可瞭解地層變化關係，如圖 7-13 至圖 7-17 所示。

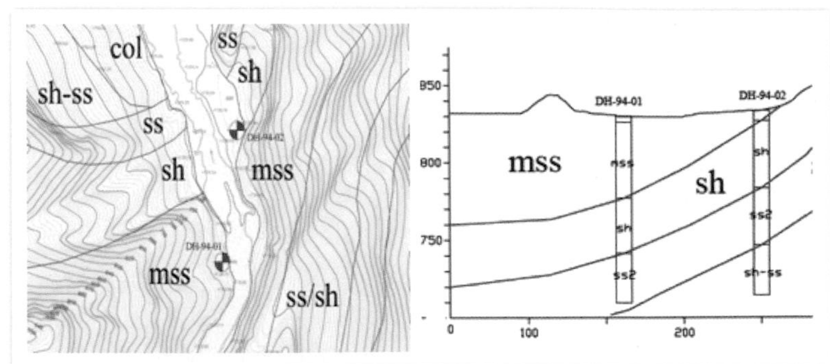

圖 7-13 地質鑽探孔配置

圖 7-14 地質鑽探

圖 7-17 岩心斷面

圖 7-15 岩心取樣

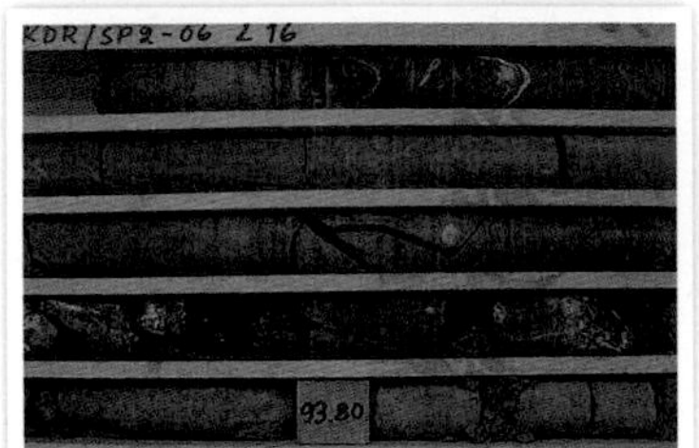

圖 7-16 岩心箱

而鑽孔與鑽孔間的地層變化，則可藉由地球物理探測法得知。所謂地球物理探測法，即藉由地層之物理特性（譬如波傳速度、電阻、磁性等），研判出地層界面的方法，包括以下各種方法：地震波探測法、地電阻探測法、電磁探測法等，分別介紹如次。

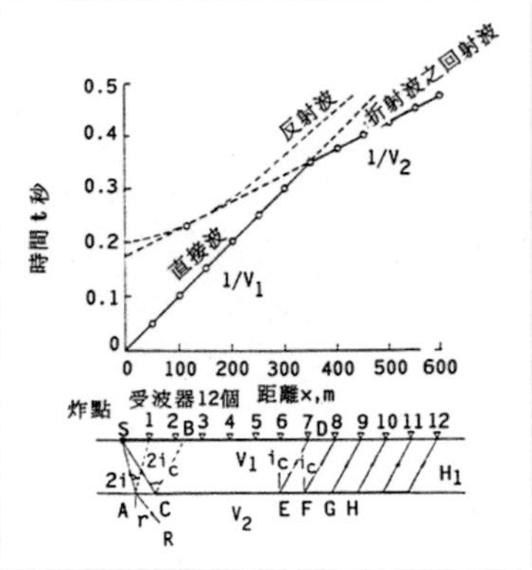

圖 7-18 震波折射法

1. 地震波探測法

可分為兩種：25 公尺深度內的淺層地層與構造探測，利用的是「折射震測法」；較深部的地層與構造，則採用「反射震測法」。

折射震測法

折射震測法是在地表以人工震源產生震波信號，信號進入地下在地層間傳播。由於震波在各地層的傳播速度不同，當震波從某地層進入另一地層時，會發生折射現象，若地層愈深，震波速度愈快，則震波會因折射甚至全反射而返回地表。地表的受波器接收震波後，再根據震波傳播的「時間與距離關係」，計算出各地層的厚度與低速度帶的界線位置，並據以推估各地層可能對應的岩性、構造情形等。如圖 7-18 所示，並可經由計算得知速度 V1、V2 以及地層厚度 H1。

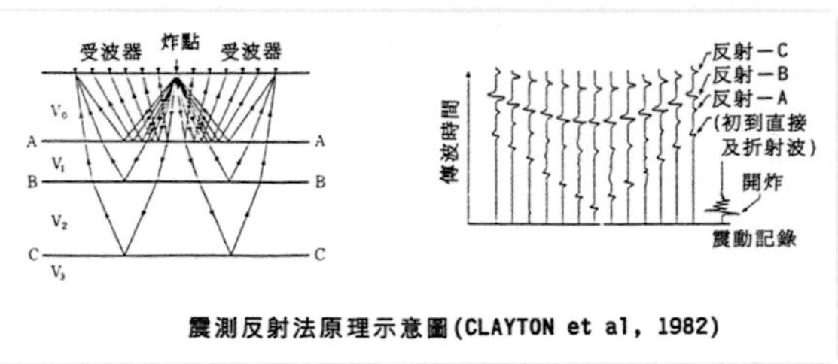

圖 7-19 反射震測法

反射震測法

反射震測法適用於較深地層構造的探測。它的原理是在地表以人工震源產生震波信號，信號進入地下後，在傳播速度不連續的地層交界面產生反射，而這些震波在各地層交界面來回傳播的歷程，可利用埋設在地表的受波器加以記錄。反射震測法絕大部分採人工震源與震測線位於同一直線的排列方式，藉由人工震源與受波器的組合，以能在地層傳播的震波為媒介，攝取地下構造的影像。反射震測法的震測結果，可看出地層的厚度、岩盤位置等地層構造。如圖 7-19 所示：

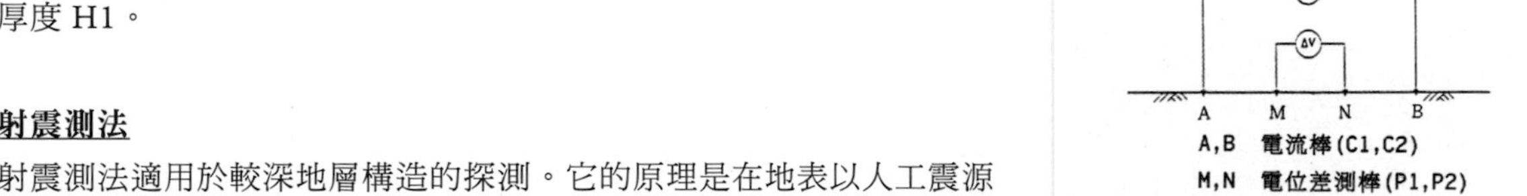

圖 7-20 地電阻探測電極配置

2. 地電阻探測法

地電阻影像剖面法施測原理與反射震測法類似，是沿著一條既定方向的測線配置電極，以人工輸入一固定電壓。由於地下地層電阻的影響，可測得電壓值的變化，然後依據歐姆定律求出地層的視電阻及電阻層構造。把視電阻換算為實際電阻後，與自然界不同土壤及岩石材料於特定條件下的實際電阻比較，就可推估地下不同深度各測點地層的岩性狀況，如圖 7-20 所示：

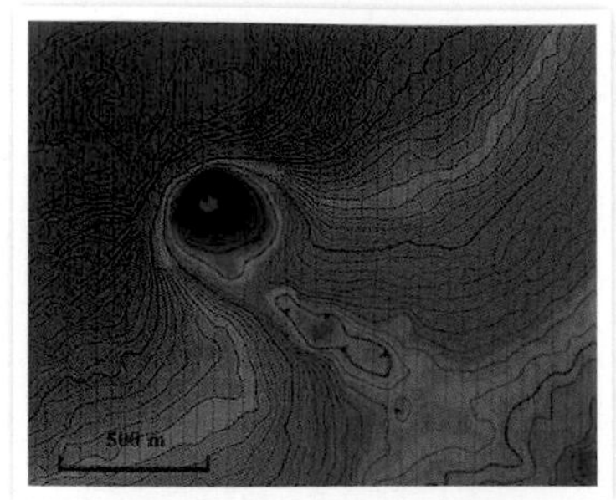
圖 7-21 電磁探測法

3. 電磁探測法

電磁探測法是量取自然或人工的電磁場，利用電磁場會隨時間或電磁波頻率不同而改變的性質，求出地下地層的電性參數， 包括大地電磁法與控頻大地電磁法等。

在經過前述種種探測後，經檢討後如有不足，可再進行補充地質調查，待一切完備後，雖不能真的「看到」，但也能「知道」地底下的狀況，即可建立 2D 甚至 3D 的完整地質圖，如圖 7-22 所示：

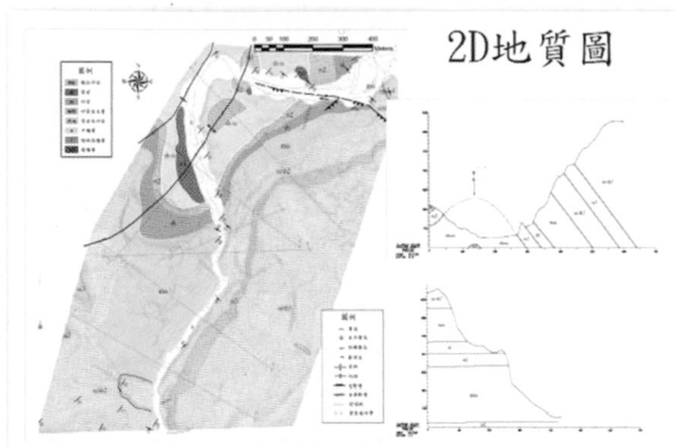

圖 7-22 2D 地質圖

經計算後用電腦 3D 繪圖繪出可能的礦藏分佈圖，如圖 7-23 所示，綠色部分即為鑽石礦之三度空間立體分佈。

現地放樣試挖及可行性評估

有了完整的地質圖，與現地的相關位置，即需藉現地放樣加以確認，如圖 7-24 所示。

至此，位置與規模都大致確定，於是可行性問題出來了，包括：蘊藏量、經濟價值、環境評估、法律觀點、財務分析等。可行性問題解決後，就要計畫開採方式以及處理工廠、生活設施與運輸工具設置的計畫。

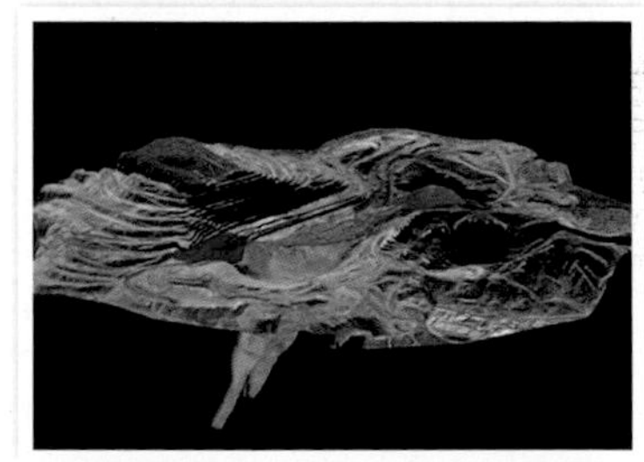
圖 7-23 鑽石礦 3D 分佈圖

蘊藏量

這一指個礦床儲存量到底有多少？當確認礦床的規模後，其次要確定的是礦床的蘊藏量。現地試挖是常用的方式，亦即選擇一處開挖較易到達、具代表性的位置，使用適當的機械設備及方法使礦床裸露出來，透過篩選等方式，評估每單位體積內鑽石的含量與素質，進而預估整體礦床之蘊藏量。

圖 7-24 礦區放樣

經濟價值

是指這一個礦床的經濟價值如何？經濟價值必須加以評估。在做預估時，必須參考金伯利礦場的實況，亦即「鑽得愈深，每噸礦石的運輸成本愈高，但鑽石量卻愈少，素質亦每況愈下。直至挖掘至某一深度，開採成本與鑽石產量不成正比。」進而預估每克拉成本為何？考慮值不值得開採？或是說開採的經濟範圍為何？

環境評估

鑽石礦的開採，往往造成地球的醜陋大坑疤，因此必須對開採時環境影響加以評估。評估的內容除了礦床本身外，尚需包括修築道路及坑道、水土保持規畫、等工作對生態、空氣、水資源等等環境的衝擊。

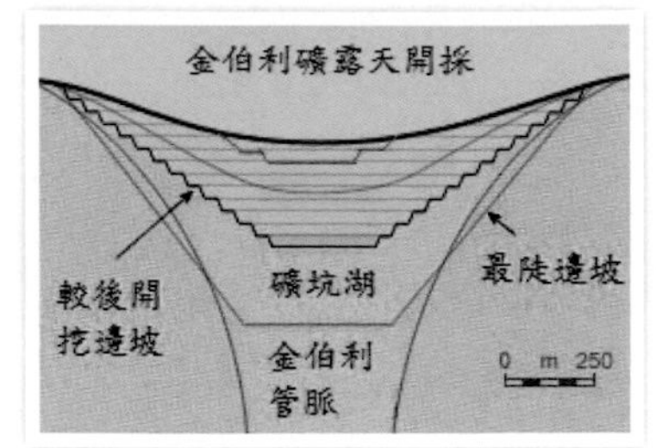

圖 7-25 露天開採邊坡的穩定

法律觀點

包括取得礦權、主管機關同意的可能性與時程，尚需顧及居民或是環保團體的反對聲浪。

財務分析

為何以往鑽石礦的開採權往往落在 DeBeer’s 手中？就是因為鑽石礦的開採需要龐大的資金，擁有礦權者，不一定有足夠的資金進行開採，於是與 DeBeer’s 合作分利。因此在可行性評估時相關資本籌措、採礦融資、招股、租售採礦權等方式均應慎重考慮。

計畫開採方式

在計畫開採方式時，首先要深入瞭解礦體的形成過程，並與礦體幾何學聯繫起來，針對礦區附近進行探勘與行程安排。雖然每個原生礦床的地質狀況、礦體深度、形狀、岩石性質及經濟考量都不同，但是，大致可以區分為「露天開採」和「地下開採」。可藉由繪圖和級別控制程式優化以提高運營的效率。

露天開採是大規模的開採作業，好處是產能及產量大、期間短、人力需求少、礦場安全較易維護；但缺點是固定成本高、開採期間要考量地表裸露及相關環境生態、容易受天候影響。當露天開採愈挖愈深時，為了顧及已開挖邊坡的穩定，必須將地表範圍擴大，當達到相當深度時，地表範圍亦擴大到極為龐大的程度（圖 7-25），開挖、維護、運輸均不合經濟效應時，即須轉為地下開採。

無論如何，採礦都是「過渡性開發」，礦區最好能有大面積的整體規劃，結束之後也必須進行土地復整及植生復舊或將土地改為其他用途，才可避免因採礦而造成環境破壞。

處理工廠、生活設施與運輸工具設置

鑽石開採出來後，即要考慮提取技術，亦即如何將鑽石自金伯利岩或是金雲白榴岩中取出來，此時需要設立專屬的處理工廠。操作工廠需要有人力，因此必須設立相關生活設施。鑽石礦砂之運送、人員、補給物資及鑽石之運送出去，均有賴運輸工具，因此包括車輛、飛機、機場等運輸設施的設置均必須有所規劃。

7-2

鑽石礦的開採

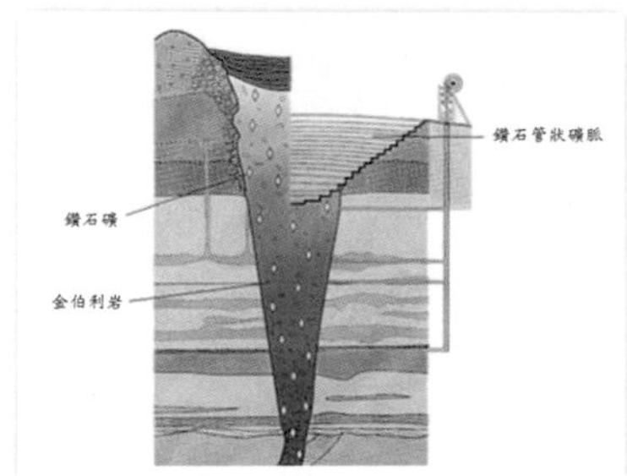

圖 7-26

圖 7-27 露天台階式開挖

圖 7-28 巨型鏟土機，在露天開發時使用台階式開挖法，如果岩層夠軟，使用鏟土機直接鏟起，用卡車載走

圖 7-29 如果岩層太硬，則用爆破炸開後，再用卡車載走

圖 7-30 以卡車運送礦石

圖 7-31 卡車運送礦石去處理工廠

以下就：

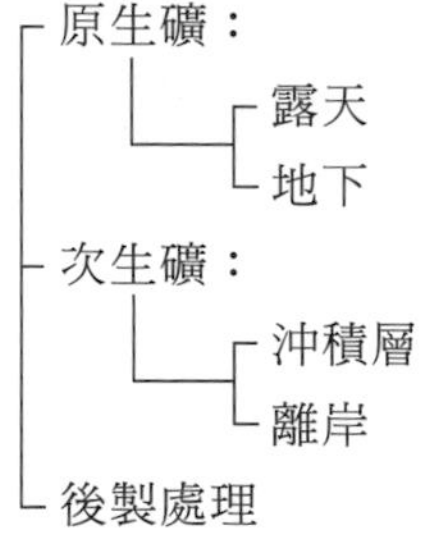

分別加以介紹

原生礦場

露天礦場

此種採礦方式是最常採用的方式，尤其在南非，其中最有名的就是「Big Hole」。這種方式是將管狀礦的表層土以大型油壓鏟土機掘除。如遇堅硬岩石，則以鑽孔爆破，再將破碎的材料移除。管狀礦以台階式挖掘，開挖出來的材料再以卡車運送。如圖 7-26 所示。

工作流程：

1. 從岩筒頂部搬掉上覆蓋物、向下在基岩中開挖梯段
2. 梯段做成台階狀，以避免因礦坑加深，而出現滑坡不穩定的危險
3. 每個台階呈螺旋狀向下，以便地面運輸工具能抵達每期開挖的最低台階
4. 當岩石太硬時，使用鑽孔爆破，沿梯段邊緣和坑底鑽出爆破孔
5. 用空壓破碎機將爆破產生大石塊擊碎

如圖 7-27 至圖 7-31 所示。

工法缺點：

1. 需要大量勞動力，通風困難
2. 通道狹窄，妨礙機器使用

地下礦場

原生鑽石礦被稱為管狀礦脈，當接近地表部分開挖至一個程度，繼續開挖變得不經濟，就要轉為地下開挖。目前地下礦場可達 1,000 m 的深度，鑽石含量則隨著深度遞減。地下採礦場的費用比露天開採高出許多，除了需要複雜的管理，也需要機器設備。

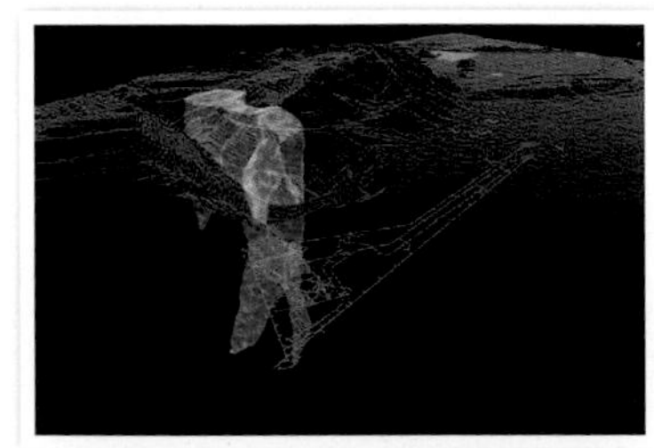

圖 7-32

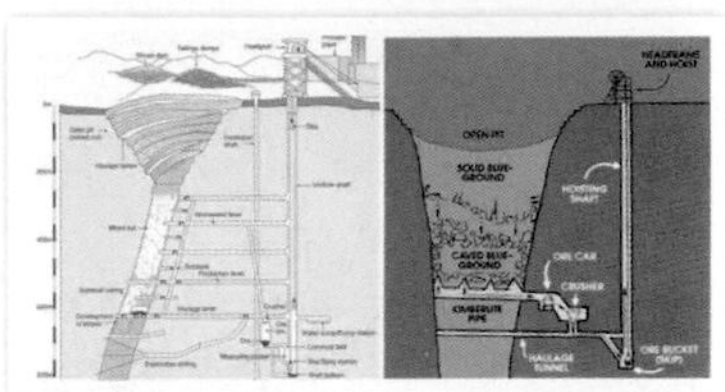

圖 7-33 豎坑式

圖 7-32 所示為地下礦場的地下結構配置圖案例，由該圖中我們可以理解：地下礦場的開挖其實應該區分成兩個部分：其一是通達礦坑的進出道路，另一部分則是採礦區。

所謂進出道路，是從地面到達礦區的通道，並不在此採礦，而僅擔任運輸功能。要運輸的包括人員、機具、補給以及由礦脈運出的礦石等。由於鑽石礦是管狀礦脈，因此可有兩種型式，即豎坑與斜坑。豎坑是垂直上下的坑道，開挖時由接近礦脈的位置垂直開挖，完成後在其中設立升降設施，以便運輸，如圖 7-33 所示。斜坑則是由離礦脈較遠的位置，設定適當坡度通達礦脈，完成後可供輪式車輛進出，或在其中設立軌道，以軌道運輸。

圖 7-34 Argyle 礦斜坑隧道

例如澳洲 Argyle 礦為發現新礦及因應露出開採可能耗竭，2005 年起建立進入地下之斜坑隧道，如圖 7-34 及圖 7-35 所示。

圖 7-35 Argyle 礦斜坑隧道入口

圖 7-36 古老時代鹽礦開挖

圖 7-37 氣動錘鑽掘

圖 7-38 Roadheader 鑽掘機

圖 7-39 Big hole 的木支撐

圖 7-40 Cullinan 地下礦場以鋼支堡工法開挖，Image courtesy of Petra Diamonds

圖 7-41 NATM 岩釘掛網噴漿

在古老時代，挖掘是以人力一錘一圓鍬挖掘，如圖 7-36 所示。有了機器設備後，則以氣動錘鑽掘（如圖 7-37），再填炸藥開炸。

現代鑽掘挖孔則多採 Roadheader（鑽掘機），如圖 7-38 所示。Roadheader 是一種切削和出渣相結合的自走式履帶開挖機，開挖速度自然比人力或氣動錘快了許多。

由於進出道路上並不採礦，因此可以按照一般隧道施工方式開挖支撐。傳統的方式是木支撐或是鋼支堡支撐，如圖 7-39 及圖 7-40 所示，在開挖後立即以木支撐或鋼支堡撐起（或者兩者併用），再施工鋼筋混凝土襯砌。在台灣沒有鑽石礦坑，所以無法親眼目睹，但是如果有興趣，不妨到金瓜石黃金博物館，走一趟本山五坑，也可體驗礦工的危險與艱辛。

先進的做法則是採用 NATM 工法，亦即開挖後隨即打岩釘、掛網噴漿，以穩定壁面，如圖 7-41 所示。此種工法使用機械施工方式，安全性高，如圖 7-42 所示，比較新的礦坑，例如澳洲的 Argyle 礦等，多採此種方式。

澳洲的 Argyle 礦的斜坑隧道計畫非常複雜，需要鑽掘超過 40 公里的隧道，並深入現有露天礦場下 250 公尺。如圖 7-43 及圖 7-44 所示。

當進出道路到達礦脈後，就要配置採礦的坑道，圖 7-45 所示為某鑽石礦的採礦坑道配置安排，可以看到坑道分佈於礦脈中不同的高程，以便能夠充分開採。

採礦的時候主要採礦塊崩落法，礦塊崩落法是比較便宜的開採方式，是將大塊的礦岩體爆破，迫使礦岩體破碎後因自重崩落。這種方式主要靠重力作用，且可大規模開採，因此比台灣傳統開採煤礦挖掘的方式經濟許多。

以加拿大 Ekati 礦場在 2007 年開始的 Koala 地下採礦專案為例，如圖 7-46 所示。從圖中最下層往上看，可以看到其順序為挖掘新坑道、在坑道內將岩體鑽孔、填炸藥爆破、重力崩落以及出渣等。 其中炸藥裝填時，要計算出適當的炸藥量，要使岩塊得以崩落，到可以運送的適當大小即可，但不必粉碎。因為如到粉碎的地步，要用的炸藥量很大，不但所含的鑽石有可能也被炸碎，更可能在礦區內造成坍方危險。圖 7-46 僅為個案示意，各個礦區可能會有不同的複雜配置，但原理都類似。

圖 7-42 機械操控掛網噴漿

圖 7-43 Argyle 礦斜坑隧道施工（1）

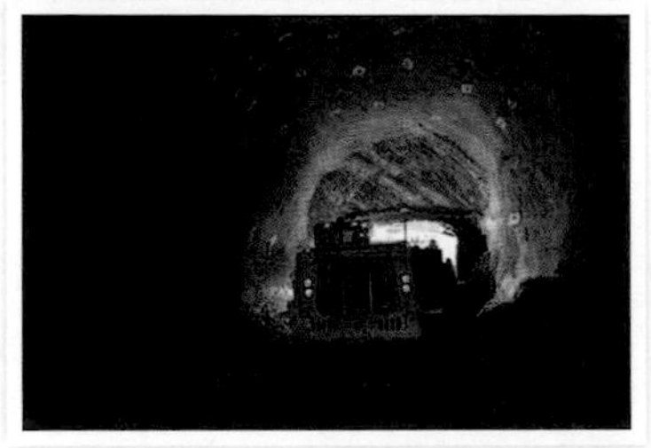
圖 7-44 Argyle 礦斜坑隧道施工（2）

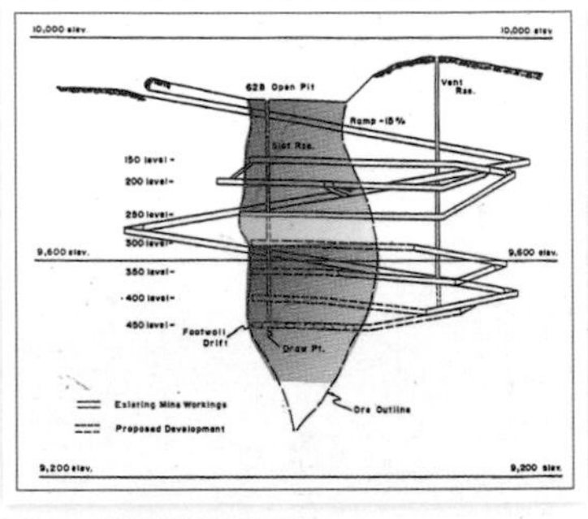

圖 7-45 採礦坑道配置案例

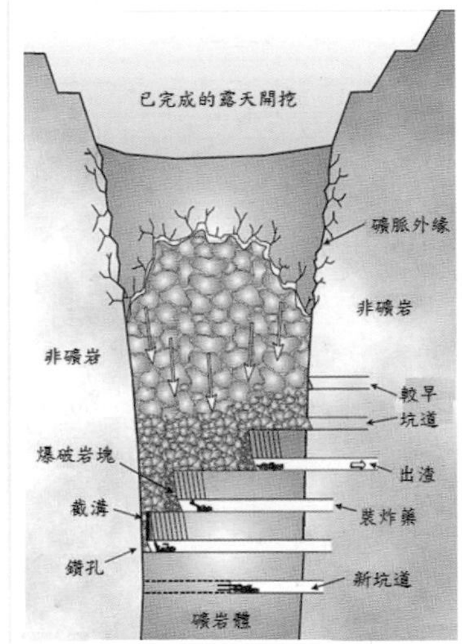

圖 7-46 Ekati 礦場 Koala 地下採礦

圖 7-47 破碎之礦岩塊裝載運輸

圖 7-48 礦岩塊中的鑽石

圖 7-49 一個南非礦區的挖土機尋找鑽石作業

圖 7-50 震動篩選機

再來就是將破碎之礦岩塊裝載，運出礦區處理，如圖 7-47 所示。而此時，礦岩塊中已可發現我們要的鑽石了，圖 7-48 所示。

次生礦床開採

沖積礦

沖積礦是含礦母岩風化後經水侵蝕、搬運，並堆積在河流、湖泊和海中的有用礦物富集地段形成砂礦，砂礦可以分為乾礦床、濕礦床與海灘或海岸帶礦床等不同礦床，分別敘述如下：

乾礦床

乾礦床是由於古代河川改道，形成之乾涸河床，或是堆積在現代河川階地之次生礦。這種礦開採的方式最簡單，只要使用挖土機或鏟土機和震動篩選機就可以了。先以挖土機或鏟土機挖起含有鑽石的礦砂（圖 7-49），將礦砂倒入震動篩選機中，以流水震動篩選，即可將鑽石分離出來，如圖 7-50 所示。

濕礦床

濕礦床可以分為兩類，一為現代流水之河川，一為牛軛湖。在現代流水之河川開採，最常見的就是如圖 7-51 的人力淘砂。淘的時後將可能含有鑽石的礦砂至於篩網中，以離心力旋轉，較輕的砂石會轉到外圈，較重的留在中心，再經過挑選，就可能找到鑽石。

現代的河川採礦，可以有兩選擇：
一是選擇枯水期，從一個河彎處挖一條導水渠道到另一個河彎處，讓流水改道通過，並在兩個河彎處的兩端築起堤壩，將堤壩間河段的水抽乾，即可形成乾礦床的狀態，就可依前述乾礦床的開採方式開採。

另一是維持有水的狀況，以抽砂、疏浚、挖泥船的方式挖起砂石，再經過清洗、篩選，即可找出鑽石。

牛軛湖是在河川彎曲處，因水流流速不同，而逐漸形成的獨立湖泊。如果不將湖水抽乾，就可以抽砂、疏浚、挖泥船的方式挖起砂石，再經過清洗、篩選，即可找出鑽石。

圖 7-51 的人力淘砂

河川沖積礦採集鑽石，可以是很經濟的做法，篩選出來的石頭可以藉由前述鑽石結晶學、鑽石基本特徵，或者在現場配置一套紫外光設備，加以辨識。

海灘或海岸帶礦床

此種礦床最著名的就是位於西南非的納米比亞，如圖 7-52 所示。茲將其歷史緣由介紹如下：

當火山活動由地底下將鑽石帶到地球表面的金伯利地區附近後，隨之發生風化作用，不但將鑽石帶進奧蘭治河（橘河）的古河床，也將鑽石順著河流送到海裡頭去。停留在海岸邊上的鑽石，形成了鑽石的大礦區。這塊地區以前是德國殖民地，現在則是納米比亞。

圖 7-52 納米比亞的海岸帶礦床

當 1908 年首度在納米比亞發現鑽石時，陸地上巨幅長方形的礦區就被德國人很精準地標記出來，並以德文直接命名為 Sperrgebiet，Sperrgebiet 在德文裡就是「禁區」的意思。又由於其位於奧蘭治河口，並處於納米比亞與南非之間的邊界位置，於是該處被稱為奧蘭治蒙德（Oranjemund）——德文「奧蘭治之口」的意思（圖 7-52）。從此在「奧蘭治蒙德」就開始了龐大的土方搬運作業。

海灘或海岸帶礦床採礦方式：

1. 築一道擋水壩使其後形成方形淺坑
2. 抽出裡面的水，按一般方式進行開採
3. 用巨型鏟運機和堆土機搬走上覆物
4. 將礫石鏟成堆，裝上自卸車，清理基岩
5. 完了之後再照此辨理，開挖新坑，形成一條寬大溝渠

海洋礦床：

鑽石通過海岸帶後，就會進入海洋中。由海水裡挖掘鑽石，需要移走大量的土方，方能到達產鑽石的礫石層。這種採礦方式是以強而有力的裝備或爆破達到產鑽石的礫石層，但是產鑽石的礫石層，一般而言，其深度往往在海平面下 20 公尺，其中如何阻絕水就成了大問題。海洋採礦的作業需要縝密的規畫，除了需要人員日夜不停地工作，也需要特殊裝備。由貨運補給船定期會帶來新的補給品及工人，也將鑽石載走。De Beers 在海洋礦床採鑽石這個領域具領先地位，擁有船隻（圖 7-53）及

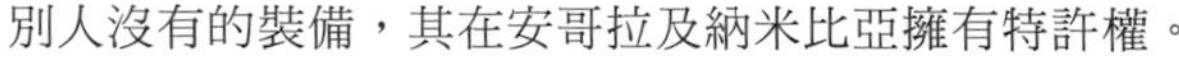

別人沒有的裝備，其在安哥拉及納米比亞擁有特許權。

海洋上開採鑽石礦有的三種方式：水平開採、垂直開採及 空氣揚升法開採。

圖 7-53 De Beers 鑽石開採船非洲和平號

水平採礦

在對某區域開採前，先以配備有感應器及抽吸管的海底探測載具（圖 7-54 左）每 15 公尺進行探勘，搜集資料並產生 3D 影像，先將尺寸不對的石頭排除，以發現鑽石的蹤跡，如圖 7-54 右所示。

圖 7-54 海底探測載具 Photos courtesy of Elizly Steyn, De Beers

然後將海床上的砂礫通通吸取，並送至在上方等待的船中。上船後，則交給工人自泥漿中分出砂礫，並將鑽石由砂礫及爛泥中區分出來。當找出鑽石後，廢泥及廢砂礫就重新被棄置海中。

垂直採礦

垂直採礦的作業不太一樣。使用一個 6 到 7 m 直徑的大型鑽頭鑽掘（圖 7-55），深入海底含鑽礫石層中。將礫石吸到船上進行篩選。

圖 7-55

空氣揚升系統

使用空壓機產生真空吸取沉積的砂礫及爛泥，再將其送去篩選（圖 7-56）。

圖 7-56

一定會有人問：「為什麼會有人要在這海底去找鑽石？」，原來是：美國德州的石油商山米．柯林斯（Sammy Collins）為輸運柴油燃料到奧蘭治蒙德，鋪設海底油管時，忽然突發奇想，想要從海底找尋並開採鑽石。於是運用了其對海洋的專長，於 1961 年決定探勘鑽石礦床是否由海岸延伸到海底水域。那一年，在呂德里茨（Lüderitz, 納米比亞的西南沿海城市）附近的淺水區，共勘探到 45 顆鑽石。

1961 年至 1970 年之間，柯林斯的公司海洋鑽石公司（Marine Diamond Corporation），從 65 英尺深的水域估計約總共開採到 150 萬克拉的鑽石。當營運需求的資金發生困擾時，財大氣粗的 De Beer's 開始介入，取得了該區域未來二十年監管定位和採礦的權利。

圖 7-57 中 Debmar Atlantic 是在納米比亞海岸工作的五艘深海採礦船之一，該船隊是由 Debmarine 公司擁有和經營，Debmarine 公司是為進行海洋採礦，而於 2003 年由 De Beers 與納米比亞共和國政府各出資 50%-50% 所年成立的（圖 7-58）。所有 Debmarine 的船隻加在一起，每年可生產鑽石約 100 萬克拉，這個數字超過納米比亞鑽石產量的一半。其中光是圖 7-59 中 MAFUTA 號（這艘船就是圖 7-53 中以前稱為非洲和平號（Peace in Africa）的船，於 2013 年 4 月 8 日命名為 mv MAFUTA 號，在當地語言中的這個字意指「海洋」或是「大水域」。）的產量就佔了 Debmarine 總產量的 30% 左右。自 2001 年開始，Debmarine 的海洋開採生產量就超過納米比亞的陸地產量。

圖 7-57 Debmar Atlantic 號 Photograph courtesy De Beer's

Mafuta 對於特定區域的海底進行來回不停地挖掘，以約每小時 460,000 立方英尺的速率，吸取水和礫石的混和物。船上的礦物學家指示疏浚船員組，跟循對海底探勘的水下航行器所配置的路徑。這艘船的操作深度可以深達到超過 500 英尺的水深。礫石在船上會經過分類篩選的流程，這個過程是完全機械化的（圖 7-60），在整個過程中，沒有人的手會接觸到這些材料。篩選出來的鑽石會被裝入金屬罐中，再由公司自有的定期的直升機運走。

圖 7-58 Debmarine 公司十周年慶

如同沿納米比亞海濱開採出來的鑽石一樣，海洋開採出來的鑽石幾乎全是寶石級的。為什麼呢？因為要去蕪存菁，留下完美的鑽石，沒有什麼比被冰冷的大西洋衝擊千年萬年更為有效。納米比亞擁有的海洋鑽石礦估計約有 8000 萬克拉，是全世界最豐沛的。

圖 7-59 MAFUTA 號

圖 7-60

7-3 提煉處理

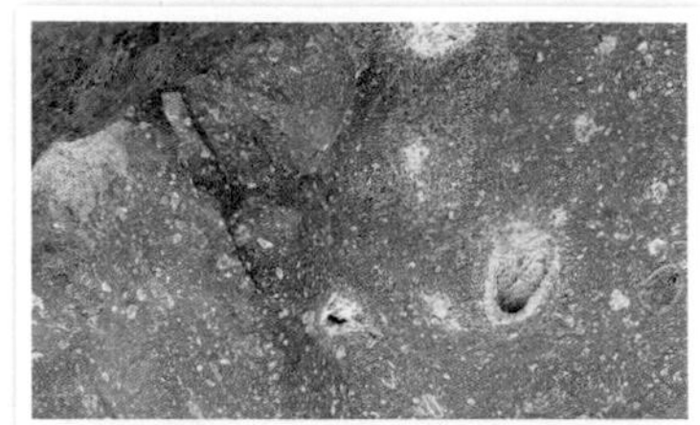
圖 7-61 鑽石緊緊卡在金伯利岩中

圖 7-62 Cullinan 鑽石處理工廠

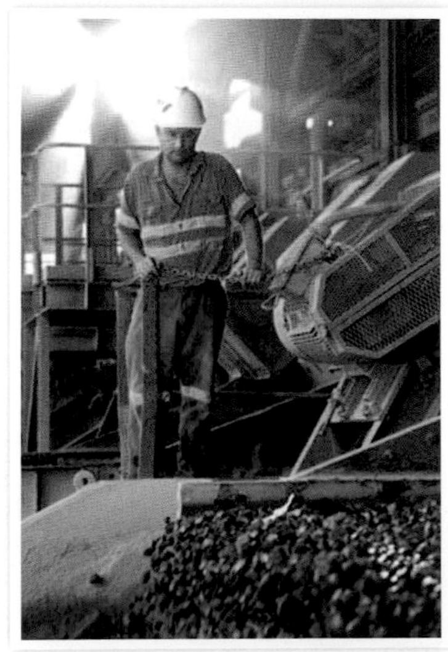
圖 7-63 澳洲 Argyle 鑽石處理工廠

圖 7-64 俄羅斯 Alrosa 鑽石處理工廠

所謂提煉處理，即由前述採礦作業中取得帶有鑽石的金伯利岩或金雲白榴岩後，如圖 7-61 所示，是拿不出來的，必須運送至工場，將鑽石取出來，這個過程稱為萃取、提煉或回收（Recovery）。

鑽石處理工廠裡面有大量且巨型的設備，支援整個礦區作業。圖 7-62 為 Cullinan 鑽石處理工廠，圖 7-63 為澳洲 Argyle 鑽石處理工廠，圖 7-64 則為俄羅斯 Alrosa 鑽石處理工廠。帶有鑽石的礦石會在處理工廠中碾碎、清洗及過篩。

金伯利岩會在處理工廠內被進一步打碎、沖洗及過篩成不同大小尺寸。鑽石比多數開採的物資都重，所以可藉由「重介質分離」法將輕物質從重物質中分離，進一步減少含鑽石物質的體積。大部分的鑽石受到 X 光照射時會發出螢光，分離後的物質通過 X 光分揀機時，如探測到螢光，就會利用空氣噴射方式將鑽石分離。鑽石有親油性，通過油脂帶的操作，可以將鑽石從非鑽石物質中分離。清洗、乾燥後，再以人工進行最後分揀，確保將所有非鑽石物質捨棄，各項步驟詳細說明如次：

步驟 1：碎石

礦區送回來的礦石很大塊，要在其中發現鑽石並不容易，因此要

圖 7-65 將礦石倒入輸送帶

先將其碾碎，但是如果一次就碎到很小塊，附在其中的鑽石也可能被碾碎，因此要分段碾碎。圖 7-65 所示為將礦石倒入輸送帶中，經過輸送帶運送（圖 7-66），到工廠內碾碎（圖 7-67 ）。

圖 7-66 輸送帶運送

圖 7-67 將礦岩碾碎

步驟 2：沖洗（Scrubbing）

藉由沖洗移除雜物（圖 7-68 ）。

圖 7-68 沖洗機

步驟 3：過篩

根據尺寸等級分類含鑽石礦石（圖 7-69），以便分別進行後續處理步驟。

圖 7-69

沖洗完畢，在再次碾碎前，以人工檢視是否有大顆鑽石，如果沒有找出來，被碾碎就可惜了。此時監工會以銳利的眼神盯著看，避免有人偷藏鑽石，如圖 7-70 所示。

圖 7-70 人工檢視

步驟 4：再碾碎

經過碎石機，如圖 7-71，再次減小尺寸。

圖 7-71 碎石機

步驟 5：重介質分離

一般土石的比重在 1.8 左右，鑽石的比重卻高達 3.52，相對來說鑽石比一般土石重很多，因此在旋轉的泥漿水中，含有鑽石的礦石較重，會沉降。而不含鑽石的土石較輕，會浮起，重介質分離法就是利用這個原理。實際作業

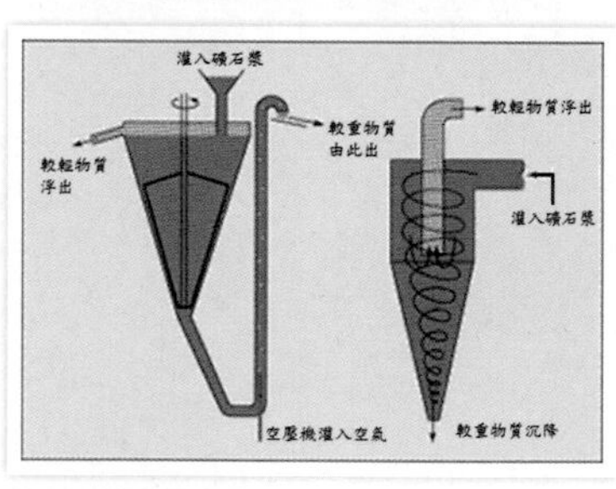

圖 7-72 重介質分離作業

時，可有不同的做法，如圖 7-72 所示。圖 7-73 及圖 7-74 則為工廠作業情形。

圖 7-73 工廠重介質分離作業（1）

圖 7-74 工廠重介質分離作業（2）

分離後可再找找看，能不能找到鑽石，如圖 7-75 所示。

步驟 6：X 光區分

大部分的鑽石受到 X 光照射時會發出螢光，如圖 7-76 所示。分離後的物質通過 X 光分揀機時，如圖 7-77 所示，如探測到螢光，就會利用空氣噴射方式將鑽石分離，這種工法是俄國人發明的，現在廣為各國使用。工廠內實際作業的設備，如圖 7-78 所示。

圖 7-77 X 光分揀機流程

圖 7-78 工廠內的 X 光分揀機

步驟 7：油脂帶

大多數鑽石是在工廠最後的作業程序中，以 X 光分揀機重新找出來，因為 X 光可以把鑽石「點亮（產生螢光）」的。但是無瑕的 II 型鑽石（價值高的）是「螢光惰性（點不亮）」的。因為鑽石具親油（脂）性，所以這些逃過 X 光揀出的鑽石，就要靠油脂帶找出來。

圖 7-75 撿出鑽石

鑽石具親油性（Grease affinity），當混有鑽石的礦石經過強力震動的油脂帶時，鑽石會緊緊黏著在油脂帶上，而其他材料則會脫落流失。 震動完畢後將刮下黏著鑽石的油脂帶刮下（圖 7-79 ）哇！上面就全都是鑽石。

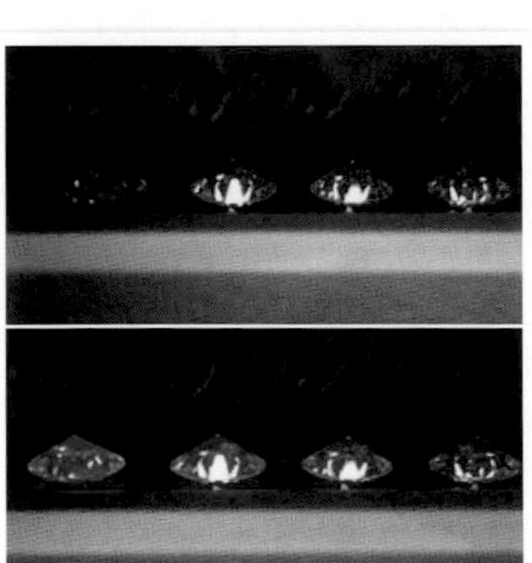

圖 7-76 鑽石受到 X 光照射時發出螢光

圖 7-79 工人正在刮下黏著鑽石的油脂帶

圖 7-80 回收到的鑽石原石

圖 7-81 令人驚艷的 Cullinan 礦鑽石原石

油脂帶上塗的是「牛油」，有些人誤以為是塗麵包的奶油，其實是不對的。所謂的「牛油」，是工程上潤滑油類的俗稱，究竟塗麵包的奶油比潤滑油貴太多了，用起來可是會心疼的喔。

步驟 8：清洗

將由油脂帶刮下來帶有鑽石的油脂以二氧化硫去除油脂，就可以回收鑽石。

步驟 9：乾燥

看看圖 7-80，哇！漂亮寶貝出現了！看到漂亮又大顆的原石真的很開心，讓人笑得合不攏嘴，見圖 7-81。

圖 7-81 中是回收到的鑽石原石，原石（Rough Diamond）是指由礦區開採後，還未經任何人為加工的可切磨級或工業級鑽石。要成為珠寶店內販售的鑽石成品，還要根據原石形狀進行切磨的工序，我們將在第 16 章鑽石切磨的演進與工序中詳盡解說。

Chapter 8

第 8 章
鑽石產地與世界名鑽

the basic of diamond identification

8-1 鑽石產地

鑽石的產地最早在古印度，現在主要生產國則有：澳洲（Australia）、波札那（Botswana）、俄羅斯（Russia）、南非（South Africa）、加拿大（Canada）等國。年產約一億至一億五千萬克拉，即 20 至 30 噸，相當於載重 20 噸卡車一台多一點的量。其中寶石級的不到 5%。

世界主要鑽石礦場

1. 非洲

安哥拉

Catoca 鑽石礦場（Catoca diamond mine）
Fucauma 鑽石礦場（Fucauma diamond mine）
Luarica 鑽石礦場（Luarica diamond mine）

波札那

Damtshaa 鑽石礦場（Damtshaa diamond mine）
珠瓦納鑽石礦場（Jwaneng diamond mine）
萊特拉卡內鑽石礦場（Letlhakane diamond mine）
奧拉帕鑽石礦場（Orapa diamond mine）

南非

巴肯鑽石礦場（Baken diamond mine）
庫利南鑽石礦場（Cullinan diamond mine）（舊稱「總理礦場（Premier mine）」）
芬斯克金剛石礦場（Finsch diamond mine）
金伯利、北開普敦礦場（Kimberley, Northern Cape）
Koffiefontein 礦場（Koffiefontein mine）
韋內齊亞鑽石礦場（Venetia diamond mine）

其他

辛巴威 Murowa 鑽石礦場（Murowa diamond mine, Zimbabwe）
坦尚尼亞威廉姆森鑽石礦場（Williamson diamond mine, Tanzania）
賴索托 Letseng 鑽石礦場（Letseng diamond mine, Lesotho）
剛果 Miba 鑽石礦場（Miba, Democratic Rep of Congo）

2. 亞洲

俄羅斯

和平鑽石礦場（Mirny GOK）
烏達奇內亞鑽石礦場（Udachnaya GOK）

印度

戈爾康達鑽石礦場（Golkonda）
Kollur 鑽石礦場（Kollur Mine）

潘南鑽石礦場（Panna）

Bunder 專案（力拓在 Madhya Pradesh Bundelkhand 地區的礦場）

3. 北美

加拿大

Diavik 鑽石礦，西北省（Diavik Diamond Mine, Northwest Territories）

Ekati 鑽石礦，西北省（Ekati Diamond Mine, Northwest Territories）

傑裡科鑽石礦，努納武特（Jericho Diamond Mine, Nunavut）

史內浦湖鑽石礦，西北省（Snap Lake Diamond Mine, Northwest Territories）

維克托鑽石礦，安大略省（Victor Diamond Mine, Ontario）

Gahcho Kue 鑽石礦山，西北省（Gahcho Kue Diamond Mine Project, Northwest Territories）

美國

阿肯色州州立鑽石火山口公園（Crater of Diamonds State Park, Arkansas）

科羅拉多州凱爾西湖鑽石礦（Kelsey Lake Diamond Mine, Colorado）

4. 大洋洲

澳洲

阿蓋爾鑽石礦（Argyle diamond mine）

埃倫代爾鑽石礦（Ellendale diamond mine）

墨林鑽石礦（Merlin diamond mine）

這些礦場的分布位置如圖 8-1 所示，我們並將介紹如次。

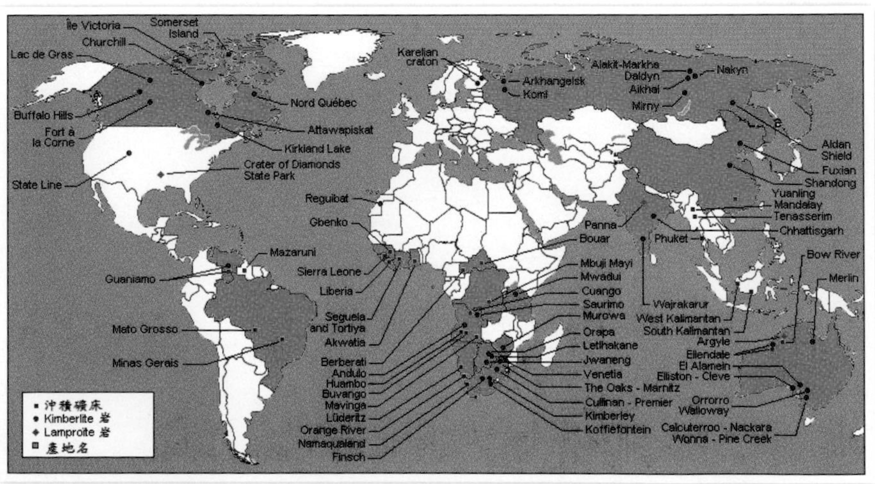

圖 8-1 世界主要鑽石礦場分布圖

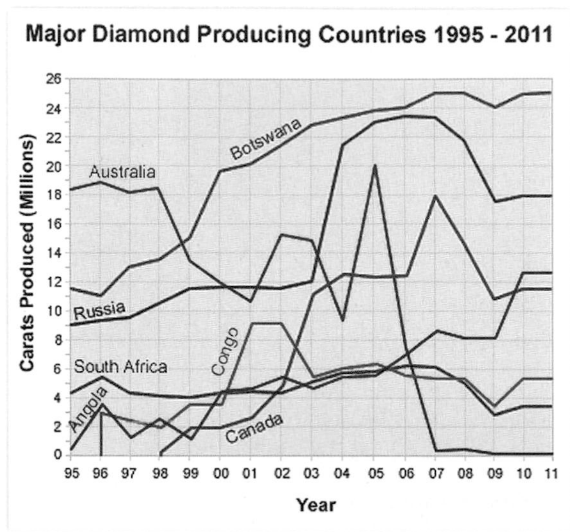

圖 8-2

	2011	2010	Change
Russian Federation	35 139 800	34 856 600	+0.8%
Botswana	22 904 553	22 018 000	+4%
Democratic Republic of Congo	19 249 057	22 166 220	-13%
Canada	10 795 259	11 804 095	-8.8%
Zimbabwe	8 502 648	8 435 224	+0.7%
Angola	8 328 518	8 362 139	-0.4%
South Africa	8 205 399	8 862 912	-7.4%
Australia	7 829 805	9 976 154	-21.5%
Namibia	1 255 815	1 692 579	-25.8%

圖 8-3 2011 年金伯利進程統計排名

	2011	2010	Change
Russian Federation	76.12	68.35	+11.36%
Botswana	170.36	117.47	+45%
Democratic Republic of Congo	9.33	8.64	+8%
Canada	236.3	195.3	+21%
Zimbabwe	56.01	40.28	+39%
Angola	139.6	116.75	+19.57%
South Africa	210.88	134.75	+56.49%
Australia	28.19	25.23	+11.73%
Namibia	694.82	439.57	+58%

圖 8-4 主要鑽石開採區鑽石原石的價格（美元）

常常有人會問到：各國的鑽石產量排名如何？

圖 8-2 係根據美國地質調查局礦產商品匯總的資料，將寶石級鑽石生產國的產量按年份繪圖，由圖中可以看出，國家產量的排名每年在變，希望考試不要出這一題，因為這一題真的很難回答。

根據 2011 年金伯利進程資料，前九名鑽石生產國，如圖 8-3。

由圖中可以發現排名順序與圖 8-2 不同，其中的差別在於是不是寶石級的鑽石。再比較主要鑽石開採區鑽石原石的價格（圖 8-4），就會發現是不是寶石級真的差很大，寶石級鑽石原石的價格是非寶石級鑽石原石的好幾倍，甚至是好幾十倍。所以我們在探討產量時，也要關心品質如何。

8-2 中國鑽石歷史

中國的鑽石文化歷史悠久，據說早在西元前 300 年前在蒙古皇帝御座上就有鑽石鑲嵌。中國有句古話說：「沒有金剛鑽，別攬瓷器活」，好的瓷器硬度可達 8 ～ 9，沒有硬度 10 的金剛石（鑽石），還真鑽不動。雖然古時候的瓷器可能不夠精良，硬度不一定能達到 9，但至少說明了中國人很早就認識了鑽石。老子《道德經》中有關鑽石的論述可能是最早的文字記載。相傳在明朝年間，在湖南沅江流域就有鑽石發現，但都是零零星星的。真正大規模的尋礦工作開始於 50 年代。中國的鑽石主要產自山東、遼寧和湖南等地，現已在 16 省區發現有鑽石。已探明的鑽石儲量居世界第六位，目前產量居世界第十位。

圖 8-5 常林鑽

中國現存的最大鑽石

據說，中國最大的鑽石曾是「金雞」鑽石，也發現於該地區，重 217.75 克拉，但在二戰期間被日軍掠走，至今下落不明。目前中國現存發現的最大鑽石為常林鑽，是 1977 年 12 月 21 日，山東臨沭縣發山公社常林村的一位女農民魏振芳在耕地時發現的，重 157.77 克拉，呈八面體，質地潔淨、透明，淡黃色，如圖 8-5 所示。

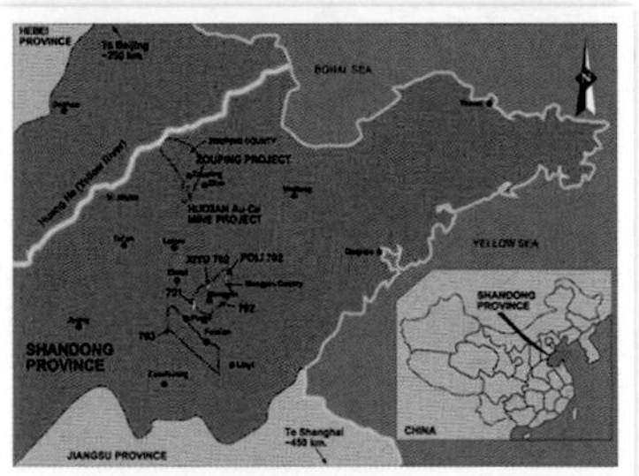

圖 8-6 山東鑽石礦

1981 年 8 月，在山東省郯城縣陳埠發現一顆重 124.27 克拉，命名為「陳埠一號」。1983 年 11 月 14 日，在山東省蒙陰縣發現一顆重 119.01 克拉，命名為「蒙山一號」。其他各省包括湖南省沅陵、沅江、湖北省、江蘇省、河北省、河南省、寧夏、山西省、四川省、新疆維吾爾自治區等都有零星發現，一直到 1965 年，中國才找到中國的慶伯利岩石構造。目前中國有兩處慶伯利岩：一個在山東省蒙陰縣常馬莊遼寧省遼東半島瓦房店，另一個在遼寧省遼東半島瓦房店，年產量約 4500 ～ 7500 克拉。

圖 8-7 山東蒙山 “七〇一” 鑽石礦勝利一號岩管

山東

山東蒙山為亞洲最大鑽石礦藏（圖 8-6）。1965 年 8 月 24 日，山東省地礦局第七勘察院地質隊員在蒙陰縣聯城鄉一個小河溝中，找到了指標性礦物：與鑽石伴生的石榴子石，隨即在蒙陰縣城西 15 公里處的蒙山腳下找到了「露頭」的紅旗一號岩脈，中國第一個原生礦就此誕生了。山東蒙山 “七〇一” 鑽石礦勝利一號岩管，目前是一個裸露的天然礦坑，呈圓錐形，深約 300 米，自上而下五道螺旋圈盤旋而上，如圖 8-7 所示。自 1972 年開始開採，見證了中國鑽石礦發展的歷程。據報導：「截至目前，『七〇一』礦已生產了 180 多萬克拉鑽石，探明儲量 457 萬克拉，遠景儲量 2000 多萬克拉，其總儲量和總產量屬亞洲最大。」

圖 8-8 蒙山金伯利鑽石礦景區 1

圖 8-9 蒙山金伯利鑽石礦景區 2

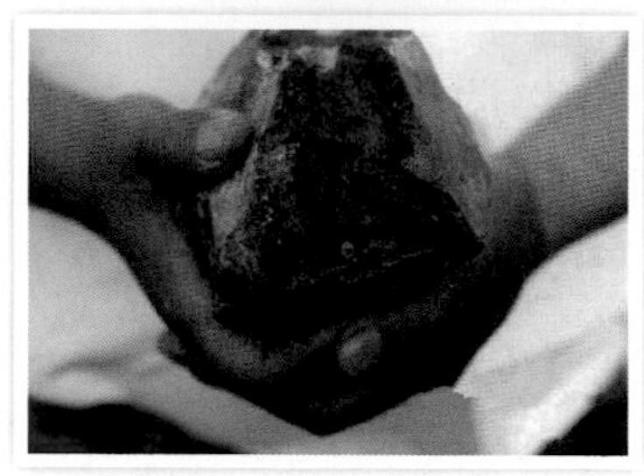
圖 8-10 蒙山金伯利鑽石礦景區中挖到的鑽石

鑽石國家礦山公園

2013 年 4 月 26 日位於山東省臨沂市蒙陰縣聯城鄉常馬莊，依附亞洲最大的、目前唯一在生產的鑽石原生礦 -- 七 0 一礦岩管而建的蒙山金伯利鑽石礦景區開幕，如圖 8-8 及圖 8-9 所示。“尋寶樂園”是蒙山金伯利鑽石礦的一大特色活動，設置了淘寶、探寶、手選鑽石等自助尋寶項目。遊客們可以從堆放著大量礦砂（內含鑽石）的水池中用篩子自行淘取寶石；也可以在礦堆中挑選礦石，砸石頭探寶，部分礦石內含鑽石。遊客所獲鑽石均會得到景區寶石鑒定專家的免費鑑定，鑑定後遊客可將淘取的寶石帶走。6 月 29 日，就有遊客在岩石中發現有塊白色的地方，特別閃亮，如圖 8-10 所示。經過鑒定發現，發亮物體正是一塊鑽石，粗略估計該鑽石將近 1 克拉，整體呈淡黃色，品質相當優良。

遼寧

2012 年 1 月 11 日有報導說，遼寧發現百萬克拉鑽石礦：

中國大陸遼寧省瓦房店地區發現一處大型金剛石礦，礦藏量保守估計約 100 萬克拉（約合 200 公斤），可開採 30 年以上。

遼寧省地礦局工程人員去年初在瓦房店地區地下 860 公尺處，發現厚度達 130 公尺的金伯利岩層。據分析，該岩層含有超過 100 萬克拉金剛石。金伯利岩層約形成於 4 億年前，是大型鑽石礦的主要來源。

這次在瓦房店發現的礦藏，是遼寧近 30 年來發現最大的鑽石礦。從礦體分析，這處鑽石礦內雜質量少，品級較高。據估算，這處礦藏的價值在人民幣數十億元以上。2010 年，遼寧曾在瓦房店地區發現了一處 21 萬克拉的鑽石礦，與這次新發現的百萬克拉礦藏，距離不到 50 公里。

大陸具規模的鑽石礦，主要分布在瓦房店和山東臨沂等地，其中瓦房店地區的鑽石礦藏量排名大陸首位。據遼寧地礦局的消息，瓦房店出產的鑽石純度比南非好，寶石級別以上的鑽石約占 70%。專家表示，過去 10 幾年，全球沒有出現新的大型鑽石礦。依目前開採速度，全世界鑽石儲量預計在 20 多年後消耗殆盡。瓦房店這次發現的鑽石礦，將緩解全球鑽石資源的不足。

8-3 鑽石發現史

按時間分有以下幾個階段：
公元前 800 年～ 18 世紀 印度
1725 年 巴西
1867 年 南非
1908 年 納米比亞
1954 年 俄羅斯
1967 年 波札那
1971 年 澳大利亞
1990 年 加拿大

按國家分則可分為印度、幾國，以下並介紹在各國出現的著名鑽石。

圖 8-11 光之海

印度

早在西元前 500 年最早發現鑽石的是在「印度」！雖然印度礦區至今一直未曾開採到真正大量的鑽石，而且到目前為止，印度鑽石的產量也只佔了全球極小的部分。但是其實在超過 2000 年的時光中（西元前 500 年至西元 1720 年），它曾經是世界上唯一的鑽石重要產地！印度戈爾康達礦區曾出產許多名鑽，如「沙汗」、「康代」、「奧爾洛夫」、「仙希鑽石」、「大莫臥兒鑽」、「光明之海」、「光明之山」、「攝政王之鑽」、「德勒斯登綠鑽」、「希望藍鑽」等，其中「沙汗」與「大莫臥兒鑽」在第 6 章戈爾康達鑽石中已介紹過，現在看看其他名鑽。

1. 光之海（Darya-i-Nur）
Darya-i-Nur（圖 8-11），曾由伊朗王室收藏，鑲嵌在伊朗國王巴勒維王冠上，目前歸伊朗所有。

2. 光之山（Koh － i － noor）
英文名稱 koh-i-noor diamond 歷史名鑽（圖 8-12）。產於印度可拉（kollur）礦山，原石據說重達 800 克拉。最初磨成玫瑰型，重 191 克拉。這顆鑽石的歷史可以追溯到十四世紀，此後謀殺及叛變事件與這顆鑽石如影隨形。十八世紀波斯皇帝納迪爾 · 沙進攻莫臥兒帝國，他所想要的就是這顆美鑽。在遍尋無獲之際，有名後宮妃嬪暗示他，鑽石藏在莫臥兒蘇丹的頭巾之中。當波斯皇帝檢查蘇丹的頭巾並從中找出這顆鑽石時，鑽石的大小及光輝使他大吃一驚，忍不住大叫了一聲「光之山」。光山鑽石即由此得名。但八年後，納迪爾 · 沙遭到暗殺，他手下一名

圖 8-12 光之山

圖 8-13 Grand Condé 及 Condé 親王

圖 8-14 仙希鑽石

圖 8-15 泰姬瑪哈鑽墜

將軍將這顆鑽石拿到喀布爾獻給阿富汗王朝，後來幾經輾轉，十九世紀將它再次帶回印度的是錫克王國的蘭吉特 ・ 辛哈，可是在他死後，錫克王國就被消滅，光山鑽石也隨著印度國王一起由東印度公司呈獻給維多利亞女王。後來維多利亞女王將這顆 186carats 的鑽石重新切割成約 108carats 增其光彩度，並和切下的碎鑽一起鑲在王冠上。

這顆鑲嵌在王英國皇太后皇冠上的「光之山」鑽石，被認為受到永久的詛咒。印度有句諺語曾如此警告:「擁有這顆鑽石的男人將擁有全世界，但也會厄運上身，只有上帝或女人戴上它才能平安無事。」1937 年，她戴上鑲著光山鑽石的王冠參加夫婿英王喬治六世的加冕典禮。而喬治六世五十六歲即過世。

2009 年 2 月，印度獨立領導人甘地的曾孫圖沙爾呼籲英國歸還英王冠上的「光之山」鑽石，引起印度政府與英國王室發生紛爭。

3. 康代（Grand Condé）

9.01 克拉淺粉紅色的梨型的大 Condé 鑽石是世界上最特別的著名鑽石之一。路易斯十三的買辦在 1643 年買了這顆鑽石，之後國王送給 Condé 親王。也被稱為粉紅 Condé、Condé 鑽石或者 Le Grand Condé。Condé 家庭一直持有這顆鑽石，直到 1892 年根據 Duc d'Aumale 的遺囑捐贈給法國政府。現今，它在法國 Chantilly 的 Condé 博物館展出。在 1926 年 10 月 11 日，Condé 鑽石曾經從博物館被竊取，但是隨即被發現並歸還。博物館人員被嚇到了，所以現在在博物館展示的是玻璃製的仿品。

4. 仙希鑽石 Sancy Diamond

仙希鑽石為 34.98 克拉，梨形雙面玫瑰式切割，110 光面，無色。

仙希之美開採自印度戈爾康達（Golconda）附近的礦場，1500 年代仙希爵士哈雷（Nicolas de Harlay）於君士坦丁堡購得。1604 年法王亨利四世以 7 萬 5000 里弗爾幣買下仙希之美，贈給妻子瑪麗 · 麥迪奇。法王亨利四世皇后瑪麗 · 麥迪奇（Marie de Medici）1610 年加冕時，即佩戴著 35 克拉重的仙希之美。仙希之美在歐洲經過幾百年無數轉易，仙希之美過去曾用來強化國與國關係，並被當成償還王室債務的典當品。後來屬於前德意志帝國統治者、普魯士王子弗里德里希（Georg Friedrich）所有。見證歐洲 4 個皇室，擁有 400 多年歷史的鑽石「仙希之美（Beau Sancy）」，於 2012 年在瑞士蘇富比拍賣會中，以 970 萬美元(約新台幣 2.8 億元)高價售出。來自北美洲、歐洲以及亞洲的 5 名買家展開激烈競價，最終一名匿名買家透過電話將其拍下。

5. 泰姬瑪哈鑽墜

1972 年伊莉莎白泰勒 40 歲生日時，李察．波頓買下 17 世紀的泰姬瑪哈鑽石墜子給她。這顆鑽石原本是印度蒙兀兒帝國皇帝沙賈哈吉送給愛妻諾嘉罕的禮物，上面以梵文刻了：國王對王妃的愛。後來，這顆鑽石傳給皇子沙賈汗，沙賈汗後來建了泰姬瑪哈陵，紀念難產而死的妻子孟塔茲．瑪哈。玉婆死後，這顆鑽墜在 2011 年 12 月拍賣。

圖 8-16 德勒斯登綠鑽

6. 德勒斯登綠鑽（Dresden Green）

1742 年，當時德意志帝國的選帝侯兼波蘭國王 Frederick Augustus 二世在 Leipzig 市集中，向一位荷蘭商人購買了此顆印度 Golconda 礦場所挖掘出的天然綠色巨鑽，而他的父親 Frederick Augustus 一世，則是將德勒斯登打造成一個文化藝術之都，同時也是巴洛克藝術建築風格顯赫城市的最後推動者。德勒斯登綠鑽（The Dresden Green），它的名字來自德意志帝國撒克遜尼（Saxony）首府德勒斯登，重達將近 41 克拉，GIA 1988 年淨度評級為 VS1，也被列為是目前世界上最大的天然綠色鑽石。目前此鑽收藏在德國德勒斯登的博物館。

圖 8-17 希望藍鑽（Hope Diamond）

7. 希望藍鑽（Hope Diamond）

Hope Diamond 鑽石於 17 世紀出產自印度，深藍色 Fancy Deep Grayish Blue。原石為 112 carats，切割成 45.52 carats，世界最大的深藍色鑽石，為世界著名珍寶（圖 8-17）。這顆最早可追溯至 1642 年的深藍色澤鑽石，有人從印度王室中偷出來而輾轉賣到法國宮廷，曾配戴過的路易十四，路易十五、十六的情人與王后，後來皆死於非命；而二十世紀這顆鑽石最著名的擁有者為美國社交圈名人麥克琳夫人，鍾愛這顆藍鑽的她，一家人皆慘遭悲慘的命運；最後，哈利溫斯頓在 1949 年買下它，並於 1958 年捐給華盛頓史密森歷史博物館（Smithsonian

圖 8-18b 希望鑽石的紅色磷光 courtesy John Nels Hatleberg

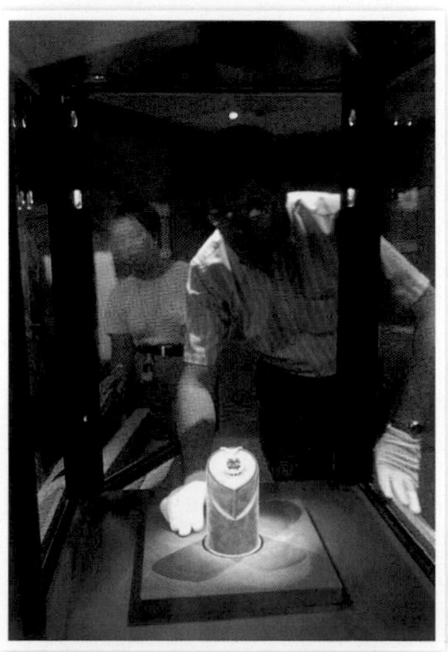

圖 8-18a Smithsonian Museum Hope Diamond courtesy Chip Clark

圖 8-19 Graff Blue diamond courtesy Smithsonian Museum

圖 8-20 Graff Pink 粉鑽 1

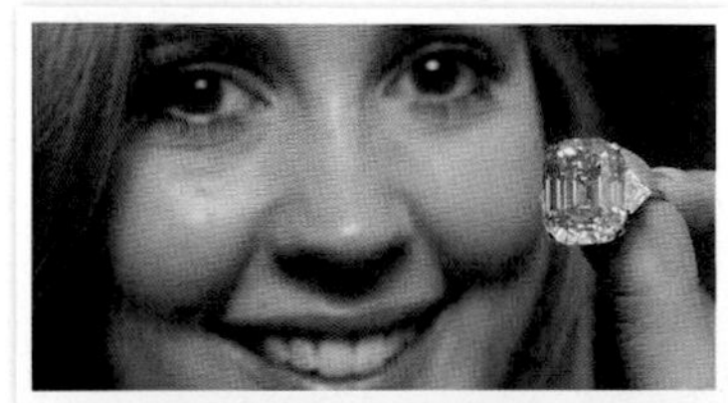
圖 8-21 Graff Pink 粉鑽 2

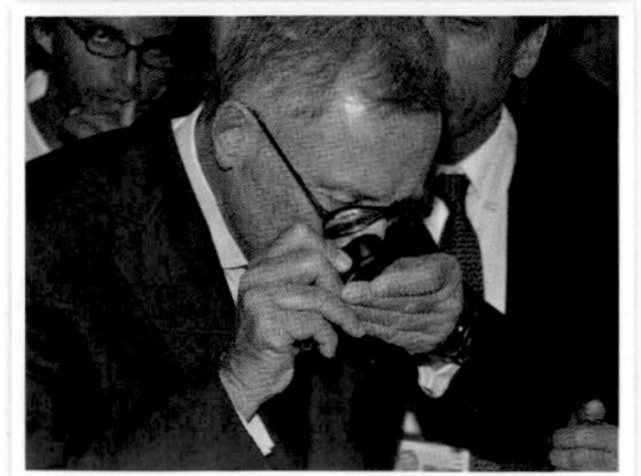
圖 8-22 Lawrence Graff

Museum）（圖 8-18a）。希望鑽石在紫外光照射後會發出紅色磷光（圖 8-18b），據說因為博物館人員覺得怪嚇人的，所以每天展覽結束時，必定將它下沉到櫃子中。

維特爾斯巴赫 - 格拉夫鑽石（Wittelsbach - Graff Diamond）

此鑽原名「維特巴哈藍鑽（Wittelsbach blue）」35.5 克拉，於 17 世紀中產自印度 Golconda 礦場。1664 年來到西班牙，皇室國王腓力四世送給愛女泰瑞莎公主。1667 年當公主陪嫁到維也納神聖羅馬帝國皇帝利奧波德一世。1722 年利奧波德一世孫女艾蜜麗亞，帶著嫁入巴伐利亞的維特巴哈王室。1931 年離奇失蹤，應該是被偷走後隱藏，此事件令皇室威信掃地。1964 年被一位收藏家購得。2008 年 12 月倫敦佳士得拍賣會以 2400 萬美元賣出，當時是單一寶石最高價格。是由 Graff 買下，將其重新切磨為 31.06 克拉，並改名為 Graff Blue diamond，如圖 8-19 所示。

Graff 買下後重新切磨的經過，將在第 20 章鑽石重新切磨中加以介紹，現在先認識一下 Lawrence Graff。

Lawrence Graff 本為一鑽石切磨師，因緣際會開始賣鑽石給汶萊王室，賺了很多錢，從而成為大珠寶商，在世界各地都有分店。Lawrence Graff 經常以天價買下最大顆鑽石，意在告訴世人：想買絕世精品只有找我，Forbes 雜誌更將其譽為 King of Bling。

例如：Laurence Graff 於 2010 年 11 月 16 日蘇富比（Sotheby' s）國際拍賣會以 4616 萬美元天價買下 1 顆絕美罕見粉鑽（平均每克拉單價為 186 萬美元），如圖 8-20 及圖 8-21 所示。這顆嵌在戒指上達 24.78 克拉祖母綠切工、色澤被評定為「濃彩粉紅（Fancy Intense Pink）」的粉鑽，激烈競標下，竟然遠遠超出 2008 年 12 月維特巴哈藍鑽（Wittelsbach）灰藍鑽創下的 2400 萬美元紀錄。

不過據說汶萊王室發現他賣得太貴，所以不再向他買鑽石，於是 Lawrence Graff 瞄準中國市場，常將購得鑽石切成中國人喜歡的吉祥數字，向中國富豪求售。圖 8-22 為 Lawrence Graff 2013 年 3 月 19 日出席鑽石週時，以放大鏡觀察鑽石。

亞洲部分除了印度、中國外，印尼（印度尼西亞）的加里曼丹島（Kalimantan 婆羅洲）的南部（Kalsel）（圖 8-23）也有鑽石開採，均見於砂礦，數量少，目前採礦方式還是以簡陋的劃土設備及人力為主（圖 8-24）。

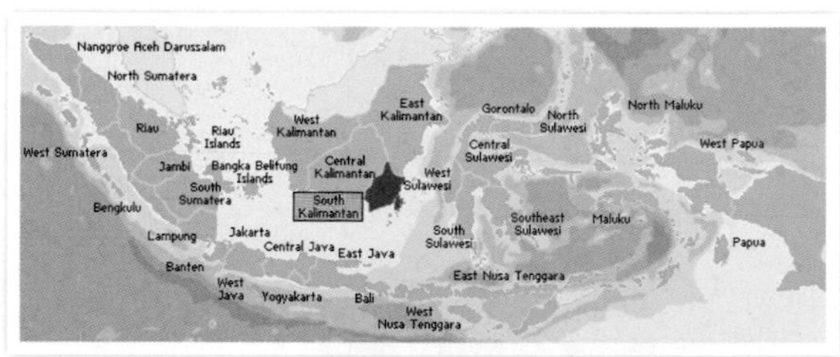

圖 8-23 印尼鑽石產地

圖 8-24 印尼採集鑽石

巴西

當源自印度的鑽石幾近枯竭，而歐洲對鑽石的需求卻有增無減之際，巴西於 1725 年，由在米納斯吉拉斯（Minas Gerais）沖積層（亞馬遜河裡的砂礦）中採集黃金的礦工發現了鑽石，最初是被礦工當作遊戲使用，後來一個在印度見過鑽石原石的人，起了懷疑，帶到里斯本證實其為鑽石，於是才引起人們注意。當時巴西是葡萄牙殖民地，葡萄牙王室於是宣佈在巴西的鑽石開採屬於「皇家專屬」。由於在沖積層中採集鑽石，是勞力密集的工作，於是由非洲輸入了大批奴隸，使得巴西鑽石產地一時成為全世界黑奴最集中的地方。圖 8-25 為 1884 年出版的《Diamond Washing in Brazil》書中，繪製巴西早期以奴隸開採鑽石的情形。

圖 8-25 巴西早期以奴隸開採鑽石

最初巴西產的鑽石不如印度的受歡迎，但隨著印度的鑽石枯竭，巴西產的鑽石開始受到重視。從 1730 年到 1870 年間，巴西是世界鑽石的主要來源。巴西的鑽石產量相當豐盛，在 1730 年代晚期，生產遠遠超過了需求，還曾經使得鑽石價格下跌 70% 之多。

1850 年初期，在 Bahia（巴伊亞州）（圖 8-26）發現豐富礦藏後，產量又再度上升。但在 1861 年後，由於礦藏耗盡，產量急遽跌落，導致在歐洲的切割中心於 1860 年代後期，嚴重短缺鑽石原石。

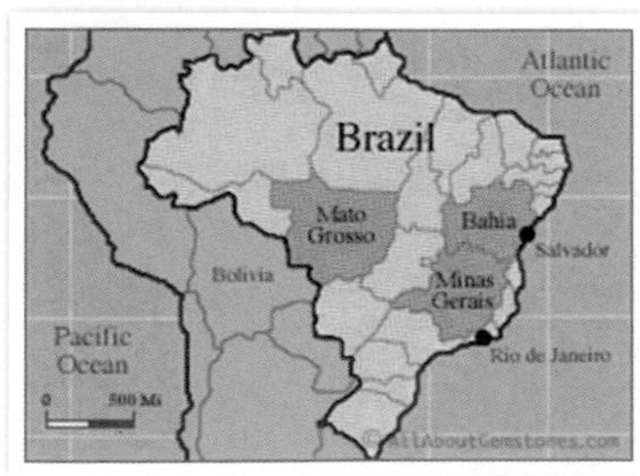

圖 8-26 巴西 Bahia 州

圖 8-27 巴西鑽石礦床分佈

圖 8-28 委內瑞拉在金伯利岩中開採鑽石

圖 8-27 的地圖顯示，巴西鑽石礦床的廣泛分佈：包括 Minas Gerais（米納斯吉拉）、Bahia（巴伊亞）、Mato Grosso（馬托格羅索）和 Rora'ma 等州都是最重要的產區。陰影的區域是鑽石礦床。

巴西生產鑽石的礦床全都是次生礦。一般而言，鑽石比較小，其中一部分更屬低級品，所以單一鑽石礦的運作通常都不長。鑽石原生礦的管狀況脈是存在的，但開採起來並不經濟，顯示其礦藏最豐富的部分，都已被風化剝蝕掉了。於 1890 年和 1901 年，毗鄰巴西北部的 Rora'ma 州鑽石礦，在蓋亞納（Guyana）和委內瑞拉（Venezuela）東部（圖 8-28），發現了鑽石次生礦床。自 1890 年以來，蓋亞納和委內瑞拉共分別生產了大約 4 百 50 萬克拉和 1,400 萬克拉。

於 1901 年時，約有 5,000 的非洲奴隸在 Bahia 礦區的 Serra da Sincorá 區域工作。Sincorá 區域是地球上少數的幾個發現黑鑽石地方。黑鑽石（Carbonado 又稱為「碳鑽石」或「黑色鑽石」）是一種稀有，多孔鬆散，黑色聚晶的鑽石變種。

巴西鑽石現況

一是巴西於 1968 年發現火山岩筒中的原生礦；二是位於 Rondônia 朗多尼亞州和 Mato Grosso 馬托格羅索州之間，沿玻利維亞邊界有一個 Cinta Larga（豪華拉爾加保留區），保留區內的 Roosevelt Reservation（羅斯福保留區）原先是禁止開採的。巴西於 2004 年 10 月獲得了金伯利進程認可，開始在羅斯福保留內開採鑽石，預估每年產值為 35 億美元。

巴西鑽石展望

未來巴西鑽石開採活動最有前途的位置，應該是在 Matto Grosso（馬托格羅索州）和 Bahia（巴伊亞州）之間。而 Diagem Inc. 與力拓（Rio Tinto Desenvolvimentos Minerais Ltda）合作，仍在巴西努力尋找新的鑽石礦。2014 年 1 月，巴西礦產公司（Brazil Minerals Inc.）首次將採自米納斯吉拉斯 Duas Barras 的拋光鑽石整包售予美國人投資的公司，在此之前，該公司只出售鑽石原石給當地的廠商。該批鑽石 GIA 評出來的最高顏色等級是 F、最高的淨度等級是 VVS1。

巴西較為著名的鑽石，是重達 726 克拉名為「The President Vargas」鑽石（Harry Winston 曾經買下又賣出）、460 克拉的「The Darcy

Vargas」鑽石，以及 342 克拉重名為「The President Dutra」的鑽石，它們都以大顆聞名。不過另外有一顆不大，但是一定要介紹的就是 Moussaieff Red（Moussaieff 紅鑽），如圖 8-29 所示。

圖 8-29 Moussaieff 紅鑽

Moussaieff Red 鑽石（之前叫作 Red Shield Diamond）是 1990 年由一位巴西農夫，在 Abaetezinho 河發現的。原礦 13.9 克拉（2.78 g），由 The William Goldberg Diamond Corporation 以三角明亮形切割為，重 5.11carats，Fancy Red 紅鑽。GIA 表示，「它是我們發出報告為止，最大自然顏色的 Fancy Red 鑽石」。2002 年被 Moussaieff Jewellers Ltd. 公司以約 700 萬美元買下，現在的價值則已無法估計，因為世界上純紅色鑽石數量屈指可數。要找一顆這種大小，5.11 克拉的純紅色鑽石更是難上加難，因此它也成為全世界最稀有、最昂貴的鑽石之一。

南非

圖 8-30 南非 Big Hole 鑽石礦遺跡

1867 年末至 1868 年初，在奧藍治河南岸農庄礫石層中發現原石重 21.25 克拉，切磨後為 10.73 克拉，稱為伊利加鑽的鑽石原石。1869 年在遠離河流沉積物的礫質土壤和風化岩中發現鑽石，此即金伯利岩原生礦。採掘者發現從下面更硬、顏色更深的基岩中發現鑽石，於是愈挖愈大、愈挖愈深，終於成為一個大洞（Big Hole），如圖 8-30 所示。它是金伯利最著名的遺跡，由空中鳥瞰，彷彿是被隕石所擊的巨洞，事實上它是由礦工一鏟一鍬所掘挖出來的，它也是世上人工開鑿的最大洞窟，大洞圓周達 4572 公尺，直徑達 1600 公尺，面積占 11 公頃，在 43 年的挖掘過程中，共挖出二千五百萬噸藍土，從中共提鍊出 1450 萬克拉鑽石。

圖 8-31

Big Hole 礦坑已經廢棄，其所在的金伯利也跟著沒落。但 Big Hole 在現代鑽石史上占有最重要的地位，因此以昔日金伯利最繁華的商街，包括金飾店、酒吧、舶來品等高消費場所等四十八幢老屋構成一座博物館，如圖 8-31 所示。博物館內並有座昔日金庫改裝的陳列室，內藏有顆號稱是世界最大的未切割鑽石，重達 616 克拉，以及數顆逾百克拉的鑽石，燦爛奪目的光芒，與沒落寂靜的金伯利成了強烈對比。

圖 8-32 仿鑽石原石的紀念品

如果去南非參觀鑽石生產，有機會可以買到圖 8-32 中仿鑽石原石的紀念品，不過記得要取得證明文件，證明只是樣品而非真的鑽石原石，否則有可能在海關被沒收。

圖 8-33 Tiffany Diamond

1. 第凡尼鑽石（Tiffany Diamond）

1878 年，南非金伯利礦發現一顆 287.42 克拉，形狀優美，金黃色的八面體原石。1879 年美國珠寶界名人查理斯．第凡尼（Charles Tiffany）以 18,000 元買下這顆原石，並委託他的首席珠寶家喬治．庫茲（George F. Kunz）督導切磨為 128.54 克拉，90 個刻面的墊形明亮式：冠部 41 個刻面，底部 49 個刻面。

圖 8-34 電影第凡尼早餐

由於了解宣傳的重要，第凡尼把這顆奇妙的鑽石公開展示於紐約第五街的優雅沙龍中，並在 1893 年的芝加哥哥倫比亞博覽會和 1901 年紐約水牛城泛美博覽會中展出。這顆鑽石因此成為第一顆用做珠寶業公關的鑽石。第凡尼自定其顏色為金絲雀黃，依 GIA 標準，應約為 Fancy Deep Brownish Yellow，價值估計約 1,800 萬美元。

圖 8-35 Cullinan 鑽石

Tiffany 如今成為世界珠寶名店，奧黛麗赫本主演的電影第凡尼早餐（圖 8-34），即表現出女人對 Tiffany 珠寶的憧憬，這一顆第凡尼鑽石（Tiffany Diamond）功不可沒。

圖 8-36 為慶祝伊莉莎白女王就任 60 周年於 2012 年 5 月 15 日展出的 CullinanIII III（下，94.40 克拉）及 IV（上，63.60 克拉）

2.Cullinan（克利蘭、庫里南或稱天璽）鑽石

1905 年南非首相礦場發現的 Cullinan 鑽石原石，是世界最大的鑽石原石，長 11 公分，寬 5 公分，高 6 公分，重 621.2 公克，即 3,106 克拉，此後再也沒有更美的鑽石出土。Cullinan 鑽石於 1905 年在南非總理礦中發現，因為這個礦屬於 Thomas Cullinan 所有，因此命名為 Cullinan 鑽石。為感謝英國將統治權過渡，德蘭士瓦（Transvaal）政府爰將 Cullinan 鑽石買下，並於 1907 年敬獻予愛德華國王。1908 年 2 月 10 日，這顆巨鑽被英王愛德華七世指派荷蘭的阿斯洽兄弟（Ascher）切磨，共切成 105 顆寶石，總重量為 1063.65 克拉，損失了 65%。最大的九塊（1,055.9 克拉）全部歸英王室所有，其餘當作工資。圖 8-35 為 Cullinan（克利蘭、庫里南或稱天璽）鑽石最大的九塊。最大的一塊被切割成 Cullinan I（530.20 克拉），並且其次大塊 Cullinan II（317.40 克拉）等等，分別鑲在權杖、皇冠上面。

圖 8-36 為慶祝伊莉莎白女王就任 60 周年於 2012 年 5 月 15 日展出的 CullinanIII III（下，94.40 克拉）及 IV（上，63.60 克拉）

3. 世紀之鑽（The Centenary）或稱百年紀念

1986 年位於南非的「首礦」（Premier Mine），發現了一顆顏色純白，重達 599 克拉的鑽石原石，為了慶祝戴比爾斯成立（De Beers Consolidated Mines）一百周年紀念，因此它被命名為 Centenary Diamond，即世紀之鑽。1991 年切割後的世紀之鑽，重 273 克拉，有 247 辮切割面，成色為 D，內外無瑕。如圖 8-37 所示。

圖 8-37 世紀之鑽

圖 8-37 中手持世紀之鑽者是鑽石切割大師加比．托高斯基，是學鑽石時一定要認識的一個人。戴比爾斯委託世界聞名的鑽石切割大師加比．托高斯基（Sir Gabriel S. Tolkowsky）進行世紀之鑽的設計與切割，加比托高斯基捨棄了電腦科技的計算方式和先進的機械切割方式，帶領一組專家，花了一年研究如何將這顆原石切割，繼而花了 154 天的時間，以手工方式切除約 50 克拉的原石，將表面的裂紋除去。然後，加比．托高斯基才設計出三十種不同的切割鑽型供戴比爾斯選擇。

圖 8-38 加比．托高斯基

加比出生於比利時的鑽石切割家族，自小就聽爸爸和叔叔講鑽石經，而其叔父 Marcel Tolkowsky 更於 1919 年著書，訂立了鑽石明亮車工的基本參數，對鑽石業界有深遠影響。受到家族薰陶，加比老伯發揮了這方面的天賦，從為皇室成員設計鑽石首飾，到成就舉世聞名的 The Centenary Diamond、Golden Jubilee、Gabrielle Diamond，年屆八旬的加比，一雙眼眸還是炯炯有神，彷彿有穿透人心的魔力，同時也流瀉著對鑽石的專注，如圖 8-38 所示。

The Gabrielle Diamond 是加比．托高斯基的力作，有 105 個切面（圖 8-39），是市場上唯一全人手琢磨的鑽石，沒靠先進科技或工具雕琢，用上三倍的明亮車工完成，比傳統的圓鑽切面更多，反射更閃爍的光芒，產生更大的火彩和亮度。

圖 8-39 Gabrielle Diamond

圖 8-40 藍鑽 Star of Josephine

4.Star of Josephine

原產自南非 Cullinan 礦場，7.03 克拉，Fancy vivid blue，IF，的藍鑽（圖 8-40），2009 年 5 月 12 日由香港巨商劉鑾雄（Joseph Lau）在日內瓦蘇富比（Sotheby）拍賣會以 9,448,754 美元買下，並以他剛出生的最小的女兒命名為「Star of Josephine」。這顆無瑕豔彩藍鑽，當時亦刷新兩項拍賣紀錄，分別為任何寶石克拉單位價紀錄，以及 Fancy vivid blue 藍鑽拍賣紀錄，平均每克拉為約 4,200 萬台幣。

圖 8-41 vivid blue 的藍鑽

Cullinan 礦場，2008 年 7 月由 De Beers 賣給 Petra Diamonds。2014 年 1 月，Petra Diamonds 在 Cullinan 礦場中挖到一顆 29.60 克拉，vivid blue 的藍鑽，如圖 8-41 所示，飽和度、色調和淨度都相當不錯，2014 年 2 月以 2,560 萬美元（每克拉 867,780 美元）售出。

南非除金伯利的 Big Hole 外，還有許多著名的鑽石礦坑目前仍在生產。南非從十九世紀以來，就是鑽石最主要的生產國之一，南非的鑽石生產史與現代鑽石的歷史息息相關，至今仍影響整個鑽石市場，因此我們將在鑽石產業的章節中詳細說明。

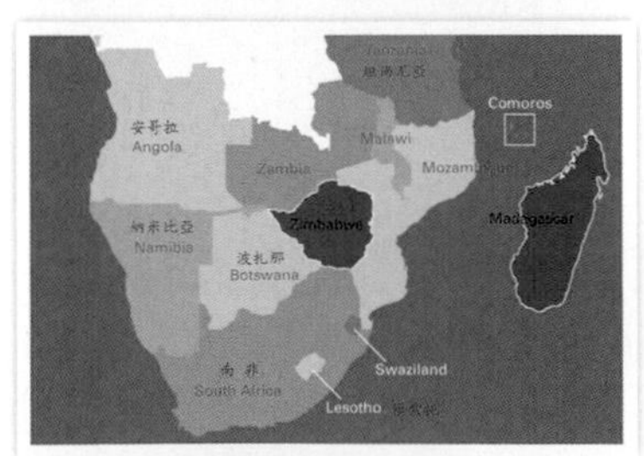

圖 8-42 非洲南部的地圖

既然南非有，鄰近的國家或地區有沒有？圖 8-42 是一張非洲南部的地圖，其中標註有中文國名的國家就生產鑽石，我們依次瞭解。

納米比亞

第 7 章鑽石礦探勘與開採中，我們分別在「海岸帶礦床」及「海洋礦床」兩節內介紹過這個國家的鑽石礦資源，就可以知道納米比亞的鑽石礦資源極其豐富。納米比亞的海灘砂礦是全世界最大的鑽石砂礦，礦床質量非常高，約 90% 的鑽石為寶石級。面積達數萬平方公里的納米比布諾克盧福國家公園（Namib-Naukluft National Park），也是傳說中的鑽石海岸（Diamond Coast）。

圖 8-43 納米比布諾克盧福國家公園

鑽石產地國際有限公司（Diamond Fields International Ltd.）於 2012 年 5 月 1 日與納米比亞政府續約獲得位於北部盧德里茨 ML32 區（如圖

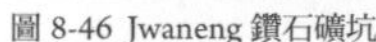

圖 8-46 Jwaneng 鑽石礦坑

8-44 所示）鑽石和貴重礦物的採礦的特許權，為期 10 年。這項許可合約是發給鑽石產地國際有限公司擁有 70% 股份的子公司——納米比亞鑽石公司（Namibian Diamond Company）。

波扎那

波扎那於 1967 年發現奧拉帕岩筒為該國首次重要發現，為現今世界上最大鑽石生產國之一（圖 8-45），鑽石產值號稱世界第一。

其中最有名的是 DeBeers 的 Jwaneng 鑽石礦，Jwaneng（吉瓦嫩）當地土語的意思是出產小石頭的地方。Jwaneng 鑽石礦有 384 個足球場大，號稱是全世界產值最高的鑽石礦，如圖 8-46 及圖 8-47 所示。

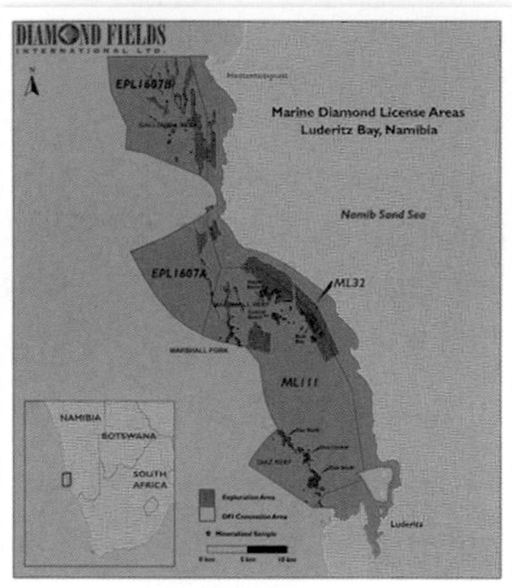

圖 8-44 ML32 區位置圖

圖 8-45 波扎那鑽石礦分佈

圖 8-47 Jwaneng 鑽石礦處理工場

圖 8-48 De Beers 扶持的波扎那鑽石工業 courtesy DE Beers

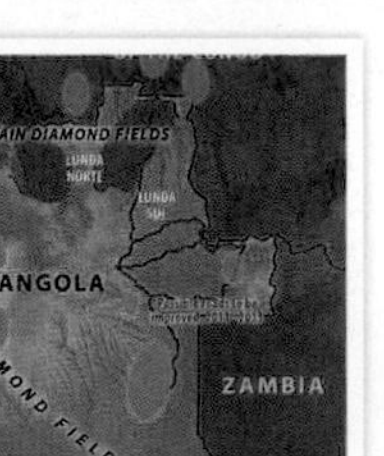

圖 8-49 安哥拉鑽石礦區

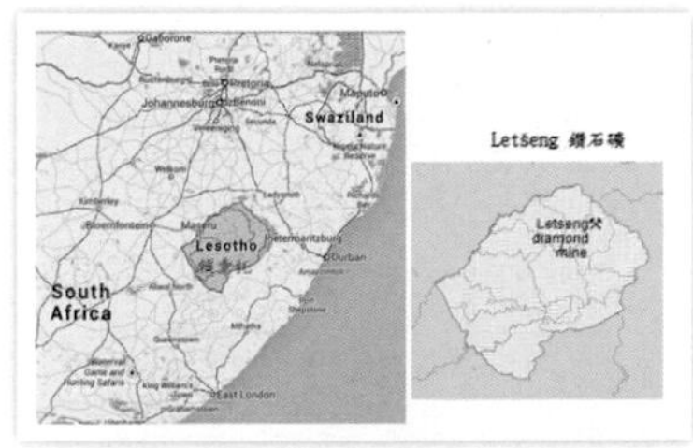

圖 8-50 賴索托 Letšeng 鑽石礦

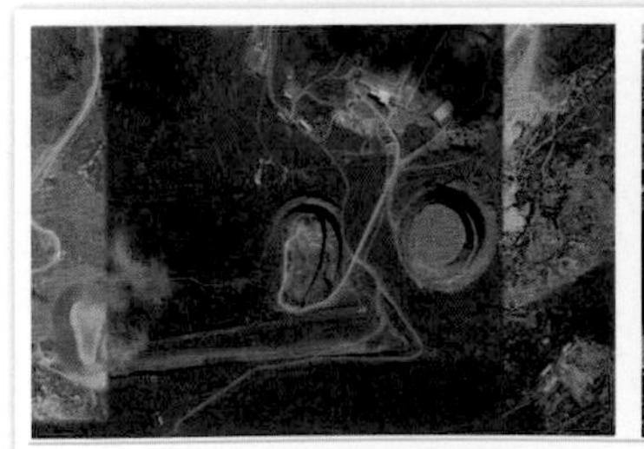

圖 8-51

Jwaneng Cut-8 計畫

有別於以往 De Beers 只在當地採鑽石，De Beers 與波扎那政府合作已有 41 年之久，合作成立的 Debswana 公司在當地持續推動 Cut-8 計畫，協助波扎那人民就業，增加所得（圖 8-48）。波扎那今天的成功的轉變成中等收入國家，絕對要歸功於鑽石的開採。目前波扎那國內生產總值的三分之一，和超過 80% 的外匯收入，都是鑽石所提供的。政府收入的每五塊錢當中，就有四塊錢是由 DeBeers 與波扎那政府合作夥伴關係所貢獻的。波扎那每人國民所得是非洲國家平均國民所得的四倍，是非洲大陸少見的成功案例。波扎那政府甚至已考慮到將來鑽石礦枯竭時，如何仍能藉鑽石延續經濟發展富裕民生，相較非洲其他產鑽石國，波扎那政治安定，經濟繁榮，民生安樂，真是難能可貴。

安哥拉

戴比爾斯將安哥拉視為鑽石勘探優先國，預計將公佈一個具有經濟性且可開採的鑽石礦床，透過開採此礦床，公司可獲利近 2.5 億美元。在 2013 年 1 月至 3 月裡，公司將等待有關該礦床的評估結果，此礦床包括三處距 Luanda 礦（圖 8-49）500 公里，位於 Mulepe 礦的金伯利岩筒。

戴比爾斯還在位於魯安達北省毗鄰 Lucapa 礦的 3000 平方公里區域內發現了鑽石，此處礦區是戴比爾斯自 2005 年在安哥拉發現五處礦床後的另外最後一處礦點。戴比爾斯每年在安哥拉投入 3000 萬美元的預算，2011 年總計生產了 832 萬克拉鑽石，價值超過 11.6 億美元。

全世界最高的鑽石礦

Letšeng 鑽石礦，如圖 8-50 所示，位於南非的內陸國賴索托王國中，由 Gem Diamonds（寶石鑽石有限公司）（70%）及賴索托政府（30%）所擁有，高度為海拔 3,100 公尺（10,000 英尺），是全世界最高的鑽石礦。雖然位處非洲，但由於海拔高，礦井中的溫度會低到 -20℃，冬天降雪也很常見。

Letšeng 有兩個金伯利岩鑽石礦管，如圖 8-51 所示，每百噸礦石中鑽石產量不到兩克拉，礦的品級極低，但卻以生產大顆鑽石著名，為全世界生產大鑽石（大於 10 克拉）比例最高的礦，每克拉原石售價可為全世界平均售價的 20 倍以上。

圖 8-52 Letšeng 藍色鑽石原石

例如圖 8-52 中 12.47 克拉 Letšeng 藍色鑽石原石，以 752 萬美元售出，平均每克拉價高達 603,047 美元。

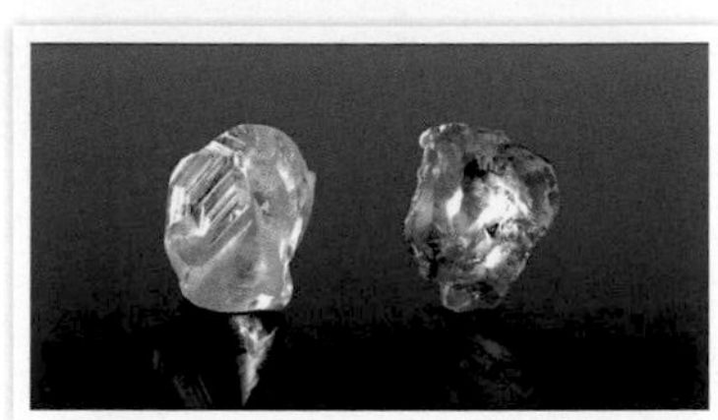

圖 8-53 Graff 買下的 Letšeng 鑽石原石

全世界已知最大的 20 顆白色鑽石原石中，Letšeng 生產的就佔了 5 顆。圖 8-53 中之兩顆鑽石原石（左 184ct 右 196ct），於 2010 年 11 月 24 日，安特衛普的拍賣會中，由 Laurence Graff 以 22,736,360 美元標下。

Gem Diamond 公司於 2014 年 1 月在 Letšeng 中發掘到兩顆超過 160 克拉的鑽石原石，一顆 161.31 克拉，另一顆 162.02 克拉。其中 162.02 克拉的原石，屬 Type II，於 2014 年 2 月以 1110 萬美元售出，亦即每克拉 68,687 元。另一顆 161.31 克拉，品質較差，屬 Type I，以 240 萬美元售出，亦即每克拉 14,636 元。

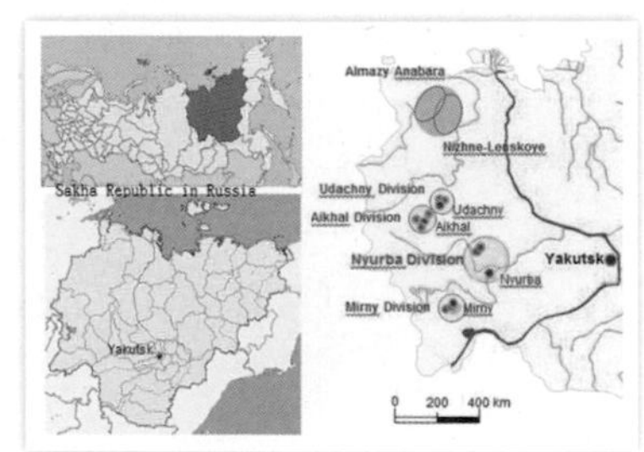

圖 8-54 俄羅斯薩哈共和國著名礦位置

除前述介紹位於非洲南部的國家外，中非、西非的一些國家，譬如說剛果、坦尚尼亞、獅子山、中非、迦納以及幾內亞等國，均有生產寶石級鑽石。

俄羅斯

前蘇聯素以盛產鑽石聞名於世，1954 年發現一組多達 400 個金伯利岩筒，其中至少有 40 個岩筒是含鑽石的。其中最有名的就是和平（Mirny）及烏達奇內亞（Udachnaya）兩座礦坑。

圖 8-55 Mirny 鎮的雕像 courtesy ALROSA

1. 和平鑽石礦場（Mirny Diamond Mine）

位於西伯利亞腹地的雅庫特共和國米爾內市的「和平」鑽石礦坑是於 1955 年發現的。半個多世紀以來，這裡和附近的幾個礦場貢獻了佔全球總量 23% 的鑽石，為前蘇聯和俄羅斯賺取了至少 170 億美元。傳說狐狸帶領了地質學家們發現在該地區的鑽石，於是矗立俯瞰 Mirny 鎮的雕像以紀念此傳說，如圖 8-55 所示。

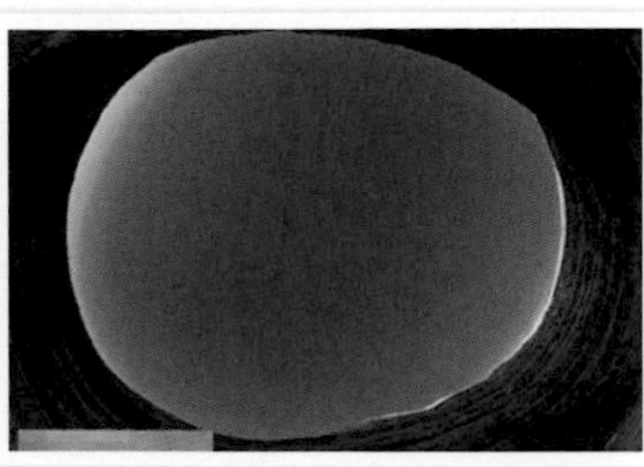

圖 8-56 俯瞰及仰望和平鑽石礦坑

如圖 8-56 俯瞰「和平」鑽石礦坑，能清楚地看到這個世界最大的「人造地洞」。該洞入口直徑達 1,600 公尺，深約 533 公尺，相當於 161 層樓高，比曾經是世界最高建築之臺北 101 大樓的 508 公尺還要多 25 公尺。據說此大洞造成的空氣氣流會把上空的飛機吸進去，所以礦坑上空被定為禁航區。

圖 8-57 和平鑽石礦坑場景

冬天地面全都結冰，洞內氣溫更是使得潤滑劑結冰，以致機器都被凍裂，工作人員不得不忍受此種的惡劣的氣溫工作，真是非常辛苦（圖 8-57）。

圖 8-58 烏達奇內亞鑽石礦場

和平鑽石礦場高峰時期每年生產 1,000 萬克拉（2 噸）的鑽石，但是由於產量銳減以及安全因素，該礦已在 2001 年停止運營。

2. 烏達奇內亞鑽石礦場（Udachnaya Diamond Mine）

俄羅斯的 Udachnaya 鑽石礦場是一個巨大的露天鑽礦，下切地殼 600 多米。位於俄羅斯人煙稀少的偏僻的薩哈共和國，就在北極圈外（圖 8-54）。

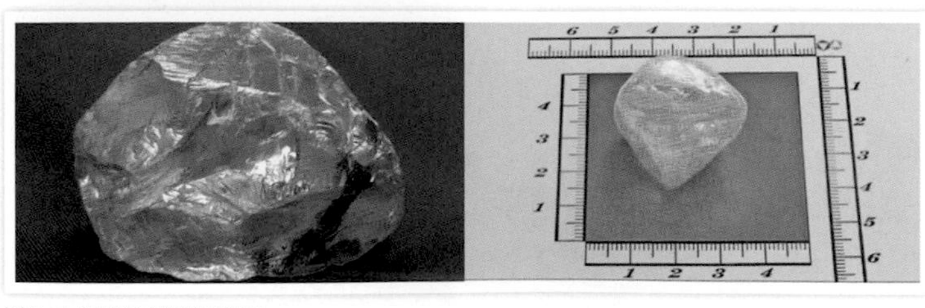

圖 8-59 俄羅斯大顆鑽石原石

附近的 Udachny 殖民地就是根據發現這個鑽石儲地之後命名的，Udachnaya 鑽石礦於 1955 年被發現（圖 8-58），僅比前面介紹的 Mirny 鑽石礦晚幾天。Udachnaya 的運輸通道由俄羅斯最大的鑽石公司 Alrosa 控制。目前已轉向地下開採。

俄羅斯不時傳出發現大顆鑽石原石，如圖 8-59 所示，左為 158.2 克拉，右為 145.44 克拉。

3. Popigai 鑽石礦場

第 5 章鑽石地質學中我們介紹過 Popigai（珀匹蓋）鑽石礦場，這個礦場是由位於新西伯利亞附近的「地質學和礦物學研究院」，於 2012 年 9 月 15 日時，舉行了一個記者招待會，首次揭露的。該院院長尼古萊．波克希倫科表示，「這些蘊含在『珀匹蓋鑽石場』隱爆結構（crypto-explosion structure）礦岩中的超硬鑽石，其儲量比目前全世界已知鑽石儲量的總和還要大 10 倍，我們估計有數萬億克拉。與之相比，目前已知的雅庫特礦區的儲量大約只有 10 億克拉。」當時引起鑽石市場一片震驚，甚至有漫畫譏諷 De Beers 破產要上吊了（如圖 8-60）。但事實上，「珀匹蓋鑽石礦場」的鑽石是所謂「衝擊鑽石」，是工業用鑽，非寶石級鑽石。

圖 8-60

珀匹蓋鑽石礦場的鑽石，係由類似隕石之類的天外來物衝擊而來，其鑽石硬度是普通鑽石的兩倍。由於這個獨一無二的物理特性，使得它們在高精科技和工業市場上更為吃香。

加拿大

波因特湖鑽石礦床，位於加拿大西北地區首府黃刀鎮（Yellow Knife 又稱耶洛奈夫）東北 320 公里，北極圈南約 210 公里處，如圖 8-61 所示。產於世界上最大最老的前寒武紀地盾中。

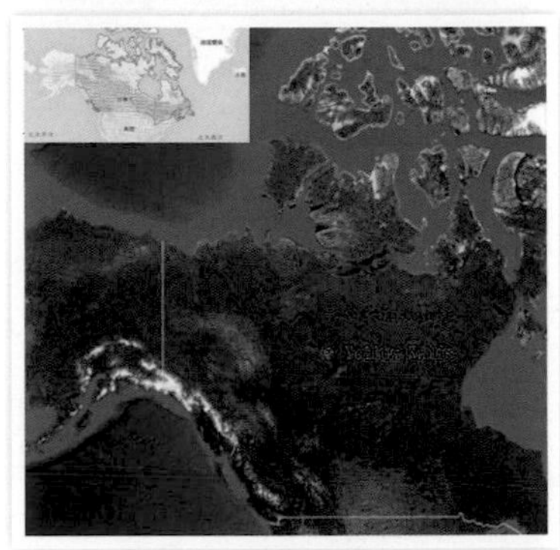
圖 8-61 加拿大波因特湖（Point Lake）及黃刀鎮（Yellow Knife）

1991 年於施工鑽探時在波因特湖底發現含鑽石的金伯利岩筒，呈蘿蔔（管）狀。據估算含礦岩體礦石量為 8,000 萬噸，品位為 0.63 克拉 / 噸，即含鑽石 5,040 萬克拉。在加拿大西北地區，發現的金伯利岩筒超過 160 個。其中，至少 47 個岩筒含鑽石，5 個岩筒探明有經濟價值，估算 5 個岩筒礦石儲量大約 1.33 億噸。在波因特湖南側戴維克地區，於 1991 年以來已在格拉湖區發現 45 個金伯利岩體，其中 13 個含鑽石，4 個有經濟價值。至 1997 年止，確認的金伯利筒位置有 100 多個，長遠預計礦石量可達 2 億噸。

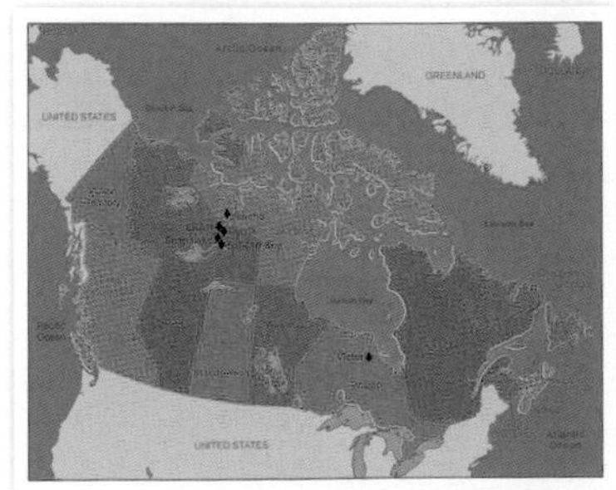

圖 8-62 加拿大鑽石礦區分佈圖

加拿大的鑽石礦，幾乎都位在黃刀鎮與北極圈之間，如圖 8-62 所示，其中最有名的莫過於 Ekati 及 Diavik 兩個，分別介紹如次。

1. 艾卡迪鑽石礦場（Ekati Diamond Mine）

1998 年 10 月開始開採的艾卡迪鑽石礦是加拿大第一個全面生產的鑽石

礦，同時也是北美的第一個商業鑽石礦。加拿大的西北省的 Ekati 鑽石礦位於 Yellowknife（黃刀鎮）東北 310 公里，如圖 8-63 所示，這裡相當接近北極圈，有時還可以看到極光。冬季時周圍全遭冰雪覆蓋，要進入礦場非常艱辛，如圖 8-64 所示。

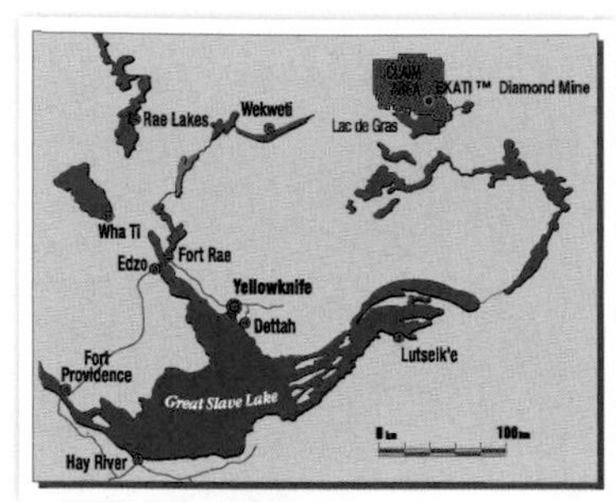

圖 8-63 Ekati 鑽石礦位置

圖 8-64 艾卡迪鑽石礦場之夏與冬

2. 戴維科鑽石礦場（Diavik Diamond Mine）

戴維科（Diavik）鑽石礦位於加拿大的北斯拉維地區（North Slave Region），如圖 8-65 所示。這一個礦特別之處在於它是一個從北極圈中鑿出來的 20 平方公里大的島嶼，當周圍的水域結冰時，整個冰凍的景觀令人歎為觀止，如圖 8-66 所示。

Diavik 鑽石礦場露天礦和地下礦預計合計生產之數量，如圖 8-67 所示，可以看出來，由 2012 年起，其產量逐漸走下坡。

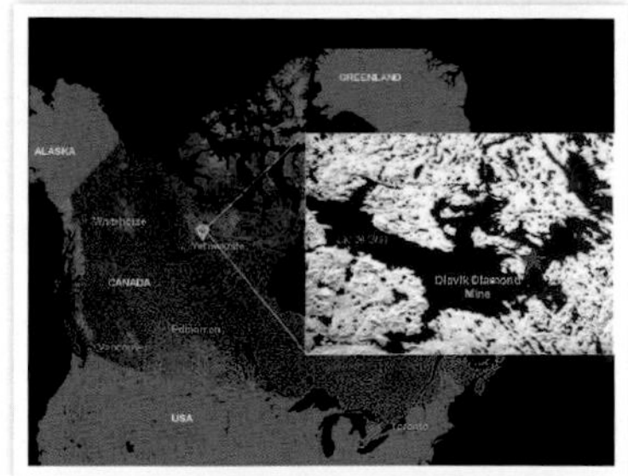
圖 8-65 戴維科鑽石礦場位置

加拿大產的鑽石，往往會在腰圍上做記號，以別於其他地區所產的鑽石，如圖 8-68 所示。而整個加拿大的鑽石產業的黃金年代可以說已經過去了，根據金伯利進程的資料，其產量已有遞減的趨勢，如圖 8-69 所示，唯有期待新的礦被發掘出來。有沒有新的礦呢？的確有，我們常常可以看到發現新礦的報導，但是規模數量就還有待確認。

圖 8-66 戴維科鑽石礦場之夏與冬

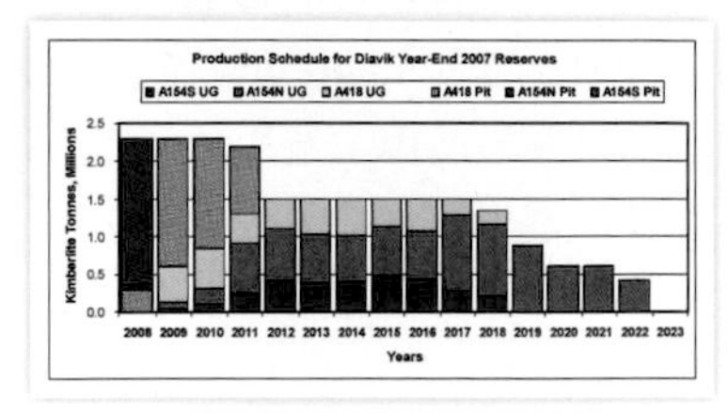

圖 8-67 Diavik 露天礦和地下礦預計生產統計

圖 8-68

美國

1.Arkansas 州鑽石坑公園（Crater of Diamonds State Park）

「鑽石坑」州立公園是個到處埋滿鑽石，被為遍地鑽石的地方。公園佔地 15 公頃，地下原是 9,500 萬年前的一個火山通道。火山爆發時，地下的鑽石被拋到熔岩的上部，因此這個公園的地表下埋藏了大量鑽石，如圖 8-70 所示。1906 年，這塊地的所有者、當地的一個農民約翰。哈德遜在這裡發現了第一顆鑽石，並引發一場「挖鑽石熱」。美國各地的人爭相到當地開採鑽石，引發了惡性循環。1972 年，阿肯色州政府決定將其買下，設立為公園。

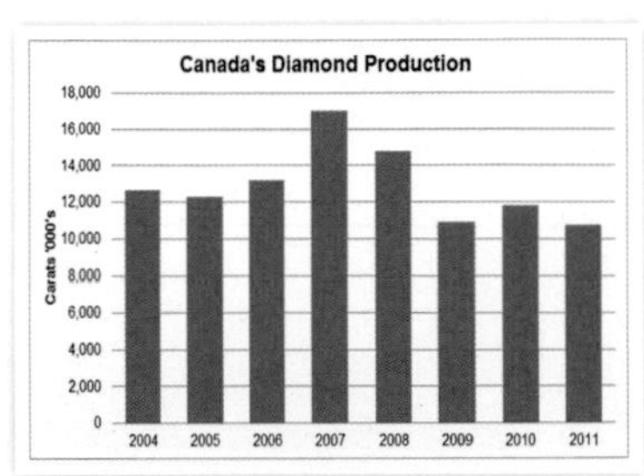

圖 8-69 加拿大的逐年鑽石產量

圖 8-70 阿肯色州鑽石坑公園火山口

鑽石坑州立公園開放於 1972 年，是世界上少數對公眾開放的鑽石礦公園之一，如圖 8-71 所示。據公園的官方網站介紹，自開放起，這裡已發現 25,714 顆鑽石，相當於平均每天都有一到兩顆鑽石被發現。而在這些鑽石中，有 700 多顆鑽石超過 1 克拉。圖 8-72 所示之鑽石，就都是在這裡找出來的。

圖 8-71 鑽石坑州立公園

北美地區發現的最大鑽石──山姆大叔，也是 1942 年在這裡被發現的。「山姆大叔」重達 40.23 克拉，以發現者 W.D. 巴斯的暱稱命名。

公園的門票為成人每人 6 美元，6 到 12 歲的兒童為每人 3 美元，6 歲以下的孩子免票。在這裡，遊客可以自由地尋找或挖掘鑽石。一些遊客喜歡在壟溝間走來走去找鑽石，而一些人則喜歡拿著鏟子、鐵鍬等到處挖。不過公園要求遊客自帶的工具不能安有電池、馬達或輪子等用來驅動的零件。如果遊客沒帶工具，公園還提供租售工具的服務。

圖 8-72 在鑽石坑公園發現的鑽石

一對來自美國德州的夫婦 2006 年在阿肯色州的「鑽石坑」州立公園挖到一顆重達 6.35 克拉的鑽石，如圖 8-73 所示，這是當時該公園自開放以來遊客挖到的第八大天然鑽石。

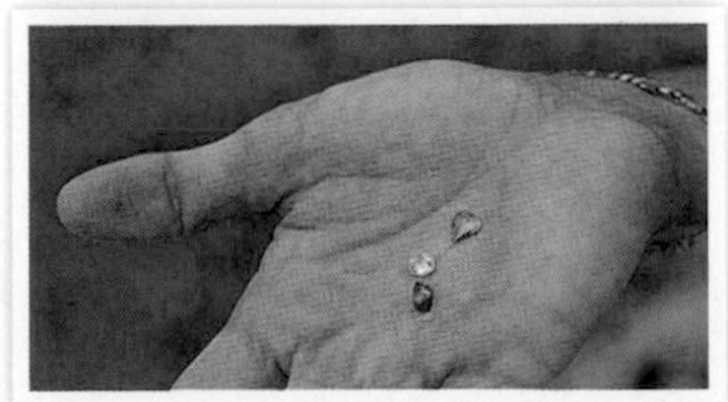

圖 8-73

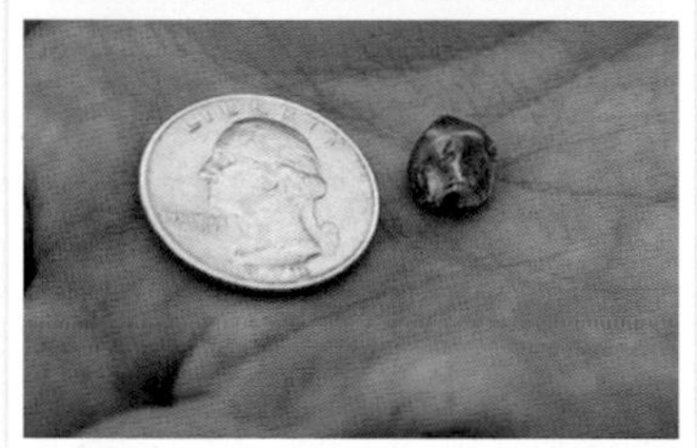

圖 8-74

2013 年 8 月美國 12 歲男童戴特拉夫（Michael Dettlaff），與家人到阿肯色州鑽石坑州立公園淘寶，才開挖 10 分鐘（據說他的爸爸還沒租到工具），就幸運地挖到了一粒 5.16 克拉的蜜棕色鑽石，這顆鑽石被登記為「神的榮耀鑽石（God's Glory Diamond）」，如圖 8-74 所示。

澳大利亞

澳大利亞主要鑽石礦床為阿蓋爾岩筒（礦物成分為鉀鎂煌斑岩），其鑽石產量一度為世界最高。阿蓋爾寶石級鑽石產出不多，但因產粉紅鑽和少量藍鑽著名。

1. 澳洲西部 Argyle 礦

自 19 世紀末期以來，澳洲在探勘金礦時常發現少量的鑽石。1969 起開始對西澳進行有系統的探勘調查，1979 年 10 月 2 日在金伯利區的阿蓋爾火山筒發現了鑽石（圖 8-75），1985 年起開始露天開挖。目前這個礦屬於礦業界巨人 Rio Tinto（力拓）所有。

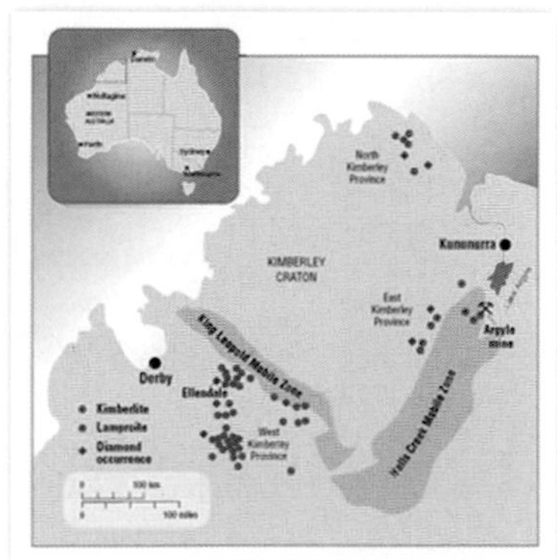

圖 8-75 Argyle 礦位置

1994 年起，阿蓋爾礦每年生產 3,000 萬克拉至 3,500 萬克拉的鑽石（圖 8-76），約略超過全世界總產量的三分之一。

阿蓋爾鑽石礦一度是世界上最大鑽石供應礦，其生產的鑽石 80% 是棕色，15% 帶黃色，約 4% 是白鑽，其餘 1% 是紅色、粉紅色、綠色和藍色，如圖 8-77 所示。Argyle 的棕鑽年產值 48 億台幣，為世界最大宗。除了粉紅鑽外，Argyle 的鑽石原石會運往安特衛普，由力拓公司（Rio Tinto）銷售。

圖 8-76 Argyle 礦區每年可生產約 3,000 萬克拉（約 6 噸）鑽石。

圖 8-77 各種顏色的阿蓋爾鑽石

Argyle 生產的粉紅鑽佔世界產量的 90%，尤以色彩濃郁著稱，如圖 8-78 所示。在每一顆的腰圍上都刻有「Argyle serial number」，如圖 8-79 所示。

圖 8-78 Argyle 生產的粉紅鑽

圖 8-82 Ellendale 鑽石礦位置

阿蓋爾礦在 2008 年停止了露天式開挖，而轉向地下開挖，如圖 8-80 所示。預估 2007 至 2018 的十年間，每年地下開挖生產的量，約為之前產量的 60%。

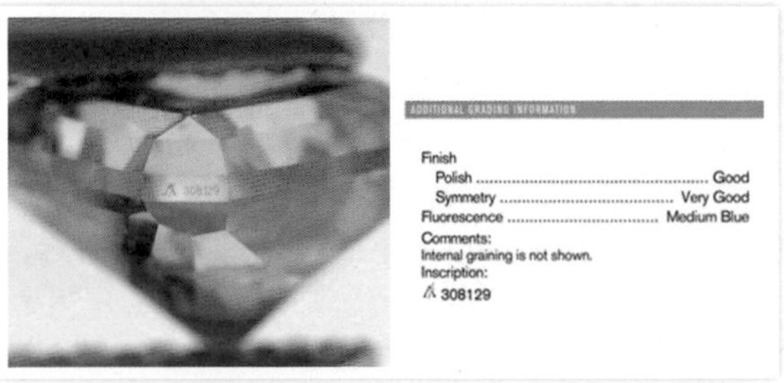

圖 8-79 Argyle serial number

除了阿蓋爾礦，澳洲還有兩個著名的鑽石礦，一個是 Merlin 礦，另一個是 Ellendale 鑽石礦。

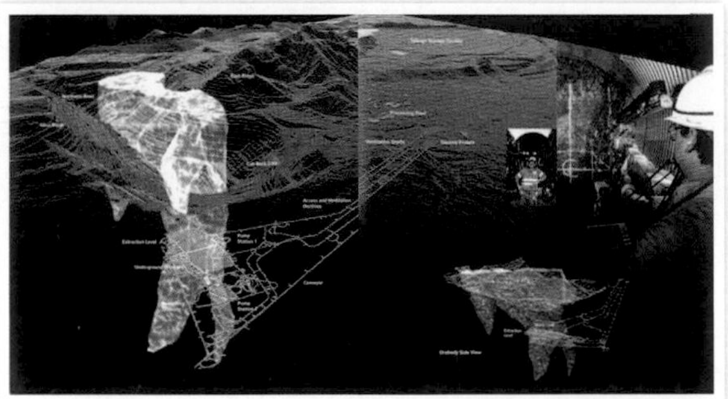

圖 8-80 阿蓋爾礦地下開挖

2.Merlin 礦

澳洲於 1993 年在北澳沙漠中的 Merlin（墨林）又找到新礦，如圖 8-81 所示。墨林鑽石礦 2013 年重新開始的生產，以生產高品質白色、黃色和棕色的鑽石為主，其中並包括澳大利亞最大的 104.73 克拉鑽石。礦區資源預估約 720 萬克拉，是僅次於力拓 Argyle 鑽石礦的澳大利亞第二大鑽石礦。可行性生產試驗已提煉出 10,600 克拉的鑽石，每克拉價值 351 美元。

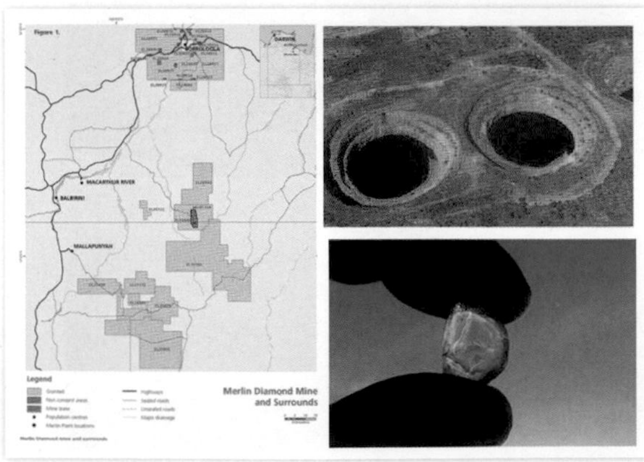

圖 8-81 Merlin 礦

3.Ellendale Diamond Mine

Ellendale 鑽石礦位於西澳大利亞西部金伯利地區（the West Kimberly Region）Derby 以東約 120 公里（圖 8-82），預估總蘊藏量超過 1,600,000 克拉，平均年產量 120,000 克拉。Ellendale Diamond Mine 以生產罕見的黃色鑽石著名，如圖 8-83 所示。

南極

2013 年 12 月澳洲團隊在「自然通訊」期刊發表的文章指出，在東南極大陸、查爾斯王子山脈中的馬里帝斯山（Mount Meredith）東南坡發現金伯利岩，顯示鑽石應該存在於這個冰封世界。不過也有部分地質學家質疑這項發現的商業價值，例如英國南極勘測（British Antarctic Survey）的探勘地質學家瑞利表示，類似的金伯利岩礦藏中，只有不到 10% 具經濟價值。因為過去 140 年來發現的 7,000 個金伯利岩中，只有 60 個具備經濟開採價值，其中僅 7 個擁有大量鑽石蘊藏。

根據 1991 年簽署、1998 年生效的南極條約環境保護協定規定，在 50 年內，南極大陸除科學研究行為外，一律禁止採礦。此外，南極的偏遠地理位置、極寒天氣，以及近 99% 冰層覆蓋、部分冰層厚達 3、4 公里的環境等因素，均會使得開採工程不易進行。

但無論如何，南極金伯利岩的發現也加強了地球大陸飄移學說：東南極大陸曾是岡瓦納（Gondwana）古大陸的一部分，該古陸包含現今非洲和印度，兩者都有金伯利岩，也都出產豐富的鑽石鑽產。

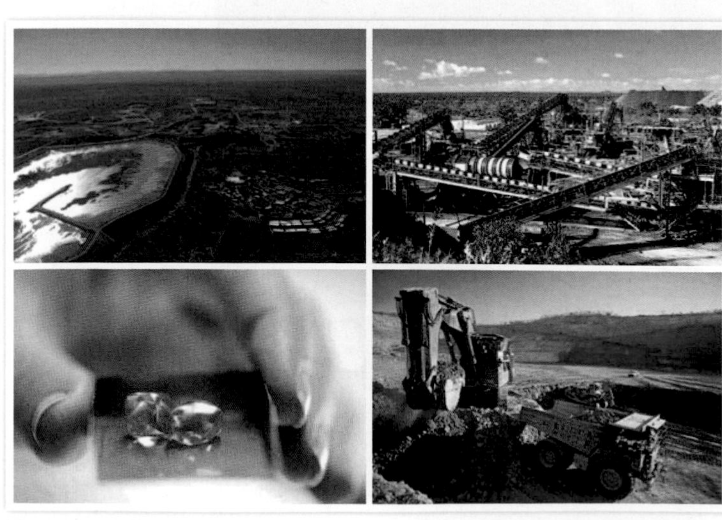

圖 8-83 Ellendale 鑽石礦

8-4
特別的世界名鑽

圖 8-84 Golden Jubilee

世界上最大的刻面的鑽石——金色慶典

金色慶典（Golden Jubilee）是世界上最大的刻面的鑽石（圖 8-84），重量 545.67 克拉，顏色是 Fancy yellow-brown。在 1997 年由 AIGS（Asian Institute of Gemological Science）創辦人 Henry Ho（何啟騰）買下，送給泰國的國王紀念他加冕第 50 週年，在此之前，這顆鑽石被叫作無名的棕（Unnamed Brown）。Henry Ho 買下後，將其送至 HRD 進行研究，將其重新切磨後，顏色呈現為金色。其價值無從估計，惟投保金額為 15 億美金。當時泰皇的身體不佳，據說接受此依鑽石禮物後，身體逐漸轉好。

圖 8-85 AIGS 教室上課情形

AIGS 是在 1978 年創立於泰國曼谷的寶石學院，設有 A.G.（Accredit Gemologist）課程（類似 G.I.A. 的 G.G.）及寶石實驗室，尤以鑑定紅藍寶著名，吸引全世界寶石愛好者來此學習。圖 8-85 為其教室，圖 8-86 則為其實驗室。

圖 8-86 AIGS 寶石實驗室

Henry Ho 原是華裔緬甸人，後因故移民至泰國曼谷定居。Henry Ho 獻給泰皇的鑽石禮物不只是 Golden Jubilee，還有 King' s cut、Queen' s cut 等等。Henry Ho 先切磨好與 King' s cut、Queen' s cut 相同型式，只是比較小一點的鑽石百顆，在皇宮花園舉行獻禮時，同時向參加觀禮的政商權貴介紹，當即銷售一空，也算是很強的銷售手法。

世界最小鑽石—— 0.0003 克拉

圖 8-87 0.0003 克拉小鑽石

鑽石價值可別僅看大小重量，鑽石切磨的工藝價值不簡單！一台精量的寶石秤是秤到小數點後三位，切磨鑽石的工藝更厲害，達到了 0.0003 克拉的功力。印度發表的「世界最小的鑽石」，讓鑽石只有 0.0003 克拉，用肉眼看就如一粒沙，如圖 8-87 中右側小鑽，與標準的圓形明亮式的相同具有 57 個刻面，該公司將其命名為 Bhavani Mikro。公司也取得國際寶石協會 IGI 為這顆鑽石開立的鑑定證書。

圖 8-88 舊稱 Pink Star 的 Pink Dream

全世界最貴的鑽石

以目前珠寶售價的世界記錄來說，全世界最貴的鑽石是，蘇富比於 2013 年 11 月日內瓦珠寶拍賣會中，以 83,187,381 美元售出一顆 59.60 克拉、內部無瑕、Type IIa、Fancy vivid pink 的粉紅鑽，平均每克拉 1,395,761 美元，買家是鑽石切磨師 Isaac Wolf，買下後隨即更名為

圖 8-89 Steinmetz Pink（斯坦梅茲粉紅鑽），2003 年

圖 8-90「The Orange」橘鑽

圖 8-91 118 克拉最貴的白鑽

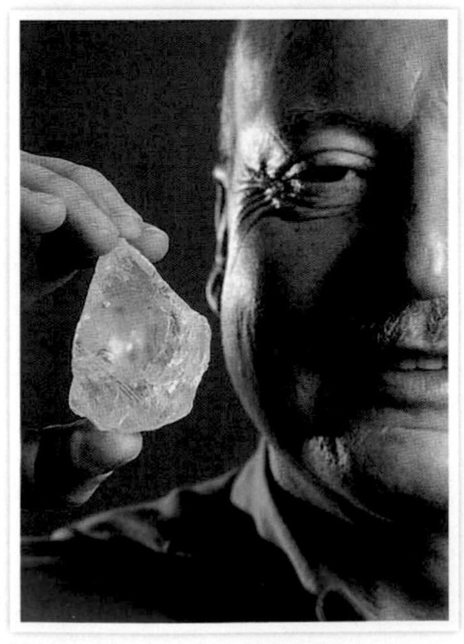
圖 8-92 TheCullinanHeritage 鑽石原石

Pink Dream（圖 8-88）。

之前的售價紀錄是 2010 年 11 月以 4,616 萬美元售出的 Graff Pink。不過每克拉單價仍未打破佳士得 2013 年 11 月 12 日售出之橘鑽所創每克拉 2,398,151 美元的紀錄。惟 2014 年 2 月時，蘇富比宣稱：由於前述得標者 Isaac Wolf 違約，因此前述 Pink Dream 拍賣之結果實際上並不存在，這顆鑽石目前是以約 7,200 萬美元的價格登錄在蘇富比庫存之中。其實在 2011 年時，這種說賣出又取消的案例也發生過兩次，一次是蘇富比，一次是佳士得。

這一顆粉紅鑽石的原石 132.50 克拉，是 1999 年由 De beers 公司發掘，然後由斯坦梅茲鑽石（Steinmetz）花兩年時間拋磨成目前的形式。這一顆粉紅鑽石於 2003 在摩納哥以 Steinmetz Pink（斯坦梅茲粉紅鑽）為名首次公開亮相（圖 8-89），然後在 2007 年出售並更名為 the Pink Star。

每克拉單價最高的彩色鑽石

佳士得 2013 年 11 月 12 日日內瓦秋季拍賣會的華麗珠寶售出一顆罕見的橘鑽「The Orange」（圖 8-90），14.82 克拉，VS1，Fancy vivid orange，梨形，賣了 $35,540,611 美金（3,150 萬美金拍出＋ 404 萬稅金和佣金），即每克拉 $2,398,151 美金。

創下兩項新的世界拍賣紀錄：一是所有彩色鑽石每克拉單價世界拍賣記錄，二是 Fancy vivid orange 鑽石世界拍賣紀錄的最大顆。

史上最貴的白鑽

118 克拉、D 色、無暇、Type Ⅱ a 鑽石，成交價 3,060 萬美元（約台幣 8 億 9,950 萬元）（每克拉 US$259,322），蘇富比香港（2013 年）。

鑽石原石售價歷史最高紀錄

周大福珠寶金行，2010 年以 2 億 7,500 萬港元（約 3,530 萬美元）購得一顆全球罕見、屬頂級Ⅱ a 型晶瑩通透的 507 克拉南非鑽石原石 TheCullinanHeritage，為世界至今開採得最高品質的鑽石之一，亦創造原石售價歷史最高紀錄。該巨型鑽石是於 2009 年 9 月由南非佩特拉鑽石公司開採，出自南非行政首都比勒陀利亞郊區著名的庫里南（Cullinan）礦區，另有 3 顆分別重達 168、58.5 及 53.3 克拉。

Chapter 9

第 9 章
鑽石產業與鑽石銷售

the basic of diamond identification

9-1 鑽石產業

圖 9-1 Eureka 鑽石

圖 9-2 描繪當年金伯利市集繁榮的景象

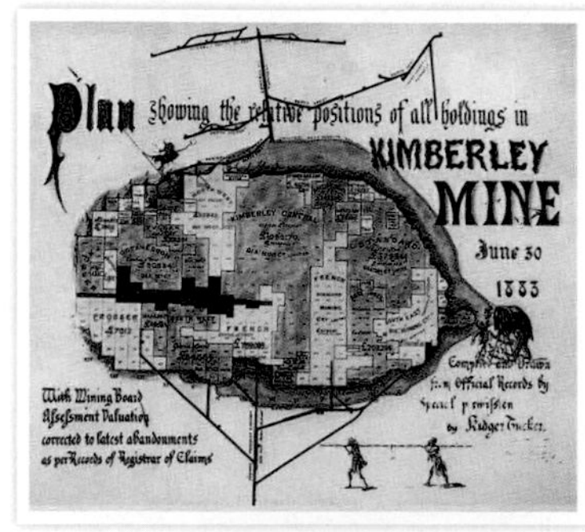

圖 9-3 金伯利礦採礦權分區圖

圖 9-4 1873 年金伯利礦照片

鑽石最早被發現於印度 Golconda 距今可能已有二千年歷史，之後於 1740 年代巴西河裡發現鑽石。至 19 世紀後期，鑽石出產也只在印度和在巴西，而且寶石級的鑽石，全世界一年的產量也只有幾磅。1866 年南非發現了第一顆鑽石「Eureka」。

金伯利鑽礦與 Eureka 鑽石

Eureka 是希臘語 ε ρ η κ α，意思是「我發現了」，傳說是取法自希臘著名數學家和物理學家阿基米德，當他在洗澡時，突然領悟出浮力原理，解開「皇冠是否為純金」的問題，於是他興奮地赤裸著沿西勒鳩斯街道跑，一面喊著「Eureka ！ Eureka ！（我發現了！我發現了！）」。

Eureka 原重 21.25 克拉，顏色為 brownish yellow（黃褐色），之後被切磨為明亮枕墊形，重 10.73 克拉。Eureka 經過多年的四處流浪，最後由 De Beers 公司重新買下來，捐贈給南非，目前是在 Kimberly 礦物博物館展示，如圖 9-1 所示。

由於南非當時是英國的殖民地，因此 Eureka 是送到英國倫敦鑑定。在確認是鑽石後，英國媒體大肆宣傳，不只是採礦工，想發財的人紛紛聞蜂擁入此地「挖寶」，曠野頓時變成一座簡陋的市集，這市集就以當時的英國殖民總督 Kimberley 命名為「金伯利」，如圖 9-2 所示。據說當時的倫敦反而成為空城。

殖民地政府將礦區分為一格一格，由人民認購採礦權，如圖 9-3 所示。但有些人挖得快一些，有些人挖得慢一些，挖得快的位置高度降低了，挖得慢的方格就呈現一根根聳立的方柱。圖 9-4 為 1873 年金伯利礦場的照片，其中一根根邊長 31 英尺的方柱，分屬不同採礦權，因此而產生的區塊高牆，使得採礦工作困難又危險。圖中也可以看到，為方便運輸，人們從礦坑邊緣拉了很多條鋼索到坑底。

剛開始，採礦人大多數都大有展獲，因為大部分的鑽石即蘊藏在很顯眼的黃色黏土層裡，表土層的鑽石礦很快就被挖掘一空。這些採礦人繼續向下層的藍土層挖掘，隨著愈挖愈深，地下水出來了，採礦需要的技術變高了，高難度的開採工程已非一般採礦人的能力所及，於是礦物公司在此時誕生了。礦物公司的誕生與兩位英國人有深切的關係，一位是對開發非洲南部最具貢獻的塞錫爾．羅德斯（Cecil John Rhodes）（圖 9-5），另一位是舞台演員巴尼．巴納多（Barney Barnato）（圖 9-6）。這兩位都是十九紀發財熱中最成功的冒險家。

圖 9-5 Cecil John Rhodes

Cecil Rhodes 於 1853 年出生在英國的一個牧師家庭，從小身體就不好，他在 16 歲時罹患了呼吸道疾病，醫生給他的忠告，就是要離開多霧潮濕的英國，於是他就去投靠在南非的哥哥，他哥哥原在現今的南非那塔爾省種棉花，在一片淘金掘鑽熱潮中，他放棄了獲利低微的棉花田，也投入金伯利採礦行列。

圖 9-6 Barney Barnato

當時金伯利的表土層鑽石礦幾乎已被挖掘一空，Cecil Rhodes 在大家拼命開挖時，自己不挖，藉由販賣冰水與口渴的礦工交換鑽石。並在開挖滲出地下水前，買下南非所有的抽水機，用只租不賣的方式租抽水機給礦工抽地下水。由於繼續往下挖不知道還有沒有鑽石，技術困難度又高，於是不少礦工想另謀發展，Rhodes 即大量收購採礦證，收購行動使得 Rhodes 擁有大部分礦場的開挖權。在 1883 年羅德斯成為 De Beers 礦產公司的主席，而此時在金伯利足以與 De Beers 相匹敵的是中央採礦公司的大股東巴尼．巴納多。

「De Beers」這個名稱，最初是兩個荷蘭來的農民 Diederik Arnoldus De Beers 及 Johannes Nicholas de Beers 的農場。De Beers 兄弟在他們的農場上發現了鑽石，但是他們實在無力保護農場，以及應付因發現鑽石而蜂擁而至的壓力，於是他們把土地和礦場一起賣掉。De Beers 農場，由 Rhodes 買下後，改成立 De Beers Consolidation Mines（De Beers）聯合礦業公司或稱戴比爾斯聯合礦產公司。

Cecil John Rhodes
Picture provided by Bishop's Stortford Museum
Cecil Rhodes's home Groot Schuur in Cape Town

圖 9-7 Cecil Rhodes 及其在 Cape Town 的家

綜觀 Cecil Rhodes 最初以賣冰水、出租抽水機等採礦周邊需求品致富，也算是另類生財之道。至今珠寶這個行業中，還有很多人效法其作法，亦即不直接買賣珠寶，而是買賣珠寶周邊需求，例如：珠寶鑷子、鑑定、

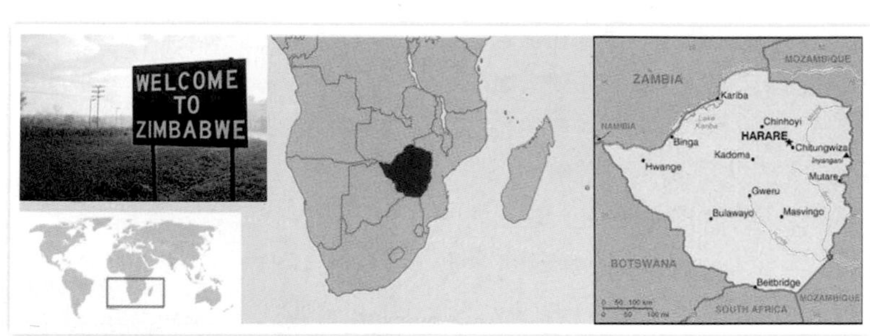

圖 9-8 辛巴威地圖

教學、鑑定儀器、展示器材、包裝器材、甚至是珠寶相關資訊等等。羅德斯對自己的成就非常驕傲，他的名言：「如果可以，我會征服其他星球。」。

一百兆元辛巴威幣

1888 年，賽西爾．羅德斯從恩德貝勒國王手上取得他們領土內的採礦權，隨後在 1889 年替英屬南非公司（British South Africa Company）取得這裡的領土權，並且在 1895 年時正式建立殖民國家「羅德西亞（Rhodesia）」，這一名稱是以羅德斯的名字命名的。Cecil Rhodes 死後即埋葬此地，1980 年羅德西亞改名為辛巴威，如圖 9-8 及圖 9-9 所示。

圖 9-9 Cecil Rhodes 墓碑

2009 年辛巴威因通膨嚴重，不斷的印製大面額的鈔票，結果印出全球面額最高的紙鈔一百兆元，如圖 9-10 所示。但貨幣繼續貶值，一百兆元貨幣在當地，還是不夠用（後來一百兆元辛巴威幣大約等於美金 40 分左右），人民出門要扛上大把鈔票（圖 9-11），但還買不到幾個雞蛋，所以一百兆元辛巴威幣，也只有不到兩個禮拜的壽命，就改為使用美金。前幾年去辛巴威旅遊的觀光客還可以用幾十元台幣的價格買一張一百兆元辛巴威幣，一圓百兆元富翁的夢想，現在物以稀為貴，這種不通行的收藏品已經漲價了。

圖 9-10 一百兆元辛巴威幣

如同第 8 章中圖 8-42 顯示辛巴威也產鑽石。根據金伯利進程（Kimberley Process）的資料，2011 年辛巴威的鑽石產量達到 850 萬克拉，價值 4 億 7620 萬美元。2012 年每月產量約 130 萬克拉。

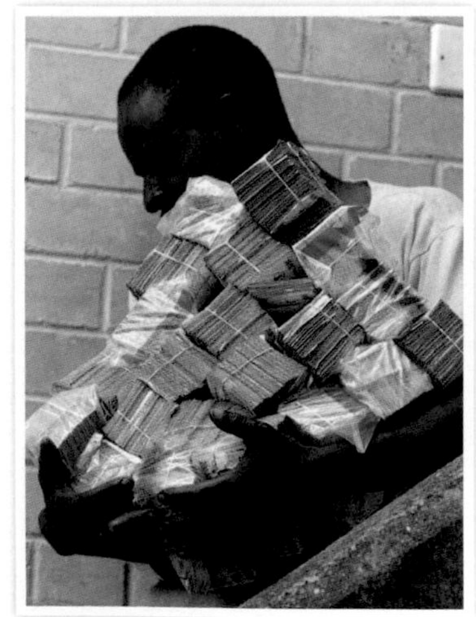

圖 9-11 窮得只剩下錢

另外一位英國人巴納多，巴納多原本在英國作舞台演員，在 1873 年自開普敦下船後，花了 5 塊英鎊，將身上的行李交給牛車拖運，自己則在車旁步行，晚上則睡在牛車下，經過兩個月的步行終抵金伯利。巴納多全身只帶了四十盒劣質雪茄，但商機不對，經過多次挫折，他改行作鑽石收購生意，再轉賣給批發商，小有獲利的巴納多，再兼收購採礦證，沒幾年巴納多即控制了中央採礦公司，而與羅德斯相較勁。兩雄相爭本來難分難解，但由於羅德斯曾回英國牛津大學奧里爾學院取得法律學位，回到南非後，又曾當上財政廳長，掌握了財政大權，終於在 1888 年兩家公司合併為戴比爾斯聯合礦產公司（圖 9-12）。

De Beers 戴比爾斯

相傳在 15 世紀時期，奧地利皇子與勃艮地國王查理士的女兒瑪麗婚禮前，皇子收到一封信：訂婚之日，您必須準備一枚鑲有鑽石的黃金指環，同時要為新娘獻上價值連城的珠寶。於是在婚禮上，奧地利皇子便為勃艮地公主獻上一只拱型鑲有鑽石的哥德式 M 字型婚戒（圖 9-13），據說這是歷史上的第一枚結婚鑽戒，為鑽石寫下浪漫的始頁，一直流傳到現今，鑽戒也從自此成為愛情信物。

圖 9-12 1889 年 De Beers 併購 Kimberly Central Mining Company 所支付的支票

歐洲歷史記載，13 世紀期間，只有皇室及貴族才有資格佩帶鑽石，尤其是女士，只有皇后、公主級才可擁有鑽石。15 世紀是鑽石與愛情聯繫結合的里程碑。而法國在 16 及 17 世紀中，帶領鑽石潮流，在法國的太陽國王（Sun King）路易十四世（Louis XIV）統治期間，鑽石在法國的流行程度達到高峰。繼任者路易十五世，鑽石便成為他贈送情人的最佳禮品。路易十六世時，俄羅斯受法國的影響，對鑽石的光彩甚為傾慕，將它視為權力的象徵。

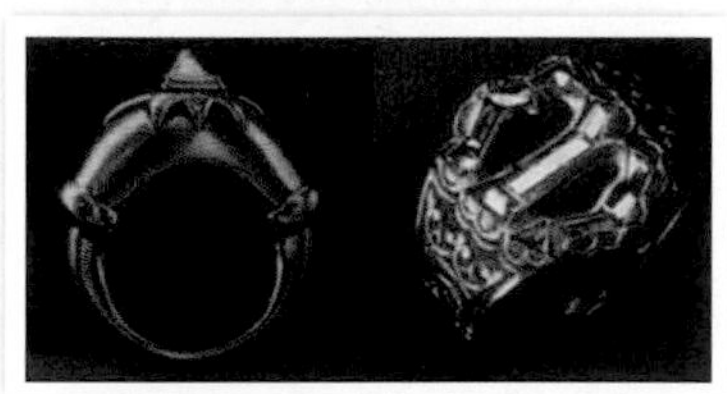
圖 9-13 仿哥德式 M 字型婚戒

1870 年，在南非橙色河附近發現了巨大的鑽石礦，鑽石以噸計地很快挖出。市場被鑽石所淹沒。經營南非礦產的英國金融家，迅速意識到他們的投資被危及了，因為鑽石的價值主要是它的稀少性。若南非又發現新的礦區，鑽石有可能成為和半寶石的價值一樣。主要鑽石礦投資者意識到：他們若沒有組織來強力控制鑽石的生產量，他們的利益將隨之消失。1888 年，De Beers Consolidated Mines, Inc.，在南非成立。1888 年也稱為鑽石元年，因為在此之前只有王室貴族可以擁有鑽石，此後一般平民百姓也可擁有。

圖 9-14 1880 年代南非鑽石業

戴比爾斯聯合礦業公司在 1888 年與 Barney Barnato 和 Rhodes 合併，這時的公司在南非壟斷鑽石行業。到 1889 年 Rhodes 和位於倫敦的 Diamond Syndicate（鑽石業聯合組織）達成策略協議，使鑽石的購買價格穩定合理，從而規範了鑽石的出產及流通費用。該協議的成效很快得到證實——例如在 1891 ～ 1892 年的經濟低迷時期，供應一直保持穩定。Rhodes 對新壟斷破裂表示擔憂，在 1896 年對股東說：「我們唯一的危機就是新礦的突然發現，人們會不顧一切地傷害我們的所有。」

圖 9-15 Sir Ernest Oppenheimer（22 May 1880 ～ 25 November 1957）

1902 年，一個名為 Cullinan 礦的、有競爭力的礦井被發現，但是它的擁有者拒絕合作加入戴比爾斯。礦主反而開始向兩個獨立零售商

圖 9-16 戴比爾斯（De Beers）英國倫敦的總部

Bernard 和 Ernest Oppenheimer（歐本海默）出售，因而削弱了戴比爾斯的市場。當最大的鑽石 Cullinan 被發現時，他們的產業很快和戴比爾斯不相上下。Ernest Oppenheimer 被任命為倫敦聯合組織主席，十年內還晉陞為金伯利市長。

Ernest Oppenheimer 非常關注 1908 年在德國及非洲西南部的礦藏開採，擔心供應量增加會導致價格下降。他清楚戴比爾斯成功的核心原則，他在 1910 年說：「常識教會我們提升鑽石價值的唯一方法，是使它們變得稀缺，也就是減少產量。」

到 1902 年 Rhodes 去世時，戴比爾斯掌控世界 90%的鑽石產業。第一次世界大戰時，鑽石業因戰亂不景氣，Cullinan 最終併入戴比爾斯。第一次世界大戰結束後，Sir Ernest Oppenheimer 憑藉雄厚資金收購了南非的一些重要礦場，成立 CDM 公司
（Consolidated Diamond Mines of South WestAfrica）。之後，藉由 CDM 公司入主 DeBeers。Ernest Oppenheimer 於 1926 年管理層擠得一席之位，1927 年坐上公司的主席位置。開始掌管世界鑽石之通路，並設立 CSO（Central Selling Organization）做為全球鑽石管銷系統，透過該系統管理、控制世界鑽石市場。戴比爾斯在兩位拓荒者中開創出基礎，又經過歐本海默家族的企業經營，使之欣欣向榮。

鑽石壟斷

戴比爾斯公司自 20 世紀以來，憑藉其方位優勢，在國際鑽石市場上實行壟斷制度聞名。該公司用了各種方法，來不斷加強這種對市場的控制方式：首先它說服獨立生產商加入其單通道的壟斷；再來，將和那些拒絕加入企業聯合的廠商所生產相似的鑽石流入市場；而最終，購買及庫存了其他廠商所生產的鑽石，甚至併吞其他廠商，目的就是為了從貨源供應上對市場價格進行控制。戴比爾斯公司的這種作法，從 19 世紀末至 20 世紀中一直非常成功。然而，這種作法卻在 20 世紀末反托拉斯的浪潮中踢到鐵板。戴比爾斯的主席成了某些國家反壟斷的通緝犯，總部也被迫遷移，最後花上大筆鈔票才達成和解。

在控管所有世界鑽石貿易的時候，De Beers 以許多形式出現在世界各地出現。在倫敦，以 Diamond Trading Company（就是現在的 DTC）。在以色列，以「The Syndicate.」名稱出現。在歐洲，以「C.S.O」——Central Selling Organization。在中非，以 Diamond Development

Corporation & Mines Services, Inc。De Beers 不僅擁有或直接地控制所有在南非鑽石礦區，而且在英國、葡萄牙、以色列、比利時、荷蘭，和瑞士設立鑽石貿易公司。

圖 9-17 鑽石品質分類（1）

De Beers 將從全世界各個礦區開採出來的鑽石原石送到英國倫敦總部中央統售組織（Central Selling Organization）。實際上講起來，CSO 是戴比爾斯的下屬機構，為一群公司的組合，執行 DeBeers 的理念，負責鑽石原石的銷售，並擔任倉儲的功能。CSO 在各鑽石生產國設有收購辦事處，透過鑽石生產協會（Diamond producers Association）的組織供應鑽石原石。CSO 藉由控制進入市場的鑽石數量達到操控市場的目的，並在鑽石價格暴跌的時候從外界市場購進鑽石。CSO 並依功能性，區分為珠寶用鑽及工業用鑽兩個區塊。

圖 9-18 鑽石品質分類（2）

De Beers 有一套嚴格控管的銷售機制，到現在還在施行，介紹如下：英國倫敦的中央統售組織（Central Selling Organization）將鑽石礦區開採出來的鑽石原石，交由約四百名專業的鑽石原石分級人員，分級人員依照鑽石不同的品質（形狀、質量、顏色、大小、淨度等）將鑽石細分為 12,000 種以上的不同品質的鑽石級別（圖 9-17 至圖 9-19）。一旦分類完成，來自各個不同國家，但品質相同的原石，就會被混和放在同一級別中，使得購買者很難分出產地。

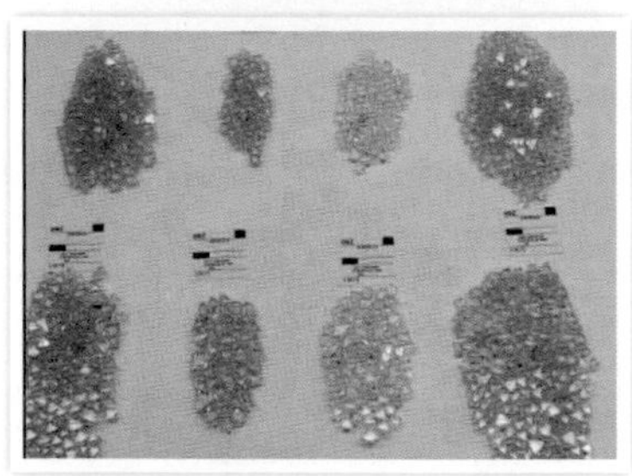
圖 9-19 鑽石品質分類（3）

當鑽石原石分類混和後，就會遵照 Oppenheimer 所訂嚴格控管的機制開始執行，亦即，只精準地釋放市場所需的數量。過去的幾十年來，都是以著名的 Sight（看貨會）的方式進行鑽石銷售。所謂 Sight（看貨會），是指每五個星期一次，一年共十次分別在英國倫敦（一般鑽石）、南非約翰尼斯堡（僅為南非鑽）以及瑞士洛桑（小碎鑽）舉辦的看貨大會。但 15 克拉以上的原石，將個別銷售而不在此列。

DTC

This is to certify that

has been appointed as a

DTC SIGHTHOLDER

for the contract period 2012–2015

圖 9-20 DTC Sightholder 證書

CSO 邀請全世界約 130 名鑽石經銷商，參與 Sight。這些被邀請的人，均必須為過去沒有不良紀錄，並有穩固財力背景的鑽石原石的批發商或切磨商，這些人被稱為 sightholders（看貨商），只有 sightholders 才有這個權力參與 Sight。當獲選為 Sightholder 後，會得到一張 Sightholder 的證書如圖 9-20 所示，證書上有集團主席 Oppenheimer 及執行總裁的簽署，例如圖 9-20 中的證書由當時執行總裁 Varda Shine 簽署，Varda Shine 照片如圖 9-21 所示。

圖 9-21 Varda Shine

圖 9-22 Box courtesy DE Beers

CSO 事先將劃分好級別的鑽石原石裝進「箱子（Box）」中（圖 9-22），並訂定價格。再依照 sightholder 的不同公司條件分別提供不同的「箱子」（圖 9-23 ）。Sightholder 被邀請來觀看箱子，而且必須按事先標計好的價格整箱購買。每一個「箱子」的價位在二十萬美金至三百萬美金之間，平均約為一百萬美金（圖 9-24）。

圖 9-23 De Beers 高層與 Sightholder

CSO 在事先就以設定好何種級別要賣給那個 sightholders，並不是每個 sightholder 有自主的權力想買什麼就買什麼。他們只有被動的權力選擇買或不買。一般而言，如果兩次拒絕購買，可能就被除名，下次 Sight 就不再邀請。（Sight 的意思就是「看」，為什麼叫 Sight ？因為只許讓你看一眼決定要不要，不許你討價還價。）

圖 9-24 Box 內的鑽石

當 sightholder 同意購買後，必須在 CSO 規定的日期前，將款匯入 CSO 的戶頭，然後「箱子」就會被超嚴格的保全系統送貨到 sightholder 處。如果 sightholder 是切磨商，他可能會將原石 * 送進自己的切磨廠（Diamond manufacturer**）切磨；如果不是，可能就會在安特衛普、倫敦、特拉維夫、孟買或是紐約的鑽石市場再行銷售。

圖 9-25 鑽石切磨廠

* 原石稱為 Rough，切磨好的稱為裸石 Loose。

** Diamond manufacturer 的意思是鑽石切磨廠，而非製造商。

除了賣給切割工廠外，sightholders 不能轉售他們的箱子內容給其他人，若違規定就可能喪失資格。這幾年對 Sightholders 的控管更加嚴格，將貢獻度低的 Sightholder 拔除，由原本的 125 個變成 2007 年的 93 個。

2007 年底在看貨人方面做了大的調整，原來有 93 個看貨人，而新的名單中刷掉了 20 個，增加了新的 6 個成員包括印度 以色列和加拿大的廠商。另外還安排了 Namibia 和 Botswana 的名單。值得一提的是，新名單中，網路鑽石通路商是新的座上賓。

2012 至 2015 年 DTC sightholders 名單

Botswana Sight
Blue Star
Chow Tai Fook Jewellery（yet to be named subsidiary）
Dalumi Botswana
DIA Holdings Ltd.
Eurostar Diamonds International
H&A Cutting Works Botswana Ltd.（Exelco NV）
Julius Klein Diamonds LLC
Laurelton Diamonds Botswana Ltd.
Lazare Kaplan Botswana Ltd.
Leo Schachter Botswana Ltd.
Pluczenik Diamond Company NV
Safdico SA
Shrenuj Botswana Ltd.
Suashish Diamonds Botswana Ltd.
Tache Diamonds NV
Yerushalmi Bros. Botswana Ltd.
Zebra Diamonds

Canada Sight
Crossworks Manufacturing Ltd.

London Sight
AMC NV
Almod Diamonds
Arjav Diamonds NV
Bhavani Gems
Blue Star
Chow Sang Sang Jewellery Company Limited
Chow Tai Fook Jewellery Co. Ltd.
Crossworks Manufacturing Ltd.
Dali Diamond Company NV
Dalumi Diamonds Ltd.
De Toledo Diamonds
Dharmanandan Diamonds Pvt. Ltd.
Diacor International Ltd.
Diamanthandel A. Spira BVBA
Dianco BVBA（D.Navinchandra）
Dilipkumar V. Lakhi
Dimexon International Holding BV
E.F.D. Ltd.
Eloquence Corporation
Exelco NV
Eurostar Diamonds International
EZ Diamonds
Fruchter Gad Diamonds Ltd.
Gitanjali Gems Ltd.
Hasenfeld-Stein Inc.
IGC Group
Julius Klein Diamonds LLC
Gold Star Diamond Pvt. Ltd.
Hari Krishna Exports
Karp Impex Ltd.
K. Girdharlal International Ltd.
Kiran Gems Pvt. Ltd.
Kristall Production Corporation
Laurelton Diamonds Inc.
Laxmi Diamond Pvt. Ltd.
Lazare Kaplan International
Leo Schachter International
Mohit Diamonds Pvt. Ltd.
Niru Diamonds Israel（1987）Ltd.
Pluczenik Diamond Company NV
Premier Gem Group
Ratilal Becharlal & Sons
Richold S.A.
Rosy Blue（India）Pvt. Ltd.
Rosy Blue N.V.
S.Vinodkumar Diamonds Pvt. Ltd.
Safdico SA
Sahar Atid Diamonds Ltd.
Shairu Gems
Sheetal Manufacturing Company Pvt. Ltd.
Shree Ramkrishna Export
Shrenuj & Company Ltd.
Star Diamond Group BV
Stuller Inc.
Suashish Diamonds Ltd.
Tache Company NV
Tasaki & Co. Ltd.
Venus Jewel
Yerushalmi Brothers Diamond Ltd.
Yoshfe Diamonds International
Yossi Glick Diamonds（2003）Ltd.

Industrial Sight
Henri Polak Diamond Corp.
L.M. Van Moppes & Sons Ltd.
Lieber & Solow Ltd.

Namibia Sight
AMC/Gemxel Diamonds Ltd.
Almod Diamonds
Ankit Gems Namibia Pty Ltd.
Digico Holdings Ltd.
Julius Klein Diamonds LLC
Laurelton-Reign Diamonds Ltd.
Namgem Trading（Lazare Kaplan）
Nu Diamond Manufacturing Ltd.（Crossworks Group）
Pluczenik Diamond Company NV

South Africa Sight
AMC Daneel Diamond Ventures Ltd.
Julius Klein Diamonds LLC
Laurelton Diamonds South Africa Ltd.
Safdico SA
Tache Diamonds South Africa
Zlotowski's Diamond Cutting Works Ltd.（Chow Tai Fook）

除以上表列，De Beers 於 2014 年 4 月宣布增列包括 D. Navinchandra Gems BVBA、Diambel NV、M/S. Vallabhbhai Dhanjibhai & Co.、Yaelstar BVBA 及 Star Rays 等五席新的 sightholder（依據 Sightholder Directory）。

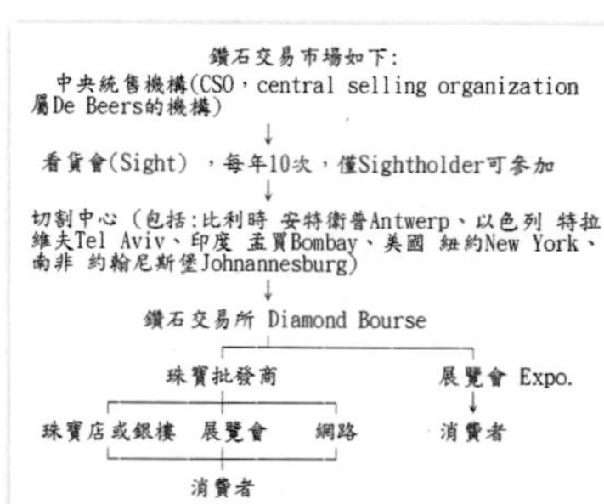

圖 9-26

圖 9-27 JCK Las Vegas

圖 9-28 印度孟買展售會場

圖 9-29 2013 年 9 月香港珠寶展海報

圖 9-30 2013 年 9 月香港珠寶展 GIA 展區

CSO 的鑽石交易市場

鑽石的交易市場鏈，如圖 9-26 所示。

所謂展覽會例如：
1 月 美國紐約 Jewelry of America（J.A.）
2 月 美國亞利桑那州土桑市（Tucson）
3 月 香港珠寶展覽（規模較小）
4 月 Basel 珠寶鐘錶展
6 月 JCK Las Vegas（圖 9-27 ）
9 月 香港珠寶展覽
或是印度、以色列等國鑽石交易中心所舉辦之展售會等等（圖 9-28 ）。

因為中國市場需求旺盛，目前 9 月香港珠寶展覽是世界規模最大的珠寶展。香港珠寶展分二個展場，其中亞洲國際博覽館（Asia World Expo）是展覽裸石，而香港會議展覽中心（Convention Center）則是展鑲好的首飾。

進場時要註冊，約需 40 分鐘，需要的文件是名片及護照，其中名片要載明你是在這個行業。如果是第一次去，可以到台北世貿香港珠寶展的主辦機構亞洲博文辦理登記，可以招待免費去，一個公司只有一次機會，不要放棄這個機會喔！

現今戴比爾斯的運作

戴比爾斯在波扎那透過 Debswana 公司與波札那共和國政府合作開發鑽石礦，雙方各占 50%的股份。在納米比亞以相同的方式與納米比亞政府開發，公司名稱是 Namdeb。而在南非，戴比爾斯藉由占 74%股份的 De Beers Consolidated Mines （DBCM）公司進行開發，其餘 26%的股份由 Ponahalo 投資公司占有。在 2007 年，戴比爾斯開始在加拿大西北部的 Snap Lake Mine 進行生產，這是該公司首次在非洲以外進行開採。在 2008 年 7 月它又在加拿大安大略省的 Victor Mine 開始了開採。

該公司的鑽石原石貿易都是通過 DTC（The Diamond Trading Company）公司進行的，該公司在南非、波札那、納米比亞、英國通過合資和獨資形式進行運作。以貿易額計算，所有來自不同國家的 DTC 公司進行了全世界大約 40% 的鑽石貿易。

圖 9-31 台北的 De Beers 珠寶名店

戴比爾斯的所有子公司和關聯公司在全世界五大洲擁有大約 20,000 名員工，在非洲有大約 17,000 名員工。約有 7,000 人在波札那工作，超過 7,100 人在南非工作，3,800 人在納米比亞，700 人在加拿大，800 人在探勘部門。

但是 DTC 對全球出產鑽石礦區的控制已逐年下降，主要是幾個出產量很大的國家例如：蘇聯在解體後 DTC 對礦區的合作已越來越難；在澳洲有幾個礦區合約到期後脫離供貨系統；在近幾年出產量很大的加拿大礦區與 DTC 簽訂合約的比例並不高，使得在 2000 年之後 DTC 對全球鑽石的控制由原來 80％下滑到 65％，甚至是 40％～ 50％，表示在 DTC 供貨系統外交易的鑽石越來越多，DTC 因競爭的關係，所付出的成本也變大，所以不得不逐步調整其原先的供需壟斷策略。

到 2000 年的時候，許多因素促使戴比爾斯對舊的商業模式進行改變。在 20 世紀 90 年代，戴比爾斯對產業引導和供應控制的影響越來越小，效果越來越不明顯。在商業方面，戴比爾斯也越來越無法利用其領導優勢壟斷，或者對預見性之業務進行擴張。除此之外，越來越多的來自俄羅斯、加拿大以及澳大利亞等其他地方的鑽石開採商選擇從戴比爾斯之外的管道進行鑽石銷售，這在客觀上也幫助了壟斷的消除。

和其他奢侈品相比，鑽石珠寶市場顯出了萎縮的跡象。對於消費者需求的變化，鑽石產業並沒有以相應的速度予以反饋和調整，使得戴比爾斯公司庫存太多，財務結構不佳。為了解決這些問題，2000 年戴比爾斯公司聯合 Bain & Company 對自己的業務和整個行業進行了一次全面而完整的戰略評估。經管理顧問公司建議改組，由公開改為私人，並提升子公司 DTC（鑽石貿易公司）。2001 年 2 月以 176 億美元賣給英美公司（Anglo American）及南非富商歐本海默家族所主導的財團，更名為 DTC（鑽石貿易公司），並將其以供應控制為主的商業模式調整為以市場需求為主要因素的模式，同時還設立了供應商選擇銷售戰略。

至此 De Beers 公司消失，但「De Beers」則改為註冊商標，與 LV 結合行銷鑽石。在 2001 年，戴比爾斯與法國奢侈品公司 LVMH 成立了合資成立名為「戴比爾斯鑽石珠寶（De Beers Diamond Jewellery Ltd）」

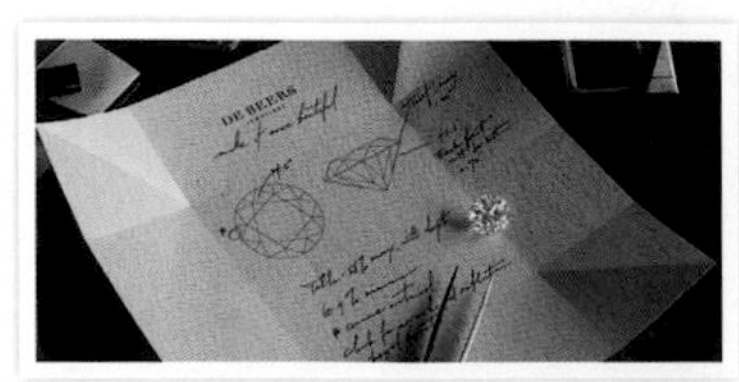
圖 9-32 珠寶品牌 De Beers

的公司（圖 9-31），聯手打造新的珠寶品牌 De Beers LV 進軍頂級精品珠寶的零售市場（圖 9-32）。該公司獨立運作，主要銷售鑽石珠寶。其鑽石售價比一般熟知的 Rapaport Diamond Report 鑽石報價表之報價高出許多（理由在後續章節中說明）。作為戰略和商業模式調整的結果，戴比爾斯在現在占據 40%的市場占有率，但利潤率比占據 80%市場占有率時還要高。

圖 9-33 Anglo American

2011 年 11 月 5 日南非奧本海默家族，將持有的戴比爾斯 40%股份以 51 億美元（約 1500 億台幣）出售股權予英美資源公司（Anglo American）（圖 9-33）。收購完成後，英美資源公司的持股量會增至 85%。不過，現持有 15%的波札那政府有優先權以 12.75 億美元收購 Oppenheimer 的股權的四分之一，令其持股量增至 25%。

DTC 行銷總部遷往嘉柏隆里

De Beers 公司與波札那政府在 2011 年 9 月簽訂了為期 10 年的銷售合約，合約中 De Beers 公司同意於 2013 年底之前把其鑽石貿易公司（DTC）原本設在英國倫敦的行銷總部遷往波札那的首都嘉柏隆里（Gaborone），約 100 名的員工也將移往非洲工作。根據統計，過去戴比爾斯在波札那的鑽石年產量占了總產量的 2/3，而鑽石生產也占了波札那 GDP 的 30%。波札那政府的想法是準備將嘉柏隆里變成世界鑽石交易、切割和製造中心，因此即使在其主要的鑽石礦關閉後，該國將仍能繼續受益於鑽石及珠寶首飾之相關產業。

2013 年 11 月中，戴比爾斯集團在波札那的嘉柏隆里開始出售鑽石原石，也就是說，戴比爾斯公司已經完成了長達兩年的撤離倫敦計畫。出售當日，戴比爾斯公司將鑽石價格下調了 3%到 5%。戴比爾斯表示，新的場所耗資 3,500 萬美元建設，200 名代表出席了首場看貨會。戴比爾斯公司的搬遷促進了南非經濟，南非歷來是世界鑽石原石銷售的主要來源，此舉將為行業創造更多的就業機會，例如銀行、證券、IT 和供應鏈管理行業。戴比爾斯公司已經向當地公司購買了家具、設備、其他產品及服務，直接使波札那國內供應商收益。從此之後，超過 100 家世界最具影響力的鑽石商貿易商們，飛往嘉柏隆里的次數，將十倍於他們飛往以色列或紐約的次數，目的就是為了向戴比爾斯公司購買鑽石。

鑽石原石資源重新分配

在整個 20 世紀全球未切割的鑽石原石主要都控制在 De Beers 手中，巔峰時期曾經控制達八成貨源，De Beers 幾乎是鑽石的同義詞。由於戴比爾斯原本壟斷了主要鑽石礦，長期操控每年總值 600 億美元國際鑽石市場，因此其他小的原石供應商只得來這裡交易。不過，戴比爾斯原本壟斷的交易方式在 1990 代後期開始受到挑戰。

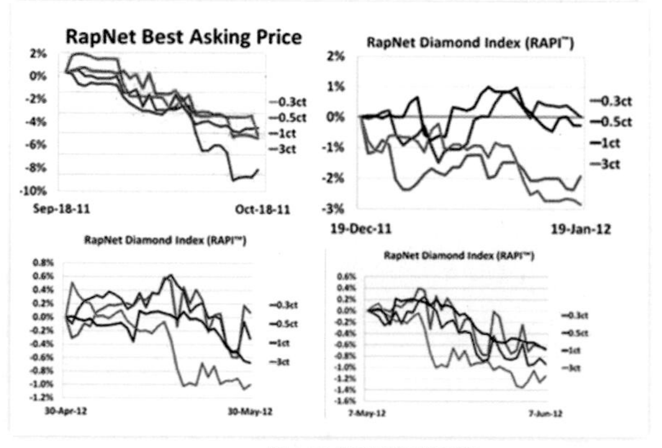

圖 9-34 鑽石價格區段下跌

一方面加拿大在 1991 年於北極圈內的艾卡迪（Ekati）發現鑽石礦，1997 年開始大量開採，產值高達全球 12%（戴比爾斯控制的波札那礦區產值占全球三成，還是第一大產區），而加拿大生產的原石只有三成經由倫敦的 DTC 交易。鑽石蘊藏豐富的俄國也增加開採鑽石，俄國目前鑽石產值占全球 19%，居世界第二，俄國和第八大產國澳洲都不想透過戴比爾斯控制的倫敦交易所出售原石。戴比爾斯的壟斷力量因而逐漸下降，1990 年前掌握 90% 鑽石原石，而 2013 年大約只控制了 30%～45% 的鑽石原石。

以往透過 DTC，戴比爾斯成功地操控了鑽石價格，而如今隨著景氣波動，鑽石的價格也會隨之起伏（圖 9-34）。

現今的鑽石產業與十年前的格局相比已經發生了巨大的變化，目前呈現出來的情形是一種十分複雜，並且時刻變化的地緣政治景象。當今的主要鑽石工業巨頭已轉變成：非洲鑽石出產國（例如波扎那共和國政府、納米比亞共和國政府）、戴比爾斯、力拓、必和必拓、Lev Leviev、Harry Winston 以及 Alrosa。

目前 5 大原石集團

De-Beers：1990 年起只占 40%～50%（非洲）

BHP Billiton：必和必拓（加拿大礦區）

Rio Tinto：力拓（阿蓋爾礦區、加拿大礦區）

Lev Leviev：雷維夫（獨立礦區）

Alrosa：俄羅斯，占 10%

BHP Billiton

必和必拓（BHP Billiton）是世界最大的綜合礦業公司，由澳大利亞的

圖 9-35 Argyle 鑽石礦（澳洲）

圖 9-36 Diavik 鑽石礦（加拿大）

圖 9-37 Murowa 鑽石礦（辛巴威中南部）

布羅肯希爾控股公司（Broken Hill Proprietary Company）和英國的勿里洞島公司（Billiton）於 2001 年合併而成。其中占股約 60％的澳大利亞公司總部位於墨爾本，占股約 40％的英國公司總部位於倫敦。必和必拓在 25 個國家擁有廣泛的採礦業務，範圍包括鐵礦石、鑽石、煤炭、石油、銅、鈾和礬土等，鑽石年產量約占全世界 10％～ 15％。

加拿大西北省的 Ekati 鑽石礦，必和必拓擁有 80％的股份。Ekati 的鑽石產量占全世界原石的 3％，產值則為 11％，絕大多數由必和必拓的安特衛普公司銷售給國際買家。不過 BHP 將在加拿大 Ekati 鑽石礦的控制權、西北省 Yellowknife 和比利時安特衛普的鑽石分類和銷售設施，已於 2012 年 11 月簽約售予 Harry Winston 鑽石公司。

Rio Tinto

Rio Tinto 譯為力拓，為澳洲甚至全世界非常有名的開採鐵礦公司，設有開採鑽石的部門，年產量約占全世界 10％～ 15％，著名的 Argyle 鑽石礦即屬於該公司所有。Rio Tinto 的各鑽石礦，如圖 9-35 至圖 9-37 所示。

Rio Tinto 也仿效 DTC 的 Sightholder 制，選了一些鑽石看貨商進行交易，不過它不叫 Sightholder，而是稱作 Diamantaires，Rio Tinto 2013 所選定的 Diamantaires 名單如下：

1. Crossworks Manufacturing Ltd.（Vancouver）
2. CTF Diamond Trading Company Ltd （Hong Kong）
3. Diambel N.V.（Antwerp）
4. Dianco B.V.B.A.（Antwerp）
5. Diarough N.V.（Antwerp）
6. Dimexon Diamonds Ltd.（Mumbai）
7. E. Schreiber, Inc.（New York）
8. Gemmata N.V.（Antwerp）
9. Hari Krishna Exports Pvt Ltd（Mumbai）
10. IDH Diamonds N.V.（Antwerp）
11. Interjewel Pvt. Ltd.（Mumbai）
12. KP Sanghvi & Sons（Mumbai）
13. L&N Diamonds Ltd.（Ramat Gan）
14. Laurelton Diamonds（Antwerp）
15. Sheetal Group Mumbai（Antwerp）

16. Signet Direct Diamond Sourcing Ltd（Ohio）
17. Venus Jewel (Mumbai) lit

Lev Leviev 雷維夫

戴比爾斯面臨另一大挑戰來自鑽石商雷維夫（Lev Leviev 圖 9-38），據《經濟學人》報導，雷維夫是烏茲別克裔的以色列人，他的集團是全球最大的鑽石切割加工商。原本他也是戴比爾斯的客戶，但不甘心只做中間加工商，還想往上游的礦場與下游的珠寶零售發展，他的名言是，他生意要從「礦場到情婦」全包——因為鑽石業界有一個傳言說：男人買給情婦的鑽石遠多於買給太太的。

圖 9-38 Lev Leviev

雷維夫的手伸進納米比亞、俄羅斯與安哥拉的礦區，與戴比爾斯激烈競爭，而戴比爾斯節節敗退。當然，掌握上中下游的雷維夫，不需要再經過戴比爾斯控制的 DTC 來買賣原石。雷維夫的競爭優勢在於，他的鑽石王國從上游到下游，而中、下游加工廠能為礦區所在國創造更多的就業機會——這也是戴比爾斯常被批判的一點，他們被指責在非洲等地只是剝削廉價勞工開採礦石，再給當地政府大筆權利金支援其財政，而且這些政府不少是獨裁的政府。

圖 9-39 Alrosa 各個鑽石礦生產量

Alrosa

Alrosa 是俄國最大的鑽石公司，參與鑽石的探勘、開採製造和銷售。公司的操作主要位於雅庫特共和國的明斯克區域。Alrosa 大約占有 25％世界的天然鑽石供應和 97％俄國的天然鑽石生產（圖 9-39 至圖 9-42）。Alrosa 監督理事會的 15 名成員執行公司的整體政策，成員包括俄聯盟的政府當局 7 個代表，雅庫特共和國的 5 個代表，公司雇員的 2 個代表和地方區（uluses）的 1 個代表（公司的共同創立者）。

ALROSA Production Per Mine (in 000's of carats)

MINE	2010	2011	2012	% Change 2011 to 2012
NYURBINSKAYA PIPE	7,837	6,950	7,276	5%
JUBILEE PIPE	3,421	3,589	6,272	75%
INTERNATIONAL UNDERGROUND MINE	4,091	5,912	5,916	0%
UDACHNY PIPE	13,139	10,374	5,642	-46%
AIKHAL UNDERGROUND MINE	998	1,306	2,520	93%
MIR UNDERGROUND MINE	1,082	1,321	1,855	40%
ARKHANGELSKAYA PIPE (SEVERALMAZ)	504	557	559	0%
ZARNITSA PIPE	167	209	203	-3%
KOMSOMOLSKAYA PIPE	484	367	153	-58%
ALLUVIAL PLACERS AND TAILINGS	2,609	3,967	4,024	1%
TOTAL PRODUCTION	34,332	34,552	34,420	0%

圖 9-40 Alrosa 鑽石礦歷年生產與銷售量

圖 9-41 Alrosa Nyurba 露天礦場 2013

Harry Winston（哈利溫斯頓鑽石公司）

Diavik 鑽石礦

Rio Tinto 擁有加拿大 Diavik 鑽石礦 60％股份，Harry Winston 擁有 40％股份，雙方共出資 8 億美金開發地下礦場。 鑽石原石年產量約 20 噸，其中寶石級的僅占 5％～ 10％，其餘為工業級，幾乎全數售予戴比爾斯，再由該公司銷售。

圖 9-42 Alrosa 鑽石礦處理工廠

Ekati 鑽石礦

Harry Winston 鑽石公司於 2012 年 11 月與 BHP 達成協議，同意以 5 億美元分兩次交易購買必和必拓的鑽石資產。此兩次交易包括 BHP 在加拿大 Ekati 鑽石礦的控制權、西北省 Yellowknife 和比利時安特衛普的鑽石分類和銷售設施。其中 Ekati 鑽石礦資產包括被稱為核心地帶的金伯利岩筒礦生產和其他許可，以及稱為緩衝帶的連接岩筒的有潛力開發區。Harry Winston 同意為核心地帶支付 4 億美元現金，緩衝帶 1 億美元，並將按照條款調整採購協定。此外，Harry Winston 還有意收購力拓集團 Diavik 鑽石礦的股份。

在此同時 Harry Winston 鑽石公司將以 10 億美元的價格把旗下的鑽石首飾與腕表部門出售給 Swatch 集團，其中包括 7.5 億美元現金與 2.5 億美元債務還款。一旦交易完成，Harry Winston 將把公司更名為 Dominion 鑽石公司。據 Harry Winston 公司表示，如今現金是鑽石上游產業的戰略資源，此次交易獲得的現金將投資於礦業公司，以使其在上游產業更具競爭力。

世界主要鑽石切割中心

世界主要四個鑽石切割研磨與交易中心包括比利時（Antwerp）、以色列（Tel Aviv）、印度（Mumbai and Surat）和紐約（New York）。在南非、波札那、蘇聯、中國、斯里南卡、泰國、越南和模里西斯也有較小規磨的切割廠。

比利時（安特衛普）

從 13 世紀起，比利時安特衛普就是重要的鑽石切磨中心。比利時切磨技術以切工嚴謹著稱，昂貴但品質優，主要是處理 1 克拉以上的鑽石，全世界最好的鑽石幾乎都集中在這裡切磨與交易。優良切磨技術與完善的管理，使得安特衛普現在已成為全世界的鑽石交易中心。據稱全世界超過 70% 鑽石在這裡交易，其中超過 85% 鑽石原石在這裡交易，超過 50% 已切磨好的鑽石和 40% 的工業鑽石在這裡交易。安特衛普有超過 1,500 家的鑽石切磨與貿易公司，幾乎都集中在 Hoveniersstraat、Schupstraat、Rijfstraat 以及 Pelikaanstraat 區。

以色列（特拉維夫）

特拉維夫的切磨技術不斷進步，以往以花式切磨聞名，當然也有切磨圓鑽，但受限於原石分配制度，使得在切磨上受限，有時為保留重量會出現腰圍較厚的情形。但這樣並不代表其技術較差，而是因為分配到的鑽石原石本身就是如此。特拉維夫由小鑽一直切磨到 1 克拉以上的鑽石，在兼顧品質與成本下頗受批發市場歡迎。有超過 1,200 家的鑽石切割與貿易公司，都集中在 Ramat Gan。

以色列特拉維夫是非常著名的鑽石切磨及交易中心，其鑽石交易所 Israel Diamond Exchange*（IDE）經常舉辦活動吸引全世界買家。例如 2013 年舉辦的 The U.S. & International Diamond Week（圖 9-43）就有來自 22 個國家的 500 組買家參加。

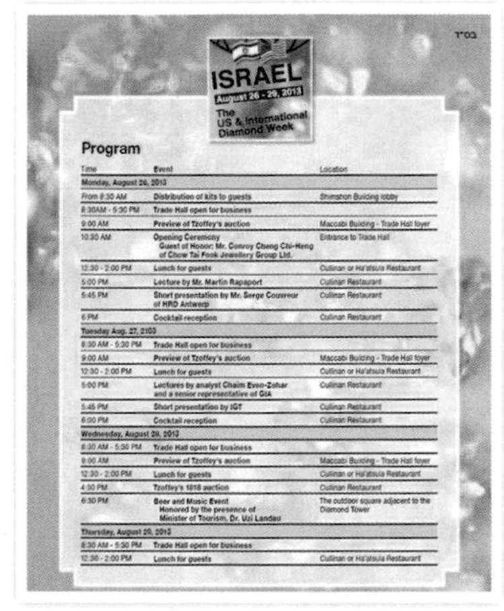

בס"ד

ISRAEL
August 26 - 29, 2013
The US & International Diamond Week

Program

Time	Event	Location
Monday, August 26, 2013		
From 8:30 AM	Distribution of kits to guests	Shimshon Building lobby
8:30AM - 5:30 PM	Trade Hall open for business	
9:00 AM	Preview of Tzoffey's auction	Maccabi Building - Trade Hall foyer
10:30 AM	Opening Ceremony Guest of Honor: Mr. Conroy Cheng Chi-Heng of Chow Tai Fook Jewellery Group Ltd.	Entrance to Trade Hall
12:30 - 2:00 PM	Lunch for guests	Cullinan or Ha'atsula Restaurant
5:00 PM	Lecture by Mr. Martin Rapaport	Cullinan Restaurant
5:45 PM	Short presentation by Mr. Serge Couvreur of HRD Antwerp	Cullinan Restaurant
6 PM	Cocktail reception	Cullinan Restaurant
Tuesday Aug. 27, 2103		
8:30 AM - 5:30 PM	Trade Hall open for business	
9:00 AM	Preview of Tzoffey's auction	Maccabi Building - Trade Hall foyer
12:30 - 2:00 PM	Lunch for guests	Cullinan or Ha'atsula Restaurant
5:00 PM	Lectures by analyst Chaim Even-Zohar and a senior representative of GIA	Cullinan Restaurant
5:45 PM	Short presentation by IGT	Cullinan Restaurant
6:00 PM	Cocktail reception	Cullinan Restaurant
Wednesday, August 28, 2013		
8:30 AM - 5:30 PM	Trade Hall open for business	
9:00 AM	Preview of Tzoffey's auction	Maccabi Building - Trade Hall foyer
12:30 - 2:00 PM	Lunch for guests	Cullinan or Ha'atsula Restaurant
4:30 PM	Tzoffey's 1818 auction	Cullinan Restaurant
6:30 PM	Beer and Music Event Honored by the presence of Minister of Tourism, Dr. Uzi Landau	The outdoor square adjacent to the Diamond Tower
Thursday, August 29, 2013		
8:30 AM - 5:30 PM	Trade Hall open for business	
12:30 - 2:00 PM	Lunch for guests	Cullinan or Ha'atsula Restaurant

圖 9-43

＊以色列鑽石交易所（Israel Diamond Exchange）

以色列鑽石交易所有限公司（IDE）擁有大約 3,100 會員，訂定並落實鑽石業的相關貿易規則，是全球最大的鑽石交易所。IDE 有兩棟商業大樓，提供會員開展業務的一切需求，會員可以免費地瞭解到行銷鑽石所需的最先進技術服務。IDE 在世界鑽石交易所聯盟（World Federation of Diamond Bourses WFDB）、世界鑽石公會（World Diamond Council WDC）和世界珠寶聯合會（World Jewelry Confederation CIBJO）都具有領導的地位。

印度（孟買）

印度擁有八十萬名鑽石切磨工人，廉價人力資源是印度最大的競爭力，主要生產小碎鑽。全世界超過 90% 的小鑽在這裡切磨與交易，所以印度可以說是全世界最大小鑽交易中心。因為許多從 DTC 取得的鑽石形狀不佳，所以超過 90% 的多晶多形晶體原石在這切磨成小鑽，因為小鑽切磨較不重車工但需時間與勞力，需要的是大量人力資源，剛好在印度有廉價的勞工可以支應，使得它成為小鑽重鎮。

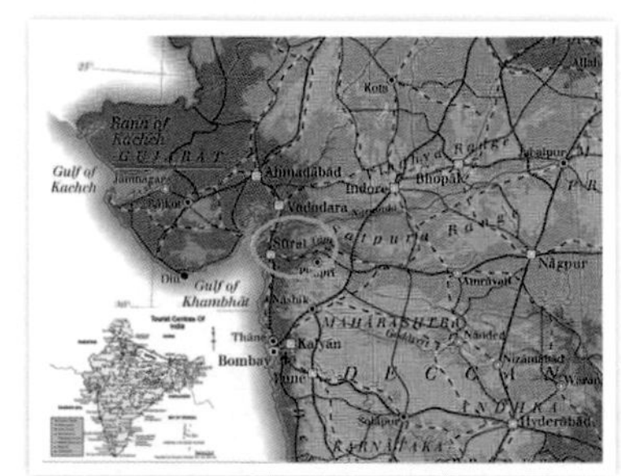

圖 9-44 蘇拉特（Surat）位置

印度鑽石切磨與交易的公司主要集中在孟買，而印度鑽石切磨產業主要是位於古吉拉突邦（Gujarat）的蘇拉特（Surat）這個地方（圖 9-44），根據 ASSOCHAM 工商業聯合會（Associated Chamber of Commerce and Industry of India）估計全球的鑽石約有 95% 是由印度供應切磨的，其中約 80% 在古吉拉突邦生產。而古吉拉突邦的鑽石加工 90% 是在蘇拉特進行的。蘇拉特的鑽石部門雇用約 60 萬人，而古吉拉突邦的其餘地區受雇於切割和拋光機構的人數則有 20 萬人。蘇拉特的鑽石機構大多數不大，90% 以上的雇用少於 100 人其餘甚至少於 50 人。

圖 9-45 印度鑽石切磨廠

蘇拉特是全世界最大的鑽石切割和打磨中心。報導稱，全世界每 12 顆鑽石中就有 11 顆是在印度加工而成。鑽石加工業雇傭的勞工已將近 100 萬。蘇拉特鑽石加工廠（圖 9-45）的工人每天工作 12 小時，年收入為 2,400 美元，這些收入已是該國每人平均收入的 5 倍甚至更多。鑽石加工業見證了印度讓人難以置信的經濟發展速度，數萬人因此擺脫貧困農民身份而成為雇工。

圖 9-46 印度鑽石切磨廠的童工

鑽石切割技術是工匠們依靠傳統的師徒關係一代代傳承下去的（圖 9-46）。在鑽石的價值分級標準「4C」（即顏色 color、淨度 clarity、重量 carat 和切工 cut）中，只有切工這一關是完全靠手工完成。切割鑽石需要嫻熟的技藝，它是衡量一顆鑽石價值的關鍵。

無論你是在美國或日本，你購買的鑽戒很有可能就是在印度加工而成。全世界大約 92% 的鑽石在蘇拉特切割和打磨。印度每加工 1 克拉鑽石需耗費成本 10 美元，比起在中國和南非分別需要 17 美元和 40 至 60 美元，印度在成本上占有優勢，印度希望利用自己的優勢成為世界最大的鑽石加工地。目前，印度的鑽石加工業還保持著家庭作坊的生產方式。隨著經濟全球化的進程，印度傳統的作坊式鑽石加工業已不得不發生改變。

除與 De Beers 及 Rio Tinto 合作外，2012 年 11 月香港的周大福珠寶店與俄羅斯的 ALROSA 簽署長期原石供應協定。除了中國當地的工廠生產外，包括來自以色列和比利時的許多外國製造商，都在中國建立了工廠。鑽石切磨商不斷地搬到中國，令印度鑽石切磨業憂心忡忡，擔心會影響其拋光和切割的領先地位。

世界主要鑽石交易所

印度孟買

印度鑽石交易所位於孟買中部的商業區，名叫「印度鑽石交易所」，占地約 8 萬平方公尺，可以停放 2,000 多輛汽車，造價約 2 億美元，號稱是世界最大鑽石交易所。有印度 400 多位著名鑽石出口商將在此進行交易，客流量達2萬多人。目前印度的鑽石年交易量大約為270億美元，印度鑽石交易所正努力將印度打造成世界鑽石交易中心。

圖 9-47 Diamond Dealers Club

美國（紐約）

紐約是大重量鑽石的切割中心及高品質克拉鑽的交易中心。著名的紐約鑽石區位於紐約第五和第六大道之間，鑽石零售商在這裡出售鑽石。遊客、商人和社會名流操著英語、西語、日語甚至印度語，隨處可見。紐約寶石協會也座落於鑽石區，協會裡設有鑽石交易所（圖 9-47）。

紐約的鑽石交易所稱為 Diamond Dealers Club
地址：580 5th Ave #10, New York, NY 10036 USA
電話：+1 212-790-3600

圖 9-48 上海鑽石交易所

上海鑽石交易所

上海鑽石交易所是經大陸國務院批准，設立於上海浦東新區的國家級主要市場，按照國際鑽石交易通行的規則運行，為國內外鑽石商提供一個公平、公正、安全並實行封閉式管理的交易場所。上海鑽石交易所設立會員大會。會員大會由全體會員組成，是上海鑽石交易所的權利機構，實行自律管理。會員大會設理事會，理事會是會員大會的常設機構，理事會對會員大會負責，理事會所有理事由會員大會選舉產生。理事長由中國籍人士擔任。上海鑽石交易所的新址「中國鑽石交易中心」大廈，總建築面積達 4.9 萬平方公尺，是海關特殊監管區，安檢和保安系統均屬特級設計。海關、檢驗檢疫局、外管局、工商局、稅務局，作為「一站式」業務受理機構，在大廈內行使政府職能；銀行、押運、報關、鑽石鑒定等機構提供配套服務，如圖圖 9-48 所示。

圖 9-49 上海鑽石交易所交易情形

ALROSA 於 2013 年 7 月 29 日至 8 月 2 日，在上海鑽石交易所（SDE）其第一次原石與裸石銷售的金額就超過 700,000 美元。

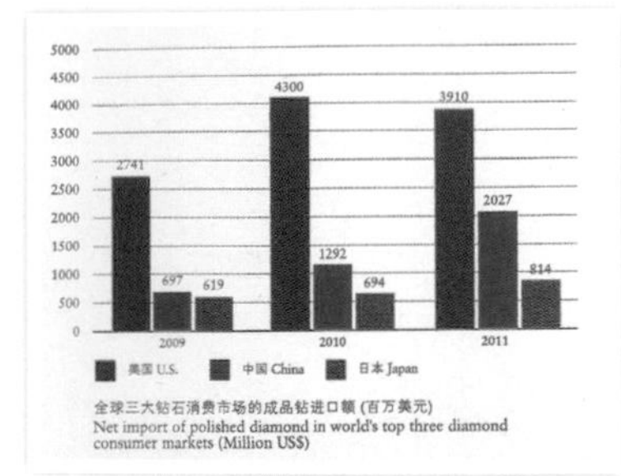

圖 9-50 全球三大鑽石消費市場（資料來源：中國鑽石交易中心）

2009 年，儘管國際鑽石市場受金融危機影響普遍表現低迷，但是上海鑽石交易所鑽石進出口、交易額仍然穩定增長。 首飾用成品鑽石進口超過日本，成為全球第二大鑽石消費市場，美國仍是全球最大的鑽石消費市場。

2011 年，美國、中國和日本三大鑽石消費市場的成品鑽進口額分別為 39.1 億美元、20.3 億美元和 8.1 億美元，三大市場中以中國的增長分最多，如圖 9-50 所示。其中，美國和中國的鑽石進口單價差距也漸縮窄。在 2011 年 11 月份，兩國的鑽石進口平均價格，分別為每克拉 2,024 美元及每克拉 1,828 美元。

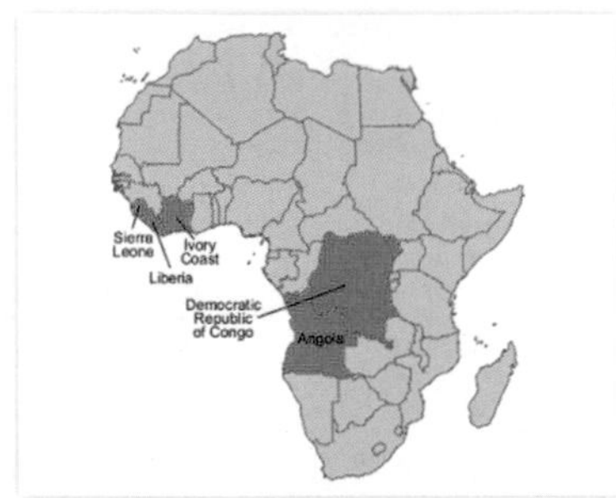

圖 9-51 衝突鑽石國家的地圖

血鑽石

血鑽石又名衝突鑽石，是一種開採在戰爭區域並銷往市場的鑽石。依照聯合國的定義，衝突鑽石為產自獲得國際普遍承認的，同具有合法性的政府對立方出產的鑽石。由於銷售鑽石得到的高額利潤和資金，會被投入反政府或違背安理會精神的武裝衝突中，故而得名。

圖 9-51 所示為衝突的鑽石國家，地圖中塗黃色的曾經是衝突鑽石來源國。包括獅子山、安哥拉、剛果民主共和國、賴比瑞亞和象牙海岸。

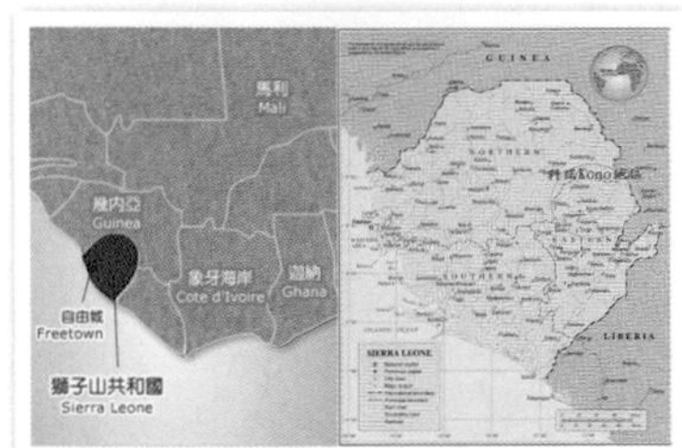

圖 9-52 獅子山共和國

獅子山共和國

獅子山共和國鑽石盛產地為科諾（Kono）地區，如圖 9-52 所示。獅子山的鑽石礦是露天開採的沖積礦，內戰時期，一支名為「革命聯合陣線」（Front Revolutionnaire Uni, RUF）的叛軍，就奴役手無寸鐵的小孩與大人，手持篩盤雙腳泡在水中，把篩盤浸到水裡不斷搖動以淘取鑽石，如圖 9-53 所示。叛軍將由此獲得的鑽石換取軍火，進行與政府之間的武裝戰爭。

圖 9-53 河流中淘取鑽石

獅子山的內戰自 1991 到 2002 年，總共歷時 11 年。這內戰造成 20 萬人死亡，多達 200 萬人的家園被迫遷移。境內叛軍為了武器經費相互爭奪採礦權。獅子山共和國因為鑽石所帶來的財富，導致非洲超過 600 萬人無家可歸，300 多萬人死於戰亂，更有許多婦孺因為無意間發現秘密挖礦的地點，而遭叛軍剁掉手腳。因為這樣的過程使得鑽石布滿鮮血，所以被稱為「血鑽石」。電影《血鑽石》（Blood Diamond），即在述說飽受內戰及社會動亂之苦的獅子山共和國內發生的故事。

慶伯利進程

2002 年 11 月，為了根除非洲衝突鑽石的非法貿易，維護非洲地區的和平與穩定，聯合國通過了「慶伯利國際鑽石原石認證標準機制

（Kimberley Process Certificate Scheme, KPCS）」簡稱「慶伯利進程」（KP）（圖 9-54），凡是未附有金伯利流程成員簽發的證明書的鑽石原石進口以，及向非金伯利流程成員的鑽石原石出口都是禁止的，圖 9-55 即為歐盟要求填具的慶伯利國際鑽石原石認證。

圖 9-54 Kimberley Process Certificate

鑽石的 5C

於是有人稱鑽石除了原來的 4C —— Color（顏色）、Clarity（淨度）、Cut（車工）、Carat（重量）外還多了第 5C，就是所謂 Conflict- free 非衝突。雖然 2002 年所制定的「慶伯利國際鑽石原石認證標準機制」，確實使血鑽石由極盛時期占全球產量約 4%，到現在已不到 1%。但畢竟鑽石極容易走私出境，而且一旦經過加工就無法判定產地。

Specimen Community Kimberley Process Certificate.

THE EUROPEAN COMMUNITY
KIMBERLEY PROCESS CERTIFICATE

Unique Number:
Alpha-2 country code, ISO 3166-1
Issuing Community authority:
The rough diamonds in this shipment have been handled in accordance with the provisions of the Kimberley Process international certification scheme for rough diamonds.
Country of Origin: ……… Number of Parcels: ………
Exporter. Name………………
Address……………
Importer. Name………………
Address …………

	Carat	Value (US$)
7102.10		
7102.21		
7102.31		

Issued on : ../../…. Expires on ../../….

Signature / Stamp of Community authority

It is hereby verified that the content of the container accompanying Kimberley Process Certificate of the Community no …… corresponds with said certificate.

Importing authority:……………. Date

IMPORT CONFIRMATION
This is to certify that the rough diamonds accompanied by Community certificate No ………
were imported into ….. ….and verified in compliance with the Kimberley Certification Scheme for Rough Diamonds. Copy of certificate to accompany Confirmation.
Date of receipt by importing authority
Importing authority:

Date…………………… Signature

圖 9-55 歐盟的 Kimberley Process Certificate

安哥拉

圖 9-56 所示為安哥拉小鎮 Cafunfo 的鑽石交易市場。Cafunfo 是世界最富有的鑽石鎮。自 2002 年內戰結束後，安哥拉鑽石業開始迎來了許多來自以色列的鑽石收購大戶。小商販在鑽石交易市場前叫賣。鑽石交易鎮比礦場鎮繁華許多，鑽石交易帶來的鉅額財富也改善了小鎮居民的生活。

非洲大陸長期以來流傳著一句俗語：「如果你想要長壽，就不要去碰鑽石！」雖然大力發展鑽石業已成為獅子山和安哥拉等國戰後復甦經濟的關鍵舉措，開採鑽石帶給環境的負面影響也日趨嚴重。許多土地因發掘礦床而不再適合種植農作物，採礦過程中產生的廢物也影響了下游居民的生活用水的水質。

圖 9-56 安哥拉 Cafunfo 鎮

慶伯利進程的另一面

當年一手架構「慶伯利流程」（KP）的「KP 教父」史邁利說：「它無法管理原鑽貿易。它隨時可能變得無足輕重，而且讓各類惡棍逍遙法外。」他並宣布退出該機制。雖然「慶伯利流程」有諸多漏洞，但也沒必要就退出該機制。他應該是驚覺所謂「血鑽石」可能是 De Beers 所策劃的商業陰謀，才退出此一機制。

為什麼這麼說？在 DeBeers 掌控世界上大多數鑽石的年代，De Beers 為就是要壟斷一切鑽石原石交易，但這些生產所謂「血鑽石」的國家，並不透過 De Beers 進行鑽石交易，因此推動「慶伯利流程認證」，企圖迫使這些鑽石退出市場，使 De Beers 能維持其市場主導權。此一另一面思考提供參考。

9-2 鑽石銷售

圖 9-57 De Beers 的廣告

圖 9-58 A Diamond is Forever 廣告

寶石品質的最終表現就是美麗。在前面的章節中，我們認識的是鑽石的「本質」；而銷售寶石，講的則是「特質」，那麼究竟鑽石的特質到底是什麼？我們將就：鑽石賣點歷程、購買珠寶的動機、銷售通路以及增加銷售步驟等主題，分別探討鑽石的銷售。

鑽石的賣點歷程可分為：
1.De Beers 時期
2. 鑑定書
3. 切割
4. 設計或作工
5. 折扣

1.De Beers 時期
De Beers 掌控世界上大多數鑽石的時代，都是由 De Beers 出錢做廣告，所做的廣告被稱之為基因（Generic）廣告。所謂基因（Generic）指的是跟事物本質有關，因為當時買鑽石不必指定跟誰買，反正一定會是跟 De Beers 買。當時的廣告，多半在宣揚「愛」＝「鑽石」，以「愛」打動人心，自此，鑽石成為了現今歌頌愛情、訂婚和慶祝恆久關係的時候，不可或缺的一部分。透過 De Beers，鑽石成為一種共通語言，傳達它對愛情、罕有和渴想的訊息（圖 9-57）。在 20 世紀，戴比爾斯在提升消費者對鑽石的需求上獲得了很大的成功，在鑽石業中一個最有效的市場策略是將其作為愛和承諾的象徵，而其中最有名的就是：「A Diamond is Forever」，如圖 9-58 所示。

A Diamond is Forever
在 1947 年，年輕廣告撰稿員 Frances Gerety 在給 De Beers 的簡報會中，提出了一句廣告詞，同時涵蓋和表達了鑽石的物理特質與環繞鑽石的神話傳說。據說，在簡報會前一晚，她搜索枯腸，希望能夠思索出絕妙好句，可惜一直苦無頭緒，到了深夜，就在她幾乎要放棄時，驀地靈光一閃，寫下一句後來得到所有人讚賞，同時成為 20 世紀最經典廣告標語的精句── A Diamond is Forever（鑽石就是永恆）；我們熟悉的「鑽石恆久遠，一顆永流傳」就是由此演繹而來。

在 2000 年，《廣告時代》提名「鑽石恆久遠，一顆永留傳」為 20 世紀最佳廣告語。Robert Grilley 在 1958 年為 De Beers 系列創作的這幅作品名為《亮麗的奇蹟》，是品牌的早期廣告，也是經典之作（如圖

9-59）。De Beers 的廣告一般比較少提到錢，但如圖 9-60 所示的，廣告中告訴男人只要花兩個月的薪水，就可證實兩人之間的愛情，也是相當有趣，直到現在還常常被珠寶商引用。

圖 9-59 De Beers 亮麗的奇蹟廣告

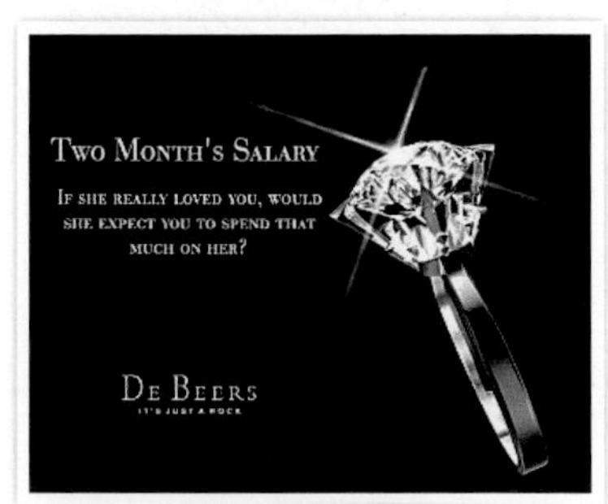

圖 9-60 De Beers 兩個月薪水廣告

後 De Beers 時期

De Beers 可說是社會趨勢與心理學的專家。現在鑽石市場成熟了，加上大陸、蘇俄、加拿大等都不與 De Beers 簽約，De Beers 只能掌控世界上約 45％的鑽石，因此 De Beers 不再出錢做廣告，而是由個別廠商在做。其中珠寶品牌 De Beers 的廣告仍然常常強調「A Diamond is Forever」，如圖 9-61 所示。

2. 賣鑑定書時期

4C 教育普及後，鑽石的賣點改為比較 4C，換句話說就是說在賣鑑定書，因為鑑定書上都會載明 4C 的等級。

3. 賣切割時期

到鑑定書無法刺激購買時，即以所謂八心八箭、68 刻面等切割為賣點。以目前可以看到的鑽石廣告如 Hearts on Fire，即強調「切工最完美的鑽石」（圖 9-63）（雖然所謂完美應該已臻極限，最完美則似乎有點難以想像）。一直到現在，在珠寶店裡還是有許多客人指定一定要有八心八箭，而沒有完美八心八箭的鑽石常常會被客人嫌，只得重新去磨成八心八箭，可見當時的宣傳深植人心。有關「八心八箭」之意義，會在「切磨分級與實習」的章節中說明；「重磨」，則會在「鑽石的重新切磨」的章節中說明。

4. 設計或作工

即強調是某某人的作品，或是強調顯微鑲等特殊作工。例如歐美、港台的政要名媛們，心甘情願地把天價珠寶存放在名設計師的保險箱裡，花上幾年等待其的靈感。台灣幾乎不產寶石，但是台灣這幾年在大陸的珠寶展售，名設計師的作品總是立即銷售一空，就是「賣設計」的鐵證。

5. 折扣大戰

亦即按照 Rapaport 報表降多少百分比，或說退幾趴（％）。其實折價競爭很辛苦，千萬要避免掉入折扣大戰中。賣商品更要賣服務，不如強調服務，例如改戒圍、重鍍等服務，或是以其他方面取勝。

圖 9-61 珠寶品牌 De Beers 的廣告

圖 9-62 眾多鑑定所鑑定書

圖 9-63 Hearts on Fire 的廣告

下一個「賣點」

鑽石是美麗的、感動的、開心的、浪漫的……。讓我們想一想，鑽石的下一個『賣點』會是什麼？

一、一般而言，『愛』是永遠的賣點，因為鑽石代表純潔：純純的白，容不下任何一粒砂子；鑽石就是堅貞：卓越的堅固度，永不破滅變質。

二、另外，包括鑽石知名品牌戴比爾斯（De Beers）在內的企業，已採取了新的行銷手段，即讓女人為自己買鑽石。

三、強調檯子材質，鑲鑽石所用的材質，包括傳統的 14K、18K，也有人特別強調是玫瑰金或是鉑金等。不過檯子材質應與鑽石本身的條件配合，不要弄巧成拙。

四、特殊性，為一些世人眼中品質不佳的鑽石找出路。例如淨度不佳的，就想辦法發現內含物的特殊性等。

前面強調最好要避免掉入折扣大戰，但如何才能避免呢？可以從：設計、品牌、行銷等下手。前面我們談過「設計」，以下我們依次說明品牌與行銷：

品牌

說到喝咖啡，很多人隨口就會說「星巴克」，這就是因為「星巴克」已經建立了其品牌形象，讓喝「星巴克」咖啡的人有一種特殊的歸屬感或優越感，看到別人也喝星巴克咖啡，就覺得是「同一國」的。賣珠寶鑽石也是一樣，如果能做到擁有者很驕傲的告訴他人說：我這顆鑽石是在 XX 店買的，自然會令旁人投以羨慕的眼神，有機會要買鑽石也一定要到這家店，這就是建立了品牌的好處。品牌的好處不只於此，還包括：

1. 可以長期占據市場。
2. 享有高價位及較大利潤。
3. 地位無法被取代。
4. 具有能夠不斷延伸的機會。
5. 易於擴展新的地區。
6. 有粉絲忠誠度，且不易受競爭者活動傷害。
7. 可爭取較多商業合作支持。

8. 增加有效行銷溝通。
9. 提高可能授權機會。

一個品牌就像是一個人，有不同的個性與特質。品牌是對消費者而言是一種美好的承諾、信用的展現。品牌除可保證產品的品質之外，並降低消費者的購買風險及搜尋成本。但是如果所提供的產品無法和顧客建立強韌且親密的關係，就不能稱為品牌。要建立品牌的形象確實不容易，需要一段時間的努力和良好的行銷。

行銷

要銷售珠寶，先認識購買珠寶的動機。購買珠寶的動機不外是：美麗、送禮、投資轉售獲利或保值、炫富等分別分析如次：

美麗：
珠寶很美麗，但擁有者並不希望美麗被複製、不希望撞衫。因此設計和特殊性就很重要了。

送禮：
先弄清楚要送誰，一般可分為送自己和送別人：送自己：就要推薦好的、高價的、獨特的。送別人：看是甚麼關係、甚麼目的、預算是多少。

投資或保值：
鑽石是投資人分散投資風險的好選擇，因為鑽石的價值不受商品和股價等資產波動影響，使其成為具吸引力的分散風險目標。高級珠寶店 Graff Diamonds 創辦人葛拉夫就認為，頂級鑽石十分稀罕，無論是自用抑或投資都一定有市場，價格短期內或有波動，但長遠來說後市仍然看好。因此如果是投資或保值的目的，一般就推薦大顆、特別的裸石。所謂的「大顆、特別」，不妨參考第 6 章中 Gübelin 寶石實驗室對現今 Golconda 鑽石的定義。

炫富：
例如慣用大品牌、名牌的客人。炫富的心理需求以前是比大，不在意顏色或乾淨度。但是值得注意的是要有炫富、表現的場合，譬如說 VIP 招待會、時尚發表會、試戴沙龍等。珠寶是「美」與「情感」的商品，有了炫富的場合，就很容易售出。

銷售通路

鑽石的銷售通路一般而言有實體店面銷售、跑街、拍賣會、展覽會、電視購物、網路購物等，分別敘述如次：

實體店面銷售
台北的某些街道上，走個幾步就是一家珠寶店；香港的彌敦道、銅鑼灣更是如此。珠寶店業者看起來總是光鮮亮麗的，其實這些實體店面業者不只是每天穿得漂漂亮亮、欣賞美麗的寶石而已，珠寶店業者每天都要做的事有：上班時小心開門、將珠寶由保險箱取出按定位擺設、擺設後將展示櫃上鎖、向客人解說鑽石、銷售鑽石、交叉注意防盜、下班時將珠寶放回保險箱、設定保全系統等等，其中每一項都有其學問。例如，初到珠寶店工作者，恐怕連擺櫃的資格都沒有，因為沒擺好，不但缺乏吸引力，更容易招小偷。不只如此，鑽石體積雖小價值卻很高，如果在展示、欣賞、研究、收藏、教學時不慎遺失，可能要付出好幾個月的薪水賠償。看到這裡，覺得自己適合從事這個行業嗎？以下我們來看看做一個珠寶業者的條件。

要從事珠寶業必須具備：一、知識；二、熱忱；三、誠信；四、勤奮；五、好運。珠寶業必須有的知識包括：寶石為什麼貴？最近流行什麼？價格上升的因素為何？如何做可以獲利……等等。舉例來說，說到香港的珠寶業，周大福（Chow Tai Fook）最受人矚目。負責管理該企業日常運作的是黃紹基（Kent

Wong），他於 1977 年進入該公司由實習生做起，1999 年獲任命為總經理。在黃紹基的領導下，周大福 2011 年在香港證券交易所成功上市，公司截至 2012 年 3 月份的會計年度淨利潤增長了 79%。從事珠寶業者，不要怕從基層做起，有為者亦若是，說不定哪一天你也會成為大企業的領導者。

不只如此，鑽石店面業者還要作業績——增加銷售。如何能增加銷售呢？我們分為以下幾個增加銷售的步驟來探討：商品規劃、商品演繹、顧客關係。

★商品規劃就是店裡要準備哪些商品來販售，以下提供幾項供參考：

1. 主題商品：結婚戒指、對戒、情人節禮物等鑽石商品或是與其他寶石搭配的十二生肖、生日石、月份戒等。

2. 系列商品：有主題但成系列的，例如花果系列、憧憬愛情系列等。系列商品就像收集速食店或是便利商店的玩偶一般，可以吸引人一再來消費。

3. 流行商品：為流行時事所準備的商品，譬如說與黃色小鴨有關的商品等。不過這種商品一定要當季銷掉，避免成為庫存。

★商品演繹：分為三個部分，一是銷售人員，二是商品本身，再來就是商品展示。

銷售人員部分：

要銷售商品，首先要行銷自己，如何行銷自己？如同前述，一定要具備足夠寶石知識，如果紅鑽、紅寶說不清楚；和田玉、緬甸玉講不明白，客人從對你的不信任感，可能轉變對你推銷的商品產生質疑。再者，銷售人員要注意服裝儀容，黑色成套的制服，往往帶給人們信任感。另外還要注意如何陳列、應對、態度，拿商品時戴手套表示商品的尊貴等等。

★商品本身部分：亦即商品說故事，或是說商品的故事，譬如說：

1. 寶石的故事：得來不易、難能可貴、所代表的意義、磁場運勢……等等。

2. 設計的故事：活化設計，打動人心。

3. 設計者的故事：名家作品珍藏價值。

4. 擁有者的故事：包括（a）配合擁有者或歷史傳承做設計、（b）類似品名人擁有者……等等。

說商品的故事要注意，30 歲以下的人愛聽故事，故事要講究「愛」，不在意保值或增值。45 歲以上的人手上有錢，服務周到就會不好意思多少買一點。要知道買鑽石珠寶時，出錢的是男人，而做選擇的卻是女人。女人在生活上多所承受，是情感的動物，推薦商品或說故事時，要是能夠打動女人的心，就很容易受到青睞。

★商品展示部分：整個實體店面很重要，因為商品自己會說故事，透過主題商品陳列，觀察顧客較關心的櫃位，銷售人員立刻知道顧客要什麼。一般而言，商品的展示約略可分為以下幾區：

1. 熱銷（話題）商品陳列：共同的話題，譬如說彩鑽風行時，就要有彩鑽尤其是粉紅鑽的專區。

2. 系列商品：建立客戶關係長久經營。

3. 季節性商品：例如聖誕節是送禮的日子；六月、農曆年前是結婚旺季，就要有訂婚結婚戒指等。

4. 特價商品陳列：當顧客全部都挑剔時，還有一區讓他掏錢出來。

另外，商品展示部分還要注意適當的照明、顏色的搭配與鏡子的配置等，讓顧客充分感受到尊榮、自在、便利。圖 9-64 所示為某珠寶店所採用之電腦配合鏡子的系統，只要顧客在電腦上選定珠寶，就可以在鏡子裡看到自己配戴的樣子，真是神奇又方便的做法，相信會吸引不少顧客嘗鮮。

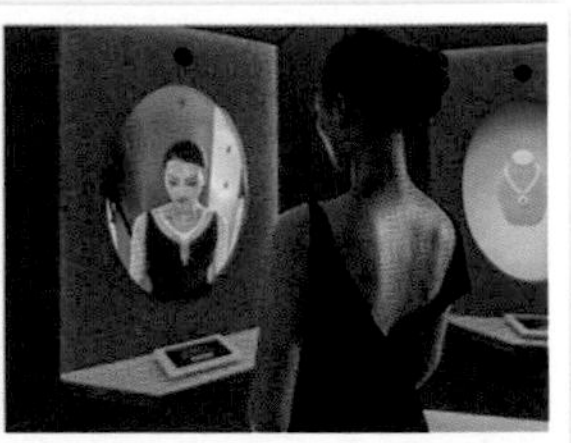

圖 9-64 電腦與鏡子配合的試戴系統（取自網路）

顧客關係

★免費體驗：不只是限於試戴，可以經過體驗售出較難出售的商品，例如：以往台灣人買鑽石要「全美」，VS 級就很難賣，某名店於是邀請顧客體驗，分別以肉眼、十倍放大鏡及顯微鏡對比觀察 VS 級鑽石；再以同樣方式觀察 VVS 級鑽石，當顧客體驗後，發現差異不大，價格卻有很大差距，於是 VS 級的接受度就大大提昇了。

★活動沙龍：邀請 VIP 參加，請她們試戴，彼此爭豔刺激買氣。

★創造美好期待：例如：血鑽石。當血手機的說法被大肆宣揚，人們譴責生產血手機的血汗工廠，同時開始拒買血手機，正是勾起人們善良的心所致。同樣的，De Beers 要大家買品牌鑽石，拒絕血鑽石，正是要讓有錢買鑽石的人有贖罪的機會，覺得購買鑽石即便不是為善，至少沒有助紂為虐。同樣情形還有環保珠寶，姑且不探究血鑽石的真實背景如何，作為心理與社會趨勢專家，De Beers 確實當之無愧。

★對味的銷售人員：說起人與人之間有沒有緣份，在日常生活中屢見不鮮，不容否認。銷售人員與顧客也有對不對盤的問題，異性行銷一般比較容易些。舉例來說，女性銷售人員賣東西給男性顧客，會比男性銷售人員容易些；另一方面，女性顧客也有可能因為女性銷售人員比自己美，而「不爽」買。

此外業者往往會有一個顧客關係的迷思：「增加來客數」與「提高客單價」，何者為重？舉例來說：用送 10 分戒招攬來客的手法，只吸引貪便宜的人，因為究竟不是生活日用品，當拿到贈品後，該客人可能從此消失，對增加銷售助益不大，應該是經營顧客比招攬客人重要。據統計，開發新客戶所需花費為維持舊客戶的 5 ～ 7 倍。

再來就是提高客單價的做法，要讓顧客清楚知道：「妳值得更好的對待」。商品價值結合優質的服務，是便宜貨所不可能有的，而妳值得擁有，包括：

1. 漲價：提高商品附加價值，但漲價必須有理，譬如說提供鑑定書或提

圖 9-65 Cartier 廣告

供它項增值。

2. 購買更高級的商品：譬如說 4C 的等級提高等。

3. 大批購買：以成套的商品取代單品，甚至讓顧客參與體驗設計，達到刺激消費。說到顧客參與設計，如圖 9-65 所示，珠寶名店 Cartier 可以設計訂製，讓顧客參與體驗設計，其實是綁住顧客的高招。

業務員亦即所謂跑街

鑽石業老闆外，還有很多人穿梭在大街小巷的珠寶店中兜售鑽石，這些人就是鑽石業務員，這種作法台灣俗稱「跑街」或「跑大街」。台灣比較大型的鑽石進口商，會雇用一些業務員，負責到各個珠寶零售店推銷自己進口的鑽石。這些「跑街」的，除了本國人外，還有很多「印度人」。

圖 9-66 TVBS 新聞畫面

這些外國人不一定來自印度，有可能是巴基斯坦或是其他南亞國家，不過一般都稱是印度人，可能是印度鑽石業太有名了，珠寶店與這些「印度人」做生意，自以為會撿到便宜貨，其實真的是這樣嗎？這些跑街的印度人，有的確實是代理印度某鑽石廠，但有的是到印度以外的地方譬如香港調貨，再拿到台灣兜售。

珠寶店與這些「跑街」的之間關係很微妙，有時會跟他們買鑽石，有時會委託他們賣鑽石。遇到顧客指定品級，而自家店中沒有的鑽石，也會向他們詢問、調貨，所以一般珠寶店與這些「跑街」的都會保持相當良好的關係。

別以為「跑街」的賺不了什麼錢，其實只要努力跑，荷包都賺滿滿。但也常引起歹徒覬覦，例如圖 9-66，即為歹徒打劫「印度跑街人」的新聞，所以做「跑街」的，還要時時注意自身的安全。

鑽石交易流程

鑽石交易流程大多是由國內裸石批發商親赴國外，以現金買回裸石，再交給業務員批售給切磨廠、珠寶店或銀樓。批發商會依不同的交易條件，定出不同的價格，譬如說分為所謂買斷及寄賣。

圖 9-67 佳士得（Christie）拍賣會

圖 9-68 蘇富比（Sotheby's）拍賣會

買斷：
店家必須立即以現金或支票付款。因珠寶成本較高，所以店家通常不大會採買斷，而採用寄賣的方式。

寄賣：
又稱為託售，英文是 consignment 或 memo。memo 這個字，原意是把事情記入備忘錄的意思，當批發商或業務員將珠寶交給店家或珠寶設計師託售時，雙方會將所交付的品項內容記在紙上，並簽名以為憑據，只要看過一次這種交易方式，相信就會對 memo 這個字的意義充分瞭解。當交給寄賣店家託售時，店家不必立即付款，而是等到珠寶賣出去後，才將貨款支付批發商或業務員，這樣店家就沒有周轉的問題。因為寄賣比買斷的不確定性高很多，因此批發商對於寄賣的定價，會比買斷的定價高出許多，因此如果對銷售有相當把握，而財力又允許時，店家採用買斷的方式，利潤是比較豐厚的。

但寄賣的交易方式，有幾點必須注意：
1. 收付現金是最好的，如果是開立支票，尤其是長期票，就會有風險，如果沒有十足把握，最好多加評估考慮。
2. 寄賣方式的先決條件是：批發商與店家間有充分的信任。如果對店家不是很瞭解，業務員最好不要輕易接受寄賣。相對來說，如果初次來往，就要求批發商寄賣大批昂貴珠寶，遭到拒絕也不足為奇。
3. 採用寄賣方式時，雖然批發商與店家間會有定價，但當店家售出後，又會藉各種理由要求批發商降價，雖然欠缺商業道德，但在台灣幾乎已成慣例，從事這一行者務必謹記在心。
4. 取回寄賣未賣出的鑽石時，務必要檢查是否為原先寄賣的鑽石商品，至少確認是真鑽，並且重量無誤，以免產生糾紛。

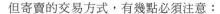

終端消費者由前述鑽石產業的流程即可以瞭解，自己買到的鑽石，會經過國外裸石商→國內裸石商→業務員→店家，每一個層次都有其服務，亦有其利潤。但每一業者進貨成本或設定之利潤不同，因此消費者，在購買鑽石前，應多瞭解鑽石的分級制度及訪價，並且不要僅聽信店家告知的等級，就輕易購買，應請店家出示經國際珠寶鑑定業認可的鑽石，提供比較，才不會後悔。

圖 9-69 蘇富比拍賣會台北預展

圖 9-70 預展發放之手冊

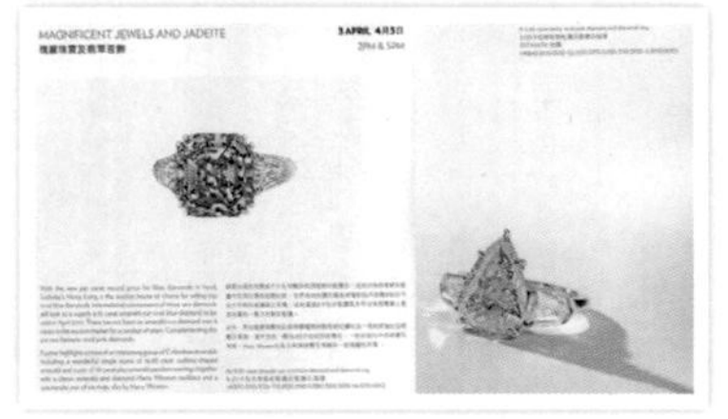

圖 9-71 拍賣型錄內容

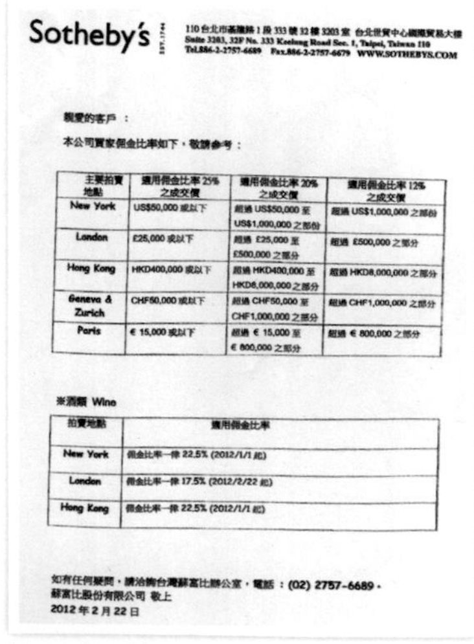

Sotheby's EST.1744

110 台北市基隆路 1 段 333 號 32 樓 3203 室 台北世貿中心國際貿易大樓
Suite 3203, 32F No. 333 Keelung Road Sec. 1, Taipei, Taiwan 110
Tel.886-2-2757-6689 Fax.886-2-2757-6679 WWW.SOTHEBYS.COM

親愛的客戶：

本公司買家佣金比率如下，敬請參考：

主要拍賣地點	適用佣金比率 25% 之成交價	適用佣金比率 20% 之成交價	適用佣金比率 12% 之成交價
New York	US$50,000 或以下	超過 US$50,000 至 US$1,000,000 之部份	超過 US$1,000,000 之部份
London	£25,000 或以下	超過 £25,000 至 £500,000 之部分	超過 £500,000 之部分
Hong Kong	HKD400,000 或以下	超過 HKD400,000 至 HKD8,000,000 之部分	超過 HKD8,000,000 之部分
Geneva & Zurich	CHF50,000 或以下	超過 CHF50,000 至 CHF1,000,000 之部分	超過 CHF1,000,000 之部分
Paris	€ 15,000 或以下	超過 € 15,000 至 € 800,000 之部分	超過 € 800,000 之部分

※酒類 Wine

拍賣地點	適用佣金比率
New York	佣金比率一律 22.5% (2012/1/1 起)
London	佣金比率一律 17.5% (2012/2/22 起)
Hong Kong	佣金比率一律 22.5% (2012/1/1 起)

如有任何疑問，請洽詢台灣蘇富比辦公室，電話：(02) 2757-6689。
蘇富比股份有限公司 敬上
2012 年 2 月 22 日

圖 9-72 蘇富比買家佣金比率

拍賣會

銷售鑽石的另外一個管道是拍賣會。國際上舉辦拍賣會最有名的莫過於佳士得（Christie）與蘇富比（Sotheby's）了，這兩家拍賣公司都是創立於英國的。其中佳士得在世界 32 個國家設有 57 個代表處及 10 個拍賣中心，包括倫敦、紐約、巴黎、日內瓦、米蘭、阿姆斯特丹、杜拜及香港。佳士得亦積極拓展地區市場，不但拍賣種類更多，價格亦屢創新高。佳士得也為客戶提供獨一無二的佳士得實時競投服務，讓世界各地的客戶透過網際網路親身、即時參與競投。蘇富比由山姆貝克（Samuel Baker）於 1744 年 3 月 11 日在倫敦創立，到 80 年代初期，儘管市場與企業都面對着不明朗的景象，美國企業家艾福瑞 • 陶伯曼（A. Alfred Taubman）與一群投資者於 1983 年買下蘇富比。蘇富比目前於全球 40 個國家設有 90 個辦事處，每年舉行約 250 場拍賣會，拍品的類別更逾 70 種。

舉辦拍賣會，首先要徵拍賣品，然後印刷目錄、舉辦預展，最後正式拍賣，銀貨兩訖。佳士得與蘇富比具有極佳的拍賣經驗，往往能幫委託者（賣方）賣到好價錢，所以賣方也比較願意交給這兩家拍賣，但是物件不夠好，它們也是不收的。這樣還不夠，佳士得與蘇富比還要去發掘、遊說絕世精品的擁有者拿出來拍賣，如此才能造成話題，吸引更多的投標者（買方）參與。佳士得與蘇富比香港的拍賣會，會在台北舉行預展（如圖 9-69），有興趣者可逕行前往參觀。預展時有拍賣會部分物件手冊（圖 9-70）供索取，但不完整。如要完整的拍賣會型錄可出資購買，型錄內對每一件拍賣品都有詳盡介紹（如圖 9-71）。拍賣公司會向買方賣方兩邊抽取佣金，金額視物件種類與拍賣價格而有所不同（如圖 9-72）。

台灣現在也有許多公司仿效佳士得與蘇富比舉辦拍賣會，有的也辦得蠻成功的。拍賣會的時候，隨著拍賣官與競標者的喊價，會有一種莫名的情緒亢奮，自然會把價錢愈喊愈高。有時平常不容易銷售的物件，在拍賣會中都會以標價的好幾倍賣出。舉辦拍賣的公司，除了要徵得好的物件拍賣外，還要印刷目錄、舉辦預展、租借場地、廣告宣傳，最重要的是要多邀請一些有意願者來投標，才能創造好成績。對賣方而言，拍賣會不失為一個銷售的好管道。有意願投標的買方，則要做足功課，先參觀預展，多方訪價比價，或諮詢專家的意見，設定心中理想的價位，這樣才能買得稱心如意。

展覽會

在圖 9-26 中我們介紹過，可以在展覽會場中買鑽石（圖 9-73），有賣才有買，當然也可以在那些展覽會場中賣鑽石，譬如說香港珠寶展等（如圖 9-74、圖 9-75），不過現在台灣珠寶商喜歡跑的還有大陸的珠寶展。大陸幾乎每個月在不同的地方都有珠寶展（如圖 9-76）。台灣的招展機構，會按展覽會櫃位大小及位置訂出不同價格（如圖 9-77），但是要注意價格中是否包括展示櫃及燈光，以及協助報關等事項。進入大陸參展的珠寶要報關，如圖 9-78 所示即為大陸展覽報關清單案例，最好在出發前先填好報關表格，並將珠寶編號整齊排放，一旦海關查驗時，可迅速找到。展覽完畢，也要按此清單將所有珠寶辦理出關。

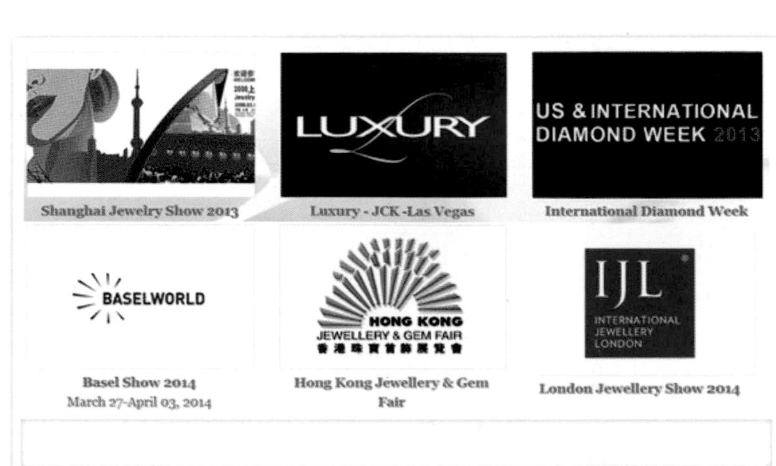

圖 9-73 展覽會海報

圖 9-74 2013 年 9 月香港珠寶展

圖 9-75 珠寶展中展出的鑽石

◎ 2012 上半年度【聯合展覽】珠寶展檔期表 ◎ ~請大家告訴大家!~

展出時間	展覽名稱	平面展位費用	角位展位費用	合作單位
3/26~29	北京國際珠寶展（順義新館）	NT$45000	NT$55000~65000	北京國貿
4/13~17	天津璀璨珠寶精品展覽會（梅江會展中心）	NT$55000（附展櫃 5 個）	NT$65000~73000（附展櫃 5 個）	天津地礦局
5/3~7	大連(春季)珠寶展（星海會展中心）	NT$45000（附展櫃）	NT$55000~65000（附展櫃）	會展中心
5/10~14	東北珠國際珠寶大展（瀋陽工業展覽館）	NT$40000	NT$50000~60000	省辽展集團
5/18~22	福州 518 海峽兩岸經貿會（珠寶展）（海峽會展中心）	NT$30000	NT$38000~45000	福州市政府-貿易促進會

圖 9-76 大陸珠寶展場次

流當品特賣會

在實體店面、拍賣會、展覽會之外，還有一種「當鋪流當品特賣會」。以前當鋪純粹將流當品按時出清，現在的「當鋪流當品特賣會」不只出清流當品，還會順便進一些貨一起賣，也算是銷售管道的另一種選擇。

電視購物

相信大家都看過電視購物頻道（圖 9-79），也有不少人在電視購物台買過東西。電視購物銷售的流程包括：廠商進商品→購物台商

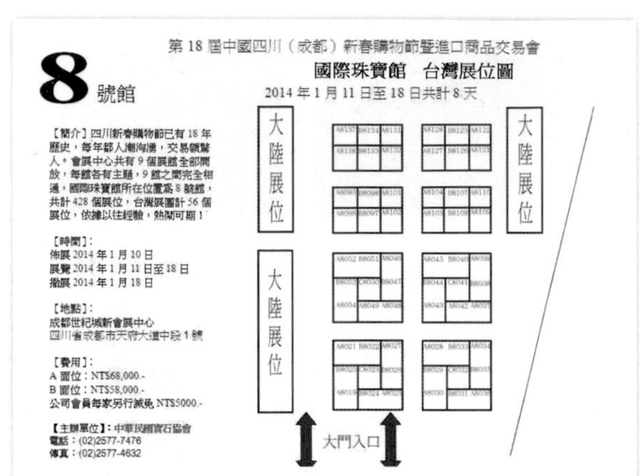

圖 9-77 珠寶展櫃位租金範例

暫准進口展覽品報關清單

DECLARATION FORM FOR TEMPORARY IMPORT EXHIBITS

FORM A

展覽會名稱 NAME OF EXHIBITION：2011年中國昆明新年國際珠寶展　日期 DATE：2011年12月31日~2012年1月4日　地點 VENUE：昆明會展中心

參展公司 EXHIBITOR：某某珠寶公司　國別／地區 COUNTRY/REGION：台灣　展館／展台號 HALL / BOOTH NO.　提單號 B / L NO.　總件數 TTL PCS：1

箱號 CASE NO.：1

序號 NO.	商品代號 H.S. NO.	展品內容規格型號（英文） DESCRIPTION OF CONTENTS IN ENGLISH	展品內容規格型號（中文） DESCRIPTION OF CONTENTS IN CHINESE	單位 UNIT	數量 單位 QUANTITY	單價(USD) UNIT PRICE	總價 (USD) TOTAL	展品處理方式 DISPOSAL
1			玉手鐲	件	20	100.00	2000.00	回運
2			玉石小雕件	件	30	50.00	1500.00	回運
3			玉石墜飾(白14k金鑲嵌)	件	25	60.00	1500.00	回運
4			玉石戒指(白14k金鑲嵌)	件	30	50.00	1500.00	回運
5			玉石耳環(白14k金鑲鑽)	件	20	45.00	900.00	回運
6			白鑽石戒子30分~50分	件	24	100.00	2400.00	回運
7			1克拉白鑽石戒子(白14k金鑲嵌)	件	20	200.00	4000.00	回運
8			鑽寶石墜飾	件	18	100.00	1800.00	回運
9			珍珠墜飾(白14k金鑲嵌)	件	15	100.00	1500.00	回運
10			珍珠戒子(白14k金鑲嵌)	件	20	100.00	2000.00	回運

制單人（簽字） SIGNATURE & COMPANY CHOP	報關批號	本批次順序 第　頁	本批次順序 第　箱	總價值 合計(美金)	
某某珠寶公司					19100.00

IMPORTANT : 1) THIS FORM MUST BE COMPLETED ACCURATELY BY TYPEWRITING.
2) THE COLUMN "H.S.NO." (HARMONIZED SYSTEMS) NEED TO BE COMPLETED BY EXHIBITOR.
NB: All Shipping Instructions are subject to our Standard Trading Conditions, available on request

圖 9-78 大陸展覽報關清單

圖 9-79

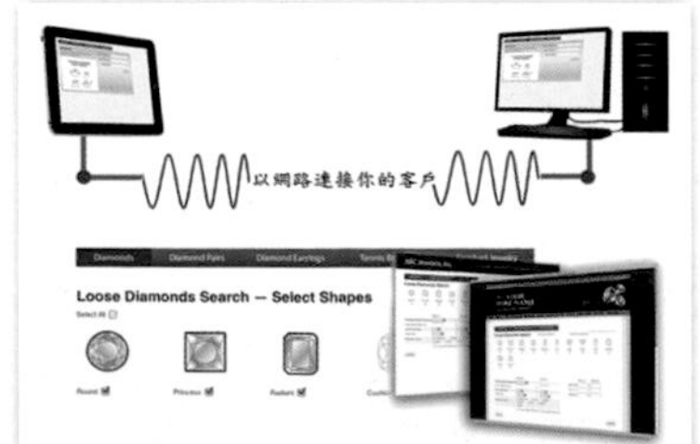

圖 9-80 網路購物

品開發→商品提報、製播→電視台銷售→出、退貨等。電視購物頻道結合了影音感受再加上銷售人員的三寸不爛之舌，是很好的行銷通路。但因為電視購物台大量銷售，同樣的物件要有很多件，如果商品數量不多可能就不適宜。另外，因為電視購物台的製作成本，商品價錢也會被壓低，要利用此一管道銷售者必須注意。在購物頻道銷售鑽石時，有沒有國際認證的鑑定書（譬如說 GIA），購物台收取的佣金折數會不同，一般而言，有國際認證鑑定書的佣金折數會比沒有國際認證鑑定書的少。

網路行銷

網路行銷現在非常風行，不只是用電腦，甚至用手機滑一滑，就可以購物，真是非常方便（圖 9-80）。網路行銷的優點如下：

1. 降低經常費用及存貨成本，節省生產成本。
2. 提高銷售可能。
3. 易於進入全球各地新興市場。
4. 快速找到市場區隔。
5. 有效提供精確資訊及改善客服。
6. 改善供應鏈效率。
7.365 天無休息供應產品及服務。

但網路行銷要注意：選擇平台降低風險、網頁要精美具吸引力、方便瀏覽、容易被搜尋到、出貨安全便捷。

除此之外，如能參加珠寶業的工會、協會、研討會等活動，自然能認識更多的同好、同行，可以增加互相調貨的機會、了解行情、增加對珠寶的新知，自然可以增加銷售。

Chapter 10

第 10 章
鑽石的淨度特徵

the basic of diamond identification

什麼是「淨度」？不僅僅鑽石要考慮淨度，在日常生活中也時時有淨度的問題，譬如說，由音響或手機裡傳出聲音的淨度，有沒有雜音？電視中影像的淨度，有沒有雜影？以及照相機中照出相片的淨度等等。鑽石的淨度則指的是在鑽石中有沒有「內含物」（Inclusion）或是「表面瑕疵」（Blemish）？

在解說淨度特徵之前，要先介紹一個人，就是人稱「Mr. GIA」的李迪克先生（圖 10-1）。在 GIA 的資料中提到：「李迪克先生於 1953 年研發出以鑽石 4C，亦即重量（Carat Weight）、淨度（Clarity）、成色（Color）及切工（Cut）等 4 個要素評定鑽石等級，此鑽石等級分級系統有效的解決鑽石等級評定的模糊空間，間接的帶動鑽石在珠寶市場有秩序及效率的交易。直至今日，這個 4C 鑽石等級分級系統已成為全球珠寶市場中業者及消費者的共通語言。」。李迪克先生已於 2002 年 7 月 23 日，在美國洛杉磯辭世，享年 84 歲。

將內含物觀察發揚光大的則是瑞士 Lucerne 的古柏林寶石試驗室（Gübelin Gem Laboratory）的古柏林博士（Dr. Edward J. Gübelin 圖 10-2）。古柏林博士的父親為一鐘錶製作商，古柏林博士從小看父親將有嚴重內含物的寶石挑出來，當作不能販賣的商品，於是他致力研究內含物代表的意義。他的足跡踏遍五大洲，第一手收集各地寶石樣品進行研究，最後終於發展出一套以內含物鑑定寶石產地的方法，並出版多本書籍，以圖片顯示其中差異性。這一套作法現在已成為全世界寶石實驗室鑑定寶石產地的依據，古柏林博士也獲得寶石界極高的推崇。古柏林博士已於 2005 年 3 月於瑞士 Lucerne 辭世，享壽 92 歲。

GIA 的鑽石 4C 分級系統，是 GIA 將鑽石分等級時所遵循的一套制度，此一制度的建立，使得 GIA 在鑽石分級的地位，有如 De Beers 在鑽石產業的地位般居於領先的高度。GIA 的分級系統既然是目前最受推崇的分級系統，因此在解說鑽石的 4C 時，引用 GIA 的說法自有其必要性。在後續章節中，有關 4C 的部分將先引述 GIA 的說法，再引申解說，以求完備。

圖 10-1 Mr. GIA

圖 10-2 Dr. Edward J. Gübelin courtesy Gübelin Gem Lab

10-1 Clarity——淨度

一般人會以為鑽石晶瑩剔透，但每一顆鑽石都是獨一無二的，絕大多數的鑽石內部多含有微小的內含物，如圖 10-3 所示；內含物（inclusion）是一種令人又愛又恨的東西，端看鑽石擁有者以何種角度去觀賞它。以往稱之為瑕疵，但似乎以鑽石的特徵（characteristics）來稱呼會比較恰當（圖 10-4）。

圖 10-3 鑽石放大觀察下實景

鑽石有內含物的原因，是因為晶體在成長的過程中，將不同形狀的晶體，或是生長的痕跡包裹起來，而形成各式各樣的內含物。內含物就像鑽石的出生證明，可以證明此為天然鑽石。在歐洲一般稱 Clarity 為 Purity。

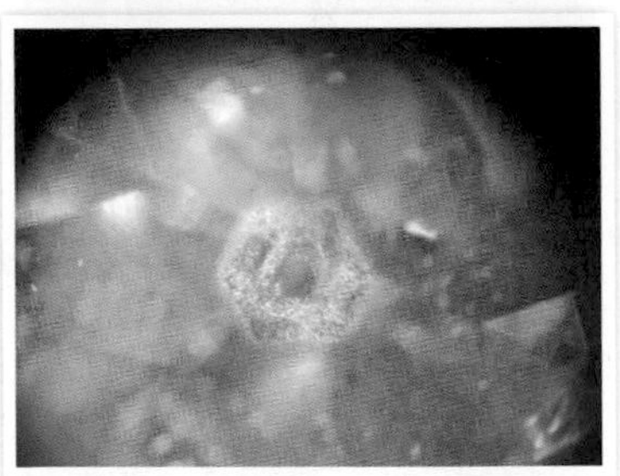
圖 10-4 具美感的內含物

鑽石內含物的功能：

做為切割的資訊
作為等級判定的依據
作為指認的依據
本身即具有美感（圖 10-4）
分辨真假、天然與合成的依據
檢查處理的依據
為形成的地質環境提供資訊，可用於尋找新的鑽石儲藏
協助對上古時代地球環境的瞭解

雖然大部份的鑽石都含有極微細的內含物，如圖 10-5 所示。但是這些內含物並不會影響鑽石本身的美感，只是內含物愈少、愈小，對光線在鑽石內穿透的影響愈低，鑽石閃耀的光芒就會更漂亮。這些天然的內含物都是鑽石的內部特徵，而外部的劈裂、斷裂、破裂的羽裂紋則稱為缺陷，這些特徵都用來作為鑽石的淨度分等及指認的依據。若具有內含物或表面瑕疵會影響到鑽石的品質，瑕疵愈多，淨度等級愈低，鑽石價格也就便宜許多。瑕疵的**大小**、**數量**、**位置**、**種類**、**明顯與否**都會影響淨度的等級。

圖 10-5 不同種類位置的內含物

甚麼是「內含物」？

指的是在鑽石內部的瑕疵或特徵。
內含物可以是：完全在鑽石內部；可以由表面開始並深入內部；可以由內部開始並觸及外部表層。

甚麼是「外部瑕疵」？

外部瑕疵是只有在鑽石的外側表面上，才看得到的瑕疵或特徵。

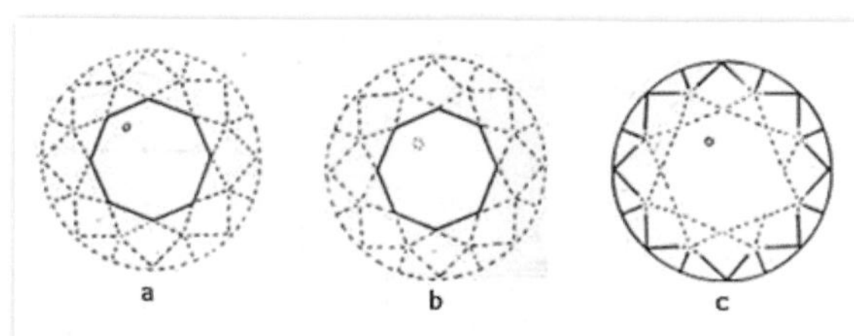

圖 10-6

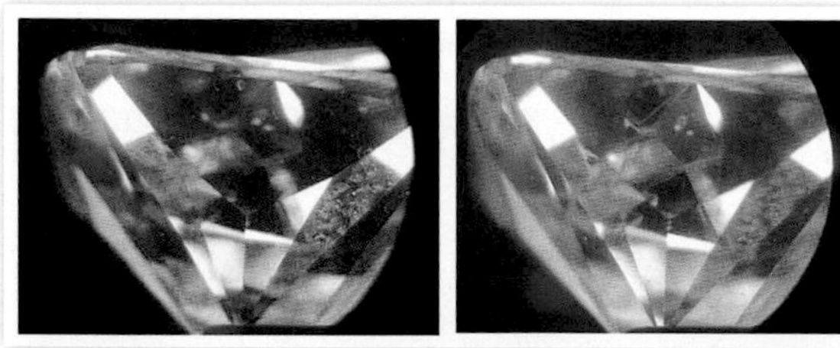

圖 10-7

圖 10-8 部分特徵示意

內含物與外部瑕疵比較

內含物可以是在外部而部分在內部，也可以是在內部而部分在外部。而外部瑕疵總是在外側表面，不會深入鑽石內部。

在第 2 章鑑定鑽石的基本工具中，我們提過：「鑑定鑽石的淨度是在 10 倍放大鏡（Loupe）下檢視，此放大鏡必須為三層玻璃鏡面，能夠放大，同時能避免邊緣變形及色差，稱 Triplet。」同時也提過寶石顯微鏡的使用方法。那麼如何用寶石顯微鏡區分「內含物」與「外部瑕疵」？

既然寶石顯微鏡是「立體顯微鏡」，那麼就可以利用「對焦」來區分「內含物」與「外部瑕疵」。當焦距對準表面時，刻面的稜線清楚銳利，此時如果特徵亦清晰，那麼此特徵可能在表面，即所謂「外部瑕疵」；倘若稜線清楚，而特徵並不清晰，則可以試著調整焦距，使特徵清晰。此時如果刻面的稜線變得不清楚，表示此特徵的深度較表面為深，那麼此特徵可能在內部，即所謂「內含物」。

以圖 10-6 為例，圖 a 中，鑽石表面稜線很清楚，特徵物也很清楚，因此此特徵物是在表面；圖 b 中，表面稜線很清楚，特徵物不清楚，因此此特徵物是在內部；圖 c 中，表面稜線不清楚，特徵物則很清楚，因此此特徵物是在內部。以寶石顯微鏡石物觀察時如何？如圖 10-7 所示，左圖表面稜線清楚，而內含物不清楚，對焦在表面。右圖表面稜線不清楚，而內含物清楚，對焦則是在內部。

到底要用顯微鏡看到什麼呢？

以圖 10-8 為例，我們依次可以看到黑色的內含晶，白色的羽毛狀裂紋，白色的雲狀物，以及白色或黑色的點狀物等等。事實上尚不止於此，還會有針點、針狀物、晶結、缺口、小缺口、洞痕、生長紋、天然面、增額面、雙晶網等等，在後面我們會一一詳盡解釋，在此我們先來看看這些特徵對鑽石淨度評級影響的程度。

10-2 鑽石純淨度的評估

鑽石的淨度是指鑽石的純淨程度，是依兩方面來評估：一、鑽石內部的瑕疵稱為內含物（Inclusion）；二、在鑽石表面的瑕疵稱為表面瑕疵（Blemish）。必須全面檢視其大小（size）、數量（number 或 quantity）、位置（location 或 position）、種類（nature）、明顯度（relief 或 color），做綜合考量。

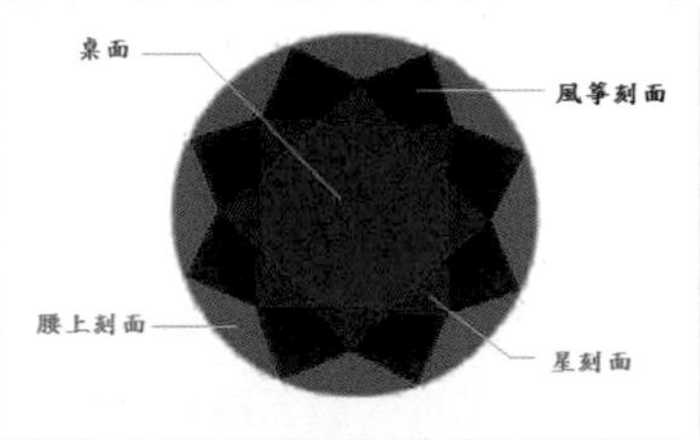

圖 10-9 圓形鑽石正面刻面名稱

大小（size）
內含物越難看到，對淨度等級影響愈小；瑕疵的尺寸愈小愈好。

圖 10-10

數量（number 或 quantity）
內含物的數量、甚至是大小的一部分，都必須要考慮；瑕疵的數量愈少愈好。

位置（location 或 position）
內含物的位置是確定淨度等級的最重要因素。可通過桌面輕易看到的內含物，比只能通過亭部看到的內含物更容易降低鑽石的評級。其中造成重大影響的危險區，依次為桌面、風箏刻面、星刻面、腰上刻面（圖 10-9）。內含物的位置離桌面愈遠愈好，圖 10-10 中左側的鑽石特徵物在桌面上，對鑽石淨度評級的影響比較嚴重；而右側的鑽石，特徵物在風箏刻面或星刻面上，對鑽石淨度評級的影響就比較輕微。

圖 10-11 內含物的明顯度

種類（nature）
也可稱為本質，譬如說解理可能會因重擊而進一步延伸，並影響鑽石耐久性，因此會降低鑽石的評級。我們會在本章「鑽石特徵的種類介紹」一節中詳細說明。

明顯度（relief 或 color）
也可稱為顏色，內含物愈不明顯愈好，內含物的明顯度越高，譬如說顏色深（圖 10-11），更會降低鑽石的評級。

淨度評級

鑽石淨度評級必須是熟練的鑑定員以 10 倍雙目鏡放大觀察鑽石的特徵，依其一、難易度；二、特徵對鑽石美的程度上的衝擊而定。按照 GIA 對鑽石淨度的分級制度，鑽石的淨度可分為 FL、IF、VVS、VS、SI、I 等等級分別定義如下：

FL：Flawless
IF：Internally Flawless
VVS ：Very Very Slightly Included（Minute）
VVS1：Extremely difficult to see
VVS2 ：Very difficult to see
VS：Very Slightly Included（Minor）
VS1：Difficult to see
VS2：Somewhat easy to see
SI：Slightly Included（Noticeable）
SI1：Easy to see
SI2：Very easy to see
I：Imperfect（Obvious）

■無瑕級（FL，Flawless）：指鑽石表面和內部都沒有瑕疵者，香港稱「全美」。
內部無瑕級（IF，Internally Flawless）：指鑽石內部沒有瑕疵而鑽石表面卻有可藉由磨光去除的不重要瑕疵（例如：刮痕）。

■極輕微瑕級（VVS；Very Very Slightly Included，有 2 級）：指鑽石含有極輕微的瑕疵（Minute）。假如極端困難觀察出瑕疵的存在，通常須由亭部才看得見者為一級輕微瑕級（VVS1）。若瑕疵非常困難觀察者，那就是二級輕微瑕級（VVS2）（例：在冠部的小針點瑕疵）。

■微瑕級（VS；Very Slightly Included，有 2 級）：指鑽石含有輕微的瑕疵（Minor）。若瑕疵困難看出就分類為一級微瑕級（VS1）；若稍微容易看出者，就是二級微瑕級（VS2）。

■小瑕級（SI；Slightly Included，有 2 級）：指鑽石含有可注意到的瑕疵（或稱 Noticeable 無可忽略的）。若容易看出者就分類為一級小瑕級（SI1）；若很容易觀察出瑕疵者，就分類為二級小瑕級（SI2）。

■有瑕級（I（或 P）；Imperfect（Pique），有 3 級）：指鑽石含有肉眼即可看見的瑕疵（明顯 Obvious）。假如美觀或堅固度受影響者，就分類為一級有瑕級（I1）；若美觀及堅固度受影響者，就分類為二級有瑕級（I2）；而美觀及堅固度受大影響者，就分類為三級有瑕級（I3）。

所謂瑕疵的容不容易看出，是以 10 倍放大鏡檢查為準，我們可以將其簡化如次表 。而其中 SI 與 I 的差在於 SI 用肉眼看不出瑕疵，而 I 用肉眼就可以看出瑕疵，因此我們可以在 SI 與 I 之間畫上一隻眼睛做為區隔，如次表所示。

淨度	內含物之程度	觀察上的難易度
FL IF	無瑕級 內無瑕級	
VVS1 VVS2	極輕微	極端困難發覺(放大鏡下不易察覺) 非常困難
VS1 VS2	輕微	困難(放大鏡下可察覺) 有點容易
SI1 SI2	中度	容易(有經驗者用肉眼可察覺) 非常容易
I1~I3	多	可用肉眼察覺 美觀及堅固度受影響

淨度評級提示

鑽石的淨度特徵包括內含物與外部瑕疵兩類，但是注意到了嗎？所謂的 VVS、VS、或是 SI，指的都是 Included（內含），而非外部瑕疵，因此可以說淨度評級時只須考慮內含物，外部瑕疵並不在考慮之列。但是，是不是所有的外部瑕疵都不考慮呢？如果外部瑕疵達到一定的大小、某種程度的可辨識度、去除時會有相當程度的重量損失的話，評級時就必須加以考慮。

感覺上，以上的定義多多少少有點玩文字遊戲的味道，對從事鑽石分級的新手而言，要從中體會、分辨出級別，實在有點困難，我們不妨用另一種方式來理解：

SI：不妨以台語稱之為「ㄟ - ㄙㄞ、」級，意思就是「可以了」。為什麼說「ㄟ - ㄙㄞ、可以了」，因為 SI 級的瑕疵肉眼看不見（*），佩戴時，除非隨身攜帶放大鏡，否則是無法看到瑕疵的，所以這個等級「可以了」。因此 SI 級可以說：「在 10 倍放大鏡下內含物清晰可辨，但並不明顯，肉眼不可見」。

* 所謂 SI 與 I 以「肉眼看或看不見」來分，並不是絕對的定律，會有例外，後面會再詳細說明。

VS：原意是 Very Slightly Included，我們不妨改成說：Very Small（非常小），既然是非常小，表示說：「在 10 倍放大鏡下內含物非常細小，很難看清楚內含物的感覺」。

VVS：原意是 Very Very Slightly Included，我們不妨改成說 Very Very Small（非常非常小），既然非常小的內含物在 10 倍放大鏡下很難看清楚，那麼非常非常小，就可以說是：「內含物微小到幾乎看不見，甚至懷疑是不是自己眼花看錯，覺得要放大到更高倍數才能確認看到的感覺」。

I：不妨以國語稱之為「哀」級，意思就是「因為內含物非常明顯，甚至有明顯裂紋，鑑定師肉眼看到之後不禁搖頭發出嘆息聲——哀」。肉眼直接看到了，無奈地哀一聲代表 I1；「感覺怎麼那麼容易看到！」哀兩聲代表 I2；「已經遮住光線了」，哀三聲代表 I3。如果再哀下去（完全遮住光線了）就不用分級，直接當 Industry Diamond（工業用鑽）了。

依以上另類識別法，將淨度等級與內含物狀況整理如次：

等級範圍	10 倍放大鏡下內含物的狀況
VVS 極輕微內含物	內含物微小到幾乎看不見，甚至懷疑是不是自己眼花看錯，覺得要放大到更高倍數才能確認看到的感覺
VS 輕微內含物	內含物非常細小，很難看清楚內含物的感覺
SI 微內含物	內含物清晰可辨，但並不明顯，肉眼不可見
I 嚴重瑕疵	內含物非常明顯，甚至有明顯裂紋

決定評級的主控因素

決定評級的主控因素是決定鑽石淨度等級的主要內含物。以圖 10-12 為例，

右側有一片大的白色羽裂紋，並伴有許多微小的白色內含晶。即使把全部的微小白色內含晶都拿掉，這顆鑽石的評級仍然相同，因為這一片大的白色羽裂紋就是決定評級的主控因素。也就是在右側的內含物，決定了這顆鑽石的評級，其他小的內含物存在與否，並不影響評級。所以必須由大小、明顯度或是其所在位置等來判斷何者才是決定評級的主控因素。當然，許多小的白色內含晶也可以是決定評

圖 10-12

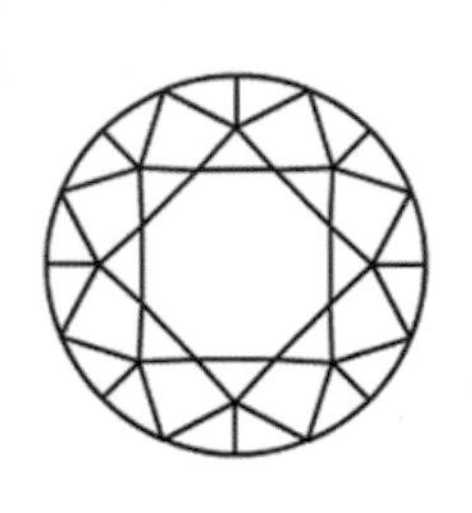
圖 10-13 淨度無瑕的鑽石

級的主控因素，但在本案例中並不適用，因為它們並不是決定評級的主控因素。

無瑕（FL）的鑽石

無瑕的鑽石，無論在內部或是外部，必須是完全沒有雜質、裂縫或是斑點，就像是圖 10-13，如果用放大鏡看一顆無瑕的鑽石，會看不見任何痕跡。但無瑕的鑽石仍可能看到：一、亭部位置有正面不可見的額外刻面；二、在腰圍上，不超過腰圍上下範圍的小天然面；三、不影響透明度的內部孿晶紋、生長紋；四、腰圍上的雷射刻字（或是圖）。鑽石要被評為無瑕，相當不容易，同時其售價也非常昂貴。

圖 10-14 IF 級示意

IF

熟練的分級師以 10 倍放大鏡看不到內含物，除了 FL 可能有的特徵外，只有少數微小表面特徵。

VVS 級

僅次於 FL 及 IF，VVS 是第二好的等級。 如同圖 10-15 所示，在 VVS 的鑽石內部或表面上幾乎沒有任何痕跡。一般分級為 VVS1 或 VVS2 的鑽石中，只有經過訓練的眼睛才得以發現雜質。瑕疵可能包括在桌面外輕微的小缺口或小白點以及粗糙的腰圍。

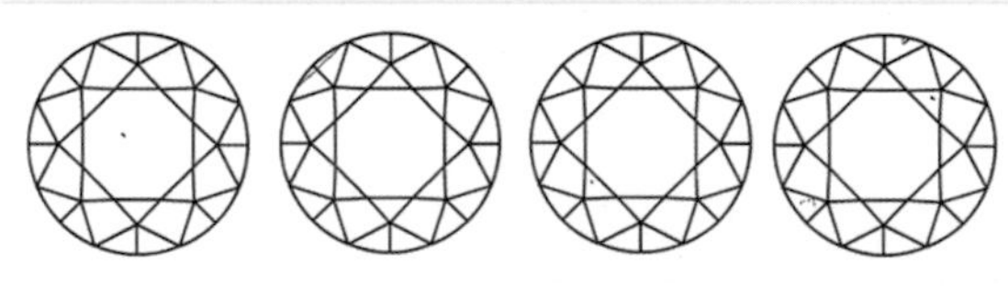
圖 10-15 VVS 級示意

VVS1 或 VVS2 級可能發現的瑕疵有以下幾種：一個非常小的內部斑點或在桌面外一群非常小的外在斑點；在刻面邊緣下一個非常小的晶體；由鑽石正面看不見的一個非常小的羽裂紋；腰圍上輕微的天然面；不在桌面上的輕微小白點及刮痕；輕微的粗糙刻面邊緣；一個輕微的較大額外刻面。例如圖 10-16 中這顆鑽石含非常細微的晶體，大概會評為 VVS1 或 VVS2（非常非常輕微瑕疵）。圖片是放大 30 倍。

圖 10-16

無瑕的鑽石當然最好，但是 VVS 及 VS 的鑽石也是非常有價值，而且比較負擔得起。鑽石批發商口中「目視乾淨」的 VVS 鑽石，如果裸視，是完全無法看到任何內含物，非常非常漂亮。除非使用 10x 寶石放大鏡，否則無法看到任何內含物。

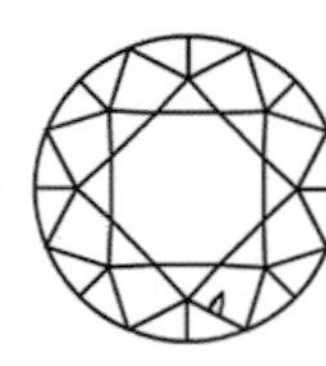
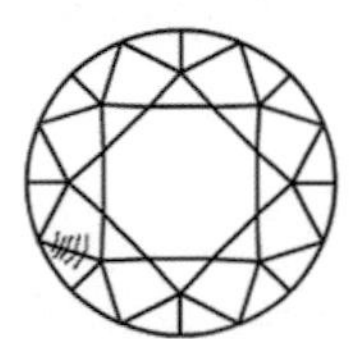

圖 10-17 VS 級示意圖

VS 級

VS1 與 VS2 都被視為相當好的等級，VS1 與 VS2 的區別在於：一、VS2 的內含物可能比 VS1 的大一些；二、VS2 的內含物可能比 VS1 的多一些；三、VS1 的內含物可能比 VS2 藏得好一些。而在 VS1 與 VS2 中會被發現的瑕疵包括：由鑽石正面可以看見輕微有顏色的內部生長紋、不在桌面下的小劈裂紋、不在桌面下的無色晶體、表面上的刮痕、腰圍上的內凹天然面、一些些磨損、鬚狀腰圍、稍有擦傷的尖底或輕微的額外刻面。（圖 10-17、圖 10-18、圖 10-19）

圖 10-18 VS1 級

圖 10-19 VS2 級

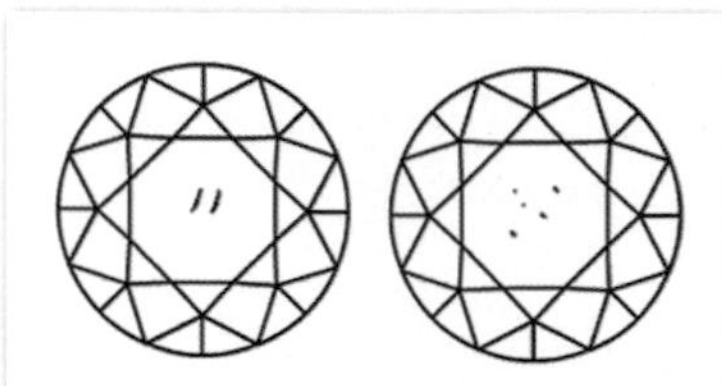
圖 10-20 SI 級示意

圖 10-21 SI1 級

圖 10-22 SI2 級

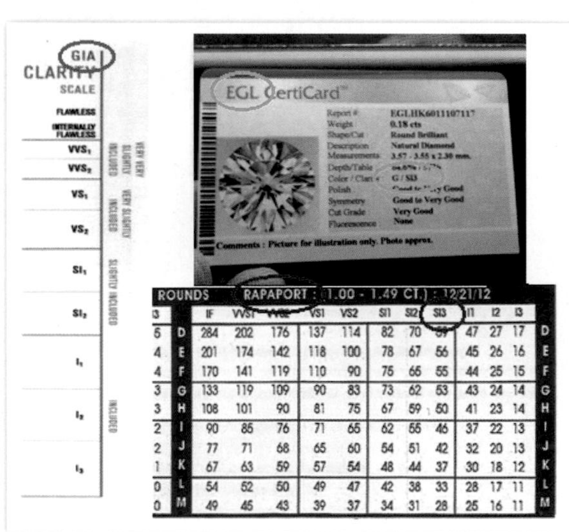

ROUNDS RAPAPORT : (1.00 - 1.49 CT.) : 12/21/12

I3		IF	VVS1	VVS2	VS1	VS2	SI1	SI2	SI3	I1	I2	I3	
5	D	284	202	176	137	114	82	70	[illegible]	47	27	17	D
4	E	201	174	142	118	100	78	67	56	45	26	16	E
4	F	170	141	119	110	90	75	65	55	44	25	15	F
3	G	133	119	109	90	83	73	62	53	43	24	14	G
3	H	108	101	90	81	75	67	59	50	41	23	14	H
2	I	90	85	76	71	65	62	55	46	37	22	13	I
2	J	77	71	68	65	60	54	51	42	32	20	13	J
1	K	67	63	59	57	54	48	44	37	30	18	12	K
0	L	54	52	50	49	47	42	38	33	28	17	11	L
0	M	49	45	43	39	37	34	31	28	25	16	11	M

圖 10-23 淨度分級 SI3

SI 級

SI 級鑽石的特徵例如：不在桌面中心的針點組、在刻面邊緣下的裂紋、桌面外無色的晶體、輕微的雲狀區塊、粗糙的尖底、腰圍上小缺口或稍微大的額外刻面。

SI3

EGL 與 GIA 在淨度分級方面有一不同點，就是 1992 年起 EGL 在 SI1、SI2 之外還多一個 SI3。我們在前面提過 SI 與 I 的區別在於：肉眼可見否 。但是有些鑽石雖然具有肉眼可見的特徵，但是這個特徵並不明顯，對鑽石的整體明亮程度影響不大，如果直接將其歸類在 I 級，其價值即大幅降低。因此 EGL 特為此類鑽石增加一級即 SI3，此一作法獲得 GIA 之外其他鑑定所認同，Raporport Report 中也因此列有 SI3 一欄，如圖 10-23 所示。

依各式條件探討 SI3 之分類

大小：

如果將位置、種類等因素固定，那麼含單一內含物的鑽石會根據該內含物的大小被歸類在特定的級別。舉例來說，如果內含物大小約在 0.2 ～ 0.4mm 時，被評為 SI1；如果內含物大小約在 0.3 ～ 0.5mm 時，被評為 SI2；那麼 SI3 的內含物，大約就會是 0.4 ～ 0.6mm。換句話說，SI3 內含物的大小通常會比 SI2 來的更大。

數量：

被分級為 SI3 的鑽石，往往含有三個或更多數量的個別散佈內含物（晶體或羽裂紋）。所以原來可能被分級為 SI2 的，但由於其數量多的因素，就將會被分級為 SI3。如果含了原來是 SI1 級的內含物，數量卻達六、七個，就可能評為 SI3；但同樣的內含物如果只有 3 ～ 5 個就可能被評為 SI2。

位置與種類：

嚴重的內部生長紋（或雙晶網），如果其看起來涵蓋了整個鑽石的寬度和長度，就將會被分級為 SI3。

明顯度：

內含物的反射，也是必須要注意的，因為這也會影響判等級。如果一顆鑽石，其具有 SI2 級的內含物，例如數量不拘的內含晶、內部生長紋、羽裂紋等，但其個別或其組合造成了反射（圖 10-24），這樣也可當作是 SI3 級。

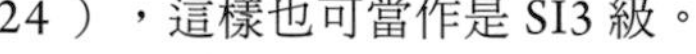

圖 10-24 內含物多重反射

「較大的與花式車工的」

同樣一個大小的內含物，在較小的鑽石中容易被刻面遮掩，比較「困難」看到；但較大的鑽石中，刻面變大了，不容易發揮遮掩的功能，而變得「容易」看到了。再者，當鑽石是以祖母綠等花式車工呈現時，肉眼視覺貫穿整顆鑽石非常容易，於是乎在圓形明亮式中肉眼看不到，必須借助十倍放大鏡來看的內含物，用肉眼也可以輕易看到。

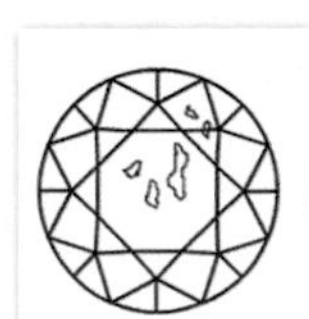
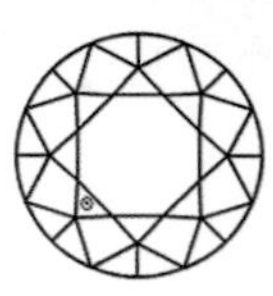
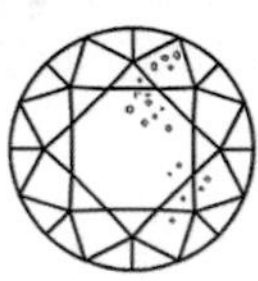
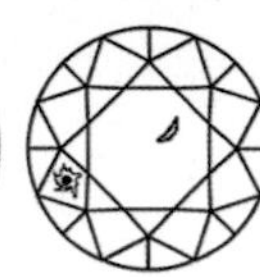

圖 10-25 I 級示意

I 級

鑽石的特徵例如：桌面下可以看見輕微瑕疵、不在桌面下的暗色晶體、桌面下無色但會反射的晶體、由正面就看得到的裂紋、由腰圍延伸出來的小裂隙、在桌面上的一個外在或小凹陷、粗糙的腰圍或是有較大的額外刻面。

圖 10-26 I1 級

圖 10-23 中 GIA 的淨度分級，愈高等級的區間愈窄，其意在說明愈高等級的數量愈少，所以一般 FL 或 IF 的，其實較罕見。

10-3

10-3 製圖（Plotting）

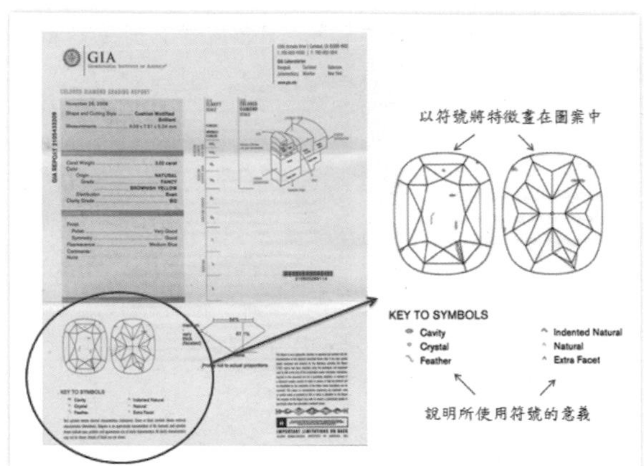

圖 10-27 製圖的兩個部分

圖 10-28 殘留的油漬

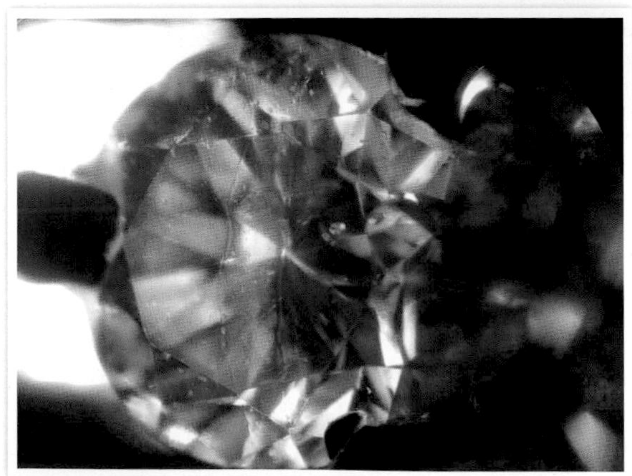

圖 10-29 乾掉的酒精

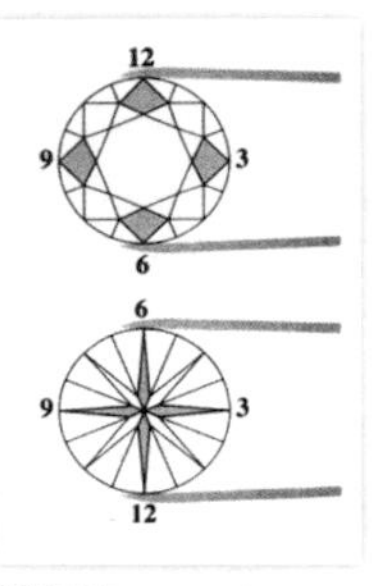

圖 10-30

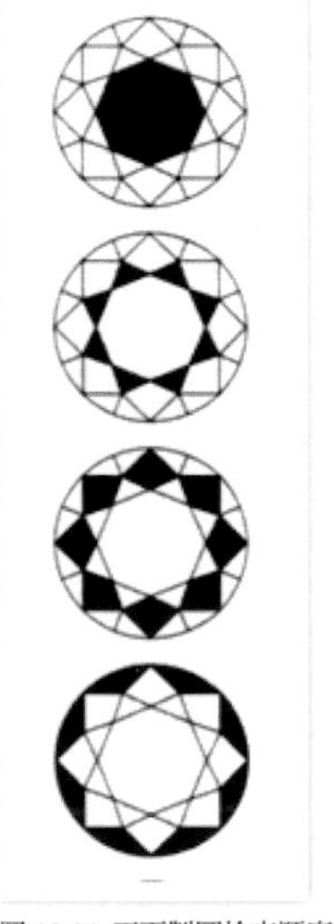

圖 10-31 正面製圖檢查順序

製圖是為顯示鑽石淨度特徵所繪的圖，用以辨認鑽石、記錄狀況，支持並說明所評之淨度等級，因此只須畫出對這些目的有用的特徵。製圖包括兩個部分，一是將看到的特徵以符號畫在圖案上，二是說明所使用符號的意義，如圖 10-27 所示。

先定級，再繪圖

順序為：一、先清潔鑽石——要檢查鑽石或製圖，首先就是要清潔鑽石，因為鑽石上可能有灰塵、纖維、指紋，甚至是殘留的油漬或是乾掉的酒精，如圖 10-28 及圖 10-29 所示。如不清理乾淨，很可能被誤導以為是瑕疵。

二、用肉眼觀察是否可以看到特徵。使用顯微鏡，要從「正面朝上」開始畫，完成後再將桌面轉向尖底，如圖 10-30 所示。

正面朝上位置

要從所檢查刻面表面開始檢查，然後進入內表面，依序為：檢查中心→檢查桌面→檢查所有星刻面→檢查所有風箏刻面→檢查所有腰上刻面（如圖 10-31 所示）。

尖底朝上位置

要從所檢查刻面表面開始檢查，然後進入內部，依序為：檢查所有亭部主刻面→檢查所有腰下刻面（如圖 10-32 所示）。

腰圍位置

然後，檢查腰圍，包括檢查有沒有刻字。檢查腰圍時，如要轉動鑽石，可用探針協助（如圖 10-33 所示）。不要用手去轉動，因為好不容易擦乾淨的鑽石，又會被手弄髒了。

圖 10-33 以探針轉動鑽石

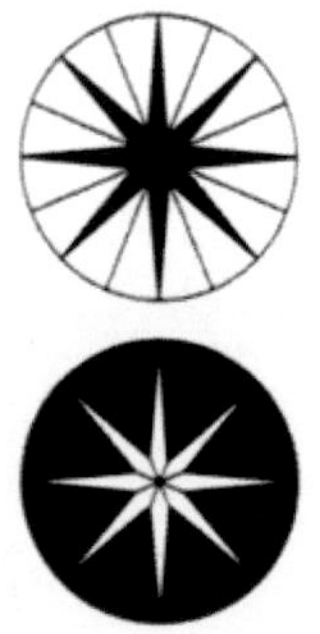

圖 10-32 背面製圖檢查順序

楔型技巧

另外一種方式是所謂「楔型技巧」，亦即先找到一個容易記住的位置例如晶結、額外刻面或是獨特形狀的裂痕，作為起始點。將鑽石正面、背面像切披薩似的等分為八等份，依序繞一圈仔細檢查各等份內是否存在特徵，然後將鑽石翻轉，再依序尋找，如圖 10-34 所示。

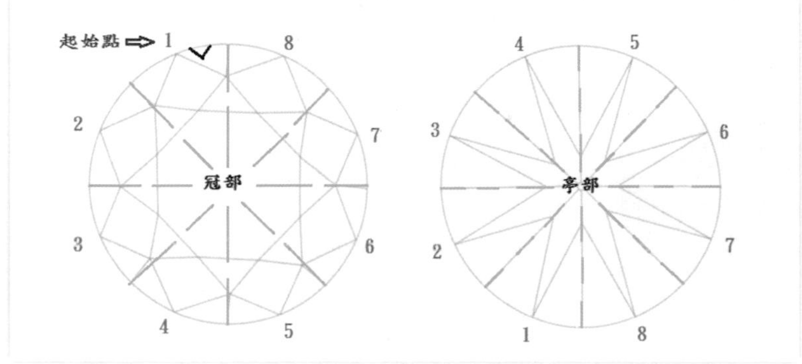

圖 10-34 楔型技巧

製圖順序小訣竅

包括 GIA 在內的任何一本教材，講到鑽石淨度製圖時，都教要先看冠部再看亭部，因為冠部是正面，是觀賞者最先會看的面，也是最受重視的面。但是 GIA 在訓練內部製圖工作人員時，卻要他們先看亭部再看冠部。為什麼呢？因為正面（冠部）刻面多、反射強，常常會隱藏一些內含物，要花點時間找。而背面（亭部）則不同，刻面少又大塊，很容易看到內含物。當在背面（亭部）看到，確定位置後再翻到正面找，就容易多了，可以節省很多時間。其作法是：

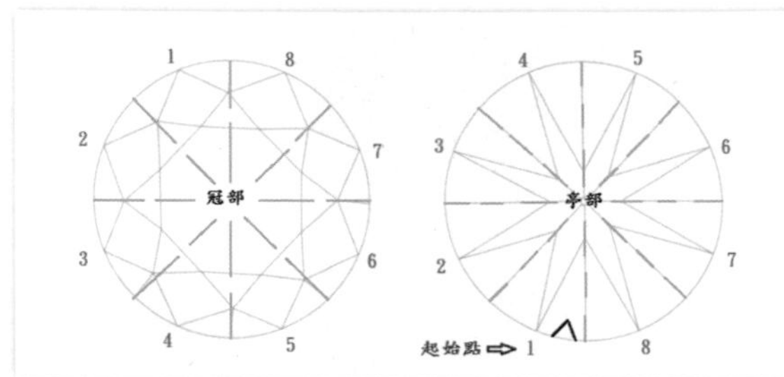

圖 10-35 由亭部起始

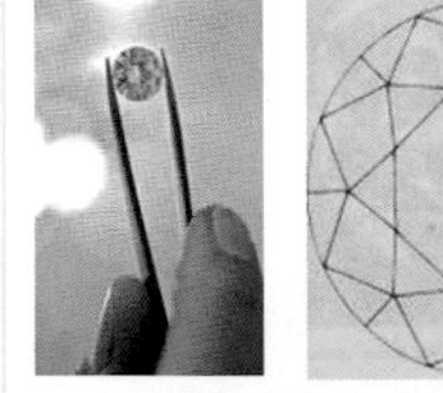
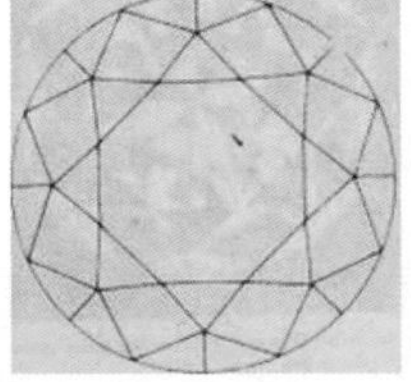
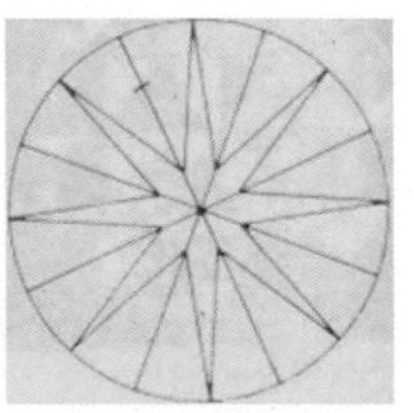
圖 10-36 放大鏡觀察轉動鑽石

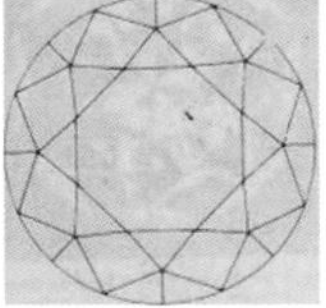
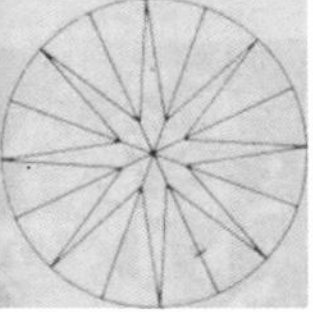
圖 10-37 顯微鏡觀察轉動鑽石

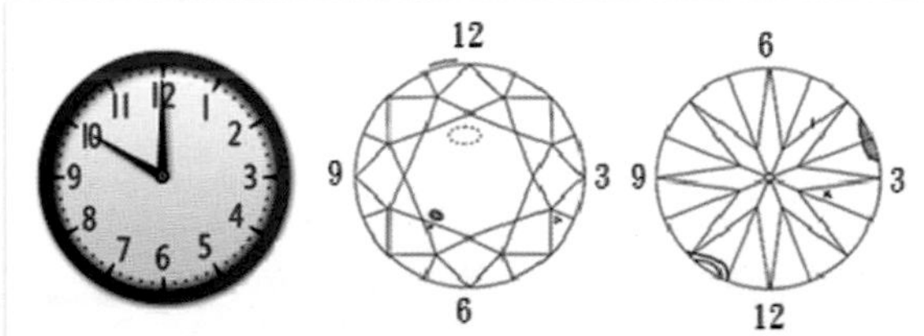

圖 10-38 藉由時鐘點數位置溝通

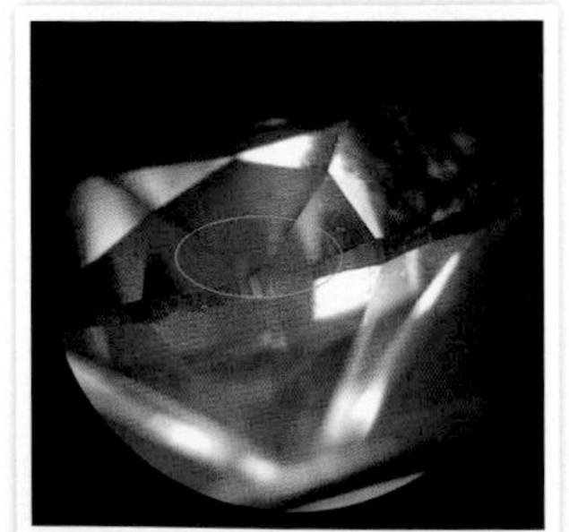
圖 10-39 未清潔乾淨的纖維

圖 10-40 夾子的反射與灰塵

1. 以鑷子在冠部及尖底處夾住鑽石，並觀察亭部。
2. 選擇一個容易記住起始點，例如晶結、額外刻面或是獨特形狀的裂痕。
3. 將鑽石旋轉 360°，並將所有觸及亭部表面的每個瑕疵繪製於亭部圖中。
4. 當回到起始點，將鑽石翻轉，旋轉 360°，並將所有在冠部看到的每個瑕疵繪製於冠部圖中。已經畫在亭部圖中的瑕疵，除非觸及冠部表面，否則不必再畫。
5. 以鑷子在腰圍處夾住鑽石，由冠部觀察鑽石的中心。如果發現尚未畫入的瑕疵，就加繪在冠部圖中。（如圖 10-35 所示）

翻轉鑽石應注意

用鑷子夾以放大鏡觀察正反面時，12 點與 6 點不變，3 點與 9 點對調（如圖 10-36）；若是用顯微鏡觀察正反面時，3 點與 9 點不變，12 點與 6 點對調（如圖 10-37）此兩者不同，說明時應注意。

欲描述淨度特徵位置時，可藉由時鐘點數位置溝通（圖 10-38）。不要將未清潔乾淨的灰塵、纖維或是夾子的反射畫進去（圖 10-39、圖 10-40 ）。如果分不清是雲狀物或是夾子反射（圖 10-41 右下），不妨換個位置夾再觀察。要注意是否為多次反射，如為多次反射（圖 10-42 ），則只要畫一次。同理，如果正反面都有，也只畫一次（有例外，詳見製圖原則）。

製圖原則一

1. 先分級，再製圖（Plotting）。
2. 一眼看下去最大的先畫出來，也就是先畫制定等級的特徵（決定評級的主控因素）。（圖 10-43）
3. 所有內部特徵儘量畫出。
4. 表面特徵儘量不畫。（但需註記於備註中，如圖 10-44 所示） 因為「表面特徵可去除」所以無所謂。既然無所謂，畫無益。不過天然面或／及可作為指認依據者必須畫出，例如增額面（或額外刻面，Extra facet）。

製圖原則二

1. 包括所有冠部刻面，只要是由正面可以看到的特徵，都畫在正面圖上，唯一例外的是，雖然正面可以看到，卻位在亭部表面，此時要畫在背面圖上。另外，腰圍正下方的小缺陷，正面也有可能看不到，就畫在背面圖上。
2. 一個內含物原則上只畫一次，但有兩個例外：（1）由冠部經過腰部一直延伸到亭部的特徵、（2）內含物的反射如果足以影響到外觀及淨度評級。

製圖原則三

1. 製圖時紅色代表內含物；綠色代表表面特徵；內外皆有用雙色；黑色代表額外刻面（或增額面，Extra facet）或金屬。
2. 爪在下面鑲好的鑽石，可將金屬片放在側面反光觀察。要標出爪鑲及額外刻面位置。

小結：觸及亭部表面→畫在亭部圖；觸及冠部表面→畫在冠部圖；不觸及表面→畫在冠部圖；同時觸及冠部與亭部表面→兩個圖都畫；內部→用紅色畫；外部→用綠色畫；額外刻面→用黑色畫。

圖 10-41 夾子反射或是雲狀物

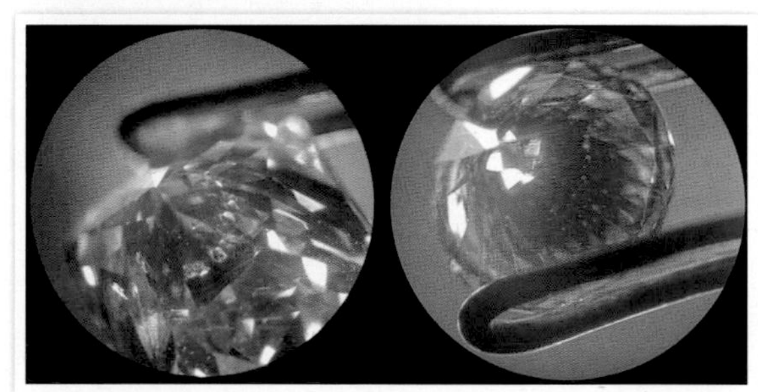

圖 10-42 多次反射

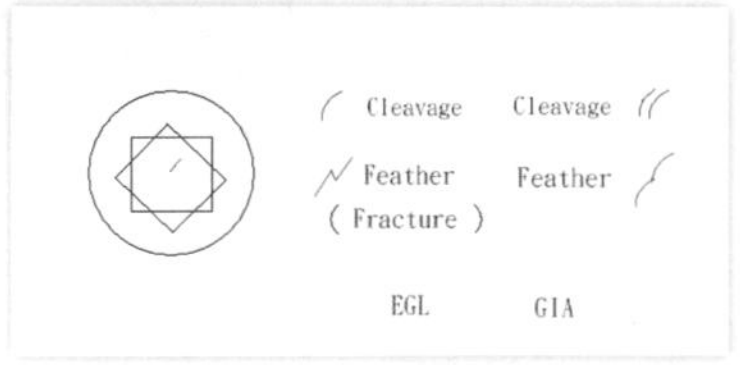

圖 10-43

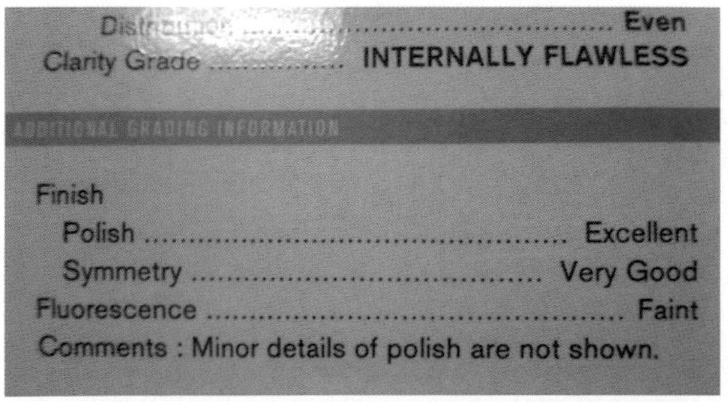

Distribution .... Even
Clarity Grade .... INTERNALLY FLAWLESS
ADDITIONAL GRADING INFORMATION
Finish
Polish .... Excellent
Symmetry .... Very Good
Fluorescence .... Faint
Comments : Minor details of polish are not shown.

圖 10-44 備註欄中註記

10-3

製圖所用符號與簡稱

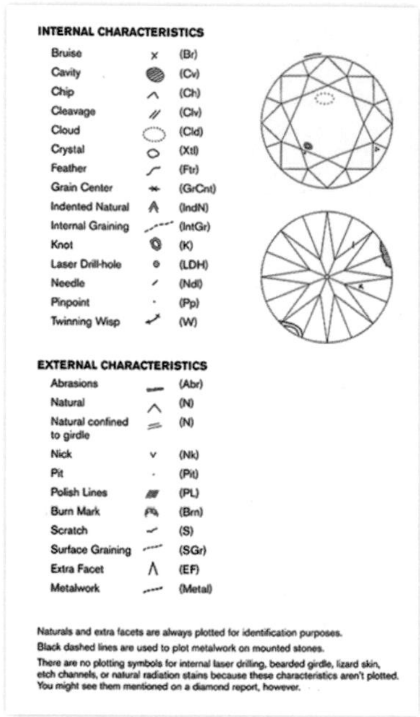

圖 10-45 GIA 的製圖符號與簡稱英文版

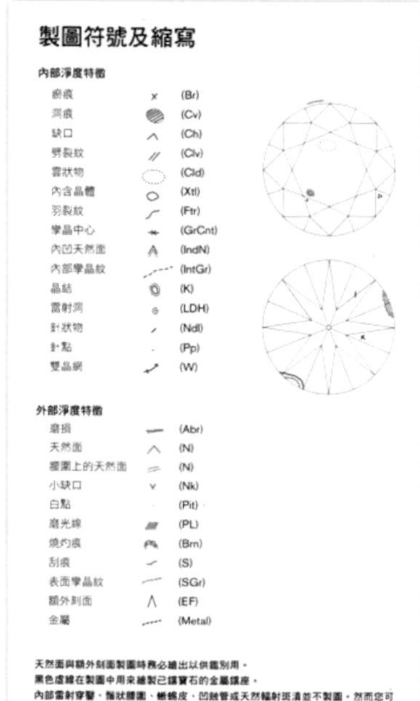

圖 10-46 GIA 的製圖符號與簡稱中文版

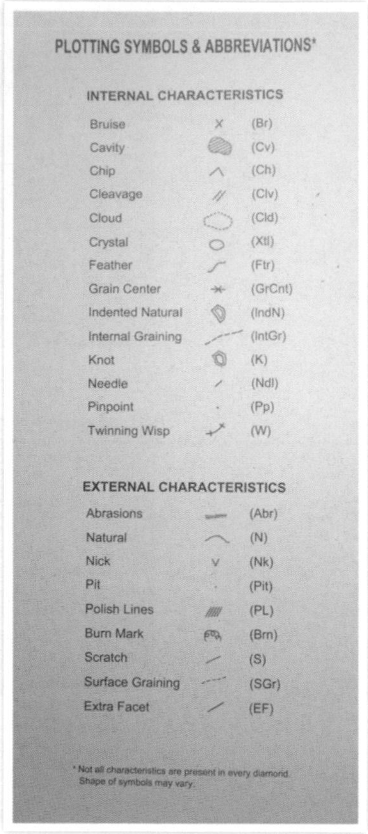

圖 10-47 IGI 的製圖符號與簡稱

內部特征

晶体	针点
云雾	羽状体
撞击痕	针状体
双晶	缺口
解理	胡须（毛边）
孔洞	内部纹理/纹理线
晶瘤（晶结）	激光孔（见第 81 页）
内凹原晶面（N）	

外部特征

原晶面（N）	额外刻面（EF）（黑色）
表面纹理线	划痕
抛光线	

圖 10-48 Gem-A（FGA）的製圖符號與簡稱

GIA 的製圖符號與簡稱

GIA 的製圖符號與簡稱英文版的如圖 10-45 所示，中文版的如圖 10-46 所示。

IGI 的製圖符號與簡稱

IGI 的製圖符號如圖 10-47 所示，經與 GIA 的製圖符號比對，只有 Indented Nature 有差。

Gem-A（FGA）的製圖符號與簡稱

Gem-A 的製圖符號與簡稱如圖 10-48 所示，與 GIA 的製圖符號比對，差異比較多一些。

EGL 的製圖符號與簡稱

EGL 的製圖符號與簡稱如圖 10-49 所示，與 GIA 製圖符號的比對如圖 10-50 所示。

作業時是將圖 10-51 左圖顯微鏡底下看到的內含物分種類，依規定之製圖符號繪製於右圖中。（記錄圓形鑽可採附錄一：圓形鑽石分級表格；花式鑽石可採附錄二：花式鑽石正反面圖。）

EGL製圖說明

製圖時要選擇與鑽石形式及形狀相近之圖案，並在上面標示外部與內部的特徵。EGL USA製圖時刻面是黑色顯示，特徵則分別以紅色和綠色標示，如以下圖示：

Abrasion 磨損	Pit 白點	Bruise 瘀痕	Internal Graining 內部學晶紋
Extra Facet 額外刻面	Polish Lines 磨光線	Cavity 洞痕	Internal Laser Drill 內部雷射鑽孔
Natural 天然面	Scratch 刮痕	Chip 缺口	Knot 晶結
Nick 小缺口	Surface Grinding 表面學晶紋	Cloud 雲狀物	Laser Drill Hole 雷射鑽孔
		Crystal 內含晶體	Needle 針狀物
		Feather 羽裂紋	Pinpoint 針點
		Feather Filled 填充之羽裂紋	Twinning Wisp 雙晶網
		Indented Natural 內凹天然面	

製圖例

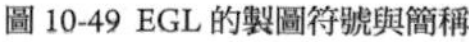

圖 10-49 EGL 的製圖符號與簡稱

EGL				GIA			
特徵名	英文	縮寫	符號	特徵名	英文	縮寫	符號
外部				外部			
原晶面	Natural	N		天然面	Natural	N	
內凹原晶面	Indented natural	IndN		內凹天然面	Indented natural	IndN	or
多餘刻面	Extra Facet	EF		額外刻面	Extra Facet	EF	
表面生長線	Surface Graining	SGr		表面學晶紋	Surface Graining	SGr	
刮傷紋	Scratch	S		刮痕	Scratch	S	不畫
凹坑	Pit	P		白點	Pit	Pit	
刻痕	Nick	Nk		小缺口	Nick	NK	
磨損痕	Abrasion	Abr		磨損痕	Abrasion	Abr	
拋光線	PolishingLines	PL		拋光線	PolishingLines	PL	不畫
拋光痕	Ploish Mark	PM		磨輪痕	Ploish Mark	PM	
燒傷痕	Burn			燒灼痕		Brn	
粗糙腰圍	Rough Girdle	RG		粗糙腰圍	Rough Girdle	RG	
鬚狀腰圍	Bearded Girdle	BG		鬚狀腰圍	Bearded Girdle	BG	
內部				內部			
內含晶體	Included Crystal	Xtl		含晶	Included Crystal	Xtl	
晶瘤	Knot	K		晶結	Knot	K	
解理	Cleavage	Clv		劈裂	Cleavage	Clv	
斷口	Fracture						
羽狀物	Feather	Ftr		羽裂紋	Feather	Ftr	
雲狀物	Cloud	Cld		雲狀物	Cloud	Cld	
針點	Pinpoint	Pp		針點	Pinpoint	Pp	
擊痕	Bruise	Br		瘀痕	Bruise	Br	X
缺口	Chip	Ch		缺口	Chip	Ch	
洞痕	Cavity	Cv		洞痕	Cavity	Cv	
鐳射打孔	LaserDrill-hole	LDH		雷射洞	LaserDrill-hole	LDH	
內部生長線	Internal Graining	IntGr		內部學晶紋	Internal Graining	IntGr	
學晶中心	GrainCenter	GrCnt		學晶中心	Grain Center	GrCnt	
網狀雙晶	Twinning Wisp	W		雙晶網	Twinning Wisp	W	
針狀物	Needle	Ndl		針狀物	Needle	Ndl	

圖 10-50

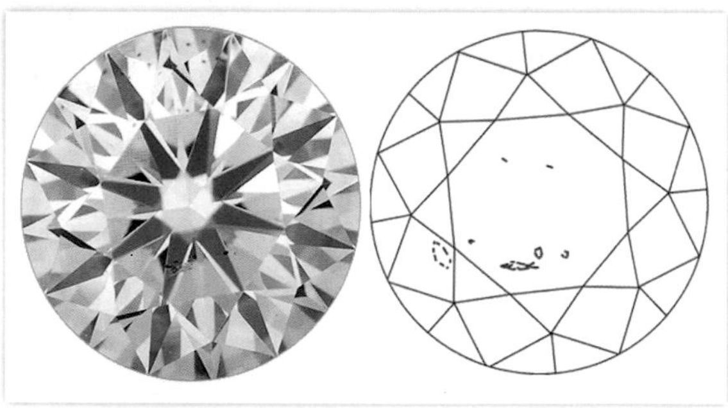

圖 10-51 淨度製圖案例

以下是一張 GIA 的實際製圖例，我們可以看到，右圖中八點鐘方向的內含晶，很清楚地被畫在左圖 GIA 報告書的左下方。

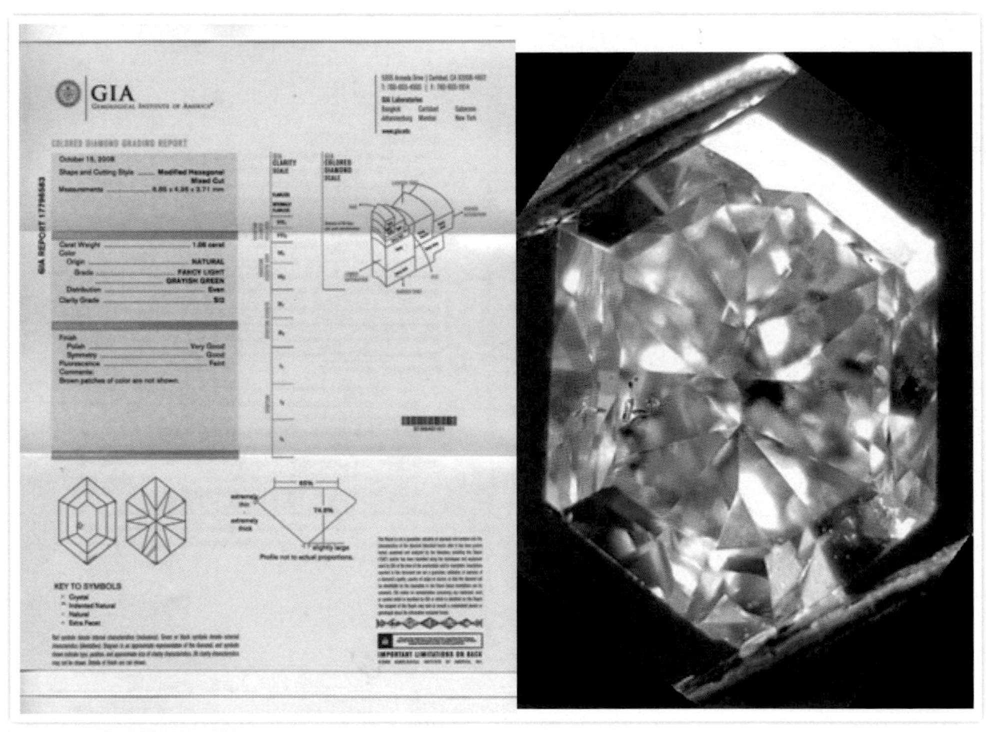

圖 10-52 一顆灰綠鑽的製圖實例

10-4 鑽石特徵的種類介紹

茲按 GIA 製圖符號及縮寫中英文字母順序為例介紹鑽石特徵的種類如次。

圖 10-53 瘀痕的成因（After Prof. Henry A. Hanni SSEF）

圖 10-54 瘀痕的畫法

內部淨度特徵

■瘀痕（Bruise, Br）

GIA 的說法是：「受撞擊的小區域，10× 放大下可見，伴隨著小如根狀的羽裂紋，常發生在刻面交接處。」

→解說瘀痕

鑽石的瘀痕是由尖銳重擊表面所造成（所以亦有稱為擊痕）。與鬚鬚狀類似，因為也會使得小型羽裂紋深入鑽石內部。造成的原因千奇百怪，但幾乎總是離不開切磨者的粗心大意。因為想要快馬加鞭趕進度，切磨者有時候在接觸磨盤時用力過大。雖然說切磨者沒看到此損傷，運氣好的話是有可能沒有嚴重到一定要損失些重量才可將其除去。如果在大顆、淨度等級高的石頭上發現有瘀痕，最好想辦法去掉，因為這樣可以提高這顆石頭最後的價格，是相當值得的。

瘀痕有時候會留下開到表面的凹口或瘡孔。當損傷暴露於表面時，偶爾會出現以生長紋為輪廓的幾何形狀。乍看之下（或某些人會描述認為），瘀痕可能像似表面缺陷，但事實上因為它已進入鑽石面之下，還是該把它當作是內含物。

SSEF 的 Prof. Henry A. Hanni 在其〈常見的寶石受損情形〉一文中有一張照片，很清楚地顯示其造成原因（圖 10-53）。該文中也解釋說：切磨亭部刻面時強力扣緊爪子時，可能會導致擠壓的痕跡。製圖時，瘀痕的畫法是在圖紙相對位置上用紅色畫一個「╳」，如圖 10-54 所示。

■洞痕（Cavity, Cv）

GIA 的說法是：「羽裂紋的一部分破損所形成的角狀開口。」

→解說洞痕

正如其名，洞痕是由鑽石的表面向內凹陷。洞痕有可能在冠部、亭部或腰圍等鑽石的任何位置發現，被視為被圍限起來的內含物。洞痕多多少少對鑽石的整體價值有負面影響，也會影響淨度評級，因為如果經過每天配戴，洞痕可能會陷入油脂及塵埃而變暗。（小洞痕一般比較能接受，

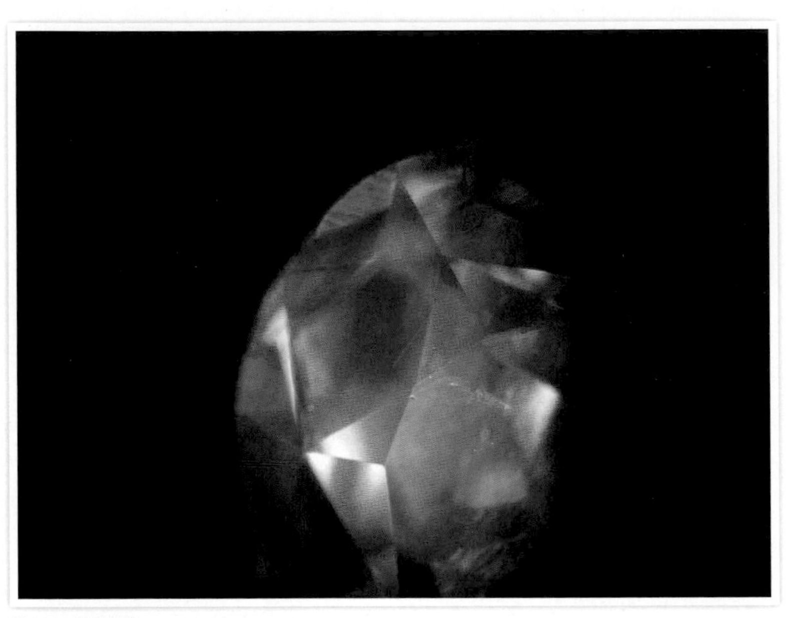

圖 10-55 洞痕照片

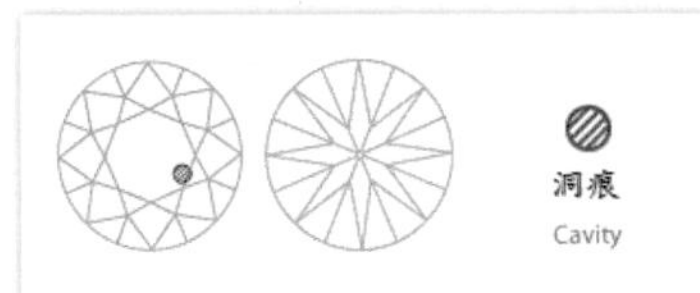

圖 10-56 洞痕的畫法

銷售上也還可以）。

當切磨者處理到內含晶體或羽裂紋時，整個內含物或其中的一小片會掉出來，就留下了洞痕。如果在鑽石上看到洞痕，應該是切磨者刻意留下，而不去除的。之所以做出這樣牽涉到損失重量的決定，價值是考慮的關鍵因素。如果會造成重量嚴重的損失，那麼還不如把內含物，或甚至是表面上小至中的洞痕留下。在大多數的情況下，會選擇寧可淨度等級降低，而能保留較多的重量。

洞痕也有可能是由每天正常配戴所有造成。如果有一個內含物從鑽石的表面延伸至內部，一次銳利的重擊就可能把它趕出來，因而留下洞痕。假設有一個貼近鑽石表面的內含物，又與非常薄的腰圍等脆弱位置很接近，這個位置就很有可能破裂，而再次留下洞痕。

洞痕常常因為油脂及塵埃填入而變暗，但這種情形可用強酸酸洗輕易去除。業者有可能會看著洞痕，把它想像成更糟的內含物，想趕快脫手。而具有知識的消費者購買之後反而有可能會將其酸洗，使其成為一個在 10x 放大鏡下不容易發現的小洞痕。另一方面，暗色的晶體很容易躲在洞痕的後面，這是無法用酸洗去除的。在對鑽石出價前，最好能由各個不同角度以放大鏡仔細檢查，試著找出洞痕的深度與尺寸。當這顆鑽石的擁有者不想處理它，或是不瞭解其潛質的時候，會覺得麻煩，但其實用對方法的話，往往會發現要去除這個洞痕其實是很簡單的事。有的洞痕很難查覺，必須以光線反射洞痕所在刻面的表面才找得到。

前面講製圖原則時說：「紅色代表內含物；綠色代表表面特徵；內外皆有用雙色」，因為洞痕是從表面一直延伸至內部，所以製圖時，洞痕的畫法很有趣，是在圖紙相對位置上畫一個綠色的圈，裡面在畫上紅色的線，如圖 10-56 所示。

缺口（Chip, Ch）

GIA 的說法是：「寶石表面受到破壞所產生的淺開口，常發生於腰圍邊緣，刻面邊緣或尖底。」

→解說缺口

鑽石是種極為堅硬的物質，但是非常堅硬的物質並不等同堅韌的物質，鑽石是很容易被鑿出缺口的。當鑽石破裂時，會破的很突然，留下鋸齒狀的參差不齊邊棱。鑽石的斷口被分類為階梯狀，是因為當損害發生時，會留下不對稱、參差形階梯狀的表面。但是如果缺口正好沿著劈裂面發生（平行於八面體的三角面），會產生平整、幾乎跟刻面一樣的表面。天然面往往會被誤認為缺口，同樣的，缺口也會被誤認為天然面。

圖 10-57

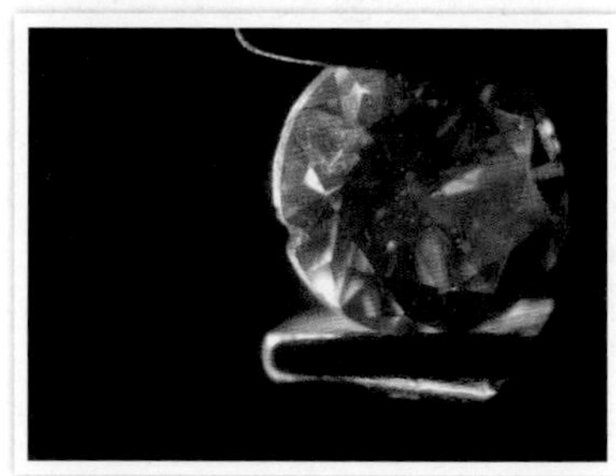

圖 10-58

缺口是證明鑽石為真的最好辦法。其他仿品的缺口都不像鑽石。發生於其它石頭的貝殼狀斷口，平滑、圓形、像貝殼狀，一旦找出來，就可以確認它不是一顆鑽石。圖 10-57 這顆 Argyle 天然粉紅鑽，具有明顯的缺口（Chip）。圖 10-58 是另一顆粉紅鑽的缺口。一般而言，彩鑽看重的是顏色，淨度比較不在乎，但這樣的淨度缺陷你能接受嗎？

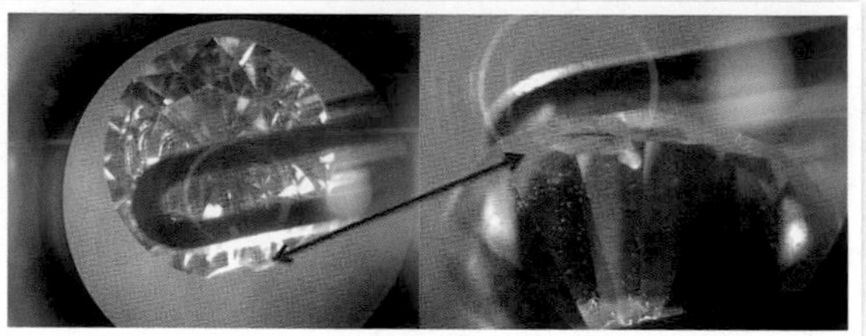

圖 10-59 腰圍上的缺口

缺口比後面要談的小缺口（nick）嚴重許多，小缺口小很多，也比較注意不到。一般而言，想把有缺口的鑽石重新切磨成可以銷售的鑽石，會損失大量重量。缺口在鑽石的每一個部位都可能出現，但在腰圍上或腰圍的周遭最常見（圖 10-59）。腰圍最容易造成缺口，是因為在大多數的鑲嵌做法中，腰圍都是暴露沒有遮蔽的，況且腰圍又是位於亭部與冠部間所形成銳角的頂點（圖 10-60）。桌面與星刻面或是冠部主要刻面間形成的是鈍角，銳角總是比鈍角容易受傷。

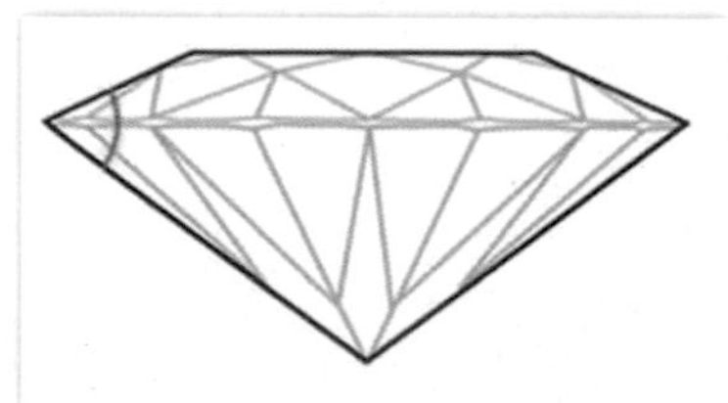

圖 10-60 腰圍的銳角

這就顯示出在切磨的時候，要避免把腰圍磨的非常的薄，一定至少要留下一圈薄腰圍的重要性了。這樣才可以保護鑽石，不至於受到日常佩戴或是以鎳子不當處理的危害。

所以說起來有一種組合，包含以下各種的條件：冠角很平、亭角很平、非常薄的腰圍、再加上有羽裂紋在表面上或接近表面的地方，是一個極端危險的狀況，這樣的做法肯定會造成傷害。那麼為什麼切磨者會把鑽石搞成這樣？有可能純粹為保留重量，或是本身的疏忽所致。

圖 10-61 尖底的缺口

但缺口並非只會出現在腰圍上，其他位置也有可能，譬如說圖 10-61 所示鑽石的尖底破損產生缺口。而圖 10-62 所示，則在腰下刻面處有一缺口，裡面有明顯的階梯狀紋路，缺口左側還有一額外刻面。製圖時，缺口的畫法是在圖紙相對位置上用紅色畫一個「^」，如圖 10-63 所示。

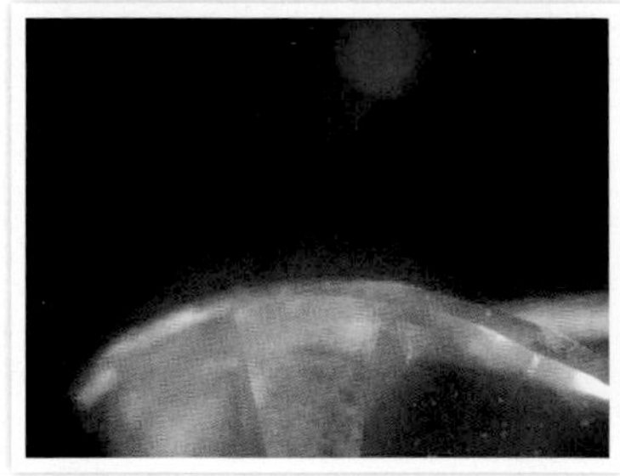
圖 10-62 腰下刻面處的缺口

■**劈裂紋**（Cleavage, Cl）

GIA 的說法是：「沿著原子間脆弱平面所產生的嚴重大型破裂，視為內含物。」

→解說劈裂紋

劈裂紋即第 4 章中所述：原子間缺乏凝聚力的弱面所形成的解理面，如果這個劈裂紋在鑽石內部，就會被視為內含物。如圖 10-64 中一道沿著原子間脆弱平面所產生的轉角羽毛狀內含物，即為劈裂紋。

圖 10-63 缺口的畫法

不像 10-64 中的轉角狀，多數的劈裂紋是單一平面狀、平坦光滑的羽毛狀，與後面會提到的羽裂紋有時會搞混。劈裂也可能會一直延伸到鑽石表面。製圖時，劈裂紋的畫法是在圖紙相對位置上用紅色畫兩條斜線如「//」。

■雲狀物（Cloud, Cld）

GIA 的說法是：「許多緊密聚集的針點，在 10x 放大下可能因太小而看不清單一樣貌，但整體出現模糊外觀。」

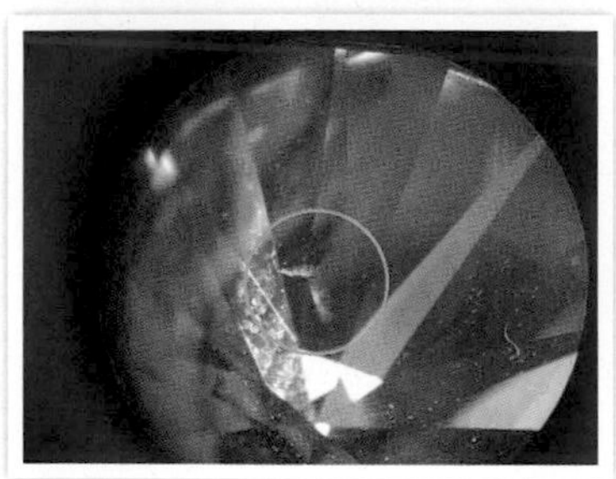
圖 10-64 轉角劈裂紋

圖 10-65 雲狀物

→解說雲狀物

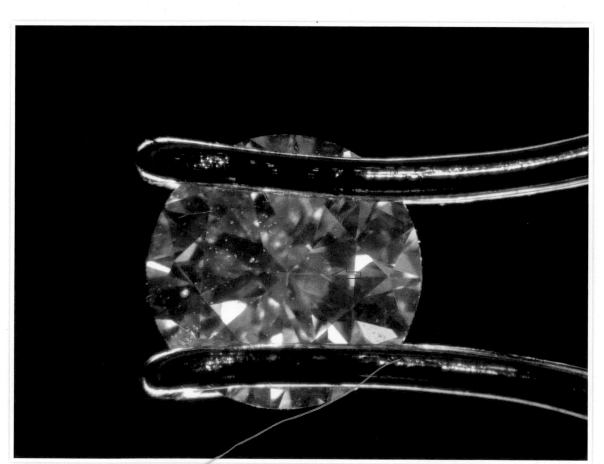

有沒有見過朦朧霧霧或是乳白色的鑽石？有可能是這顆鑽石含有許多分散的雲狀物或是擴及整顆鑽石的一個連續雲狀物。有時雲狀物足以完全遮住使鑽石明亮的光線；但某些雲狀物卻相當微弱，只有在高倍放大下找得到。雲狀物的形狀很多元，不規則形、方的、圓的、甚至心型的都有可能。雲狀物一般是由非常細微的內含物所構成，如果使用高倍率顯微鏡放大觀察，可能可以發現其中的個別晶體或羽裂紋。

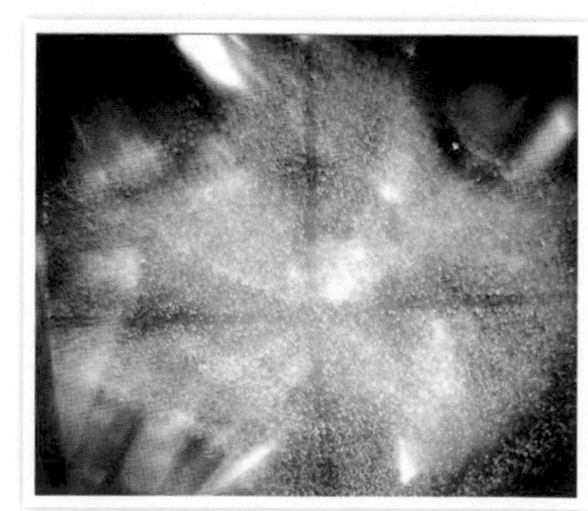

圖 10-66 雲狀物放大觀察

雲狀物在鑽石是中常常出現的，很容易就被忽略了。如果知道有這樣子的內含物存在，在評級時就能很快地認出它們。要找到這些幽靈般的內含物，好的光線非常重要，而暗場照明在此時更特別顯現出其價值。如果評級時只是匆匆看過，大多數人會忽視雲狀物，因而錯過鑽石特徵的細節。

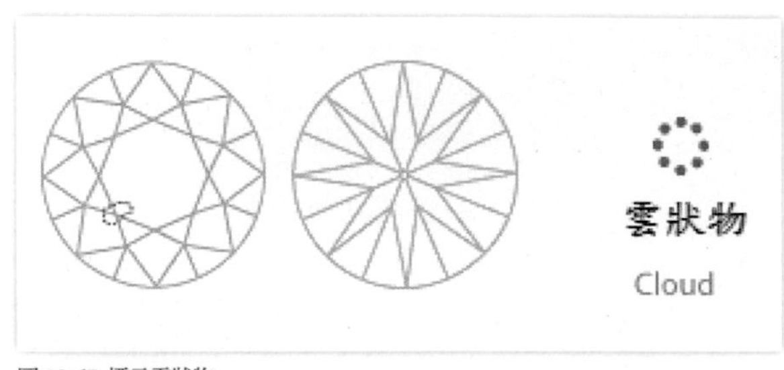

圖 10-67 標示雲狀物

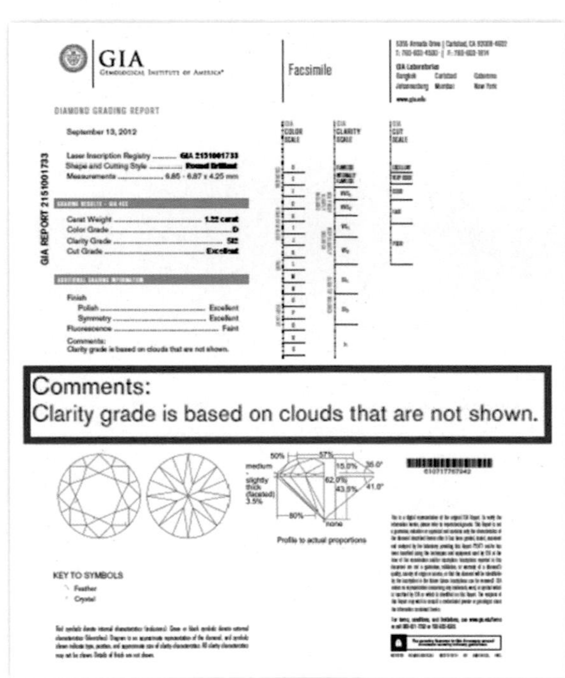

GIA
Gemological Institute of America

Facsimile

GIA Laboratories

Bangkok Carlsbad Gaborone

Johannesburg Mumbai New York

DIAMOND GRADING REPORT

September 13, 2012

GIA REPORT 2151001733

Laser Inscription Registry .... GIA 2151001733

Shape and Cutting Style .... Round Brilliant

Measurements .... 6.85 - 6.87 x 4.25 mm

Carat Weight .... 1.22 carat

Color Grade .... D

Clarity Grade SI2

Cut Grade .... Excellent

Finish

Polish .... Excellent

Symmetry .... Excellent

Fluorescence .... Faint

Comments:
Clarity grade is based on clouds that are not shown.

Comments:
Clarity grade is based on clouds that are not shown.

Profile to actual proportions

KEY TO SYMBOLS

Feather

Crystal

圖 10-68 製圖中未標示雲狀物的 GIA 報告書

製圖時，雲狀物的畫法是將霧朦朦的位置外圍以紅色虛線圈起來，如圖 10-67 所示，不要將其一個一個點出來，或是分太多區塊。嚴重的雲狀物會大幅降低淨度等級，但製圖時為求圖紙乾淨，雲狀物也有可能不畫，而用備註方式表達。例如圖 10-68 中的報告書，製圖部分相當乾淨，淨度評級竟然是 SI2，就是因為雲狀物。

■內含晶體（Crystal, Xtl）

GIA 的說法是：「包覆在鑽石內的礦物晶體。」

→解說內含晶體

一般稱為內含晶，但是在 GIA 報告裡就寫 crystal（晶體）。晶體是相當常見的內含物，正如其名，它是存在於鑽石內一個礦物個體（圖 10-69 ）。鑽石內的晶體種類至少有二十幾種，最多的卻是鑽石自己（圖 10-70 ）。橄欖石或是石榴石會偶爾出現，但在大多數的情況下，看到的是鑽石的個別小晶體，有時候小到好像一堆泡泡。鑽石與某些天然或合成寶石不同，裡面是不可能有氣泡的。這些看似氣泡的東西，如果用高倍率放大觀察，其結晶的幾何形狀就會表現出來。鑽石內偶爾會有碳斑點，同樣的，有可能被認為是暗色的內含物（圖 10-71）。晶體的顏色一般會是白色到暗棕色或灰色。

晶體是相當常見的鑽石內含物，各種顏色都有，AGS 等各鑑定所不時會發布一些特別顏色的內含晶體照片，如圖 10-72 所示，非常漂亮令人驚艷，有人專門收集這類特別的內含晶體鑽石。

製圖時，內含晶體的畫法是將個別晶體一個一個以紅色實線圈起來，如圖 10-73 所示。

圖 10-69 內含晶體

圖 10-71 黑色內含晶照片

圖 10-70 鑽石內含鑽石

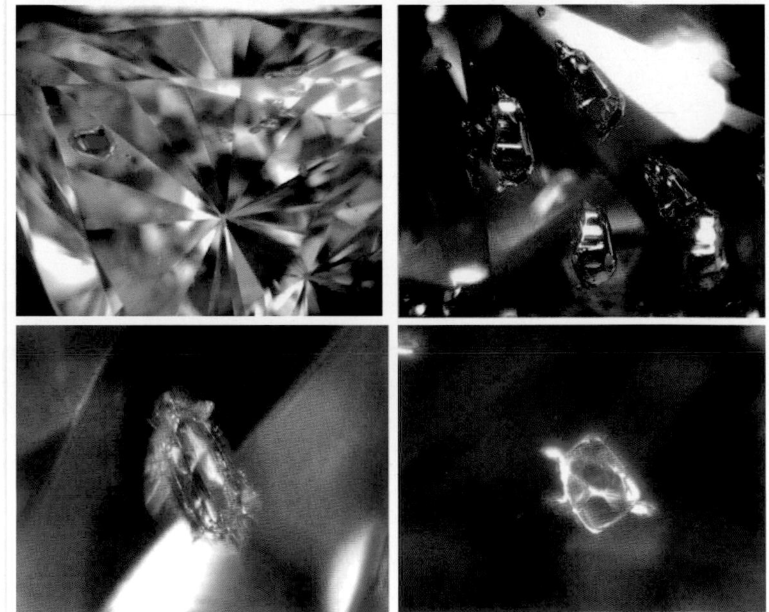
圖 10-72 各種顏色內含晶體（取自 AGS）

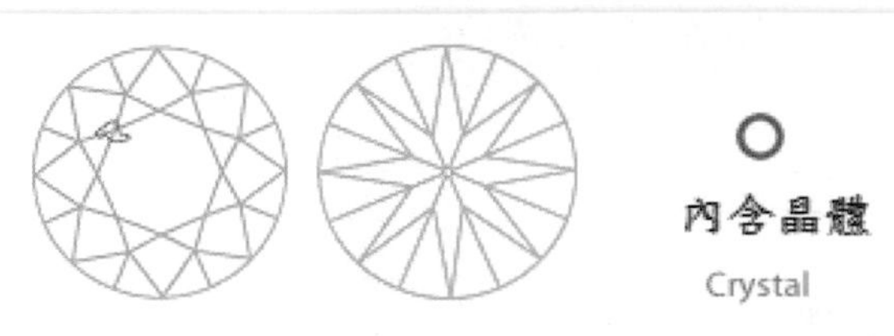

圖 10-73 標示內含晶體

圖 10-74 羽裂紋

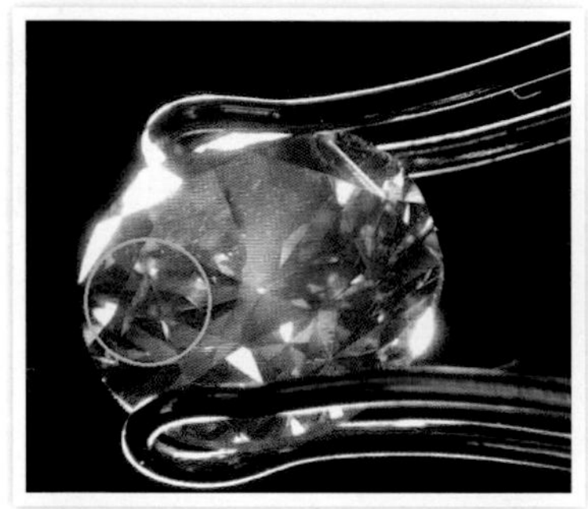
圖 10-75 星刻面上的羽裂紋

圖 10-76 帶淡棕色羽毛狀的內含物

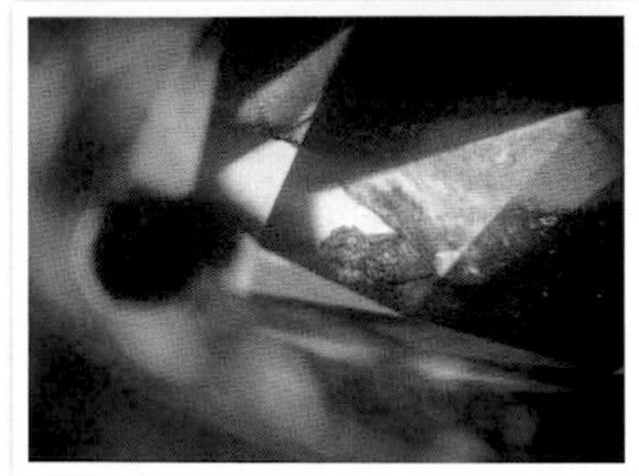
圖 10-77

■羽裂紋（Feather, Ftr）

GIA 的說法是：「寶石內裂紋的統稱，常為白色羽毛狀外觀。」

→解說羽裂紋

羽裂紋（圖 10-74），以鳥的羽毛外觀為名，是鑽石中最常見的內含物，也很容易被發現。它們有時候是透明的，但多半是乳白色或淡棕色到帶點灰的顏色，如圖 10-75 及圖 10-76 所示。

鑽石內看似羽毛狀的內含物，通常是與鑽石的內應力有關，可以分成劈裂（cleavage）與羽裂紋（feather）兩類，端視其在晶體中所處的平面而定。其中劈裂會與八面體之可能的八個面中的一個平行，而且如果能夠打開來看，表面會是相當平坦，有時外觀甚至就像刻面一樣平。

而羽裂紋如果再細分，則可分為天然的內部斷口、張力裂縫及裂痕等三種。斷口羽裂紋，會與分割八面體晶面的某一組生長紋平行。當這種裂紋裂到表面時，外觀會呈現階梯狀而且粗糙或是鋸齒狀。張力裂縫是鑽石內部曾經承受不均勻熱膨脹，所導致圍繞於內含物周邊的扇狀裂縫。裂痕則是不平行於劈裂的羽毛狀裂痕的總稱。羽裂紋有人解釋為癒合裂隙（healed cracks），就表示此為曾經受力裂開，再重新填充結晶過的痕跡。

羽裂紋可能小到看起來像是表面的刮痕（有時稱為髮際羽裂紋），有時候卻可能很大很明顯。羽裂紋愈大，愈有可能影響鑽石的耐用度。有時候羽裂紋遭受切磨時磨輪加諸於石頭的壓力、鑲工師傅的夾壓或是銳利的撞擊，就會繼續延伸，變得更大、更危險。當羽裂紋接近腰圍表面或是帶棕色時是特別麻煩及危險的，如圖 10-77 這一顆棕橘色鑽石，有明顯的羽裂紋，裂紋面相當不平整，而裂隙內壁上的褐色，則可能是硫化物（硫化銅或硫化鐵）。如果想要將此種羽裂紋藏在爪子下，記得要請鑲工師傅特別小心。

販售帶有嚴重瑕疵的鑽石時，業者必須冒個風險，就是顧客可能因為買回去的鑽石上出現了羽裂紋，或是甚至開裂到了表面，而憤怒地回來找你理論。當然，如果交易中資訊已經充分揭露，買方也知道其潛在的危險性的話，自己就要承擔所有的後果。圖 10-78 所示的鑽石在 4 點鐘方向桌面與星刻面交接處有一觸及表面的羽裂紋，使得買方擔心而不願購買。

羽裂紋的樣子各種形狀都有可能，如圖 10-79 中的羽裂紋就有點向該圖右上角的台灣地圖，非常有趣。

圖 10-78 觸及表面的羽裂紋

圖 10-79 像台灣的羽裂紋

實際觀察時，常有人會分不清楚所觀察到的是羽裂紋，是前述的內含晶體，還是其他內含物。圖 10-80 中，9 至 10 點方向有一內含物，如分不清楚是什麼，稍微轉動一下，就可以分出是線狀、平面狀或是立體狀，例如右圖中很清楚就是一道羽裂紋。

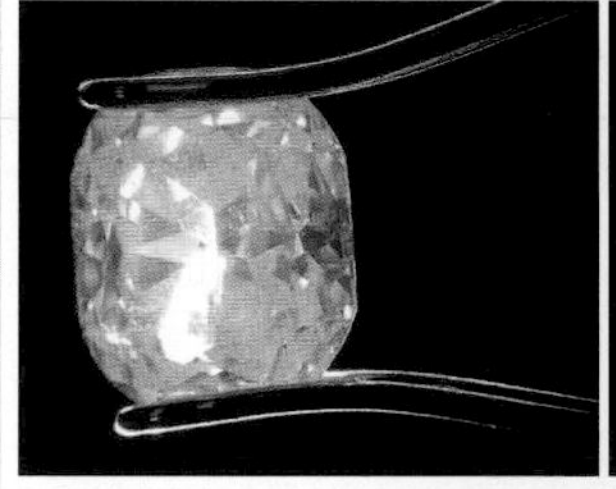

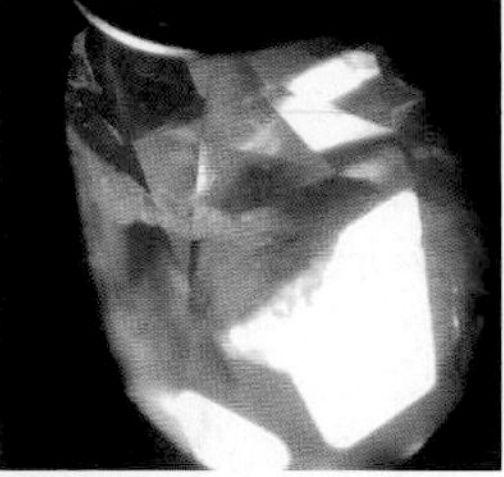

圖 10-80 分辨羽裂紋

有的多層次羽裂紋的外觀呈現彩虹狀多彩（圖 10-81），有許多人會把它誤認為裂縫填充的結果。不要將多層次羽裂紋與裂縫填充搞混了，因為這種彩虹狀外觀是內含物，最有可能是羽裂紋或裂隙，呈現出多彩的外觀。多層次羽裂紋往往開口會觸及表面，但並不必然如此。裂隙與裂縫填充的結果間最明顯的差異就是顏色的一致性。裂隙像彩虹般，表現出多種顏色，而裂縫填充依鑽石位置不同表現出特定、單一的顏色。（同一顆鑽石在一個位置閃藍光，在另一個不同位置可能閃綠光）。總歸起來說，在鑽石不同位置，看到單一而不同顏色的閃光，是裂縫填充的結果；如果在同一位置，看到各種不同顏色的閃光，就是裂隙或羽裂紋。

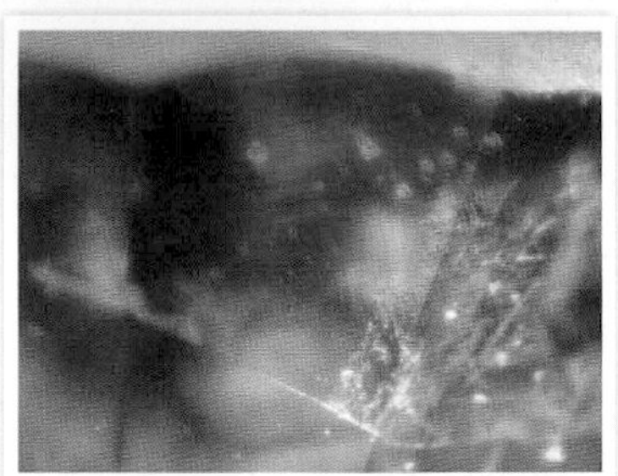

圖 10-81 鑽石內彩虹狀閃光

製圖時，羽裂紋的畫法是沿著羽裂紋位置以紅色實線標示，這條紅線可以是直線，也可以是曲線，或者在中間稍作轉折表現出羽毛飄逸的樣子，如圖 10-82 所示。但最好不要畫成直線，因為鑽石內另外一種特徵針狀物的表示法是紅色直線，怕把兩者搞混了。

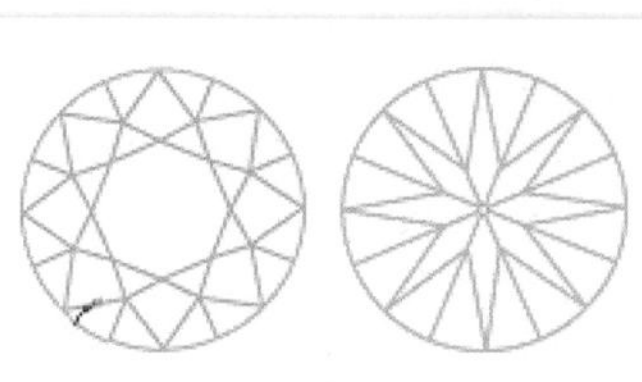

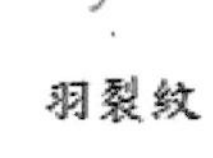

圖 10-82 標示羽裂紋

圖 10-83 鑽中鑽

■攣晶中心（Grain Center, GrCnt）
GIA 的說法是：「晶體扭曲的小塊集中區域，可為白色或深色，亦可能呈現線狀或針點狀外觀。」

→解說攣晶中心
所謂「攣晶中心」，有些書本上認為是「由於鑽石晶體生長的不規則，造成鑽石內部扭曲的小塊集中區域」。但我們看圖 10-83 中鑽石晶體內部又有一個八面體的晶體（有人稱之為鑽中鑽），其中內部八面體上下三角形面的生長紋如果再靠近些，或換個特定方向看，就會形成集中於一點的 4 個星芒，這樣就構成了攣晶中心。但這些生長紋是自然生長的痕跡，把它們稱作「不規則」，似乎有點牽強。

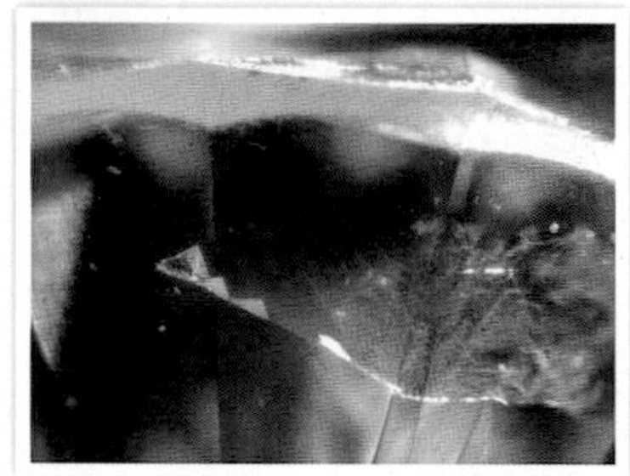
圖 10-84 攣晶中心

當然，鑽石內部的生長紋，並非都像圖中所示那麼規則，可能稍微有點扭曲，或一部分不明顯，但這些規則或不規則的生長紋集中區域，我們都可將其視為攣晶中心。因此攣晶中心的圖案可能是 4 星芒、三角形、其他圖形，甚至一片朦朧，如圖 10-84 所示。

■內凹天然面（Indented Nature,IndN）
GIA 的說法是：「原石表皮的一部分，在鑽石經磨光之後低陷於鑽石表面下，或是觸及表面的晶體在磨光過程中掉落所形成的開口。」

→解說內凹天然面
有時為了保留重量，切磨者被迫留下內凹天然面。就鑽石而言，天然面非常普遍，它們可以指引切磨者如何由原石中獲得可能的最大重量。藉由留下對立的天然面，切磨者可以知道這顆石頭可能曾經有過的最大直徑。這樣的天然面位於橫過原石的最窄直徑上。當其形成小峽谷或凹陷時，切磨者可以選擇保留這個特徵，而不需要因去除它而造成損失大量重量。

內凹天然面比平的天然面更嚴重，因為它就像洞痕一樣，有聚集塵埃與油脂的趨勢，會使得外觀看起來暗。但是這些髒是很容易被清除的，不會留下任何污垢。洞痕比較脆弱，而天然面不論內凹與否，畢竟是經過歲月千錘百鍊的考驗才存活下來的，堅固度上總是好了很多。

理想的天然面不致對鑽石的真圓度或對稱有所減損，從冠部往下看，也是察覺不到的。應該是完全地包覆在腰圍之中，或者在冠部與天然面間，至少要有些許的腰圍。在放大觀察下，有些天然面稍微蔓延到冠部或亭部，只有這樣才能由冠部觀察時察覺到。僅僅經過亭部的天然面比冠部的天然面容易隱藏。內凹天然面延伸至已經拋磨好的鑽石表面之下，因此被視為內含物。

內凹天然面不一定在腰圍上，圖 10-85 所示為星刻面上的內凹天然面，圖 10-86 所示則為腰下刻面上的內凹天然面，當以探針碰觸時，會有掉下去的感覺。

圖 10-85 星刻面上的內凹天然面

製圖時，內凹天然面的畫法是以紅色綠色上下兩道的實線標示，如圖 10-87 所示。

圖 10-86 腰下刻面上的內凹天然面

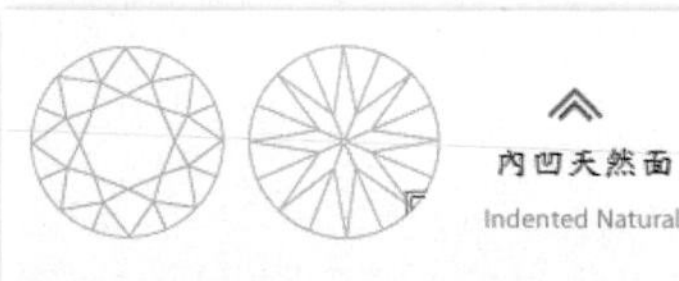

圖 10-87 標示內凹天然面

■ **內部孿晶紋**（Internal Graining, IntGr）

GIA 的說法是：「可為線狀、角狀或彎曲線條，亦可呈白色、有色或明亮反光或在十倍放大鏡下影響透明度的不規則晶體生長所產生。」

→解說內部孿晶紋

內部孿晶紋可能被稱作生長紋、孿晶紋、wisps（晶網）及 knot lines（晶結線）。如同我們在孿晶中心一節中所見，所謂「孿晶紋」，有可能是生長紋，或是不同晶體的交接面所形成的紋理（孿晶紋）。這些紋理如果規則生長，則有可能是平行的直線，或是多條平行的直線。但也有可能因為鑽石顆粒構造的不規則，而形成波浪狀的條紋，如果這些生長紋或交接面條紋位於不同的方向，就可能構成四方形、菱形等不同的幾何圖形。

還有另外一種可能的「孿晶紋」，就是組成鑽石的結構排差（dislocation，寶石學上常稱為晶格錯亂），如果是單一方向的排差，就可能形成一直線，或是多條平行的直線，如圖 10-89 所示。

圖 10-88 內部孿晶紋

圖 10-89 彩色內部孿晶紋

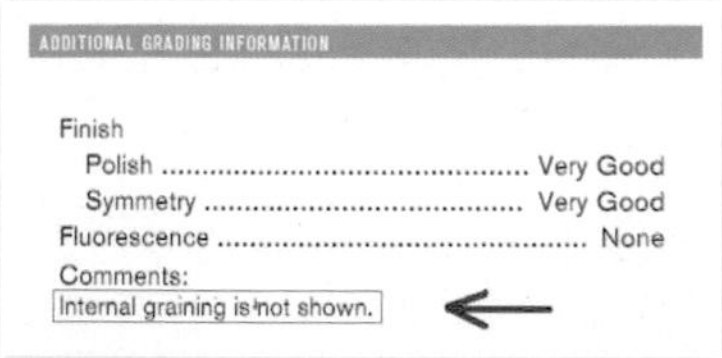

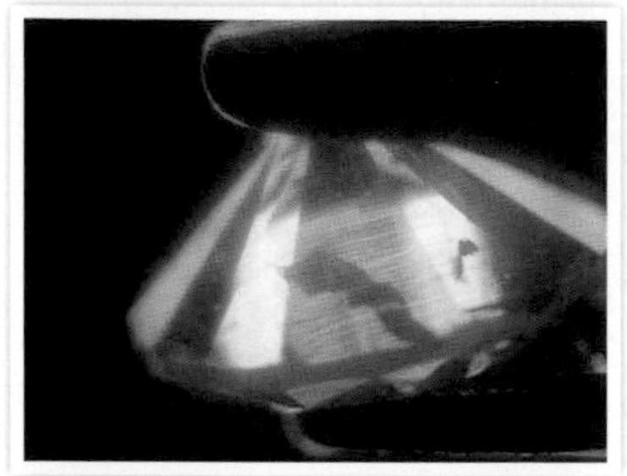

ADDITIONAL GRADING INFORMATION

Finish
Polish .... Very Good
Symmetry .... Very Good
Fluorescence .... None
Comments:
Internal graining is not shown.

圖 10-90 孿晶紋未標示

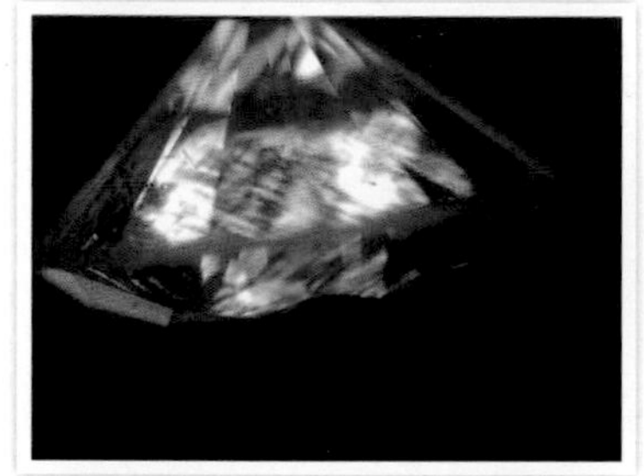

圖 10-91 這一顆紫彩鑽上的孿晶紋在暗場照明下已經綿密到像是編織的榻榻米。

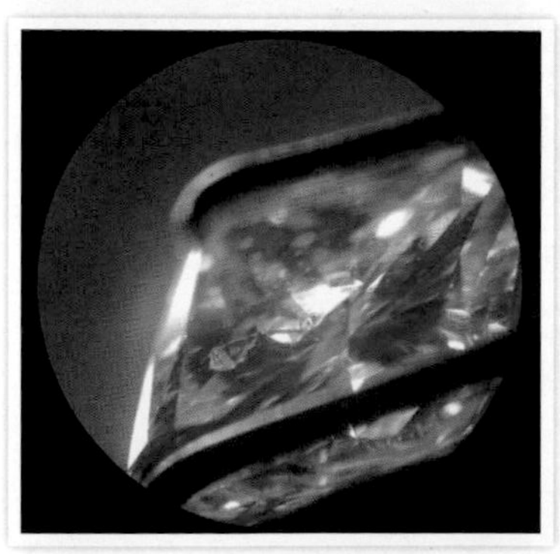

圖 10-92 一顆天然粉彩鑽上的榻榻米現象孿晶紋。

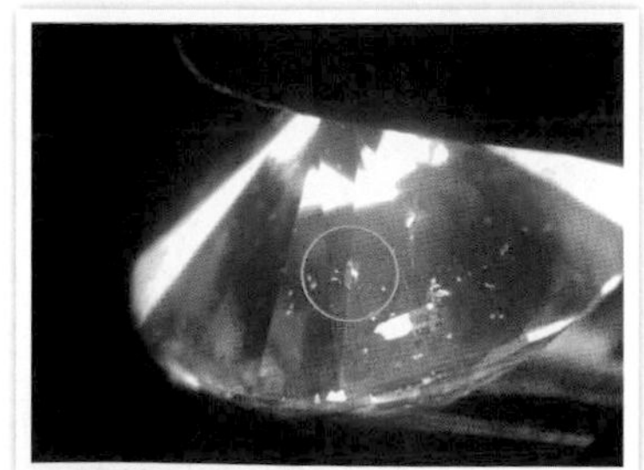

圖 10-93 晶結

圖 10-94 稜線上的晶結

「孿晶紋」線條可能是無色、灰白色或是其他隱隱約約的顏色，其分佈可能呈大面積或是局部的，對鑽石的淨度有可能會造成相當影響。初學者常常將其與拋光紋搞混，然而內部孿晶紋可以由其長度及深度簡單辨識出來的。拋光紋出現在各個刻面的表面，隨著刻面變換，拋光紋的方向也會改變。孿晶紋跨越好幾個刻面的寬度或長度，而且是在鑽石表面的下方。

→孿晶紋對淨度的影響與記錄

孿晶紋如果雖然明顯但是是透明無色的，就不影響淨度等級。孿晶紋如果嚴重些，例如說明顯度高（白色或有顏色的）、數量多、面積大，就會對淨度等級造成影響。但無論造成影響與否，均不必在製圖上顯示，但必須在報告書中加以記錄，例如 GIA 的報告書中，一般是在備註欄中會載有：「graining line is not shown」（孿晶紋未標示）如圖 10-90 所示。

→榻榻米現象

前述各種相同或不同的「孿晶紋」，如果很綿密；或是發展於兩個不平行方向，就會產生交叉的影線，寶石學上常將此綿密與交叉影線稱之為「榻榻米現象」，如圖 10-91 所示。當觀察榻榻米時，我們會發現不同方向的線條是上下交錯的；鑽石的 ' 榻榻米現象 ' 也是上下交錯的，甚至會帶不同的色系，因此將其稱之為「榻榻米現象」，其實是很正確的。

但正因為如此，試圖單以顯微鏡暗場照明觀察到「榻榻米現象」，有時是有些困難的，因為除非交錯的線位於同一平面上（或極為接近），否則顯微鏡對焦時，只能看到其中一組，無法看到另外一組，就無法形成交叉影像，所以要觀察鑽石的 ' 榻榻米現象 '，往往必須使用特殊光源，在特定角度下觀察，如圖 10-92 所示。

■晶結（Knot, K）

GIA 的說法是：「在切磨後，延伸至表面的內含鑽石晶體。」

→解說晶結

晶結又稱晶瘤，是粒狀構造的不平整。在磨除過程中，於表面的位置磨開了一個內含晶，這個內含晶有可能被磨開後整個被帶出來，而在表面上留下一個開口（圖 10-93）；也有可能這個內含晶被磨成兩半，有一半留在鑽石中，而在表面上留下足以佐證的幾何圖形線條，如圖 10-94 所示。晶結在拋磨鑽石的過程中，帶給切磨者很多麻煩事。當磨除材料時，遭遇到的一個晶結，會使得刻面的切磨幾乎完全停頓。切磨者必須重新調整切入的角度，拋磨才可能重新獲得進展。

含有晶結的刻面，由於要找到一個好位置來磨不容易，所以一般拋光都拋的不好。晶結的周遭往往會看到一堆蔓生拖曳線（圖 10-95）。如果要將一顆有晶結的鑽石重新切磨，因為要花上很多時間的緣故，其費用自然相當可觀。就大部份狀況而言，晶結會出現在鑽石的表面下，因此被歸類為內含物。

圖 10-95 晶結蔓生拖曳線

製圖時，晶結的畫法是以綠色在外，紅色在內的兩道實線圈標示，如圖 10-96 所示。

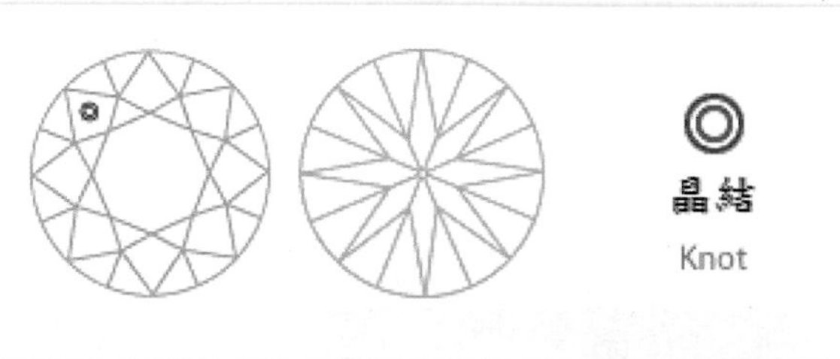

圖 10-96 標示晶結

■**雷射洞**（Laser Drill-hole,LDH）

GIA 的說法是：「因雷射光束所產生觸及表面的小管洞。」

→解說雷射鑽孔

業者常常使用雷射鑽孔以改善鑽石的外觀。一個肉眼可以看到的暗色內含物，一般而言會以高強度雷射光束鑽洞。當洞鑽至內含物後，鑽石會以酸洗的方式去除黑暗，或以漂白的方式淡化內含物的顏色。一般是希望鑽孔者將雷射鑽孔的方向及位置事先能做整體的考量。（如圖 10-97）

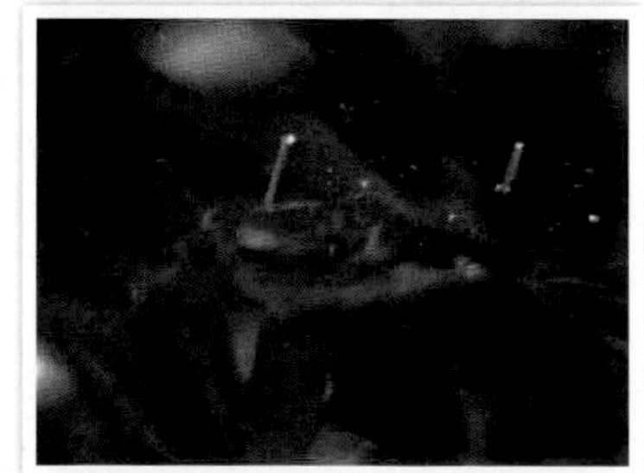
圖 10-97 雷射鑽孔

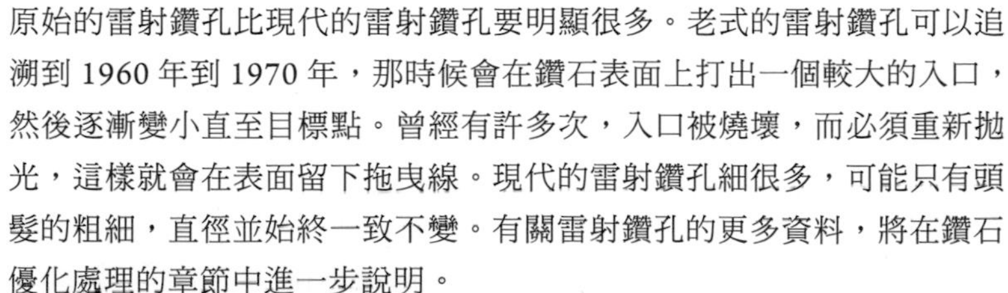

原始的雷射鑽孔比現代的雷射鑽孔要明顯很多。老式的雷射鑽孔可以追溯到 1960 年到 1970 年，那時候會在鑽石表面上打出一個較大的入口，然後逐漸變小直至目標點。曾經有許多次，入口被燒壞，而必須重新拋光，這樣就會在表面留下拖曳線。現代的雷射鑽孔細很多，可能只有頭髮的粗細，直徑並始終一致不變。有關雷射鑽孔的更多資料，將在鑽石優化處理的章節中進一步說明。

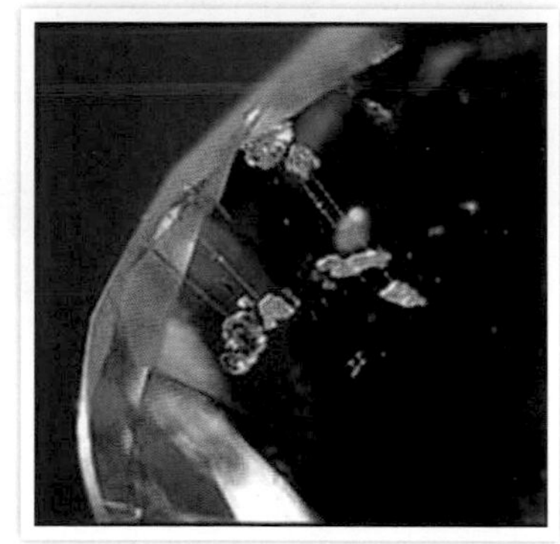
圖 10-98 雷射鑽孔往往會在隱匿的方向及位置

有時候雷射鑽孔沒照計畫好的進行，錯失目標，有可能會造成很多條鑽孔線，把鑽石搞的比之前更糟。並非所有的鑽石都適合鑽孔，想要進行雷射鑽孔前，最好就欲處理之鑽石先諮詢專家的意見。

雷射鑽孔一般是針對淨度在 SI2 到 I 級的鑽石，希望能藉此提升至少一級，並使鑽石美麗好賣。要暗色內含物？還是要明顯看起來不自然的鑽孔？往往會使人陷入取捨的迷失中。

美國聯邦貿易署 FTC，規定鑽石中雷射鑽孔的資訊必須透明。事實上鑽石產業比 FTC 更早有此認知。為了估價及下一位購買者的權益，檢視所有鑽石中是否有此負面特徵，是非常重要的。即使在淨度等級高的鑽石中，依然可能會有小而不起眼的鑽孔存在。

圖 10-99 標示雷射鑽孔

製圖時，晶結的畫法是以綠色圓圈在外，內部則有一紅色圓點在內的符號標示，如圖 10-99 所示。

某些天然的內含物會被誤以為是雷射鑽孔，包括針狀晶體及凹蝕管（凹蝕特徵）如圖 10-100。凹蝕管非常特別，很容易被誤認為是雷射鑽孔。其長度多變，會成直線或是階梯形。凹蝕管的中間是空的，當突出鑽石表面時，其六角形或矩形的斷面就呈現出來了。凹蝕管很容易藉由其帶角的型態被辨認出來，相對而言，雷射鑽孔多呈直線或是稍微彎曲（由於折射彎曲）。

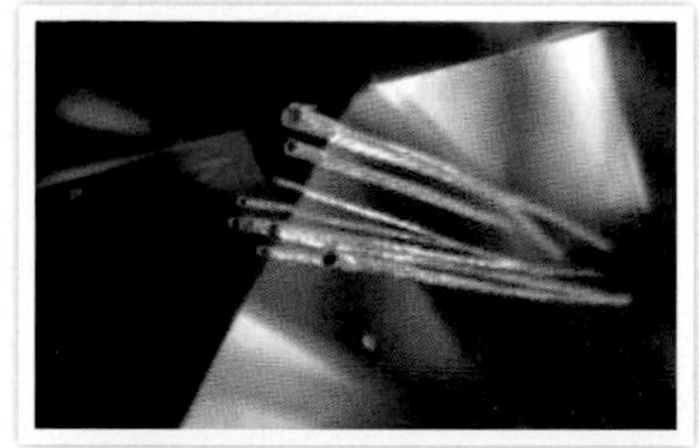

圖 10-100 凹蝕管 courtesy All about Gemstones

遇到凹蝕管的機會很少，所以該怎麼畫在圖 10-46 GIA 製圖符號中並沒有顯示，其實凹蝕管是以紅色在外，綠色在內的兩圈正方形來標示，如圖 10-101 實際報告書案例所示。

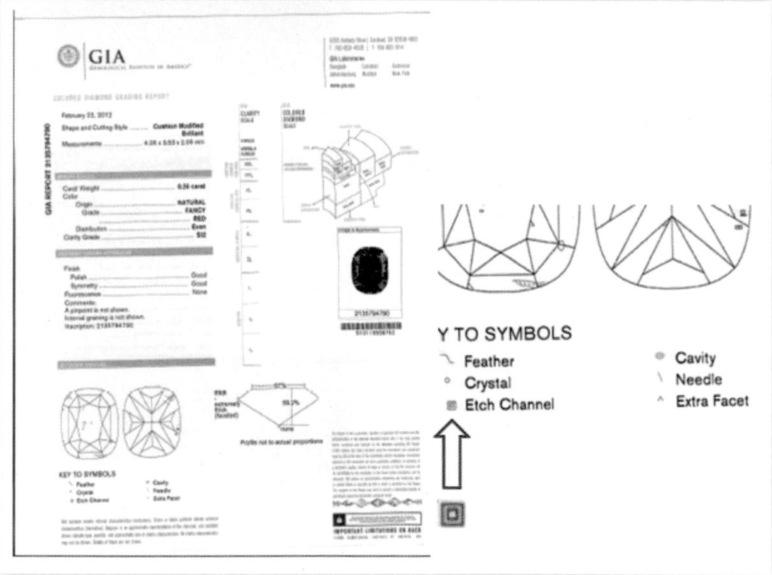

圖 10-101 凹蝕管符號實例

■**針狀物（Needle, Ndl）**

GIA 的說法是：「在 10x 放大下看起來像細針的細長晶體。」

→解說針狀物

所謂針狀物簡單講就是瘦長的晶體，當然在高倍放大下，針狀物有可能是內含晶的樣子，但我們是要以 10x 放大為準，10x 放大下為針狀就是針狀物，不要定為內含晶。欲確認針狀物，就找出其幾何圖案的外形及尖頭端。有時候，經由檢視針狀物群簇的幾何圖案徵象，可以辨識出鑽石原石的大致外形。針狀物又再次有可能被誤以為是雷射鑽孔，但只要經過仔細檢查，其間差異是非常顯著的。

製圖時，針狀物的畫法是沿著針狀物位置以紅色直線標示，如圖 10-104 所示。

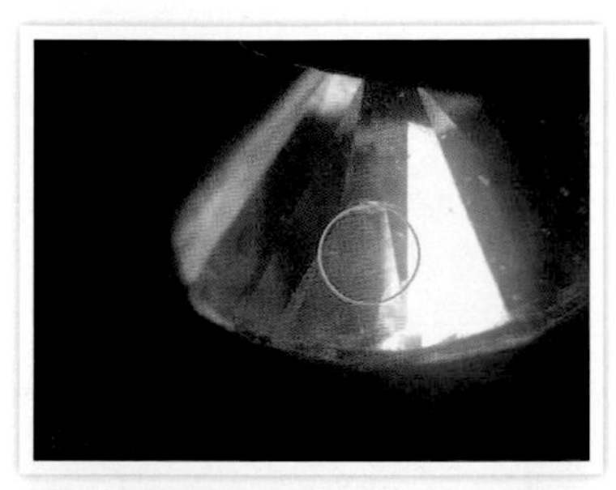
圖 10-103 針狀物

■**針點（Pinpoint, Pp）**

GIA 的說法是：「很小的內含晶體，在 10x 放大下看起來像很小的點。」（如圖 10-105）

→解說針點

一連串的針點，其實是很小的內含晶體，有可能被誤以為是雷射鑽孔。針點有可能群集，也有可能像散佈的斑點。大部份時候是白色，而有時候在 10x 放大下可以看出其幾何圖案來。因為太小了，用 10x 放大都無法認清楚其晶體之三維空間形態，所以習慣上會將針點評在淨度的 VVS 級。同樣屬內含物，如果比較大，在 10x 放大下可以看出其形狀，就稱為內含晶。針點隨大小不同，大致可以表現出二維的形狀。

圖 10-104 標示針狀物

製圖時，針點的畫法是在針點的位置點上紅點標示，如圖 10-106 所示。

如果鑽石上只有針點，數量又不多，一般會評為 VVS 級，製圖時可指註記不必畫出，如圖 10-107 所示。

圖 10-105 針點

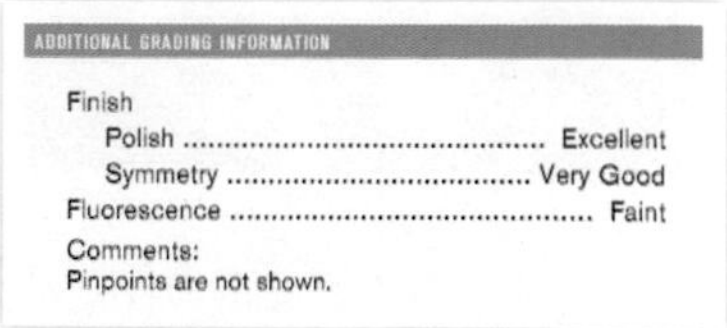

圖 10-106 標示針點

ADDITIONAL GRADING INFORMATION

Finish
Polish .... Excellent
Symmetry .... Very Good
Fluorescence .... Faint
Comments:
Pinpoints are not shown.

圖 10-107 註記針點

圖 10-108 晶體扭曲的雙晶網

圖 10-109 雙晶網放大觀察

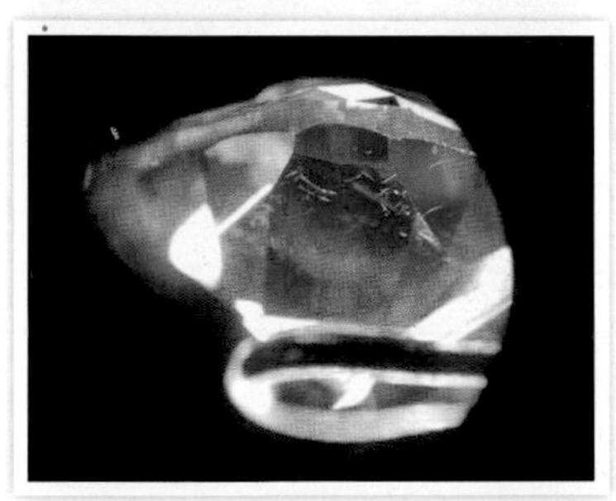
圖 10-110 漣漪般的小波紋雙晶網

圖 10-111 白線狀雙晶網

■雙晶網（Twinning Wisp,W）

GIA 將雙晶網定義為「一連串的針點、雲狀物或含晶形成於鑽石的生長面上，與鑽石晶體扭曲和雙晶面有關」。

→解說雙晶網

如同大多數內含物一樣，雙晶網是在鑽石成形時就發生了。當鑽石歷經不規則生長，周圍環境因而被扭曲，可能致使在孿晶面內糾結產生針點、小內含晶和細小的羽裂紋等內含物，如圖 10-108 及圖 10-109 所示。

雙晶網看起來可以像漣漪般的小波紋、白色小條帶或是幾條模糊的線，如圖 10-110 及圖 10-111 所示。即使在淨度差的鑽石中，大多數雙晶網還是很難被發現，因為它們總是非常細小。但如果鑽石結構內有可以看到細線，也就是說明顯有雙晶網，那麼淨度就可能會是 SI1 或以下。

內含物對鑽石而言是相當常見的，惟內含物的種類對鑽石的影響卻大大不同。有些內含物會對鑽石的淨度和耐久性產生不利的影響，然而雙晶網可能是所有可能出現的內含物中最不會造成問題的內含物。

製圖時，雙晶網的畫法是在雙晶網的位置畫上像單軌鐵道的紅線，如圖 10-112 所示。

有時候將雙晶網一一標示出來，會使得圖紙看起來很髒亂（圖 10-113），因此可以仿效與其本質相似的「孿晶紋」之處理模式，亦即選擇只註記在備註欄而不在圖紙上標記，如圖 10-114 所示。

外部淨度特徵

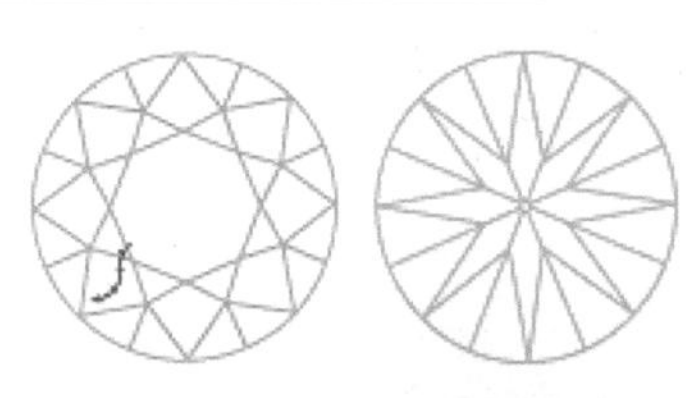

圖 10-112 標示雙晶網

■磨損（Abrasion, Abr）

GIA 的說法是：「沿著已切磨鑽石刻面稜線一連串細微的小缺口，使刻面邊緣出現霧的外觀。」

→解說磨損

造成刻面磨損的最大可能是切磨時沒調好與生長紋間方向，或是沒在磨盤上適度添加油與鑽石粉的混合物。如前所述，切磨師在拋光鑽石的每一個面時，必須垂直於被磨掉區域中佔最多個別生長紋的方向。就像是木匠的橫鋸，選擇與生長紋正交的方向鋸，會更有效率、更簡單和更快。同樣的原理也可以用於鑽石，如果沒對好生長紋，刻面切磨就會慢很多，留下明顯的拋光紋，以及磨損的刻面邊緣與表面。有時候，尤其是磨鑽石的亭部（底部）時，切磨師如果放任磨盤太乾，就可能會灰灰的（輕微磨損）。略帶灰的白色或是灰色的現象，有可能很明顯，也有可能微弱到要花很多時間去找。

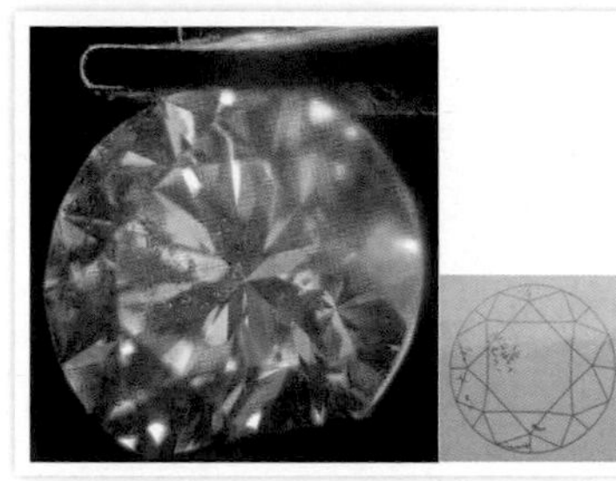

圖 10-113 雙晶網標示案例

ADDITIONAL GRADING INFORMATION

Finish
Polish .... Very Good
Symmetry .... Very Good
Fluorescence .... None
Comments:
Additional twinning wisps are not shown.
Surface graining is not shown.

圖 10-114 備註欄註記雙晶網

把多顆鑽石儲存在同一個小包裡，也可能在鑽石表面造成磨損或是刮痕。這種情形在品質差或是小鑽尤然，因為即便如此，其價值亦不會像大鑽或價高的鑽石受到的影響那麼嚴重。

鑽石也可能因經常性佩戴而磨損。鑲嵌好的鑽石，與堅硬面接觸磨損很多年後，在冠部會有微小缺口。再者，由於鑽石很硬，就會比較脆一點。一般而言，磨損可以在損失極少重量的情況下被移除。刻面經過重新拋磨，就可以產生只有鑽石才有的銳利邊線。

圖 10-115 刻面稜線的磨損

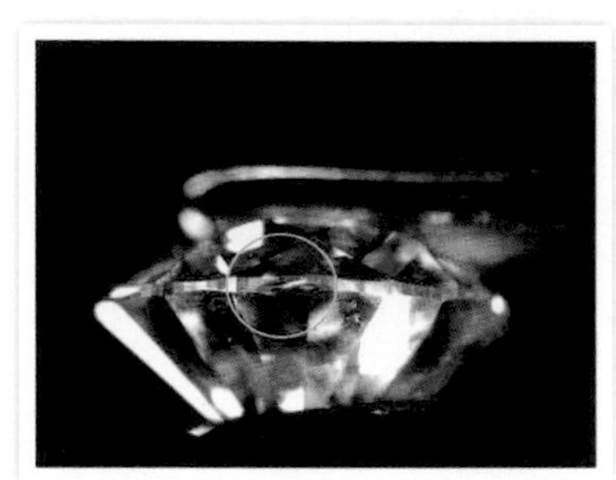

圖 10-116

♣ 表示鑽石原石與切磨後成品腰圍的交接處，由此可以看出：天然面經常出現在腰圍上，有時並在腰圍對面兩點同時出現。

圖 10-117 天然面是鑽石原石的外皮

■**天然面**（Nature N）

GIA 的說法是：「留在已切磨鑽石表面上的原石表皮區域，通常位於靠近腰圍或在腰圍面上。」

→解說天然面

天然面是鑽石原石的原始表面，或者說是鑽石的外皮（圖 10-117），可能更容易理解。鑽石的任何部位都有可能出現天然面，但在腰圍是最常見的。天然面的尺寸將決定其究竟為瑕疵，或是可容許的特徵。

當切磨者並不很在意淨度的話，可能就會把天然面留在冠部或亭部。譬如說在淨度等級 I 的鑽石，天然面即使大，也對淨度評級沒什麼影響，因此保留重量反倒是最優先的考量（重量越重，價值越高）。

理想的天然面應該是完全地包覆在腰圍之中，不會突出到冠部或亭部。突出到冠部的天然面比突出到亭部的天然面更不利，因為當由上往下看石頭時，進入到亭部的天然面有可能沒被發現。當天然面在冠部出現時，很明顯地，非常容易被看到也會被納入淨度評級的考量。

圖 10-118 進入到亭部的天然面

淨度評級高的石頭，切磨者必須對拋磨完成後，天然面到底有多大預先心裡有數。切磨者的目標是要使兩個位於對立位置、大小相同的天然面，由冠部觀察時，可以小到被隱藏起來。也就是說，要天然面不可以妨礙到這顆鑽石的外形。

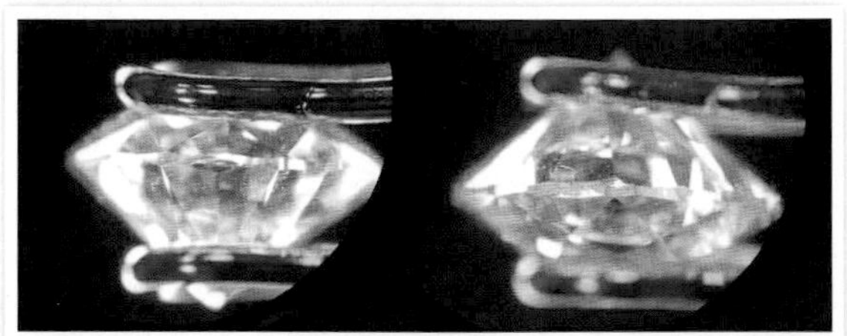
圖 10-119 對面的兩個天然面

當觀察鑽石時，特別留意腰圍的位置，如果發現了第一個天然面，將鑽石轉 180°，看看切磨者在保留重量上，做得夠不夠好。如果是為了其他理由，例如為了去除某些內含物，對立位置的天然面就可能不復存在。

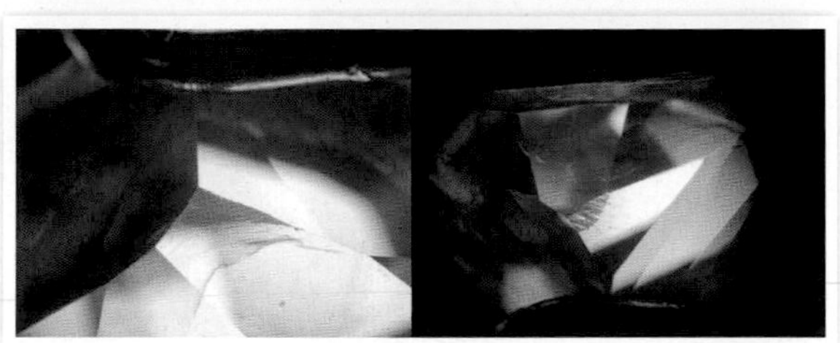
圖 10-120 對面的兩個天然面與裂紋

如圖 10-119 所示，當發現了第一個天然面，將鑽石轉 180°，看到另一個天然面。再看另一個案例，圖 10-120 中，左圖為天然面與裂紋，右圖為與左圖同一顆鑽石，翻到另一側出現另一個天然面。

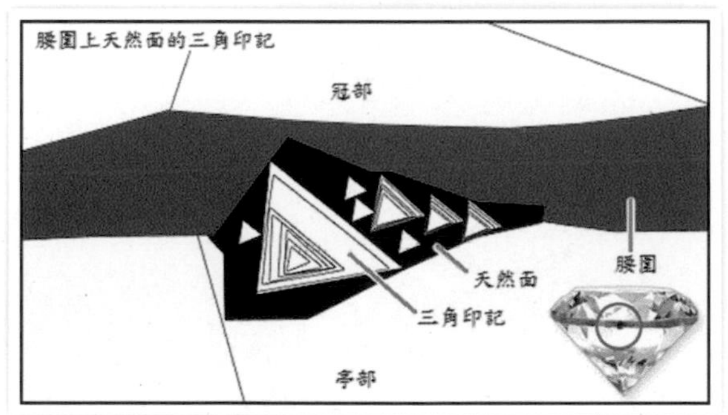

圖 10-121 天然面上的三角印記

天然面是分辨真假鑽的最佳利器。三角印記（Trigons），在前面的章節中解釋過是壓印在天然面上的三角形，如圖 10-121 所示。三角印記往往在天然面中出現，也顯示出鑽石生長紋的方向讓切磨者知道。另外，天然面也可能有因輻射而造成的斑漬。天然面有獨特的長相，與缺口或是刻面截然不同，必須很努力地熟悉這個相當普遍的特徵。

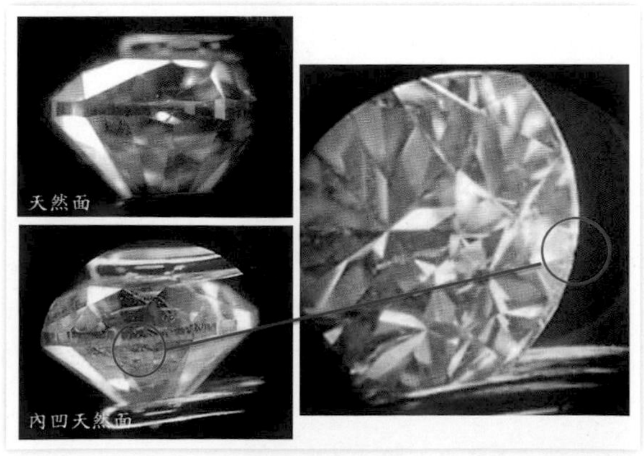

圖 10-122 天然面與內凹天然面

→天然面與內凹天然面

某些天然面看起來就像是刻面一般，而有些則很粗糙，甚至有可能被誤認為是缺口。在解說內部淨度特徵時，我們提過內凹天然面（Indented Nature,IndN），現在我們講天然面，兩者應該如何區分？以圖 10-122 為例，左上為天然面，左下為另外一顆鑽石的天然面，兩者俱為天然面。惟左下之鑽石如果由冠部觀察，會發現腰圍處因其天然面而有內凹之現象，左上的鑽石則不會。內凹天然面狀似洞痕，因為位於鑽石的表面之下，因此被視為內含物。所以可以把左上鑽石的特徵歸類為天然面，

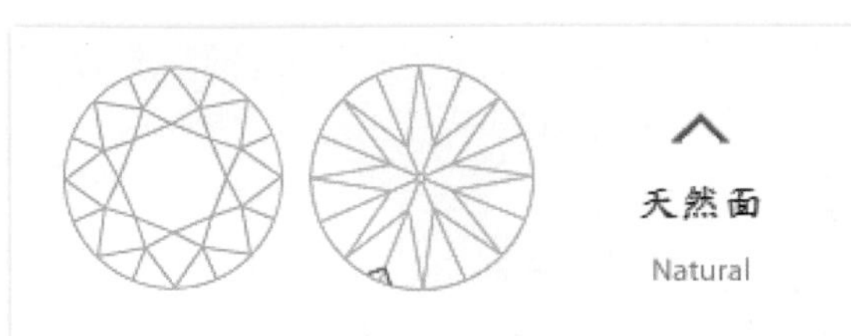

圖 10-123 標示天然面

而將左下鑽石的特徵歸類為內凹天然面。

製圖時，天然面的畫法是在天然面的位置畫上綠色的折線，如圖 10-123 所示。

→腰圍上的天然面

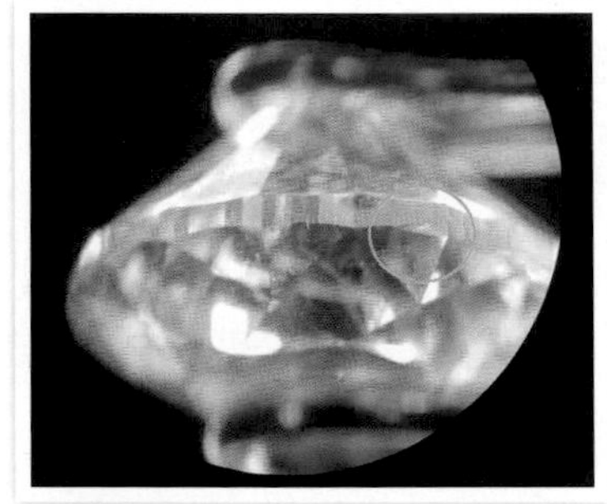

圖 10-124 腰圍上的天然面

GIA 製圖符號中除了「天然面」外另有「腰圍上的天然面」。誠如前述，其實天然面多半在腰圍上，如圖 10-124 所示。GIA 製圖符號還將「天然面」與「腰圍上的天然面」特別區分開來，天然面是以綠色的折線表示，而腰圍上的天然面是以綠色的直線及黑色的線各一條表示。如果注意看，天然面綠色的線畫在底圖的腰圍處，而底圖線條的顏色本來就是黑色，當然就是綠色的線及黑色的線在一起。那麼如何區分「天然面」與「腰圍上的天然面」的畫法呢？如果天然面完全在腰圍範圍內，沒有突出到冠部或亭部，那麼就是一個「腰圍上的天然面」，就用直線畫。如果天然面超過腰圍範圍，突出到冠部或亭部，那麼就是一個「天然面」，就用綠色的折線畫，突向哪一個面，綠色折線的尖頭就往那個方向。

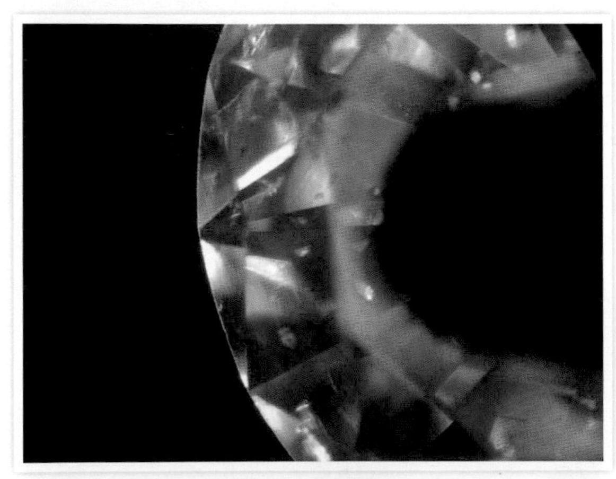

圖 10-125 小缺口

■**小缺口（Nick, NK）**

GIA 的說法是：「在 10 倍放大下不具有明顯深度的缺口，常見於腰圍邊緣或尖底。」

→解說小缺口

小缺口（Nick）是在鑽石上任何位置都可能發現的小型缺口（small chip），一般呈楔形。最常見的位置是腰圍或尖底，尤其是腰圍非常薄或尖銳時，理由與前面所談的缺口（Chip）相同，但 Chip 總是比較大些，如圖 10-126 所示。 日常生活中的磨擦或撕扯等機械力，會使鑽石付出損壞的代價。小缺口在某些鑽石的桌面周圍也會出現，是因為這個位置總是會承受一大堆粗魯的觸碰。要區分小缺口與內含物，可以調整光線越過鑽石造成反射時，集中注意鑽石表面的變化情形。切磨者可以在重量損失非常少（0.01 ct. 或更少）的情況下移除小缺口。

圖 10-126 缺口（Chip）

腰圍上的小缺口（Nick）換個角度看，也可能是鬚狀腰圍（Bearding BG），如圖 10-127 所示。

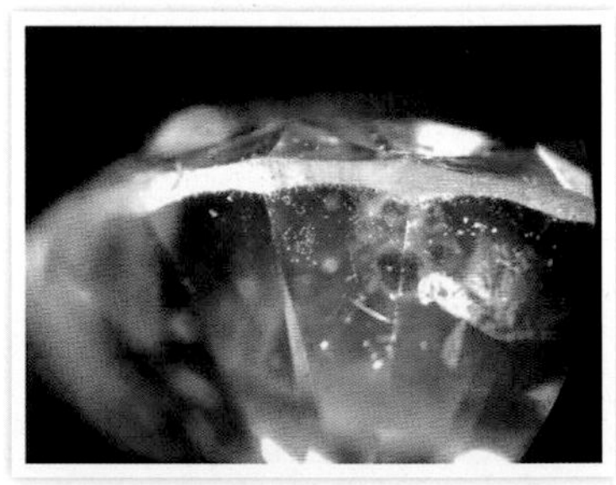
圖 10-127 鬚狀腰圍

■白點（Pit, Pit）

GIA 的說法是：「看起來像細小白點狀的小開口。」

→解說白點

白點是正好位於鑽石刻面上，原本非常小的內含晶體，拋磨時被破壞了，而在鑽石表面上形成的微小開口。要觀察白點，光線一定要調好，必須造成刻面反射，才得以看到拋光面上細微的不規則處，如圖 10-129 所示。白點一般是白色到灰白色的微小斑點，但也不見得一定是白色，顏色也有暗一點的。在相當多的案例中，可以幾乎不損失重量就能將白點去掉，但也有可能愈拋光，白點愈多。

圖 10-128 白點

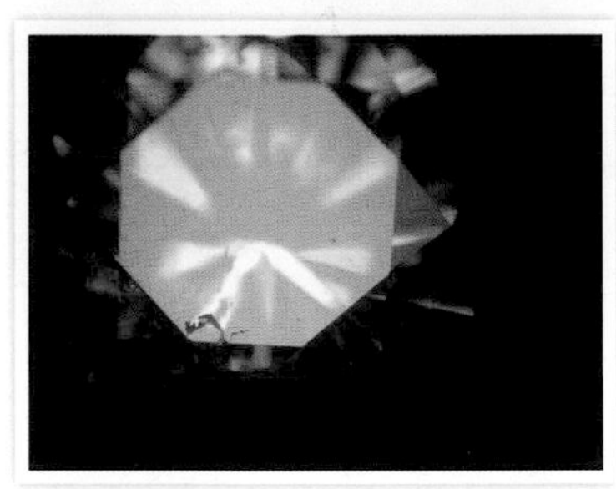
圖 10-129 刻面反光

圖 10-130 腰下刻面的磨光線

圖 10-131 風箏刻面的磨光線

圖 10-132 星刻面的磨光線

圖 10-133 晶結使磨輪跳動所產生的磨光線

■**磨光線**（Polish Line,PL）

GIA 的說法是：「磨光後所留下輕微細小的平行紋路，可發生於任何刻面，但不會越過刻面邊線，可能透明或白色。」

→解說磨光線

即使顏色及淨度等級高的鑽石，也常常見到磨光線。當 GIA 報告書將抛光一項評為「Good」或「Very Good」時，大概就是發現有磨光線，即使只是很微弱的磨光線。縱然抛光是「Excellent」，但只要仔仔細細多找一會兒，總還是有機會發現非常微弱的磨光線。抛光的等級愈高，能在表面上見到的磨光線愈少。其實對抛磨者而言，並不是很容易的。比方說，碰到晶結或是生長紋不規則時，就會使抛磨困難，也變很慢，而留下看得見的磨光線，如圖 10-133 及圖 10-134 所示。磨輪若是沒有準備妥當，就沒辦法抛磨的好。

些許微弱的磨光線，不會對鑽石的亮光或價值造成很大的影響。抛光被 GIA 報告書評為「Very Good」及「Excellent」時，對鑽石的銷售肯定是有助益的，也因而能略為增加其價值。另一方面，抛光被評為「Fair 到 Good」（或較低等級）時，勢必對鑽石的銷售不利，也因而能略為降低其價值。

就一般人能接觸到的大多數石頭而言，磨光線其實是鑑別鑽石非常好的一種方法。前面的章節中討論過，共有 12 條個別的生長紋通過鑽石原石的每一個面。即便鑽石的一部份被切掉，這些生長紋依然會影響切磨的位置，這件事切磨者必須始終牢記在心。也就是說，當進行抛光，去除部份材料時，一定要與生長紋垂直正交。因此鑽石上的磨光線會有許多不同方向，而其他大部份較軟的石頭就只會有一個方向（圖 10-135）。

磨光痕是由於切磨時，處理鑽石生長紋所衍生的問題。其實磨光所留下的痕跡不只磨光線乙項，還會有所謂蜥蜴皮、燒灼紋粗、糙腰圍等分別詮釋如次。

■**蜥蜴皮（Lizard Skin）**

GIA 的說法是：「在已切磨鑽石表面上如波浪狀或凸起的區域。」

圖 10-134 天然面造成的磨光線

→解說蜥蜴皮

拋光痕形成的蜥蜴皮與磨損的刻面很可能是由於切磨時與生長方向不垂直或晶瘤（晶結）所致。前面章節提過：當欲對某一生長紋進行拋磨時，必須以垂直該生長紋的方向進行，如果偏太多，那麼就會產生不正常的表面紋理。這種情形有時候嚴重到表面好像被燒過似的。表面有一種泡泡狀效應，感覺好像是被霜覆蓋似的。有些業者稱此為蜥蜴皮。

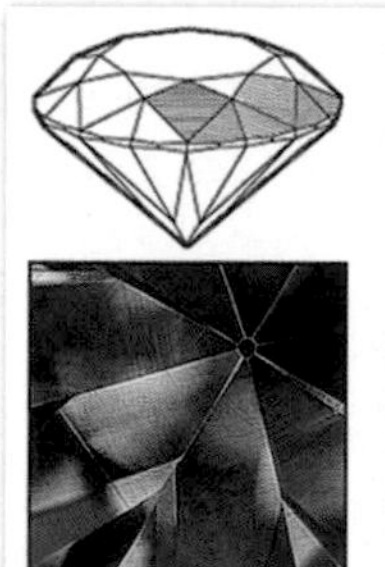

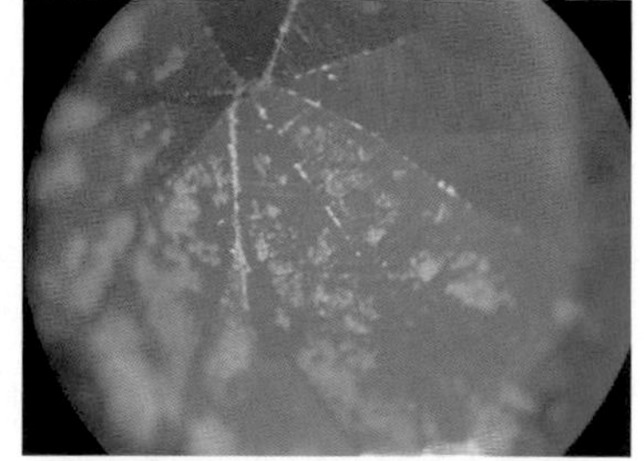

圖 10-135 當由一個刻面移到另一個刻面時，磨光線的方向會有所改變。

在有疑慮的刻面上以反射光檢查，可能出現的波浪或溝槽，就很容易被找出來。這些凸起區域的部份周邊，有時候會有蔓生的線或說是尾巴狀伴隨環繞。表面生長紋或是內部生長紋有可能被誤以為是拋光痕或拋光紋，同樣的，拋光痕或拋光紋也有可能被誤以為是表面生長紋或是內部生長紋。前面提過，只要仔細檢查其方向及深度，就很容易找出其中的區別。

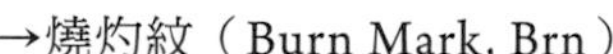

→燒灼紋（Burn Mark, Brn）

GIA 的說法是：「因溫度太高或因結構不規則，導致不均勻磨光所產生表面霧狀的區域，亦稱為磨輪痕（polish marks），或燒傷刻面（burned facets）。」

圖 10-136 蜥蜴皮

圖 10-137 燒灼紋

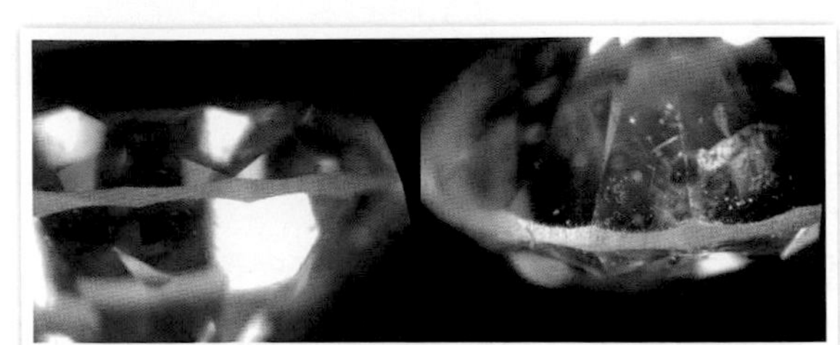
圖 10-138 正常腰圍與粗糙腰圍

→粗糙腰圍

粗糙腰圍因為只會出現在鑽石表面，因而被視為表面瑕疵。在表面下出現的鬚狀有可能會，也有可能不會伴隨粗糙腰圍一起出現，如圖 10-138 所示，圖中左為正常腰圍，右為粗糙腰圍。

鬚狀腰圍標定為表面下的小內含物，而粗糙腰圍則標定為表面上的瑕疵。一般而言，有粗糙腰圍的石頭，才會產生深入石頭內的小羽裂紋，形成鬚狀腰圍。但這並不必然，鬚狀腰圍的產生，端視磨腰圍的過程中，人為施加壓力的多寡，並不總是與粗糙腰圍一起現身。放大觀察時，粗糙的樣子很明顯，這告訴我們說顆粒的表面並不是很吸引人的。

圖 10-139 刮痕

價值低的原石，腰圍的拋磨、對稱及修飾並不必然對鑽石的銷售有所助益，因此切磨的速度才是首要目標。切磨者論件計酬，成品越多領的越多，腰圍也就會比較粗糙。理想的腰圍，要平整，呈蠟狀感，不見得一定要刻出面來。有些切磨者，甚至會進一步的將腰圍磨成亮晶晶的光滑面。

圖 10-140 碎鑽上的刮痕

■刮痕（Scratch, S）

GIA 的說法是：「橫越鑽石表面細微白霧的線， 在 10 倍放大下沒有明顯的深度。」

→解說刮痕

刮痕一般是非常淺的白色直線或弧形線。深的刮痕很少，因為要達到那麼嚴重的程度，需要施加很大的力量方可辦到。淺的刮痕，可以在幾乎沒有任何重量損失的情況下，就可輕易地將其去掉。切磨者有可能因為疏忽，在切磨的最後階段刮傷了表面。在磨亭部或是將亭部打亮時，是將鑽石的桌面部份卡在粘桿裡面，這樣就有可能造成輕微刮痕。業者如果不小心，將鑽石包在一起，也有可能因為互相摩擦造成刮痕，這種情形以碎鑽最可能發生，如圖 10-140 所示。

當舖業者或是二手買家，不知道其它好辦法時，會用鑽石劃劃看測試真偽，這樣子不管待的測試石頭是不是真鑽，都免不了立刻被刮傷。乍看之下，表面生長紋及觸及表面的羽裂紋，都有可能被誤以為是刮痕，但這兩種特徵，只要仔細觀察，很容易就可以分辨出來。

■**表面孿晶紋**（Surface Graining, SGr）

GIA 的說法是：「與內部孿晶紋相似，但是位於已切磨鑽石表面，導因於晶體結構的不規則。」

→解說表面孿晶紋

表面孿晶紋或稱為表面生長紋，與內部孿晶紋相同，是鑽石晶體構造的不規則。表現出來的是穿越一個或多個刻面的線條，這些孿晶紋在表面，千萬不要誤以為是拋光線。雖然有時候，尤其是很多根在一起的時候，會被誤認，但孿晶紋比拋光紋明顯，拋光紋在一起的數量較多。單一的孿晶紋可能連續跨越好幾個刻面；而隨著刻面改變，拋光紋的方向也會改變。

想藉由去掉孿晶紋以改善淨度，可以說是白費工夫。因為孿晶紋本身就是鑽石晶體的一部份，雖然放大觀察下看不出來，但孿晶紋往往深入石頭內部。如同內部孿晶紋，可不必在製圖上顯示，但必須在報告書中加以記錄，例如 GIA 的報告書中，一般是在備註欄中會載有：「Surface graining is not shown」（表面孿晶紋未標示）如圖 10-143 所示。

圖 10-141 表面孿晶紋

圖 10-142 表面孿晶紋

ADDITIONAL GRADING INFORMATION

Finish
- Polish .... Very Good
- Symmetry .... Very Good

Fluorescence .... None

Comments:
Additional twinning wisps are not shown.
Surface graining is not shown.

圖 10-143 備註中載明有表面孿晶紋

■額外刻面（Extra Facet, EF）

現代圓形明亮式切磨有 57 或 58（尖底）個刻面，只要有多，就算是額外刻面。為了省下重量，切磨者可能將一個延伸至冠部或亭部，特別大的天然面原封不動的保留下來，只單純的將其拋光，這樣就會留下一個顯眼的額外刻面。也有別種可能狀況，譬如說切磨技術不佳，或是說腰圍薄到已經沒有再次縮減的空間。不管肇因為何，除非實在太明顯，或是在無瑕（FL）級與內無瑕（IF）級間要做區隔，否則額外刻面往往不影響淨度評級。三不五時，切磨者為達到特殊設計效果，可能故意在鑽石上留下一些多增加的刻面，只要看起來對稱，就不必當作是額外刻面，只要在形狀與切磨型一欄可加寫 Modified 就可以了。

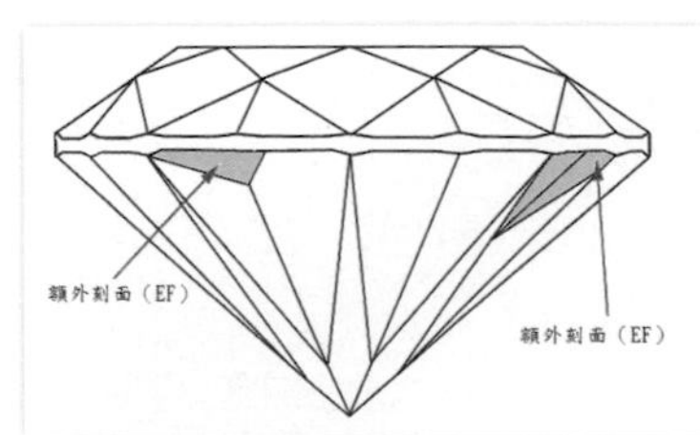

圖 10-144 額外刻面

圖 10-145 腰圍附近額外刻面

圖 10-146 亭部額外刻面

圖 10-147 星刻面的額外刻面

圖 10-148 這道為消除洞痕所多刻出來的面，深入鑽石內部，不能當作是額外刻面，恐怕要算是缺口了。

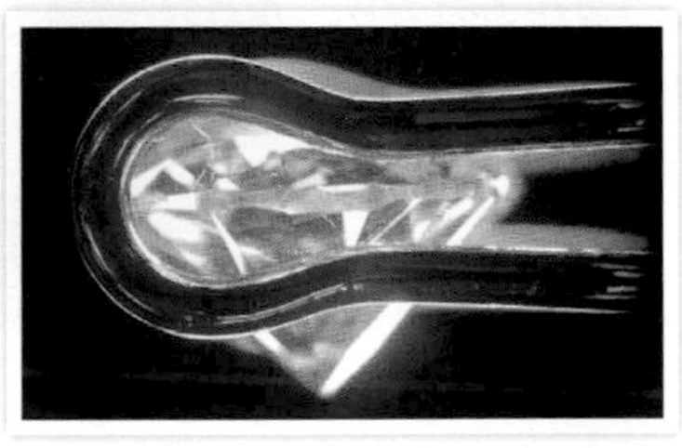

圖 10-149 正中間的面上有三角印痕所以是天然面。

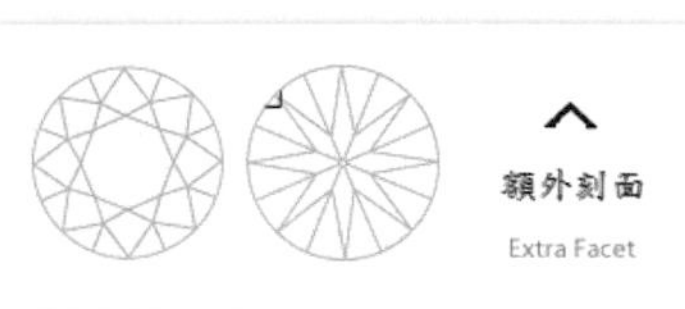

圖 10-150 標示額外刻面的畫法

圖 10-151

■天然面與額外刻面

腰圍寬帶的上方與冠部連接的稜線上、或腰圍寬帶的下方與底部連接的稜線上，可以發現一些三角形的小平面；這些平面三角形輪廓完整而表面呈現不光滑或具溝漕狀，那便是鑽石的天然面（Natural Facet）；輪廓完整表面光滑而打磨平亮那便是鑽石的額外刻面（Extra Facet）。

製圖時，額外刻面的畫法是在額外刻面的位置畫上黑色的折線，如圖 10-150 所示。

■金屬（Metal）

如果在製圖時，有被鑲嵌物擋住的情形，因為紅色代表內含物、綠色代表表面瑕疵，而黑色實線代表額外刻面，則將擋住的部份以黑色虛線標示出來，以為區隔，如圖 10-151 所示。

外部淨度特徵解說

外部特徵歸納起來可以分為以下三類：

1. 天然特徵：天然面、孿晶紋、生長紋。
2. 切磨時留下的痕跡：鬚狀腰圍、粗糙腰圍、粗糙尖底、燒灼紋、磨光線、額外刻面。
3. 損害造成的傷口：小缺口、斷口、刮痕、刻面邊線磨損、尖底受損。

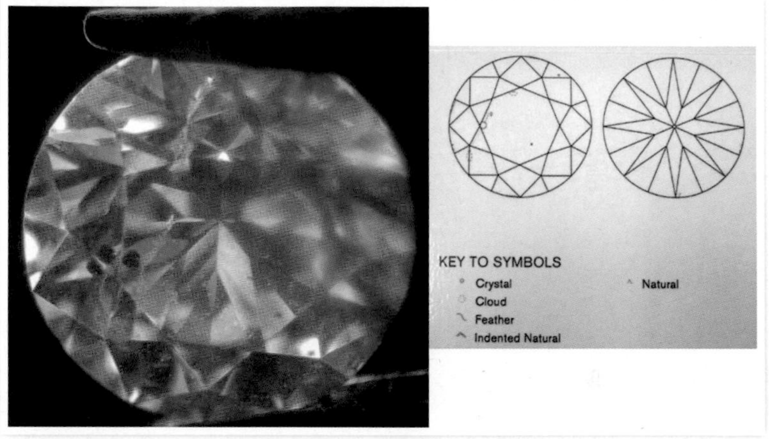

圖 10-152 製圖實例

是淨度還是切磨評級？

前面提過鑽石的淨度評級只考慮內含物，外部瑕疵並不在考慮之列。只有在外部瑕疵達到一定的大小、可辨識度、去除時會有相當程度的重量損失的話，評級時才須加以考慮。

那麼如果外部瑕疵未達上述情況時，是否觀察就沒意義了呢？並不是，因為如果是這樣，就要在切磨評級的拋光項目中加以考慮。

ADDITIONAL GRADING INFORMATION

Finish
Polish .... Excellent
Symmetry .... Very Good
Fluorescence .... Strong Blue

Comments:
An additional cloud is not shown.
Pinpoints are not shown.

Additional Inscription:
H&A

圖 10-153 備註說明腰圍刻字

製圖實例

製圖時，將左圖顯微鏡中看到的特徵畫入右圖的圖紙中（圖 10-152）。製圖完畢後，要將所用的製圖符號以縮寫備註說明。如於製圖時，有未繪入之特徵；或是在腰圍上有刻字，也必須以備註說明（圖 10-153）。現代製圖也有許多使用電腦軟體繪製，例如以 MEGA Scope 軟體繪製的內含物圖如圖 10-154 所示。

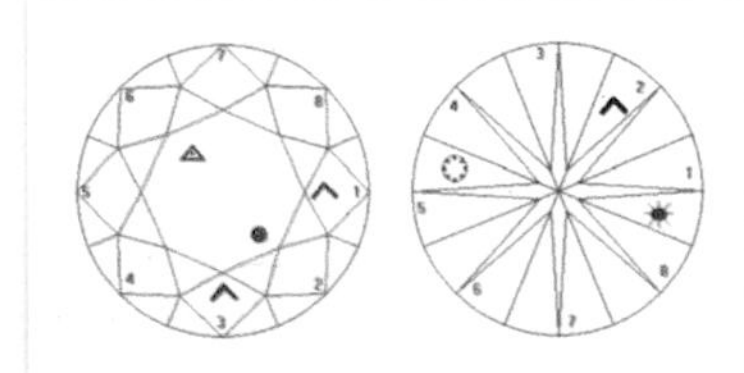

圖 10-154 電腦軟體 MEGA Scope 製圖

有沒有注意到畫法與 GIA、Gem-A 或 EGL 的都不盡相同？其實製圖完畢後，只要將所用的製圖符號以縮寫備註說明，讓看的人看得懂就可以了，不過可以的話，盡量不要標新立異，還是依照通用的慣用符號會比較好。

10-5

淨度分級的實例

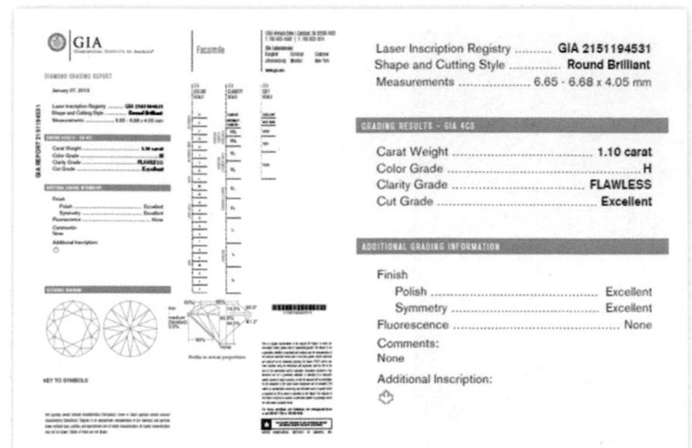
GIA
Facsimile

Laser Inscription Registry .... GIA 2151194531
Shape and Cutting Style .... Round Brilliant
Measurements .... 6.65 - 6.68 x 4.05 mm

GRADING RESULTS - GIA 4CS

Carat Weight .... 1.10 carat
Color Grade .... H
Clarity Grade .... FLAWLESS
Cut Grade .... Excellent

ADDITIONAL GRADING INFORMATION

Finish
Polish .... Excellent
Symmetry .... Excellent
Fluorescence .... None
Comments:
None
Additional Inscription:

圖 10-155 淨度等級「FL」的 GIA 報告書

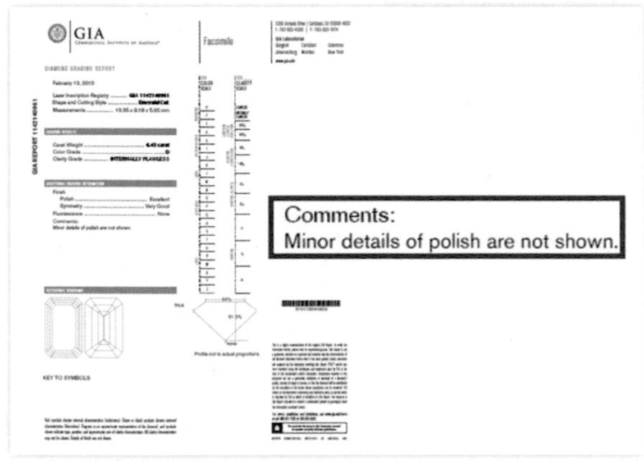
GIA
Facsimile

Comments:
Minor details of polish are not shown.

圖 10-156 淨度等級「IF」的 GIA 報告書

述內容中已說明了「淨度評級制度」及「鑽石特徵的種類」，讓我們看看兩者合併的淨度分級實例。

FL

GIA 淨度等級「FL」的，會在報告書 Clarity Grade 一欄中，寫「FLAWLESS」，如圖 10-155 所示。無瑕級（FL，Flawless）的鑽石表面和內部都沒有瑕疵，但在腰圍上仍可能有天然面或雷射刻字。

IF（內部無瑕級）

GIA 淨度等級「IF」的，會在報告書 Clarity Grade 一欄中，寫「INTERNALLY FLAWLESS」，如圖 10-156 所示。內無瑕級（IF）的鑽石表面有瑕疵，內部沒有瑕疵，而表面瑕疵可以不畫在圖紙上僅在 Comments 中註明，如圖 10-156 所示。

VVS

圖 10-157 VVS1 高倍放大下的針點

圖 10-161 VVS1 只在亭部看到反射出來的棕色孿晶紋

圖 10-158 VVS1 兩個非常小的內含晶（針點）

圖 10-162 VVS2 桌面的小白點

圖 10-159 VVS1 只在亭部看到白色孿晶紋

圖 10-160 VVS1 只在亭部看到白色孿晶紋

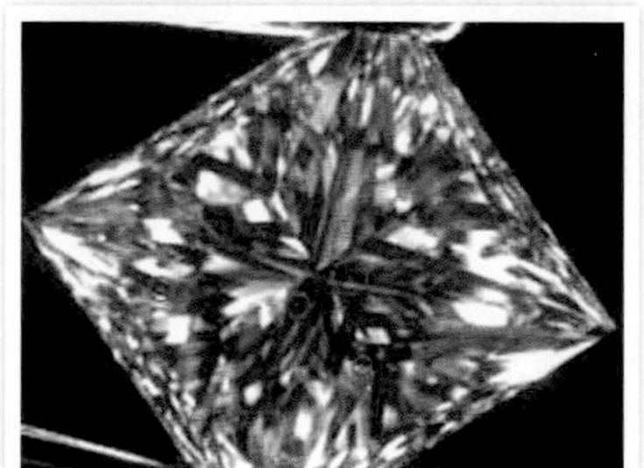

圖 10-163 VVS2 許多非常小的內含晶（針點）

VS

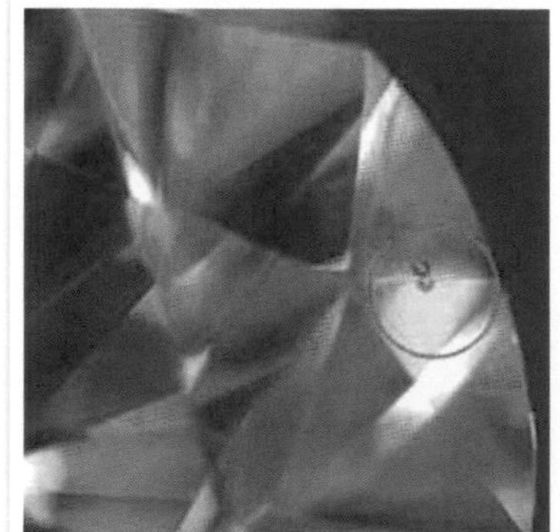

圖 10-164 VS1 高倍放大，注意晶體反射。

圖 10-167 VS1 桌面下有兩個小內含晶。

圖 10-169 VS1 兩點鐘方向桌面下有小羽裂紋。

圖 10-165 VS1 3 點至 4 點間方向，由風箏刻面看下去可以發現亭部主刻面接縫處有小羽狀物。

圖 10-170 VS1 桌面中心下有兩個明顯的小晶體。接近 VS2。

圖 10-166 VS1 約 3 點鐘方向的星刻面下有兩個小內含晶。

圖 10-168 VS1 桌面下有兩個小雲狀物。

圖 10-171 VS1 可以由腰上刻面看到的亭部發亮羽裂紋。較差的 VS1。

圖 10-172 VS2 桌面下有內含晶及小雲狀物，因為晶體太明顯不能評為 VS1。

圖 10-176 VS2 風箏刻面下可以看到針狀物。

圖 10-180 VS2 一道明顯的羽裂紋切過風箏刻面，桌面及腰上刻面有內含晶。

圖 10-173 VS2 桌面下有雲狀物。

圖 10-177 VS2 風箏刻面上有晶體與雙晶網，桌面上有三個小晶體。

圖 10-174 VS2 桌面下有雲狀物。

圖 10-178 VS2 腰圍上有不難發現的缺口。

圖 10-181 VS2 由風箏刻面及腰上刻面可以看到雲狀物，如果同樣的雲狀物在鑽石中央就屬於 SI1。

圖 10-175 VS2 桌面下有內含晶，腰上刻面有羽裂紋。

圖 10-179 VS2 中央有雲狀物，有時是需要用纖維光燈才找的到，算較差的 VS2。

圖 10-182 VS2 桌面邊緣下有黑色雲狀物，算較差的 VS2。

圖 10-183 SI1 鑽石中央有雲狀物。

圖 10-184 SI1 風箏刻面與星刻面交接處有一朵濃密的雲狀物。

圖 10-185 SI1 由桌面出發的兩道羽裂紋分別穿越至風箏刻面及星刻面。

圖 10-186 SI1 桌面中有內含晶與羽裂紋。

圖 10-187 SI1 冠部有羽裂紋，由桌面、星刻面及風箏刻面可以看到亭部另一道羽裂紋。

圖 10-188 SI1 桌面反射出來有黑色內含晶（7 點鐘）及雲狀物（2 點鐘），10 點鐘方向的似乎是劈裂紋。

圖 10-189 SI1 桌面下的內含晶，繞著冠部反射。

圖 10-190 SI1 桌面邊緣有內含晶及羽裂紋。

圖 10-191 SI1 桌面與及星刻面下有雲狀物及雙晶網。

圖 10-192 SI1 桌面邊緣下有中等大小的內含晶，屬較差的 SI1。

圖 10-193 SI1 中央有濃密的雲狀物，此雲狀物以強纖維光燈可以看到，但以尋常暗場照明不容易看到，屬較差的 SI1 。

圖 10-194 SI2 桌面上有白色羽裂紋。

圖 10-198 SI2 冠部可以看到內含晶及反射物。

圖 10-202 SI2 穿越風箏刻面與腰上刻面的羽裂紋，以及遍佈冠部的雙晶網，屬較差的 SI2。

圖 10-195 SI2 桌面中心有中至大的透明內含晶。

圖 10-199 SI2 穿越風箏刻面與星刻面的羽裂紋，以及桌面下的內含晶與雲狀物。

圖 10-203 SI2 遍佈冠部的雙晶網，屬較差的 SI2。

圖 10-196 SI2 桌面邊緣有黑色內含晶。

圖 10-200 SI2 桌面中心的雲狀物，以及穿越風箏刻面與腰上刻面的羽裂紋。

圖 10-204 SI2 遍佈冠部的內含晶、雲狀物及雙晶網，屬較差的 SI2。

圖 10-197 SI2 可以透過桌面、星刻面及風箏刻面反射，看到亭部羽裂紋。

圖 10-201 SI2 透過風箏刻面與腰上刻面可見的黑色雲狀物，以及桌面中心的內含晶，屬較差的 SI2。

圖 10-205 SI2 中心有黑色濃密雲狀物及桌面邊緣下的內含晶與反射物，屬較差的 SI2。

圖 10-206 SI2 黑色內含晶與反射物，屬較差的 SI2。

圖 10-207 SI2 桌面邊緣下黑色雲狀物與羽裂紋，屬較差的 SI2。

圖 10-208 SI2，但因為是祖母綠切工，可能並非百分百肉眼乾淨。

圖 10-209 SI3：因為這一片透明羽裂紋對比並不明顯，定為 I1 等級有點太嚴苛了。

圖 10-210 SI3

圖 10-211 GIA 會把這顆評為 I1 級，因為內含物肉眼就可以看到。我們可以合理的評為 SI3，但這個等級 GIA 是不認可的。圖片是放大 20 倍。

圖 10-212 好的 I1 接近 SI3。

圖 10-213 I1 黑色晶體及反射物。

圖 10-214 I1 桌面邊緣有白色晶體及黑色晶體與及反射物。

圖 10-215 I1 約 11 點鐘方向有明顯、深邃的羽裂紋，自冠部延伸至亭部。

圖 10-216 I1 鑽石中央有明顯、劇烈的雙晶網。

圖 10-217 I1 為數不少的羽裂紋及濃密雲狀物。

圖 10-218 I1 明顯、深邃的羽裂紋，自星刻面延伸至風箏面。

圖 10-219 I1 星刻面與風箏刻面下有明顯內含晶，以及處處佈其他內含物。

圖 10-220 I1 明顯、深邃的羽裂紋，自桌面延伸至星刻面。

圖 10-221 I1 桌面中央有大型內含晶及羽裂紋。

圖 10-222 I1 深邃透明的羽裂紋。

圖 10-223 I1 桌面邊緣與星刻面下有晶結，以及處處都有內含晶。

圖 10-224 I2 橫越桌面非常深的透明羽裂紋。

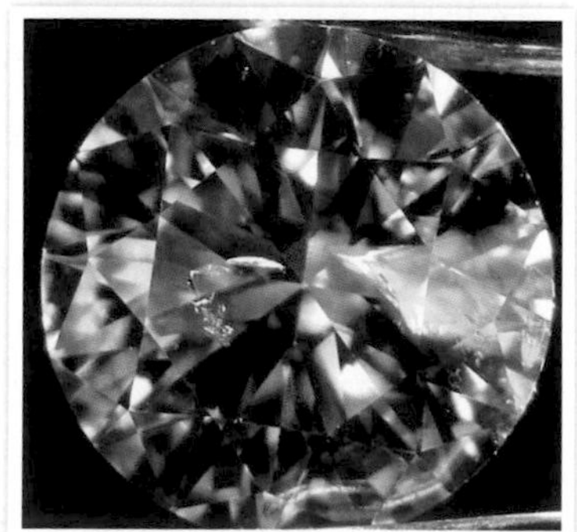

圖 10-225 I2 非常深的羽裂紋。

圖 10-226 I2 處處都有非常深的羽裂紋及黯沉雲狀物。

圖 10-227 I2 大型明顯的內含晶與羽裂紋。

圖 10-228 I2 位於亭部非常深的羽裂紋。

圖 10-229 I3

圖 10-230 這個 I3 仍能透過一些光，所以還算有點生氣。

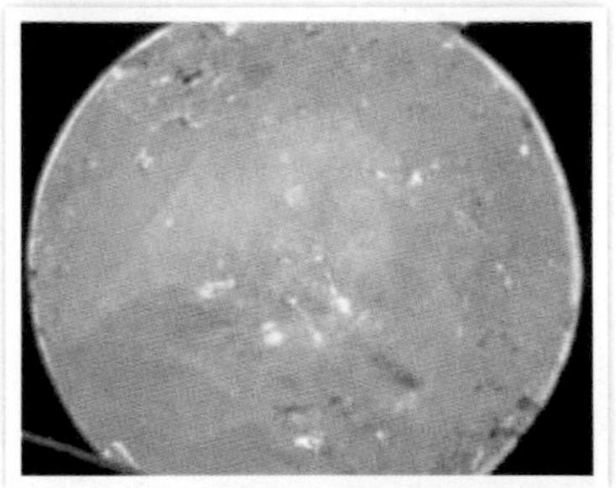

圖 10-231 這顆石頭瑕疵太多以致不透光。因為基本上已不在淨度評級之列，可以直接就拒絕評級。這類商品價格都不高。

淨度評等及主見

即使在我們所處的高科技時代，淨度評等還是只能依照評等者的主見。GIA 把各個淨度等級定義出來了，但卻無視存在於其中的主觀性。評顏色的時候，可以依靠比色石，但評淨度時，卻只能依照專家的意見。只有多看經由信譽卓著的鑑定所評定出來的鑽石，並與報告書比對，所謂評定淨度這回事才得以慢慢體會出來。

選購鑽石淨度的建議

台灣市場常會要求 IF 或全美，事實上這種等級極為罕見，即使願意高價買也不見得買得到，而且在有行無市的情況下，高價買並不保證轉手時會有一樣的好價格。台灣市場上曾經有一顆全美 10 克拉的鑽石，買的時候價錢非常高，但欲出售時，半價尚無人問津，值得讀者三思。

那麼 VVS 呢？行內有句開玩笑的話說：VVS 是說買方 Very very stupid，而賣方則是 Very very smart ，其實 VVS 與 VS，無論以肉眼、十倍放大鏡或顯微鏡對比觀察差異都不大，但價格卻有很大差距，一般來說，VVS 約為 VS 價格的 1.3 ～ 1.4 倍，是否值得？讀者不妨自行權衡。

一般來說，若要求淨度，則以 GIA 等級的 VS1、VS2 的品質和價格最剛好。另外，國外市場則普遍接受 SI 等級（參考以下 2012 年六月香港珠寶展報導），因為十倍放大鏡下看得到的內含物，一般佩戴時並不明顯也不影響美觀，何況買 VS 約要付出買 SI 價格的 1.2 ～ 1.6 倍。

2012 年六月香港珠寶展

HK Show Disappoints Dealers

The June Hong Kong Jewellery & Gem Fair failed to signal significant Far East demand as dealers in round diamonds left the show disappointed. Traffic and trading was lower than previous shows and this soured the mood of dealers. Buyers were looking for SI goods while better-quality VVS stones were still proving difficult to sell. Exhibitors suggested that suppliers were prepared to lower prices in order to spur sales of rounds. But the show was better for dealers in fancies, even if trading was below levels seen at the June show of 2011.

10-6 評級已鑲嵌的鑽石

評級已鑲嵌的鑽石的正確性

要能正確的評出級數來，鑽石一定要是裸石。因為鑲嵌有可能遮蓋住內部或外部的特徵，會對分級造成妨礙。包鑲的鑽石因為腰圍都被包住了，是困難度最高的。爪鑲擋住的比較少，但一樣具挑戰性，只能說：已鑲嵌的鑽石，不管是何種鑲嵌法，評級都只能是一種憑經驗的猜測。

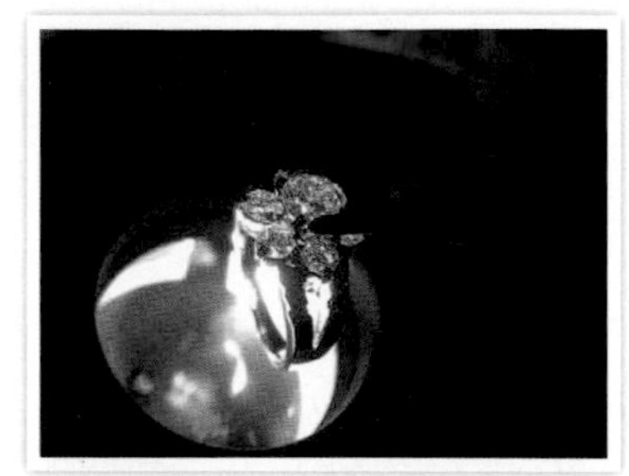

圖 10-232 鑲嵌的鑽石觀察

GIA 的鑑定所 GTL（Gem Trade Laboratory）一般不受理評鑑已鑲嵌的鑽石，但是 GIA 的課堂上或是應保險公司要求鑑定時，還是有可能對其做評級，但是評級時可能會評出 2-3 個等級來。（*）

* 證書驗證服務（Report Verification Service）

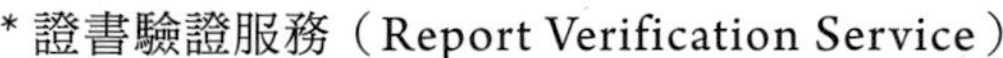

「任何人可將鑽石送至 GIA 作證書驗證，雖然 GIA 儘量針對已鑲鑽石提供此項服務，但某些情況 GIA 可能需要求你將鑽石從鑲台上取下，以便 GIA 的寶石學家能夠作適當的檢查。結論將會以書面回覆，鑽石與原始證書會一併歸還。」

反射

要評出已鑲嵌鑽石的等級來，首先要克服的是鑲嵌物反射造成的困擾。一般來說爪鑲的反射比較容易被認出來，但是其他鑲嵌物的反射，其樣貌也與目前所知的各種鑽石內含物不同。把鑽石稍為傾斜，鑲嵌物的反射就會輕微地移動，當然，這樣的移動，與傾斜的角度或是觀察的角度都是有相關的。多練習幾次，應該就可以克服反射造成的困擾。

被遮蓋住的內含物

有一些很大的內含物，其實根本蓋不住，但實務上為保護的目的，還是會想辦法遮蓋住。鑲嵌金工會將鑽石邊緣的內含物刻意地以爪子遮住，這種做法，與其說是欺瞞消費者，不如說是為使鑽石更美觀，同時也保護住鑽石，使其不致因而受到傷害。怎麼說呢？接近腰圍的羽裂紋，很容易在被尖銳的物品撞擊時，被打開、打破，成為洞痕或是缺口。爪子這時就扮演了一個保鑣的角色，使上述情況不致發生。如果邊緣上就有缺口，用爪子包覆住，不但看不見，也不致於發生進一步的破損。

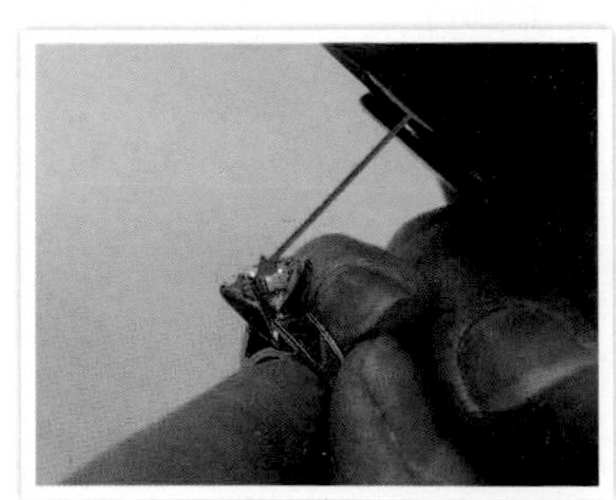

圖 10-233 找尋隱藏的內含物

LAB GROWN DIAMOND JEWELRY INFO CARD

Date March 19, 2009 Report # 121386

Laboratory Grown Diamond Information

Shape & Cut	Three (3) Round Brilliant
Weight	Approximately 1/4 Carat T.W.
Clarity	VVS2/VS1
Color	Fancy Intense Pink

Natural Diamond Information

Shape & Cut	Four (4) Round Brilliant
Weight	Approximately 1/5 Carat T.W.
Clarity	VVS2/VS1
Color	E/F

Ladies palladium seven stone anniversary style ring. The laboratory grown and natural diamonds are described in detail above. Graded as mounting permits.

GLOBAL GEMOLOGICAL LABORATORY GGL

Fractional diamond weight chart on reverse

圖 10-234 註明以鑲嵌評級的證書

暗場照明

另一個評級的阻礙是缺乏暗場照明。以寶石顯微鏡觀察裸石的內含物，中文說輕輕鬆鬆，英文說一小塊蛋糕（Piece of cake），就可以使得惹人嫌的缺陷很顯眼。但就已鑲嵌的鑽石而言，其背景通常不允許暗場照明發揮功效。因此識別出內含物就變得相當困難。

找尋隱藏的內含物

只要是已鑲嵌的鑽石，就假設在爪子或包鑲下有內含物或破損。將鑽石傾斜，使得視線與爪子下方成一個角度（圖 10-233），這樣一來腰圍的反射也許可以把內含物映入眼簾，但要將爪子區隔出來。試著換三種或三種以上的角度觀察，這樣就算猜，也可以猜的準一點。但是呢，再怎麼努力都不能保證可以精準地評出淨度等級，保守一點，失望比較不會太大。圖 10-234 為某家鑑定所就在證書註明是以鑲嵌的狀況評級。

附帶條件買賣

買已鑲嵌的鑽石，最好有文字註明是基於賣方表述或假定的等級。買方可以在小心不對鑽石構成任何傷害的情況下，請金工師傅小心地將鑽石由檯子上取下，秤重並重新評等。但是要注意的是，必須先跟賣方釐清，如果交易不成時，重新鑲回去的責任歸屬問題。戒指的爪子往往不能重覆使用，因此重鑲的費用可能會超出預期。要讓賣方確實知悉買方的出價是基於賣方表述的重量與等級，如果重量與等級不符，價錢必須重新議定。

10-7
鑑定案例 Case Study

店家介紹客戶一顆 2.56 克拉、顏色偏黃的無證鑽石，經客戶以放大鏡觀察，僅在背面發現有不大的羽裂紋，感覺還蠻乾淨，認為淨度應該是 VS2（圖 10-235），於是付錢購買。回家後在不同環境下欣賞，總感覺怪怪的，於是送 GIA 作鑑定，GIA 鑑定結果如圖 10-236。

圖 10-235 鑑定案例實物照片

製圖部分

鑽石製圖部份亦如該客戶觀察結果，僅有不大的羽裂紋。

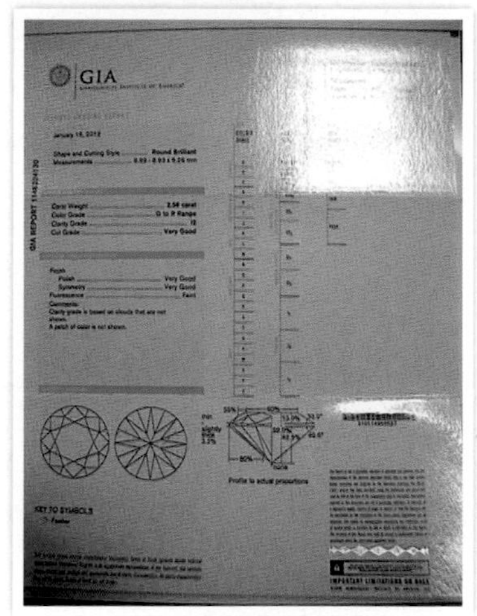

圖 10-236 鑑定案例之報告書

淨度等級

很不幸的淨度評級落至 I2

VS2 → I2 為什麼呢？看備註欄（圖 10-237）：淨度是根據雲狀物評級，但沒有在圖中顯示。與周圍不同顏色的區塊，並沒有在圖中顯示。經檢視鑽石報價表，該鑽石 VS2 與 I2 間差價達一萬美元。

此案例除造成該客戶重大損失外，並告訴我們以下幾點：

1. 雲狀物很容易被忽視，分級時務必多加注意觀察，切莫忽略任何可能之疑慮。
2. 應先分級再製圖，不可單憑鑽石製圖部份決定淨度級別。鑽石製圖部份僅屬記錄、支持淨度級別。
3. 購買無證的鑽石，不妨請店家出具保證書，載明購買時店家認定之級別，並做為雙方合意買賣之依據。

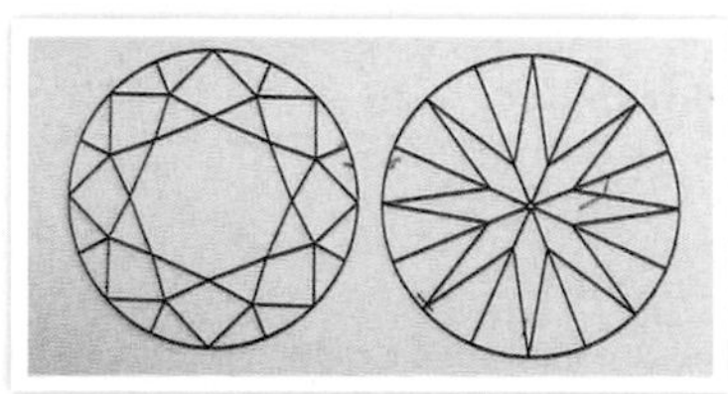

製圖部分

Clarity Grade I2

淨度等級

Comments:
Clarity grade is based on clouds that are not shown.
A patch of color is not shown.

圖 10-237 備註欄

練習題

【練習 1】

請分別就以下各圖示評出該鑽石淨度等級（當然你也可以拒絕，因為我們一再強調不可以依製圖部份決定淨度級別）。

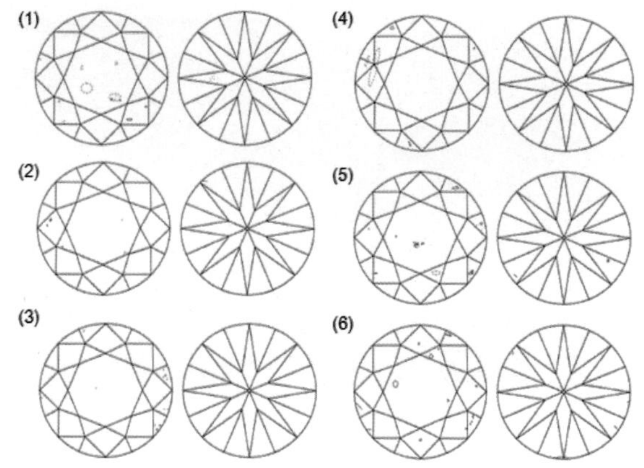

答案：

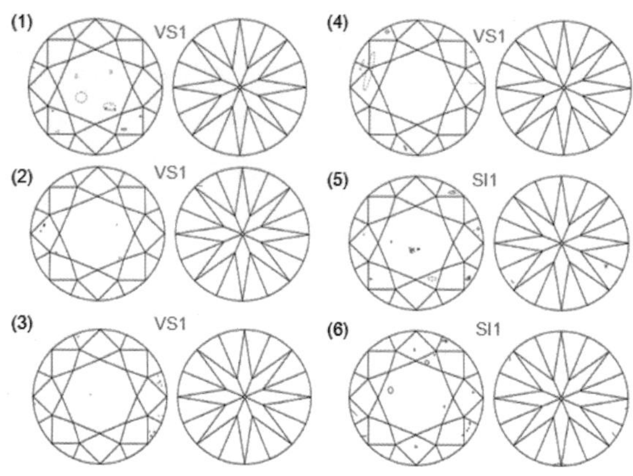

詳解：

(1)

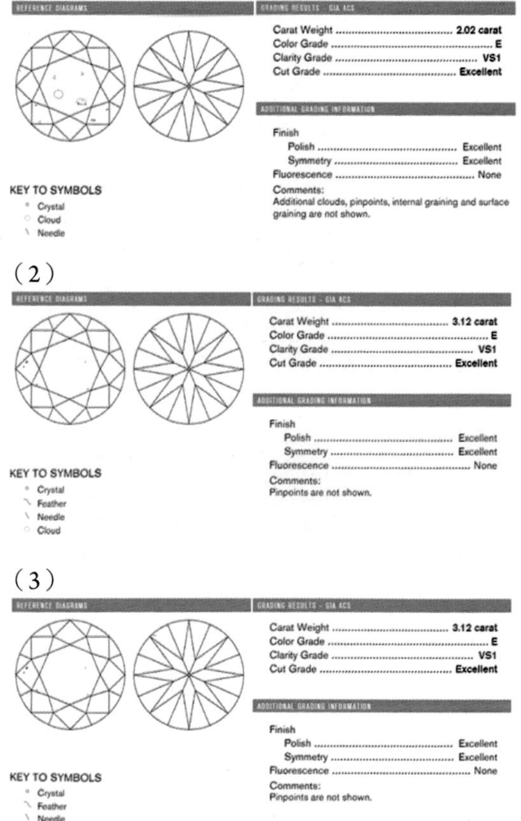

REFERENCE DIAGRAMS

GRADING RESULTS - GIA 4CS

Carat Weight .... 2.02 carat
Color Grade .... E
Clarity Grade VS1
Cut Grade .... Excellent

ADDITIONAL GRADING INFORMATION

Finish
Polish .... Excellent
Symmetry .... Excellent
Fluorescence .... None

Comments:
Additional clouds, pinpoints, internal graining and surface graining are not shown.

KEY TO SYMBOLS
Crystal
Cloud
Needle

(2)

REFERENCE DIAGRAMS

GRADING RESULTS - GIA 4CS

Carat Weight .... 3.12 carat
Color Grade .... E
Clarity Grade VS1
Cut Grade .... Excellent

ADDITIONAL GRADING INFORMATION

Finish
Polish .... Excellent
Symmetry .... Excellent
Fluorescence .... None

Comments:
Pinpoints are not shown.

KEY TO SYMBOLS
Crystal
Feather
Needle
Cloud

(3)

REFERENCE DIAGRAMS

GRADING RESULTS - GIA 4CS

Carat Weight .... 3.12 carat
Color Grade .... E
Clarity Grade VS1
Cut Grade .... Excellent

ADDITIONAL GRADING INFORMATION

Finish
Polish .... Excellent
Symmetry .... Excellent
Fluorescence .... None

Comments:
Pinpoints are not shown.

KEY TO SYMBOLS
Crystal
Feather
Needle
Cloud

(4)

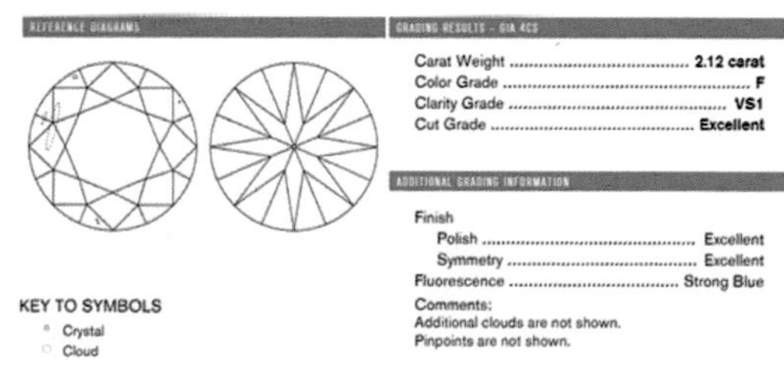

REFERENCE DIAGRAMS

GRADING RESULTS - GIA 4CS

Carat Weight .... 2.12 carat
Color Grade .... F
Clarity Grade VS1
Cut Grade .... Excellent

ADDITIONAL GRADING INFORMATION

Finish
Polish .... Excellent
Symmetry .... Excellent
Fluorescence .... Strong Blue

Comments:
Additional clouds are not shown.
Pinpoints are not shown.

KEY TO SYMBOLS
Crystal
Cloud

(5)

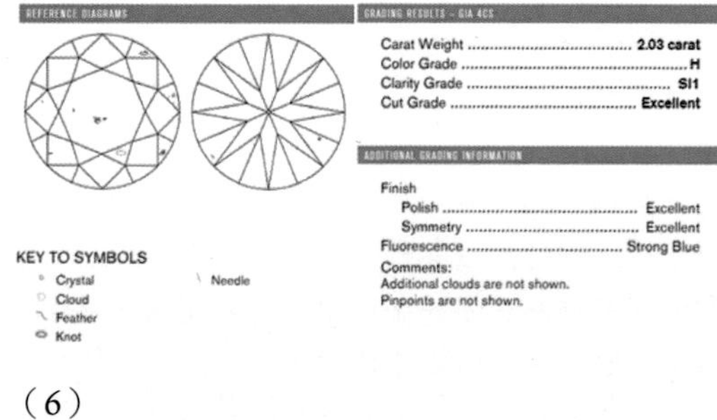

REFERENCE DIAGRAMS

GRADING RESULTS - GIA 4CS

Carat Weight .... 2.03 carat
Color Grade .... H
Clarity Grade SI1
Cut Grade .... Excellent

ADDITIONAL GRADING INFORMATION

Finish
Polish .... Excellent
Symmetry .... Excellent
Fluorescence .... Strong Blue

Comments:
Additional clouds are not shown.
Pinpoints are not shown.

KEY TO SYMBOLS
Crystal
Cloud
Feather
Knot
Needle

(6)

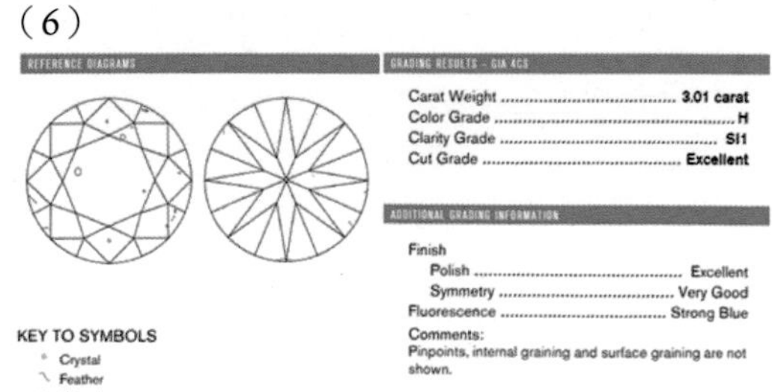

REFERENCE DIAGRAMS

GRADING RESULTS - GIA 4CS

Carat Weight .... 3.01 carat
Color Grade .... H
Clarity Grade SI1
Cut Grade .... Excellent

ADDITIONAL GRADING INFORMATION

Finish
Polish .... Excellent
Symmetry .... Very Good
Fluorescence .... Strong Blue

Comments:
Pinpoints, internal graining and surface graining are not shown.

KEY TO SYMBOLS
Crystal
Feather
Natural

錯很多嗎？所以不可單憑鑽石製圖部份決定淨度級別。但是畫出來的圖，也要與所評的等級相呼應，如果評的等級是 VVS1 或是 VS1，圖面上紅線卻一大堆，就很不正常。

【練習 2】

再從另一方面看淨度分級：（圖 10-238）哪一顆淨度等級較好？感覺上兩顆的淨度似乎不太相同，但兩顆 GIA 評出來都是 SI2，所以不要只憑報告就買，還是自己看過比較好。

圖 10-238

有趣的鑽石內含物欣賞

以下所有照片放大倍率在 10 和 40 之間。

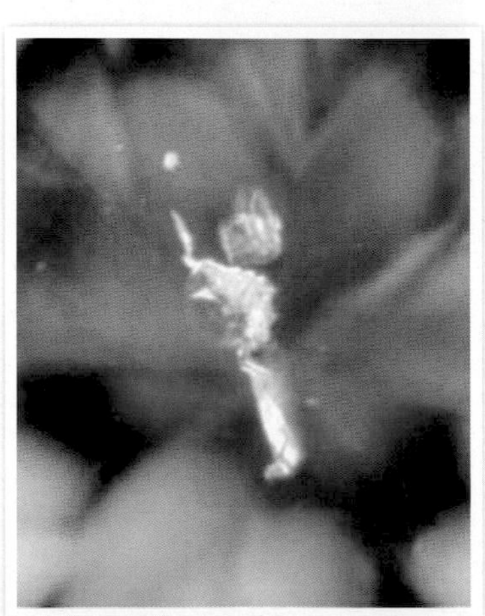

圖 10-239 棒球運動員 courtesy Lazare Kaplan International Inc

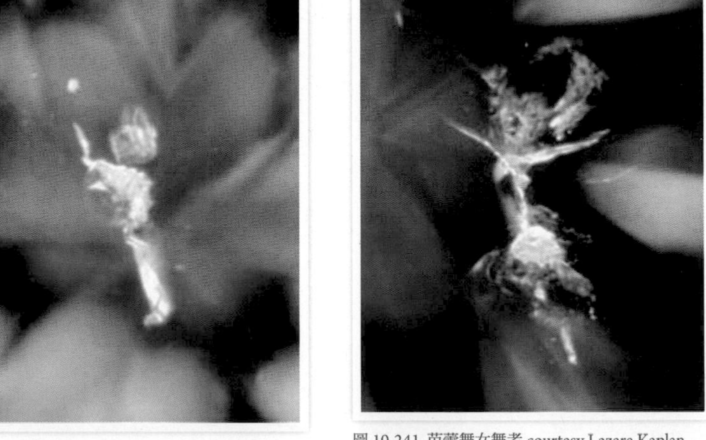

圖 10-241 芭蕾舞女舞者 courtesy Lazare Kaplan International Inc

圖 10-240 海豚 courtesy Lazare Kaplan International Inc

圖 10-242 棕櫚樹 courtesy Lazare Kaplan International Inc

圖 10-243 羽毛 courtesy Lazare Kaplan International Inc

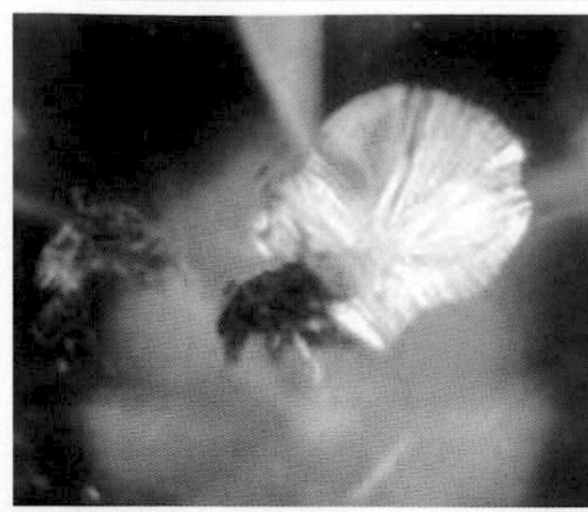
圖 10-247 松鼠 courtesy Lazare Kaplan International Inc

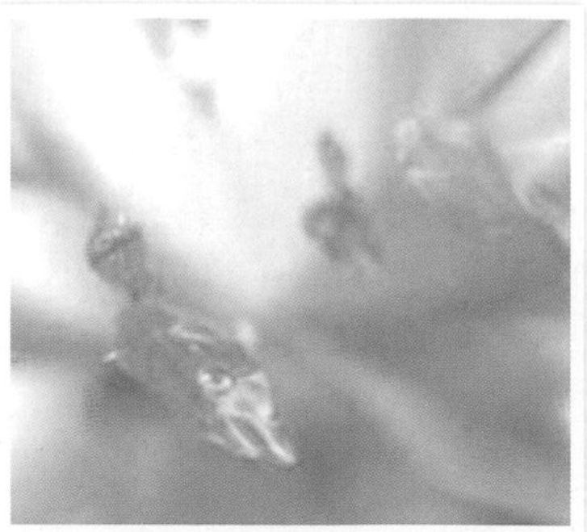
圖 10-249 烏龜 courtesy Lazare Kaplan International Inc

圖 10-244 箭頭 courtesy Lazare Kaplan International Inc

圖 10-248 被困住的人形 courtesy Lazare Kaplan International Inc，右圖為國內某畫家之畫作

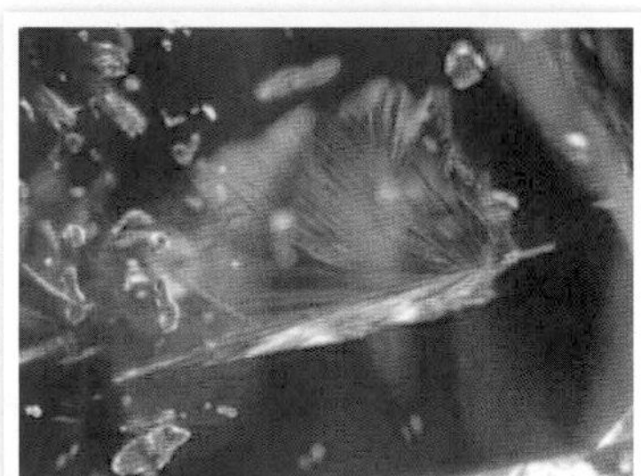
圖 10-251 鳳凰 courtesy AGS

圖 10-245 翼手龍飛行 courtesy Lazare Kaplan International Inc

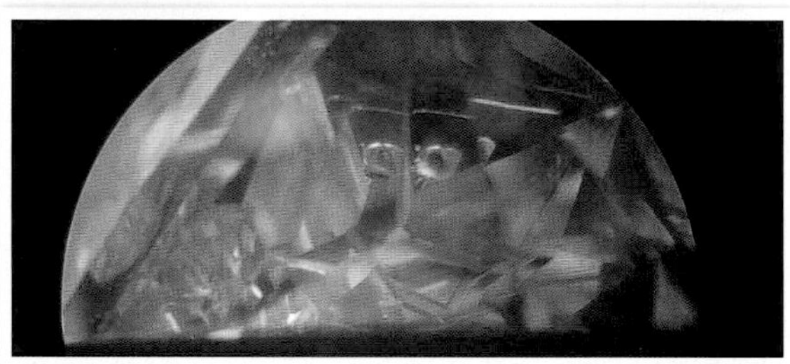
圖 10-252 奮勇向上

圖 10-246 Smokey 熊（美國林務局宣導深林防火）courtesy Lazare Kaplan International Inc

圖 10-250 鑽石中的鑽石

Chapter 11

第 11 章
成色分級解説

the basic of diamond identification

有關鑽石顏色的部分，將分為〈成色分級解說〉（第 11 章）、〈彩鑽分級原理〉（第 12 章）、〈彩色鑽石〉（第 13 章）及〈螢光反應〉（第 14 章）等四大主題分別討論。

11-1 寶石的顏色

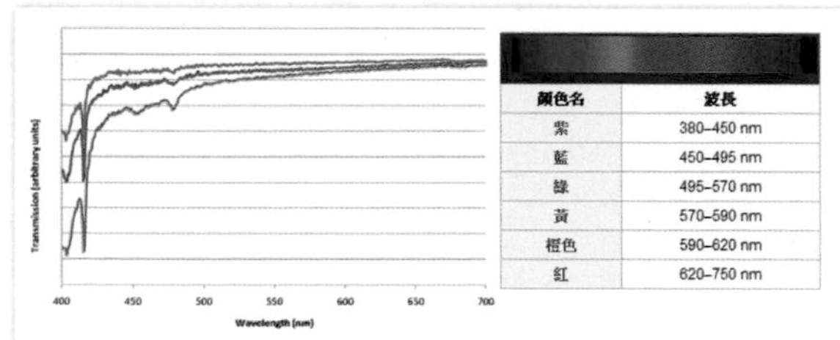

顏色名	波長
紫	380–450 nm
藍	450–495 nm
綠	495–570 nm
黃	570–590 nm
橙色	590–620 nm
紅	620–750 nm

圖 11-1 顏色之對應波長與吸收

寶石為什麼會有顏色？是因為某些未被寶石吸收的可見光從寶石表面反射或內反射後離開寶石，匯集傳送後刺激眼睛視網膜，使大腦產生視覺感知，並認知成某種單一顏色，就形成寶石本體的顏色。由以上的敘述可以理解影響寶石本體顏色的因素包括：1. 光的某些波段被寶石吸收 2. 未被吸收的殘餘光被眼睛和大腦感知 3. 觀察時的光源。分別解說如次。

1. 選擇性吸收

所謂「選擇性吸收」就是光的特定波長被寶石吸收的現象。從牛頓以三稜鏡將白色光分散為七彩光後，我們就知道白光其實是由不同顏色的光所組成。這些不同顏色的光具有不同的波長，當光透射過寶石，寶石中的某些電子與光譜中某些能級相互作用而吸收了該能級中的光子。被吸收的光子能級從白光中被抽出，形成光譜（能級譜）中的間隙。這些間隙表現為吸收帶或線。即為分光鏡下所觀察到的「吸收光譜」。

就可見光的範圍，我們可以量測穿透鑽石之每個不同波長光的百分比。以這種方式，就可以得到透射光譜。在圖 11-1 中，有若干顆鑽石，每顆都有所謂「正常」鑽石的典型顏色色調。可以看得出來，圖中所有的光譜本質上都有的相同的形狀。特別在可見光譜的藍紫色（400 ～ 500 nm）端，穿透率是比較低的，這樣就可以解釋為什麼我們的眼睛和大腦會認定鑽石為淡黃色的顏色。

寶石致色元素

寶石為什麼會吸收白光中的某些部分？一般而言，寶石中只有部分化學元素能與光交互作用產生選擇性吸收，而導致寶石本體產生顏色。其中尤以過渡元素為主要致色因素。這些過渡元素以金屬離子的形式分散於寶石晶體結構中。吸收哪部分的光或產生何種顏色，則取決於這些過渡金屬離子的：a. 種類 b. 在晶體結構中的位置（例如，周圍環繞的原子類型、數量、排列方式）c. 結構中致色元素的價態 d. 晶體結構（例如，周圍環繞的原子結構樣式、和金屬離子的距離）及 e. 光源的精確色譜等因素。透明寶石的體色多取決於那些透射過寶石而未被吸收的殘餘光波長；不透明寶石的體色多取決於被材料反射最多的波長。

圖 11-2 不同顏色的鑽石原石

鑽石的顏色

我們看到的某些鑽石顏色是由鑽石晶體結構中的雜質所致。在 I 型鑽石中，氮是呈現黃色的雜質，氮在外圈有 5 個電子（碳只有 4 個），多了一個，這個電子會吸收可見光中藍／紫色的部份，就顯現出深黃色（圖 11-2）。硼也可能是鑽石中的雜質，硼在外圈有 3 個電子，鍵結不完全而有一空洞，這個空洞可能為臨近碳原子的某個電子所充填，導致吸收可見光中紅色的部份，就顯現出藍色。天然輻射中高速粒子會造成鑽石結構中孔隙，輻射的力量將碳原子踢出而造成缺陷，這樣一來導致吸收可見光中紅／橘色的部份，就顯現出綠色。

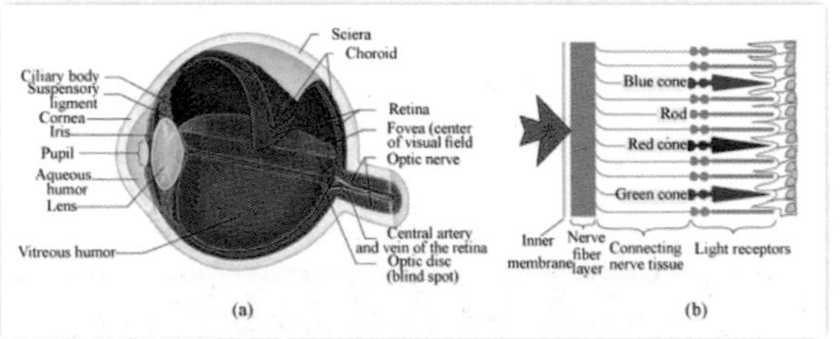

圖 11-3 眼睛構造與感光細胞

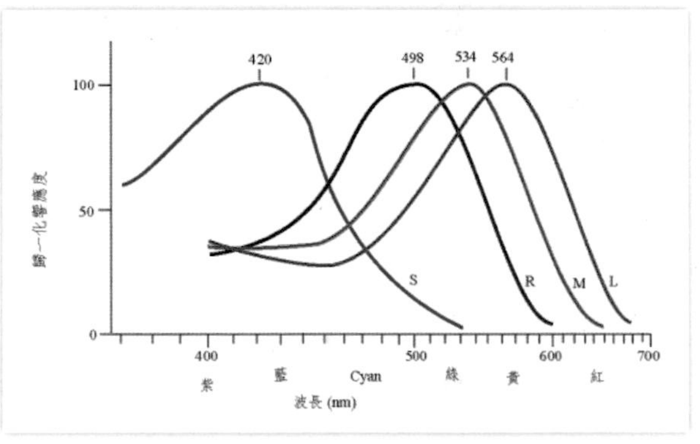

圖 11-4 感光細胞光譜靈敏度

2. 殘餘光被眼睛和大腦感知

當光譜中的某些波長被去除、殘餘的光波進入眼睛，被大腦感知為「顏色」。人類視覺系統主要的感覺器官是眼睛，圖 11-3（a）概要的解釋人類的眼睛構造；圖 11-3（b）則是視網膜的細胞結構，其中包含了感光的桿細胞和錐細胞。

在不同的視覺環境下，感光的桿細胞和錐細胞會分別發揮作用。桿細胞和錐細胞並對不同波長的光有不同的靈敏度，如圖 11-4 所示。圖中為正規化的感光細胞光譜靈敏度（Normalized spectral sensitivity）。其中黑線代表桿狀細胞（rod cells），而橘、綠和藍色則分別代表三種錐狀細胞的靈敏度曲線。如果感知出問題，則無法分辨顏色。

3. 觀察時的光源

一般視覺的光源主要為陽光，即白光源。但是某些異於白光源的有色光源，本身發出來的光，不像白光源的光由七彩光組成，可能會缺少某種波長的光，或是某種顏色的光特別多，經過鑽石或寶石吸收後，殘餘的光就與以白光照射的殘餘光不同。也就是說不同的光會使寶石產生不同色調，差異明顯者甚至會形成「變色效應」。因此觀察鑽石（寶石）的顏色時，光源非常重要。

11-2 鑑定所報告書對顏色的描述

圖 11-5 帶不同顏色的鑽石

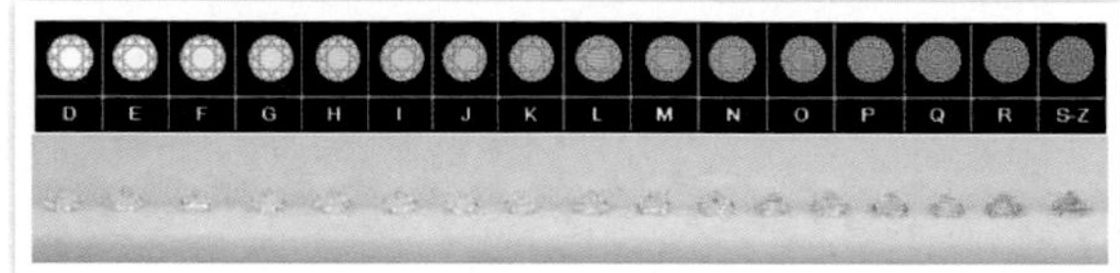

圖 11-6 Cape 系列顏色等級

寶石（鑽石）鑑定所依據送鑑定人指示，可以出具不同種類的報告。報告種類不同，對顏色的描述也會不同，例如：

1.Gem Identification Report（寶石鑑定報告）：如果送驗的是一顆鑽石，但要求做寶石鑑定，其結論可能是：「Diamond, W TO X RANGE, LIGHT YELLOW, NATURAL COLOR, WEIGHT：2.08 CARATS。」（GIA11186542）

2.Diamond Grading Report（鑽石分級報告）：結果可能是：「 W TO X RANGE。」

3.Colored Diamond Grading Report（彩鑽分級報告）：將於〈彩色鑽石〉一章中詳述。

第一種 Gem Identification Report（寶石鑑定報告）結論中的「LIGHT YELLOW」，表示看起來有點黃，但並不表示是黃彩鑽；如果將其按鑽石分級，真正的顏色可能是「W TO X」，閱讀報告書時不可不慎。本章中討論的是鑑定所出具的 Diamond Grading Report（鑽石分級報告）的內容。

鑽石顏色分類
- 無色 或略帶黃色（棕色）（一般稱為 Cape 系列）
- 彩色鑽石

Color 顏色

無色或略帶黃色的 Cape 系列鑽石，顏色是以 D ～ Z 的英文字母來區分等級，如圖 11-6 所示。

其中，以下五大級別，必須以標準比色石（Masterstones）鑑定顏色、區分等級。

D ～ F 透明無色（Colorless）（歐洲稱 River）、
G ～ J 近無色（Near colorless）（歐洲稱 Top Crystal）、
K ～ M 極微淺黃（ Faint Yellow）（歐洲稱 Cape）
N ～ R 輕微黃色（ Very Light Yellow）
S ～ Z 淺黃色（ Light Yellow）

A.B.C. 到哪去了？

認識翡翠的人都知道，翡翠有分 A、B、C 貨，因此寶石業界常有人開玩笑說：因為 A、B、C 都被翡翠用掉了，所以鑽石只能從 D 開始。也有人說是因為鑽石的名稱叫「DIAMOND」，所以用它的第一個英文字母「D」做為開端。

其實早在 G.I.A. 成色分級制度（1953 年 D ～ Z 的分級系統）尚未推廣前，市面上的鑽石業者充斥著各種符號來代表各成色等級的表示符號；有的業者使用 A、B、C 級，但卻定義不清，有的則使用雙 A（如 AA），也有其他系統是使用阿拉伯數字（0、1、2、3……）或是羅馬字（Ⅰ、Ⅱ、Ⅲ……）。有些系統則採取描述式的字眼，如「藍白 Blue-White」或「優質白 Fine White」，這類最混淆的字詞，也是最不精確，經常是錯誤的。有鑑於此，所以 G.I.A. 制度的創始人希望有新的開始，便以 D 做為制度的開始。當然今日仍可見其他系統，但是卻沒有能像 G.I.A. 的系統一樣全球通用。

D、E、F 三級同無色，無論正反面觀察，不互相比較，均為無色。G、H、I、J 四級者從正面乍看時亦都為無色，K、L、M 三級從正面觀察時僅大鑽石才會看出微微的淡黃色。N 級以下一般人都會看出其淡黃色調，以至 Z 為最低成色等級。

D～N GIA 分級時，是以單字母表示；O～Z 在 GIA 分級時，會以雙字母表示，譬如說 OP（O TO P）、QR（Q TO R）、ST（S TO T）、UV（U TO V）、WX（W TO X）、YZ（Y TO Z）。

如果帶的是黃色，將不特別註明。如果帶的是棕色，則會在顏色等級後加註敘述，例如：light brown。（將在「帶棕色的鑽石評級」一節中詳細說明。）

N ～ R 的顏色，在商業上另有如下的說法：

TTLC：top top light colored 上上等微色

指帶有極淡黃色或稱微微黃色

TTLB：top top light brown 上上等微棕色

指帶有極淡棕色或稱微微棕色

TLC：top light brown 上等微色

指帶有淡黃色或稱微黃色

TLB：top light brown 上等微棕色

指帶有淡棕色或稱微棕色

輕微褐（棕）色的鑽石正面向上時看似「無色」或「白色」，交易時常可能看走眼。

GIA Scale		South East Asia		Trade Terms		General
Colorless To	D	Colorless	100%	Finest White	Jager	Colorless
	E		99%	Fine White	River	
	F		98%			
	G	Near Colorless	97%	White	Top Wesselton	Stones in these grades will " ace up" Colorless (ie slight traces of color will not be apparent in mounted stones to other than the trained eye.
	H		96%	Commercial White	Wesselton	
	I		95%	Top Silver Cape	Top Crystal	
	J		94%		Crystal	
	K	Faint Yellow	93%	Silver Cape	Top Cape	Small stones in this range will face up colorless when mounted but large ones will be tinted.
	L		92%			
	M		91%	Light Cape	Cape	
	N	Very Light Yellow	90%		Low Cape	
	O		89%	Cape	Very Light Yellow	
	P					
	Q					
	R					
	S	Light Yellow		Dark Cape		Mounted stones in these grades will display a yellowish tinge even to the untrained eye.
	T					
	U		Down			
	V					
	W					
	X					
	Y					
	Z	Fancy Diamonds				
Fancy Yellow	Z+					

圖 11-7 各種成色分級

E.G.L.	珠寶協會/H.R.D.	S.A.術語	Scan D.N.
D	極白+	"藍白"	淨水白
E	極白	冰白	淨水白
F	上白+	淡白	頂級威塞爾頓色
G	上白	白	頂級威塞爾頓色
H	白	頂級商業白	威塞爾頓色
I	較白	商業白	頂級晶鑽色
J	較白	頂頂銀白色	晶鑽色
K	次白（K）	頂銀白色	頂級開普色
L	次白（L）	銀白黃	頂級開普色
M	帶色調 1	微黃	開普色
N	帶色調1	微黃	開普色
O	帶色調1	開普色	淡黃色
P	帶色調2	開普色	淡黃色
Q	帶色調2	開普色	淡黃色
R	帶色調2	開普色	淡黃色
S	帶色調3	暗黃	黃色
T	帶色調3	暗黃	黃色
U	帶色調4	暗黃	黃色
V	帶色調4	暗黃	黃色
W	帶色調4	暗黃	黃色
淺色的黃色	微弱的黃色	淺色的黃色	黃色
彩色的黃色	輕淡的黃色	彩色的黃色	黃色
鮮明的黃色	濃豔的黃色	鮮明的黃色	黃色
豔麗的黃色	非常豔麗的黃色	豔麗的黃色	黃色

圖 11-8 EGL 成色分級

GIA	俄羅斯	CIBJO	中國
D	1	Exceptional + White	D (100)
E	2	Exceptional White	E (99)
F	3	+Rare White	F (98)
G	4	Rare White	G (97)
H	5	White	H (96)
I	6	Slightly Tinted White	I (95)
J	7		J (94)
K	8	Tinted White	K (93)
L	8-1		L (92)
M	8-2	Tinted Color 1	M (91)
N	8-3		N (90)
O		Tinted Color 2	
P	8-4		<N (<90)
Q		Tinted Color 3	
R			
S		Tinted Color 4	
T	8-5		
U-Z			

圖 11-9 中國國家標準分級

各種成色分級

見圖 11-7
其中 Jagers、River、Wesselton 等字，大多源自南非的地理環境，指的是：

■ Jagers：最上等的無色鑽石，常帶有藍色的螢光。其名源自於南非的 Jagersfontein 礦床，該地出產的鑽石成色頗高，所以現在用 Jagers 來代表顏色非常白的鑽石，屬 D、E、F 級。

■ River：最上等的無色鑽石，不含螢光的。名稱源於河流礦床出產的鑽石，大多是優質上等成色。

■ Wesselton：白色的鑽石，屬 G、H 級。

■ Cape：帶黃的鑽石，屬 K 以下的色級。產於南非開普敦的鑽石多帶黃，所以 Cape 用作代表黃的鑽石。

■ Premier：淺黃帶強的螢光者，螢光之強有時令鑽石看來有油膩的感覺。

EGL 顏色分級

見圖 11-8，其中顏色多過 W，即列入彩鑽等級。

GIA 制度與中國國家標準分級之對照

見圖 11-9，中國國家標準以數字分級，100 即表示最白。

成色——名稱的由來

成色這一名名稱是比照黃金的含金量而來，黃金所含雜質愈少，亦即含金量愈多，則成色愈高。鑽石含有黃色，如同黃金所含的雜質，黃色愈少則成色愈高。

圖 11-10 成色

鑽石分色儀 Colorimeter
既然分出聯色等級，是否有儀器可以將鑽石擺進去，就可以顯示出是什麼顏色呢？這就是鑽石分色儀 Colorimeter 的概念。

圖 11-11 鑽石分色儀 Colorimeter courtesy GIA

成色分析儀的應用
早在 1940 年代，美國寶石學院即發明了成色分析儀或稱色度儀（COLORI-METER），如圖 11-11 所示，是使用一套由無色至黃色的玻璃（稱之為「color yardstick」顏色標竿），進行視覺比對。該儀器後來雖經改良，性能仍然有限，並不普遍適用於任何鑽石，主要原因是影響成色高低的各種因素並未完全明瞭。而且鑽石成色受切磨比率、螢光反應、透明度及含有雜色等等因素的影響。所以美國寶石學院仍採用真正的鑽石作為標準成色鑽石，據以分辨各級成色，同時認為鑑定鑽石顏色的儀器若要進入普遍實用階段，似乎仍需要藉助科技進行改善。

目前世界各地的寶石鑑定室，如果以 GIA 制為鑽石成色分級制度，則必須備有一套經 GIA 鑑定合格的鑽石比色石（MASTER COLOR DIAMONDS 或稱 MASTER DIAMONDS），否則成色分級無法與其制度完全吻合，以致產生偏高或偏低的現象，而喪失鑑定的一致性。

比色石基本條件（PRE-REQUISITES）
1. 比色石不得帶有黃色以外的色調。
2. 比色石淨度等級應當在 SI1 以上（FL ～ SI1 間含 SI1），且內含物不得影響顏色評級。
3. 比色石的切割應當是切工優良至好（冠部介於 11 ～ 16 %，而亭部介於 41 ～ 45 %）的標準圓型明亮式（花式車工的顏色不均匀），腰圍亦不得太厚。
4. 比色石應當大小均一。每粒重量不應當小於 0.25 克拉（最好是 0.40 ～ 0.50 克拉）。同一套比色石之間的重量差異不應當大於 0.1 克拉，但亦不可無差異。如果常進行較大鑽石比色，比色石最好選大一點的，例如 0.70 克拉或以上。
5. 比色石不應當有螢光反應（無或微弱 ）。
6. 比色石必須經過嚴格的色級標定。

11-3 以標準比色石（Masterstones）鑑定顏色

圖 11-12 以標準比色石（Masterstones）鑑定顏色

CZ 比色石

有人使用人造的 CUBIC ZIRCONIA（立方氧化鋯，簡稱 CZ）代替真正鑽石作標準成色鑽石之用，不過 GIA（美國寶石學院）並不認同此法，主要因為一、CZ 的黃色澤與正常鑽石黃色澤略有不同，就如同褐色或灰色鑽石很難與黃色鑽石比較成色高低一樣。二、CZ 的火光（色散光）比鑽石強，會影響判斷成色的準確性。三、CZ 顏色的穩定性不佳，過一段時期後，成色等級自然發生變化。所以美國寶石學院拒絕鑑定 CZ 為標準成色鑽石。

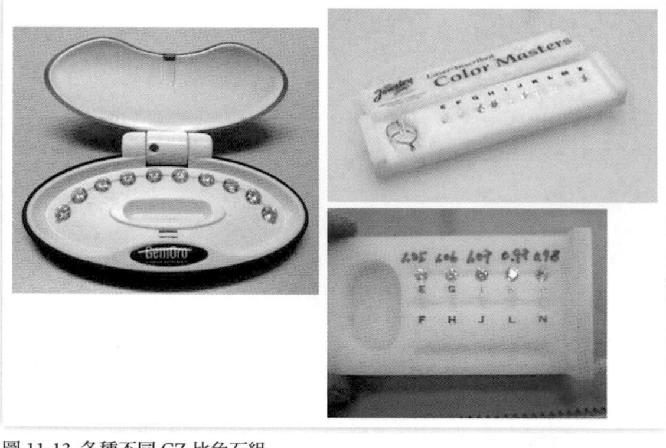

圖 11-13 各種不同 CZ 比色石組

圖 11-12 是以標準比色石（Masterstones）鑑定顏色的圖示。圖 11-13 中所示為市售之各種不同 CZ 比色石。圖 11-14 中為一顆年代久遠的 CZ，可以看出來其所帶的顏色不是黃而是偏黑。然而，儘管 CZ 不能用於提供精確的色級，但還是可以用於判斷大致的色級，只是最好將分級範圍加大。

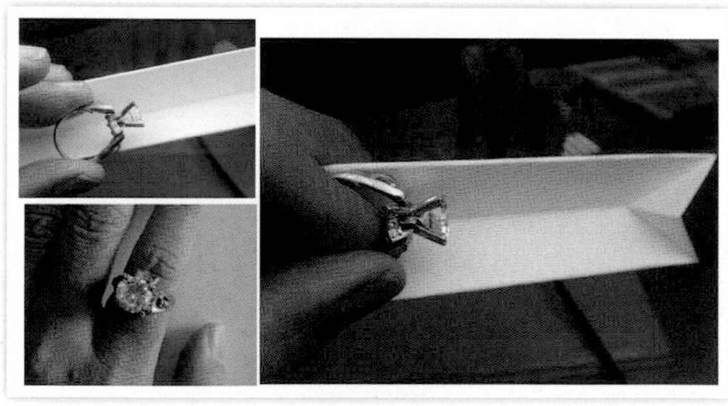

圖 11-14 偏黑的 CZ

那麼究竟如何才能獲得一套 GIA 認同的比色石呢？可以依上述條件在市面上找顏色相近、可能符合的鑽石，送 GIA 請予鑑定是否可當比色石用。一般而言，可能需多送幾次才能找到符合色級標定的鑽石。如果覺得麻煩，有沒有快速簡單的方法呢？紐約市場上有賣已經過色級標定的鑽石，但是價錢可能是同等級鑽石報表價錢的 4 到 10 倍。比色石均有重量標示，一旦弄混了，可以藉秤重重新排序，如圖 11-15 所示。

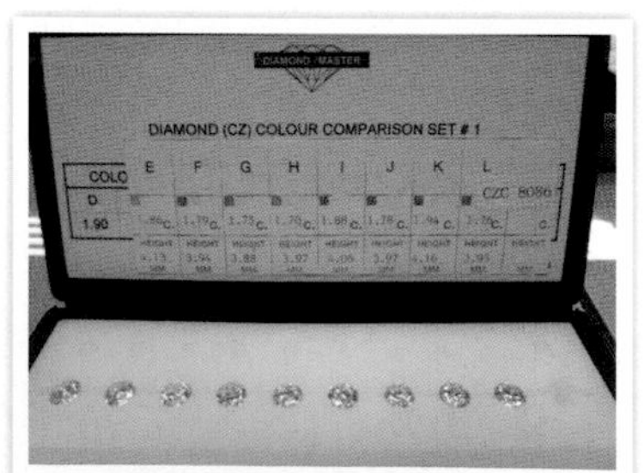

圖 11-15 標示重量的比色石

目前所用的分級標準以 CIBJO（國際珠寶首飾聯合會）和 GIA（美國寶石學院）的標準為主要參考。它們之間存在著一點不同：CIBJO 實驗室中的比色石稱為「標準比色石」，其中每一顆鑽石對就每一色級的下限；GIA 系統使用的比色石，每一顆鑽石代表著從 E 開始每一色級的上限，如圖 11-16 所示。

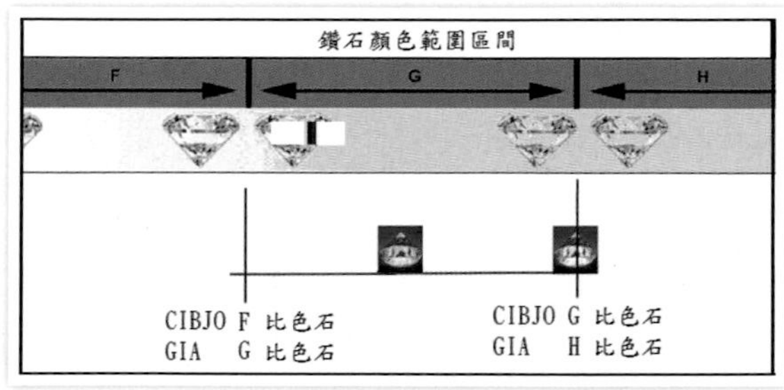

圖 11-16 色級的上下限

GIA 系統使用的比色石，每一顆鑽石代表著從 E 開始每一色級的上限。GIA 分級標準每一英文字母代表每一級的成色範圍，而不是某一點特定的成色位置，只有各級標準成色鑽石，才必須位於該級最高成色位置，所以普遍鑽石鑑定證書雖列為同級成色的各顆鑽石，有時仍會有細微的上下之分。一般而言，我們不需要從 D 到 Z 的所有比色石，只要準備常用範圍的比色石即可。在有了一套標準比色石的情況下，我們還需要擁有合適的光源、合適的分級環境以及豐富的經驗，我們就可以對鑽石的顏色進行分級了。

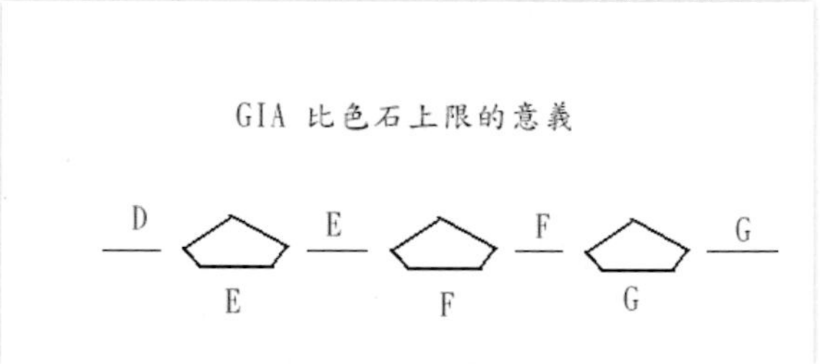

圖 11-17

合適的光源

圖 11-18 中同一顆鑽石在不同的燈光下卻出現不同的顏色，左圖中比較白，右圖中比較黃，因此在觀察顏色時，要注意當時的燈光，以免誤導。

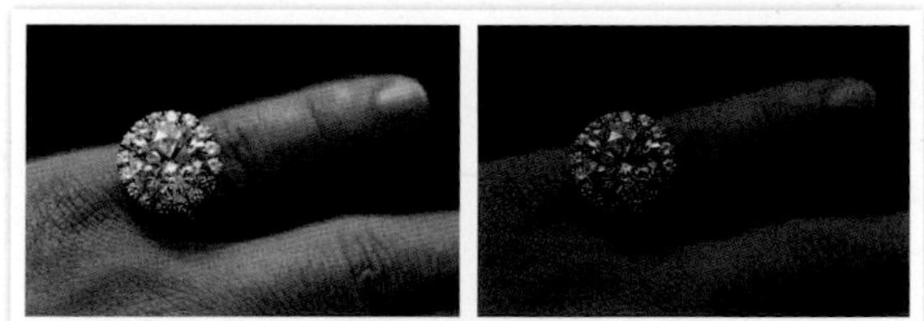

圖 11-18 不同光源不同顏色

什麼才是合適的光源？陽光當然是良好的光源，但是陽光的問題有以下幾點：一、一日之間不同時段的陽光不一樣，例如早晨或黃昏的日光紅色波長太多（圖 11-19）。二、面對陽光的方向不同，所照射的陽光也不同。三、天候狀況不同，亦可能過濾其中部分波長的光。四、陽光中的紫外線可能對某些鑽石產生加深或減低顏色的效果。

圖 11-19 太陽光

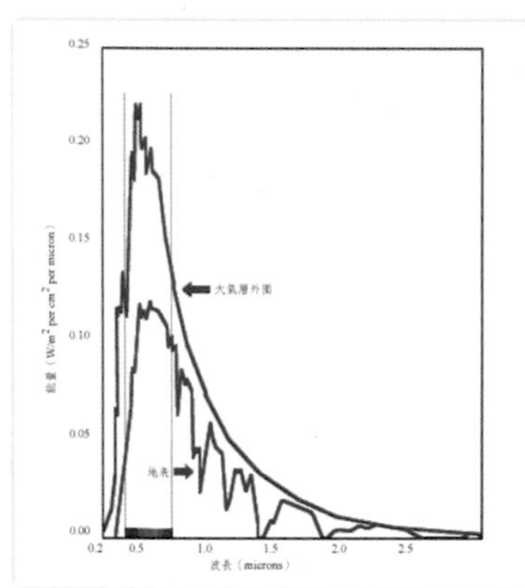

圖 11-20 太陽光譜

太陽光譜如圖 11-20 所示。太陽光的光譜範圍可從紅外光到紫外光，而且光譜會依據每天的時間、季節、海拔高度、天氣等因素改變。因此若要使用陽光為評級的光源，以上午 10 點至下午 2 點間，來自北方的陽光為標準（北半球），並且要避免陽光直接照射鑽石。但是這種光源，本身就相當含糊而不標準。而且，隨著世界各地都必須對鑽石作出顏色分級，其光源環境各不相同，因此 GIA 放棄使用自然光源的作法，改在室內創造出適合分級的光源環境。

一般室內用的燈泡會發出微黃光，並不適用於顏色評級（圖 11-21），因此發展出室內評級用的比色燈（圖 11-22 及圖 11-23 ）。同一顆鑽石在不同的燈光下卻出現不同的顏色，因此在觀察顏色時，要注意當時的燈光，以免誤導。

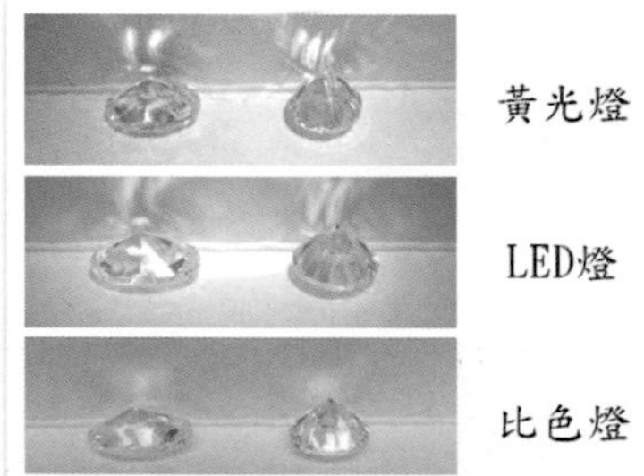

圖 11-21

鑽石比色燈

鑽石檢驗燈基本條件為——照度：1200lx ～ 2000lx；相關色溫：5800°K ～ 6500°K；顯色指數：一般顯色指數在 75 以上；漫射不閃爍。

照度

照度是每單位面積所接收到的光通量。SI 制單位是勒克斯（lx=lux），1（勒克斯）=1（流明 / 平方公尺）。所謂夠不夠亮，就是指照度。居家的一般照度建議在 100 ～ 300 勒克斯之間，如圖 11-24 所示。

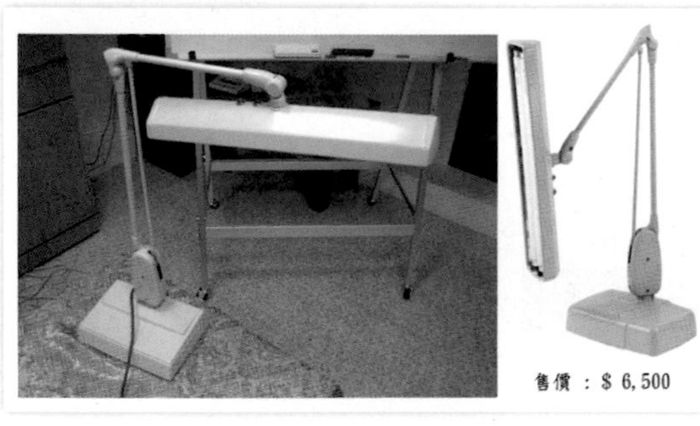

圖 11-22 鑽石比色燈

圖 11-23 各種鑽石比色燈

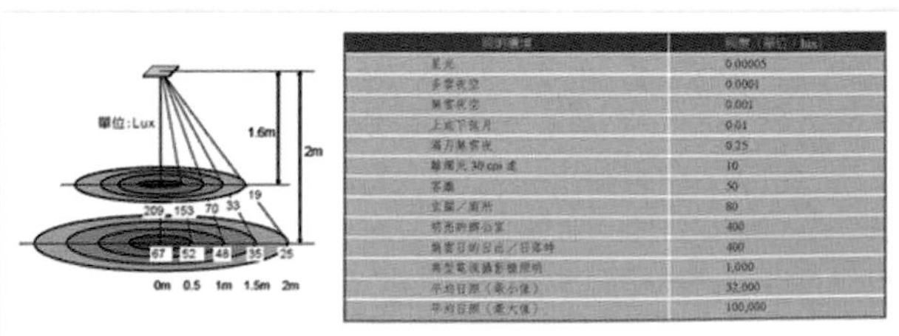

圖 11-24 照度

日光燈管是靠著燈管的水銀原子藉由氣體放電的過程釋放出紫外光（主要波長為 2537 埃，1 Å = 10–10 m）。所消耗的電能約 60％以轉換為紫外光，其他的能量則轉換為熱能。藉由燈管內表面的螢光物質吸收紫外光後釋放出可見光。不同的螢光物質會發出不同的可見光，一般紫外光轉換為可見光的效率約為 40％，不同燈種的效率如圖 11-25 所示。

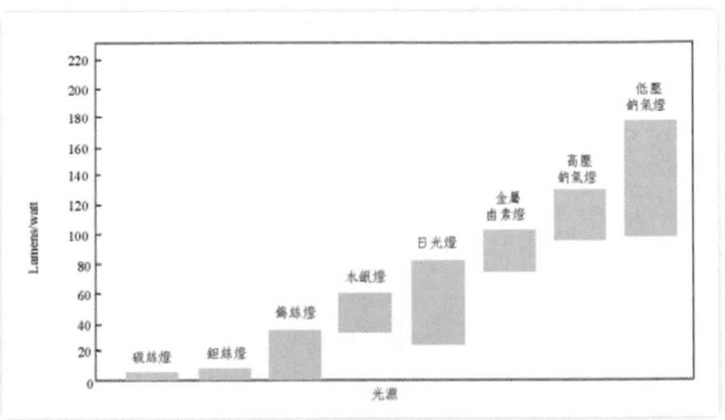

圖 11-25 不同燈種的效率

因此日光燈的效率約為 60％ ×40％ = 24％大約為相同功率鎢絲電燈的兩倍。

再依燈管的瓦特數計算出流明數，即可依前述標準訂出測試時鑽石與燈管間應有的距離。

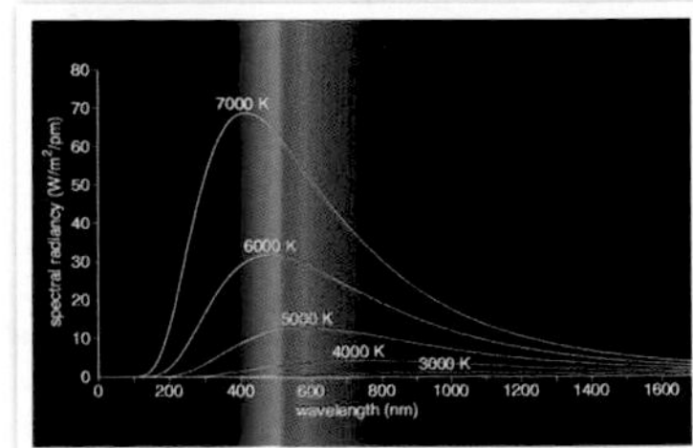

圖 11-26 各種色溫的波長分佈

色溫

色溫指的是光波在不同的能量下，人類眼睛所感受的顏色變化。色溫較高，所見到的顏色偏藍。色溫較低，所見到的顏色偏紅。圖 11-26 中曲線頂點代表該溫度下輻射強度最大的波長。由該圖可以看出：色溫高時，波長短輻射能量強，越白的比色燈其實對眼睛造成的傷害越大，因此比色燈不宜長時間使用。

如果我們將各曲線的頂點，繪入 CIE-xy 色度圖（圖 11-27），就形成普朗克軌跡（planckian locus），由圖中我們可以看出：色溫較低，顏色偏紅；色溫高，顏色偏藍。

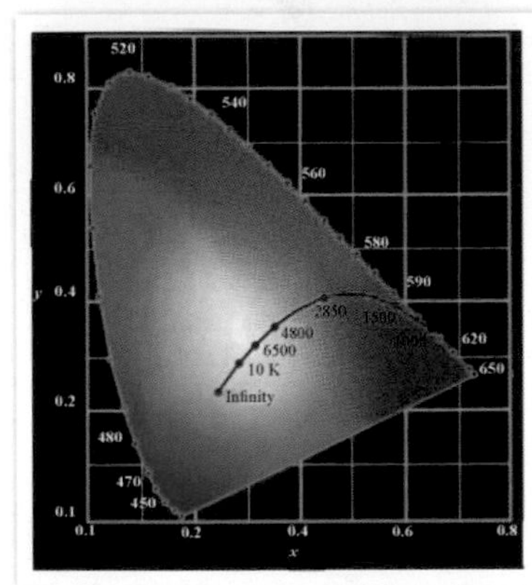

圖 11-27 CIE-xy 色度圖的普朗克軌跡。

色溫的特性

1. 在高緯度的地區，色溫較高，所見到的顏色偏藍；
2. 在低緯度的地區，色溫較低，所見到的顏色偏紅；
3. 一天之中，色溫亦有變化，當太陽光斜射時，能量被（雲層、空氣）吸收較多，所以色溫較低；當太陽光直射時，能量被吸收較少，所以色溫較高。
4.Windows 系統的 sRGB 色彩模型是以 6500° K 做為標準色溫，以 D65 表示。
5. 清晨的色溫大約在 4400° K。
6. 高山上色溫大約在 6000° K。

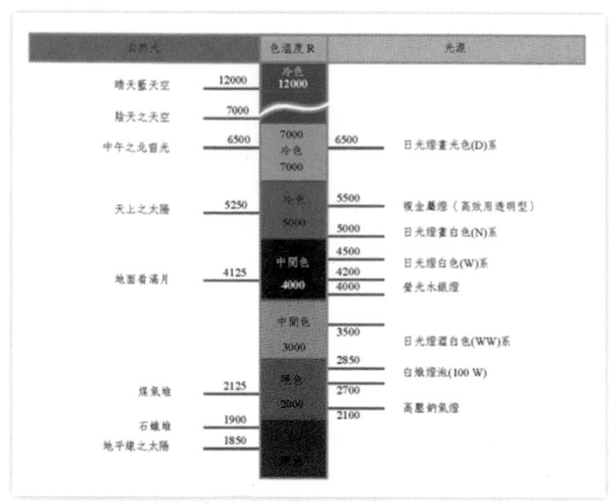

圖 11-28 色溫變化與室內光源

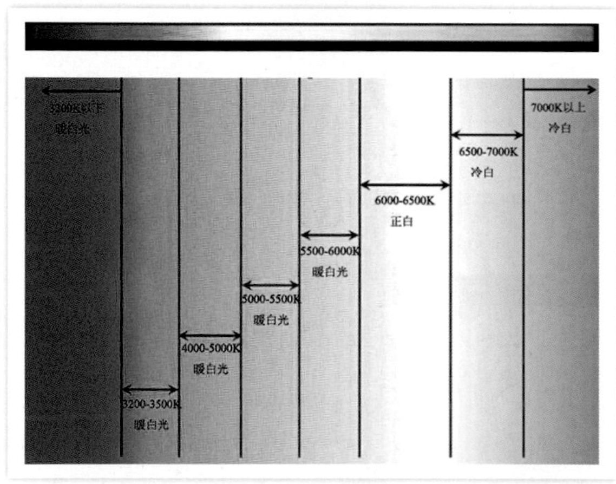

圖 11-29 不同色溫的螢光燈光譜

室內照明的色溫如下：
將一天中的色溫變化與室內光源放在一起對照（如圖 11-28 所示），由該圖我們發現：要能符合前述「上午 10 點至下午 2 點間，來自北方的陽光為標準（北半球）」之條件的燈，大約是在色溫 6500° K，所以許多鑑定所都以色溫 6500° K 為標準。

然而將各種色溫的螢光燈光譜更細的比較（如圖 11-29），由前至後分別由 2700° K － 4000° k －- 6500° k 色溫逐漸提高的螢光燈光譜。色溫越高，藍光區域所占比重越大。由圖中可以看出：色溫高時，輻射能量強，愈白的比色燈對眼睛造成的傷害愈大，因此市售的比色燈色溫常訂在 5500° K 至 6500° K 之間。如果選擇色溫高的比色燈，最好不要長時間使用。

效果顯色

要鮮明地強調特定色彩，表現美的生活可以利用加色的方法來加強顯色效果。採用低色溫光源照射，能使紅色更加鮮豔；採用中等色溫光源照射，使藍色具有清涼感；採用高色溫光源照射，使物體有冷的感覺。正因為如此，寶石店裡裝設的燈光，應隨寶石的種類顏色而異，才得以顯示寶石的美。反過來說，購買者則一定要選擇在正確的照明下欣賞寶石，最好能在自然的太陽光下觀察，才不致對顏色產生錯覺，回家之後懊惱不已。

顯色指數（Color Rendering Index）
在不同光源照射下，同一個物體會顯示出不同的顏色。例如綠色的樹葉在綠光照射下，有鮮豔的綠色，在紅光照射下近於黑色。由此可見，光源對被照物體顏色的顯現，起著重要的作用。光源在照射物體時，能否充分顯示被照物顏色的能力，稱為光源的顯色性。

1965 年 CIE 製定了一種評價光源顯色性的方法，簡稱「測色法」，經 1974 年修訂，正式推薦在國際上採用。用試驗色評價顯色指數是最有效的方法，它與目視效果一致，是計算顯色指數的標準方法。按 CIE

的規定，標準照明體即作為參照照明光源要根據待測光源的相關色溫來選取，一般把普朗克輻射體作為低色溫光源（小於 5000K）的參考標準，把標準照明體 D（即組合日光）作為高色溫光源（大於 5000K）的參考標準。

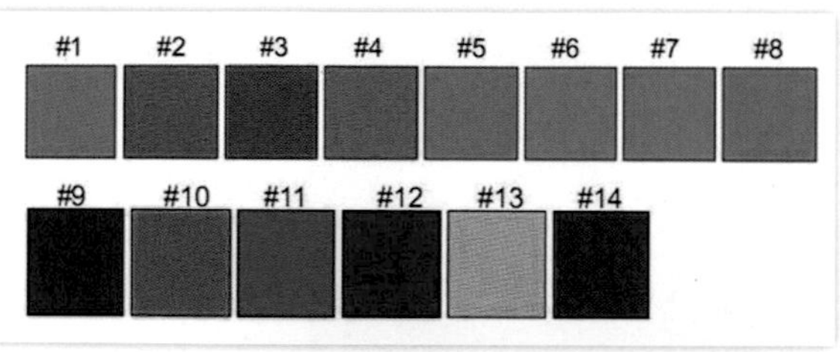

圖 11-30 CIE 標準色板

CIE 規定顯色指數分為特殊顯色指數 Ri 和一般顯色指數 Ra。評價時採用一套 14 種試驗顏色樣品，其中 1 ～ 8 試驗色用於一般顯色指數的計算，這 8 種顏色樣品選自孟塞爾色標，包含各種有代表性的色調，都具有中等彩度和明度，如圖 11-30 所示。另外還補充規定了 9 ～ 14 色 6 種計算特殊顏色顯色指數的標準顏色樣品，供檢驗光源的某種特殊顯色性能選用，分別是彩度較高的紅、黃、綠、藍及葉綠色和歐美人的膚色，如圖 11-30 所示。

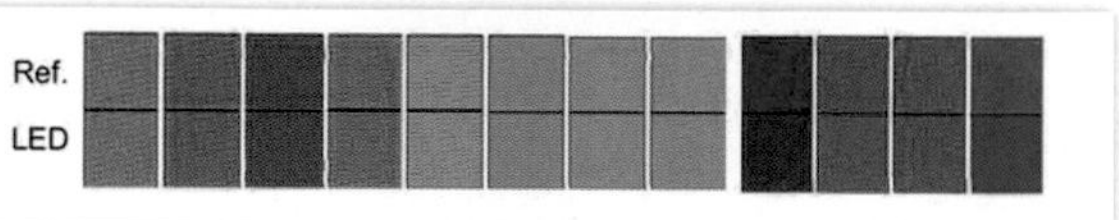

圖 11-31

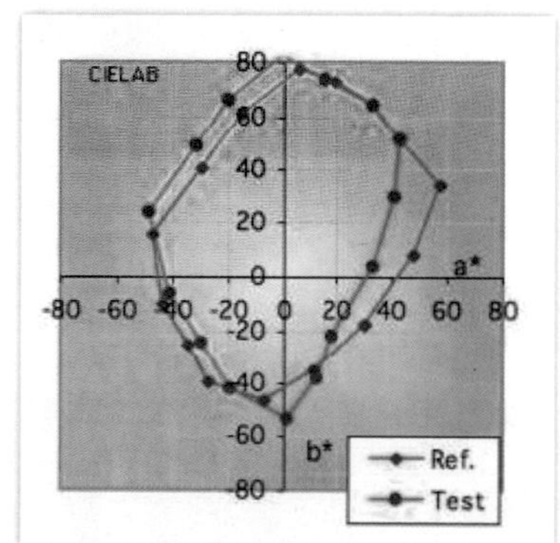

圖 11-32

CIE 顏色系統對 8 塊標準色板，比較在待測光源照射下和在參考光源照射下色坐標的偏離（Deviation）程度，即色位移 ΔEi，就可得到該色板的特殊顯色指數 Ri。所測得的特殊顯色指數 Ri 取算術平均，就得到了一般顯色指數 Ra。

顯色指數 Ra 是一個 100 以內的數值，用以表達光源的顯色性能，Ra=100 被認為是最理想的顯色性。

顯色指數（Ra）一般性應用如下

90-100 1A 優良需要色彩精確對比的場所
80-89 1B 需要色彩正確判斷的場所
60-79 2 普通需要中等顯色性的場所
40-59 3 對顯色性的要求較低，色差較小的場所
20-39 4 較差對顯色性無具體要求的場所

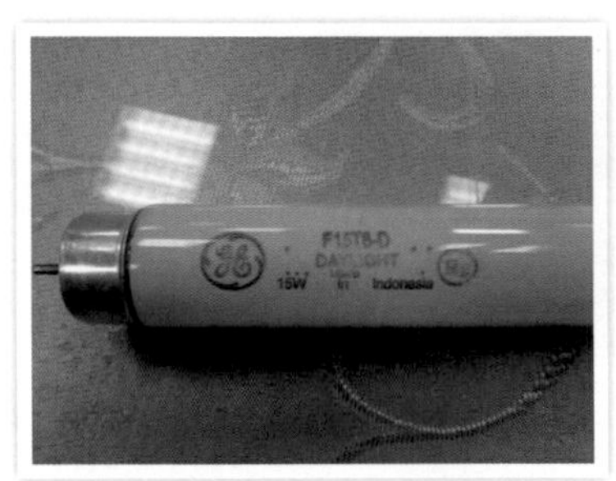

圖 11-33 鑽石比色燈燈管

圖 11-34

圖 11-35

白熾燈的理論顯色指數為 100，但實際生活中的白熾燈種類繁多，應用也不同，所以其 CRI 值不是完全一致的，只能說接近 100，是顯色性最好的燈具。具體燈具的 Ra 值可見本頁右下表所舉。

色溫與顯色性

光源對物體的顯色能力稱為顯色性，是通過與同色溫的參考或基準光源（白熾燈或晝光）下物體外觀顏色的比較。光所發射的光譜內容決定光源的光色，但同樣光色可由許多、少數甚至僅僅兩個單色的光波綜合而成，對各個顏色的顯色性亦大不相同。相同光色的光源會有相異的光譜組成，光譜組成較廣的光源較有可能提供較佳的顯色品質。當光源光譜中很少或缺乏物體在基準光源下所反射的主波時，會使顏色產生明顯的色差（color shift）。色差程度愈大，光源對該色的顯色性愈差。

圖 11-22 中的鑽石比色燈，就是根據前述這三項原則選擇燈管如圖 11-33。但要記得，如果使用頻繁，燈管必須定時更換，以免燈管老化改變鑑定結果。例如說燈管平均壽命為 5,000 小時，則最好使用達 1,800 小時，即予以更換。

GIA 鑽石檢驗燈（DiamondDock）

GIA 的「DiamondDock」，具標準日光、螢光照明與中立灰色 牆的組合，提供觀察鑽石的良好照明環境。（圖 11-34）

光源顯色指數 Ra
白熾燈 97
日光色熒光燈 80-94
白色熒光燈 75-85
暖白色熒光燈 80-90
鹵鎢燈 95-99
高壓汞燈 22-51
高壓鈉燈 20-30
金屬鹵化物燈 60-65
鈉鉈銦燈 60-65
鏑燈 85 以上

Gem Diamond Lite

GIA 另外還有一種鑽石檢驗燈「Gem Diamond Lite」（寶石鑽石光燈），同時具備顏色評級用燈及觀察螢光反應所需的長波紫外光。用於大量評級或向客戶展示螢光反應時非常好用。這個燈對新手言或許並非必需品，但對嚴謹的業者來說，卻是個好幫手。（圖 11-35）

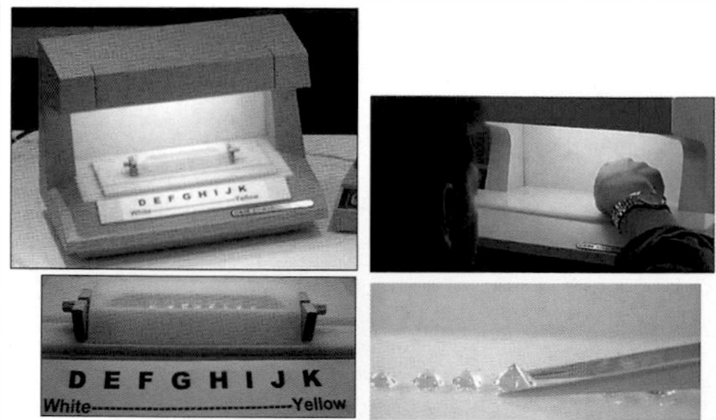

圖 11-36

圖 11-36 是 Gem Diamond Lite 的使用情形，圖 11-37 則是 Gübelin 寶石實驗室 Gübelin 博士改良自 GIA 的「Diamolite」的鑽石鑑定燈「Color Scope」（此圖攝自 2013 年九月香港珠寶展）。如果手邊沒有比色燈，也可運用寶石顯微鏡的白色頭燈進行比色（如圖 11-38）。

圖 11-37

比色環境

鑽石的比色環境要符合以下條件：

1. 以鑽石燈為顏色評級提供標準光源及合適的背景，同時還可以避免白光從評級室的任何彩色表面反射過來。
2. 在白色背景下評定鑽石。
3. 牆身、地面、窗簾為白色或灰色的暗房是顏色評級的理想場所。
4. 檢測人員的服飾、桌椅、燈具應當是白－灰－黑的中性色。

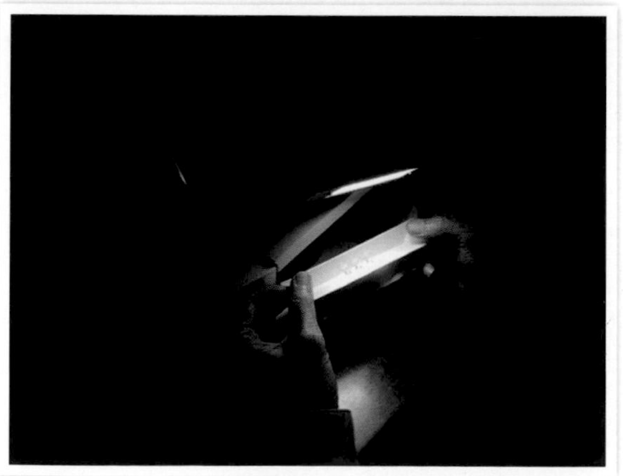
圖 11-38

圖 11-39 GIA 鑽石比色

11-4

比色操作流程

圖 11-40 放置鑽石於遮光卡中

圖 11-41 遮光卡比色

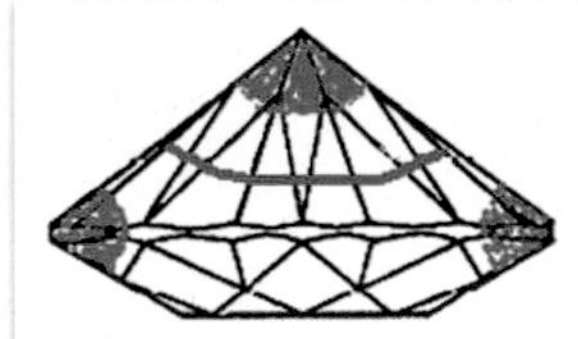

圖 11-42 鑽石顏色集中

1. 待比色的鑽石，在比色之前要清洗。比色石也要定期清洗。
2. 待比色的鑽石，在此色之前要進行觀察和記錄，描述內含物及其淨度特徵，測量出鑽石的重量。
3. 將比色石按色級從高到低的順序，從左到右、桌面朝下，依次排列在V 形槽內。比色石之間間距為 1cm ～ 2cm。
4. 把排列好的比色石放置於比色燈下，與比色燈管垂直距離為 10cm ～20cm。視線平行比色石的腰稜（或者垂直比色石的亭部）觀察比色石，確定由淺至深的漸變。應當使用清潔鉗鑷夾取鑽石。
5. 把待分級的鑽石放在兩顆比色石之間，並與左右兩邊的比色石進行比較。如果待測鑽石的顏色不僅比左邊的比色石深，而且也比右邊的色級較低的比色石深，就需更換位置，直到待測鑽石的顏色比左邊的比色石深，又比右邊的比色石淺為止。
6. 比色部位：應是尖底和腰部兩旁顏色集中的部位。兩顆鑽石比色時應比同樣的部位。
7. 比色時，當鑽石刻面反射出的光影響對顏色觀察和比較時，可以微小的前後移動盛有鑽石和比色石的 V 形槽，或者稍微改變 V 形槽的傾斜度，以尋找看不到反射光的位置進行觀察和比較。
8. 還要根據比色石的色級標定來確定，如果是代表上限比色石，那麼待測鑽石的色級同於左邊的色級較高的比色石。如果是代表下限比色石，那麼待測鑽石的色級同於右邊的色級較低的比色石。
9. 當待測鑽石與某特定比色石顏色相近時，將待測鑽石分別置於該比色石的左右兩側再比較，以避免左右側不同效應，如果兩側都相近，就能判斷待測鑽石所屬的顏色等級。
10. 檢查鑽石，確定待測鑽石未與比色石混淆。
11. 記錄比色結果。
12. 比色時間以不連續超過二個小時為宜。

遮光卡（ Shade card）

遮光卡是專門設計用來顏色評級，內側必須是白色而且沒有印任何字樣，同時紙張應該不具螢光性。

步驟（Procedure）

將鑽石面朝下、尖底朝上放置遮光卡中，如圖 11-40 所示。鑽石間不要互相接觸，也不要隔太遠，如圖 11-41 所示。鑽石顏色集中在角上，及亭部中央，如圖 11-42 所示。

觀察方向

比色時要分成兩個方向觀察，如圖 11-43：
1. 視線與腰部平行。觀察腰部和底尖顏色集中的部位，這也是比色時最常用的觀察方向。
2. 視線與亭部刻面垂直。觀察亭部中間透明區，該區顏色淺有利於消除色調及火彩和反光的影響。

圖 11-43 中有兩個觀察方向，操作時，不要將頭上下擺動，只需如圖 11-44 所示，維持眼睛視線的位置不變，來回轉動比色遮光紙板調整觀察方向即可。實際操作時，將比色石與待比色的鑽石放在比色石組所附的溝槽（或遮光紙 V 型槽）中，在比色燈下適當距離進行比色，如圖 11-45 及圖 11-46 所示。再次提醒：比色時，鑽石面要朝下。

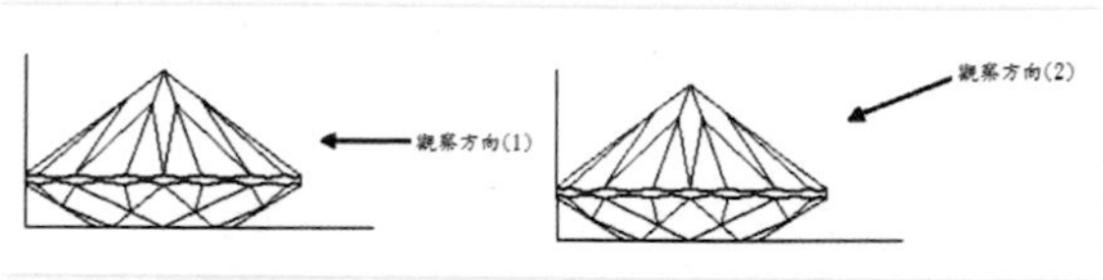

圖 11-43 比色觀察方向

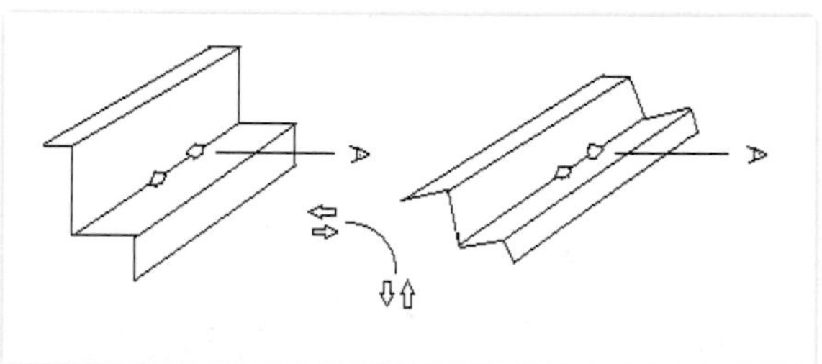

圖 11-44 轉動遮光紙

圖 11-45

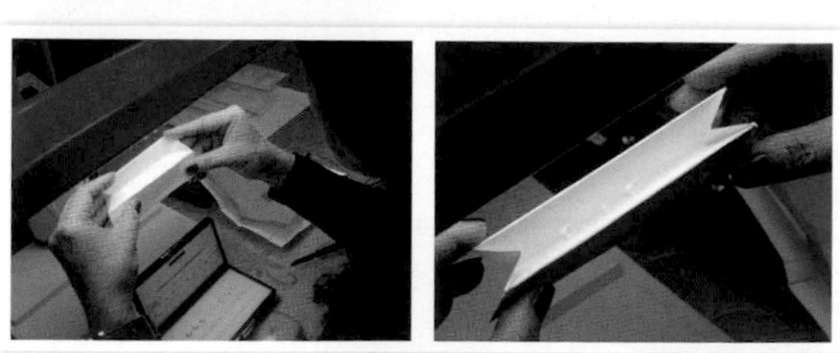

圖 11-46

圖 11-47 五顆階段性比色石

圖 11-48 DEF

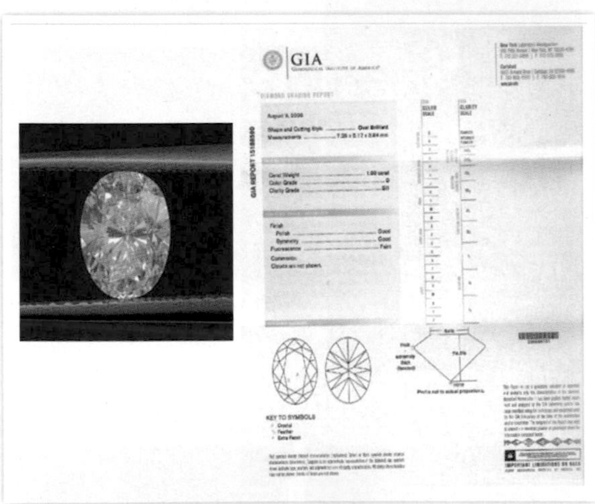

圖 11-49

圖 11-50

另外，如果手邊沒有比色石但又需要進行比色時，則可採用不用比色石，用肉眼觀測鑽石成色的顏色評比，其作法如次。

將鑽石放入白紙 V 型槽中比對，如圖 11-46 所示，並以桌面朝下及桌面朝上分別觀察，當：

（1）桌面朝下：透明無色
桌面朝上：透明無色→ D、E、F

（2）桌面朝下：接近無色、想擦，擦了又沒用
桌面朝上：透明無色→ G、H、I、J

（3）桌面朝下：極微黃色
桌面朝上：接近無色→ K、L、M

（4）桌面朝下：黃色
桌面朝上：極微黃色→ N → Z

比對成色的差異

無色（Colorless）

D 的顏色從正面看真的很白，如圖 11-49 左所示。圖右則為其證書，在 Color Grade 一欄中會記載 D。

圖 11-50 的顏色為 F， D、E、F 均為無色等級，既然都無色，因此只有從透明度的高低分出成色的差異，比較一下圖 11-50 中 F 與圖 11-49 中 D 的差。

近無色（Near Colorless）

G、H、I、J 稱為近無色等級，我們來分別比較一下面朝下與面朝上的感覺：

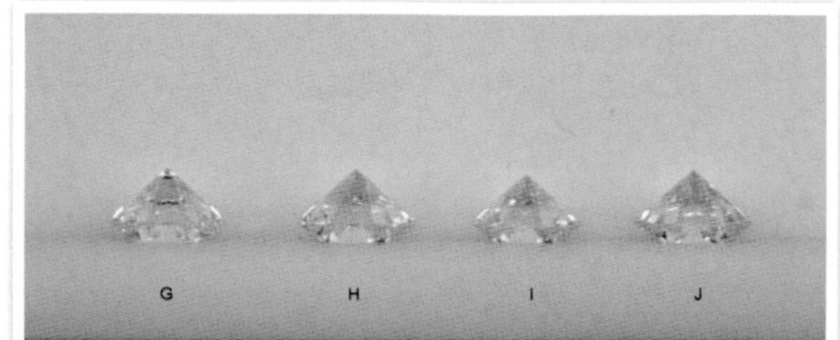

圖 11-51

圖 11-52

圖 11-53

圖 11-54

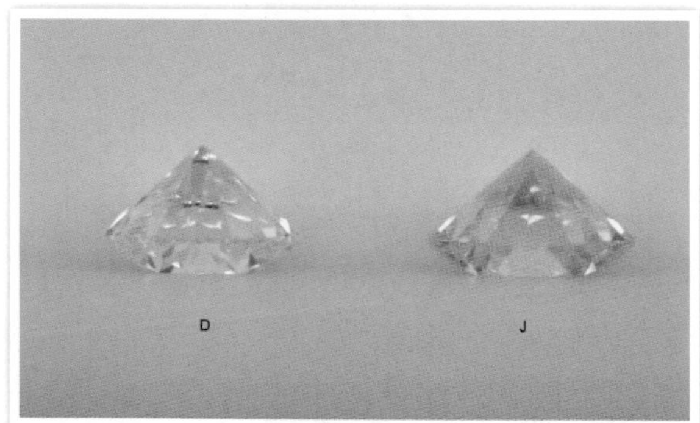

圖 11-55

圖 11-56

圖 11-57

圖 11-58

圖 11-59

微黃或褐（Faint Yellow/Brown）

K、L、M 稱為微黃級，當面朝下看起來黃色就明顯多了，但所帶的顏色不一定是黃色，也有可能是棕色（棕色的部分後續會說明）。再來分別比較一下面朝下與面朝上的感覺（圖 11-57）。圖 11-58 中為 IGI 評出來的 K。

以上介紹的是 D 到 M 的顏色，也就是相當於無色到微黃，如圖 11-61 所示。

以下我們要開始介紹 N ～ R 輕微黃色（Very Light Yellow）以及 S ～ Z 淺黃色（Light Yellow）。在為顏色評級時，是用英文字母 D ～ Z 分別來代表其等級，其中 D ～ N 是以單一的英文字母代表，而 N 以後，亦即 O ～ Z 則是用兩個英文字母來代表，如圖 11-62 所示。

圖 11-60

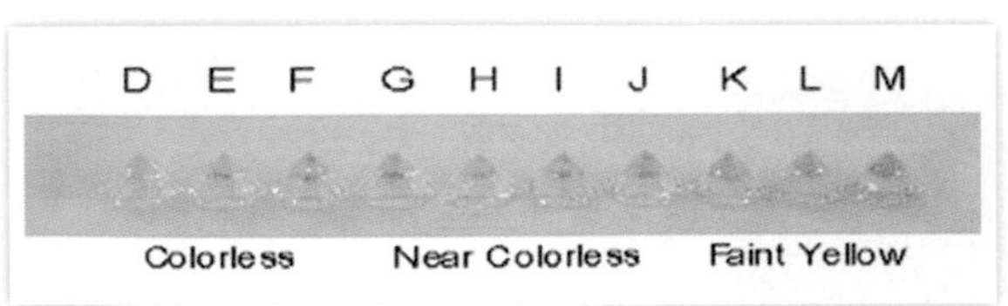

圖 11-61

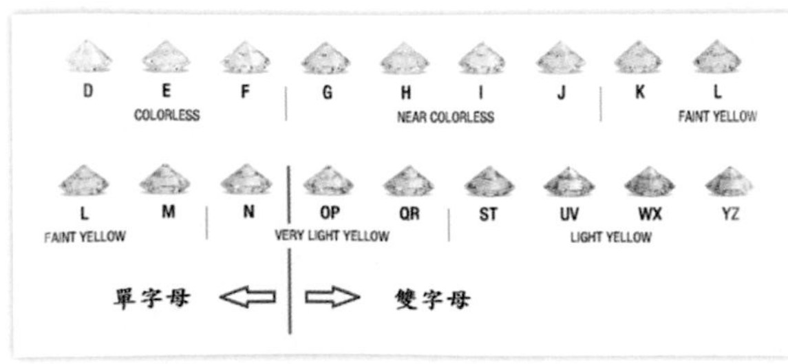

圖 11-62

同樣的，我們也來看一下各及顏色與無色 D 的比較，以瞭解成色等級的變化（圖 11-63 與圖 11-64）。而圖 11-65 中為 IGI 評出來的 N-O，黃色其實很明顯了。

圖 11-63

圖 11-64

圖 11-65

圖 11-66

圖 11-67

圖 11-68

圖 11-69

圖 11-70

圖 11-71 是 YZ 的實物照片，不過是花式車工，而非圓鑽。圖 11-72 為 YZ 圓鑽的報告書，寫成 Y to Z Range，或是 Y-Z，均無不可。

看過那麼多成色等級，試著目視判斷圖 11-73 中的兩顆鑽石，成色為何。答案是：左 M，右 K。

在《GIA 鑽石分級手冊》（GIA Diamond Grading Manual）中，有一段描述檢驗鑽石面朝下時顏色的相關內容，和一段關於檢驗面朝上時顏色的內容。還有一段總結了這兩段，告訴我們「estimate the color grade based on a combination of the impressions in both positions.」（「根據在兩個位置感覺的組合來評估顏色級別」）。這點明確指出：「分級是一個主觀感覺而非客觀的過程」。

此外，關於根據鑽石面朝下時觀察鑽石（寶石實驗室的習慣），對比鑽石面朝上時（佩戴珠寶的人以及別人看此人所佩戴的珠寶時的方式）所看到的顏色，而給予顏色分級的相關權重分配，該段內容中也未再做出進一步闡述。

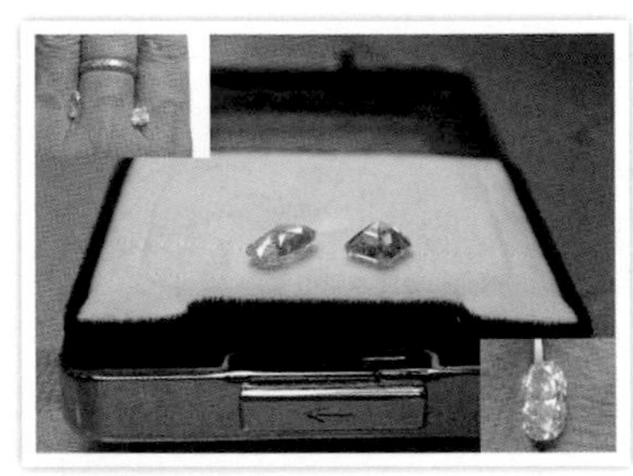

圖 11-71 花式車工 YZ

August 6, 2007
GIA Report: 16222358
Round Brilliant
6.27- 6.30 x 3.92 mm
Carat Weight: 0.95 carat
Color: Y to Z Range
Clarity: VS1
Cut: Excellent
TBL: 57% TD: 62.4%
CA: 34.5° PA: 41.2°
ST: 55% LH: 80%
Girdle: THN to STK, F
Culet: NON
Polish: Very Good
Symmetry: Very Good
Fluorescence: Medium Blue
Surface graining is not shown.

DIAMOND GRADING REPORT

ROUND BRILLIANT

Measurements	6.27 - 6.30 x 3.92 mm
Carat Weight	0.95 carat
Color Grade	Y-Z
Clarity Grade	VS1
Cut Grade	Excellent

圖 11-72 報告書 YZ 寫法

圖 11-73

帶棕色的鑽石評級

D 至 Z 範圍中常見褐色的鑽石，如圖 11-74 所示為白黃褐三種顏色的鑽石，圖中最左的鑽較白，中間的鑽帶黃，右邊的鑽則帶棕。評級褐色的鑽石時，必須附加一些說明。分級時對顏色比 K 比色石更多的褐鑽，除了給予字母等級外，並應附加顏色述語—— K 至 M 給予微褐（Faint Brown），N 至 R 給予很淡褐（Very Light Brown）， S 至 Z 給予淡褐（Light Brown），以便將一般顏色範圍中比 K 更褐的褐色鑽與黃色分別開來，這種做法稱之為同量顏色等級（ECG），如圖 11-75 所示即為褐色的鑽石同量顏色等級。

圖 11-74

圖 11-75

以下我們來看幾個報告書案例：
圖 11-76 ～圖 11-78

以下我們來看幾個實例：
圖 11-79 ～圖 11-81

如果顏色等級相同，帶棕色的會比帶黃色的每克拉約便宜 200 ～ 300 美元。超過 Z 的褐鑽，則可依彩鑽來評級，如圖 11-82。圖中的 fancy 字樣即代表彩鑽，將在彩色鑽石的章節中說明。

灰鑽

顏色與 K 相等或更多的灰鑽，則以彩鑽系統加以分級，因此 K 色的灰鑽將評為「微灰（Faint Gray）」，而不評字母等級。

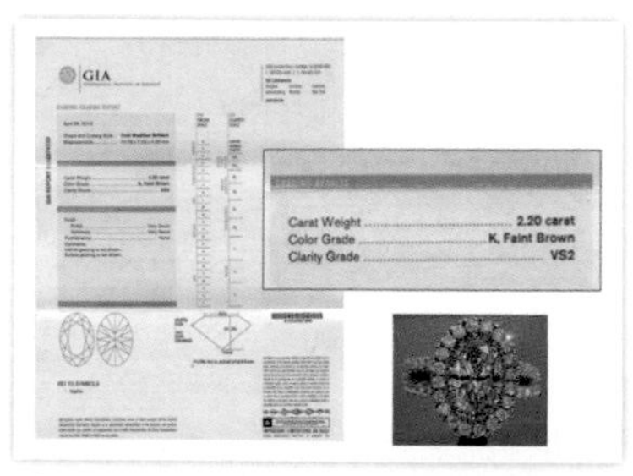
GIA

Carat Weight .... 2.20 carat
Color Grade .... K, Faint Brown
Clarity Grade VS2

圖 11-76 K Brown

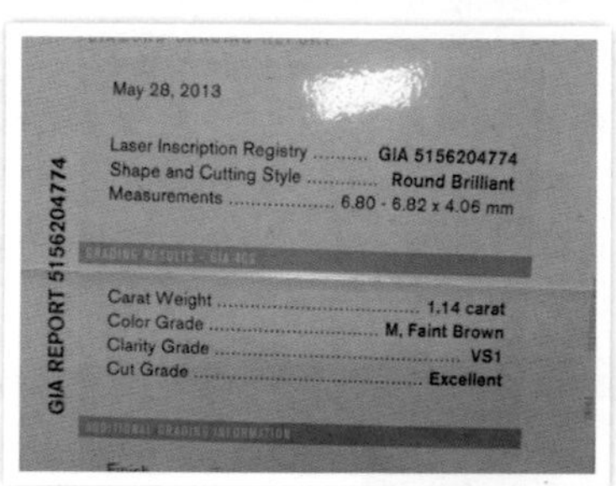
May 28, 2013

Laser Inscription Registry .... GIA 5156204774
Shape and Cutting Style .... Round Brilliant
Measurements .... 6.80 - 6.82 x 4.06 mm

Carat Weight .... 1.14 carat
Color Grade .... M, Faint Brown
Clarity Grade VS1
Cut Grade .... Excellent

GIA REPORT 5156204774

圖 11-77 M Brown

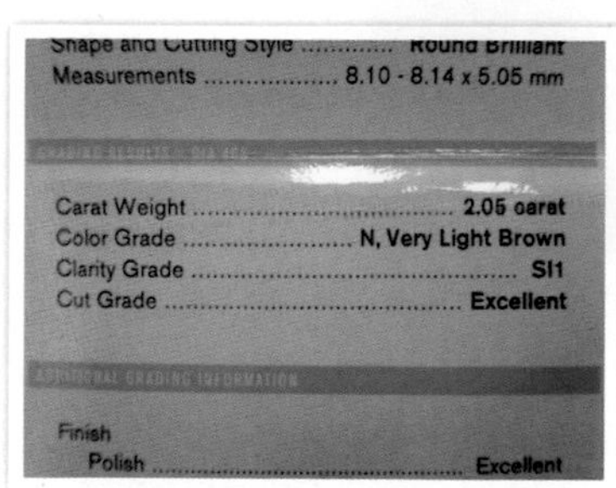
Shape and Cutting Style .... Round Brilliant
Measurements .... 8.10 - 8.14 x 5.05 mm

Carat Weight .... 2.05 carat
Color Grade .... N, Very Light Brown
Clarity Grade SI1
Cut Grade .... Excellent

ADDITIONAL GRADING INFORMATION

Finish
Polish .... Excellent

圖 11-78 N Brown

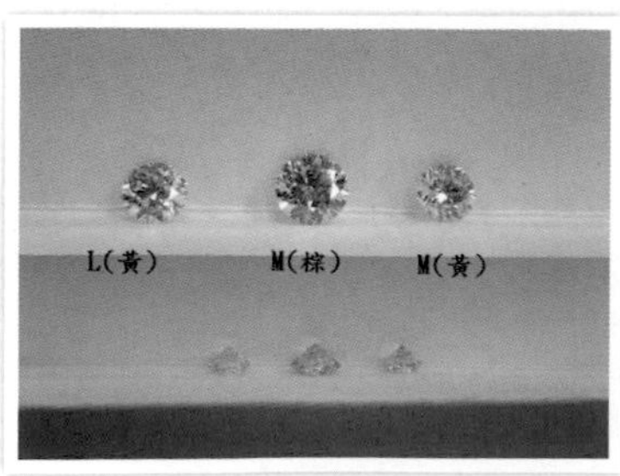

圖 11-79 棕與黃

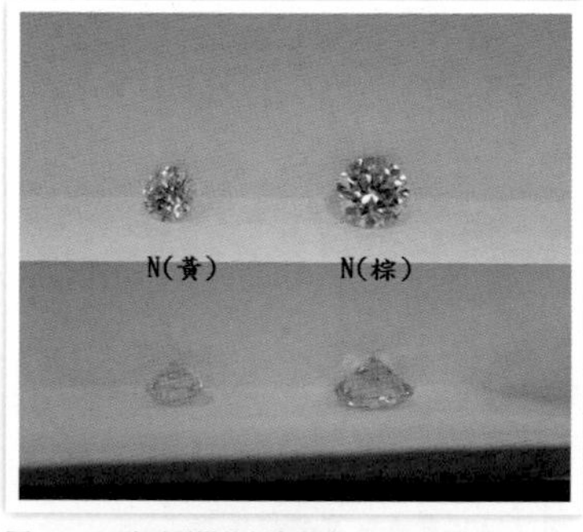

圖 11-80 這兩顆鑽的顏色都是 N，可是照片中左邊的是帶黃，右邊的是帶棕。

圖 11-81 這兩顆鑽的顏色都是 OP，可是左邊的是帶黃，右邊的是帶棕。

圖 11-82

圖 11-83 灰鑽

11-5 已鑲鑽石的顏色分級

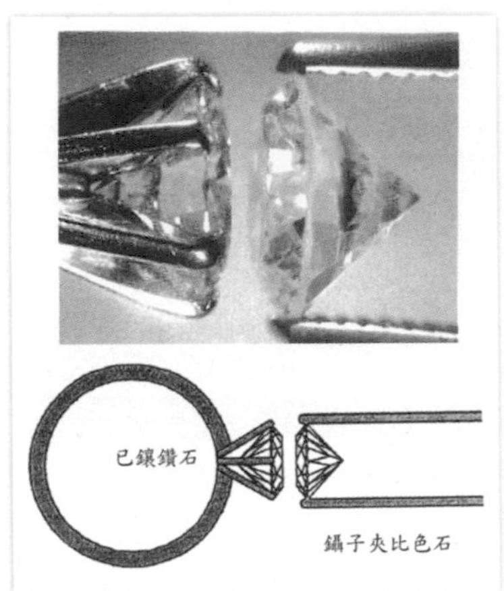

圖 11-84 已鑲鑽石顏色比對

必須在如同裸石分級的環境下進行（無螢光、傾斜 45° 、中性背景及白色光等等）。但即便是使用比色石，也不可能對已鑲鑽石進行精確的顏色分級。如果相當有經驗，則有可能差在三個等級以內。

要進行已鑲鑽石的顏色分級，第一步仍然是先清潔。如果無法使用超音波或蒸汽清洗，則將家庭用清潔劑以溫水稀釋後，將鑽石置入其中，輕輕地刷洗。尤其要注意鑽石的亭部，因為那是最會惹上塵埃的地方。當清潔完畢後，再放在熱水下沖洗。

金屬對已鑲鑽石的顏色分級的影響

鑽石的鑲台會影響鑽石的顏色觀察，特別是鑲台是有色的金屬，或鑲台上有其他有色寶石時，其色彩都會對觀察鑽石顏色的感受有所影響，譬如說：

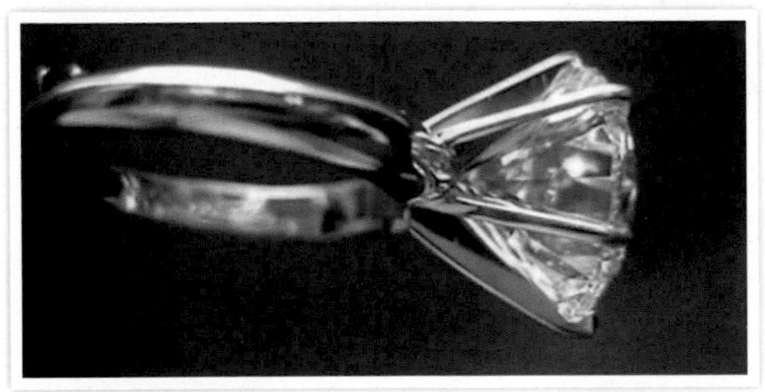
圖 11-85 已鑲鑽石亭部顏色

1. 鑲嵌的金屬會擋住觀察亭部的視線。
2. 白金或鉑金相對來說都屬顏色評級的中性背景，但如果偏灰，則也有可能降低看到的顏色。
3. 金黃色可能使無色鑽石增添顏色，也有可能使近無色鑽石降低顏色等級。
4. 包鑲的鑽石，亭部完全被遮蔽，只能由冠部評級，則更無法準確評出顏色等級。

圖 11-86 已鑲鑽石正面觀察

儘管如此，對已鑲鑽石的顏色分級，可將已鑲鑽石的桌面與比色石靠近而不接觸，比較兩顆鑽石的相同部位（圖 11-84），以對已鑲鑽石進行顏色分級。當然，仍須依照前述適當的光源及中性背景條件。

如同裸石比色評級，已鑲鑽石比色時主要還是看亭部，如圖 11-85 所示，而非看正面。正面觀察（圖 11-86 ）是可以有點助益，但不如觀察亭部準確。

經驗法則

如果鑲帶黃的鑽石，金工師傅就會使用金黃色的金屬。如果把無色的鑽石用金黃色的金屬鑲嵌，可以說是浪費了好等級。無色或近無色的鑽，一般都會以白色金屬鑲嵌，以免添上了黃色。

藍色螢光反應

帶強烈藍色螢光的鑽石，當面朝上觀察時，顏色會比由亭部觀察時好很多。強烈的藍色螢光無疑地會減低鑽石的黃色。記得強烈藍色螢光會隱藏鑲好的鑽石好幾級顏色，所以當在戒指上看起來是「G」，而實際上是「L」時，不要太吃驚。最簡單的解決方法就是放到紫外線螢光燈下照一照，如果有藍色或靛藍色螢光，那對顏色的評級就可能有此問題。但是並不是說所有近無色的鑽石都有強藍色螢光反應，事實上無色等級的鑽石許多也有強藍色螢光反應。有關鑽石的螢光反應及其影響，將在第 15 章〈螢光反應〉中詳細說明。

附帶條件交易

因為鑲嵌好的鑽石評級不易，所以最好交易時先講清楚，議定的價格是基於賣方所述的等級，萬一取下來驗，結果不同，則交易不成立。當然，如果賣方不同意那麼做，買方就必須假設等級是最差的來出價。

作為鑽石顏色分級師的基本條件

1. 顏色視覺正常
2. 經過專門訓練的專業鑑定人員。
3. 年齡在 20 ～ 50 歲之間為宜。
4. 對於同一鑽石色級鑑定，參加人員應當不少於 2 人。
5. 喝超過正常量的咖啡可能影響測試結果，但不一定較高或較低。
6. 每次評估時間不要超過一小時，因為眼睛疲勞會影響判斷。

顏色等級的要求

國外市場一般接受 GIA 標準的 I、J 等級，台灣因為保值觀念高，常常要求 D ～ F 等級（投資型），事實上除非是個人喜好，1 克拉以下的鑽石，即使等級極高、買的十分高價，在轉手時卻無法有一樣的好價格，一般來說自用型，若要求成色，則以 GIA 等級的 G ～ H 的品質和價格最剛好。

Colibri Colormeter

以色列 Sarin 公司以較新的科技，發展出一部比色儀「Colibri Colormeter」（圖 11-87）。Sarin 公司列舉其特點有——可以測試的顏色範圍：D ～ M；可以測試的重量範圍：0.3 ～ 270 克拉鑽石；準確度：裸石 ±½ 顏色等級，鑲好的 ±1 顏色等級；可以適用的顏色分級系統：GIA、AGS、HRD、EGL USA、IGI 及其他；可以顯示的螢光級別：None、Faint、Medium、Strong 和 Very strong；觸控式螢幕與一個方便使用的圖形化使用者介面；可攜式：可充電電池提供 10 小時的連續操作；每台售價 約 7900 美元。

其實顏色是很多樣化的，正常人的視力大約可以分辨 1,000 萬種顏色，為了進行色彩交流，人們希望量化色彩現象，因此建立色彩標準，用數字來表示

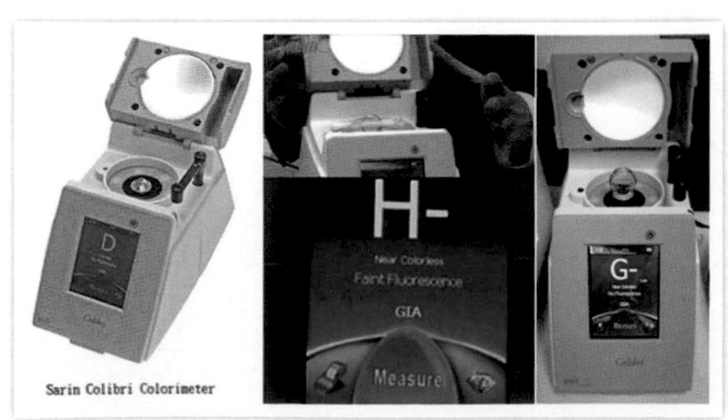

圖 11-87 Sarin Colibri Colormeter

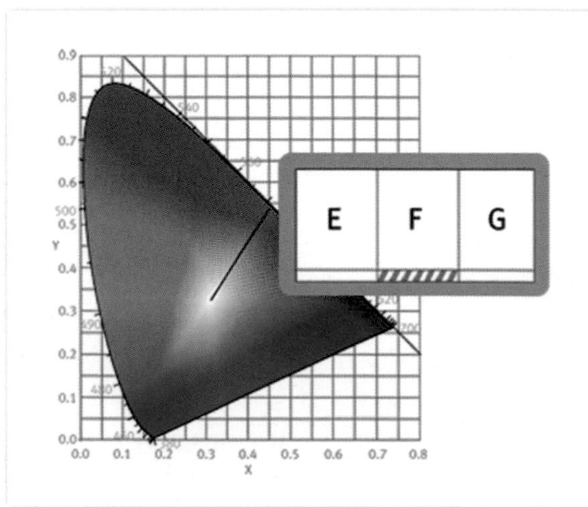

圖 11-88

顏色。國際照明委員會 CIE 於 1931 年起先後規定了標準色度觀察者、照明和觀察條件、標準光源、表色系統、色差公式、白度公式等。這些標準奠定了現代色度學的基礎，也是現代色差的理論依據。利用色差計量被測物體所得的數據即是 CIE 的值，前面所提 Cape 系列的 D ～ Z 只是其中很小的一部分，如圖 11-88 所示的「CIE xy 色度圖」。

Cape 系列之外有顏色的鑽石，我們會將其歸類為彩鑽（Fancy Colors），有的「彩鑽」非常稀有，有的非常漂亮。

定義彩鑽時要以顏色區分。帶黃色或棕色——顏色比 Z 更多（GIA 彩鑽定義）、顏色比 W 更多（EGL 彩鑽定義），兩者僅是制度上的差別，無關嚴謹與否；若帶有其他顏色，只要沾上就算。彩鑽的細節，將在「彩鑽分級原理」及「彩色鑽石」等相關章節中詳述。

結論

綜合上述，影響鑽石顏色評級的因素有以下幾點：

1. 鑽石的背景顏色：例如說如果放在藍色單光紙上觀察，顏色就可能改變。
2. 比色石的大小切磨：若比色石比待測鑽石小很多，鑽石的顏色就比較明顯；花式切磨的顏色則有集中現象。
3. 內含物：太多的內含物，例如大型的羽裂紋、帶顏色的晶體或是攣晶紋等，會令人產生錯覺。
4. 透明度：透明度高顏色看起來淺；透明度低顏色看起來深。
5. 切磨比例：若亭部淺，光會漏掉，顏色看起來淺；亭部深顏色看起來也深。腰圍的刻面、粗細、拋光品質亦有影響。
6. 鑲嵌：如果鑽石鑲嵌在白 K 金爪中，亭部又露出，影響比較小。如果鑽石鑲嵌在黃 K 金中，影響比較大，要小心判斷。
7. 環境：牆壁、窗簾或者周圍人員的衣服、飾品如果造成反光，可能會影響判斷，因此測試房間及人員的衣服以中性灰色為佳。
8. 鑑定者身心狀況：例如工作時間的長短等。

Chapter 12

第 12 章
彩鑽分級原理

the basic of diamond identification

彩鑽教父 Mr.Eddy Elzas 說：「Who said, Diamonds should be white ？」（誰說鑽石一定都是白色？）根據統計顯示，平均 200 萬克拉鑽石中彩鑽的形成出現率僅 1 ～ 2 克拉。Mr. Eddy Elzas 曾經形容彩色鑽石稀罕程度，只能用「I wish（我希望擁有），卻不能用「I want（我要它）」。

60 年代，一杯咖啡換一顆粉紅鑽

2011 年 4 月 Eddy Elzas 先生來台灣演講時，曾提到自己「一杯咖啡換一顆彩鑽」的故事——在 20 世紀中期前，一般彩鑽普遍被認為不值錢、不具市場性。在 1960 年代初，有顏色的鑽石仍不值錢的年代，有一個上游盤商打開一盒裝滿黃色彩鑽的雪茄盒給 Eddy 看，當時年約 19 歲的 Eddy 一看到就深深為這些彩鑽著迷，但當他把這盒黃彩鑽拿給另一位鑽石商欣賞時，這位鑽石商無法理解為什麼 Eddy 會對這些不值錢又賣不掉的鑽石感到興奮不已，於是打開保險箱要送他一顆 1 克拉的粉紅鑽。然而 Eddy 堅持付費，對方也堅持要送，最後雙方折衷以一杯咖啡成交。之後，Eddy 又陸續以 5 美元及 10 美元購得約 1 克拉的黃鑽與藍鑽。後來他就被同行被稱為 Crazy Eddy，這也開始了 Eddy Elzas 先生著名的「Rainbow Collection」（圖 12-5），無止盡的以重金收藏別人不要的彩鑽。彩鑽自 1970 年至今（2014 年）漲了幾十倍，若自 1960 年代初起算，漲幅更是難以估計。

1987 年——彩鑽元年

如果說 1888 年是鑽石元年，那麼也可以說 1987 年是彩鑽元年。雖然以往人們對彩鑽也多所關注，但在 1987 年 4 月 25 日，重僅 95 分的韓考克紅鑽（Hancock Red Diamond），其淨度雖僅 I1，買進價格為 1 萬多美元，但在 1987 年佳士得拍賣會上，卻以跌破世人眼鏡的 88 萬美元高價賣出，自此彩鑽飛黃騰達，成為寶石界新寵。（圖 12-6 為各種色彩的鑽石）

圖 12-2 彩鑽教父 Mr. Eddy Elzas 伉儷（2011 年 4 月）

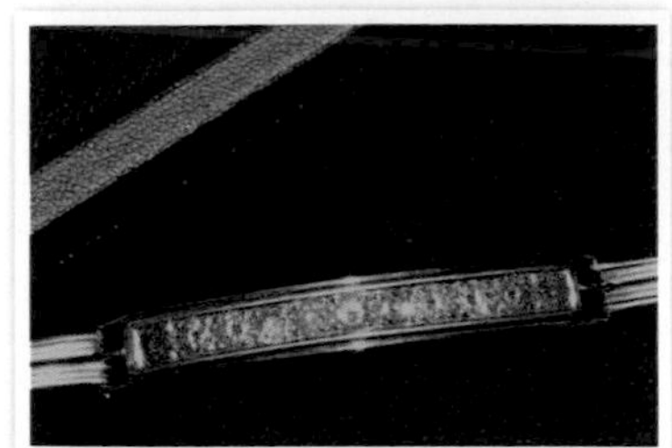

圖 12-3 Mr. Eddy Elzas 來台時戴的彩鑽手環

圖 12-4 Mr. Eddy Elzas 對翡翠很好奇不停拍照

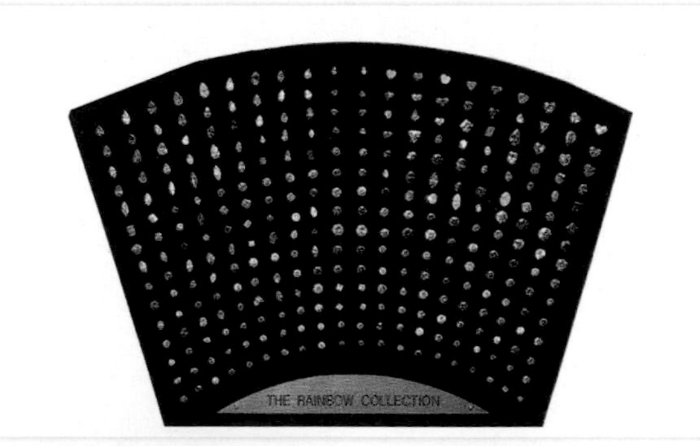

圖 12-5 RAINBOW COLLECTION

圖 12-6

12-1 彩色鑽石寶石學特徵

鑽石最純淨的狀態是由碳原子所組成，而且無色。但鑽石的色彩是一種色譜，從亮粉紅色到純黑色都有，通常鑽石會有顏色，是因為鑽石結晶時內含其它導致色變的化學元素，或是氣體雜質在鑽石形成時取代了一些碳成份。舉例來說，硼氣使鑽石成為藍色；氮氣是一些鑽石呈現淡黃色的原因；氫氣則可以讓鑽石染上紫色；而純黑的鑽石則包含了石墨。而綠色、藍綠色和一些藍鑽則是例外，它們的顏色來自於數百萬年來，暴露於地球上天然輻射的影響下而形成。這些都是天然彩色鑽石（Nature Color Diamond）的致色原因，稀少而非常珍貴。彩鑽依稀有的程度，依次為紅、藍、粉紅、紫、綠、橘、黃、棕。

圖 12-7 標示重量及顏色的彩色鑽石

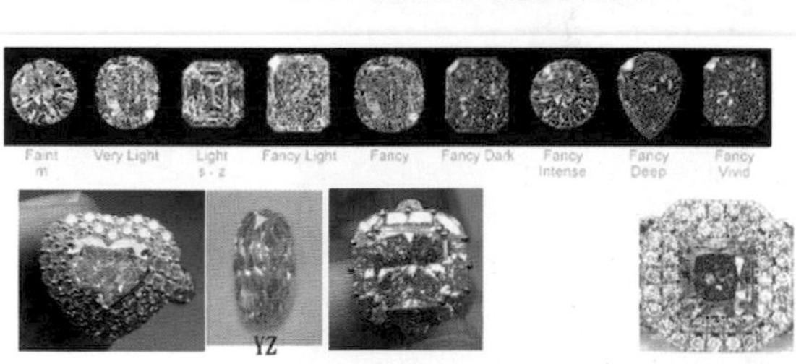

圖 12-8 黃彩鑽的標準

所謂的彩鑽，是指全彩的鑽石，通常要稱得上是彩鑽，並不是僅擁有極淺的色調，色度需達到肉眼可見才行，如粉紅鑽、藍鑽、黃金鑽及綠鑽等。因此彩鑽的定義如下：一、具備顯著顏色；或二、罕見的天然致色。

就以上定義，可以作出以下註解：彩色鑽石中以黃色或褐色（棕色）為大宗，並不罕見。因此，黃色或褐色的彩鑽顏色需達足夠深度，才能稱為彩鑽；例如 GIA 規定必須深於 Z 色比色石，或是說色度至少達 Fancy（說明如後），才能稱為彩鑽，否則價值較低（如圖 12-8 及圖 12-9 所示）。

圖 12-9 左邊一盒的兩顆鑽顏色還不到 Z，右邊的則是 Fancy Light Yellow

帶黃的鑽以及黃彩鑽價格

帶黃的鑽以無色的 D 等級的價格最高，而黃彩鑽中則以 FancyVivid 的價格最高，兩個端點之間，形成一個下凹曲線的關係，價格趨勢如圖 12-10 所示。

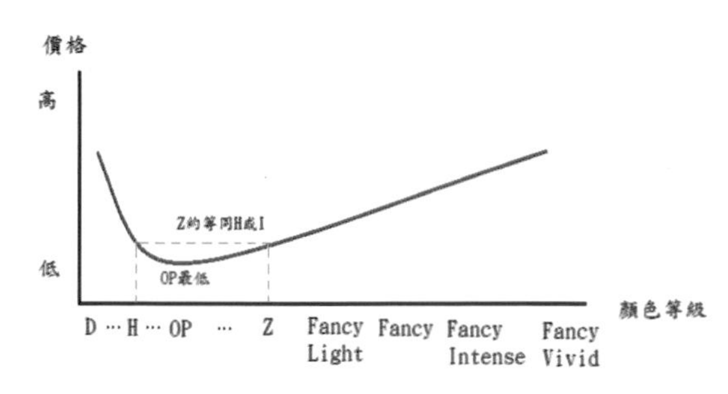

圖 12-10 帶黃的鑽以及黃彩鑽價格趨勢示意

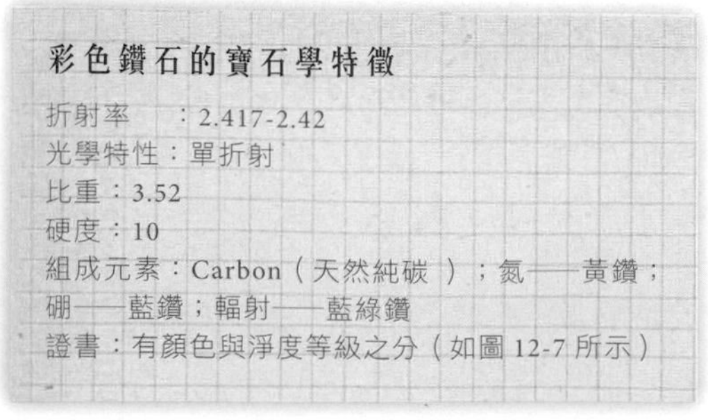

彩色鑽石的寶石學特徵

折射率　：2.417-2.42
光學特性：單折射
比重：3.52
硬度：10
組成元素：Carbon（天然純碳）；氮——黃鑽；硼——藍鑽；輻射——藍綠鑽
證書：有顏色與淨度等級之分（如圖 12-7 所示）

圖 12-11 顏色三要素示意

其中，帶黃的鑽（Cape 系列）的價位，由 D 往黃色多的方向降，大約在 OP 處降到最低點；隨後因為黃色增加形成另外一種美，而價格反而開始增加，一直到 Fancy Vivid 的等級時，達到最高點。而顏色等級 Z 的價格，就約等於 H 等級的價格。

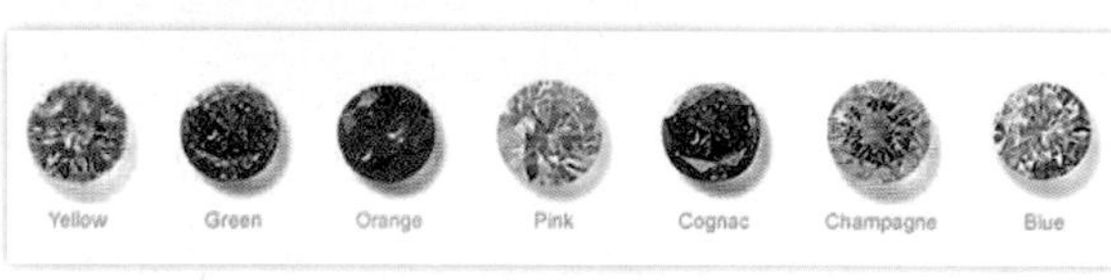

圖 12-12

其他顏色鑽石，因屬罕見，因此只要肉眼可見，即使顏色較淺或飽和度較低，亦屬彩色鑽石，但顏色等級須再評定。評定 Cape 系列的白鑽顏色等級時是看背面，評定彩鑽顏色時則是要看正面。

圖 12-13

顏色三要素

顏色有三要素：色彩（Hue）、色調（Tone）、色度（Saturation）其概略變化如圖 12-11 所示。

色彩（Hue）

眼睛對顏色的第一印象，如紅（Red）、橘（Orange）、黃（Yellow）、綠（Green）、藍（Blue）、靛（Violet）、紫（Purple）（圖 12-12）。很多彩鑽並非單一顏色，有可能是兩色以上的組合。一顆鑽石有一主色，最多有三個副色。GIA 在描述上會按比率做出區別，詳如後說明。

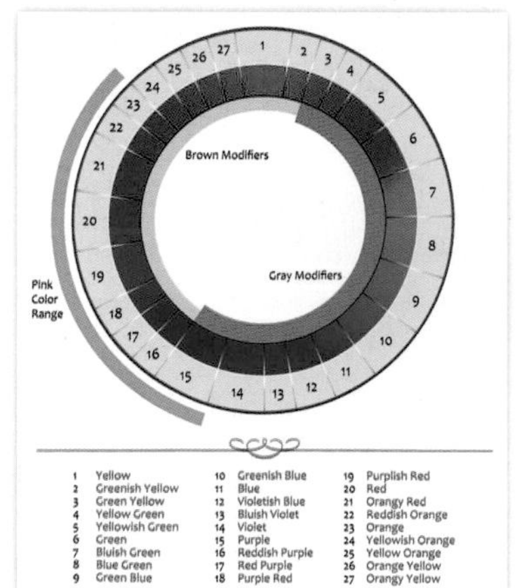

圖 12-14

牛頓在 1664 年用棱鏡把白色的太陽光色散成不同色調的光譜，奠定了光顏色的物理基礎。1860 年麥克斯韋用不同強度的紅、黃、綠三色光配出了從白光一直到各種顏色的光，奠定了三色色度學的基礎。在表達色彩之間的關係時，往往會將紅、橙、黃、綠、藍、靛等各種顏色，排成一個環，如圖 12-13 所示之「色彩環」。在純正的顏色間，穿插中間色，也就是兩邊各帶一點的顏色，構成一個比較完整的色系。

問題是色系中到底要有多少種顏色才算完整？人的眼睛雖然能分辨數百萬種以上的顏色，GIA 的彩鑽分級制度中只選定 27 種色彩，以便就無限可能的顏色敘詞中，整理出足供鑑定所運用，並能為市場接受的專業術語。此 27 種色彩均代表一個範圍的顏色，色彩可排組成一個色彩圈，每兩色彩間的界限有明確的標記和圖示，圖 12-14 所示為類似的 27 個色彩的色彩圈。27 個色彩包含基本色，如紅、藍、綠，和混合色如橙紅、綠 - 藍、及綠黃等。GIA 系統中述於末尾的是主色，主因是某些特定色具備可觀的價值。

GIA 沒彩鑽比色石，只有色卡，是因為顏色系統太過複雜，要找齊所有顏色的彩鑽，幾乎是一件不可能的任務。目前國際上廣泛應用的色卡是美國 Pantone 色卡，Pantone 色卡是提供平面設計、服裝家居、塗料、印刷等行業專色色卡，如圖 12-15 所示。而 GIA 則採用的，則是根據 Muncell 理論（一種根據心理補色去發展的理論，圖 12-16 ）所發展的色卡 GemSet，如圖 12-17 所示。

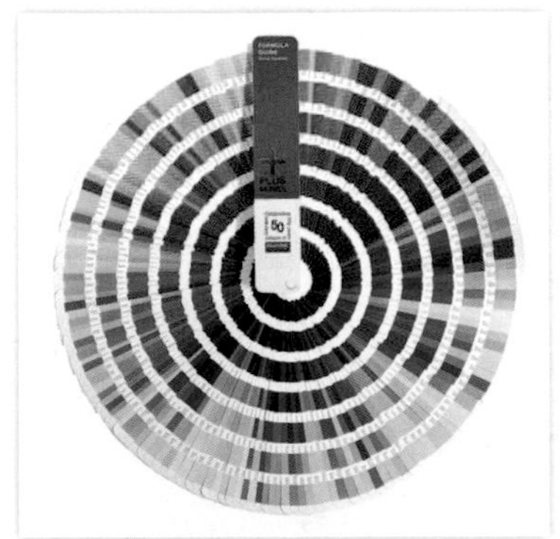

圖 12-15 Pantone 色卡

GIA 分級師在評定彩鑽時的第一步便是比對色彩圈，找出其色彩。主要是依據紅（Red）、橙（Orange）、黃（Yellow）、綠（Green）、藍（Blue）、靛（Violet）、紫（Purple）七原色及其部分中間色。實務上彩鑽分類時，我們還可以見到 GIA27 種色彩或色卡中沒有的粉紅色（Pink）、棕（褐）色（Brown）、灰（Gray）、黑（Black）、白（White）、變色龍（Chameleon）等對色彩的描述。當然，市面上尚可見到許多種藉物形容的顏色，如橄欖色（Olive）、土耳其色（Turquoise）或是玫瑰色（Rose）等，雖然聽起來浪漫且充滿想像空間，但要人精準定義其顏色，卻相當不容易，因此對色彩的描述還是設法歸類於色彩圈所示之顏色類別較為適宜。

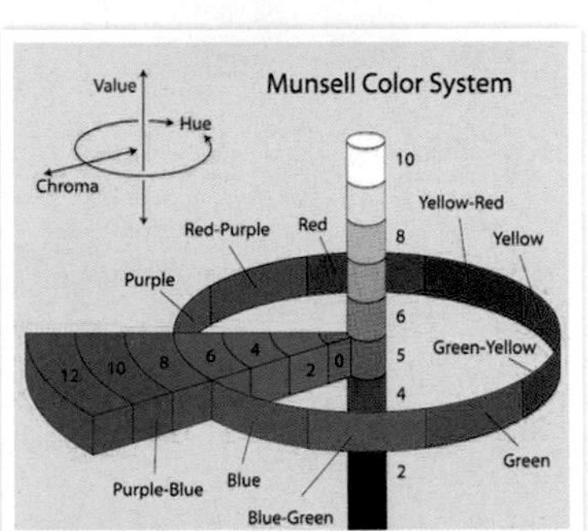

圖 12-16 Muncell 曼塞爾色彩體系

色調 Tone

物體的明暗程度，亦即對光吸收的強弱。最亮是無色，最暗是黑色。以 Light、Dark 做區分。「明暗程度」——有的燈附有亮度調節開關，以這種燈對著黑板照，由暗慢慢轉到最亮，黑板上的變化，就是明暗程度的變化。「對光吸收的強弱」——顏色對光的吸收（或反射）程度不同，白色對光吸收少反射多，看起來明亮；黑色吸收多反射少，看起來暗沉，如圖 12-18 所示。於是在白色與黑色之間，造成許多灰階，即如圖 12-19 所示的色調。

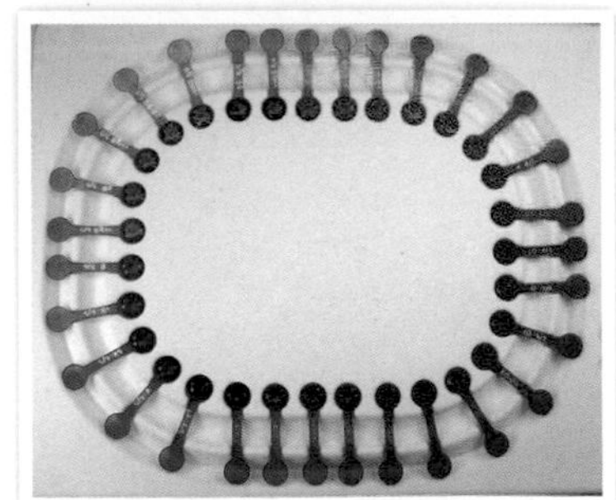

圖 12-17 GIA 色卡（GemSet）

明度階	反射率%	英文名稱	中文名稱
N9.5	反射率 90	white	白色
N8.5	反射率 68.4	grayish white	灰白色
N7.5	反射率 50.7	light gray	淡灰色
N6.5	反射率 36.2	light medium gray	淺灰色
N5.5	反射率 24.6	medium	灰色
N4.5	反射率 15.6	dark medium gray	淺暗灰色
N3.5	反射率 9.0	dark gray	暗灰色
N2.4	反射率 4.3	grayish black	灰黑色
N1.0	反射率 1.2	black	黑色

圖 12-18 顏色與反射率

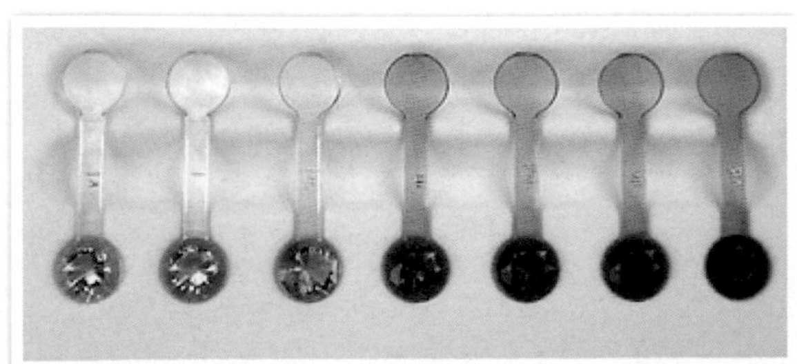

圖 12-19 明暗程度

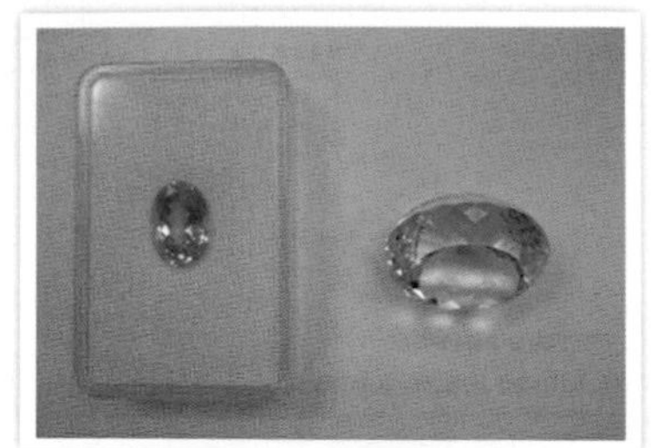

圖 12-20 色度不同的孔賽石

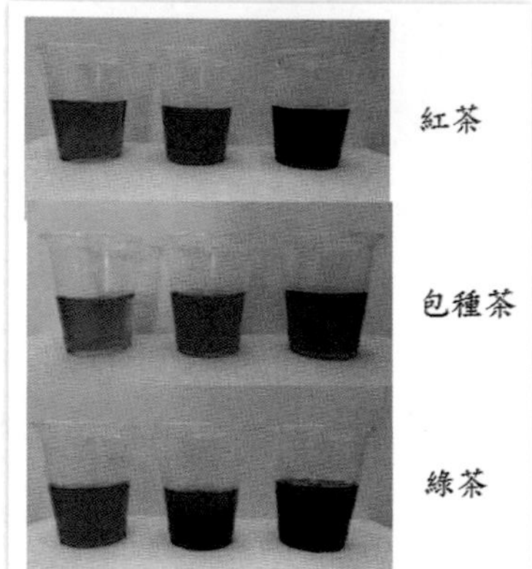

圖 12-21 茶的飽和度

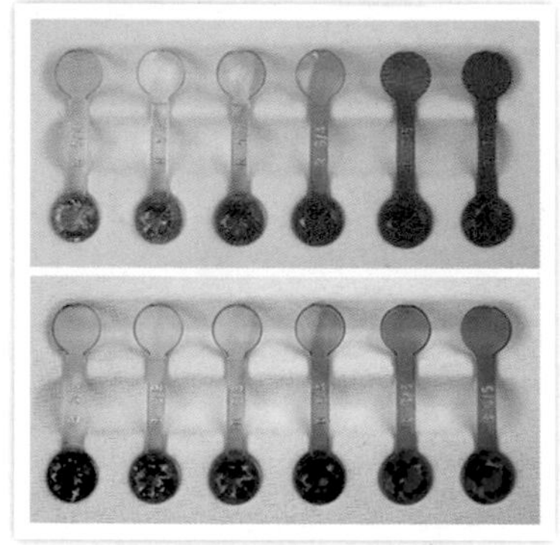

圖 12-22 色度卡 GemSet

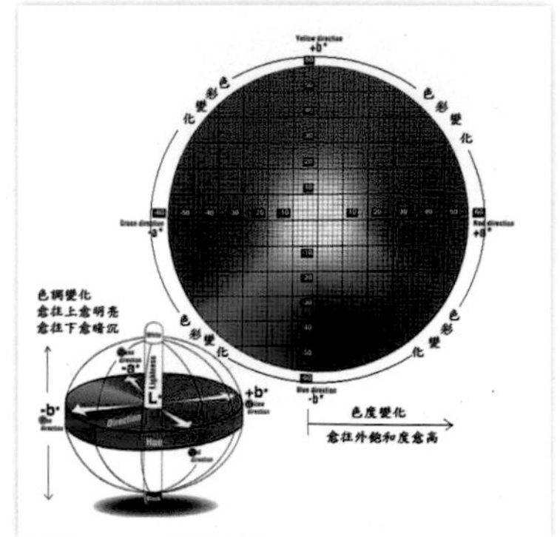

圖 12-23 色彩地球儀

色度 Saturation

色度也可以說成是顏色的飽和濃淡程度，亦即顏色的量。色越濃表示越飽滿，越淡表示顏色越少。以圖 12-20 中兩顆孔賽石的濃淡對比，即可說明色度之不同。圖中的兩顆孔賽石，其色彩相同都是紫色，但兩者的飽和度不同，左邊的一顆飽和度高，而右邊的一顆飽和度低，一般而言飽和度高的受歡迎程度高，價格自然也較高。

或以茶為例，同一種茶葉， 泡出來的顏色相同，而泡的時間長短影響其濃淡度，時間越短顏色越少，時間越長顏色越多。但如果茶葉不同，譬如說綠茶與普洱茶 ，泡出來的顏色不同，這是色彩不同，而非顏色的濃淡不同。如圖 12-21 中所示，由上到下分別是紅茶、包種茶與綠茶泡出來的茶；由左至右，分別代表泡的時間長短。我們可以看到，剛開始泡的時候，茶還沒泡開，顏色還沒有出來，所以看起來都差不多。到中段時，顏色出來了，三種茶的顏色明顯不同，這是色彩的不同，但就同一種茶而言，其飽和度也增加了。泡到最後，如果茶的濃度太高，顏色太多了，看起來就會偏暗。

GIA 儀器公司根據 Pantone 彩通公司出品的比色板尺開發的色度卡 GemSet，如圖 12-22 所示。自左至右，可見同一色彩色度由淡至濃的顏色變化情形。由該圖中我們也可以發現，當色度低的時候，冷色如綠或藍色常出現灰色，而暖色者則帶棕色。

色彩地球儀

既然將顏色分為色彩、色調、色度等三要素，且此三要素互不相干，我們就可以將此三要素建立一個三度空間（3D）的座標模式。色彩學上習慣以色彩地球儀，來表達其間的變化，如圖 12-23 所示。

如果將圖 12-23 中的色彩地球儀沿著赤道移動，就會是如同圖 12-14 中 27 個顏色的色彩變化。將赤道面切出的圓（圖 12-23 右上），由內而外，色度就逐漸增加。此色彩地球儀的北極代表色調中最明亮的白，而南極則色調中最暗的黑。藉此 3D 的地球儀，我們就可以將顏色以座標方式很清楚的定義出來，因此市面上常有以此模式製出販售的立體色卡，如圖 12-24 所示。

圖 12-24 立體色卡（色立體）

彩度與飽和度

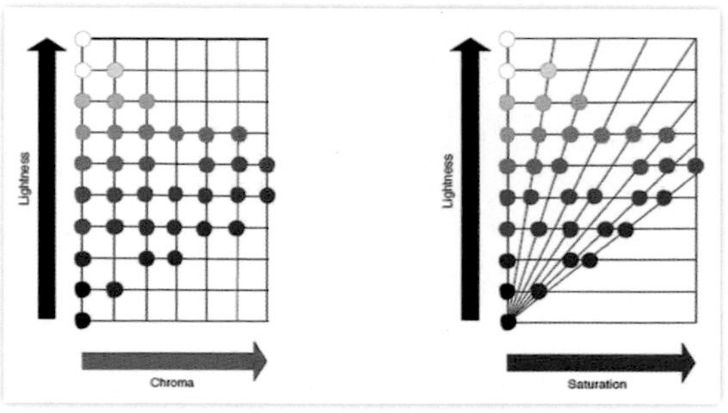

圖 12-25 彩度與飽和度的不同意義

彩度（Chroma）與飽和度（Saturation），在常見的色彩理論通常是一樣的意思。但在色度學或色外貌裡，彩度與飽和度有不同的意義。要解釋彩度與飽合度，要先解釋另外一個名詞——視彩度（Colorfulness）。視彩度指的是，當接受一個顏色刺激時，該刺激與中性灰的刺激兩者之間的差異值。也就是說，促使我們感受到該顏色並非是「黑 / 白 / 灰」等無彩色所造成的刺激量差異。

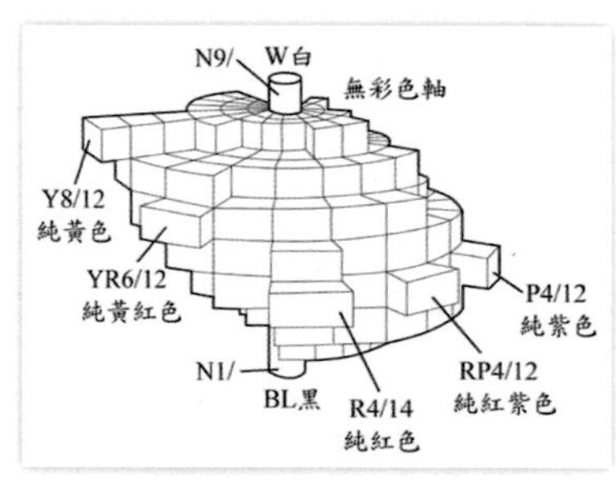

圖 12-26 色彩體系地球儀的積木圖

彩度則是視彩度與參考白亮度的一個比例值：（Chroma = Colorfulness/Brightnress（White））

飽和度是視彩度與該顏色本身的亮度的一個比例值：（Saturation = Colorfulness/Brightnress）

由以上的定義可見，Chroma 與 Colorfulness 兩者其實是線性關係的，只差在一個亮度的因素。至於飽和度，改變視彩度可以影響，改變亮度也會有影響。因此飽和度會是一個多對一的關係。當我們想要變動飽和度，既可以改變亮度來達到目的，也可以改變視彩度。相反的，視彩度與亮度之間的比例恆定，飽和度就會不變，如圖 12-25 所示。圖 12-25 中的飽和度是與亮度及彩度相關的。也就是說，固定亮度改變彩度，或者固定彩度改變亮度，飽和度都會變化。

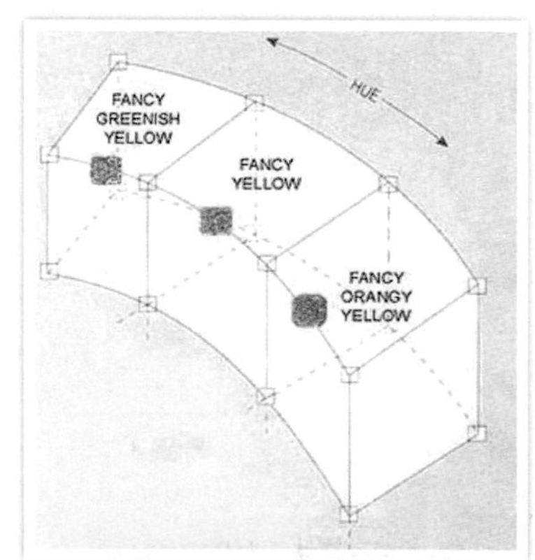

圖 12-27 色彩體系地球儀的積木色彩變化

為什麼彩鑽分級及時用飽和度不用彩度？

讓我們思考一個問題：對某一色彩而言，顏色越多或是越深、越濃郁，是不是越漂亮？

1. 如果顏色同樣多，色調暗一點點，會不會讓我們感覺顏色好像比較多，但事實上是一樣多。同樣的，某些顏色如果顏色比較多，會不會讓我們感覺比較暗一點點？

2. 如果顏色越多、越深、越濃郁，表示彩度越高，在色彩體系的地球儀上會越接近赤道，顏色是很多沒錯，但是到底是不是最美、最受歡迎的？

真正美的顏色，是要兼顧顏色多寡與明亮度的，顏色多又明亮，可能受歡迎的程度會比較高一些。寶石學講究的是美，而不是非得符合色彩學的定義法，因此在彩鑽的評級時，基於受人喜好的程度，在色彩體系的地球儀上，由南北極軸線向赤道延伸的座標軸，採用的是兼顧顏色多寡與明亮度的飽和度而不是彩度。

將色彩地球儀依三元素相近的區塊範圍切成一塊一塊，此時色彩地球儀就像是由弓形的積木組合而成，如圖 12-26 所示。其中圍繞著中心軸轉圈的就是色彩的變化，如圖 12-27 所示。

12-2

彩鑽顏色等級

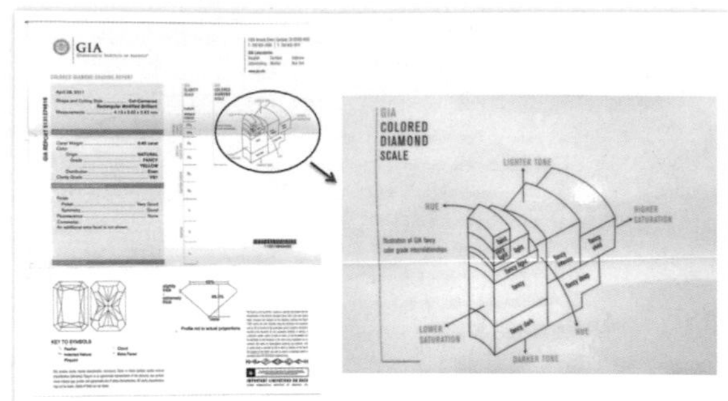

圖 12-28 GIA 證書之顏色尺規

GIA 彩鑽顏色等級以 Fancy Light（淡彩）→ Fancy（中彩）→ Fancy Dark（暗彩）→ Fancy Intense（　濃彩）→ Fancy Deep（深彩）→ Fancy Vivid（豔彩）做區分。

GIA 顏色尺規

在 GIA 彩鑽證書中，會有一個 GIA 顏色尺規，如圖 12-28 所示，其形狀就像是色彩體系地球儀的積木圖的一部分。其實這個尺規就是積木圖中由南北極軸線，順所對應之色彩，向赤道方向切出去的一個面之區塊所組成。如果以平面來看，就會如圖 12-29 所示。

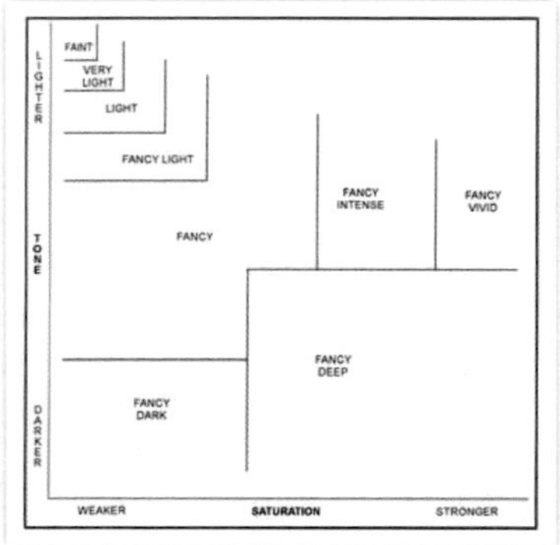

圖 12-29 GIA 顏色尺規平面化

鑽石的顏色外觀乃色彩、色調、和色度所組合而成。GIA 採用色調與色度交互作用所區分的顏色深度，構成特定等級術語，以界定顏色外觀的範圍：包括 Faint、Very Ligh、Light、Fancy Light、Fancy Dark、Fancy、Fancy Intense、Fancy Deep 及 Fancy Vivid。解說如次。

Faint 級

英文裡的 Faint 是「微」、「微弱」或「昏倒」的意思。當一個人身體很虛弱，面無血色（臉上的血色很微弱），昏倒了，就是 Faint。也可以說因為這顆鑽石的顏色太「微」，為了找顏色找到要「昏倒」的程度，就是 Faint。這個等級就相當於第 11 章 Cape 系列中的 KLM。

Very Light 級

中文可以稱為「很淡」，顏色比 Faint 級多一點，相當於第 11 章 Cape 系列中的 N 至 R 的範圍。Faint 級及 Very Light 級的粉鑽顏色，如圖 12-30 所示。

圖 12-30 Faint 及 Very Light Pink

Light 級

稱為「淡」，顏色比 Very Light 級多一點，相當於第 11 章 Cape 系列中的 S 至 Z 的範圍，如圖 12-31 所示。

圖 12-31 Light Pink

Fancy Light 級

稱為「淡彩」，顏色不多，只比 Light 級多一點，相對淡，但從這個等級開始，已超出 Cape 系列中 Z 的範圍，正式進入「彩」（Fancy）的領域。

Fancy Dark 級

稱為「暗彩」，顏色多寡的程度跟 Fancy Light 級差不多，但色調上比較暗，就稱為 Fancy Dark。

Fancy 級

稱為「彩」，顏色比 Fancy Light 級再多一點。

Fancy Intense 級

稱為「濃彩」，顏色比 Fancy 級更多一點。

Fancy Deep 級

稱為「深彩」，其與 Fancy Intense 級的關係就如同 Fancy Light 級與 Fancy Dark 級般。Fancy Deep 級與 Fancy Intense 級的顏色一樣多，只是濃到不明亮，暗掉了，如圖 12-32 所示。

圖 12-32 Fancy Deep Yellow

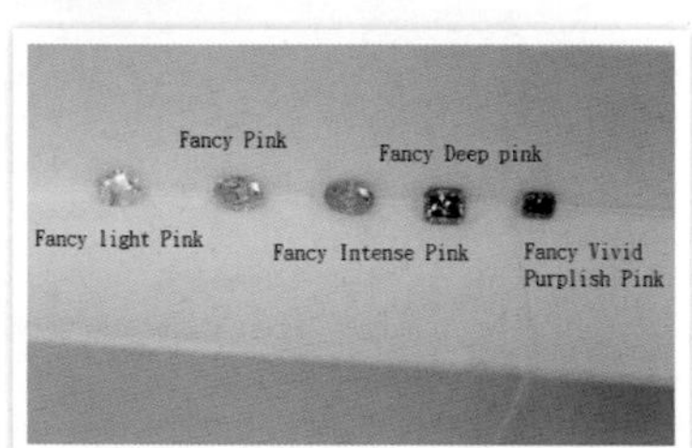

圖 12-33 粉彩鑽的顏色

Fancy Vivid 級

稱為「豔彩」，為 1994 年後為商業需求新加，顏色多又明亮，是目前彩鑽顏色等級中的最高級。

前述幾種等級的粉鑽顏色如圖 12-33 所示。我們也可以將平面化的 GIA 顏色尺規加上顏色，如圖 12-34 所示。

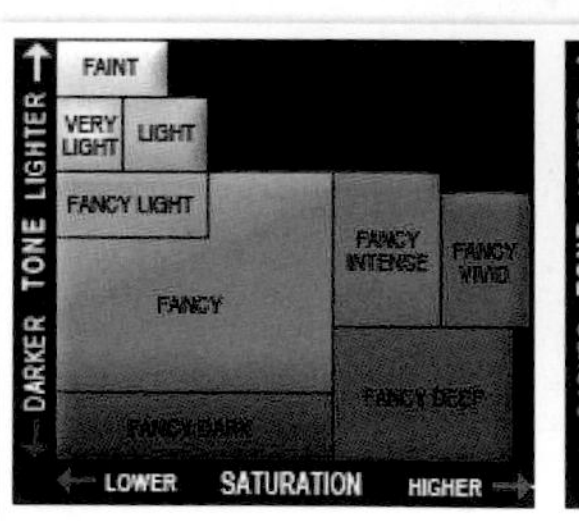

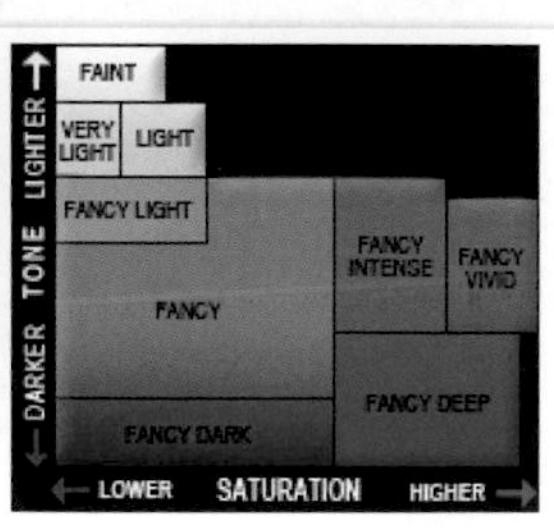

圖 12-34

彩鑽分級的提示

1. 前述 Faint、Very Light、Light、Fancy Light、Fancy、Fancy Intense 及 Fancy Vivid 為所謂 7 個等級，再加上 Fancy Dark 及 Fancy Deep 則稱為 9 個評定詞。

2. 前三級 Faint（微）、Very Light（很淡）、Light（淡），僅適用於黃色及棕色以外的鑽石，其他則適用於包括黃色及棕色在內的各種彩色鑽石（圖 12-35 ）。

3. 彩鑽的顏色有的比較暗，暗的裡面濃的是 Deep，淡的是 Dark，這兩個字的英文字母第一個字母都是 D，縮寫時為避免弄混，不妨以 D 代表 Deep，以 d 代表 dark。

4. 白色、黑色、紅色不做分級，只有一級就是 Fancy。

5. 其餘的顏色先按前述 27 到 54 種顏色（或更多）分色彩。再評出該色彩的等級。

6. 對不同色彩，評定的寬鬆標準不一，或者說不同色彩有不同門檻。例如少見的綠鑽，可以很容易評為較高等級；而黃色或褐色則非常嚴格。

7. 有時使用 10x 放大鏡比較容易看出顏色。

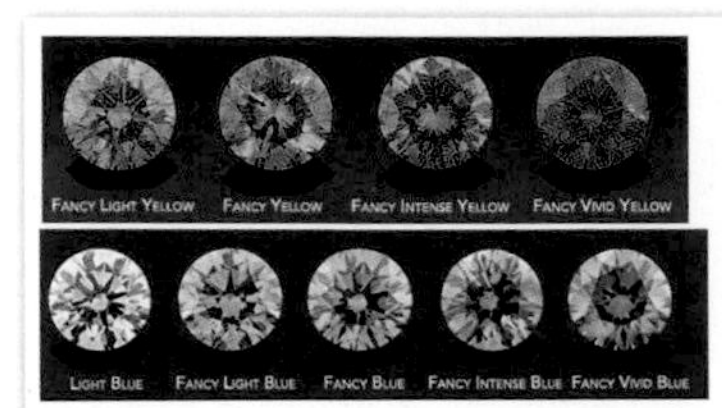

圖 12-35

圖 12-36 區塊狀顏色

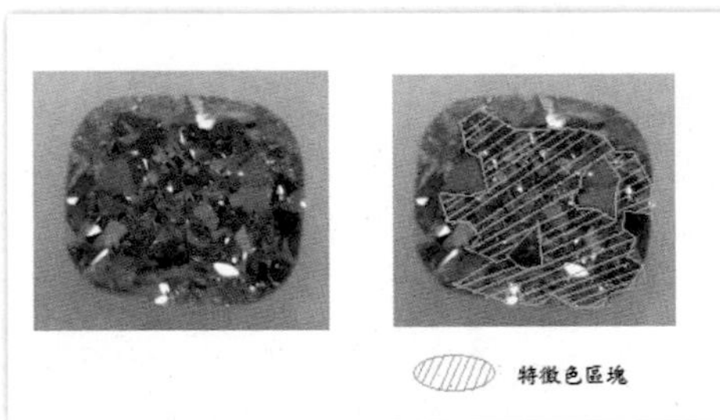

圖 12-37 特徵色位置

找尋特徵色

彩鑽一般會呈現區塊狀顏色（圖 12-36），必須晃動鑽石，尋找觀察「特徵色」，特徵色是觀察鑽石正面所呈現的整體顏色，如圖 12-37 所示。圖 12-37 中斜線部分即特徵色最強的區塊位置。GIA 採特徵色評彩鑽顏色等級，EGL 則採平均色定彩鑽顏色等級，兩者制度不同，因此評出來的等級也可能不同。

GIA 彩色鑽石分級報告書 有兩種類型

Colored Diamond Identification and Origin Report（彩色鑽石鑑定和來源證書，俗稱半證）——僅彩色鑽石顏色分級不含淨度、切磨（圖 12-38）。 Colored Diamond Grading Report（彩色鑽石分級證書，俗稱全證）——顏色鑑定加淨度與切磨比例（圖 12-39）。 就賣方而言，如果自己看過，淨度等級不佳，就用半證；如果淨度等級佳，就用全證。同理，如果買方看到賣方出示的是半證，大概就可推測該鑽石淨度不佳。

GIA
GEMOLOGICAL INSTITUTE OF AMERICA

COLORED DIAMOND IDENTIFICATION AND ORIGIN REPORT

January 30, 2008

Shape and Cutting Style: CUT-CORNERED RECTANGULAR MODIFIED BRILLIANT
Measurements: 5.35 x 4.32 x 3.22 mm
Weight: 0.87 carat
Color Grade
Origin: NATURAL
Grade: FANCY INTENSE YELLOW
Distribution: EVEN
Comments: None

SAMPLE

GIADIAMOND.NET

圖 12-38 GIA Colored Diamond Identification and Origin Report

顏色等級（Color Grade）

GIA 彩鑽證書不論是全證或半證一定都有顏色尺規的積木圖，也一定有「Color」這個欄位，如圖 12-40 所示。其中包含若干項目，分別解釋如次。

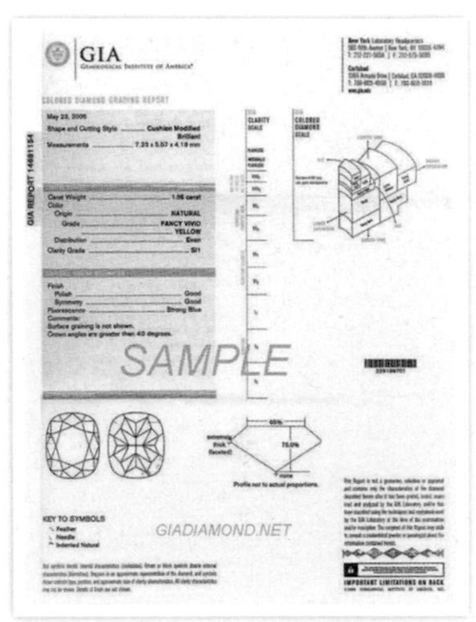

圖 12-39 GIA Colored Diamond Grading Report

Origin

顏色來源（簡稱色源）。一般都是 Natural 天然形成。1994 年起，GIA 也有核發經過處理顏色的鑽石，若是輻射改色會寫 Artificially Irradiated。若顏色無法判斷則會出現 Undetermined（多見於綠鑽）。有 GIA 證書並不代表就是天然顏色，有時在備註欄有：「This diamond has been artificially irradiated to change its color.」代表這一顆鑽石的顏色是由人為輻射處理處理而來。

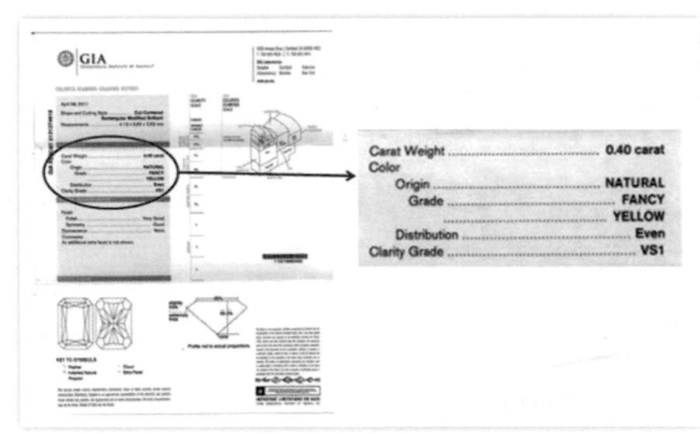

圖 12-40 GIA 彩鑽證書的 Color

Grade

在顏色等級中有分兩行：第一行是等級，如 Faint、Very Light、Fancy Light、Fancy Dark、Fancy、Fancy Intense、Fancy Deep、Fancy Vivid，係色調（Tone）和色度（Saturation）的共同組合。第二行是顏色，即色彩（Hue）。

在白鑽的證書中

D.E.F：COLORLESS 無色

G.H.I.J.：NEAR COLORLESS 近無色

K.L.M.：FAINT 微黃色

N.O.P.Q.R.：VERY LIGHT 很淡黃色

S.T.W.X.Y.Z.：LIGHT 淡黃色

再往下才具有 Fancy 級

Fancy Light 淡彩→ Fancy 中彩→ Fancy Dark 暗彩→ Fancy Intense 濃彩→ Fancy Deep 深彩→ Fancy Vivid 豔彩

以粉紅色鑽石為例，順序如下

Faint Pink（微粉紅）

Very Light Pink（很淡粉紅）

Light Pink（淡粉紅）

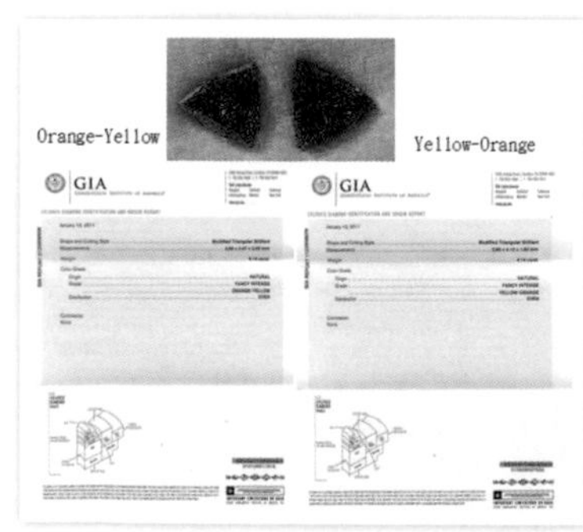

圖 12-41 雙主色

Fancy Light Pink（淡彩粉紅）
Fancy Pink（彩粉紅）
Fancy Dark Pink（暗彩粉紅）
Fancy Intense Pink（濃彩粉紅）
Fancy Deep Pink（深彩粉紅）
Fancy Vivid Pink（豔彩粉紅）

顏色 Color

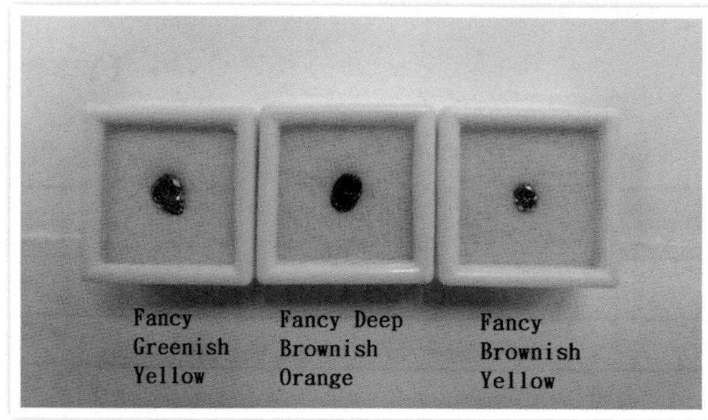

圖 12-42 主色與副色

圖 12-43 均勻與不均勻

GIA 在描述上有些區別，各顏色所佔比率在 40 ～ 60％時，因差距不大，例如 Green － Yellow 稱綠 - 黃色，兩色各佔 50％，稱為雙主色，或黃色僅比綠色多一點，如圖 12-41 所示。

而其中若有低於 40％，則有主副色之分。若其中一色低於 30％，前為副色（修飾色）後為主色（Key color），副色後加 ish，例如 Greenish Yellow 黃帶一點綠，黃色是主色，而綠色是副色。這點是看證書須特別注意的。

舉例說明：
如果看到證書上的顏色寫：「Brown-Greenish Yellow」，要如何解釋？
首先我們要注意「-」的位置，在該符號前後的顏色量可能各半，而在前面的可能略少一些，於是這顆彩鑽的顏色是「棕色」與「帶綠的黃」雙主色。為什麼說是「帶綠的黃」？因為寫的是 Greenish，而非 Green，表示綠色只是修飾色，其顏色比黃色少了很多。圖 12-42 中有幾個主色與副色的案例。

顏色分佈（Distribution）
圖 12-43 所示的兩顆黃鑽左邊的一顆顏色明顯不均勻，右邊的則均勻很多。GIA 在這個項目會有 Even、Uneven、Not Applicable 三種寫法。

由於彩鑽非常稀有，為了要保留重量，切工只要不太差都能接受，一般來說，淨度多在 SI-I 等級。而 GIA 的 GTL 及其他許多鑑定單位，通常對彩鑽鑑定書所採行的態度是可以不打淨度的，除非是很好的 VS 級數或以上才會特別強調，所以一般對彩鑽的乾淨度不用要求太高，而評估彩鑽重點就是顏色和飽和度，如圖 12-44 所示。

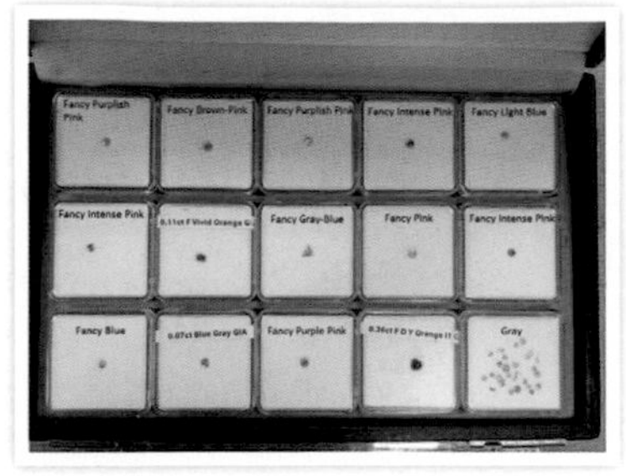

圖 12-44 只列出顏色分級的彩鑽

12-3 彩鑽分級師的基本條件

第 11 章成色分級解說中，我們談過：「作為鑽石顏色分級師的基本條件」，作為一個彩鑽分級師，除了其中的基本條件外，還要對顏色區分有很高的靈敏度，因此必須通過階段性測試，分別說明如下。

評級彩鑽的先期測驗

認出圖 12-45 中各個圓形內的數字，以快速篩檢出色盲。色盲的人可以作 Cape 系列的鑽石顏色分級師，因為尚可分辨出所帶顏色的多寡，但不適宜擔任彩鑽分級師，因為無法正確區分顏色。有一件有趣的事就是：色盲是遺傳的，而且只會遺傳給男性，不會遺傳給女性，因此女性幾乎對這一關都沒問題。我在所教的鑽石班上曾多次測試，結果也屢試不爽。

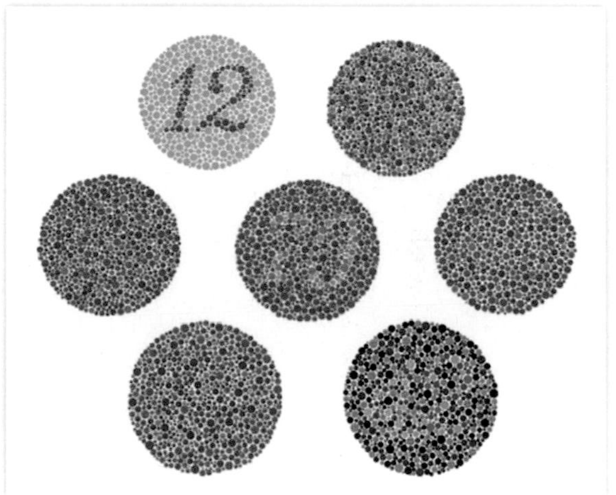

圖 12-45 色盲測試

對顏色的靈敏度

前面提過顏色有很多種，還要區分哪一種顏色多一點，哪一種顏色少一點，因此對顏色的靈敏度要很夠。在通過前述色盲測試後，還要通過 Muncell Hue Test（曼塞爾色彩測試），如圖 12-46 所示，要能夠區分其中顏色些微的差異。有興趣擔任彩鑽分級師的人，不妨自己先測試、練習一下。

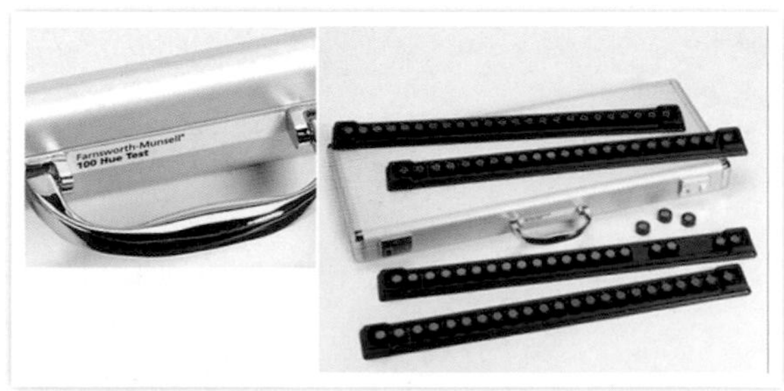

圖 12-46 Muncell Hue Test

12-4
影響鑽石顏色的因素

圖 12-47 鑲嵌彩鑽

化學成分和結晶構造無疑是鑽石顏色最基本的成因。然而，也有其它因素可能影響鑽石的顏色及外觀，例如說切磨、鑲嵌或是人為改色。切磨的影響分述如次：

1. 鑽石愈大或底部愈深，顏色會更濃更深邃。如果顏色太暗沉，可以將底部修淺，則顏色可以明亮升等。
2. 保留致色最多的位置，譬如說將綠鑽的有色的表層留在腰圍，經內部反射呈現在冠部。
3. 要表現火光，可採明亮式車工；黃彩鑽則宜採雷第恩車工。

人為改色會在鑽石優化處理一節加以說明。

為什麼「黃彩鑽則宜採雷第恩車工？」

明亮式車工的鑽石，其腰下刻面及亭部刻面，會將由冠部進入的光，反射回到冠部方向，使觀察者看到無數的白色閃光，此乃根據全反射理論，以獲得最多亮光。所謂「釘頭」鑽，是因為底部太深，亭角太陡，以致於光線經一次反射後，往尖底的部位集中，然後漏出去，並沒有回到觀察者的眼中。因此當由冠部往底部觀察時，不會有很多的白色亮光，鑽石的體色就不會被這些白色亮光淡化了，所以看起來體色就比較濃，有人稱此為「深邃疊影」的聚色效果。

根據這個道理，當判斷鑽石顏色時，由冠部垂直看與斜看，即可避開部份亮光，比較鑽石的顏色。另外，花式車工中，長寬比太大的地方，譬如說尖端或是短邊的位置，其顏色可能較濃，也是同樣的道理。當然，利用淺亭部的「魚眼」鑽，也可以令中央沒什麼反光，但是如果「魚眼」太明顯，顏色又會被淡化了。

另一方面，鑽石的冠部，也是一個重點。圓形明亮式企圖使光線由各個方向及角度進入鑽石。但是為突顯顏色時，其實不需要那麼多方向與角度的光，因此桌面大、階梯式將是一種很好的選擇，因為冠部與冠角能充分將彩黃鑽石或彩鑽色濃完整聚色保留下來。在講切磨時，我們提過腰圍的可能對顏色造成影響，在為保留顏色時，我們正好可以反向應用，將腰圍留厚一點，讓顏色更能夠濃郁些。

事實上彩鑽的切磨形狀多半依原石的形狀，為求保留最多重量而定。有的鑑定師甚至認為彩鑽只要是圓形的就有問題，當然沒那麼誇張，彩鑽偶爾也有圓形出現，只是沒像白鑽那麼多。既然圓形彩鑽比較少，就會比較特別，於是圓形的彩鑽就可能受到收藏家的青睞。

鑲嵌

不但是切磨，鑲嵌對顏色表現的影響也很大，不同顏色的金屬，或是在背面襯適當顏色，會使得顏色更濃 或突顯其中某種特別顏色（例如為突顯綠色可墊黑色）。 圖 12-48 中，為了使左側的黃鑽看起來更黃，項鍊背面全部封底，如圖右。

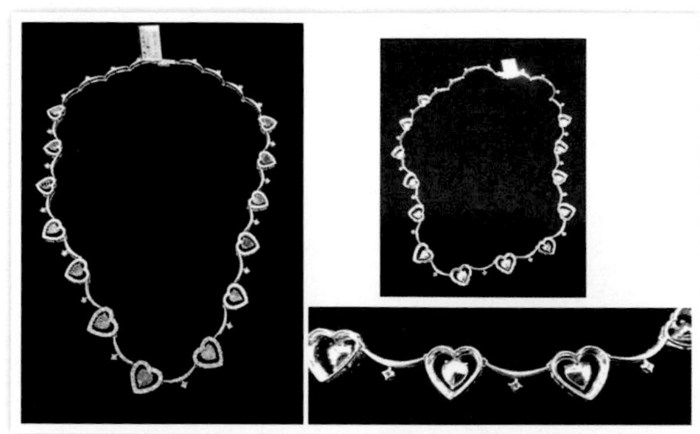

圖 12-48 封底黃鑽項鍊

圖 12-49 所示的這顆黃鑽的等級是 Fancy Light，背面用金色襯底看起來就黃多了。 再看另一個背面以金色襯底的案例，圖 12-50 中左為黃鑽的正面，右圖中明顯看到以金黃色襯底。

圖 12-49 襯底黃鑽戒

除了以鑲嵌使鑽石顯色外，也會有人在鑽石背面或是腰圍塗顏色使鑽石顯色。以鑲嵌使鑽石顯色；只是鑲嵌一種手法，而塗顏色則是詐欺。所以購買已鑲好的鑽石，如有懷疑 可以要求業者將其拆下，好好檢查一下。

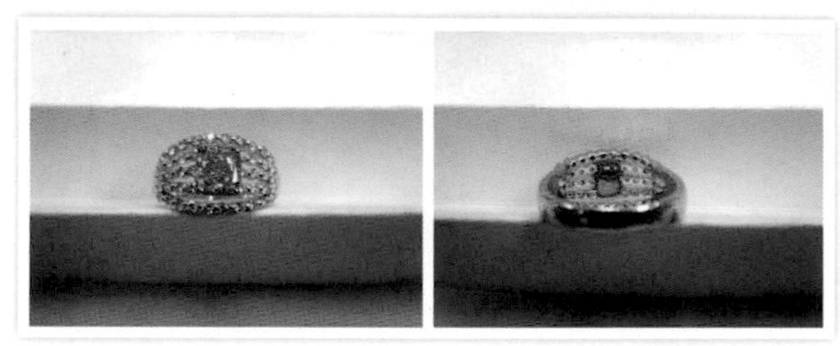

圖 12-50

Chapter 13

第 13 章
天然彩色鑽石

the basic of diamond identification

13-1 天然鑽石致色的成因

影響鑽石致色的原因相當複雜，很多年來都是「鑽石相關單位」密切研究的重點。鑽石主要是由碳「C」元素所組成，是等軸晶系，在光的吸收測試是沒有範圍的，所以通常是無色，若是鑽石的結構中含有少量的氮（N）、硼（B）、氫（H）等其他元素，替代碳原子轉換為其他碳原子相連，會產生不同顏色的鑽石。

鑽石致色的成因可分為：

1. 雜質元素致色
2. 塑性變形致色
3. 輻射或放射線致色
4. 礦物內含物致色

1. 雜質元素致色

在第 3 章〈鑽石結晶學〉中提過，I 型的鑽石含氮、II 型的不含氮，含氮會吸收光線中的藍色，使鑽石呈現黃色。另外，當硼（B）替代碳原子時，硼的外層電子為 3，比碳少一個，不能滿足 4 個電子的要求，所以會在共價鍵中缺少一個電子，該原子可能被其他原子中的電子所填補，電子連動導致可見光趨近於紅色光的部分被吸收了，使鑽石呈現淺藍、或藍色。

2. 塑性變形致色

褐色、粉紅色和紫紅色鑽石與塑性變形相關，有學者推測大部分鑽石源自於 150 到 180 公里深的地層中，鑽石在這種高溫高壓的地質環境中形成，或鑽石被岩漿帶上地表的過程中，若發生不同程度的塑性變形，就可能產生晶系偏移或錯位的現象，這種現象能使鑽石產生不同的顏色。另外，黃色鑽石也與塑性變形相關，因為塑性變形不僅可以提高鑽石氮（N）的凝聚速率，還能使鑽石顏色產生變化。

3. 輻射或放射線致色

鑽石受到自然界輻照後造成結構損傷，產生色心，就會使鑽石呈現綠色。但輻照也有可能是人為的，本章所討論的是天然彩鑽，即所謂 Natural Fancy Colored Diamond。人為輻照處理的彩鑽，將在第 25 章〈鑽石優化處理〉中詳細說明。

4. 礦物內含物致色

當鑽石內含有數量極多的不透明深色礦物時（一般是微晶狀含鐵質的礦物或分子級的石墨），會呈現黑色，利用強光透射檢查鑽石時，可以觀察到鑽石內部呈現深灰色。另一種則是存在於鑽石的裂縫中，當鑽石裂縫充填其他顏色的內含物時，鑽石會呈現不同的雜色，有人稱這種鑽石為「氧化」鑽石。

以下依據紅（Red）、橙（Orange）、黃（Yellow）、綠（Green）、藍（Blue）、靛（Violet）、紫（Purple）七原色，以及粉紅色（Pink）、棕（褐）色（Brown）、灰（Gray）、黑（Black）、白（White）、變色龍（Chameleon）等對色彩的描述順序，詳盡解釋彩鑽如次。除另有說明外，圖示之顏色等級俱以 GIA 報告書為準。

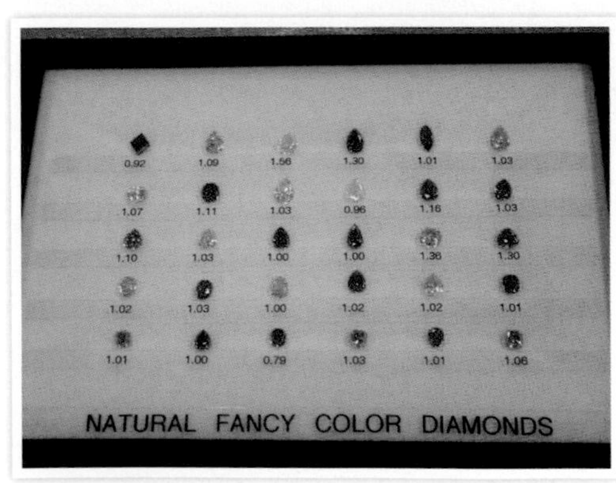

圖 13-1 天然彩鑽

13-2 天然紅彩鑽（Natural Red Diamonds）

形成原因：不同於黃鑽或是藍鑽，紅鑽的形成原因，可能是因為晶格結構扭曲／原子錯移所造成，而使鑽石呈現紅色。如圖 13-3 為紅彩鑽、圖 13-4 為產自印度的紅棕色鑽石原石。

圖 13-3

在 GIA 分類中只有一種等級，就是 Fancy Red，所以千萬不要說：「我認為這一顆是 Fancy light red。」或是其他顏色等級，否則會被笑話的。因為紅就是紅，如果不夠紅就是粉紅，是 Pink 即非 Red。至 2004 年為止，全世界送 GIA 鑑定的鑽石中只有 11 顆真正的紅色彩鑽（Fancy Red），如果包括送別家鑑定的，估計應有 30 ～ 50 顆左右，每克拉價格大概都要台幣 5,000 萬元以上。另外，如將一些帶紫色的紫紅色鑽算在內的話，估計紅色系列的彩鑽大約超過 100 顆。

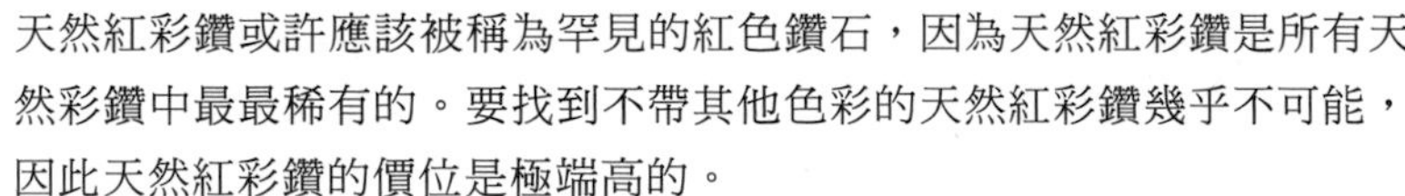

天然紅彩鑽或許應該被稱為罕見的紅色鑽石，因為天然紅彩鑽是所有天然彩鑽中最最稀有的。要找到不帶其他色彩的天然紅彩鑽幾乎不可能，因此天然紅彩鑽的價位是極端高的。

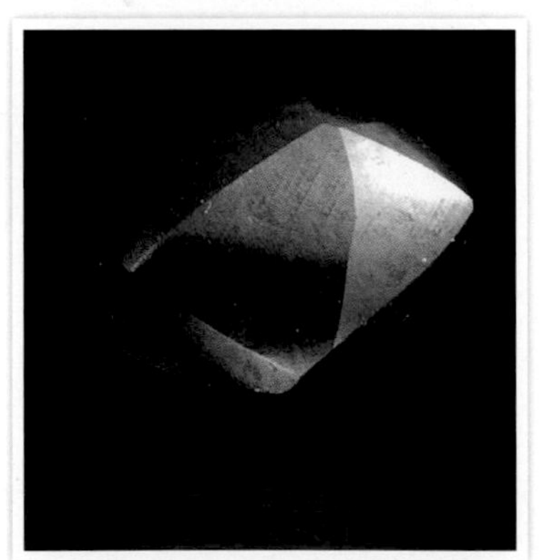
圖 13-4

紅鑽原石產自澳大利亞、巴西和南非。在歷史上真沒見過幾顆純紅的彩鑽，甚至連很多珠寶商都未能親眼目睹。Argyle 粉紅色鑽石經理約瑟芬 ‧ 詹森（Josephine Johnson）於 2013 年 5 月時說：「Argyle 鑽石礦自 1983 年開採以來，經 GIA（美國寶石學院）認證為紅彩鑽的鑽石，只有六顆」，可見其稀有的程度。

知名紅鑽：Moussaieff Red

Moussaieff Red 鑽石以前叫作 Red Shield Diamond（圖 13-5），是 1990 年由一位巴西農夫，在 Abaetezinho 河發現的。原礦 13.9 克拉（2.78 g），由 The William Goldberg Diamond Corporation 以三角明亮形切割為重 5.11 克拉的 Fancy Red 純紅彩鑽。GIA 表示「它是我們發出報告為止，最大自然顏色的 Fancy Red 鑽石。」2001 年或 2002 年被 Moussaieff Jewellers 公司以約 7 百萬美元買下，除非擁有者願意割愛，否則其價值無法估計。

圖 13-5

重量僅 95 分的韓考克紅鑽（Hancock Red Diamond）（圖 13-6 ），其淨度雖僅 I1，購買時的價格僅 1 萬多美元，但在 1987 年佳士得拍賣會上，卻以 88 萬美元的高價賣出。

目前最高拍賣價的紅色鑽石

2007 年 11 月 15 日，一顆同類型中在拍賣會上曾經出現過最大的罕見紅色鑽石，如圖 13-7 所示，創下日內瓦佳士得國際拍賣成交紀錄。這顆鑲在戒指上的 Fancy purplish-red 的鑽石重 2.26 克拉。包括買方（Laurence Graff）付的佣金總價 270 萬美元，相當於每克拉 1,180,340 美元，為目前紅色鑽石在拍賣會中最高紀錄。以往的記錄是由 1987 年賣出的 0.95 克拉漢考克紅色鑽石所創下，當時每克拉相當於 926,316 美元。圖 13-8 為 2011 年曾在台灣拍賣的紅鑽。

圖 13-6

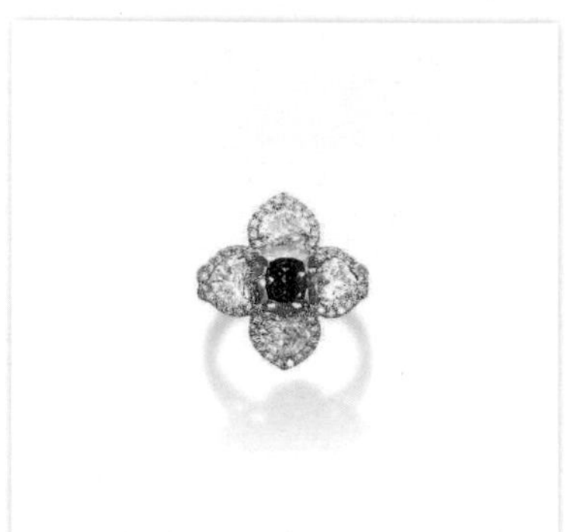

圖 13-7

圖 13-8

圖 13-9 Fancy Red

圖 13-10

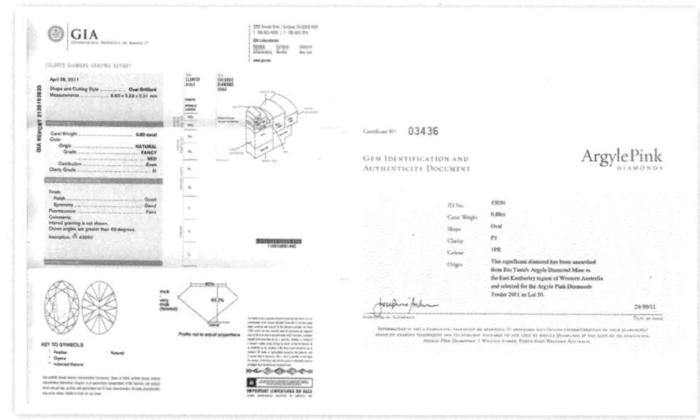

GIA

Certificate No 03436

GEM IDENTIFICATION AND AUTHENTICITY DOCUMENT

ArgylePink DIAMONDS

圖 13-11

圖 13-12 Fancy Purplish Red（帶紫的紅色）

紅彩鑽除了純紅之外，圖 13-9 為最稀有的純紅色（Fancy Red），還有以下色彩的組合：帶紫、帶褐，分別討論如次。

帶紫的紅鑽

如圖 13-10 所示，是一顆很有趣的彩鑽，GIA 評為 Fancy Red 的鑽石，Argyle 卻評為 1PR（Purplish Red）的紅帶紫（圖 13-11 為 GIA 及 Argyle 證書）。你認為呢？如果你是這顆鑽石的擁有者，你會採用哪一個說法？

再看一顆有趣的彩鑽，如圖 13-14 所示。GIA 評為 Fancy Purplish Red，Argyle 評為 1PP（Purplish Pink）的紅帶紫，如圖 13-15 所示。究竟是紅還是粉紅？你認為呢？

再看圖 13-16 的 Fancy Brownish Red（帶褐的紅色）。

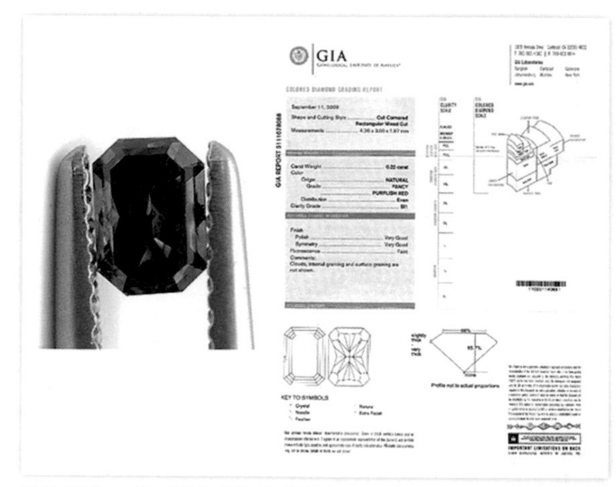

GIA

COLORED DIAMOND GRADING REPORT

GIA REPORT 5111078088

September 11, 2009

Shape and Cutting Style ..... Cut Cornered Rectangular Mixed Cut

Measurements ..... 4.26 x 3.00 x 1.97 mm

Carat Weight ..... 0.22 carat

Color

Origin ..... NATURAL

Grade ..... FANCY PURPLISH RED

Distribution ..... Even

Clarity Grade SI1

Finish

Polish ..... Very Good

Symmetry ..... Very Good

Fluorescence ..... Faint

Comments:

Clouds, internal graining and surface graining are not shown.

KEY TO SYMBOLS

Profile not to actual proportions

圖 13-13 Fancy Purplish Red 及 GIA 證書

圖 13-14

圖 13-16

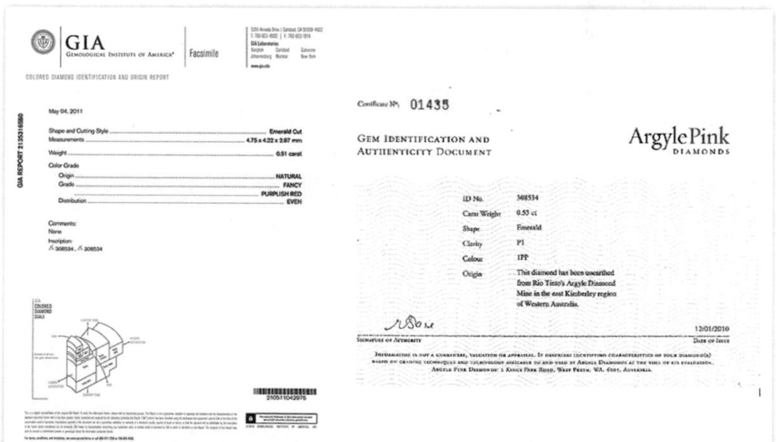

GIA Gemological Institute of America® Facsimile

COLORED DIAMOND IDENTIFICATION AND ORIGIN REPORT

GIA REPORT 2135316580

May 04, 2011

Shape and Cutting Style ..... Emerald Cut

Measurements ..... 4.75 x 4.22 x 2.87 mm

Weight ..... 0.51 carat

Color Grade

Origin ..... NATURAL

Grade ..... FANCY PURPLISH RED

Distribution ..... EVEN

Comments:

None

Inscription:

308534, 308534

210511042976

Certificate Nº 01435

GEM IDENTIFICATION AND AUTHENTICITY DOCUMENT

Argyle Pink DIAMONDS

ID No.	308534
Carat Weight	0.53 ct
Shape	Emerald
Clarity	P1
Colour	1PP
Origin	This diamond has been unearthed from Rio Tinto's Argyle Diamond Mine in the east Kimberley region of Western Australia.

Signature of Authority 12/01/2010 Date of Issue

圖 13-15 GIA 及 Argyle1PP 證書

13-3

天然橘彩鑽

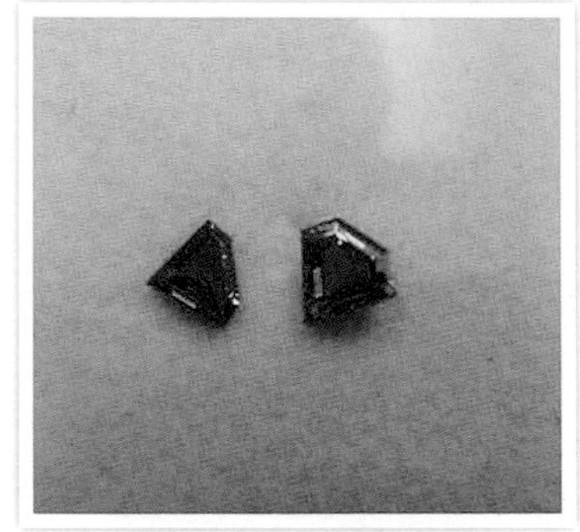
圖 13-17-1

圖 13-17-2

天然橘彩鑽完全是天然形成的，橘色在色彩環中位於紅色和黃色之間，又可藉由紅色和黃色組合出橘色，所以推測天然橘彩鑽可能是含有化學雜質氮及晶格扭曲的共同結果。也有人認為橘色可能是其他顏色的彩鑽中，某種顏色飽和度不夠而且又暗掉了所致。圖 13-17-1 為橘彩鑽，圖 13-17-2 為橘色鑽石原石。

筆者曾對橘鑽進行觀察，確實在某幾個樣本中發現孿晶紋（如圖 13-18 所示之橘鑽之孿晶紋），也有的呈現出 Ia 型含氮的特徵，反應出前述推測之可能性；但畢竟觀察數量太少，仍不足以對橘鑽成因做出定論，目前只能說形成原因未完全瞭解。

純橘色很少（如圖 13-19 左為 Fancy Vivid Orange），大多是黃色與紅色混合體，顏色較深，呈現帶棕色的感覺（如圖 13-19 右的 Fancy Deep Yellowish Orange）。彩鑽收藏家侯福（*）以南瓜橘來形容純 Fancy Vivid Orange 橘彩鑽，並指出：「純橘彩鑽異常地稀有，是所有收藏家夢寐以求的臻品（source: S.C. Hofer, 1988）」。正因為實在太難找到，收藏家常會退而求其次找經過優化處理的純橘彩鑽來替代。

* 侯福（Stephen C. Hofer）先生以其豐富、專業的彩鑽知識以及對稀有鑽石發表的多篇研究報告而極為業界所推崇，其在彩鑽方面的著作

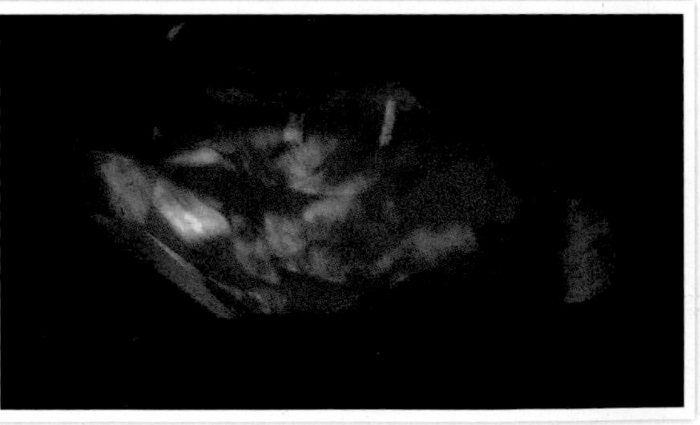
圖 13-18

有《FOREVER BRILIANT》 及《COLLECTING AND CLASSIFYING COLOURED DIAMONDS》等。

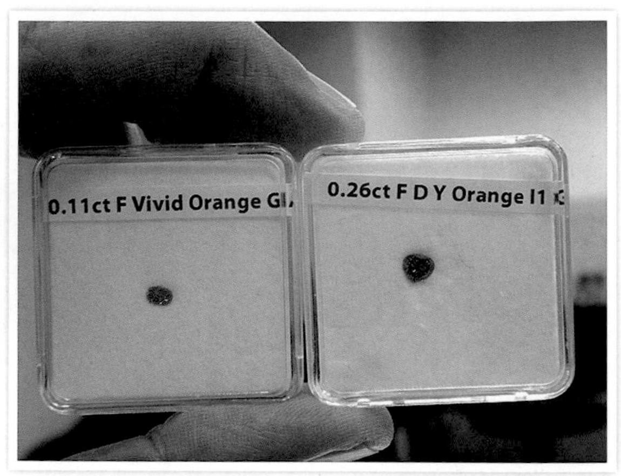

圖 13-19

因為純橘色主要是由紅色和黃色混合而成，因此天然橘彩鑽的顏色由橘紅到橘黃色都有。紅色、粉紅色、紫色和黃色都是天然橘彩鑽會帶上的副色。圖 13-20 中左：公主方切磨的純橘彩鑽（Fancy Vivid Orange）、右：公主方切磨的橘帶黃的彩鑽（Fancy Vivid Yellowish Orange）。

天然橘彩鑽有七個顏色等級，即 Faint Orange、Very Light Orange、Light Orange、Fancy、Fancy Intense Orange、Fancy Vivid Orange 及 Fancy Deep Orange，其中以 Fancy Vivid Orange 及 Fancy Deep Orange 最值得珍藏。

天然橘彩鑽有各式各樣的切磨型式，包括公主方、祖母綠（切角方）、阿斯恰（切角正方）、橢圓、馬眼、梨形、雷地恩（切角長方）、心形和圓角枕墊形和圓形。

圖 13-20

純橘彩鑽

圖 13-21 Fancy Intense Orange

圖 13-22 Fancy Deep Orange（IGI）

橘帶黃色

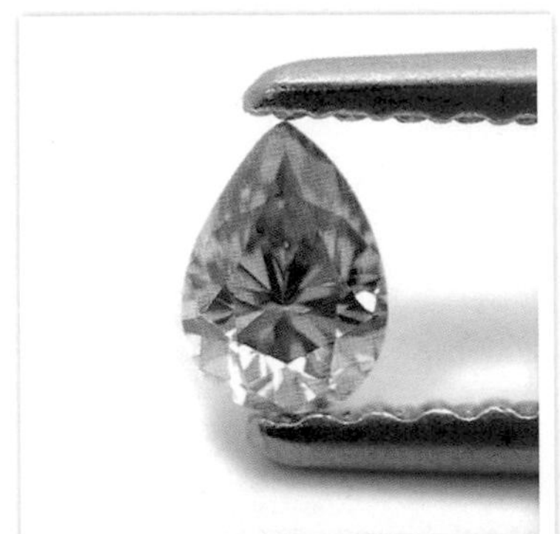

圖 13-23 Fancy Intense Yellowish Orange

圖 13-24 Fancy Intense Yellowish Orange

圖 13-25 Fancy Intense Yellowish Orange

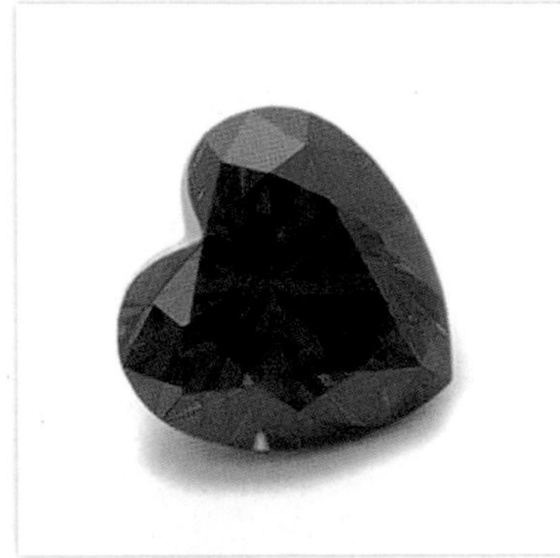

圖 13-26 Fancy Deep Yellowish Orange

圖 13-27 Fancy Vivid Yellowish Orange

黃色多一些，成為 Yellow Orange

圖 13-28 Fancy Intense Yellow Orange

圖 13-29 Fancy Deep Yellow Orange

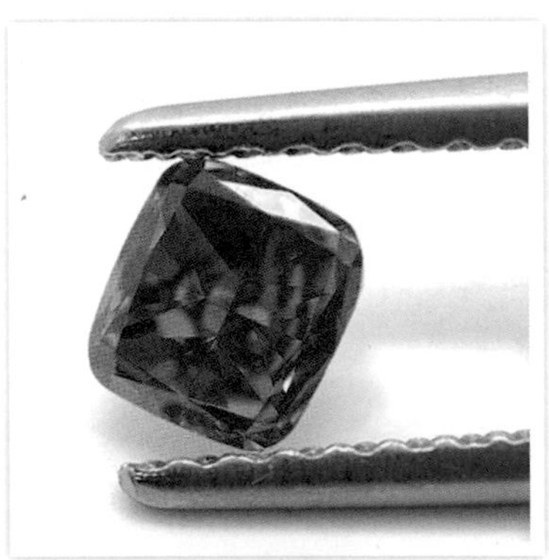

圖 13-30 Fancy Vivid Yellow Orange

帶點棕色，成為 Brownish Orange

圖 13-31 Fancy Brownish Orange

圖 13-32 Fancy Deep Brownish Orange

帶黃又帶棕色

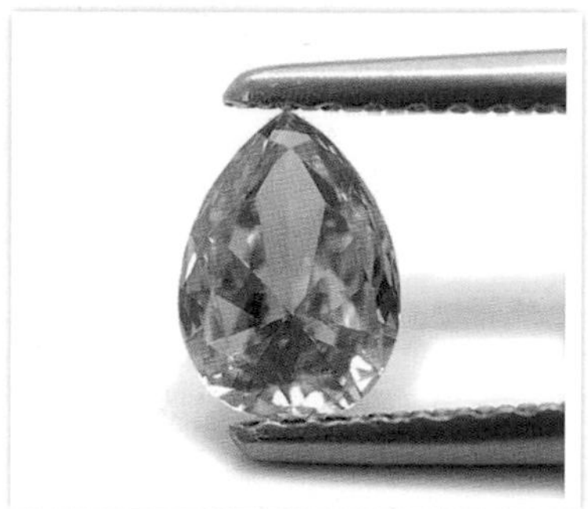

圖 13-33 Fancy Brownish Yellowish Orange

圖 13-34 Fancy Deep Brownish Yellowish Orange

再帶點粉紅色，成為 Brownish Pinkish Orang

圖 13-35 Fancy Brownish Pinkish Orange

還有帶綠色的

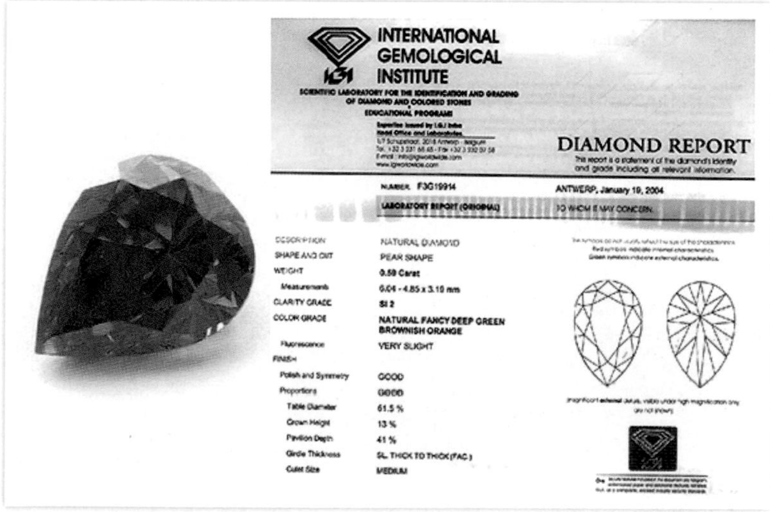

INTERNATIONAL GEMOLOGICAL INSTITUTE

SCIENTIFIC LABORATORY FOR THE IDENTIFICATION AND GRADING OF DIAMOND AND COLORED STONES

EDUCATIONAL PROGRAMS

DIAMOND REPORT

This report is a statement of the diamond's identity and grade including all relevant information.

NUMBER F3G19914

ANTWERP, January 19, 2004

LABORATORY REPORT (ORIGINAL)

TO WHOM IT MAY CONCERN

DESCRIPTION	NATURAL DIAMOND
SHAPE AND CUT	PEAR SHAPE
WEIGHT	0.59 Carat
Measurements	6.04 - 4.85 x 3.10 mm
CLARITY GRADE	SI 2
COLOR GRADE	NATURAL FANCY DEEP GREEN BROWNISH ORANGE
Fluorescence	VERY SLIGHT
FINISH	
Polish and Symmetry	GOOD
Proportions	GOOD
Table Diameter	61.5 %
Crown Height	13 %
Pavilion Depth	41 %
Girdle Thickness	SL. THICK TO THICK (FAC.)
Culet Size	MEDIUM

圖 13-38 Fancy Deep Green Brownish Orange（IGI）

棕色再多一點，成為 Brown Orange

圖 13-36 Fancy Brown Orange

圖 13-37 Fancy Deep Brown Orange

圖 13-39

圖 13-40

知名橘鑽：The Pumpkin Diamond（南瓜鑽）

南瓜鑽石（圖 13-39）重 5.54 克拉（1.108 g），1997 年在中非共和國被開採出來，由 William Goldberg 切磨，並由 Harry Winston 在萬聖節的前一天以 130 萬美元購得，目前估計約值 3 百萬美元，但屬何人所有則不清楚。GIA 稱它為「世上最大自然顏色的 Fancy Vivid Orange diamond 之一」，並指出，由於它的淡色調和濃色度，因此與其他橙色鑽石相比較是獨一無二的。

佳士得 2013 年 11 月 12 日日內瓦秋季拍賣會的華麗珠寶售出一顆罕見的橘鑽「The Orange」，重 14.82 克拉、VS1、Fancy vivid orange、梨形（如圖 13-40），為至今所有拍賣會中曾經出現過最大的 Fancy Vivid Orange 橘鑽。賣了 35,540,611 美元（3150 萬美元拍出＋ 404 萬稅金和佣金），如圖 13-41 所示，相當於每克拉 2,398,151 美元。此鑽創下兩項新的世界拍賣紀錄── 1. 所有鑽石每克拉單價世界拍賣紀錄、2.Fancy Vivid Orange 鑽石世界拍賣價格紀錄。

圖 13-41 The Orange 決標，注意看右側看板上的歷史數字

13-4 天然黃彩鑽

天然黃彩鑽（如圖 13-42）的形成原因：氮取代鑽石晶體中某些碳原子，大約每一百萬個碳原子，可能有 100 個被氮原子取代時，會開始吸收藍、靛光，而使鑽石呈現黃色。全世界鑽石產量 1.2 ～ 1.5 億克拉，原礦價值 100 億美元，其中交易大宗以無色，至帶微黃／棕色之鑽石為主。黃鑽原石（圖 13-43）主要產自南非、巴西、俄羅斯和印度。

圖 13-42

因為黃色鑽石比例大，一般珠寶店賣的彩鑽多以黃彩鑽為主，隨便就能拿出一整盒，如圖 13-44 所示。但要注意的是究竟能不能稱得上是彩鑽？以及其屬於彩鑽中哪個等級？

圖 13-43

天然黃彩鑽由於其濃郁的顏色和非凡的特質，又稱為金絲雀黃鑽。GIA 共有六個顏色等級，即 Fancy Light、Fancy Dark、Fancy、Fancy Intense、Fancy Vivid 及 Fancy Deep。而其他的鑑定所則可能出現 Faint、Very Light、Light 等，GIA 不認定為彩鑽的等級。最受歡迎的等級是 Fancy vivid Yellow 及 Fancy Deep Yellow，而收藏家最喜好的則可能會是 Fancy Intense Yellow。

天然黃彩鑽有各式各樣的切磨型式，包括公主方、阿斯恰（切角正方）、橢圓、馬眼、梨形、雷地恩（切角長方）、心形和圓角枕墊形和圓形。而黃彩鑽最常見的副色是綠色和橘色，如果帶了棕或綠會顯得暗。以下我們按照純黃，及帶其他色彩之順序，陸續介紹如次：

圖 13-44

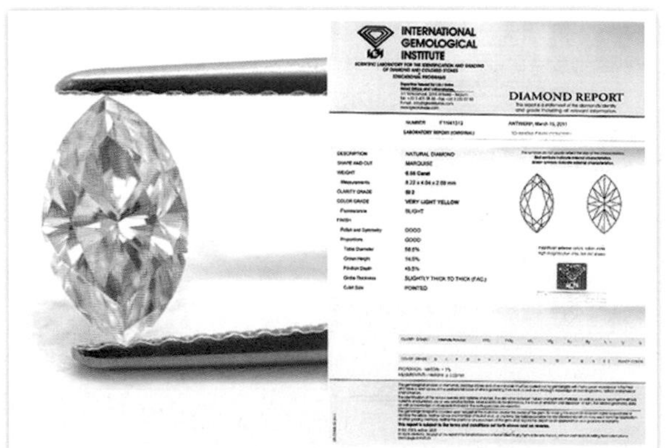

圖 13-45

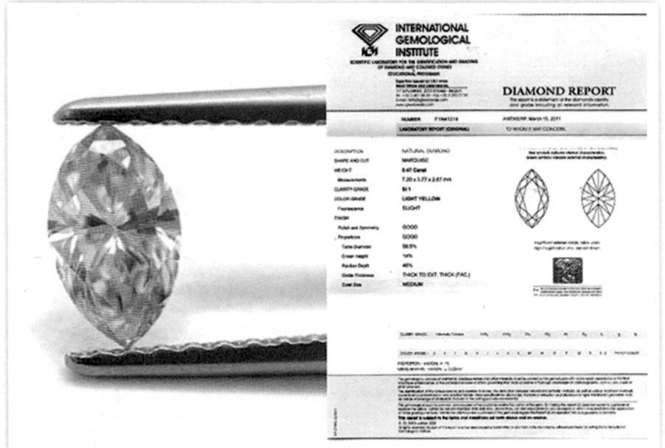

圖 13-46

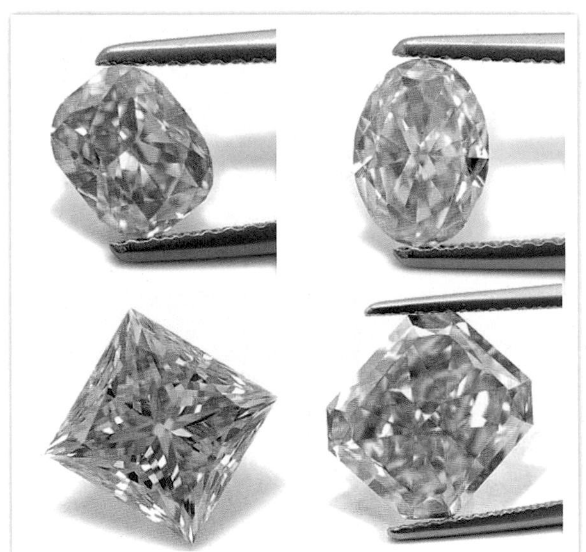

圖 13-47

純黃色

黃色鑽石也有 Very Light Yellow、Light Yellow，不相信？看看以下的鑽石及 IGI 的鑑定報告。圖 13-45 為 Very Light Yellow IGI、圖 13-46 是 Light Yellow IGI、圖 13-47 是 Fancy Light Yellow、圖 13-48 則為 Fancy Yellow 及證書。

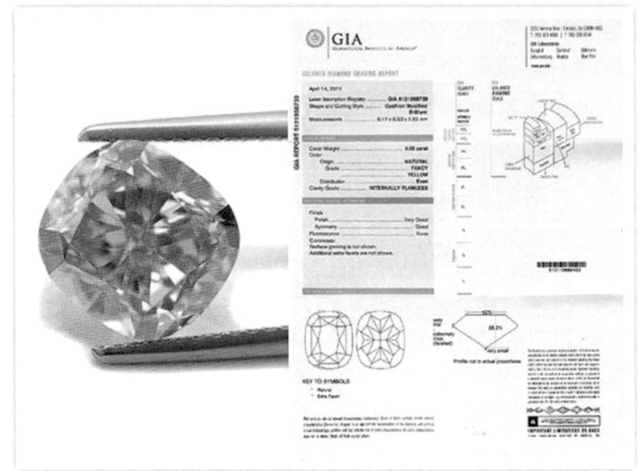

圖 13-48

不同形狀的 Fancy Yellow

圖 13-49 Fancy Yellow

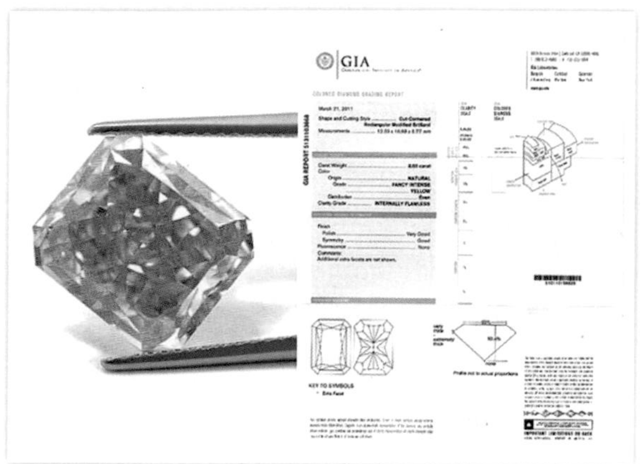

圖 13-50 Fancy Intense Yellow 及證書

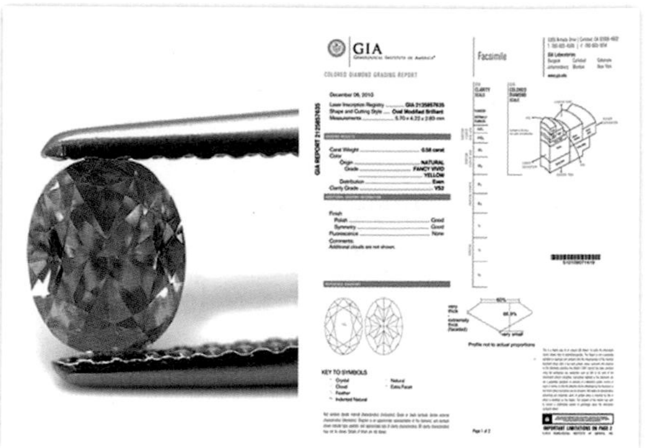

圖 13-53 Fancy Vivid Yellow 及證書

不同形狀的 Fancy Intense Yellow

圖 13-51 Fancy Intense Yellow

圖 13-52 Fancy Deep Yellow

豔彩黃

Fancy Vivid 級稱為「豔彩」，其黃色看起來真的很鮮豔、鮮明、亮麗。再看幾個不同形狀的 Fancy Vivid Yellow。

圖 13-54 Fancy Vivid Yellow

黃比橘多的橘

以下我們來看一些帶橘的黃，也就是說黃比橘多，橘在這裡只能用形容詞 Orangy，而不能用 Orange。

圖 13-55 Fancy Deep Orangy Yellow

圖 13-56 Fancy Vivid Orangy Yellow

不同形狀的 Fancy Vivid Orangy Yellow

圖 13-57 Fancy Vivid Orangy Yellow 2

橘黃各半

以下我們來看一些黃－橘色，也就是說黃跟橘差不多各半，橘在這裡是用 Orange，而不是用 Orangy。

圖 13-58 Fancy Intense Orange Yellow

圖 13-59 Fancy Vivid Orange Yellow

帶綠的黃

在色彩環中，黃色的一邊是橘色，另外一邊是綠色，所以黃色的鑽石也可能帶綠色。以下我們來看一些帶綠的黃，也就是說黃比綠多，綠在這裡只能用形容詞 Greenish，而不能用 Green。

圖 13-60 Fancy Greenish Yellow

黃綠各半

以下我們來看一些黃－綠色，也就是說黃跟綠差不多各半，綠在這裡是用 Green，而不是用 Greenish。

圖 13-61 Light Green Yellow

圖 13-62 Fancy Green Yellow

圖 13-63 Fancy Intense Green Yellow

黃與其他顏色

黃色還會帶到一些 27 色色彩環中沒有的其他顏色，譬如說棕色、灰色，或是帶了多種顏色。以下我們來看一些帶棕色、灰色的黃，或是帶了多種顏色的例子。

圖 13-64 Fancy Deep Brownish Yellow

圖 13-65 Fancy Brownish Greenish Yellow

圖 13-66 Fancy Deep Brownish Greenish Yellow

圖 13-67 Fancy Deep Brownish Orangy Yellow

圖 13-68 Fancy Grayish Greenish Yellow

圖 13-69 Fancy Deep Grayish Greenish Yellow

圖 13-70 Fancy Gray Greenish Yellow

黃彩鑽的價格

鑽石的價格依 4C 而定，若單依黃彩鑽的顏色等級而論，價位趨勢大致如下：

Fancy Light Yellow 8,000 ～ 10,000 USD/ct

Fancy Yellow 10,000 ～ 15,000 USD/ct

Fancy Intense Yellow 15,000 ～ 25,000 USD/ct

Fancy Vivid Yellow 25,000 ～ 40,000 USD/ct

13-5 天然綠彩鑽

形成原因：因生成過程中經天然輻射而改變晶格結構，致使呈綠色外觀，其稀有程度僅次於紅彩鑽。

天然綠鑽是哪裡找到的？綠色的鑽石原石是在巴西、南非、印度、澳大利亞、剛果、蓋亞納、加納和西伯利亞開採的。在中非共和國、剛果和獅子山國找到的是橄欖色的彩色鑽石。澳大利亞著名的 Argyle 礦所開採的只有很小的比率是綠色的。

在地球的地殼的地函深處的碳，受到極高的溫度和壓力，自然結晶形成鑽石。天然綠鑽的綠色，是由完全無色的鑽石原石經過數百萬年長期暴露於特定類型的放射源（例如鈾及鉒）所致。原石的大小、暴露時間的長短、輻射強度和放射源的類型一起決定了鑽石綠色的濃度和深度，圖 13-73 所示即為輻射造成腰圍上的斑漬。而圖 13-74 所示的這一顆綠鑽的綠色只在淺層，將其放大觀察如圖 13-75 所示。

依據科學知識，鑽石暴露於 α 和 β 射線，所著的綠色只在淺層，在切磨及拋光的過程中往往就會消失。但如果長時間暴露於伽馬射線和中子輻射，就會誕生真正天然的綠鑽。

圖 13-71 綠彩鑽

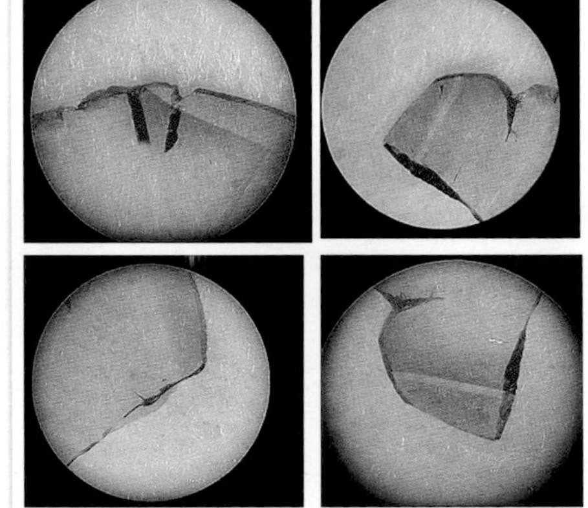

圖 13-75 淺層綠鑽的放大觀察

圖 13-72 產自委內瑞拉（Venezuala）的綠鑽原石

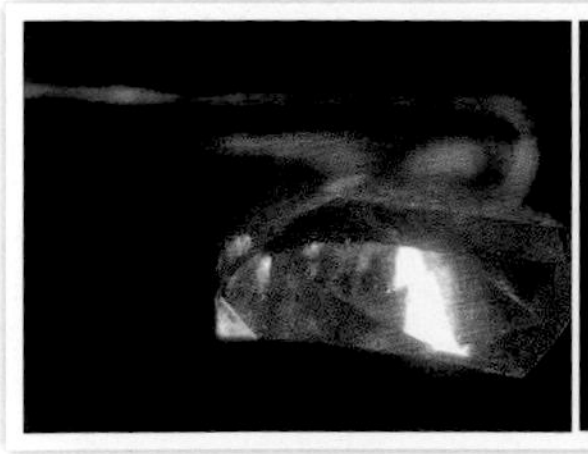
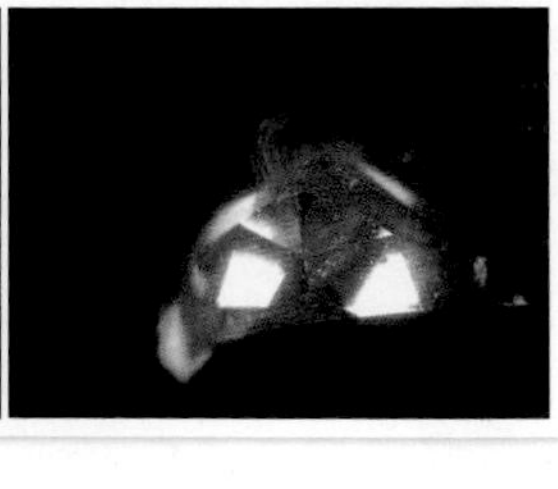

圖 13-73 輻射造成腰圍上的斑漬

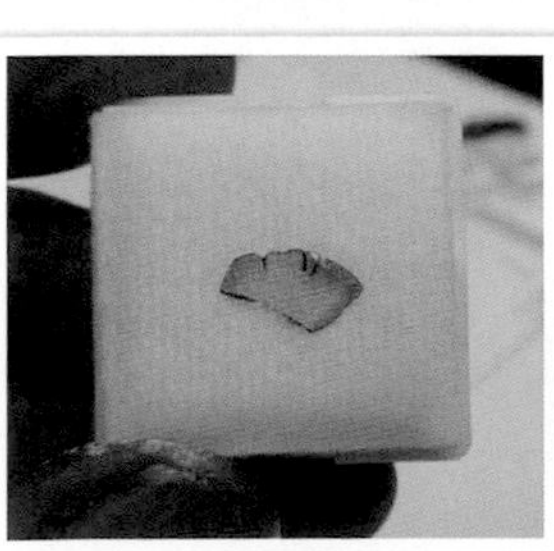

圖 13-74 綠色只在淺層的綠鑽

圖 13-76 Very Light Green

圖 13-77 Light Green

圖 13-78 Fancy Green

圖 13-79 Fancy Intense Green

圖 13-80 Fancy Light Bluish Green

圖 13-81 Fancy Bluish Green

圖 13-82 Fancy Intense Bluish Green

圖 13-83 Fancy Deep Bluish Green

切磨師要盡可能多保留淺層的綠色，因此會在亭部留下帶有綠色斑漬的天然面。

如同其他的彩鑽，綠彩鑽也依次分為 Faint、Very Light、Light、Fancy、Fancy Intense、Fancy Deep 及 Fancy Vivid，其中以 Fancy Deep、Fancy Vivid 的最受人喜愛。天然綠彩鑽具有各式各樣的車工形狀，包括公主方、祖母綠（切角方）、阿斯恰（切角正方）、橢圓、馬眼、梨形、雷地恩（切角長方）、心形和圓角枕墊形等，但圓形天然綠彩鑽最為常見。

綠鑽的價值由何決定？
彩色鑽石的價值在通常由是由其色彩的純度而定，越純的色彩，價值越高。這項通則的一個例外就是：天然綠鑽含了藍色副色，因為這樣的鑽石比純綠鑽更為稀有，價格自然水漲船高。Bluish-Green、Blue-Green、Green-Blue 和 Greenish-Blue 極其稀有，因此比天然純綠色鑽石更昂貴。

來欣賞一下綠彩鑽吧！

在色彩環中，綠色的一邊是黃色，另外一邊是藍色，所以綠色的鑽石，除了前述黃－綠色，也可能帶綠色。以下我們來看一些帶藍的綠，也就是說綠比藍多，藍在這裡只能用形容詞 Bluish，而不能用 Blue。（圖 13-80 ～圖 13-82）

以下我們來看一些藍－綠色，也就是說藍跟綠差不多各半，藍在這裡是用 Blue，而不是用 Bluish。（圖 13-84 ～圖 13-87）

圖 13-84 Fancy Blue Green

圖 13-85 Fancy Intense Blue Green

圖 13-86 Fancy Deep Blue Green

圖 13-87 Fancy Vivid Blue Green

再來看綠帶黃，如圖 13-88 與圖 13-89。

圖 13-88 Fancy Light Yellowish Green

圖 13-89 Fancy Yellowish Green

再來看黃綠色（圖 13-90 ～圖 13-91）。

圖 13-90 Fancy Yellow Green

圖 13-91 Fancy Intense Yellow Green

如同黃鑽一般，綠鑽也會帶棕色、灰色，或與前述顏色的組合色（圖 13-92 ～圖 13-99）。

圖 13-92 Fancy Deep Brownish Yellowish Green

圖 13-93 Fancy Grayish Yellowish Green

圖 13-94 Fancy Deep Grayish Yellowish Green

圖 13-95 Fancy Gray Yellowish Green

圖 13-96 Fancy Dark Gray Yellowish Green

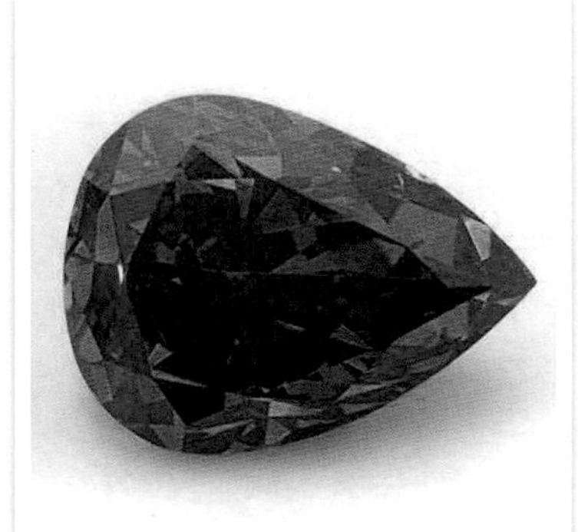

圖 13-97 Fancy Dark Grey Yellowish Green

圖 13-98 Fancy Dark Gray Yellowish Green

圖 13-99 Fancy Gray Green

以下這顆（圖 13-100）看起來像綠的，卻歸類在變色龍鑽（Chameleon），變色龍鑽後續另有說明。

圖 13-100 Fancy Dark Gray Yellowish Chameleon

此外，IGI 還會用一個 GIA 不會用的字 Olive（橄欖色）來描述黃黃綠綠的顏色，如圖 13-101 所示。

最著名的天然綠彩鑽當屬約 41 克拉的德勒司登鑽（詳第 8 章〈鑽石產地與世界名鑽〉），咸信該鑽是最大、最好的天然綠彩鑽（Kane, 1990）。彩鑽收藏家侯福說，「鑽石產業中綠鑽價值很高也極為令人稱羨，特別是不帶任何副色的純綠彩鑽。」（S.C. Hofer. 1988）。

2009 年拍賣會 1.02ct，Very Light Green 以 3 萬美元賣出；香港拍賣會 2.05ct，Faint Green 以超過 3 萬美元賣出。

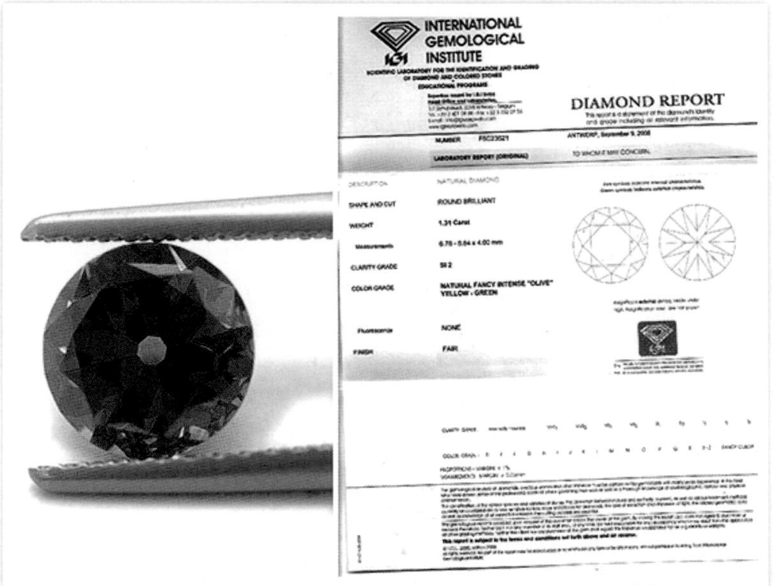

INTERNATIONAL GEMOLOGICAL INSTITUTE

DIAMOND REPORT

NUMBER F5C23521

LABORATORY REPORT (ORIGINAL)

ANTWERP, September 9, 2008

TO WHOM IT MAY CONCERN

DESCRIPTION	NATURAL DIAMOND
SHAPE AND CUT	ROUND BRILLIANT
WEIGHT	1.31 Carat
CLARITY GRADE	SI 2
COLOR GRADE	NATURAL FANCY INTENSE "OLIVE" YELLOW - GREEN
FINISH	FAIR

圖 13-101 Fancy Intense Olive Yellow Green IGI

圖 13-102 左綠鑽，右黃綠鑽

13-6 天然輻照與人為輻射之鑑別

圖 13-103 藍彩鑽

天然輻照與人為輻射而致色，其中差異相當難區別。大致來說，天然的綠色鑽石顏色多呈斑點狀，限於表面，分布不均。處理過的綠色鑽石：著色均勻，且具一定深度。也有鑑定所依改變速度快慢的某些徵兆加以鑑定，但還是比較難判定顏色。寶石新聞編輯 Emmanuel Fritsch 博士（埃馬紐埃爾騰 ‧ 弗里奇）曾提出分辨天然輻照致色的綠色—藍鑽石與人工輻照致色鑽石的一些準則：

圖 13-104 藍色鑽石原石與藍彩鑽

在天然致色的藍綠色鑽石中發現的藍色或綠色的致色雲狀物，在類似顏色的處理鑽石中見不到這類特徵。

典型的 Ia 型天然綠色到藍色的鑽石，在紫外線可見吸收光譜中具有一個特定的圖型。另外觀察到：一些天然的藍色鑽石是由輻射致色的，這類鑽石是不導電的。

天然藍彩鑽

彩鑽中最具神秘色彩的藍鑽，它的形成，是因為鑽石中含有硼元素，即使是世界上最大的藍鑽礦山 -- 南非 Premier 礦山，所開採出來的藍鑽量，亦不到鑽石開採總量的 0.1%（200000ct 才能發現 1ct 藍鑽，一年不到 20 顆），十分稀有，因此，近年身價水漲船高，屢創拍賣市場高紀錄，頗受收藏家的歡迎（圖 13-103）。

圖 13-104 左為 Petra Diamonds 在其著名的 Cullinan 鑽石礦中挖到的 25.5 克拉罕見藍色鑽石，品質相當好，以 1,690 萬美元售出（2013 年 5 月 26 日）。切磨完成後，可能如圖 13-104 右之 Fancy Intense Blue diamond。

天然藍鑽是哪裡找到的？

大部分濃的藍色鑽石是在南非 Cullinan、Premier、Jagersfontein 及 Koffiefontein 鑽石礦中發現的。在印度 Kollur 礦、澳大利亞、中非共和國、幾內亞、獅子山國、巴西、婆羅洲，和中南美洲的蓋亞納和委內瑞拉，也都曾發現藍色鑽石。

天然藍彩鑽完全天然形成，通常分作藍灰色或藍綠色彩鑽。藍灰色、藍帶灰色、藍帶黑色或是藍黑色彩鑽中的色澤，是由於鑽石結構中存有少量的硼元素。若鑽石晶體中含有雜質氮，則彩鑽常呈現藍綠色或藍帶綠色。

藍彩鑽依其色澤的不同可分為：Light Blue、Fancy Light Blue、Fancy Blue、Fancy Dark Blue、Fancy Deep Blue and Fancy Vivid Blue 等。色彩和濃度幾乎主宰了藍鑽的價值。淨度通常不是決定彩色鑽石價值的重要的因素之一（除非霧掉了）不過，藍鑽的淨度達 IF、VVS、VS 等級的比率，比其他顏色的彩鑽高出很多，淨度比率如下：

- FL 或 IF：29%
- VVS：21%
- VS：34%
- SI/I：16%

天然藍彩鑽具有各式各樣的車工形狀，包括公主方、祖母綠（切角方）、阿斯恰（切角正方）、橢圓、馬眼、梨形、雷地恩（切角長方）、心形和圓角枕墊形等，但圓形天然藍彩鑽最為常見。

純藍的藍彩鑽：

圖 13-105 Light Blue

圖 13-106 Fancy Light Blue

圖 13-107 Fancy Blue

圖 13-108 Fancy Intense Blue

圖 13-109 Fancy Deep Blue

圖 13-110 Fancy Vivid Blue

藍色帶灰

圖 13-111 Fancy Grayish Blue

圖 13-112 Fancy Deep Grayish Blue

藍灰色

圖 13-113 Fancy Light Grey Blue

圖 13-114 Fancy Grey Blue

藍色帶綠

圖 13-115 1.0ct, SI1, Fancy Light Greenish Blue，標價台幣 2,680,000 元

圖 13-116 Fancy Greenish Blue

藍綠色

圖 13-117 Fancy Green Blue

圖 13-118 Fancy Intense Green Blue

綠藍色

圖 13-119 Fancy Intense Blue Green

最著名的天然藍彩鑽為 45.52 克拉的「希望之鑽」（Hope Diamond）。「希望之鑽」原重 112.25 克拉，最初在印度售出，然後以 1,321,590 元轉售予法國國王路易十四，當時為藍彩鑽每克拉售價之冠（詳第 8 章〈鑽石產地與世界名鑽〉）。2008 年，蘇富比以 7,981,835 美元售出一顆 6.04 克拉的藍彩鑽，如圖 13-120 所示。

倫敦 Bonhams 於 2013 年 4 月 24 日拍賣會上，以 950 萬美元（620 萬英鎊），換算每克拉 180 萬美元，將極其罕見的 5.30 克拉、 Fancy deep-blue 鑽石（圖 13-122）賣給 Graff。

圖 13-120　6.04ct Fancy Vivid Blue IF 祖母綠切割鑽石戒指

圖 13-121　2010 年 4 月香港蘇富比拍賣會中 5.16 克拉完美無瑕的梨形 FANCY VIVID 藍鑽

圖 13-122　5.30 克拉 Fancy deep-blue 藍彩鑽

13-7

天然靛彩鑽

天然靛彩鑽（Natural Violet Diamonds）非常稀有，常令人與紫彩鑽分不清楚。靛彩鑽的顏色看起來像是藍色與紫色的組合，色調與濃度則相當多元。不帶其他副色的純靛彩鑽在自然界中幾乎找不到，即便有，都很小顆。靛彩鑽往往帶灰色或是藍色調。如果靛色當作副色，則有靛色或帶靛色（例如 Fancy Violetish Blue 或 Fancy Dark Violet Grey）。

靛彩鑽的等級大致有 Fancy、Fancy Dark 及 Fancy Deep，有極少數評為 Intense。靛彩鑽出自澳洲 Argyle 礦，Argyle 礦同時也是粉紅鑽與紫鑽的最大礦場。來欣賞一下靛彩鑽吧！

圖 13-123 天然靛彩鑽

圖 13-124 純靛色 0.13 克拉 Fancy Intense Violet 及 0.18 克拉 Fancy Deep Violet

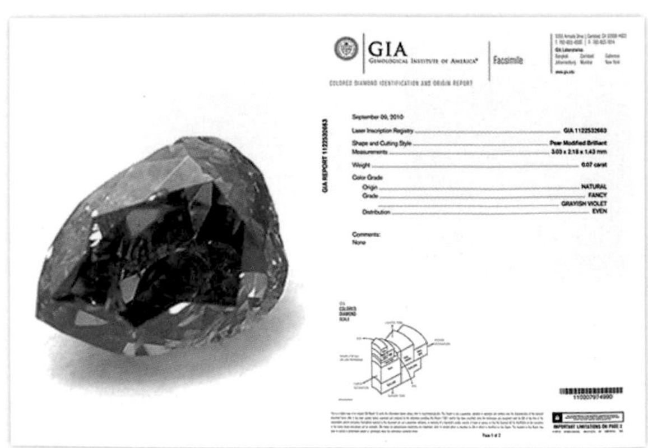

GIA
GEMOLOGICAL INSTITUTE OF AMERICA®
Facsimile

COLORED DIAMOND IDENTIFICATION AND ORIGIN REPORT

September 09, 2010
Laser Inscription Registry
Shape and Cutting Style .... Pear Modified Brilliant
Weight .... 0.07 carat
Color Grade
Origin .... NATURAL
Grade .... FANCY
.... GRAYISH VIOLET
Distribution .... EVEN

Comments:
None

圖 13-125 Fancy Grayish Violet

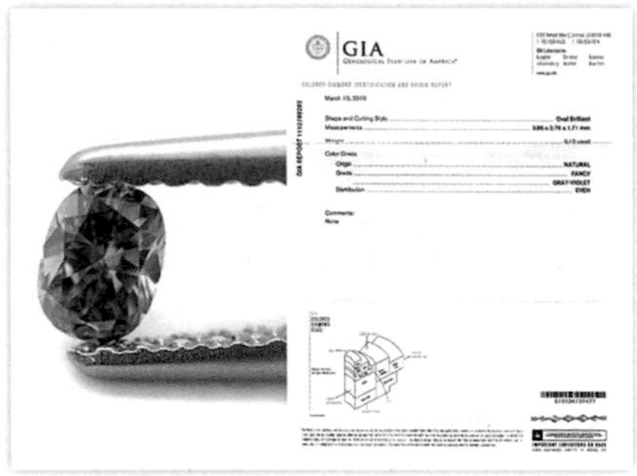

GIA
GEMOLOGICAL INSTITUTE OF AMERICA®

COLORED DIAMOND IDENTIFICATION AND ORIGIN REPORT

March 10, 2010
Shape and Cutting Style .... Oval Brilliant
Color Grade
Origin .... NATURAL
Grade .... FANCY
.... GRAY-VIOLET
Distribution .... EVEN

Comments:
None

圖 13-126 Fancy Gray Violet

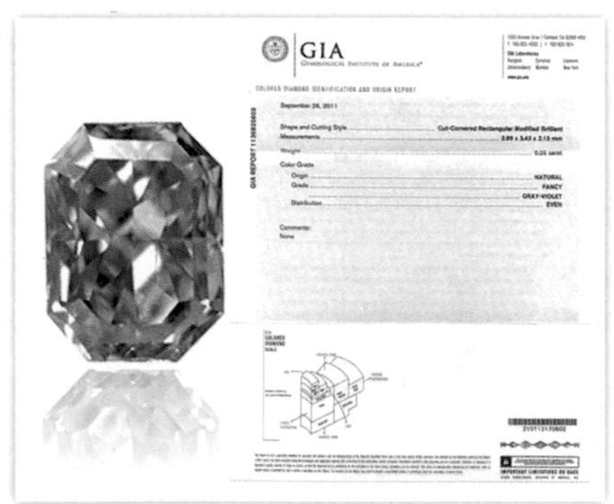

GIA
GEMOLOGICAL INSTITUTE OF AMERICA®

COLORED DIAMOND IDENTIFICATION AND ORIGIN REPORT

Shape and Cutting Style .... Cut-Cornered Rectangular Modified Brilliant
Color Grade
Origin .... NATURAL
Grade .... FANCY
.... GRAY-VIOLET
Distribution .... EVEN

Comments:
None

圖 13-127 Fancy Gray-Violet American

GIA
GEMOLOGICAL INSTITUTE OF AMERICA®

COLORED DIAMOND IDENTIFICATION AND ORIGIN REPORT

February 03, 2009
Shape and Cutting Style .... Pear Brilliant
Color Grade
Origin .... NATURAL
Grade .... FANCY
.... GRAY-VIOLET
Distribution .... EVEN

Comments:
None

圖 13-128 Fancy Gray-Violet

13-8 天然紫彩鑽

純紫色的紫彩鑽（Natural Purple Diamonds）很不容易找到，與靛色的分別是靛色偏藍灰色，而紫色是偏帶紅的粉紅色。紫彩鑽與靛彩鑽一樣，顆粒都不大，很少超過 2 克拉。紫彩鑽顏色的成因有可能是晶格扭曲過激，或是晶格扭曲與含「氫」元素的共同作用。

天然紫彩鑽有各式各樣的切割，包括公主方、祖母綠（切角方）、阿斯恰（切角正方）、橢圓、馬眼、梨形、雷地恩（切角長方）、心形和圓角枕墊形等，但圓形天然紫彩鑽最為常見。不論大小和形狀，天然紫彩鑽很不容易找到，也相當受收藏家喜愛。來欣賞一下紫彩鑽吧！

圖 13-129 紫彩鑽

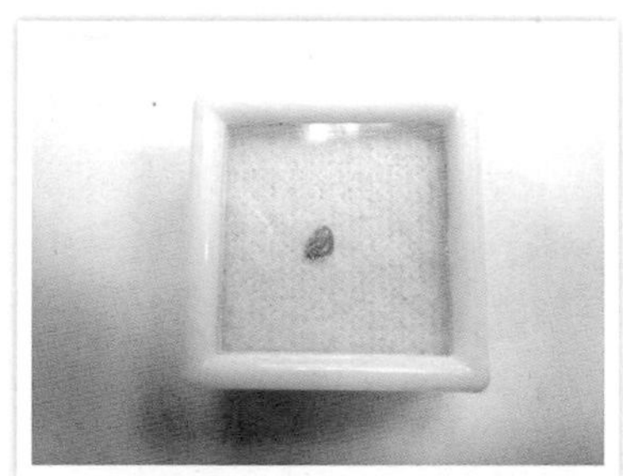

圖 13-130 紫彩鑽

圖 13-131 紫彩鑽與粉紅鑽，左邊數過來第二顆為紫鑽，其餘皆為粉紅鑽

圖 13-132 Fancy Light Purple

圖 13-133 Fancy Purple

圖 13-134 Fancy Intense Purple

圖 13-135 Fancy Light Pinkish Purple

圖 13-136 Fancy Pinkish Purple

圖 13-137 Fancy Intense Pinkish Purple

圖 13-138 Fancy Deep Pinkish Purple

圖 13-139 Fancy Pink Purple

圖 13-140 Fancy Intense Pink Purple

圖 13-141 Fancy Deep Pink Purple

圖 13-142 Fancy Grey Purple IGI

13-9 天然粉紅鑽

天然粉紅彩鑽珍貴稀有，價值不菲，令人欣羨。其成因是當它還在半固體狀態時，遭受到自然界的作用，產生程度不等的塑性變形／晶格結構扭曲（圖 13-144），或因為鑽石中含有錳元素所造成，而使鑽石呈現粉紅色。

圖 13-143 Argyle 粉紅鑽戒指

天然粉紅鑽產自：
印度（Arga，17 世紀的 Golconda）
巴西（Paranabia、Diamantina，18 世紀到現代）
南非
印尼，婆羅洲
澳大利亞（Argyle）

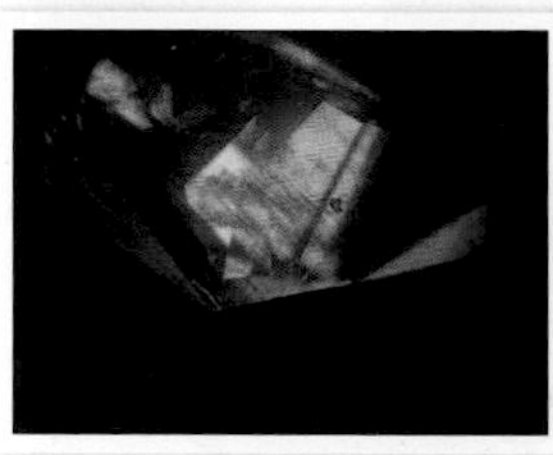
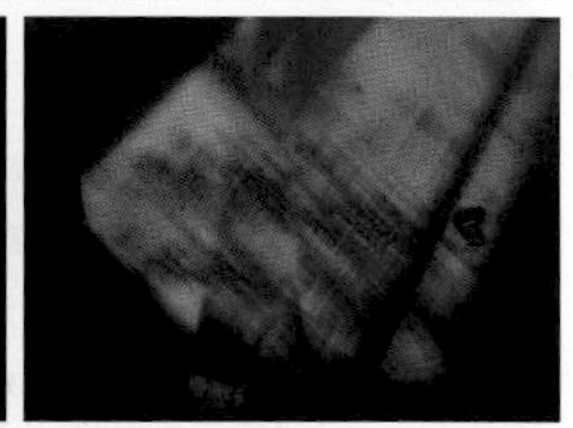
圖 13-144 這顆 Argyle 天然粉紅鑽，經歷了塑性變形，具有明顯的孿晶紋

天然粉紅彩鑽共有 7 個顏色等級，依序為 Faint、Very Light、Light、Fancy、Fancy Intense、Fancy Vivid 及 Fancy Deep，多采多姿。Fancy Vivid 與 Fancy Deep 是收藏家最想收藏的等級。天然粉紅彩鑽中最常見的副色則包括紅、紫紅和黃色等。根據 1998 年的一項研究結果，列出天然粉紅鑽各種飽和度及出現比率如下：

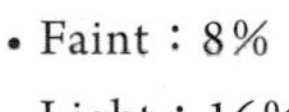

- Faint：8%
- Light：16%
- Fancy Light：10%
- Fancy：33%
- Fancy Intense：19%
- Fancy Deep：10%
- Fancy Vivid：4%

圖 13-145 一顆 Argyle 粉紅鑽原石

粉紅彩鑽裸石具有各式各樣的車工形狀，包括公主方、祖母綠（切角方）、阿斯恰（切角正方）、橢圓、馬眼、梨形、雷地恩（切角長方）、心形和圓角枕墊形等，如圖 13-146 所示。

圖 13-146 各種形狀的粉紅彩鑽

粉紅彩鑽分級實例：

圖 13-147 Faint Pink

圖 13-148 Very Light Pink

圖 13-149 鑲成戒指的 Very Light Pink 圓形粉紅彩鑽

圖 13-150 Light Pink

圖 13-151 Fancy Light Pink

圖 13-152 Fancy Pink

圖 13-153 Fancy Intense Pink

圖 13-154 Fancy Deep Pink

圖 13-155 Fancy Vivid Pink

粉帶紫色

圖 13-156 Fancy Light Purplish Pink

圖 13-157 10.02 克拉 , SI1 Fancy Light Purplish Pink, 2012 年 4 月估價約 250 萬美元

圖 13-158 Fancy Purplish Pink

圖 13-159 Fancy Intense Purplish Pink

接著來看一顆粉鑽：

圖 13-160 Argyle 粉鑽

由腰圍看到 Argyle 的標誌，知道其為一顆 Argyle 粉鑽。比較其 GIA 與 Argyle 粉鑽，發現 Argyle 將其評為 6P，亦即純粉紅；而 GIA 將其評為 Fancy Intense Purplish Pink，如圖 13-161 所示。足見要正確評級彩鑽，即使很有經驗，有時還是會有出入。

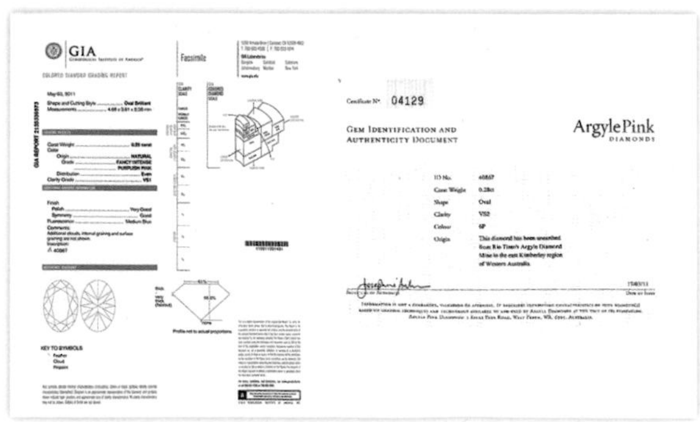

GIA

Certificate Nº 04129

Gem Identification and Authenticity Document

ArgylePink DIAMONDS

Carat Weight 0.28ct

Shape Oval

Clarity VS2

Colour 6P

Origin This diamond has been unearthed from Rio Tinto's Argyle Diamond Mine in the east Kimberley region of Western Australia.

Date of Issue

圖 13-161 Argyle 粉鑽的 GIA 與 Argyle 證書

圖 13-162 Fancy Deep Purplish Pink

圖 13-163 Fancy Vivid Purplish Pink

粉紫色

圖 13-164 Fancy Purple Pink

圖 13-165 Fancy Intense Purple Pink

圖 13-166 Fancy Vivid Purple Pink

粉紅帶橘色

圖 13-167 Fancy Light Orangy Pink

圖 13-168 Fancy Orangy Pink

圖 13-169 Fancy Intense Orangy Pink

粉紅帶棕色

圖 13-170 Fancy Light Brownish Pink

圖 13-171 Fancy Brownish Pink

圖 13-172 Fancy Brownish Pink IGI

圖 13-173 Fancy Deep Brown Pink

又帶橘又帶棕

圖 13-174 Fancy Deep Brownish Orangy Pink

帶灰色

圖 13-175 Fancy Grey Pink 及其 IGI 證書

影響粉紅彩鑽價格的因素：

· 顏色飽和度和濃淡度
· 顏色的均勻程度
· 棕色、橙色或紫色等副色存在與否及其濃淡度
· 切工
· 克拉大小
· 淨度

較淡的粉色鑽石如果帶了其他顏色會比較差，而飽和度高的純粉紅色價格高。

粉色鑽石約略的價位

等級	美金萬元／克拉
Faint	1 ～ 2
Very light	3 ～ 4
Light	5 ～ 6
Fancy light	7 ～ 8
Fancy	9 ～ 10
Fancy intense、Fancy Deep	10 ～ 30
Fancy vivid	30 ～ 200

* 實際價位依條件而定，本表僅為方便記憶作約略的區分。

13-10

天然褐彩鑽

圖 13-176 褐色鑽石

天然彩鑽開始流行，使人們眼睛為之一亮。各種顏色令人著迷，但是大多數彩鑽的價格都很高。誠然，越稀有的顏色越貴，但不表示說具普遍性顏色的彩鑽，其價格會令人無法高攀。由於普遍性及市場價值需求的程度，棕彩鑽的價格自然比其他更受歡迎的彩鑽來的低，棕彩鑽可算是目前鑽石收藏家能買到的便宜商品。類似其他天然彩鑽，天然棕彩鑽的成因是由於晶格缺陷吸收光線。不同的產地，會有不同的顏色。澳洲西北部東金伯利地區以產粉紅色鑽著名的阿蓋爾礦區，同時也是最佳的棕彩鑽產地之一。

圖 13-177 棕鑽原石

彩色鑽石中以黃色或褐色（棕色）為大宗，並不罕見。褐色也稱棕色、茶色、巧克力色或香檳色等。褐色是鑽石中非常普遍的顏色，也是最早應用於珠寶上的顏色。鑽石的褐色是平行的內部攣晶紋所形成的，如果鑽石內亦含氮雜質而略帶黃色，整顆鑽石就會呈現黃褐色，甚至是討喜的金色。

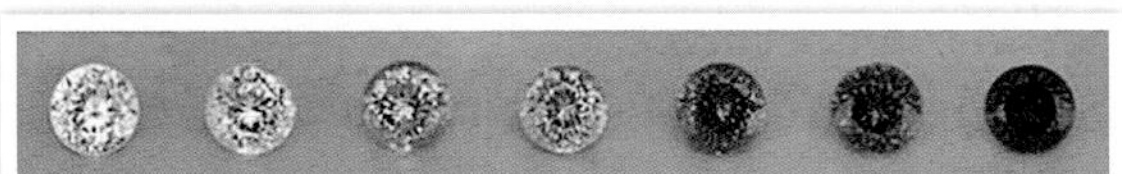
圖 13-178 C1-C7 grading scale

圖 13-179 棕色鑽石墜子

即使棕彩鑽相當美麗，但原先並不受到較多的青睞。由於棕彩鑽在其產出中相當普遍，必須要想辦法增加銷售量。於是挖掘到許多這種珍寶的阿蓋爾礦區，使用的市場策略是賦予其多種實務上可見，且更具加有吸引力的名字的市場策略，創造出「香檳彩鑽」、「干邑彩鑽」或是「巧克力彩鑽」等名詞來易於推廣棕彩鑽。淡一點的棕色以其富貴的金黃色外觀就叫作干邑。干邑本身是昂貴的飲料，很容易讓人將兩者連結在一起，從而增加了棕彩鑽的需求量。比較暗或比較深的棕色，就叫作巧克力鑽，是刻意使得這些鑽石的真正價能受到重視。作為所有男士及女士都容易地連想到的食物，「巧克力彩鑽」這個用詞立即受到關注。

市場上的香檳彩鑽，分為 CP1~CP7 等等級 *，如圖 13-178 所示。

* 阿蓋爾礦業公司於 1990 年代初期，為推廣棕色鑽石而設計出了 C1 到 C7 的棕鑽分級標準，把醇美的香檳和干邑用來作為棕鑽的代名詞：
C1 ～ C2 Light Champagne 淺香檳色
C3 ～ C4 Medium Champagne 中香檳色
C5 ～ C6 Dark Champagne 深香檳色
C7 Fancy Cognac 彩色干邑

天然棕彩鑽具有各式各樣的車工形狀，包括公主方、祖母綠（切角方）、阿斯恰（切角正方）、橢圓、馬眼、梨形、雷地恩（切角長方）、心形和圓角枕墊形等。

以下就來欣賞一下市面上的棕彩鑽：

圖 13-180 Light Brown IGI

圖 13-181 Fancy Brown IGI

圖 13-182 Fancy Deep Brown IGI

棕帶橘

圖 13-183 Fancy Orangy Brown

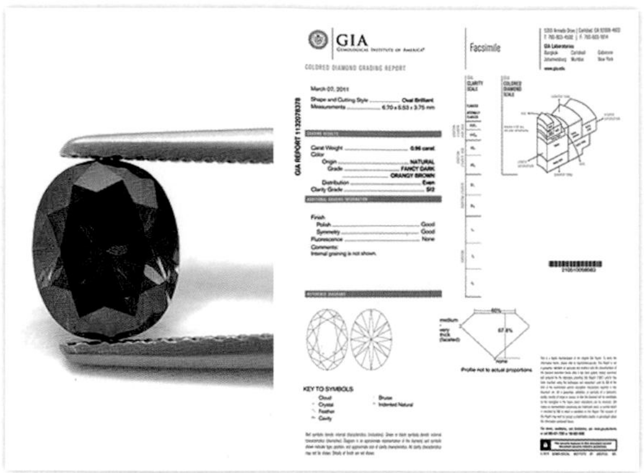

GIA
GEMOLOGICAL INSTITUTE OF AMERICA
Facsimile
COLORED DIAMOND GRADING REPORT
GIA REPORT 1132078378
March 07, 2011
Shape and Cutting Style .... Oval Brilliant
Measurements .... 6.70 x 5.53 x 3.75 mm
Carat Weight .... 0.96 carat
Color
Origin .... NATURAL
Grade .... FANCY DARK ORANGY BROWN
Distribution .... Even
Clarity Grade SI2
Finish
Polish .... Good
Symmetry .... Good
Fluorescence .... None
Comments:
Internal graining is not shown.
medium
very thick (faceted)
60%
67.8%
none
Profile not to actual proportions
KEY TO SYMBOLS
Cloud
Crystal
Feather
Cavity
Bruise
Indented Natural

圖 13-184 Fancy Dark Orangy Brown 及其 GIA 證書

圖 13-185 Fancy Dark Orangy Brown

橘棕色

圖 13-186 Fancy Orange Brown

圖 13-187 Fancy Dark Orange Brown

帶粉紅色

圖 13-188 Very Light Pinkish Brown

圖 13-189 Fancy Pinkish Brown

粉紅－棕色

圖 13-190 Fancy Pink Brown

棕帶黃

圖 13-191 Fancy Yellowish Brown

圖 13-192 Fancy Dark Yellowish Brown

黃－棕色

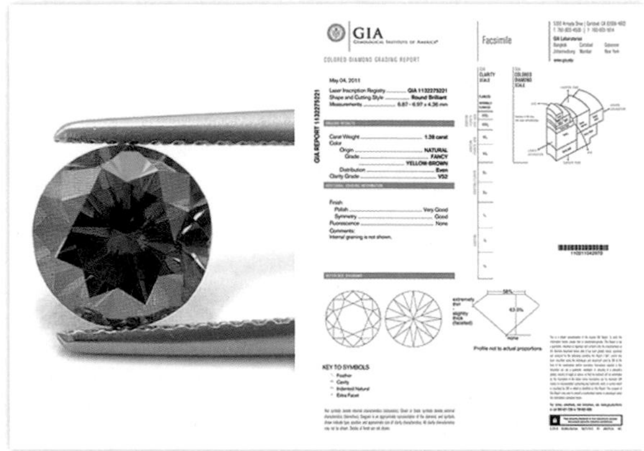

GIA
COLORED DIAMOND GRADING REPORT

Facsimile

May 04, 2011

GIA REPORT 1132275221

Laser Inscription Registry .... GIA 1132275221
Shape and Cutting Style .... Round Brilliant
Measurements .... 6.87 - 6.97 x 4.36 mm

Carat Weight .... 1.39 carat
Color
Origin .... NATURAL
Grade .... FANCY
.... YELLOW-BROWN
Distribution .... Even
Clarity Grade VS2

Finish
Polish .... Very Good
Symmetry .... Good
Fluorescence .... None
Comments:
Internal graining is not shown.

KEY TO SYMBOLS
Feather
Cavity
Indented Natural
Extra Facet

Profile not to actual proportions

圖 13-193 Fancy Yellow Brown

圖 13-194 Fancy Yellow Brown

橄欖色系

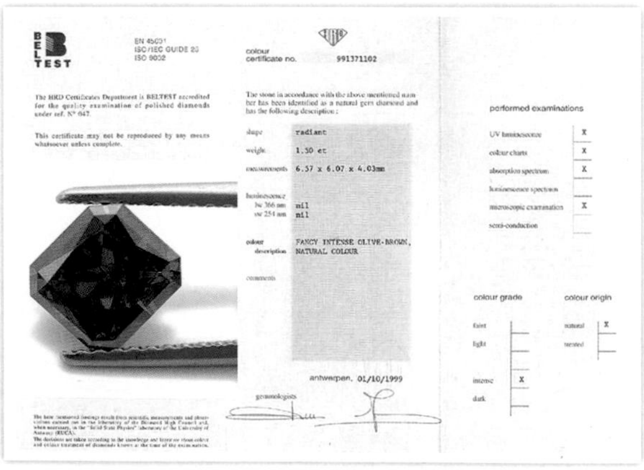

BEL TEST

EN 45001
ISO/IEC GUIDE 25
ISO 9002

colour certificate no. 991371102

The HRD Certificates Department is BELTEST accredited for the quality examination of polished diamonds under ref. N° 047.

This certificate may not be reproduced by any means whatsoever unless complete.

The stone in accordance with the above mentioned number has been identified as a natural gem diamond and has the following description :

shape	radiant
weight	1.50 ct
measurements	6.57 x 6.07 x 4.03mm
luminescence lw 366 nm	nil
sw 254 nm	nil
colour description	FANCY INTENSE OLIVE-BROWN, NATURAL COLOUR
comments	

antwerpen, 01/10/1999

gemmologists

performed examinations

UV luminescence	X
colour charts	X
absorption spectrum	X
luminescence spectrum	
microscopic examination	X
semi-conduction	

colour grade

faint	
light	
intense	X
dark	

colour origin

natural	X
treated	

圖 13-195 Fancy Intense Olive-Brown 及其 HRD 證書

13-11 天然灰彩鑽

天然灰彩鑽（Natural Fancy Grey Diamonds）的形狀和大小相當多元。一旦原石被認定為天然灰色，切磨師就決定按何種形狀切磨，以充分利用原石，得到完美的灰彩鑽。天然灰彩鑽的形狀包括有：公主方、橢圓形、雷第恩、枕墊形、圓形、梨形、橄欖形、心形以及較獨特的菱形、盾形、三角形和八邊形。

圖 13-196 灰彩鑽

大部份天然灰彩鑽裸石都是經由 GIA、IGI 或是 HRD 等知名鑑定所鑑定。天然灰彩鑽的色度和色調各有不同，使得它們的顏色和外觀都很獨特。天然灰彩鑽的等級有 Light Grey、Fancy Light Grey、Fancy Grey、Fancy Dark Grey 及 Fancy Deep Grey 等。

圖 13-197 Very Light Grey

灰色也常成為其他彩鑽的副色，最常見的譬如說 Fancy Grey Green 及 Fancy Greyish Greenish Yellow。就變色龍鑽來說，最常見的包括有：Fancy Deep Greyish Yellowish Green 及 Fancy Dark Greyish Yellowish Green。灰色也常在藍彩鑽出現，像 Fancy Blue Grey、Fancy Greyish Blue；出現在靛彩鑽中，像 Fancy Dark Violetish Grey、Fancy Grey Violet 有時甚至帶粉紅色；出現在紫彩鑽中，像 Fancy Purplish Grey。

圖 13-198 Fancy Light Gray（IGI）

由於價格相對低廉及強烈的顏色造型，使得天然灰彩鑽相當普及。人們會對灰彩鑽感興趣，主要是喜歡它那種煙薰的樣子。一般挑選灰彩鑽，主要是有鑑定書，並由其中選擇 Dark Grey、Deep Greyish Blue、Fancy Grey、或是 Greenish Grey，當然，價格也要有競爭性。來欣賞一下灰彩鑽吧！

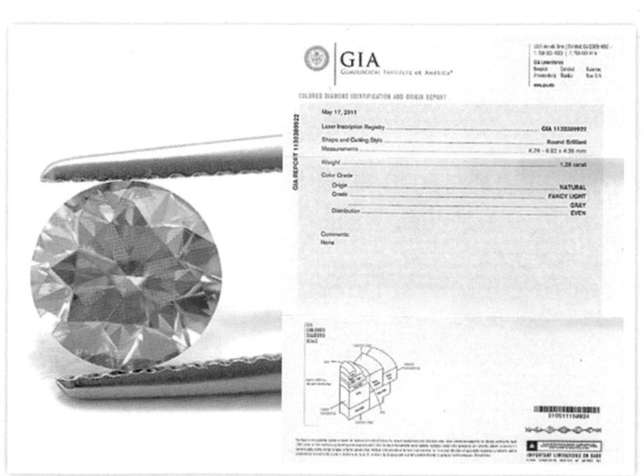

GIA
GEMOLOGICAL INSTITUTE OF AMERICA®

May 17, 2011
Laser Inscription Registry
Shape and Cutting Style .... Round Brilliant
Measurements
Weight .... 1.26 carat
Color Grade
Origin .... NATURAL
Grade .... FANCY LIGHT GRAY
Distribution .... EVEN
Comments:
None

圖 13-199 Fancy Light Gray 及其 GIA 證書

圖 13-200 Fancy Dark Gray

圖 13-203 Fancy Gray（IGI）

圖 13-206 Gray（IGI）

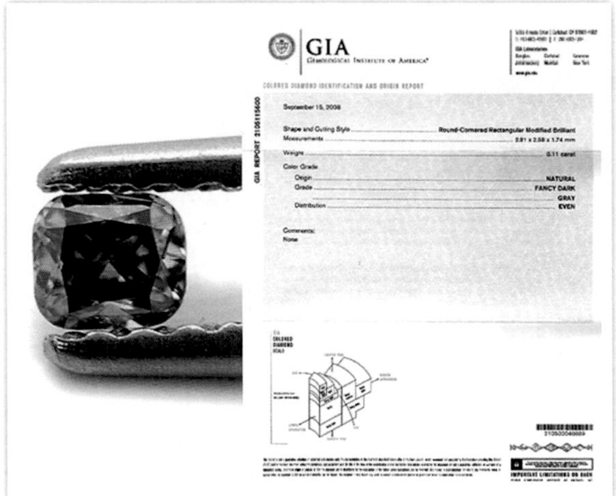

GIA
Gemological Institute of America®

COLORED DIAMOND IDENTIFICATION AND ORIGIN REPORT

GIA REPORT 2105115600

September 15, 2008

Shape and Cutting Style .... Round-Cornered Rectangular Modified Brilliant
Measurements .... 2.81 x 2.58 x 1.74 mm
Weight .... 0.11 carat
Color Grade
Origin .... NATURAL
Grade .... FANCY DARK
.... GRAY
Distribution .... EVEN

Comments:
None

圖 13-201 Fancy Dark Gray 及其 GIA 證書

GIA
Gemological Institute of America®

COLORED DIAMOND GRADING REPORT

Facsimile

GIA REPORT 2125964090

January 26, 2011
Laser Inscription Registry .... GIA 2125964090
Shape and Cutting Style .... Pear Modified Brilliant
Measurements .... 7.42 x 5.28 x 3.76 mm

Carat Weight .... 1.01 carat
Color
Origin .... NATURAL
Grade .... FANCY
.... GRAY
Distribution .... Even
Clarity Grade SI1

Finish
Polish .... Good
Symmetry .... Good
Fluorescence .... None
Comments:
Clouds are not shown.

61%
71.2%
Profile not to actual proportions

KEY TO SYMBOLS

圖 13-205 Fancy Gray 及其 GIA 證書

圖 13-202 Fancy Gray

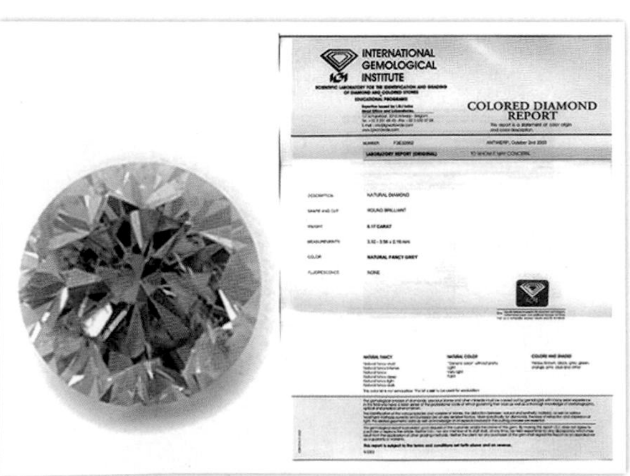

INTERNATIONAL
GEMOLOGICAL
INSTITUTE

COLORED DIAMOND
REPORT

LABORATORY REPORT (ORIGINAL)

NATURAL DIAMOND
ROUND BRILLIANT
NATURAL FANCY GREY
NONE

圖 13-204 Fancy Gray 及其 IGI 證書

圖 13-207 Gray 及其 IGI 證書

圖 13-213 Fancy Violet Gray

注意到了嗎？這一顆由 IGI 評出來的灰鑽就只寫 Gray，沒有加上 Fancy 或相關字，不信？！請看圖 13-207 的灰鑽及其證書。

圖 13-208 Fancy Bluish Gray

圖 13-210 Fancy Blue Gray

圖 13-209 Fancy Bluish Gray IGI

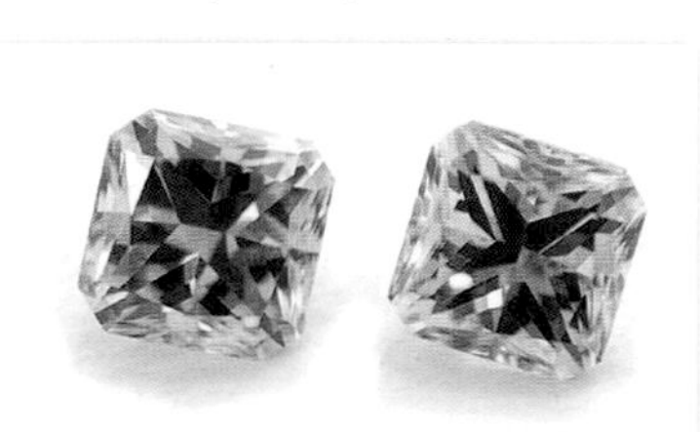

圖 13-211 Fancy 及 Fancy Light Greenish Gray（IGI）

圖 13-212 Fancy Dark Greenish Gray

13-12

天然黑鑽

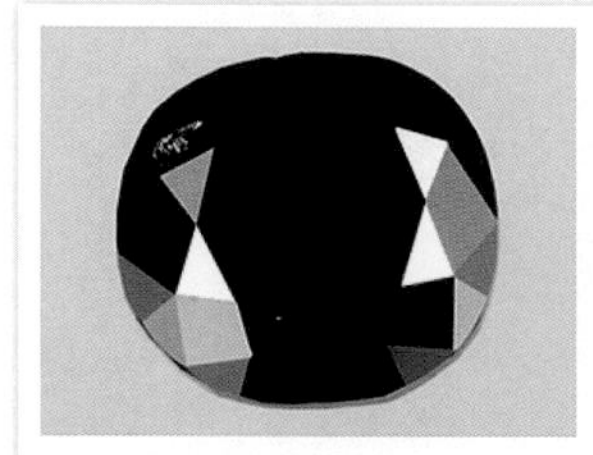

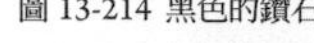
圖 13-214 黑色的鑽石

黑色的鑽石分成兩類：
1. 黑色的彩鑽（黑鑽）（圖 13-214 左）
2.Carbonado（黑鑽石）（多晶鑽石與無定型碳的混合體）（圖 13-214 右）
經過處理的黑鑽：黑鑽包含了石墨等黑色內含物，影響美觀，於是將其處理整個呈現黑色。以前用輻射處理，現在用加熱處理。

圖 13-215 一顆產自南非的黑色鑽石原石

天然黑鑽產自：
俄羅斯—西伯利亞—Mir 金伯利岩管
印尼—婆羅洲

形成原因

許多著名的鑽石專家，長久以來都認為黑鑽事實上並不存在，這是因為某些所謂的黑鑽其實是暗棕色的鑽石，因為帶有暗色內含物所形成的色斑，使它們看起來黑。圖 13-216 為一顆黃色帶黑色色斑的鑽石，試想當體色暗掉，或者黑色斑點再多一些、密一些，密到遮住光線時，是不是看起來像黑鑽？

圖 13-216 鑽石的黑色色斑

圖 13-217 天然黑鑽 Fancy Black

黑彩鑽只有 Fancy Black 一級，圖 13-218 所示為 Fancy Black 黑彩鑽及其 GIA 證書。

看看幾種黑鑽不同的切磨形式，如圖 13-219 所示。

長久以來人們認為黑鑽的黑色是由石墨所致，但一份對於產自西伯利亞 Yakutian 的黑色鑽石研究（Gems & Gemology, Fall, 2003）顯示：西伯利亞黑鑽中的石墨量極其稀少，經由電子顯微鏡觀察，西伯利亞鑽石的鑽石的黑色與暗灰色主要是由內含的磁鐵礦、赤鐵礦及特有鐵礦所致。

所謂天然黑鑽，當放大觀察時，會發現有些透明的區域，而那些黑色外觀，其實是由無數的黑色內含物將劈裂及斷口交織成網所致。一般而言，這些黑鑽的表面凹凹凸凸，拋光都很差，切磨師傅甚至常常抱怨這些黑鑽太硬，不好磨。

圖 13-218 天然 Fancy Black 黑彩鑽

圖 13-219 不同切磨形式的黑鑽

圖 13-220 黑鑽

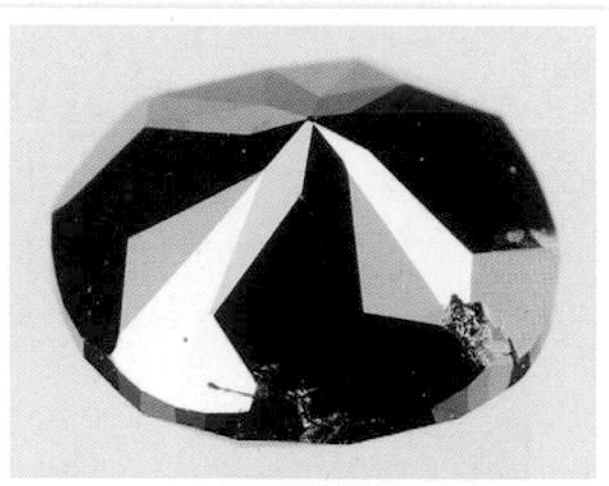

圖 13-221 Black Cognac

處理的黑鑽

DeBeers 市場總監 Richard Gratham 說：「黑鑽除非有証明，否則全是經過處理的。」如何處理？天然黑鑽的顏色源自石墨或鐵礦等黑色內含物。然而將鑽石處理成黑色的有兩種基本方式：輻射照射及高溫加退火處理。

圖 13-222 透暗綠色的黑鑽

輻射照射處理

以人為輻射將顏色、淨度不佳的鑽石加以改色為暗綠色或和藍色。有些人為輻射的暗綠色鑽石，會再經過退火處理成暗橘色。經輻照處理過的鑽石其實是深、暗綠色的顏色。圖 13-221 中兩顆鑽外觀都似黑鑽，仔細看其實它們都透出棕色光，可以說是黑色的棕鑽（Black Cognac）。圖 13-222 中的黑鑽則透了些暗綠色。

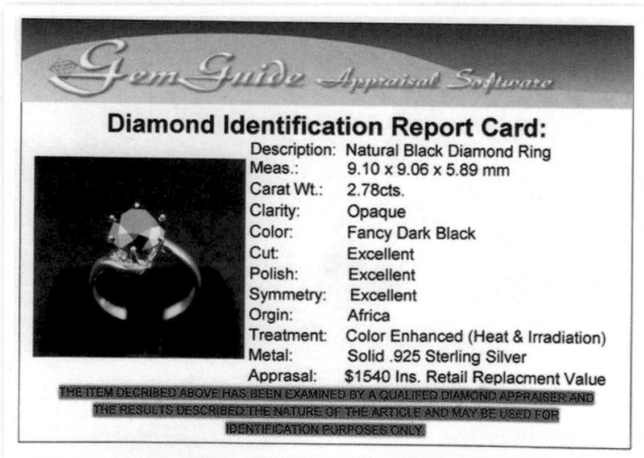

GemGuide Appraisal Software

Diamond Identification Report Card:

Description:	Natural Black Diamond Ring
Meas.:	9.10 x 9.06 x 5.89 mm
Carat Wt.:	2.78cts.
Clarity:	Opaque
Color:	Fancy Dark Black
Cut:	Excellent
Polish:	Excellent
Symmetry:	Excellent
Orgin:	Africa
Treatment:	Color Enhanced (Heat & Irradiation)
Metal:	Solid .925 Sterling Silver
Apprasal:	$1540 Ins. Retail Replacment Value

THE ITEM DECRIBED ABOVE HAS BEEN EXAMINED BY A QUALIFED DIAMOND APPRAISER AND THE RESULTS DESCRIBED THE NATURE OF THE ARTICLE AND MAY BE USED FOR IDENTIFICATION PURPOSES ONLY.

圖 13-223 經處理的黑鑽鑑定報告卡

加熱處理

將有很多裂隙的白的牛奶色鑽石，在真空、低氧條件下加熱，使其產生石墨化作用，將天然鑽石中的碳變更相位成石墨。但這種方式會侷限在可以觸及的表面範圍。天然黑色鑽石有針狀和不規則狀的內含物散佈其中。而熱處理的鑽石內含物會集中在表面附近，它像是沿鑽石內部破裂面、接近表面的石墨黑色「襯裡」，這樣就使得熱處理的黑鑽石產生黑色的外觀。

圖 13-223 所示為一顆經過處理成為黑鑽的鑑定報告卡，其中就註明那是一顆天然鑽石，但是經過 Heat & Irradiation（加熱及輻照處理）。

如何區分天然與人為輻照的黑色鑽石？

1. 人為輻照的黑色鑽石，當以強烈透射光照射如腰圍或尖底等較薄處時，並非真的是黑色而是很暗的墨綠色或暗藍色，且顏色分布很廣，不管是墨綠色或暗藍色的體色，反射光下會呈現黑色。而天然黑色鑽石中的劈裂往往佈滿石墨等內含物，經由透射光，可以看到一堆看起來像是鹽或是胡椒顆粒、雜亂分布的黑色內含物。
2. 天然黑鑽的顏色是由石墨、赤鐵礦、磁鐵礦及特有鐵礦所造成。以寶石顯微鏡觀察時，天然黑鑽的顏色呈暗灰色。天然黑鑽往往帶有很多裂隙，也有很多凹點與拋磨痕。
3. 天然黑鑽具有導熱性，因此在鑽石熱導儀測試中顯示為鑽石，但是人為輻照的黑色鑽石同樣有此結果，是以不能作為鑑別特徵。
4. 天然黑鑽不具導電性，但是人為輻照的黑色鑽石在文獻報導中說可能會導電。
5. 因為鑽石的黑色與暗灰色主要是由內含的磁鐵礦、赤鐵礦及特有鐵礦所致，也因為可能有磁性（其磁性變化頗大），可藉此與經石墨化作用的改色鑽石做區分。

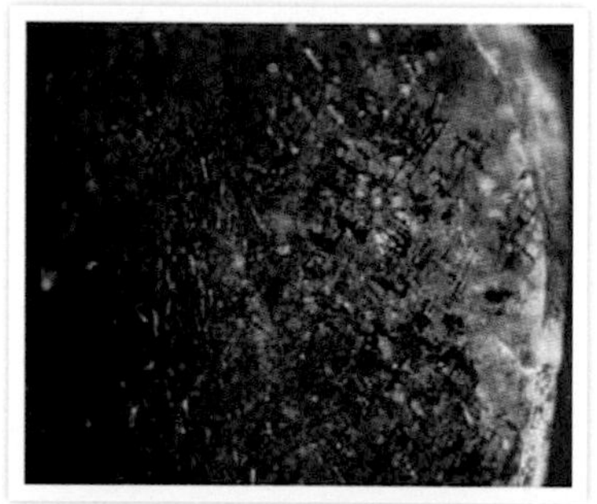
圖 13-224 天然黑色鑽石中的黑色內含物

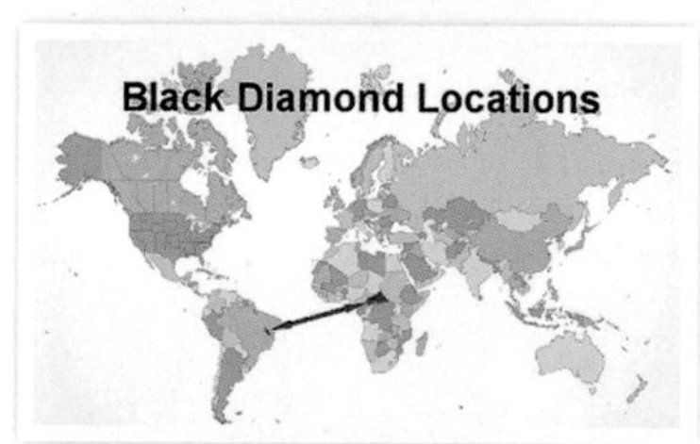

圖 13-225 巴西和中非共和國

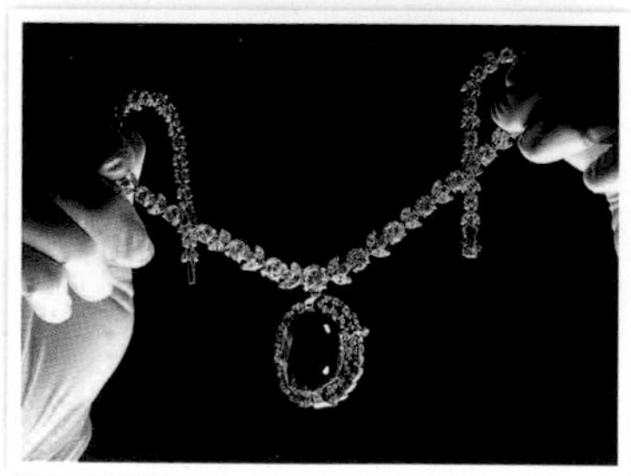
圖 13-226 Black Olove

Carbonado

發現黑鑽石的地點是在巴西和中非共和國，而不是在上個世紀有 600 噸鑽石被開採出來的俄羅斯、澳大利亞、加拿大、或其他非洲國家等傳統的鑽石開採地點。傳統鑽石形成在地球的地殼深處，常會有人問地質學家：那麼黑鑽石呢？為什麼黑鑽石的產地是如此孤立（圖 13-225），並且與傳統的鑽石開採地點相距甚遠？

傳統鑽石來自地殼深處在金伯利岩管中可以找到。現今傳統鑽石可以在沖刷石頭的河流，並將他們集中在低窪礦穴的沖積礦床裡，或是在海洋海床發現到。然而，黑鑽石僅在沖積礦床中發現到，而不會出現在任何火山的管道，這意味著黑鑽石可能不像傳統鑽石在地球深處形成。

2006 年，在 Stephen Haggerty 率領下邁阿密的佛羅里達國際大學的地質學家團隊提出了黑鑽石來自外太空的研究結果。團隊的理論是：數十億年前當南美洲和非洲仍連結成陸塊時，地球曾與一顆直徑約半英里的小行星相撞。現今的黑鑽石礦床會相隔萬里，是因為版殼飄移所致。雖然不是所有的科學家、地質學家都接受黑鑽石來自外太空的理論，但

圖 13-227 The Spirit of de Grisogono

圖 13-228 德 - 克里斯可諾黑鑽實物照

它卻解釋了為什麼黑鑽石似乎有與異於傳統鑽石的物理特性，以及為什麼在經常發現形成於地球地殼內之鑽石的金伯利岩管中未發現黑鑽石的原因。

隨著人們逐漸意識到黑鑽石有可能有來自外太空，其星際的來歷可能會增加其作為寶石的知名度，並可能改變鑽石購買者如何看待這種獨特形式的鑽石。「擁有一顆從外太空來的鑽石」，說不定會因而成為市場行銷的主題。

知名黑鑽：Black Olove（黑色奧洛芙）

此顆鑽石的歷史籠罩於神秘傳說之下，傳說是由一名和尚從印度朋迪切里附近一座神龕的布拉馬神像眼睛所取走、原重量為 195 克拉之裸鑽。為了破解該顆鑽石所帶有之詛咒，它被重新切割為三顆鑽石，而且自此便由一連串的私人收藏家所擁有，而且全部都逃過受到詛咒之厄運。今日我們所稱的「黑色奧洛芙」重達 67.5 克拉，被鑲在一只綴有 108 顆鑽石的胸針上並由一條 124 顆鑽石所組成的項鍊垂掛著。

The Spirit of de Grisogono

德 - 克里斯可諾（de Grisogono）黑鑽（圖 13-327）的原石重 587 克拉，產自中非共和國。以源自印度的 Mogul 切磨法切磨後，重量高達 312.24 克拉，是世界上第五大鑽石。此顆黑鑽是瑞士 Gubelin 寶石實驗室曾經鑑定過的最大天然黑鑽，而且也是世界上最大的已切磨黑鑽石。Gubelin 寶石實驗室更因其重量驚人，在報告書中以珍稀標本來描述它。如果還是無法想像其巨大程度，看看圖 13-228 之照片，就一定會感到震驚。

13-13 天然白彩鑽

講到白色鑽石，一般人往往與無色系列的鑽石搞混了，無色系列的鑽石其實是透明中帶了一些黃或棕色。而彩白鑽看起來霧霧的，是透光的乳白色。因為白色就是白色，沒有深淺、濃淡、明暗之分，所以彩白鑽只有一個等級就是 Fancy White。

看看幾種白彩鑽不同的切磨形式，如圖 13-232 所示。

看看白彩鑽的側面：圖 13-233。

鑽石之所以呈乳白色的原因，可能有以下幾項：

1. 內部包雜了極多的微小粒子散射光線所致。
2. 內部包雜了極多的攣晶紋所致。
3. 具強烈的螢光反應所致。

一般而言，白彩鑽與近無色鑽石的最大差別，在外觀上白彩鑽呈透光狀（Translucent），近無色鑽石呈完全透明（Transparent），圖 13-234 中，左為 D color，中為白彩鑽，右為 F color。

圖 13-232

圖 13-233 圓形白彩鑽

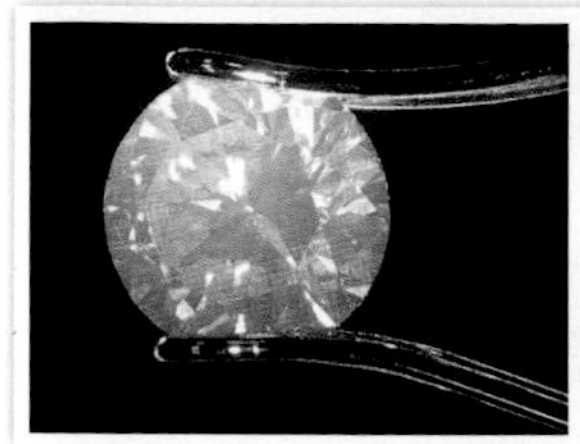

圖 13-229 白彩鑽

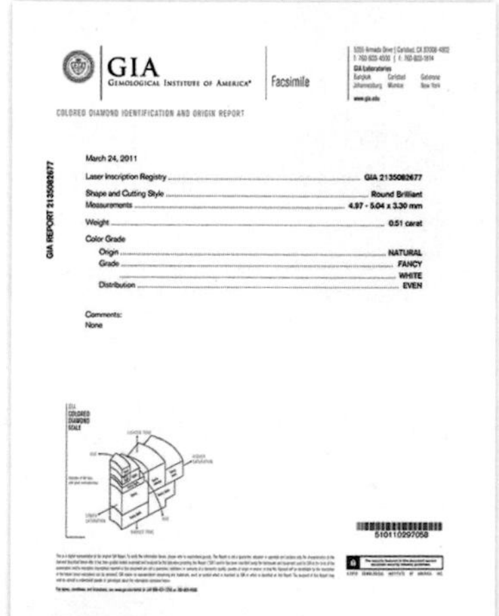

GIA Gemological Institute of America® | Facsimile

www.gia.edu

COLORED DIAMOND IDENTIFICATION AND ORIGIN REPORT

GIA REPORT 2135082677

March 24, 2011

Laser Inscription Registry .... GIA 2135082677

Shape and Cutting Style .... Round Brilliant

Measurements .... 4.97 - 5.04 x 3.30 mm

Weight .... 0.51 carat

Color Grade

Origin .... NATURAL

Grade .... FANCY WHITE

Distribution .... EVEN

Comments:
None

圖 13-230 GIA Fancy White 證書

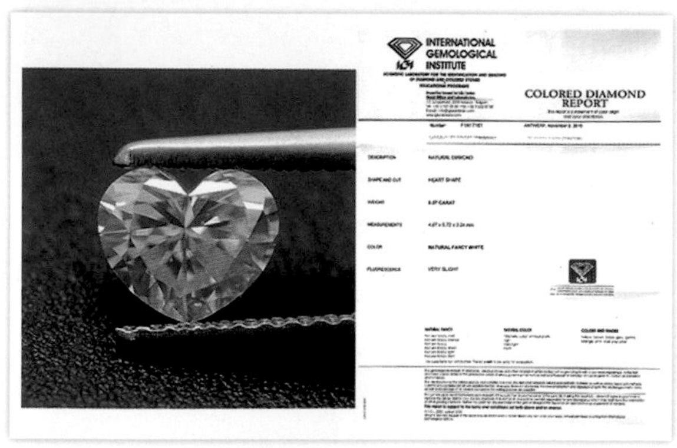

圖 13-231 IGI Fancy White 證書

圖 13-234 D 白彩鑽 F

但淨度不佳，譬如說帶雲狀物 I3 等級的無色鑽石，亦可能整個霧掉，呈現乳白色，這種時候又該如何區分呢？筆者以為：不妨以在顯微鏡下，能否偵測出致色內含物而定，如果可以，則以淨度分級；如果不可以，則以彩鑽分級。以圖 13-235 中兩顆外觀呈白色的鑽石為例，左邊的一顆如一輪明月，雲狀物非常多，但仍可找出透光處，如圖 13-236 所示；右邊的一顆，在顯微鏡下顯現許多不均勻的白色雲狀物，如圖 13-237 所示。因此，圖 13-235 左邊的一顆是 F color,I3，右邊的一顆則是 F color,I1，均非白彩鑽。

圖 13-235 兩顆外觀呈白色的鑽石

另外，如果致色因素是螢光反應，那麼運用無螢光的比色燈及紫外線燈箱比對，就可以加以區分。螢光太強有時會使近無色鑽石具有朦朧的乳狀感覺，Tiffany 珠寶公司的寶石專家孔賽博士（Dr. George Kunz）便將帶有極強烈藍螢光的乳白色鑽石命名為 Tiffanyite 石（高嘉興，《彩色鑽石》，P.68）。

白彩鑽的價格

白彩鑽由於透明度較差、並且不罕見，因此價格一般不會很高。而根據筆者的經驗，白彩鑽的價格大約等同顏色 D ～ F，淨度 I3 的無色鑽石價格，這樣等同價格的方式，可以查 Rapaport 報表，就方便多了。

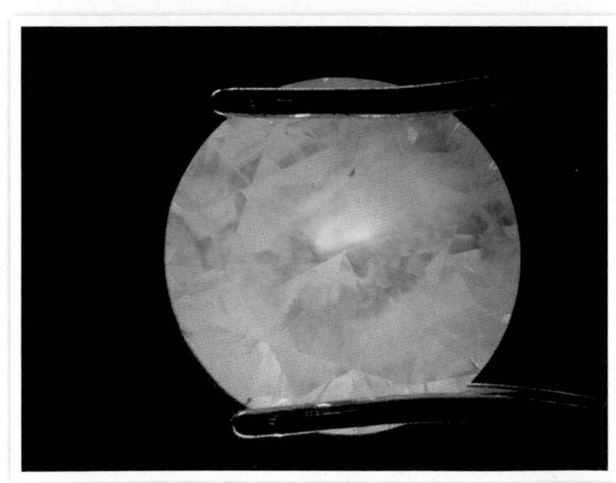
圖 13-236 滿佈白色雲狀物的白色鑽石

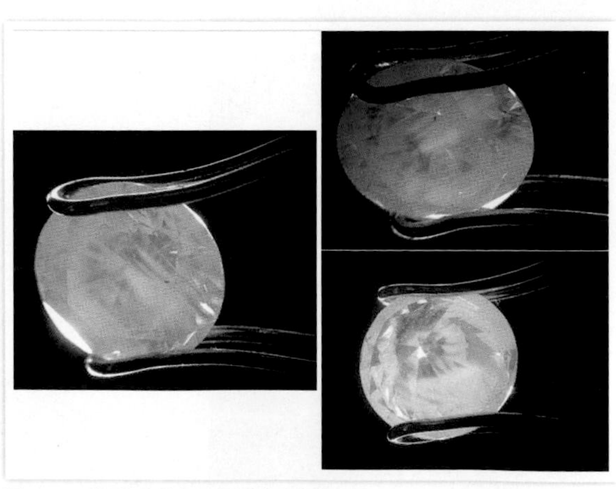
圖 13-237 具不均勻的白色雲狀物的白色鑽石

13-14 天然變色龍鑽

變色龍（Chameleon，天然變色龍（Natural Chameleon Diamonds））有點像蜥蜴，而變色龍鑽是一種當加熱或由暗處取出接觸到光線時，顏色會變的鑽石。經過加熱，顏色會徹底地轉變為帶黃的橘色並有些橄欖色。是甚麼原因使得變色龍鑽會有這種現象？經以紅外線光譜儀測試所有樣本，均發現有「氫」；而光致光譜則顯示大多數樣本均含有「鎳」。因此 GIA 的教材是說那是因為微量元素「氫」及「鎳」的關係；但畢竟由於數量太少了，所以相關的研究報告也不多，目前仍沒較完整的科學論述。

圖 13-238 各種不同體色的變色龍鑽（Chameleon）

圖 13-239 變色龍鑽石變色過程

圖 13-240 變色龍鑽石變色前後對比

據報導，變色龍鑽石最先在東南亞的小礦區發現的，被發現的時間也不久，應該不到 40 年。最早由奇格公司（C.A.Kiger）以「變色龍鑽石」加以命名，此後，凡具有相同效應的鑽石，都被叫作變色龍鑽石。鑽石有變色效應的稀少，但只要有產鑽石的國家應該都有。

這種稀有的鑽石主要分為 Fancy、Fancy Dark 及 Fancy Deep 三個等級。主色調可能是綠色或黃色，副色調可能是灰色（帶灰色）、棕色（帶棕色）、黃色（帶黃色）、綠色（帶綠色）或是以上多種顏色的組合，如圖 13-238 所示。

變色龍鑽石會變色是具有光色性（photo-chromatic）與熱色性（thermo-chromatic）此二種特殊性質，會因光線或溫度的改變而改變顏色。

變色龍鑽石可分為兩個系列：

1. 橄欖色系列 ：此系列室溫下的顏色是橄欖色－綠色，會變色為黃棕色－黃橘色－黃色。
2. 黃色系列 ：此系列室溫下的顏色是淡黃色，會變色為較濃的黃綠色。

經以高階儀器測試此兩個系列變色龍鑽石，發現其性質有顯著差距，此一分類純就觀察到的顏色而做。

圖 13-241 變色龍鑽石的紫外螢光反應

如果是綠色系列的變色龍鑽石在置於暗處 24 小時後或加熱（150℃上下）或冷凍一會兒，會短暫變成為黃色至橙黃色，而在室溫或放在光線下一兩分鐘，它就會恢復成原來的綠色。圖 13-239 為其變色過程，左圖為其室溫下顏色，中圖為加熱，右圖為加熱後的橙黃色，待溫度降下後，很快又會恢復成左圖的綠色。如果是黃色系列的變色龍鑽石，則與綠色系列的變化相反，先變綠或橄欖色，再恢復成黃色或橙黃色。

以寶石實驗室紫外光燈測試發現：變色龍鑽石在短波紫外光照射下的螢光反應比長波下要強，且常出現有罕見的白色螢光。另外，在短波紫外光照射後會有強磷光反應。（圖 13-241）

GIA 證書上會標記正常光源下的主色，並在備註欄載明加溫後的顏色會變化，如圖 13-242 至圖 13-244 所示。

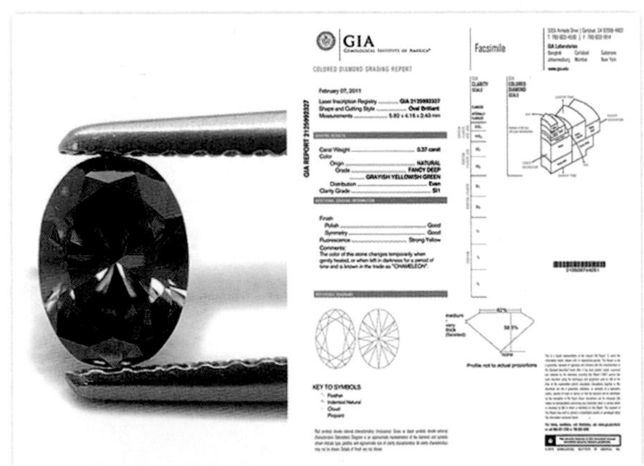

GIA

Facsimile

圖 13-242 變色龍鑽及其 GIA 證書 1

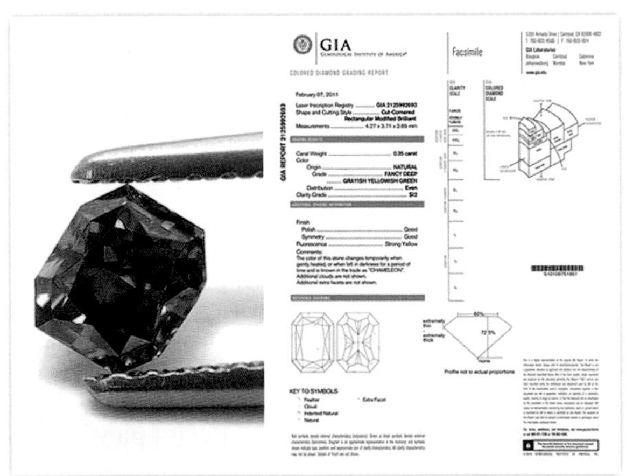

GIA

Facsimile

圖 13-243 變色龍鑽及其 GIA 證書 2

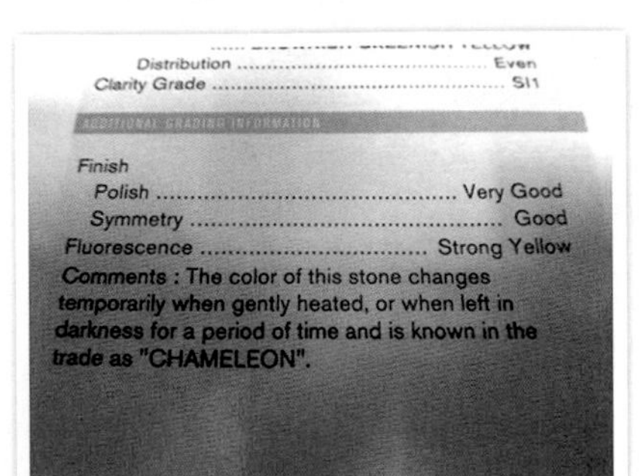

Distribution .... Even
Clarity Grade SI1

ADDITIONAL GRADING INFORMATION

Finish
Polish .... Very Good
Symmetry .... Good
Fluorescence .... Strong Yellow
Comments : The color of this stone changes temporarily when gently heated, or when left in darkness for a period of time and is known in the trade as "CHAMELEON".

圖 13-244 變色龍鑽 GIA 證書備註欄

再看看其他鑑定所的證書，雖然寫法不完全相同，但意思都一樣。

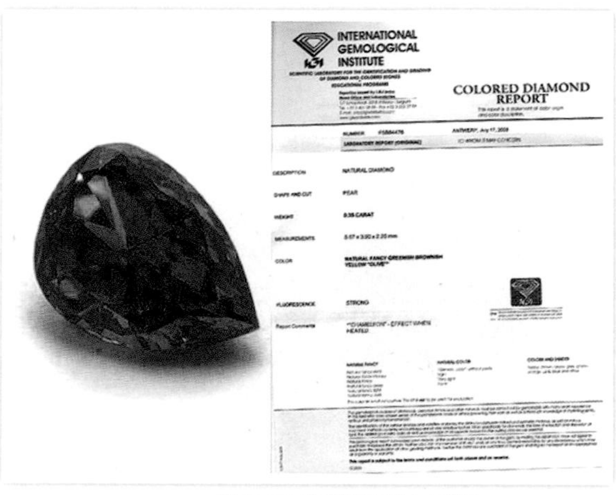
INTERNATIONAL GEMOLOGICAL INSTITUTE

COLORED DIAMOND REPORT

圖 13-245 變色龍鑽及其 IGI 證書

變色龍彩鑽吸引人之處在於變色的可能，猶如變色龍一般，因此被視為收藏家之選，變色龍鑽石變色能力愈強，其價值也愈高。惟變色龍鑽石在室溫下包括灰、黃、橄欖、綠等各色組合成的鹹菜色，與其他彩鑽相比實在比較不討喜，雖然具備變色的特異功能，但總不能遇到誰都從戒指上拔下來燒給他看（如果不拔下來燒，戒台金屬可能在會變色龍鑽變色前先行變色，而且難恢復本來亮麗的光輝），因此一般消費者購買意願可能比較低，其價位也見仁見智，要看買賣雙方自行議定。

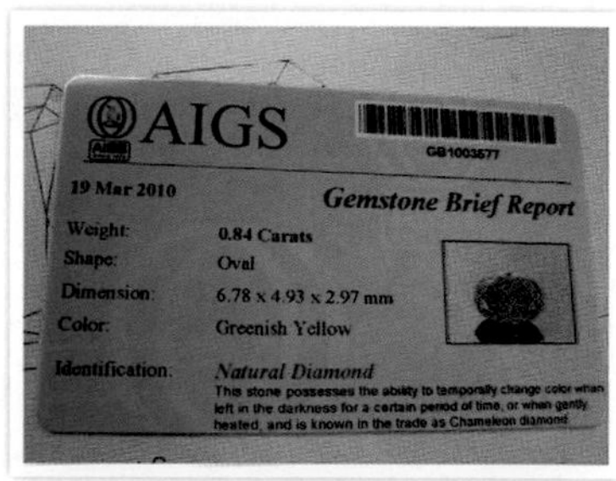
AIGS

19 Mar 2010

Gemstone Brief Report

Weight	0.84 Carats
Shape	Oval
Dimension	6.78 x 4.93 x 2.97 mm
Color	Greenish Yellow
Identification	Natural Diamond

This stone possesses the ability to temporarily change color when left in the darkness for a certain period of time, or when gently heated, and is known in the trade as Chameleon diamond

圖 13-246 AIGS 變色龍鑽證書

Aurora Pyramid of Hope（Aurora 之希望金字塔）

Aurora 寶石公司的 Aurora collection 在倫敦歷史博物館巡迴展出時，以 296 顆，總重 267.45 克拉的各種顏色的天然彩鑽排成金字塔形，稱為 Aurora Pyramid of Hope，如圖 13-247 所示。圖 13-248 為其在紫外光下發出的螢光。

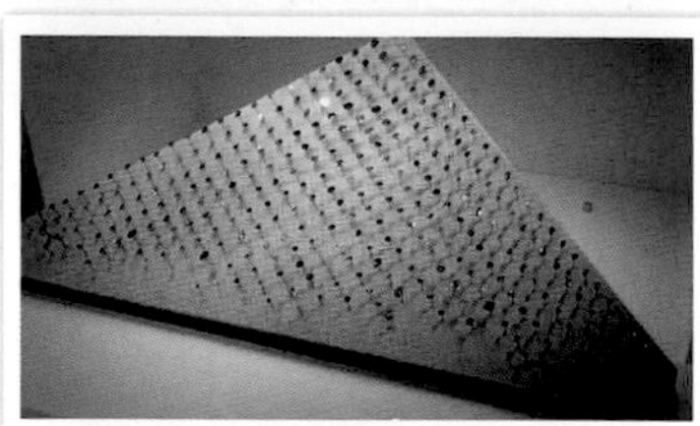

圖 13-247 Aurora Pyramid of Hope

De Beers Talisman collection（De Beers 護身符系列）

De Beers 使用未切割的小彩鑽組成護身符如圖 13-249 所示，別有一番風味，也引起一陣子模仿潮。

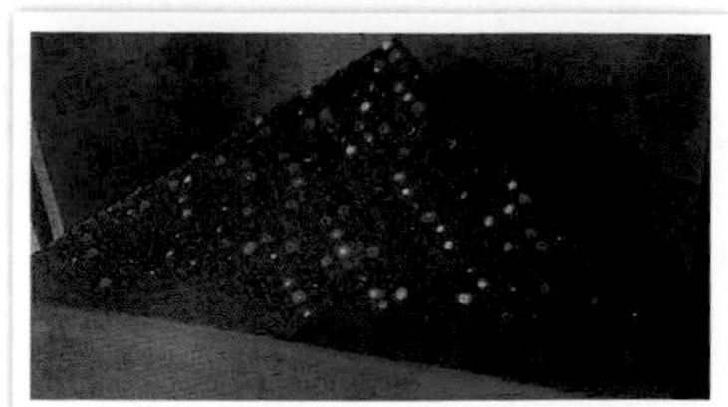

圖 13-248 Aurora Pyramid of Hope 的螢光

圖 13-249 De Beers Talisman collection

13-15 天然彩鑽的 4C 與螢光

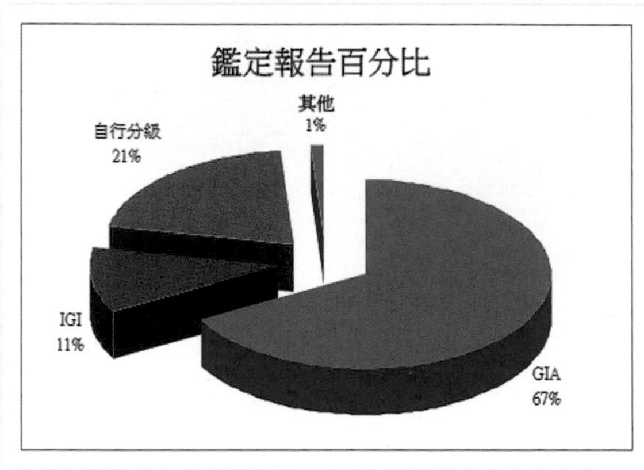

藉由對某鑽石商店內銷售的650顆天然彩鑽進行研究，其中具有GIA分級報告書的有426顆，佔67％；具有IGI分級報告書的有70顆，佔11％；自行分級的有134顆，佔21％；其餘包括HRD1顆、Argyle2顆、AGT2顆等，合計佔1％。其中自行分級的黃鑽佔有86顆；粉紅鑽有13顆；黑鑽有24顆；棕鑽有6顆；灰鑽有3顆，且都沒有做螢光反應記錄。如下圖所示。

現依鑽石的4C——顏色、淨度、切磨、重量，分別歸納說明如次。

顏色（Color）

彩鑽最重要的是顏色，檢視GIA彩鑽的分級報告書「Grade」在顏色等級中有分兩行：第一行是等級，如Faint，Very light，Light，Fancy Light，Fancy Dark，Fancy，Fancy Intense，Fancy Deep，Fancy Vivid，係色調（Tone）和色度（Saturation）的共同組合。第二行是顏色，即色彩（Hue）是眼睛對顏色的地第一印象，如紅（Red）、橘（Orange）、黃（Yellow）、綠（Green）、藍（Blue）、靛（Violet）、紫（Purple）。

實務上，我們可以見到的是依以下色彩分類：
紅、橙、黃、綠、藍、靛、紫7色外，尚有：粉紅、棕、灰、黑及白色，另外銷售時也會特別強調的變色龍等。其中棕色（棕色）、灰色、白色及黑色等色，寶石學者一般認為是修飾色彩用的，只有在主觀上認定其色度濃到足以主導視覺，才將其視為一種顏色。

本次研究中，其分佈比率如下（非自然界分佈比率）：

「顏色」部分的結語

1. 有關等級部份：
Fancy級似乎比率相當高；Faint、Very Light及Fancy Dark數量為0的很多。
a. 橙色集中在較濃郁的等級。橙色帶黃色會偏Vivid，或說亮眼、明顯。

就螢光反應（Flourescence）而言

就本次研究而言，共檢視 340 顆有螢光記錄的彩鑽，結果如下：

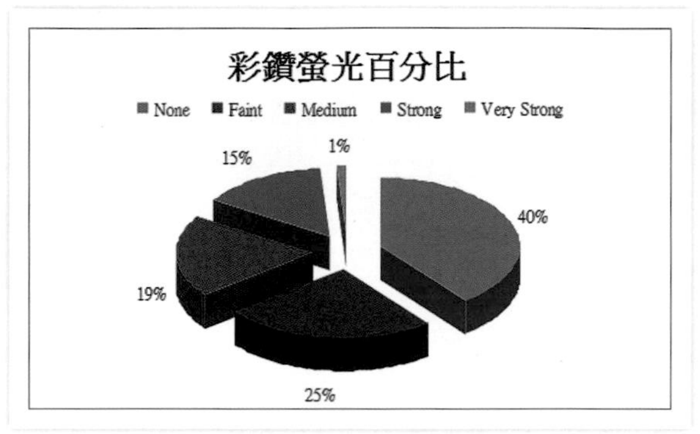

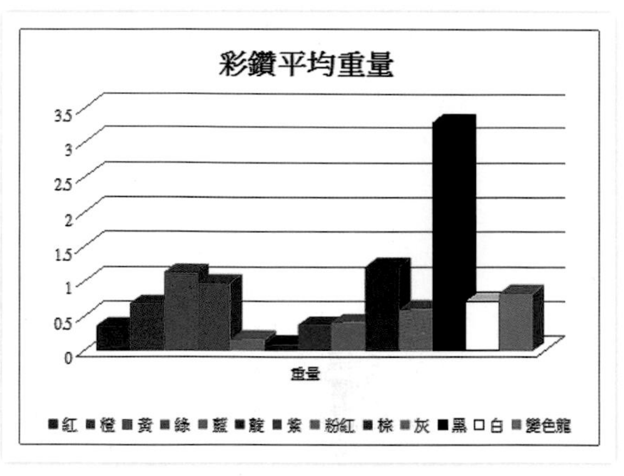

就本次研究結果而言，彩鑽有螢光反應的約佔 60%，無螢光反應的約佔 40%。惟以往書本記載有螢光者約佔 35% 左右，因此就本次研究而言，彩鑽有螢光反應的比率似乎高於鑽石整體有螢光反應的平均值。而螢光顏色以藍色居多，黃色次之，偶有白色或橙色。

就顏色分別敘述如次：

1. 紅鑽：樣本數太少，無法反應事實。
2. 橙鑽：有螢光的比率略高於無螢光，螢光的顏色黃、綠各半。
3. 黃鑽：黃鑽有螢光的比率略高於無螢光。螢光的顏色以藍色為主，次為綠色及黃色。帶橙色時，螢光似乎均為黃色。
4. 綠鑽：螢光反應從無到強都有，惟有螢光反應者（74%）為大宗，而且多為藍色（僅一顆為綠色）。
5. 藍鑽：對螢光明顯呈惰性（80% 無螢光，有螢光的都是微螢光），應是在長波下記錄的結果，如在短波下則可能有不同結果。
6. 靛鑽：樣本數太少，螢光記錄參考性很低。
7. 紫鑽：對螢光明顯呈惰性。
8. 粉紅鑽：只要有螢光反應的，螢光全數為藍色。
9. 棕鑽：雖然螢光反應以藍色為主，但無螢光反應及微螢光反應佔了 75%，仍為大宗。
10. 灰鑽：對螢光反應弱，螢光反應佔 72%，微螢光反應佔 28%。
11. 白色鑽：螢光反應分佈不均，以輕微居多。
12. 變色龍：全部都有螢光反應且螢光反應強烈，其中黃色佔 50%，藍色佔 10%，橙色佔 10%，白色佔 30%，白色雖然說不是多數，但在所有螢光顏色中所僅見。因此似乎得到一個結論：「當看到鹹菜色，且螢光是強烈白色的，就是變色龍鑽。」
此一結論，提供鑽石業者一個不必加熱、簡易辨識變色龍鑽的方法。

特別聲明：本次研究係針對某單一鑽石店家所作之研究，或受限於該店家之經營策略，所得之各項結果比例，可能會與整體彩鑽資料有所出入。

彩鑽珍貴之原因

彩鑽之所以珍貴，有以下三因素：一、稀有性（Rarity）—— 4 噸原礦始能採 1 克拉鑽石，寶石級為其中 1/10，彩鑽則為數 1/100,000 ～ 1/1,000,000；二、美麗（Pretty）；三、增值性（Valuable）。

彩鑽選購重點：顏色（Color）要稀有。飽和度越濃越好。

彩鑽之價格，原則上由 Faint 往 Fancy vivid 增加，惟因 Fancy intense 較 Fancy dark 討喜，因此價格上 Fancy vivid ＞ Fancy intense ＞ Fancy dark。

需要注意是否是經過色度處理的彩鑽，因為經過處理的價格與市價相差極遠，因此要小心受騙。

彩鑽因數量稀少，RAPAPORT 並無報表，可參考知名的國際拍賣公司（如蘇富比、佳士得）的成交價，知道國際間的交易狀況。以往淪入工業用途的黑鑽，現今則受到喜愛，身價顯著上升。

彩鑽依稀有的程度排列如下：第一級——最稀有——紅、橘（純）、紫、綠；第二級——稀有——粉紅色、藍。第二級稀有的粉紅色與藍色，因為在市場上尚有流通，容易炒作，因此價格反而屢創世界紀錄。

Chapter 14

第 14 章
阿蓋爾粉紅鑽

the basic of diamond identification

14-1

阿蓋爾鑽石礦之歷史與地質

2013 年 6 月 10 日為紀念阿蓋爾鑽石礦地下礦坑開幕，該礦的擁有者 Rio Tinto（力拓）與澳洲伯斯鑄幣廠合作，發行限量 168 個粉紅色金的金牌，這些金牌為 22K，每個重量一盎司。金牌一面的上方有個別的序號，下方有一個美麗爆炸星團的圖樣，該圖樣中間鑲有一顆阿蓋爾粉紅鑽。金牌的另一面則以老猴麵包樹為主題，上面另有以手工鑲嵌之六顆阿蓋爾粉紅鑽，並刻有「BEYOND RARE」（超越稀有）的字樣。本章即在探討除了「稀有」之外，阿蓋爾粉紅鑽的特別之處。

圖 14-1 阿蓋爾粉紅鑽

圖 14-2 阿蓋爾鑽石地下礦坑開幕紀念金牌

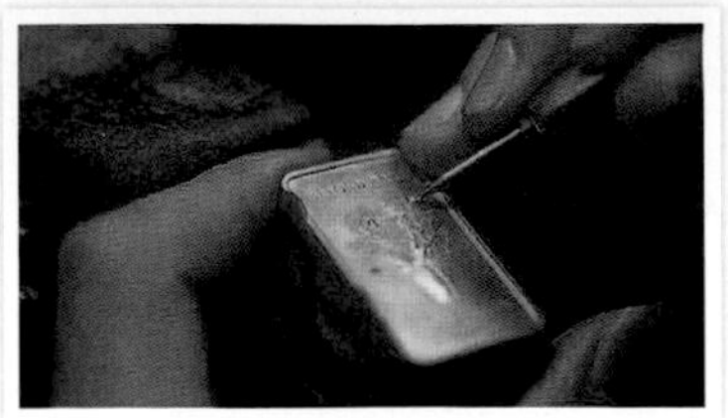

圖 14-3 手工鑲嵌阿蓋爾粉紅鑽

圖 14-4 稀少的阿蓋爾粉鑽

1895 年澳洲淘金者在沖積層中發現第一顆鑽石，其後自 19 世紀末期以來，澳洲在探勘金礦時常發現少量的鑽石。1969 起開始對西澳進行有系統的探勘調查，澳洲地質學家原先想尋找金伯利岩（Kimberlite，又稱角礫雲母橄欖岩）結果找到的卻是金雲白榴岩（Lamproite，又稱榴輝岩的鉀鎂煌斑岩）。1979 年 10 月 2 日在金伯利區的阿蓋爾火山筒發現了鑽石，1985 年起開始露天開挖。目前這個礦屬於礦業界巨人 Rio Tinto（力拓）所有。1994 年起，阿蓋爾鑽石礦每年生產 3,500 萬克拉的鑽石，約略超過全世界總產量的 1/3。

阿蓋爾鑽石礦在 2008 年停止了露天式開挖，轉向地下開挖。每年地下開挖生產的量，約為之前產量的 60%，2012 年產量甚至僅有 847 萬 1,000 克拉，經投入約 22 億美元資金改進地下鑽石礦坑後，預計 2015 年時每年生產量可恢復到大約 2,000 萬克拉，並可延長礦坑壽命至 2020 年之後。

阿蓋爾鑽石礦自開採以來，共約產出 8 億克拉的鑽石（每年約 3,500 萬克拉），一度是世界上最大鑽石供應礦，其生產的鑽石 80%是棕色，15%帶黃色，約 4%是白鑽，其餘 1%是紅色、粉紅色、綠色和藍色。

棕彩鑽

阿蓋爾鑽石礦是世界上最大棕彩鑽的產地，棕彩鑽也是最容易得到的彩鑽，為了推廣，市場上往往稱之為干邑及香檳彩鑽。

粉紅色及紅色彩鑽

阿蓋爾鑽石礦是世界上最大鑽石礦之一，也是稀有粉鑽的最主要來源，其產量大約佔了全世界總供應量的 90%。粉鑽的評價很高，但數量很少，每年大約只會有 40 到 60 顆會在拍賣會出現，售價大約會是同等級白鑽的 20 倍。粉鑽產量的比例很低，約僅 0.1%，如將所有阿蓋爾生產之鑽石裝滿一巨型卡車，那麼其中粉鑽的量也不過只能裝滿一個杯子（圖 14-4 ）。天然紅彩鑽是彩鑽中最難得的，每年可能只有少數幾顆。阿蓋爾出產的鑽石也不是純紅，多少都會帶點其他顏色，而常被評為 Fancy Brownish-Red、Fancy Vivid Purplish-Pink 或是 Fancy Purplish-Pink 等。

除了粉紅鑽、紅鑽、藍鑽等會另行舉辦拍賣會標售外，其餘 Argyle 的鑽石原石會運往安特衛普，由力拓公司（Rio Tinto）銷售。

粉紅鑽拍賣會

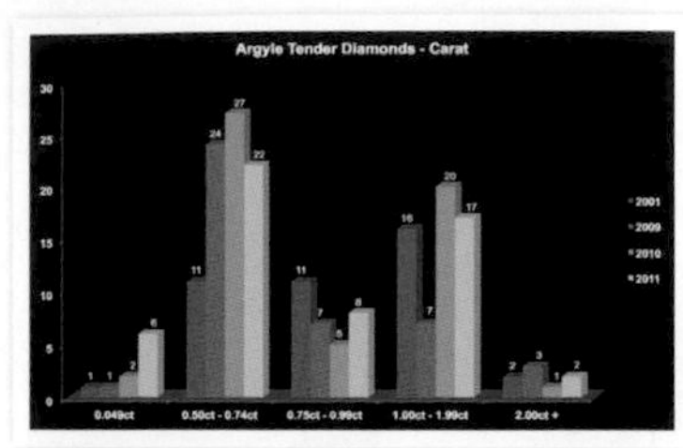

圖 14-5 歷年重量的比較

根據統計 2001 年到 2011 年間，阿蓋爾粉鑽在大小、淨度與顏色濃度都有下降的趨勢，圖 14-5 為歷年重量的比較，其中：

2001 年時，1.00ct ～ 1.99ct 佔 39%，0.75ct ～ 0.99ct 佔 27%，0.50ct ～ 0.47ct 佔 27%；

2011 年時，1.00ct ～ 1.99ct 佔 31%，0.75ct ～ 0.99ct 佔 15%，0.50ct ～ 0.74ct 佔 40%。

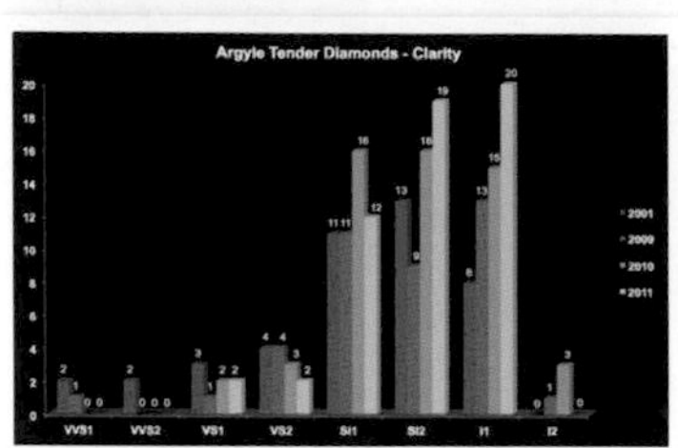

圖 14-6 歷年淨度的比較

圖 14-6 為歷年淨度的比較，其中：

2001 年，淨度等級的 I1 占了所有標售鑽石的 20%；

2011 年，淨度等級的 I1 占了所有標售鑽石的 36%；

淨度等級 VVS 到 VS2 的急劇下降，而 SI2 到 I2 的急劇增加，表示阿蓋爾粉紅鑽標售時淨度似有下降的趨勢。

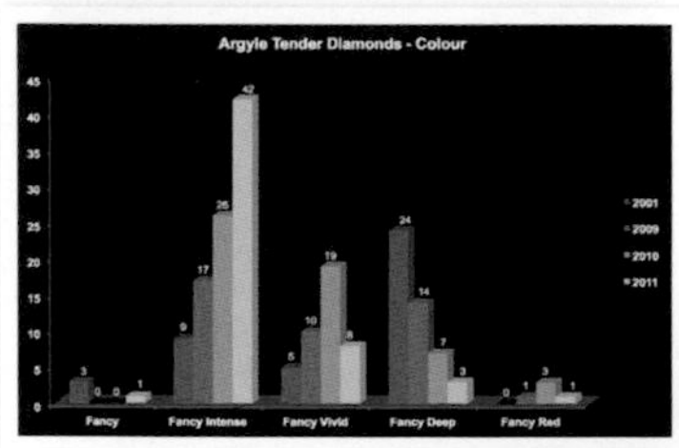

圖 14-7 歷年顏色濃淡的比較

圖 14-7 為歷年顏色濃淡的比較，其中：

2001 年時，59%是 Fancy Deep，22%是 Fancy Intense；

2011 年時，5%是 Fancy Deep，76%是 Fancy Intense；

表示阿蓋爾粉紅鑽標售之顏色的濃度似有下降的趨勢。

2013 年 10 月阿蓋爾粉鑽拍賣會共有 64 顆鑽石標售（圖 14-8），這 64 顆鑽石都經是由力拓的專業工匠在西澳大利亞進行切割及拋光，其中包括 58 顆粉紅鑽、3 顆紅彩鑽和 3 顆藍鑽。自阿蓋爾鑽石礦於 1983 年開採以來，只有 6 顆鑽石被 GIA 評定為紅彩鑽，此次拍賣會，卻一次出現三顆罕見的紅鑽，真是非常非常的特別。圖 14-9 為阿蓋爾粉鑽經理約瑟芬 ・ 詹森（Josephine Johnson）檢視待標售的紅鑽。

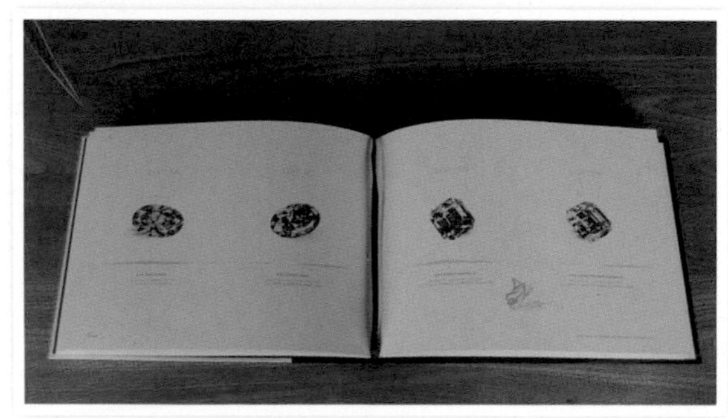
圖 14-8 阿蓋爾粉鑽拍賣會手冊

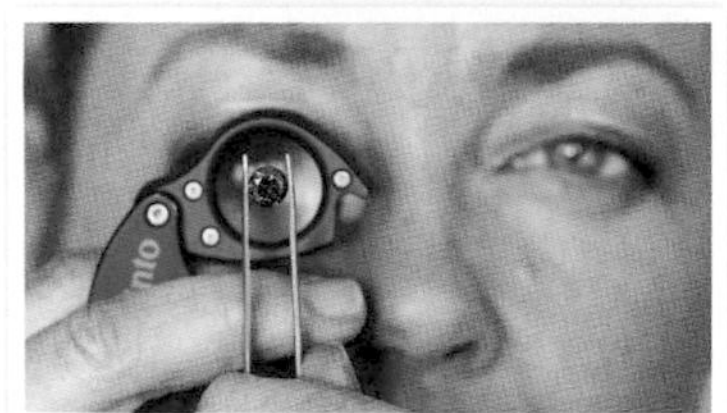
圖 14-9 約瑟芬・詹森檢視紅鑽

14-2 阿蓋爾鑽石礦之產出

Argyle Pink 之識別：

阿蓋爾鑽石產的鑽石，在腰圍上有一代表 Argyle 的形象化 A 字特別的圖案以及編號，如圖 14-10 至圖 14-12 所示。

每一顆阿蓋爾粉鑽並有其專屬之證書，如圖 14-13 至圖 14-16 所示。

圖 14-10 阿蓋爾鑽石腰圍圖案及編號

圖 14-11 阿蓋爾鑽石腰圍圖案及編號放大

圖 14-12 阿蓋爾鑽石腰圍形象化 A 字圖案

圖 14-13 阿蓋爾粉鑽證書封面

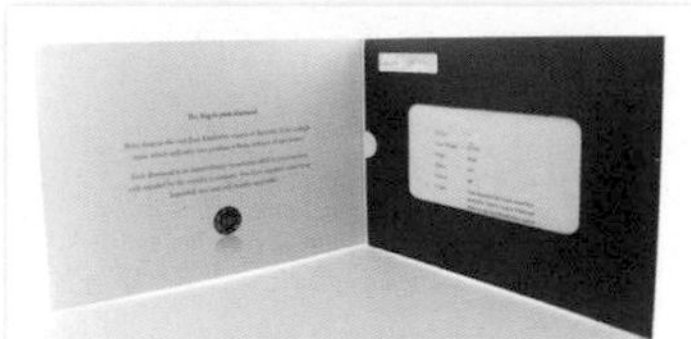

圖 14-14 打開阿蓋爾粉鑽證書

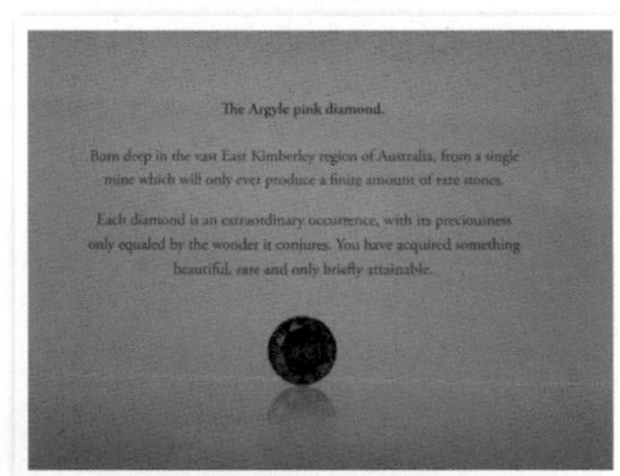

The Argyle pink diamond.

Born deep in the vast East Kimberley region of Australia, from a single mine which will only ever produce a finite amount of rare stones.

Each diamond is an extraordinary occurrence, with its preciousness only equaled by the wonder it conjures. You have acquired something beautiful, rare and only briefly attainable.

圖 14-15 阿蓋爾粉鑽證書通則說明

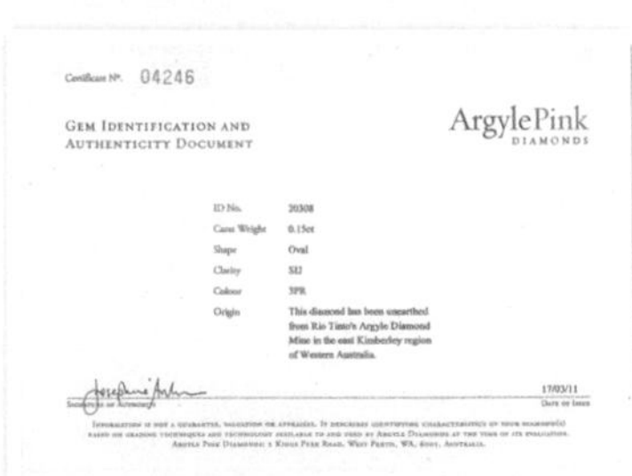

Certificate Nº. 04246

GEM IDENTIFICATION AND AUTHENTICITY DOCUMENT

ArgylePink DIAMONDS

ID No.	20308
Carat Weight	0.15ct
Shape	Oval
Clarity	SI2
Colour	5PR
Origin	This diamond has been unearthed from Rio Tinto's Argyle Diamond Mine in the east Kimberley region of Western Australia.

Signature of Authority — Date of Issue 17/03/11

圖 14-16 阿蓋爾粉鑽證書內容

Certificate N°. 04246

圖 14-17 證書編號

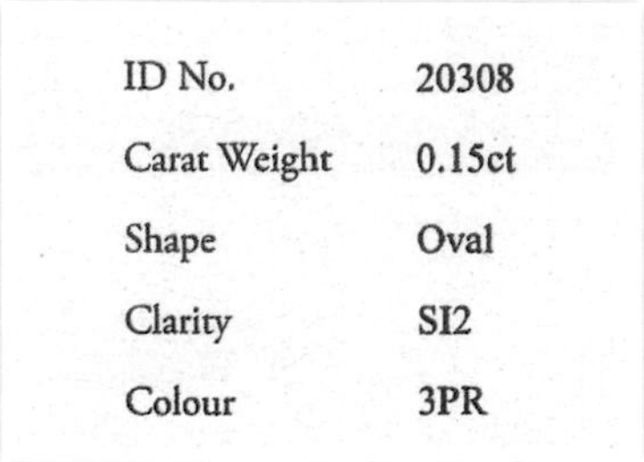

ID No.	20308
Carat Weight	0.15ct
Shape	Oval
Clarity	SI2
Colour	3PR

圖 14-18 鑽石之 4C

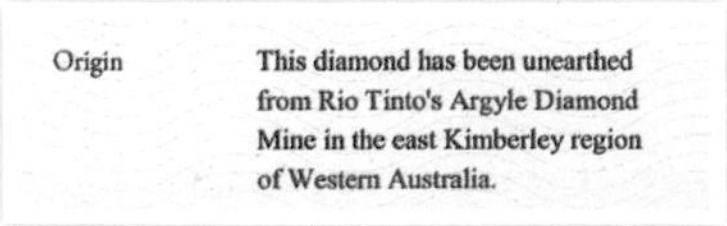

Origin　This diamond has been unearthed from Rio Tinto's Argyle Diamond Mine in the east Kimberley region of Western Australia.

圖 14-19 產地證明

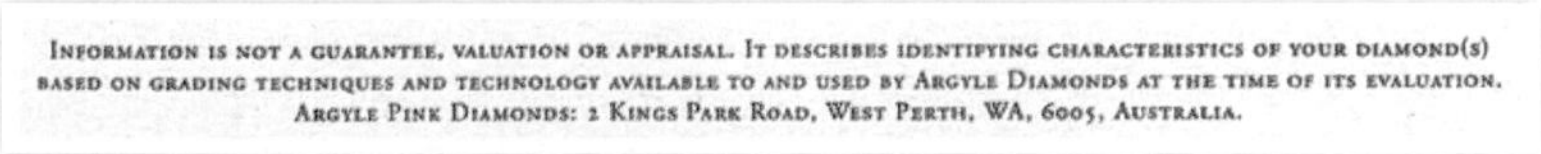

INFORMATION IS NOT A GUARANTEE, VALUATION OR APPRAISAL. IT DESCRIBES IDENTIFYING CHARACTERISTICS OF YOUR DIAMOND(S) BASED ON GRADING TECHNIQUES AND TECHNOLOGY AVAILABLE TO AND USED BY ARGYLE DIAMONDS AT THE TIME OF ITS EVALUATION.
ARGYLE PINK DIAMONDS: 2 KINGS PARK ROAD, WEST PERTH, WA, 6005, AUSTRALIA.

圖 14-20 免責聲明

圖 14-21 阿蓋爾粉鑽證書網路查證

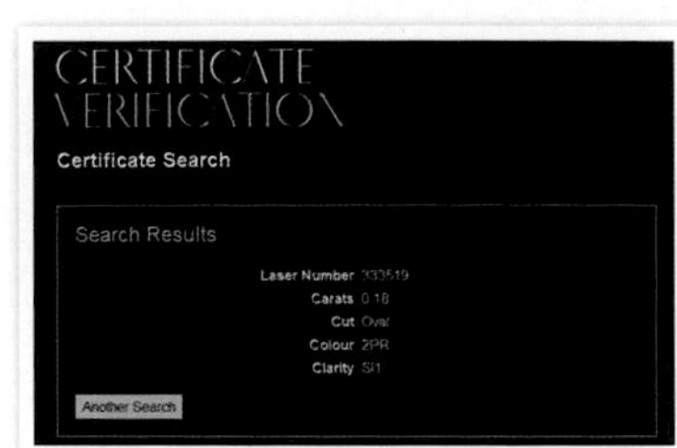

圖 14-22 阿蓋爾粉鑽證書網路查證結果

證書中左上角為證書編號（圖 14-17），中間為鑽石編號以及該鑽石之 4C（圖 14-18），在 4C 之下則為產地證明（圖 14-19），其中「This diamond has been unearthed from Rio Tinto's Argyle Diamond Mine in the east Kimberley region of Western Australia.」是說明：這顆鑽石是從西澳大利亞東部金伯利地區力拓阿蓋爾鑽石礦出土。最下方則為免責聲明（圖 14-20），其中「Information is not a guarantee, valuation or appraisal. It describes identifying characteristics of your diamond（s）. Based on grading techniques and technology available to and used by Argyle diamonds at the time of its evaluation.」是表示：所載描述了您的鑽石的識別特徵，但並不是保證、估價或評價。其評價是基於當時阿蓋爾鑽石的分級技巧及所知並應用之技術。

與其他知名的國際鑑定所相同，阿蓋爾粉鑽的證書，亦可經由網路查證（圖 14-21），查證結果，如圖 14-22 所示。

14-3 阿蓋爾粉紅鑽顏色

彩鑽的評級法

國際通用的彩鑽評級法是依色彩學的三元素色彩、色調及色度而定。如將色彩固定為粉紅色後，則可依色調及色度訂出 Faint、Very Light、Light、Fancy Light、Fancy、Fancy Dark、Fancy Intense、Fancy Deep 及 Fancy Vivid 等各個等級，如圖 14-23 及圖 14-24 所示：

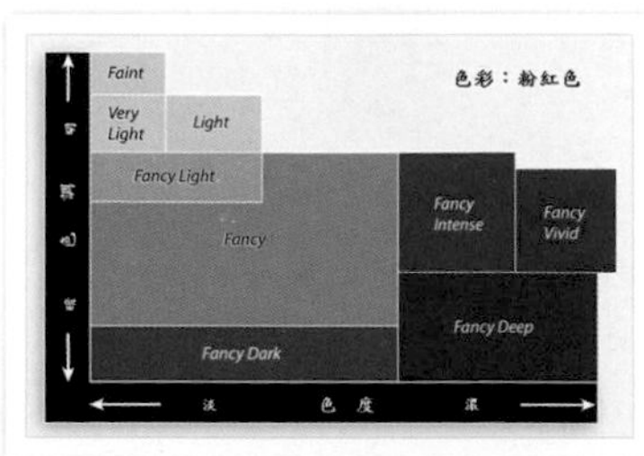

圖 14-23 國際通用的彩鑽評級法

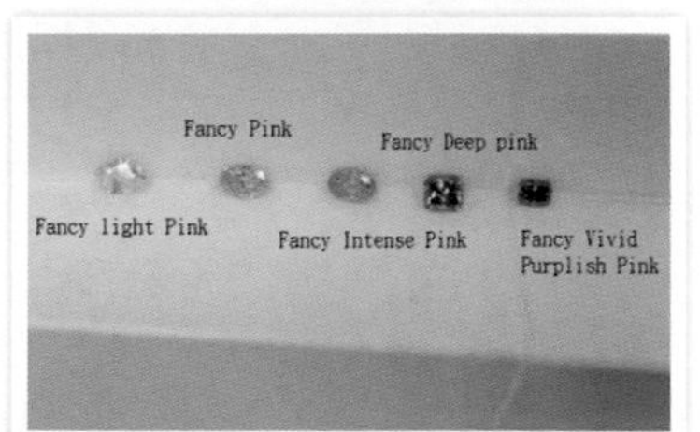

圖 14-24 國際通用的彩鑽評級結果

阿蓋爾粉紅鑽的評級法

阿蓋爾鑽石對於自產的鑽石，自創一套有別於國際通用的顏色評級系統，如圖 14-25 所示。

其中：

．PP-（粉紅帶紫色 Purplish Pink）：9PP/8PP/7PP/6PP/5PP/4PP/3PP/2PP/1PP

．P-（粉紅色 Pink）：9P/8P/7P/6P/5P/4P/3P/2P/1P

．PR-（粉紅玫瑰色 Pink Rose）：9PR/8PR/7PR/6PR/5PR/4PR/3PR/2PR/1PR

．WHITE（白色）

．PC-（粉紅香檳色 Pink Champagne）：PC1/PC2/PC3

．BL-（靛藍色 Blue Violet）：BL1/BL2/BL3/(BL3+)

．Purplish Red - 紅帶紫色

．Red- 紅色

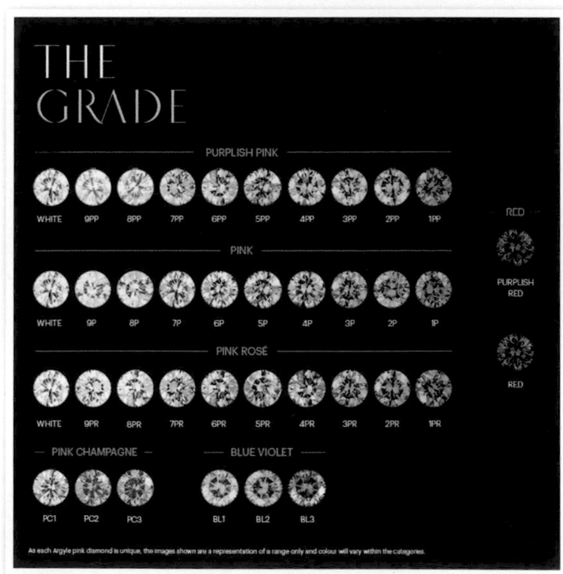

圖 14-25 阿蓋爾彩鑽評級系統

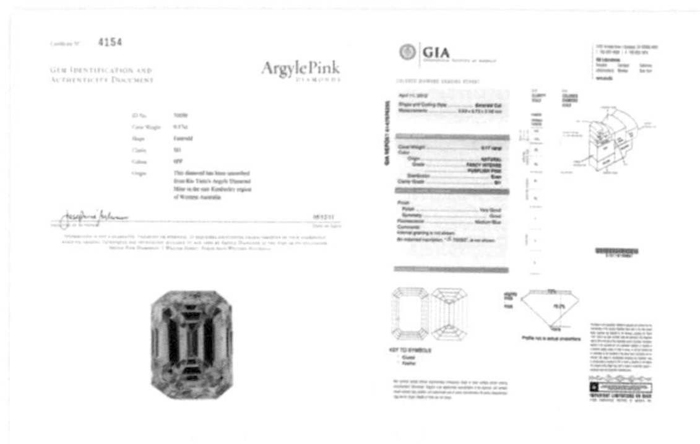
4154
ArgylePink
GIA

圖 14-26 6PP

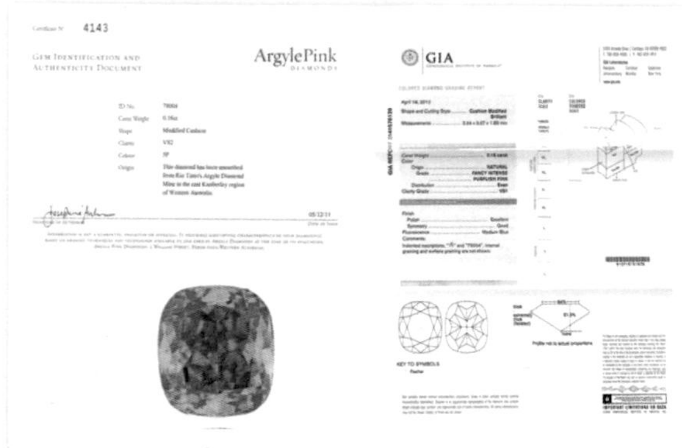
4143
ArgylePink
GIA

圖 14-27 5P

4157
ArgylePink
GIA

圖 14-28 6P

4155
ArgylePink
GIA

圖 14-29 6P

色彩部分：

就粉鑽系列的稀有性而言，依序為粉紅帶紫色（PP）、粉紅色（P），最後則是粉紅玫瑰色（PR）。粉紅帶紫色（PP）：是帶了紫色的粉紅色，由於帶了紫色視覺感覺比較暗、比較濃，因此比粉紅色系列看起來濃郁許多。既然「比粉紅色濃郁」，評在這個系列的鑽石就會比較接近紅色（Red）或是紅帶紫色（Purplish Red），自然相當珍貴。

粉紅色（P）：純的粉紅色，可就色度與色調加以分級。

粉紅玫瑰色（PR）：前述粉紅色或是粉紅帶紫色，就色彩的區分上，是比較容易理解的。但所謂粉紅玫瑰色中的玫瑰色（Rose），恐怕比較難定義清楚，因為玫瑰花的顏色很多樣，從白色、黃色、粉紅色、桃紅色、紅色、暗紅色、紫色、藍色甚至是黑色，不勝枚舉，到底阿蓋爾鑽石顏色評級系統中的玫瑰色指的是什麼顏色？其實可以從其顏色評級系統的圖中略知端倪。因為在 PR 之下所列的是 PC（Pink Champagne）即所謂的粉紅香檳色，此時香檳色（棕色）已躍昇為主色，粉紅色只是副色。而 PR 中的主色是玫瑰色，也可說是帶了一點點棕色（Brownish），但棕色還不達主色的程度，只是粉紅色裡微帶了棕色或是把粉紅色弄得暗了一些。當然，如果其中的棕色不是很暗，也有可能說是帶了一點點橘色。

圖 14-30 7P

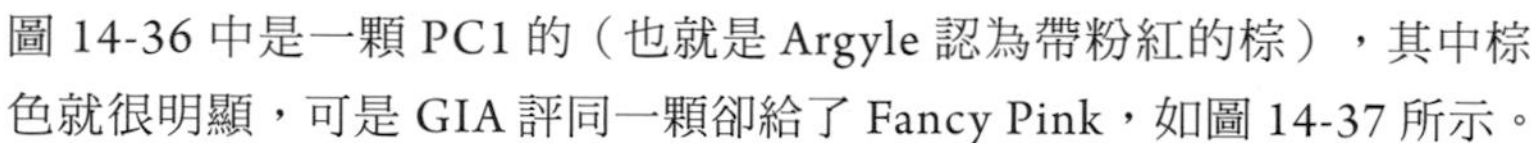

圖 14-36 中是一顆 PC1 的（也就是 Argyle 認為帶粉紅的棕），其中棕色就很明顯，可是 GIA 評同一顆卻給了 Fancy Pink，如圖 14-37 所示。

色度與色調

其中粉鑽系列的 PP、P 及 PR 數字越小代表顏色越濃，而非粉鑽的 PC 及 BL 系列則相反，數字越大代表顏色越濃。所謂顏色的濃淡或深淺，指的正是國際通用彩鑽評級法中的 Faint、Very Light、Light、Fancy Light、Fancy、Fancy Dark、Fancy Intense、Fancy Deep 及 Fancy Vivid 等各個等級。如單就「阿蓋爾鑽石顏色評級」圖中粉鑽系列數字觀察，約略可歸納出相互間對照如圖 14-38。

與 GIA 證書比對

某些阿蓋爾粉鑽會再送 GIA 進行評級，就會具有兩張證書（圖 14-39）。在 GIA 證書備註欄，會註明刻在腰圍上的 Argyle ID No.，如圖 14-40 所示。就所核對之其中 14 組兩張證書比對，可發現以下結果的差異（如表格所示）。

Argyle	GIA
1 PP	Fancy Purplish Red
6 PP	Fancy Intense Purplish Red
3 P	Fancy Intense Pink
5 P	Fancy Intense Purplish Pink
6 P	Fancy Intense Purplish Pink
6 P	Fancy Intense Purplish Pink
6 P	Fancy Intense Purplish Pink
1 PR	Fancy Red
1 PR	Fancy Deep Pink
2 PR	Fancy Deep Pink
2 PR	Fancy Intense Orange Pink
3 PR	Fancy Intense Pink
4 PR	Fancy Deep Pink
4 PR	Fancy Intense Pink

圖 14-31 3PR

圖 14-32 4PR

圖 14-33 5PR

圖 14-34 6PR

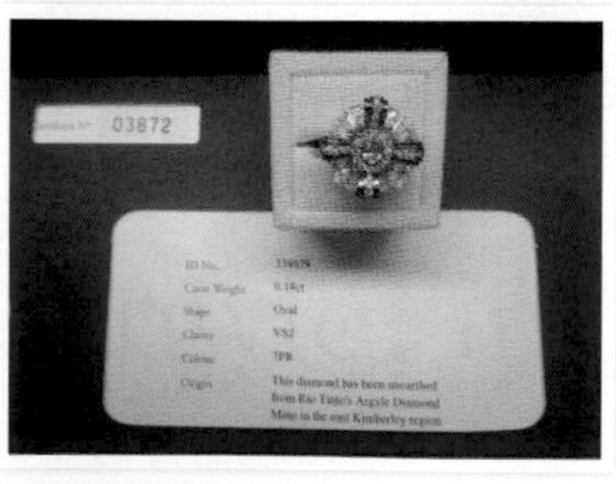

圖 14-35 7PR

圖 14-36 阿蓋爾 PC1

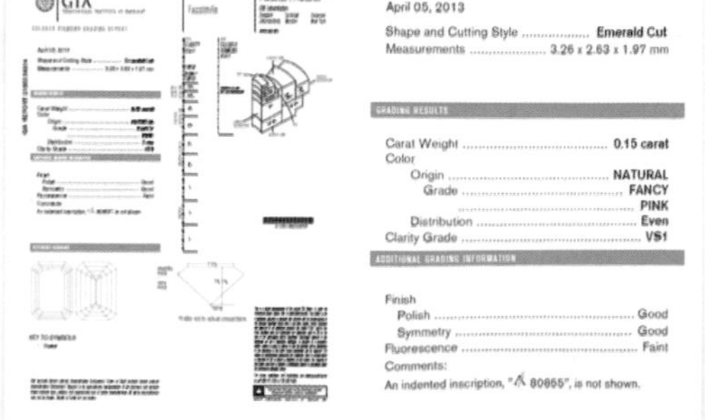

GIA

April 05, 2013

Shape and Cutting Style .... Emerald Cut
Measurements .... 3.26 x 2.63 x 1.97 mm

GRADING RESULTS

Carat Weight .... 0.15 carat
Color
Origin .... NATURAL
Grade .... FANCY PINK
Distribution .... Even
Clarity Grade VS1

ADDITIONAL GRADING INFORMATION

Finish
Polish .... Good
Symmetry .... Good
Fluorescence .... Faint
Comments:
An indented inscription, "ᐃ 80665", is not shown.

圖 14-37 阿蓋爾 PC1 的 GIA 證書

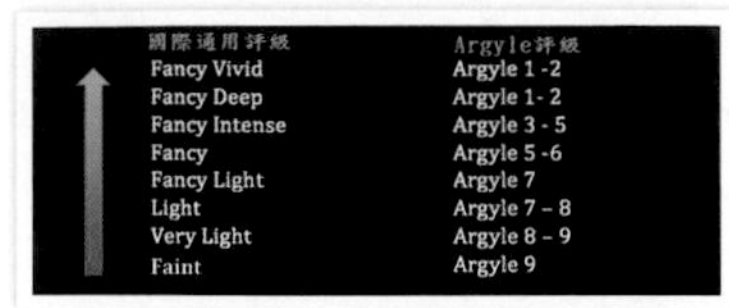

國際通用評級	Argyle評級
Fancy Vivid	Argyle 1 - 2
Fancy Deep	Argyle 1 - 2
Fancy Intense	Argyle 3 - 5
Fancy	Argyle 5 - 6
Fancy Light	Argyle 7
Light	Argyle 7 - 8
Very Light	Argyle 8 - 9
Faint	Argyle 9

圖 14-38 Argyle 粉鑽色度與色調評級對照

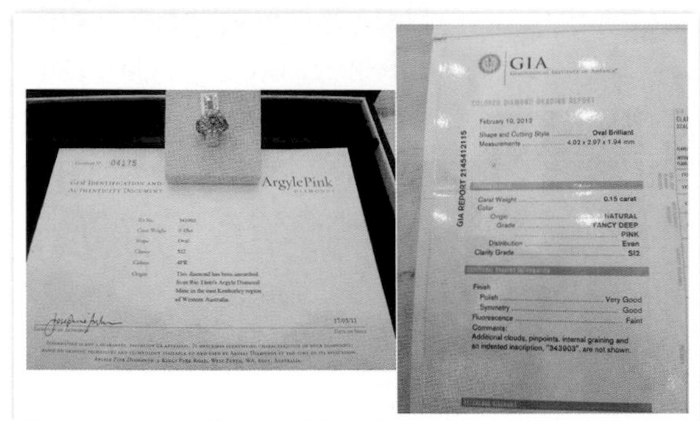

圖 14-39 同時具有阿蓋爾粉鑽及 GIA 證書

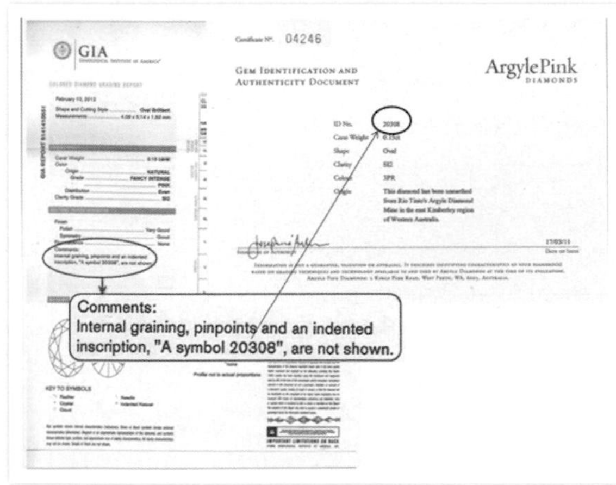

圖 14-40

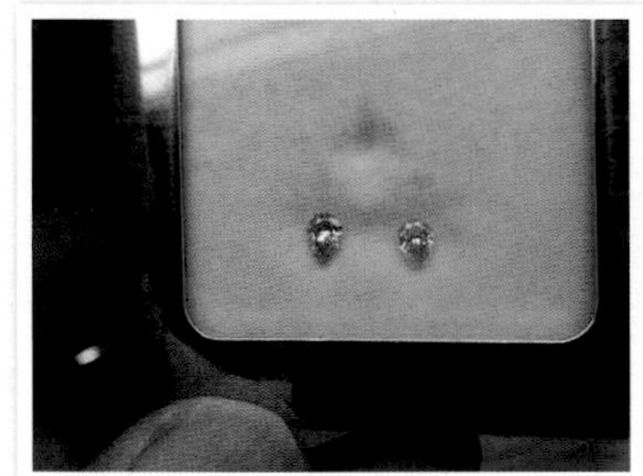

圖 14-41 兩顆 Argyle 粉鑽

由以上對比結果可以了解：GIA 與 Argyle 對顏色的評級，不論色彩、色調或是色度上都有不同見解，包括：

（1）Argyle 認為顏色較濃郁的，GIA 卻可能認為較淡；

（2）Argyle 認為是粉紅色（P）的，GIA 卻常常認為帶紫；

（3）Argyle 的粉紅玫瑰色（PR），GIA 卻常常認為是較濃郁的粉紅色或是帶其他顏色，甚至評為紅色（Red）。

可以說 Argyle 自訂的評等方式，與國際通用的彩鑽評等方式，似乎還無法完全契合，其關聯性尚待研究澄清。

圖 14-41 照片中兩顆皆為 Argyle 粉鑽，左為 0.25ct/SI1/5PR，標價 258,000 元；右為 0.24ct/VS1/6P，標價 380,000 元。價格固然受淨度影響，但純粉紅的確實比玫瑰色（微帶棕色）的受歡迎，價格自然較高。

與其他產地顏色比較

粉鑽最早源自印度的 Golconda，有名的包括康代（Le Grand Condé ）Darya-i-Nur 光明之海等（樊成，《戈爾康達鑽石》，2010），其他產地包括巴西、南非、印尼以及澳洲的 Argyle。一般而言 Argyle 產的粉鑽，顏色比其他地方濃郁，究竟是何原因造成如此？可以從粉鑽的成因加以探討粉鑽。

由 Argyle 出產的紅鑽或粉鑽型態觀察（如圖 14-42 所示），似乎 Ia 型居多，復以儀器測試，發現其多為 IaA 型或 IIa 型鑽石。

GIA 曾對 1490 顆粉鑽進行研究，其中 I 型鑽石 1,166 顆，II 型鑽石 324 顆。I 型鑽石在自然界的比例較高，因此研究中，I 型鑽石的樣本超過 II 型鑽石不足為奇。但 I 型鑽石在自然界約占 98％，II 型鑽石僅約占 1.8％，若按此比例分配，研究中 II 型鑽石的量應約為 1166÷98×1.8=21 顆，但實際樣本卻高達 324 顆，足見粉鑽中屬 II 型鑽石的機率相對較高，至於說為什麼會這樣？請看以下說明。

以往的研究顯示，粉鑽、紅鑽、棕鑽的成因，可歸因於所謂「晶格結構扭曲」或是「棕色孿晶紋」，觀察其他產地的粉鑽，可以發現到明確纖細的棕色紋理。阿蓋爾粉鑽是否也是如此呢？可以將阿蓋爾粉鑽分成兩部分進行探討：

（1）IaA 型粉鑽：

所謂「棕色變晶紋」，指的是看似無色，但因該變晶紋中空穴的移動，構成了 H3 加上較不強的 405.5nm 色心（或是 N-V 色心，視當時氮原子分布類型而有所不同，產生的顏色也就會介於粉紅色與棕色之間），此類色心會吸收紅色以外（靛、綠、黃）的光，以致構成使整顆鑽石呈現粉紅色的「棕色變晶紋色心」。經研究觀察，部分的阿蓋爾粉鑽也具有棕色的紋理，如圖 14-43 所示，但圖中之棕色紋理，周圍明顯比一般觀察到的變晶紋模糊。這「棕色紋理」是否就是「晶格扭曲生成的棕色變晶紋」？我們曾觀察棕鑽的棕色紋理，發現其中含有部分棕色的填充物，有可能因此導致鑽石呈現棕色、粉紅色、甚至紅色，這也就是 I 型粉鑽往往具有色帶的原因。因此認為將所謂「棕色變晶紋」視為導致粉鑽、紅鑽、棕鑽的「色心」的情況，應該再細分為「會顯現棕色的變晶紋色心」與「含棕色內含物薄層」等兩種情況。而阿蓋爾粉鑽中棕色紋理周圍，比一般的變晶紋或是薄層模糊，說明了在那周邊有較強烈塑性變形的痕跡。

圖 14-42 Argyle 紅鑽或粉鑽型態 courtesy Argyle

圖 14-43 棕色的紋理

（2）IIa 型粉鑽：

屬 IIa 型的粉鑽，常常可見榻榻米現象。再觀察另一部分的阿蓋爾粉鑽，則也具有榻榻米現象，而且很明顯，如圖 14-44 所示，顯示出由於阿蓋爾鑽石與其他鑽石產地成因的不同，使得阿蓋爾鑽石經歷比其他產地更多次的塑性變形，造成多向晶格結構的排差，導致阿蓋爾鑽石比其他鑽石顏色濃郁。但是這種晶格結構排差是屬於前述「會顯現棕色的變晶紋色心」，因此 IIa 型粉鑽中，具有色帶的並不多。從另外一個角度看，既然成就一顆 II 型鑽石，總是有榻榻米現象相伴，而榻榻米現象就有顯現粉紅色的可能，因此粉鑽中屬 II 型鑽石的機率就相對較會比較高。

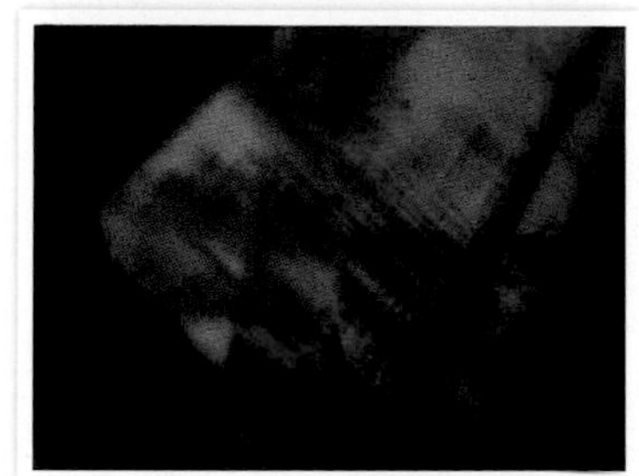
圖 14-44 Argyle 粉紅鑽的榻榻米現象

可以說 Argyle 粉紅鑽以其特殊的生成條件，造就了粉鑽中的濃郁色彩。（圖 14-45）

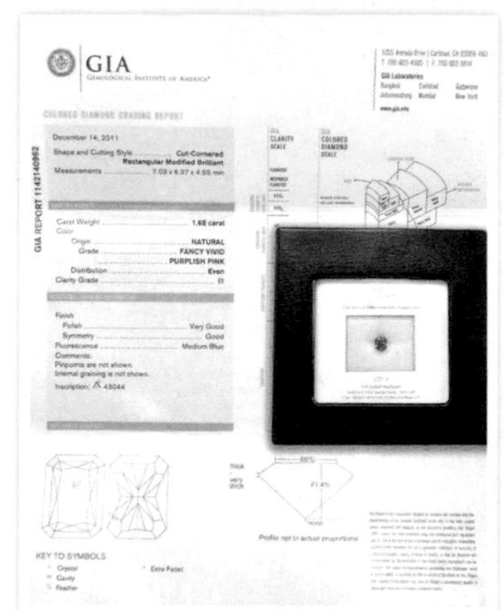

GIA
GEMOLOGICAL INSTITUTE OF AMERICA®

COLORED DIAMOND GRADING REPORT

GIA REPORT 11421409962

December 14, 2011
Shape and Cutting Style: Cut-Cornered Rectangular Modified Brilliant
Measurements: 7.03 x 6.37 x 4.55 mm

Carat Weight: 1.68 carat
Color
Origin: NATURAL
Grade: FANCY VIVID PURPLISH PINK
Distribution: Even
Clarity Grade: I1

Finish
Polish: Very Good
Symmetry: Good
Fluorescence: Medium Blue
Comments:
Pinpoints are not shown.
Internal graining is not shown.
Inscription: 43044

Profile not to actual proportions

KEY TO SYMBOLS
Crystal
Cavity
Feather
Extra Facet

圖 14-45 GIA 評 為 Fancy Vivid Purplish Pink 的 Argyle 粉鑽

統計顯示，約有 70%的阿蓋爾鑽石有藍色螢光反應（圖 14-46）。根據樊成之研究（樊成，《天然彩鑽的 4C 與螢光》，2010），彩鑽中有螢光反應的約佔 60%，且以藍色居多。而阿蓋爾所產之鑽石，多半帶有顏色，並經常見到棕色或與棕色相關之顏色，因此有藍色螢光反應的佔約 70%，與先前之研究結果差異不大，無法構成顯著特徵條件。

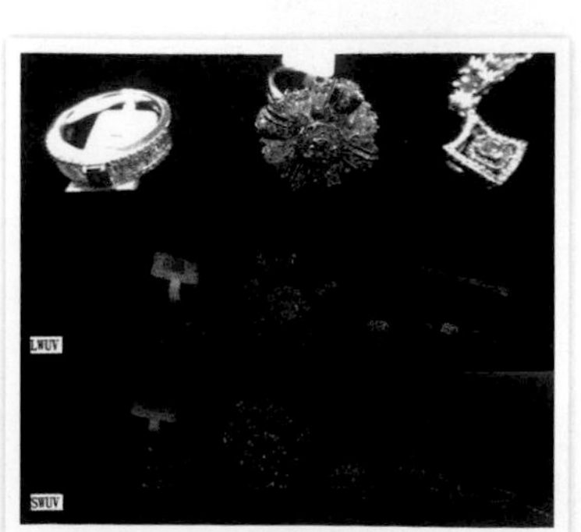

圖 14-46 阿蓋爾粉紅鑽螢光反應

14-4

宜中宜西的阿蓋爾粉紅鑽

2012 年 10 月在倫敦肯辛頓宮橘園（The Orangery in Kensington Palace，肯辛頓宮為威廉王子與喬治小王子的住所），曾展出價值 6,500 萬美金的 42 件以阿蓋爾粉紅鑽為主題設計的作品，包括西式的耳環、戒指、胸針、皇冠等，另有周大福設計與翡翠配合的中式項鍊（圖 14-47 至圖 14-51）。該等以阿蓋爾粉紅鑽為主題的設計作品，真可謂是宜中宜西、美不勝收，令人愛不釋手。

圖 14-47 阿蓋爾粉紅鑽耳環

圖 14-48 阿蓋爾粉紅鑽胸針

圖 14-50 阿蓋爾粉紅鑽與翡翠配合的中式項鍊

圖 14-49 阿蓋爾粉紅鑽皇冠

圖 14-51 阿蓋爾粉紅鑽與珍珠耳環

Chapter 15

第 15 章
螢光反應解說

the basic of diamond identification

15-1 冷光

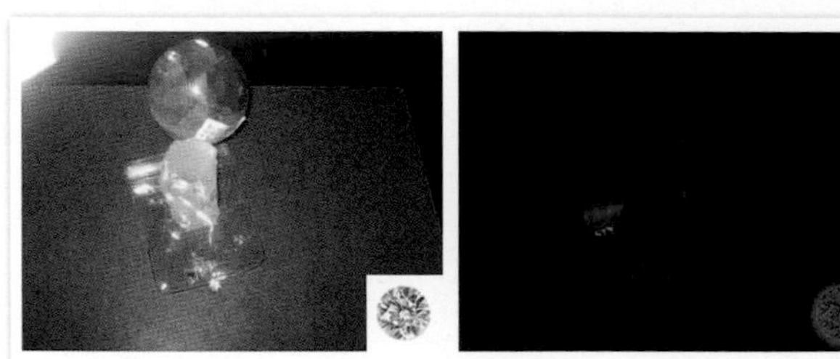
圖 15-1 螢石的體色與螢光

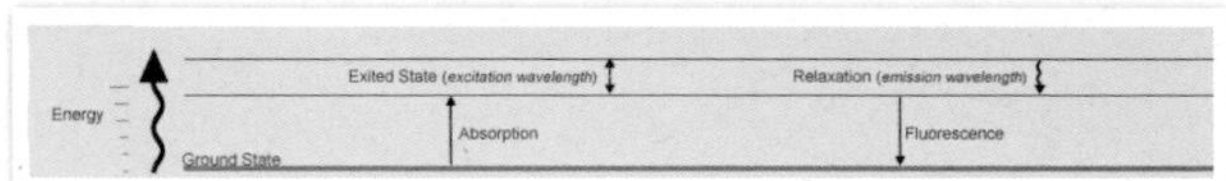

圖 15-2

所謂冷光，就是只發光而不產生熱的光。當某物質以一種或多種形式獲得多餘的能量時會發出冷光，亦即發散出可見的「冷」光，這往往是這種物質的特性。所謂冷光含蓋以下五種基本現象，在寶石學上，我們關心的冷光是光致冷光的螢光與磷光，以及陰極冷光兩類。

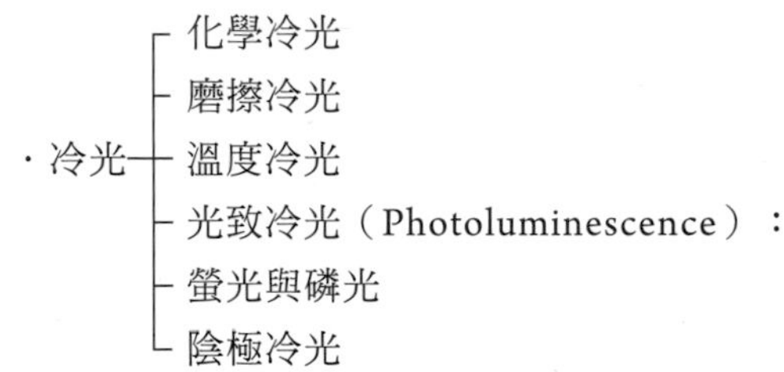

螢光反應（Flourescence）

天然鑽石中約有 30％具有這個現象，這個現象卻是最多人誤解，而且最常被誤導的項目。螢光反應其實是當鑽石暴露於高能 X 光、紫外線燈或任何不可見型式光下發出的光。所以 GIA 將螢光定義為：「螢光 Fluorescence：物質把不可見紫外光轉換成可見光的現象。若移去光源仍持續發光則稱磷光 Phosfluorescence。」

顏色與螢光

正常光線下本體的顏色稱為顏色，當鑽石暴露於紫外線燈下發出的光為螢光。寶石中最常與螢光相提並論的就是螢石，我們以螢石為例說明如次：圖 15-1 中左為螢石的體色或說顏色是綠色；而右圖中，螢石的螢光反應為藍色。同樣左圖中右下角，為鑽石的顏色（白），而右圖右下角為鑽石的螢光反應為藍色。

部分的鑽石具有螢光反應，其鑑定原理主因是當鑽石受外界紫外光照射，使它的外層電子由基態被激發成不穩定的狀態，故還是會回復到原始狀態（圖 15-2），此過程中部份的能量被吸收、部份被釋放，這些能量以光的形式呈現，即稱螢光。

就純鑽石而言，其結構是相當強、相當穩定的，不太會有不穩定的狀態。

然而鑽石在生成的過程中受到地殼裡的天然輻射影響，或是鑽石中雜質造成結構性不規則，而創造出了一個（或多個）不穩定的能級。這個不穩定的能級，使得鑽石在紫外線（UV）照射下，會發出特定顏色的光，只有在紫外光照射下才會發出這種光，當紫外光移除之後，這種發光現象就停止。在第 3 章鑽石結晶學之鑽石的分類一節中，我們提過 98 ～ 99％的鑽石都有結構缺陷，這樣就很有可能有不穩定的能階，因此螢光現象會是鑽石很普遍的特性，而且通常鑽石的螢光是藍色的。

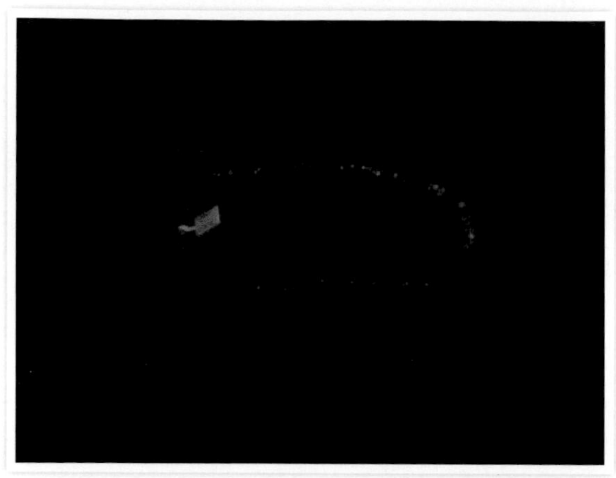
圖 15-3 鑽石項鍊的螢光反應

每顆天然鑽石的螢光反應是多變無一致性的，所以若有一整條鑽石手鍊，可先放入紫外螢光燈箱，觀察個別螢光反應效果，達到初步鑑定的目的，如圖 15-3 所示。此外鑽石的螢光反應，對於鑽石價值的評鑑也會有影響，強烈的藍螢光有時可以讓黃色調的鑽石看起來較白些。

15-2 X 光（X-RAYS）

在第 7 章〈鑽石礦探勘與開採〉之「提煉處理」一節中，我們提過以俄國人發明的 X 光分揀機揀選鑽石。因為鑽石在 X 射線的作用下大多數都能發螢光，而且螢光顏色一致，通常都是藍白色，極少數無螢光。據此特徵，常用 X 射線進行選礦工作，既敏感又精確。

圖 15-4 鑽石受到 X 光照射時發出螢光

螢光燈

電磁波的波長和可見光線的光譜如圖 15-5 所示，圖中在一些可見光譜的紅端之外，存在著波長更長的紅外線；同樣，在紫靛端之外，則存在有波長更短的紫外線及 X 光。螢光燈就是使用紫外線使鑽石級寶石產生螢光的燈具。

紫外線通常分為長波（UV-A 又稱為近程紫外線）、中波（UV-B 又稱為中程紫外線）、短波 （UV-C 又稱為遠程紫外線）。長波紫外線波長為 350-380nm（366nm），多用於辨識偽鈔；中波紫外線為 300 ～ 350 nm，多用於人工日光浴；短波紫外線為 200 ～ 300nm（253nm），多用於殺菌，如圖 15-6 所示。紫外線波長不論長短都對人體有影響，波長越短，能量強度越強，對人體的傷害也越大。

寶石用的螢光燈，其燈光分為 L/UV（長波紫外線）與 S/UV（短波紫外線）兩種，如圖 15-7 所示。

鑽石有可能無螢光反應，如果有，螢光的顏色大多數呈藍色，但可能有各種顏色包括黃色、橙黃色、粉色、黃綠色等，如圖 15-8 所示。圖中右側的白鑽就無螢光反應，左側及中間的黃鑽，則分別呈現藍色與黃色的螢光反應。

一般長波下的螢光強度強於短波下的螢光強度，如圖 15-9 至 15-11 所示，且短波會對眼睛造成無法彌補的傷害，因此一般只記錄長波反應。有些鑽石可見磷光。

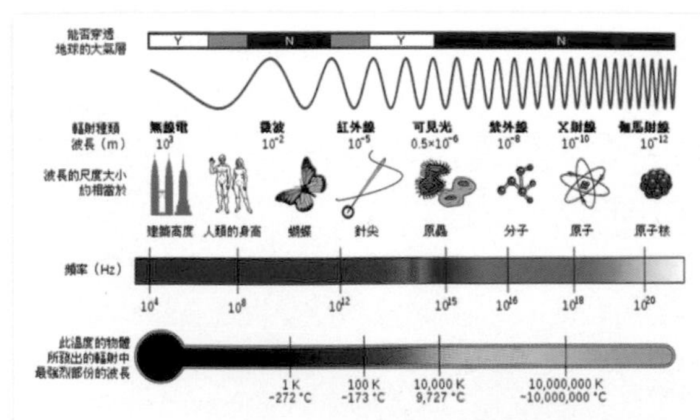

圖 15-5 電磁波的波長和可見光線的光譜

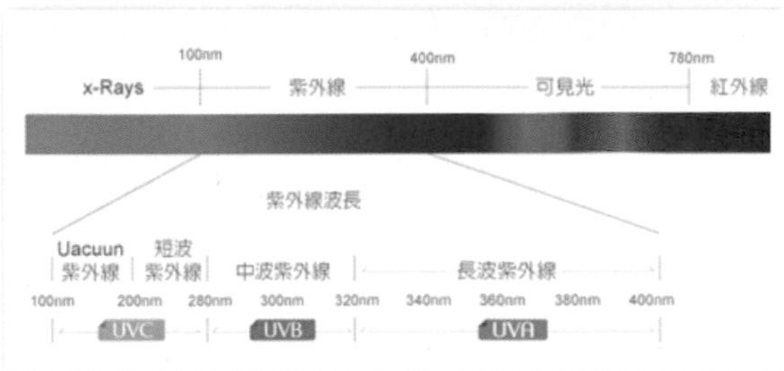

圖 15-6 紫外線光譜

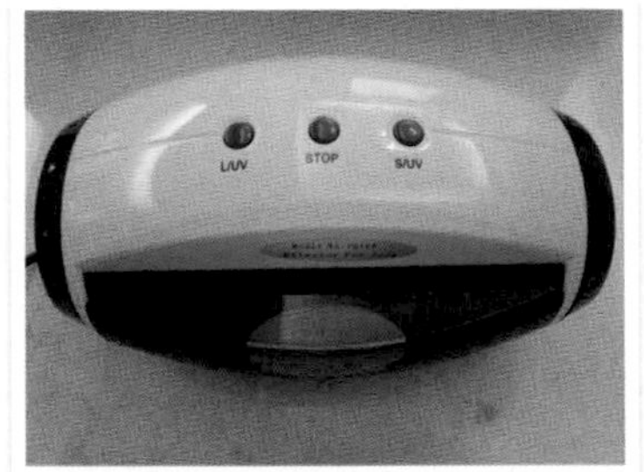

圖 15-7 寶石用螢光燈

圖 15-8 鑽石螢光反應例

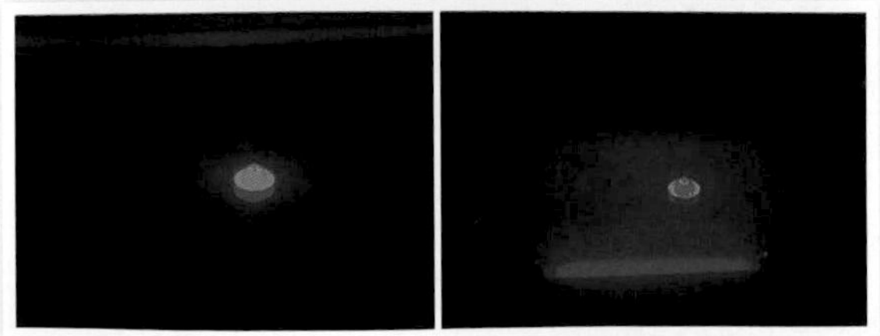

圖 15-9 鑽石螢光反應（1）左長波螢光反應，右短波螢光反應

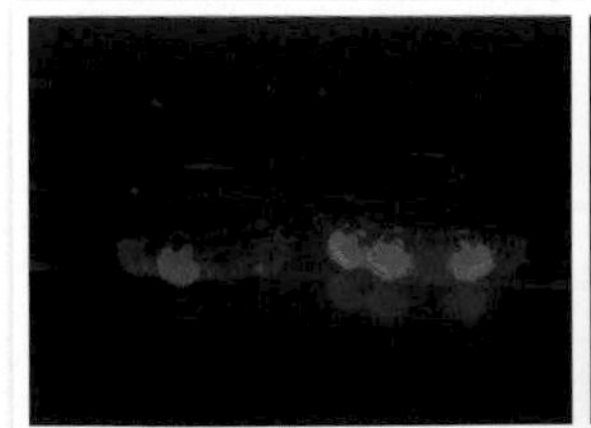
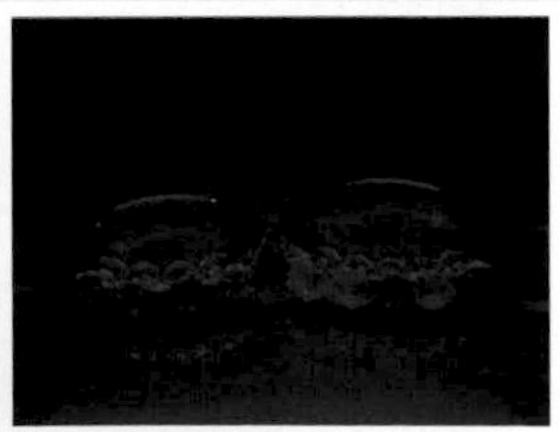

圖 15-10 鑽石螢光反應（2）左長波螢光反應，右短波螢光反應

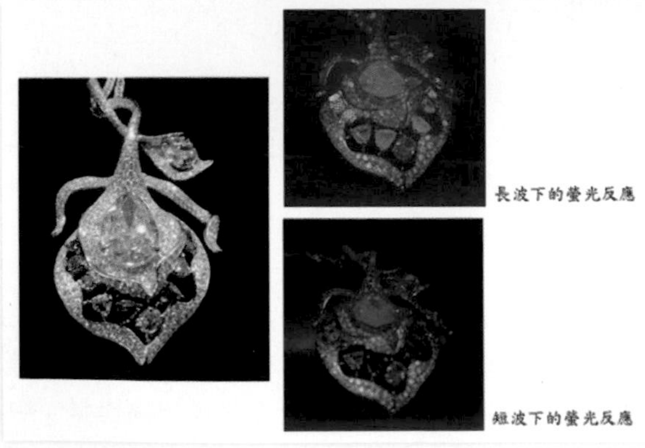

圖 15-11 粉鑽墜螢光反應

15-3 鑽石螢光的顏色

鑽石的螢光主要與晶格中的雜質元素 N 有關。由於 N 的存在，在晶體的導帶和滿帶之間還出現了局部能級。當晶體受到紫外線照射時，這些較高的能量使晶體結構中原子或離子的外層電子發生躍遷，滿帶上的電子以及局部能級上的電子，均可受到激發而躍遷到較高能級的導帶上，並在原先所在的能級上留下空位，然後較高能級上的電子可以回落到這些空位上，並釋放出能量，使鑽石發光，即產生螢光。根據 N 原子的聚合狀態不同，所產生的螢光效應也有很大差別。鑽石螢光的顏色絕大部分（90%以上）為藍白色，據研究主要與 N3 心（即三個 N 原子的原子團）有關；單個 N 原子置換了鑽石中的 C 原子會產生橙黃色螢光。

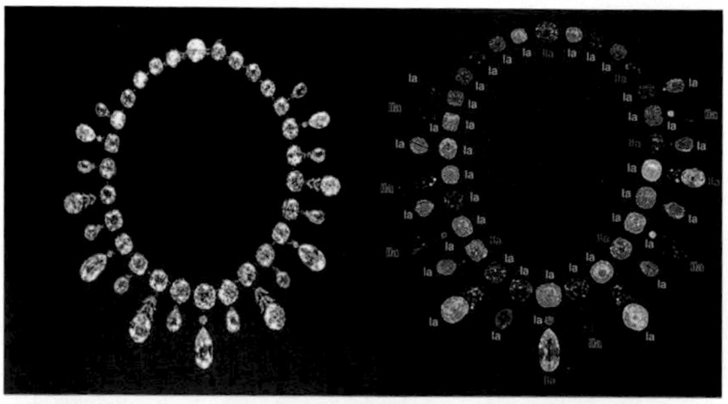

圖 15-12 鑽石項鍊螢光反應（Courtesy Smithsonian Museum）

鑽石螢光顏色分類

無螢光：A 集合體，即所謂兩個氮的群聚（IaA 型），有助於消除螢光。沒有氮的 IIa 型鑽石，多數無螢光，或弱藍色螢光。

I 型鑽石以藍色一淺藍色螢光為主，II 型鑽石以黃色、黃綠色螢光為主，主要是由其色心決定。

常見決定鑽石螢光顏色的色心：
藍色：N3 色心（3 個群聚的氮，零聲子線位於 415nm）；
綠色：H3、H4 色心（位於 503、496nm，A 或 B 集合體附近有空穴）；
黃色：碳間隙規則排列（platelet）與群聚氮原子的結合或是含氫；
橘黃色：Ib 型鑽石中取代碳原子的孤氮；
橘色：NV° 色心（位於 575nm，空穴附近有孤氮）；
粉紅色：NV^{-} 色心（位於 637nm，似前者，但為負價）；
紅色：在短波紫外光下，IIb 型中硼所致。

讓我們看看一串拿破崙時代的項鍊（應該沒經過人為改色）其螢光反應，如圖 15-12。

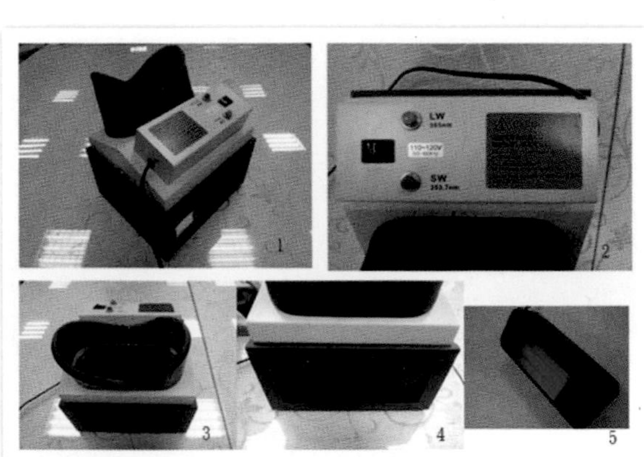
圖 15-13 寶石用螢光燈箱

螢光只是一種發光現象，與放射性無關。螢光強的鑽石在某些場合，可能會呈現出特殊的效果，使鑽石更具獨特魅力。另外，鑽石在陰極射線下發藍色、綠色或黃色的螢光。

鑽石在紫外線照射下並不是全部都有螢光，鑽石螢光的顏色或強度不同，鑽石的硬度也稍有差別。利用鑽石是否有螢光以及螢光不同的顏色，可以區分鑽石不同的磨削性。可以了解的是：在同等強度紫外線照射下，不發螢光的鑽石最硬，發淡藍色螢光的鑽石硬度相對較低，發黃色螢光的居中。鑽石磨製工作中，往往會利用這一特性。

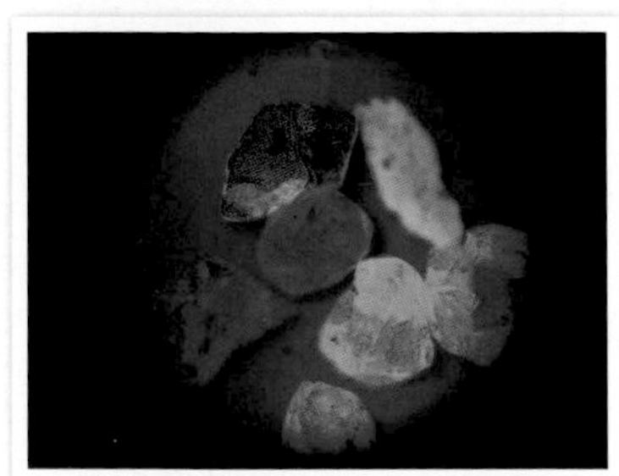
圖 15-14 紫外光燈箱觀察實景

寶石級鑽石最普遍的螢光顏色是藍色但也有其它顏色，鑑定用的長短波（365nm/254nm）紫外光燈箱，如圖 15-13 所示。圖中標示 1 的是紫外光燈箱全貌；2 是開關及長短波段選擇；3 是觀察窗，眼睛可以貼近觀察；4 是鑽石置入口，可掀開黑布置入鑽石，再將黑布蓋上；5 是紫外光燈管，開機時絕對不可目視。圖 15-14 所示為開機觀察實景。

圖 15-15 暗房（AIGS 教室一隅）

如無螢光燈箱，亦可在暗房（圖 15-15 ）使用驗鈔用螢光筆。但驗鈔燈不是最理想的觀賞螢光礦物光源，因為它同時放出可見光，會掩蓋掉部分螢光礦物所發出的彩色。

螢光對眼睛的傷害

請注意，在任何情況之下，都不可以讓螢光燈照射眼睛。紫外線對眼睛的傷害大多發生於水晶體及眼部周圍，容易導致眼部周圍皮膚癌、視網膜的變質與退化，嚴重者更可能造成水晶體透明度損害，可能造成失明。

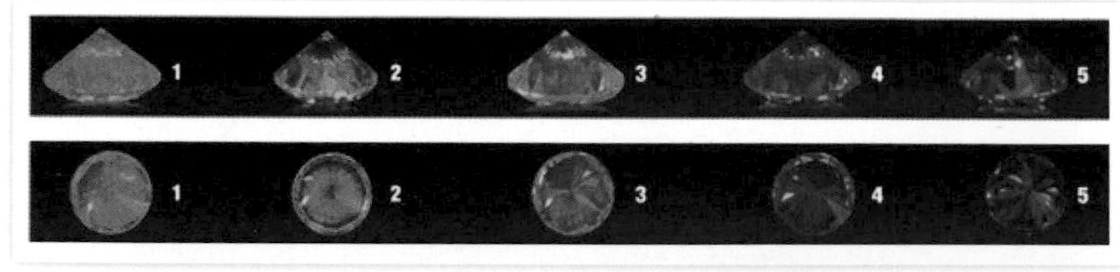

圖 15-16 五級螢光反應

紫外線與白內障的關聯性是最常被相提並論的，白內障係指水晶體混濁的現象，引起視力障礙。過度的紫外線曝曬會導致眼球內水晶體蛋白質氧化變性，造成水晶體混濁而影響視力。白內障手術後的患者，由於少了原有的水晶體過濾紫外線的作用，更容易引起視網膜及黃斑部的病變，雖然現在有可以抗紫外線的人工水晶體植入眼內，手術的病患仍然應隨時注意紫外線的防護。

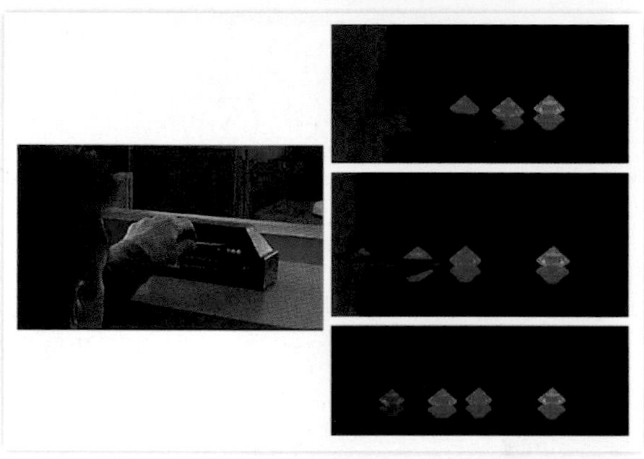
圖 15-17 螢光比色

GIA 五級螢光反應

GIA 把螢光反應分成五級，從非常強（1）、強（2）、中等（3）、微弱（4）到無（5），如圖 15-16 所示。

螢光比色

放入螢光燈箱中比色，如圖 15-17 所示，其中鑷子夾住的是待驗鑽石，其餘為比色石。

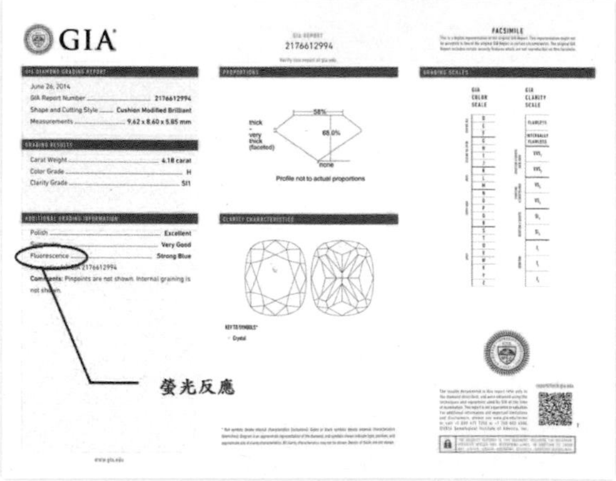
GIA

2176612994

June 26, 2014
GIA Report Number 2176612994
Shape and Cutting Style .... Cushion Modified Brilliant
Measurements .... 9.62 x 8.60 x 5.85 mm

Carat Weight .... 4.18 carat
Color Grade .... H
Clarity Grade SI1

Polish .... Excellent
Symmetry .... Very Good
Fluorescence .... Strong Blue
Inscription: GIA 2176612994
Comments: Pinpoints are not shown. Internal graining is not shown.

58%
thick
-
very thick (faceted)
65.0%
none
Profile not to actual proportions

Crystal

圖 15-18 GIA 鑑定報告中螢光位置（Fluorescence）

GIA 證書

GIA 證書中有關螢光反應的部分寫在「Fluorescence」處，如圖 15-18 所示。

ADDITIONAL GRADING INFORMATION

Finish
Polish .... Excellent
Symmetry .... Excellent
Fluorescence .... None

ADDITIONAL GRADING INFORMATION

Clarity Characteristics .... Pinpoint
Finish
Polish .... Excellent
Symmetry .... Excellent
Fluorescence .... Faint

ADDITIONAL GRADING INFORMATION

Finish
Polish .... Excellent
Symmetry .... Very Good
Fluorescence .... Medium Blue

ADDITIONAL GRADING INFORMATION

Clarity Characteristics .... Twinning Wisp, Feather
Finish
Polish .... Excellent
Symmetry .... Very Good
Fluorescence .... Strong Blue

ADDITIONAL GRADING INFORMATION

Finish
Polish .... Excellent
Symmetry .... Excellent
Fluorescence .... Very Strong Blue
Comments:
None

圖 15-19 五級螢光反應

其中按反應強弱會分別寫成 None（無）、Faint（微弱）、Medium（中等）、Strong（強）、Very Strong（非常強），如圖 15-19 所示。

根據研究，除了非常少數因為螢光現象影響鑽石品質的情形之外，大部分帶有螢光的鑽石，在自然光源的環境下，肉眼無法分辨出差異，甚至在 GIA 分級裡，Faint（微弱）等級的螢光程度，在紫外線燈下都不太容易察覺。因此在 GIA 鑑定書螢光反應一欄，從 Medium 開始才要把螢光的顏色寫上去，譬如圖 15-19 中的 Medium Blue、Strong Blue、Very Strong Blue 等。

圖 15-20 中等藍色螢光

中等藍色螢光在日光下也許不是那麼明顯，但是在紫外線長波下會相當明顯，如圖 15-20 所示。

強藍色螢光在自然光或人造紫外光下（日光或辦公室的光線）會呈現出乳白的外觀，如圖 15-21 所示。在 GIA 的 Gem Diamond Lite 下螢光格外明顯 。

圖 15-21 強藍色螢光

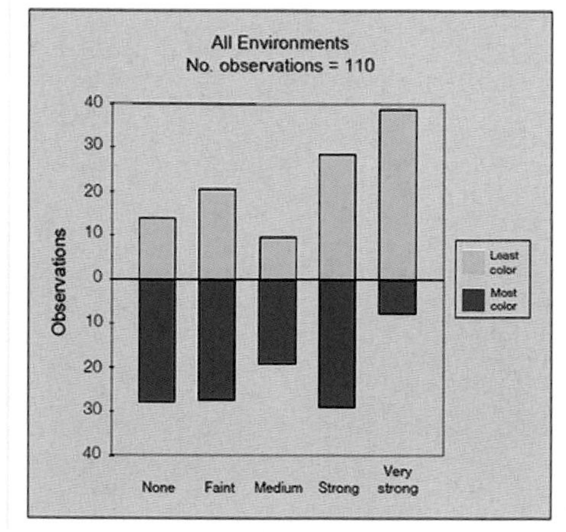

圖 15-22 螢光組合感覺（Courtesy GEMS & GEMOLOGY）

圖 15-23 乳白與白

不過某些帶有螢光反應的鑽石確實有不好的副作用產生，非常非常少數（1%～1‰）具有螢光反應的鑽石會看起來帶有霧狀、油狀或是讓鑽石產生不太透明的感覺，稱為「油光現象」。油光現象通常會出現在強或非常強螢光這兩個等級中，這樣的現象會讓鑽石失去原本閃閃發亮的火光，看起來變得呆滯、死白。GIA 的鑑定報告中雖然會列出螢光反應，但是是否有油光現象卻沒有另外註明。所以買鑽石不要只看證書，一定要親眼檢查。

GEMS & GEMOLOGY, Vol.33,No.4, pp.244–259 Winter 1997 刊載一篇由 Thomas M. Moses, Ilene M. Reinitz, Mary L. Johnson, John M. King, and James E. Shigley 所發表的研究報告「A CONTRIBUTION TO UNDERSTANDING THE EFFECT OF BLUE FLUORESCENCE ON THE APPEARANCE OF DIAMONDS 」，其中載有人對螢光反應觀察感覺的研究結果如次：

圖 15-22 之直條圖係就各種顏色與強弱不等的螢光組合，由富經驗的觀察者判斷顏色表現的差異。圖中可以看出：強螢光的鑽石最有可能被視為「最不帶色彩」，亦即外觀顏色表現較佳；反過來說，弱螢光的鑽石，可能比較被視為「帶較多色彩」。

一些螢光反應中（medium）～強（strong）的鑽石會呈現出乳白（milky-white）的外觀（圖 15-23），而能有較多折扣。不過許多成色較低如 J-M 的鑽石，時常因為有適當的螢光反應而對正面的顏色外觀有提升加分的效果，反而獲得較好的價位（報價表是排除中～強螢光的等級為基準）。但無色的白鑽，如果發黃色螢光，會看起來比較黃，是比較負面的。

圖 15-24 蘇聯鑽螢光燈長波反應

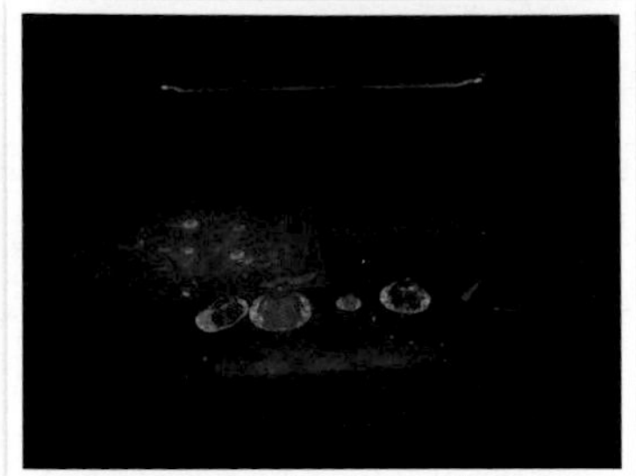

圖 15-25 蘇聯鑽螢光燈短波反應

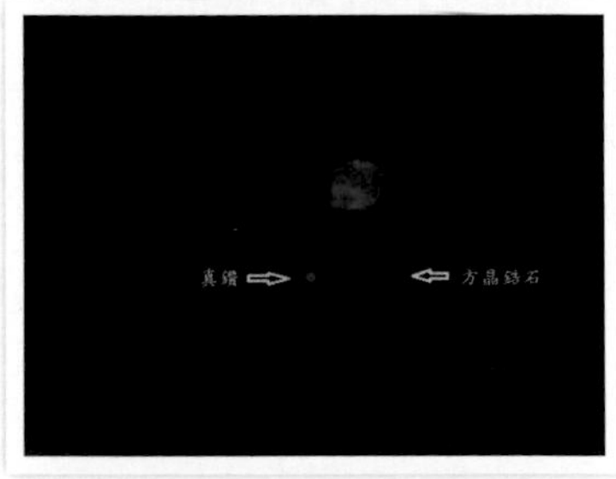

圖 15-26 真鑽與方晶鋯石螢光反應比較

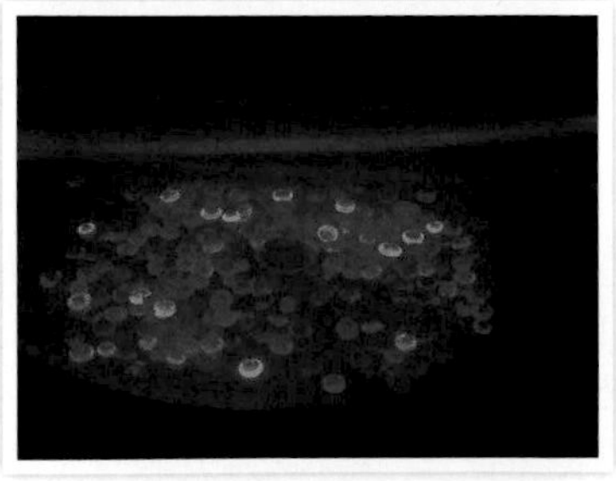

圖 15-27 正中間暗橘黃色的是蘇聯鑽，其餘是真鑽。

利用螢光燈分辨真假鑽

在螢光燈長波照射下，「蘇聯鑽」呈橘黃色反應，鑽石的反應則不一，或藍色，或黃綠色甚至沒有反應，對於整批的鑽石，可以用螢光燈照射看看，若混有「蘇聯鑽」，可迅速分辨出來，但此方式並不是 100% 準確，如圖 15-24 至圖 15-27。

有關鑽石螢光的結論

1. 白鑽中 30 ～ 50％有螢光，其中 90％是發藍色螢光；彩鑽發螢光的比例更高，各種顏色都有。

2. 藍色螢光傾向於中和任何 H 級鑽石或低於 H（I、J、K 等）中的黃色或褐色，讓它們看來較白，可能加強它們的價值。

3. 強烈藍色螢光打在鑽石上通常不會加強 D 到 F 成色的外觀，甚至可能貶低一些價值。因為在罕見的狀況下，有些鑽石有過強的螢光反應可能會讓鑽石看起來霧霧的，即外觀會有些朦朧或「混濁」，減損鑽石的光芒，嚴重會降低它們的價值。Rapaport 報價表是排除中 ~ 強螢光的等級為基準，因此並未顯示，螢光反應造成的價位差異會反應在 Rapaport 雜誌的 Price Indication 中，如圖 15-28 所示。

APPROXIMATE % CHANGES FROM NONFLUORESCENT

COLOR	BLUE FLUORESCENCE	IF-VVS	VS	SI-I3
D-F	Very Strong	-10 to -15%	-6 to -10%	0 to -3%
	Strong	-7 to -10	-3 to -5	0 to -1
	Medium	-3 to -7	-1 to -2	0
	Faint	-1	0	0
G-H	Very Strong	-7 to -10%	-3 to -5%	0%
	Strong	-5 to -7	-2 to -3	0
	Medium	-1 to -3	0 to -2	
	Faint	-1	0	0
I-K	Very Strong	0 to +2%	0 to +2%	0 to +2%
	Strong	0 to +2	0 to +2	0 to +2
	Medium	0 to +2	0 to +2	0 to +2
	Faint	0	0	0
L-M	Very Strong	0 to +2%	0 to +2%	0 to +2%
	Strong	0 to +2	0 to +2	0 to +2
	Medium	0 to +2	0 to +2	0 to +2
	Faint	0	0	0

Rapaport August 2013 **79**

圖 15-28 Rapaport Price Indication

Chapter 16

第 16 章
鑽石切磨的演進與工序

the basic of diamond identification

「切磨是賦予鑽石生命力的關鍵」，是鑽石有光輝之最重要的一個環節，本章的前一部分在說明700 年來，鑽石切磨的演進。次一部分則在介紹現代切磨的工序與工具。

16-1 神秘的歷史

圖 16-1 原石飾品

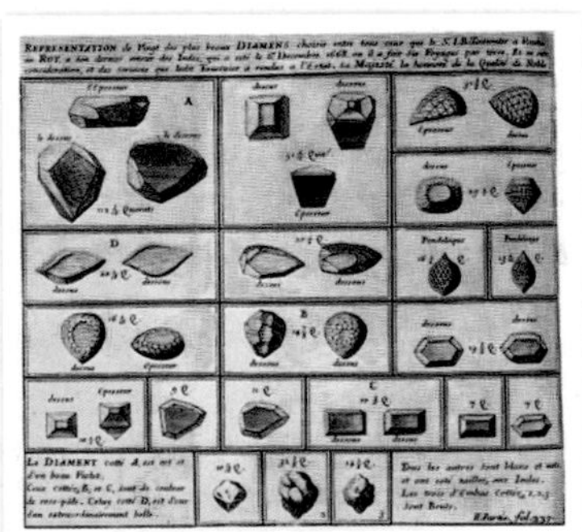

圖 16-1

以前的人相信改變鑽石原石的形狀就會使其失去魔力，若非如此，切磨的發展應該可以更快一些。所謂的魔力，包括治癒疾病的能力、以及保佑佩帶者免於受到噩運和惡靈的侵害等。這種信念在中世紀時傳播至埃及、希臘、而最終傳達歐洲。圖 16-1 為直接以原石作為飾品，其實也別有一番風味。鑽石切磨的歷史很少見諸文獻，已很難考據，可能是因為想要保持這個行業的隱密及家族性的緣故。而印度是鑽石最古老的產地，推測其也可能是鑽石切磨的發源地，一般認為某些珠寶的切割型式應該是始於 14 世紀的印度及歐洲。

蒙汗切磨（Mughal Cut）

有一種鑽石的切磨法稱為「蒙汗切磨」，如圖 16-2 所示。由第 6 章〈戈爾康達鑽石〉，我們從字面就知道 Mughal Cut 是 16、17 或 18 世紀時產自印度的切磨形式，不具有特定的形狀或刻面排列。

對於鑽石，工匠試圖以切磨來「改善」其本質，但這可不是件簡單的事，因為這個由碳元素組成的小東西，比甚麼都來得硬，根本找不到甚麼東西可以來切它。儘管如此，鑽石的第一個刻面，其實早就被設計好了，而且就存放在鑽石原石裡面。最早的切磨方式受限於當時的工具運用，是就鑽石本身的特性來進行，可能是利用劈裂（鑽石原子鍵結較弱的平面）的特性來製出迷人的外形，或以兩顆鑽石相互磨擦，以製出腰圍輪廓。

瞭解了只有鑽石能切它自己後，第一部寶石切磨機在 14 世紀時發明出來，同時開啟了鑽石切磨師這個行業。從這個時候起，鑽石的切磨競賽，從看誰有辦法切磨，轉變為看誰能設計出可以帶出最多火光、亮光及閃光的最佳切磨模式。現代切磨出鑽石刻面的路，走了漫長的 700 年，但這條路上的每跨出一步，都為增添這個來自大自然界禮物的明亮度，獲得相當大的進展。以下按年代順序分別介紹以鑽石切磨的演進過程。

16-2

點式切磨── 14 世紀初期

最早經由切磨來提升鑽石的光學效果可能始於 14 世紀，在此之前人們可能受限於當時的工具運用，是就鑽石本身的特性來進行。可能是利用劈裂（鑽石原子鍵結較弱的平面）的特性，將八面體晶體的八個面劈開成平滑的三角形，製造出幾乎等同玻璃般透亮的鑽石晶體迷人之外形來配戴，或者僅以兩顆鑽石相互磨擦，磨去原石上尖銳的尖端。而後才於八面體的原石上磨出平坦的表面，作簡單修飾，此 2,000 年前就有的設計稱「點式切磨（Point Cut）」（圖 16-3 點式切磨）可說是第一種鑽石的切磨，這是現代明亮式切磨演進的首要階段。

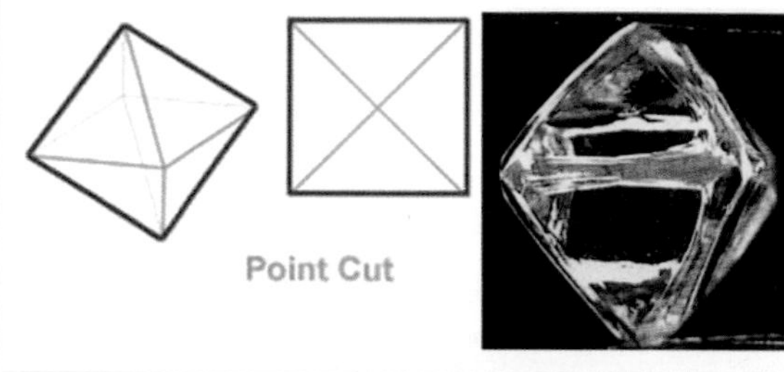

圖 16-3

圖 16-4 所示為英國博物館保管的羅馬時代的戒指（西元前 64 年至西元 196 年，相當於中國的漢朝時代）鑲有鑽石晶體的戒指。

圖 16-4

圖 16-5 中天然的點式（左）與磨過的點式（右）比較，磨過的點式頂點較低，那麼一點點的差別，就會導致光線在晶體內部有不同的反射效果。

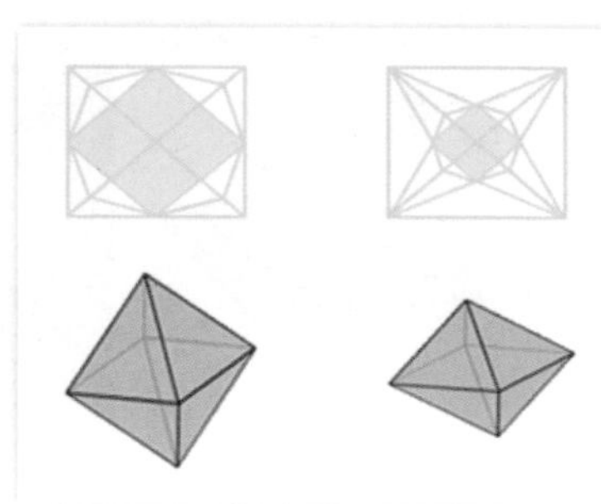

圖 16-5 天然的點式與磨過的點式

平頂式（Table Cut）

在文藝復興時代，歐洲的鑽石原石全來自印度的戈爾康達（Golconda）。完美的八面體自然都留在印度，只有印度不要的一些奇形怪狀的才會流入歐洲，也就是這些「廢料」，迫使歐洲的切磨師絞盡腦汁創造出新的切磨設計。約於 1400 年「平頂式 Table Cut」被發展出來，最初的作法是在八面體的一個頂點磨出一平坦面成為桌面的樣式，其後底部尖端則被磨出尖底面，如圖 16-6 是平頂式切磨平頂位置及圖，16-7 所示是平頂式切磨。

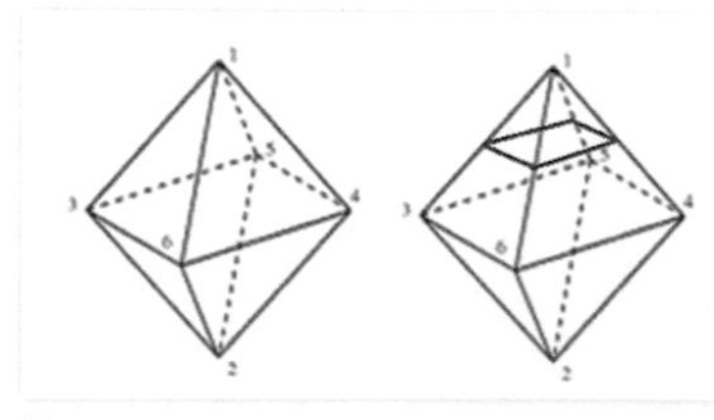

圖 16-6

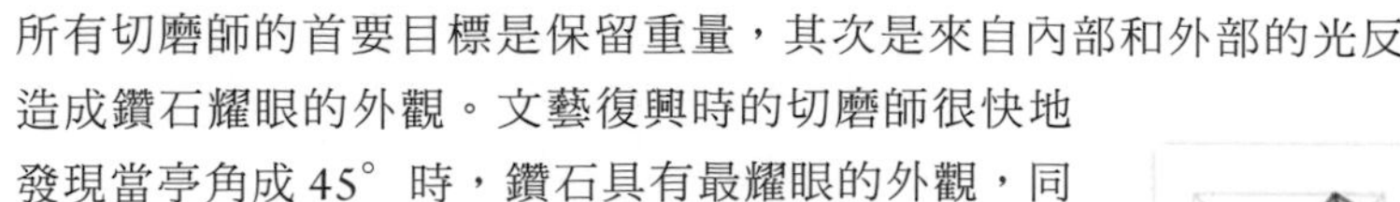

所有切磨師的首要目標是保留重量，其次是來自內部和外部的光反射造成鑽石耀眼的外觀。文藝復興時的切磨師很快地發現當亭角成 45° 時，鑽石具有最耀眼的外觀，同時，只要情況允許，冠角也會被削磨成 45° 如圖 16-8 所示。

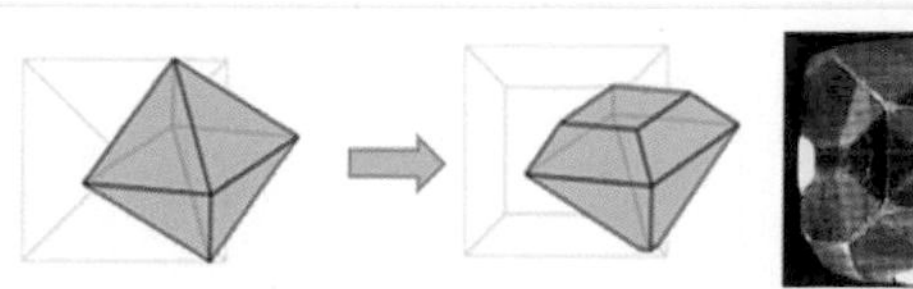

圖 16-7

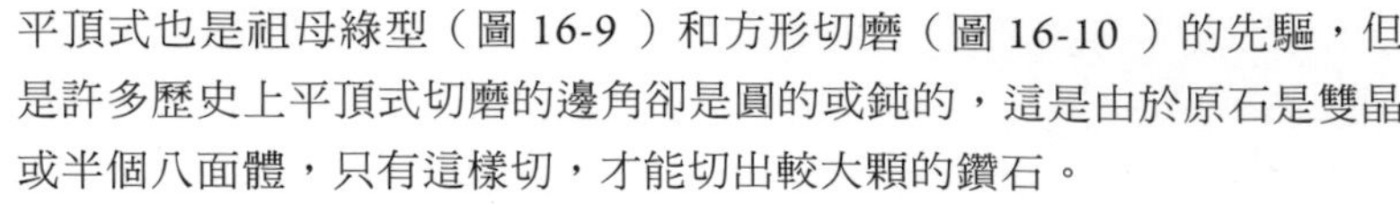
平頂式也是祖母綠型（圖 16-9 ）和方形切磨（圖 16-10 ）的先驅，但是許多歷史上平頂式切磨的邊角卻是圓的或鈍的，這是由於原石是雙晶或半個八面體，只有這樣切，才能切出較大顆的鑽石。

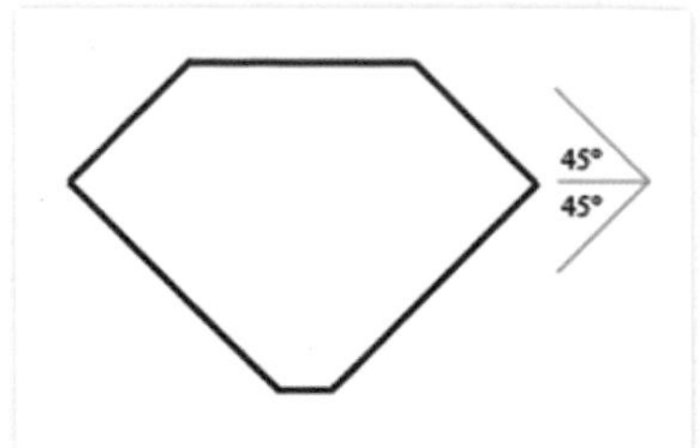

圖 16-8 45° 的亭角與冠角

鏡面式或展開式（Mirror or Spread Table Cut）

鑽石晶體發現時往往呈攣晶型，這種晶體很淺，也因而比較便宜。為了保留較多的重量，這樣的原石以及其他扁平的原石，在切磨時會使桌面很大而亭部很淺，大桌面像似一面鏡子，因而得名，如圖 16-11 所示。

圖 16-9 祖母綠型切割示意

階梯式（Step Cuts）

階梯式切磨是祖母綠切磨和 Asscher 切磨的前身。無論亭部或冠部，階梯式切磨的主要刻面是水平的、像階梯似的構築起來。這種方式可以使深度不夠的原石仍可被切成大塊，同時具有適當的光學效果，如圖 16-12 所示。

圖 16-10 方形切磨

法國式

以四方的桌面中有交叉對角線為特色，因而刻劃出桌面及冠部主刻面，如圖 16-13 所示。

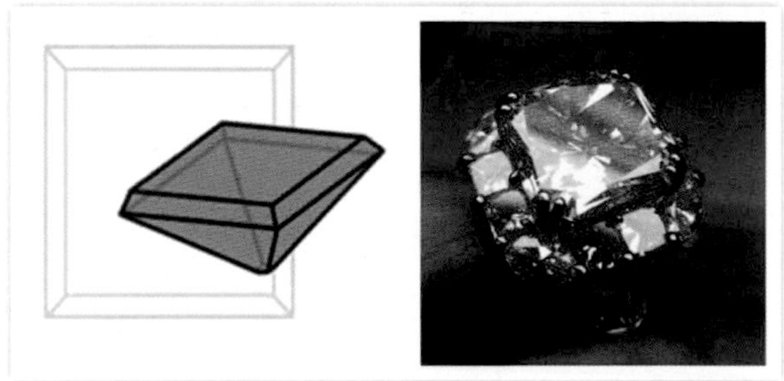
圖 16-11

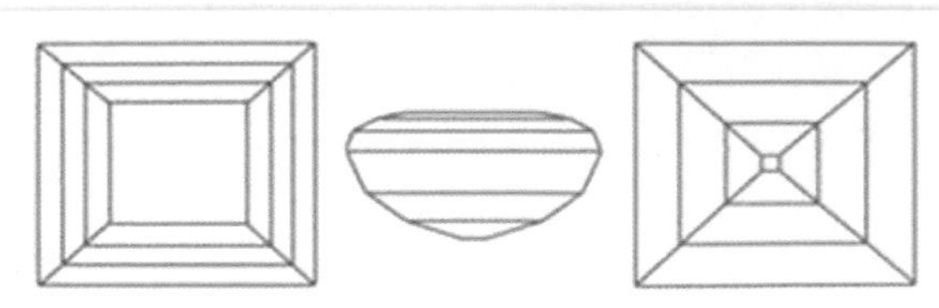
圖 16-12

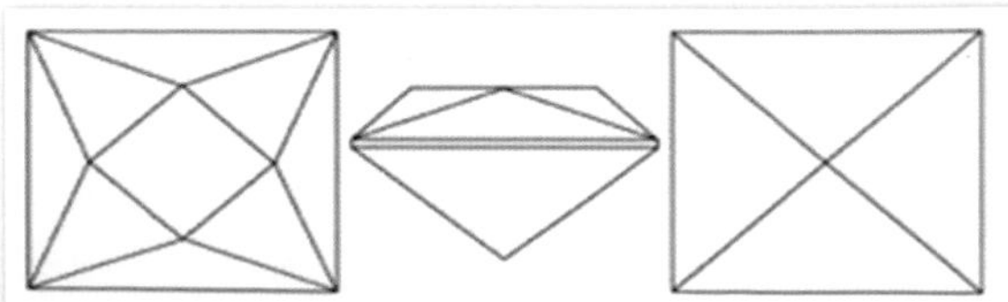
圖 16-13 法國式

16-3

單翻切磨—— 14 世紀末期

14 世紀末期至 15 世紀（大約是明朝鄭和七下西洋後至明朝中葉），切磨輪鋸及磨光盤的運用，開始能夠在八面體原石的鑽石上切磨出更多的刻面，使其展現更好的光學效果，創造出來的「老單翻切磨（Old Single Cut）」（亦稱為「老八面切磨（Old Eight Cut）」）。將平頂式冠部及亭部的邊磨掉，使鑽石增加了角落刻面以創造出八邊形的腰圍、八邊形的桌面、八個斜刻面或稱冠部刻面以及八個亭部刻面，在底部可能有也可能沒有尖底，共具有 18 個刻面，如圖 16-14 所示。16 世紀中葉已將「老式單翻切磨（Old Single Cut）」充分發展，而更顯示出鑽石的閃亮光彩，在此發展階段的鑽石已具有現代明亮式的雛形。

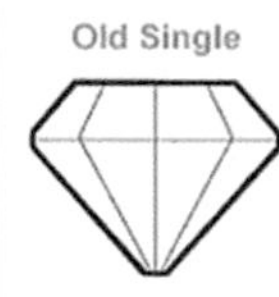

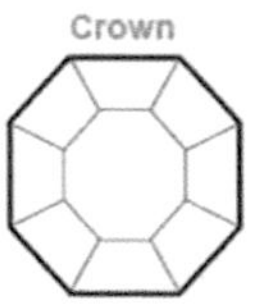

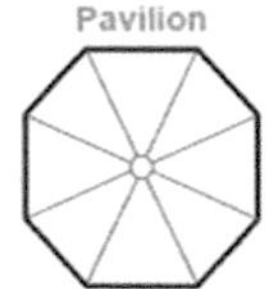

圖 16-14 老單翻切磨

16-4

玫瑰式及墜形反光式切磨—— 16 世紀

玫瑰式（Rose）切磨據傳起源於 14 世紀末至 15 世紀初的印度，至 16 世紀中葉傳到歐洲著名的鑽石切磨中心安特衛普，也被稱為「安特衛普玫瑰」（Antwerp Rose）、「加了頂的玫瑰」（Crowned Rose Cut）、「荷蘭式切磨」（Dutch Cut）以及「全荷蘭式切磨」（Full Holland Cut），成為 16 世紀至 18 世紀領導地位的切磨款式。

玫瑰式切磨（圖 16-15 玫瑰式切磨戒指）一般是應用於較為扁平狀、無法用於其他用途的鑽石原石，或是經由劈裂下來的小碎片，切磨者只在頂端製造出少數幾個刻面，以將其最充分的運用。圖 16-16 中，為一經過劈裂的十二面體原石，右側大塊的可製作成帶底部的切磨形式，左側頂端的一小塊就是天然的三面玫瑰式切磨。

圖 16-15

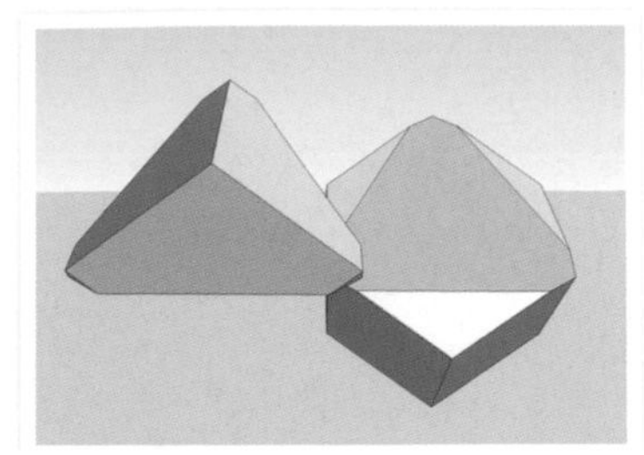
圖 16-16 劈裂的十二面體原石

玫瑰式切磨是一個共有 24 個刻面的半球體，桌面凸起集中至中央，看起來像教堂的穹頂，三角形切割面模仿如漩渦般緊密結合的玫瑰花瓣，因而得名。玫瑰式切磨原來主要在安特衛普製造，後來一些切磨師為了避稅而移至荷蘭的阿姆斯特丹定居，並在那兒切磨製造，因此又稱為荷蘭式切磨。玫瑰式切磨的演進過程如圖 16-17 玫瑰式切磨的演進所示。

圖 16-18 六面玫瑰式切磨戒指在同樣克拉數的條件底下顯得比較大，但因玫瑰式切磨鑽只有桌面有刻面，底部平坦沒有亭部，光芒全來自光線在上方刻面的反射，而無光線進入鑽石內部後折射、反射出的光芒，亮度較為遜色。因此，為了增加玫瑰式切磨的亮度，珠寶師傅都會將玫瑰式切磨鑽石背後貼上反射鋁箔，或鑲嵌在有背的金或銀鑲台上，用以反射光線增加玫瑰式切磨的亮度。或是將兩個半球體背對背合起來，成為一個有 48 個刻面的球體「雙荷蘭玫瑰」（Double Dutch Rose）。如圖 16-19 所示的雙荷蘭玫瑰。

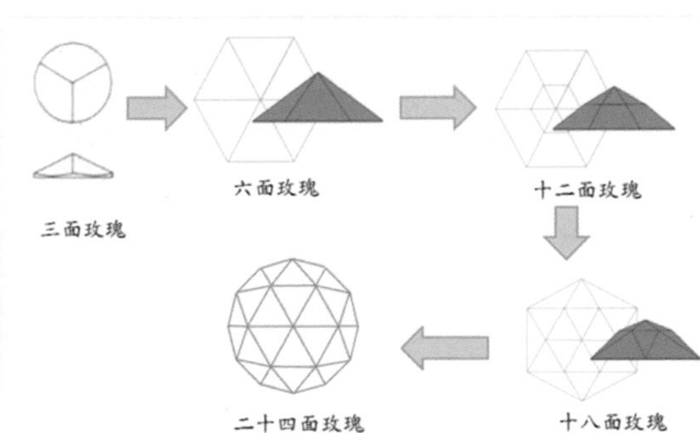

圖 16-17

圖 16-20 中所示為玫瑰式與雙荷蘭玫瑰切磨的俯視圖與側視圖，國內某家電信業者即以此玫瑰式的俯視圖作為標誌，看出來是哪一家嗎？

圖 16-18

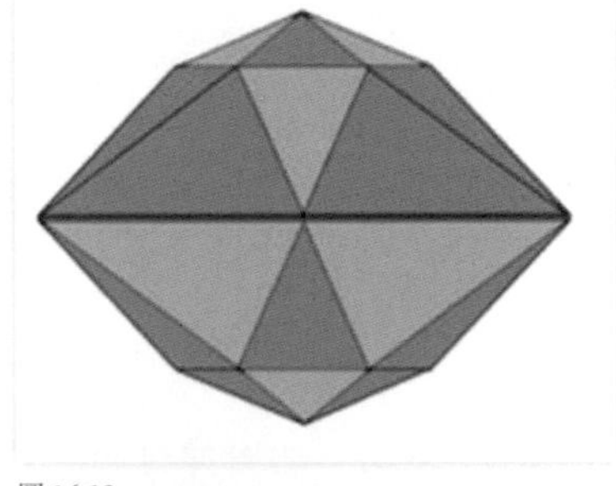
圖 16-19

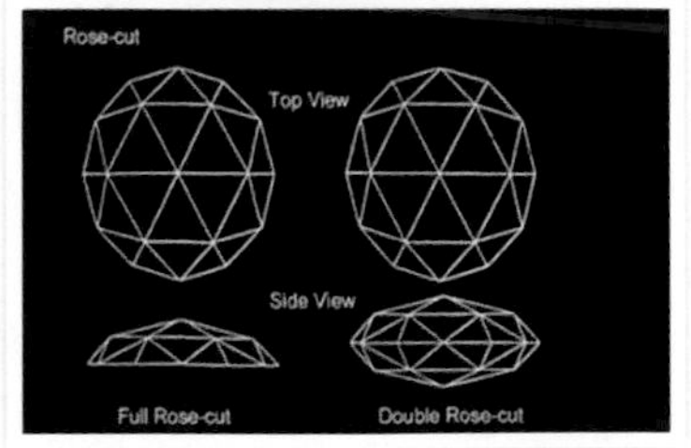

圖 16-20

要知道所有前面的插圖只是形狀的代表示意圖。事實上，玫瑰式切磨幾乎都是不對稱的，而且輪廓通常是不規則形的，只要是突頂的就可以稱為玫瑰式切磨。此類具有不規則或不對稱刻面的玫瑰式切磨，另外有一個名字稱為「碎鑽片式切磨（Senaille Cut）」。圖 16-21 是一些玫瑰式切磨的實例圖片。

圖 16-21

相較於最受歡迎的圓形明亮式切磨鑽，玫瑰式切磨鑽的價格不高，但是數量不多，肇因於 18 世紀枕型明亮式切磨（圓形明亮式切磨的前身）出現後，在當時大受歡迎，大多數珠寶師瘋狂地將蒐集來的玫瑰式切磨鑽改切磨為明亮式切磨鑽，使得玫瑰式切磨在接下來的 300 年間幾乎絕跡，因而玫瑰式切磨鑽目前多見於骨董珠寶上。現代珠寶師想運用玫瑰式切磨鑽設計珠寶時常面臨找不到的問題，得收集到足夠的數量才能製作，因此目前數量也不多。圖 16-22（這顆阿蓋爾粉紅鑽的配鑽使用玫瑰式切磨）與圖 16-23（這顆翡翠的配鑽使用玫瑰式切磨）是兩件現代使用玫瑰式切磨的實例。

圖 16-22

圖 16-23

墜形反光式（Briolette）

「墜形反光式」（briolette cut）亦稱為「滿天星式」或是「梨形雙凸玫瑰車工」，是「雙荷蘭玫瑰」的一種變體，其中一個半球體被拉長了。「墜形明亮式」主要是設計作為墜子，或是當作皇冠上懸吊的小玩意兒。「墜形反光式」可說是梨形明亮式的前身，而梨形明亮式則是圓形明亮式的梨形變體。圖 16-24 所示為墜形反光式，看起來像不像鳳梨？沒錯，國人喜歡將其稱為鳳梨型。鳳梨以台語發音有「旺來」的意思，所以頗受大眾喜愛；但是在醫院工作者（尤其是急診室）則很避諱，因為醫院旺旺來，總不是一件好事。

圖 16-24

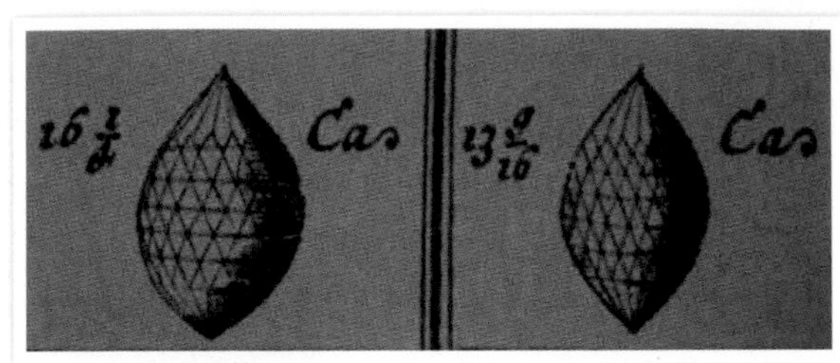

圖 16-25

記得第 6 章〈戈爾康達鑽石〉中提到的現代鑽石之父 Tavernier 嗎？圖 16-25 所示為 17 世紀時 Tavernier 在印度獲得的兩個 Briolettes，之後賣給法皇路易十四。

再來看看現代的 Briolette：圖 16-26 所示為 2013 年 5 月 28 日佳士得香港拍賣的 75.36 克拉 D IF IIa 型 briolette 鑽石吊墜項鍊，上面還鑲有一顆馬眼切磨的帶紫色粉紅鑽。

圖 16-26

16-5 馬沙林式及佩汝茲式切磨—— 17 世紀

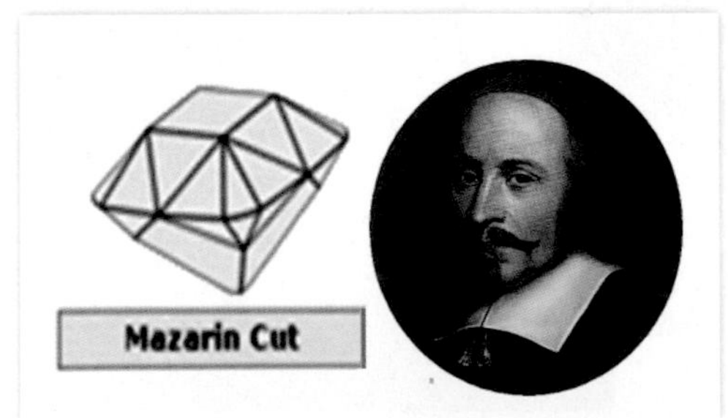

圖 16-27

馬沙林式（Mazarin）

最早的明亮式，在 17 世紀中葉發展出來，稱為馬沙林式切磨，如圖 16-27 所示為馬沙林式切磨與馬沙林主教。馬沙林是一名在法國宮廷相當有影想力的紅衣主教，據說是由他下令做此種切磨因而得名。馬沙林式切磨冠部共有 17 個刻面，因為看起來比老單翻更進一步，所以也被稱為雙翻明亮式。

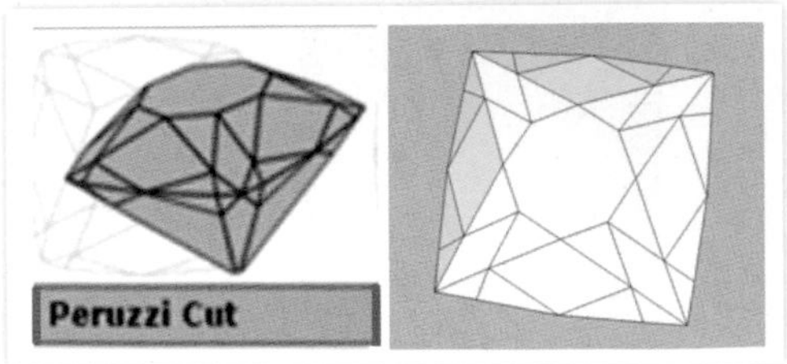

圖 16-28

佩汝茲式（Peruzzi）

佩汝茲是一位威尼斯的拋磨師，他把冠部刻面由 17 個增加到 33 個，具有完美八角形桌面以及平行於八角形各邊的刻面，稱為三翻或佩汝茲式（Peruzzi）切磨（圖 16-28）。玫瑰式切磨的火光和亮度無法與馬沙林式切磨相比，而佩汝茲式切磨的火光和亮度則顯然比馬沙林式切磨更加優異許多。但是從今日的眼光看起來佩汝茲式切磨又有點呆，因為與現代的圓形明亮式比，其腰部充其量不過是略經磨角的方形或長方形。後來佩汝茲式切磨又進階為老礦式切磨。

16-6

老礦式切磨—— 18 世紀

老礦式切磨（Old Mine Cut）的腰圍形狀是枕墊形或圓形，也被稱作枕墊式切磨（cushion cut），是最早的明亮式切磨形式，如圖 16-29 所示。老礦式切磨基本上是方形，只是角都被磨圓了。也具有與明亮式相同的刻面，只是尖底也被磨平了，所以尖底看起來很大。冠部一般都相當高，導致桌面就比較小。尖底一般都大，大到可以從桌面透視的到，如圖 16-29 所示的老礦式切磨示意圖。18 世紀中葉已普遍可見此種類形的鑽石鑲於戒子、項鍊及手鍊上。圖 16-30 則是老礦式切磨。

世界名鑽攝政王鑽（圖 16-31 ），就是老礦式切磨。

在拍賣會上往往還可以見到此類老式切磨的鑽石，售價都不會很貴，例如圖 16-32 中所示的鑽石琺瑯胸針，中間有一顆 1.10 克拉老礦式切磨的鑽石，鑽石總重約 10 克拉，要價 10,000 至 12,000 美元。

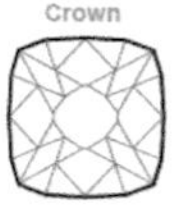

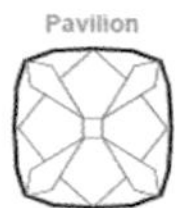

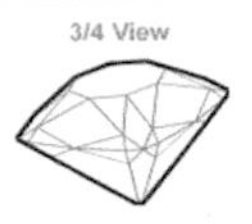

圖 16-29

圖 16-30

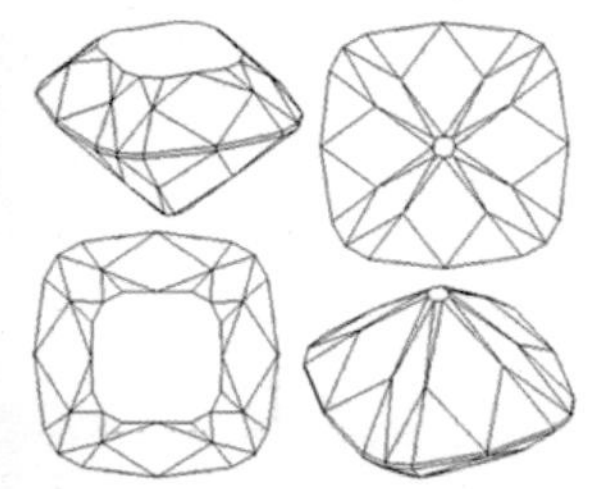

圖 16-31

圖 16-32

16-7 老歐式切磨——19 世紀

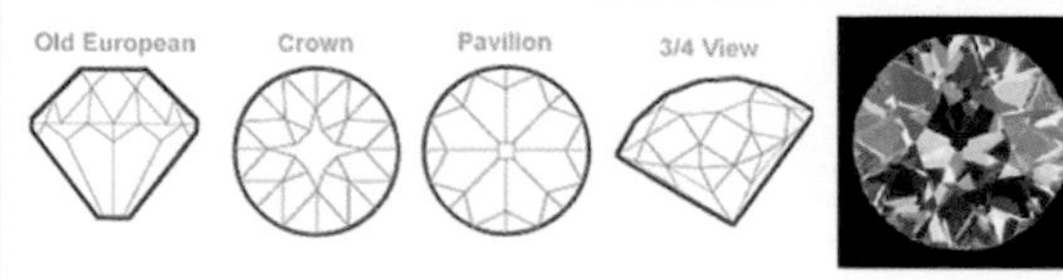

圖 16-33 老歐式切磨

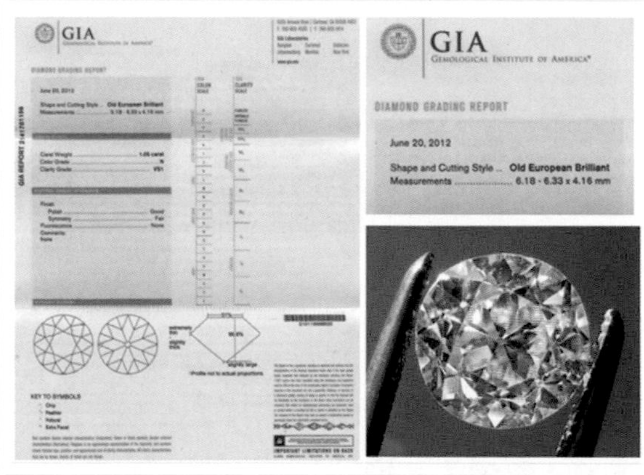

GIA
GEMOLOGICAL INSTITUTE OF AMERICA
DIAMOND GRADING REPORT
June 20, 2012
Shape and Cutting Style ... Old European Brillant
Measurements ... 6.18 - 6.33 x 4.16 mm

圖 16-34 老歐式切磨與 GIA 證書

圖 16-35

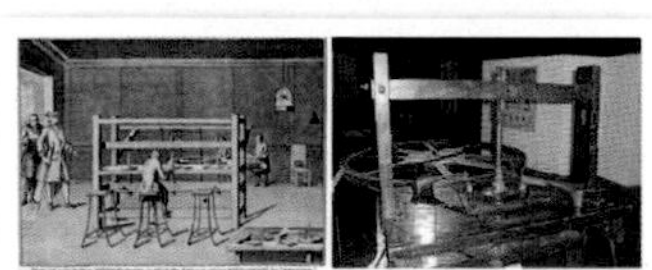

圖 16-37

圖 16-36

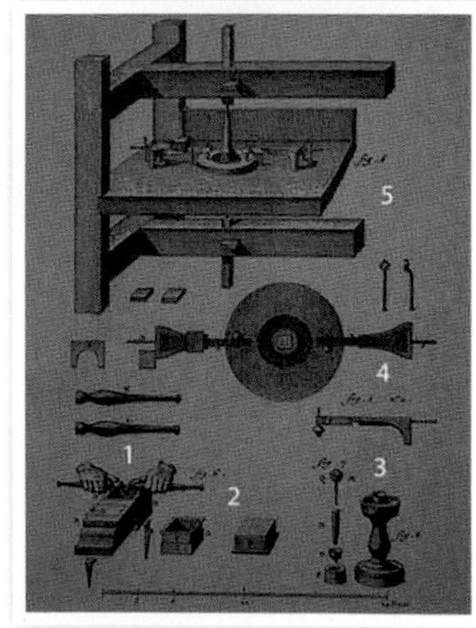

圖 16-38

老歐式切磨 (Old European Cut) 是現代圓形明亮式切磨的前身。老歐式切磨的桌面非常小，冠部很高，全深也非常高，如圖 16-33 所示。老歐式切磨與現代圓形明亮式切磨相同，腰圍都是圓的。

現今仍有許多老歐式切磨的鑽石，如送 GIA 分級，形狀與形式一欄會註明為「Old European Brillant」，如圖 16-34 所示。

回顧鑽石切磨演進的同時，也回顧一下鑽石切磨機具的演進：

圖 16-35 1540 年時的切磨機，那時切磨師必須用腳踢來驅動轉輪。

圖 16-36 16 世紀時鑽石切磨坊，圖中的女孩可能一面推一面想：到底哪個白癡說「鑽石是女孩最好的朋友」？

圖 16-37 18 世紀時鑽石切磨店 (取自：Kunz: Shakespeare and Precious Stones)

圖 16-38 18 世紀時鑽石切磨工具

其中： 1. 打圓。

2. 收集鑽石打圓產生之粉末的容器或篩。

3. 粘桿。

4. 磨輪及套筒。

5. 拋光機。

圖 16-39 1900 年由比利時到美國的移民發明了動力的鑽石鋸，使得切鑽石時不必遵循原石劈裂的方向，也使得鑽石切磨更多采多姿。

圖 16-39

16-8 現代圓形明亮式切磨── 20 世紀

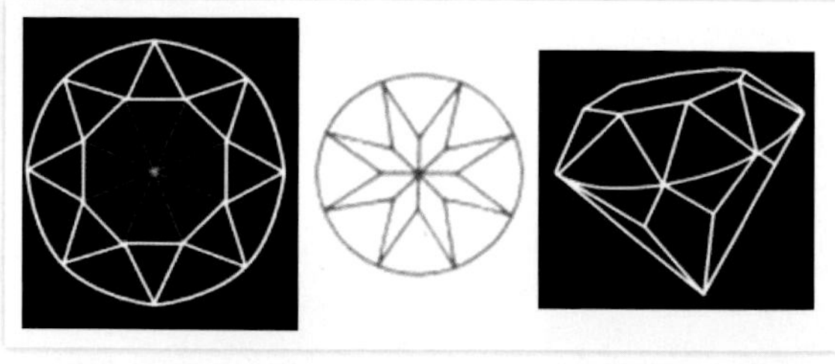

圖 16-40

「現代圓形明亮式切磨」（Round Brilliant Cut）是由比利時鑽石切磨師馬歇爾托考斯基於 1919 年發展出來，這種切磨因此也稱為托考斯基式切磨。即使以最現代化的技術切磨，鑽石仍然會損失高達原石 50%的重量。雖然說鑽石的切磨尚有發展的空間，但咸信圓形明亮式切磨已經將鑽石切磨這個問題解決了一大部分。當原石晶體是八面體時，以現代圓形明亮式切磨就像是超過 600 年前的前身以點式切磨般，是相當有利的，因為可以以最低的損耗，由一個晶體中切出兩顆鑽石。有關圓形明亮式切磨在隨後的兩章中會做更詳盡的說明。

簡化的切磨型式（Simplified Cut）

小尺寸鑽石的刻面比較少，我們把它稱做簡化的切磨。為什麼刻面要比較少？因為當鑽石的重量小於 2 分時，所謂全翻的 58 個刻面無法產生火光，會使得鑽石看起來似牛奶狀、不明亮。簡化的切磨型式可以分為：瑞士切磨（Swiss Cut）及單翻切磨（Single Cut）或稱八斜面切磨（Eight Cut）。

瑞士切磨

瑞士切磨是 19 世紀末期發展出來的，是八面切磨與現代圓形明亮式切磨中間的一種妥協，也是 20 世紀單翻切磨的前驅。其冠部磨出一個桌面、16 個等腰三角形刻面的八個星刻面和八個風箏刻面，與明亮式切磨相比，少了主刻面。其亭部則磨出 16 個刻面即八個主刻面和八個風箏刻面，共有 33 個刻面，如有尖底則共 34 個刻面。如圖 16-40 所示。

現在非常小（小於 2 分）的鑽石與寶石仍使用八面切磨或瑞士切磨，並應用在密釘鑲。這些石頭主要被用作配鑽以襯托出較大的明亮式切磨鑽石。通常在 19 世紀末期和 20 世紀初期的首飾可以發現瑞士切磨鑽石，直到裝飾藝術時期，瑞士切磨才被新的單翻切磨所取代。對切磨廠而言，單翻切磨簡單又便宜，因而在小碎鑽中多採單翻切磨而非標準的明亮式切磨。

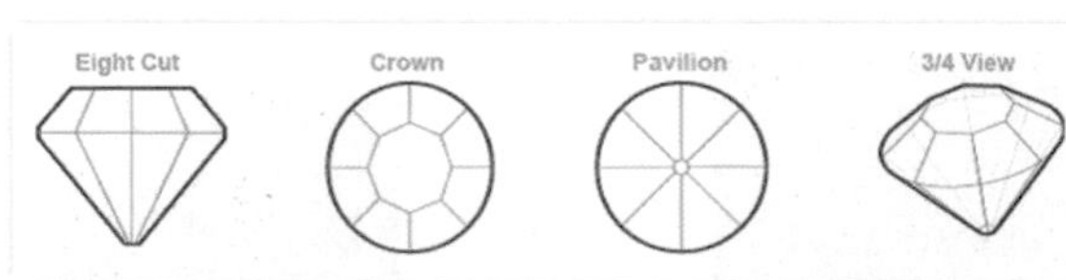

圖 16-41

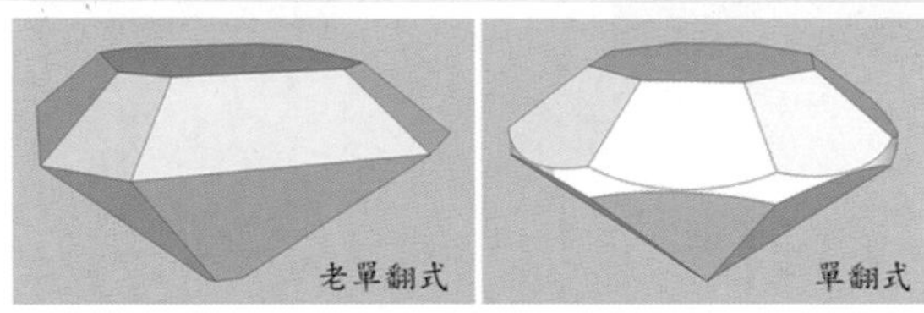

圖 16-42

圖 16-43 單翻式切磨應用實例

圖 16-44

八斜面切磨（Eight Cut）

八斜面切磨基本上是用於小鑽或素質較差的鑽石，因為對於小鑽來說圓形明亮式切磨似乎不太可行，其成鑽價值也低。八斜面切磨又稱為單翻式切磨（為與老單翻式區隔），冠部有 8 個具四個邊的梯形刻面，亭部有 8 個刻面，以及一個八邊形的桌面，總共 17 個刻面，如有尖底則共 18 個刻面。如圖 16-41 的八斜面切磨。

前面提過 14 世紀末期至 15 世紀時有一種切磨稱為老單翻式切磨，現在我們講到單翻式切磨，那麼單翻式與老單翻式切磨哪裡不同呢？請看圖 16-42 老單翻式與單翻式切磨圖，由圖中可以明顯看出：老單翻式的邊維持原石的直線，而單翻式的邊已經都磨圓了。

圖 16-43 中為一個單翻式切磨的應用實例，在戒圍上使用了許多單翻式切磨的鑽石，以增加其華麗性。

單翻與全翻的比較

圓形切割包括有單翻切磨形及足辦明亮式切磨（Brilliant Cut）。現在市面上最流行的鑽石是圓形的足辦明亮式切磨（Brilliant Cut），57 或 58 個面，又稱全車、雙車或全翻。因為它可以將鑽石的色散和光彩表露無遺，能將內含物藏好，鑲嵌也比較容易，一顆圓形的鑽石，可以比其他形狀的鑽石貴 30%，因此成為大部分人的首選。足瓣切磨（Brilliant Cut）：又稱明亮形切磨，是鑽石常用的切磨法，通常切割成圓形，這種切磨法最適用於鑽石，可充分將鑽石的光彩發揮出來。而單翻切磨比較沒有七彩火光，但看起來比較白（圖 16-44 全翻與單翻）。

高級原裝錶所鑲之鑽石為單翻切磨，在台灣或香港加鑲的鑽石為全翻切磨，可藉此判斷鑽錶為原裝或另外加鑲（另外也可由鑲工判斷，如果是爪鑲，可能是原裝；如果是在金屬上硬推出一缺口鑲入，則可能是後鑲）。當然錶款日新月異，這項判斷方式僅供參考。如圖 16-45 是原裝鑽錶採用的單翻式鑽石。

圖 16-45

鑽石的切磨在 20 世紀後半期已更加的標準化。人們在光學的理論上雖仍繼續研討，但對切磨的設計考量，已不再有大的影響，切磨的方法也愈趨標準化，但無論如何市場還是對於新的事物有所期待，一般時日後總有些新的設計出現，其重點還是在展現更多的光學效應，同時又能保留更多的重量。

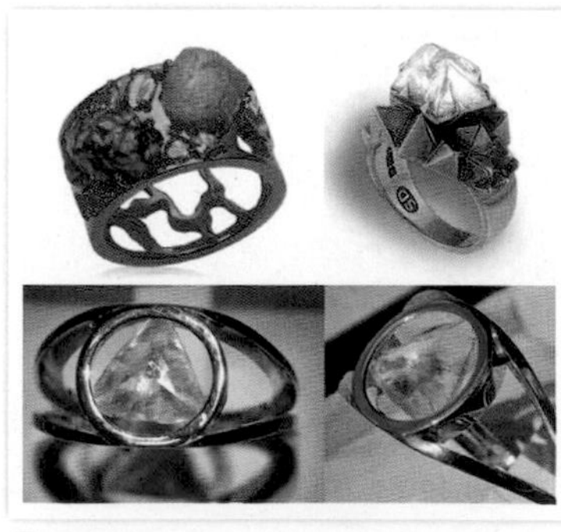

圖 16-46

復古切磨

復古風盛行，許多設計師回歸到原石直接鑲或是古老的切磨模式，以下來看一些實例：圖 16-46 為原石直接鑲嵌；圖 16-47 為各種復古切磨模式。

圖 16-47

16-9 鑽石的切磨流程

在介紹鑽石的切磨方式前，先說明一下鑽石切磨的術語：鑽石的切磨（Diamond Cutting）應該包括劈裂、鋸開、磨出腰圍輪廓（粗磨定型）、刻面及拋光。以往有比較古老的說法稱之為塑型（Fashioning），惟如今塑型指的比較屬於切磨的型式而非代表整體切磨的過程，例如用在將一個老歐式切磨的鑽石，重新「塑型」為現代明亮式切磨，可能是一個比較適切的說法。

鑽石研磨技師在動手之前常在針對每一顆原石的不同特質，選擇不同的鑽石切割型式，例如標準的圓型明亮式，或是特殊的梨形或馬眼形，考慮的重點不外乎保留原石的最大重量，或是隱藏內部的瑕疵，決定好切割型式後再利用上述解理的特性，沿某些解理面敲擊或切割。在這裡用「切割」這個字，並不像我們拿小刀在紙上切割，可以直接將紙張一刀割成兩半，技師所使用的是一片鑲有碎鑽的金屬片，利用高速旋轉的碎鑽在原石上磨，硬碰硬，兩敗俱傷，欲研磨的切面成形了，至於碎鑽則消耗掉了。

16-10 切磨加工鑽石的工序

圖 16-48

切磨加工鑽石的工序包括規劃（Planning）、標記（Marking）、分割（Dividing）、粗磨（Bruting）、刻面（Faceting）、拋光（Polishing）等，分別敘述如次。

規劃（Planning）

鑽石切磨技師為了勾勒出鑽石的輪廓，有時需要在原石上先磨出個窗戶來，才能看清楚內含物的位置。規劃的目標不僅僅是要保留最大的重量，也希望能得到最佳的淨度等級。切磨師要避免尖底處有任何內含物，因為這個內含物有可能會被反射 24 次。一般經驗法則是說，要以儘可能的最大範圍來佈置鑽石。如果待切磨鑽石是整顆而不是經過鋸開的，那麼一旦桌面位置決定了，整顆鑽石將來的完成的造型就可以被標定出來了。如圖 16-48 是開窗檢視。

現代的規劃工作則可交由電腦軟體進行，如圖 16-49 為鑽石切磨規劃的電腦影像。電腦會根據內含物的位置、重量、型式等提供切磨師各種不同選擇的影像，協助切磨師做出最精確的規劃。

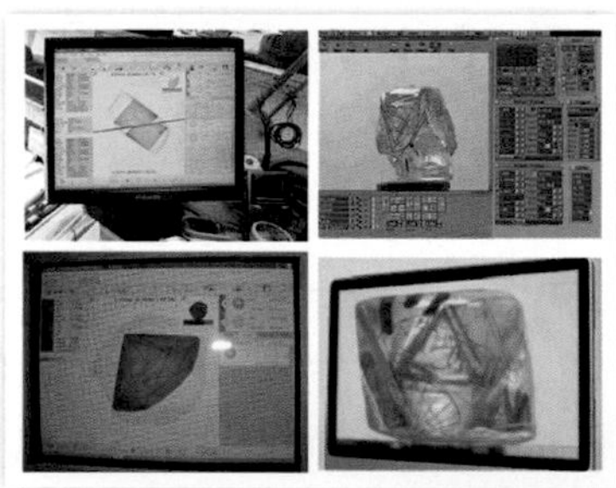
圖 16-49

以「Letseng Star」原石為例

「Letseng Star」原石重 550 克拉，如圖 16-50 為「Letseng Star」原石外觀。經以電腦規劃，如圖 16-51 所示即為電腦規劃圖。圖中各種顏色的彩色細線，將 Letseng Star 原石規劃切磨成 27 個梨形及一個圓形明亮式鑽石，所有切磨出來的鑽石都是 D、FL 或 D、IF。圖 16-52 所示為根據電腦規劃，從 Letseng Star 切磨出的部分配對梨形鑽石。

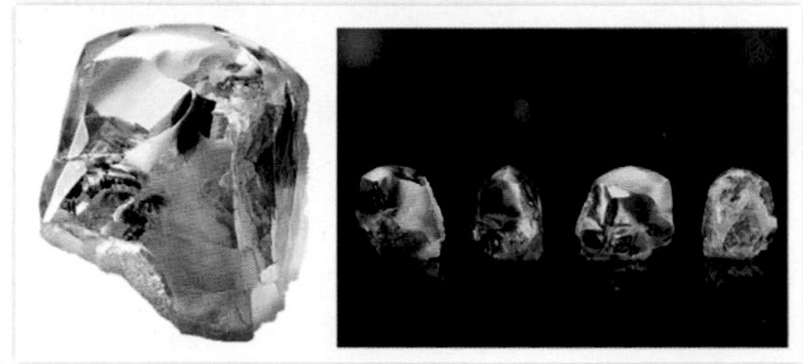
圖 16-50

圖 16-51 電腦規劃圖

圖 16-52

標記（Marking）

決定好切割型式後，依據解理的特性，沿某些解理面；或是不考慮解理面，依原石的特質，定出分割面，以墨汁在鑽石原石上決定要分割面的位置做記號，稱為標記，如圖 16-53 即為做標記。

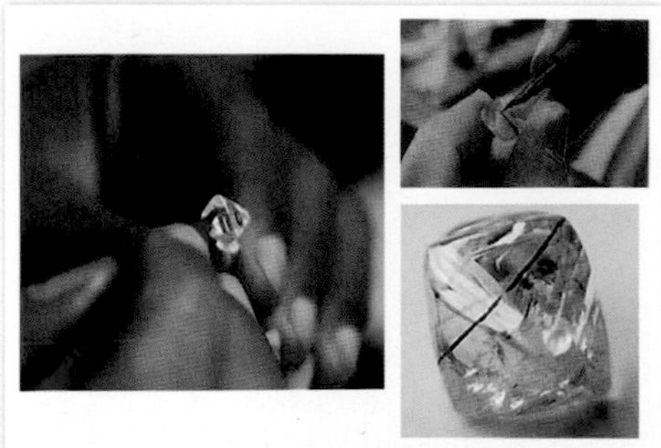
圖 16-53

分割（Dividing）

分割鑽石的方法，一般有劈裂、鋸開及雷射切割等三種，分別介紹如次。

劈裂（Cleaving）

在第 3 章〈鑽石結晶學〉中，我們提到鑽石常見的晶體外形包括立方體、八面體、菱形十二面體等；在第 4 章鑽石的寶石學特徵中，我們則提到如何就不同外型的晶體找解理面。圖 16-54 所示即為八面體（左）和十二面體（右）鑽石晶體的劈裂方向。

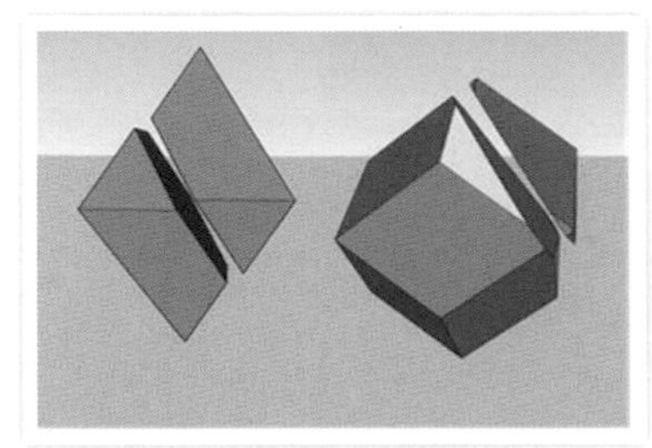

圖 16-54

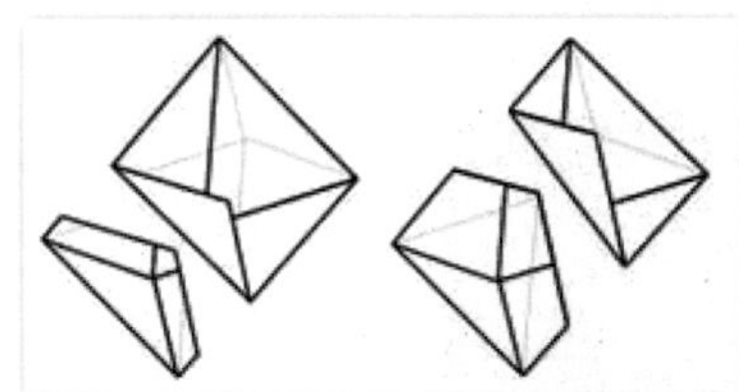

圖 16-55

劈裂是將一顆鑽石原石沿平行八面體的三角形面（三個生長紋）劈開。木頭只有單一的生長紋，可以簡簡單單地以斧頭或是楔子劈開。鑽石也可以被劈開，但由於平行於八面體的三角形的面有四種可能方向，如何規劃就比較具有挑戰性。例如說，圖 16-55 所示是一個八面體中不同劈裂位置，同一個八面體有多道解理面，左右兩側的解理面位置差異很大，選擇從哪個位置劈裂，對將來成鑽的價值影響很大。

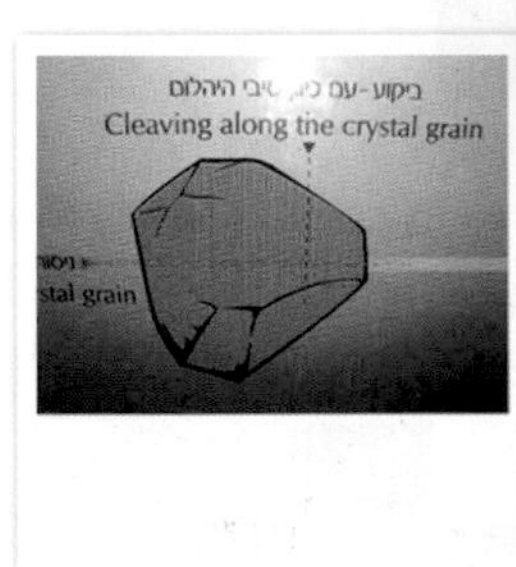

圖 16-56

某些歷史上有名的鑽石，在第一槌擊下前往往經歷好幾個月的研究。其中不只是找出劈裂面的位置而已，還需要對保留最大價值及重量做出嚴密的設計。一旦決定了第一次劈開的劈裂面，劈裂師會以另一顆尖銳的鑽石於平行劈裂面的方向，在鑽石上刻出（刮出）一道切口凹痕（溝痕）。這道溝痕在適切的方向上必須夠深，一旦劈裂師對該溝痕滿意了，他會在溝痕內置入一鋼質劈刀，並維持平行劈裂面的方向，再以鎚子穩穩地敲擊劈刀，將鑽石切開，如圖 16-56 所示劈裂。劈裂師常常會將鑽石原石，尤其是較大的鑽石原石，劈成好幾塊。

鑽石原石如果（而且是必須）沿平行八面體的三角形面劈開，劈開後，面會非常平整，如圖 16-57 所示劈開八面體的三角形面。劈裂的缺點是對切開的方向缺乏彈性，同時也必須冒著鑽石破成不規則狀，導致價值嚴重受損的危險，就整個鑽石的切磨過程而言，我們可以說：劈裂本身就是一種藝術。

圖 16-57

鋸開（Sawing）

早在 1900 年前就有鋸開其他寶石例如玉的記載，而鋸開鑽石則是一直至十九世紀初期才有的事。

晶形完整的八面體晶體最適合用鋸開法，因為在鋸開面的兩側，可以有兩個適合切磨成圓形明亮式的晶體，同時將桌面放在兩個半塊的交接面（鋸開面）處會比較正確。在這些鋸開面上會有相當多的鋸紋線條，可以讓切磨師在切磨過程中看出來生長紋的所在位置，以及原石另一端該切尖底的位置。切磨師往往會偏一邊切，不是正好切在中央，而使得切出來的兩半大小不同，亦即將來切磨完成後大小也會不同（圖 16-58 切在中央與偏一邊切）。例如說，不切成兩個 0.88 克拉，而是一個 0.95 克拉與一個 0.81 克拉，或是一個 1.00 克拉與一個 0.76 克拉。其中有的方式可以讓切磨師獲利較高，前述三個方案中的後兩個，達到較大尺寸的範圍內，同時也變得更有價值。

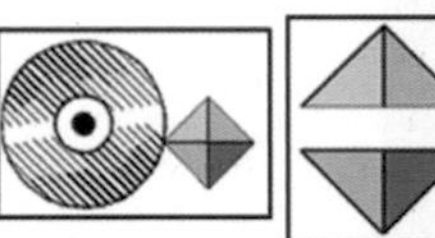
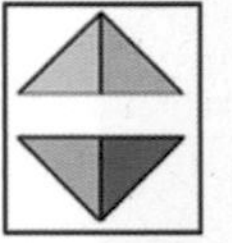
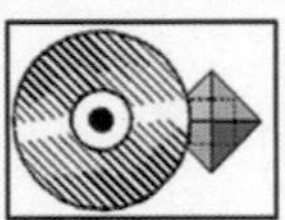
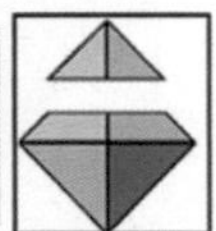

圖 16-58

圖 16-59 鑽石切割機（Photo Courtesy of Paulina Chang）

早年比較原始的鋸開法是一項艱鉅的工作，手工完成一顆鑽石就要花上好幾個禮拜的時間。現代的鋸開法是採用藉由軸心固定，並以電力驅動的旋轉薄銅質鋸片。施做時並非將鋸片與劈裂面平行，而必須以垂直某單一生長面的方向切。這種方式是目前最普遍分割鑽石的方式，比劈裂法安全多了，而且以能保留所需的重量為特色。

圖 16-59 所示的一台已經裝上鋸（刀）片的鑽石切割機，可以開始將鑽石原石切開。

圖 16-60

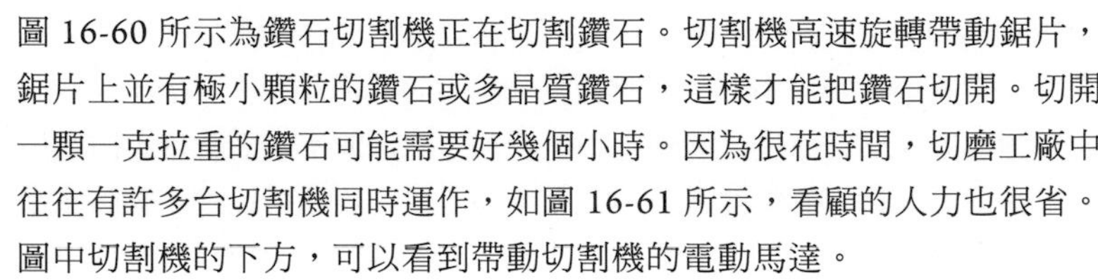
圖 16-60 所示為鑽石切割機正在切割鑽石。切割機高速旋轉帶動鋸片，鋸片上並有極小顆粒的鑽石或多晶質鑽石，這樣才能把鑽石切開。切開一顆一克拉重的鑽石可能需要好幾個小時。因為很花時間，切磨工廠中往往有許多台切割機同時運作，如圖 16-61 所示，看顧的人力也很省。圖中切割機的下方，可以看到帶動切割機的電動馬達。

決定切開位置的因素

如同前述，重量是最重要的因素，圖 16-62 中的鑽石，左：從正好一半的位置切，切出來的兩個鑽石重量很相近。右：不在中央切，切出來的兩個鑽石尺寸差很大。切的位置影響價錢。

當然，另一個考慮是瑕疵所在，圖 16-63 中的鑽石原石中有明顯的羽裂紋，切開時如果能順便將其去除，將來的鑽石淨度就比較高，也比較值錢。

圖 16-61

圖 16-62

圖 16-63

使用雷射切割鑽石

使用雷射切割鑽石已經有很多年歷史了，最主要的好處是切磨方向可以很隨意。這也是唯一不用考慮生長紋的方式。雷射聚集高熱量燒透鑽石，唯一的缺點就是：當拋磨燒灼面時可能會有很輕微的重量損失。

雷射切割鑽石的過程如圖 16-64 所示，首先將待切割的鑽石固定在桿座上（1），雷射機台預備（2），將整排待切割的鑽石一一固定（3），以雷射切割（4）。切割開的鑽石如圖 16-65 所示。

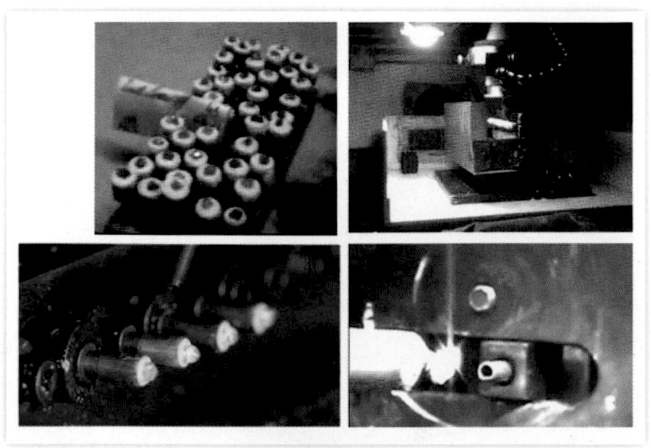

圖 16-64 雷射切割鑽石

圖 16-65 以雷射切割開的鑽石

雷射可以切出各種奇奇怪怪的形狀，譬如說蝴蝶、海馬、總統府或是台灣地圖。也可用在切割心形鑽石的開口（詳見第 19 章花式切磨解說）。雷射也可用於鑽進不美觀的內含物（詳見第 25 章鑽石優化處理）。使用強烈光束鑽一個很微小的隧道出來，通過這個小隧道，灌入強酸減輕內含物的顏色，或是將雜質溶解，使得明顯度降低。

粗磨（Bruting）

粗磨的英文是 Bruting，狹義地說是磨腰圍的意思，實際上就是將鑽石創造出圓弧切割的形來。這裡的形包括圓明亮、梨形、橢圓形、馬眼以及心形。一個常常磨腰圍的師傅就對此很專精，當切磨師勾勒出基本的輪廓後，就可以交給磨腰圍師傅磨出初步或直到最終的腰圍來。磨腰圍成為一個專業，往往使得磨腰圍師傅對其他領域如切割、拋光、鋸開等不熟悉，因此產生精於將石材磨邊成圓形的專家。

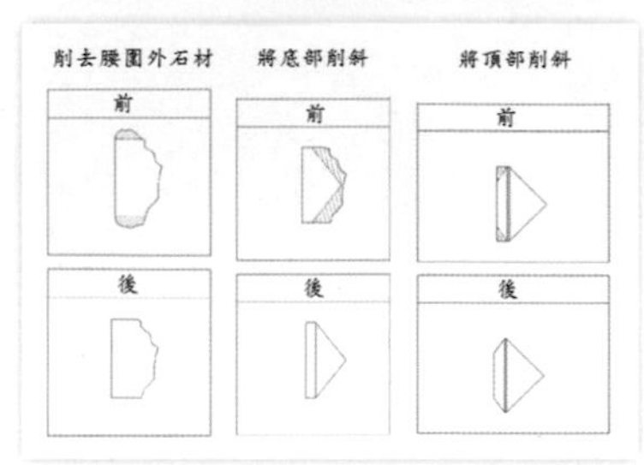

圖 16-66

但是在磨腰圍之前還有些性質相近的前置作業（Pre-Bruting）：切磨師者在選擇鋸開面的位置時，就已經開始規劃晶體鋸開的一半中鑽石的輪廓，鑽石的頂與底都要儘量考慮進去，但要避免切削的太過頭。然後在鋒利的磨盤上將輪廓外的材料快速磨掉，這樣就部份減輕了修腰圍者的工作負擔。因為現代的 Bruting 就是把這些工作合起來的總稱，因此稱為粗磨、定型或是打邊。

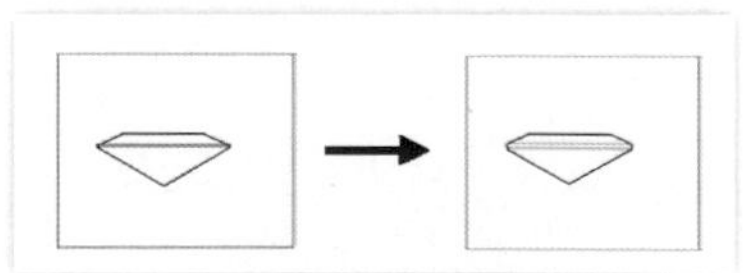

圖 16-67

什麼是前置作業（Pre-Bruting）呢？包括如圖 16-66 前置作業。然後粗磨出腰圍如圖 16-67。

圖 16-68

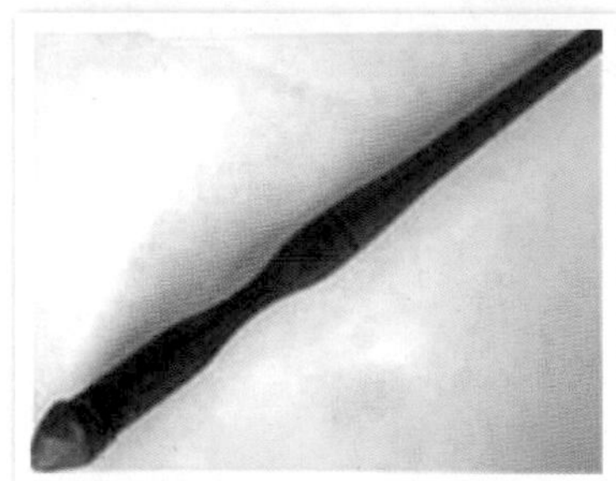
圖 16-69 銅棒

圖 16-70

圖 16-71

大約在西元前 300 年，東印度刻磨鑽石的方式，就很像磨腰圍的做法。當時的人們發現惟一能刮鑽石的就是鑽石自己。這種刮法，慢慢地轉變成鑽石原石表面的設計。目前我們使用來磨腰圍或造型的方式，則大約始於 14 世紀。這種粗糙的方式知易行難，在觀念上很簡單，但其實在體力上卻是很沉重的負擔。兩支棒子上分別緊緊嵌住寶石級鑽石和較低等級（工業級）的鑽石，由人力用較低等級的鑽石一摳又一摳地刮寶石級鑽石，費力的將鑽石屑及小碎片去除，就這樣磨出一個相對粗糙的型來。為什麼很費力？因為在鋸開的石材上，腰圍總是包括四個 4 點生長紋交會。這會使得磨腰圍的人很難磨圓石材，因為在 4 點生長紋交會處是非常非常的硬。以圖 16-68 鋸開的鑽石晶體為例，此八面體晶體鋸開的一半，在磨出腰圍前看起來相當粗糙。一般會把桌面定位在鋸出來的大平面上。

在機器發明出來前，磨腰圍者將鑽石黏著在一支銅棒上，再以磨腰圍機上另一顆工業級鑽石旋轉與其對磨。以輕拍偏心輪頸部位置，輕微調整寶石級鑽石，使得磨腰圍者得到最快的速度。圖 16-69 所示的這支銅棒是現代用的刮棒與使用機器前用的很類似，在棒子一頭嵌入一工業級的鑽石，而手持棒子對上寶石級鑽石，並強制地接觸到，慢慢地將材料刮除。圖 16-70 及圖 16-71 即為人工磨腰圍。

直到 19 世紀末，才有動力的刮磨機器發明出來並加入生產的行列。現代磨腰圍的工作是使用電動馬達帶動類似車床的機器做的。雙軸心機器的設計稍微有點複雜，但也是為達到同樣目的。磨腰圍者一般初步磨出腰圍，再由切磨師進一步描繪出，然後再交由磨腰圍者磨出最後腰圍。圖 16-72 所示為現代用的電腦控制磨腰圍機。圖 16-73 中為以鑽石磨鑽石的方式，可以把切開的兩顆鑽石都磨出正圓的腰圍，左為作業中，右圖則為靜止狀態。

圖 16-72

腰圍大致磨出來後，即可以粗磨輪片磨出準確腰圍，如圖 16-74 所示。

圖 16-73

粗磨與拋磨比較

粗磨（Bruting）這個字用的很有趣，因為 Bruting 在字面上是把鑽石材料強行移開，帶有蠻力的意思。而當拋磨鑽石的時候，會選擇以與生長紋垂直的方向磨進去，材料就很容易被移開。相對來說，粗磨去除材料時，與生長紋的方位則比較沒有關係。

刻面（Faceting）

就術語而言，Faceting 這個字並不如拋光普遍，尤其是在鑽石切磨師之間。為什麼呢？其實所謂刻面的刻，並不是以刀斧鑿出來，而是以拋磨的方式磨出來的（圖 16-75），因此有時與其稱之為刻面，還不如稱之為磨面。不過為了與後面的拋光做區分，我們在這裡還是用刻面這個詞代表製作出鑽石各個刻面的工序過程。

圖 16-74

Faceting 這個字同時也指切割質軟的寶石，當尺寸愈小時，其所代表的工序意義差異愈大。鑽石切磨工作臺必須夠重，以確保當有小振動時，刻面邊緣不致於拋光過度變得不易察覺。一般有色寶石所用的檯重可能重 10 到 25Kg，鑽石切磨工作檯的重量則高達 130 到 230Kg。

圖 16-75

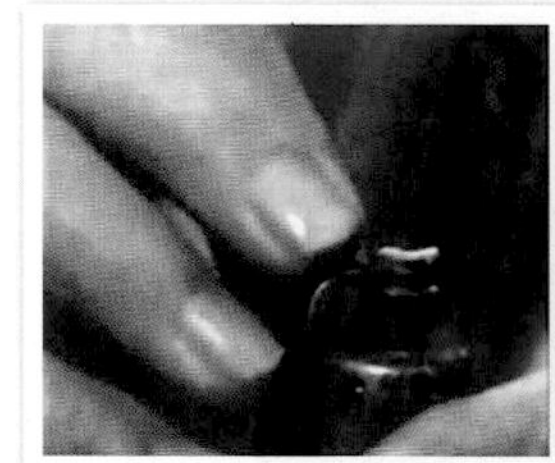
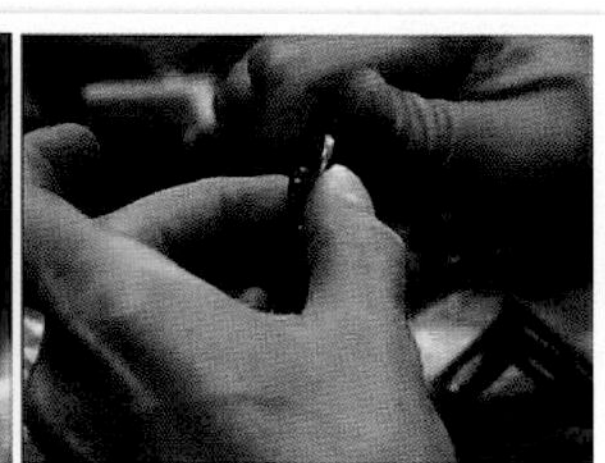

圖 16-76

與鑽石切磨不同，切磨質軟的寶石時，磨輪與寶石間的切割方向，並不會對大部分的材料去除速度造成影響。拋光大顆、價高的鑽石時，則必須對所要處理之原石（或是重新切磨）的生長方向有很精準的認知。切磨師必須考慮通過鑽石上不同方向的 12 道生長紋，才能使其工作更有效率。藉著對特定生長紋精準的認知，不但可以加速去除材料，也可以在最後時拋光的成效更好。

圖 16-77

鑽石切磨黏桿

將鑽石夾定位，或以熔掉再冷卻的鉛加以固定在一個特殊的握棒上（圖 16-76 將鑽石固定位），一般稱為黏桿（dop）。切磨師有各式各樣的黏桿可供選擇，會根據待切磨鑽石的斷面加以選擇。也有各式各樣的小固定座，可根據尺寸及形狀用於填塞在黏桿與鑽石間。隨後將黏桿固定在切磨架（tang）上。

圖 16-78

切磨架有各式各樣的形狀與材質，剛開始的時候是以木頭與銅為柄做成的，到現在還有些老式裝置還在使用。這種型式的切磨架是將經過熱處理的銅製彎曲柄，與黏桿的基底附著在一起，這樣子就可以由切磨師手工控制，獲得待拋磨刻面的角度與線條。半自動靜置切磨架的有高適應性高，可以好好切磨；其中不再使用銅製彎曲柄，而是使用兩個可屈關節，一個調角度，另一個調直線距離，如圖 16-77（各種冠部及底部黏桿機構）、圖 16-78（鑽石專用切磨臂近攝圖，此款切磨臂的設計為鑽石切割專用），至圖 16-79（可屈關節調整角度）所示。有些俄羅斯、泰國及印度所使用的全自動機器則還可以進行更精確的工作。

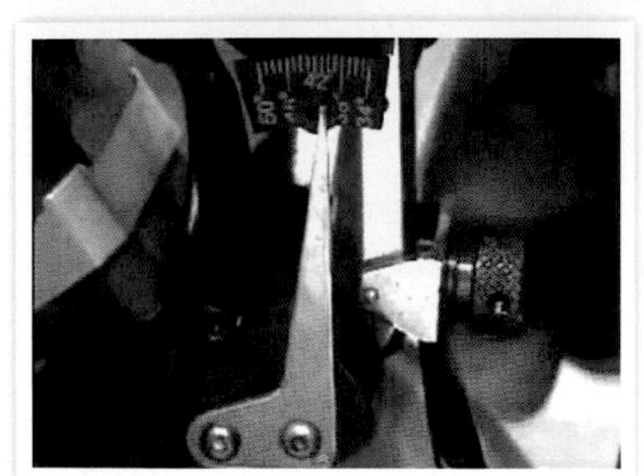

圖 16-79

粗磨完成的鑽石，黏在切磨臂上後，就可以進行刻面拋磨的工序。圖 16-80 中鑽石拋磨師正在拋磨一顆鑽石，切磨臂的座靠在磨盤外的桌面上，黏住鑽石的黏桿則將鑽石接觸到磨盤，進行刻面拋磨。拋磨時，拋磨師必須以十倍放大鏡，不時查看刻面的精確度（圖 16-81 ）。

圖 16-80

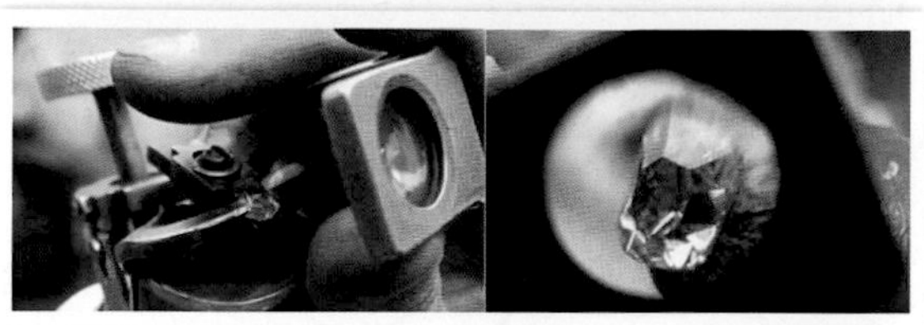
圖 16-81

鑽石磨輪（磨盤）

磨鑽石的轉輪（圖 16-82），一般稱為磨盤，必須經表面處理得以添加能附著其上的鑽石粉及油的混合物。這裡所謂的表面處理，就是沖刷洗滌的意思，會根據切磨輪的型式及將應用的工作而有各種不同的造型。而所謂鑽石粉及油的混合物，對於切磨的實務具有關鍵性的作用，因為惟一得以切磨鑽石的物質就是鑽石自己。

圖 16-82

鑽石磨光盤（圖 16-83）一般有不同的三道圈，最內圈是起始圈，第二圈或中間圈是切磨圈，最後或最外圈是整平圈。起始圈是一個測試區用於確認切磨工作者知道與某生長紋形成垂直（這種狀況一般稱為「對上（或咬上）生長紋」（on grain））。這樣才能在主要切磨圈上定出最佳切磨位置時，省去不必要的浪費。

圖 16-83

圖 16-84

開始刻面

一旦拋磨師發覺刻面開始切磨（一般說跑的很順），就將鑽石置於尖銳的切磨圈，將其磨光至所要的刻面形狀和深度。拋磨師必須規律性地添加粉及油的混合物到磨盤上，以確保磨盤可正常工作。一旦切磨至最終的形狀和深度，就把鑽石放到整平圈，前前後後的移動，以將鑽石磨至最後的拋光度。

刻面的工序

一旦腰圍完成了，即可進行刻主刻面（blocking）的工作，如果情況允許，在開始刻冠部前，會先選擇把桌面再擴開一些。先把四個面刻磨成方形，由其中再增加冠部四個主刻面（圖 16-84 磨出冠部四個主刻面），此時冠部已有八個主刻面。其次轉向亭部，將亭部刻磨成八個主刻面。到此，刻面的型式如圖 16-85 所示。圖 16-85 已完成 17 個刻面的鑽石大致成型，即將開始進行增加明亮的程序（注意到此即單翻的 17 個刻面完成圖）。

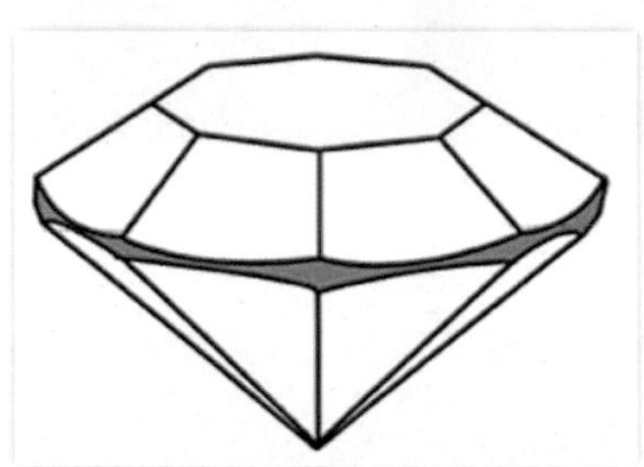
圖 16-85

鑽石大致成型後，可以決定要不要留下內含物，以保留重量。以圖 16-86 為例，在桌面 1 點鐘方向、3 點鐘方向、6 點鐘方向及 8 點鐘方向有瑕疵，拋磨師就要依據瑕疵的種類、深度等，決定是留下內含物，以保留重量；或是磨掉此瑕疵，提升淨度。

圖 16-86 單翻階段檢查瑕疵

如果拋磨師選擇切出尖底，則一般會在刻出兩個底部刻面後就去做。當每一個刻面都切磨到適當的尺寸，拋磨師就會將鑽石移到磨盤上較外圈的整平拋磨圈，以便進行拋磨的工作。拋磨師有的時候會在這裡停一下，待檢查確認不需要再調整後，才進行下一步驟。刻磨冠部及亭部的工作，則隨店家而異，有時候會是由不同的人負責。

圖 16-87

一旦主要刻面完成了，桌面尺寸也對了，就要將上半部的八個主刻面增加光亮，也就是再細刻為十六個刻面（刻小面），如圖 16-87 所示，只有星刻面還沒刻出，來其他都好了。然後，同樣地將亭部的十六個刻面磨出來。將桌面拋光好，再將星刻面刻磨出來，就算完成了。當然這三個工序，同樣有可能是由三個不同的人分別完成。這一段工序如圖 16-88 所示的刻小面。

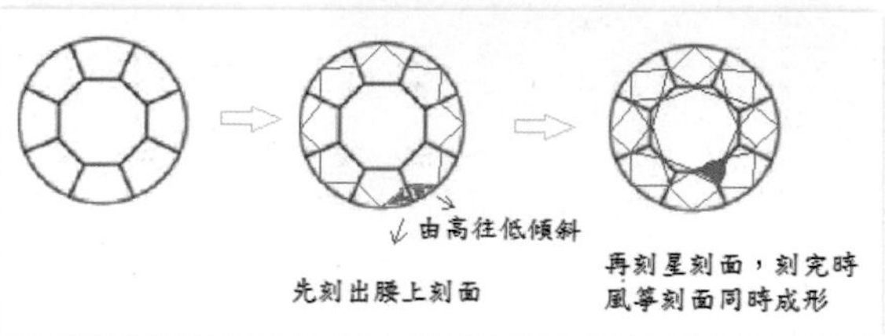

圖 16-88

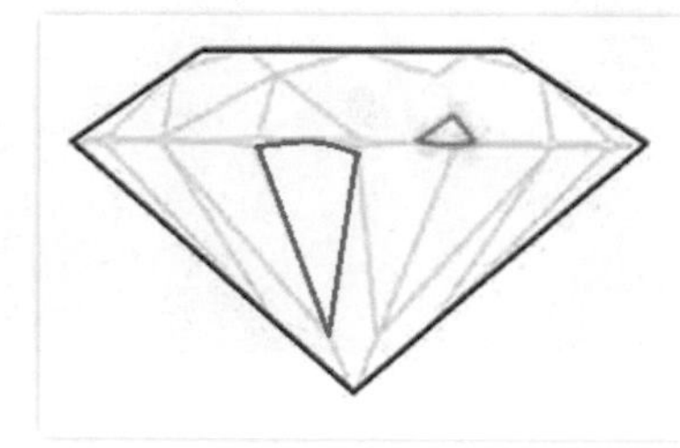

圖 16-89

刻出腰上刻面及腰下刻面

腰上刻面，如圖 16-89 是腰上刻面及腰下刻面位置示意，及腰下刻面是在增加鑽石閃光時，由腰圍磨出來的。

腰上刻面及腰下刻面共有 32 個面，16 個在上，16 個在下，可以為鑽石添加很多光彩。就像鑽石的其他刻面一樣，腰上刻面及腰下刻面在賦予鑽石生命力上扮演重要的角色。這個多出來的 32 個面，把光朝多方向反射，如果沒有這 32 個面，光只有在很少的幾個方向反射，閃光就不夠強烈。風箏刻面及亭部刻面等主刻面，在鑽石的角度及比例上，具有關鍵性的地位，但是腰上刻面及腰下刻面就像是將名畫框起來的畫框一般，少了畫框，藝術品可能就無法做出感動人心到頂點的詮釋。

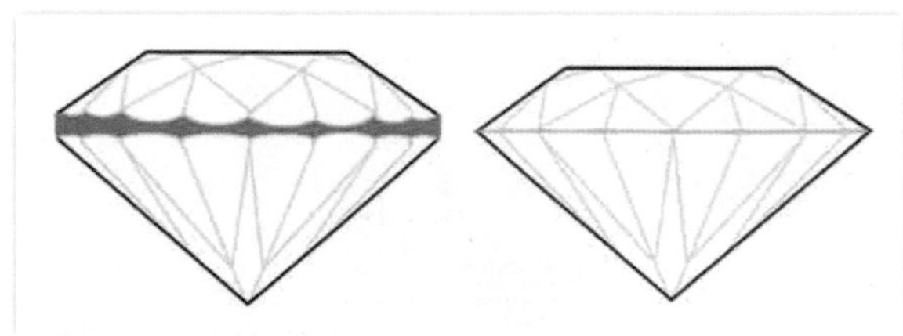

圖 16-90

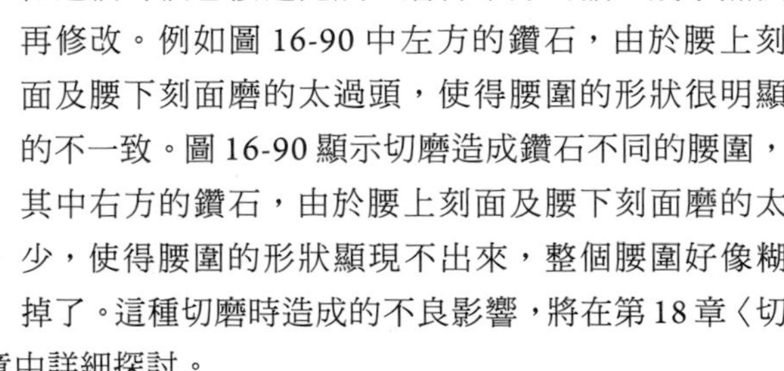

但這個時候已接近完成，磨得不好的話，幾乎無法再修改。例如圖 16-90 中左方的鑽石，由於腰上刻面及腰下刻面磨的太過頭，使得腰圍的形狀很明顯的不一致。圖 16-90 顯示切磨造成鑽石不同的腰圍，其中右方的鑽石，由於腰上刻面及腰下刻面磨的太少，使得腰圍的形狀顯現不出來，整個腰圍好像糊掉了。這種切磨時造成的不良影響，將在第 18 章〈切磨分級解說〉一章中詳細探討。

圖 16-91

小面拋磨出來後，所有刻面都已完成，如圖 16-91 所示拋磨完成的冠部。我們將圖 16-87 與圖 16-91 放在一起比較（圖 16-92），就可以看出刻小面前後的差異。

圖 16-92

到這裡，我們做一個小結，鑽石切磨的工作內容：鋸開→桌面→粗磨→冠部主刻面→亭部主刻面（尖底）→冠部十六個刻面→亭部十六個刻面，如圖 16-93 所示的鑽石切磨的工作內容。

我們將鑽石切磨的流程整理如圖 16-94：

ROUGH ROCK
SAWING
BRUTING
BLOCKING
BRILLIANTEERING

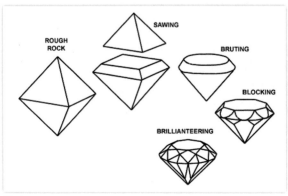

圖 16-93

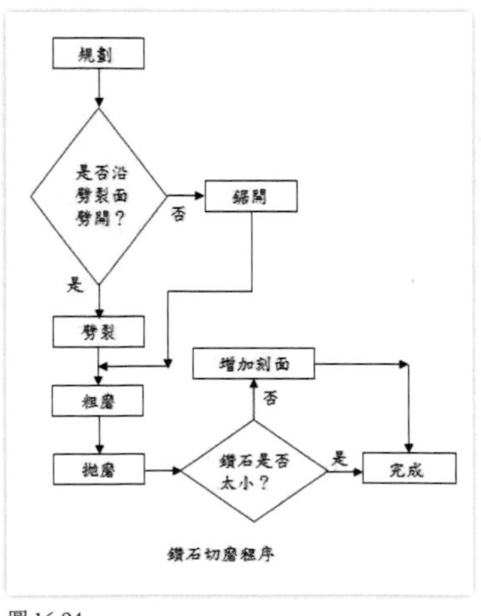

圖 16-94

圖 16-95 所示為刻面全部磨完成後，與另一半原石比較，是不是應證了本章一開始時我們說的：「切磨是賦予鑽石生命力的關鍵」？

圖 16-95

拋光（磨光）（Polishing）

當鑽石切磨完成後，就必須進行拋光工序。拋光是對鑽石做最後的修飾工作，也是最需要精密工作的階段，在這個階段裡，必須把前面各步驟留下的痕跡抹去，使得鑽石更為光鮮亮麗。

最早的拋光步驟：一般認為鑽石最早的拋光（磨光）是在 17 世紀時的印度進行的，用的是以四個人為動力的大轉輪（或磨盤）。據說用來拋光的轉輪是由錫銻鉛合金製成，並由踏板驅動。人力最初由驢子或馬匹取代，在 19 世紀時又由蒸汽機所取代。時至今日，所有鑽石切磨的工作檯，都是由電動馬達提供動力，圖 16-96 是電動鑽石拋磨機。

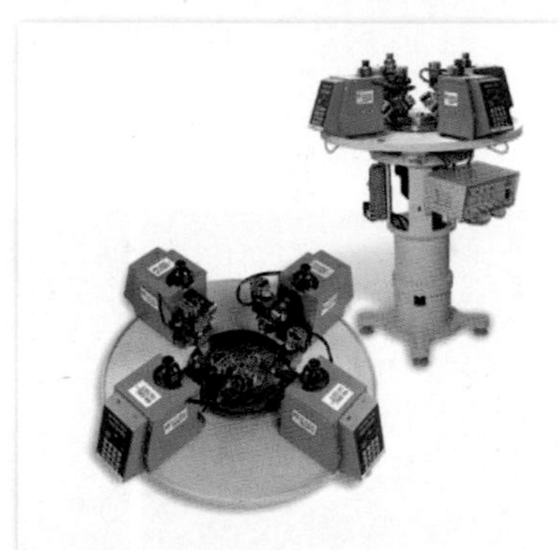
圖 16-96

由於鑽石的硬度高，拋光時間會比較長，拋磨師都會在同時拋光多顆鑽石，如圖 16-97 所示。拋光為切磨工序的最後一步，拋光完成後只須進行清洗及分類，便可把成品交給買家。

圖 16-97

在 1970 年左右，自動拋光機發展出來。1990 年代，具備有感知生長紋的拋光機問世，其中感應器能感知拋光是否在進行，如未進行，機器會自動變換方向，一直到找出最佳拋光面為止。一個面完成後，會自動換到下一個面，直到所有的面完成為止，圖 16-98 即為自動感知拋光機。

圖 16-98

切磨工廠的專業分工

許多切磨師在這一行工作了許多年，卻只做過對已切磨好的鑽石修修小缺口、重刻磨（重磨已切磨好鑽石的刻面）或是做重新抛光的工作。另一個極端是，某些切磨師總是在處理原石，卻從來沒碰過再次切磨的工作。在大型店家尤其如此，切磨的工作會分成好幾個階段來分工處理。

切磨案例

本章結束前，我們按順序以圖 16-99 至圖 16-106 顯示一個切磨案例，當作是複習，如果有不明白處，可參閱本章前述內容。

圖 16-99 從一顆原石開始

圖 16-100 放進儀器中準備開始進行電腦規劃

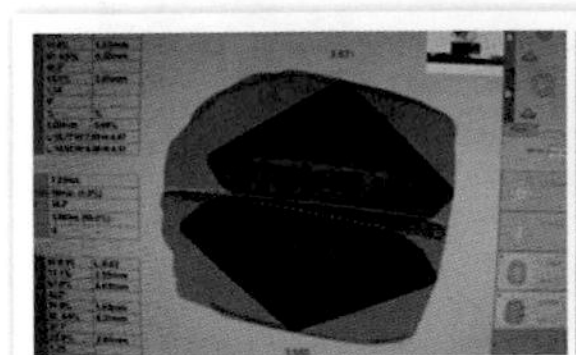
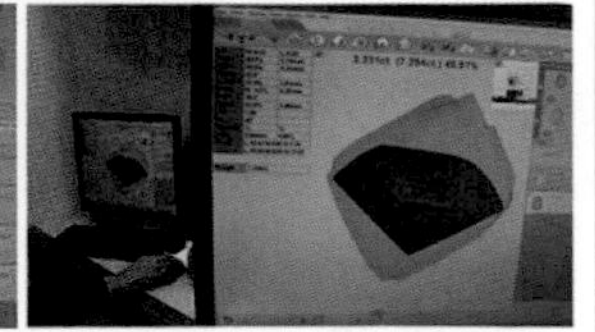

圖 16-101 電腦規劃切磨

圖 16-102 標記

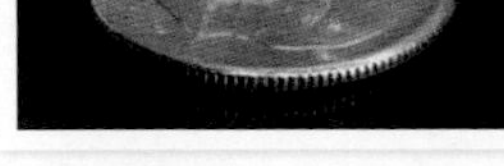

圖 16-103 分割

圖 16-104 刻面

圖 16-105 抛光

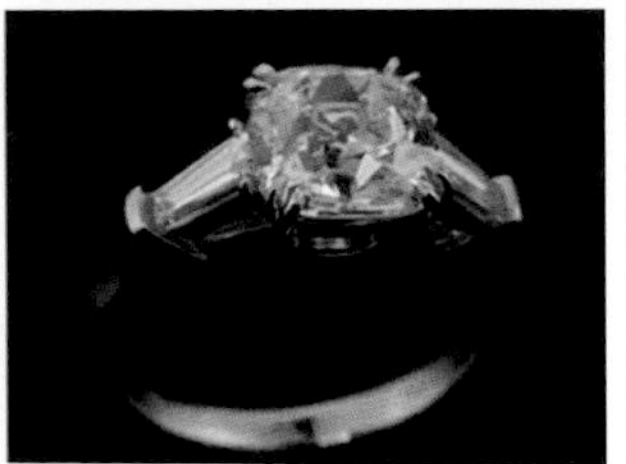

圖 16-106 成品鑲嵌好即可販售

Chapter 17

第 17 章
光行進與鑽石切磨理論

the basic of diamond identification

本章主要分為兩個部分，前一部分我們要來談「光」，要將光的性質、光行進的相關理論說明清楚，以作為後一部分鑽石切磨理論的基礎。後一部分是以光學的理論基礎來說明鑽石切磨理論，探討如何切磨鑽石才是最好的切磨。

17-1
光行進理論

圖 17-1 光學理論名人堂

在第 11 章成色分級解說中，我們提過：「光」會經過傳送進入眼睛刺激視網膜，使大腦產生視覺感知，那麼光的本質到底是什麼？是波？還是粒子？有關光的理論主要包括：

· 古希臘哲學家亞里士多德（Aristotélēs 384 - 322 B.C.）認為 我們能看見萬物，原因是眼睛能發出一些「東西」，而那些東西能從物體上反射回來。

· 微粒子理論（Corpuscular Theory）：1660 年代首先由牛頓（Isaac Newton）提出，其認為所有加熱的物體會散發光的能量粒子（particles），能量即藉此物質傳遞。每一粒子具有同樣高的速度且根據不同顏色而大小互異，這些微小粒子被假定以直線前進且可被反射及屈折。

· 波動理論（Wave Theory）：1670 年，惠更斯（Christian Huygens）發展出另一套波動理論，指出前進波上每一點皆作為下一個波的來源且持續放射傳送，Huygens 的這套波動理論可以解釋光的反射及折射現象，但是惠更斯不知道不同顏色的光線有著不同的「波長」。

· 楊格干涉實驗：1801 年，英國人楊格透過其著名的雙縫實驗，以雙狹縫干涉實驗證明了光的波動性。

· 電磁波理論（Electromagnetic Theory）：19 世紀中由英國劍橋大學物理學教授馬克斯威爾（James Maxwell）建立電磁理論，及由德國物理學家赫茲（Heinrich Hertz）以實驗證實了其理論。該理論認為光係電磁波譜（electromagnetic spectrum）的一部份，藉波的移動傳遞能量。

· 光量子理論（Quantum Theory）：1900 年由德國物理學家普朗克（M. Plank）提出光能量的量子化，即電磁波只能攜帶一定基本數量整數倍的能量。1905 年愛因斯坦提出光量子說，認為光波具有獨立存在的粒子性質，這些粒子稱為光量子（quanta，photons），簡稱光子，其能量正是電磁波量子化的基本數量，頻率愈高光子能量愈大，且電磁波的強度與光子的數目成正比。

7. 物質波理論（Unified Theory）：光的本質究竟是波還是微粒？依 1924 年德布羅意（Louis de Broglie）提出物質波的觀念，認為光具有波與粒子的二象性，視場合而顯現不同特性。

圖 17-2

以上介紹之光學理論名人，如圖 17-1 所示。目前為止對光的解釋是光具有波粒二象性，以後會不會有更新的發展還說不定。但可以確定的是：光是一種能量，因其自光源直線向外放射而具有輻射特性；光可穿透所有種類的透明物質，並可在真空中傳遞而無須倚靠任何媒介。

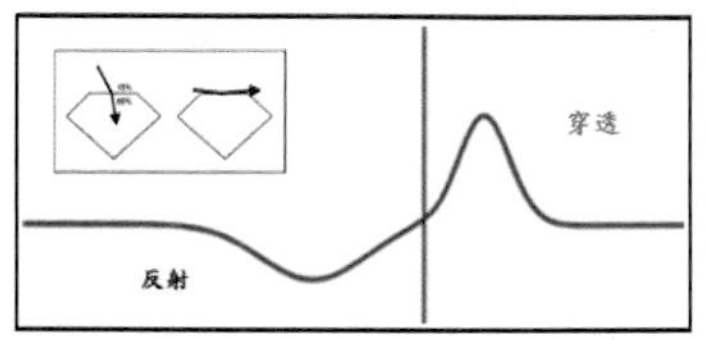

圖 17-3

圖 17-2 是我去看台北木柵動物園的無尾熊時，透過玻璃拍的照片。照片的中央是無尾熊爬在由加利樹上，照片的上方卻出現了一個我站的位置與無尾熊之間沒有的遮陽棚影像。為什麼會這樣呢？因為光的行進分為穿透與反射，當光線與介質幾近垂直時，光線多穿透；當光線與介質夾角太小時，光線多反射。當我拿相機拍照時，相機與無尾熊之間的線，與玻璃近乎垂直，因此光線直接穿透，因此可以看到無尾熊。但遮陽棚則不同，它的位置高，與玻璃間的角度小，因此造成反射，就把影像映在玻璃上了。

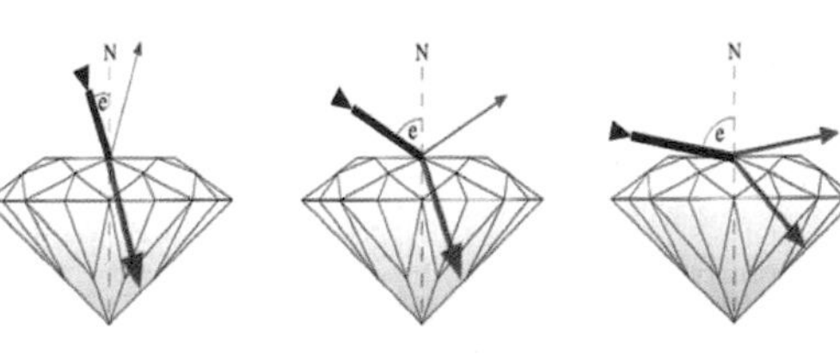

圖 17-4 入射角與穿透光量

光之於鑽石亦然：當光線與鑽石幾近垂直時，光線可進入鑽石內；當光線與鑽石夾角太小時，光線不進入鑽石內，直接反射走了如圖 17-3 所示的穿透與反射。

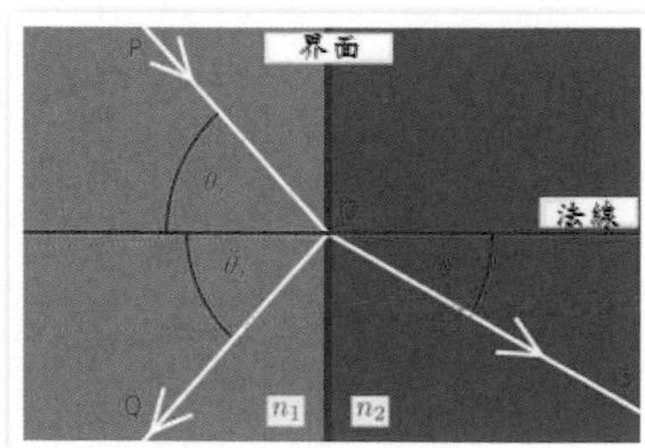

圖 17-5 菲涅耳方程式中所用的參數

有多少比率的光會被反射，與光線入射寶石時之入射角有關。以圖 17-4 為例，當入射角 e 小時，代表入射光線幾乎與鑽石表面垂直，此時穿透光多，反射光少；當入射角 e 增大時，代表入射光線逐漸與鑽石表面平行，此時反射光多，穿透光少。穿透光與反射光量的比率，可以菲涅耳方程式計算。

菲涅耳方程式（Fresnel equations）是由法國物理學家奧古斯丁．菲涅耳（Augustin Fresnel）推導出的一組光學方程式，用於描述光在兩種不同折射率的介質中傳播時的反射和折射。方程式中所描述的反射因此還被稱作「菲涅耳反射」。

當光從一種具有折射率為的介質向另一種具有折射率為的介質傳播時，在兩者的交界處（通常稱作界面）可能會同時發生光的反射和折射，如圖 17-5 所示。

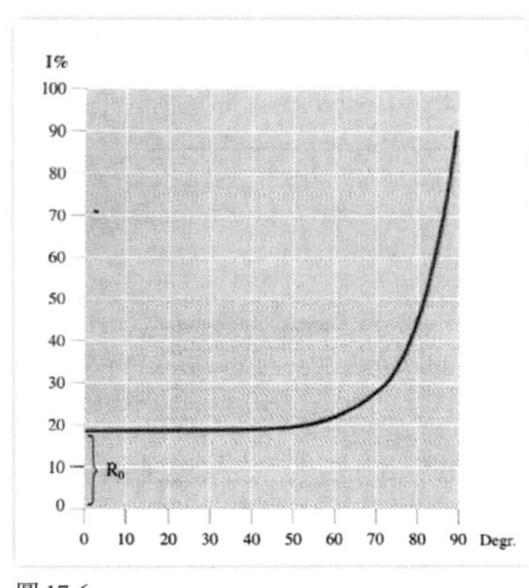

圖 17-6

入射光的功率被界面反射的比例，我們稱其為反射比；而將折射的比例稱其為透射比。反射比和透射比的具體形式還與入射光的偏振有關。如果入射光的電向量垂直於右圖所在平面（即 s 偏振），反射比為：

$$R_s = \left[\frac{\sin(\theta_t - \theta_i)}{\sin(\theta_t + \theta_i)}\right]^2 = \left(\frac{n_1 \cos\theta_i - n_2 \cos\theta_t}{n_1 \cos\theta_i + n_2 \cos\theta_t}\right)^2 = \left[\frac{n_1 \cos\theta_i - n_2\sqrt{1 - \left(\frac{n_1}{n_2}\sin\theta_i\right)^2}}{n_1 \cos\theta_i + n_2\sqrt{1 - \left(\frac{n_1}{n_2}\sin\theta_i\right)^2}}\right]^2$$

其中是由斯涅耳定律從導出的，並可用三角關係簡化。

如果入射光的電向量位於右圖所在平面內（即 p 偏振），反射比為：

$$R_p = \left[\frac{\tan(\theta_t - \theta_i)}{\tan(\theta_t + \theta_i)}\right]^2 = \left(\frac{n_1 \cos\theta_t - n_2 \cos\theta_i}{n_1 \cos\theta_t + n_2 \cos\theta_i}\right)^2 = \left[\frac{n_1\sqrt{1 - \left(\frac{n_1}{n_2}\sin\theta_i\right)^2} - n_2 \cos\theta_i}{n_1\sqrt{1 - \left(\frac{n_1}{n_2}\sin\theta_i\right)^2} + n_2 \cos\theta_i}\right]^2$$

透射比無論在哪種情況下，都有 $T = 1 - R$ 。

如果入射光是無偏振的（含有等量的 s 偏振和 p 偏振），反射比是兩者的平均值：。

$$R = \frac{R_s + R_p}{2}$$

以鑽石為例，將入射角與反射光及穿透光間的關係整理如下表：

空氣中入射角	反射光比率	穿透光比率
10	17.23%	82.77%
20	17.23%	82.77%
30	17.36%	82.64%
40	17.73%	82.27%
50	18.73%	81.27%
60	21.12%	78.88%
70	27.21%	72.79%
80	43.34%	56.66%
89	89.97%	1.03%

或將其關係繪製如圖 17-6：

其中 R_0 即為前面公式所算出之反射比率，就是即使光線是正交射入鑽石，也至少有 17.24％會被反射走，此數字亦稱為光澤強度（lustre intensity），數字愈大，表示寶石的光澤越好（普通的玻璃，反射比大約為 4％）。

反射

根據反射定律，入射角 = 反射角 （ $\theta i = \theta r$ ）

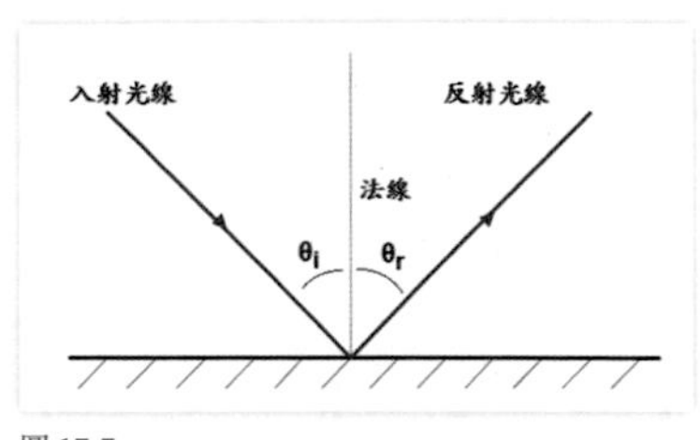

圖 17-7

折射

是穿透光由一種介質進入另一種介質所產生的現象（如圖 17-8 的折射現象）。

行進速度的不同會使得光線在通過兩不同介質的交接面時，改變其行進方向，而兩介質中，行進方向與法線所夾的角度，分別稱為其入射角與折射角，折射角除以入射角，得出來的值就是影響寶石外觀，可以量測出來的折射率（見圖 17-9 的折射率示意圖）。

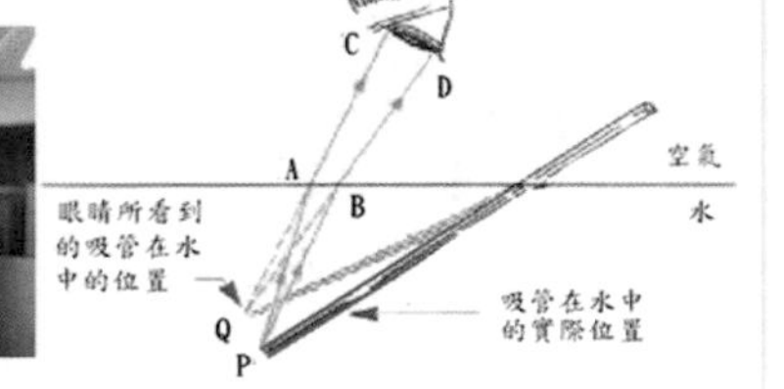

圖 17-8

折射率 （Refractive Index，RI）

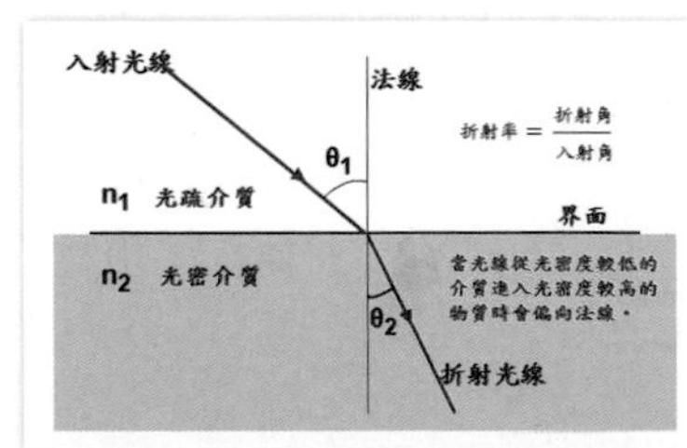

圖 17-9

折射率可說是寶石的身份證，是寶石鑑定時重要的參考依據。所謂折射率，就定義來說是「真空中光線行進的速度／測試物中光線行進的速度」，這個比值稱為此物質的折射率。

折射率的數值會隨著寶石的成份不同而不同。因此，在不能破壞寶石及做化學分析的前提下，以測量寶石的折射率來判別寶石的種類，可說是相當準確，相當便捷的一個鑑定方法。

所以只要是討論寶石鑑定特性的書籍，一定會列出不同寶石的折射率值，此正可顯示折射率值對鑑定上來說相當重要，稱其為寶石的身份證並不誇大。

威里布里德．斯涅耳（Willebrord Snell Van Roijen 1591-1626）（圖 17-10 ），荷蘭萊頓人，數學家和物理學家，曾在萊頓大學擔任過數學教授。斯涅爾最早發現了光的折射定律，從而使幾何光學的精確計算成為了可能。

圖 17-10

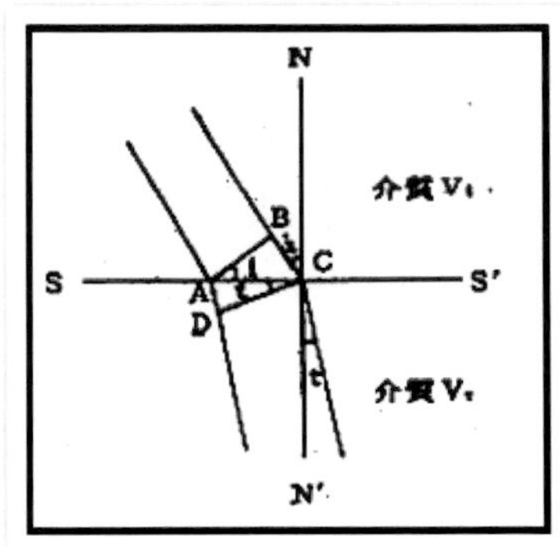

圖 17-11

大約是在 1621 年，斯涅耳通過實驗確立了折射定律。他指出：折射光線位於入射光線和法線所決定的平面內，入射光線和折射光線分別位於法線兩側，入射角的正弦和折射角的正弦的比值對於一定的兩種介質來說是一個常數。這個常數是第二種介質對第一介質的相對折射率，即：sin i1/sin i2 =n21 ，n21 = n2 / n1 。其中 i1 和 i2 分別為入射角和折射角；n21 為折射光所在介質對入射光所在介質的相對折射率；n2 和 n1 為兩種介質的絕對折射率。

斯涅耳的這一折射定律（也稱斯涅耳定律）是從實驗中得到的，未做任何的理論推導，雖然正確，但卻從未正式公布過。只是後來惠更斯和伊薩克．沃斯兩人在審查他遺留的手稿時，才看到這方面的記載。

首次把折射定律表述為今天的這種形式的是笛卡兒，他沒做任何的實驗，只是從一些假設出發，並從理論上推導出這個定律的。笛卡兒在他的《屈光學》（1637）一書中論述了這個問題。

理論推導

如圖 17-11 折射定律理論推導圖所示，有一束平行光，由介質 i 射入介質 t。AB 為平行光的某一波前，波前的 A 點已經接觸到 SS' 介面時，B 點距介面距離 BC。當波前 B 點在介質 i 以 vi 的速率行走 BC 時，A 點在介質 t 以 vt 的速率行走了 AD 的距離。

因此 $\sin i = \dfrac{BC}{AC}$

又波前與光的行進方向垂直，所以 AB、AD 分別與平行光在介質 i、t 的行進方向垂直。

由三角函數定義 $\sin t = \dfrac{AD}{AC}$

及 $\sin t = \dfrac{AD}{AC}$

可得 $\dfrac{\sin i}{\sin t} = \dfrac{BC}{AD} == \dfrac{v_i}{v_t} = n_{ti} = \dfrac{n_t}{n_i}$

假設介質 i 為空氣，

，$n_i = 1$

則 n_t 為 $n_t = \frac{\sin i}{\sin t}$

因此所謂「折射定律」（Laws of refraction）即：當光線從一種介質進入另一種介質時，入射波的傳播方向、反射波的傳播方向和法線都在同一個平面上，入射角正弦與反射角正弦的比為常數而以 n1 sin θ1 = n2 sin θ2 來表示，亦稱為「斯涅耳定律」。

圖 17-12

n1 與 n2 何者較高（大）就稱其為光密介質；較低（小），就稱其為光疏介質。例如水與空氣相比，水是光密介質；空氣是光疏介質。鑽石與空氣相比，鑽石是光密介質；空氣是光疏介質。

由斯涅耳定律 n1 sin θ1 = n2 sin θ2
當 n 值大時，sin θ 就小，θ 角就小，亦即光線將偏向法線。所以當光線由空氣中進入水中時，光線將偏向法線（圖 17-12 左）；而當光線由水中進入空氣中時，光線將偏離法線（圖 17-12 折射實驗中的右圖）。

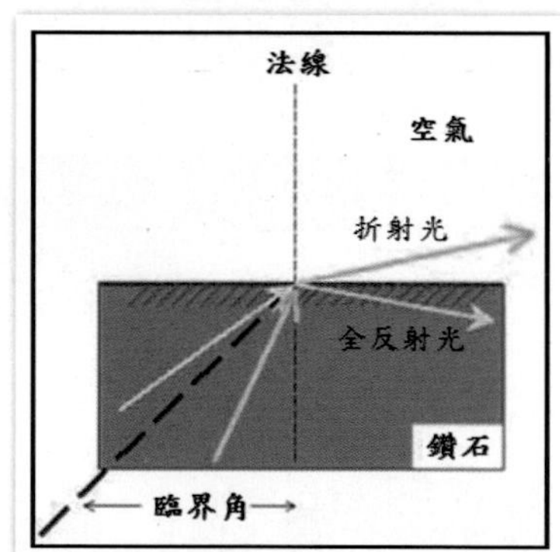

圖 17-13 臨界角示意圖

折射率也大大地影響了寶石的外觀。折射率越高，會使得通過寶石原石的光線折射程度越大；除此之外，折射率也決定了全反射的臨界角。全反射指的是介質（寶石）內的光線，與法線的角度越大，光線折射的部份則越少，當其入射角大到某一角度時，光線透不出寶石，而全數以反射的狀態射回寶石內。而這個會造成全反射的最小角度值，稱為其臨界角，由折射率的大小來決定（見圖 17-13 的臨界角示意圖）。

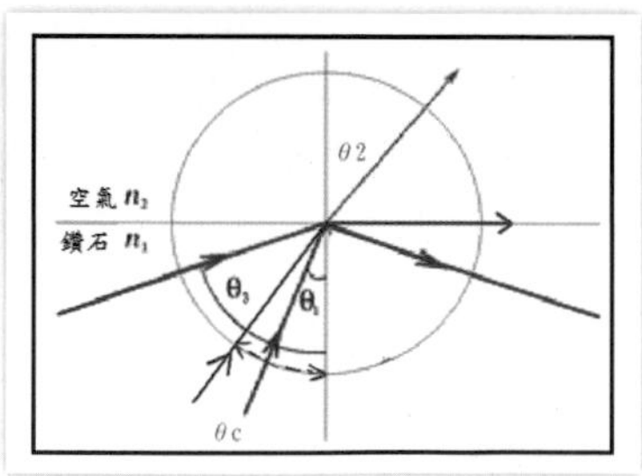

圖 17-14

此一現象可以斯涅耳定律解釋如下：
n1 sin θ1 = n2 sin θ2
其中，1 和 2 表示光所經過的兩種不同介質。

以圖 17-14 光線由折射至全反射之變化為例，假設寶石的折射率為 n1，入射角為 θ1；空氣的折射率為 n2，折射角為 θ2，則當 θ1 增加時，θ2 亦增加（圖 17-14 中紅色的線）；當 θ2 達到 90° 時（圖 17-14 中綠色的線），光線便透不出寶石；當 θ1 增加超過一定角度時，全數光線會以反射的狀態射回寶石內（圖 17-14 中藍色的線），亦即 n1 sin θ1 = n2 sin90° ，其中空氣的折射率為 n2 = 1，因此該寶石的臨界角 $\theta c=\sin^{-1}$（1/ n1）。若以鑽石為例，其折射率為 n1=2.417，則臨界角 θc=24° 。換句話說只要光線在鑽石內偏移法線超過 24 度就會產生全反射。

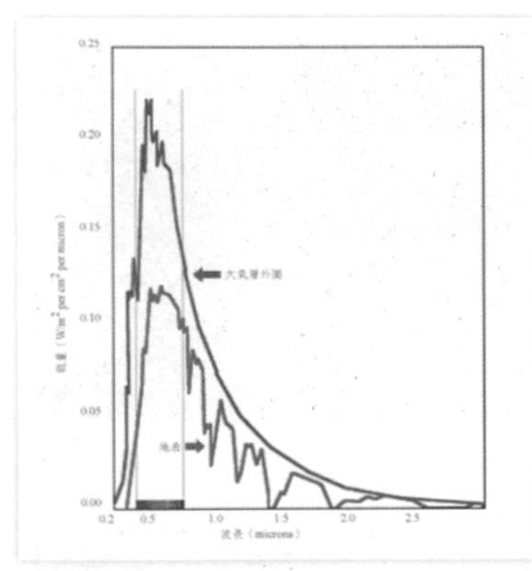
圖 17-15

一般情形下臨界角（θc）可從以下方程式計算：

$\theta c=\sin^{-1}$（n2/ n1）

其中 n2 是較低密度介質的折射率，及 n1 是較高密度介質的折射率。這條方程式是一條斯涅耳定律的簡單應用，當中折射角為 90°。

寶石的折射率越大，其臨界角會越小，光線也越不容易射出寶石外，而會一直因全反射而停留在寶石內；當光線不斷地在寶石內反射時，會造成寶石光彩相當燦爛的效果，這也是寶石亮麗吸引人的原因。

這只會發生在當光線從較高折射率的介質進入到較低折射率的介質，及入射角大於臨界角時。因為沒有折射而都是反射，故稱之為全內反射。例如當光線從寶石進入空氣時會發生，但當光線從空氣進入玻璃則不會。

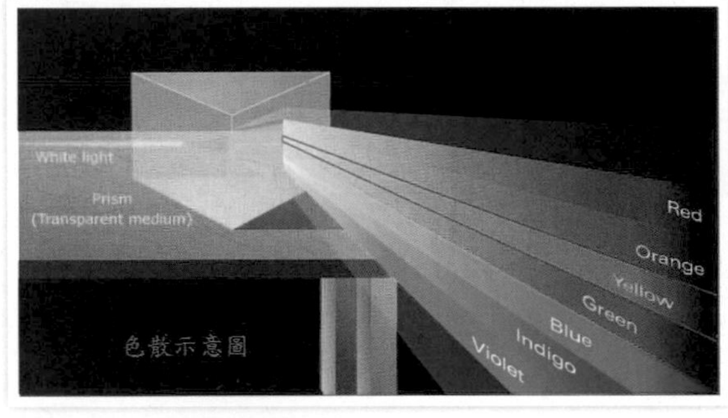

圖 17-16

色散解說

色散是分散顏色的能力，亦即太陽光（白光）經過後，分成紅、橙、黃、綠、藍、靛等各種顏色的能力。雨後天空中的彩虹，就是色散的結果（圖 17-15 為太陽光譜）。

圖 17-17

這種現象最初是由英國科學家艾薩克·牛頓爵士（Sir Isaac Newton 1642-1727）所發現，這種分散出來的彩虹，就是所謂的光譜（如圖 17-16 的色散示意圖）。

延續前人的發現，德國科學家約瑟夫·弗勞恩霍夫（Joseph Fraunhofer 1787-1826 如圖 17-17），他觀察太陽光色散的情形（如圖 17-18 他在示範分光鏡（spectroscope）Courtesy "Essays in astronomy"），發現在光譜的顏色中存在一些分散的暗線，這些暗線的存在使得光譜中的顏色變得不連續。約瑟夫·弗勞恩霍夫關於太陽光譜不連續的手稿紀錄，目前存放於慕尼黑德國博物館的圖書館（Bibliothek Des Deuthchen Museums），如圖 17-19 所示。

弗勞恩霍夫總共發現了 574 條這種黑線，就是現在所謂的弗勞恩霍夫線。他並按字母順序加以編號（如圖 17-20）。此一光譜分成紅、橙、黃、綠、藍、靛等各種顏色，各種顏色也各自具有不同的波長範圍（如圖 17-21）。

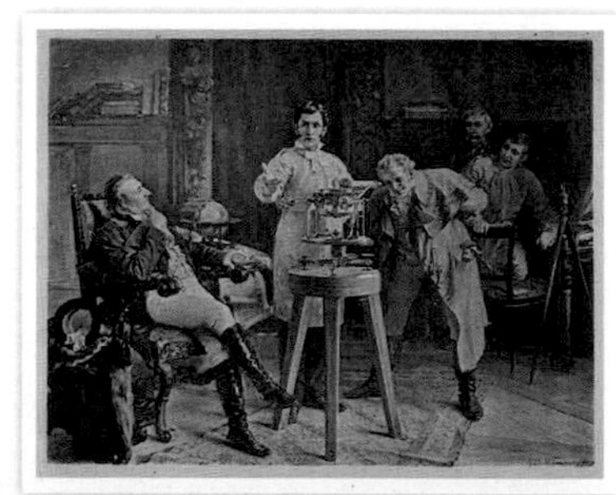

圖 17-18

將各種顏色光的波長數據化，可以歸納如下：

紅：780-640mm

橙：640-595mm

黃：595-570mm

綠：570-500mm

藍：500-400mm

靛：450-380mm

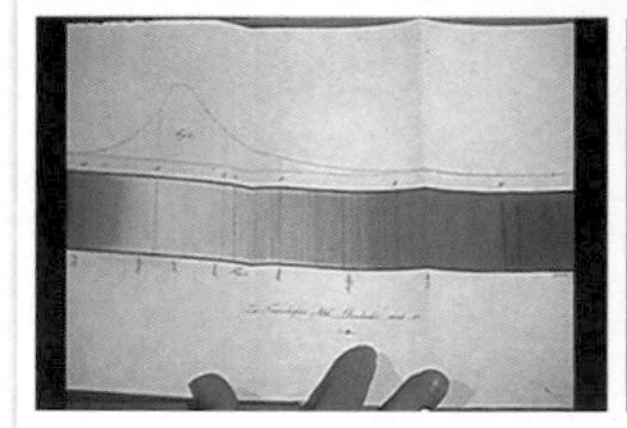

圖 17-19

舉例來說，由 17-21 圖中可以看出，「G 線」位於靛區；而「B 線」則位於紅區，這兩條線就分別代表了靛色光與紅色光。

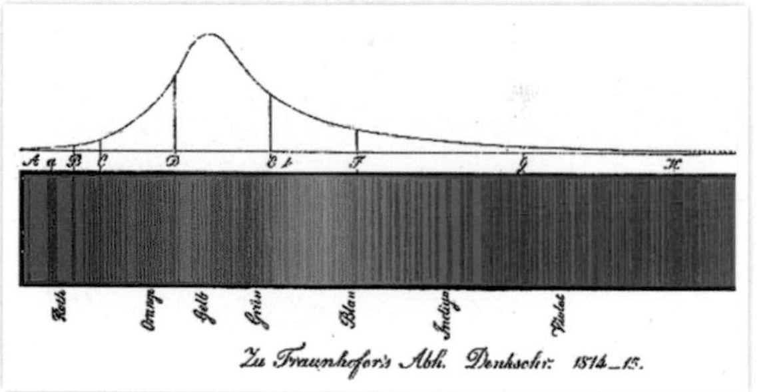

圖 17-20

知道有這樣現象，要如何解釋呢？當光穿透平行的玻璃板時，並不會發生這種現象。但當光穿透稜鏡時則會發生。這是由於各種顏色的光在稜鏡中前進的速度不同，或是說各種顏色的光方向變化不同所致。此現象與下列因素有關：

- 光線的波長
- 稜鏡的形式
- 構成稜鏡之材料的折射率

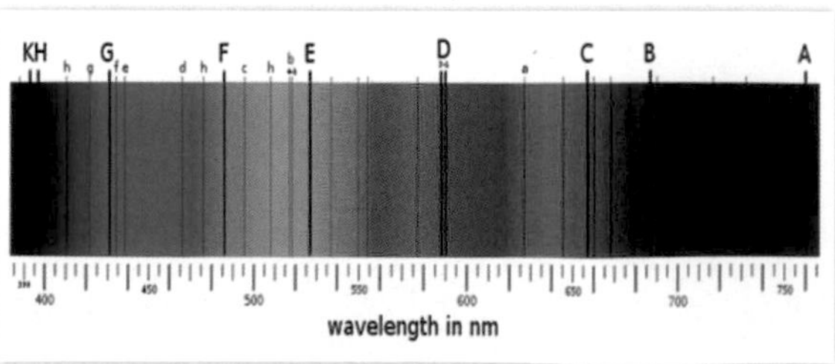

圖 17-21

首先我們回顧折射，稜鏡的折射率可藉由圖 17-22 中之公式加以計算。其中 δ 為光線偏移的角度，n 則為稜鏡的折射率，n 值會隨著稜鏡的材料而有所不同，例如說如果是鑽石，測出來的折射率 n 值是 2.417。

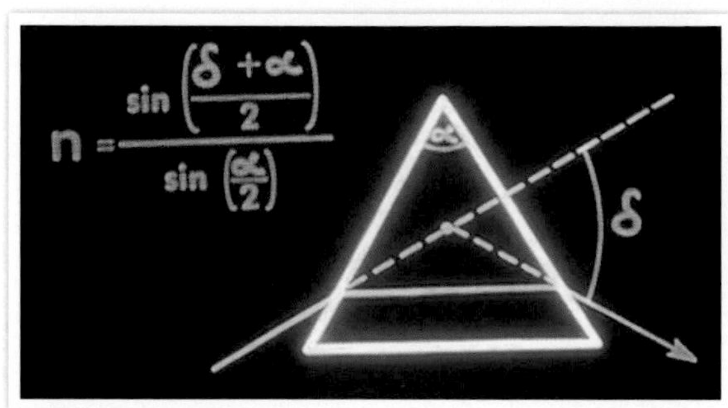

圖 17-22

如果把稜鏡換成可濾光的稜鏡，那麼通過的光就不會是白光。例如說以可濾去紅、橙光的稜鏡實驗，則通過稜鏡的光就會是靛藍色；而以可濾去藍、綠光的稜鏡實驗，則通過稜鏡的光就會是紅色。這時候我們發現 δ 角與白光的 δ 角不同，其中紅色光的角度較小，而靛色光的角度較大。經以前述公式計算，發現靛色光（以 Fraunhofer G 線為準）在鑽石中的折射率 n 值是 2.451；而紅色光（以 Fraunhofer B 線為準）在鑽石中的折射率 n 值是 2.407。亦即：

n（靛色光）＝ 2.451

n（紅色光）＝ 2.407

而色散 D 則定義為：

D＝n（靛色光）- n（紅色光）＝2.451-2.407＝0.044

因此鑽石的色散就是 0.044。同理可以求出其他物質的色散值。

17-2 切割的理論

切工決定火彩，優良的切工深度可使鑽石充分呈現五彩光芒。如何使鑽石充分展現光芒，就必須瞭解對鑽石光芒有影響的三種光——閃光（scintillation）、亮光（brightness or brilliance）、色散光（fire）。

圖 17-23

圖 17-24

圖 17-25

閃光

閃光是閃爍（sparkle）及明暗模式（pattern）的綜合。閃光的發生是由於刻面的反射，與何種材料關係小，反而與刻面數量多寡、大小、對稱性關係較密切。

閃爍

閃爍（如圖 17-23）是當鑽石、觀察者、或者光源移動時，光點閃動的情形與程度。

明暗模式

明暗模式（如圖 17-24）則是由鑽石內部及外部反射所形成之明區與暗域的相對大小、排列與對比。

綜合言之閃光（如圖 17-25）就是鑽石移動時，被鑽石表面反彈出去的光，取決於鑽石的刻面數量、拋光品質、刻面角度以及切割比例。

圖 17-26

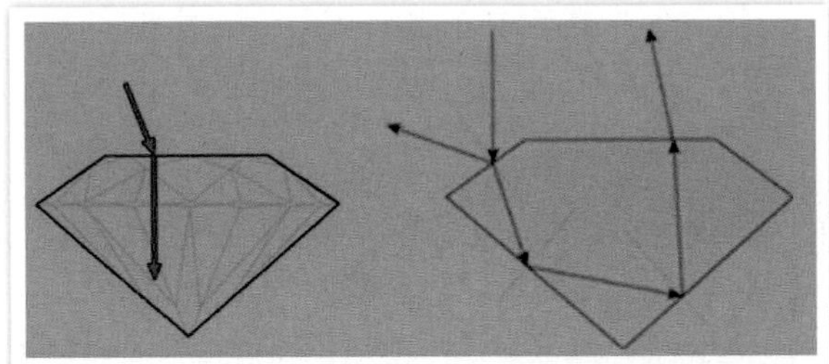

圖 17-27

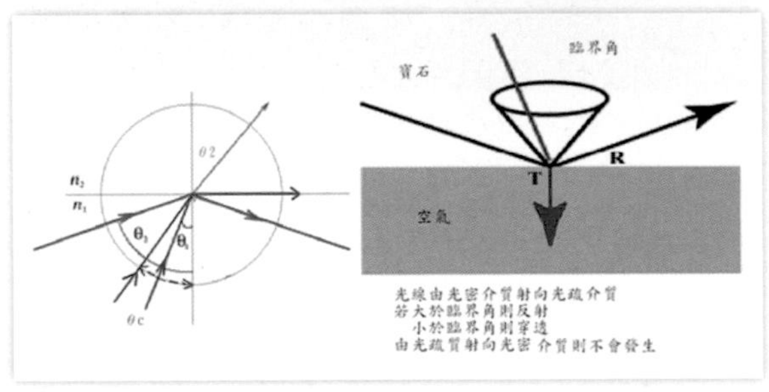

圖 17-28

閃光的提示：

・如本章前面光行進理論一節中所述：光線接觸到鑽石時，部分進入鑽石內，部分未進入鑽石內即被反射走。反射時，光線的入射角等於反射角。閃光就是未進入鑽石內即被反射走的光，所以戴鑽石時要晃動，閃光才多。

・當明亮式鑽石非常小，小到例如說 0.01 ～ 0.03 克拉時，其 57 個刻面反射出來的光太過微小，小到人類的眼睛已無法解析出來，見到的只是白茫茫的一片。反觀單翻切磨的鑽石，雖然也是白，但因為刻面少，看起來就比較透明，因此鑽石小到一個程度時，不宜用明亮式切磨，單翻切磨反而比較好。

亮光

在鑽石內繞了一圈，再出去的光，乃是內部及外部所有白光的反射。取決於寶石的拋光品質、折射率、透明度以及切割比例。（如圖 17-26 的亮光）

光線能夠進入鑽石是因為光線與鑽石表面夾角相當陡峭（圖 17-27 圖左，為亮光的由來），否則在表面就會彈走。進入鑽石後，在鑽石內部產生多次反射，再穿透出去，如圖 17-27 右所示。

此一現象可以斯涅耳定律解釋如下：

$n1 \cdot \sin\theta 1 = n2 \cdot \sin\theta 2$

其中：1 和 2 表示光所經過的兩種不同介質。

假設寶石的折射率為 n1，入射角為 θ1；空氣的折射率為 n2，折射角為 θ2，則當 θ1 增加時，θ2 亦增加，當 θ2 達到 90° 時，光線便透不出寶石，而全數以反射的狀態射回寶石內，亦即 $n1 \cdot \sin\theta 1 = n2 \cdot \sin 90^\circ$，其中空氣的折射率為 n2= 1，因此該寶石的臨界角 $\theta c=\sin^{-1}(1/n1)$。若以鑽石為例，其折射率為 n1=2.417，則臨界 θc=24.5°。換句話說只要光線在鑽石內偏離法線超過 24.5 度就會產生全反射，如圖 17-28 左所示。圖 17-28 左為光線在某一平面上的行為，但是鑽石是立體的，因此 24.5 度角迴旋一圈，就成了錐形的臨界角尖筒錐，如圖 17-28 臨界角錐圖之右圖所示。

現代的切磨設計，就是要讓行進的光線避開 24.5° 的尖筒範圍，使得光線不致透出去，如圖 17-29 所示。現代的冠角切磨，則是要讓行進的光線進入 24.5° 的尖筒範圍內，使得光線透出去，如圖 17-30 所示。

鑽石的亭部的角度和冠高、桌面寬對鑽石的火彩有著最大的影響。桌面太寬，可為鑽石保留更多重量，對美觀毫無幫忙，反而使鑽石顏色變得較為灰暗。

若切割形狀太深，部份光線易從亭部漏出，中央部份會因失去光澤而變得黯淡，亮度因此變差，鑽石顯得黯淡呆滯，如圖 17-31（2）所示；若切割形狀太薄，則會產生光澤未被反射前，已從底部穿透，鑽石中央有部份可以直接看透，鑽石失去亮光，如圖 17-31（3）所示；圖 17-31（1）中光線被正確反射，鑽石展現亮光和火光，為理想的切割。

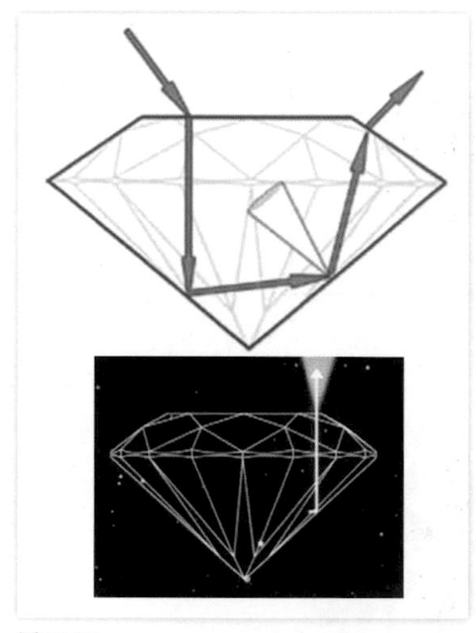
圖 17-29

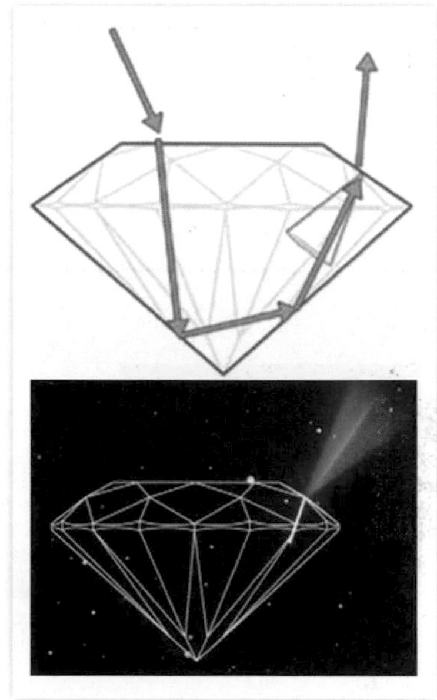
圖 17-30

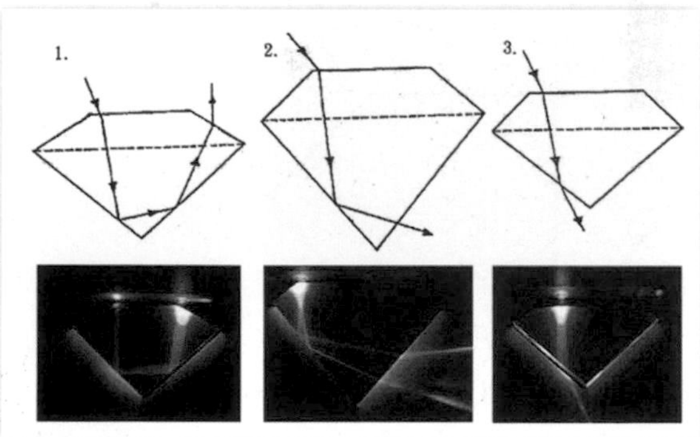

圖 17-31

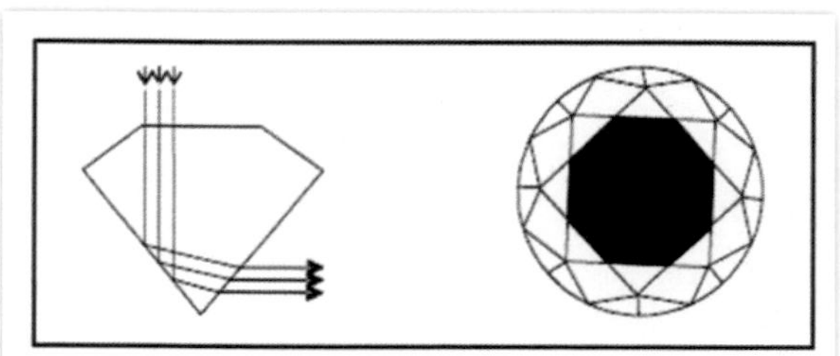

圖 17-32

圖 17-33 釘頭效應

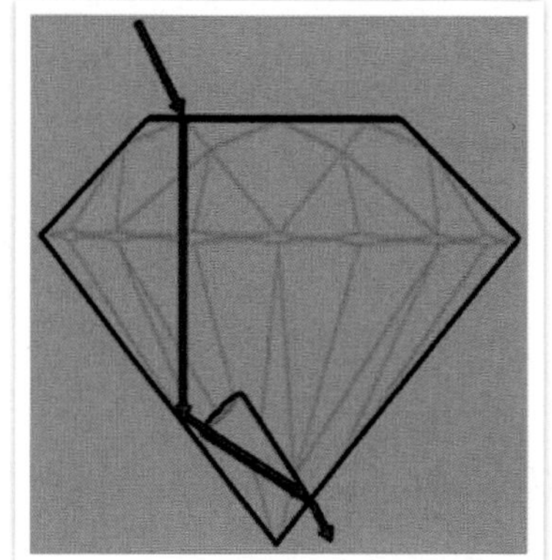

圖 17-34 側面漏光

深亭部

若切割形狀太深（底深 48％以上）（圖 17-32），部份光線易從亭部漏出，中央部份會因失去光澤而變得黯淡，鑽石的亮度因此變差，會造成所謂「釘頭效應」（Nailhead）如圖 17-33 所示。

以前述臨界角尖筒錐的觀念來說明：底角很陡的時候，光線經過一次反射就進入 24.5° 的尖筒範圍內，因而透出去，如圖 17-34 所示的側面漏光。實際的釘頭案例則如圖 17-35 所示，該鑽石之全深百分比為 70％。

釘頭現象小結

當鑽石的底部切磨太深，會導致光線由底部漏掉，而在鑽石的正面中心見到一黑色的範圍，稱之為釘頭現象，此為切割不良所導致。

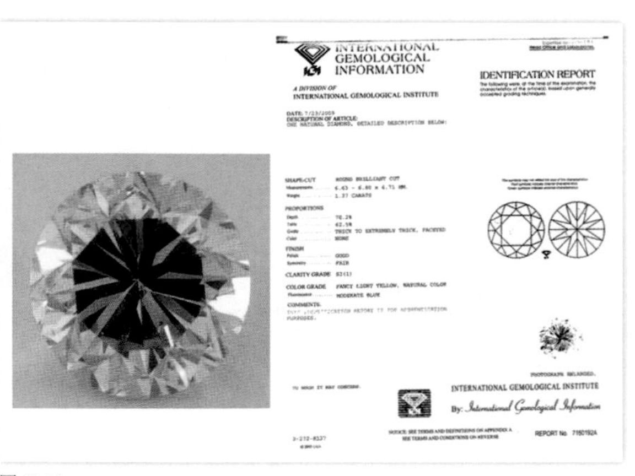

INTERNATIONAL
GEMOLOGICAL
INFORMATION

A DIVISION OF
INTERNATIONAL GEMOLOGICAL INSTITUTE

IDENTIFICATION REPORT

SHAPE-CUT ROUND BRILLIANT CUT
6.63 - 6.80 x 4.71 MM.
1.37 CARATS

PROPORTIONS
70.2%
62.5%
THICK TO EXTREMELY THICK, FACETED
NONE

FINISH
GOOD
FAIR

CLARITY GRADE SI(1)

COLOR GRADE FANCY LIGHT YELLOW, NATURAL COLOR
MODERATE BLUE

COMMENTS:

PHOTOGRAPH ENLARGED.

INTERNATIONAL GEMOLOGICAL INSTITUTE
By: International Gemological Information

REPORT No. 7160192A

圖 17-35

淺亭部

若切割形狀太薄（底深 42％以下），則會產生光線未被反射前，已從底部穿透出去－－漏光（圖 17-36 淺亭部），鑽石中央部份可以直接看穿，沒有光線反射，呈現缺乏活力的外觀；而腰圍線在桌面反射呈現一圈白白的白色光環，如圖 17-37 所示之「魚眼效應」（Fish Eye）。有可能是原礦太扁，切割困難，因而才造成。

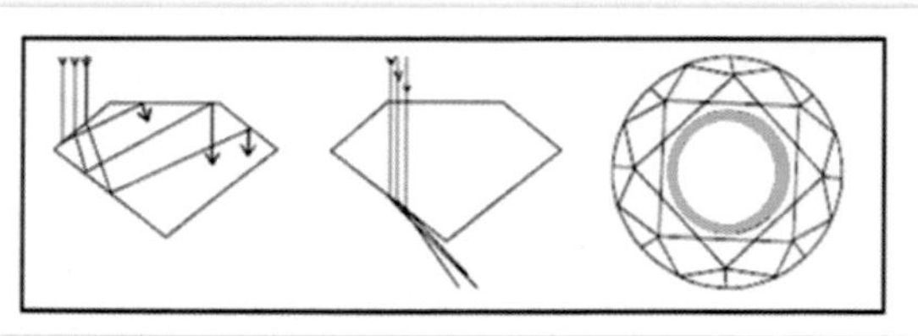

圖 17-36

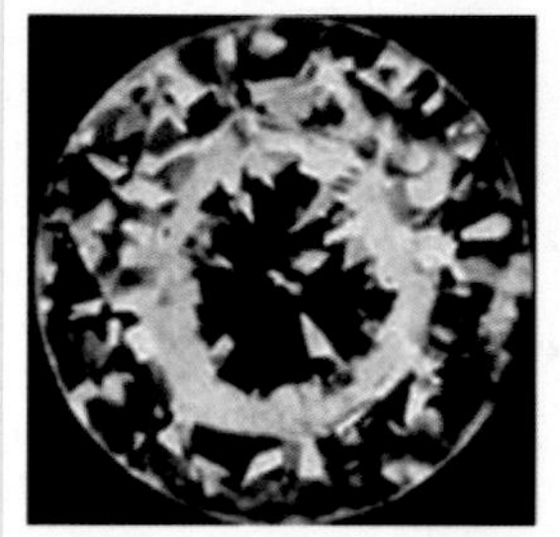

圖 17-37

為什麼叫「魚眼」？圖 17-38 為南方澳漁港販售的魚，魚的眼睛是不是中間黑黑的，旁邊白白的一圈，切割形狀太扁的鑽石，就會呈現類似的外觀，所以稱為「魚眼效應」。為什麼會形成魚眼？因為鑽石腰圍的影像由穿越腰圍的光線傳遞，經過扁平的亭部反射，整圈正好在桌面邊線內顯現出來，如圖 17-39 所示的魚眼成因。桌面愈大魚眼愈明顯。桌面小時魚眼比較細微，但仍然見得見。如果把鑽石的刻面邊線都勾勒出來，魚眼就變得很清楚。

圖 17-38

構成魚眼三條件

1. 亭部角度扁平（亭部很淺）：會使得鑽石的中央無神（亮光很少）。
2. 腰圍在桌面內反射：桌面大小直接影響是否容易看到腰圍的反射。桌面愈大（65％～ 72％）魚眼愈明顯;桌面小就要將刻面標出來看。（例如說桌面 65％～ 72％之間，全深 52％～ 58％）
3. 大尖底：某些時候大尖底有助於看到魚眼，但非必要條件。因為大尖底會使得桌面中心顯得比較暗。

綜合上述剖析魚眼：如同眼睛表面主要部分的中央麻木了，腰圍反射成眼白，而大尖底就像瞳孔。

魚眼現象小結

當鑽石的底部切磨太淺，由桌面上所見到的腰圍反射影像，圓形的輪廓很像魚的眼睛，而被稱為魚眼現象，是切割不良所導致。

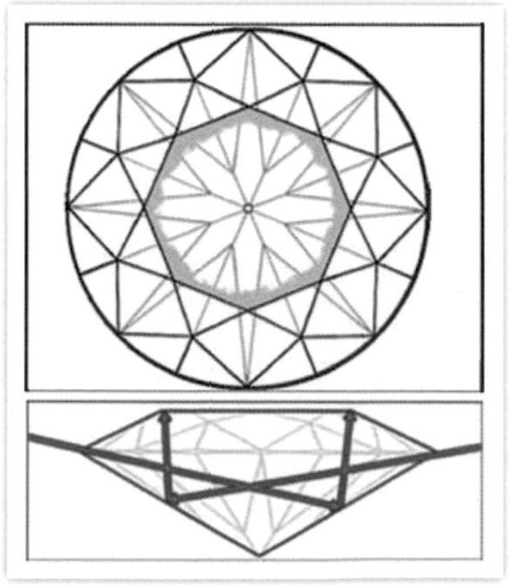

圖 17-39

圖 17-40

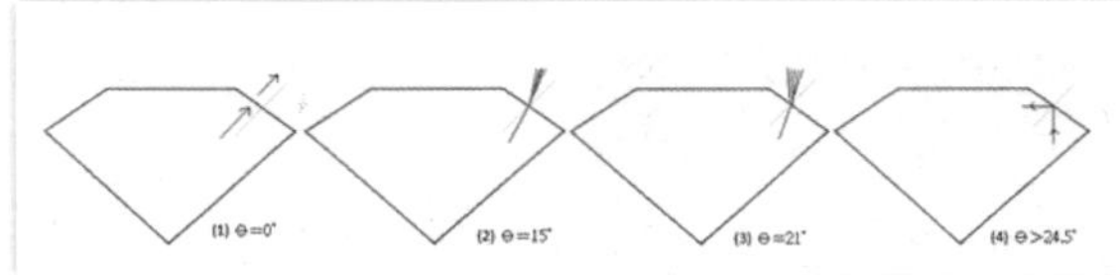

圖 17-41

色散光（火光）

色散是分散顏色的能力，白光經過鑽石後，光譜中不同頻率之色光，因折射率不同，速度不同而分散成紅、橙、黃、綠、藍、靛、紫等色的現象，稱為色散（或稱火光），如圖 17-40 所示。色散值愈好火光愈好，鑽石的冠高、桌面大小對鑽石的火光有著最大的影響。

回到計算折射率公式的圖 17-22，稜鏡的 α 角的角度與光線的入射角有關，α 角增大時，代表入射角（與法線夾角）也加大，α 角減小時，代表入射角也減小（設想當 α 角小至 0 度時，兩塊玻璃板豎直，光線要在其間維持水平，代表光線要正交穿透，入射角也是 0 度，同時也就不會產生折射）。

另外，再就圖中公式而言，為要維持 n 值不變，當 α 角增大時，δ 角也會增大，α 角減小時，δ 角也會減小。

綜合上述，當入射角大時，δ 角就大，入射角小時，δ 角就小。換句話說，當入射角大時，色散成扇形展開的角度就大，入射角小時，色散成扇形展開的角度就小。

這個道理應用於鑽石，就是說如要產生較大的火光，就要使入射角越大越好，但是當然還是不能大過臨界角，因為大過臨界角就造成全內反射，光線出不去就沒有火光了。以圖 17-41（火光與入射角關係圖）為例，其中：

（1）Θ ＝ 0° ，光線直接穿透出去，不產生折射。
（2）Θ ＝ 15° ，產生小扇形色散，火光較弱。
（3）Θ ＝ 21° ，產生較大扇形色散，火光較強。
（4）Θ ＞ 24.5° ，全內反射，光線出不去。

就鑽石而言，入射角與色散扇形展開角度的關係如下表：

入射角	色散扇形展開角
0°	0°
5°	0° 19'
10°	0° 42'
15°	1° 12'
20°	2° 13'
23.5°	12° 57'
超過 24.5°	全內反射

利用這個關係，就可以計算出理想的冠角，以產生最多的火光（圖 17-42），經過計算的結果冠角是 34.5° 。

圖 17-42

再來要討論的就是桌面占冠部的比率大小。當桌面較大時，壓縮使其他冠部斜的刻面變小，那麼火光就變少了。但如果桌面變小了，其他冠部斜的刻面就變大了，那麼火光增加，但是亮光減少了，因此如何在兩者之間取得平衡很重要。以圖 17-43 為例，其中：

（1） 桌面大，亮光多，火光少。
（2） 桌面大小適中，亮光、火光平衡。
（3） 桌面小，亮光少，火光多。

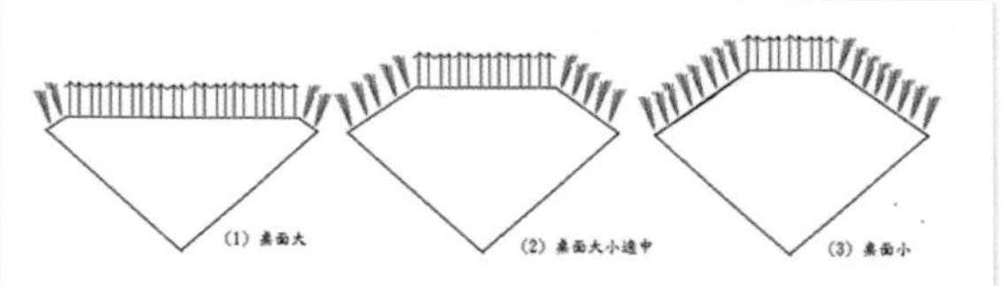

圖 17-43

如何取得平衡呢？就必須在桌面大小與冠角之間調整，當以理想的冠角 34.5° 置入時，桌面的比率，就在 53％到 60％左右。為什麼不是 50％而是略大於一半呢？因為除桌面外，其他的冠部刻面都是斜的，將平面投影到斜面上，長度自然就增加了，這樣就在亮光與火光之間取得了平衡（圖 17-44 ）。

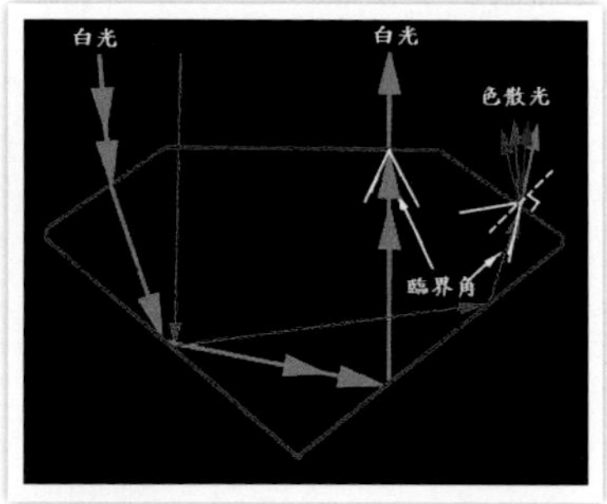

圖 17-44

另外一個對火光有影響的因素是「光源」。火光源自光的色散，因此光源必須具備多種不同頻率之色光，色散才會顯著。反之，如果光源趨向單一頻率，就不會有色散，也就沒有火光。

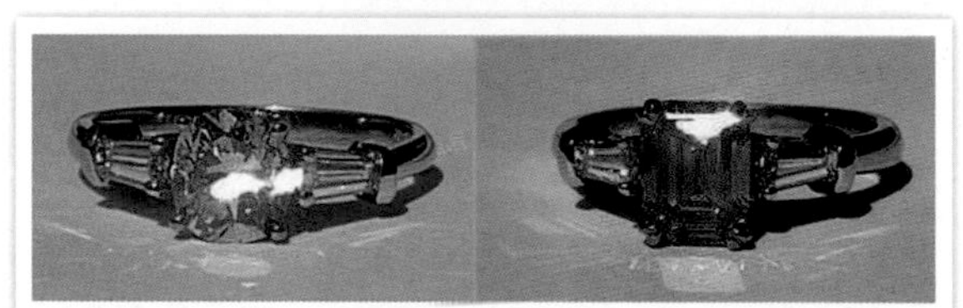
圖 17-45

瞭解了鑽石火彩的三種光，請就圖 17-45 中鑽石分出閃光、亮光與色散光。

17-3

理想車工（Ideal Cut）

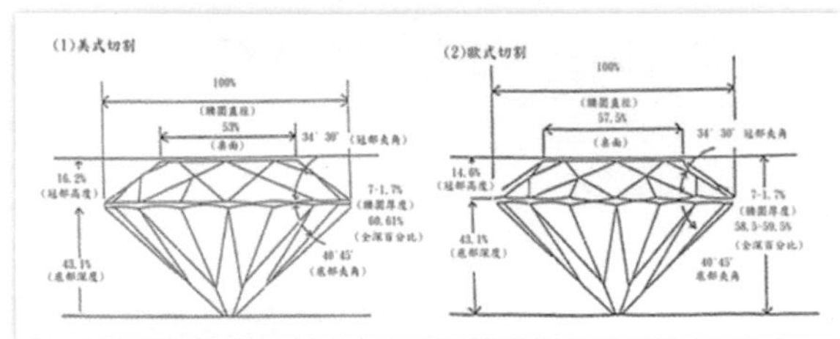

圖 17-46 美國式切工與歐洲式切工

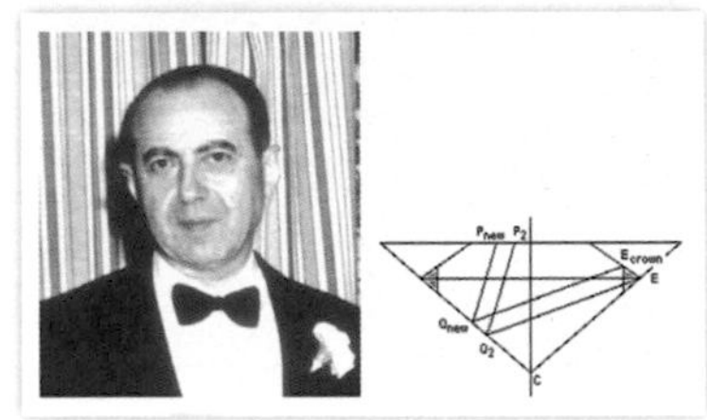
圖 17-47

切工分為美國式切工與歐洲式切工，如圖 17-46 所示。

美國理想式切工

美國理想式切工最早是由美國人亨利（Henry Morse）經過 20 年（自 1860 年至 1880 年）的努力，逐漸掌握了一套能充分體現鑽石亮度和火光的切割型的比例，成為了當時著名的鑽石加工商。

西元 1919 年比利時切磨世家馬歇爾托考斯基（Mr. Marcel Tolkowsky）（圖 17-47 ）在英國出版提出，利用光學原理的論點總結出鑽石切磨最佳比例。由於他的比例與亨利提出比例相似，並最先被美國鑽石業採用，按該比例加切割出來的鑽石，被認為最理想的切割比例，故又被稱為美國理想式切工。

全反射理論

馬歇爾托考斯基依照鑽石的特性，計算出能讓鑽石產生全反射的臨界角度，這個角度決定鑽石切割角度必須在於特定範圍內，如此一來照射到鑽石的光線就可以完全反射出來，就是所謂全反射理論。

圖 17-48 為全內反射示意圖，圖中一束入射鑽石桌面 AB 的光線，折射後進入亭部面 CD 時，由於入射角 θ 大於臨界角而在 S 點發生全反射，射向另一亭部面 DE，在 T 點第 2 次全反射後，射回桌面 AB，經第 2 次折射而進入觀察者的眼中。為什麼要多次全反射？因為這樣才能使光停留在鑽石內的時間變長，讓鑽石看起來更為明亮閃耀。圖 17-49 為多次全反射的效果。

要使得鑽石達到全反射的效果，所有切割比例及角度都必須吻合托考斯基計算出來的數據：桌面比 53％，冠部角度 34.5°，冠部高度比 16.2％，底部角度 40¾°，底部深度比 43.1％（如圖 17-50 所示之「Tolkowsky Ideal Cut」），能使鑽石的光芒發揮到極至，而這套標準就成了現在風行全球的理想車工。但只限圓形鑽石，而且對鑽石的重量損耗極大，因此價格也會高上 30 ～ 40％。

在第 16 章中我們介紹過鑽石切磨的工序，由其中我們可以知道，只要其中任何一項要修改，都可能會動到其他項目，因此要正好完全符合這些數字真是非常困難。況且鑽石是天然的東西，要完全切磨成托考斯基的比例，損耗實在太大，在市場導向的年代，托考斯基的比例只能是一個理論的理想而已。所以近代有人修正，將原本固定值的比例修正為，在一個範圍即可稱為準理想式車工。所以現代大家所講的理想式車工並不是最原始 Tolkowsky 理想式車工，而是修正的美國理想式車工。只要比例都在這範圍內就算是美國理想式車工。

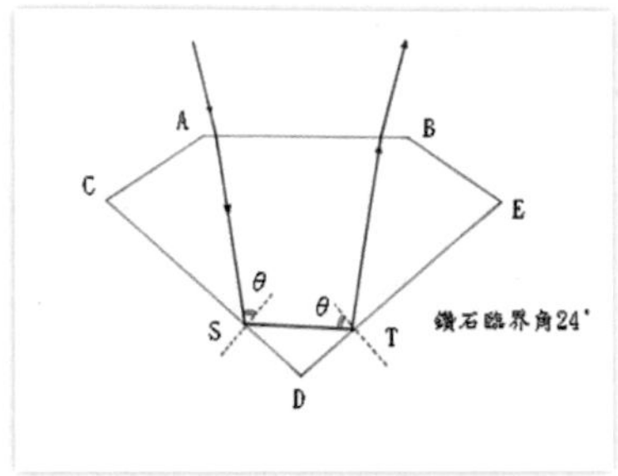

圖 17-48

目前美國理想式切工（Ideal Cut）比例為：
Total Depth Percentage 深度比例 59.9-63%
Table Percentage 桌面比例 53-57.5%
Crown Angle 冠部角度 33.7-35.8 度
Crown Height Percentage 冠部高度比例 14.4-16.2%
Pavilion Angle 底部角度 40.5-41.5 度
Pavillion Depth Percentage 底部深度比例 42.2-43.8%

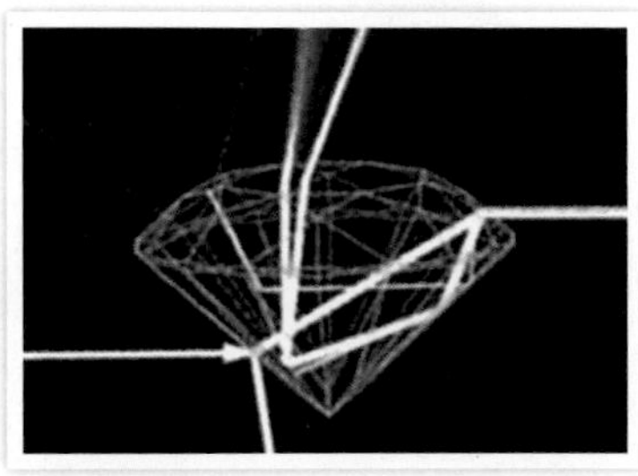
圖 17-49

歐洲式切工

艾普洛切工型：由德國人 W. F. Eppler 在 1940 年發表，是在托考斯基理論明亮車工型（Tolkowsky Theoretical Brilliant Cut）的基礎上演化而來。該切割型的桌面稍稍偏大（56%），因而其冠部較淺（14.4%），冠角較小（33.10°）。目前在歐洲，品質較好的鑽石多加工成這種車工型。也叫實用完美車工型（practical fine cut）和歐洲完美車工型（European fine cut）。

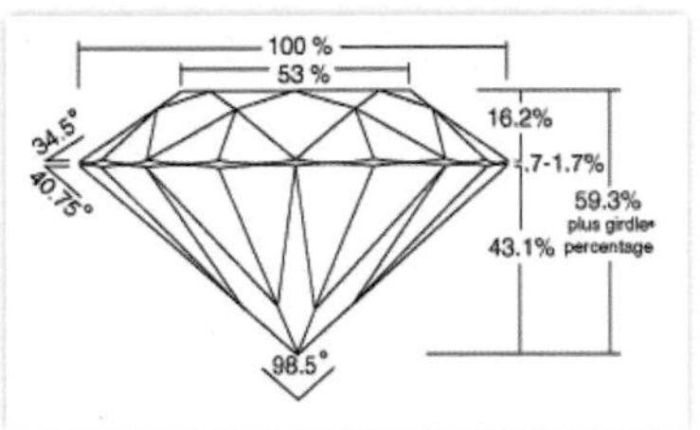

圖 17-50

艾普洛（Eppler）車工（如圖 17-51）的理想比例為：
Table Percentage 桌面比例 56%
Crown Angle 冠部角度 33.10° ——角度較小
Crown Height Percentage 冠部高度比例 14.4%
Pavilion Angle 底部角度 40.50°
Pavillion Depth Percentage 底部深度比例 43.2%

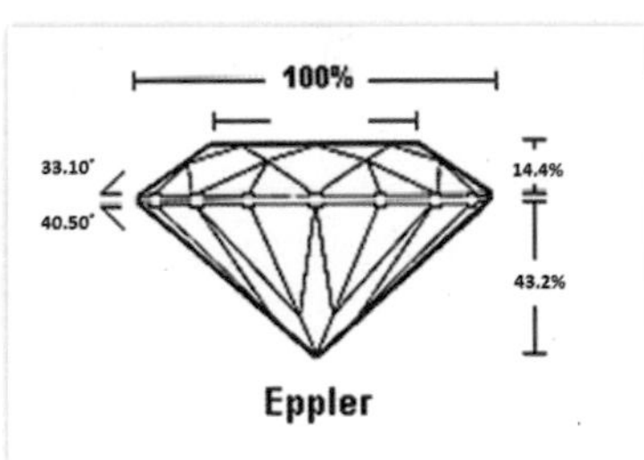

圖 17-51

所以歐洲式切工就是艾普洛切工，嚴格上講並不等於理想式切工，兩者的區別如圖 17-52 。

	"Premium Cut"	"Tolkowsky Ideal Cut"	"Excellent Ideal Cut"
Total Depth	58.8% - 63.8%	58.0% - 63.8%	59.2% - 62.4%
Table Size	58.0 - 61.0%	53.0% - 58.0%	52.5% - 58.4%
Crown Height	13.0% - 17.0%	14.2% - 16.2%	-------------
Crown Angle	32.7° - 36.3°	33.7° - 35.8°	32.5° - 35.4°
Pavilion Depth	41.7% - 45.0%	42.2% - 43.8%	41.5% - 44.4%

圖 17-52

17-4
為何不採理想車工

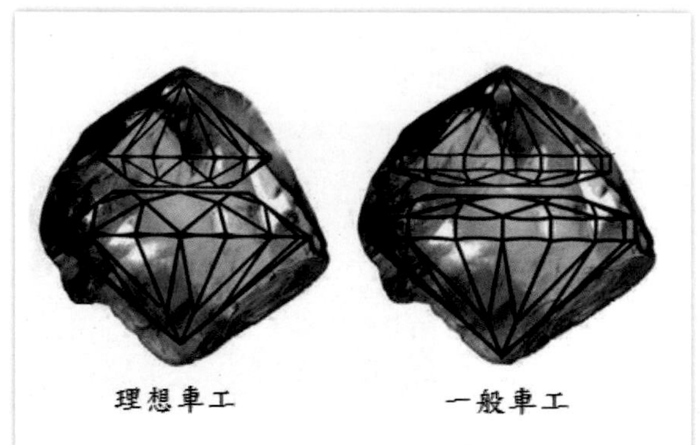

圖 17-53

各家鑽石廠商往往會以自我品牌號稱最理想車工、最完美車工、最優質車工，但均無法與 Tolkowsky Ideal Cut 完全相符。那為何不採理想車工？答案是：時間和錢。分別說明如次。

鑽石切磨的損耗

從鑽石原石晶體要切磨成美麗的鑽石會消耗多少原石晶體的重量呢？
跟「原石晶體形狀」有關，跟要「切磨成哪一種形狀的鑽石」也有關，跟要切磨「鑽石車工好壞」又有關。

切磨成哪一種形狀的鑽石

【例一】
例如一顆八面體的鑽石原石晶體如果要切磨成「圓形鑽石」或「方形鑽石」它所切磨消耗掉的原石就不同（或稱為耗損）。圓形鑽石所必須要耗損的原石重量就大過於方形鑽石。圓形鑽石大約要損耗 60%左右原石的重量，也就是一公斤的原石切磨成圓鑽後大約剩下 0.4 公斤。而方型鑽石大約僅消耗 30%左右的原石重量，也就是一公斤的原石切磨成方鑽後大約剩下 0.7 公斤。這就是所謂鑽石要切磨成什麼形狀有關。

鑽石車工好壞

【例二】
一顆八面體的鑽石原石晶體如要切磨成「圓形鑽石」。一顆車工比例不好跟另一顆車工比例完美，也會有不同的鑽石原石晶體的耗損。車工普通的圓鑽它的原石耗損大約是 55 ～ 60%，也就是一公斤的原石切磨成圓鑽後大約剩下 0.4 ～ 0.45 公斤。但車工非常好的鑽石它的原石耗損大約是 65 ～ 70%，也就是一公斤的原石切磨成圓鑽後大約剩下 0.3 ～ 0.35 公斤。

以圖 17-53 中「理想車工」與「一般車工」兩種切磨為例比較如下：

	理想車工	一般車工
原石材料	損失較多	充分利用
成品重量	較大	較小
所需工時	2 至 4 天	1 天
鑽石成品	理想	厚腰圍、小冠角、大亭角

其他影響因素：油脂

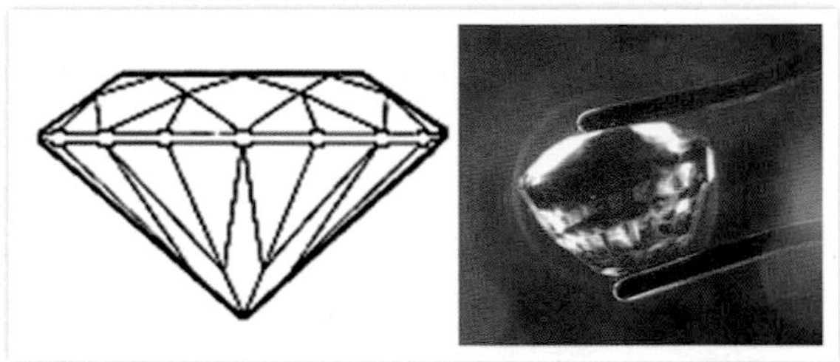

圖 17-54

然而當有油脂覆蓋在鑽石表面上時，鑽石不再和空氣接觸，而直接和油脂相接。如果油脂的折射率是 1.4，比空氣的折射率 1 大了 40%，則鑽石臨界角增大為 35 度，比起和空氣接觸時的鑽石臨界角 24 度，足足增加了 46%，光線很容易進入臨界角錐內折射透出，全反射的發生機率就相對減少許多。

反過來說，有效地清除鑽石表面的油脂，使鑽石表面直接和空氣接觸，就等於提升光線在鑽石晶體中全反射發生的機率，也就等於提升鑽石的光芒和亮麗。配戴鑽石時，往往會接觸到環境中的油脂與粉塵，使得鑽石不如珠寶店中販售時光鮮亮麗，這就如同一個人在台北市騎摩托車一個月不洗臉，是很難看出其真正面目的。

思考題

一般有色寶石的折射率都低於鑽石的 2.417，那麼切磨有色寶石時，亭角（底角）應該比鑽石的亭角大還是小？

答：折射率小，臨界角就大，亭角要比較大才不會漏光。所以切磨有色寶石時，亭角要比鑽石的亭角大，才能有較多的亮光（如圖 17-54 鑽石與有色寶石的對照）。

17-4

圓鑽的刻面（THE FRAME WORK）

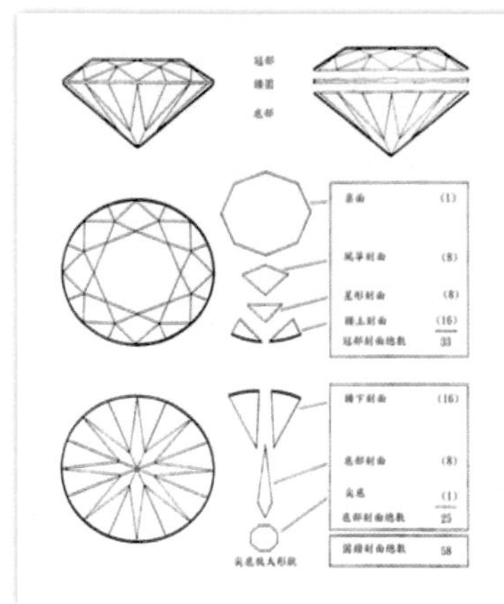
圖 17-55

圓形明亮式（Round Brilliant Cut）包括：1 個桌面、8 個風箏刻面、8 個星形刻面、16 個腰上小面、16 個腰下小面、8 個底部主刻面，及一可能有或沒有的尖底，總計 57 或 58 個刻面（如圖 17-55），圖 17-56 則分別標示出各刻面位置。大多數的鑽石均採此標準切割，因為此型最能使鑽石的美感發揮到極致。

當我們從正面觀察一顆圓形明亮式的鑽石時，可以看到刻面佈置如圖 17-57（1）；從背面觀察時，則可以看到刻面佈置如圖 17-57（2）；將兩側刻面重疊，就如圖 17-57（3）。

前兩張圖，我們在第 10 章淨度特徵解說的製圖中已經見過，也很熟悉了，現在我們來學習怎麼畫出來。

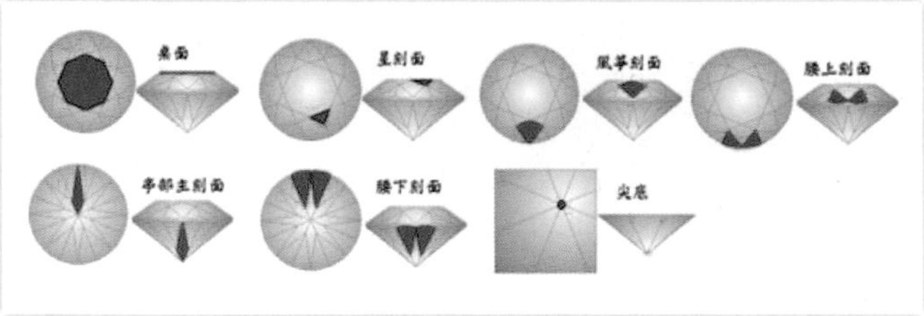

圖 17-56

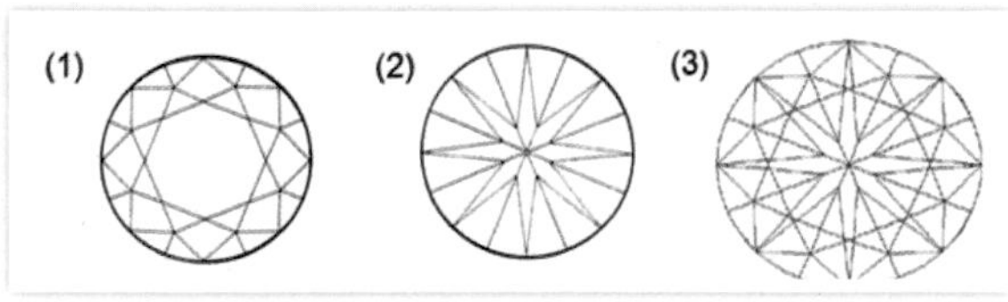

圖 17-57 正反面刻面佈置

如何畫出「圓形明亮式的鑽石刻面」

正面

（1）先畫一個圓

（2）再圓的中心畫兩個錯開的正方形

（3）兩個正方形各頂點的中間對應出去，在圓周上點上紅點

（4）將兩個正方形各頂點與圓周的紅點以直線連接

（5）在兩個正方形各頂點與圓周的各紅點中間分別畫上直線

正面完成圖，如圖 17-58。

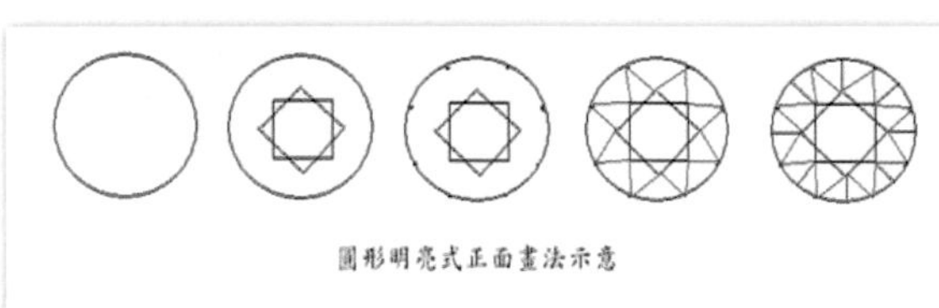

圖 17-58

反面

（1）先畫一個圓

（2）將圓以米字分成 8 等份

（3）在圓的中心，以大圓直徑的四分之一為直徑，輕筆畫一個同心圓

（4）將小圓與米字接觸的點，與對應的圓周上米字中間點以直線連接

（5）將小圓擦掉

反面完成圖，如圖 17-59 所示。

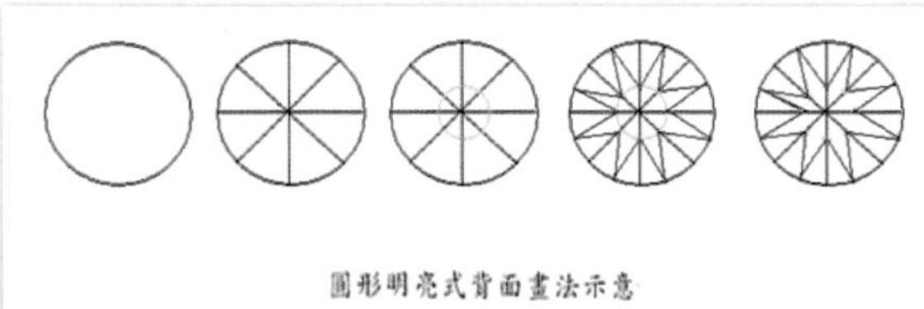

圖 17-59

Chapter 18

第 18 章
切磨分級解說

the basic of diamond identification

Cut稱為切磨、車工或是切工。切工優良的鑽石，能從冠部接受光線，反射到各個面，最後從冠部折射出來，反射的光線越多，就越能表現出鑽石的璀璨，所謂火彩來自好切工。好的切工更能表現鑽石的亮度和火彩。簡單的方法就是把戒指戴在手上，輕輕晃動，目光在戒指的正上面，好的切工可以使鑽石反射出燦爛的火彩。

18-1 切工

圖 18-1

所謂的切工，包含兩方面，即切割形狀（Shape）及切割形式（Cutting style）。

切割形狀（Shape）

分為圓形明亮式（Round Brilliant Cut）與花式切割（Fancy Cuts）。其中任何不屬於圓形的，就被歸類於花式切割（或稱為異形鑽）。（如圖 18-1）

圖 18-2

目前最受歡迎的鑽石切割的形狀（以圖 18-2 為例）包括：

1. 圓形明亮式（Round Brilliant）——最古典的磨切。
2. 馬眼形或橄欖型（Marquise）——一種細長的明亮型磨切在兩端有尖頭。
3. 公主方形（Princess）——通常是四方形到些微長方形的明亮型磨切。
4. 輻射形或雷地恩式（Radiant）——通常是些微長方形到四方形的鑽石。
5. 祖母綠式（Emerald）——一種傳統八角磨切，通常是長方形。
6. 梨形或淚滴形（Pear）——結合明亮型及圓形的型式，加上馬眼形細長的優雅。
7. 橢圓形或卵形（Oval）——形狀與光芒都是圓形明亮型的懷舊款。
8. 心形（Heart）——更花式的磨切。
9. 長角階梯（Cushion）切割
10. 上丁方形（Asscher）切割

性格與鑽石形狀

經過長期觀察、研究，心理學家發現，不同性格的人對不同的形狀均有一種特別的偏愛，這其實反映出人們希望藉此尋求一種內心世界與外在美的和諧與協調。對於寶石形狀的喜好亦是如此。

圓形
喜歡圓形款式的女性比較傳統，家庭觀念強，有一定的依賴性，性格恬靜。男士方面，則性情溫和、平易近人，具強烈的責任感，予人一種安全感。

橢圓形
鍾情於橢圓形款式的女性，具較強的獨立性和創造性，不論在生活還是在事業上，都顯得與眾不同。男士方面，富正義感、具自信，有較強的領導能力。

心形
女性方面，性情細緻，體貼入微，感情豐富。男士方面，則熱情大方，樂於助人，對愛情執著，具較強的社交能力。

方形
偏愛長方形或方形款式的女性，生活嚴肅認真，做事井井有條，坦誠而堅強。而男士方面，則處事沉穩理智，精力充沛，具較強的洞悉能力。

梨形
選擇此款式的女性，多為追求時尚的現代女性，容易接受新鮮事物。男士方面，多性格外向、坦誠，勇於探索，具較強的適應能力。

橄欖形
偏愛橄欖形款式的女性大膽外向，具很強的事業心。男性則具獨創性，喜歡標新立異，追求刺激，不易受他人和外界環境影響。

切割形式（Cutting style）

鑽石的切割形式因刻面的形狀、數量及其排列方式的不同，而有各種不同的型式，可分為：明亮式（Brilliant Cut）、階梯式（Step Cut）與混合式（Mixed Cut）三種。

明亮式（Brilliant Cut）
所謂明亮型指的是刻面安排為放射形方式，好比日月星辰的光芒向外放射一般，譬如冠部為明亮型者，則中央為桌面，四周則通常為八個風箏面，八個星形刻面，以及十六個腰上刻面所圍繞；底部則通常以尖底為中心，各刻面如光芒狀向外輻射開來（圖 18-3）。

階梯式（Step Cut）
所謂楷梯式亦即祖母綠式（Emerald Cut）。階梯型的切面比較少，刻面安排為長方形或梯形切面並排方式組合而成的層狀階級，一層一層由中心向外排列。階梯型切割不像明亮型切割的閃耀，表現典雅內斂的感覺，階梯型的切面最典型的例子就是祖母綠切割（圖 18-3）。一般方型鑽石包括正方（Square）、長方（Rectangular）及祖母綠（Emerald），除了祖母綠外，其他全部是放射狀切工。

混合式（Mixed Cut）
所謂混合型就是結合明亮型與階梯型兩種切割形式的車工，讓鑽石擁有階梯型的典雅風格，兼具明亮型閃耀的優點，許多花式切割都是屬於混合型的切割方式，像雷第恩（Radiant）切割就是結合祖母綠型與明亮型的混合型切割（圖 18-3）。

圖 18-3

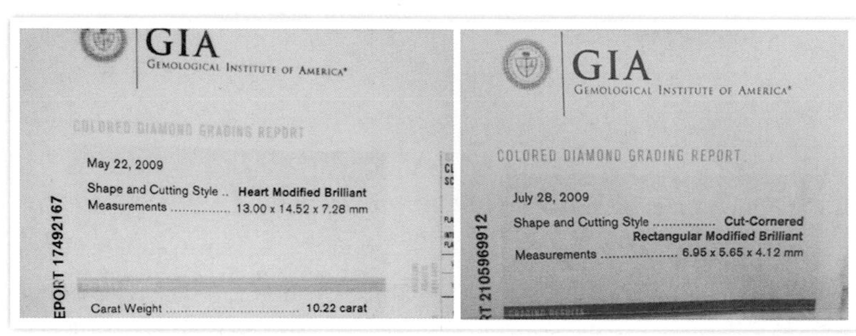

GIA
Gemological Institute of America

Colored Diamond Grading Report

May 22, 2009
Shape and Cutting Style .. Heart Modified Brilliant
Measurements .... 13.00 x 14.52 x 7.28 mm
Carat Weight .... 10.22 carat

GIA
Gemological Institute of America

Colored Diamond Grading Report

July 28, 2009
Shape and Cutting Style .... Cut-Cornered Rectangular Modified Brilliant
Measurements .... 6.95 x 5.65 x 4.12 mm

圖 18-4 GIA 報告書對形狀與切磨的敘述

形狀與切磨的敘述法是先寫形狀，再寫切磨樣式。例如外形圓的鑽石，如果冠部與底部均為明亮型，則正確敘為圓形明亮式；同樣的圓鑽，如果冠部為明亮式，而底部為階梯式，則寫為圓形混合式（Round Mixed Cut）。

圖 18-5

修飾型（Modified Cut）

依據某一型式為原則，而加以稍微的更改者。GIA 在寫形狀時用的是技術用詞，像 Cut-cornered Modified Square Brilliant，或是 Cut-cornered Rectangular step-cut（圖 18-4），而不用如 Emerald 等商業用語。

圖 18-6

圓形明亮式（Round Brilliant Cut）

圓形明亮式為市場上最常見的切磨形式，其餘方式統稱花式切割（Fancy cut）。一般而言，花式切割的價格約為圓形明亮式的 55 ～ 95%；而車工有三個 Excellent，則按表加 20%。但也有特別喜好者，則不在此限。圖 18-5 為圓形明亮式切割的鑽石。因為車工的好壞，會使得鑽石外觀呈現很大的差異，例如圖 18-6 中左側的鑽石火彩足，右側的缺乏火彩，感覺沒有生氣。你比較喜歡那一個？

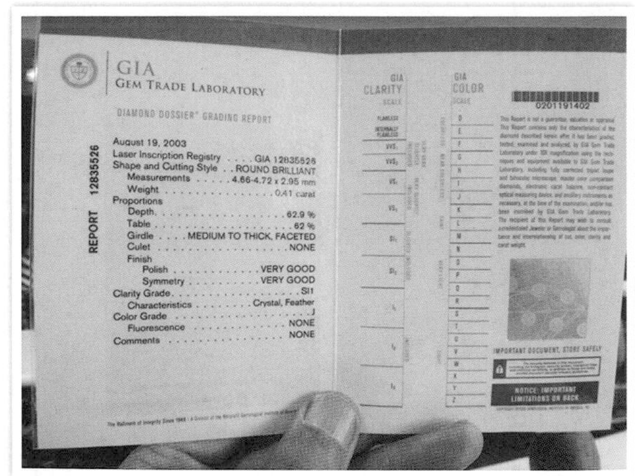

GIA
Gem Trade Laboratory

Diamond Dossier® Grading Report

REPORT 12835526

August 19, 2003
Laser Inscription Registry .... GIA 12835526
Shape and Cutting Style .. ROUND BRILLIANT
Measurements ..... 4.66-4.72 x 2.95 mm
Weight .... 0.41 carat
Proportions
Depth .... 62.9 %
Table .... 62 %
Girdle .... MEDIUM TO THICK, FACETED
Culet .... NONE
Finish
Polish .... VERY GOOD
Symmetry .... VERY GOOD
Clarity Grade SI1
Characteristics .... Crystal, Feather
Color Grade .... J
Fluorescence .... NONE
Comments .... NONE

圖 18-7

車工評級

鑽石的切磨的圓度、深度、寬度以及每個刻面的均勻度都決定著鑽石的光度。鑽石的切磨是顯現最重要的鑽石特性。因為即使一顆鑽石擁有完美的顏色（color）和淨度（clarity），但是很差的切磨也會使一顆鑽石失去其耀眼的光彩，因此必須就車工加以評級。舊式 GIA 的報告書，只有重量、淨度、顏色的分級，但沒有 Cut 的等級，如圖 18-7 所示。

AGS（美國寶石協會 American Gem Society）最早對切磨進行評級，GIA 體認到其重要性，也隨後跟進。新式的 GIA 報告書就會分 Cut 的等級，如圖 18-8 所示。

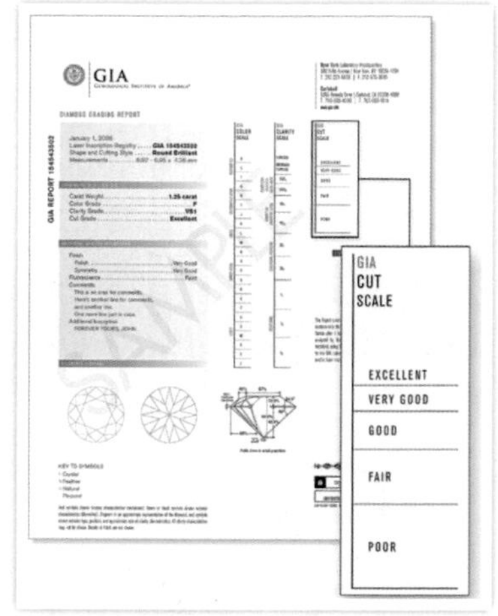

圖 18-8

車工評級的等級

由肉眼作判斷，可分為特優（Excellent）、優良（Very Good）、良好（Good）、尚可（Fair）及不良（Poor）等五個評定等級。

切工評級的程序

由於肉眼的判斷相當主觀，要藉其評定車工等級相當困難，於是人們建立制度化的評級程序。

切工評級的因素

1. 光學效果及外觀感受：包括比例 Proportion（角度與百分比）、腰圍 Girdle Thickness、尖底 Culet 等，如圖 18-9 所示。
2. 設計 Design：包括重量保留與耐用性
3. 工藝技術 craftsmanship：包括拋光 Polish 與對稱 Symmetry

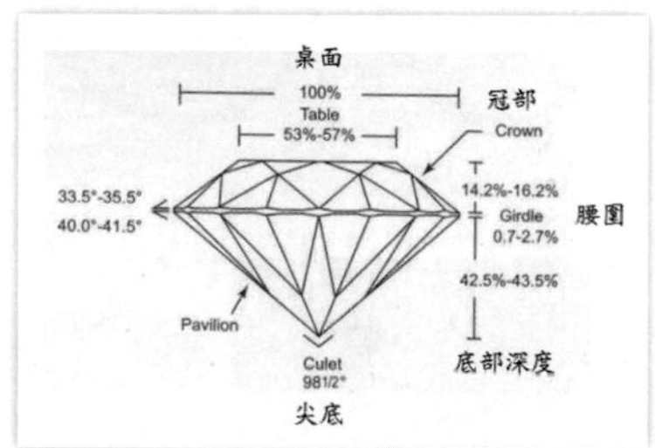

圖 18-9

有關設計的部分，我們在前兩章已經討論過了，在本章中，將專注於光學效果與工藝技術。光學效果的部分主要在評級比例的因素，包括：1. 桌面大小、2. 冠部角度、3. 冠部高度、4. 亭部深度、5. 總深度，以及超重百分比、星形刻面百分比、腰下刻面百分比等。特別在總深度百分比（深度和腰圍直徑比例，又可分為冠角與底深），及桌面百分比（桌面直徑與腰圍直徑的比例）。這兩個因素將決定光線如何在鑽石表面反射和內部折射，決定了鑽石的亮光與火光。目前鑽石分級報告書會載有之車工內容包括項目如表格所示。

切割比例部分評級

Total Depth Percentage	全深百分比
Table Percentage	桌面百分比
Crown Angle	冠部角度
Crown Height Percentage	冠部高度百分比
Pavilion Angle	底部角度
Pavilion Depth Percentage	底部深度百分比
Star Facet Length Percentage	星形刻面百分比
Lower Girdle Facet Percentage	腰下刻面百分比
Girdle Thickness Percentage	腰圍厚度百分比

（記錄時可採附錄一：圓形鑽石分級表格）

18-2 量測的基本

測量鑽石的尺寸均以公釐「mm」為單位，記錄至小數點後第二位為止。而由於每次測量的部位未必完全相同，又或因為不同寶石測量卡尺的微小誤差，所以同樣一顆鑽石若有二份不同尺寸的證書，則尺寸可能會稍有不同，但以不超過 0.02mm 為限度。

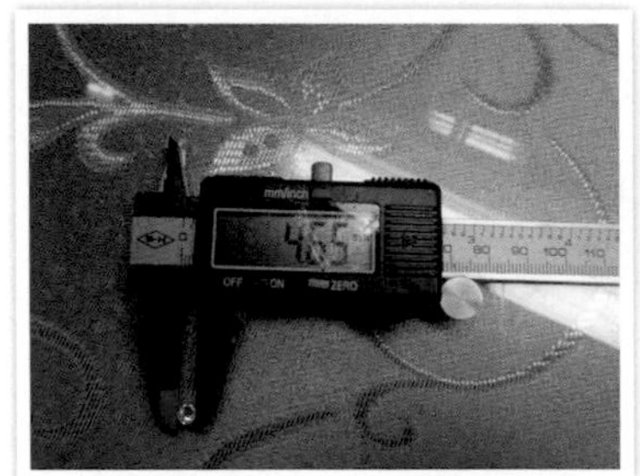
圖 18-10

圓鑽在儀器精密的測量下並不純圓，所以在尺寸上記錄其最小及最大直徑「DIAMETER」與全深「DEPTH」，而花式鑽石則記錄其長、寬、高。

圖 18-10 所示為以測微計量鑽石直徑，業內之工匠常常使用。但寶石業界大多使用寶石測微計，如圖 18-11 所示，左為機械式，右為電子式。

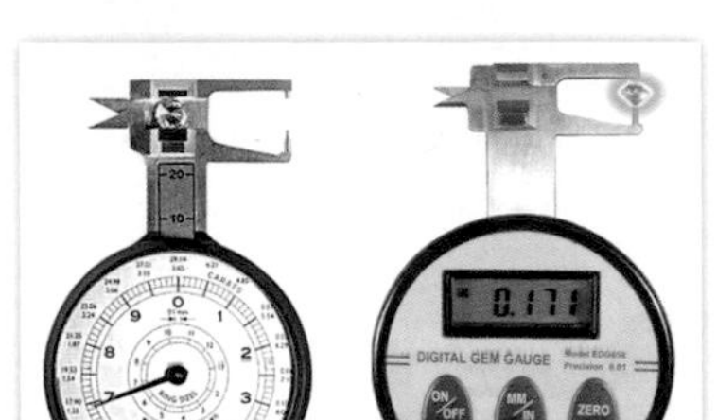

圖 18-11

腰圍直徑

腰圍直徑的意義如圖 18-12 所示。圖 18-13 則為以寶石測微計量鑽石直徑的方式。使用寶石測微計時，將測微計間距拉開，以寶石鑷子將鑽石夾入間距中，使鑽石平躺在間距中，再將測微計間距的彈簧緩緩放回闔上，使其接觸到鑽石，並確認鑽石平躺，即可讀取顯示的數字。

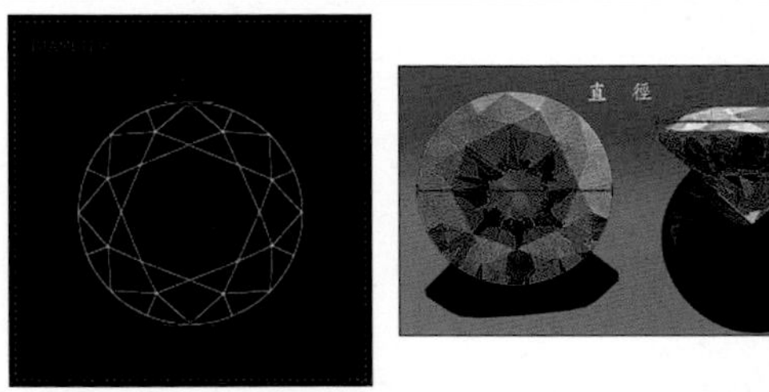

圖 18-12

圖 18-13

圓形鑽石的腰圍往往平行於八面體原石中的立方體（六面體）的面，如果這個立方體的面並非絕對的正方形而稍微變形，為充分利用原石，那麼切磨出來圓形鑽石的腰圍直徑在各個方向也就不會完全相同。因此量測腰圍直徑時，要分四個方向分別量取，記錄最大及最小值，並將最大及最小值平均，作為腰圍直徑的值，如圖 18-14 所示。最大及最小值腰圍直徑的差距以不超過 2% 為宜，否則鑽石的對稱性就不佳了。

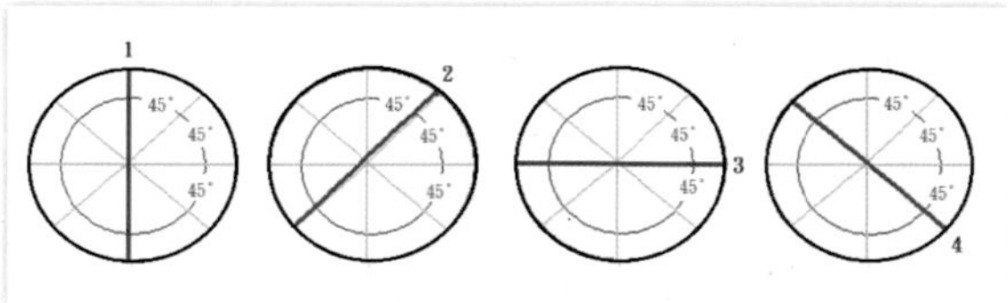

圖 18-14

總深度百分比（全深百分比）

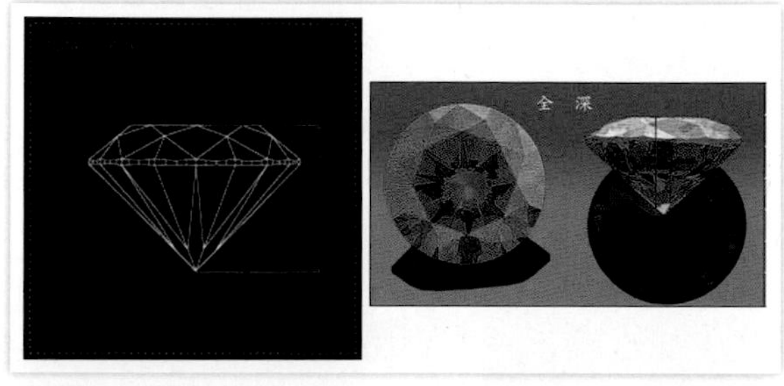

圖 18-15

全深的意義如圖 18-15 所示。全深百分比＝（全深 ÷ 平均直徑）×100。可以測微計分別量取直徑及全深，依上式計算。圖 18-16 則為以寶石測微計量鑽石全深的方式。使用寶石測微計時，將測微計間距拉開，以寶石鑷子將鑽石夾入間距中，使鑽石的底部朝上平置於間距一側，再將測微計間距的彈簧緩緩放回闔上，使其輕輕接觸到鑽石，再將手鬆開，即可讀取顯示的數字。要注意的是：放回彈簧時，動作一定要輕，如果放手任其自動彈回，鑽石的尖底很容易受傷。

圖 18-16

總深度（全深比）百分比標準值為 57.5%～ 63%。第 17 章〈光行進與鑽石切磨理論〉中我們提過：當鑽石切磨得太深時，會有釘頭效應；而太淺時，會有魚眼效應。圖 18-17 中左側全深百分比為 68.5%，太深了，所以看起來像釘頭。而圖 18-17 中右側全深百分比為 51.0 %，太淺了，所以看起來像魚眼。

圖 18-17

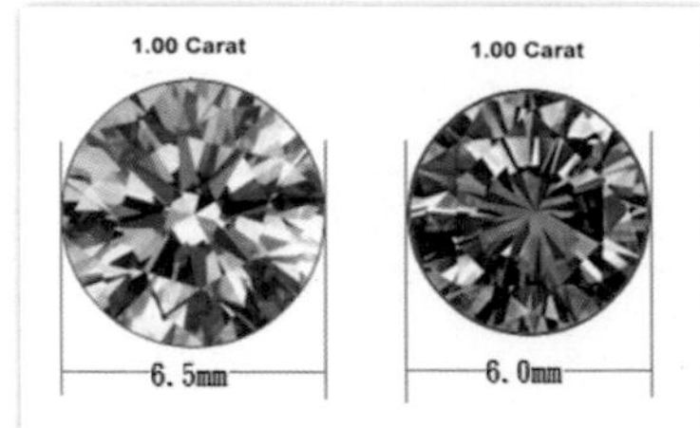

圖 18-18

全深比與直徑亦有關連，圖 18-18 中的兩顆鑽石同為 1.0 克拉，左邊的是理想切割，直徑 6.5mm；右邊的切割太深，直徑只有 6.0mm。如果只看重量，兩顆似乎一樣，但看看直徑、看看光彩，左邊的顯然比右邊的好，這樣的差異可以由「超重百分比」得知。

超重百分比

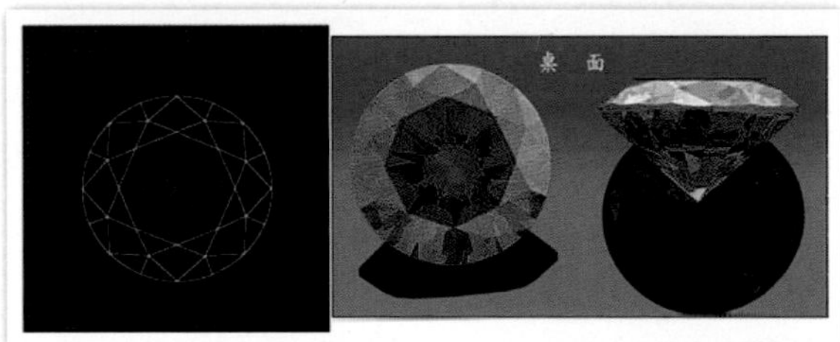

圖 18-19

超重百分比＝（實際克拉數－鑽石建議克拉數）÷ 鑽石建議克拉數。太大即表示切工不良，一般而言小於 8％均可。其中鑽石建議克拉數可由公式來算（圓鑽）重量＝（平均直徑）^{2} × 總深度 × 0.0061 或查次表。

圓鑽直徑 (mm)	克拉數 (ct)	圓鑽直徑(mm)	克拉數 (ct)	圓鑽直徑(mm)	克拉數 (ct)	圓鑽直徑(mm)	克拉數 (ct)
1.3	0.01	3.9	0.22	5.1	0.49	6.2	0.89
2.4	0.05	4.0	0.24	5.15	5.15	6.3	0.93
2.9	0.09	4.1	0.26	5.2	0.52	6.4	0.98
3.0	0.10	4.2	0.28	5.3	0.55	6.5	1.00
3.1	0.11	4.3	0.30	5.4	0.59	6.6	1.07
3.2	0.12	4.4	0.32	5.5	0.62	7.4	1.50
3.3	0.13	4.5	0.34	5.6	0.65	8.2	2.00
3.4	0.15	4.6	0.36	5.7	0.69	9.35	3.00
3.5	0.16	4.7	0.39	5.8	0.73	11.1	5.00
3.6	0.17	4.8	0.41	5.9	0.75	14	10.00
3.7	0.19	4.9	0.44	6.0	0.80		
3.8	0.20	5.0	0.47	6.1	0.84		

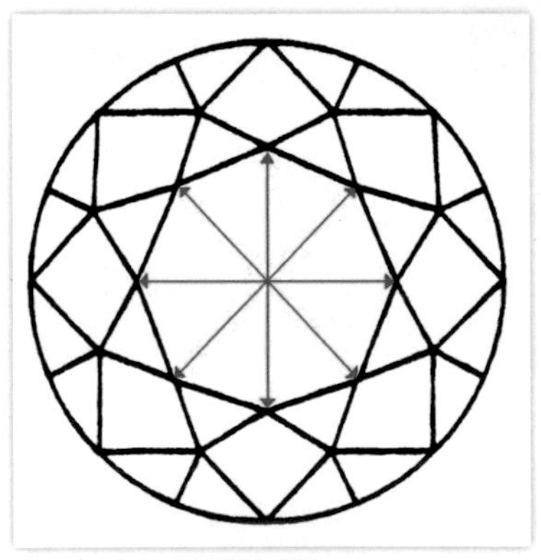

圖 18-20 桌面 4 個角對角直徑

經由分析冠高、底深及全深百分比等，可瞭解鑽石超重的原因，亦應量測腰圍厚度，因為極厚的腰圍容易隱藏重量。

鑽石切磨等級與超重百分比

可能的切磨等級	超重百分比
E,VG,G,F,P	<8%
VG,G,F,P	8% to16%
G,F,P	17% to25%
F,P	>25%

如所秤得的重量比建議重量更小，則在工作表格的「超重百分比 overweight」一欄填入不適用（N ot applicable）或N / A。

桌面大小

桌面大小的意義如圖 18-19 所示。以直接量取的方式，量四個角對角直徑，並計算其平均值即為桌面直徑。圖 18-20 為桌面四個角對角直徑。

桌面百分比

桌面百分比＝（桌面平均直徑 ÷ 平均腰圍直徑）× 100

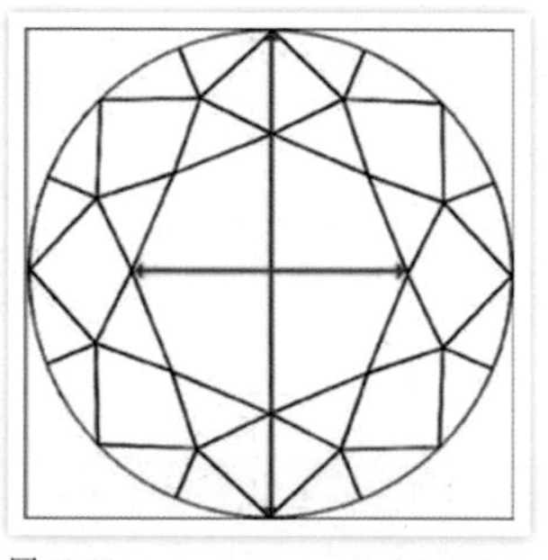

圖 18-21

圖 18-21 是桌面百分比的意義，其中綠色線代表桌面寬的四條線之一；紅色線代表鑽石的直徑。綠色線長度除以紅色線長度就是桌面百分比。

圖 18-22

理想桌面比例 ：52％～ 62％。若桌面較小，則鑽石的閃光將愈強，但相對的白光則較不明顯；若桌面過大的話，整體看起來光澤比較白，鑽石看起來比較大，但會犧牲閃光及火光，而顯得比較呆滯。此外，即使底角正確，大桌面（高冠角）也可能產生魚眼。桌面大小對亮光、火光以及外觀大小的影響，如下表所示：

	桌面較小	桌面較大
亮光	較密集	較擴散
火光	較多	較少
外觀大小	較小	較大

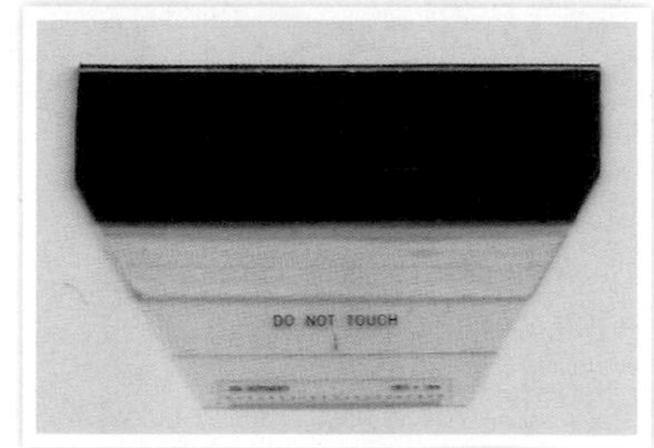

圖 18-23 毫米尺

圖 18-22 中所示的鑽石桌面百分比由左至右分別為 53.1％、57.2％及 65.6％三種桌面百分比大小。

桌面比例評估方法有直接測量、比例法、弧度法。

直接測量

（1）以透明塑膠毫米尺量測角對角桌面直徑
（2）量測平均腰圍直徑
（3）以平均桌面直徑除以平均腰圍直徑即得桌面比例

（1）以透明塑膠毫米尺量測角對角桌面直徑：
透明塑膠毫米尺如圖 18-23 所示，因為刻度部分很精密，所以使用時，以手指捏在藍色的位置（不一定是藍色，顏色可能有很多種），手千萬不要碰觸下面有刻度標示的部分，否則有可能破壞刻度。量測時，將鑽

圖 18-24

石架在顯微鏡下，確認可以清楚看到鑽石的桌面後，將毫米尺小心慢慢靠近對上，不要撞移動鑽石，如圖 18-24 所示。

此時顯微鏡中可見的影像為圖 18-25，調整毫米尺的位置，使能夠對到桌面的 8 個角中相對的兩個點，讀取兩點間的距離，即為該對角之直徑。換方向再量，當桌面四個角對角直徑都量到後，加以平均即為桌面直徑。

圖 18-25

市面上也有出售圖中尺板，如圖 18-26 所示。尺板中有各種長度的標示，也可藉由尺板量測出桌面的直徑。

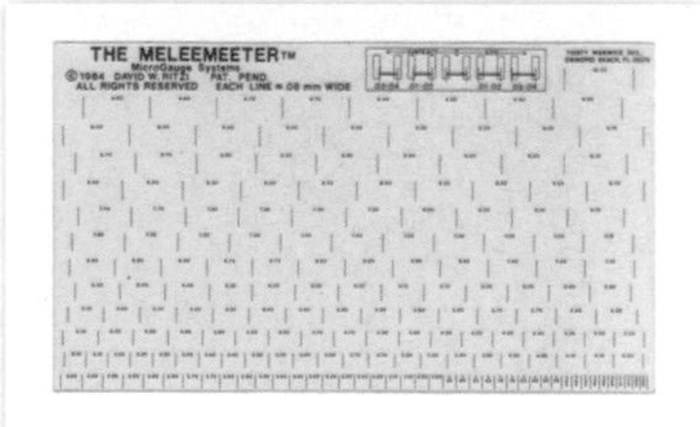

圖 18-26

比例法（Ratio method）

所謂「比例法」，指圖 18-27 中各個鑽石正面中，由紅色線條長度與綠色線條長度的比例，判斷桌面百分比百分比的數字。注意：紅色線條是由中心點到桌面直線的邊，綠色線條則是由該點再延伸到邊緣。

圖 18-28 中為五個較為典型的比例，作業時可以按圖 18-28，分別估四個邊的比例，取平均值，判斷桌面百分比。

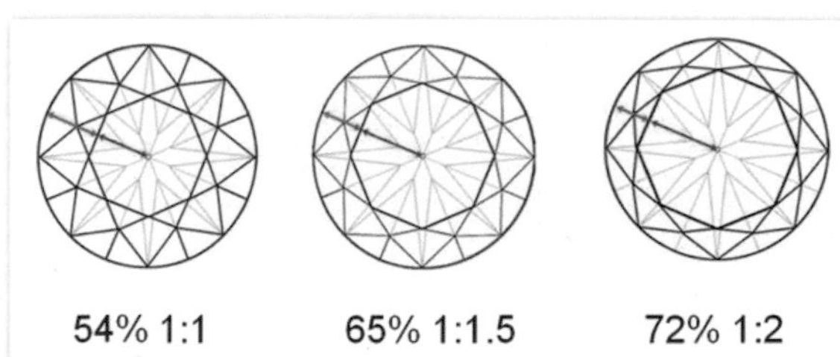

圖 18-27

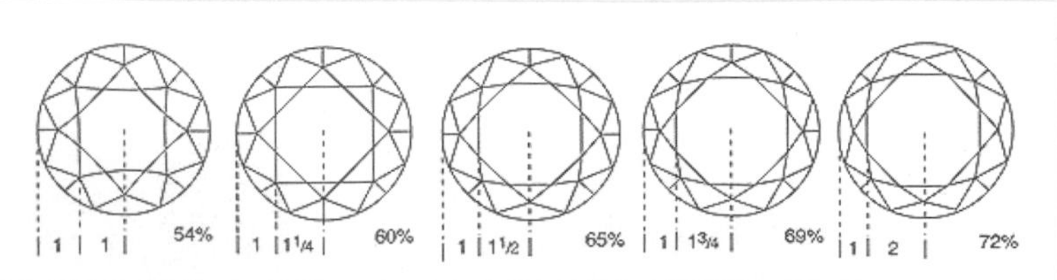

圖 18-28

練習

請就圖中鑽石的正面，以比例法估計桌面百分比：

題 1：圖 18-29

答：紅線與綠線長度比為 1.23:1，根據比例法桌面百分比約為 57%。

圖 18-29

題 2：圖 18-30

答：紅線與綠線長度比為 1.95:1，根據比例法桌面百分比約為 70%。

圖 18-30

弧度法（Curvature evaluation）

以弧度法估桌面大小的方式為：桌面邊緣與星刻面間形成的兩個方形（如圖 18-31 左、右），由方形的邊向內凹或向外凸估計桌面的大小。

圖 18-32 中之方形的邊略向外凸，表示桌面大了些。為什麼這麼說？因為根據觀察，邊呈直線、向內凹或向外凸與桌面大小是有關聯性的，如圖 18-33 所示。

圖 18-31

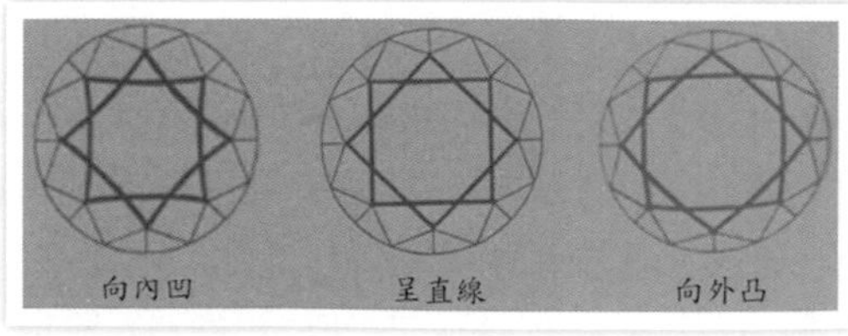

圖 18-33

圖 18-32

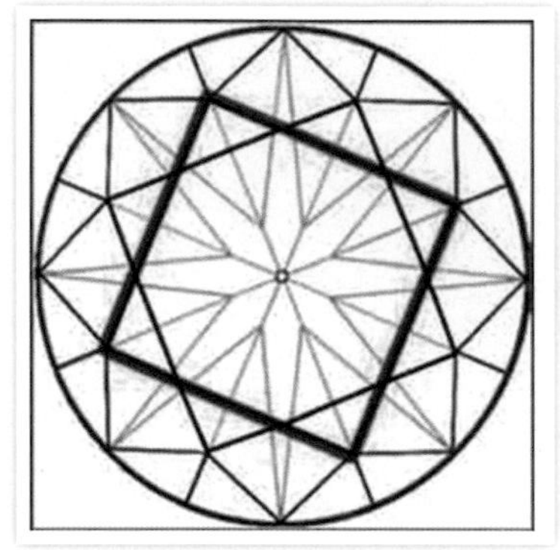
圖 18-34

根據觀察，完美的正方形（邊線為直線）表示桌面百分比為 60%（圖 18-34），邊線向內凹表示桌面百分比小於 60%，愈凹表示小的愈多；向外凸表示桌面百分比大於為 60%，愈凸表示大的愈多，凹凸程度與桌面大小的關係，如圖 18-35 所示為以弧度法估各種桌面大小。

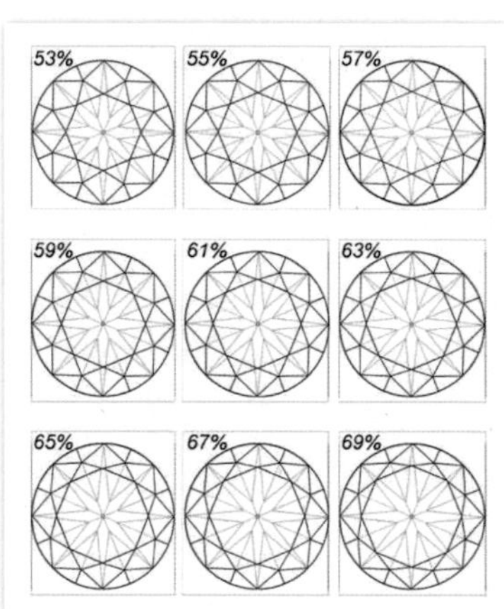

圖 18-35

練習：

請就圖中鑽石的正面，以弧度法估計桌面百分比：

題 1.

答：49%

題 2.

答：57%

題 3.

答：61%

題 4.

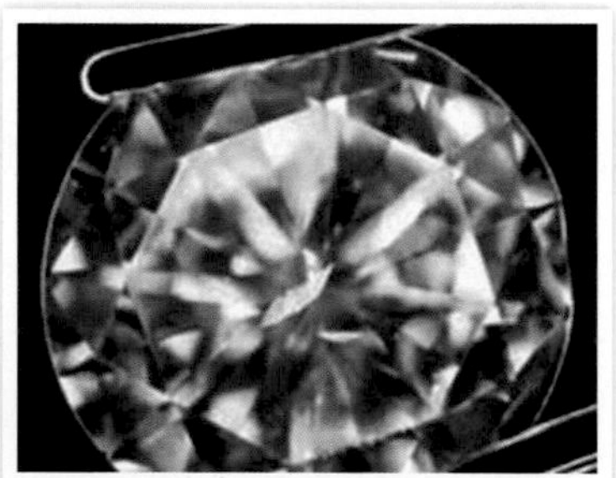

答：68%

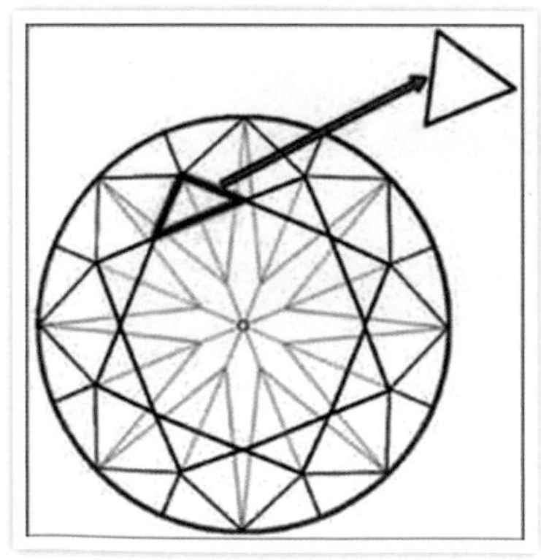
圖 18-36

雖然說完美的正方形表示桌面百分比為 60%，但扁平或拉長的星刻面會影響這個方法的結果。理想的星刻面是等邊三角形，如圖 18-36 所示，如果不是，可能會影響內凹、外凸的程度。因此弧度法可能須要修正，修正的比率如圖 18-37 所示。正因為要修正，所以比例法的準確度高於弧度法。但弧度法簡單好用，因此實際作業時，可以兩者並用作出較準確判斷。

GIA 桌面百分比與切磨等級關係

Excellent：52 ～ 62%

Very Good：50 ～ 62%

Good：47 ～ 69%

Fair：44 ～ 72%

Poor：＜ 44%，＞ 72%

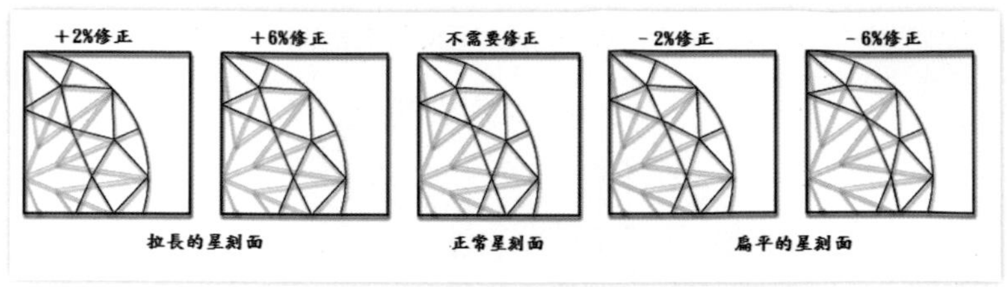

圖 18-37

注意到嗎？ Tolkowsky 的理想桌面是 53%，而 GIA 的 Excellent 範圍是 52 ～ 62%，數字為什麼會比較大？因為現代人喜歡亮光多、鑽石看起來大。甚至有人認為 59%以下屬小，60 ～ 65%屬中，66%以上屬大。

多用手持放大鏡練習幾次，利用目視法或造成閃光，你可以不用測量就知道桌面百分比如何。大多數在買鑽石的時候，其實不需要知道非常精準的桌面百分比。

練習

用閃光法測桌面百分比如何？

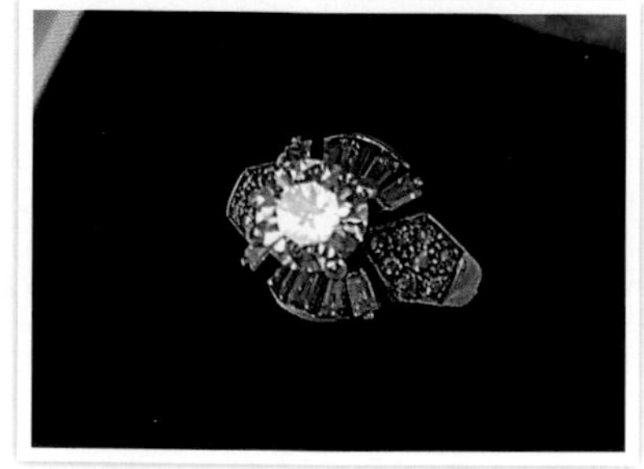

答：60%

估計桌面百分比的目的在於評估其對鑽石有何影響。如果桌面大，表示價格可以稍稍降一點。如果桌面太小，表示你必須考慮當重新切到可接受的尺寸時所損失的重量。但是如果桌面偏心的很嚴重，那麼當你出售或重切時，桌面百分比恐怕就已經不是考慮的重點了。

冠部角度

在第 17 章〈光行進與鑽石切磨理論〉中我們談過色散光（火光），其中與冠部角度有關的包括幾個重點：

圖 18-38

1. 冠角會影響火光：色散的面積受限於桌面及環繞冠部的刻面的大小。
2. 冠角太小：冠角太小時，進入鑽石的光，稜鏡的效果差，產生的色散就少。冠角太小時，由鑽石反射出來的光，產生的色散不夠多，只有在特定方向才看得到。
3. 冠角太大：由於冠角高，光線的入射角落在臨界角 24.5° 之外，使得光線反射回鑽石內，就無法產生色散。
4. 正確的冠角，可以使得亮光與火光之間取得了平衡產生，並在各個方向都看得到色散光。
5. 理想冠部角度 31.5° ～ 36.5°

圖 18-39 星形板

圖 18-39 為鑽石切磨者用來量測冠角的星形板，在切磨時，就必須一直檢查角度是否正確。

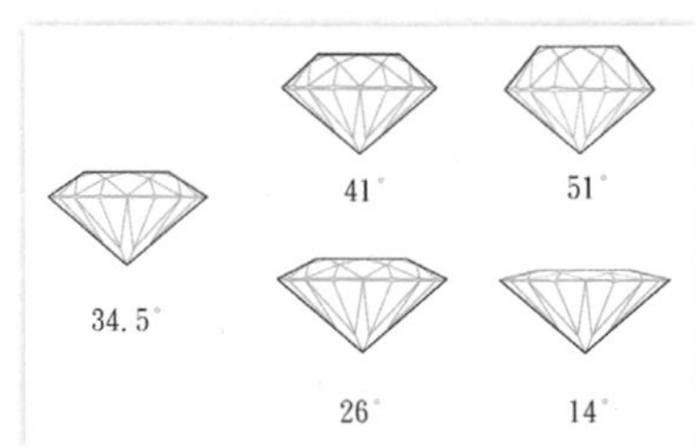

圖 18-40

冠部角度可以以下方法取得：輪廓法：（a）目測法，（b）角度尺規；寬度比法。

目測輪廓法

圖 18-40 中左側之鑽石冠角為標準的 34.5° ，其餘的冠角都太大或太小，如果能多看標準冠角的輪廓，甚至將它記在腦海中，就很容易由側面輪廓判斷出冠角是過大或過小。

角度尺規測輪廓法

可以 10 倍放大鏡配合圖 18-41 中的金屬角度板，從側面評估桌面與風箏刻面輪廓角度，或是使用圖 18-42 中的角度板量取角度。

圖 18-41

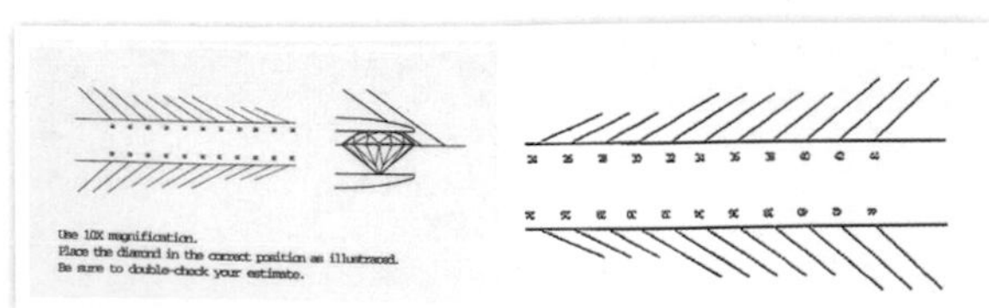

圖 18-42 角度板

角度板使用技巧：

1. 打開顯微鏡暗場照明；
2. 使用 10 倍放大，不要使用 30 倍，因為放大倍率大時，景深不夠，無法同時看到鑽石與角度板。
3. 將角度板平置於顯微鏡井口處；
4. 以軟式夾法夾起鑽石，並盡量接近角度板，但不要接觸到角度板（圖 18-43）；
5. 微微旋轉調整角度板，使角度之基準線與鑽石腰圍一致（圖 18-44）；
6. 維持基準線與鑽石腰圍一致，左右滑動角度板，找到最符合的角度（圖 18-45）；
7. 如果角度板被井口附近凸起物擋住，試著量鑽石另一側角度，或將夾子左右對調，再重複以上步驟。

重點是：不是從星刻面量而是由風箏刻面量

圖 18-43

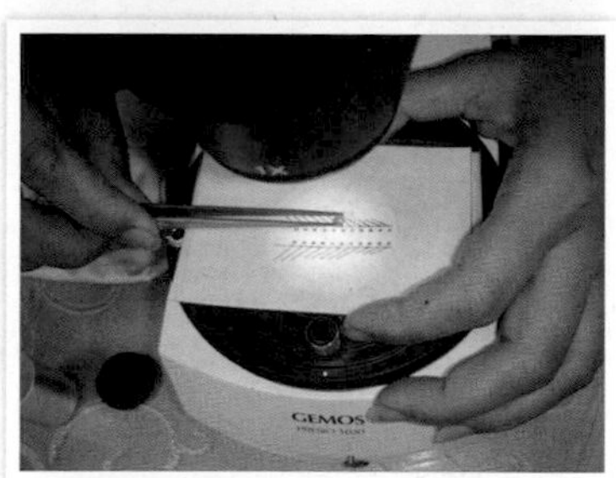

圖 18-44

圖 18-46 中左側為星刻面銜接腰上刻面的方位，右側為風箏刻面的方位。其中星刻面 – 腰上刻面的側面，經過兩次轉折，有兩個角度；而風箏刻面的側面，由桌面直接到腰圍，只有一個角度，是我們要量的角度。如果在顯微鏡下看到的有轉折的兩個角度，就是對到了星刻面 – 腰上刻面的側面，必須旋轉調整方位，對到風箏刻面側面的方位才對。

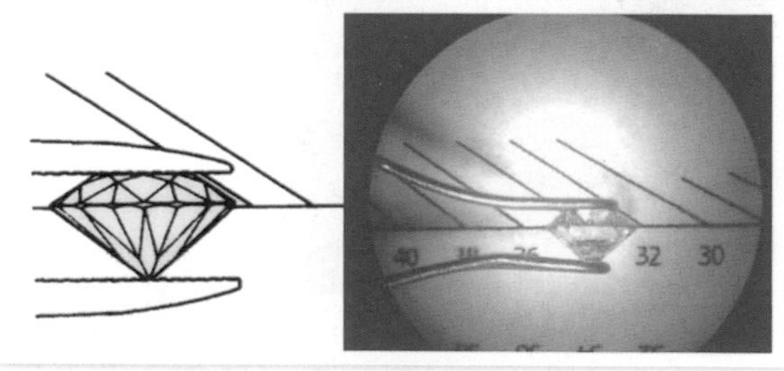

圖 18-45 顯微鏡下角度板量角度實景

圖 18-46

圖 18-47

圖 18-48 不同冠角的正面圖

圖 18-49

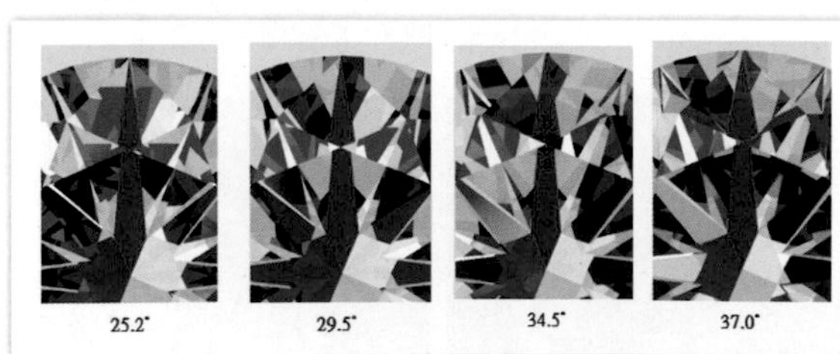

圖 18-50

寬度比

以鑷子夾住鑽石腰圍，於暗場照明下放大觀察，透過桌面觀看底部主刻面。心中將底部主刻面分成兩部分，第一部分由尖底向外延伸至桌面與風箏面的交界角落處，第二部分則再由風箏刻面起始直至腰圍處止。比對兩段在桌角與風箏刻面接續處的寬度，兩段的寬度差距愈大，冠角愈陡。

比較圖 18-48 中左圖與右圖桌面與風箏刻面接續處兩段寬度的差距，左圖中差距小，右圖中差距大，表示右圖中的冠角比左圖中的陡。原理是：當平放在桌子上的玻璃楔板，一側貼緊桌面，另一側逐步升起時，在玻璃板下的線會不同倍率的放大，正如冠角角度變化時，主刻面放大程度也會不同。

圖 18-49 所示為寬度比的位置與定義。其中 a 代表底部主刻面反射與桌面邊緣相交兩點間的長度，b 代表底部主刻面反射與風箏面邊緣相交兩點間的長度，寬度比法就是在比較 a、b 兩段長度的比率關係。

如果 a、b 一樣寬，筆直斜向穿出，冠部角度 29° ～ 25° ，冠角不良，看起來扁扁的。
冠部角度為 30° 時，b 比 a 稍寬。
b=2a 時，冠部角度為標準的 34½° 。
冠部角度為 39° 時，b 超過 a 2 倍多。
冠角 40° 及以上的陡冠角時，風箏刻面內即可看見整個底部主刻面的反影，甚至包括尖底。圖 18-50 中為寬度比的各種變化情形。

練習：

請就圖中鑽石的正面，以寬度比估計冠角：

題 1.

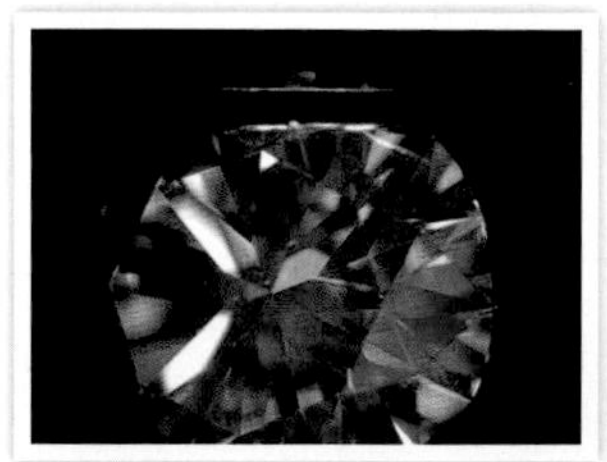

答：1:1.83，32.5°

題 2.

答：34.7°

題 3.

答：35°

題 4.

答：37.2°

八心八箭觀察鏡看箭身很明顯，也可用來觀察寬度的變化，如圖 18-51 所示。

圖 18-51

惟 1. 鑽石對稱的變化，或是觀察時鑽石略有偏斜，可能會導致亭部主刻面圖像變形，而使得以寬度比估計冠部角度產生偏差，因此應同時以輪廓法估測冠部角度。

2. 底部主刻面的反射會隨桌面及亭角的不同組合產生變化，如圖 18-52 所示，運用寬度比法時要注意。

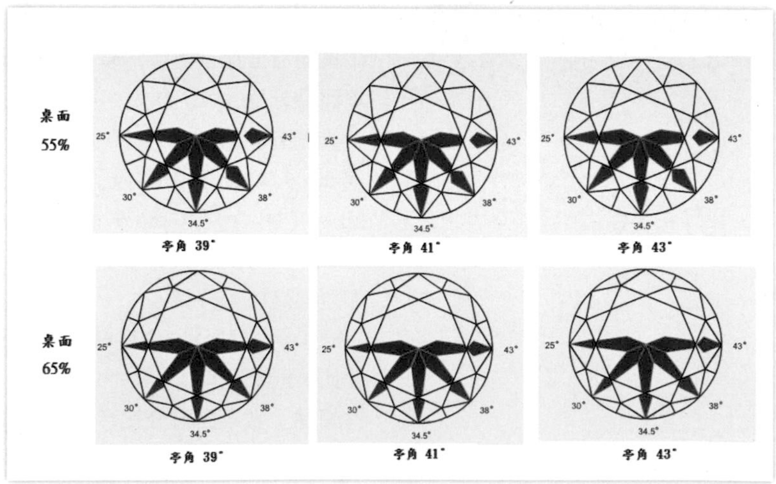

圖 18-52

圖 18-53

GIA 冠部角度與切磨等級關係

Excellent：31.5° ～ 36.5°
Very Good：26.5° ～ 38.5°
Good：22.0° ～ 40.0°
Fair：20.0° ～ 41.5°
Poor：＜ 20.0° ，＞ 41.5°

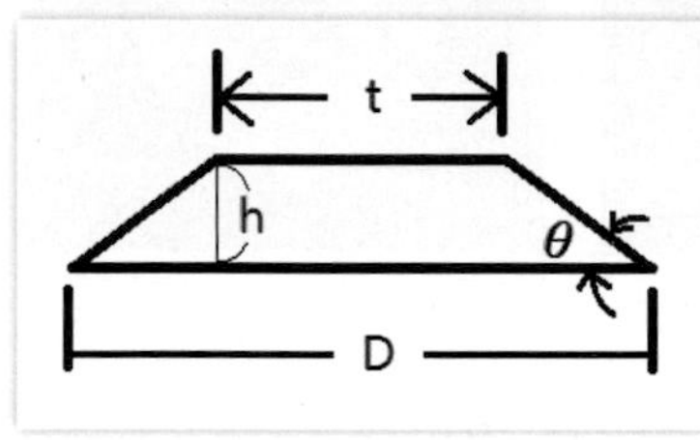

圖 18-54

冠部高度百分比

冠部高度百分比＝（冠部高度 ÷ 平均腰圍直徑）×100。理想冠部高度比例 12.5%～ 17% 。冠部高度百分比可以以下方式取得：直接量取、公式計算、查表。

直接量取

就定義而言，以測微計直接量取冠部高度，再除以平均腰圍直徑即得。但冠部高度極其微小，量取至為困難，就算量到了，可能也是錯的，因此直接量取只能止於理論，不必去嘗試。

公式計算

圖 18-54 為冠部示意圖，其中 t 代表桌面寬度，D 代表直徑，h 代表冠高。

由桌面百分比及冠部角度按以下公式計算

桌面百分比 ＝ t / D

θ 為冠部角度

則 $\tan\theta = h / [(D - t)/2] = 2h / (D - t)$

$2h = (D - t) \times \tan\theta = D\tan\theta - t\tan\theta$

$2h/D = \tan\theta - (t/D)\tan\theta = (1 - t/D)\tan\theta$

即冠部高度百分比

$h/D = 1/2 \times (1 - t/D)\tan\theta$ 亦即冠部高度百分比＝ F（桌面百分比、冠部角度）

譬如說：當桌面百分比＝ 60%（即 0.6），冠角＝ 34½° ，則

冠部高度百分比（h/D）＝ $1/2 \times (1 - 0.6) \times \tan 34\frac{1}{2}^\circ = 13.75\%$

查表

若手邊沒有可計算 tan θ 之計算器，可直接查表：

	冠角									
桌面%	31°	32°	33°	34°	35°	36°	37°	38°	39°	40°
48	15.6	16.2	16.9	17.5	18.2	18.9	19.6	20.3	21.1	21.8
49	15.3	15.9	16.6	17.2	17.8	18.5	19.2	19.9	20.6	21.4
50	15.0	15.6	16.2	16.9	17.5	18.2	18.8	19.5	20.2	21.0
51	14.7	15.3	15.9	16.5	17.2	17.8	18.5	19.1	19.8	20.6
52	14.5	15.0	15.6	16.2	16.8	17.5	18.1	18.8	19.4	19.9
53	14.2	14.7	15.3	15.9	16.5	17.1	17.8	18.4	19.0	19.5
54	13.0	14.4	15.0	15.5	16.1	16.7	17.4	18.0	18.6	19.1
55	13.6	14.1	14.7	15.2	15.8	16.4	17.0	17.6	18.1	18.7
56	13.2	13.7	14.3	14.8	15.4	16.0	16.6	17.2	17.7	18.2
57	12.9	13.4	14.0	14.5	15.1	15.7	16.2	16.8	17.3	17.8
58	12.6	13.1	13.6	14.1	14.7	15.3	15.8	16.4	16.9	17.4
59	12.3	12.8	13.3	13.8	14.4	14.9	15.5	16.0	16.5	17.0
60	12.0	12.5	13.0	13.5	14.0	14.5	15.1	15.6	16.1	16.5
61	11.8	12.2	12.7	13.2	13.7	14.2	14.7	15.2	15.7	16.1
62	11.5	11.9	12.4	12.9	13.3	13.8	14.3	14.8	15.2	15.7
63	11.2	11.6	12.0	12.5	13.0	13.5	14.0	14.5	14.9	15.4
64	10.8	11.2	11.7	12.2	12.6	13.1	13.6	14.1	14.5	15.0
65	10.5	10.9	11.3	11.8	12.2	12.7	13.2	13.7	14.1	14.5
66	10.2	10.6	11.0	11.5	11.9	12.4	12.8	13.3	13.7	14.1
67	9.9	10.3	10.7	11.1	11.5	12.0	12.4	12.9	13.3	13.7
68	9.6	10.0	10.4	10.8	11.2	11.6	12.1	12.5	12.9	13.2
69	9.3	9.7	10.1	10.5	10.9	11.3	11.7	12.1	12.5	12.8
70	9.1	9.4	9.8	10.1	10.5	10.9	11.3	11.7	12.1	12.4
71	8.8	9.1	9.5	9.8	10.2	10.6	10.9	11.3	11.6	12.0
72	8.4	9.0	9.1	9.4	9.8	10.2	10.5	10.9	11.2	11.6
73	8.1	8.7	8.8	9.1	9.5	9.8	10.2	10.5	10.8	11.1
74	7.8	8.1	8.4	8.7	0.1	9.5	9.8	10.2	10.5	10.8
75	7.5	7.8	8.1	8.4	8.8	9.1	9.5	9.8	10.1	10.4

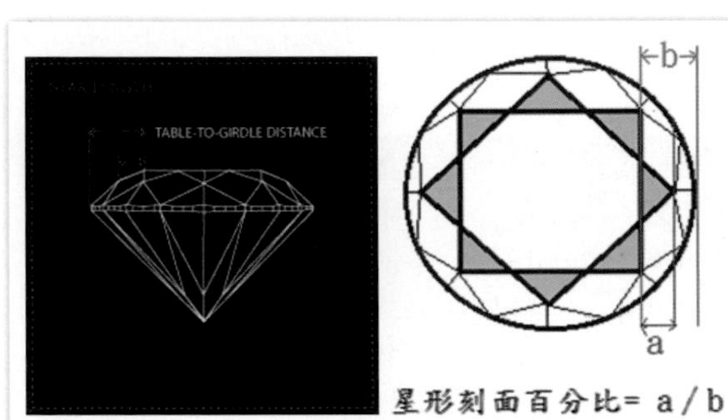

圖 18-55

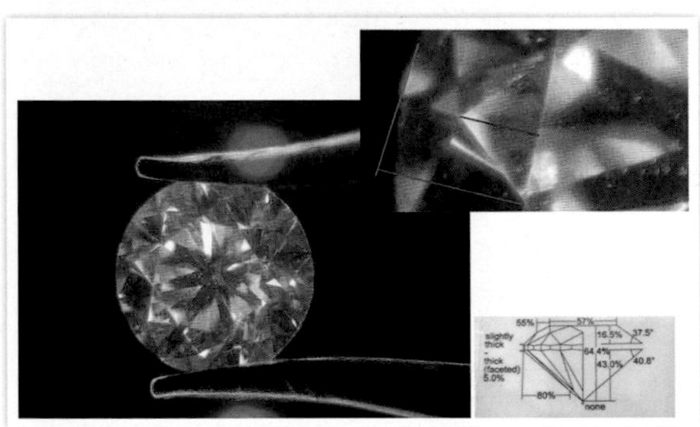
圖 18-56

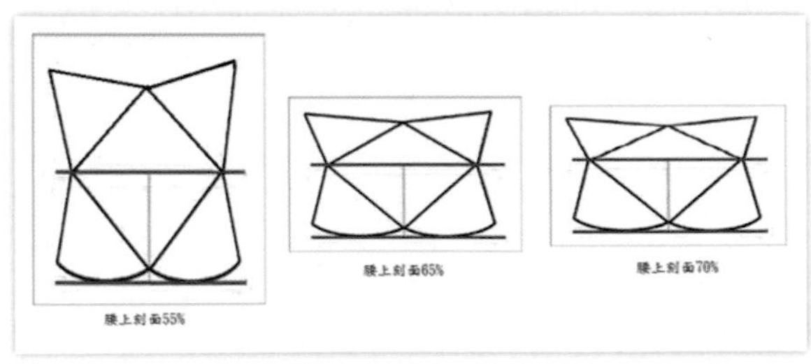
圖 18-57a

圖 18-57b

星刻面

如同腰上刻面及腰下刻面，星刻面是為了提供多樣的光行進路線，創造出更多的亮光。拋磨出星刻面一般是切磨的最後一個步驟，就像把點點串聯起來般，如果前面都切磨的很好，其實星刻面自然就會產生出來。如果不急慢慢來，切磨者可以將所有星刻面磨成與桌面等距，就能創造出完美或者近乎完美的八邊形。

星形刻面百分比

星形刻面對鑽石的亮度及火光均有影響，因此必須評估星形刻面大小與其餘刻面間相互關係。
定義：星形刻面百分比 = a / b（圖 18-55 ）。
理想：45%～ 65%
量取方式:以 8 個星形刻面按圖 目測評估,加以平均。

將圖 18-56 照片中 9 點鐘方向之星刻面放大，其中紅線段與綠線段的比，約為 55%。

如果沒有拋磨成正確的形狀，那麼位於冠部風箏面下方的腰上刻面，可能也會是個問題。理想的腰上刻面，要能夠將許許多多刻出來的角加以組合，以多個不同方向產生光學效果。當然，在 10x 放大下，刻出來的形也要好看，因為這個形狀會直接影響到風箏面的形狀（圖 18-57a），而風箏面形狀的好壞則是觀察對稱非常重要之處。要風箏面的樣子適當，腰上刻面的高度大概要比 50%稍低一點點。腰上刻面如果太低，把星刻面拉長了，同時風箏面的樣子會變得很奇怪，圖 18-57b 中藍色線為腰上刻面的適當高度。在冠部高於標準時，腰上刻面都會磨的稍微超過 50%一點點，期使風箏面的形狀能夠適當。這樣一來，星刻面也就能成為理想的等邊三角形。為使風箏面的形狀漂亮，冠部越淺，星刻面也就越短，冠部越深，星刻面也就越長。

估計所有八個星形刻面後，求取平均值，並取至最接近的 5%（必須是 45、50、55、60、65、70 等，不得有 53、62 等非 5 的倍數）。星形刻面百分比通常介於 50% 到 55%，在此範圍之外，長星形刻面（65% 到 70%）較短星形刻面普遍，小於 35% 的很短星形刻面則罕見。

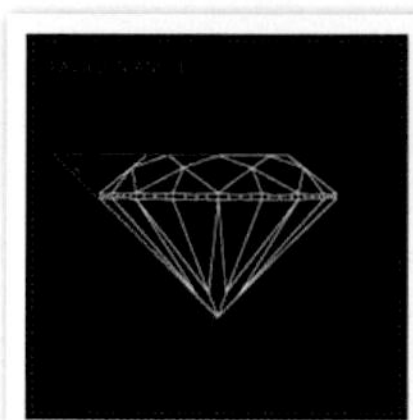
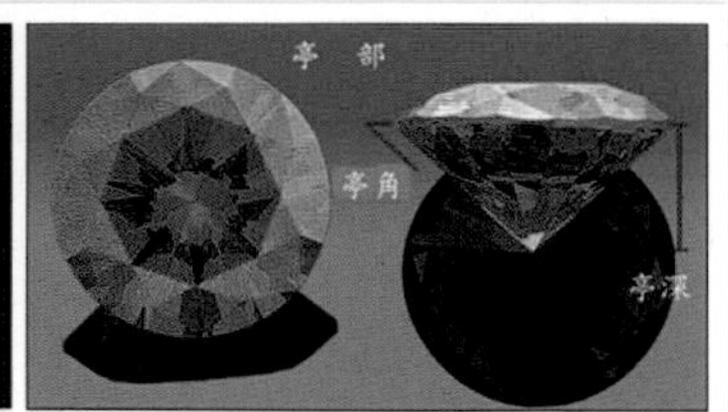

圖 18-58

如各星形刻面的長度百分比有可注意到的差異，則該鑽石的對稱性不佳，桌面可能偏離中心或外形不規則，或者可能是腰圍平面傾斜了。具有這些特徵的鑽石通常屬於切磨等級中最低的兩級。

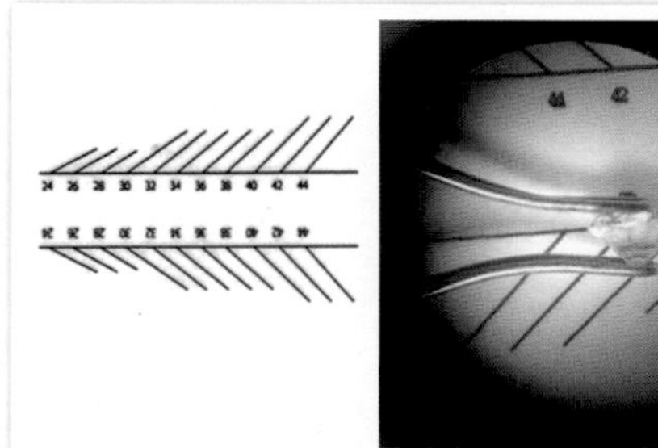
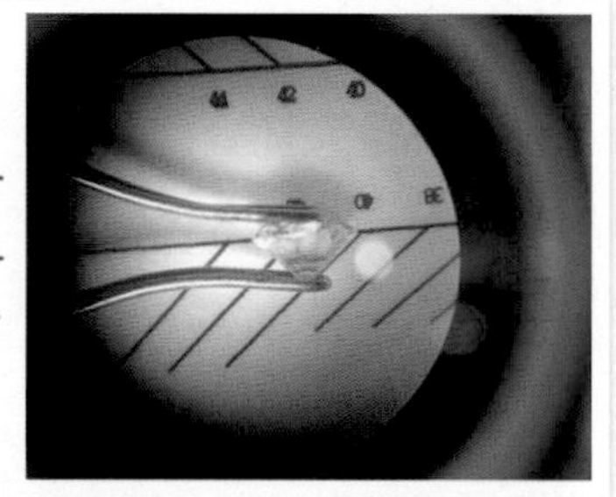

圖 18-59

亭部（底部）角度

可以以下方式取得：

‧以 10 倍放大鏡配合角度板，從側面直接目測量取。

‧圖 18-59

（2）因為角度小時量取誤差大，因此可量較大的尖底部角度 α，則亭部（底部）角度 $\beta = 90° - \alpha/2$，如圖 18-60

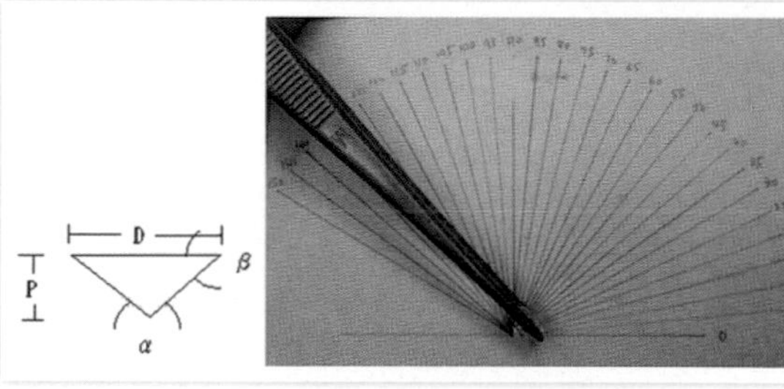

圖 18-60

GIA 底部角度與切磨等級關係

Excellent：40.6° ～ 41.8°

Very Good：39.8° ～ 42.4°

Good：38.8° ～ 43.0°

Fair：37.4° ～ 44.0°

Poor：< 37.4° ，> 44.0°

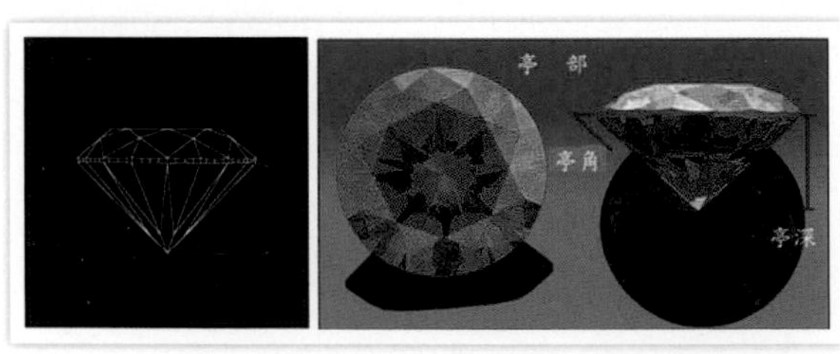

圖 18-61

亭部深度（底深）百分比

定義：從鑽石腰圍到底部的長度，稱之為 " 底深 " 或” 亭深” ，
量測亭部深度（底深）：
底深可藉由有各種刻度的尺板或測微計量測，但一般不必要量測，而以量測亭部深度百分比來取代。

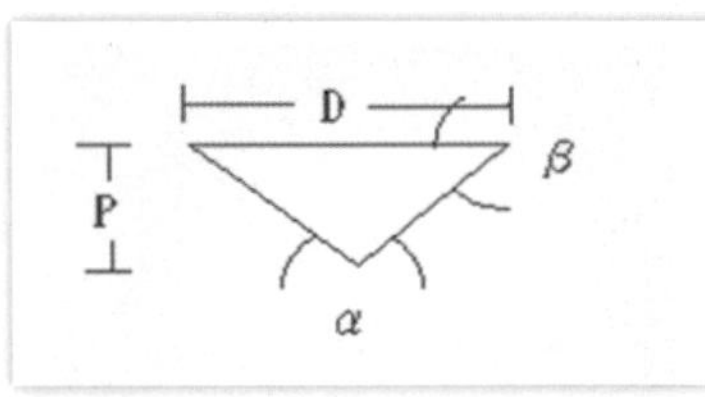

圖 18-62

底深百分比 =（底深 ÷ 平均直徑）×100。底深百分比標準值為 43%～44.5%。
「底深」的值若太小，則桌面陰影會出現破碎情況；而「底深」數值一旦大於 50%以上時，桌面與星形刻面又會呈現黑色狀態。因此，一般來說「底深」的數值介於 43%～44.5%之間就可稱之為標準，但其中又以 44.5%「底深比」為最佳。

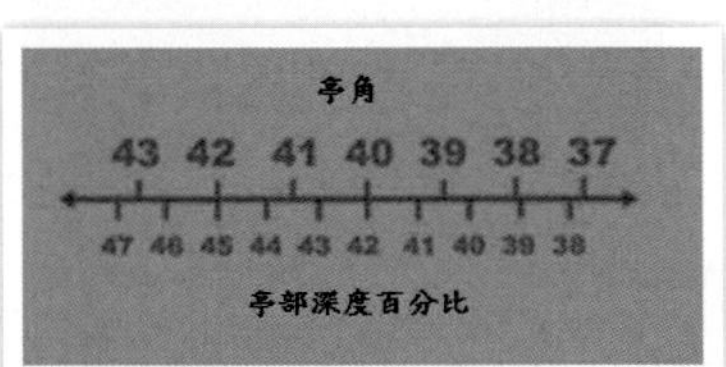

圖 18-63

量取方式：由底部角度計算、由底部角度查表、目測亭深法。

（1）由底部角度計算

由圖 18-62 ，$\tan\beta = P/(D/2)$
則底深百分比
$P/D = 1/2 \tan\beta$
其中 β 為底部角度，可將前述測得之底角代入；P/D 即為底深百分比。

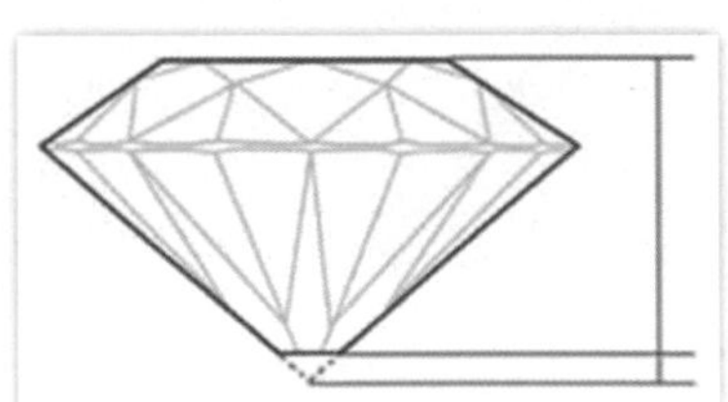
圖 18-64

（2）由底部角度查表

若手邊沒有可計算 $\tan\theta$ 之計算器，可直接查圖 18-63。譬如說：亭角 40.0° ，亭部深度百分比就是 42%。又譬如說：亭角 39.0° ，亭部深度百分比就是 40.5%，依此類推。

反過來說，如果先知道亭部深度百分比，也可以用上圖查出亭（底）角。譬如說：亭深 44.5%，亭角就是 41.8° 。隨後我們會介紹先測亭深，再查表得知亭（底）角的方法。

例外

即使亭角在容許範圍內，大尖底將對深度造成很大影響。

（3） 目測亭深法

冠部的星刻面，經過底部反射後，會在桌面上的對面形成一個小三角形，如圖 18-65 所示。圖 18-65 中的標藍色的星刻面反射後，產生藍色的小三角形，標紅色的星刻面反射後，產生紅色的小三角形。把八個星刻面反射形成的八個小三角形連起來，就形成類似花的花瓣，我們把這些花瓣及其圍起來的圓稱為一朵「花」，如圖 18-66 所示。如果光線進去又出來沒有形成「花」表示切割不理想，會有魚眼或釘頭現象。

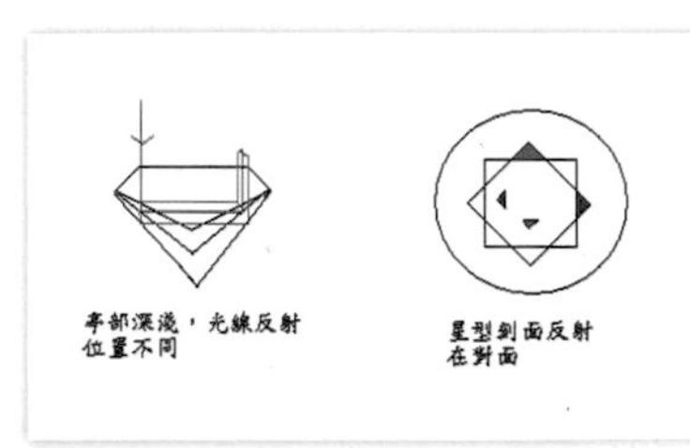

圖 18-65

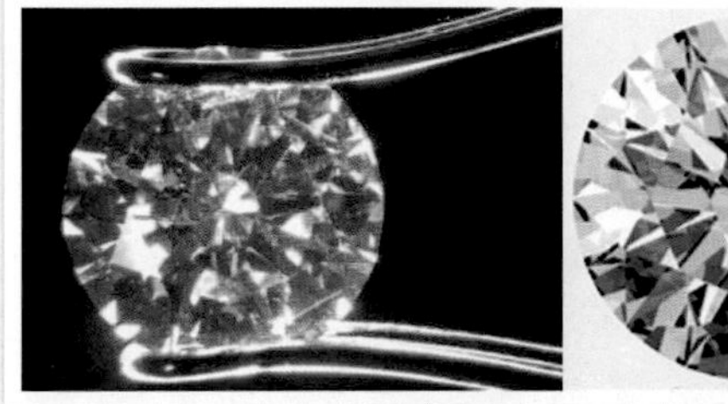
圖 18-66

圖 18-65 中左側，鑽石有三種不同的底深，冠部的星刻面，經過底部反射後，在桌面形成的小三角形之位置就會有所不同。圖 18-65 中紫色的光線，因為底深淺，所以反射後比較接近桌面的中心，而藍色的光線，因為底深深，所以反射後比較接近桌面的外側。於是可以將距離桌面中心的遠近，與底部深度百分比的關係，在桌面上表達出來，如圖 18-67 所示。

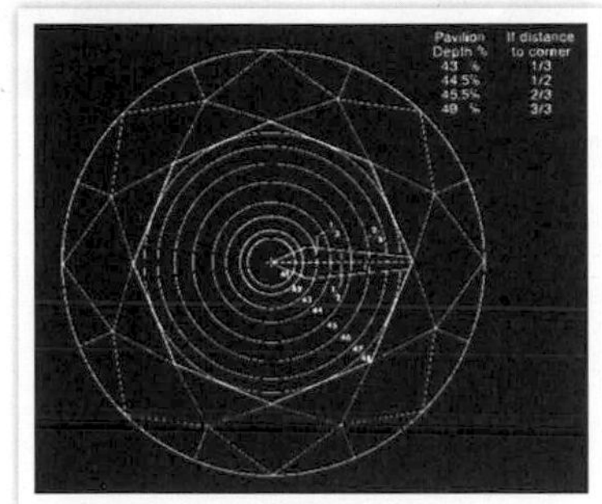

圖 18-67

目測亭深法

在實際觀察時，可能因為桌面沒完全平行，只能見到部份的「花」，而無法見到整朵「花」，此時只要將所見部份想像連成一朵「花」即可。理想的底深百分比為 43%～44.5%，當底深百分比為 44.5%時，查圖小「花」半徑約佔桌面半徑的一半；若小「花」半徑小一點，底深百分比可估為 43%；若小「花」半徑大一點，底深百分比可估為 45.5%。

將小「花」半徑與桌面大小間特定幾種比例關係繪如圖 18-68。

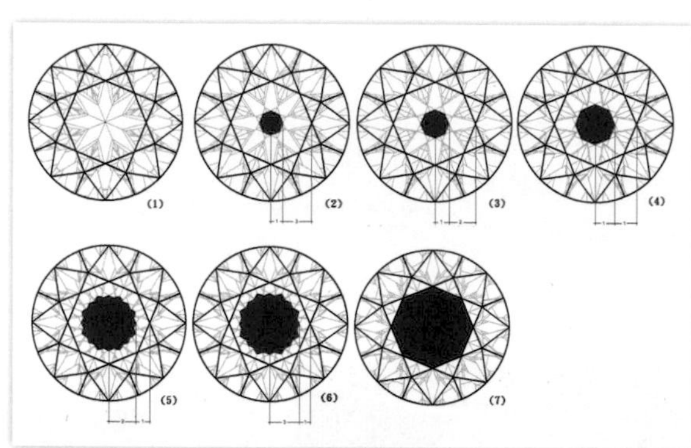

圖 18-68

圖 18-69

其中

（1）看不到反射或只看到一點點，亭深小於 40.5%，亭角小於 38.5°

（2）反射佔據桌面的 1/4，亭深 41 ～ 42%，亭角 39.4° ～ 40.0°

（3）反射佔據桌面的 1/3，亭深 43%，亭角 40.8°

（4）反射佔據桌面的 1/2，亭深 44.5 %，亭角 41.8°

（5）反射佔據桌面的 2/3，亭深 45.5 %，亭角 42.4°

（6）反射佔據桌面的 3/4，亭深 47.0 %，亭角 43.4°

（7）反射佔據整個桌面，亭深超過 50.2%，亭角超過 44.5°

舉例：

圖 18-69 中的鑽石，反射約佔據桌面的 46.7 %（紅線段長度 ÷ 紅線段加綠線段總長度），估計亭深 44.2%，亭角 41.5° 。

因為有很多因素可能估不準，包括：

1. 反射佔據桌面的比率所對應的亭深有各種不同解讀，譬如說：當反射佔據桌面的 1/3，有人認為亭深 43%，也有人認為是 43.6%；當反射佔據桌面的 1/2，有人認為亭深 44.5%，也有人認為是 45.0%。
2. 當鑽石稍有傾斜，或是偏某一側時，也會有一點偏差。
3. 鑽石直徑本身就有偏差。
4. 每一個方位的亭角也可能不同

實際作業時，不必真正去計算長度，以圖 18-69 中鑽石為例，目測在 1/2 與 1/3 之間，看靠哪一邊多一些，再用內差法，估計一個數字即可。

練習：

請就圖中鑽石的正面，以目測亭深法比估計亭深百分比：

題 1.

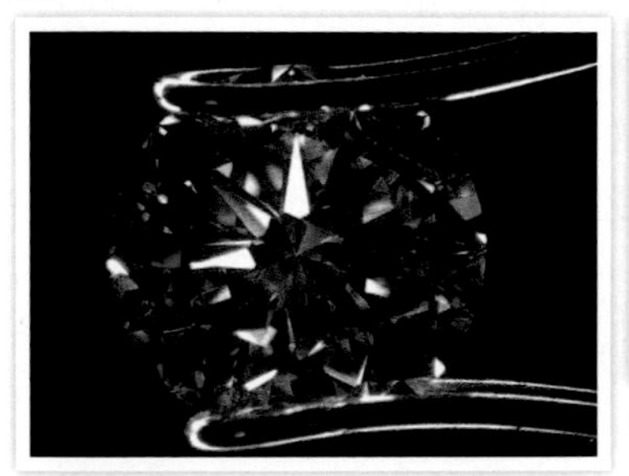

答：43.5%

題 2.

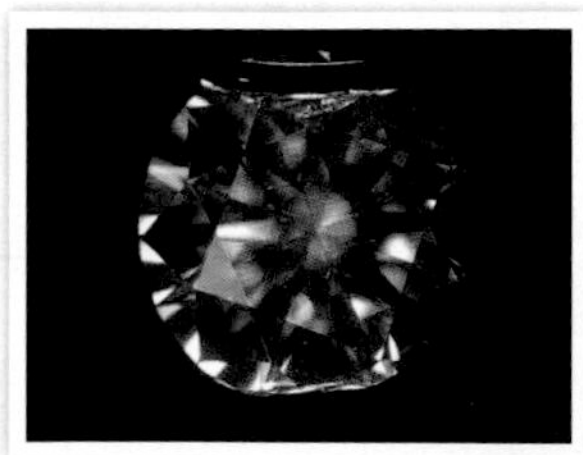

答：43.5%

題 3.

答：42.5%

腰下刻面百分比

腰下刻面亦稱為下半部刻面或下半面，腰下刻面百分比為腰下刻面與直徑長度的比例（ = a / b）。理想腰下刻面百分比：70% -85%

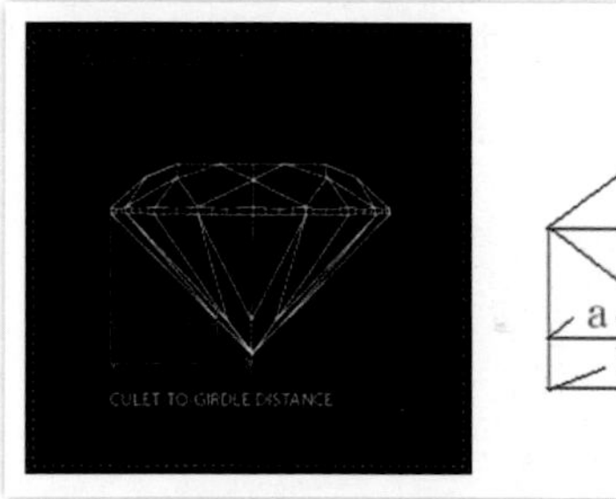

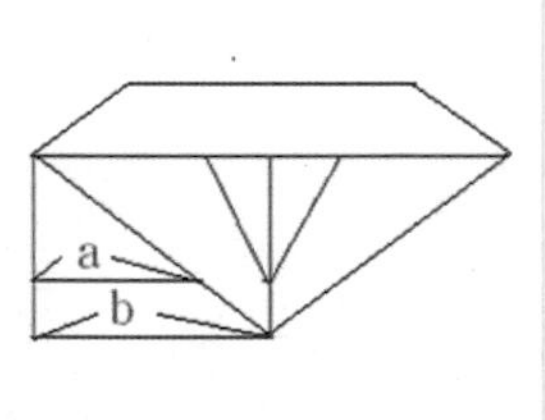

圖 18-70

腰下刻面在亭部的高度至為關鍵，可以藉此快速分辨出老式與現代圓明亮車工。一般原則是：腰下刻面越短，尖底越大，車工越老。腰下刻面不在 75% 至 88%（3/4 至 7/8）之間時，鑽石的中央會缺乏亮光，好像一個畫框只圍繞了圖畫的一部份似的。有個流傳的講法說：桌面越小，腰下刻面要越長；桌面越大，腰下刻面要越短，因為當由鑽石桌面看下去時，底部像風箏狀的影像與桌面的比例會比較漂亮，這種講法有人嗤之以鼻，認為是胡說八道，但如果 10x 放大後，比對美學的細微差異，好像又真有那麼回事。

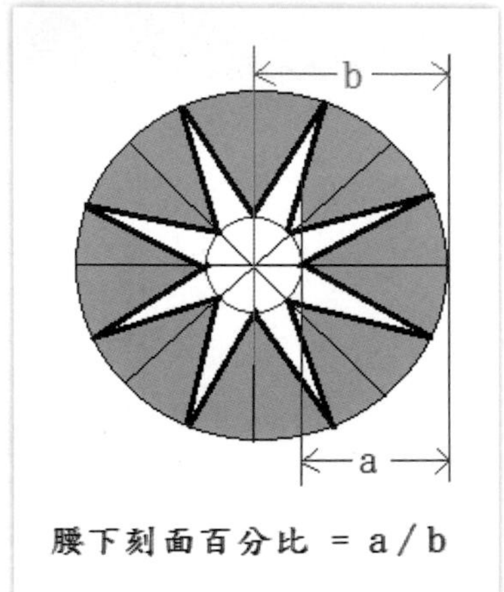

圖 18-71

取得方式：直接量取、目測評估。

直接量取

就定義而言，以測微計或在 10 倍放大鏡下以透明塑膠毫米尺直接量取上圖 18-71 中 a 及 b 值，直接計算。但腰下刻面長度極其微小，量取至為困難，就算量到了，可能也是錯的，因此直接量取只能止於理論，不必去嘗試。

圖 18-72

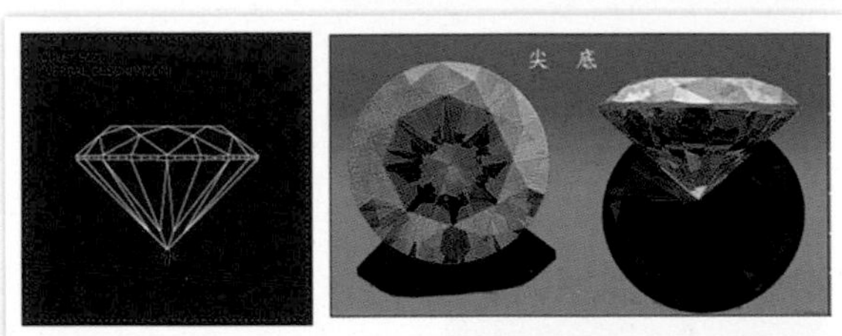

圖 18-73

圖 18-74

圖 18-75

目測評估

依前述方法，或以 1 減去目測八個腰下刻面尖端所形成圓之直徑與腰圍直經之比例，分別估計八個腰下刻面百分比。以圖 18-72 照片為例，將照片中九點鐘方向之腰下刻面放大，其中紅線段與綠線段的比，約為 75％。如差距相當大，表示對稱性可能不佳，底部或許偏離中心，或腰圍平面可能傾斜，屬切割較低等級。

尖底

若是鑽石有尖底，則透過桌面朝底尖觀察時，將會發現一個正八方形的白色（黑色）反光（圖 18-74 為有尖底對無尖底）。尖底以「無、很小、小、中大、稍大、大、很大、極大」八個等級作為區分。以無到小為優。

尖底是刻面底部的點，用意旨在保護。圖 18-75 為兩顆尖底很大的鑽石，可以看出其尖底成八邊形。

尖底的判定，如圖 18-76 所示：

尖底端／無：在 10 倍放大鏡下，底尖顯示尖端

很小：在 10 倍放大鏡下很難分辨

小：在 10 倍放大鏡下不容易看到

中度：在 10 倍放大鏡下可看到八邊形輪廓，肉眼無法看到

偏大：在 10 倍放大鏡下很明顯，但肉眼很難看到

大：肉眼可以看到

很大：在桌面形成一個塊狀物，以肉眼很容易看到

極大：肉眼很容易分辨其八邊形輪廓

麻花狀：底尖是麻花狀的，外形如白色模糊的點（這種情形往往是尖底受損，形成缺口，見圖 18-79）

圖 18-76

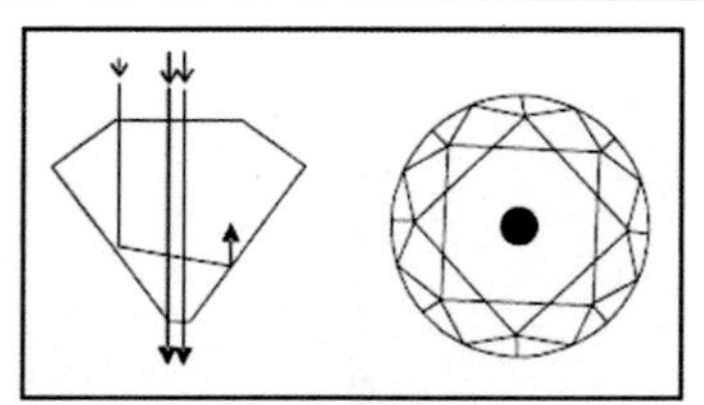

圖 18-77

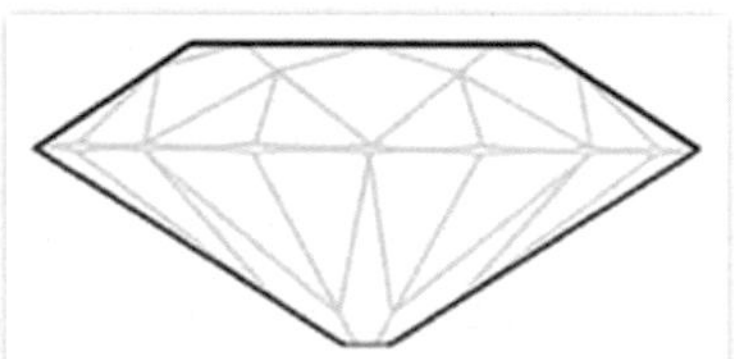

圖 18-78

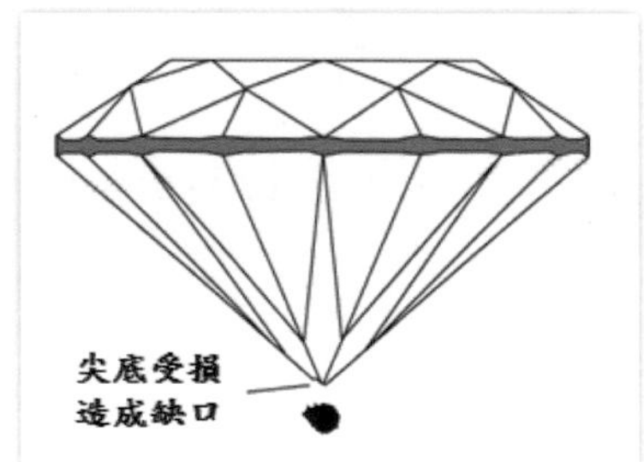

圖 18-79

大尖底

大尖底會令光線直接穿過鑽石而不反射，鑽石中央會形成一個黑點，如圖 18-77，這樣的尖底大到可以用肉眼就看得到。圖 18-78 中的比例就是個大尖底。

GIA 尖底與切磨等級關係

Excellent：無、很小、小

Very Good：中度

Good：偏大、大

Fair：很大

Poor：極大

善待尖底

當以鑷子夾住鑽石的桌面及尖底的時候必須非常小心。如果遇到尖底小到只有一個點（或是鑑定報告所載「無」）的時候，只能夾鑽石的腰圍，或是用裝有橡膠頭的鑷子夾。同理，在夾尖底、極薄的腰圍與花式車工的端點時，也最好用裝有橡膠頭的鑷子夾。圖 18-79 所示之受損的尖底可能是被鑷子的鋼頭或是測微計的鉗口夾傷的，所以除了夾，在使用寶石測微計量測鑽石全深時，也務必小心，不要太過粗魯。

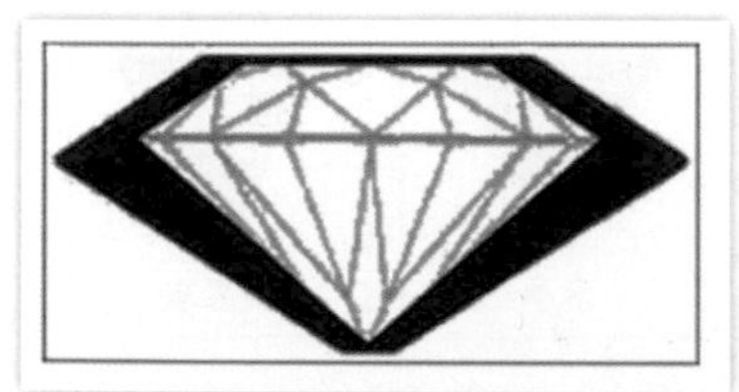

圖 18-80

如果尖底過大或是受損使尖底過大，需要重新切磨成極優比例的鑽石時，則如圖 18-80 所示，其中黑色陰影部分代表底角平坦、且大尖底車工比例不良的鑽石會損失的重量，可以瞭解這樣會損失極大的重量。因此在選擇鑽石時，或是量鑽石全深時，務必留意尖底。

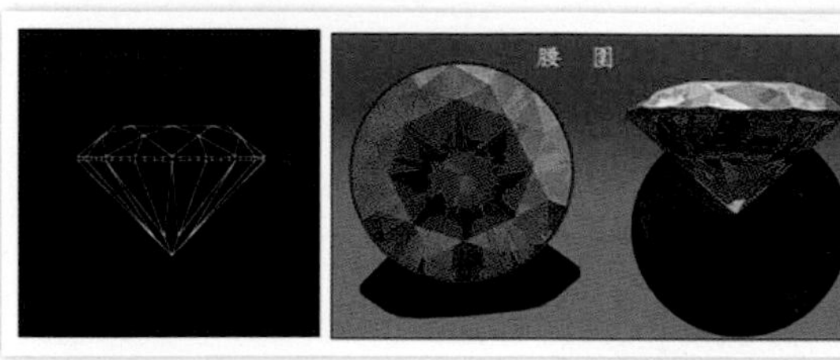

圖 18-81

腰圍

腰圍是環繞鑽石最寬的部份，腰部的作用，在保護鑽石的邊緣，防止鑽石破裂，並做為寶石鑲嵌之邊緣，如圖圖 18-82 所示。

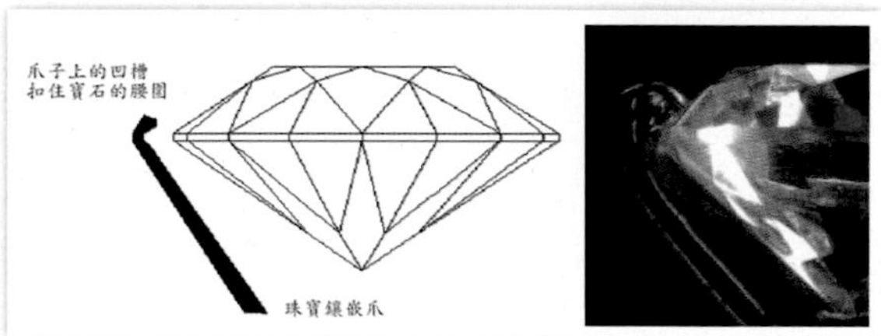

圖 18-82

可藉由圖 18-83 中尺板量測腰圍厚度。腰圍厚度百分比，為所量得之腰圍厚度除以直徑。

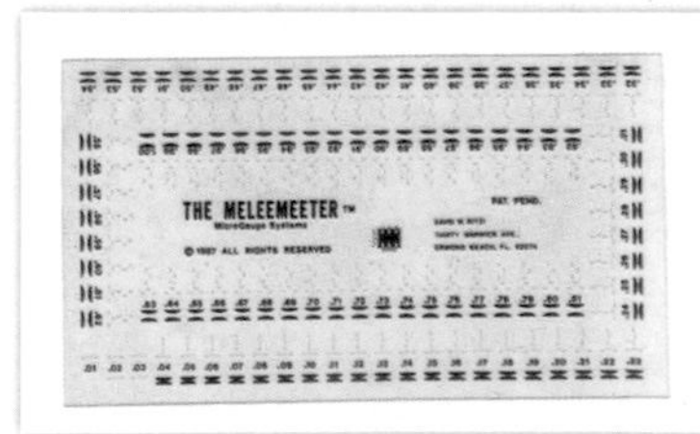

圖 18-83

檢視腰圍厚度以 10 倍放大為標準，鑽石在風箏面和底部切面交會的腰圍部分看起來比較厚，在腰上刻面與腰下刻面之間的厚度比較薄，形成類似山峰山谷交錯的模式。觀察時應取山谷的位置，如圖 18-84 所示。

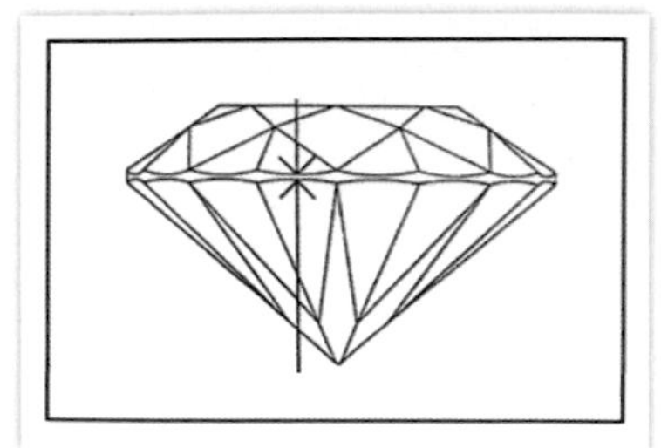

圖 18-84

目測法是通過 16 對上腰面與下腰面之間的測點測定腰圍，觀查整個腰圍並記下結果，若厚度有一個變化範圍，則記下該範圍。腰圍分為:「極薄、很薄、薄、中等、稍厚、厚、很厚、極厚」，等 8 個等級，如圖 18-85 所示。

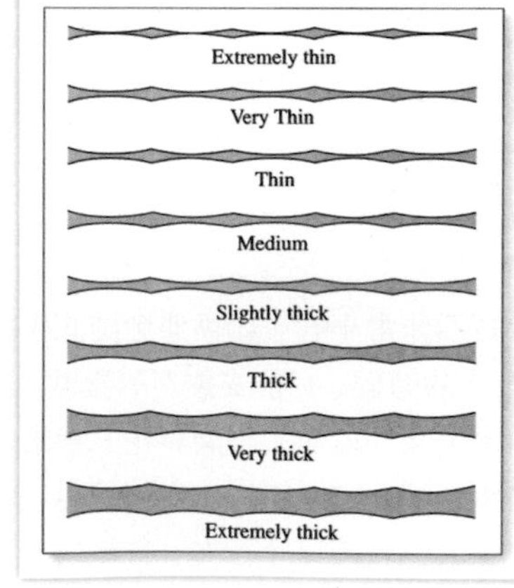

圖 18-85

腰圍厚度定義

極薄：在 10 倍放大鏡下顯示極其幼細的線；肉眼無法看見，有時也稱「刀鋒」

很薄：在 10 倍放大鏡下顯示一條很細的線；肉眼幾乎無法看見

薄：在 10 倍放大鏡下顯示一條細線；肉眼很難看見

中等：在 10 倍放大鏡下顯示清楚的細線；肉眼可以看見一條細線
稍厚：在 10 倍放大鏡下較明顯；肉眼也可以清楚看見
厚：在 10 倍放大鏡下相當明顯；肉眼觀看也非常明顯
很厚：在 10 倍放大鏡下相當粗厚；肉眼觀看也極其明顯
極厚：在 10 倍放大鏡下極其粗厚；肉眼觀看也顯得粗厚。有時也稱「自行車輪胎」

圖 18-86 肉眼可以看清楚腰圍

太薄的腰圍將使鑽石容易破裂，太厚的腰圍則顯不美觀，且會影響光的折射。一般腰圍在「薄、中等、稍厚」即為標準。由前述定義中，我們可以歸納出：肉眼可以看清楚腰圍就屬過厚。（如圖 18-86）

腰圍百分比

定義：（全深 – 冠部高度 – 亭深）÷ 直徑

因為在前面已量出全深百分比、冠部高度百分比、底深百分比，因此實際作業時只要將「全深百分比」減「冠部高度百分比」減「底深百分比」即可。一般學員會覺得這個項目只要將數字減一減就可以獲得，是評級切磨中最簡單的項目，殊不知：如果前面三個數字量取有錯誤，減下來就可能變成負值。腰圍百分比不可能是負值，因此要回頭檢查前面各項數據，看看到底何處出錯，腰圍百分比因而也變成檢核前面作業的一個項目。

理想腰圍百分比：2.5%～ 4.5%，隨鑽石大小不等理想比例亦不同，鑽石愈大，百分比應愈小。

腰圍很薄的鑽石在鑲、配帶過程會有破裂的顧忌。厚、很厚的鑽石使鑽石看起來不美觀（厚、很厚的鑽石是在保留原石重量，所以單價比薄～稍厚的鑽石便宜很多，也可說它的車工是很差的）。記得前述的超重百分比嗎？厚腰圍亦可由超重百分比加以評估，我們說超重百分比＝（實重 – 標準）÷ 標準，應該要＜ 7% 或 8%，如果超過，就很有可能是腰圍過厚。

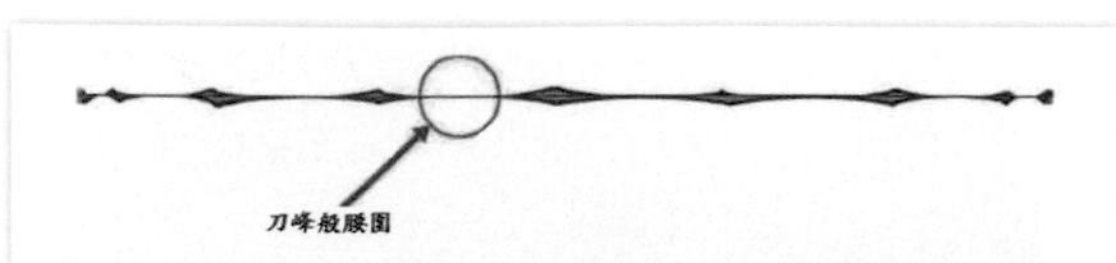

圖 18-87

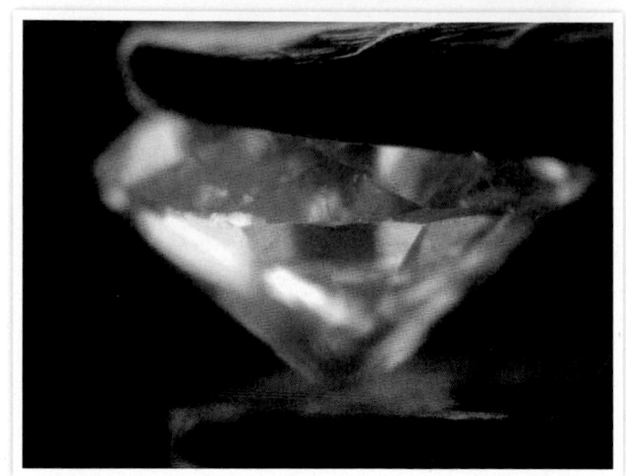
圖 18-88 這顆粉紅鑽部分腰圍薄似刀鋒

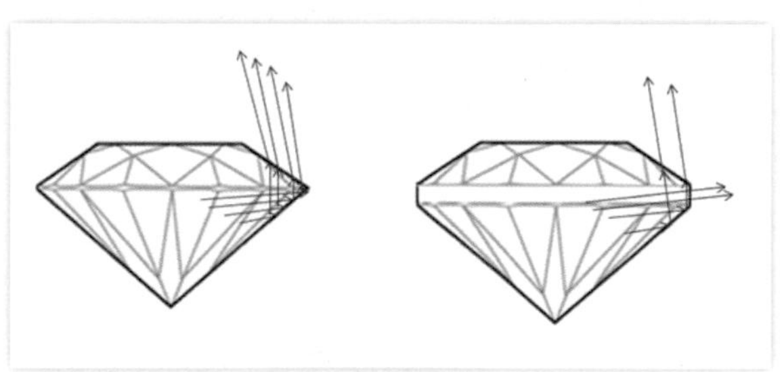
圖 18-89

腰圍很薄——刀峰般腰圍

假設一顆鑽石有非常明顯的魚眼，而且腰圍屬很薄到極薄，這類鑽石產生碎裂缺口的可能性相當高。有一種情形：由於冠角與底角都很平使得腰圍部位角度很尖銳，如果再加上很薄到極薄的腰圍，那就是可能產生破裂的最糟糕狀況。為避免可能發生的意外，宜請車工師傅刻磨腰圍時，儘量不要磨去太多。

作為保護之用，腰圍比尖底更重要，因為：（1）用鑷子夾腰圍比鑷子夾尖底的時候多；（2）鑲嵌時可能承受壓力；（3）當鑲嵌入戒指時無時無刻不在接受考驗。耳環及墜子由於配戴的位置，受考驗的機會相對少很多。

腰圍很厚

如果腰圍太厚，容易從腰圍處漏光，如圖 18-89 所示，光學效果不佳。

腰上刻面及腰下刻面是在切磨鑽石的過程中，由腰圍磨出來的。在磨出腰上刻面及腰下刻面之前，腰圍要夠厚，才能留出腰上刻面及腰下刻面的空間。每一個刻面，都必須磨的夠，才能使與其緊鄰的主刻面間，產生明顯的角度差。磨掉愈多，角度差愈明顯（圖 18-90）。

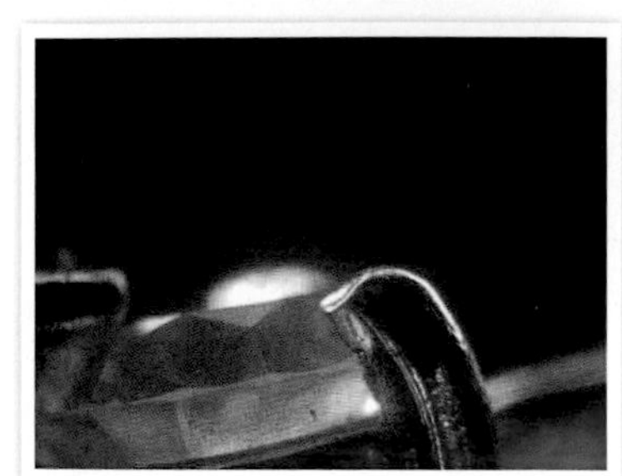
圖 18-90

這情況也是有極端的，所謂模糊的刻面，角度差就很小，幾乎要多看幾次，才能發現其存在（稱之為刷磨），之所以這樣，往往是因為要多保留那一點點的重量。這樣視其嚴重性，會大幅降低亮度。另一個極端是磨腰圍磨的太過頭，使得刻面稜線極為明顯（稱之為剔磨），之所以這樣，與刷磨恰恰相反，往往是因為要去掉不想要的瑕疵。

18-3

刷磨與剔磨（Painting And Digging Out）

刷磨冠部使得腰上刻面與風箏面幾乎分不出來（圖 18-91 左），導致全翻明亮式鑽石，看起來像是單翻切磨的鑽石。剔磨（圖 18-91 右）則會使得腰上刻面的兩半幾乎看不出來。圖 18-92 右側的鑽石有刷磨，左側則無。圖 18-93 右側的鑽石有剔磨，左側則無。

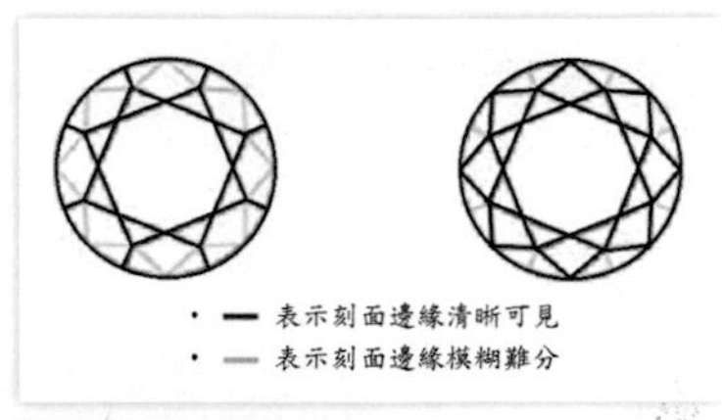

圖 18-91

刷磨與剔磨對腰圍的影響

如圖 18-94，其中：

（1）標準明亮的程序使得腰上刻面及腰下刻面交接處的厚度（B）與風箏刻面及亭部主刻面交接處的厚度（A）一致。

（2）刷磨冠部及亭部，使得腰上刻面及腰下刻面交接處的厚度（B）大於風箏刻面及亭部主刻面交接處的厚度（A）。

（3）剔磨冠部及亭部，使得腰上刻面及腰下刻面交接處的厚度（B）比風箏刻面及亭部主刻面交接處的厚度（A）薄。

圖 18-92

圖 18-93

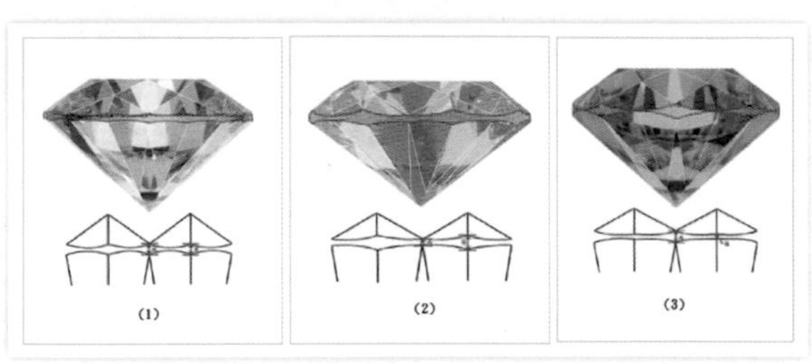

圖 18-94

刷磨及剔磨小結

1. 刷磨及剔磨是在切磨的過程最後階段刻小面中使用的變化，可以單獨運用在冠部、單獨運用在亭部、或同時運用在冠部和亭部等，有各種不同的組合模式及深淺程度。

2. 以標準方式刻小面的鑽石外觀，會比對於一般的切磨比例組合，而刷磨及剔磨超出一定程度的鑽石，來得受歡迎。

3. 冠部和亭部同時運用刷磨或剔磨的鑽石，會比只刷磨或剔磨一側的鑽石，在外觀上有更負面的影響。這種情形可以由腰上刻面及腰下刻面間的腰圍厚度大差異，一下就看出來。這樣子也稱為皺褶波浪狀腰圍。

18-4
腰圍的形式

圖 18-95 腰圍的三種不同形式

鑽石的腰圍可以是刻面的、拋光的或是原狀的（顆粒磨沙狀），如圖 18-95 所示是腰圍的三種不同形式。其中 Faceted 指的是刻面的，表示腰圍被磨出一個個刻面；Polish 指的是拋光的，表示腰圍被拋光成亮面；Standard 指的是原狀的，表示腰圍維持原石的面，看起來是顆粒狀的。具有非常漂亮切磨的鑽石往往腰圍是刻面的。車工師傅刻磨腰圍需要額外時間，但有時候並不會因此而獲利。刻面的腰圍並不會增進鑽石的品質。GIA 只評量腰圍的厚薄，不在意其外觀。但如果腰圍厚，可以將其磨光，看起來會比較不厚。

腰圍磨工（Smoothness Of Girdle）

除了磨光或有刻面的腰圍外，正常的腰圍應似白霧般半透明，細顆粒結構，表面非常平滑，蠟狀至絲狀光澤。如果磨邊時過於粗心或急促，造成許多坑坑洞洞，甚至伴隨小鬚紋，粗糙不平，稱為粗糙腰圍（Rough Girdle）。

細緻、磨光或有刻面的腰圍都應視為良好的鑽石腰圍，僅有粗糙的腰圍應視為切磨上的缺陷之一，而略減損鑽石的美觀。腰圍上如果出現鬚裂紋，稱為鬚邊（Bearded 或 Feathered Girdle）。鬚邊通常不標示於附圖上，僅記載於備註欄內。

綜合評量

綜合上述，GIA 各切磨評等因素與切磨等級之關係如下表所示，在評 Cut Grade 時，將所量得的數字與下表一一比對，以等級最差的項目的等級作為 Cut Grade 的等級。譬如說某一顆鑽石，其評等因素有 10 項是 Excellent，有 1 項是 Very Good，那麼 Cut Grade 就評為 Very Good。

其實切磨等級與評等因素之間的關係非常複雜，譬如說一個淺的底深與高的冠角的組合也可能產生極為良好的光學效果，可以達到 Very Good 甚至是 Excellent 的等級。因此前述比對項目定等級的方式，意在確保

	Excellent	Very Good	Good	Fair	Poor
全深%	57.5% -63%	56% -64.5%	53.2% -66.5%	51.1% -70.2%	< 51.1% - > 70.2%
桌面%	52% -62%	50% -66%	47% -69%	44% -72%	< 44% - > 72%
冠角	31.5° -36.5°	26.5° -38.5°	22.0° -40.0°	20.0° -41.5°	< 20.0° - > 41.5°
冠高%	12.5% -17%	10.5% -18%	9.0% -19.5%	7.0% -21.0%	< 7.0% - > 21.0%
底角	40.4° -41.8°	39.8° -42.4°	38.8° -43.0°	37.4° -43.8°	< 37.4° - > 44.0°
底深%	42.5% -44.5%	41.2% -45.3%	40.7% -46.3%	39.4% -43.7%	< 39.4% - > 43.7%
星刻面%	45% -65%	40% -70%	任何數值	任何數值	任何數值
腰下刻面%	70% -85%	65% -90%	任何數值	任何數值	任何數值
腰圍厚度	薄到稍厚	極薄到厚	極薄到很厚	極薄到極厚	極薄到極厚
腰厚%	2.5% -4.5%	5.0% -5.5%	0.0% -7.5%	0.0% -10.5%	0.0% - > 10.5%
尖底大小	無到小	無到中	無到稍大	無到很大	無到極大

每一個項目都能達到一定的範圍，並不考慮組合後可能之互補效果，是相當保守的作法，但也是學習鑽石評級人士安全明快的作法。此外，各個不同鑑定機構也有自己的評級制度，其範圍與 GIA 的等級範圍不盡相同。

圖 18-96

看一眼就知道，一顆鑽石是否是理想車工

上述作業流程，是將鑽石切磨的每個部分都分出等級來，如果不需要知道每一個部分分別的等級，只想知道整體而言這顆鑽石的切磨比例是否優良，就不需要那麼複雜，下面提供一個方法，讓你看一眼就知道，一顆鑽石是否是理想車工：圖 18-96 中分上下側有兩顆鑽石，看鑽石正面三個環之間的關係，即：外圍輪廓環、桌面的環和鑽石的中心由星刻面反射的環。左側為未標示三個環的正面，右側的鑽石上則標記這些環。

上側的鑽石，小的「瞳孔」和環與環間隔均勻，說明這顆鑽石是理想車工。
下側的鑽石，一個大「瞳孔」和「虹膜」，將「眼白」部分壓縮，說明這顆鑽石不是理想車工。

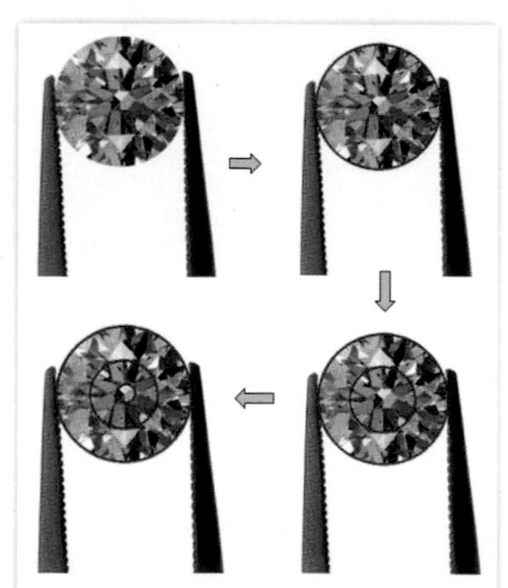

圖 18-97

說明：
當前述三個環的直徑比為：1：3：5.7，鑽石會是理想車工。如圖 18-97 所示的順序，在心中假想將鑽石畫上三個環。先比較小環與中環，看看直徑比是不是大約 1：3；再目測中心點到中環的距離，與中環到大環邊的距離，如果這兩個距離很接近，而外側距離稍稍短一點點的話，那麼切割的比例就離完美不遠了。

練習
試直接目視判斷右圖中兩顆鑲好圓鑽切磨的好壞。
答：都極優

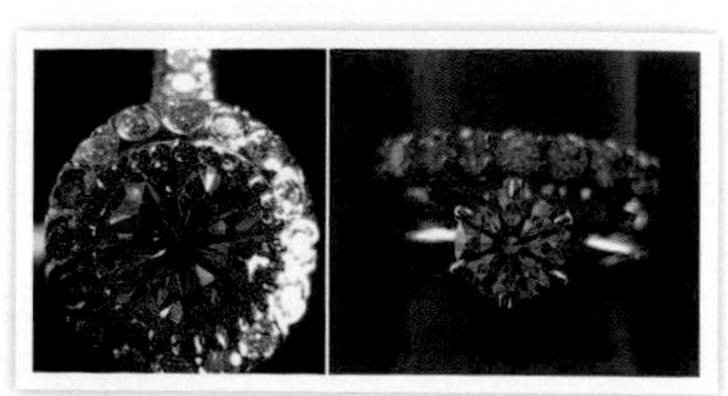

18-5
修飾（Finish）

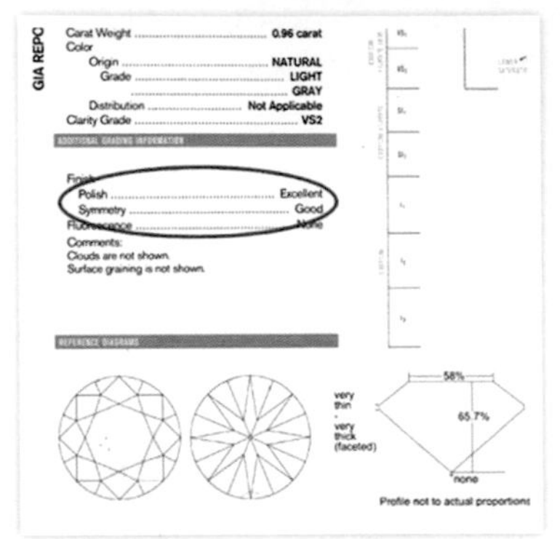
GIA REPC
Carat Weight .... 0.96 carat
Color
Origin .... NATURAL
Grade .... LIGHT
.... GRAY
Distribution .... Not Applicable
Clarity Grade VS2
ADDITIONAL GRADING INFORMATION
Finish
Polish .... Excellent
Symmetry .... Good
Fluorescence .... None
Comments:
Clouds are not shown.
Surface graining is not shown.
REFERENCE DIAGRAMS

圖 18-98

修飾包括拋光（磨光）（Polish）與對稱（Symmetry）。拋光和對稱性是鑽石切割過程裡兩個重要的評估，其等級是依 10 倍放大下可見程度，對鑽石正面及側面進行評估。拋光和對稱性等級都會清楚的標示在 GIA 和 AGS 的報告書裡（圖 18-98 顯示 GIA 報告書標示「修飾」（Finish）的位置）。

拋光

拋光代表鑽石修飾的好不好，看看有沒有留下任何拋光的瑕疵，由此可以看得出來拋光者用不用心。拋光等級代表一顆鑽石表面全部刻面的狀態，完美的拋光會釋放出最多的亮光和火光。拋光的等級依照拋光瑕疵的明顯度來鑑別，檢視拋光的瑕疵要檢查：

每個切面的交界線是否有磨損
小缺口、白點
腰圍部份有沒有拋磨所造成的細小裂紋
有沒有拋磨留下的磨輪痕跡與刮傷
鬚狀腰圍、粗糙腰圍

上述拋光的瑕疵其實就是在淨度評級時，顯微鏡觀察到不嚴重的外部瑕疵，所以看製圖中綠線多寡及備註註記，即可評定拋光等級。

評定標準如下：
鑽石拋光等級，可參照 GIA 拋光等級極好（EX），非常好的（VG），或者好（G）的鑽石等級，分別描述如次：
極好（EX）：由完全無磨光特徵到少許細微的特徵，10 倍放大鏡正面難以察覺。
非常好的（VG）：10 倍放大鏡下，正面朝上，可見少許輕微的特徵。
好（G）：10 倍放大鏡下，正面朝上，可注意到特徵的區域，可能影響裸眼所見的光澤。
尚可（Fair）：10 倍放大鏡下，正面朝上，明顯且嚴重可見的特徵，影響裸眼所見的光澤。
不良（Poor）：10 倍放大鏡下，正面朝上，有突顯嚴重程度特徵，大幅影響裸眼下所見的光澤。

對稱（SYMMETRY）

對稱指的是鑽石上刻面形狀、尺寸、位置的均勻性與一致性。

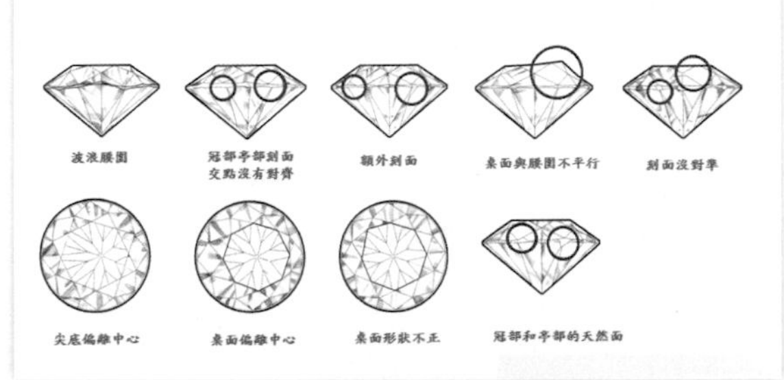

圖 18-99

為什麼要對稱？對稱性等級包括鑽石比例的精密性、平衡度及鑽石刻面對應的準確度。一顆鑽石有好的對稱能夠比不對稱的更吸引人，而良好的對稱性則可以使鑽石的亮光、火光和閃光達到完美的平衡。拙劣對稱會表現出中心偏離或明顯的不圓，因此最大與最小的直徑差的愈小愈好，且不可超過 0.05mm。

評定鑽石對稱等級，要分別從鑽石的正面與側面觀察，是否有對稱的問題特徵，除了圓形不夠圓外，其餘可能的對稱瑕疵如圖 18-99 所示的對稱瑕疵。

圖 18-100

實例：
圖 18-100 中一顆 1.23 克拉 D IF 的圓鑽，風箏面交角處對稱稍有偏差。
圖 18-101 中的圓鑽，冠部亭部刻面交點沒有對齊。

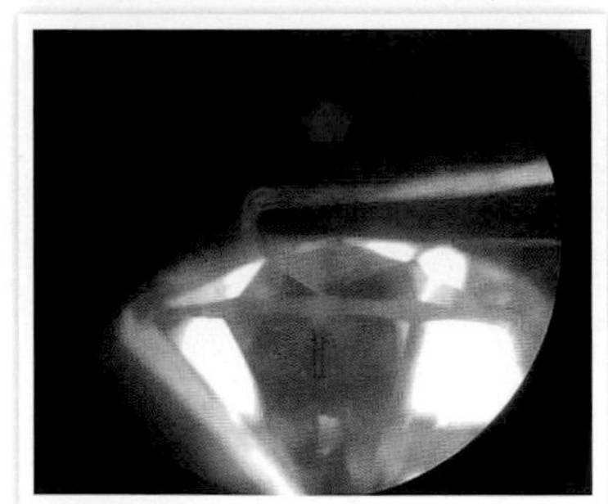
圖 18-101

配鑽用的小碎鑽，對稱性尤其差，圖 18-102 中有許多對稱瑕疵

圖 18-102

鑽石對稱等級

GIA 鑽石對稱等級（SYMMETRY GRADES）
極好　EXCELLENT
非常好　VERY GOOD
好　GOOD
尚可　FAIR
粗劣　POOR

圖 18-103

圖 18-104

評定標準如下：

極好（EX）：由完全無對稱偏差到細微的對稱偏差，10 倍放大鏡正面難以察覺的特徵。

非常好的（VG）：10 倍放大鏡下，正面朝上，可見輕微對稱偏差。

好（G）：10 倍放大鏡下，正面朝上，可注意到對稱偏差，鑽石的整體外觀在裸眼觀查時可能受到影響。

尚可（Fair）：10 倍放大鏡下，正面朝上，有明顯的對稱偏差，裸眼觀查下鑽石的整體外觀通常已受到影響。

不良（Poor）：10 倍放大鏡下，正面朝上，有突顯的對稱偏差，裸眼觀查下鑽石外觀受嚴重的影響。

盡量避開有尚可（F）或者粗劣（P）拋光和對稱性等級的鑽石，因其比例或刻面的不對稱性 將嚴重影響光線在鑽石內的進行方向，進而影響鑽石的亮光及火光。

銷售時用語

切磨等級中的 EXCELLENT，除了說成是「優良」、「極好」外，也可特別強調是「理想」。但是如果是 FAIR，除了說成是「尚可」外，也可說是「普通」。POOR 除了說成是「粗劣」外，也可說是「不良」。讓消費者的感覺會好一些。

藉助儀器

比例儀

使用比例儀時，鑽石的輪廓被放大投影到照亮了的螢幕上，螢幕背景上有一個完美比例的車工圖，可以藉以比較角度及比例（圖 18-104）。但比例儀已經式微，現代量測鑽石的比例都已被電腦輔助雷射儀器所取代，其中最有名的一個就是 Sarin。

Sarin

Sarin 是一家以色列專門研發、製造切磨鑽石輔助儀器的公司，第 16 章鑽石切磨的演進與工序中我們談過原石以電腦規劃切磨，Sarin 生產銷售用於規劃切磨的電腦設備（Sarin Galaxy、DiaExpert Eye 等）。同時 Sarin 也生產銷售用來量測鑽石比例及角度的儀器 DiaMension（圖 18-105），是利用精準校正的雷射光線射入待測鑽石的反射機制，計算出反射的角度以檢驗切工是否得當。並且利用此數據配合量測專用鏡頭及儀器本身拍攝出來的百餘張照片，可準確描繪出鑽石的 3D 模型，並估算出鑽石的克拉數，對於輔助鑑定人員進行切工評判的參考十分具有效率。

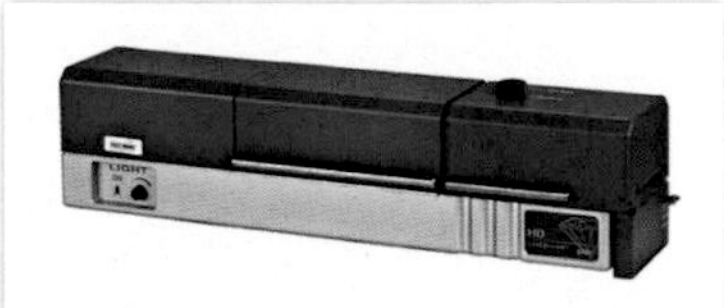

圖 18-105

當量取到各個角度與比例後，DiaVision 可選擇各個國際鑑定機構所訂立的鑽石切工等級制度加以評級，譬如說圖 18-106 中採用的是 GIA 的制度；而圖 18-107 中則採用的是 AGS 的制度。

Stone Name: BR163GVS2-14640057		Date: 29.12.05
Parameter	Measured Value	GIA Rounded Value & Grading
Shape	ROUND	ROUND
Estimated Weight (cts.)	1.629	-
Diameter (mm)	(7.58 - 7.60) 7.59	-
Table Size (%)	56.4	56
Crown Angle (°)	34.19	34.0
Pavilion Angle (°)	40.89	40.8
Star Length (%)	51.8	50
Lower Halves (%)	77.9	80
Girdle Thickness (%)	3.3	3.5
Girdle Minimum	1.1	-
Girdle Maximum	1.8	-
Culet Size (%)*	0.3	None/Very Small/Small
Crown Height (%)	14.90	15.0
Pavilion Depth (%)	43.21	43.0
Total Depth (%)	61.25	61.3
Estimated GIA Cut Grade**	-	Excellent
* Conversion of percentage (%) values to verbal description is approximate.		** Limitations...
Minimum GIA requirements for this diamond		
Finish (Polish / Symmetry)		Very Good / Very Good
Verbal Girdle Min. - Max.		THN - STK
Verbal Culet Size		None/Very Small/Small

圖 18-106

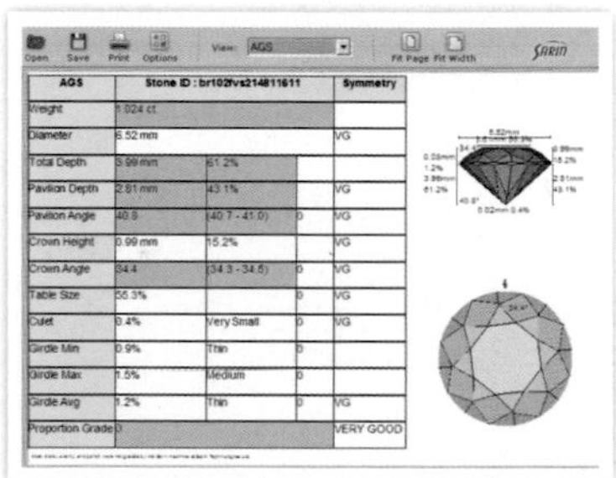

AGS	Stone ID : br102fvs214811611			Symmetry
Weight	1.024 ct			
Diameter	6.52 mm			VG
Total Depth	3.99 mm	61.2%		
Pavilion Depth	2.81 mm	43.1%		VG
Pavilion Angle	40.8	(40.7 - 41.0)	0	VG
Crown Height	0.99 mm	15.2%		VG
Crown Angle	34.4	(34.3 - 34.6)	0	VG
Table Size	55.3%		0	VG
Culet	0.4%	Very Small	0	VG
Girdle Min	0.9%	Thin	0	
Girdle Max	1.5%	Medium	0	
Girdle Avg	1.2%	Thin	0	VG
Proportion Grade	0			VERY GOOD

圖 18-107

GIA 的 Facet Scan

GIA 用於切磨評級的儀器稱為 Facet Scan，可將掃描量測結果顯示在電腦螢幕上，加以評級，當然這套設備評級的依據只有 GIA 的制度範圍。Facet Scan 每套售價約 8,290 美元，如圖 18-108 及圖 18-109 為 Facet Scan 操作。

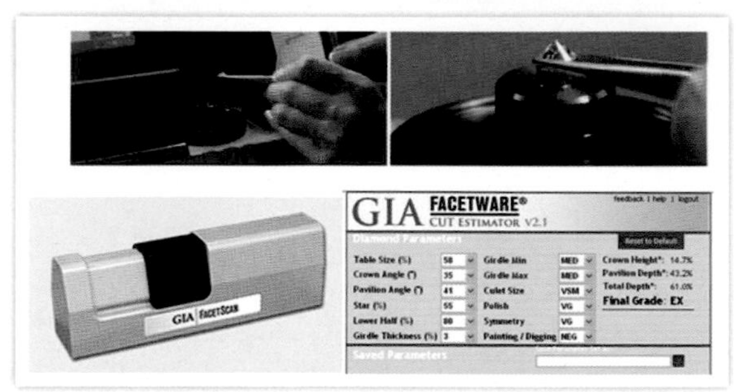

圖 18-109

圖 18-108

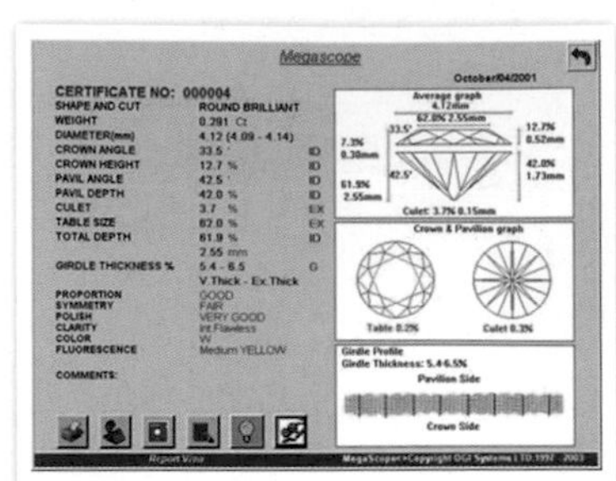

Megascope

October/04/2001

CERTIFICATE NO: 000004

SHAPE AND CUT	ROUND BRILLIANT	
WEIGHT	0.291 Ct	
DIAMETER(mm)	4.12 (4.09 - 4.14)	
CROWN ANGLE	33.5 °	ID
CROWN HEIGHT	12.7 %	ID
PAVIL ANGLE	42.5 °	ID
PAVIL DEPTH	42.0 %	ID
CULET	3.7 %	EX
TABLE SIZE	62.0 %	EX
TOTAL DEPTH	61.9 %	ID
	2.55 mm	
GIRDLE THICKNESS %	5.4 - 6.5	G
	V.Thick - Ex.Thick	
PROPORTION	GOOD	
SYMMETRY	FAIR	
POLISH	VERY GOOD	
CLARITY	Int.Flawless	
COLOR	W	
FLUORESCENCE	Medium YELLOW	

COMMENTS:

Average graph
4.12mm
62.0% 2.55mm
33.5°
7.3% 0.30mm
12.7% 0.52mm
42.5°
42.0% 1.73mm
61.9% 2.55mm
Culet: 3.7% 0.15mm

Crown & Pavilion graph
Table 0.2%
Culet 0.3%

Girdle Profile
Girdle Thickness: 5.4-6.5%
Pavilion Side
Crown Side

Report View
MegaScope - Copyright OGI Systems LTD 1997 - 2003

圖 18-110

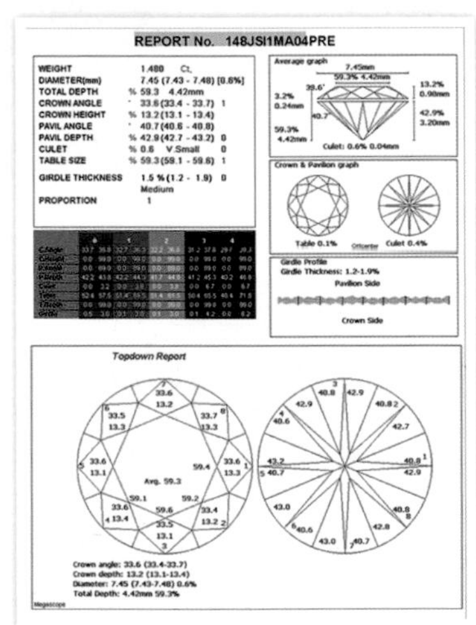

REPORT No. 148JSI1MA04PRE

WEIGHT		1.480 Ct.	
DIAMETER(mm)		7.45 (7.43 - 7.48) [0.6%]	
TOTAL DEPTH	%	59.3 4.42mm	
CROWN ANGLE	°	33.6 (33.4 - 33.7)	1
CROWN HEIGHT	%	13.2 (13.1 - 13.4)	
PAVIL ANGLE	°	40.7 (40.6 - 40.8)	
PAVIL DEPTH	%	42.9 (42.7 - 43.2)	0
CULET	%	0.6 V.Small	0
TABLE SIZE	%	59.3 (59.1 - 59.6)	1
GIRDLE THICKNESS		1.5 % (1.2 - 1.9)	0
		Medium	
PROPORTION		1	

Average graph
7.45mm
59.3% 4.42mm
33.6°
3.2% 0.24mm
13.2% 0.98mm
40.7°
42.9% 3.20mm
59.3% 4.42mm
Culet: 0.6% 0.04mm

Crown & Pavilion graph
Table 0.1%
Offcenter
Culet 0.4%

Girdle Profile
Girdle Thickness: 1.2-1.9%
Pavilion Side
Crown Side

Topdown Report

Crown angle: 33.6 (33.4-33.7)
Crown depth: 13.2 (13.1-13.4)
Diameter: 7.45 (7.43-7.48) 0.6%
Total Depth: 4.42mm 59.3%

Megascope

圖 18-111

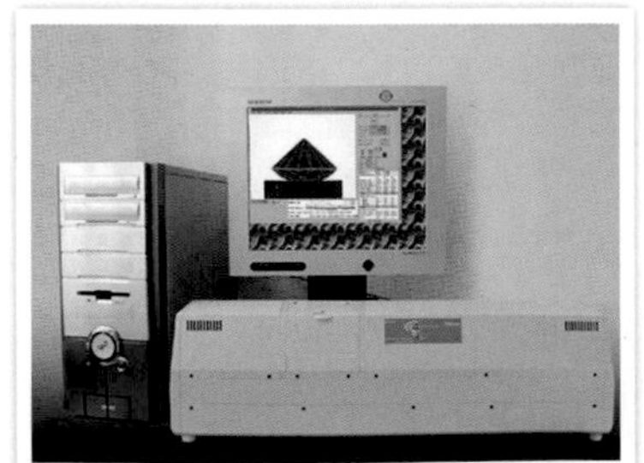

圖 18-112

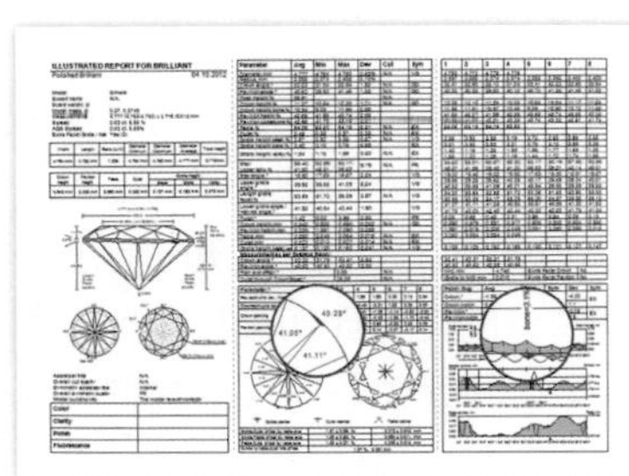

圖 18-113

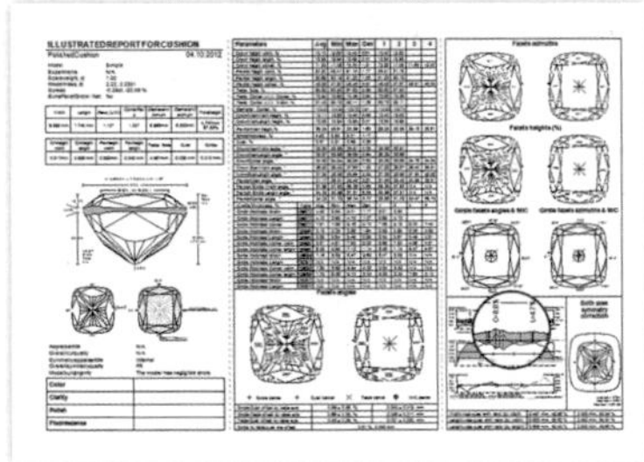

圖 18-114

此外還有許多其他廠牌的電腦化鑽石量測儀，譬如說：

Megascope 鑽石分析測量儀

說明：可以用三維立體空間模式充分展示鑽石各面各角的數據，快速準確地分析出各種形狀的鑽石的比例參數，使你對鑽石的切工有一個直觀的評價。量測結果如圖 18-110 及圖 18-111 所示。

The Helium Polish diamond scanner

儀器如圖 18-112，量測結果如圖 18-113 及圖 18-114 所示。

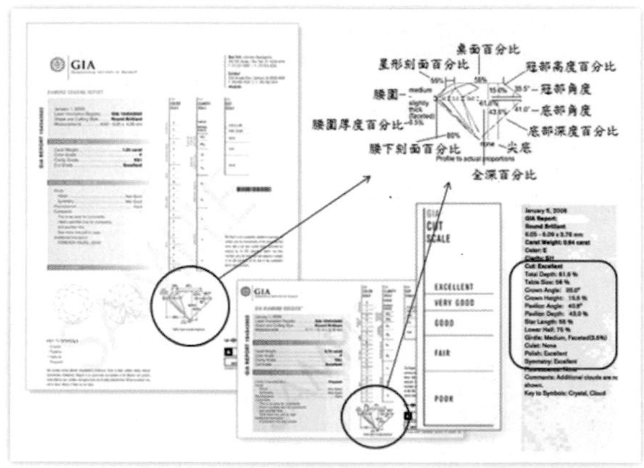

圖 18-115

切工依級別（測出的數值坐落區間）可分為：
理想 （Excellent）：要達到理想的切工切磨工必須小心每個環節，這種切工使鑽石幾乎反射了所有進入鑽石的光線（全內反射，是鑽石切工中最完美的。
非常好 （Very Good）：可以使鑽石反射出和標準等級切工的光芒，但是價格相對與 " 理想 " 切工的鑽石來說價格上要更低。
好 （Good）：它的切割比例接近 "Very good"，鑽石反射了大部分進入鑽石內部的光彩。它的價格要比 VG 級便宜的多。
一般 （Fair）：仍然是不錯的鑽石，但是一般切工加工的鑽石反射的光線不及 Good 級切工。
差 （Poor）：這包含所有沒有符合一般切工標準的鑽石 . 這些鑽石的切工亭部過深而窄或者過淺而寬易於讓光線從邊部或底部漏出。

GIA 的報告書，部論是大證或小證，都有文字及圖示各項量測結果，如圖 18-115 所示。

車工綜合評價（Cut Grade）
車工綜合評價，乃是針對鑽石的形狀、對稱性及拋光所做的綜合評鑑。由於車工的好與壞影響鑽石的閃耀度，因此在顏色、淨度等級相同的情況下，車工的評價愈好，這顆鑽石的光澤就會愈美。

但事實上，評價車工的好壞應依以下比例：
比例 Proportion 應佔 80%（事實上圓鑽切磨比例評等已將 symmetry 及 polish 納入考慮。）
拋光 Polish 應佔 10%
對稱 Symmetry 應佔 10%
因為好的車工比例，能使鑽石的亮光、火光和閃光達到完美的境界，絕非其他二者可比擬。

18-6 八箭八心

圖 18-116

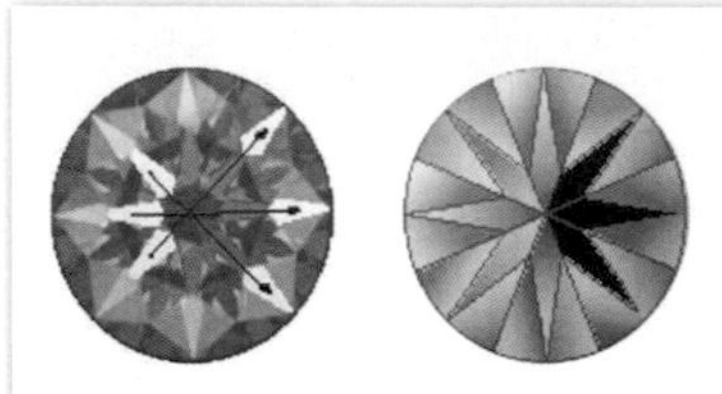
圖 18-117

當鑽石的刻面切磨比例（如桌面、冠部與底部主刻面的對稱）及切磨角度是在特定的範圍內組合時，在鑽石中所產生的視覺效果，透過八心八箭觀賞鏡從鑽石的桌面觀察，可以看到形狀均衡的八支箭影；反過來，從鑽石底部朝上觀察，可見對稱良好排成一圈的八個似心形之影像，這種被特定範圍切磨比例的鑽石，日本鑽石商聯想的是愛神的箭，仿佛愛神丘比特用箭射向愛人的心一般，對情人而言別具意義，而領先取名為「HEART & ARROW 心與箭」，這就是鑽石中八心八箭的由來。

1977 年日本人為銷售鑽石，研發鑽石八心八箭的切磨方法，至今已 30 多年，八心八箭現象的鑽石，上市期間，許多業者抱持神奇搶鮮的行銷模式，不惜灑出重金極力推廣，從消費者的反應程度看來，廣告果真奏效，消費者也搶鮮這種神奇。現今八心八箭已深植人心，成為市場主流，沒有八心八箭的鑽石幾乎賣不出去。

八心八箭觀鑽鏡

據比利時鑽石切磨中心資料來源，早期，猶太人於切磨過程中檢視每一刻面是否達到理想，而發明了（Fire Scope）車工鏡。長久以來，切磨師們就用車工鏡檢視各個相關切磨面的對稱度，爾後，為了讓切磨師能夠立即檢視鑽石刻面的對稱與角度組合而發明一種簡便的光學工具，而現代的丘比特八心八箭觀賞鏡前身就是早期切磨師用的「車工鏡」。八心八箭現象鑽石透過視訊廣告之後深受喜愛，從此邱比特車工鏡（八心八箭觀賞鏡）也成為消費者觀賞鑽石內的愛神之箭的好用工具。

八心八箭影像如何產生呢？

箭的影像形成

從鑽石桌面以八心八箭觀賞鏡下觀察八支箭的影像，其現象的產生是由鑽石的八個底部主刻面負責八箭的形成，箭頭和箭身的產生是由於底部主刻面能夠精準的反射至對面的底部主刻面位置，並配合適當的冠部角度和底部角度所形成。

心的影像形成

如圖 18-188 所示，八箭是由底部八個不等邊長的菱形主刻面反射至相對的底部主刻面位置所形成，因此底部主刻面排列的對稱度、桌面大小及腰下刻面的長短，對於八箭影像的形狀有重要關聯。

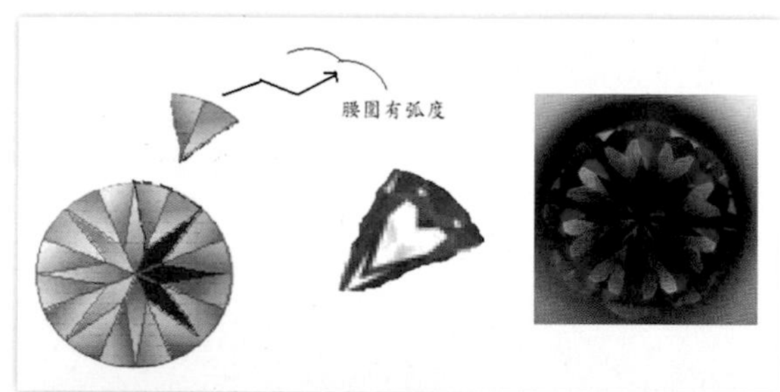

圖 18-118

八心八箭是需要絕對的對稱，若是箭形與心形的形狀不均勻，譬如心形感覺過長或箭形感覺過短，即表示高度與寬度的比例不對稱，無法在同一平面上同時清楚看到八心八箭，必須稍微翻動或是把頭搖來搖去變換角度才看得出八心八箭，被稱為搖頭八心八箭，就表示對稱等級略差。

圖 18-119 Ideal² 的八心八箭

但要注意的是八心八箭的要件，就是有良好的對稱性，有箭與心形圖案的車工卻不代表是完美車工。

例如說：

Ideal²：方形車工也可以有八心八箭，如圖 18-119 所示。

十心十箭

多切幾個刻面，再加上對稱好，就出現十心十箭（圖 18-120）。

圖 18-120 十心十箭（取自網路）

<u>Cut grade 只有 Very Good，但也有八心八箭。</u>

圖 18-121 所示的 GIA 報告書中顯示該鑽石腰圍上刻有 H&A，表示可能可以看到八心八箭（不確定）。但其 Cut grade 只有 Very Good，Symmetry 只有 Good，如果真有八心八箭，說明只要對稱好就有八心八箭。當然另外一種可能是：根本看不到八心八箭，故意刻上 H&A，意圖欺騙。

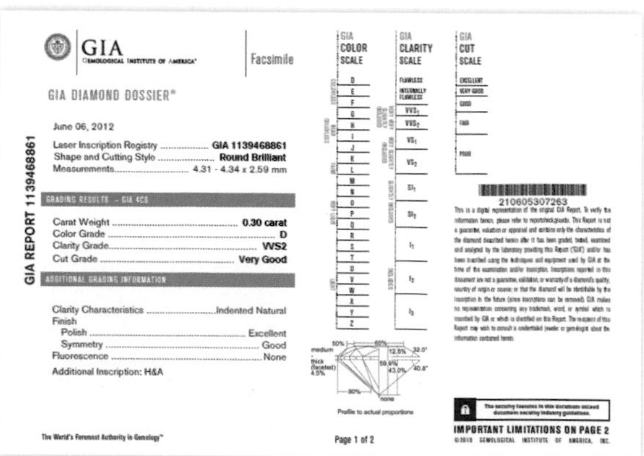
GIA GEMOLOGICAL INSTITUTE OF AMERICA | Facsimile

GIA REPORT 1139468861

GIA DIAMOND DOSSIER®

June 06, 2012

Laser Inscription Registry .... GIA 1139468861
Shape and Cutting Style .... Round Brilliant
Measurements .... 4.31 - 4.34 x 2.59 mm

GRADING RESULTS - GIA 4CS

Carat Weight .... 0.30 carat
Color Grade .... D
Clarity Grade VVS2
Cut Grade .... Very Good

ADDITIONAL GRADING INFORMATION

Clarity Characteristics .... Indented Natural
Finish
Polish .... Excellent
Symmetry .... Good
Fluorescence .... None
Additional Inscription: H&A

GIA COLOR SCALE: D E F G H I J K L M N O P Q R S T U V W X Y Z

GIA CLARITY SCALE: FLAWLESS, INTERNALLY FLAWLESS, VVS1, VVS2, VS1, VS2, SI1, SI2, I1, I2, I3

GIA CUT SCALE: EXCELLENT, VERY GOOD, GOOD, FAIR, POOR

50% 60% 12.5% 32.0° medium thick (faceted) 4.5% 59.9% 43.0% 40.8° 80% none

Profile to actual proportions

210605307263

IMPORTANT LIMITATIONS ON PAGE 2

©2010 GEMOLOGICAL INSTITUTE OF AMERICA, INC.

The World's Foremost Authority in Gemology™

Page 1 of 2

圖 18-121

圖 18-122

至於說完美式和丘比特那個好？一般認為還是完美式的鑽石會比較亮，而且火彩會較均匀，因為邱比特的切工是「絕對對稱」但絕對不等於絕對明亮。

練習

圖 18-122 中的兩顆鑽石，哪一顆切磨比較好？

答案是：這兩顆鑽石在 GIA 的切磨評級是相同的，但個人喜好仍會有所不同。說明影響鑽石外觀的因素很多，千萬不要只憑 GIA 的切磨評級購買，最好能親眼觀察比較。

Chapter 19

第 19 章
花式切磨解說

the basic of diamond identification

在第 18 章〈切磨分級解說〉中我們曾說：切割形狀分為圓形明亮式（Round Brilliant Cut）與花式切割（Fancy Cuts）。其中任何不屬於圓形的，就被歸類於花式切割，所謂 Fancy 可以指非傳統或非白鑽，此處指的則是花式車工。第 18 章中解說了圓形明亮式的切磨，本章將解說花式切割的相關知識。

鑽石切割的形狀有很多種，包括圖 19-1 中所示為各種鑽石切割形狀，有圓形、馬眼形、水滴形、心形、橢圓形、祖母綠形、方形等等。其中圓形明亮式為市場上最常見的切磨形式，價格也較高（將在第 23 章〈鑽石的價格〉中詳述），其餘的花式切割較不常見，價格也較低，那麼難道花式切割就無立足之地嗎？我們以一張鑽石名店 Tiffany 的圖片說明如次。

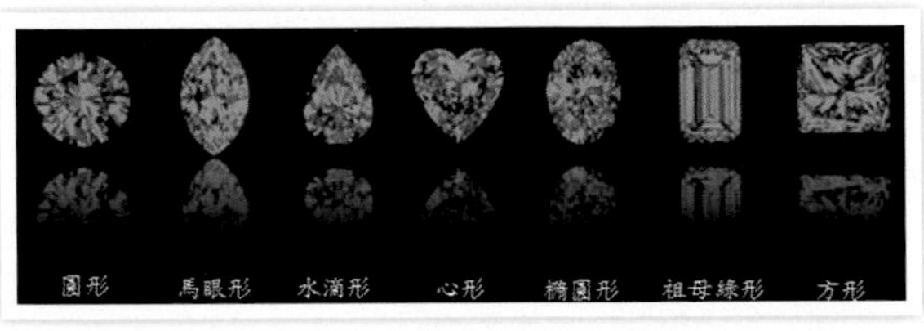
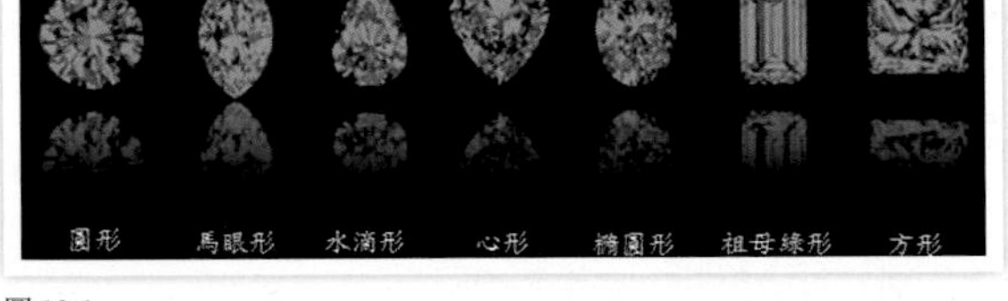

圖 19-1

圖 19-2 為 Tiffany 訂婚鑽戒系列，自左至右，分別為 1886 年推出的經典六爪鑲、Lucida、Tiffany Novo、Tiffany Legacy 等。其中除經典六爪鑲為圓形外，其餘皆為花式切割。花式切割沒有什麼不好，一樣璀璨明亮，也深受喜愛。

圓形與花式切割價格之所以有差異，主要是因為原石的損耗量不同。圓形的損失最多，大約是 40 ～ 50%；花式切割中以心形及水滴形耗損最多，公主方切割可保留 80%，因為大部份鑽石原石是三角形，所以三角形損失最少，可保留 90%。

各種花式切割的搭配組合，在高級珠寶的設計中極為常見。分別介紹如次：

圖 19-2

19-1 馬眼形或橄欖型（Marquise）

馬眼形又稱橄欖型，是一種細長的明亮型磨切在兩端有尖頭。

馬眼型明亮式又稱為 Navette Shape 意思是小船，是說鑽石的形狀好似小船船殼的寫照。一般是由 56 ～ 58 個面所組成，其中冠部有 33 個面，亭部有 25 個面，亭部刻面會有 4 ～ 8 個的變化。馬眼型有時會額外切出「法式端點」，即所謂以星刻面及腰上刻面取代端點的風箏刻面。

「法式端點」的做法，在心型及梨型也相當常見。馬眼型的長寬比介於 1.85 ～ 2.10 之間，最理想的是 2：1，但都可隨著各人喜好而變。

當光線穿透鑽石時，馬眼型在中心刻面處也可能有黑領結效應。這個

圖 19-3

陰影可藉改變亭部深度來改善，或是調整桌面與刻面的角度，以增加光現線中央的散布，亦可達到改善的效果。心型或是梨型也可能有黑領結效應。

注意重點：兩尖端與左右兩瓣是否對稱完整，尖端無破損／四周厚薄差異度。

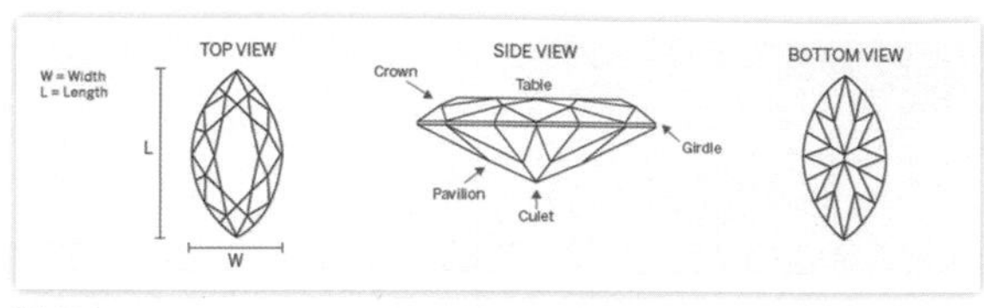

圖 19-4

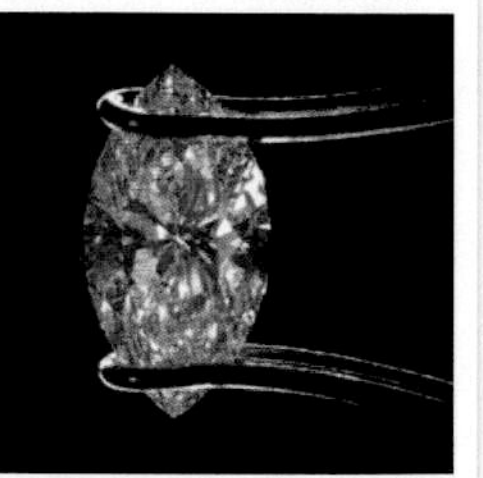
圖 19-5

19-2 心形（Heart Brilliant）

亭部的刻面數有可能是 6 個、7 個或是 8 個，心型切磨一般總共是由 56 ～ 58 個刻面所組成。另外，心型切磨有時會額外切出「法式端點」，即所謂以星刻面及腰上刻面取代端點的風箏刻面。「法式端點」的做法，在馬眼型及梨型也相當常見。心型切磨有可能因做工或構造的關係，看起來有些許的不同。

圖 19-6

傳統上心型切磨的長寬比介於 0.90 ～ 1.10 之間，瓣部高度與寬度均勻時，會相當的對稱，但都可隨著各人喜好而改變。當量測心型切磨的長寬比時，寬度是從瓣部的最邊緣量到另一個瓣部的最邊緣。再者，當光線穿透鑽石時，心型切磨在中心刻面處也可能有黑領結效應。

注意重點：心形美觀比例／心形開口與尖端是否完整兩瓣對稱。

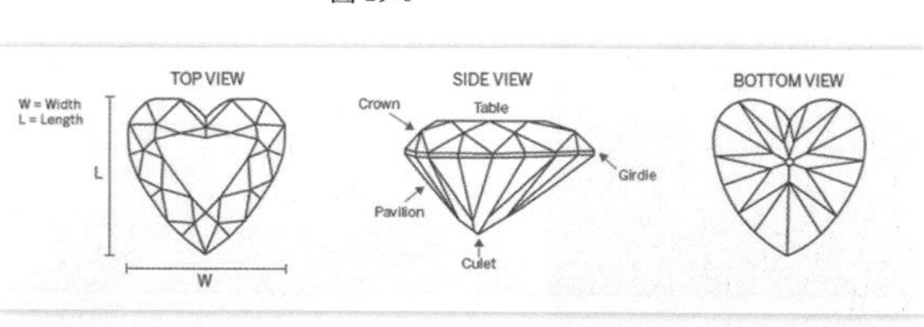

圖 19-7

圖 19-8

19-3
水滴形明亮式（Pear Brilliant）

圖 19-9

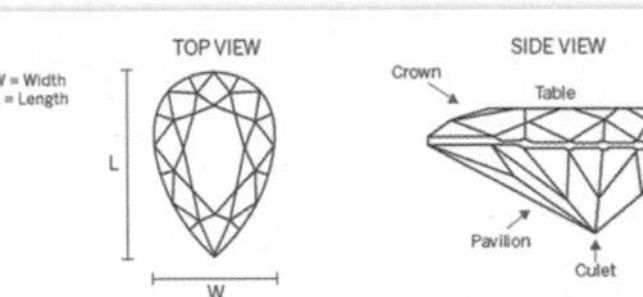

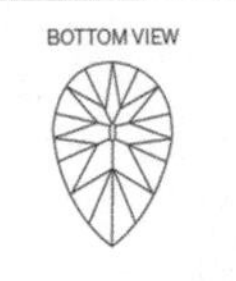

圖 19-10

圖 19-11

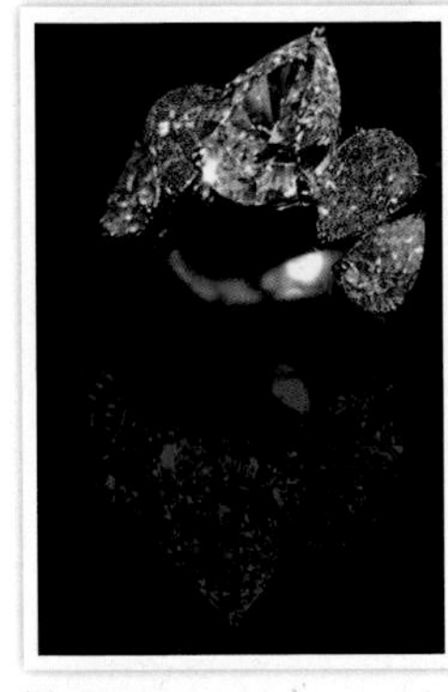

圖 19-12

水滴形明亮式又稱梨形或淚滴形，結合明亮式及圓形的型式，加上馬眼形細長的優雅。

梨型的造型很獨特，就像是將圓型明亮式及馬眼型的明亮與設計綜合起來，成為一頭尖一頭圓的造型。

一般長寬比在 1.50 ～ 1.70 之間，一般是由 58 個面所組成，亭部刻面會有 4 ～ 8 個的變化。馬眼型有時會額外切出「法式端點」，即所謂以星刻面及腰上刻面取代端點的風箏刻面。「法式端點」的做法，在心型及馬眼型也相當常見。梨型鑽石的肩部如果高，形狀就不太一樣，會使其一頭看起來比較不圓。

當光線穿透鑽石時，梨型在中心刻面處也可能有黑領結效應。這個陰影可藉改變亭部深度來改善，或是調整桌面與刻面的角度，以增加光現線中央的散布，亦可達到改善的效果。馬眼型、心型或是橢圓型也可能有黑領結效應。
注意重點：對稱是否優良／圓弧比適中。

圖 19-11 中的這顆 101.73 克拉，D，完美無瑕梨形鑽石於 2013 年 5 月 15 日佳士得日內瓦拍賣會上以 2,670 萬美元（約新台幣 8 億元）或說每克拉 254,400 美元，賣給 Harry Winston 公司，隨即被命名為 Winston Legacy（溫斯頓傳奇）。

梨型的愛好者很兩極，因為國王的權杖上往往鑲嵌梨型鑽石，所以日本女孩很喜歡梨型的鑽石作為結婚戒指，以象徵在婚姻中掌握權力。但也有人認為梨型像淚滴，感覺不吉祥。圖 19-12 為以梨形為主題之設計款。

19-4

三角形明亮式（Triangular Brilliant）

三角型切磨是由等長的三個邊所組成，並視做為單一主石或是配鑽，而切磨成 31 或 50 個面。做為單一主石，會採凹凸面切磨；做為配鑽，就不會採凹凸面切磨。其他的變化包括將角磨圓、修飾的盾型及三角型階梯式等。如果能切出正確的深度，三角型切磨獨特的造型火光會多，而亮光會銳利。圖 19-15 是三角型切磨的不同切磨。

三角型切磨的鑽石，往往因其不平行的亮光及火光，成為單一主石的好選擇。但於訂婚戒指時，更常用於較大單一主石的旁邊，用以襯托出主石。圖 19-16 是三角型的主石與配鑽，左為當主石用，右為當配鑽用。

三角形明亮式切磨，是對三角薄片雙晶原石（圖 19-17）的最佳運用，該鑽石的火彩非常漂亮，極適合當作配鑽使用。

三角形鑽石看起來外形呈現一個正三角形。三邊也可以切為弓形，產生類似圓形鑽石的切面效果。三角形鑽石深度應在 61% 到 68% 之間較為理想。

圖 19-13

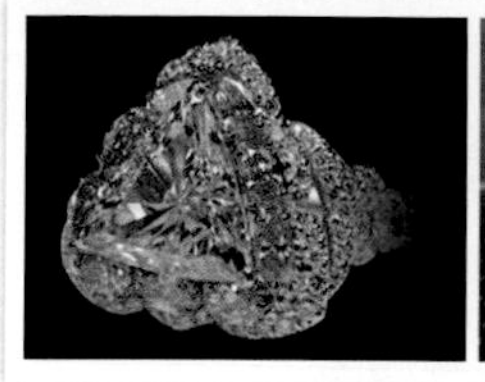

圖 19-16

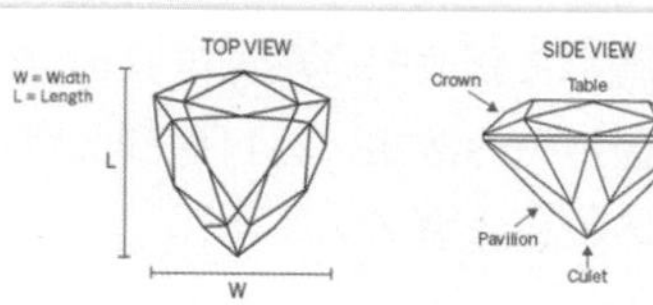

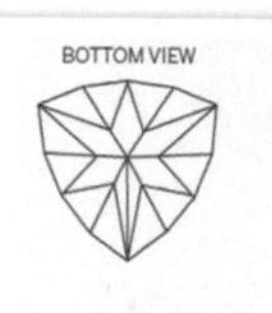

圖 19-14

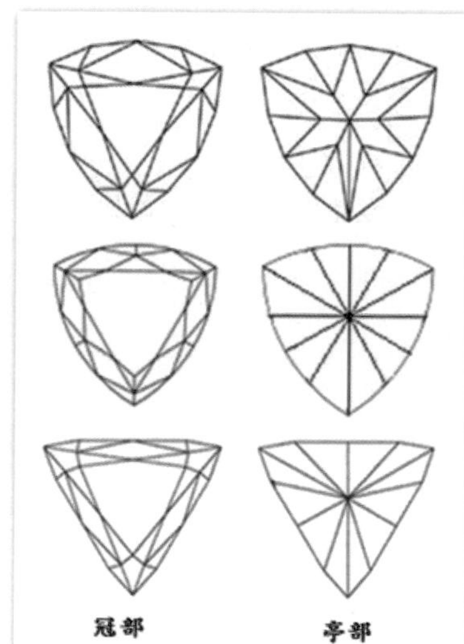

圖 19-15

圖 19-17

19-5 橢圓形（Oval）

圖 19-18

橢圓型（Oval Cut）又稱卵形，外型像拉長的圓鑽，基本上是 58 個面所組成、長寬比 1.33 ～ 1.66 的圓型。

所謂重量可以有最完美呈現，是指拉長與對稱的形狀，會使其看起來比同樣重量的圓型鑽石大。橢圓型同樣對於較短的手指具有修飾效果，近年來也有許多人使用橢圓型鑽石為訂婚戒指的主石。

當光線穿透鑽石時，橢圓型鑽石在中心刻面處也可能有黑領結效應。這個陰影可藉改變亭部深度來改善，或是調整桌面與刻面的角度，以增加光線中央的散布，亦可達到改善的效果。馬眼型、心型或是梨型也可能有黑領結效應。

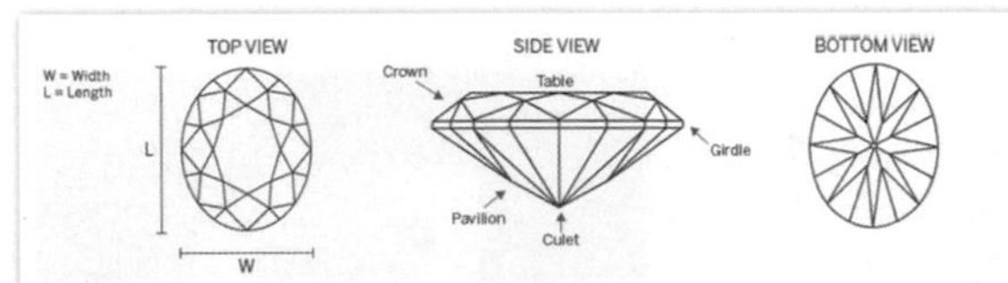
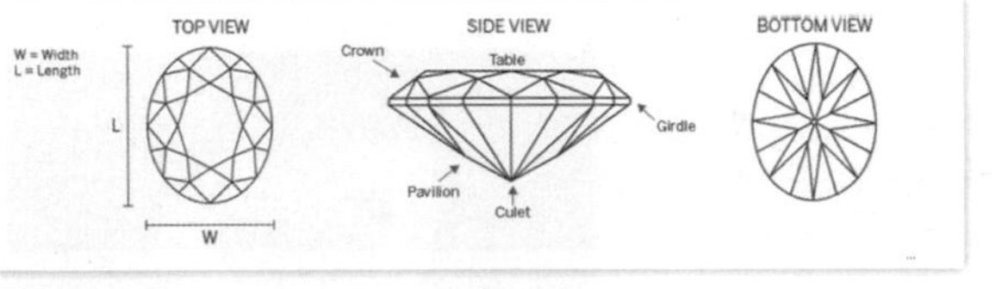

圖 19-19

一顆橢圓形鑽石的最佳縱橫比率是 1.5：1，就是說長度是寬度的大約 1.5 倍。如果縱橫比率大於 1.5 的話，在鑽石的中部就會出現一塊暗區。這被成為「蝴蝶結」效應。這樣的鑽石不是很理想。如果比率小於 1.5 的話，鑽石看起來就像變形的圓形鑽石。

圖 19-20

注意重點：對稱是否優良／厚薄合理性

19-6 公主方（Princess）

公主方型是圓型明亮式的方形版，一般由 57 或 76 個面組成，長寬比 1.00 ～ 1.05。是在西元 1980 ～ 1981 年由 Ambar 公司，位於美國洛杉磯的切割工廠兩位切割師 Betzalel Ambar 與 Israel Itzkowitz 所發明的，為了行銷將它命名為公主 Princess。

其帶有 4 邊斜角的金字塔造型，比任何其他方形更能散發光彩，因而成為訂婚戒指或是耳環的單一主石。公主方通常是四方形到些微長方形的明亮型磨切。正面放射，底部也是明亮型（放射狀）。有 76 個切面，也有 101 個切面的。選公主方要注意深度，太大或太小會使鑽石看起來呆呆的。

因為是有專利的切磨方式，因此 GIA 或 AGS 會寫成 Square Modified Brilliant，但如果長寬比 >1.05 時，會寫成 Rectangular Modified Brilliant。

圖 19-21

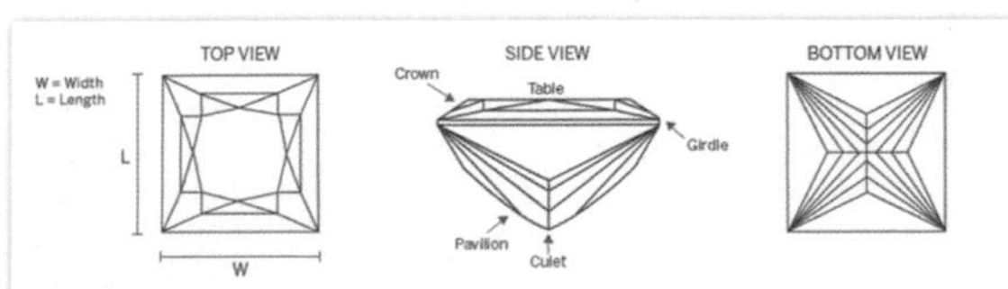

圖 19-22

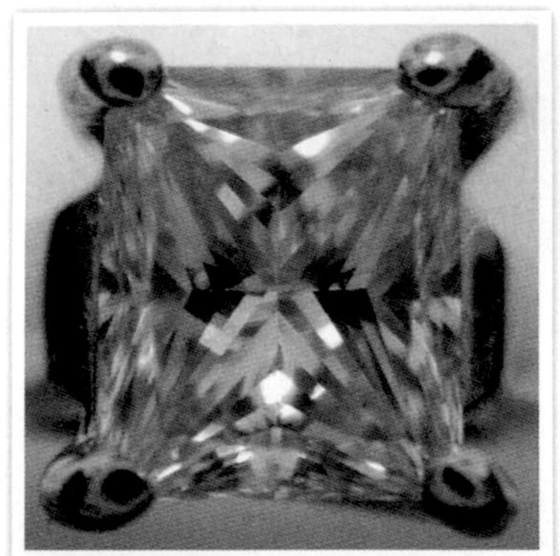

圖 19-23

圖 19-24

19-7

雷第恩切割（Radiant）

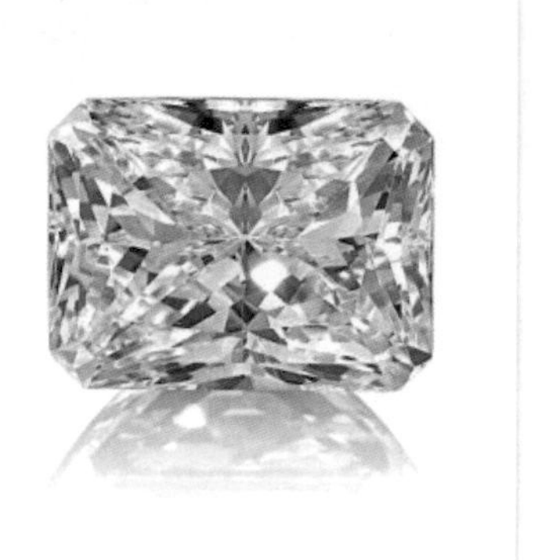

圖 19-25

Radiant 是商標名，由 Henry Grossbard 於 1977 年申請註冊，已於 1997 年過期。2002 年為突顯該公司是發明雷第恩切割的原創者，將雷第恩切割以 Original Radiant Cut 品牌行銷全世界。

雷第恩型是具有 70 個面、獨特削邊的綜合造型。方形雷第恩型的長寬比在 1.00 ～ 1.05 間，矩形雷第恩型的長寬比超過 1.05，可達 1.50。其多方面的設計，是綜合了圓型、祖母綠型及公主方型的明亮與深度，因而成為各式各樣珠寶流行的選擇。

因為是有專利的切磨方式，因此 GIA 或 AGS 會寫成 Cut-Cornered Square，但如果長寬比 > 1.05 時，會寫成 Rectangular Brilliant。

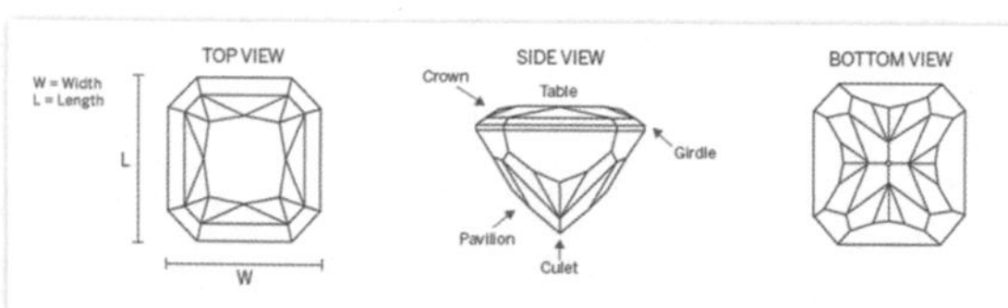

圖 19-26

雷第恩切割是一種混合式的切割形式，上面是階梯式的切割形式，底部採用明亮式切割的切面組合，結合了祖母綠形車工優雅外型與明亮式切割燦爛的火光與閃耀度，集兩者的優點於一身。因為可把顏色集中，因此彩鑽多採雷第恩切割。證書上也許書寫為 Shape：Cut-cornered Modified Rectangular。

圖 19-27

19-8
祖母綠形（Emerald）

圖 19-28

祖母綠式切磨，刻面呈矩形，截角，刻面寬平，當由上俯視時，就猶如樓梯的一階一階，是最早用於珠寶的切磨方式之一。這種切磨的型式稱為階梯式。一般而言，祖母綠式切磨有 57 個刻面（其中冠部有 25 個，亭部有 32 個），但如果階梯數有變化，刻面的總數也會隨之變化。

祖母綠式切磨的亮光和火光都不如明亮式切磨，寬而平的面突顯了鑽石的淨度特徵，一般淨度最好在 VS2 以上。對於祖母綠形切工的鑽石，成色同樣很重要，G 以上的顏色澤會是比較理想的選擇。此外，對於長薄的矩形鑽，可將平面的側邊相連，稱之為長方鑽（baguettes）。

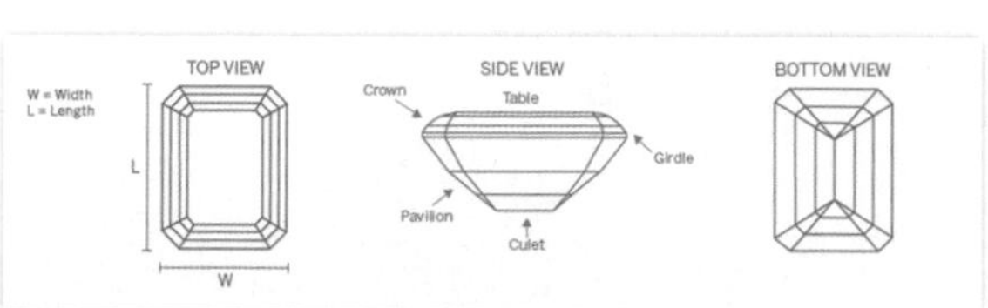

圖 19-29

大多數祖母綠式切磨的長寬比介於 1.30 與 1.50 間，而 1.40 則堪稱是最理想的比率。當然，每各人有自己喜好的比率，惟祖母綠式切磨的長寬比若在此比率之外，就不太適宜，也比較不被接受。

注意重點：：四個對角有無破損 / 是否過薄漏光

圖 19-30 7.03ct 祖母綠形鑽石

19-9
上丁方形（Asscher）

圖 19-31

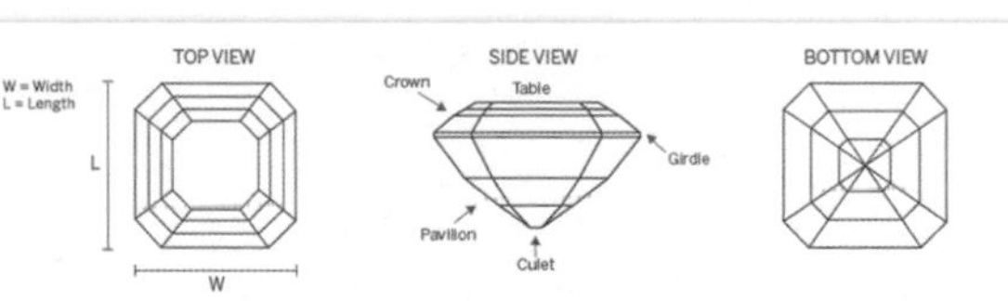

圖 19-32

圖 19-33

Asscher cut 是在阿姆斯特丹，成立於 1854 年 Royal Asscher Company 的創始人 Joseph Asscher 所命名。Asscher 切磨與祖母綠式切磨一樣，具有獨特的稜柱光彩及矩形亭部刻面。Asscher 切磨的標準主刻面是 58 個，一般較受歡迎的典型方形，長寬比是 1.00 ～ 1.05。

Asscher 切磨亭部深，尖底帶刻面，冠部高，桌面小，切角的寬度各有不同，光澤很好，能夠散發出迷人的光學效果，被稱為鏡面走廊效果。

GIA 或是 AGS 等鑑定所，在開證書時，會稱之為方形祖母綠式切磨（Square Emerald cut）。常常有人搞不清楚 Asscher 切磨與祖母綠式切磨的差別，事實上他們就是同樣的切磨，Asscher 切割就是祖母綠型切割的方形版。但還有一種較罕見的專利 Royal Asscher 切磨，不是一般的 58 個面，而是 74 個面，這樣子的切磨，GIA 會分類為八邊形階梯式切磨。

它的特點是，比起現代的祖母綠形切工有更小的桌面和較大的階梯面，較明顯的四角形，通常有較高的冠部比例和較深的亭部底深，Asscher 沒有所謂的「理想」比例，此種車工市面上少見，在古董市場或遺產珠寶裡反而常見，這些石頭往往有較大的尺寸，通常大於 6 克拉左右。

一個良好的 Asscher 車工鑽石，能表現出比其他現代切工更好的白光及火光，然而，許多美麗的 Asscher 車工都被重切成較扁平的祖母綠形或雷地恩（輻射形）車工，因為這些現代造型的樣式在市場上更具流通性。

19-10
枕型切磨（Cushion Cut Diamonds）

恰如其名，枕型切磨就像是將正方形或是長方形的角磨圓，長的像個枕頭似的，所以亦稱為 Pillow 或是 Candlelight Cut。枕型切磨一般由 58 個面所組成，方形時長寬比 1.00 ~ 1.05，矩形時長寬比 1.10 或更大。雖然亮光比不上圓型明亮式切磨，但枕型切磨的大刻面，將光分散成光譜色的能力可以更強。枕型切磨可以當作是老礦式切磨與橢圓形切磨的過渡型。由於切磨的技巧與型式隨著時代改變，已經有許多種新的枕型切磨衍生出來，例如說在亭部切出更多排刻面的 Cushion Modified Brilliant，可以使鑽石看起來很不一樣。

圖 19-34

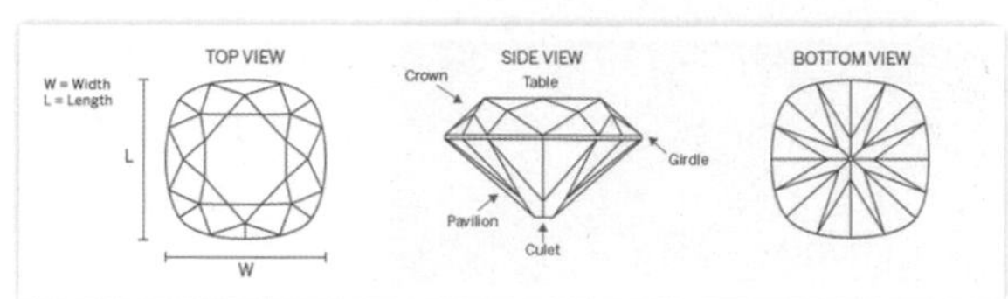

圖 19-35

19-11
四邊形切磨

四邊形切磨分為兩類，一是長方形的 Baguette Cut，另一是梯形的 Trapezoid Cut。

四邊形切磨的鑽石，多半是由大原石劈列出的邊角料，其切磨過程如圖 19-37 所示。

圖 19-36

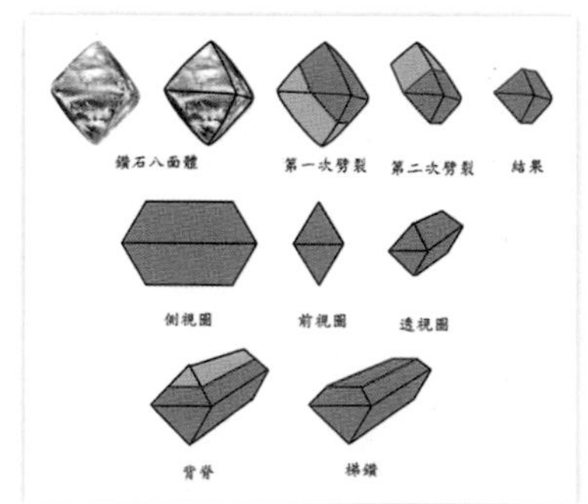

圖 19-37

Baguette Cut 方型鑽整體呈長條形，如梯形鑽石一樣，切磨成小長方形鑽石居多，其長寬比沒有多大限制，側重於根據需求形狀，

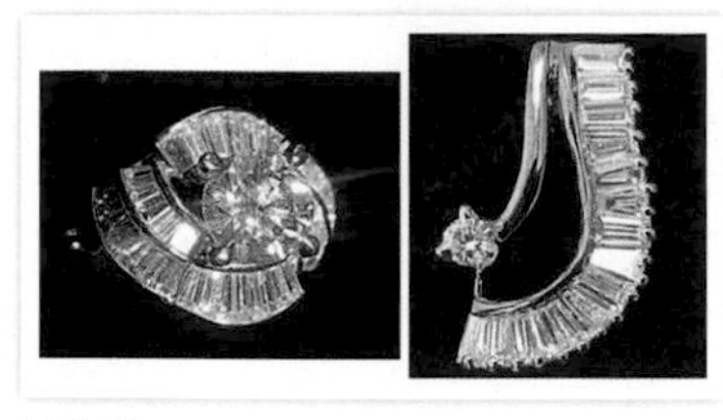
圖 19-38

圖 19-39

通常用於小鑽，可做群鑲，可做配鑽，多用來裝飾鑲座。在二、三十年前相當風行，如圖 19-38 所示，配鑽主要為梯鑽的首飾。但現代的設計，多採圓鑽、馬眼鑽搭配（圖 19-39），梯鑽反而不是那麼受喜愛。

19-12 Fantasy cut

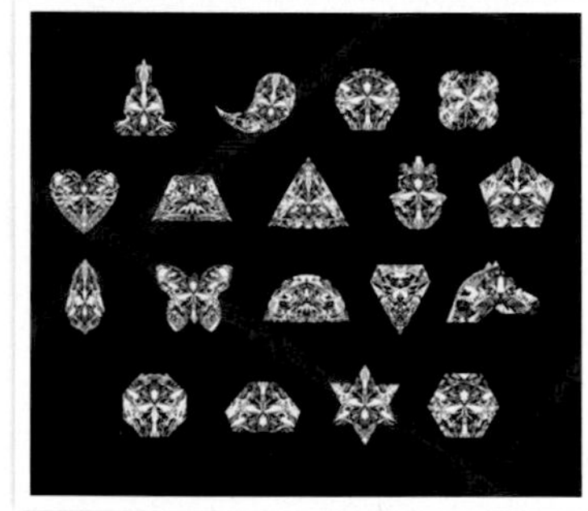
圖 19-40 夢幻式車工

另一類則可稱做真正的花式切磨：包括任何想像得出的切磨形狀在內，譬如馬頭、魚、蝴蝶、網球拍、十字架、佛像、星形、大衛星、半月形、人頭肖像等形形色色、無奇不有，這類更花俏、幻想式、夢幻式車工稱作 Fantasy cut，如圖 19-40 所示。以下我們介紹其中幾種。

蝴蝶形

蝴蝶形如圖 19-41 所示，GIA 證書會寫：「Butterfly Modified Brilliant」，這種切磨形狀，很特別，原石的損耗大，會比較貴。但因邊邊角角多，相對來說也可能比較容易受損。

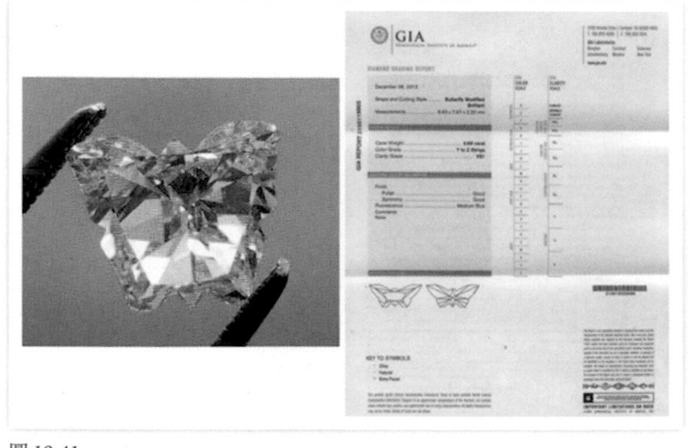

圖 19-41

鑽石形 / 盾形

鑽石形，是因為其外形輪廓與我們在第 18 章中常看到的鑽石側面很像，因而得名（圖 19-42 左），但其實它比較像是底部太深的鑽石側面，就是那種會產生釘頭現象的切磨深度。另外一種很相像，但切磨看起來沒有那麼深的是盾形（圖 19-42 右），盾形的形狀讓人聯想到用在戰場上的戰士的盾牌，因而得名。戰場上的戰士的盾牌是用來抵擋敵人的刀箭，圖 19-43 中的盾形卻是用來遮住老人斑。鑽石形與盾形的區分，除了底部深度外，還有就是盾形的邊可以是直的或圓的，而鑽石形的邊總是直線的；盾形上半部比較陡，而鑽石形比較緩。鑽石形的樣子又像是風箏，因此也被稱為風箏形。鑽石形與盾形都經常使用於掛式耳環和吊墜，但也可經由鑲嵌構成特殊的形式圖案。

圖 19-42

此外，各切磨廠也會作出各式各樣特殊的設計，但在實際切磨前，都需要用到電腦軟體模擬，以檢核其光學效應。圖 19-44 所示為稱為 SAKURA（櫻花）的設計，攝影時，仍在進行電腦模擬測試。

依據 Tolkowsky 的理論計算，圓形明亮式會是最閃耀的鑽石切磨的形狀與形式，至於其它那麼多種鑽石切磨的形狀，哪一種是比較閃耀的呢？以圓形明亮式 100％為準，其餘的形狀所得的分數大致如次：

100％ Round brilliant cut
90％ Marquise cut
90％ Oval cut
90％ Pear cut
80％ Heart cut
70％ Princess cut
70％ Triangle cut
60％ Cushion cut
60％ Emerald cut
60％ Original Asscher cut（Royal Asscher 會較閃）
60％ Radiant cut
45％ Baguette cut

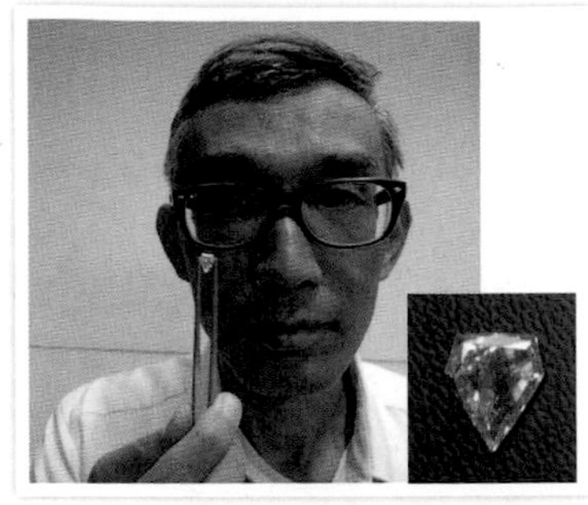
圖 19-43

圖 19-44 SAKURA

19-13 花式切磨名詞解釋

花式切磨各部位名稱

花式切磨各部位名稱包括：腹部（belly）、翼部（wing）、尖端（point）、開口（cleft）、瓣部（lobe）、肩部（shoulder）、頭部（head）及轉角（corner）、截角（cut corner）等，如圖 19-45 所示。

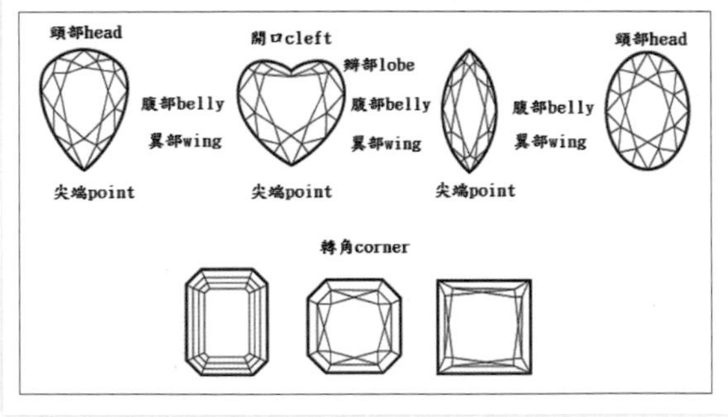

圖 19-45

龍骨線（keel line）

就如船舶底部的龍骨般，花式鑽石的底部刻面交接的底端，亦稱為「龍骨線」。圖 19-46 為花式車工的底部，紅色的線即為龍骨線。龍骨線沿著鑽石的長向延伸，有時含括或跨過尖底面。

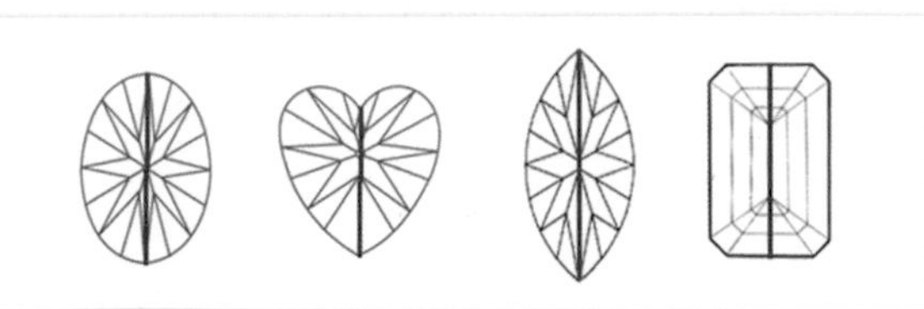
圖 19-46 龍骨線

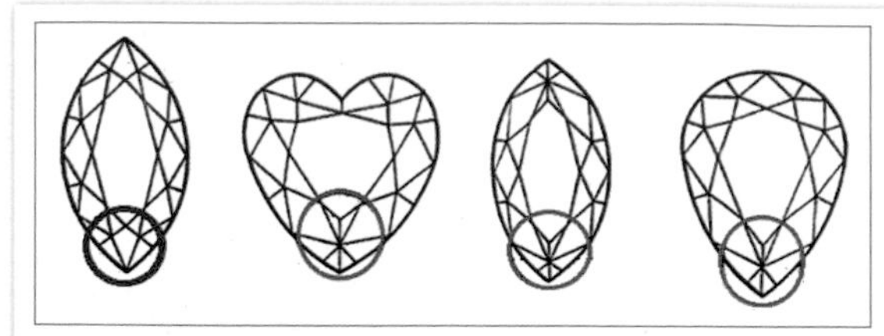

圖 19-47

法式尖端（French tip）

圖 19-47 最左，以紅色圈起來的尖端容易斷裂，所以在花式車工的尖端處會多增加一些刻面強化尖端，如圖 19-47 右邊以藍色圈起來方式，這種方式稱作 French tip。

花式車工鑽石報告書

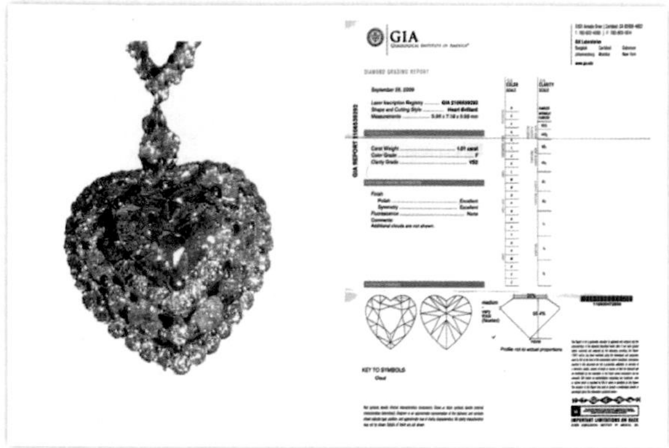

圖 19-48

圖 19-48 為一張 GIA 心型鑽石證書，由圖中可以看出，對於花式鑽石報告書的內容，應記錄事項包括：鑽石尺寸、重量、成色、淨度、桌面百分比、全深百分比、腰圍厚度、拋光、對稱、螢光

其中重量、淨度、拋光及螢光等與圓鑽相同，其他部分分別說明如次：

鑽石尺寸

花式鑽石記錄其長、寬、高，因此都有三項尺寸數字。

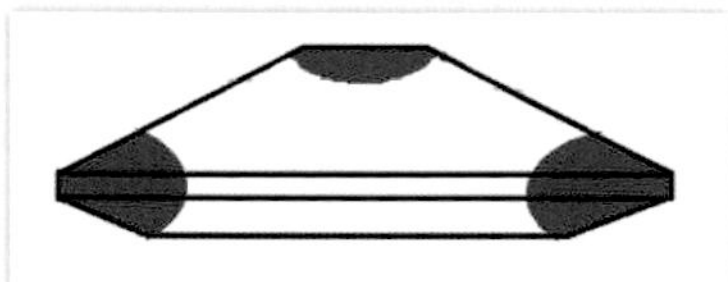

圖 19-49

成色

評定花式鑽石的顏色等級在技術上稍有不同。花式鑽石通常會有不均勻的顏色分佈，例如梨形和橄欖形在端點的顏色較深，如圖 19-49。

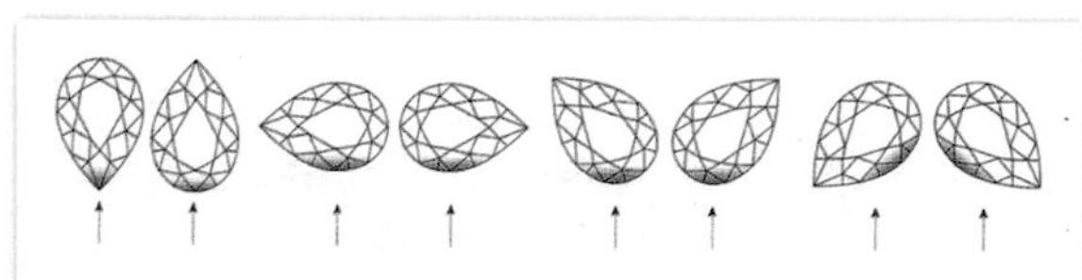

圖 19-50

評定時必須從任何一個可能的角度觀看鑽石，如圖 19-50 所示，其中包括正面朝上方向。這實際上是為每個角度評定等級，然後取其平均值。但如果鑽石正面朝上時，顏色要比其他方向深，則要調低成色等級，以反應差異。

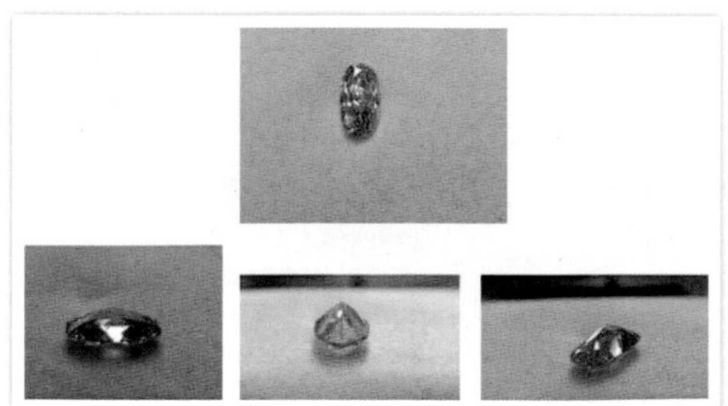

圖 19-51

GIA 說：「花式切磨比色時，分級師於鑽石桌面朝下，由長向、寬向，以及對角方向觀察顏色。通常，對角方向的成色少於長向成色，但多於寬向成色，因此分級師常以對角方向的成色的量作為評定等級的依據。」。依我個人觀察，所謂「對角方向的成色少於長向成色，但多於寬向成色」並不必然，如圖 19-51 及圖 19-52 所示，但我同意「以對角方向的成色的量作為評定等級的依據」，因為對角的方向可以同時看到長短兩邊，可以做出綜合的判斷。

桌面百分比

採桌面最寬的長度除以鑽石寬度乘以 100，如圖 19-53。

圖 19-52

全深百分比

鑽石深度除以鑽石寬度乘以 100（四捨五入至小數點下 1 位。鑽石全深偏離 55％至 65％的範圍時為一警訊（後面會有詳盡分析），分級師應尋找其他比例上的偏差。如鑽石過深，則檢查是否有高冠、厚腰或是深底，如鑽石淺，則看看是否有薄冠、薄腰或是淺底。

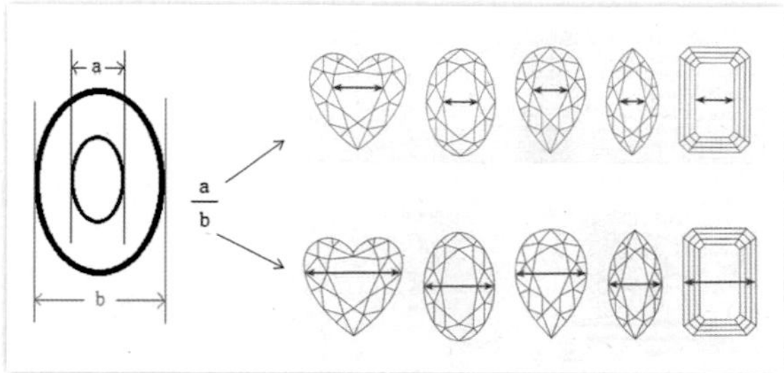

圖 19-53 桌面寬與鑽石寬

即使全深屬於正常範圍內，也不能完全說明鑽石的真實比例，因此逐一檢查各部位有其重要性。例如全深 60％的鑽石，可能是很淺的冠高，配上很深的底深所組成，或者是其他不尋常的組合。

分級師可由側面觀察，以目視底部對冠部的比例，比例良好的寶石，底部約是冠部的2.5到4.5倍之間，如圖 19-54 底部對冠部的比例所示。

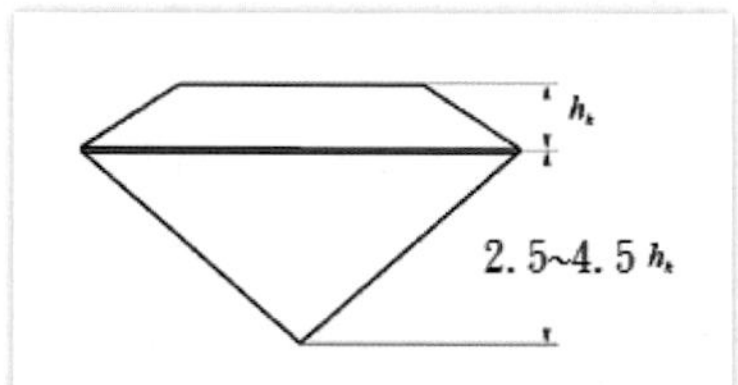

圖 19-54

判定底部：

可接受（acceptable）

稍淺（slightly shallow）

很淺（very shallow）

稍深（slightly deep）

或很深（very deep）。

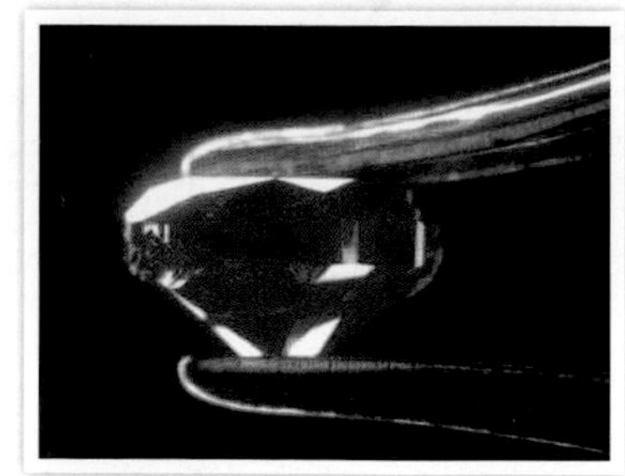

圖 19-55 花式鑽石厚腰圍

腰圍厚度

多數花式鑽石都具有刻面腰圍，其厚度稍大於一般圓形鑽石（圖 19-55）。橄欖型、梨型或心型鑽石在端點位置的腰圍可能比腹部稍厚。厚度稍大有助於防止端點斷裂。心型鑽石開口位置的腰圍也適宜稍厚一些，如圖 19-56 所示。

圖 19-56 心型鑽石的腰圍

19-14 花式切磨評鑑

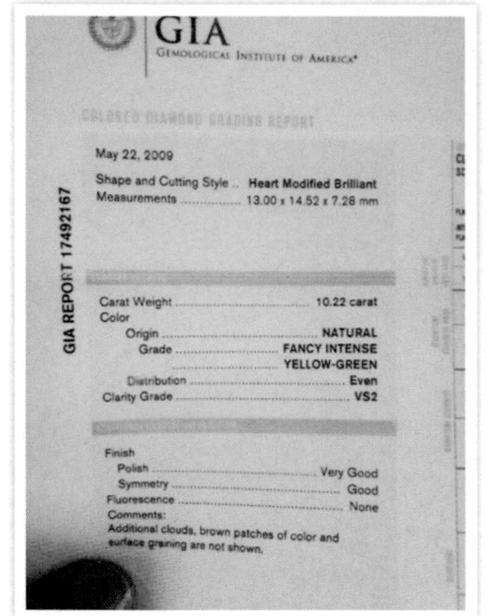
GIA
GEMOLOGICAL INSTITUTE OF AMERICA®

GIA REPORT 17492167

May 22, 2009
Shape and Cutting Style .. Heart Modified Brilliant
Measurements .... 13.00 x 14.52 x 7.28 mm

Carat Weight .... 10.22 carat
Color
Origin .... NATURAL
Grade .... FANCY INTENSE YELLOW-GREEN
Distribution .... Even
Clarity Grade VS2

Finish
Polish .... Very Good
Symmetry .... Good
Fluorescence .... None
Comments:
Additional clouds, brown patches of color and surface graining are not shown.

圖 19-57

圓鑽車工的評級，包括比例、拋光及對稱
而花式切磨不評級（ No cut grade ），只註明：

對稱 Symmetry：EX，VG，G，F，P
拋光 Polish　：EX，VG，G，F，P

如圖 19-57 所示為 GIA 花式車工報告書。

花式切磨車工雖不評級，但也必須令人賞心悅目，包括輪廓及切磨深度等，分別說明如下。

1. 輪廓

花式切磨雖不評級，但要注意其輪廓，所謂輪廓包括：（1）長寬比、（2）形狀、（3）對稱、（4）尖底，如圖 19-58 所示。

圖 19-58

（1）長寬比

花式切磨的主要尺寸是其長度及寬度，估計長度及寬度時，可參考各種不同形狀車工量法（圖 19-59），並計算長寬比。計算花式切工鑽石的縱橫比或者長寬比很容易，把鑽石的長度除以鑽石的寬度即可。比如：

鑽石的長度 =7.23 毫米
鑽石的寬度 =5.33 毫米
縱橫比 =7.23 / 5.33 = 1.3565

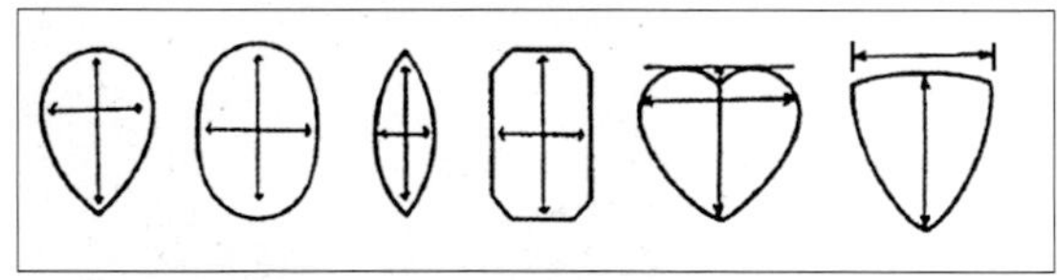
圖 19-59

每一種形狀的長寬比都有可能不同，例如圖 19-60 中有各種形狀的不同長寬比，其中以藍色標示的是一般認為長寬比較佳的圖形。

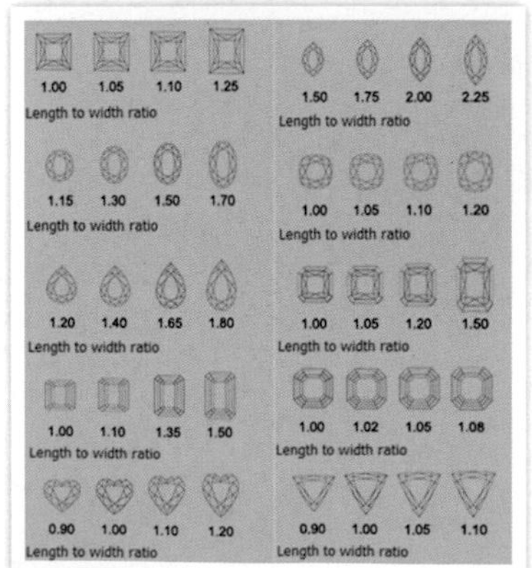

圖 19-60

怎麼說長寬比較佳呢？下表中為長寬比適合的範圍，但必須瞭解的是：該表是問卷調查結果而非光學效應，所以不是絕對值，應該說：只要自己看的賞心悅目即可，該表僅供參考。

形狀	較佳	太長	太短
祖母綠	1.50 ～ 1.75：1	> 2.00：1	1.10 ～ 1.25：1
心型	1.00：1	> 1.25：1	< 1.00：1
三角形	1.00：1	> 1.25：1	< 1.00：1
橄欖形	1.75 ～ 2.25：1	> 2.50：1	< 1.50：1
橢圓形	1.33 ～ 1.66：1	> 1.75：1	1.10 ～ 1.25：1
梨形	1.50 ～ 1.75：1	> 2.00 +：1	< 1.50：1

如果怕量錯，利用市售的各種形狀輪廓比例尺規（Profiler）（圖 19-61）來比對，也是一個不錯的選擇。

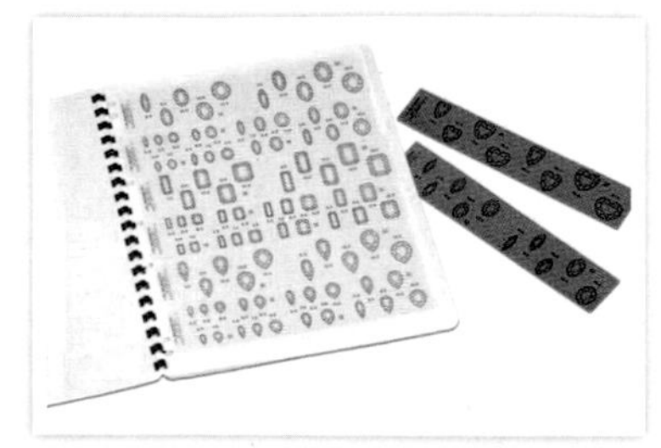
圖 19-61

（2）形狀

所謂形狀正與不正，指的是鑽石輪廓上的偏差，譬如說梨形就該像水滴，不能像三角形、橢圓形就該像橢圓，不能像長方形等等，此時暫不考慮對稱性的問題。依形狀分別檢討可能之偏差如次。

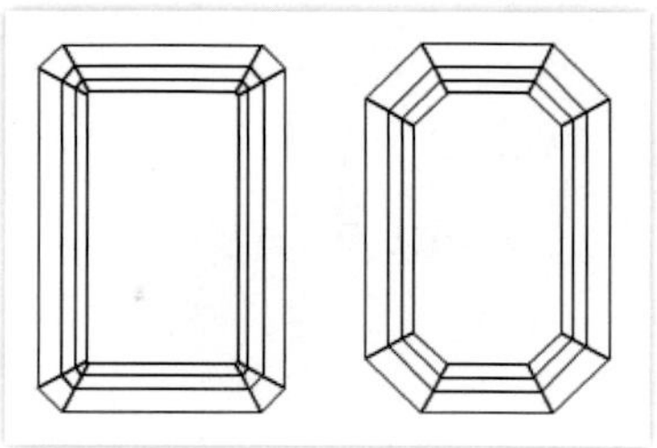
圖 19-62

祖母綠形（圖 19-62）：截角過大或過小

圖 19-63

橢圓形（圖 19-63）：肩部過高

馬眼形（圖 19-64）：翼部扁平或腫脹

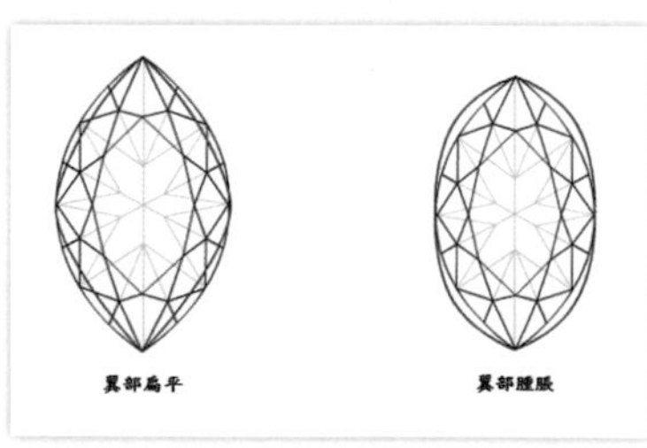

圖 19-64

梨形（圖 19-65）：肩部過高、翼部扁平或腫脹、尖端不尖

心形（圖 19-66）：瓣部畸形、尖端不尖、翼部扁平或腫脹

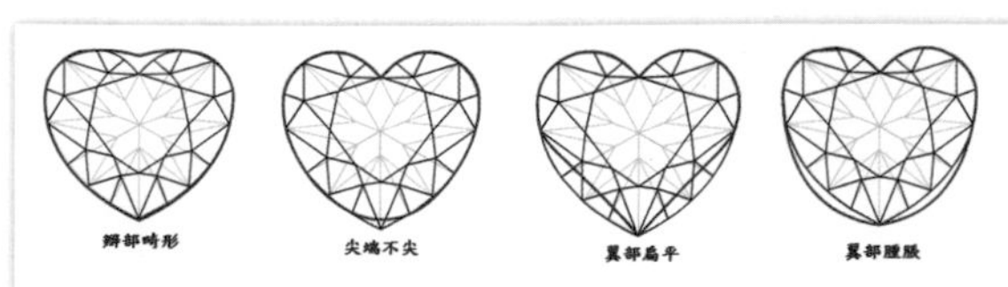

圖 19-66

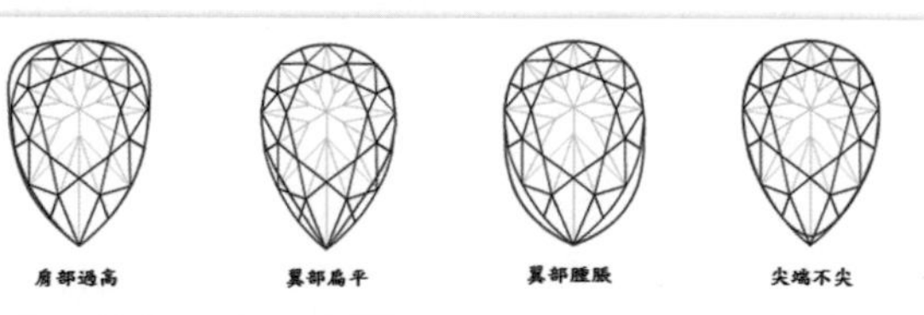

圖 19-65

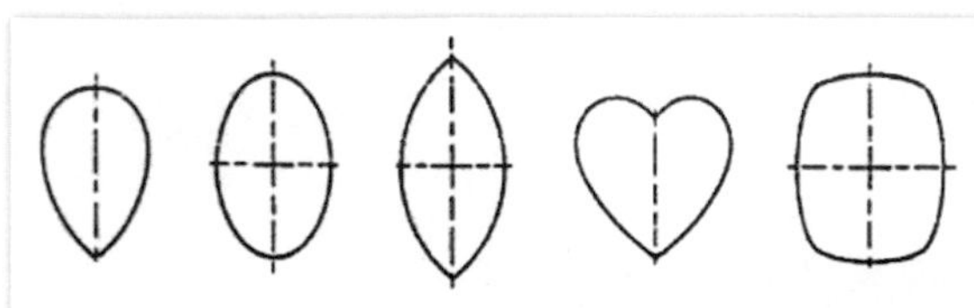

圖 19-67

圖 19-68

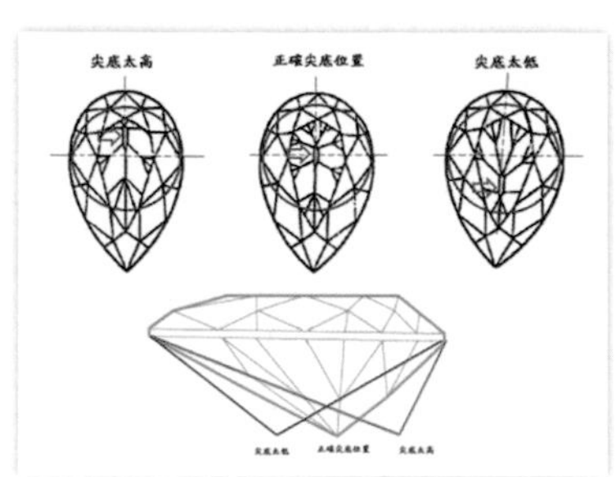

圖 19-69

圖 19-70

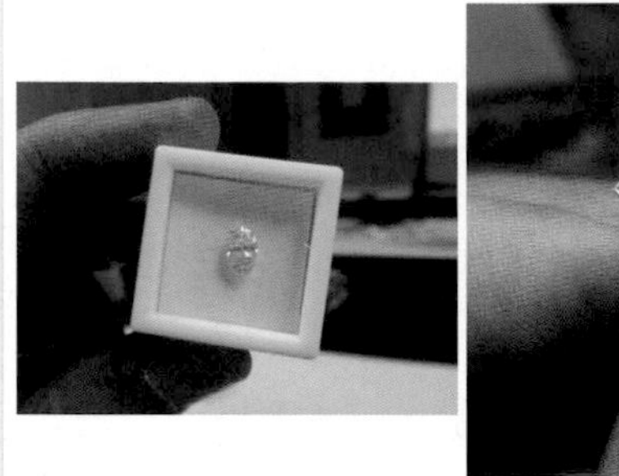

圖 19-71 白鑽的黑領結效應

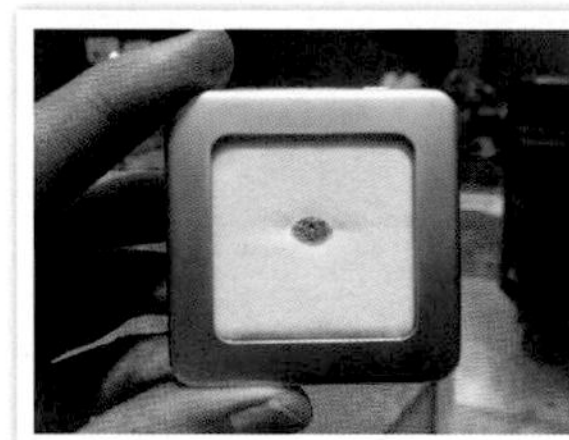

圖 19-72 黃鑽的黑領結效應

（3）對稱

以正面朝上時，首先假設中心有一條線將鑽石分為兩部份（圖 19-67 花式車工鏡像線），此兩相對部份應彼此成為鏡像。檢查對稱狀況，並記錄對稱特徵。

圖 19-68 中心形所示的對稱戒指，上面有鑽石、祖母綠及藍寶等三顆心形寶石，其中祖母綠及藍寶的對稱性還不錯；鑽石的對稱性就不理想，左側肩部圓滑，右側則平坦似直線，幾乎看不見瓣部的形狀。

（4）尖底

梨型及心型鑽石的底尖位置非常重要，應對準於兩種形狀重心的位置或是說鑽石圓形部分的中央點，如圖 19-69 所示尖底太高太低。

2. 黑領結效應（Bow Tie Effect）

所謂黑領結（或稱蝴蝶結效應）是說：在鑽石中央橫過寬度的部分出現狀似蝴蝶結的陰影區域（圖 19-70 至圖 19-72），如同圓鑽切割不良所出現的魚眼或釘頭，這是因為鑽石的切割太深、太淺或亭部膨脹不均勻，導致鑽石中間的部分無法讓光線完全反射出來，所以才會出現不反光的陰影。

圓鑽的釘頭現象我們在前兩章都解釋過，是由於切磨時底深太深，光從側面漏掉，導至中央看起來黑掉一團。花式車工蝴蝶結產生的原因如同圓鑽的釘頭現象，在第 18 章〈切磨分級解說〉中我們說過：當圓鑽的底深百分比低於 40.5％時，底部漏光，可能產生魚眼；而底深百分比高於 49.0％時，側面漏光，可能產生釘頭，所以亭深的設計要介乎兩者之間，以 43％～44.5％為佳。圓鑽的底深百分比＝（底深 ÷ 直徑）×100，我們用同樣的方式來計算花式車工的底深百分比，底深沒有問題，是腰圍到尖底的距離（假設為 P），直徑呢？花式車工有長邊與短邊的區分，應該以哪一邊為準？以長邊的長度（假設為 L）為直徑時，則

底深百分比 =（底深 ÷ 長邊的長度）= P/L

以短邊的長度（假設為 W）為直徑時，則

底深百分比 =（底深 ÷ 短邊的長度）= P/W

但 L 比 W 長，且 L 經常為 W 的 1. 0 倍～ 2.0 倍左右（參考前述長寬比一節），因此 P/L 與 P/W 的數值，也可能會有 2.0 倍的差，且 P/W 遠大於 P/L。以 2 倍差為例：

若切磨時選擇 P/L 為最適當的 43％～ 44.5％，則 P/W 的值會是 86％～ 89％，遠遠高於產生釘頭的 49.0％，因此勢必就會產生釘頭。

若切磨時選擇 P/W 為最適當的 43％～ 44.5％，則 P/W 的值會是 21.5％～ 22.3％，遠遠低於產生魚眼的 40.5％，因此勢必就會產生魚眼。

兩種選擇都會造成不良的光學效果，如果調整讓長寬比差距不要太大，就可以使 P/L 及 P/W 都落在適當的位置，但是這樣一來長寬比接近 1，橄欖形、梨形、橢圓形甚至心形等的輪廓比例就不佳，所以也行不通。

所謂：「順了姑意，逆了嫂意；順了嫂意，逆了姑意」，要選擇一個底深，使得在長邊、短邊都很適當，不致產生不良光學效應，實在是一件非常困難的事。為了保留重量，會選擇底深較深一些，這時 P/L 落在適當的位置，不會有釘頭或魚眼；但 P/W 就會太高，就會產生釘頭，只有在短邊側產生的釘頭，無法構成一個完整黑掉的圓，於是就形成黑領結效應。

鑽石的長度和寬度的差異愈大，底部角度偏差愈多，則蝴蝶結變得愈黑。蝴蝶結由淡灰至黑色皆有，愈暗對鑽石外觀和價值的影響愈大。圖 19-73 所示為某鑽石名店在網路上的廣告圖片，就明顯看到蝴蝶結，說明即使是名店，花式車工要完全避免蝴蝶結也不是容易的事。

圖 19-73

如何選擇

GIA 在花式車工的報告書中指標明全深百分比，而沒有底深百分比，因此我們只得就全深百分比加以探討。一般而言花式切磨的全深百分比以 60 ～ 69% 為佳，不要太淺，也不要超過 70%（最大上限），亭深太大會導致漏光，而出現蝴蝶結，如圖 19-74 所示，花式車工全深適當範圍。

圖 19-75 中的一顆 1.01 Carat, Fancy Light Grayish Greenish Yellow 鑽石，總深百分比 59.2，明顯出現蝴蝶結效應。

惟：

1. 若形狀接近圓形，則宜改採圓形的標準 57.5%～63%，若超過 63% 就可能有蝴蝶結出現（圖 19-76）。
2. 全深百分比過高，也有可能底深百分比正常，而是因為冠高過高所致，因此即使全深百分比不在前述 60 ～ 69%範圍內，也可能沒有蝴蝶結出現。
3. 底深對長短向而言都過深，長向短向可能都有黑領結，形成鐵十字勳章的形狀（圖 19-77）。
4. 底深對長向而言過淺，長向可能底部漏光，顯得很白，而短向正常，透射光與反射光反差明顯，也會有不甚明顯的黑領結。
5. 冠角小，亮光集中，明暗對比鮮明，會使得蝴蝶結容易顯現。
6. 亭部採階梯形切磨時，不會產生蝴蝶結。

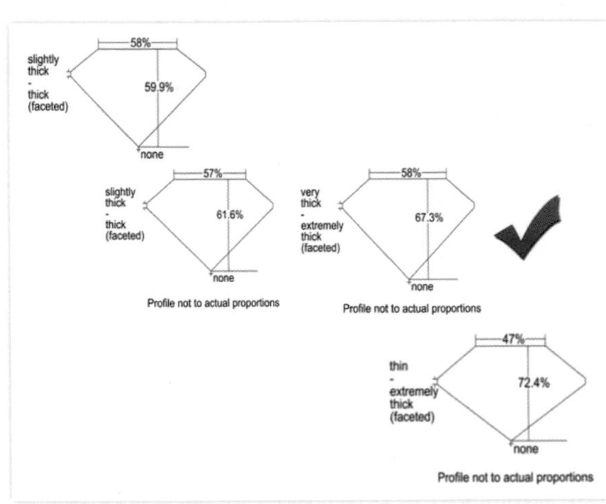

圖 19-74

圖 19-75

圖 19-76 全深百分比 63.6%

亭部膨脹不均勻（Uneven Bulge）

花式切磨在側面多留了一些重量，即所謂腫脹（Bulging）或是亭部膨脹不均勻，如圖 19-78 所示，紅色斜線部分即為「腫脹」，使得反射不良，也會產生黑領結。

蝴蝶結的大小會影響外觀與價值，評估時以它佔鑽石正面外觀面積的大小而定。圖 19-79 所示為各種花式車工可能產生的蝴蝶結，上排蝴蝶結較小但較明顯，下排蝴蝶結較大但較不明顯。如果蝴蝶結佔據相當大面積，或是很暗，則評為「明顯」（obvious），較小或較淡的則評為「可見」（noticeable）或是「輕微」（slightly）。

圖 19-77 長短向都有黑領結

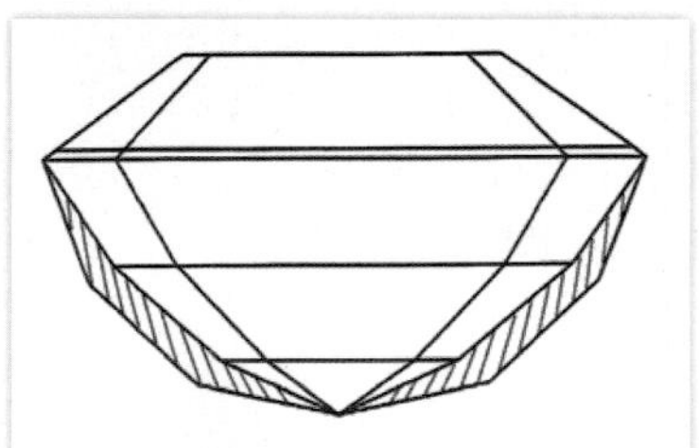

圖 19-78 Bulge

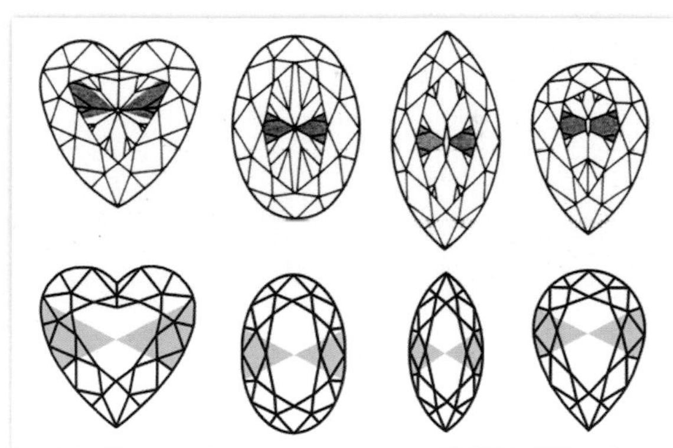

圖 19-79

19-15
結論

花式切磨黑領結產生原因：切磨太深或太淺、長度和寬度的差異大、亭部不均勻膨脹。蝴蝶結效應在馬眼、梨形或橢圓形切割的花式切割鑽石上最容易看到，只有階梯形的祖母綠形切割沒有這種現象，所以蝴蝶結效應是評鑑花式車工時重要的指標，買鑽石時，要注意不要有任何黑區，才是高等級車工。

圖 19-80

問題 1. 瞭解了花式車工的可能瑕疵，請評價圖 19-80 中項鍊的主石。

答：1. 梨形不像梨形，三角形不像三角形，形狀不正。
2. 有黑領結，影響外觀。

Chapter 20

第 20 章
鑽石的重新切磨

the basic of diamond identification

業者或個人若是鑽石因受到傷害，產生缺口或破損，就很難賣出去，只得重新切磨。但重新切磨花時間又花錢，如果鑽石太小或等級太低，可能就不值得。因此必須對重新切磨的費用、重新鑑定的費用以及重新切磨後的重量、等級等預作評估。

另一方面，如果很想買鑽石獲利，那麼破損、老式車工及燒過的鑽石是可以考慮的。一顆拋磨好的受損鑽石，可能比一顆原石容易評估價值。買拋磨好的受損鑽石，或是老式車工鑽石的最大好處是顏色和淨度的能辨識程度高過原石很多。因為除了天然面外，修飾好的鑽石不會有原石的表皮，要看清楚明白就很容易。

以下將就重新切磨鑽石的理由、程序、重量損失、費用以及重新切磨前後的比較分別加以說明。

20-1 重新切磨鑽石的理由

重新切磨鑽石的理由，簡單的講，可以分為以下兩項：1. 藉由改善光學效能以改善外觀：亦即將比例合理化，2. 增加鑽石的價值──包括去除內含物、減少或提升顏色等。雖然理由分為以上兩項，但其處理結果往往可以相吻合，並不產生矛盾。

為詳細說明重新切磨鑽石的程序，可以將以上的理由再細分為以下七類：

1. 不符合現代明亮式車工的老式車工鑽石
2. 車工不良的鑽石（提升車工等級或去除黑領結）
3. 去除鑽石的內含物
4. 去除鑽石的表面瑕疵
5. 去除鑽石因高溫高壓處理而產生的霧狀表面或裂紋
6. 減少或去除顏色
7. 改善顏色

20-2 鑽石重新切磨的程序

重新切磨的做法及工具與初次切磨時相同。包括：劈開或鋸開、粗磨、拋光。

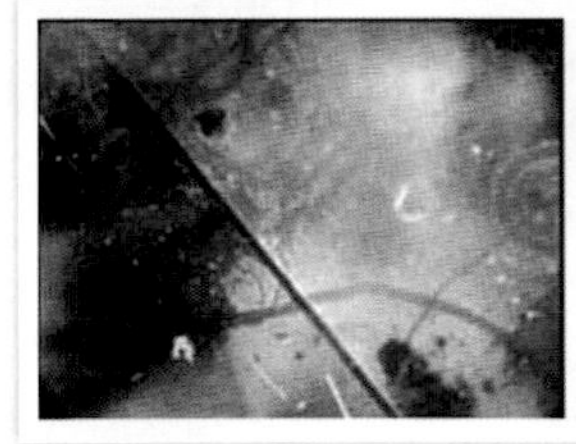
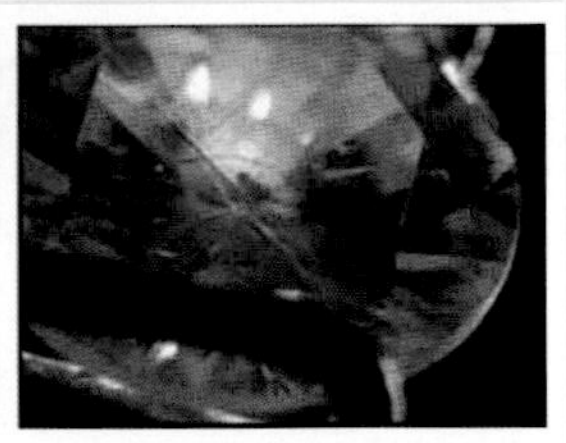

圖 20-1

如果鑽石損傷的不嚴重，通常只要經過最後幾個步驟，稍稍整修一下，將瑕疵修復就可以了。譬如說經火燒過的鑽石通常可以在重量損失很輕微的情況下重新拋好光。如圖 20-1（左）在高倍放大下看燒過的鑽石表面。（右）輕微燒過的鑽石表面可以在損失很少重量的情況下重新拋好光。但是如果鑽石需要大規模的處理，整顆石頭都必須重切重磨，那麼就真的就是重新切磨了，可能所費不貲。

20-3 評估重新切磨的工具

要評估鑽石的損傷嚴不嚴重？比例到底差多少？必須處理到何種程度？將視鑽石目前的狀況而定。必須描繪出鑽石的輪廓，以及破損的狀況或是必須去除的部位。此時可以藉助的工具，包括：目測、比例儀或是 Sarin 等。

20-4

重新切磨鑽石的重量損失

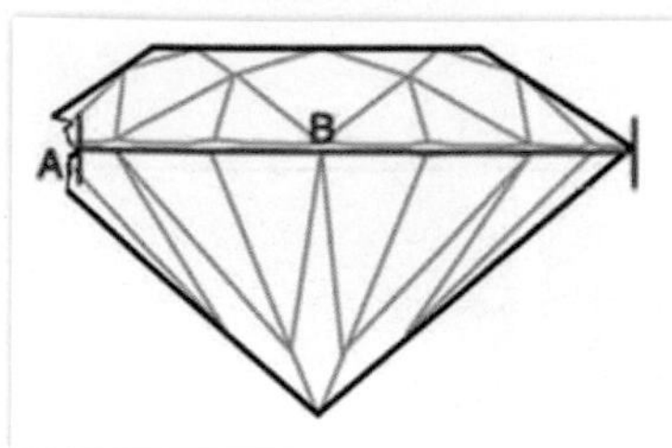

圖 20-2

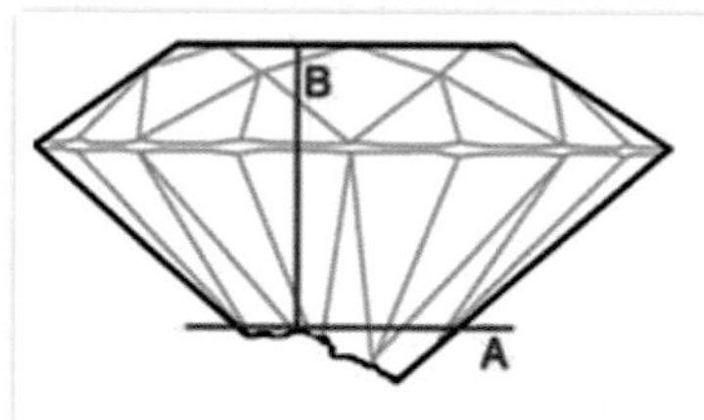

圖 20-3

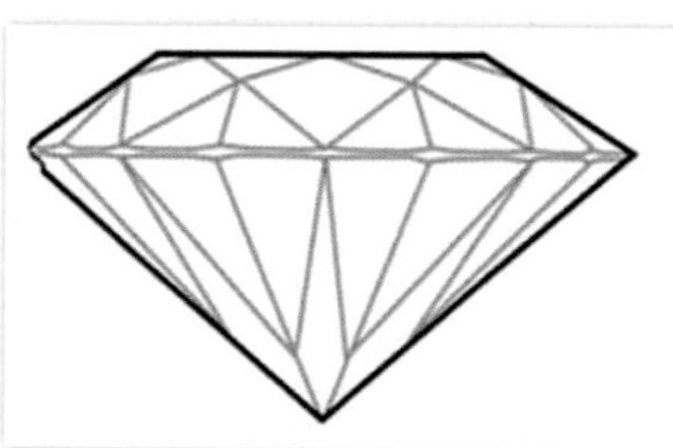
圖 20-4

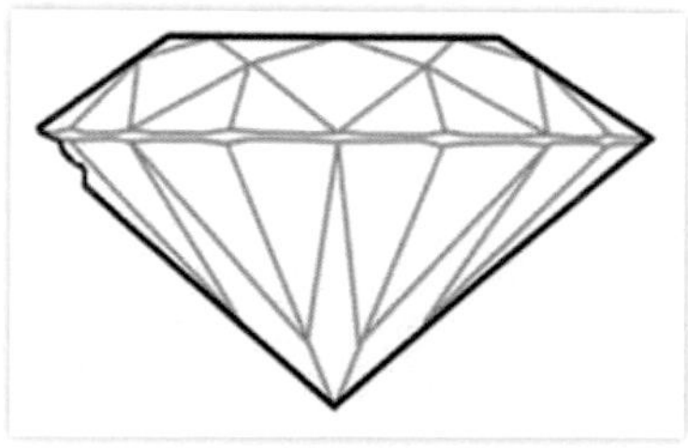
圖 20-5 腰圍小到中缺口

目測法：
目測加上卡尺量出尺寸，即可加以計算：

1. 腰圍缺口

從腰圍缺口最深的點（A）量到對面的點，再減個 0.2mm，大概就是完成後的直徑（綠色線）。由這個直徑乘上原來的全深百分比，就是完成後的深度。有了直徑和深度，就可以按公式估出重量了。如圖 20-2。

2. 尖底缺口

如之前的方式，由尖底缺口最深的點（A），可以量出（B）。將（B）除以估計的全深百分比，就是完成後的直徑。有了直徑和深度，就可以按公式估出重量了。
如果尖底有個大缺口，前述方法照樣可以用。由尖底缺口的表面量到桌面，把它記下來，為考慮拋光，再減個 0.2mm，由現況的比例，定出可能正確的全深百分比。圖 20-3。

例如說一顆顏色 H，淨度不好的鑽石，缺口產生後量出來的新深度是 4.4 mm，為保守起見我們就取 4.2mm。由於這一顆鑽石的等級不高，我們可以盡可能的壓縮重量。假設全深百分比是 58%，4.2mm 除以 0.58= 7.24。於是把這些數字代入公式，即 7.24 x 7.24 x 4.20 x .0061 x .98 = 1.316，考慮扁平係數 0.98，就是減去 2%，大約是 1.31 ct。於是，得到的是一顆 1.31 ct，顏色 H，淨度 I1 的鑽石。

還是太難？
以下列出各種可能的狀況，用目測時，可以約略估計出其重量損失。

像圖 20-4 腰圍小缺口的鑽石，這種非常小的缺口，主要是看對對稱的影響程度，來決定是修修就好，還是要稍微重切，其重量損失大概在 1% 到 4% 間。

若是如圖 20-5 腰圍有小到中缺口的話，有部份進入亭部，但不會很深，重切的話，重量損失大概在 7% 到 10% 間。

如圖 20-6 是腰圍中等程度的缺口，使得鑽石輪廓凹陷，目視就相當明顯，重切的話，重量損失大概在 13%到 17%間。

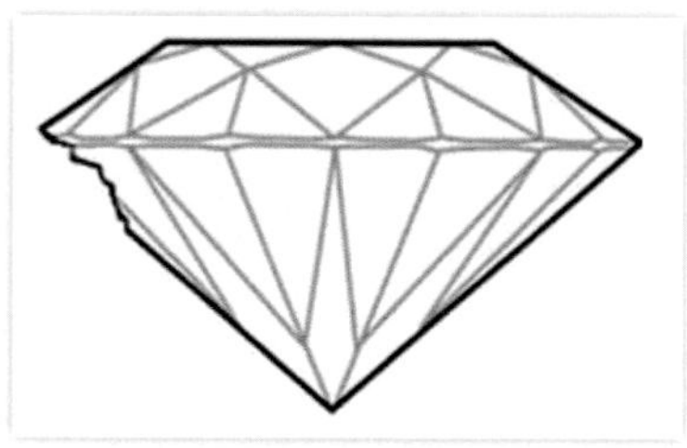
圖 20-6

如圖 20-7 腰圍有中等到稍大程度的缺口，或是兩個位於對面的小至中等缺口，重切的話，重量損失大概在 23%到 27%間。

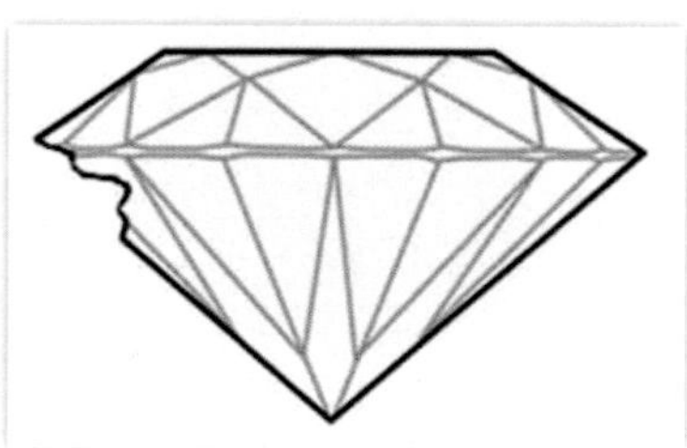
圖 20-7

如圖 20-8 目視就極為明顯的大型缺口，或是貫穿尖底的缺口，重切的話，重量損失大概在 28%到 32%間。

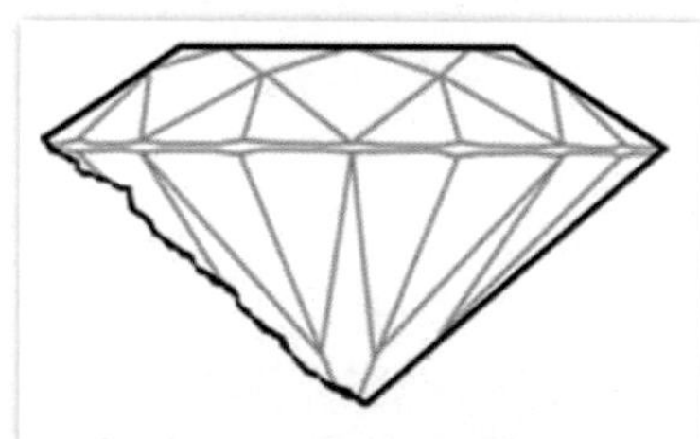
圖 20-8

圖 20-9 尖底區域有一大部份都剝落了，重切的話，重量損失大概在 34%到 38%間。

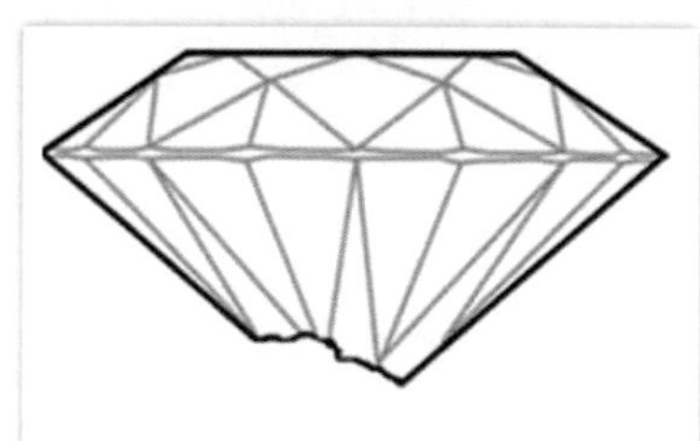
圖 20-9

比例儀：

如果使用比例儀，可分類如次：

（1） 老礦式或老歐式 *，冠部高、底部深。

a 維持原直徑不變，使看起來一樣大。

b 直徑 × 62%得到預估全深

c 直徑 ^{2}× 全深 × 0.0061 得到預估重量

* 老礦式因為腰圍是方形，會比圓形腰圍的老歐式損失較多的重量，也損毀古董的價值，一般比較不建議重新切磨。如圖 20-10 維持腰圍不變，削減過高的冠部及過深的亭部。

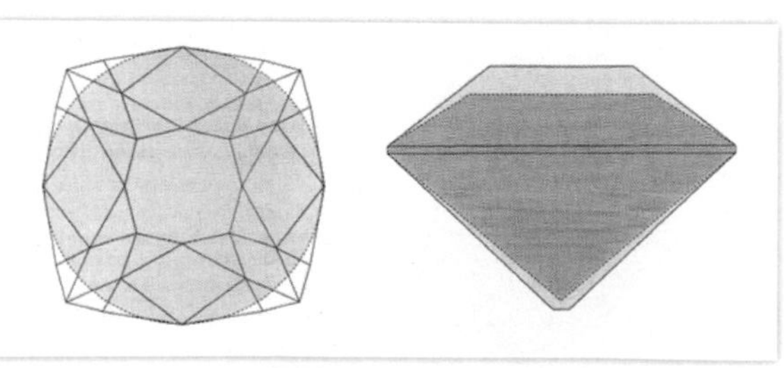
圖 20-10

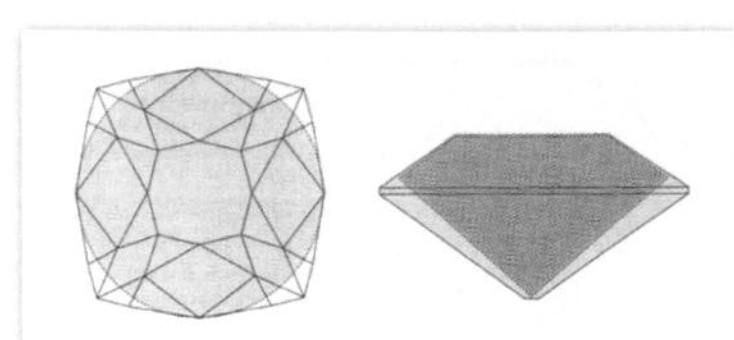
圖 20-11

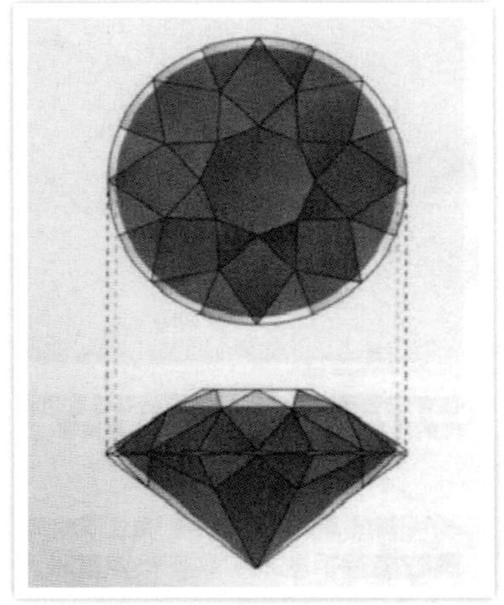
圖 20-12

圖 20-13

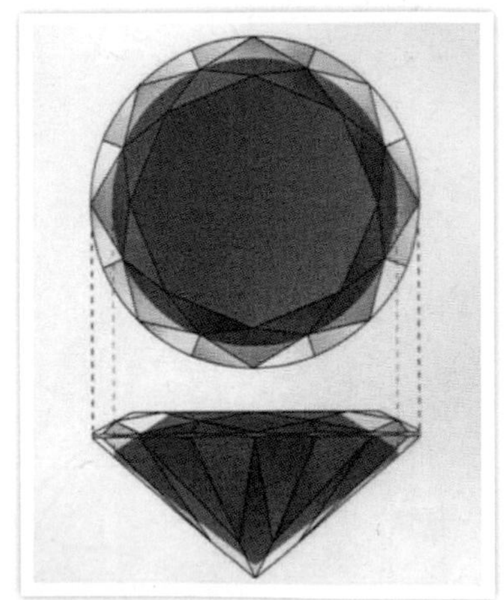
圖 20-14

（2）現代或老式切磨，冠部、亭部都很淺：原深度不變，桌面儘量維持大，減少直徑，重量損失相當可觀。（圖 20-11）

a 維持原深度不變

b 選擇全深百分比

（Ⅰ）選擇新亭部百分比，一般取 43%，不少於 41%

（Ⅱ）選擇新腰圍百分比，一般取 2%

（Ⅲ）以桌面百分比 58% 到 65% 為準，參考切磨評等，選擇新冠部百分比，使冠角為 32° 或 34° 1/2

（Ⅳ）將新亭部百分比、新腰圍厚度百分比、新冠部百分比相加，即為全深百分比

c 目前深度除以全深百分比即為估計重切直徑

d 預估重量 = 估計重切直徑 ^{2}× 目前深度 ×0.0061 得到預估重量

（3）冠部高、魚眼：腰圍要移到冠部，一般而言深度直徑都要減少，使用比例儀及以下步驟，找出符合美式理想車工（因為可以保留最多重量）（圖 20-12）

a 找出直徑最小處

b 在比例儀銀幕上，調整使美式理想車工的輪廓剛好填入鑽石陰影內

c 讀取兩側多餘腰圍尺寸，並加以平均

d 以目前最窄的直徑除以平均多餘腰圍尺寸得到預估重切後直徑

e 預估重切後深度 = 預估重切後直徑 ×62%

f 預估重切後重量 = 估計重切直徑 ^{2}× 目前深度 ×0.0061 得到預估重量

（4）現代切磨的鑽石，冠部稍淺但仍在可接受範圍，亭部則太深：這樣可以只將亭角修到 40° 3/4 即可。（圖 20-13）

a 計算目前全深百分比

b 計算目前亭部深度百分比

c 選擇新的亭部深度百分比（建議 43% 到 44%）

d 將新舊亭部深度百分比相減，即為亭部深度百分比差

e 目前亭部深度百分比減亭部深度百分比差，即為新的全深百分比

f 新的全深百分比乘以平均直徑，即為新的全高

g 估計重切直徑等於平均直徑

i 預估重切後重量 = 估計重切直徑 ^{2}× 目前深度 ×0.0061 得到預估重量

j 如果腰圍較厚，就要做作修正

（5）現代式切磨，冠部太淺，亭部太深，按標準均無法接受：這樣的鑽石必須整顆重新切磨。重切這樣的鑽石，就好像要切分開的八面體一般。冠部愈淺，能保留的重量愈多，如按美式理想車工，桌面百分比 65%時，重量可以保留最多。（圖 20-14）

使用比例儀找出重切候的直徑，直徑與深度都必須減小，才能達到改善的目的。

a 找出直徑最小處

b 在比例儀銀幕上，將桌面百分比 65 處定為重切後的頂線，調整使美式理想車工的輪廓剛好填入鑽石陰影內

c 如將桌面百分比置於 53%與 65%間，暫定為 62%，以此及冠角 34° 1/2，找出冠部高度百分比。以桌面 62%為例，可以定出冠高 13.1%。將桌面百分比 65 處定為重切後的頂線，調整使桌面 62%的輪廓剛好填入鑽石陰影內

d 由以上的圖，找出多餘尺度，將目前最窄直徑除以多餘尺度，即得重切後直徑。

e 將新亭部百分比（43%）、腰圍厚度百分比（2%）、新冠部百分比（桌面 62%時是 13.1%）相加，即為全深百分比，將全深百分比乘以重切後直徑，即得重切後深度。

f 預估重切後重量 = 估計重切直徑 ^{2}× 目前深度 ×0.0061 得到預估重量

Sarin/OGI：

如果認為前兩項不準或過時了，並且可以使用，當然不妨使用科技的產物 Sarin/OGI。（如圖 20-15）

圖 20-16 為重切前 Sarin 的報表，經切磨師評估，認為可以保留 87.9%的重量（如圖 20-17），完成後，Sarin 的報表如圖 20-18。依重切前後 Sarin 的報表：重切前 1.738ct，重切後 1.540ct，保留了 88.6%的重量，算是相當成功。

GIA
SARIN
利用精準校正的雷射光線射入待測鑽石的反射機制，計算出反射的角度以檢驗切工是否得當(可選擇各個國際鑑定機構所訂立的鑽石切工規範)。並且利用此數據配合量測專用鏡頭及儀器本身拍攝出來的百餘張照片，可準確描繪出鑽石的3D模型，並估算出鑽石的克拉數，對於輔助鑑定人員進行切工評判的參考十分具有效率。

圖 20-15

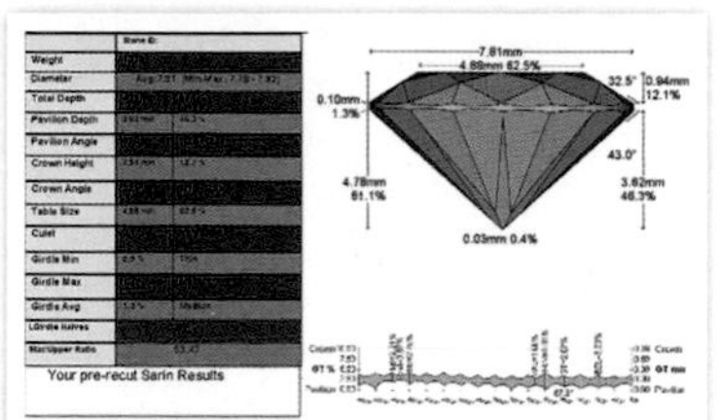

圖 20-16

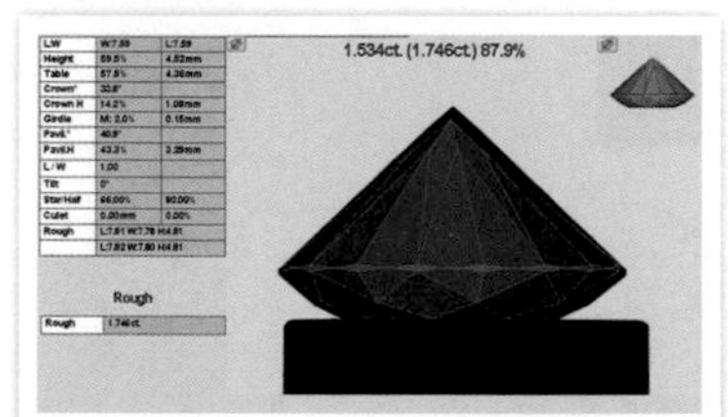

圖 20-17

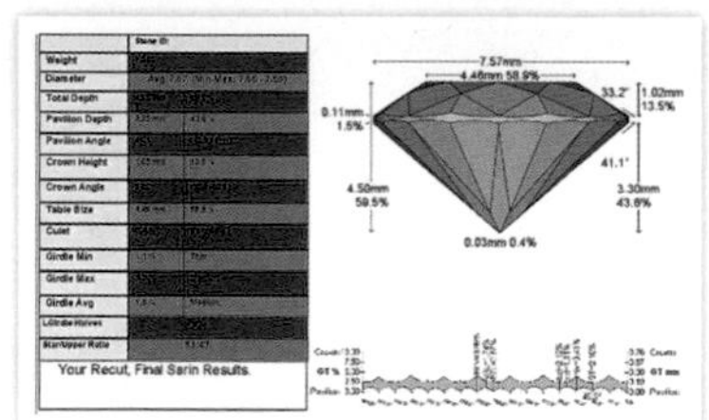

圖 20-18

20-5 重新切磨老式車工鑽石

圖 20-19 老歐式車工重切評估

西元 1919 年 Mr.Marcel Tolkowsky，利用光學原理的論點，提出鑽石切磨最佳比例的圓形明亮式切磨後，業者或切磨師，當遇到老式車工的鑽石時，總會千方百計將其重新切磨成現代的明亮式車工，以趕上時髦、增加明亮度。現代人偶爾也會買到老式車工的鑽石，如果不喜歡它的樣子，也會想要進行重新切磨。

由老式車工的鑽石切磨成現代的明亮式車工時，應該怎麼切？會有多少重量損失呢？圖 20-19 中現代明亮式車工與老歐式車工重疊，其中藍黑色的部份，就是早期切磨師由於缺乏正確角度觀，所造成的重量損失。

要算出非常扁平的老歐式或老礦式車工鑽石，重新切磨會有多少重量損失，仍然可以用前面提過的方式。老歐式或老礦式車工鑽石，冠部常常很高，而亭部很淺，之所以會有這麼怪異的樣子，是因為老式切磨時想多保留一點重量，但這卻具有潛在的危險，必須特別留意。其實這種做法是緣自原石晶體的兩點方位，所謂的方位包括兩個會合在腰圍上四條生長紋，以及桌面上的單一生長紋，於是造成冠部笨重，而亭角又不足。真要說起來，這應該是由於古時候的切磨師，並不瞭解角度對光的進行有多大的影響，他們一心只想多保留些重量。

20-6 老歐式車工重量損失的案例

圖 20-20

案例中這個老歐式車工的亭角很平、冠部很厚重。冠角 40° ，桌面 48%。測出來的尺寸是 10.06× 9.45×4.25 mm。不過直徑沒什麼關係，重要的是深度。把深度（4.25 mm）除以所要的全深百分比，就得到理想的直徑。這一點必須非常小心，因為冠角很高、桌面很小，一旦切磨師把冠角降下來，桌面會變得更小。

事實上，切磨師首先要做的事就是在磨盤上把桌面磨開來，這樣他才有一個可以開始工作的平坦區域。切磨師利用這個桌面為基準，測定冠角與亭角。當冠角被磨成 34.5° 後，桌面會縮的更小，此時切磨師就必須把桌面磨開到可接受的最小尺寸 53%，這樣一來變淺了，全深比又再度降低了。所以切磨師對腰圍的位置，及整個過程都必須掌控的很好。圖 20-20 即是以桌面反射法，可以研判出削掉尖底的老歐式車工的亭部與可接受的角度很接近，如切磨成現代明亮式車工，大約會損失 15% 的重量。

20-7 重新切磨有缺口的老式車工鑽石

老歐式或老礦式車工鑽石，即使有小至中的缺口，在重新切磨成現代明亮式時，也不會額外損失什麼重量。例如說，一顆腰圍帶有中等尺寸的缺口、非常扁平的老歐式或現代明亮式車工鑽石，為達到理想車工比例，重新切磨時會將亭角，甚至冠角提高，這樣一來直徑勢必被縮減的相當多。缺口在縮減直徑的過程中，自然而然就消失了。因為切磨師為由原扁平狀況提高角度，會自臨近腰圍的刻面基部磨掉材料，所以即使缺口進入冠部或亭部，這個部份也會隨之消失。但如果在尖底處有一個大缺口，就可能會多損失一點重量。

圖 20-21

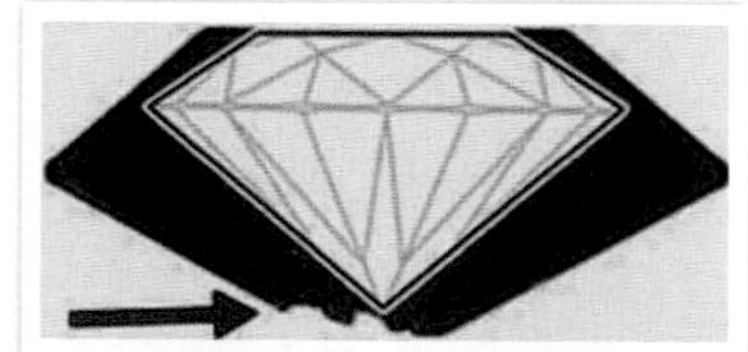

圖 20-22

圖 20-21 中將帶缺口的老歐式車工鑽石與現代明亮式車工鑽石重疊，可以很明顯的看出來：缺口在改善車工比例的過程中，對於重量損失完全沒起任何作用。

圖 20-22 中車工比例相同的老歐式車工鑽石，在尖底處有一個大缺口，這樣子重量損失會多一點，因為鑽石的深度會更進一步縮減。

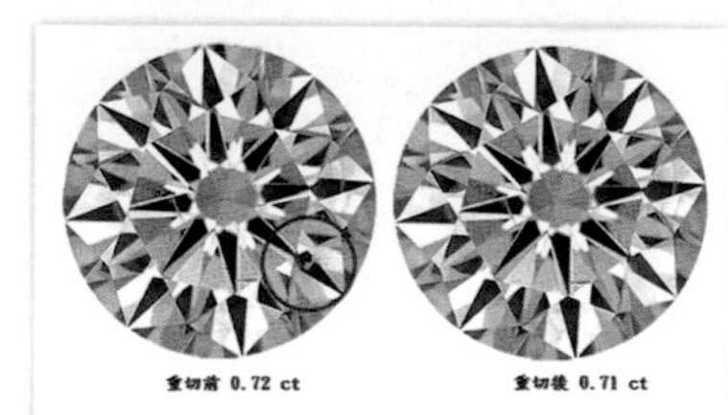

圖 20-23

花式車工

花式車工的鑽石，往往因鑲嵌或配戴時撞擊，而傷到尖底或腰圍的端點，這種情形重新切磨很常見，而且常常不就原形狀整修而是會切成其他形狀。 例如說梨形或馬眼形腰圍端點受傷而重切成圓形、祖母綠形受傷而重切成方型或梯形，但是這種情形要估計重量損失比較難，最好能請教於專家。讓我們看一些實際的案例。

例 1

有時候去掉一個微小缺口，可能只損失一分的重量。圖 20-23 中一顆明亮式切磨的鑽石，刻面上有一個小缺口（Nick），將刻面快速重新磨光，以去掉一個小缺口。重磨前 0.72 ct，重磨後 0.71 ct，損失不到 1%。

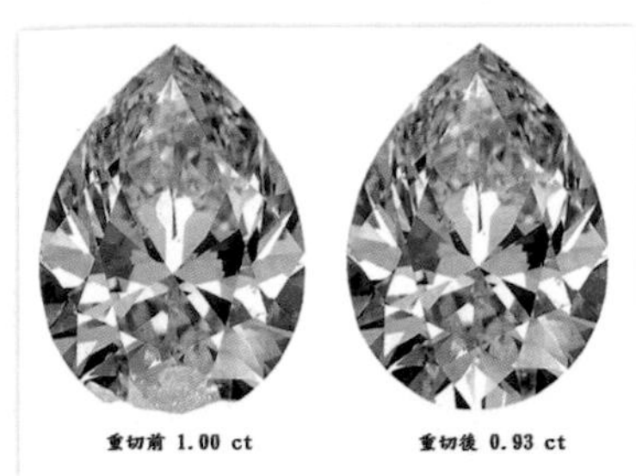

圖 20-24

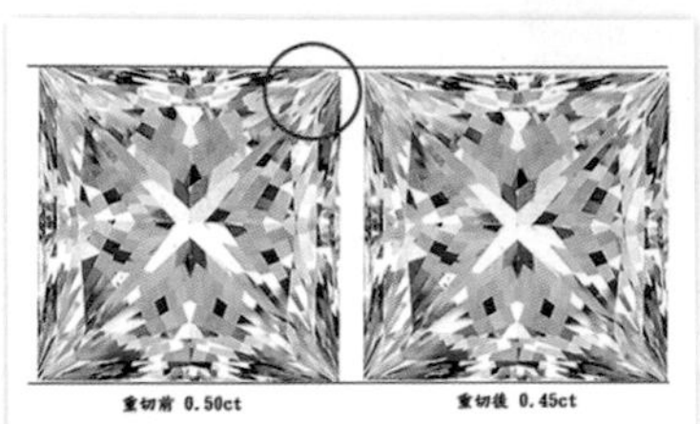

圖 20-25

圖 20-26

例 2

圖 20-24 中，一顆梨形鑽的尾端顏嚴重損毀，重切後損失了 7%的重量。由一克拉降至 93 分。一般來說，此種情況可能會有 10 ～ 20%的重量損失，會大幅降低鑽石的重量及價值。

例 3

馬眼形或公主方切割的尖端部份很重要，但可能被削掉，或是珠寶商在鑲嵌時弄出個缺口來。圖 20-25 中公主方的鑽石，重切前後重量差了 5 分。

例 4

圖 20-26 中受損的圓形明亮式鑽石，重切成心形，重量由 1.00 克拉直降到 71 分，雖然降幅很大，但總是可以配戴了。

20-8 重新切磨鑽石的費用

重新切磨所需的費用，與送交何人處理及所需進行的處理有關。你可以找一間信譽卓著的珠寶商代送，也可以直接找切磨師談，要求其報價。

一般重新切磨的費用，按程度可分為：完全重新切磨、整修、機器拋磨、腰圍磨刻面等，分別敘述如次。

1. 完全重新切磨：
所謂完全重新切磨，包括所有的步驟，如重切、重磨，甚至改變成另一種造型，當然重量也會有損失。完全重新切磨一克拉大概要一萬元 * 左右，所以舉例來說如果鑽石是 3 克拉，大約就是要三萬元。

2. 整型：
所謂整型，一般來說包括重新塑形去除小傷痕、微調刻面與對稱。為因應整修處理結果，重量可能會稍有損失。費用大約每克拉五、六千元 * 左右。
（亦即將非八心八箭重磨成有八心八箭，0.3 ～ 0.5 克拉：2000 ～ 3000 元；1.5 克拉： 15000 ～ 20000 元。）

3. 機器拋磨：
去除缺口、小缺口、粗糙斑點等小傷痕，並將該區塊重新拋光。費用大約每克拉四千至五千元 * 左右。

4. 腰圍磨刻面：

因為腰圍是最容易產生缺口的地方，所以這種處理最最常見。將該部份腰圍磨成刻面，或是磨厚一點、深一點，就可以去掉不美觀的地方，其實是很容易的事。費用大約每克拉三千元 * 左右。

* 註：重新切磨所需的金額，與送交何處處理有關（例如說在泰國重磨八心八箭，每克拉僅約泰銖 900 左右。），以上價位僅供比對參考。

大多數切磨師，必須在以放大鏡仔細檢查後，甚至進行到相當程度後，才敢正式報價，譬如說：有些鑽石在處理過程中會碎裂形成缺口，有些則會出現生長紋或晶結。有時候必須將內含物去掉，有時候又必須圍繞刻面上的缺口或是腰圍上的天然面慢慢磨，真的是一件非常繁瑣的工作。因此沒人敢預料到底會要做到什麼程度？要多少工？

其他還要考慮的包括：

· 所需的時間
· 鑑定
· 雷射刻字
· 證書

不要小看這些費用，花下來可能又是好幾千元。

圖 20-27 至圖 20-35 為交付切磨廠重新切磨之過程。

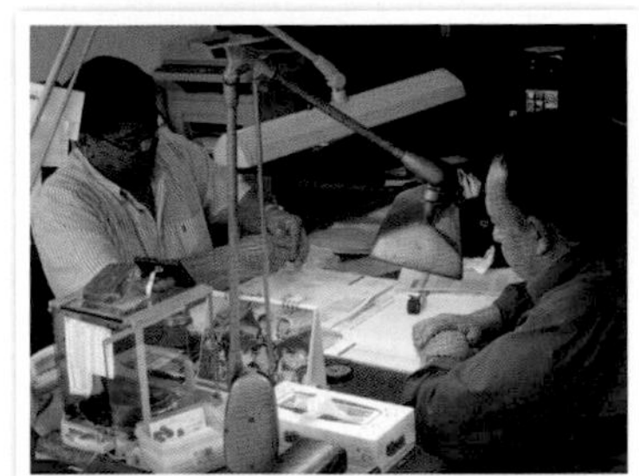

圖 20-27 切磨廠檢查交付重新切磨之鑽石

圖 20-30 重切完畢交貨說明

圖 20-33 重切前後重量標記

圖 20-34 重切完畢交貨之外觀

圖 20-28 切磨廠記錄交付重新切磨之鑽石

圖 20-31 重切完畢交貨核對

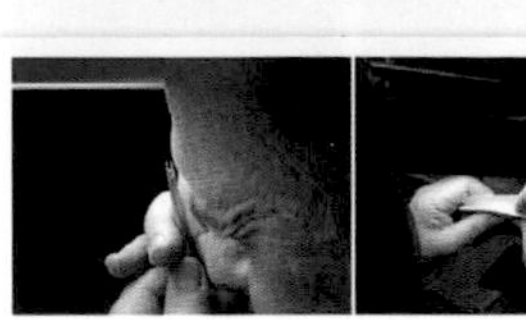

圖 20-35 重新切磨完畢交貨時檢查

圖 20-29 泰國某切磨廠

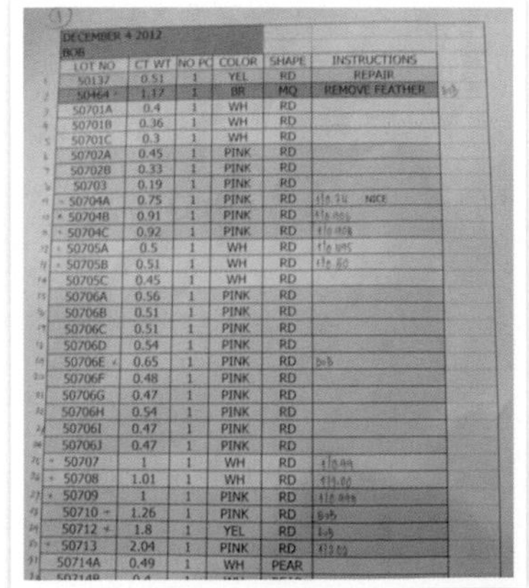

DECEMBER 4 2012
BOB

LOT NO	CT WT	NO PC	COLOR	SHAPE	INSTRUCTIONS
50137	0.51	1	YEL	RD	REPAIR
50464	1.17	1	BR	MQ	REMOVE FEATHER
50701A	0.4	1	WH	RD	
50701B	0.36	1	WH	RD	
50701C	0.3	1	WH	RD	
50702A	0.45	1	PINK	RD	
50702B	0.33	1	PINK	RD	
50703	0.19	1	PINK	RD	
50704A	0.75	1	PINK	RD	NICE
50704B	0.91	1	PINK	RD	
50704C	0.92	1	PINK	RD	
50705A	0.5	1	WH	RD	
50705B	0.51	1	WH	RD	
50705C	0.45	1	WH	RD	
50706A	0.56	1	PINK	RD	
50706B	0.51	1	PINK	RD	
50706C	0.51	1	PINK	RD	
50706D	0.54	1	PINK	RD	
50706E	0.65	1	PINK	RD	
50706F	0.48	1	PINK	RD	
50706G	0.47	1	PINK	RD	
50706H	0.54	1	PINK	RD	
50706I	0.47	1	PINK	RD	
50706J	0.47	1	PINK	RD	
50707	1	1	WH	RD	
50708	1.01	1	WH	RD	
50709	1	1	PINK	RD	
50710	1.26	1	PINK	RD	
50712	1.8	1	YEL	RD	
50713	2.04	1	PINK	RD	
50714A	0.49	1	WH	PEAR	

圖 20-32 重切完畢交貨之清單

20-9 重新切磨的危險性

重新切磨就像是動手術，在過程中有許多危險，也有可能因為過程中的天然因素，使得鑽石破損一去不返。就像誰都不敢保證生命中會不會有什麼意外發生，有些鑽石會在重切的過程中會破裂，但這並不一定是切磨師的錯，有可能是因為內在的弱面所致。

因此鑽石的所有人可能會被要求簽下拋棄切結書，其中載明所有人瞭解可能會發生的狀況，而且對於任何可能的進一步損害都不予追究。一旦將鑽石交給師傅後就只能祈求好運，希望一切都平安順利了。

那麼鑽石的所有人究竟能做什麼？不知道有沒有這樣的保險，如果有，鑽石的所有人真該為那顆鑽石投保才是。總而言之，所有的過程都要小心再小心。

20-10 慎選切磨師

圖 20-36

切磨師在鑽石重新切磨的過程中，扮演了絕對關鍵的角色，因此在選擇切磨師的時候務必慎重其事。舉例來說，要選擇誠實值得信賴的切磨師，因為重新切磨後，淨度、重量、形狀、甚至顏色等條件都有可能改變了。如果切磨師存心不良，鑽石可能小心就被偷換。

再者切磨師的技術好不好，也是很重要的，如果切磨師報價很低，完成後的重量，卻令人大失所望，那麼就得不償失了。至於完成後的品質如何，可以按車工的標準加以評級、比較重切前後八心八箭成效，或者送鑑定，藉由 GIA 或是其他報告書評價切磨師的技術。圖 20-36 上為重切前八心八箭，下為重切後八心八箭。

20-11 Der Blaue Wittelsbacher 的重新切磨

赫赫有名的十七世紀「Wittelsbach」的鑽石，於 2008 年 12 月佳士得拍賣會中，由鑽石大亨勞倫斯・格拉夫（Laurence Graff）購得。經重新切磨去除歷史所造成的缺口與瘀痕後，改名為「維特爾斯巴 - 格拉夫鑽石」（Wittelsbach - Graff Diamond）。

圖 20-37

Wittelsbach 鑽石，重新切磨前，重 35.56 克拉，顏色：Fancy Deep Grayish Blue，淨度 VS2；重新切磨後，重 31.06 克拉，顏色；Fancy Deep Blue （與 Hope 鑽同），淨度 IF。圖 20-37 左為重切前，右為重切後。

這顆世界名鑽的重切，引起不少撻伐：切磨大師 Gabriel Tolkowsky 直批：「這是文化的末日」；寶石切磨師 Scott Sucher 說：「Wittelsbach 鑽石歷經了至少 350 年的滄桑歲月，上面的每一個缺口或刮痕，都足以見證一段歷史，不能因為人類的無知，就想當作不存在，而將其一筆勾銷。」你以為如何呢？真是令人深省。

連帶著，寶石界吹起了一股復古風，看到老式車工，不管是老礦式、老歐式或是玫瑰式車工，都想把它保留下來。某些著名的設計師在設計珠寶時，更大量採用老式車工，甚至連某電信業者都將其作為公司標誌，也算是寶石界對社會的貢獻吧！

在前面提到過重切的理由包括「減少或去除顏色」和「改善顏色」，Wittelsbach 鑽石重新切磨後，淨度達到 IF；顏色方面，去掉了原來帶有一點的灰色，由灰藍鑽改善成了深藍鑽。
同樣的道理，如果有不想要的顏色，可以藉由拋光來淡化。例如說，原本粗糙的腰圍，本身對顏色就產生不利的影響，又可能惹上塵埃或是沾上油脂，如果將其拋光成光滑面，去除這些不利因子，鑽石的體色就可以達到淡化的效果，則顏色可能提升一、二級。當然，這只是針對吾人不想要的顏色，譬如說灰色、不夠黃的黃等等。吾人喜愛的顏色，譬如說綠色，常常位於表面上，一磨就去了，其價值也跟著消失了，千萬不要輕易嘗試。

但重新切磨並不全然是為了去除顏色，有時是為了聚集顏色以達到改善顏色的效果。例如說雷第恩切割的黃鑽，會比圓形的黃鑽更能展現出其黃色，因此有人不惜犧重量，將圓形的黃鑽重新切磨成雷第恩形。根據研究結果顯示，黃鑽中雷第恩切割佔了22.1%，遠勝於圓鑽的9.2%（樊成：天然彩鑽的4C與螢光），正是這個道理。

20-12 鑽石要不要重新切磨？

一般而言，0.5克拉可以是一個分界（如果是由老是車工重切，分界可能在1.0克拉），以上可能值得重切，以下可能就不值得，但還是要依鑽石本身的條件，以及擁有者對其感情而定。

如果是VVS或VS的鑽石，顏色很好，如D-E-F，那麼可能就值得去做。如果是淨度是I，顏色是J，那麼除非重量很重，否則還是省省吧！損害的程度當然是關鍵，如果在腰圍上有一大塊掉了，可以拿去給切磨師看看，做進一步的評估。

20-13 我的鑽石到底要不要重新切磨？

這個問題必須要由鑽石的擁有者自行決定，以下提供做決定可以考慮的方向：

・如果損傷是目視就看得見，又對鑽石的美觀造成影響，更重要的是這顆鑽石值得去修，那就去做吧！

・如果這些缺口或破損不處理，會造成日後更可怕的危害，最好就去處理。

・處理後，等級提升，但重量可能減少，對其價值的影響，最好權衡一下。

・沒有八心八箭的鑽石銷售比較困難，最好重磨出八心八箭。

・有缺口的鑽石，可能根本賣不出去，那麼好像不處理都不行。

所以在買鑽石前一定要好好檢查，如果沒有證書，就要好好找找有沒有大大小小的缺口，或是腰圍上有破損；如果有證書，就查證書的淨度圖說。但是即使有證書，如果缺口是在打證以後才產生的，那麼在圖說上就不會顯示出來，還是要靠自己以10倍放大鏡仔仔細細的找，要知道：一個缺口就有可能令淨度巨幅滑落。

20-13 想買鑽石重切獲利

以下是兩個可能的陷阱，提供給買家參考：

1. 隱藏的內含物

有缺口的鑽石，往往是因為在第一次破裂的地方藏有部份內含物。這個內含物或是其殘存的部份，總是依偎在缺口的內側，所以要找到它，有時還真有點困難。一般粗心買家常犯的錯誤是認為，既然已經破了，就自行假設缺口的正後方應該會是乾淨的，殊不知，會造成缺口的力量，有時也會在外側可見損害的後面，產生內部的斷裂。

最好把這樣的狀況常記在心，並假設自己碰到的狀況就是如此。當試圖由裂隙的對面進行觀察時，要把缺口與其後的內含物清清楚楚地區分出來，說實在的，還真有點兒難。可以由各個不同角度，觀察受損部位的後面，先假設有內含物存在，然後嘗試判定該內含物所造成的結果。當然，隱藏缺陷的尺寸也可由缺口的大小略知一二，譬如說如果有的話，VS 級的鑽石最可能藏有小缺口。總之，要多花點時間，非常小心的慢慢找。

2. 對顏色造成的影響

除了隱藏的內含物之外，缺口愈大對顏色的影響很可能愈大。就像是灰色的厚腰圍一樣 ，缺口有降低黃色的潛在可能。你以為買到的顏色是「H」，結果切磨完成後有可能是「J」。怎麼辦呢？不如假設把有缺口時所顯現的顏色降兩級，應該就很安全了。

Chapter 21

第 21 章
鑽石的重量

the basic of diamond identification

21-1
鑽石重量單位解說

圖 21-1

圖 21-2

鑽石以克拉（Carat）為單位，每克拉為 100 分（Points），而以克拉作為重量單位，起源於歐洲地中海邊的一種角豆樹（Ceratonia siliqua 圖 21-1）的種子（ carob 圖 21-2），盛開淡紅色的花朵，豆莢結褐色的果仁，長約 15 釐米，可用來製膠。早期控制地中海貿易的腓尼基人注意到一個有趣的現象：他們發現角豆不管是生長在地中海的那一個地區，豆莢裡面每一顆角豆的平均重量都差不多，其差異為難以計量之微。每顆角豆大約重 0.2 克，要知道珠寶的重量只要數等重的角豆數量就好了。對於世界各地奔走的鑽石商人來說，這種果實方便又精準，因而入選被用來作為測定重量的砝碼，Carat 這個字就是由希臘文的角豆衍生出來的。久而久之便成了一種重量單位，用它來秤貴重和細微的物質。以克拉為單位是由美國寶石學家孔賽博士（George Frederick Kunz，1856-1932，曾任 Tiffany 副總裁），在 20 世紀初期所提倡而建立國際標準的，而孔賽石就是他在 1902 年所發現而命名的。

直到 1907 年國際上商定為寶石和黃金的計量單位，沿用至今。鑽石以克拉計重在世界上是法定的，但某些高檔寶石因大顆粒的成品越來越稀少，像紅藍寶、祖母綠、碧璽、海藍寶、金綠寶石等目前也在使用克拉作為計量單位。以實際重量乘上每克拉單價，也就是某一顆寶石的價格。1914 年，國際上把「克拉」的標準重量定為 200 毫克。古書中的「克拉」與現在的克拉有所不同。古書中 1 克拉約為 205.3 毫克（也有小於 200 毫克的），如果換算成公制克拉，則應乘以 1.0265。同時各國或各地區的克拉值也不全部相同。1 克拉又分成 100 分，10 分以下的鑽我們稱之為「小鑽」或「碎鑽」。

米粒鑽（melee）

米粒鑽（melee）一字源自法文「mêlê」，原意是混和的（mixed）。米粒一詞應用於鑽石，則指的是 7 分至 14 分或 15 分的小鑽石。而實際所指的大小範圍隨不同人、地而異，有些人定義為 10 分以下的鑽石，有的則為 15 分以下，還有人稱米粒為 17 或 18 分以下的鑽石，另外有人將 12 至 15 分的歸類於粗米粒鑽（coarse mêlê）等等。GIA 所指的米粒是 17 分或小於 17 分以下的鑽石。

CARAT

1 CARAT = 0.2 GMS （1 克拉 =0.2 克）
1 CARAT = 1/5 克
1 CARAT = 200 mg
1 CARAT = 100 POINTS （1 克拉 =100 分）
1 CARAT = 100 CENTS

Grain

格令 Grain 或 Grainer 為寶石界用於珍珠重量的單位，現在也成為鑽石行內用語。
1 GRAIN = 0.25 CARAT（1 格令 =0.25 克拉）
亦即 1 CARAT = 4 grain（1 克拉 = 4 格令）
4（four）grainer 又稱 Full grain，即為 1 克拉。6 grainer 即為 1.5 克拉。
但在看貨買賣時，沒那麼精準，指的是一個範圍，例如：
One grainer 0.23 ～ 0.26ct
Two grainer 0.47 ～ 0.56ct
Three grainer 0.72 ～ 0.76ct
Four grainer 0.95 ～ 1.05ct

較嚴謹做法

珠寶業office weight：小數點第三位 八捨九入，例如：0.998 → 0.99、0.999 → 1.00。所以，所謂 1.00ct 是 0.999 ～ 1.008。

較寬鬆做法

依美國聯邦商務署（F.T.C.）規定在美國買賣鑽石的重量有半分（0.5 POINT）的寬容度，如實重為 0.995 ～ 0.999 均可以合法地以一克拉出售。

在歐洲鑽石分級國際規則規定，若小數第三位數為 9 則可進一位，亦即 0.999 克拉的裸鑽在歐洲也是可以合法地以 1 克拉出售。所以在秤鑽石重量時一定要要求銷售人員將重量精確的量出告知，絕不能有鑽石重量與證書不符的情況。在全球鑽石買賣的時候也有允許鑽石重量誤差的情況，允許重量 ±0.002 的重量差異。

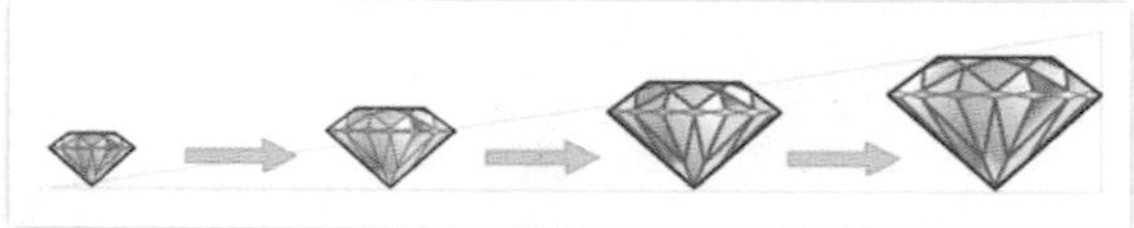

圖 21-3

21-2 鑽石重量量測法

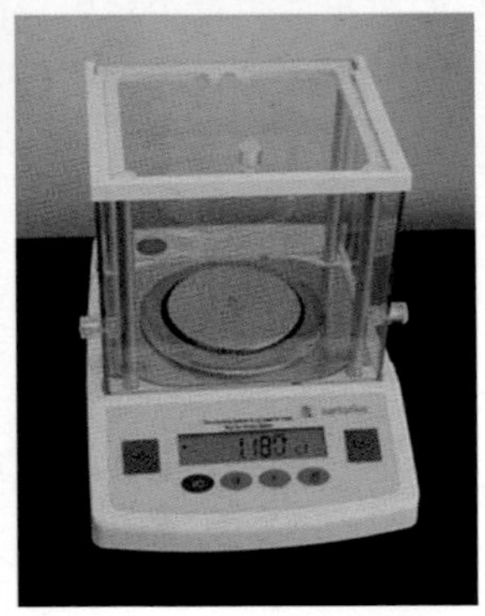

圖 21-4

對於未鑲嵌的鑽石，其重量一般用克拉秤（圖 21-4）或天平來稱重；對於已鑲嵌的鑽石，一般通過測量其直徑，透過換標表示計算其重量。

操作電子秤

電子秤方便準確度又高，為目前業界最常採用的秤重工具，稱重範圍一般為 0 ～ 200 克拉，並可轉換以克（g）為單位，秤重時需注意：電子秤必須有防塵門或蓋子，妥善安置，避開：1. 不平整或傾斜的桌面、2. 會搖晃或振動的桌子、3. 熱、風、電磁源、行動電話，然後校正水平、確認歸零後才能量測。 並應依製造商建議按時保養校正。

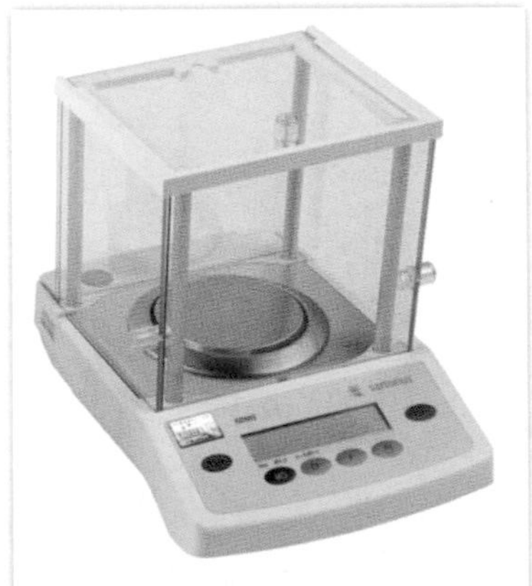

圖 21-5

全世界較高級的電子秤，有 2 家即：德國 Sardious（如圖 21-5）與瑞士 Mettler*（圖 21-6），售價約 4 到 5 萬，日本 AND 的則約為前述之半價。*Mettler-Toledo 為全球精密儀器供應商領導品牌，是世界上最大的實驗室、工業和食品零售稱重儀器製造廠和行銷商。該公司在幾項相關分析和測量技術也是具領先的地位。

GIA 的做法是以電子秤秤重，秤重時以克拉為單位，要讀到小數點下第三位（千分位），並取至小數點下第二位（百分位）。 進位原則：GIA 鑽石鑑定手冊第 136 頁中指出：「只有在千分位是等於 5 或大於 5 時才進位」。圖 21-7 所示為 Gübelin 寶石實驗室 Gübelin 博士所使用的秤。

圖 21-6

攜帶式電子秤會自動進位，只能讀到小數點下第二位，不同的秤可能讀數會不同（圖 21-8）。

圖 21-9 所示之電子秤誤差大、準確度低，小數點下第二位都會跳動，在交易時不可使用。

在第 18 章〈切磨分級解說〉中我們談過「超重百分比」，瞭解鑽石的重量與其直徑有關（圖 21-10）。

圖 21-7

圖 21-8

圖 21-9

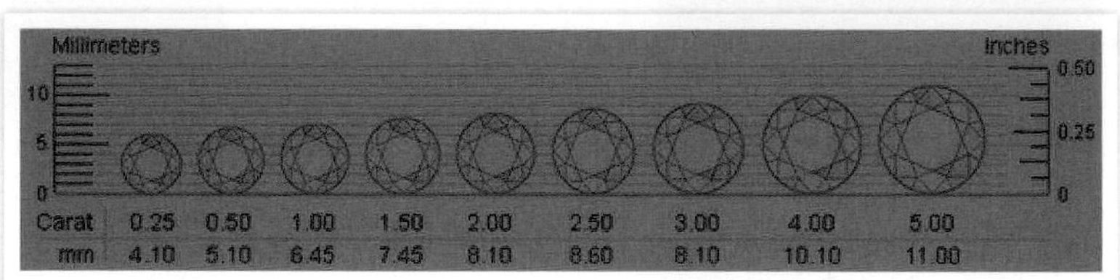

圖 21-10

圖 21-11 至圖 21-20 為各種不同重量的鑽石，配在手上的比例，可作為選擇鑽石尺寸之比對參考：

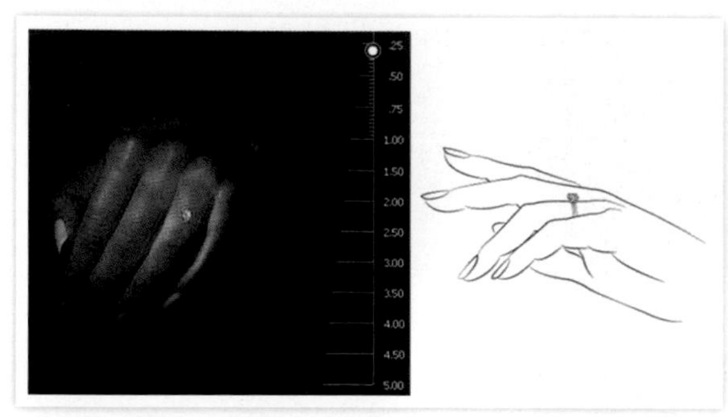
圖 21-11 0.3 克拉

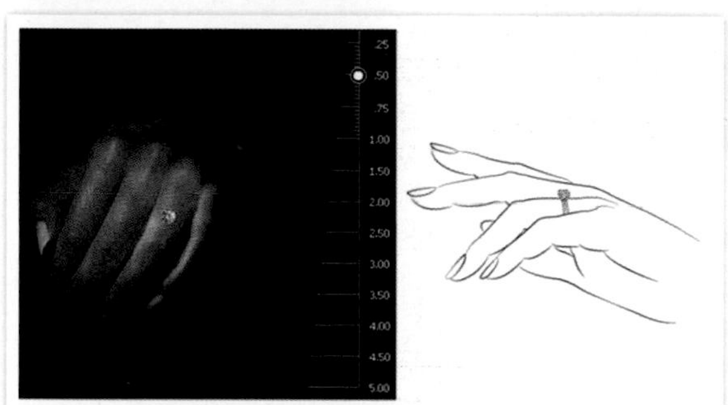
圖 21-12 0.5 克拉

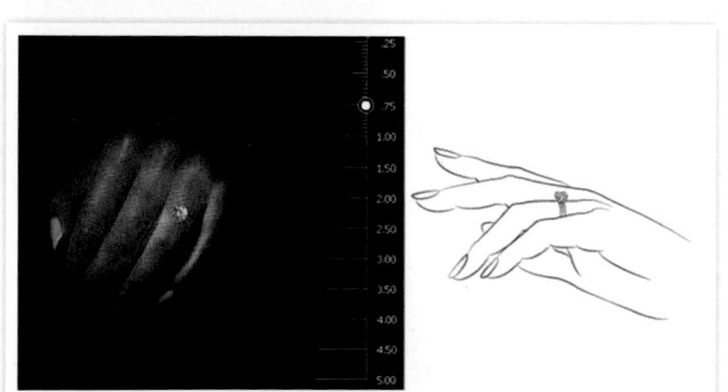
圖 21-13 0.75 克拉

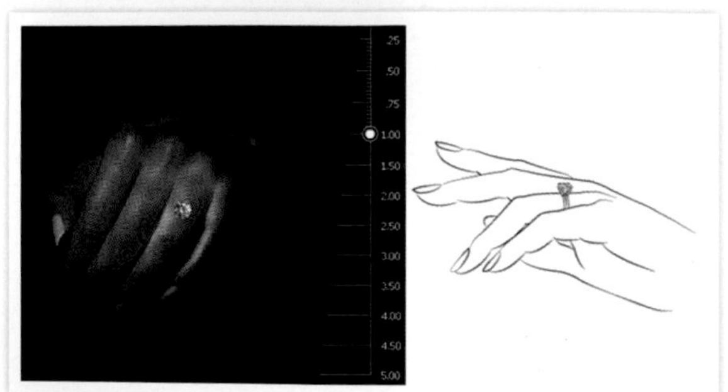
圖 21-14 1.0 克拉

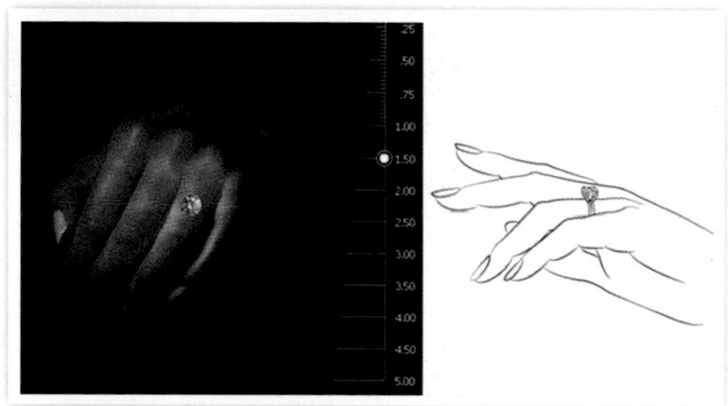
圖 21-15 1.5 克拉

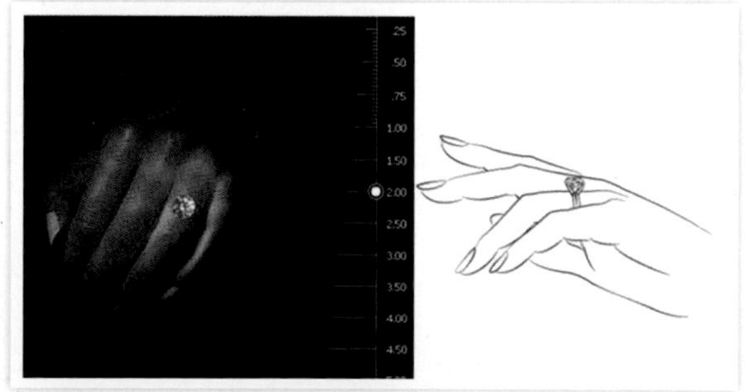
圖 21-16 2 克拉

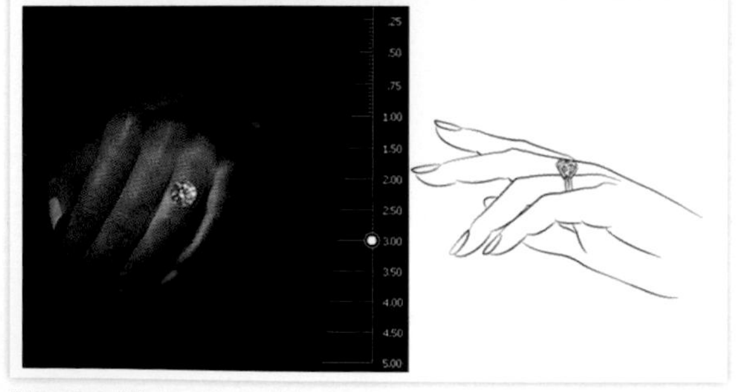
圖 21-17 3 克拉

圖 21-18 4 克拉

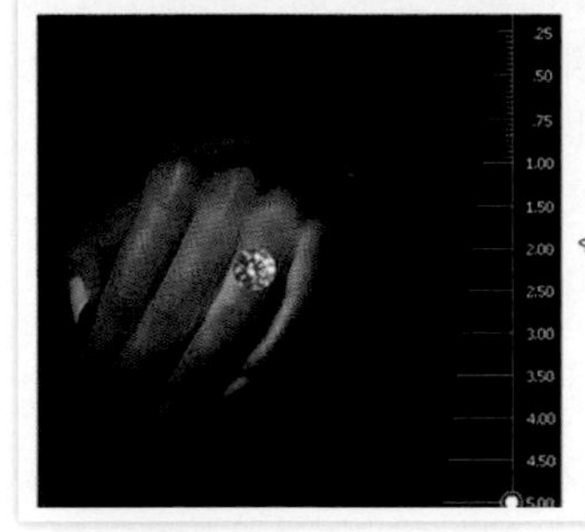

圖 21-19 5 克拉

圖 21-20 6 克拉

比較一下圖 21-21 中兩顆鑽石的重量：
答：沒有比例尺其實很難估，左 4.77 克拉，右 6.01 克拉。

已鑲嵌鑽石的重量估計

既然鑽石是一個有價值的商品，買賣雙方就都應該對其價值估算儘可能精準，其中很大的部份就是估算其重量。鑲工師傅往往會將已鑲嵌鑽石的重量刻印在金屬內側，如圖 21-22 所示，如果不幸沒有刻，或是有懷疑，就要想辦法估計其重量。不論圓形或是花式車工的鑽石，如果都是按照正確的比率切磨，那麼我們就可以只用洞洞規（圖 21-23）、塑膠型板（圈圈板）（圖 21-24）或是量測直徑，就可以得出相當準確的結果。由常識可知，同樣直徑是 6.5 mm 的鑽石，深一點的會比淺一點的重，因此重量估算公式就極為重要了。

圖 21-21

圖 21-22

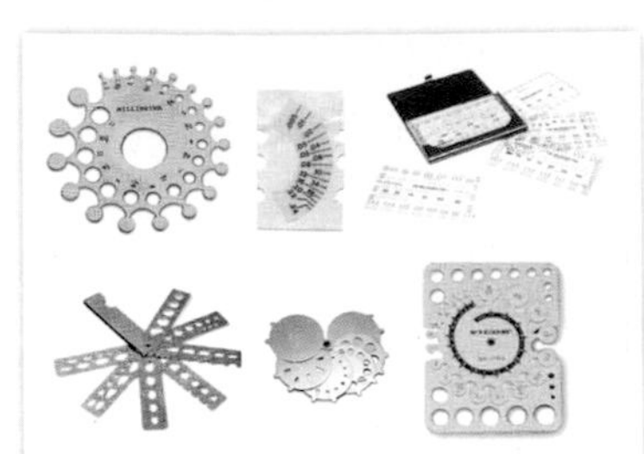
圖 21-23

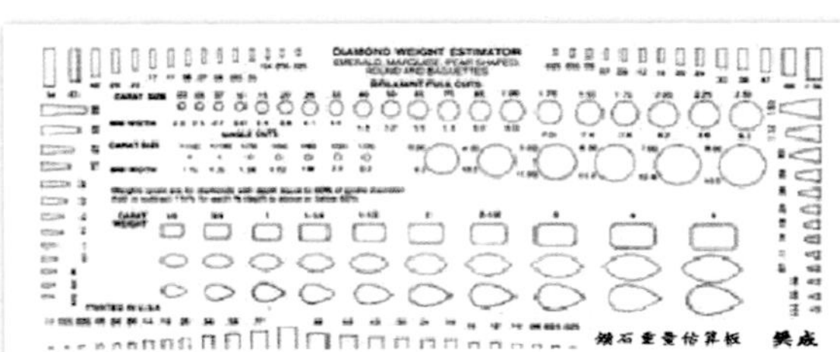

圖 21-24

圖 21-25

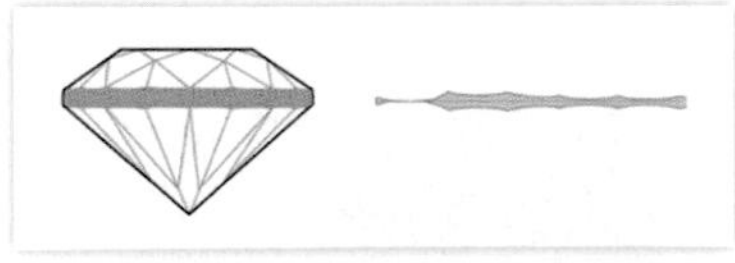
圖 21-26

腰圍厚度效應

圖 21-25 所示之鑽石直徑相同，由側面可以看出來：其腰圍厚度不一、高度不一，其重量也必然不相同。

如果鑽石的腰圍非常厚，在估算重量時就要略為增高。只要是腰圍比「Medium」（中等）來得厚，就必須在使用重量估算公式略為增加一些，因為該公式係以假設平均腰圍為中等作來的。一般而言，花式車工的鑽石受切磨所限，腰圍常為厚到很厚，因此算重量時就一定要加以調整。不論圓形或是花式車工的鑽石，腰圍往往是有變化的，因此就抓一個平均數即可。

判斷腰圍厚度（Judgment of Girdle Thickness）

腰圍厚度是一種判斷的稱呼。假設腰圍厚度是中等到厚，那麼有可能 1/3 是中等，1/3 是稍厚，1/3 是厚。所謂「中等到厚」可能有許多意義，可以腰圍的厚度有 85％是中等，而剩餘的 15％是厚。在這種情況下，就不能把修正比例全然加諸到公式上。如果腰圍厚度一貫都是厚，那麼要加上去的比率就要高一些（圖 21-26）。

薄：小於 0.15mm
中等 ：介於 0.15 至 0.20 mm 間
稍厚 ：介於 0.20 至 0.23 mm 間
厚：介於 0.23 至 0.33 mm 間
非常厚：介於 0.33 至 0.40 mm 間
極厚：大於 0.40mm

以上的數字與直徑大小無關，其實是很難量測到的，只是藉此讓讀者有一個方向與概念。亞當斯寶石鑑定所（Adamas Gemological Laboratory）曾經做過研究，依據腰圍的厚度，將修正係數列表如次：

	圓鑽直徑		
腰圍厚度範圍	3.1mm-4.1mm	4.15mm-6.90mm	7.00mm+
Extremely Thin	0.97	0.96	0.95
Extremely Thin to Thin = Thin -	0.98	0.97	0.965
Extremely Thin to Medium = Thin	0.985	0.98	0.975
Extremely Thin to Slightly Thick = Medium -	0.99	0.985	0.98
Extremely Thin to Thick = Slightly Thick -	1.025	1.015	1.005
Extremely Thin to Very Thick = Thick	1.04	1.03	1.02
Extremely Thin to Extremely Thick = Thick +	1.045	1.035	1.025
Thin	0.985	0.98	0.975
Thin to Medium = Medium -	0.99	0.985	0.98
Thin to Slightly Thick = Medium	NA	NA	NA
Thin to Thick = Slightly Thick	1.03	1.02	1.01
Thin to Very Thick = Thick -	1.035	1.025	1.015
Thin to Extremely Thick = Very Thick -	1.07	1.05	1.035
Medium	NA	NA	NA
Medium to Slightly Thick = Medium +	1.015	1.01	1.05
Medium to Thick = Slightly Thick	1.03	1.02	1.01
Medium to Very Thick = Thick -	1.035	1.025	1.015
Medium to Extremely Thick = Thick +	1.045	1.035	1.025
Slightly Thick	1.03	1.02	1.01
Slightly Thick to Thick = Thick -	1.035	1.025	1.015
Slightly Thick to Very Thick = Thick	1.04	1.03	1.02
Slightly Thick to Extremely Thick = Thick +	1.045	1.035	1.025
Thick	1.04	1.03	1.02
Thick to Very Thick = Very Thick -	1.07	1.05	1.035
Thick to Extremely Thick = Extremely Thick -	1.09	1.075	1.05
Very Thick	1.09	1.065	1.045
Very Thick to Extremely Thick = Ex. Thick -	1.09	1.075	1.05
Extremely Thick	1.11	1.08	1.06

其中：

1. 腰圍厚度範圍為腰圍的厚度平均
2. 「-」表示再往薄偏一點；「+」表示再往厚偏一點。
3. 以上表格中以腰圍厚度為依據的修正係數將應用於圓鑽重量估算公式中。

21-3
圓鑽計算公式

圖 21-27

圖 21-28

圖 21-29

圓形明亮式：

鑲嵌的圓鑽可用以下公式計算其重量：鑽石重量（克拉）=（平均直徑 mm）^{2}× 全深（mm）×0.0061×1.00 ～ 1.03（厚度因子）。
圓形明亮式估算公式是最常用的公式，最好能把它背起來。圓形其實多多少少有些不圓，必須變換位置量到最小直徑與最大直徑。最好把量到的數字都寫下來，避免錯誤。當桌面與腰圍不平行時，可能須要多量幾次確認全深，但如果只是為了估算重量，量一次就可以了。

量爪鑲的直徑（圖 21-27 ）比較容易，可以利用爪子未遮住處量取，如圖 21-28 所示。

包鑲是利用貴金屬邊將鑽石腰圍以下的部分封在金屬框架之內，利用金屬的堅固性防止鑽石脫落，是備受大部分男士喜愛的一種鑽戒款式。有些女士怕勾到衣服或撞到東西，認為包鑲沒有凸起來的感覺，鑽石安全性較高，也會採用包鑲。正因為包鑲的鑽石埋入金屬中，量直徑就比較困難。圖 21-29 右側為包鑲的剖面示意圖，左側為量包鑲鑽石直徑的位置，其中紅色線段只量到金屬內緣，是錯誤的長度；綠色線段是金屬框中線到另一側金屬框中線，是實務上較正確的量直徑位置。

量全深

如果鑽石沒有封底，如圖 21-30 所示，則可將測微計的量針由鑲作底部伸入，上下夾緊量，如圖 21-31 所示。

圖 21-30

圖 21-31

但如果像是圖 21-32 所示之鑲法，無法測量其「全深」，怎麼辦？

圖 21-32

因為理想車工時深度比例為 57.5％～ 63％，平均約 60.25％，因此上述公式可簡化為鑽石重量（克拉）=（平均直徑 mm）^{2} × 全深（mm）× 0.0061=（平均直徑 mm）^{3} ×0.00367×1.00 ～ 1.03（厚度因子）。

例一

最小直徑：6.05 mm

最大直徑：6.11 mm

深度：3.63 mm

腰圍：中等

6.05 + 6.11= 12.16

12.16÷2=6.08 （平均直徑）

因為腰圍是中等，不必校正，或說校正係數為 1.0

6.08×x 6.08× 3.63×x 0.0061= 0.8185/ 四捨五入為 0.82 克拉

例二

最小直徑：7.02 mm

最大直徑：7.17 mm

深度：4.47 mm

腰圍：中等

7.02 + 7.17= 14.19

14.19÷2=7.095/ 四捨五入為 7.10 mm（平均直徑）

7.10 × 7.10 × 4.47 × 0.0061= 1.374 四捨五入 1.37 克拉

例三

最小直徑：6.05 mm

最大直徑：6.11 mm

深度：3.63 mm

腰圍：稍厚

6.05 + 6.11= 12.16

12.16÷2=6.08（平均直徑）

因為腰圍是稍厚，查表校正係數為 1.02

6.08 × 6.08 × 3.63 × 0.0061× 1.02= 0.8349/ 四捨五入為 0.83 克拉

單翻切磨（Single Cut）估算公式

單翻切磨的鑽石，外形異於圓形明亮式切磨，因此不能用以上公式計算，可參考下表估算重量：

直徑	估計重量
1.0	0.005
1.1	0.007
1.2	0.009
1.3	0.010
1.4	0.013
1.5	0.015
1.6	0.017
1.7	0.020
1.8	0.025
1.9	0.030
2.0	0.035

單翻式鮮少尺寸更大者

花式車工重量估算公式介紹

花式車工的重量估算比較具挑戰性，尤其是梨形、祖母綠形和馬眼形。在估算時寧可多花點時間，千萬要小心，因為失之毫釐差之千里，十分之一釐米的差異，就可能影響準確性。

除了腰圍修正係數外，花式車工還有一些額外的修正。這些額外的修正包括梨形肩部過高、祖母綠形亭部腫脹以及橢圓形卻像方形等。這些形狀切磨不良的因素，鑽石的重量往往要再加上 1%～ 8%。至於說確實要加幾個 %，要由估算者依據不良的程度，自行加以判斷。

腫脹

以圖 21-33 中祖母綠型側面為例，腹部突出，在估算重量時，必須考慮這個因素，大約要加 8%。一般概估腫脹造成之超重，可參考圖 21-34。

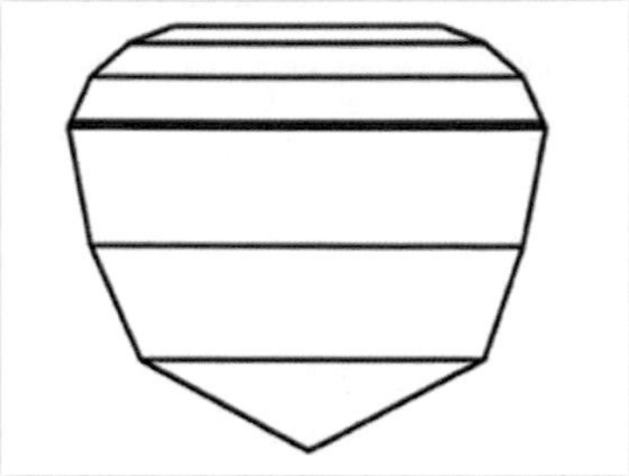

圖 21-33

形狀修正係數

在第 19 章〈花式切磨解說〉中我們談過輪廓上可能有的偏差問題，包括肩部過高、翼部扁平或腫脹等，會導致公式不準，就是形狀修正係數。例如圖 21-35 所示之梨形鑽石的肩部過高，大約會增加 3% 重量。

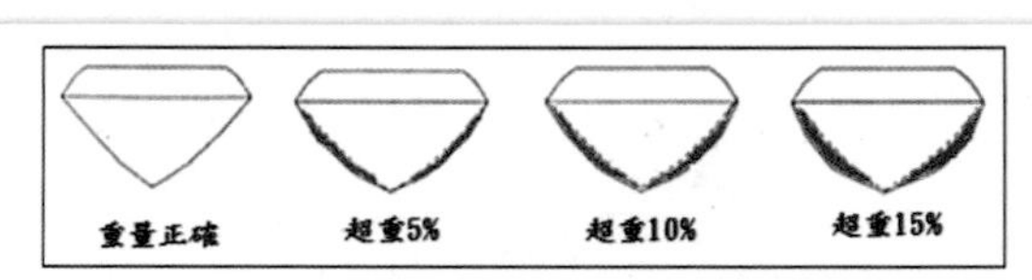

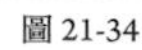
圖 21-34

長寬比（Length-to-Width Ratio）

所謂長寬比（L/W）是由長度除以最寬的寬度。

以圖 21-36 中馬眼鑽為例，長度為 7.42mm，寬度為 3.61mm，則長寬比是以 7.42 除以 3.61 得為 2.056，或記為 2.06：1。

圖 21-35

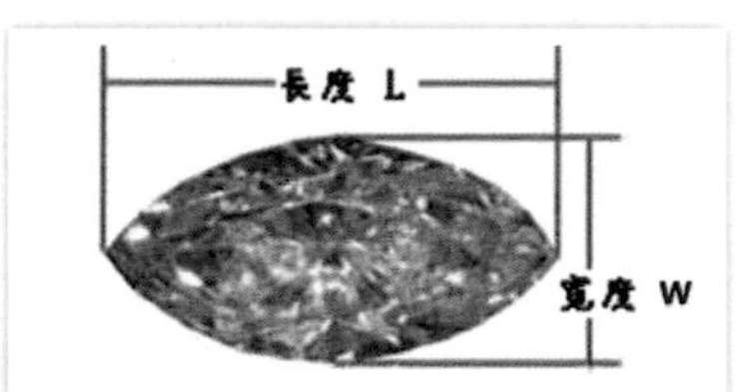

圖 21-36

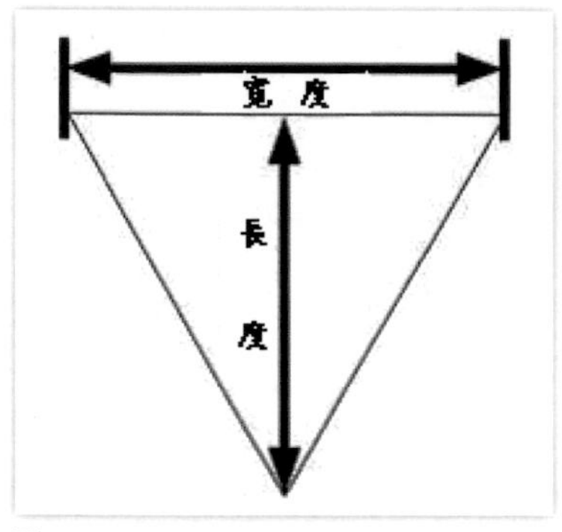

圖 21-37

三角明亮形估算公式（Trangular Brilliant，Trillion）

三角形鑽石的寬度就是最窄的邊長；長度是最窄的邊到對面頂點的距離。憑藉著經驗再花點時間，就可以估算出三角形鑽石的重量。三角明亮形估算公式：長度 × 寬度 × 全深 × 0.0057× 腰圍校正係數

例一

三角形鑽石
長度：6.32 mm
寬度：6.02 mm
全深：2.52 mm
腰圍：厚
以公式計算如下：
6.32× 6.02 × 2.52 × 0.0057× 1.03 （腰圍校正係數） = 0.5629 四捨五入為 0.56 克拉

例二

三角形鑽石
長度：7.89 mm
寬度：6.96 mm
全深：4.04 mm
腰圍：非常厚
以公式計算如下：
7.89× 6.96 × 4.04 × 0.0057 × 1.045 （腰圍校正係數） = 1.322 四捨五入為 1.32 克拉

馬眼形估算公式

馬眼形重量估算公式中長寬比校正係數（LWA）如下：

長寬比	長寬比校正係數
1.50/1.00	0.00565
1.75/1.00	0.00570
2.00/1.00	0.00580
2.25/1.00	0.00583
2.50/1.00	0.00585
2.75/1.00	0.00590
3.00/1.00	0.00595

馬眼形重量估算公式：長度為 × 寬度 × 全深 × 長寬比校正係數 × 腰圍修正係數

例一
長度：10.24 mm
寬度：6.11 mm
全深：4.75 mm
腰圍：厚（Thick+）
長寬比：10.24 除以 6.11 得到 1.6759，四捨五入為 1.68：1。查前表，1.68：1 接近 1.75/1.00，長寬比校正係數就採用 0.00570。查腰圍修正係數表，查表時，以寬度取代直徑，而非長度，查出為 1.035。
於是估算重量：10.24× 6.11 × 4.75×0.0057 （長寬比校正係數） × 1.035 （腰圍修正係數） = 1.753 四捨五入為 1.75 克拉 。

祖母綠形估算公式

長寬比　長寬比校正係數
1.00/1.00　0.0080
1.50/1.00　0.0092
1.75/1.00　0.0097
2.00/1.00　0.0100
2.25/1.00　0.0104
2.50/1.00　0.0106

祖母綠形重量估算公式：長度為 × 寬度 × 全深 × 長寬比校正係數 × 腰圍修正係數

例一
長度：7.86 mm
寬度：5.25 mm
全深：3.86 mm
腰圍：中等（Medium+）
亭部腫脹：1.04
長寬比：7.86 除以 5.25 得到 1.497，四捨五入為 1.50。查表，1.50/1.00 時，長寬比校正係數為 0.0092。查腰圍修正係數表，查表時，以 5.25 代入直徑，查出為 1.01。
於是估算重量：7.86 × 5.25 × 3.86 × 0.0092（長寬比校正係數） × 1.01（腰圍修正係數）x 1.04= 1.539 四捨五入為 1.54 克拉。

小長方鑽

小長方鑽的計算方式與祖母綠形雷同，如果有很多個小長方鑽，為求快速，就用塑膠型板估。如果要比較精準，就用以下公式算：
長度為 × 寬度 × 全深 × 0.00915
如果是梯鑽，寬度就採兩不等長邊長的平均。

梨形估算公式

梨形的長寬比校正係數如下：
長寬比　長寬比校正係數
1.25/1.00　0.00615
1.50/1.00　0.00600
1.66/1.00　0.00590
2.00/1.00　0.00575

梨形估算公式：長度為 × 寬度 × 全深 × 長寬比校正係數 × 腰圍修正係數

例一
長度：7.35 mm
寬度：5.20 mm
全深：3.05 mm
腰圍：厚（Thick）
高肩部：1.02
長寬比：7.35 除以 5.20 得到 1.413，四捨五入為 1.41：1。查前表，1.41：1 接近 1.50/1.00，長寬比校正係數就採用 0.0060。查腰圍修正係數表，查出為 1.03。

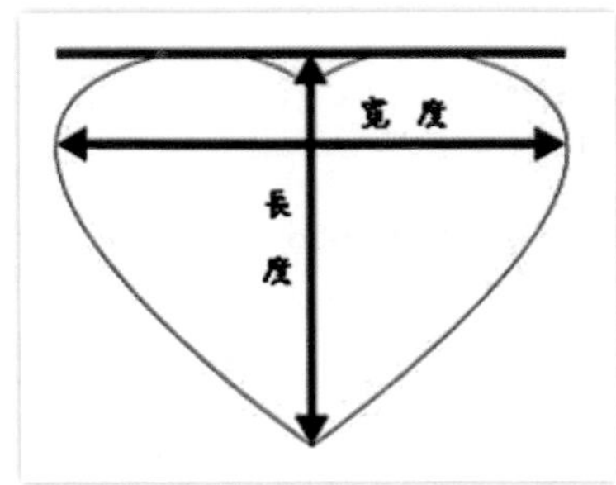

圖 21-38

於是估算重量：7.35 × 5.20× 3.05× 0.0060（長寬比校正係數） × 1.03（腰圍修正係數） × 1.02（高肩部）= 0.736 四捨五入為 0.73 克拉。

橢圓形估算公式

雖然在描述橢圓形時，長寬比很重要，但是在重量估算公式中卻用不到。橢圓形估算公式用的是平均直徑，也就是長度與寬度加起來除以 2。橢圓形估算公式與圓形的很像，只有形狀係數由圓形的 0.0061 改為 0.0062。

橢圓形估算公式：平均直徑 × 平均直徑 × 全深 × 腰圍校正係數 × 形狀修正係數 × 0.0062

例一

長度：8.06 mm

寬度：5.89 mm

全深：3.98 mm

腰圍：厚（Thick）

像方形修正：1.03

平均直徑：8.06 + 5.89 = 13.95 除以 2= 6.975

6.98× 6.98× 3.98 × 1.07（腰圍修正係數） × 1.03 × 0.0062= 1.325 四捨五入為 1.32 克拉。

心形估算公式

心形估算公式

長度為 × 寬度 × 全深 ×0.0059× 腰圍修正係數 × 形狀修正係數

例一

長度：7.03 mm

寬度：6.86 mm

全深：3.25 mm

腰圍：稍厚（Slightly Thick）

7.03 × 6.86× 3.25 × 0.0059× 1.018（腰圍修正係數） = 0.9413 四捨五入為 0.94 克拉。

要保守

當使用重量估算公式時，必須要保守謹慎，因為這樣才能避免失望甚至是財務上的損失。當買賣雙方利用公式估算鑽石重量時，總是會偏對自己有利，這可能是無法避免的事。但是千萬不要偏過了頭，過份對自己有利，否則一旦對方決定將鑽石取下來直接秤重時，別人會認為你蠢、不專業甚至說不誠實。所以寧可多花點時間小小心的量測，千萬要不要造成任何錯誤。最好雙方的交易是以重量為基準的附帶條件交易，一旦重量有誤，雙方多退少補，都不致於吃虧。如果認知差距太大，不如不要交易。

21-4
鑽石篩組（Sieve Set）

所謂鑽石篩是用來篩選小型圓形鑽石，打有直徑相同圓形孔洞的金屬板。鑲工師傅在挑選大小適合的小鑽時，會以過篩方式分出整包鑽石大小尺寸。圖 21-39 為鑽石篩組，左為鑽石篩，右為振動器。

圖 21-39

按下表稱呼並計算顆數、重量：

Sieve Table

P.Cts	Sieve Sizes	Weight	Diameter(MM)
1/333	0000 - 000	0.003	0.80-0.90
1/250	000 - 00	0.004	0.90-1.00
1/200	00 - 0	0.005	1.00-1.10
1/167	0 - 1	0.006	1.10-1.12
1/147	1 - 1.5	0.0068	1.12-1.20
1/133	1.5 - 2	0.0075	1.20-1.25
1/118	2 - 2.5	0.0085	1.25-1.30
1/105	2.5 - 3	0.0095	1.30-1.35
1/91	3 - 3.5	0.011	1.35-1.40
1/80	3.5 - 4	0.0125	1.40-1.45
1/74	4 - 4.5	0.0135	1.45-1.50
1/66	4.5 - 5	0.015	1.50-1.55
1/63	5 - 5.5	0.016	1.55-1.60
1/55	5.5 - 6	0.0185	1.60-1.70
1/50	6 - 6.5	0.02	1.70-1.80
1/40	6.5 – 7	0.025	1.80-1.90
1/33	7 – 7.5	0.03	1.90-2.00
1/29	7.5 - 8	0.035	2.00-2.10
1/2	8 – 8.5	0.04	2.10-2.20
1/22	8.5 - 9	0.045	2.20-2.30

21-5 重量對價格的影響

鑽石的重量對鑽石的價格有著直接的影響。如果成品鑽石的所有其他因素都相同，那麼，重量越大的鑽石價格也就越高。鑽石的價格是以每克拉的單價來計算，對於重量在一定範圍內的鑽石，每克拉可按相同價格來報價（圖 21-40 Rapaport Diamond Report 同級重量），超過此範圍的鑽石，每克拉報價則不同。例如：
0.99 克拉的單價比 1.01 克拉的單價約低 10 ～ 15%。

2 克拉的單價比 1 克拉的單價高，因此 2 克拉價格並不等於 1 克拉的 2 倍，而是遠超過於 2 倍。

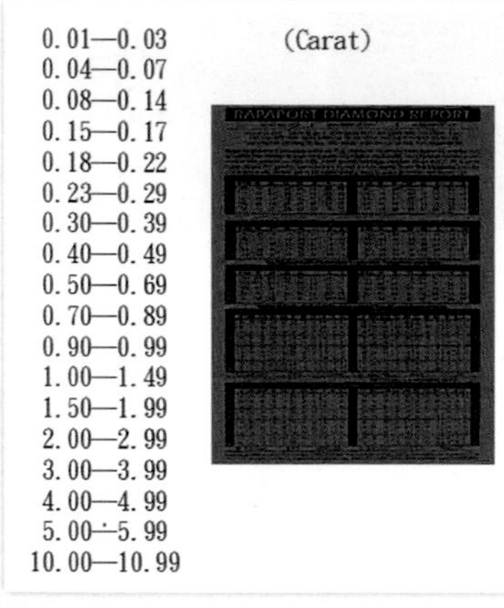

圖 21-40

以圖 21-41（鑽石克拉單價與重量關係示意圖（圖中數字非正確）），一顆重量 0.95cts（95 分）的鑽石，單價為每克拉 4600 美元，售價為 4370 元（0.95×4600 元）。相同的顏色、切磨和淨度的 1.05ct 的鑽石，單價為每克拉 8000 美元，售價為 8400 元（1.05×8000 元）。重量差距不大（1.105 倍），價差距卻很大（1.922 倍），是因為重量增加越過某一特定數值時，「每克拉的單價」就會迅速上升。

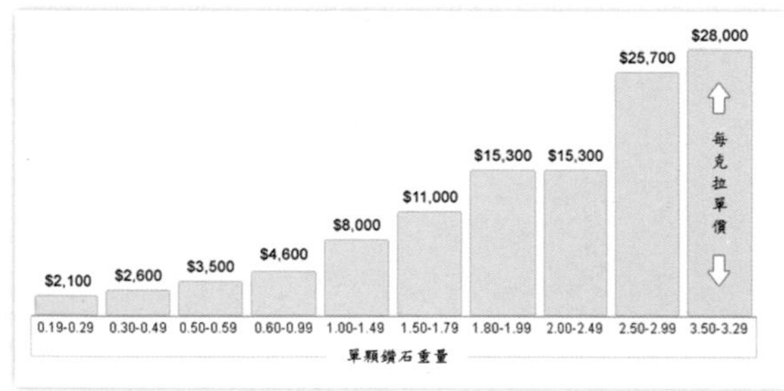

圖 21-41

練習題

請根據以下量測結果，估計圓鑽重量：

1. 直徑 4.40mm， 全深 2.71mm
2. 直徑 4.85mm， 全深 2.93mm
3. 直徑 6.50mm， 全深 4.00mm
4. 直徑 7.70mm， 全深 4.60mm

答：以上 4 組圓鑽實際量測結果：

1. 0.30 Carat
2. 0.43 Carat
3. 1.05 Carat
4. 1.72 Carat

21-6

重量計算公式之其他應用

重量計算公式之其他應用除用來計算鑽石重量外，還可以用來鑑別寶石的種類。

例一：有一顆狀似圓鑽的物件，不知道到底是不是鑽石，於是應用計算鑽石重量的公式如下：
量直徑（4 次）：8.49，8.49，8.50，8.50，平均 8.50 mm
量全深：5.16mm
經過計算，如果是鑽石，重量應約為 2.27ct，但實秤結果是 3.88ct。
將 3.88÷2.27×3.52（鑽石的比重）=6.01
表示此物件的比重約為 6.01，經查表判斷為立方氧化鋯（比重 5.6 至 6.0）

圖 21-42

例二：有一顆狀似圓鑽的物件，不知道到底是不是鑽石，於是應用計算鑽石重量的公式如下：
量直徑（4 次）：5.08，5.10，5.12，5.11，平均 5.10 mm
量全深：2.81mm
經過計算，如果是鑽石，重量應約為 0.44ct，但實秤結果是 0.39ct。
將 0.39÷0.44×3.52（鑽石的比重）=3.12
表示此物件的比重約為 3.12，經查表判斷為莫桑石（比重 3.22）

例三：有一顆狀似圓鑽的物件，不知道到底是不是鑽石，於是應用計算鑽石重量的公式如下：
經過計算，如果是鑽石，重量應約為 1.90ct，但實秤結果是 1.93ct。
兩者相當接近，有可能是鑽石，但觀察其光澤及火光，發現與鑽石差距很大，經查表判斷為拓帕石（比重 3.56）。

市售有一種稱為 Presidium Computer Gem Gauge 的儀器（圖 21-42），以此 Gauge 精準的量測寶石尺寸後，再輸入寶石實際重量，即可以根據比重區分寶石的種類，其原理即為前述之觀念。

Chapter 22

第 22 章
鑽石鑑定書與鑑定所

the basic of diamond identification

22-1
鑽石的鑑定書

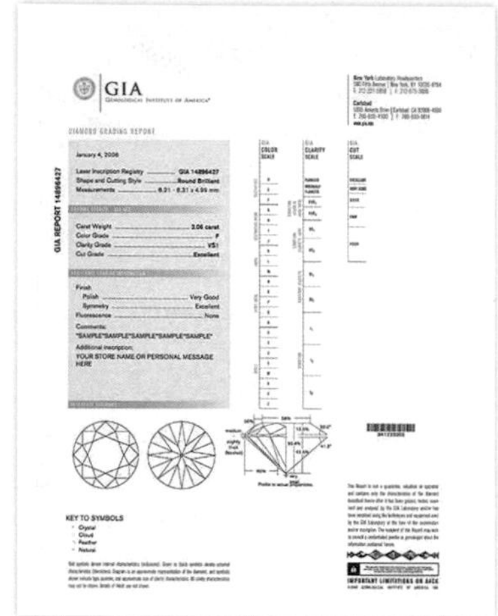

圖 22-1 GIA Diamond Report

圖 22-2 GIA Cover

圖 22-3 GIA Colored Diamond Report Cover

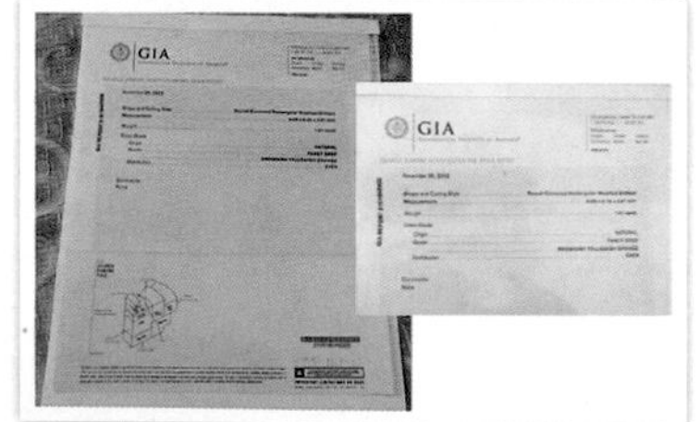

圖 22-4 GIA Colored Diamond Report

鑽石的「報告書」（Report）是由具有公信力的組織或機構針，對某一顆鑽石進行一系列的檢測，將所得數據詳細記載，而提出的一份報告或者文件（Document）。此鑽石的「報告書」會確切地記載鑽石的顏色、重量、淨度，以及切磨的各項細節，精確地指出鑽石的所有個體特徵，而成為可以據以指認鑽石身分的文件，故有人將其稱為「證書」（Certificate 或 Certification）。又由於鑽石的「報告書」出自專家鑑定，因此也常被稱為「鑑定書」（An expertise report）。

以往各大鑑定所出具之文件，常稱為 Certificate（證書）。其實要稱作「證書」或「鑑定書」，必須要有可重複性，也就是說十年前送鑑定結果，必須與十年後送鑑定結果一致。但各大鑑定所常因鑑定換人，而會出現不完全一致的結果，這樣的情形在法律上可能構成問題，因此各大鑑定所現在都改稱「Report」（報告書），並加註免責聲明，以避免相關法律責任。

鑑定書與保證書

所謂的「保證書」是經由一般的商家或個人，以其名譽及誠信來提供產品或物品的保證。通常商家開出的「保證書」是自由心證，與國際級的鑑定證書自然效力不同。但是如果是國際級名店開出的「保證書」，其效力恐怕更優於一般鑑定所的鑑定書。

具有國際知名鑑定所鑑定書的鑽石確實較有保障，卻也導致有國際鑑定書的鑽石就是高品質的錯誤觀念。鑽石的身價必須以本身的條件來認定，公信力高的鑑定書只是讓品質相同的鑽石價值更高，卻不能以「有鑑定書」這件事來論斷鑽石行情。例如我們最常聽到的一句話說：「我這顆鑽石有 GIA 證書喔」，有 GIA 證書又如何？說不定 GIA 證書上寫的是：「這是一顆等級很差的鑽石」、「這是一顆經過處理的鑽石」甚至是「這就只是一顆石頭」。鑑定書的功能在於讓業者與消費者，評斷鑽石品質的時候有專業的因循根據，因此鑽石的行情應該是由鑑定書的內容與鑑定結果來決定的。

既然鑑定書是記錄鑽石本身條件的專業鑑定報告書，鑑定單位的公信力就成為市場對鑑定書接受程度的指標，當然不同地區的珠寶市場對於各個鑑定機構會由於認知的不同而影響其在市場上的定位。一般而言具有公信力的國際知名鑽石鑑定所有以下幾家：GIA、IGI、AGS、HRD、EGL。

22-2 GIA鑑定中心

GIA 是指美國的一所寶石鑑定學校，其全名為美國寶石學院（Gemological Institute of America），簡稱 GIA，美國寶石學院於 1931 年在洛杉磯成立。它創立並提出了國際分級體系。總部座落於洛杉磯（Carlsbad，California）。GIA 為學校非營利機構，本身沒有販售鑽石，因此其鑑定的等級也受到全球的認證。美國寶石學院 GIA 的鑑定標準程序，因歷史最悠久且是全世界最具權威及公信力的，連其他的鑑定系統都要比照其標準程序，更何況各地鑑定中心的鑑定書。所以談到鑽石的 4C 等級都要根據其標準程序。

圖 22-5 GIA courtesyGIA

國際上所承認的 GIA 證書，是指由美國的 GIA 鑑定機構內的鑑定專家所開立的鑑定報告，而非所有自 GIA 鑑定課程畢業的學員自行開出的鑑定報告，因為一份鑑定報告在 GIA，至少需要三位專業鑑定師經過嚴格程序共同的核定，才能夠成立。

圖 22-6 GIA 鑑定中心 courtesy GIA

鑑定中心的服務（Laboratory Services）

依照 GIA 的說法，GIA 只驗裸鑽，0.15 克拉以上、顏色 D 至 Z 的鑽石適用 GIA Diamond Grading Report，即「鑽石分級報告書」，俗稱「大證」。0.15 至 1.99 克拉、顏色 D 至 Z 的鑽石可適用 GIA Diamond Dossier，即「鑽石小檔案」，俗稱「小證」。

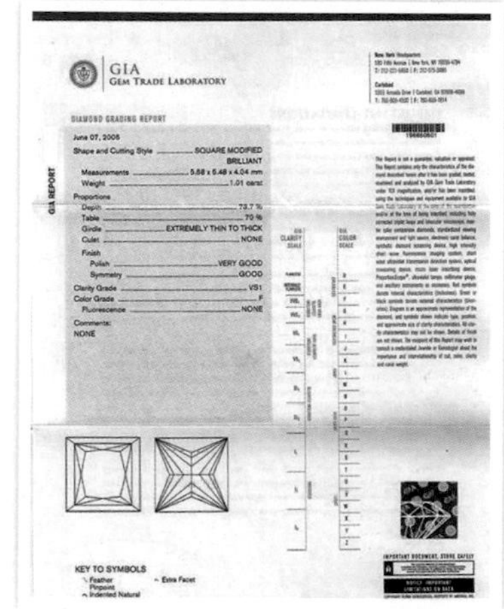
GIA
GEM TRADE LABORATORY

DIAMOND GRADING REPORT

June 07, 2005
Shape and Cutting Style: SQUARE MODIFIED BRILLIANT
Measurements: 5.58 x 5.48 x 4.04 mm
Weight: 1.01 carat
Proportions
Depth: 73.7 %
Table: 70 %
Girdle: EXTREMELY THIN TO THICK
Culet: NONE
Finish
Polish: VERY GOOD
Symmetry: GOOD
Clarity Grade: VS1
Color Grade: F
Fluorescence: NONE
Comments:
NONE

GIA REPORT

KEY TO SYMBOLS
Feather
Pinpoint
Indented Natural
Extra Facet

圖 22-7 2005 年的 GIA Diamond Grading Report

而實際上，一般 1 克拉以上（含）的鑽石是用 GIA Diamond Grading Report；而 1 克拉以下的鑽石是用 GIA Diamond Dossier。大證有鑽石的淨度圖，小證沒有；小證的鑽石有雷射刻 GIA 編號，大證沒有，其餘的條件都一樣。當然，淨度好的 1 克拉以下的鑽石也可以指定要畫圖出大證。而出大證的 1 克拉以上鑽石也可以付費雷射刻 GIA 編號。

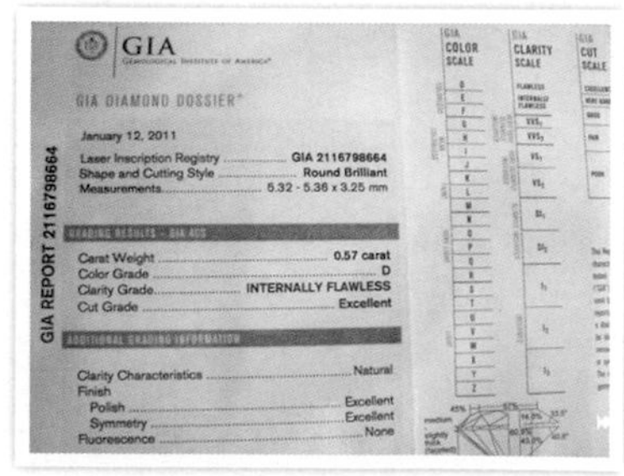
GIA

GIA DIAMOND DOSSIER

January 12, 2011
Laser Inscription Registry: GIA 2116798664
Shape and Cutting Style: Round Brilliant
Measurements: 5.32 - 5.36 x 3.25 mm

Carat Weight: 0.57 carat
Color Grade: D
Clarity Grade: INTERNALLY FLAWLESS
Cut Grade: Excellent

Clarity Characteristics: Natural
Finish
Polish: Excellent
Symmetry: Excellent
Fluorescence: None

GIA REPORT 2116798664

GIA COLOR SCALE
GIA CLARITY SCALE
GIA CUT SCALE

圖 22-8 GIA Diamond Dossier

彩鑽則一律採大證（Full Report），分為 GIA 彩鑽分級報告書（The GIA Colored Diamond Grading Report）、彩鑽鑑定及色源報告書（Colored Diamond Identification and Origin Report）等。其他還有 GIA 寶石鑑定報告書（Gemological Identification Reports）、雷射刻字（Laser Inscription）等服務。

GIA 出品幾種類型的實驗室報告。有製圖的（GIA 鑽石分級報告）比無製圖的（GIA 鑽石檔案）稍貴一點。鑽石分級報告雷射刻字要另外收費，鑽石檔案只限於小於 2.00ct 的鑽石，但其價格則已包括雷射刻字。鑽石分級報告與鑽石檔案的價格差異約 20 ～ 25 美元。兩者之間的取捨就在於你認為製圖比較重要還是雷射刻字比較重要。

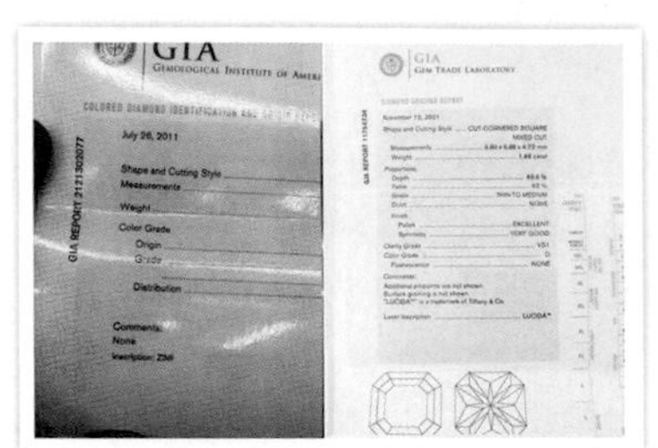

圖 22-9 Additional Inscription 實例

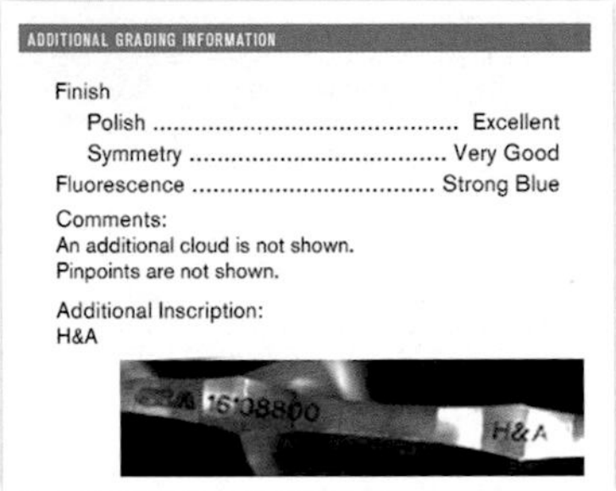

GIA 的鑑定書載明的主要項目

Date 開立日期
Laser Inscription 鑑定書編號雷射印記
Shape & Cutting Style 鑽石切割形式，包括圓形的最小直徑、最大直徑及高度；花式的長 × 寬 × 高。重量克拉數
Proportions 比例，包括 Depth（深度）、Table（桌面）、Girdle（腰圍）、Culet（尖底）及 Finish（修飾）
Clarity Grade 淨度等級（分 12 級）
Color Grade 顏色等級（D ～ Z）
Cut Grade 車工等級
Polish 拋光
Symmetry 對稱
Fluorescence 螢光反應
Comment 附註
Additional Inscription 額外刻字。
GIA Clarity and Color Grading Scale 淨度與顏色等級比例尺規
鑽石圖解，製圖（Plotting）

ADDITIONAL GRADING INFORMATION
Finish
Polish .... Excellent
Symmetry .... Very Good
Fluorescence .... Strong Blue
Comments:
An additional cloud is not shown.
Pinpoints are not shown.
Additional Inscription:
H&A

圖 22-10「H&A」Additional Inscription

Additional Inscription 額外刻字

如果一顆鑽石的腰圍除了 GIA 刻上的雷射印記以外，還有其他的文字或是符號時，會把這些其他的內容，只要是可以列印出來的，便放在這個項目—— Additional Inscription ——（圖 22-9）。須注意：如果載有「H&A」（圖 22-10），僅代表腰圍上被刻了「H&A」的字樣，而非 GIA 認定有八心八箭。

鑑定書真偽

GIA 的證書上都有證書條碼及編號 GIA 為了防偽造，如圖 22-11 所示。

圖 22-11 證書條碼及編號

除條碼及編號外，GIA 為了防偽造，設計了許多防偽功能，如圖 22-12 所示，包括雷射防偽標籤、特殊油墨底圖、特殊印字防偽線等，分別介紹如次。

證書中有雷射防偽標籤

圖 22-14 所示之 GIA 證書沒有前示橫條雷射防偽標籤，難道是假的？GIA 證書的雷射防偽標籤以 2006 年做區分，有不同的形式，如圖 22-15 所示，不要誤會。

特殊油墨底圖

GIA 證書具有特殊油墨底圖，如圖 22-16 所示。

特殊印字防偽線

GIA 證書具有特殊印字防偽線，位置如圖 22-17 所示，將其放大，看似線的印刷，其實是由「Gemological Institute of America」字樣所組成（圖 22-18）。

舊版的 GIA 鑑定書與現代版的不同，防偽功能也不同，如圖 22-19 所示。

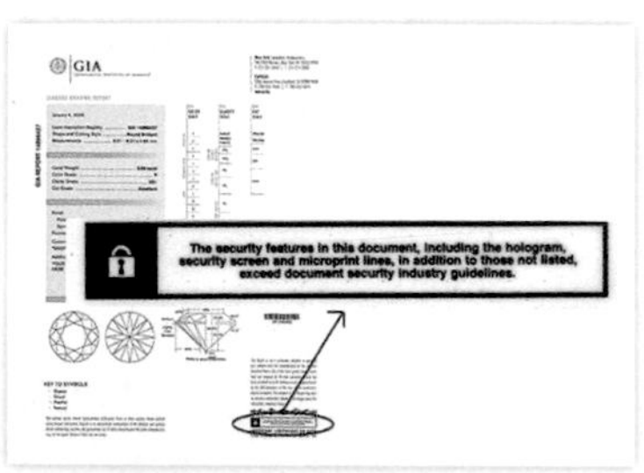

圖 22-12 防偽功能說明

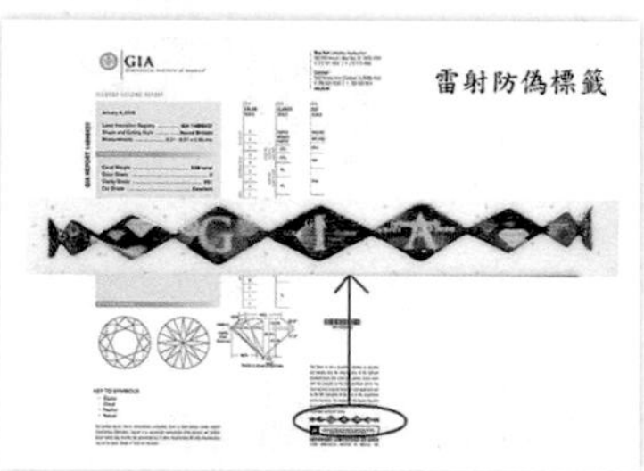

圖 22-13 雷射防偽標籤

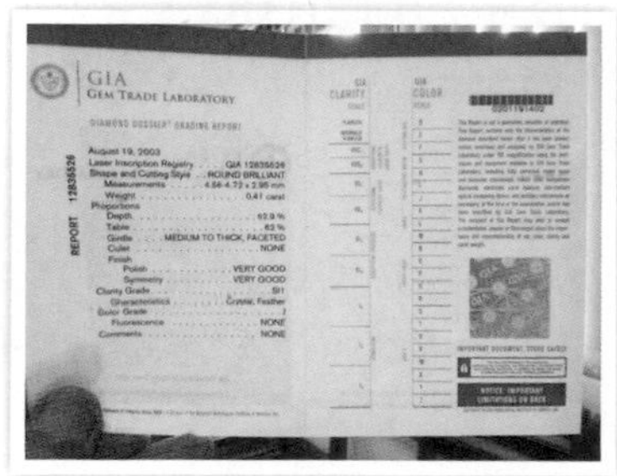

圖 22-14 2003 年 GIA 證書

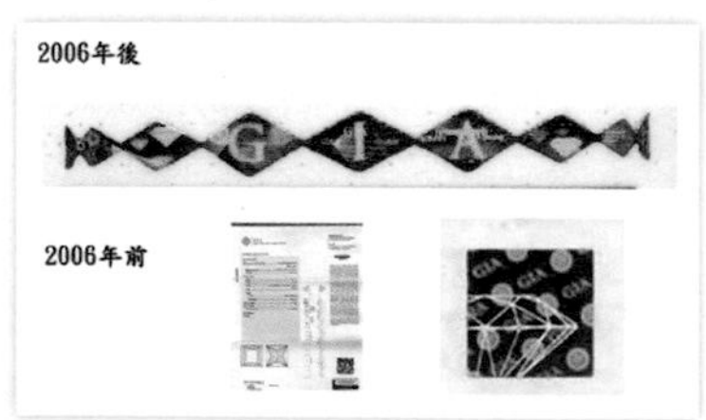

圖 22-15 不同的雷射防偽標籤

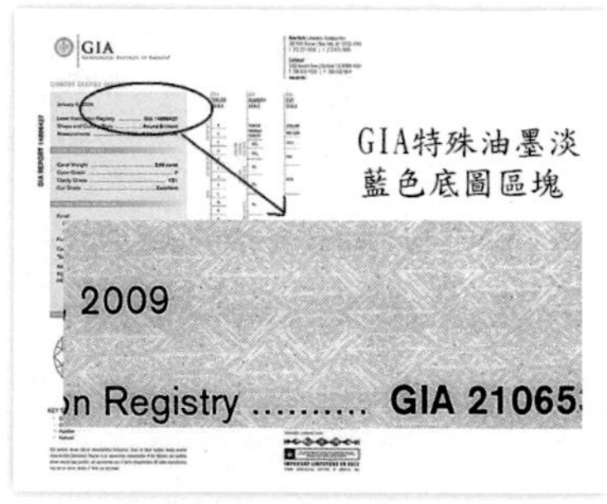

圖 22-16 特殊油墨底圖

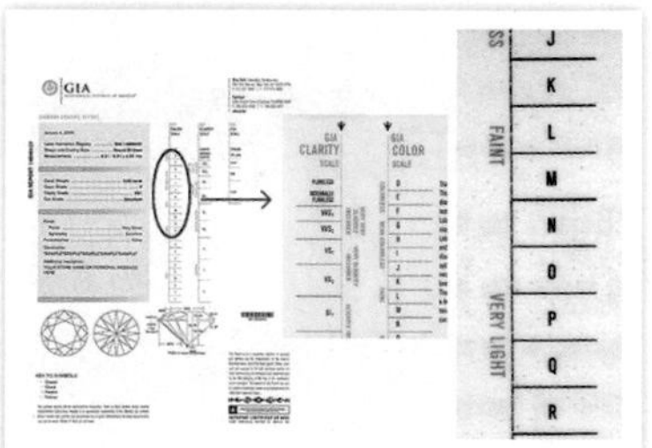

圖 22-17 特殊印字防偽線

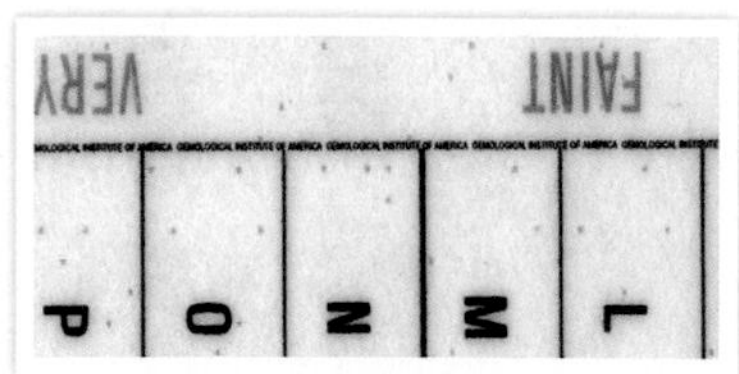

圖 22-18 特殊印字防偽線放大

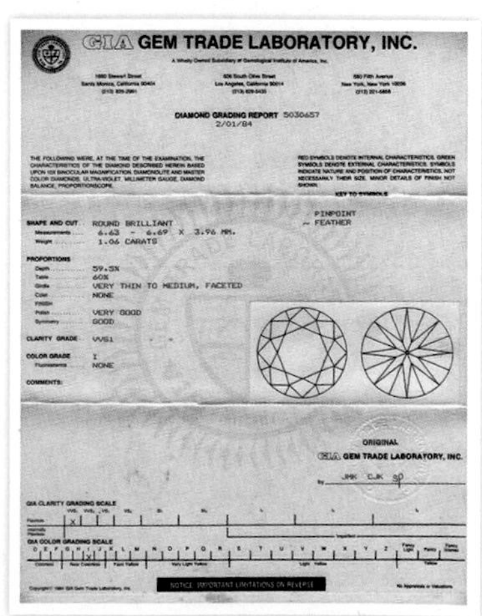

圖 22-19 舊版 GIA 鑑定書

圖 22-20 GIA 密封鑽石正面

圖 22-21 GIA 密封鑽石背面

我買的與證書是不是同一顆鑽石？

GIA 鑽石證書有兩種，一種是一克拉以上的鑽石所用的 GIA Diamond Grading Report，另一種是專門為一克拉以下所發行的 GIA Diamond Dossier，這兩種證書的差別只是一克拉以下的證書比較小而且沒有畫出鑽石內含物標示圖，一克拉以下的 GIA 鑽石會用雷射光束將證書編號刻在腰圍上，方便業者與消費者辨識鑽石是否為證書所鑑定的同一顆，如果是一克拉以上的鑑定書就不一定會將證書編號刻在鑽石腰圍上，這時候就必須對照鑑定書內容與鑽石是否相符來辨識該鑽石是不是就是證書所標示的同一顆了，最簡單的方法是確認鑽石重量是否與證書相符，因為證書所標示的鑽石重量非常精確，即使找一顆等級差不多的鑽石其重量也不可能與證書所標示的一模一樣，當然如果能請你信任的鑑定師依照鑽石內含物特徵做更進一步的確認是最好的。

GIA 電子式分級報告書

2012 年 2 月 17 日 GIA 正式對外宣布新的鑽石分級報告書，為現有的 GIA 服務又添加了一種選擇，新出爐的 GIA 電子式分級報告書（eReport）完全採線上操作。

GIA 電子式分級報告書針對天然 D ～ Z 成色，克拉重量在 0.15 ～ 2.99 克拉，而 GIA 電子式分級報告書完全藉由 GIA Report Check 此介面來查詢，此為 GIA 的網路資料庫，此種新式的 GIA 電子式分級報告書提供一致的分級項目，而且更為環保。GIA 電子式分級報告書對那些需快速取得鑽石資訊、做快速溝通上十分有幫助，此外無紙化的報告書得以有辦法讓 GIA 提供更低價位的分級服務。

GIA 電子式分級報告書的優點包括：

．比鑽石檔案及鑽石分級報告證書少 10%的費用

．溝通上更具即時性，另外 GIA 電子式分級報告證書只針對天然鑽石核發分級報告書，所以同時確認它是未經處理鑽石。

．藉由簡易的分享 GIA 電子式分級報告書的方式，例如電子郵件、線上查詢及行動裝置，進而促進貿易活絡。

．可藉由 GIA Report Check 的介面，在全球各地立即取得分級報告的結果。

．藉由減少紙本分級報告證書的庫存及運費成本而增加效率

．為環保淨一份心力，成為綠色企業的良好模範。

GIA 也提供密封鑽石的服務，如圖 22-20 及圖 22-21 所示。

自 2014 年 1 月 1 日起，GIA 更新報告書的格式，如圖 22-22 至圖 22-28 所示。

其與前版的差別，包括：

1. 色系改變：前版的顏色以藍色、黃色為主，新版的則以金色、銀色為主。其中金色用於天然鑽石、有色寶石、珍珠；銀色的則用於人造合成製品。

2. 排版方式改變：新版證書採橫列三欄版面編排，鑑定各項內容結果文字標示於最左欄，中間欄位放的是車工比例圖與淨度標示繪圖，最右欄為淨度、顏色與車工三項等級尺規。（圖 22-29）

3. 紙質改變：新款證書是由可生物分解的非乙烯基材料製成，紙質不含乙烯，更符合環保要求。

4. QR Code：每張證書上都有專屬的 QR Code，可以智慧型手機直接連結到 GIA 線上證書核對網頁，方便驗證鑑定書，同時並增添了新的防偽功能。（圖 22-30）

5. 鑽石的正面圖片：可加入鑽石正面的圖片，方便了解鑽石的外觀。（圖 22-24）

圖 22-22 2014 年起新版 DIAMOND GRADING REPORT courtesy GIA

圖 22-23 2014 年起新版 DIAMOND DOSSIER courtesy GIA

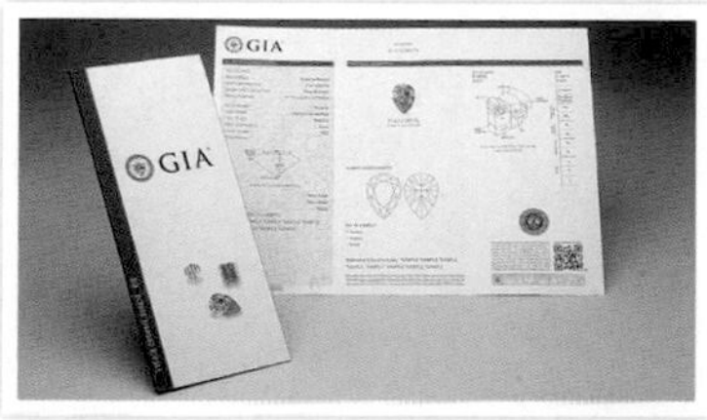

圖 22-24 2014 年起新版 COLORED DIAMOND GRADING REPORT courtesy GIA

圖 22-25 2014 年起新版 COLORED DIAMOND IDENTIFICATION AND ORIGIN REPORT courtesy GIA

圖 22-26 2014 年起新版 SYNTHETIC DIAMOND GRADING REPORT courtesy GIA

圖 22-27 2014 年起新版 SYNTHETIC COLORED DIAMOND GRADING REPORT courtesy GIA

圖 22-28 2014 年起新版 SYNTHETIC COLORED DIAMOND REPORT courtesy GIA

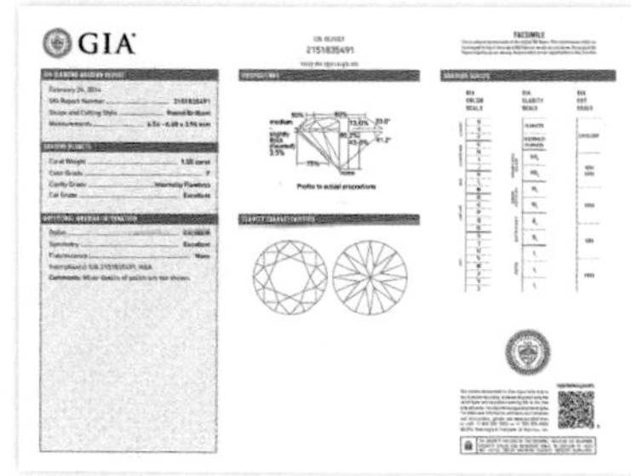

圖 22-29 新版 GIA REPORT 橫列三欄版面

圖 22-30 新版 GIA REPORT QR code

GIA 分級報告書線上核對

GIA 提供分級報告書免費線上核對服務，如圖 22-31 所示，不過只限於 2000 年後分級的報告書。較早的版本是要同時輸入證書號碼及鑽石重量，如圖 22-32 及圖 22-33 所示。不過新版的只要輸入證書號碼即可，如圖 22-34 所示。

GIA 各項服務的收費標準，可上 GIA 網站查詢，如圖 22-35 所示。

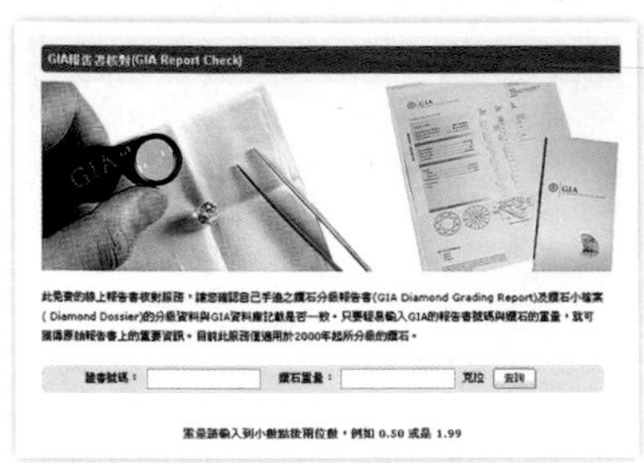

圖 22-31 舊版線上核對

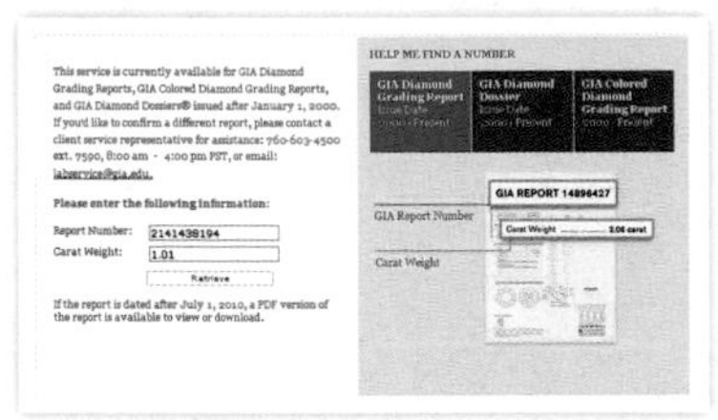

圖 22-32 線上核對輸入例

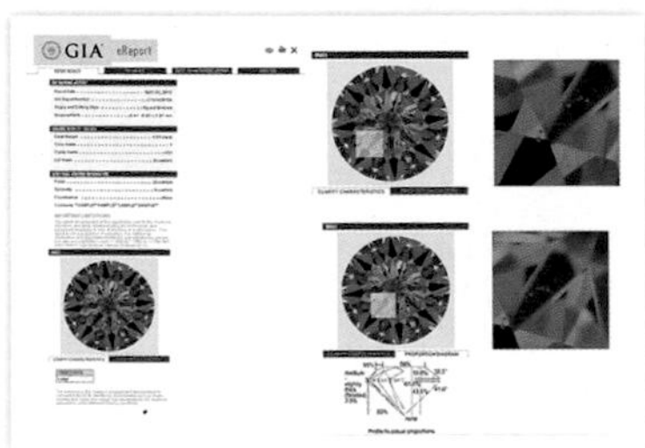

圖 22-33 線上核對結果

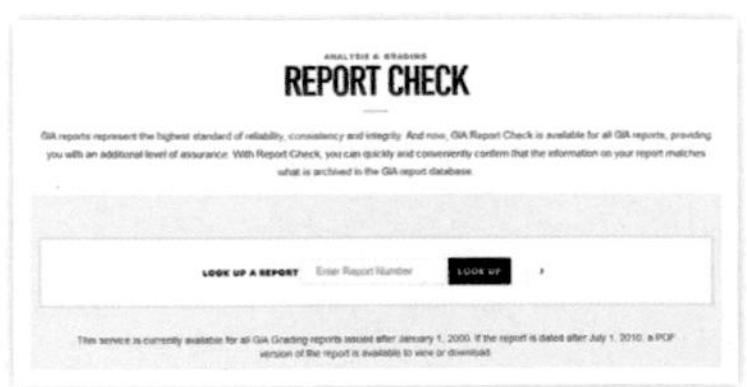

圖 22-34 新版線上核對

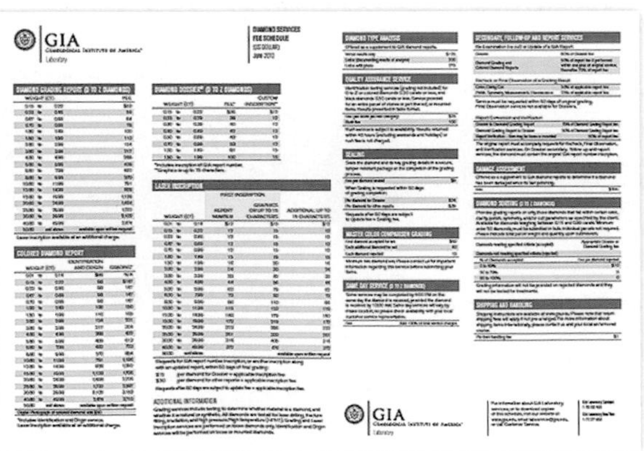

圖 22-35 GIA 各項服務的收費標準

22-3 IGI 國際寶石學院

IGI 國際寶石學院（International Gemological Institute）在歐洲及美國是頗具知名度的專業鑑定所。目前在比利時安特衛普、紐約、曼谷、孟買和東京等城市（圖 22-38 ）都有設立分支機構。1975 年 IGI 從僅有三名員工，發展至今已超過 250 名的專業人員，IGI 每年所發出的各類鑑定或報告已多達 40 萬份。

其鑑定的標準等同於 GIA，在歐洲地區流通的程度比 GIA 還要更普遍，IGI 更是鑽石雷射腰圍的首創者（圖 22-39），GIA 才隨後跟進。還記得第 8 章〈鑽石產地與世界名鑽〉中，我們談過重 0.0003 克拉，世界最小 57 個刻面的鑽石嗎？其鑑定書就是由 IGI 開立的，此外點睛品／周生生也是採用 IGI 證書。

I.G.I. 的鑽石報告書包括：

Description 種類
Shape and Cut 形狀和型式
Weight 重量
Measurements 尺寸
Depth Percentage 全深百份比
Table Percentage 桌面百份比
Crown Angle 冠部角度
Pavilion Angle 底部角度
Culet Size 尖底尺寸
Girdle Thickness 腰圍厚度
Polish/Symmetry 拋光／對稱
Clarity Grade 淨度
Color Grade 顏色
Fluorescence 螢光反應
Comments about Diamond 評語備註
Plot of Internal and External Inclusions 鑽石內含物製圖

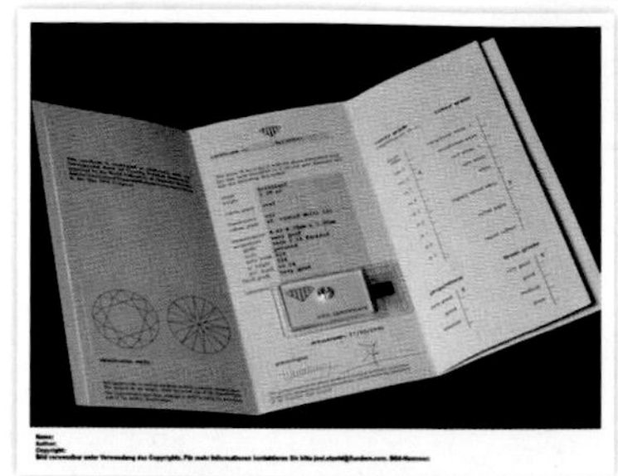

圖 22-36 IGI 鑑定報告

圖 22-37 IGI 鑑定中心 courtesy IGI

圖 22-38 IGI 分支機構位置

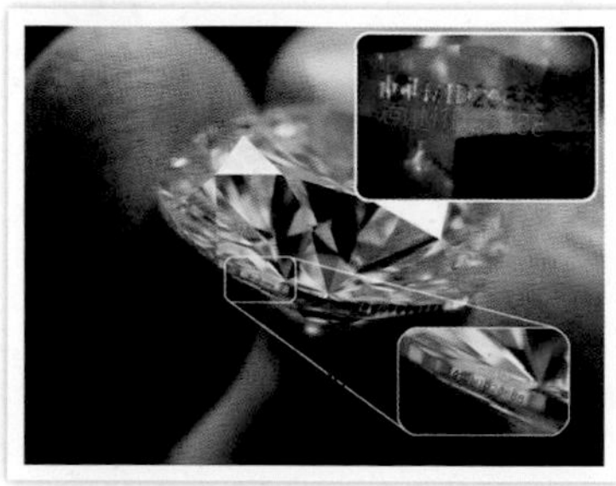

圖 22-39 IGI Laserscribe

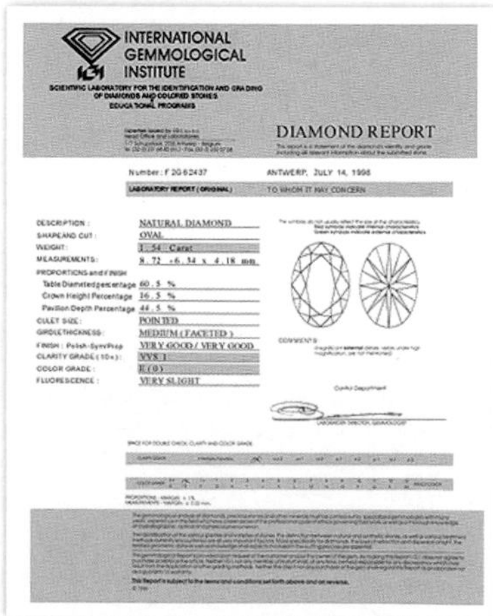

INTERNATIONAL GEMMOLOGICAL INSTITUTE

SCIENTIFIC LABORATORY FOR THE IDENTIFICATION AND GRADING OF DIAMONDS AND COLORED STONES
EDUCATIONAL PROGRAMS

DIAMOND REPORT

Number: F 2G 62437　ANTWERP, JULY 14, 1998

LABORATORY REPORT (ORIGINAL)　TO WHOM IT MAY CONCERN

DESCRIPTION: NATURAL DIAMOND
SHAPE AND CUT: OVAL
WEIGHT: 1.54 Carat
MEASUREMENTS: 8.72 - 6.34 x 4.18 mm.
PROPORTIONS and FINISH
Table Diameter percentage 60.5 %
Crown Height Percentage 16.5 %
Pavilion Depth Percentage 44.5 %
CULET SIZE: POINTED
GIRDLE THICKNESS: MEDIUM (FACETED)
FINISH: Polish-Sym/Prop VERY GOOD / VERY GOOD
CLARITY GRADE (10x): VVS 1
COLOR GRADE: E (0)
FLUORESCENCE: VERY SLIGHT

COMMENTS:

圖 22-40

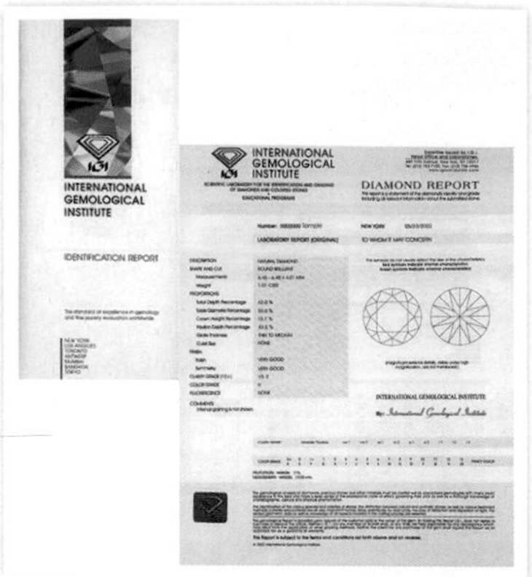
圖 22-41 IGI Diamond Report

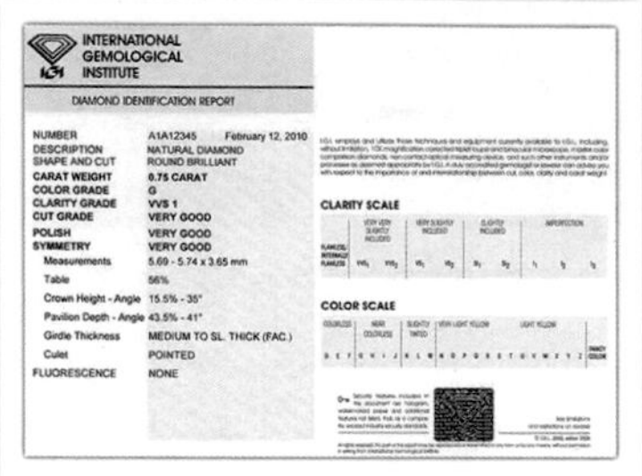
圖 22-42 IGI Diamond Identification Report1

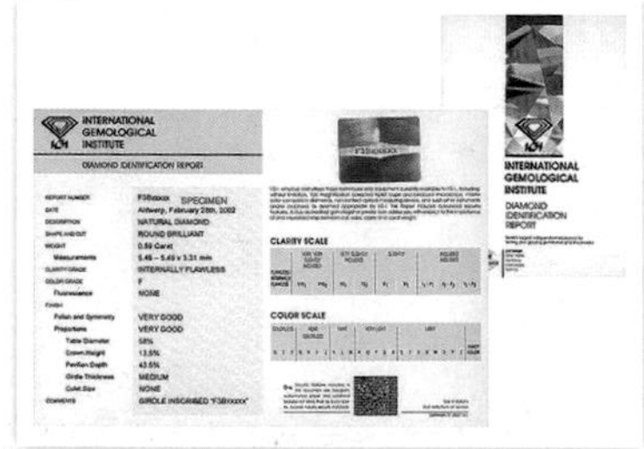
圖 22-43 IGI Diamond Identification Report2

圖 22-44 IGI Diamond Identification Report3

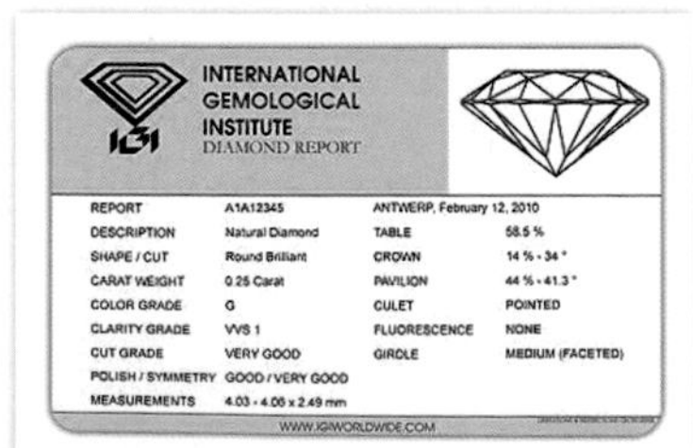
INTERNATIONAL GEMOLOGICAL INSTITUTE
DIAMOND REPORT

REPORT	A1A12345	ANTWERP, February 12, 2010	
DESCRIPTION	Natural Diamond	TABLE	58.5 %
SHAPE / CUT	Round Brilliant	CROWN	14 % - 34 °
CARAT WEIGHT	0.25 Carat	PAVILION	44 % - 41.3 °
COLOR GRADE	G	CULET	POINTED
CLARITY GRADE	VVS 1	FLUORESCENCE	NONE
CUT GRADE	VERY GOOD	GIRDLE	MEDIUM (FACETED)
POLISH / SYMMETRY	GOOD / VERY GOOD		
MEASUREMENTS	4.03 - 4.06 x 2.49 mm		

WWW.IGIWORLDWIDE.COM

圖 22-45 IGI Diamond Report Card

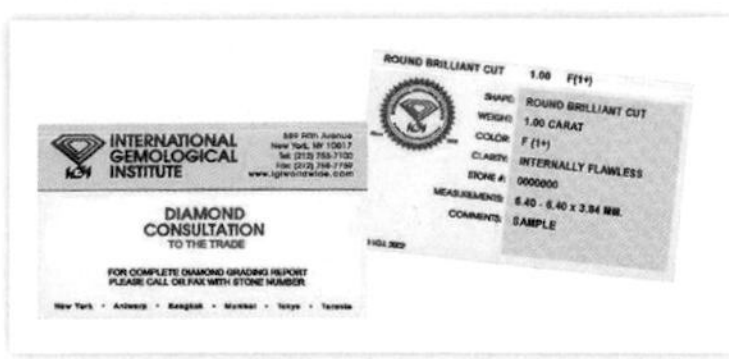
圖 22-46 Diamond Consultation

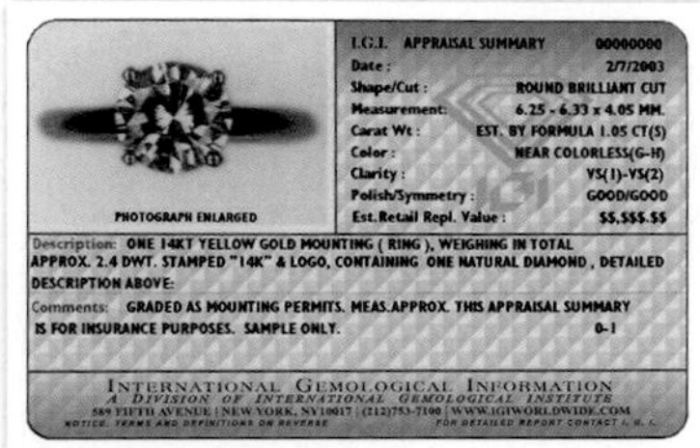
I.G.I. APPRAISAL SUMMARY 00000000

Date :	2/7/2003
Shape/Cut :	ROUND BRILLIANT CUT
Measurement:	6.25 - 6.33 x 4.05 MM.
Carat Wt :	EST. BY FORMULA 1.05 CT(S)
Color :	NEAR COLORLESS(G-H)
Clarity :	VS(1)-VS(2)
Polish/Symmetry :	GOOD/GOOD
Est.Retail Repl. Value :	$$,$$$.$$

PHOTOGRAPH ENLARGED

Description: ONE 14KT YELLOW GOLD MOUNTING (RING), WEIGHING IN TOTAL APPROX. 2.4 DWT. STAMPED "14K" & LOGO, CONTAINING ONE NATURAL DIAMOND , DETAILED DESCRIPTION ABOVE:

Comments: GRADED AS MOUNTING PERMITS. MEAS.APPROX. THIS APPRAISAL SUMMARY IS FOR INSURANCE PURPOSES. SAMPLE ONLY. 0-1

INTERNATIONAL GEMOLOGICAL INFORMATION
A DIVISION OF INTERNATIONAL GEMOLOGICAL INSTITUTE

圖 22-47 IGI Credit Report

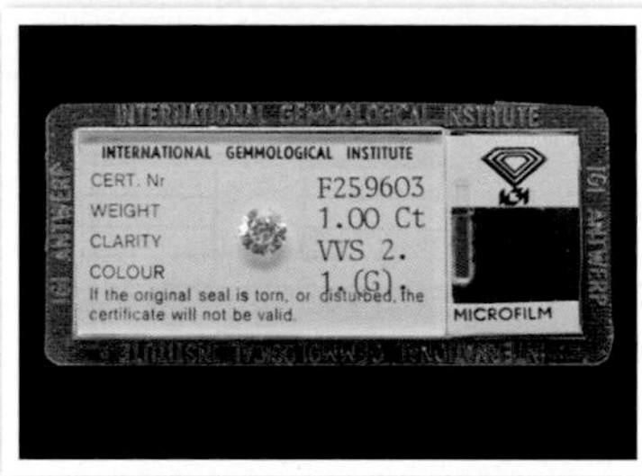

圖 22-48 IGI Microfilm

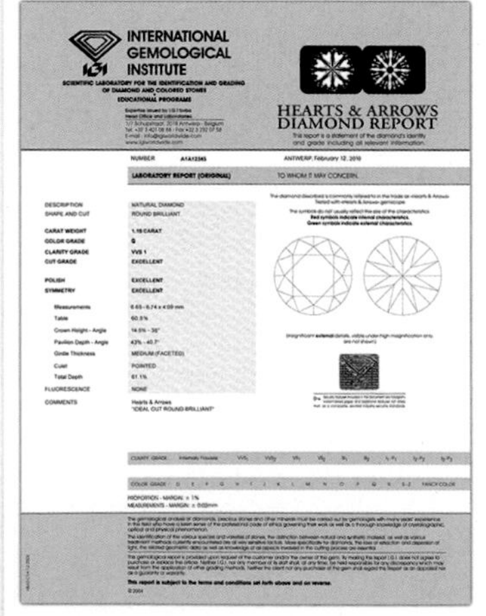
圖 22-49 IGI Hearts & Arrows Diamond Report1

圖 22-50 IGI Hearts & Arrows Diamond Report2

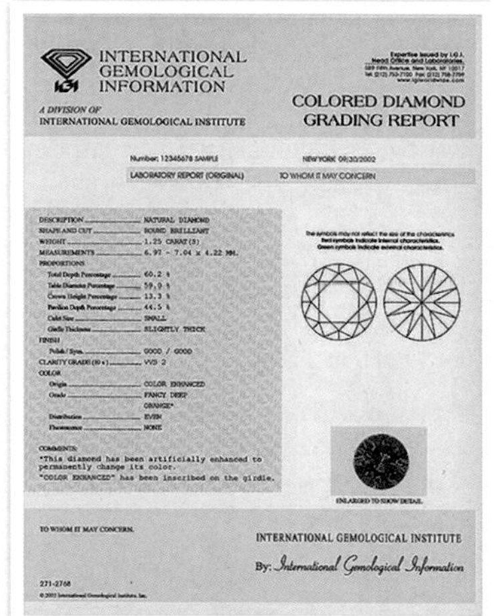
圖 22-51 IGI Colored Diamond Grading Report

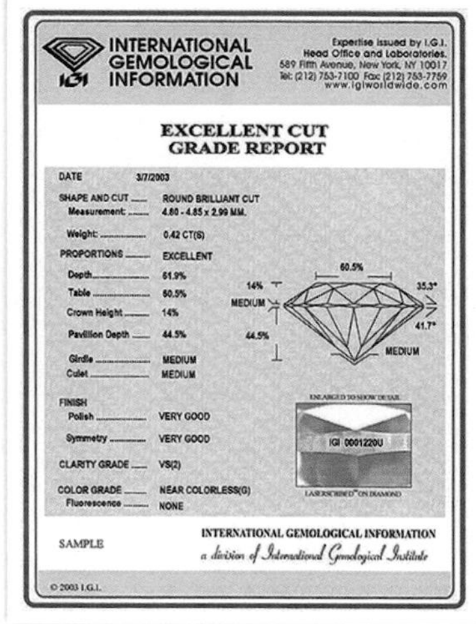
INTERNATIONAL GEMOLOGICAL INFORMATION

Expertise issued by I.G.I. Head Office and Laboratories. 589 Fifth Avenue, New York, NY 10017 Tel: (212) 753-7100 Fax: (212) 753-7759 www.igiworldwide.com

EXCELLENT CUT GRADE REPORT

DATE	3/7/2003
SHAPE AND CUT	ROUND BRILLIANT CUT
Measurement	4.80 - 4.85 x 2.99 MM.
Weight	0.42 CT(S)
PROPORTIONS	EXCELLENT
Depth	61.9%
Table	60.5%
Crown Height	14%
Pavillion Depth	44.5%
Girdle	MEDIUM
Culet	MEDIUM
FINISH	
Polish	VERY GOOD
Symmetry	VERY GOOD
CLARITY GRADE	VS(2)
COLOR GRADE	NEAR COLORLESS(G)
Fluorescence	NONE

SAMPLE

INTERNATIONAL GEMOLOGICAL INFORMATION
a division of International Gemological Institute

© 2003 I.G.I.

圖 22-52 IGI Excellent Cut Grade Report

為滿足客戶不同的需求，IGI 發展出各種不同的鑑定書，如圖 22-41 至圖 22-53 所示。

IGI 也提供線上核對服務，如圖 22-54 所示。

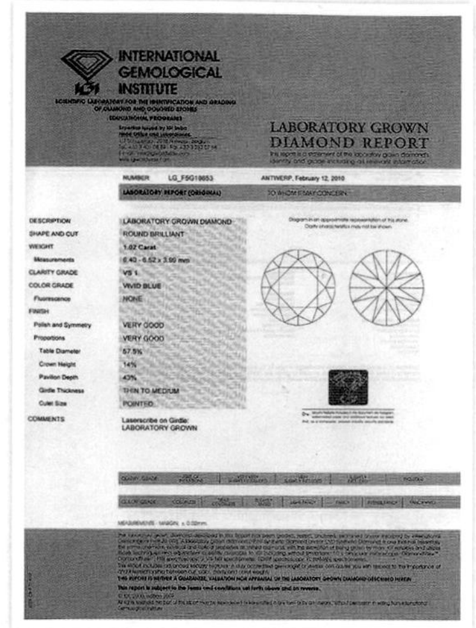
INTERNATIONAL GEMOLOGICAL INSTITUTE

LABORATORY GROWN DIAMOND REPORT

NUMBER LG_F5G10653 ANTWERP, February 12, 2010

LABORATORY REPORT (ORIGINAL) TO WHOM IT MAY CONCERN

DESCRIPTION	LABORATORY GROWN DIAMOND
SHAPE AND CUT	ROUND BRILLIANT
WEIGHT	1.07 Carat
Measurements	6.40 - 6.52 x 3.99 mm
CLARITY GRADE	VS 1
COLOR GRADE	VIVID BLUE
Fluorescence	NONE
FINISH	
Polish and Symmetry	VERY GOOD
Proportions	VERY GOOD
Table Diameter	57.5%
Crown Height	14%
Pavilion Depth	43%
Girdle Thickness	THIN TO MEDIUM
Culet Size	POINTED
COMMENTS	Laserscribe on Girdle: LABORATORY GROWN

圖 22-53 IGI Lab-Grow Diamond Report

Online Data Retrieval

Please note that our online data retrieval service shows only results for diamond reports issued after June 2004. Our report database is updated daily to ensure its accuracy.

However, occasional discrepancies can occur. In that case, please contact any IGI lab or email info@igiworldwide.com.

Diamond Report

Report No.

Weight

ENTER CANCEL

圖 22-54

22-4 AGS 美國寶石協會

AGS 全名為 American Gem Society 美國寶石協會，於 1934 年由 Mr. Robert Shipley 所創辦（圖 22-56），Mr. Shipley 同時也創辦了 GIA（Gemological Institute of America）美國寶石學院。

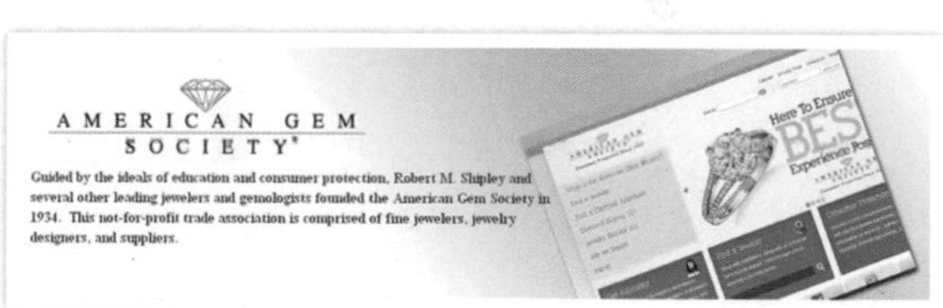

圖 22-55

圖 22-56 Robert M. Shipley courtesy AGSL

圖 22-57

圖 22-58 位於 Las Vegas 的 AGS Laboratories

AGS 以往僅針對業內會員的申請檢驗，並且沒有教學業務，因此在台灣的知名度沒有那麼高，但在美國與業界卻是廣為人知的公信鑑定機構。像 HOF 就只附 AGS 的證書而非 GIA。AGS 鑑定所（American Gem Society Laboratories，AGSL）（圖 22-57 及圖 22-58）於 1996 年成立，成立以來在行業中有許多領先的成就。其中包括：

・倡導了圓形明亮型鑽石的「完美級」切工等級。也被稱作 AGS「完美級」或「000」級。

・創立了業內第一種經過科學審核的、客觀和可複驗的切工分級方法，而且目前在同類方法中是獨一無二的。

・成為第一家提供花式（包括公主方形、祖母綠形、卵形和專利專有形狀）鑽石切工分級報告的主要鑑定所 實驗室。

圖 22-19 舊版 GIA 鑑定書中，僅記錄了 Depth、Table、Girdle、Culet 以及磨光和對稱，並沒有對車工比例進行評級。AGSL 鑑定時，將鑽石的淨度、顏色、車工都分成 0 ～ 10 的 11 個等級，其中最好是 0，最差是 10，GIA 爰引參考跟進，開始對車工進行評級。

現代版的 GIA 鑑定書中，檢視「車工比例、對稱性、磨光」等三方面，並將車工評等分為 Excellent、Very Good、Good、Fair、Poor5，如果三方面都評為 Excellent，即所謂的「三個 excellent」，是 GIA Cut 的最高等級。

兩者之間的相對關係如下所示：

AGS 與 GIA 車工對照表（cut scale）

AGS	0	1	2	3	4	5	6	7	8	9	10
	AGS Ideal	AGS Excellent	AGS Very Good	AGS Good		AGS Fair			AGS Poor		

AGS 與 GIA 淨度分級對照表（clarity scale）

AGS	0	1	2	3	4	5	6	7	8	9	10
	Flawless/IF	Very Very Slightly Included		Very Slightly Included		Slightly Included		Included			
GIA	Flawless/IF	VVS_1	VVS_2	VS_1	VS_2	SI_1	SI_2		I_1	I_2	I_3

AGS 與 GIA 顏色分級對照表（color scale）

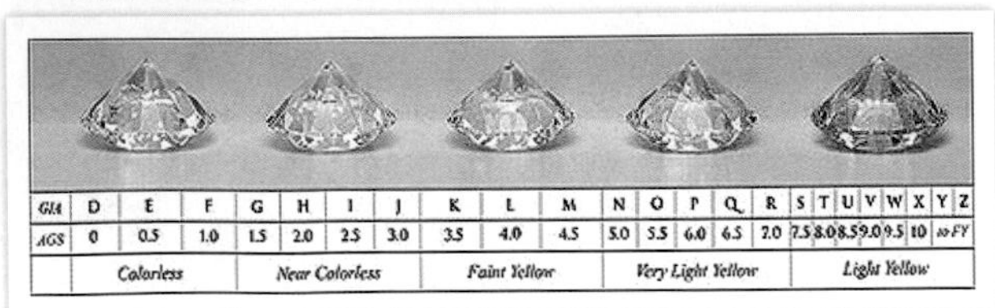

GIA	D	E	F	G	H	I	J	K	L	M	N	O	P	Q	R	S	T	U	V	W	X	Y	Z
AGS	0	0.5	1.0	1.5	2.0	2.5	3.0	3.5	4.0	4.5	5.0	5.5	6.0	6.5	7.0	7.5	8.0	8.5	9.0	9.5	10	10+FY	
	Colorless			Near Colorless				Faint Yellow			Very Light Yellow					Light Yellow							

如果在 AGSL 評為最高等級，就可獲得 triple 0，即所謂「三個 0」。

以上的評級法在 AGSL 稱為 Proportion-Based Cut Grade。AGSL，致力研究車工、鑑定車工，認為以比例法評定車工的好壞，可能因為組合的成效，致使評等有誤差，主張應以立體的觀測為準，因而發展出另外一套車工評級法即 Light Performance Cut Grade。

Light Performance Cut Grade 的評級法中，認為「美」的鑽石關係到亮光、火光、漏光、對比、重量比、耐久性、傾斜、腰圍、尖底及磨光、對稱，因此以 3-D 模型分析光在鑽石上行進的表現。並以儀器記錄待測鑽石的光學表現進行比對，以評定出其車工等級。AGSL 號稱此作法除圓形外並可適用於多種花式車工，具可重複性，號稱是目前最為科學的作法。

AGSL 為滿足客戶不同的需求，以前述兩種評級法發展出各種不同的鑑定書，包括 Platinum Diamond Quality Document、Diamond Quality Document、Diamond Quality Certificate、Diamond Quality Report、Gold Diamond Quality Report、Diamond Quality Analysis、Diamond Consultation 及 Scintillation Report 等，分別如圖 22-59 至圖 22-66 所示。

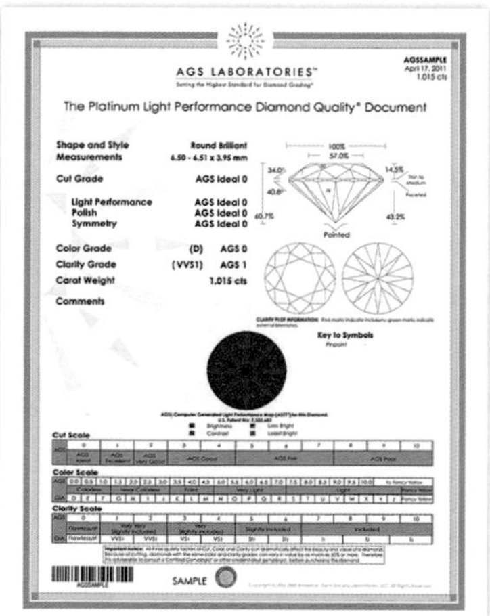
AGS LABORATORIES
The Platinum Light Performance Diamond Quality® Document

圖 22-59 Platinum Diamond Quality Document

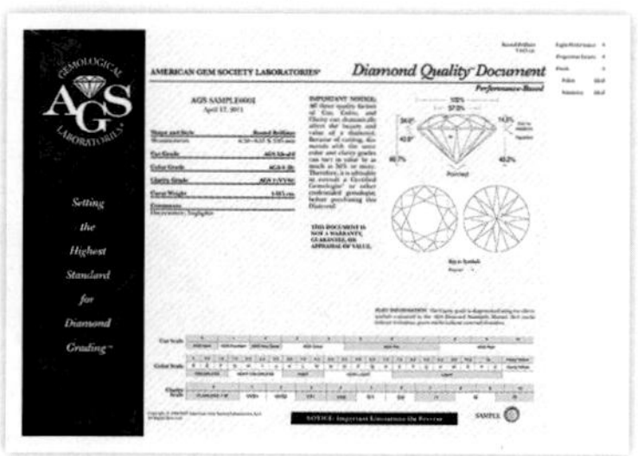
Diamond Quality Document

圖 22-60 Diamond Quality Document

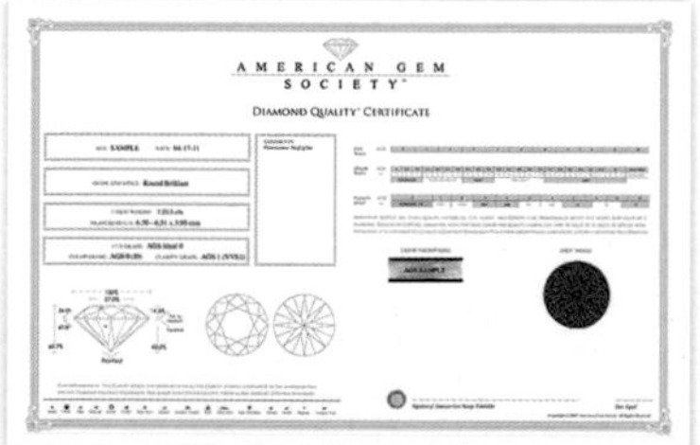
AMERICAN GEM SOCIETY
DIAMOND QUALITY CERTIFICATE

圖 22-61 Diamond Quality Certificate

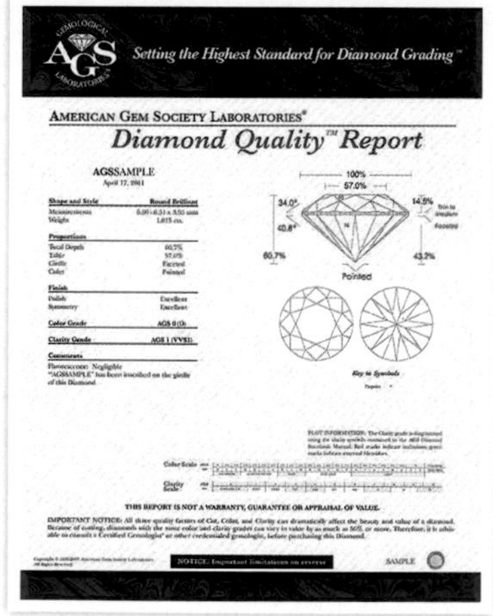
Setting the Highest Standard for Diamond Grading
AMERICAN GEM SOCIETY LABORATORIES
Diamond Quality™ Report

圖 22-62 Diamond Quality Report

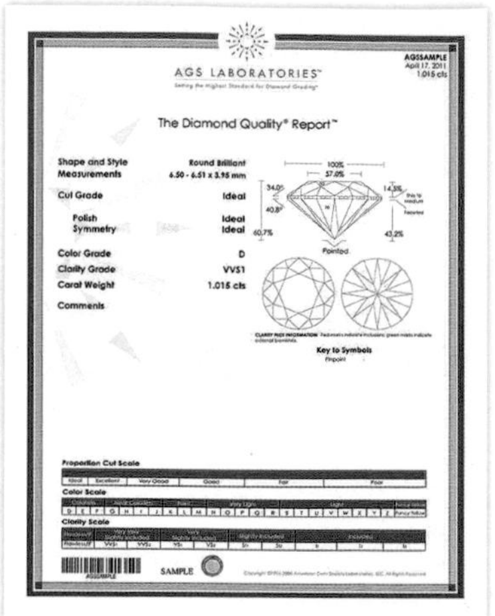
AGS LABORATORIES
The Diamond Quality® Report™

圖 22-63 Gold Diamond Quality Report

Diamond Quality Analysis

圖 22-64 Diamond Quality Analysis

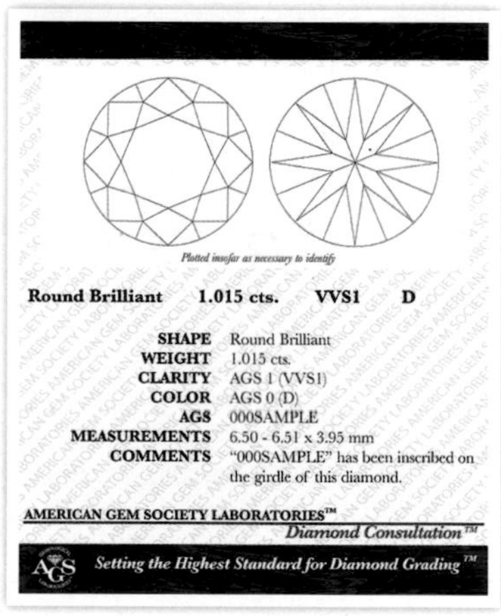
Plotted insofar as necessary to identify

Round Brilliant 1.015 cts. VVS1 D

SHAPE	Round Brilliant
WEIGHT	1.015 cts.
CLARITY	AGS 1 (VVS1)
COLOR	AGS 0 (D)
AGS	000SAMPLE
MEASUREMENTS	6.50 - 6.51 x 3.95 mm
COMMENTS	"000SAMPLE" has been inscribed on the girdle of this diamond.

AMERICAN GEM SOCIETY LABORATORIES™
Diamond Consultation™
Setting the Highest Standard for Diamond Grading™

圖 22-65 Diamond Consultation

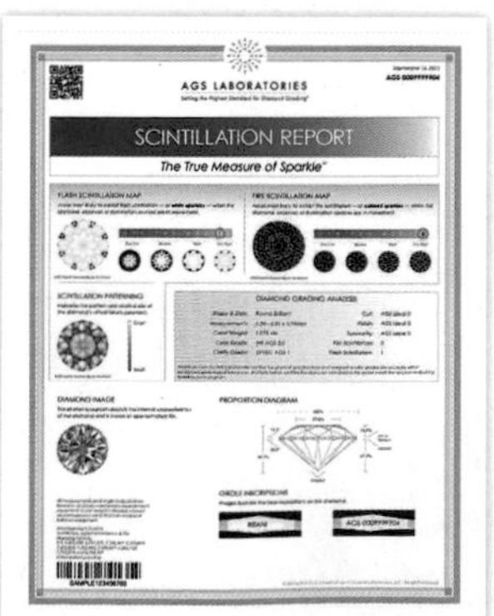
AGS LABORATORIES
SCINTILLATION REPORT
The True Measure of Sparkle™

圖 22-66 Scintillation Report

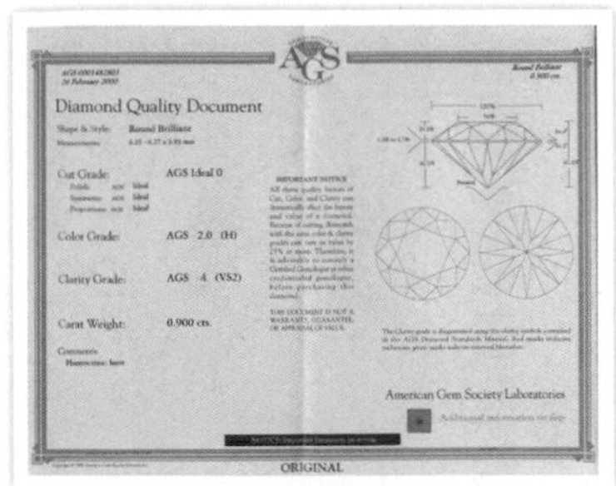
Diamond Quality Document

American Gem Society Laboratories

ORIGINAL

圖 22-67 Diamond Quality Document 2002 ~ 2005 年使用

圖 22-67 所示之 Diamond Quality Document 為 2002 ~ 2005 年使用，目前已不使用，但因仍在市面上流通，故將其收錄以供辨識。

此外，AGS 也號稱其雷射刻字係採冷雷射光（Cold Laser）而非一般所用之熱雷射光（Hot Laser），不致對鑽石表面造成傷害，如圖 22-68 及圖 22-69 所示。

AGS 也提供線上核對服務，如圖 22-70 所示。

圖 22-68 AGSL PhotoScribe courtesy AGSL

圖 22-69 AGSL 雷射刻字

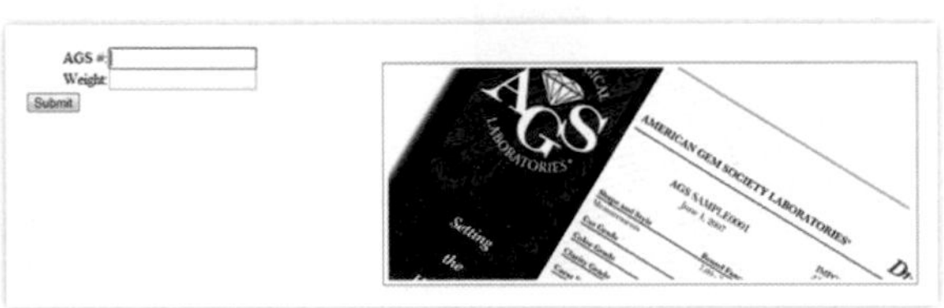

圖 22-70 AGSL 線上核對

22-5 HRD 比利時的鑽石高等評議會

圖 22-71 HRD 鑽石分級

HRD 比利時的鑽石高等評議會（也稱鑽石高階層議會，Hoge Road voor Diamant），1973 年在比利時安特衛普設立，其鑑定所則於 1976 年設立，在全世界都具公信力。如果說 GIA 是美國最普遍的證書單位，那麼歐洲就首推 HRD 了。HRD 成立於 1973 年，是比利時政府官方認可的鑑定機構（大約相當於我國經濟部所屬的外貿協會），總部位於安特衛普世界鑽石中心，目前員工約有 200 人，它採用符合「國際鑑定規則」的系統，在 1978 年 5 月世界年會中，是唯一被世界交易所聯盟（WFDB）及國際鑽石製造商總會（IDMA）被認可的標準。

HRD 鑽石分級

HRD 於 2009 年 1 月 1 日正式推出的新式鑽石鑑定書，主要是針對全球有八心八箭的鑽石，採用最新數位設備捕捉，分析並評價一顆鑽石的八心八箭圖案。對於八心八箭的標準規格訂定出規範及鑑定項目，並出示於鑑定書內。

正如前述：目前市場上，許多消費者看到 GIA 證書的備註欄上打上「H&A」就認定是有達到車工八心八箭的標準，其實 GIA 目前並未針對車工有八心八箭的鑽石做出鑑定等級評鑑。

為滿足客戶不同的需求，HRD 發展出各種不同的鑑定書，如圖 22-72 至圖 22-76 所示。

HRD 鑑定書真偽

如同其他鑑定所，HRD 也有防偽措施，包括浮水標誌（Water Mark）、防偽線（Micro Text）、線條構造（Line Structure）以及螢光標誌（Fluoresce mark），分別如圖 22-78 至圖 22-81 所示。

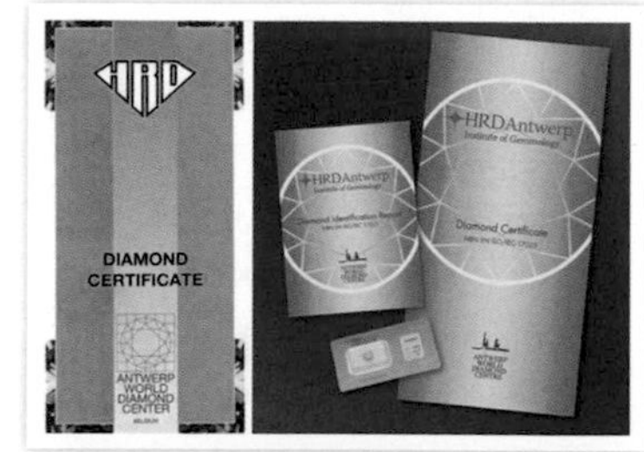

圖 22-72 HRD 各式各樣鑑定書

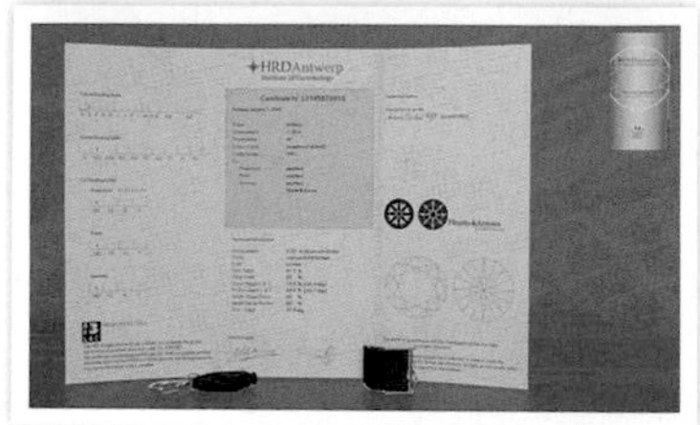

圖 22-73 HRD Diamond Certificate

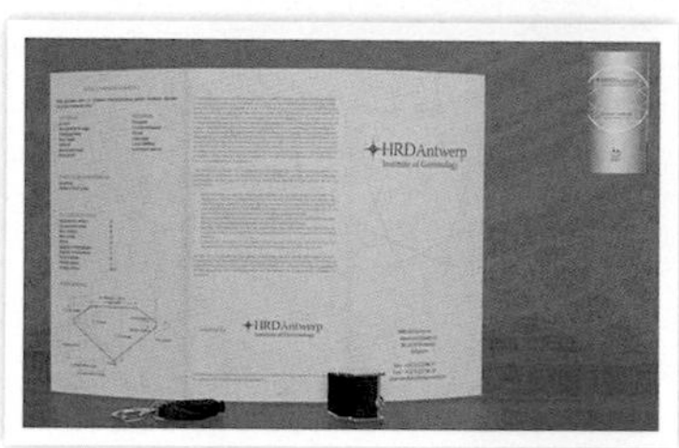

圖 22-74 HRD cover

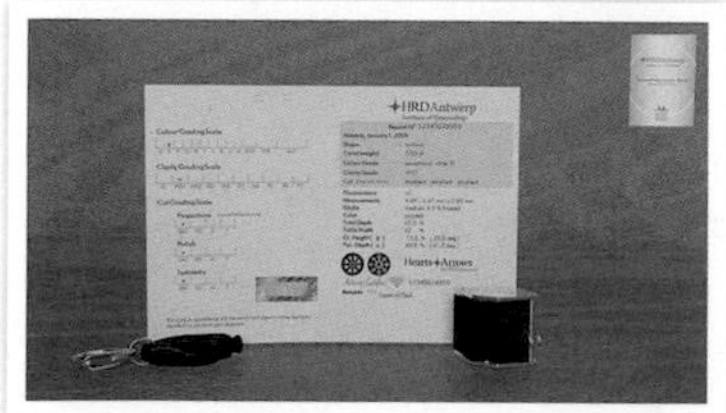

圖 22-75 HRD Diamond Identification Report

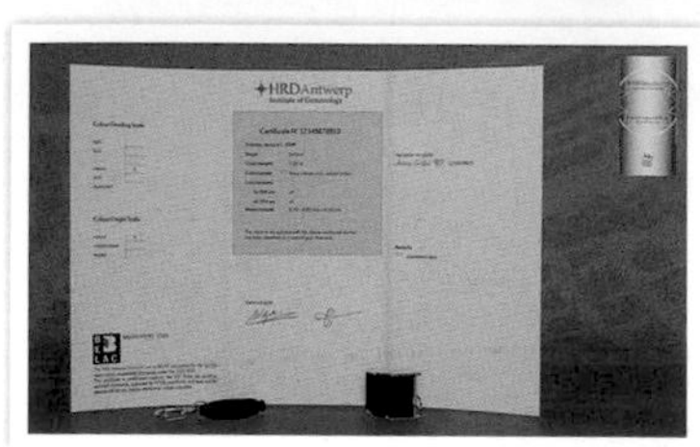

圖 22-76 HRD Diamond Color Certificate

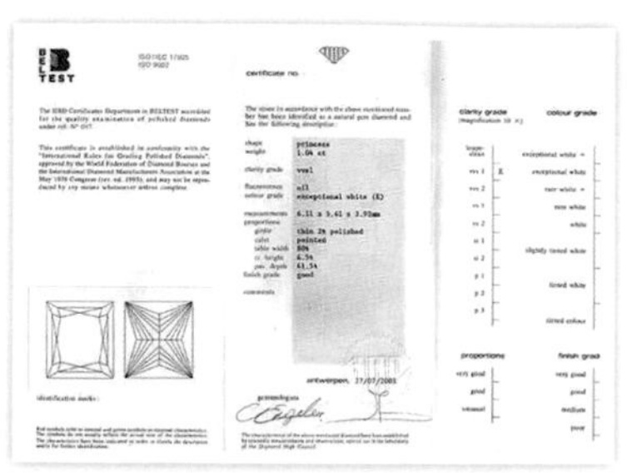

圖 22-77 舊式 HRD Diamond Certificate

圖 22-78 HRD 浮水標誌 HRD Water Mark

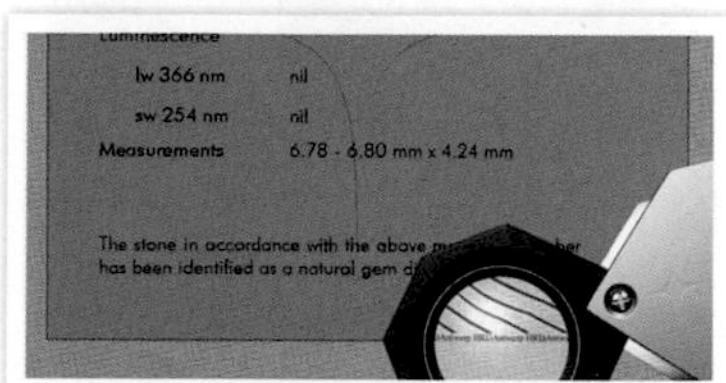

圖 22-79 HRD 防偽線 HRD Micro Text

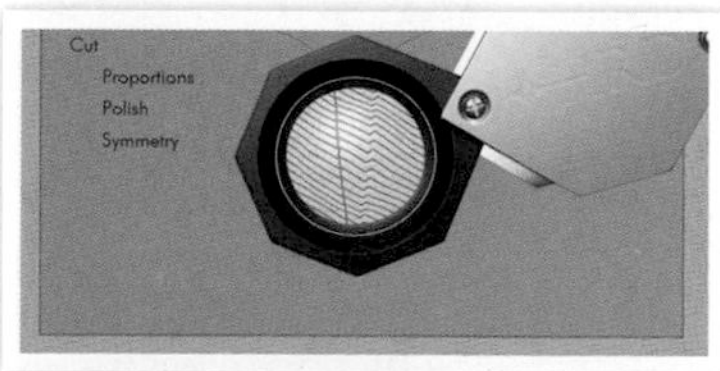

圖 22-80 HRD 線條構造 HRD Line Structure

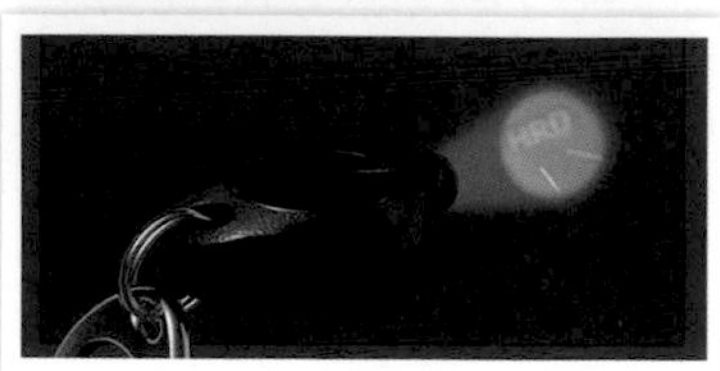

圖 22-81 HRD 螢光標誌 HRD Fluoresce mark

22-6

EGL歐洲寶石學院

圖 22-82 E.G.L. Internal

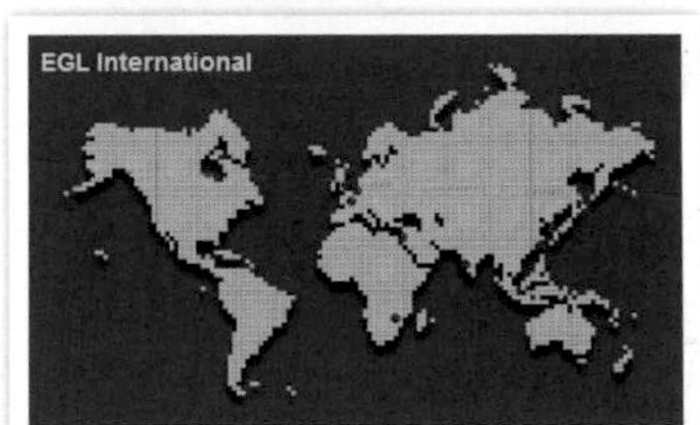

圖 22-83 E.G.L. Internal 分布位置

圖 22-84 EGL Isreal_School

圖 22-85 EGL 鐳射刻字

圖 22-86 EGL USA

圖 22-87 EGL Canada

歐洲寶石實驗室（European Gemology laboratory，EGL）1974 年於比利時安特衛普開設，獲國際認可，並為國際寶石學實驗室網的一部分，是全球第三大寶石服務供應商。現今 EGL 已拆分為兩個單獨的組織：E.G.L. International（國際 EGL），在特拉維夫、倫敦、孟買、巴黎、香港、漢城、安特衛普和約翰尼斯堡設有實驗室（圖 22-82 至圖 22-85），和 EGL USA（美國 EGL），其中包括 EGL Canada（加拿大），在紐約、洛杉磯、溫哥華和多倫多有實驗室（圖 22-86 及圖 22-87）。
這兩個組織互不隸屬。

EGL 並不販賣鑽石及寶石，也不評論鑽石的價值，而以協助消費者購買鑽石及貴寶石為使命，40 年來，EGL 的客戶以專業的批發商、零售店及切割工廠為主。EGL 除提供鑽石、彩色寶石及珠寶鑑定外，其他服務包括及寶石學教學及鐳射刻字等。EGL Internal 獲得 ISO 9001 及國際認證聯盟認證，在美國及比利時，EGL 鑑定所有一定的專業地位跟知名度。

EGL 鑽石分級證書

一般而言 E.G.L. 鑽石鑑定證書提供的資料包括：

Shape and Cut 形狀和型式
Measurements 尺寸
Weight 重量
Depth Percentage 全深百份比
Table Percentage 桌面百份比
Crown Angle 冠角
Pavilion Angle 底角
Girdle Thickness 腰圍厚度
Culet Size 尖底尺寸
Polish 拋光
Symmetry 對稱
Clarity Grade 淨度
Color Grade 顏色
Fluorescence 螢光反應
Comments about Diamond 註記
Plot of Internal and External Inclusions 鑽石內含物特徵製圖

EGL International

EGL International 的鑑定書種類繁多，但每種證書都將報告鑽石的 4C 及其他資料，這是識別及鑑定鑽石、寶石及珠寶的基本要素。證書還提供拋光、車工、比例、尺寸及物理性質等其他資料，以便對寶石進行鑑定。鑑定書種類包括：

EGL International Diamond Report

標準的 EGL International 鑽石報告包含：鑽石的 4 C、切磨工藝的拋光和對稱性、以比例關係圖顯示桌面的寬度，冠高、亭深和總深度等，以及電腦輔助的淨度製圖，光學表現（切磨等級至少達到 Very Good）和鐳射刻字照片（如果有）。

Excellium Diamond Report

EGL International Excellium 鑽石報告附帶了一個銀色的封面，是專門提供給切磨極好，譬如有八心八箭的圓形明亮式鑽石的報告書，當然其中也包括了標準的鑽石鑽石報告上所有會有的資料。

OFancy Color Diamond Report

EGL International 彩色鑽石報告是專門提供給在顏色等級 D ～ Z 之外，顏色夠濃（例如黃色、粉紅色或藍色）鑽石的報告書。其內容除包含了標準的鑽石報告該有的資料內容外，還會確認彩鑽顏色的天然來源，並附彩鑽的紫外 - 可見光譜圖。

Diamond Mini-Cert

EGL International 鑽石迷你證書包含了完整鑽石報告中分級結果和其它資訊，以及電腦輔助的淨度製圖。

EGL International Certicard

EGL International 信用卡大小的 CertiCard 是鑽石的 ID 卡。內容包含了 4 C 評量結果和螢光反應等基本資訊，再加上面朝上的數位照片，和鐳射題字（如果有）。

Diamond Seal

鑽石密封是一個安全性的保障，在於提供一層額外的防損壞並防止欺詐和掉包的措施。EGL International 鑽石密封將鑽石真空密封在一個手持的包裝中，與鑽石報告、迷你證書或 CertiCard 一起使用，並同時顯示鑽石 4 C 等相關資料。

圖 22-88 EGL Microfilm

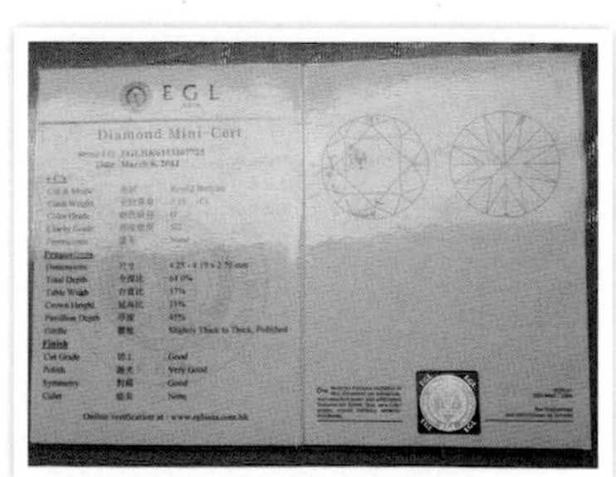

圖 22-89 EGL Asia Diamond Mini-Cert

圖 22-90 EGL International 鑽石報告線上認證

EGL International 也提供鑽石報告線上認證，只要持有 EGL International 鑑定書，就可以上網與 EGL International 資料庫中的資料進行核對（圖 22-90）。或是以手機直接掃描證書上的 QR code，相關資訊就會顯示在手機螢幕上。

EGL USA

EGL USA 設立於 1977 年，並自 1986 年起獨立運作。30 多年來，EGL USA 以科學工作提供業界和消費者保護，在業界的領先作為包括：

- 分級比重量小於一克拉的鑽石。
- 在鑽石上置入圖像作為識別標誌。
- 提供 72 小時鑽石報告服務。
- 發行迷你報告，包含完整的全尺寸報告數據。
- 引入 SI3 級的鑽石標準。
- 透過確認與運送鑽石相應的報告以保護上網購物者。
- 檢測並宣布市場上存在高壓高溫（HPHT）處理的 IIa 型彩色鑽石。
- 檢測並宣布高壓高溫的在市場上的存在（HPHT）處理過的彩色鑽石（IIa 型）。
- 揭露 IAB 型鑽石可被高溫高壓處理成無色鑽石，並已出現在市場上。
- 在鑽石報告中注解 HPHT 處理。
- 透過特殊報告和雷射刻字全面披露合成鑽石。
- 檢測並公佈化學氣相沉積法（CVD）鑽石在市場的存在。
- 開發系統來識別已鑲的合成小碎鑽。
- 識別並建立對於新一代以有色塗料表面處理鑽石的分級政策。

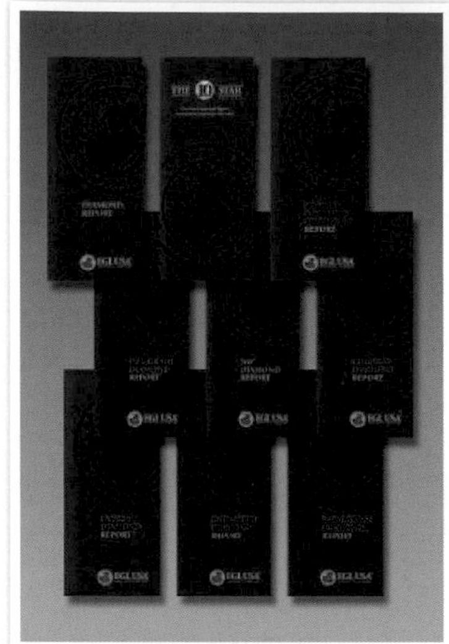

圖 22-91 EGL USA 各種報告

DIAMOND CERTIFICATE

issued by the

EUROPEAN GEMOLOGICAL LABORATORY

Antwerp New York Los Angeles

Independent educational organization.
Institute for certification of diamonds and precious stones.

Laboratory report
Certificate N°

This examination has been scientifically carried out by a graduate gemologist and may be repeated at any time.

Description:	NATURAL DIAMOND
WEIGHT:	0.81 ct.
Shape and cut:	ROUND BRILLIANT CUT
Measurements:	Approx. Max 5.97 Min 5.91 x 3.66 mm.
Proportions:	GOOD
Depth %:	61.6%
Table diameter %:	60%
Crown height:	14%
Pavilion depth:	44%
Girdle thickness:	MEDIUM FACETED
Finish grade:	GOOD
PURITY *: (Clarity grade)	VS1
COLOR GRADE:	D(E)
Photoluminescence:	SLIGHT
Comments:	
Date:	Jan. 5, 1981

Laboratory director

* (10 x Magnification)

Colour grade based on master comparison stones.
The laboratory does not and may not appraise the stones which are submitted for its inspection.

ORIGINAL

N° 141740

圖 22-92 1981 年 Diamond Certificate

EGL USA 提供了各式各樣的報告，以滿足客戶不同的需求，包括：Diamond Report、10 Star Diamond Report、Hearts & Arrows Diamond Report、Cut Grade Diamond Report、360 ° Diamond Report、Colored Diamond Report、Envira Diamond Report、Enhanced Diamond Report 及 Lab-Grown Diamond Report 等。 圖 22-91 至圖 22-99 所示為歷年來各種不同報告類型。

除了以上五大國際級鑑定所外，也有一些非國際級的鑑定所所出的鑑定書，如圖 22-100 所示。或是為突現某種特點而出的證書，如圖 22-101 所示。

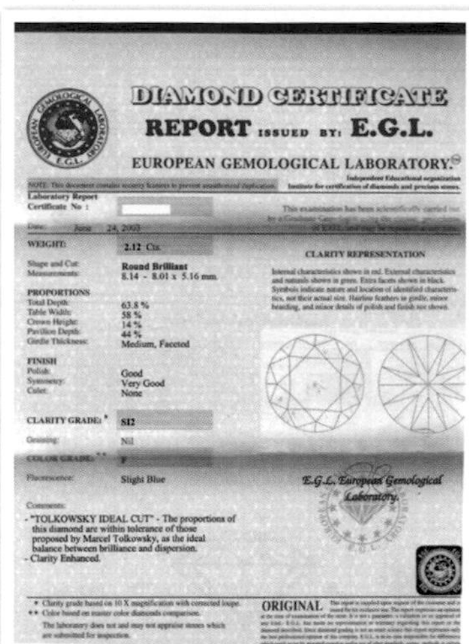
DIAMOND CERTIFICATE
REPORT ISSUED BY: E.G.L.
EUROPEAN GEMOLOGICAL LABORATORY
Laboratory Report
Certificate No :
WEIGHT: 2.12 Cts.
Shape and Cut: Round Brilliant
Measurements: 8.14 - 8.01 x 5.16 mm.
PROPORTIONS
Total Depth: 63.8 %
Table Width: 58 %
Crown Height: 14 %
Pavilion Depth: 44 %
Girdle Thickness: Medium, Faceted
FINISH
Polish: Good
Symmetry: Very Good
Culet: None
CLARITY GRADE: SI2
Graining: Nil
Fluorescence: Slight Blue
CLARITY REPRESENTATION
Comments:
- "TOLKOWSKY IDEAL CUT" - The proportions of this diamond are within tolerance of those proposed by Marcel Tolkowsky, as the ideal balance between brilliance and dispersion.
- Clarity Enhanced.
ORIGINAL

圖 22-93 Diamond Report

圖 22-94 Diamond Report cover

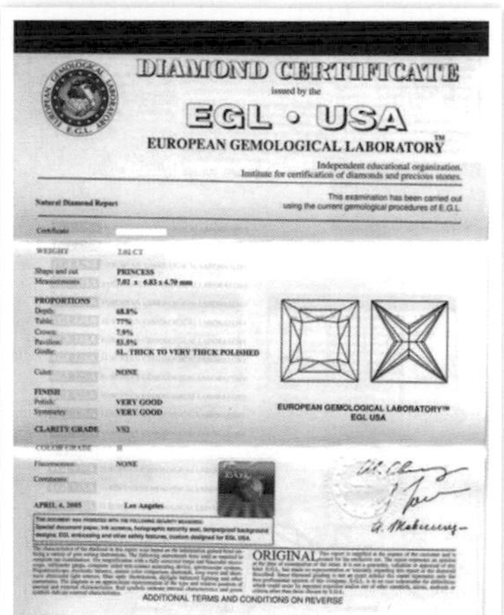
DIAMOND CERTIFICATE
issued by the
EGL · USA
EUROPEAN GEMOLOGICAL LABORATORY™
Independent educational organization.
Institute for certification of diamonds and precious stones.
Natural Diamond Report
This examination has been carried out using the current gemological procedures of E.G.L.
Shape and cut: PRINCESS
Measurements: 7.01 x 6.83 x 4.70 mm
PROPORTIONS
Girdle: SL. THICK TO VERY THICK POLISHED
Culet: NONE
FINISH
Polish: VERY GOOD
Symmetry: VERY GOOD
CLARITY GRADE: VS2
Fluorescence: NONE
EUROPEAN GEMOLOGICAL LABORATORY™ EGL USA
ORIGINAL
ADDITIONAL TERMS AND CONDITIONS ON REVERSE

圖 22-95 Diamond Report 2

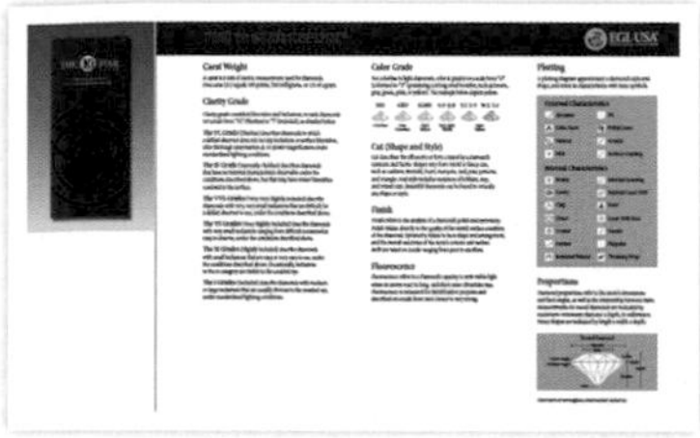

圖 22-96 10 Star Diamond Report

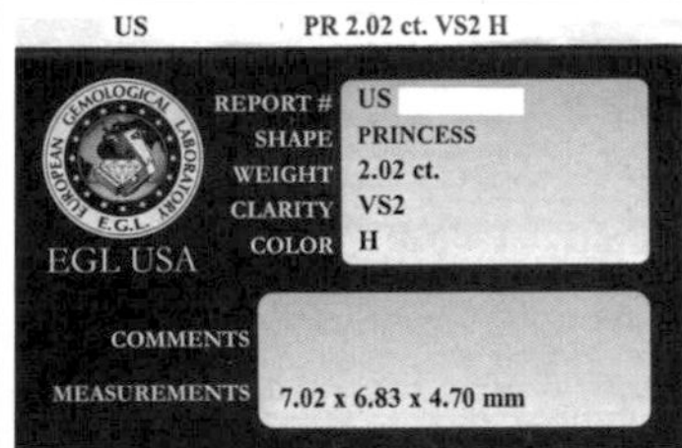
US PR 2.02 ct. VS2 H
EGL USA
REPORT # US
SHAPE PRINCESS
WEIGHT 2.02 ct.
CLARITY VS2
COLOR H
COMMENTS
MEASUREMENTS 7.02 x 6.83 x 4.70 mm

圖 22-97

DIAMOND ANALYSIS REPORT™
EUROPEAN GEMOLOGICAL LABORATORY™
NATURAL DIAMOND REPORT
WEIGHT 1.54 CT
Shape and cut: MARQUISE BRILLIANT
FINISH
Polish: GOOD
Symmetry: GOOD
CLARITY GRADE SI2
COLOR GRADE G
Fluorescence NONE
ORIGINAL
Terms and conditions on reverse

圖 22-98 Diamond Analysis Report

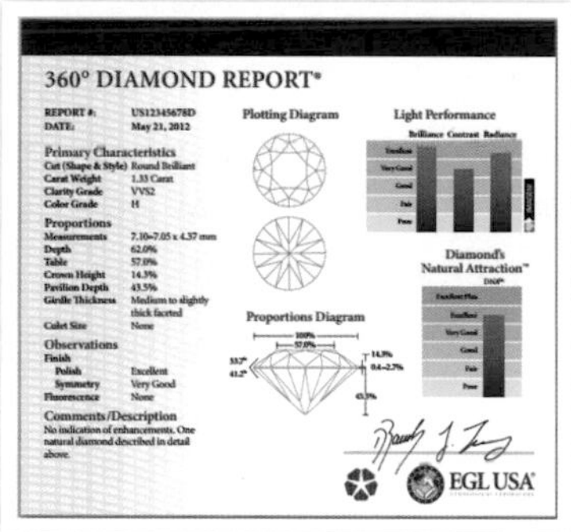
360° DIAMOND REPORT*
REPORT #: US12345678D
DATE: May 21, 2012
Primary Characteristics
Cut (Shape & Style) Round Brilliant
Carat Weight 1.53 Carat
Clarity Grade VVS2
Color Grade H
Proportions
Measurements 7.30–7.05 x 4.37 mm
Depth 62.0%
Table 57.0%
Crown Height 14.3%
Pavilion Depth 43.5%
Girdle Thickness Medium to slightly thick faceted
Culet Size None
Observations
Finish
Polish Excellent
Symmetry Very Good
Fluorescence None
Comments/Description
No indication of enhancements. One natural diamond described in detail above.
Plotting Diagram
Light Performance
Brilliance Contrast Radiance
Diamond's Natural Attraction™
Proportions Diagram
EGL USA

圖 22-99 360° Diamond Report

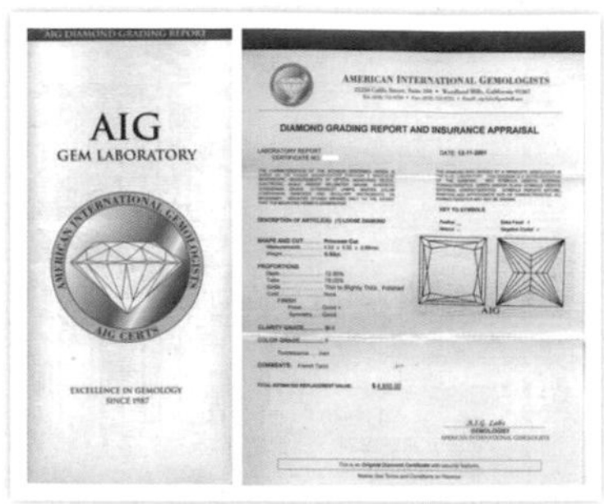
AIG
GEM LABORATORY
AMERICAN INTERNATIONAL GEMOLOGISTS
AIG CERTS
EXCELLENCE IN GEMOLOGY SINCE 1987
DIAMOND GRADING REPORT AND INSURANCE APPRAISAL

圖 22-100

Heart & Arrow Diamond Certificate
H&A NUMBER ML 105505
PAVILION SIDE
CROWN SIDE
Quality Analysis Descriptions
CARAT WEIGHT 0.434 ct
COLOR GRADE E
CLARITY GRADE VS1
ROUND BURILLIANT CUT
EXCELLENT
4.91 ~ 4.93 × 3.00
2.72 EXCELLENT
34.2° EXCELLENT
40.7° NONE
THIN
NONE
Heart & Arrow LABORATORY

圖 22-101 H&A 證書 courtesy Heart & Arrow CO.

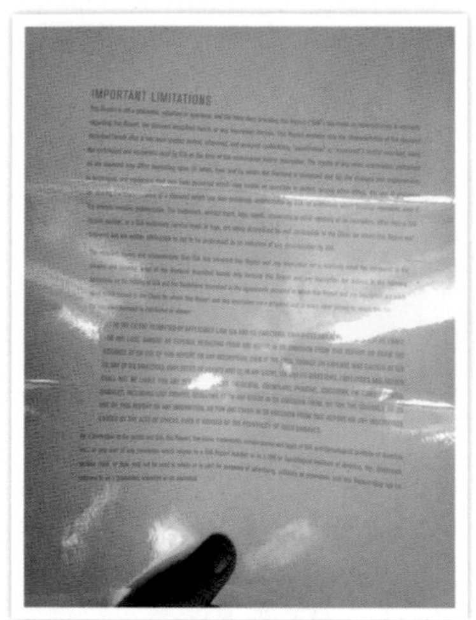

圖 22-102 GIA 的 Important Limitations

一般而言，報告書應該確認鑑定所與鑑定師所應負的責任，否則此鑑定報告對顧客而言就沒有價值了，但是在鑑定報告內，往往會發現如圖 22-102 之 Important Limitation（重要限制），其中有免責聲明如圖 22-102。

免責聲明（Disclaimer）

各家鑑定所之鑑定報告書（或稱證書），多有與以下相同或類似形式出現的免責聲明：「This report does not constitute a guarantee, estimate or evaluation……the laboratory is not responsible for and does not guarantee anything related to this report.」亦即：「本報告並不等同保證、評斷或評價……本報告所有的相關內容，鑑定所概不負責，也不提供任何保證。」

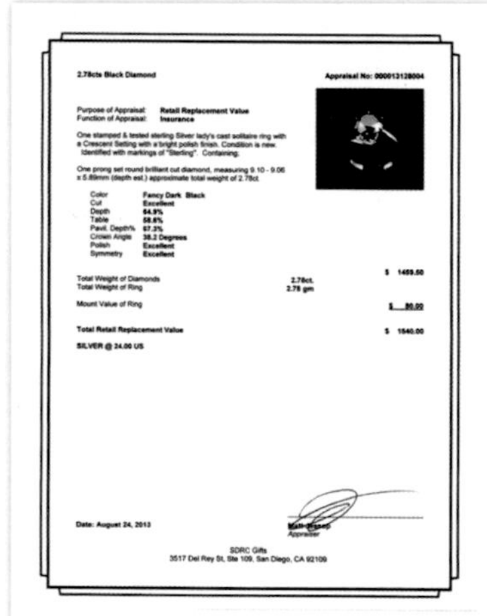
2.78cts Black Diamond

Appraisal No: 000013128004

Purpose of Appraisal: Retail Replacement Value
Function of Appraisal: Insurance

One stamped & tested sterling Silver lady's cast solitaire ring with a Crescent Setting with a bright polish finish. Condition is new. Identified with markings of "Sterling". Containing:

One prong set round brilliant cut diamond, measuring 9.10 - 9.06 x 5.89mm (depth est.) approximate total weight of 2.78ct.

Color	Fancy Dark Black
Cut	Excellent
Depth	64.9%
Table	58.6%
Pavil. Depth%	67.3%
Crown Angle	38.2 Degrees
Polish	Excellent
Symmetry	Excellent

		$ 1459.50
Total Weight of Diamonds	2.78ct.	
Total Weight of Ring	2.78 gm	
Mount Value of Ring		$ 80.00
Total Retail Replacement Value		$ 1540.00

SILVER @ 24.00 US

Date: August 24, 2013

Appraiser

SDRC Gifts
3517 Del Rey St, Ste 109, San Diego, CA 92109

圖 22-103 鑑價報告書 1

估價

鑑定師或分級師一般只進行鑑定、分級，不進行估價，即所謂：「鑑定不鑑價」。但也有可能應保險等需求，進行估價，如圖 22-103 及圖 22-104 所示案例，但是並不常見。鑑定師或分級師遇此需求時，務必謹慎以對。

GIA 是歷史最久，國際認證最多，流通最廣，最具公信力，是台灣目前的珠寶業界的共同看法。目前 GIA 也到大陸開課，大陸同胞也逐漸認同 GIA，陸客來台買鑽石，往往也會指定要有 GIA 證書的鑽石。業者拿出證書後，他們還會當場拿手機掃描，上網確認。不過這恐怕是地區性的偏見，在歐洲地區則不可能有此看法，特別是 IGI、HRD 在歐洲地區流通的程度比 GIA 還要更普遍。另號稱全世界車工最完美的鑽石的 HEARTS ON FIRE（HOF）公司的鑽石，就是附以鑑定車工為重點的 AGSL 證書，其售價約同等級有 GIA 證書的裸鑽幾倍，照樣暢銷。

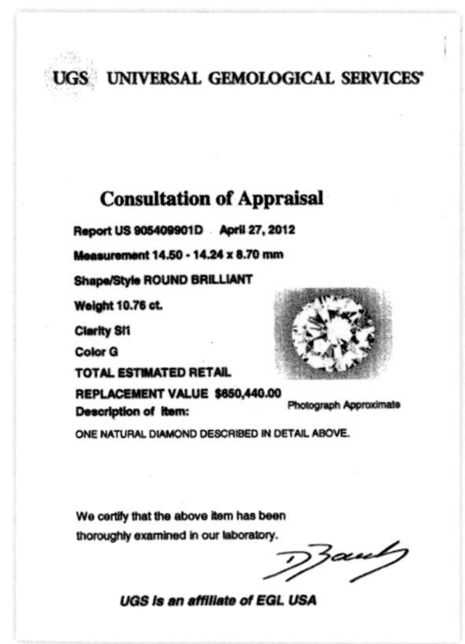
UGS UNIVERSAL GEMOLOGICAL SERVICES

Consultation of Appraisal

Report US 9054099010 April 27, 2012
Measurement 14.50 - 14.24 x 8.70 mm
Shape/Style ROUND BRILLIANT
Weight 10.76 ct.
Clarity SI1
Color G
TOTAL ESTIMATED RETAIL
REPLACEMENT VALUE $650,440.00
Description of Item:

Photograph Approximate

ONE NATURAL DIAMOND DESCRIBED IN DETAIL ABOVE.

We certify that the above item has been thoroughly examined in our laboratory.

UGS is an affiliate of EGL USA

圖 22-104 鑑價報告書 2

由業者所開立的證書，也有少數比照 GIA 標準鑑定相當嚴格的，如百年老店 TIFFANY 的鑽飾，附的證書（圖 22-105）是自己公司鑑定師所鑑定，仍具國際公信力，即使其售價約同等級有 GIA 證書的裸鑽幾倍，照樣有人指定要買。

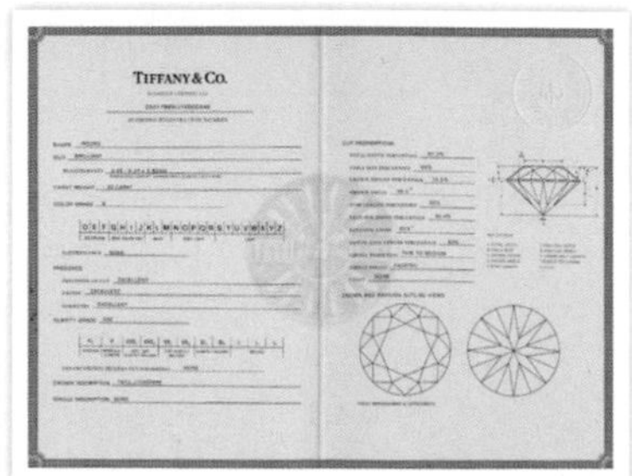

圖 22-105 TIFFANY 證書 courtesy La-Yuan Fan

某國外業者，曾將同一顆 1.02 克拉的鑽石，分別送 GIA、EGL USA 及 EGL IL（以色列）評級，得到的結果分別為 F/I1、E/SI2 及 D/VS2，如圖 22-106 所示。不重要嗎？其間可是有 70％的價差喔（詳第 23 章〈鑽石的價格〉）！

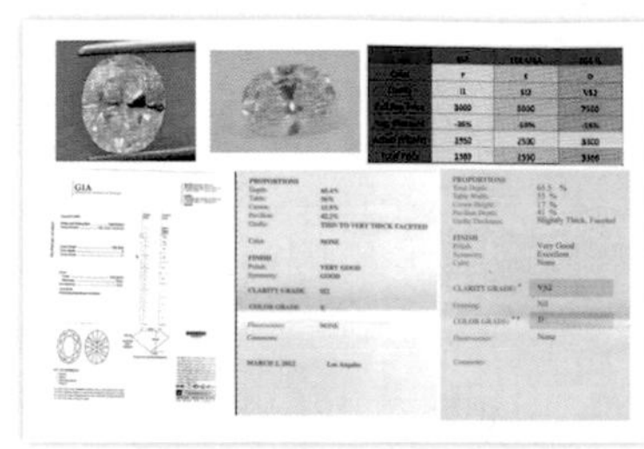
圖 22-106

鑑定所在經營上並不容易，如果鑑定結果不令送鑑定者滿意，下次可能就不再送此鑑定所鑑定，鑑定所就沒生意，無法繼續維持。在這樣的情況下，某一些鑑定所就會屈從送鑑定者的要求，將評鑑的等級提升。有報導說：「在台灣珠寶界，除了 5 大國際知名鑑定所的鑑定書外，其他鑑定所打等級都可能嚴重跳級，也就是說向上升級。」至於說會跳幾級？該報導認為有可能跳 3 ～ 6 級不足為奇。其實不光是台灣，國外許多鑑定所亦是如此，明明很黃，證書卻是 D Color，這種情況屢見不鮮。甚至還有業者販售的證書，是隨便填個國外地址，偽造一個鑑定所名稱，根本就沒有這一家鑑定所。或是取一個英文縮寫相同的名字，造成消費者錯誤印象，以上種種亂象，消費者務必要留意，以免吃虧上當。

如要購買一顆鑽石，最主要的是鑽石本身的品質及合理的價格，並不是要買那張證書（如果你有接受過專業的鑑定訓練）。若沒有接受過專業的鑑定訓練，只好選擇具有國際公信力的鑑定證書，以保證鑽石的品質。

22-7 GIA 的鑽石的雷射刻字

GIA 可依據需求，在鑽石的腰圍刻上 GIA 報告書的編號（圖 2-22）、個人訊息或其他內容、符號或商標。1 克拉以下免費雷刻，1 克拉以上付費雷刻。TIFFANY 的註冊號碼刻字則不在腰圍上，而在星刻面上，如圖 22-107 所示。

圖 22-107 TIFFANY 的註冊號碼雷刻

鑽石的雷射刻字究竟是如何辦到的，以圖 22-108 至圖 22-116 說明如次。

圖 22-108 Sarin DiaScribe

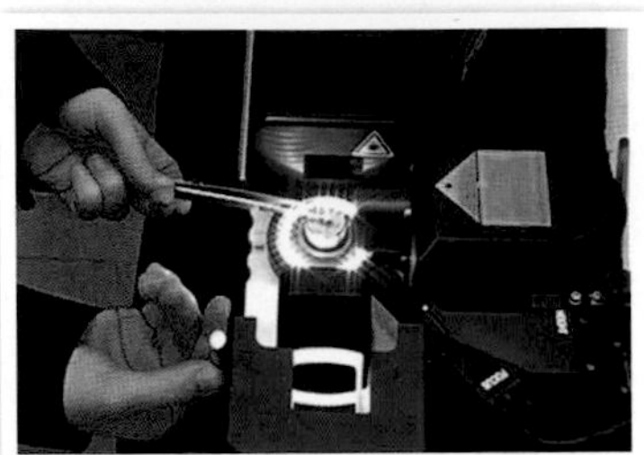

圖 22-109 將待刻字鑽石放入 Sarin DiaScribe 中以 Sarin Laser 刻字

圖 22-110 待刻字鑽石就定位

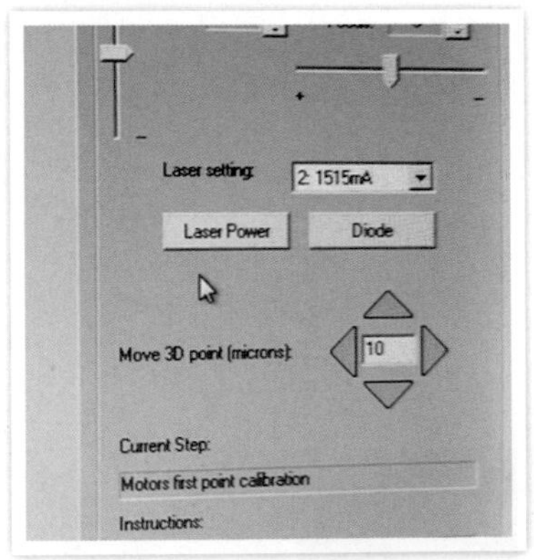

圖 22-111 以滑鼠打開雷射電源（Laser Power）

圖 22-112 待雷射電源打開的燈亮

圖 22-113 調整雷射光的最佳焦距

圖 22-114 依螢幕指示以滑鼠標出雷射焦點

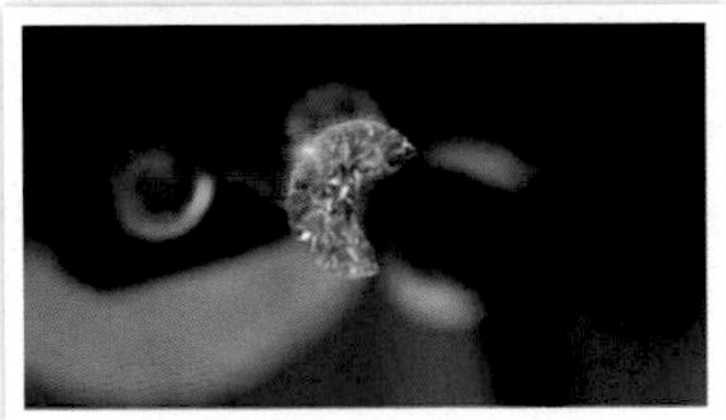

圖 22-115 進行雷射刻字中

圖 22-116 可在任何選定位置刻

其實雷射刻字也不是那麼無趣，就有廠商提供各式圖樣供選擇，如圖 22-117 所示。或是在重要時刻，刻上「I Love You」表達愛意（圖 22-118 ），必定能打動對方。

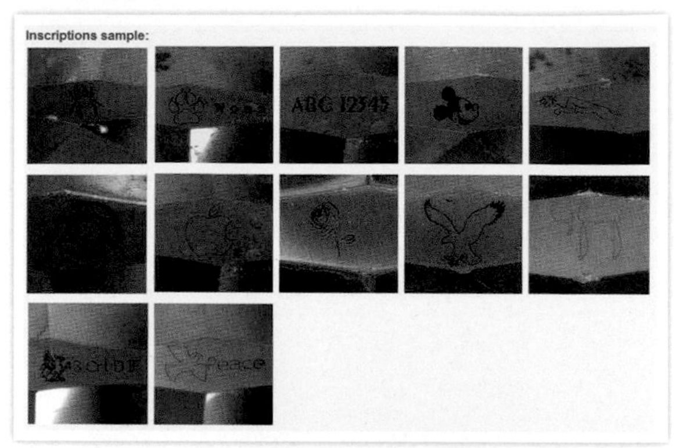

圖 22-117 各種雷射刻字圖樣

圖 22-117 各種雷射刻字圖樣

22-8 結語

1. 對各大鑑定所及其報告進行研究，可以看懂鑑定書，又可以瞭解各家鑑定所研發的方向。
2. 目前鑽石的鑑定並無全球一致的標準，各家鑑定所在鑑定時，係依據自己的制度及尺度進行，因此結果有所不同並不罕見。
3. 如能充分認識各家鑑定所的鑑定制度、服務品質，就容易瞭解白鑽應該選擇哪一家或哪幾家鑑定報告？彩鑽又應該如何選擇？則交易雙方就可各自選擇有利於自己的鑑定報告。

Chapter 23

第 23 章
鑽石的價格

the basic of diamond identification

23-1 價值與價格

當談到鑽石的售價時，一般人對鑽石的價值（Value），與價格（Price）常常分不清楚。所謂的價值，指的是這顆鑽石的品質（Quality）好不好？如果好，它的價值就高，如果不好，它的價值就低，其決定因素就在於鑽石的 4C。而價格呢，則是由出售者依據自己進貨成本、租金、人事費用、經濟狀況、稅金甚至品牌因素而定出的售價。所以價值並不等同於價格。

市場有其自由選擇機制，和不同時期的調節、流行和喜好，價值和價格的認定係市場自由機制所決定，兩者間雖成正比關係，卻不一定是線性的絕對式。

23-2 鑽石價格

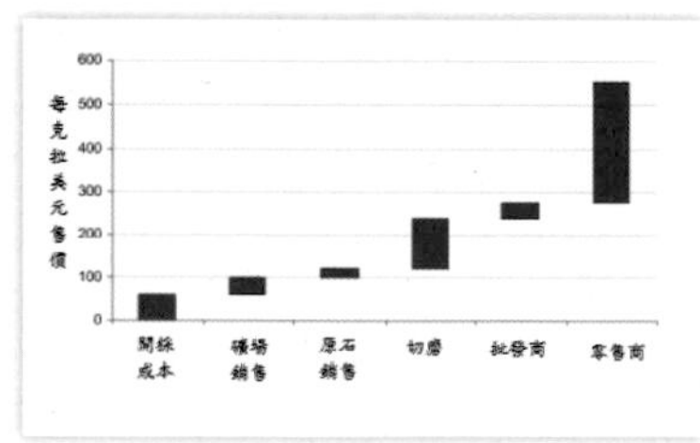

圖 23-1

RapNet Diamond Index (RAPI™)			
	December 2012	4Q 2012	Full Year 2012
RAPI 0.3 Ct.	1.2%	1.3%	-7.4%
RAPI 0.5 Ct.	0.4%	-1.4%	-11.1%
RAPI 1.0 Ct.	**0.0%**	**-2.6%**	**-12.5%**
RAPI 3.0 Ct.	0.2%	-1.7%	-11.6%
RMI (Melee)	-	-0.2%	2.3%

表 23-1

鑽石作為一種礦藏商品，在銷售到終端使用者手中前必須經歷許多過程，每個環節都會有所增值。茲以 0.5 克拉寶石級鑽石平均每克拉美元售價為例，在各環節增加的價格如圖 23-1 所示。

常有人說，鑽石價格會隨世界性的通貨指數作調整，因此鑽石價格年年都能微幅上漲，從過去卅年來看，鑽石價格每十年長一倍，似乎有那麼回事，但事實上這種說法並不完全正確，因為鑽石的價格會隨著經濟景氣、需求量波動，並不是永遠在上漲。例如說：2012 年鑽石價格就有相當程度的貶值，如表 23-1 所示。

23-3 鑽石的售價

鑽石大致可分為兩類，即：1. 無色或微帶黃色的鑽石及 2. 彩色鑽石。其中無色或微帶黃色的鑽石有所謂 Rapaport 報表可查價錢，而彩鑽則沒有，因此鑽石的售價必須分為兩部分來探討。

Rapaport Diamond Report

1940 年代 GIA 開發出 4Cs 的鑽石分級系統，三、四十年前顏色、淨度、重量、切磨的系統在歐洲等國際鑽石分級的方式上也已形成了共識。在 1978 年以前，市場上並沒有業界通行的鑽石公定價，鑽石進口商與批發商根據自己的成本及判斷，將鑽石以自由心證的價格賣給零售商，由於影響鑽石價格的因素很多，零售商缺乏行情的比較基準，因此買賣的過程中存在著很多困擾。

圖 23-2

圖 23-3 紅色報價單

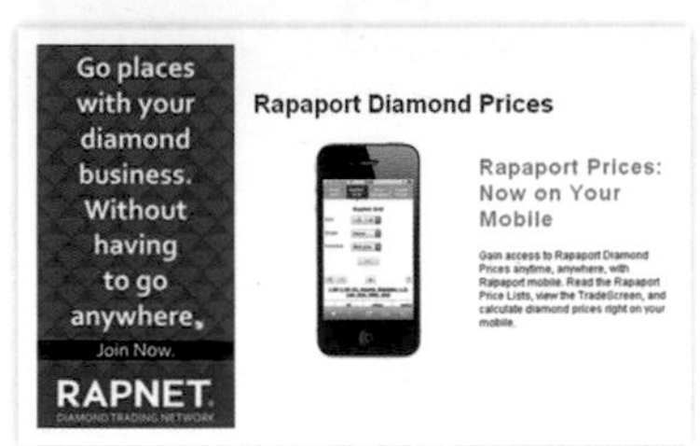

圖 23-4

直到 1978 年，Martin Rapaport 先生（圖 23-2，2013 年 3 月 18 日）將紐約市場上所收集來的鑽石平均交易價格，按照成色、淨度和克拉數整理表列，制定出一份標準化的報價單每週印行，英文稱做「Rapaport Diamond Price List」，從此，鑽石有了透明化的國際參考價格，買賣雙方有了共同的依循基準，鑽石的分級也因影響價格甚巨而更加受到大家的重視。

後來這份報價單發展為「Rapaport Diamond Report」，提供業者付費訂閱，每週五出刊。裡頭有鑽石市場的最新資訊與分析，收錄 0.01 到 10.99 克拉、成色由 D 至 M（GIA 標準）、淨度從 IF 到 I3（GIA 標準）的鑽石行情，漲價的就以粗體字標示，下跌的則用粗斜體。為了防止複製和傳真，從前的報價單是紅色底的（圖 23-3），或許可以防止傳真不過還是能影印，而現在有電腦的 PDF 檔，對報價表的散佈雖然變得更難掌控，據說全世界訂閱戶數不過一萬戶左右，但是幾乎全世界每一家珠寶店都可以見到其蹤跡，真是另類奇蹟。

電腦網路時代後，使用 PDF 檔案格式傳送。手機上網時代，只要手機一滑，就可以查到，如圖 23-4 所示。

圖 23-5

圖 23-6

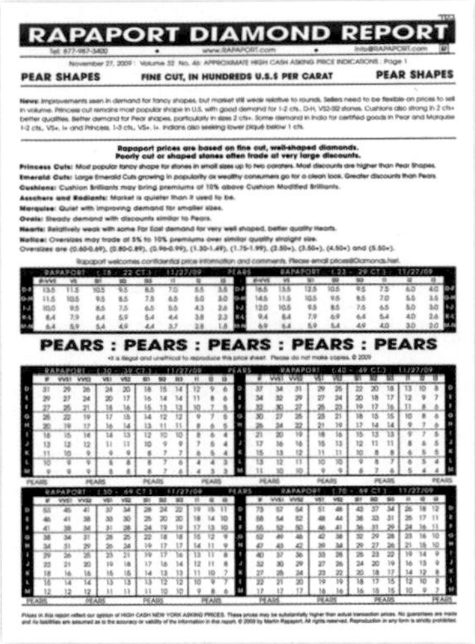

圖 23-9

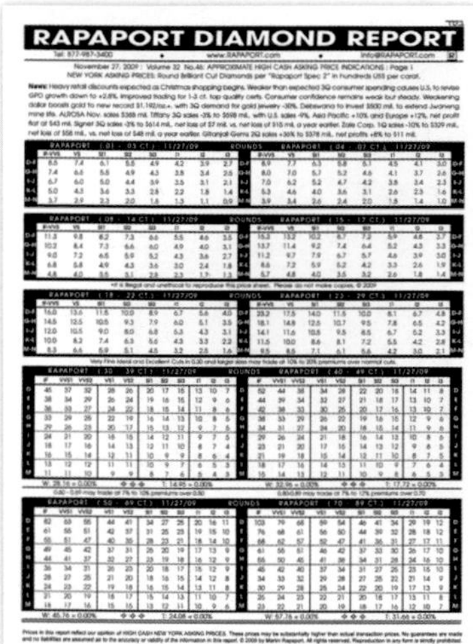

圖 23-7

圖 23-10 花式鑽報價表 P. 2

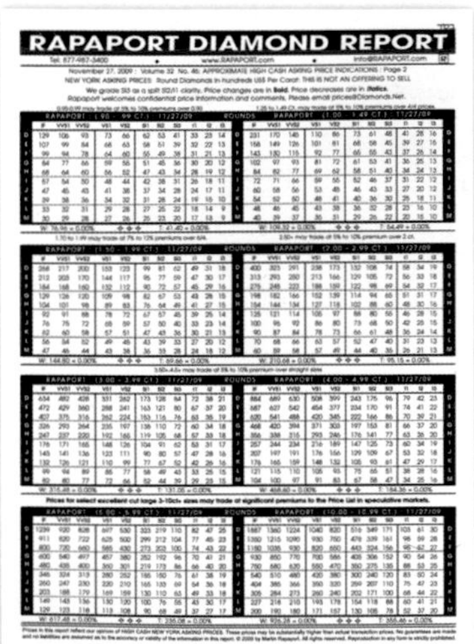

圖 23-8

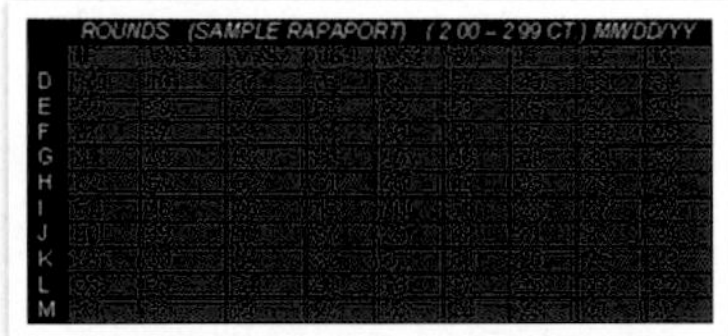

圖 23-11

Rapaport 也出月刊，如圖 23-5 所示。其中除附紅色報價單（圖 23-6）外，還有補充說明、代售鑽石與許多業界資訊。

解說 Rapaport 鑽石報價表

Martin Rapaport 先生畢業於紐約大學商學系，畢業後曾任職於鑽石公司，1976 年成立 Rapaport Group。於 1978 年馬汀（Martin）先生將紐約市場上收集來的鑽石平均交易價格，照克拉數、淨度、成色綜合表列，開始每週發行 Rapaport Diamond Price List，數十年下來 Rapaport 的鑽石報導和價格表，已成為業界使用量最主要也是最多的信息來源和評估指南。

常見的 Rapaport Diamond Price List 有四張鑽石報價表，其中兩張是圓鑽報價表（圖 23-7、圖 23-8），另兩張是花式鑽報價表（圖 23-9 與 23-10）。

Rapaport 報價表只針對白鑽，鑽石並不是單以克拉數計價，是依大小、顏色、淨度而不同，如圖 23-11 Rapaport 報價表例所示。

解讀 Rapaport 報表

Rapaport 報表表頭

約為最高現金開價（索價）指標：

報價表在表格的上方都會有日期，並且表明該建議報價為反應出「約為市場 * 最高現金開價 approximate High Cash Asking Price」（* 指紐約 New York 市市場）等註釋，如圖 23-12 所示。寄售 memo 和現金價在庫存風險以及市場流通率管理上有很大的差別，當然這會反應在交易的折扣報價上，而 Rapaport 報價表是以最高的現金開價動態來統計。既然是賣方的「開價（索價）」，就不是成交價；又既然是「最高」，就表示所列價位偏高。

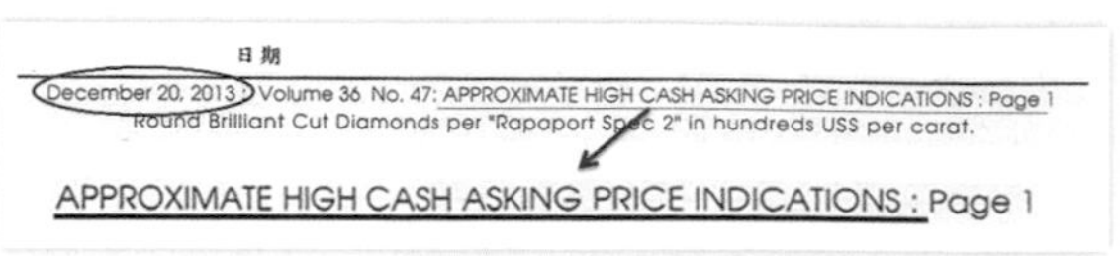

圖 23-12

These prices are often discounted and may be substantially higher than actual transaction prices.

圖 23-13

此外，在報價表最下端，還有一行字，如圖 23-13 所示。表明：報價為近約紐約市場最高現金開價，所以「價格會比實際交易高，一般是可以打折的」。綜合上述，表列價位偏高，讀者應銘記於心。

新聞簡訊（News）

無論是圓形或花式，報價表在表格的上方都會有當週最近業界動態的簡訊，如圖 23-14 所示。

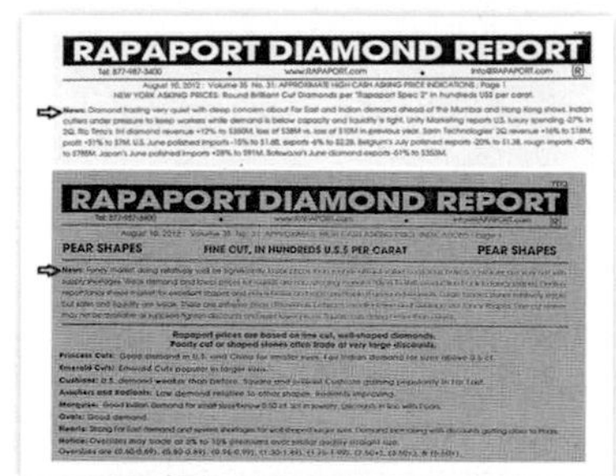

圖 23-14

形狀

Rapaport 就「形狀」（Shape）言，分成圓形車工與花式車工兩類，兩類的價錢差異很大，在查表時先要區分。圓形明亮式會標明「ROUNDS」，如圖 23-15 所示。花式切工有梨形 PEARS、馬眼 MARQUISES、公主方 PRINCESS，以梨形為代表，會標明「PEARS」，如圖 23-16 所示。圓形明亮式 ROUNDS 的每週四美國東部時間下午 11 點 59 分發表週五寄出，花式切工在每個月的第一個星期五發佈。

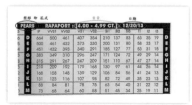

圓形明亮式　　重量　　日期

ROUNDS　RAPAPORT : (.40 - .49 CT.) : 12/20/13

I3		IF	VVS1	VVS2	VS1	VS2	SI1	SI2	SI3	I1	I2	I3	
7	D	49	43	37	35	32	28	25	21	18	12	8	D
6	E	43	38	34	32	29	26	24	20	17	11	7	E
6	F	38	35	31	29	27	24	22	19	16	11	7	F
5	G	35	31	29	28	26	23	21	18	15	10	6	G
5	H	31	29	27	26	24	22	20	17	14	9	6	H
5	I	27	25	23	22	21	20	19	16	13	8	6	I
4	J	24	22	21	20	19	18	17	14	12	8	5	J
4	K	22	20	19	18	17	16	15	12	10	7	5	K
3	L	19	18	17	16	15	14	12	10	8	6	4	L
3	M	17	16	16	15	14	13	11	9	7	5	4	M

W: 32.72 = 0.00%　　　T: 19.29 = 0.00%

圖 23-15 圓形明亮式

梨形 即 花式　　重量　　日期

PEARS　RAPAPORT : (4.00 - 4.99 CT.) : 12/20/13

3		IF	VVS1	VVS2	VS1	VS2	SI1	SI2	SI3	I1	I2	I3	
6	D	664	500	461	407	354	210	137	83	63	35	19	D
5	E	500	461	432	373	330	200	131	80	58	33	17	E
4	F	451	432	393	340	291	185	127	77	53	31	15	F
3	G	383	349	310	296	247	171	124	72	49	29	14	G
3	H	315	291	267	247	209	151	110	67	47	27	14	H
3	I	219	209	192	179	168	130	97	61	44	26	14	I
2	J	168	158	148	139	129	106	84	56	41	24	13	J
2	K	131	123	116	107	98	82	72	49	35	23	13	K
1	L	88	84	81	78	75	63	54	40	31	22	12	L
[illegible]	M	73	68	64	60	58	51	45	34	25	19	11	M

圖 23-16 梨形（花式）

克拉數 Carats、Size

其次要區分的就是克拉數與日期。報價單是以克拉數、成色、淨度為要素條件的架構，每個重量範圍有自己的一個矩陣方塊。圓形明亮式的從 0.01 克拉至 10 ～ 10.99 克拉的報價，花式從 0.18（或稱 1/5 克拉）開始到 10.99 克拉範圍。愈大（愈重）的鑽石單價愈高，因此要找對重量的區塊。接著要確定日期（月 / 日 / 年），鑽石的價錢會隨時間波動，雖然不一定能找到當天的報表，但也要找最接近的日期的報表。如圖 23-15 及圖 23-16 所示。

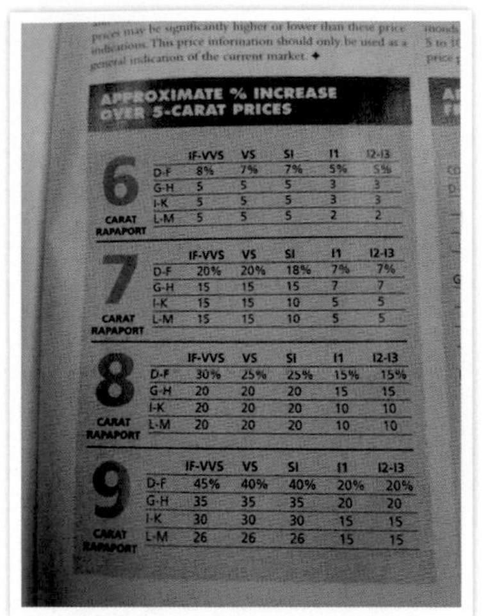

prices may be significantly higher or lower than these price indications. This price information should only be used as a general indication of the current market. ◆

APPROXIMATE % INCREASE OVER 5-CARAT PRICES

6 CARAT RAPAPORT	IF-VVS	VS	SI	I1	I2-I3
D-F	8%	7%	7%	5%	5%
G-H	5	5	5	3	3
I-K	5	5	5	3	3
L-M	5	5	5	2	2

7 CARAT RAPAPORT	IF-VVS	VS	SI	I1	I2-I3
D-F	20%	20%	18%	7%	7%
G-H	15	15	15	7	7
I-K	15	15	10	5	5
L-M	15	15	10	5	5

8 CARAT RAPAPORT	IF-VVS	VS	SI	I1	I2-I3
D-F	30%	25%	25%	15%	15%
G-H	20	20	20	15	15
I-K	20	20	20	10	10
L-M	20	20	20	10	10

9 CARAT RAPAPORT	IF-VVS	VS	SI	I1	I2-I3
D-F	45%	40%	40%	20%	20%
G-H	35	35	35	20	20
I-K	30	30	30	15	15
L-M	26	26	26	15	15

圖 23-17

6 ～ 9 克拉

因為報表中克拉數自 5.00 ～ 5.99 直接跳到 10.00 ～ 10.99，因此在 Rapaport 月刊中特別將 6 克拉、7 克拉、8 克拉、9 克拉依品質不同，比 5.00 ～ 5.99 克拉等級增加的價格比率，另外列表說明，如圖 23-17 所示。

成色和淨度 Color and Clarity

每個距陣方塊有垂直和水平的排和列來標示成色和淨度，分級以 RAPNET INDEX 所載各大鑑定所（例如 GIA 等）鑽石分級為準則，成色從 D ～ M，成色 M 以下，比照 M，如圖 23-18 所示。在月刊的報價單上則常包括更多或到黃鑽等級的資料。

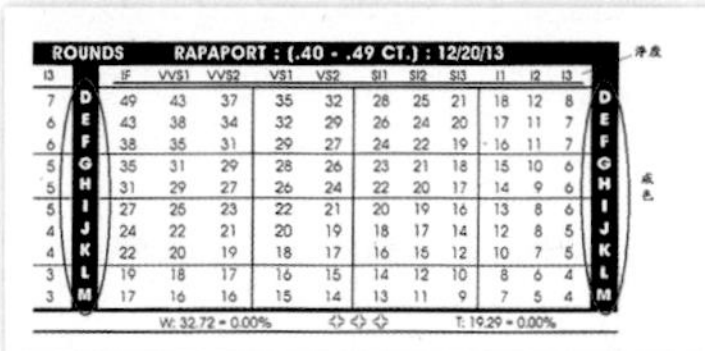

ROUNDS RAPAPORT : (.40 - .49 CT.) : 12/20/13

I3		IF	VVS1	VVS2	VS1	VS2	SI1	SI2	SI3	I1	I2	I3	
7	D	49	43	37	35	32	28	25	21	18	12	8	D
6	E	43	38	34	32	29	26	24	20	17	11	7	E
6	F	38	35	31	29	27	24	22	19	16	11	7	F
5	G	35	31	29	28	26	23	21	18	15	10	6	G
5	H	31	29	27	26	24	22	20	17	14	9	6	H
5	I	27	25	23	22	21	20	19	16	13	8	6	I
4	J	24	22	21	20	19	18	17	14	12	8	5	J
4	K	22	20	19	18	17	16	15	12	10	7	5	K
3	L	19	18	17	16	15	14	12	10	8	6	4	L
3	M	17	16	16	15	14	13	11	9	7	5	4	M

W: 32.72 = 0.00% T: 19.29 = 0.00%

圖 23-18 成色與淨度

淨度在表中有一項 SI3，是介於 SI2 和 I1 之間的程度，由於業內經常認為 SI2 和 I1 的差距有點大，因此多這 SI3 來做一個緩衝的參考，如圖 23-19 所示。

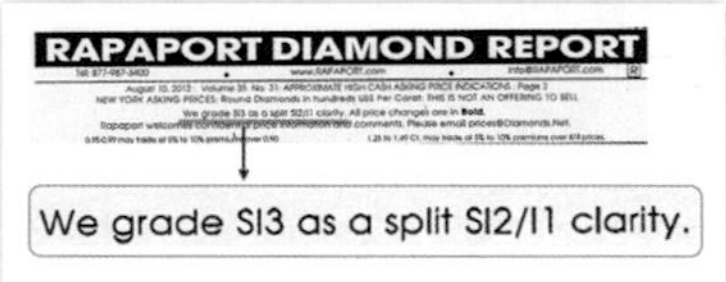

RAPAPORT DIAMOND REPORT

We grade SI3 as a split SI2/I1 clarity.

圖 23-19

克拉數較小的鑽石成色和淨度，以大類級數來分級，例如成色 D-F、G-H、I-J，淨度 IF-VVS、VS，因為通常小鑽是以整包價 parcels 來計算，如圖 23-20 所示。

RAPAPORT : (.01 - .03 CT.) : 12/20/13

	IF-VVS	VS	SI1	SI2	SI3	I1	I2	I3
D-F	12.5	10.0	7.3	6.0	5.0	4.6	4.0	3.3
G-H	10.0	8.5	6.5	5.5	4.6	4.3	3.8	3.0
I-J	7.5	6.8	5.8	5.0	4.4	4.2	3.5	2.7
K-L	4.9	4.2	3.9	3.5	3.1	2.6	2.2	1.6
M-N	3.6	3.0	2.4	2.1	1.8	1.5	1.3	1.0

圖 23-20

版權聲明

在矩陣方塊間，圖 23-21 中所示位置，有一行字聲明版權，意思是：「影印複製本價格表是非法並不道德的行為。」

•It is illegal and unethical to reproduce this price sheet. Please do not make copies. © 2013

圖 23-21

價格 Prices

報價單上漲價的會以粗體字 bold 表示，跌價的會以斜體的粗體字 italic bold 表示，如圖 23-22 所示。

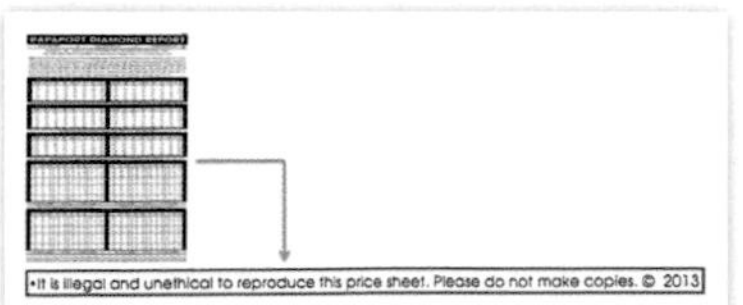

VVS2	VS1	VS2
240	**199**	160
206	**179**	154
187	165	150
158	152	139

VS1	VS2	SI1
238	***178***	132
213	***171***	130
188	***164***	125
157	***143***	117

圖 23-22

每個重量區塊的上方，會有一行建議敘述，如圖 23-23 所示。內容是說：雖然是在同一重量區塊，但區塊中重量較大的部分（通常是較重的一半），交易時可有高出 5-12% 或是更高的的價格表現。

2.50+ may trade at 5% to 10% premium over 2 ct.

0.80-0.89 may trade at 7% to 12% premiums over 0.70

圖 23-23

切磨極優、3 克拉以上之大克拉數鑽石，在交易時價格表現可能更高過表列價格，如圖 23-24 所示。

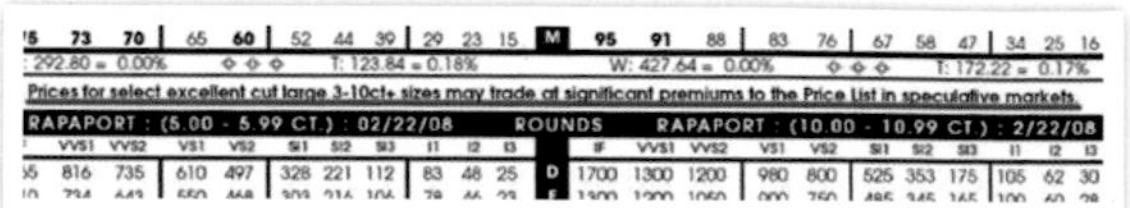

73	70	65	60	52	44	39	29	23	15	M	95	91	88	83	76	67	58	47	34	25	16

: 292.80 = 0.00%　◇◇◇　T: 123.84 = 0.18%　　W: 427.64 = 0.00%　◇◇◇　T: 172.22 = 0.17%

Prices for select excellent cut large 3-10ct+ sizes may trade at significant premiums to the Price List in speculative markets.

RAPAPORT : (5.00 - 5.99 CT.) : 02/22/08　ROUNDS　RAPAPORT : (10.00 - 10.99 CT.) : 2/22/08

VVS1	VVS2	VS1	VS2	SI1	SI2	SI3	I1	I2	I3		IF	VVS1	VVS2	VS1	VS2	SI1	SI2	SI3	I1	I2	I3
816	735	610	497	328	221	112	83	48	25	D	1700	1300	1200	980	800	525	353	175	105	62	30

圖 23-24

查表說明：

1. 所列價格係以每克拉百元美金計價（IN HUNDREDS U.S.$ PER CARAT），因此表內數字乘 100 得每克拉美金價。
2. 使用時先依鑽石重量、淨度及成色，在正確欄位查得每克拉美金價格，再乘以該鑽石克拉數，以及匯率（中心匯率），並依車工方式與等級作加成或打折，才得到台幣的價格。。

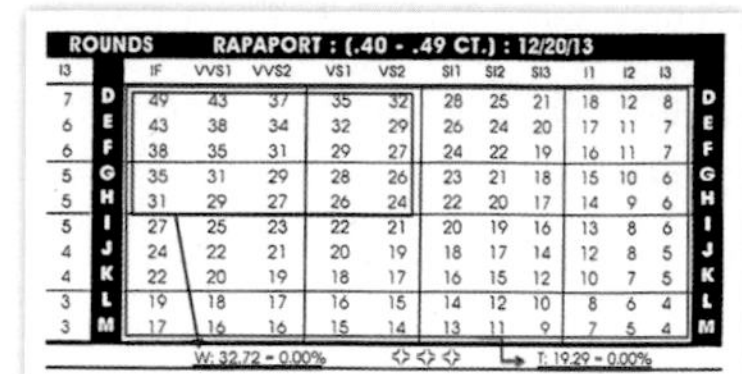

ROUNDS　RAPAPORT : (.40 - .49 CT.) : 12/20/13

I3		IF	VVS1	VVS2	VS1	VS2	SI1	SI2	SI3	I1	I2	I3	
7	D	49	43	37	35	32	28	25	21	18	12	8	D
6	E	43	38	34	32	29	26	24	20	17	11	7	E
6	F	38	35	31	29	27	24	22	19	16	11	7	F
5	G	35	31	29	28	26	23	21	18	15	10	6	G
5	H	31	29	27	26	24	22	20	17	14	9	6	H
5	I	27	25	23	22	21	20	19	16	13	8	6	I
4	J	24	22	21	20	19	18	17	14	12	8	5	J
4	K	22	20	19	18	17	16	15	12	10	7	5	K
3	L	19	18	17	16	15	14	12	10	8	6	4	L
3	M	17	16	16	15	14	13	11	9	7	5	4	M

W: 32.72 = 0.00%　◇◇◇　T: 19.29 = 0.00%

圖 23-25

指數 Indexes

30 分（1/3ct）以上的鑽，每一大格裡分成 16 個區塊，其中左上角的四個區塊為較好等級，歸類成 W（white）指數，其包括成色 D-H、淨度 IF-VS2 這四格報價的平均值；第二個指數 T（total），是一大格矩陣方塊裡從 D-M、IF-I3 每一個等級報價的總平均值。同樣以 100 美元來表示的單位平均價格，兩個指數同時再以 = % 多少百分比來表示價格浮動的高低比例，如圖 23-25 所示。

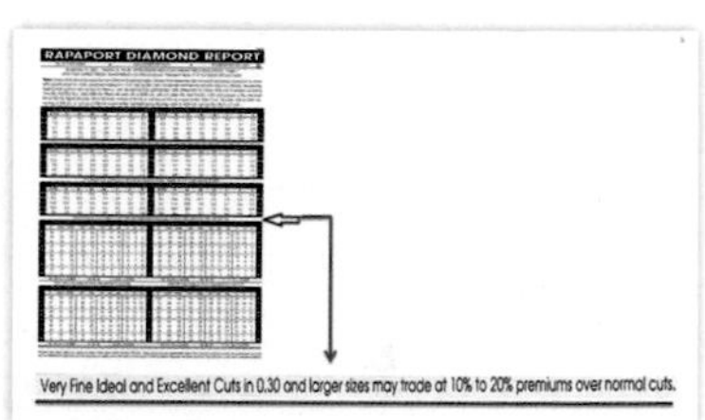

圖 23-26

車工（Cut）

車工的良莠對價格極具影響力，然而報價單上無法列出此複雜的技術項目，鑽石體型整體太淺、太深或對稱度、腰圍、冠部角度、桌面大小、尖底等等條件，報價表導讀文中提到以 3 種規格來對應※，報價單上的建議價格為形狀對稱度評比為「好」fine cut 以上的等級，也就是相當於 GIA「Good」的基準，符合最佳（Excellent）的應可得更高的價格。※Rapaport 於 2014 年 8 月 8 日提出 A:A⁺,A,A⁻/B:B⁺,B,B⁻/C:C⁺,C,C⁻ 之分級新制 Rapaport Diamond Specifications，並宣稱即將實施。

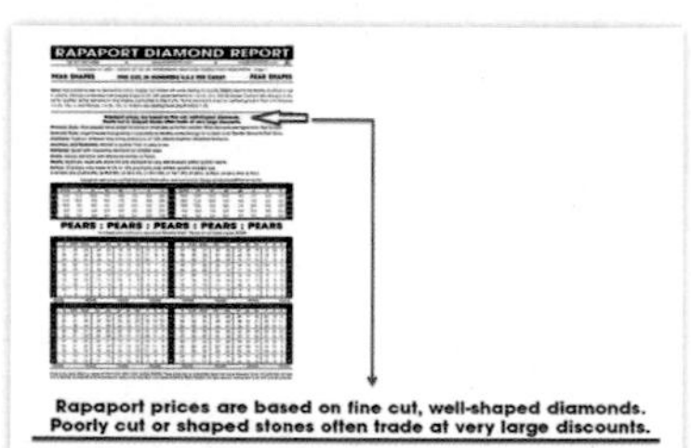

圖 23-27

例如：

Round Brilliant Cut Page 1，寫到：「0.3 克拉及以上，相當完美與極優車工的鑽石，在售價上可以比一般車工的高出 10 ～ 20%。」如圖 23-26 所示。

或是：

Pear shapes Page 1，寫到：「Rapaport 報表上的建議價格是以切磨評比為「好」（ fine cut）等級以上、形狀對稱度佳（well-shaped）為基準，車工條件差或外形不好的，交易時通常會有相當幅度的折扣。」如圖 23-27 所示。其折扣增或退的比例，正是考驗看貨細節部份各憑本事的技術和議價的一個重點項目。

螢光反應（Fluorescence）

一些螢光反應中（medium）～強（strong）的鑽石會呈現出乳白 milky-white 的外觀，而能有較多折扣，不過許多成色較低如 J-M 的鑽石，時常因為有適當的螢光反應而對正面的顏色外觀有提升加分的效果，反而獲得較好的價位。報價表是排除中～強螢光的等級為基準。

練習題 1：

假設今天美金對台幣的匯率是 30：1，請問一顆重 1.21 克拉，GIA 等級 F，VS2 的圓鑽，價位如何？
答：查表 1.00～1.49ct，F，VS2 得 90，如次圖所示。
90×100×30×1.21 = 326,700（台幣）

ROUNDS　RAPAPORT：(1.00 - 1.49 CT.)：12/20/13

3		IF	VVS1	VVS2	VS1	VS2	SI1	SI2	SI3	I1	I2	I3	
5	D	275	195	170	133	114	83	71	59	47	27	17	D
4	E	190	165	133	115	100	80	68	57	45	26	16	E
4	F	160	133	114	107	90	77	66	55	44	25	15	F
3	G	130	116	106	90	83	74	63	53	43	24	14	G
3	H	106	98	89	81	75	68	60	50	41	23	14	H
2	I	88	83	75	70	66	63	56	46	37	22	13	I
1	J	75	70	67	64	59	54	51	41	32	20	13	J
0	K	64	61	58	56	53	48	44	36	30	18	12	K
9	L	53	51	49	47	45	42	38	32	28	17	11	L
8	M	47	43	40	38	36	34	31	27	25	16	11	M

W: 126.72 = 0.00%　　T: 63.45 = 0.00%

國際鑽石有公定的價格表 Rapaport，可以自行確認商家提供的價格是否為最新的國際鑽石價格報價，一般而言，零售商會根據條件，依該報價給予 2～7%的折扣。如果想查詢當日的鑽石價格，可以在網路上直接搜尋「鑽石報價」。

一般鑽石的利潤並不高，所以有些不肖業者會在鑑定報告中提高鑽石的等級以獲取更大的利潤空間，因此要確認商家提供的等級是不是真正國際上公認的 GIA 鑑定報告。

練習題 2：

假設今天美金對台幣的匯率是 30：1，請問一顆重 1.21 克拉，台證等級 F，VS2 的圓鑽，價位如何？（假設該台證的淨度及顏色較 GIA 各升二級，僅為假設非常態）

答：查表 1.00～1.49ct，由 F 降至 H，由 VS2 降至 SI2 得 60，如次圖所示。

ROUNDS　RAPAPORT：(1.00 - 1.49 CT.)：12/20/13

3		IF	VVS1	VVS2	VS1	VS2	SI1	SI2	SI3	I1	I2	I3	
5	D	275	195	170	133	114	83	71	59	47	27	17	D
4	E	190	165	133	115	100	80	68	57	45	26	16	E
4	F	160	133	114	107	90	77	66	55	44	25	15	F
3	G	130	116	106	90	83	74	63	53	43	24	14	G
3	H	106	98	89	81	75	68	60	50	41	23	14	H
2	I	88	83	75	70	66	63	56	46	37	22	13	I
1	J	75	70	67	64	59	54	51	41	32	20	13	J
0	K	64	61	58	56	53	48	44	36	30	18	12	K
9	L	53	51	49	47	45	42	38	32	28	17	11	L
8	M	47	43	40	38	36	34	31	27	25	16	11	M

W: 126.72 = 0.00%　　T: 63.45 = 0.00%

60×100×30×1.21 = 217,800（台幣）

注意到嗎？價格是有 GIA 證書的三分之二，由此也可以看出：證書由哪一家開出，價錢差很多。如果證書中等級升級更多，則價位可能更降到一半以下。

Rapaport Report 報價的折扣

如同前述，Rapaport Report 報價表表明該建議報價為反應出「近約紐約市場最高現金開價」，也就是說其表列價格偏高。試想：如果其表列價格偏低，還會受到鑽石商的推崇嗎？恐怕早就棄之如敝屣了。

一般而言，Rapaport Report 報價表只是一個指標，也可說是鑽石價格的必要之惡。鑽石的售價總是可按 Rapaport Report 報價表打折，有些人說打八折，也有人說打七折。到底該打幾折呢？

Rapaport 也受委託代售鑽石，如圖 23-28（代售鑽石之說明）、圖 23-29（代售鑽石之報價與折扣數）與圖 23-30（可看到所示為平均降價 25.35%），其中平均降價 25.35%，也就是說按 Rapaport 報價打七五折左右。

INDEX

INTERNET DIAMOND EXCHANGE

RAPNET TRADE SHEET

DIAMONDS OFFERED FOR SALE

圖 23-28

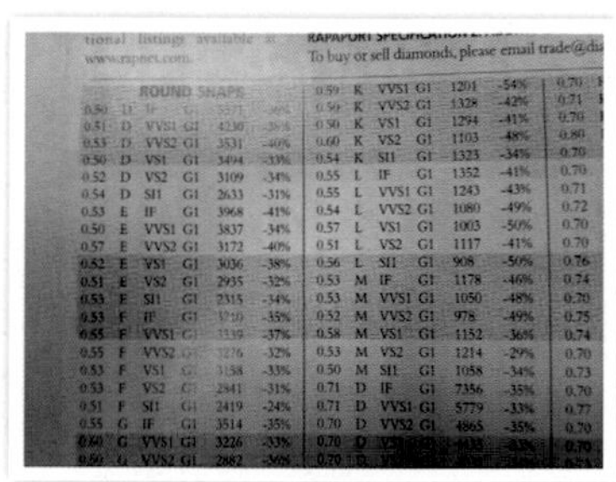

tional listings available at www.rapnet.com.

RAPAPORT SPECIFICATION

To buy or sell diamonds, please email trade@dia

ROUND SHAPE

0.50	[illegible]	IF	G1	[illegible]	[illegible]	0.59	K	VVS1	G1	1201	-54%
0.51	D	VVS1	G1	4230	[illegible]	0.59	K	VVS2	G1	1328	-42%
0.53	D	VVS2	G1	3531	-40%	0.50	K	VS1	G1	1294	-41%
0.50	D	VS1	G1	3494	-33%	0.60	K	VS2	G1	1103	-48%
0.52	D	VS2	G1	3109	-34%	0.54	K	SI1	G1	1323	-34%
0.54	D	SI1	G1	2633	-31%	0.55	L	IF	G1	1352	-41%
0.53	E	IF	G1	3968	-41%	0.55	L	VVS1	G1	1243	-43%
0.50	E	VVS1	G1	3837	-34%	0.54	L	VVS2	G1	1080	-49%
0.57	E	VVS2	G1	3172	-40%	0.57	L	VS1	G1	1003	-50%
0.52	E	VS1	G1	3036	-38%	0.51	L	VS2	G1	1117	-41%
0.51	E	VS2	G1	2935	-32%	0.56	L	SI1	G1	908	-50%
0.53	E	SI1	G1	2315	-34%	0.53	M	IF	G1	1178	-46%
0.53	F	IF	G1	[illegible]	-35%	0.53	M	VVS1	G1	1050	-48%
0.55	F	VVS1	G1	3339	-37%	0.52	M	VVS2	G1	978	-49%
0.55	F	VVS2	G1	3276	-32%	0.58	M	VS1	G1	1152	-36%
0.53	F	VS1	G1	3158	-33%	0.53	M	VS2	G1	1214	-29%
0.53	F	VS2	G1	2841	-31%	0.50	M	SI1	G1	1058	-34%
0.51	F	SI1	G1	2419	-24%	0.71	D	IF	G1	7356	-35%
0.55	G	IF	G1	3514	-35%	0.71	D	VVS1	G1	5779	-33%
0.60	G	VVS1	G1	3226	-33%	0.70	D	VVS2	G1	4865	-35%
0.50	G	VVS2	G1	2882	-36%	0.70	D	[illegible]	[illegible]	[illegible]	[illegible]

圖 23-29 代售鑽石之報價與折扣數

INDEX

RAPNET TRADE SHEET

圖 23-30 平均降價 25.35%

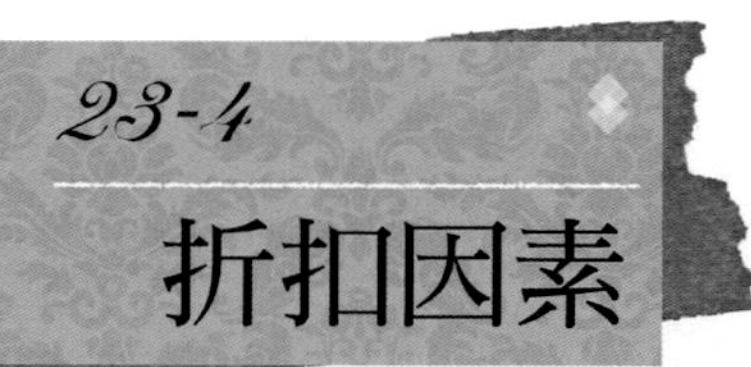

23-4 折扣因素

鑽石的售價的折扣數會受到以下因素影響：

1. 在什麼國家或地方出售？
2. 交易的層面為何？
3. 在什麼店家出售？
4. 鑽石的品質如何？
5. 如果鑽石供應量稀少，銷售容易時，折扣自然較少。
6. 如果世界各地的鑽石供應豐富，而銷售困難時，折扣自然較多。折扣數與景氣有關。
7. 某些特定大小和規格比較稀少時，可有的折扣自然比較少。
8. 具備的證書為何？

Color	Fluorescence	IF-VVS	VS	SI-I3
D E	Very Strong	-10% to -15%	-6% to -10%	0 to -3%
	Strong	-7% to -10%	-3% to -5%	0 to -1%
	Medium	-3% to -7%	-1% to 2%	0
	Fain	0	0	0
F G H	Very Strong	-7% to -10%	-3% to -5%	0
	Strong	-5% to -7%	-2% to -3%	0
	Medium	-1% to -3%	0 to -2%	0
	Faint	0	0	0
I J K	Very Strong	0 to 3%	0 to 3%	0 to 3%
	Strong	0 to 2%	0 to 2%	0 to 3%
	Medium	0 to 2%	0 to 2%	0 to 2%
	Faint	0	0	0

圖 23-31

歸納以上因素約可分為三大類：

1. 鑽石的品質
2. 景氣與需求
3. 證書

實際的折扣數是多少呢？分別就前述三項討論如次：

鑽石的品質

先說品質，根據鑽石商統計結果：

1. 重量 1ct 以下、顏色 F 以下、淨度 VVS2 以下，可打 5.5 到 7.5 折。
2. 顏色 D 或 E、重量達 2ct、淨度在 IF - VVS1，大概只能打 9 折到 9.5 折。
3. 米粒鑽變數很多，但總可打個 8 折到 8.5 折左右。
4. 切磨優良的鑽石甚至沒有折扣。

Depth Percentage	Deduction	Table Percentage	Deduction
50.0 - 51.9	22 %	43.0 - 45.9	8 %
52.0 - 53.9	20 %	46.0 - 48.9	6 %
54.0 - 54.9	16%	49.0 - 52.9	4%
55.0 - 56.9	12%	53.0 - 53.9	3%
57.0 - 57.9	8%	54.0 - 54.9	2%
58.0 - 58.9	6%	55.0 - 56.0	0%
59.0 - 59.9	4%	56.1 - 58.0	2%
60.0 - 60.9	2%	58.1 - 60.0	3%
61.0 - 62.0	0%	60.1 - 63.0	4%
62.1 - 63.0	2%	63.1 - 65.0	6%
63.1 - 64.0	4%	65.1 - 67.0	8 %
64.1 - 65.0	6%	67.1 - 69.0	10%
65.1 - 66.0	8%	69.1 - 73.0	12%
66.1 - 67.0	12%		
67.1 - 68.0	16%		
68.1 - 69.0	18%		
69.1 - 70.0	20%		
Add 2% for each 1% increase above 70%			

圖 23-32

III. Girdle Thickness		IV. Finish: A. Symmetry
Thickness	Deduction	(1-2% deductions for each)
Very Thin	2 %	Off center table or culet; table not octagonal
Thin	1 %	Table not level w.r.t. girdle
Medium	0 %	Girdle out of round, square or oval (3-6%)
Slightly Thick	1 %	Facets unequal or misshapen
Thick	2 %	Facets do not come to point or line
Very Thick	4 %	

圖 23-33

B. Polish,	C. Culet Size
(as it appears when looking through table)	(should be small, not noticeable)
1-3 % deduction for fair to poor polish	1 % deduction for no culet;
	1-3 % deduction for larger than average culet

圖 23-34

October 08, 2012

Laser Inscription Registry .... GIA
Shape and Cutting Style .... Round Brilliant
Measurements .... 6.56 - 6.59 x 3.94 mm

GRADING RESULTS

Carat Weight .... 1.04 carat
Color Grade I
Clarity Grade VS1
Cut Grade .... Excellent

ADDITIONAL GRADING INFORMATION

Finish
Polish .... Excellent
Symmetry .... Excellent
Fluorescence .... Strong Blue
Comments:
None

圖 23-35

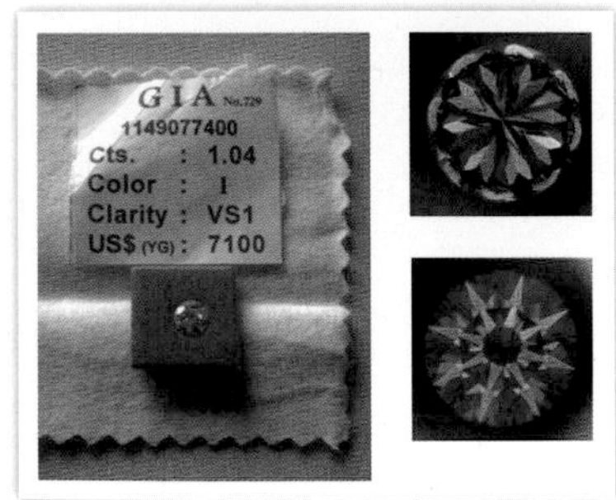

圖 23-36

5. 強螢光反應的鑽石，折扣可以很大，如圖 23-31 所示。

6. 注意：隱約帶綠色、灰色和褐色色調的鑽石比同色級其他鑽石價格低 10-15%。（Rapaport 每週市場評論 2012 年 12 月 21 日）

7. 亦有人按桌面百分比、全深百分比、腰圍厚度、拋光好壞等分別訂出折扣%，以 100%減總折扣數，再乘以表定價格，亦即 Price= [（100 % - tot. % deductions）×（weight）] ×（base price/carat），但太過複雜並不見廣泛接受應用（圖 23-32 至圖 23-34）。

可以打幾折？

實例：

2013 年 1 月時，台北跑街的「印度人」兜售的三顆圓形明亮式鑽石，其本身條件及折扣數如下：

條件	編號		
	1*	2	3
Carat	1.04	1.00	1.02
Color	I	K	D
Clarity	VS1	VS2	VVS2
Cut	Excellent	Excellent	Excellent
Polish	Excellent	Excellent	Excellent
Symmetry	Excellent	Very Good	Excellent
Fluorescence	Strong Blue	Strong Blue	Faint
% OFF	30	36	28

* 詳圖 23-35 及圖 23-36

編號 1，賣方開價照 Rapaport 報表打七折。編號 2 的鑽石，賣方開價照 Rapaport 報表打 6.4 折。試比較其中差異：

1. 重量：編號 1 的鑽石，1.04 克拉；編號 2 的鑽石，1.00 克拉。1.00 克拉有可能還不到一克拉整，或是如果重磨，就不到一克拉。

2. 顏色：編號 1 的鑽石，成色為 I，屬近無色；編號 2 的鑽石，成色為 K，屬極微淺黃。編號 2 的鑽石，等級低，肉眼容易看出黃色。

3. 淨度：編號 1 的鑽石，VS1；編號 2 的鑽石，VS2。編號 2 的鑽石，等級較低。

4. 切磨：編號 1 的鑽石，有三個 Excellent；編號 2 的鑽石，有二個 Excellent、一個 Very Good。編號 2 的鑽石，等級較低。

5. 螢光：編號 1 的鑽石，Strong Blue；編號 2 的鑽石，Strong Blue，兩者相同。

綜合上述，編號 2 的鑽石條件不如編號 1 的鑽石。折扣數與鑽石的品質有關，因此除了每克拉單價，編號 2 的鑽石會較低外，折扣數也較多。

再比較編號 1 與編號 3 的鑽石：

1. 重量：編號 1 的鑽石，1.04 克拉；編號 3 的鑽石，1.02 克拉，不分軒輊。
2. 顏色：編號 1 的鑽石，成色為 I；編號 3 的鑽石，成色為 D，是最好的等級。
3. 淨度：編號 1 的鑽石，VS1；編號 3 的鑽石，VVS2，等級較優。
4. 切磨：編號 1 的鑽石，有三個 Excellent；編號 3 的鑽石，也有三個 Excellent，兩者相同。
5. 螢光：編號 1 的鑽石，Strong Blue；編號 3 的鑽石，Faint。

綜合上述，編號 3 的鑽石條件優於編號 1 的鑽石。因此除了每克拉單價，編號 3 的鑽石會較高外，賣方開價照 Rapaport 報表打 7.2 折。折扣數也較少。

根據以上的比較，就可以瞭解折扣數與鑽石的品質間的關係。另外思考一個問題：「如果你要在這三顆鑽石中買一顆，會選哪一顆呢？」

23-5 景氣與需求

以上 6.4 折至 7.2 折的折扣數是因 2012 年至 2013 年景氣較差，需求量較低，所以有較多的折扣。如果景氣好、需求量大，發生搶貨情形 可能不但沒有折扣，反而還要加成。一般而言，在珠寶店購買時，圓鑽的折扣數常可在報表的九折左右。

因景氣與需求損失的案例

國人偏好 D、E、F 淨度 VVS 的鑽石，本地某鑽石商於 2012 年 8 月時以高出報表 15％的價錢購入一顆 E、VVS1，2 克拉的鑽石，但卻一直沒賣掉。到 2013 年 8 月時，因市場需求低，同樣的鑽石只要以報表的九折價即可購得。E，VVS1 2 克的鑽石，2012 年 8 月報表價為每克拉 34,400 美元，而 2013 年 8 月報表價為每克拉 33,300 美元，試算其中的價差如下：

2012 年 8 月 34,400×2×1.15= 79,120

2013 年 8 月 33,300×2×0.9 = 59,940

79120–59940 = 19,180USD 約等於一顆就虧了台幣 575,400 元

23-6 證書

如前述，一般而言，圓鑽的折扣數常在九折左右，這是指該鑽石附有 GIA 證書而言。如果是附 IGI 證書，則折扣數常在八折左右；而附 HRD 證書，則折扣數約介於八折與九折之間；附 EGL 證書的，則要看是哪裡的 EGL，折扣數會不同。但是要知道：這裡的八折、九折之類，講的只是趨勢比例，並非準確數字，真正的數字還是要參考前述品質與需求量等因素。以下我們來看兩個因證書不同，售價不同的案例：

案例 1

以第 22 章「鑽石的鑑定書與鑑定所」一章中圖 22-95 為例，同一顆 1.02 克拉的鑽石，分別送 GIA、EGL USA 及 EGL IL（以色列）評級，得到的結果分別為 F/I1、E/SI2 及 D/VS2，其售價分別為：

F/I1 ：3600（Rapaport 每克拉報價）×（1–35%）（GIA 平均折扣）×1.02=1,989USD

E/SI2 ：5000（Rapaport 每克拉報價）×（1–50%）（EGL USA 平均折扣）×1.02=2,550USD

D/VS2：7500（Papaport 每克拉報價）×（1–56%）（EGL IL 平均折扣）×1.02=3,366USD

可以看出來其中價差幾達 70%，送 EGL 打證書，對賣方有利。

案例 2

以國內某業者之經驗為例，當一顆 1.00 克拉的鑽石送 GIA，評出來是 K/VS2，如另外再送 IGI，評出來是 I/VS1。讓我們比較一下兩者之間的價差：

K/VS2，查表每克拉 5300 美元，以 GIA 證書打九折為例，其售價為：

5300×0.9×30（匯率）=143,100 元

I/VS1，查表每克拉 7000 美元，以 IGI 證書打八折為例，其售價為：

7000×0.8×30（匯率）=168,000 元

可以看出來，送 IGI 打證書，對賣方有利。

以上所舉各項案例，雖俱為實際發生之事實，但因時空背景不同，其中折扣數僅供參考，不宜直接引用。讀者可依據前述三項因素斟酌調整，買賣價格仍應以實際交易為準。

23-7 折扣數的基準價

圖 23-37

圖 23-37 所示為香港彌敦道上某珠寶名店之廣告，其中寫道：「GIA 鑽石七折」其他還可以打五折。打折促銷處處可見，有人打七折，就有人打六折；有人打六折，就有人打五折。不要以為打五折比打七折便宜，因為其「基準價」可能不同。什麼是「基準價」？基準價就是標價，舉例來說一物件標價 100 元，打七折是 70 元，100 元就是基準價；同樣物件如果標價 200 元，打五折是 100 元，200 元就是基準價。因為標價（基準價）不同，這時打五折就比打七折貴。我們前面所談鑽石折扣數的基準價都是 Rapaport 報表報價，常有店家將標價定的高出 Rapaport 報表報價甚多，再號稱可以打五折，其實實價可能比打七折還貴，務必分清楚其中差異。

花式切割價格

鑽石切割中以圓形切割之耗材最多，因此圓形的價格較高。花式切割價格較低之原因除耗材較少外，還有一原因是例如心型、橢圓型、馬眼形等，男士較不適宜佩戴，流通量也會比較少。

花式切割的價格可查另一份 Rapaport Diamond Report 中 Pears 報價，

價位約為圓形切割的 70 % 。可以打的折扣數，約在 8 至 8.5 折左右。

各種切割方式的價格不同，定價隨出售者自訂。根據觀察，價格高低依次約為祖母綠型 > 心型 > 水滴型 > 橢圓型 > 公主方型，其中異動情形可以由 Rapaport 報表中的新聞簡訊加以瞭解。

達文尼定律（Tavernier's law）

大的鑽石稀有，小的鑽石相對來說比較常見，因此鑽石的大小對價值的影響自然不在話下。而且其影響不單只是重量而已，其對於每克拉（單位重量）的單價亦有會所不同，舉例來說：1 克拉重的鑽石單價與 2 克拉重的鑽石單價是不相同的。兩相加乘之下，可以得到一個概念：

「鑽石的價格是按其重量的平方增加」。

這個概念是由 17 世紀的 Tavernier 買賣印度寶石所得的心得，而由 Lenzen Godchard 於其 1970 年的著作「The history of diamond production and the diamond trade」中加以闡述，被稱為「Tavernier' s law」，或是「Indian law」。

該概念（或稱定律）舉實例而言，如果鑽石的品質相同，2 克拉重的鑽石價值是 1 克拉重的鑽石價值的 4 倍，怎麼算？就是將重量平方，2 × 2 = 4。同理 3 克拉重的鑽石價值是 1 克拉重的鑽石價值的 9 倍，4 克拉重的鑽石價值是 1 克拉重的鑽石價值的 16 倍…。

我們藉由 2012/5/4「Rapaport Diamond Report」中 F Color 的圓鑽價格檢驗如下：

每克拉單價（百美元）：

	VVS1	VVS2	VS1	VS2
1ct	149	124	114	94
2ct	305	265	225	185
3ct	505	425	355	310
4ct	610	540	465	385
5ct	840	750	660	490

每顆鑽石價格（百美元）：

	VVS1	VVS2	VS1	VS2
1ct	149	124	114	94
2ct	305	265	225	185
3ct	505	425	355	310
4ct	610	540	465	385
5ct	840	750	660	490

將上表中各種重量每顆鑽石價格除以 1 克拉重的鑽石價格，得出：

	VVS1	VVS2	VS1	VS2
1ct	149	124	114	94
2ct	305	265	225	185
3ct	505	425	355	310
4ct	610	540	465	385
5ct	840	750	660	490

將 2ct÷1ct 的欄位加以平均：

（4.09 + 4.27 + 3.95 + 3.94）÷4 = 4.06

將 4.06 開根號，$\sqrt{4.06} = 2.02 \fallingdotseq 2$

將 3ct÷1ct 的欄位加以平均：

（10.17 + 10.28 + 9.34 + 9.89）÷4 = 9.92

將 9.92 開根號，$\sqrt{9.92} = 3.14 \fallingdotseq 3$

將 4ct÷1ct 的欄位加以平均：

（16.4 + 17.4 + 16.3 + 16.38）÷4 = 16.62

將 16.62 開根號，$\sqrt{16.62} = 4.08 \fallingdotseq 4$

將 5ct÷1ct 的欄位加以平均：

（28.2 + 30.24 + 28.95 + 26.0）÷4 = 28.35

將 28.35 開根號，$\sqrt{28.35} = 5.32 \fallingdotseq 5$

由此看來「鑽石的價格是按其重量的平方增加」的概念，雖不中亦不遠已，對於概估某種尺寸鑽石的價格，不失為一個很迅速的方法。

23-8 購買鑽石原石之價格

茲以以下案例說明，如欲購買鑽石原石時，價格應如何計算（計算時所用的價格俱為假設數字）

例如當有人欲出售 5 克拉的鑽石原石，檢視後認為淨度大概是 VS2 而顏色是 G。

假設拋磨成品後大約只剩 50%：

5 克拉（原石）x0.50（50%）=2.50 克拉（拋磨後）。

若將八面體鑽石原石切成兩半，產生兩個同等級的鑽石，則：

2.50 克拉 ÷2=1.25 克拉（拋磨後每顆重）。

淨度 VS2，顏色是 G，重量 1.25 克拉，按這種條件查 Rapaport 報表，每克拉是 8,300 美金：8,300x1.25=$10,375 美金（每顆鑽石）。

2 顆就是 2x1.25 克拉鑽石（10,375x2）=20,750 美金。

依 Rapaport 報表價打六折做為批發市場的價格：1.25x8,300x0.60=6,225 美金（每顆鑽石），2 顆共 12,450 美金。

切磨工資

在哪裡切磨？切磨得好不好？工資差很多，若以每克拉 150 美元計，則工資約需 150× 1.25×2 = 375 美金

扣除工資成本 12,450 − 375= 12,075

考慮毛利率，以適當的平均值 50%計，則購買 5 克拉的鑽石原石的價錢是：

12,075× 0.50 = 6,038 美金（鑽石原石總價），

若以每克拉計 6,038 ÷ 5 克拉 = 1,208，亦即購買此 5 克拉的鑽石原石每克拉的價格是 1,208 美金，若是已超過此價位購入，則可能會蝕本。

23-9 史上巨大白鑽的拍售紀錄

一些超過報表範圍的大鑽石，因為稀有，富收藏價值，因此其價位只得參考公開的拍賣價，以下列舉部分巨大白鑽的拍售紀錄供參考：

1.THE MOUWAD SPLENDOUR，101.84 克拉梨形鑽石，成交價 CHF15,950,000（約 US$12,760,000）（每克拉 US$125,295），蘇富比日內瓦（1990 年）；

2. 快樂之星（THE STAR OF HAPPINESS），100.36 克拉方形鑽石，成交價 CHF17,823,500（約 US$11,882,300）（每克拉 US$118,397），蘇富比日內瓦（1993 年）；

3. 季節之星（THE STAR OF THE SEASON），100.10 克拉梨形鑽石，成交 CHF19,858,500（約 US$16,548,700）（每克拉 US$165,322），蘇富比日內瓦（1995 年）；

4. 溫斯頓傳奇（THE WINSTON LEGACY），101.73 克拉梨形鑽石，成交價 CHF25,883,750（約 US$26,746,550）（每克拉 US$262,917），佳士得日內瓦（2013 年）；

5.118 克拉 D 色、無暇、Type II a 鑽石，成交價 3060 萬美元（約台幣 8 億 9950 萬元）（每克拉 US$259,322），蘇富比香港（2013 年）。

綜合上述，同樣同等級的 GIA 鑑定書的鑽石，價格還是會依以下有些條件有落差：

一、圓鑽還是花式車工：通常花式車工的價格比圓

鑽低，而不同的花式車工也有不同的價格行情，所以同樣的等級的 GIA 鑽石但切割不同的話，價格也有落差。

二、通常 Very Good 就已經是非常好的車工了，而有 3 個 Excellent 的車工價格最高，所謂三個 Excellent 指的是車工等級 Cut Grade、拋光 Polish 與對稱性 Symmetry 都是最高等級的 Excellent。

三、有無八心八箭：八心八箭的車工價格比沒有八心八箭的鑽石還要高，大部分 3 個 Excellent 的車工都會有八心八箭，但並非絕對，若是在意有無八心八箭的話，要檢視一下鑽石，因為 GIA 鑑定書並不提供八心八箭認證。

四、有無螢光反應—過強的螢光反應可能會讓鑽石看起來霧霧的，減損鑽石的光芒，尤其是高顏色等級的鑽石盡量避免強度 Very Strong 以上的螢光反應，否則使得鑽石價格下滑。

五、 鑽石測量值 Measurements：圓鑽測量的數據標示是：（最小直徑－最大直徑）÷2× 高度，最大與最小直徑的差距越小越好，表示鑽石越接近正圓，若差距太大，表示鑽石不圓，可能會影響到鑽石的對稱性。花式車工測量這一欄的數據是：長 × 寬 × 高，不同花式切割的形狀長與寬的比例標準也不同。此外，圓鑽的直徑若是過低於其克拉數該有的標準直徑，有可能是鑽石腰圍過厚，就該檢查腰圍厚度的標示。

六、淨度特徵：基本上經過 GIA 鑑定過後的淨度等級不會影響到鑽石價格，但是淨度特徵出現的位置與種類可能會影響鑽石外觀，同樣等級的淨度，內含物特徵出現在桌面或者不明顯的地方也會對價格產生些微的影響。不過有時候選擇淨度等級稍低，但是內含特徵出現在周邊不明顯處的鑽石，等於用比較低的價格購買看起來比較高等級的鑽石，例如同樣 VVS 淨度等級的內含特徵若是集中於腰圍邊不容易發覺的部分，可以利用鑲爪遮住，讓鑽石鑲嵌後看起來像是 IF 的高等級淨度，就不用花到 IF 如此高的價格擁有全美鑽石的效果，何樂不為呢？

七、腰圍厚度：只要在 Thin 至 Thick 之間的腰圍厚度都是可以接受的範圍，過厚與過薄的腰圍都會降低鑽石的價格，僅可能避開 Extremely Thin 與 Very Thick 以外的腰圍厚度。

八、有無雷射腰圍—雷射腰圍多一道手續等於多一項成本，可能價格也會高一些，但是沒有雷射腰圍並不表示鑽石價格較低，而是有些鑽石並不適合雷射腰圍，因為雷射刻字有可能是一種破壞性的手續，許多全美 IF 以上的鑽石比較不願意刻上雷射腰圍影響鑽石的完美度，還有可能是類似羽狀紋等淨度特徵位於腰圍部分，雷射可能會導致羽狀紋變得更大，使得淨度變差，不宜冒這種風險。

九、美金匯率與業者的進貨時間—須視業者購入的時間點，當時的鑽石價格如何？再加上美金匯率的波動也會影響鑽石價格的高低。

十、某些國家譬如說加拿大或大陸，珠寶市售價因”稅捐 *”跟”利潤”都比台灣高，所以售價就高。

	Before June 2002 2002年6月前	June 2002-June 2006 2002年6月至2006年6月	Since July 2006 2006年7月至今
关税 Tariff	Rough 毛钻 3% Polished 成品钻 9%	0%	
进口环节增值税 VAT	17%		Rough 毛钻 0% Polished 成品钻 4%
消费税 Consumption Tax	10% at the stage of import 10% 进口环节		5% at the stage of retail 5% 零售环节

圖 23-38

註：大陸進口鑽石的稅包括：首飾品進口稅、進口環節增值稅、奢侈品消費稅、地方稅等，合計約 47%，如圖 23-38，資料來源：中國鑽石交易中心。

十一、購買鑽飾如鑽戒或墜鍊時，除依前述方法確認主石之等級與價格外，並應注意：

a. 配鑽或所佩寶石之大小、多寡，

b. 戒台或項鍊為鉑金、黃金、18K 或是 14K，價格差異大，

c. 款式、鑲嵌是否適合、手工是否精細。

都會影響價格。

23-10 「鑽石價格 Up、Up？」「鑽石保值？」

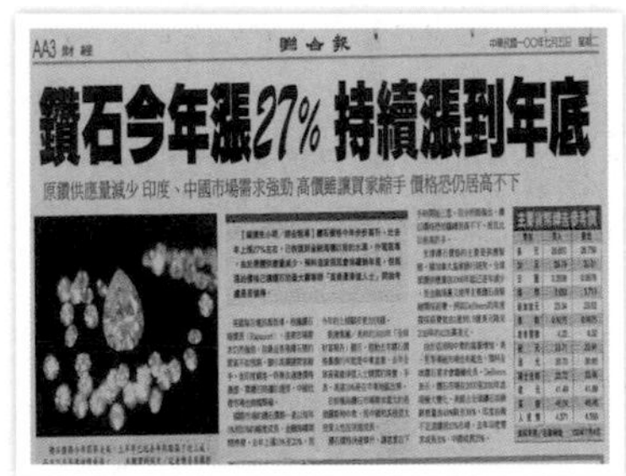

鑽石今年漲27% 持續漲到年底

原鑽供應量減少 印度、中國市場需求強勁 高價鑽讓買家縮手 價格恐仍居高不下

圖 23-39

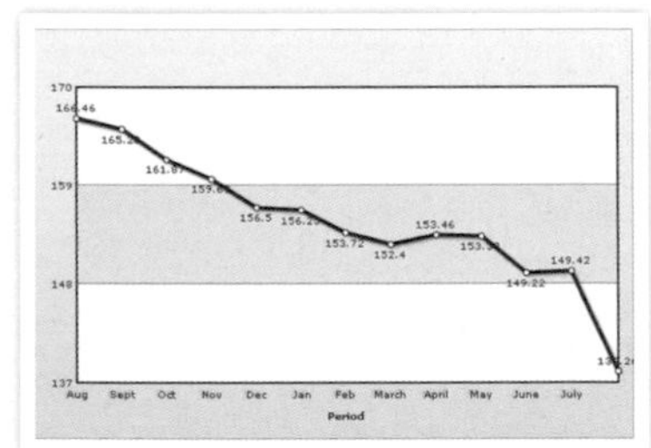

圖 23-40 courtesy Israeli Diamond INDUSTRY

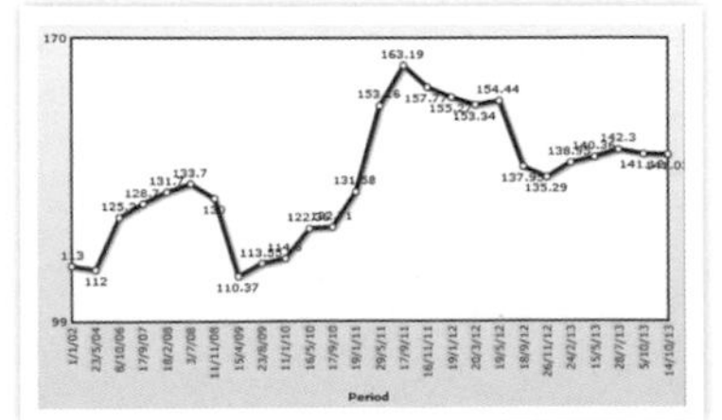

圖 23-41 courtesy Israeli Diamond INDUSTRY

香港的蘇富比拍賣公司，在 2013 年 10 月 7 日成功拍賣出一顆 118 克拉的巨大白鑽，這顆鑽石的大小相當於一顆雞蛋，吸引來自各國的買家爭相競標，最後拍賣價格高達 3 千 60 萬美元，換算台幣超過 9 億，也創下史上白鑽拍賣最高價紀錄。新聞爭相報導，報導中記者問：「（鑽石價格）每年的升值速度跟通膨相比呢？」受訪的珠寶商說：「約 6% 到 7%。如果要對抗通膨，我認為這（鑽石）是絕佳的方式，去買顆鑽石吧。」。報導中又提到專家建議，購買鑽石投資又保值，因為鑽石價格穩定上漲，不像黃金容易大漲大跌，是民眾最新的理財新選擇。真的是這樣嗎？鑽石投資真的保值不跌嗎？

讓我想起 2011 年 7 月國內某報（圖 23-39）所載，號稱鑽石價格會漲到年底，但事實上，那一年鑽石價格如圖 23-40，一直跌到年底。不但到年底，還一直跌到隔年 4 月才勉強穩住，但到 5 月又開始跌。

那麼長期看呢？我們來看看以色列鑽石商對 0.3 至 3 克拉大小切磨好的鑽石指數統計資料，如圖 23-41：

從圖中我們可以看出，自 2002 年 1 月的 113 點至 2013 年 10 月的 140 點，漲幅約 23.89%，平均每年漲幅約 2%。所以鑽石價格由 2002 年至 2013 年確實有漲，但漲幅不像一般講的每年約 6% 到 7%。而同期台灣的消費者物價指數（CPI）也漲了 16.54%，如果兩相抵扣，平均每年漲幅更是只有約 0.62%。從該圖中，我們又可看出鑽石的價格其實像股票一樣是會漲漲跌跌的，如果在 2011 年 8 月買進鑽石圖利，恐怕還在住套房，因為到現在為止還跌了 14%。

常有人說：「鑽石價格是由 DeBeers 之手操控，會隨世界性的通貨指數作調整，因此鑽石價格年年都能微幅上漲。」。但事實上這種說法，由統計資料來看，並不完全正確，因為鑽石的價格會隨著經濟景氣、需求量波動，並不是永遠在上漲。此外，鑽石價格雖是由 DeBeers 之手操控，但也不一定會調漲，例如 DeBeers 2013 年 10 月看貨會，由於

市場流動性緊縮，加之利潤減少，買家信心較為低落，導致此次看貨會上 15％貨品滯銷。DeBeers 爰調低了印度地區的滯銷產品的價格，降幅呈兩位數下降。

那麼究竟如何投資保值、獲利呢？可以分成幾點來思考這個問題，首先當然是知識。知識包括幾個方面，例如鑽石的基本知識，知道鑽石如何分級、如何在現有分級制度中做較有利的選擇、選購鑽石的管道、選購鑽石的時機等；知識還包括對市場趨勢的認知，究竟何種選擇，目前最明智、而將來獲利增值空間大等；如此一來，即便無法大幅增值獲利，至少也可以保值。再者，如果經濟實力夠，不妨考慮提升收藏質量，質量好的物件，市場上永遠是稀有的。DeBeers 不就一直抱持這個理念嗎？ DeBeers 的政策就是造成鑽石市場缺稀，以便控制價格。投資珠寶也可參考其策略，不妨考慮投資克拉數大、等級高、極為特別、有故事性的鑽石，將來增值的機會比較大些。

一般來說，鑽石投資都是穩定成長，但遇全球性金融出狀況時，亦可能跌。

23-11 鑽石價格會不會泡沫化？

沒有人知道鑽石價格的上升到底反映的是市場全球化的必然結果還是即將崩盤！

因為沒有什麼新的大礦場可以加入生產，以及在亞洲新興國家每一天都產生新的鑽石消費者，用簡單的算術就可以知道未來鑽石的價格將顯著攀升，所以一般而言：「長期來看，鑽石價格的前景一片光明」。

Chapter 24

第24章 合成鑽石與鑑識

the basic of diamond identification

我們知道所謂「天然鑽石」是一種礦物，一般須要大費周章，辛勤勞苦的上山下海開採出來。而「合成鑽石」簡單的說，就是利用人為合成技術製造出來，與天然鑽石性質一模一樣的東西。合成鑽石每年需求約 300 噸，主要用於工業用途。

要人為製造出鑽石到底困不困難？圖 24-1 是捐血中心寄給我，鼓勵我捐血的圖片，讀者一定不相信，圖片中生日蛋糕上的燃燒的蠟燭就在製造鑽石。

根據 2011 年在英國「化工通訊」雜誌發表的研究結果，在蠟燭閃動的每一秒，都會產生大約 150 萬個奈米級的鑽石顆粒。看起來很簡單，但是這種「奈米級的鑽石」稍縱即逝，如果沒辦法將它們收集起來，合成較大的晶體，就只是空歡喜一場。

1649 年義大利佛羅倫斯科學院將鑽石放置在容器內加熱，當達到相當溫度時，鑽石竟然不翼而飛，消失了。1673 年英國物理學家 Rohert Boyle 首先發現鑽石可以在空氣中燃燒。1772 年法國化學家 Antoinc Lavoisier（拉瓦錫）經過比對燃燒鑽石與普通的炭，證明鑽石燃燒時所釋出的氣體為二氧化碳，因此間接證明鑽石的成分是碳。

1796 年英國化學家 Smithson Tennant 把鑽石放在純氧中燃燒，他證明燃燒所產生的二氧化碳中的碳含量與原來鑽石的重量相當，至此就清楚地證實鑽石的成份是碳。十九世紀末，更有人成功地將鑽石轉化成石墨。

鑽石的組成成分既然是碳，它的密度（3.52 克 /cc）又比其他的碳的同素異形體（如石墨）的密度（2.25 克 /cc）多出 56%。因此可以設想，石墨在受到高壓，密度加大時就可能轉化成鑽石。自此許多人就嘗試著以各種方法把含碳的物質加壓，希望把它改變成鑽石。

常見合成鑽石的用語包括：

Synthetic Diamond　合成
Man-made Diamond　人造
Artificial Diamond　人工
Cultured Diamond　養殖，培育
Cultivated Diamond　栽植
Cloned Diamond　複製

其中 Cultured、Cultivated、Cloned 歐洲禁止使用。

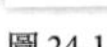

圖 24-2

24-1
合成鑽石的歷史

1941 年時，美國由三家主要的陶瓷及硬質材料公司（General Electric Norton 及 Car-borundum）出資由高壓物理學之父 Bridgman（布里磯曼）領軍。當時的目標是在五年後製成鑽石，由於高壓技術是合成鑽石的關鍵，因此 Bridgman 買了一台當時最大的（1000 噸）油壓機做為壓力的來源。

圖 24-3 General Electric 及布里磯曼

Bridgman 曾發明由兩個對中壓的 Bridgman Anvils 高壓機。他的研究乃以這項技術為主把石墨加壓至三萬個大氣壓和三千度的高溫。在做過數千個試驗而沒有生成鑽石後，Bridgman 曾感嘆說「石墨是自然界最好的彈簧」，意即石墨不論如何受壓最後仍會回復原狀，Bridgman 的五年計畫只進行了兩年就被第二次世界大戰所阻斷，Bridgman 以後未再嘗試製造鑽石，並於 1961 年自殺身亡。

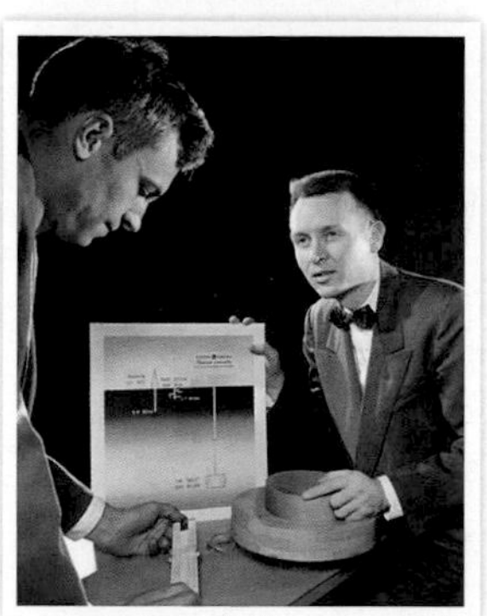
圖 24-4 Tracy Hall

1951 年奇異公司由 Francis Bundy 領軍，旗下有 Hubert Strong, Robert Wentorf 及 Tracy Hall（霍爾博士）。由於 Bundy 是物理學家，因此他所用的方法仍是沿用 Bridgman 的策略。這種策略是把石墨加壓的上限不斷提昇希望最終會把這個「石墨彈簧」壓成鑽石。這種以蠻力（Brutal Force）合成鑽石的方式忽略了化學催化的重要性。由於石墨轉化成鑽石時需克服強力的碳鍵。以蠻力去屈服碳鍵需加溫至 3000℃ 以上。在這種高溫下，鑽石穩定區的壓力高達 10000 大氣壓以上。當時 Bundy 所用的壓機無法同時達到這麼大的壓力和溫度，因此無法合成鑽石，Bundy 屬下的 Hall 覺察到使用化學觸媒的重要性。但他覺得即使使用觸媒來催化石墨，Bundy 所用壓機的壓力仍不足以把石墨轉化成鑽石，Hall 學的雖是化學，但他卻有發明機器的天份。

圖 24-5 1955 年在 GE 紐約 Schenectady 實驗室的鑽石加壓機（GE Reports）

Hall 認為要提高壓力，高壓頂錘之間需加一個壓缸。這種裝置也可大幅提高反應艙的體積。另外製造了一個碳化鎢的壓缸，這個壓缸外面由數圈年輪式的鋼圈緊緊框住。這種設計因其外觀似帶故常又名「帶狀裝置」（Belt Apparatus）。有了這個新高壓裝置，Hall 立刻可以把壓力調高到十二萬個大氣壓，並可以同時加溫至 1800℃。1954 年 12 月 16 日，Hall 在做實驗時意外的發現有一打左右的閃亮晶粒粘結在原來用來導電加熱鉭（Ta）做的蓋片上。這些晶粒立刻經 X- 光繞射分析證實為鑽石。經過一陣急速的高壓試驗後，Hall 發現鐵族金屬和鉭都是合成鑽石的觸媒。Hall 製造鑽石的方法由其他同事的驗證後乃告確立。1955 年 2 月 15 日奇異公司召開記者會，發佈這項消息，並於 1960 年 2 月 2 日註冊登記申請專利。

圖 24-6

圖 24-7 在 Novatek 展示人造鑽石的歷史

"My hands began to tremble; my heart beat rapidly; my knees weakened and no longer gave support – I knew that diamonds had finally been made by man."

「1954 年 12 月 16 日晨，當我打開蓋子的剎那，雙手開始顫抖，心跳跟著加速，膝蓋變得不聽使喚，幾乎站不住了……。」霍爾博士（Dr. H.Tracy Hall）回憶起製出人類史上第一顆合成鑽石。
奇異公司（G.E.）在重複驗證霍爾的數據和製程，確認其可重複性之後，正式對外宣布成功製造了人工鑽石，將該製程申請了世界專利。

圖 24-6 為 1955 年模擬奇異公司霍爾博士 1954 年 12 月打開艙蓋撿視「合成鑽石」所攝的情形。事實上，當時製造出來的鑽石最大不過 0.15mm，比某些砂粒還小，如果要應用於珠寶，視覺上就不夠格，頂多只能當工業磨具用，不能稱為「寶石級合成鑽石」。

霍爾博士和他的兒子大衛後來在美國猶他州的普洛伏（Provo UT）主持一家名為「Novatek」的公司（圖 24-7），專門生產製造合成鑽石的壓力機。霍爾博士已於 2008 年過世，享年 88 歲。

GE 藉由 Tracy Hall 的此一發現發了大財，Tracy Hall 則收到 10 美元的美國儲蓄債券（Savings Bond）作為獎勵。這就產生了人造鑽石產業。數十年來，這個行業一直由兩個主要參與者為代表，即：GE 超級磨料磨具（GE Super abrasives）和 De Beers 工業鑽石（De Beers Industrial Diamonds）。

其實，瑞典的主要的電器製造公司 Allmana Svenska Elektriska Aktiebolaget（ASEA）可能是最早合成鑽石的機構。1953 年 2 月 16 日，ASEA 使用由 Baltzar von Platen 及 Anders Kämpe 設計的一個體積很龐大的設備，將壓力定在 83,000 大氣壓（8.4 GPa）一個小時，產生出很少數的晶體。ASEA 的科學家曾經於 1953 年多次重覆製造出合成鑽石，證明實驗的可重覆性，但陰錯陽差，直到 1960 年代，才正式向世界宣布製出人工鑽石。因此某些歐洲出版的書籍稱 ASEA 製出人類史上第一顆合成鑽石，究竟誰是第一，就留給讀者自己判斷吧！

天然鑽石年產量 20 至 30 噸，合成鑽石年產量達 300 噸，但對珠寶業者而言，較值得注意的是符合寶石級要求的合成鑽石，也就是說顆粒要大、顏色要美、淨度要好、晶形要適合切磨等。世界各地的研究單位，也陸續獲得突破。例如：在 1970 年奇異公司首次利用晶種在高溫高壓下，經過七天時間，長出重可達 1.1 克拉的寶石級鑽石，經部分研磨後，連同晶體送給美國史密斯博物館展覽，並於 1971 年向外宣布。後來，更努力提高生產速率，生長相同大小的鑽石僅需幾十小時。

1988年，奇異公司已可以合成成批克拉大小的鑽石，與天然Ⅱ a型的鑽石相較，其導熱率可提高 50%；在 1992 年又製造出重達 3 克拉導熱率可達天然鑽石兩倍之合成鑽石。在南非的戴比爾斯實驗室，在 70 年代已可合成寶石級鑽石，尤其在 1987 年更合成出 11.14 克拉的單晶；以及在 1990 年，用超過 500 小時合成 14.2 克拉的黃色工業鑽，最引人注目。

在日本方面，住友電氣公司在 1985 年也公開展示 15 克拉的寶石級合成黃鑽。蘇俄科學院西伯利亞分院，早已培養出 7.5mm 重 1.5 克拉不同顏色的寶石級鑽石。1993年俄羅斯的「Chatham西伯利亞公司」將寶石級的「合成鑽石」銷售到珠寶市場上。1999 年，美國市場上又發現一批來自俄羅斯的合成鑽石。1990 年代泰國與俄羅斯合作成立泰羅斯公司，生產銷售黃色、無色、藍色及粉紅色～紅色的彩鑽。中國大陸合成鑽石在 1963 年已成功完成，目前也有相當好的成就。

數年前，同時膺選美、台科學院士的毛河光博士，曾於日本舉辦的第十屆國際新鑽石科技會議發表了一顆十克拉、透明無色的 CVD 鑽石，接著以「Very Large Diamonds Produced Very Fast」（大鑽石量產快）的標題，在美國的實用鑽石會議上發表，媒體甚至以「牛糞變鑽石」的聳動用語，吸引了大眾的目光和話題。

合成鑽石技術日新月異，最大公開的寶石級合成鑽石已能達到 34 克拉的規模，相信記錄還會不斷的創新。

1970 年代，DeBeers（戴比爾斯）公司為維持其壟斷市場之策略，曾簽約大量收購蘇聯產的鑽石，後來才發現 1960 年以來，西方世界還無法生產大顆寶石級合成鑽石時，蘇聯就已經成功地合成鑽石，DeBeers 受合約牽制，只好默默吞下。

目前市場上已有許多合成鑽石在銷售，科技一日千里，不久的將來成本更低、製作更精良的產品一定會出現，連 DeBeers 都曾受騙上當，何況是一般民眾。因此未雨綢繆，提高警覺以防範未然就必須對合成鑽石的製作過程與鑑定方法加以瞭解。

24-2
合成鑽石的方法

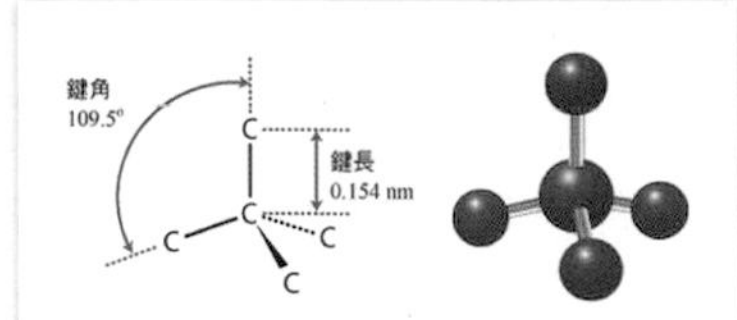

圖 24-8

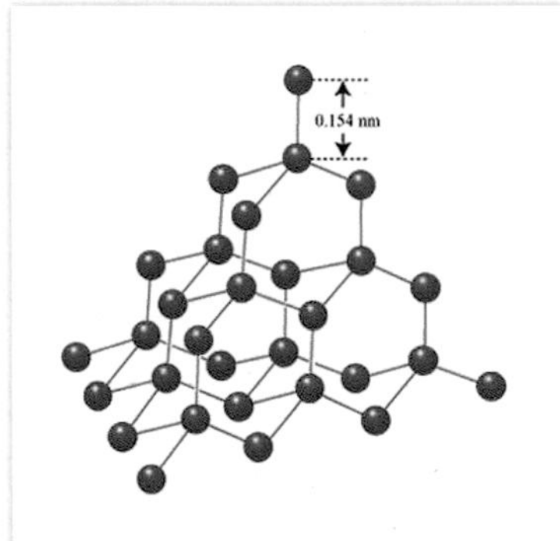

圖 24-9

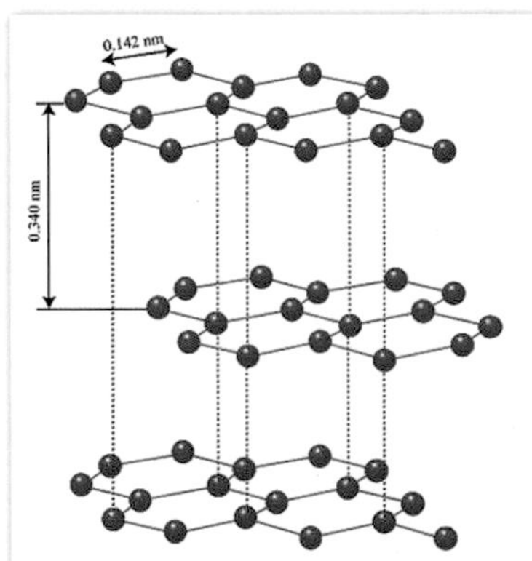

圖 24-10

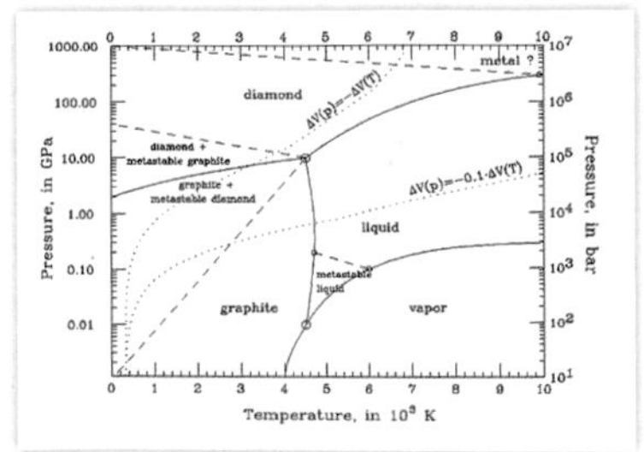

圖 24-11

當我們比較鑽石與石墨時，可以知道：鑽石的結構中，每個碳原子都與其他四個碳原子以化學鍵互相連結（稱為 SP^3 鍵），近鄰原子間的距離為 0.154 nm，這個長度稱為鍵長。相鄰的鍵構成 109.5° 的夾角，稱為鍵角。所有鍵的強度都相等。如圖 24-8 所示。鑽石中的碳原子在一起，這個結構看起來就像一個巨大的分子，如圖 24-9 所示。

在石墨中，碳原子的結構就很不同了。每個碳原子以很強的化學鍵與其他三個原子連結，而以很弱的鍵與另外一個原子連結。以強鍵連結的碳原子以六角形的方式構成一層層的原子，這些原子層稱為石墨烯。不同的原子層以弱鍵互相連結。這結構導致了石墨的一個特性，就是一層原子可以輕易地在另一層原子上滑動。石墨烯原子層之間易於滑動的特性，使石墨可用於潤滑劑和鉛筆芯之中。此外，原子層之間弱鍵也讓一些電子沿層面自由流動，使石墨成為良好的導電體。如圖 24-10 所示。

理論上，只要能將碳原子間的鍵結轉換成 SP^3 鍵，即可形成鑽石的結構。同質異形的石墨，立即被聯想到，因為它與鑽石同樣是純碳的構造。圖 24-11 是碳相位圖，注意在石墨與鑽石間有一條臨界線。

柏曼（R. Berman）將構成石墨 - 鑽石的熱量、與溫度有關的石墨的熱含量以及鑽石熱膨脹的原子體積和係數等因子歸納起來，並將溫度的範圍定在最常應用於合成鑽石的 600-1700℃間，導出了石墨 - 鑽石相位臨界方程式，如下：

$$P\,(kb) = 12.0 + 0.0301T\,(℃)$$

但是在低溫時，當相位臨界坡度隨著溫度降低，柏曼的方程式顯然低估了轉化壓力。於是，甘迺迪（C.S.Kennedy）及甘迺迪（G.S.Kennedy）（1976）導出了一個更普遍性的相位臨界方程式，如下：

$$P\,(kb) = 19.4 + 0.0250T\,(℃)$$

根據碳相位圖，我們可以瞭解石墨只要在高壓高溫的環境下，就可以轉化成鑽石；根據以上方程式，我們更可以計算出所需要的高壓高溫的數值，奇異公司即藉轉換石墨的方法獲得成功。

當然，在圖 24-12 的碳相位圖中，除了石墨之外，一切含碳的物質，無論是氣體或液體，均可能在純化碳元素，清除其它元素後，在適當溫度和壓力下，轉化成鑽石。

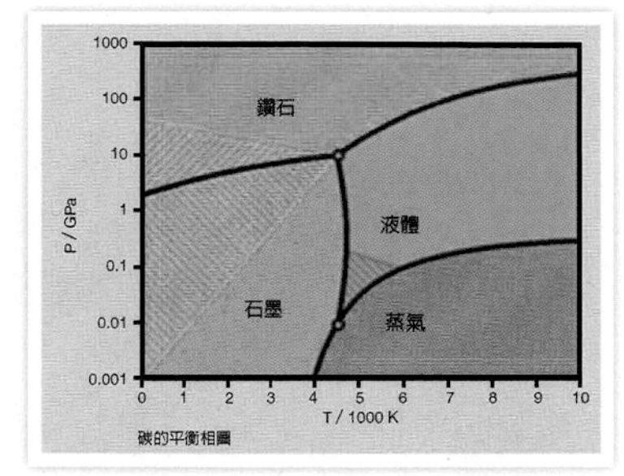

圖 24-12

圖 24-13

人工合成鑽石發展至今，主要的方法有三類：

（1）靜壓法：包括靜壓觸媒法、靜壓直接轉變法、晶體觸媒法；

（2）動力法：包括爆炸法、高音波振盪法、液中放電法、直接轉變六方鑽石法；

（3）在亞穩定區域內生長鑽石的方法：包括氣相法、液相外延生長法、氣液固相外延生長法、常壓高溫合成法。

由碳相位圖中可以瞭解：將石墨轉化成鑽石，需要極大的壓力，奇異公司霍爾博士 1954 年，費盡千辛萬苦才達到十二萬個大氣壓（12GPa），運氣不錯地得出鑽石。奇異公司在 1955 宣布的人造鑽石技術，壓力有所下降（約 60000 ～ 70000 bar），但須使用鐵、鎳等過渡元素當作助熔劑，因此稱為高溫高壓觸媒法，並且申請了專利。

於是有人想出其他辦法，創造出高壓環境：1961 年 P.S.DeCarli 和 J.C.Jamieson 利用爆炸產生震波，造成瞬間高溫高壓環境，不需加觸媒，合成很小顆粒的合成鑽石，這種方法後來由「聯合化學公司」和「杜邦公司」採用。

杜邦合成鑽石的溫度仍在攝氏 1000 度左右，不過採用的是爆炸法，壓力可以高達 300 ～ 400 kbar，比奇異公司的 60000 ～ 70000 bar 高出許多。炸藥引爆的壓力雖大，但是反應時間僅達百萬分之一秒，因此所合成的鑽石晶粒十分微細，從 50 微米到小於一微米都有，所以又稱為鑽石粉（圖 24-13 ），主要用於研磨工業。

由於壓力在瞬間消失，而溫度並沒有像壓力那樣快速下降，剛剛形成的微粒鑽石有可能因為低壓高溫的作用又變回石墨。為了防止這種反應，在震波法中，須把散熱物質如銅粉混入石墨原料中，那麼在壓力消失時，溫度也可以迅速下降，使新生成的鑽石不至於轉變回石墨。這種震波法製造出來的鑽石一直都是很細微的鑽石粉，只適合工業用，因此將不列入合成寶石級鑽石的方法中介紹。

24-3
合成寶石級鑽石的主要方法

目前首飾用合成鑽石的主要生產國有俄羅斯、烏克蘭、美國等國家，其合成寶石級鑽石的主要方法是：
1. 高溫高壓法（HTHP 法）：
可分為 BELT 法、CUBIC 法和 BARS 法
2. 化學氣相沉澱法（Chemical Vaper Deposition CVD 法）

高溫高壓法（HTHP 法）

如同前述寶石級合成鑽石可採高溫高壓（HTHP，又稱為助熔法）合成鑽石，其壓力是源自於加壓設備，一般壓力要求至少要達 75,000atm（大氣壓），最好在 80,000atm 至 110,000atm 的高壓狀態，形成溫度則要在 1200℃～2000℃之間，最好是在 1400℃～1800℃之間。

在加壓設備中有一反應艙，反應艙的中部為高溫區，碳源置放在該區，晶種放在反應艙下部的低溫區。高溫高壓合成鑽石以一個小鑽石種晶開始，種晶可以是合成鑽石也可以是天然鑽石，在生長艙內，每一個種晶都浸入石墨及以金屬為基底的觸媒溶劑中，接受高壓高溫的洗禮。在嚴密的控管下，鑽石種晶開始一個分子一個分子，一層一層的宛如自然程序地長大。

所謂金屬為基底的觸媒溶劑即催化劑，包括鐵、鈷、鎳、銠、釕、鈀、鋨、銥、鉻、鉬、鎂等，或這些金屬元素的混合物，以迅速超越臨界條件，使石墨轉化為鑽石。以下先以理論基礎說明觸媒溶劑的用途，再依次分析各種加壓設備。

理論基礎

雖然說，在相對低壓和低溫時，熱動力學依然有效，但是石墨－鑽石間轉變速率會因壓力增加而明顯遞減，直接的轉化，將因而遇到障礙。因此活動力的考量，凌駕了容易達到的熱動力學的條件，經過實驗證明，對於石墨 - 鑽石間可以觀察到的直接轉化速率而言，高於 3300 K 的高溫及高於 130 k bar 的高壓是有其必要性的。要達到這樣的條件，是很困難也很花錢的。幸好，可以藉借助觸媒溶劑的反應，繞過活動力的障礙。這樣一來，創造出一條比直接轉化需較低作用能量的路徑出來。這樣子，在比較合宜的條件下，可以獲得較快的轉變速度。就是因為這個緣故，觸媒溶劑合成法很容易地就達成目標，同時成為工業生產可行並且成功的做法。

觸媒溶劑用的是過渡元素，例如鐵、鈷、鎳、鉻、鉑及鈀。金屬溶劑廣泛地溶解碳，將碳原子群和各別原子間的鍵結加以破壞，並將碳運送至鑽石生長的表面。F.P Bundy 及其同僚 H.T. Hall、H.M. Strong、R.H. Wentorf 等 1955 年就表示，在 7 GPa（70,000 atm）壓力下，溫度約達 1,600℃，靠著觸媒幫忙，石墨就可以人為地轉換為鑽石（圖 24-14）。

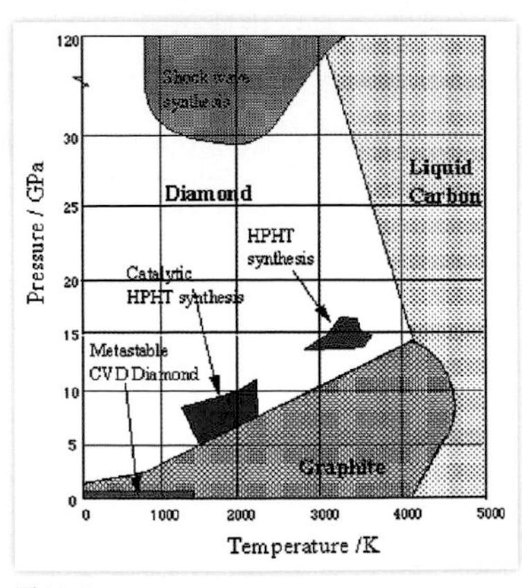

圖 24-14

高溫高壓合成鑽石的生長是以下列方式進行：將碳充填於石墨容器中，並置入種晶及促使其結晶的催化劑，而生成的鑽石就會在種晶上結晶。1 克拉原石的成長至少要兩天的時間。

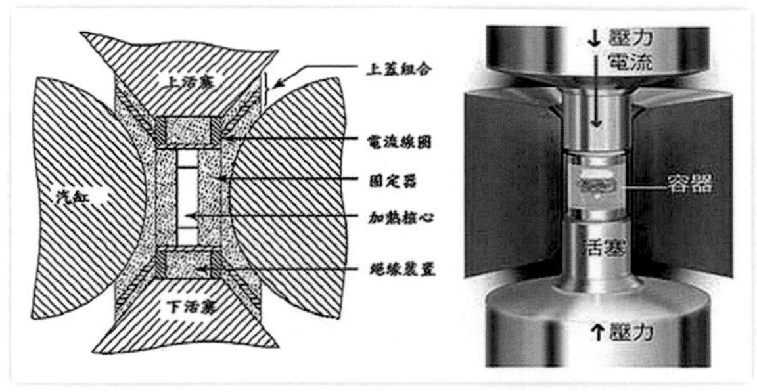

圖 24-15

隨後他們也表示，在超過 10 GPa 的壓力，溫度約達 2,000℃時，不靠觸媒幫忙，鑽石也可以直接由石墨合成轉化而來。

如果說之前的碳相位圖是自然界的變化圖，圖 24-14 Bundy 碳相位圖就是合成的變化圖，圖中可以看出，靠著觸媒幫忙，可以省下很多很多的力氣。

圖 24-16

加壓設備分類

為了達到製造合成鑽石所需的壓力和溫度，有三種主要的加壓方式，就是帶狀 BELT 法、CUBIC 法和 BARS 法，分別闡釋如次。

BELT（帶狀）法

為了達到製造合成鑽石所需的壓力和溫度，有兩種主要的加壓方式，基本上的設計就是帶狀及立方式。原先奇異公司 Tracy Hall 使用的是帶狀加壓，也就是上下碳化鎢鋼砧座提供圓柱形反應艙內部 50000 ～ 70000 atm 的壓力，如圖 24-15 是帶狀加壓的原理，圖 24-16 是 1980 年代日本神戶製鋼的的帶狀裝置壓力機，圖 24-17 是 De Beers 集團 DeBeers60％與 Umicore40％合資的 Element Six 公司的 HPHT 合成鑽石設備。

圖 24-17 courtesy DE Beers

碳源置放在反應艙上部，將一小塊金屬放在中央。砂粒般大小的鑽石種晶接著放在反應艙底部。再將加壓的反應艙以內部的電熱器加熱到 1200 ～ 1500℃。一般而言，反應艙頂端的溫度會比底部高，使得內部產生溫度坡降。一旦達到理想的壓力溫度狀態，反應艙上部的碳源會在金屬中溶解，碳隨即被導向反應艙底部，這樣一來，促使碳由金屬溶液中析出，前往種晶，成為鑽石的形態（圖 24-18 ）。

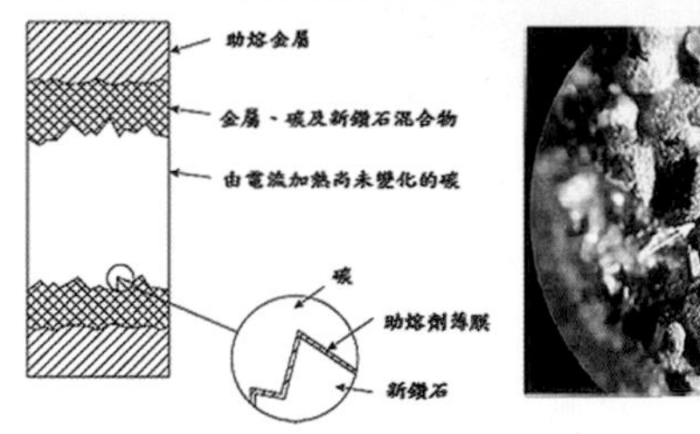

圖 24-18 壓力艙內反應

圖 24-19

圖 24-20

圖 24-21

圖 24-22

立方式加壓

第二種加壓設計是立方式加壓。立方式加壓有六個鋼砧，可以同時向立方體的各個面施壓（如圖 24-19 及圖 24-20 所示），最早的多重鋼砧加壓設計是四面體型，利用四個鋼砧向四面體施壓，但因容積過小，很快地被隨後發展的立方式加壓取代。立方式加壓設備的體積一般比帶狀式小，也更容易達到所需的溫度及壓力。但是要將立方式加壓艙的體積增大，卻不是一件容易的事。當加壓艙的體積增大時，鋼砧也要加大，要達到相同壓力所需施的力也要加人。於是，聰明人想出一個辦法，就是改變鋼砧的形狀以減少加壓艙的表面積，例如說改成十二面體，但還是有點複雜，在製造上也有點困難。

立方式加壓的壓力機，是目前使用的壓力機中最複雜和最昂貴的壓力機。這種型的壓力機，在溫度約 2500℃時，壓力可上達 70 Kbar（70,000kg/cm^2）。優點是在同一加壓艙內，可以有多顆結晶同時生成。圖 24-21 是中國大陸製立方式加壓設備，圖 24-22 是美國 Suncrest 的 HPHT 設備。

BARS

第三種就是所謂 BARS 裝置（圖 24-23），BARS 譯自俄文，是分裂球體的意思，因此有人稱 BARS 裝置為分裂球法。BARS 的技術是約在 1989 ～ 1991 間由前蘇聯科學院地質與地質物理學院西伯利亞分院的科學家發明出來的。

這種裝置是加壓製造鑽石中最小巧、最經濟的做法。在 BARS 裝置中心，有一個約 2cm^3 大小的陶瓷圓筒合成艙。這個小盒子被放進立方型壓力傳遞材料中，再由固結的碳化材料如碳化鎢鋼等非常硬的合金由內部加壓。外部八角形的空洞，則由八塊鋼砧加壓。當組合完畢，整個被鎖在一個直徑約 1 公尺的碟形桶中。桶中灌滿油，當加熱時產生壓力，並將壓力傳至中央的小盒子。合成艙以同軸石墨加熱器加熱，並以溫差電偶量測其溫度。一般而言，BARS 可以達到的壓力為 10GPa，溫度為 2500℃。以鐵 - 鎳為催化劑，生成一顆 5 克拉（1 公克）黃色含氮Ⅰb 型晶體的速率，可高達每小時 20mg，整個生成過程可以少於 100 小時。

圖 24-23 中是用來製造鑽石的高壓反應器，圖 24-24 是其斷面示意圖，為充分呈現，其中外部桶的尺寸經過縮小。

寶石級合成鑽石主要採用 BARS 壓力機生產，該方法成本低、體積小，但每次只能合成一顆鑽石。

HPHT 合成鑽石之型態

以 HPHT 合成之鑽石，如圖 24-26 所示。將合成鑽石與天然鑽石放在一起比較，如圖 24-27 所示。

晶體形狀與顏色

從以上合成鑽石生成的過程結果中，首先引起我們注意的是合成鑽石的晶體形狀與顏色（圖 24-28），分別討論如次。

晶體形狀：

不同於天然鑽石的晶體形狀常為八面體、菱形十二面體以及兩者的聚形，還有常見三角薄片雙晶，一般常見 HTHP 合成鑽石的晶體形狀如圖 24-29。

這算是甚麼形呢？可以說是晶形完整的立方八面體（Cuboctahedral），也就是立方體與八面體的聚形。以圖 24-30 做一說明。

如果放置種晶的是一個凹槽，則合成鑽石晶體會長出圖中右側上方的截角八面體；如果放置種晶的是一個平面，則合成鑽石晶體會長出圖中右側下方截角立方體或是截角八面體的上半部，因為同時發育出立方體與八面體的生

圖 24-23

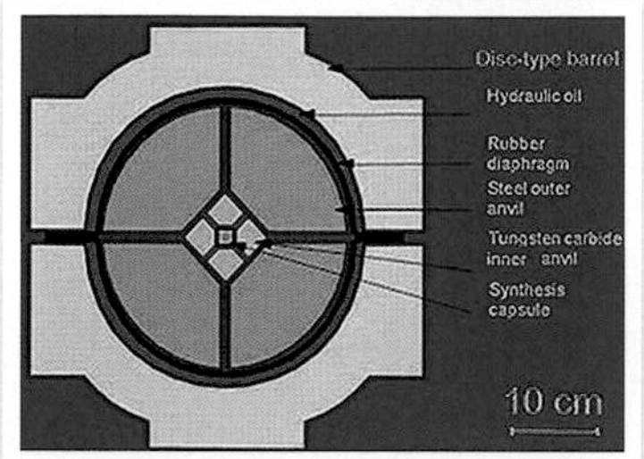

圖 24-24 BARS 剖面示意圖

圖 24-25 工廠內的 BARS 裝置

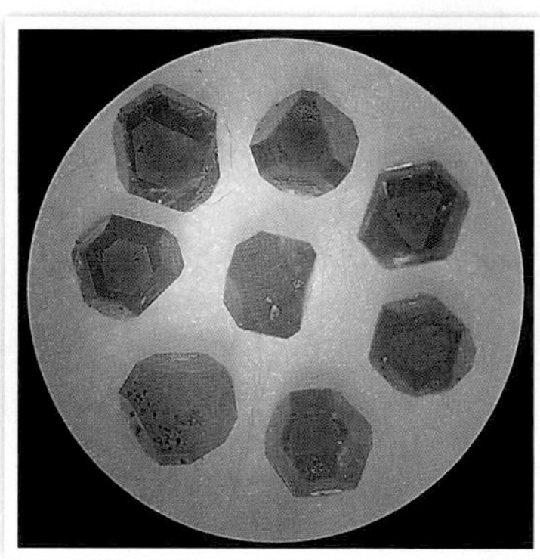

圖 24-26 HPHT 合成鑽石

圖 24-27 合成鑽石與天然鑽石（中央處）

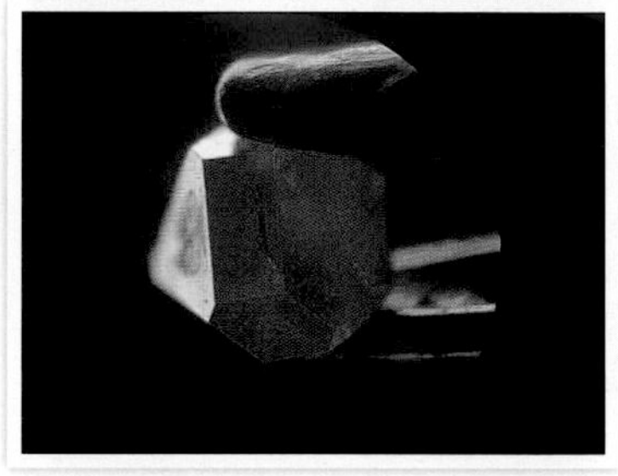

圖 24-28 合成鑽石晶面

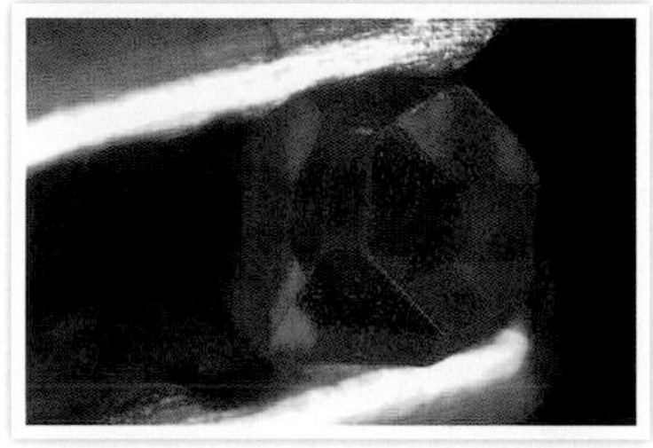

圖 24-29 HTHP 合成鑽石的晶體形狀

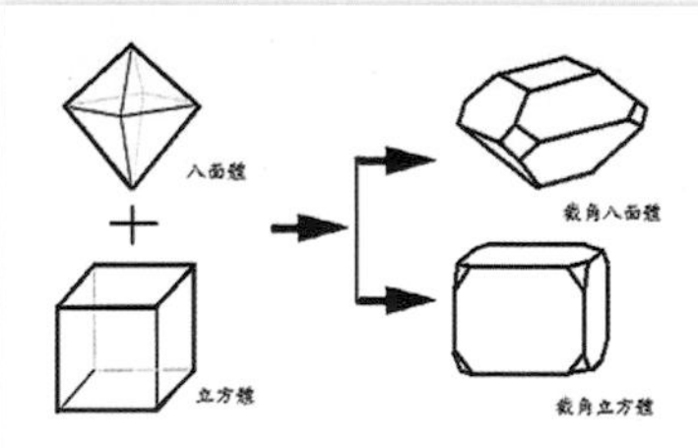

圖 24-30

圖 24-31

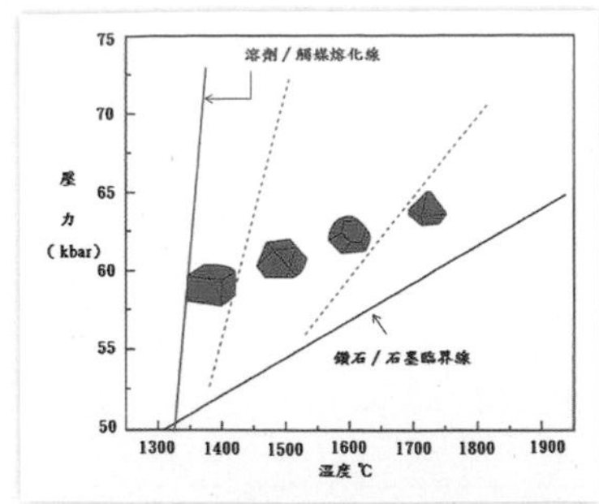

圖 24-32

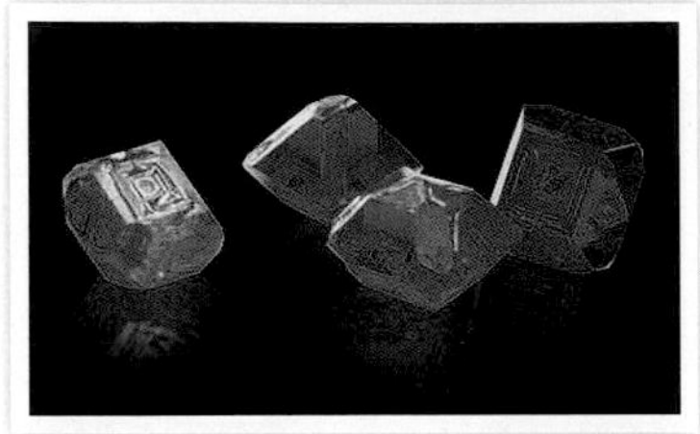
圖 24-33

長面，因此稱為立方八面體或是立方體與八面體的聚形。

鑽石生長的習性是八面體，但溫度接近條件下限時，六面體會經由盤旋生長機制而產生。圖 24-32 所示為高溫高壓合成鑽石晶型與溫度壓力條件關係，圖中顯示隨壓力變化，HPHT 合成鑽石晶型之變化情形，可與第 3 章〈鑽石結晶學〉中，天然鑽石之生長習性比對。

其他影響條件

當集結時，如果間隙緊密分布，生長速度又快時，就會產生多晶質鑽石。鑽石的顏色受雜質類型及濃度影響，可藉由生長時變化溫度加以改變。由於各家廠商設定的不同，因此所生產出來的晶形略有差異，但均不脫以上所述聚形範疇（圖 24-33）。但由於經切磨後，此立方八面體的晶形特徵不復存在，因此不能當做是鑑定合成鑽石的主要依據。

合成鑽石的顏色

我們都知道，鑽石的黃色來自雜質「氮」，以 HTHP 法合成鑽石時，由於空氣中氮氣含量高達 79%，所以大多數 HTHP 合成鑽石都含氮，而以黃色、橘黃色、褐色為主，價格很有競爭力，可以作為同種天然彩鑽的替代品。那麼

1. 到底可不可以把氮去除，製造出無色等級的合成鑽石？
2. 為什麼不把氮去除？

對於第一個問題的答案是：當然可以去除，只要在過程中加入鋁或鈦就可以製造出近無色等級的合成鑽石。另外，在去除氮的同時，加入硼就可以製造出藍色的合成鑽石。

對於第二個問題的答案是：在去除氮的同時，會延緩鑽石結晶，拉長生產時間，增加成本，因此一般過程中不會刻意去除氮，所以以往藍色和近無色等級的合成鑽石由於成本高而極難見到。

合成鑽石與天然鑽石價格比較，如次表所示，其中是相同淨度、切磨和顏色的 0.5 克拉合成鑽石與天然鑽石平均價格。

	近無色	藍色	黃色	紅色	粉紅色	綠色
HPHT/CVD 合成鑽石	$1,200	$3,000	$1,500	$2,000	$1,500	$800
天然鑽石	$1,000	$30,000	$7,000	$150,000	$30,000	$30,000

但是現在市面上確實存在各種顏色的合成鑽石，又是從那來的？

答案是：合成鑽石雖然常為黃褐色，但經常被輻射改色成藍、橙、粉、綠、褐以及金黃色等各種顏色，只是在濃淡上可能與天然彩鑽有所差異。因此顏色已經不能當做是鑑定合成鑽石的主要依據。

24-4

鑑別天然鑽石和合成鑽石

一看到這個主題，有些讀者以為又要背一堆東西，就開始頭痛。其實，要區分天然鑽石和 HTHP 合成鑽石，只要認識天然鑽石和合成鑽石的生長有何不同？一旦瞭解其間差異，辨識區分即成為一件簡單又有趣的事，不信？請繼續看下去。

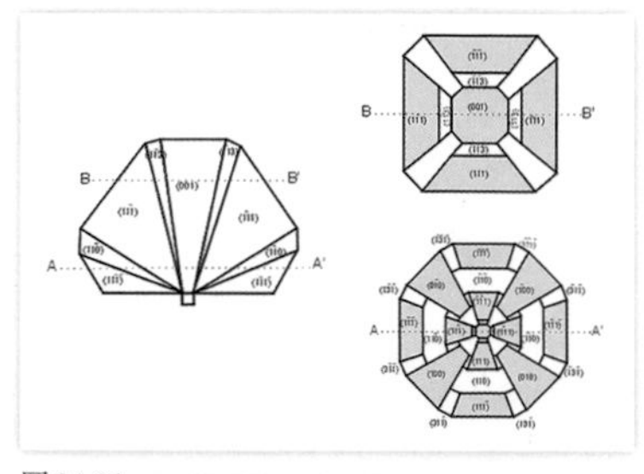

圖 24-34

如同我們在「鑽石原石」章節中的瞭解，天然鑽石在形成過程中，受到溫度、壓力、雜質（例如氮）、上升速度等外界環境影響，而生成八面體、六面體、菱形十二面體等不同晶體外形，惟不論是那一種外形，天然鑽石的雜質甚少，且不易聚集在某特定區域，因此我們一般把天然鑽石視為均質體。

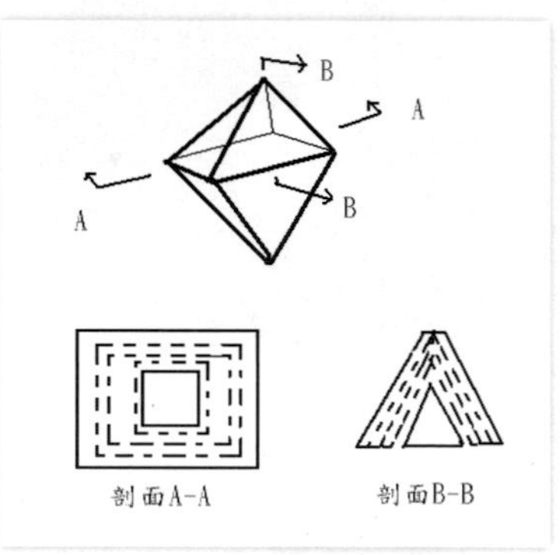

圖 24-35

但是合成鑽石就不同了，在合成鑽石的生長期間，溫度和其他結晶溶液的參數有所變動，結果造成黃色、黃棕色及棕色的結晶體，形成具有不同顏色飽和度的交替層次形式的色帶，因此我們可以把合成鑽石視為非均質體（或可稱多相體）。

不同於天然鑽石，合成鑽石並非由中心向周邊生長，而是由晶核出發，向除了垂直於容器壁以外的各個方向生長。生長合成鑽石的晶核放置時，垂直於容器壁的方向，通常就是〔001〕面（有時是〔111〕面）。合成鑽石同時具有幾個生長區域發展的特徵，包括立方體的〔001〕、八面體的〔111〕、菱形十二面體的〔110〕及四 - 三八面體的〔113〕，如圖 24-34 合成鑽石的生長帶與生長區配置圖所示：注意看剖面 A-A' 及剖面 B-B' 中央好像開出一朵「花」。

而天然鑽石主要是八面體的生長區（二個生長區間的角度，會與八面體間的兩個面間的角度相符）。這種生長區是朦朧不明的立方型，觀察的時候，與合成鑽石不同，通常不會在晶體中央出現一朵「花」的形態，如圖 24-35 所示。

由以上分析，我們可以分：色帶、生長紋及內部顯微特徵等三部分來瞭解其差異。

色帶

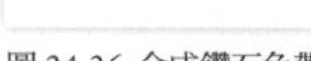

圖 24-36 合成鑽石色帶

天然鑽石通常在顯微鏡下看不到生長帶，只有在極罕見的情況下會似有似無的出現。生長帶與八面體的面平行；二個生長帶間的角度，會與八面體的兩個面間的角度相符。

天然鑽石的色帶也很罕見，不同飽和度的色帶邊界總有參差不齊的特徵，在晶體的單一生長面內，不會有週期性的顏色變化。

圖 24-37 直線和角狀的色帶

合成鑽石由於雜質集中，會產生不同顏色飽和度的色帶，如圖 24-36 合成鑽石顏色差異區帶。由鑽石的側面，也就是平行腰圍或是亭部邊緣方向的各個不同方位觀察，是找出已切磨寶石中這種色帶最有效的辦法。

在天然黃鑽中，色帶的存在是相當不尋常的，即便存在，它的邊緣總是不規則分佈的，而且邊際相當難以區分。合成鑽石的色帶會是直線和角狀的。

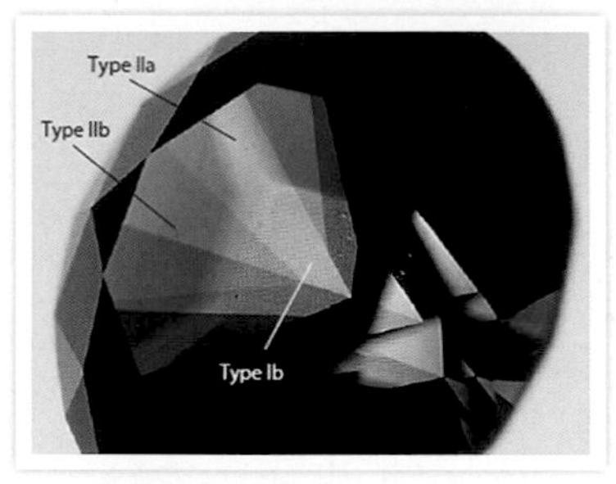

圖 24-38　courtesy Christopher M. Breeding& James E. Shigley

圖 24-38 中這顆高溫高壓合成鑽石浸水中時，顯示出隨不同鑽石類型的不同生長區域。黃區是 Ib 型、無色區是 II a 型，藍區是 II b 型。通常只有人造鑽石會在晶體中顯示氮和硼雜質的混合物。

圖 24-39 所示為一顆 GE 合成的藍色鑽石顯現出硼的區塊。

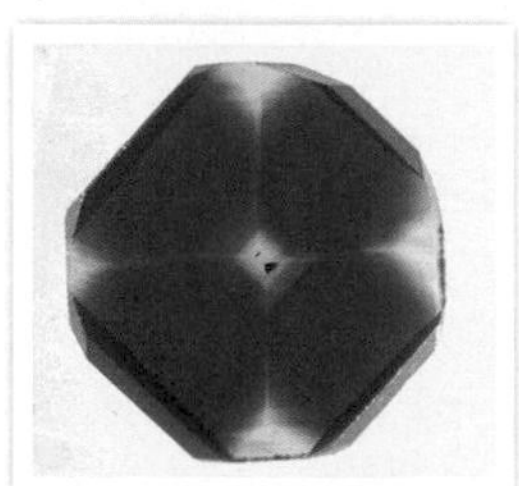

圖 24-39 Courtesy Caltech

生長紋（孿晶紋）

生長紋是規則晶體結構中的非均質物以及各種缺陷，看起來像是寶石中似有似無或是像流水的區域，這個區域可以是有色的也可以是無色的。我們都知道生長紋對天然和合成鑽石來說都是罕見的，但是，在天然鑽石中生長紋不發育，如果出現的話，生長面總是與八面體的面平行（兩個生長方向面間的角度，會與八面體的兩個面間的角度相符），因此八面體有三個生長紋理方向，六面體有二個生長紋理方向（以上均形成規則的環狀），十二面體有一個生長紋理方向。

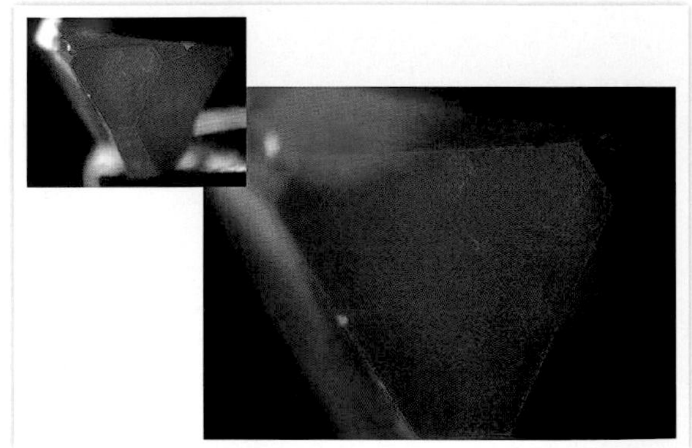

圖 24-40 HTHP 合成鑽石八面體生長區

HTHP 合成鑽石生長紋發育，生長紋的特徵因生長區而異，生長面不是位於生長區的邊界，就是在生長區內形成平行劃線的樣子，八面體生長區通常發育平直的生長紋（圖 24-40），並可有褐紅色針狀包體伴生（僅在陰極發光下可見）；立方體生長區沒有生長紋，但有時見黑十字包體；四角三八面體生長區邊部發育平直生長紋。因此常顯示樹枝狀、交叉狀、蕨葉狀（圖 24-41）、或者階梯狀紋理。

生長面交錯的模式（孿晶中心），也可以當作是診斷特徵。在天然鑽石中，有時會看到像十字架及榻榻米的形態。而合成鑽石中往往會看到八邊形及沙漏形（詳見內部顯微特徵中解釋），不過其他幾何圖形的生長形態也有可能會在合成鑽石中出現。合成鑽石在特殊光源下，以顯微鏡可觀察到生長紋理及不同生長區的顏色差異（圖 24-42）。

圖 24-41

HPHT 合成鑽石的生長結構和形態特徵模式

HPHT 合成鑽石切磨後，圖 24-43 中這些色帶、生長紋、及紫外螢光圖案模式，可能全部或僅部分看的到。觀察到這些模式可作為實驗室合成鑽石的診斷性證據。

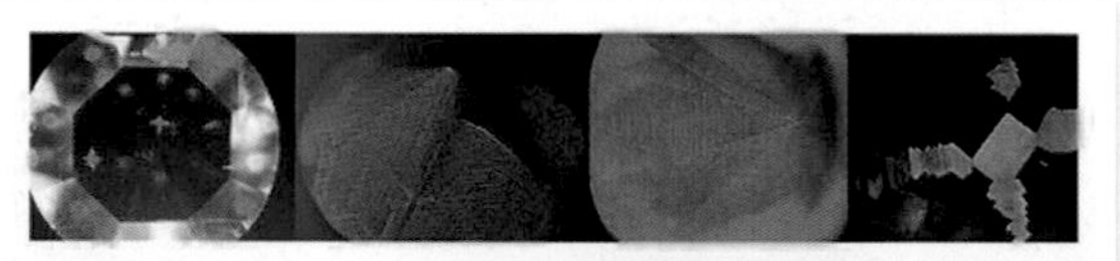
圖 24-42 特殊光源下不同生長紋理

例如：
圓形明亮式切磨的 Chatham 人造鑽石，在亭部有清晰可見的十字交叉形生長紋（圖 24-44）。當由祖母綠型或 Asscher 型亭部觀察時，常常看到一般所稱的沙漏型的生長紋（圖 24-45）。Chatham 人造鑽石桌面上的生長紋，因為很微弱，因此很容易被忽略。但是花功夫去偵測它是值得的，因為它明確地證明鑽石是合成的。

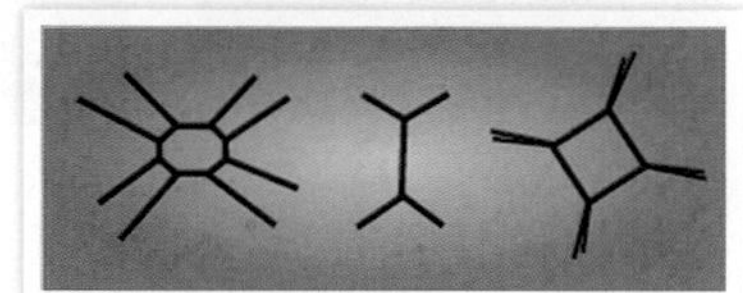
圖 24-43

圖 24-44

圖 24-45

圖 24-46

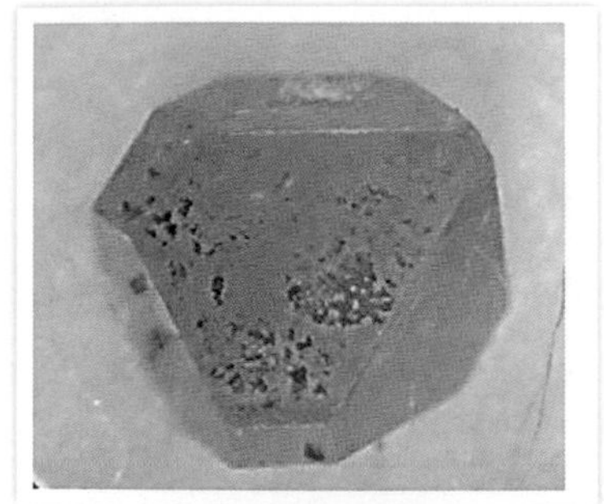

圖 24-47

圖 24-51

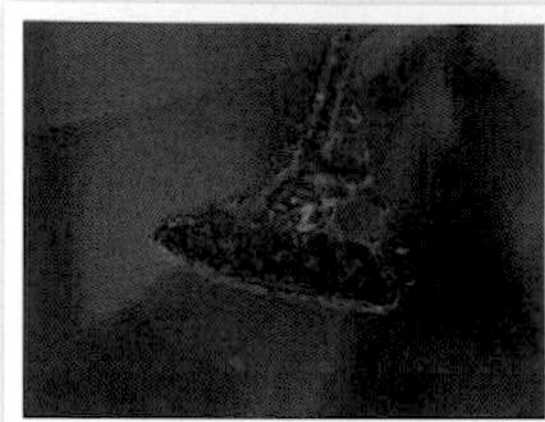

圖 24-48 合成鑽石內金屬內含物 courtesy of EGL Vancouver

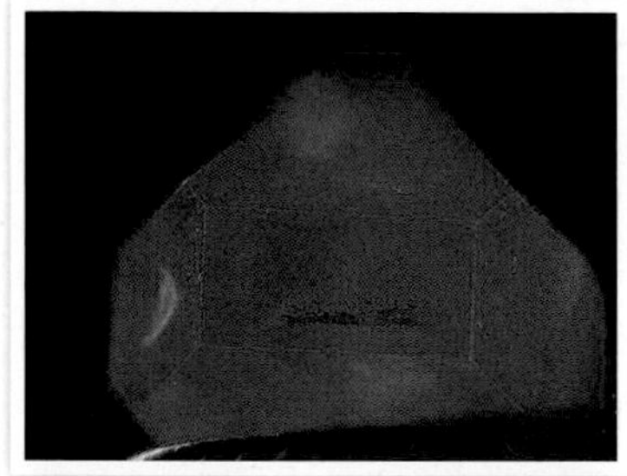

圖 24-49

圖 24-52

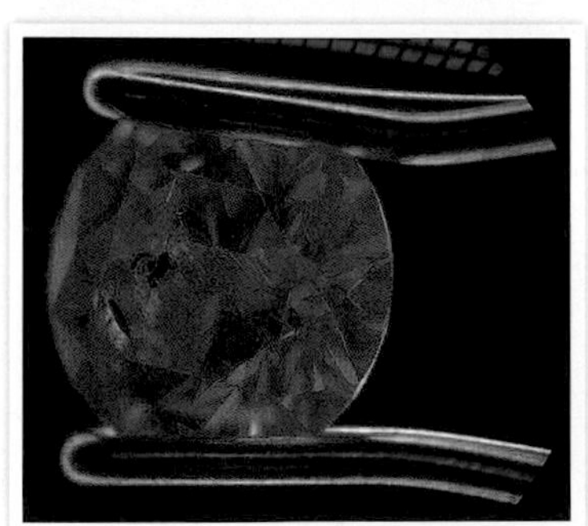

圖 24-50

圖 24-53

內部顯微特徵

HTHP 合成鑽石內常可見到細小的鐵或鎳鐵合金觸媒金屬包體。這些包體呈長圓型、角狀、板狀、棒狀平行晶棱或沿內部生長區分界線定向排列，通常不透明、反差大，如圖 24-47 至圖 24-53 所示。

金屬觸媒亦有可能呈十分細小的微粒狀散布於整個晶體中（如圖 24-54）。在反光條件下這些金屬包體可見金屬光澤，因此部分合成鑽石可具有磁性，因此可用強力磁鐵吸起來，但如無殘留助熔劑時，則此法失效。

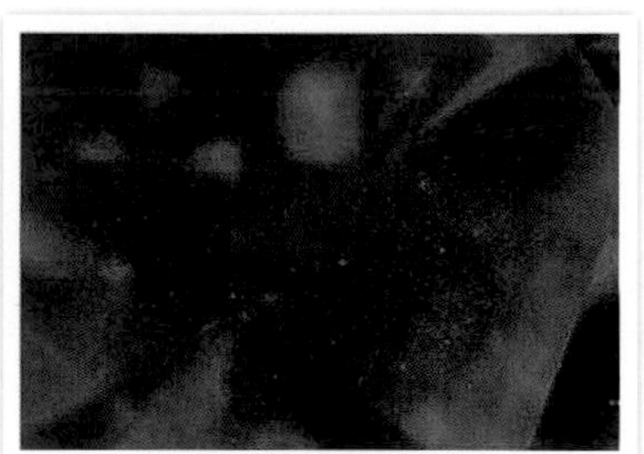

圖 24-54 合成鑽石內部雲狀物 courtesy EGL Vancouver

金屬內含物部分觀察特徵：
形狀：瘦長、扁平狀、不規則、針狀
顏色：穿透光照射時呈不透明
以反射光反射呈灰色或黑色
鑽石淨度：VVS ～ I

圖 24-55 沙漏

此外，合成鑽石中往往會看到八邊形及沙漏形等的色帶。什麼叫沙漏形？看一張沙漏形（Sandglass 或 hourglass）的圖 24-55。

知道為什麼會有「沙漏形」嗎？讓我們回頭看看「合成鑽石的生長帶與生長區」圖（圖 24-34），將它翻轉過來，用紅線標出切磨示意，如圖 24-56。

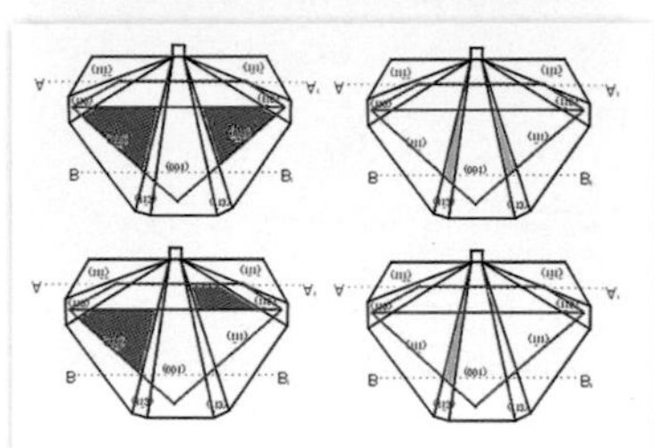
圖 24-56

綠色或藍色標示的兩個區域，不就形成「沙漏形」嗎？但是要提醒的是：晶體生長區並不一定與上圖相同，切磨方式也會隨晶體外型而異，因此沙漏形不一定會完整，換個角度可能就只看到部分的「沙漏形」，可能是三角形、八邊形或是其他形狀；相反的，如果生長區與切磨配合得巧，也可能出現兩個交錯的「沙漏形」（圖 24-57）（似馬爾它十字架）。不過「沙漏形」是合成鑽石的診斷特徵，即使看到部分，也應多加懷疑。

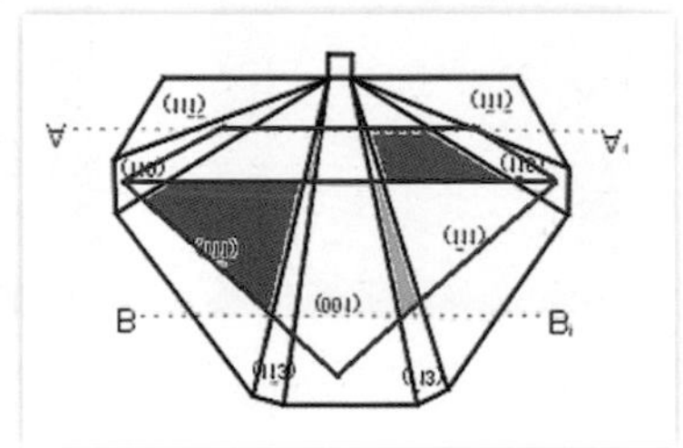

圖 24-57

一般而言 HTHP 合成鑽石的淨度以 I、SI 級為主，當然個別可達 VS 級甚至 VVS 級。

通常我們可按以下步驟進行觀察：
1. 在開始測試研究前，小心地清潔待測樣品。
2. 將顯微鏡調至暗場模式。
3. 在顯微鏡下完整、仔細地檢查樣品。
4. 在檢查中，對結構的不均勻性及其性質（顏色及排列）特別留意。
5. 要更詳細地觀察寶石，可以在更大的放大倍率下使用光纖照明。
6. 儘量使用描述天然和合成鑽石的結構不均勻性的用詞，來分辨所觀察到的特徵。

如此，檢查了色帶、生長紋及內部顯微特徵，就可以將天然鑽石和合成鑽石區分出來，是不是容易又有趣？！

不過好像太容易了，就沒甚麼學問，所以以下，我們將以上說明引申，並進階地來闡釋。既然可以把合成鑽石視為非均質體，那麼它就可能對吸收光譜、螢光反應、陰極發光及光學性質等與天然鑽石會有不同反應，分別討論如次。

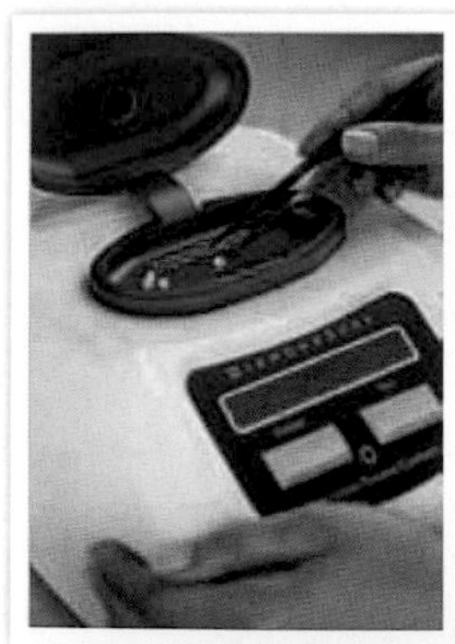

圖 24-58 DiamondSure

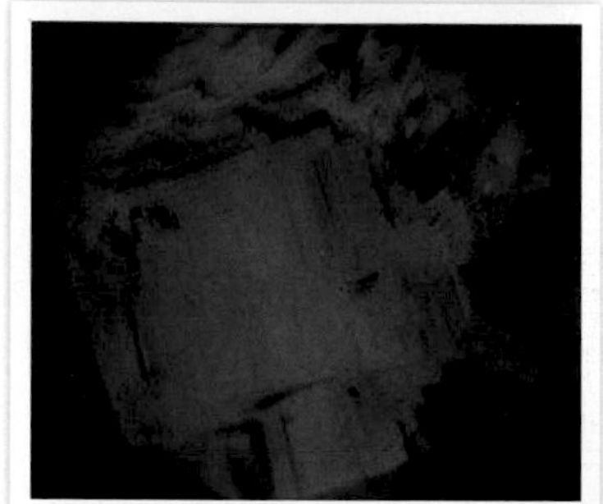

圖 24-59

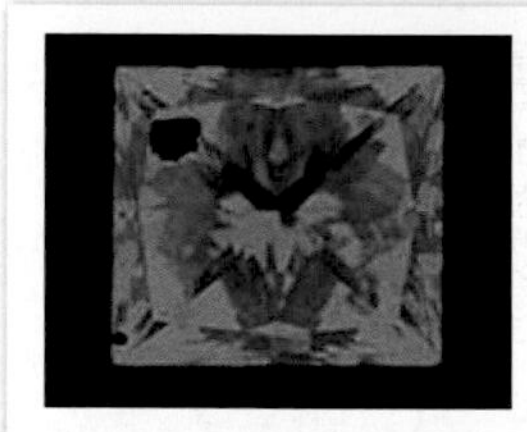

圖 24-60 長波下螢光左，短波下螢光右

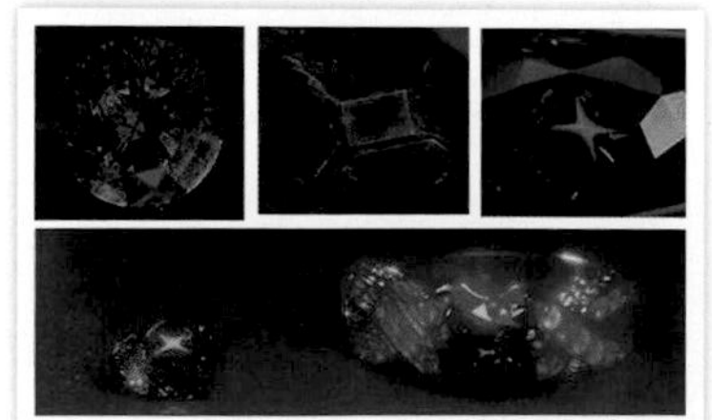

圖 24-61 紫外發光分帶現象

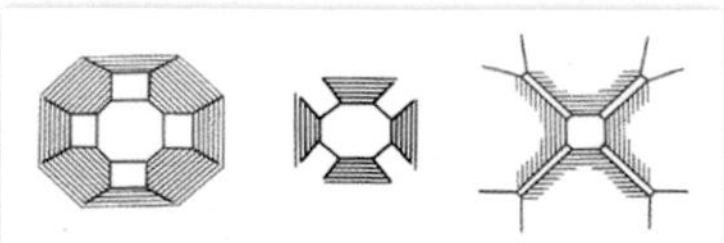

圖 24-62

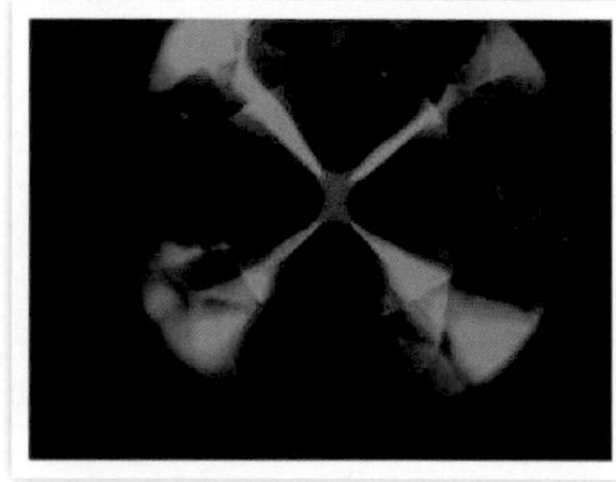

圖 24-63 courtesy IGI

吸收光譜

無色一淺黃色天然鑽石具 Cape 線， 即 在 415nm、452nm、465nm 和 478nm 的吸收線，特別是 415nm 吸收線的存在是指示無色一淺黃色鑽石為天然鑽石的確切證據。合成鑽石則缺少失 415nm 吸收線。圖示以 De Beers 的 DiamondSure（儀器部分，後面我們會詳盡地介紹）檢測吸收光譜。

紫外螢光特性

會發螢光的天然鑽石，在紫外線燈下通常發出藍色光，而且通常不發磷光（少數鑽石會發綠色、白色或橙色螢光，或發磷光）。如圖 24-59 所示。

而 HTHP 合成鑽石在長短波紫外線下螢光常呈黃至黃綠色，長波紫外線下反應弱，短波紫外線下反應較強，如圖 24-60 所示，這種反應在天然鑽石中只有稀有的藍鑽會這樣。

而在短波紫外光下因受自身不同生長區的限制，其發光性具有明顯的分帶現象，為無至中的淡黃色、橙黃色、綠黃色不均勻的螢光，如圖 24-61 所示。

1998 年 4 月 29 日 GIA 的「Gems & Gemology」 中 發 表：HPHT 合成鑽石在冷光下可能產生的圖案有交叉形狀圖案、沙漏形圖案和正方形形狀圖案等，或只能看到其中局部圖案，如圖 24-62 所示。圖 24-63 為實際看到的圖像。

天然鑽石與 HPHT 合成鑽石之紫外螢光影像比對

圖 24-64 為天然鑽石之紫外螢光影像。可以看到藍色的螢光以及八面體生長區塊，照片為 20x 放大。

圖 24-64 courtesy GIA

圖 24-65 為合成鑽石之紫外螢光影像。可以看到八面體與六面體不同螢光顏色的生長區塊，照片為 20x 放大。

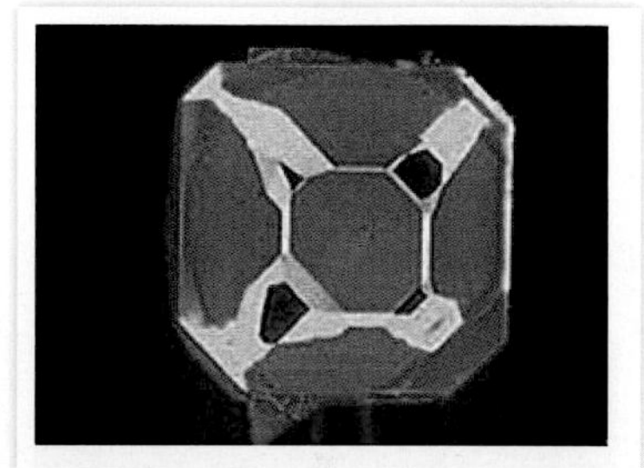

圖 24-65 courtesy GIA

比較圖 24-64 及圖 24-65，即可了解天然鑽石與 HPHT 合成鑽石之不同生長模式，實際鑑定時，就很容易區分出來。

值得注意的是當關掉短波紫外線時，合成的鑽石局部仍會繼續發出黃色的磷光，持續一秒鐘或更長一些。另外，與天然鑽石不同的是 GE HTHP 合成鑽石在 X 光下會有強烈黃色螢光。圖 24-66 為 Gemesis 合成鑽石短波紫外螢光（左）和短波紫外磷光（右）。

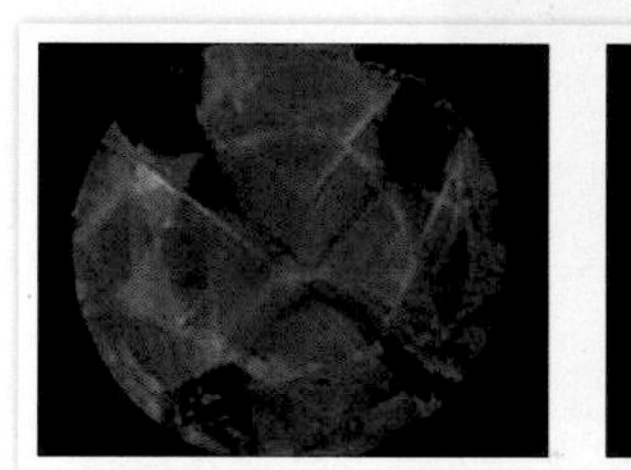

圖 24-66

看看下面 Lucent 合成鑽石的案例：

一顆紅色的合成鑽石

分別在長波及短波螢光下反應如圖

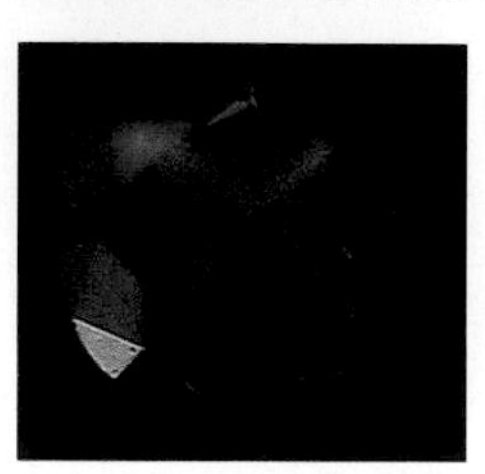

長波下

短波下

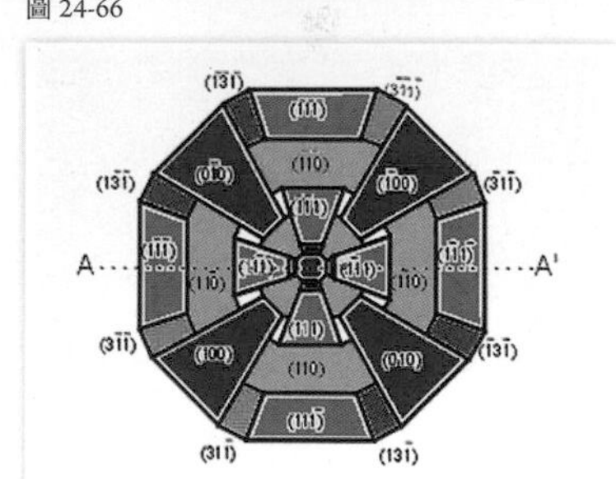

圖 24-67

因為生長區不同，含有的物質或者說雜質含量不同，在鑽石中央就呈現出十字架的樣子。回顧一下圖 24-34 的 A-A’ 剖面，是不是有十字架？如果看不出來，把它按生長面著色如圖 24-67。

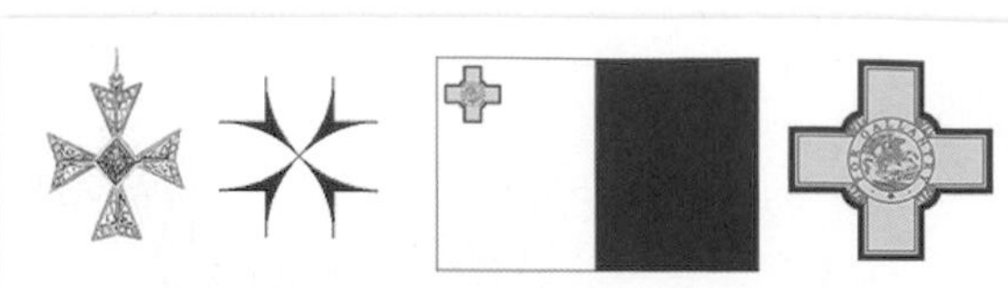
圖 24-68 馬爾它十字架

圖 24-69 禁止臨時停車標誌

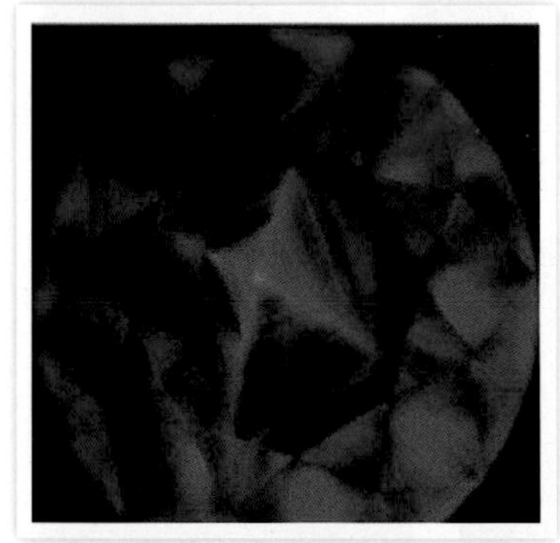
圖 24-70 DiamondView 下 HPHT 合成鑽石螢光圖案

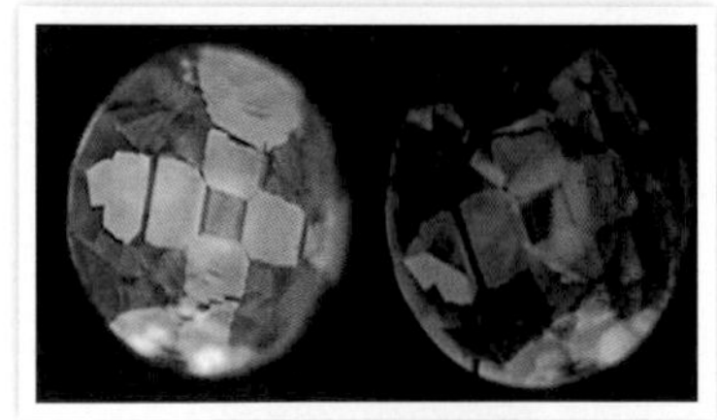
圖 24-71 DiamondView 及陰極發光

看起來是不是與螢光反應中綠色十字架很像？
再看一顆黃色的合成鑽石

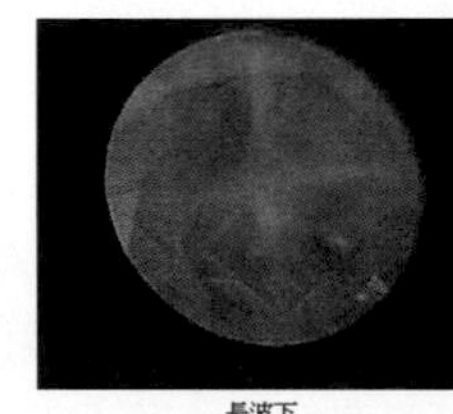
長波下

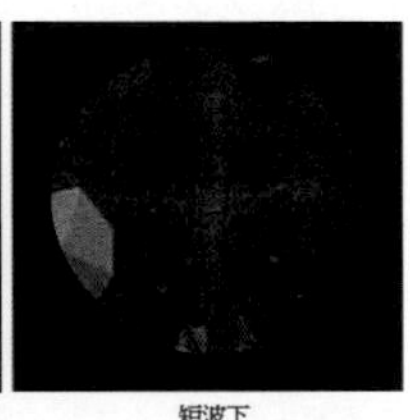
短波下

有人稱此十字架為馬爾它十字架（Maltese Cross），為什麼？看以下馬爾它十字架的圖，圖 24-68。

跟著了色的 A-A’ 剖面圖綠色部分是不是很像？印象深刻了吧！瞭解後，真的不需要死背強記太多東西。也有人說稱作這是禁止臨時停車標誌（圖 24-69），像不像？

陰極發光

什麼是陰極發光？陰極發光是當物質在真空艙內，以電子束激發所產生的可見光發散。這種冷光是以電子顯微鏡觀察樣本時所發現的，一般對大部分寶石不會有何影響。因為電子帶的是負電（陰極），所以這種發光模式就稱為陰極發光。

陰極發光對顏色的視覺觀察（或說顏色分佈），發散的光譜以及對發散量化的量測已經發展成一個對研究非常有用的工具。例如應用於鑽石鑑定：基於生長區塊的不同，可以協助區分天然與合成的鑽石。

HTHP 合成鑽石的不同生長區因所接受的雜質成分（如 N）的含量不同，而導致在陰極發光下顯示不同顏色和不同生長紋等特徵。這些生長結構的差別導致天然鑽石和合成鑽石在陰極發光下具有截然不同的特徵。正如同前面合成鑽石對螢光的照射，區塊與區塊間會有截然不同的反應，就很容易將天然鑽石和合成鑽石做一區分。

De Beers 依據這個原理設計發展了 DiamondView，後面我們會詳盡地介紹（圖 24-70）。

圖 24-71 為一顆 Chatham 合成鑽石的 DiamondView（左）及陰極發光（右）

光學性質

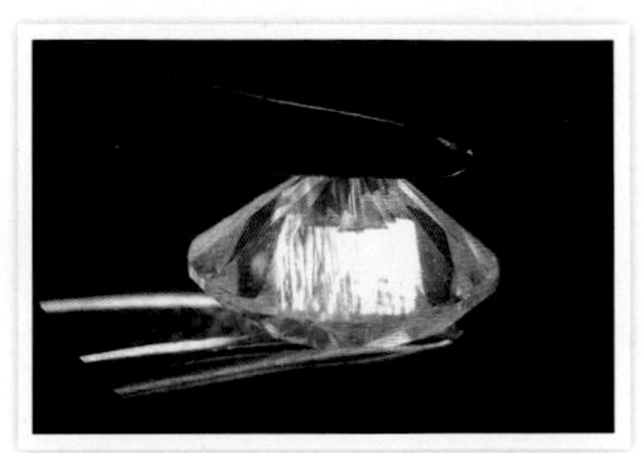

圖 24-72 AOTC 合成 Ib 形鑽石正交偏光圖案

折射率：

理論上來說，由於在合成鑽石中形成多種生長區，不同生長區中所含氮和其他雜質含量不同，應該會導致折射率的輕微變化。不過量測鑽石的折射率本來就不容易，要量出輕微變化更加困難，因此除非配備有精確度較高的儀器，否則一般個人或店家恐怕不很適用。

異常雙折射：

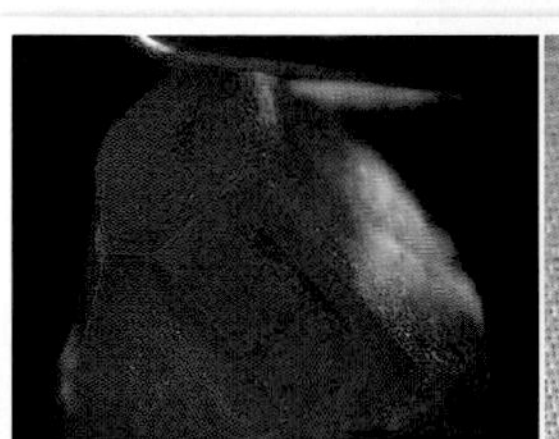

圖 24-73

在顯微鏡下加一正交偏光鏡觀察，可以發現天然鑽石與合成鑽石的差異。天然鑽石：常具弱到強的異常雙折射。應變常沿著生長線發生，而在該處產生較明顯的干涉彩色現象，干涉色顏色多樣，多種干涉色聚集形成鑲嵌圖案。

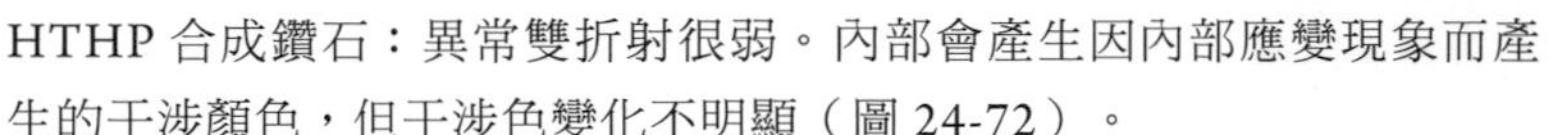

HTHP 合成鑽石：異常雙折射很弱。內部會產生因內部應變現象而產生的干涉顏色，但干涉色變化不明顯（圖 24-72）。

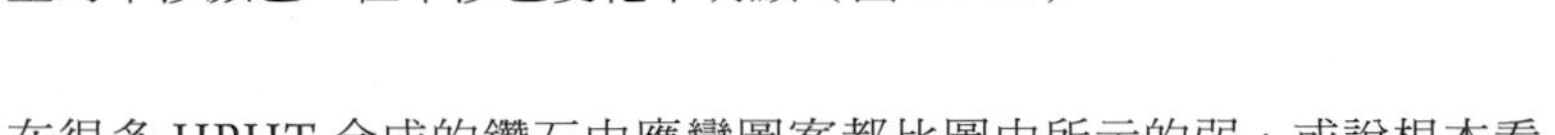

在很多 HPHT 合成的鑽石中應變圖案都比圖中所示的弱，或說根本看不到異常雙折射圖案。

圖 24-74

磁鐵法

HTHP 合成鑽石內常可見到細小的鐵或鎳鐵合金等觸媒金屬殘留，因此可用強力磁鐵吸起來（圖 24-73），但如無殘留助熔劑時，則此法失效。

圖 24-74 這顆淨度 IF 的 Chatham 製鑽石，磁鐵吸不起來。

綜合以上所述，把 HTHP 合成鑽石主要鑑別方式歸納如次：

（1）顏色
（2）晶形及晶面特徵
（3）內部顯微特徵
（4）吸收光譜
（5）光學性質（折射率及異常雙折射）
（6）紫外螢光特性
（7）陰極發光
（8）磁鐵法

HPHT 合成鑽石以傳統寶石學技術之特性描述，是基於觀察：內含物、立方八面體生長形式、螢光 / 生長紋 / 色域。

24-5 高階寶石學儀器

1. 紫外光－可見光光譜儀（UV-VIS spectrometry）及紅外線光譜儀（FTIR）

與顏色類似的橘黃色鑽石而言，典型 HPHT 合成鑽石為 I b 型，其氮濃度比稀有天然 I b 型鑽石的氮濃度高很多。缺乏 415nm Cape 特徵線。

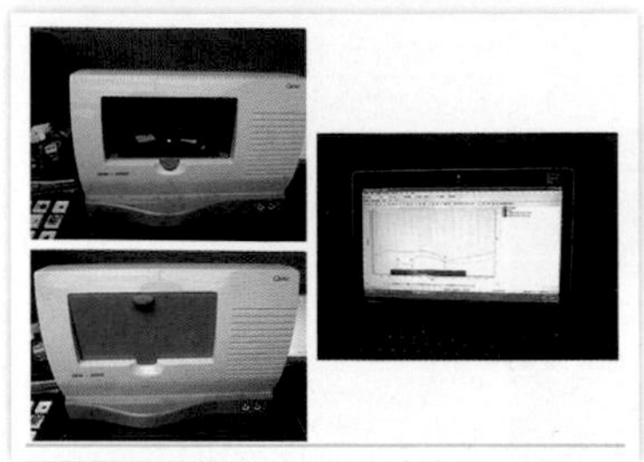

圖 24-75 UV-VIS

圖 24-76 所示俄羅斯製造商生產的高溫高壓合成黃色鑽石的結果，在可見光譜的 700 和 800nm 之間顯示鎳線。

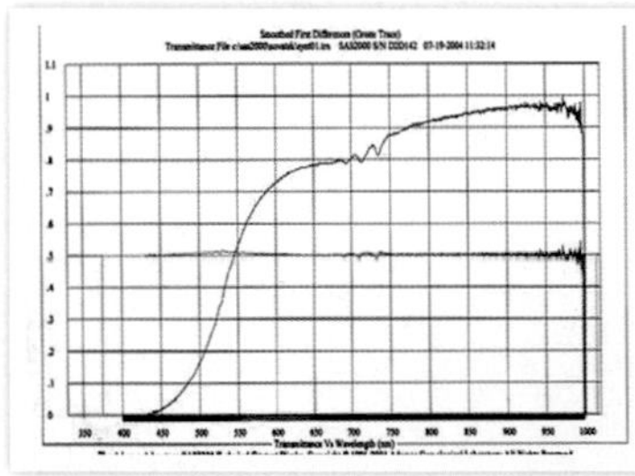

圖 24-76

紅外線光譜儀（FTIR）

圖 24-78 示紅外線光譜分析合成鑽石的典型圖形。實驗室合成的藍鑽是 II b 型，黃色至橙色是 Ib 型，無色的是 II a 型。含小量單個氮的鑽石通常是近無色至淡黃色，亦為以輻照來改色為粉紅色的起始原料。單一氮會顯現 1130 / 1344cm^{-1} 處的吸收峰。硼則會顯現 2457cm^{-1} 處的吸收峰和以 1290cm^{-1} 為中心的吸收帶（圖 24-78）。

2. 陰極發光儀（CL）

比傳統紫外光燈更能看到方形或十字交叉型發光圖案。

圖 24-77

3. 光發光光譜儀（photoluminescence）（PL）

比 UV-VIS-NIR 光譜儀更靈敏，能偵測由色心引起非常弱的吸收，特別是由鎳所致的。黃色合成鑽石拉曼光譜在 415.8、429.7nm 處有峰。 以 Chatham 及烏克蘭產的合成鑽石測試，由 532nm 激發之拉曼光譜在 613 或 694nm 處有峰。

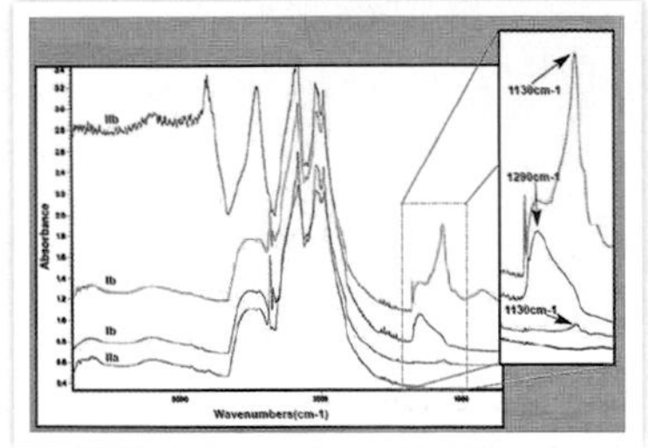

圖 24-78 典型合成鑽石紅外線光譜

4.X 光螢光儀（XRF）

對於偵測合成鑽石中的鐵、鎳和鈷非常有用，甚至可以用於珠寶中的米粒鑽。

5.Diamond View（濃紫外螢光）

能用於觀察立方八面體生長模式（圖 24-79）。

鑑識以 HPHT 生產的大顆鑽石

金屬內含物

雲狀物（指標性，非決定性）

色域（立方八面體－直接證據）

正交偏光（CPF 圖案）
紫外螢光（如有 – 直接證據）
高階寶石學儀器：近紅外光譜儀（NIR spectroscopy）、紅外線光譜儀（FTIR）、X 光散佈光譜儀（XRF）、Diamond View、陰極發光儀（CL）及光激發螢光光譜儀（photoluminescence）（PL）

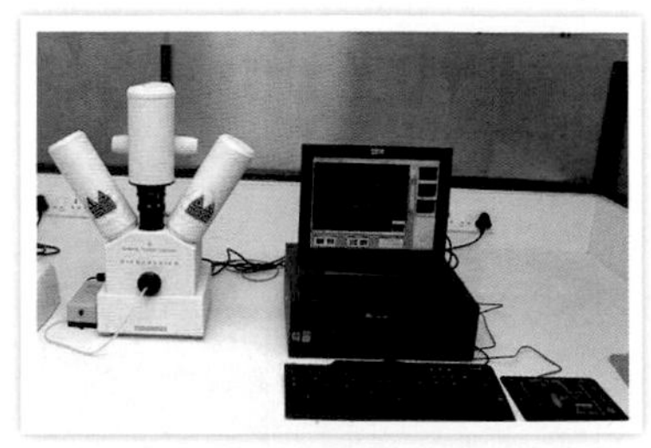

圖 24-79 Diamond View

24-6 CVD 合成鑽石

到目前為止，約有兩百家公司和國家級實驗室，同時研究進行的是另一種合成方法——「化學氣態沉積法」，這種方法是由蘇俄的 B.V.Derjaguin 和 B.V.Spitsyn 於 1956 年首先論述發表，但因為方法沒有專利權，所以參加研究行列製造的隊伍比前列方法多得多，例如戴比爾斯工業鑽石部門 Element Six（元素六）公司等等。

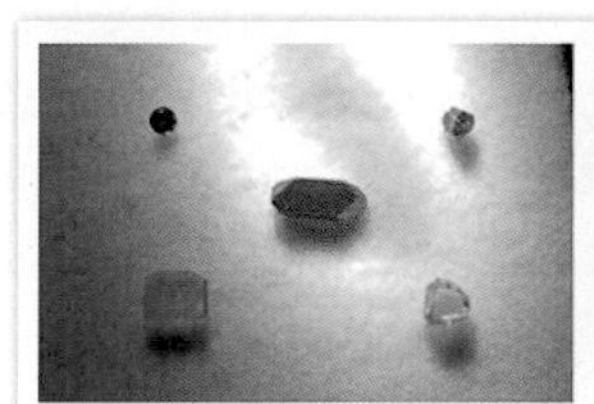

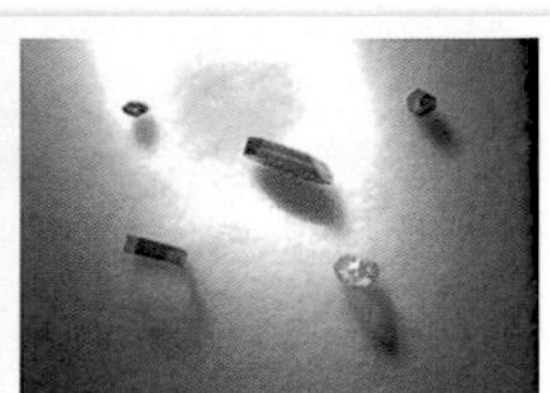

圖 24-80 CVD 鑽石

自然界的鑽石是在深約 150 ～ 300km 的地球內部，極高溫高壓的環境生成的。根據科學家研究巴西和非洲所產的天然鑽石中的氣態包含物，經分析證實，這些包含物以水蒸氣居多，其它的氣體種類分別為氫氣、二氧化碳、甲烷、一氧化碳、氮氣、氬氣、乙烯、乙醇、丁烷、及氧氣（依含量多寡排列）。1974 年 C.E. Melton 和 A.A Giardini 根據這些包含物，推測鑽石在地球內部（上部地函）形成的反應過程是：

$C+O_2 \fallingdotseq CO_2$（二氧化碳）

$H_2+\frac{1}{2}O_2 \fallingdotseq H_2O$（水蒸氣）

第一階段反應：$C+\frac{1}{2}O_2 \fallingdotseq CO$

$C+2H_2 \fallingdotseq CH_4$（甲烷）

$H_2+CO_2 \fallingdotseq H_2O+CO$

第二階段反應：$4H_2+CO_2 \fallingdotseq CH_4+2H_2O$

$CH_4+CO \fallingdotseq H_2O+H_2+C$（鑽石）

化學氣相沉積法

在 1960 年代初期，美國人愛佛索（William G. Eversole）與俄國人狄亞金（Boris V. Derjaguin）分別獨立研發出鑽石的低壓介穩合成技術。但這種鑽石合成法當時由於技術尚未成熟，且高溫高壓觸媒法已進入開始量產，因此並未受到重視。直到 1980 年後，日本、歐洲、臺灣以及美國相繼投入研發，2000 年時已有部分技術應用於工業界。

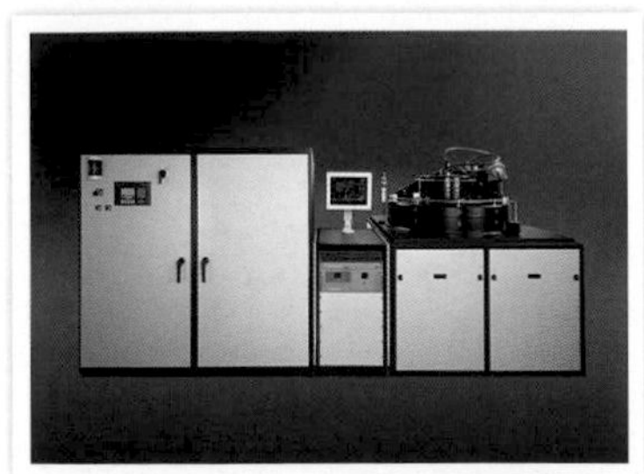
圖 24-81 日本 SEKI 0.915GHz Model AX6600 100kW

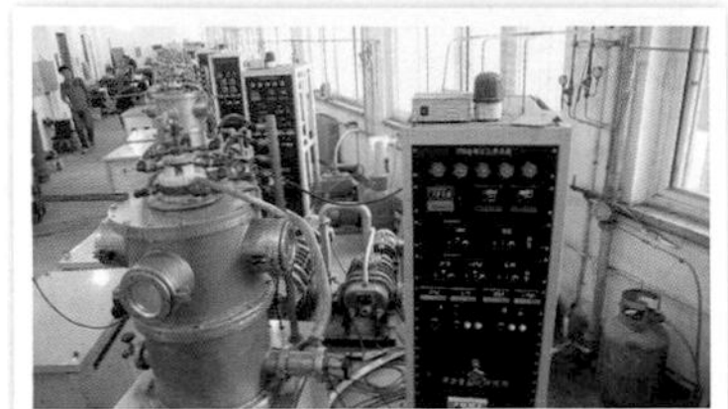
圖 24-82 直流電弧噴射 CVD（DC ARC CVD）

圖 24-83 Hot Filament grid CVD

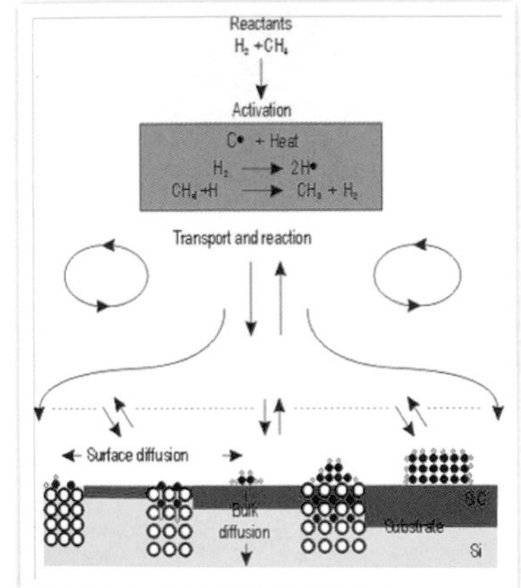

圖 24-84

CVD 的方式有很多種，可以根據裂解的能量來源、真空度等不同需求，選擇不同的系統配備。生長 CVD 單晶鑽石的設備條件如次：

電漿裂解的能量來源：微波、直流電弧噴射、熱絲（圖 24-81 至圖 24-83）

基板：天然鑽石或者切成與晶體（100）面平行的高溫高壓合成鑽石。

製程氣體： CH_4、H_2、O_2 或 N_2

溫度：800~1200℃

真空度： 1/10 大氣壓力

生長效率： 1~50 μ m / 小時

因為不是在鑽石的穩定壓力下培育鑽石，所以稱為亞穩定（Metastable 或稱介穩定）合成技術。其原理是把含碳氣體（如甲烷 CH_4，通常量在約 1% 和 5% 之間）及氫氣通入低壓的反應室，通過一組調節器，調節兩種氣體的比例，然後在反應室內氫氣和 CH_4 透過高溫（約攝氏 2000 度的鎢絲）、高頻雷射或微波的裂解生成 CH_3、CH_2、CH，乃至於碳原子形成的高活性的自由基電漿流，然後在在低壓環境下加熱至 600~1000℃的矽板、金屬基板或晶種表面上，結核長成薄膜即合成多晶 CVD 鑽石，基板可以是鑽石晶種、各類金屬、玻璃、矽晶片、碳化矽、碳化鎢、石英或其他材料。沉積到基板上的碳除了形成 sp^2 鍵外，也會形成 sp^3 鍵，因此鑽石與石墨會同時生長在基板上。

雖然高溫氫氣裂解所產生的氫原子會侵蝕鑽石及石墨晶體，但是氫原子侵蝕石墨的速率超過侵蝕鑽石的速率 10 到 100 倍，或者說在氫原子環境下鑽石比石墨穩定，使鑽石成為合成運行結束時唯一留下的碳的形式。氫的另一個重要作用是做為生長鑽石表面上碳原子的懸空碳鍵的結尾，穩定生長表面防止它重建成非鑽石的形式。因此經過一段時間的培育，基板上便長出鑽石薄膜。這種鑽石薄膜的生長速率一般是每一小時 1~30（40）微米（μm）左右，厚度可以由 10 微米到一毫米（mm），在工業上應用廣泛。太空中所發現的奈米鑽石形成機制，有不少人把它歸類於化學氣相沉積的生長機制。看看一張 CVD 流程示意圖（圖 24-84）及著名的卡內基研究所生產 CVD 合成鑽石設備外觀（圖 24-85）。

圖 24-85 卡內基研究所生產 CVD 合成鑽石設備 courtesy Carnegie Institution

圖 24-86 為運作中的直流 PECVD（plamsa enhanced CVD） 反應爐，紫色部分是實驗室規模的 PECVD 直流電漿，用來增強 CVD 反應爐中碳納米管的生長。加熱元件（紅色）提供必要的襯底溫度，當物質出現圖中之紅色時，溫度約為 700 ～ 800℃。

圖 24-87 所示為美國波士頓阿波羅鑽石公司使用之 CVD 標準製程。圖 24-88 中照片顯示 24 顆 5 毫米 x5 毫米種子在反應爐中成長。圖 24-89 中顯示 CVD 之製程，從置入種晶，電漿分解，直到生長完成。圖 24-90 這張照片顯示大約 1 毫米厚的 CVD 無色鑽石在黃色 HPHT（高溫高壓）鑽石種晶上生長。生長出來的鑽石，是薄片狀的（圖 24-91 左），要切割成圖 24-91 右的，就要更久的時間，讓它慢慢增厚。

討論到這裡，讀者一定發現一個問題，就是：如果照前面講的 CVD 法產生鑽石薄膜，跟寶石級合成鑽石有何關聯？

在 CVD 法生產的鑽石產品為鑽石薄膜時，其在寶石級合成鑽石的應用包括，改變天然鑽石的顏色：我們在鑽石優化處理中曾談到利用包膜改善鑽石的顏色。天然鑽石以黃色或黃褐色為多，在評定顏色等級時，無法獲得較優的評等，如果應用色彩學的補色原理，改變或是加強其顏色。譬如說黃色的補色是藍色，當黃色鑽石底部以藍色薄膜襯墊時，鑽石看起來就白很多，這也是包鑽石的單光紙常用藍色的緣故；或者乾脆再墊上黃色，讓鑽石看起

圖 24-86

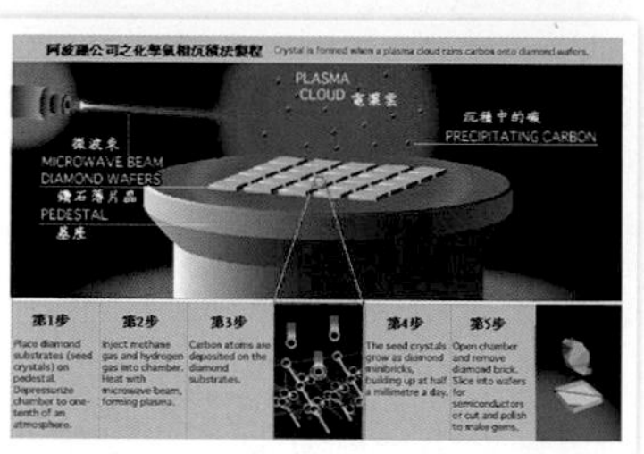

圖 24-87 阿波羅鑽石公司（ 美國．波士頓 ） 使用之 CVD 標準製程

圖 24-88

圖 24-89

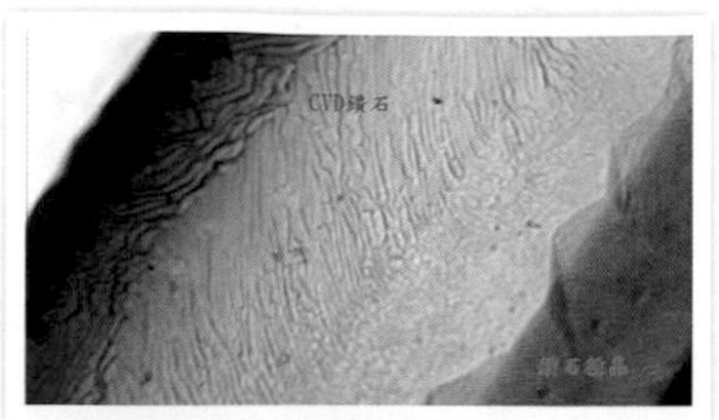

圖 24-90

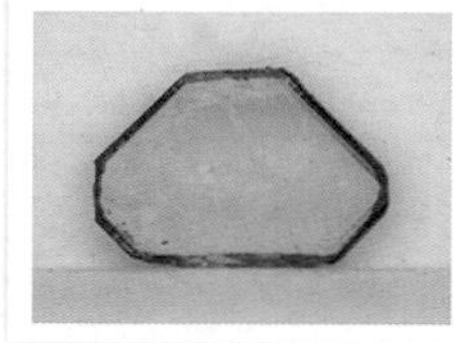

圖 24-91

來像 Tiffany 鑽石的金絲雀黃，不也是一個很好的賣點？重點是 CVD 鑽石薄膜不易脫落，比較會令鑑賞家看走眼。

圖 24-92 多晶鑽石中單個晶體的隨機方向

製造仿品：
我們在鑽石類似石中曾談到被覆鑽石，將蘇聯鑽或是其他仿品上，沉積一層 CVD 鑽石薄膜，連導熱儀測鑽筆都測不出來，照樣 BB 叫。

增加鑽石重量：
在鑽石價格參考表 Raparport Diamond Report 中，鑽石以重量等級做區分，同一個等級單位價格相同，若差一點點，掉到下一個等級，單位價格就下跌很多。所以對差那麼一點點重量的鑽石，披上一層 CVD 鑽石薄膜，增加重量，價格立刻翻揚，是不是很開心？不過重點是被上 CVD 鑽石薄膜也是要代價的，被上前最好先撥撥算盤。

圖 24-93 Courtesy M. N. R. Ashfold et al

多晶與單晶

很大比例的化學氣相沉積（CVD 生長）鑽石為工業用途的是多晶體。多晶鑽石是由許多不同晶體學方向的小晶體所組成（圖 24-92）。

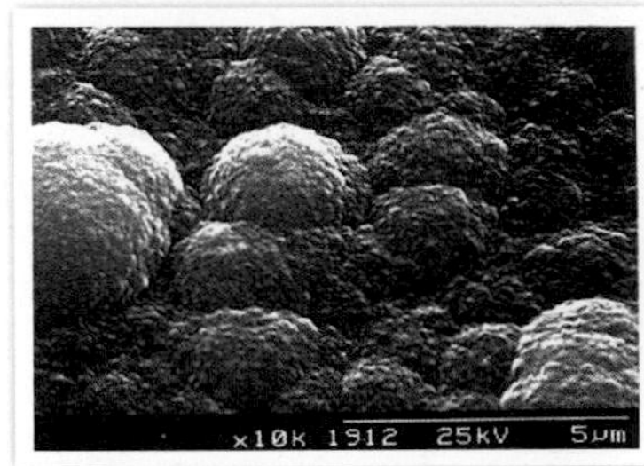

圖 24-94 Courtesy M. N. R. Ashfold et al

由於硬度方向的變化，使材料想切磨和拋光成傳統的多面寶石幾乎是不可能的，而且由於個別晶粒，導致材料呈半透明到不透明。在製程中，甲烷的量也會對多晶體的形狀有影響。例如說：圖 24-93 所示化學氣相沉積鑽石薄膜時，在氫中加入 0.5% 甲烷，結果產生約 1μm 大小尖角晶體（圖 24-93）。

圖 24-94 中所示化學氣相沉積鑽石薄膜時，在氫中加入 2.5% 甲烷，結果產生納米級鑽石顆粒，並聚合成像「花椰菜」的樣子。

圖 24-95 CVD 鑽石晶體邊緣的多晶鑽石 courtesy Sharrie Woodring

寶石級鑽石由一個單一的連續晶體組成，單晶鑽石可以由在 CVD 生長過程中使用單晶鑽石作為基板而生成。晶體的形成也可能與溫度梯度或散熱方向有關，多向散熱可能導致多晶，單向散熱可能導致單晶，因而導出各種不同 CVD 生長製程，可參考相關文獻。

圖 24-96

生長期間，沉澱下來的碳原子在中央是以兩支腳鍵結，結構穩固，成為單晶鑽石結構。而在邊緣的碳原子，則只有一支腳鍵結，形成懸擺結構，就成為多晶鑽石，也就是說多晶鑽石會在 CVD 鑽石晶體邊緣上生成，如圖 24-95 所示。多晶鑽石非常硬，難以用傳統的珠寶切割工具鋸切。因此在切磨前，這些部分會以雷射先行切除。但多晶鑽的部分還是有用的，例如說：當切割刀具，如圖 24-96 所示。多晶鑽石亦可在非鑽石的基版上生成，這使它在工業應用中非常有用。例如，矽和金屬用一層的鑽石塗層使材料更為耐用。

1988 年時 Apollo 公司首先宣告生長出超過 0.5mm 的單晶 CVD 鑽石，現在已經有能力生長超過 10 克拉的鑽石。而 GIA 至 2013 年 10 月止，檢驗到最大的 CVD 鑽石是 2.16 克拉。

圖 24-97 courtesy Carnegie Institution

有句廣告詞說科技始終來自於人性，一點都沒錯，只要人性想要合成鑽石變大，一定會有科技跟上。圖 24-97 所示為以高生長速度生產的無色 4×4×1 毫米 CVD 鑽石板。

圖 24-98 courtesy Carnegie Institution

圖 24-98 所示高約 2.5mm 的 CVD 鑽石，是卡內基研究所以一天的時間所生成的。晶體的底部（圓形明亮式的冠部）是一個 HPHT Type Ⅰb 的種晶。CVD 鑽石是透明的，種晶是黃色的，由於內部反射使得整顆呈現黃色色調（Yan et al. 2004）。

前面提過，毛河光博士曾發表了一顆十克拉、透明無色的 CVD 鑽石（卡內基研究所即採用其技術），也就是說以 CVD 法生產鑽石，已經不是只局限於鑽石薄膜，大顆、寶石級的產品，已經出現在世面上，而且有很多廠商都在研發生產。各家廠商都有自己的流程，也都列為機密，是否能做到誠實告知，恐怕無從得知，因此讀者對於 CVD 合成鑽石的鑑別，一定要有所認識，以下我們就來認識 CVD 合成鑽石的鑑別。

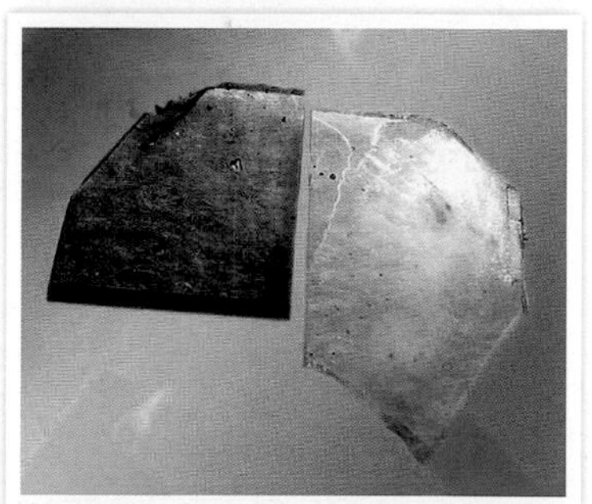

圖 24-99

CVD 生長過程速度慢一直是個問題，如何讓它加速，可以在更經濟的條件下生出更大顆的鑽石？科學家發現在加入 CH_4 的同時加入氮可以使生長速度加快，這種作法稱為 N-Doped（氮摻雜）。但是加入氮之後，生長出來的 CVD 鑽石呈茶褐色，於是又經過 HPHT 退火處理，使鑽石轉變為透明無色。以下的討論中我們會分成剛長成的晶體與經處理的晶體加以說明。

圖 24-100

圖 24-99 中為 Apollo Diamond Inc. 的 CVD 薄片（左）及以高溫高壓處理淡化顏色後（右）。圖 24-100 中則為以 CVD 法生產寶石級切磨的大顆有色或無色鑽石。

圖 24-101 卡內基研究所生產 12mm 重 10 克拉之 CVD 合成鑽石晶體 courtesy Carnegie Institution

圖 24-102 courtesy Julia Kagantsova

圖 24-103 圓形明亮式 CVD 鑽石 1

圖 24-104 圓形明亮式 CVD 鑽石 2

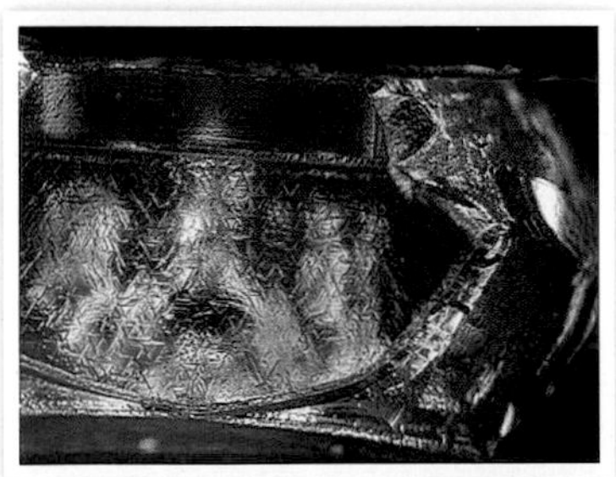

圖 24-105

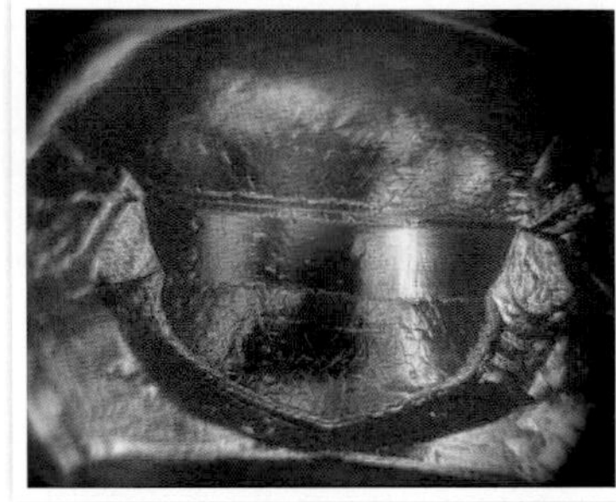

圖 24-106

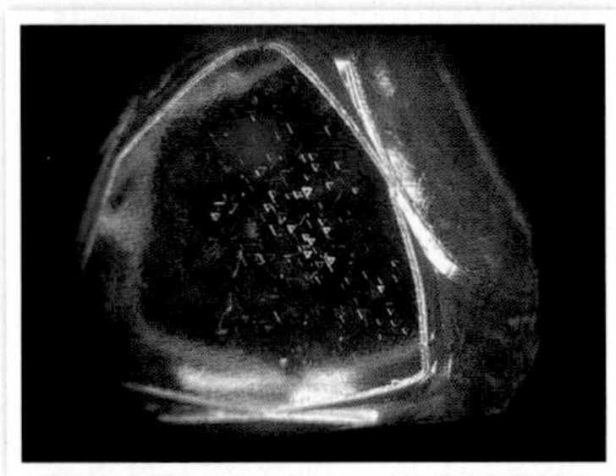

圖 24-107

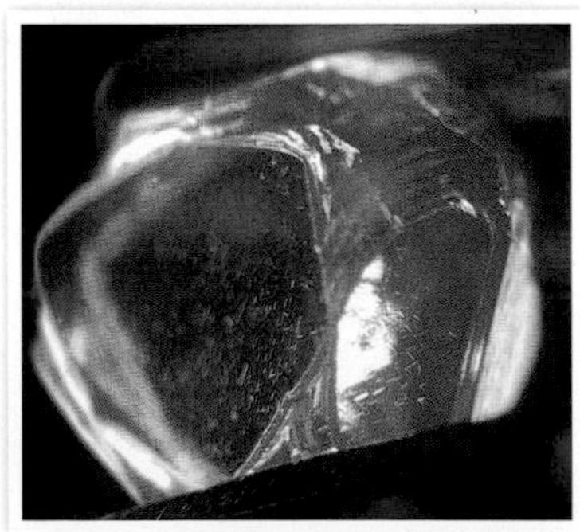

圖 24-108 相鄰兩側三角印記方向不同

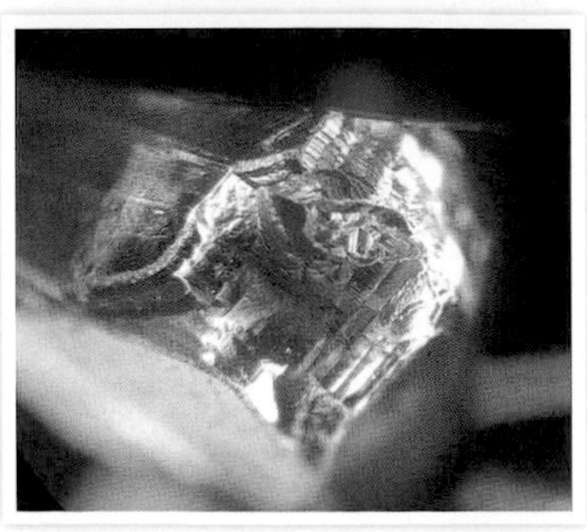

圖 24-109 CVD 合成鑽石之斷口同樣為階梯狀

圖 24-102 中為三個即將進行切磨的 Apollo CVD 合成鑽石晶體（左）。最厚的是 2.95mm。晶體原石被可能被切成各式各樣的形狀，但切磨完成的鑽石往往受限於晶體的深度，而顯得比較淺（右）。

CVD 合成鑽石的鑑別

如同前述，CVD 鑽石的合成技術日新月異，無法即時取得所有各家樣本進行研究，因此首先就前人研究所得，歸納 CVD 合成鑽石的鑑別特徵如次：

（1）結晶習性

CVD 合成鑽石呈板狀，{111} 和（110）面不發育；而 HTHP 合成鑽石則 {111} 和 {100} 面發育；天然鑽石常呈八面體晶形或菱形十二面體及其聚形，晶面有溶蝕現象。惟經切磨後，晶形特徵不復存在，因此不能當做是鑑定合成鑽石的主要依據。圖 24-103 及圖 24-104 所示為一顆 0.47 克拉 CVD 合成鑽石，從外觀上與天然鑽石無異。

三角印痕

CVD 合成鑽石面上可能也有三角印痕，此與天然鑽石相似（圖 24-105 至圖 24-108），因此不能當做是鑑定合成鑽石的主要依據。

CVD 合成鑽石之斷口同樣為階梯狀，如圖 24-109，因此不能以斷口作區分。

（2）顏色

原本多為無色、黃色、暗褐色和淺褐色，但經過處理後近無色、粉紅色、粉紫色、藍色和其他顏色的產品，都有可能，各種顏色的成因列舉如次：

顏色：淺棕色、黃色：氮、塑性變形

無色：高溫高壓處理，退火處理

藍：硼、輻照

綠：輻照

黑：輻照

黃色：輻照 + 熱處理

粉紅色：輻照 + 熱處理

紅：輻照 + 熱處理

多種顏色的 CVD 合成鑽石似有增加趨勢，因此顏色並不能再當做是鑑定 CVD 合成鑽石的依據。

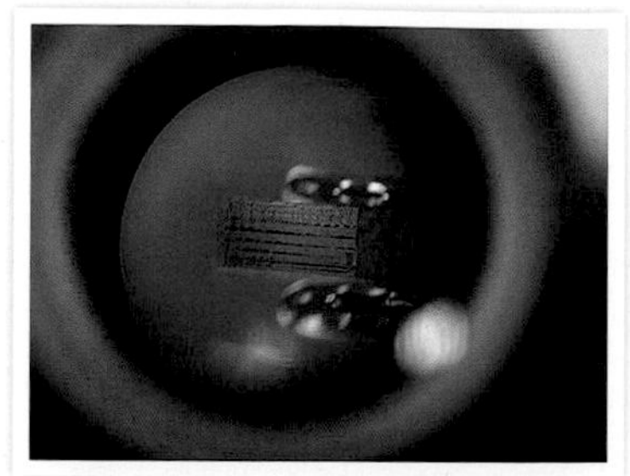

圖 24-110 未切磨的 CVD 鑽石原石

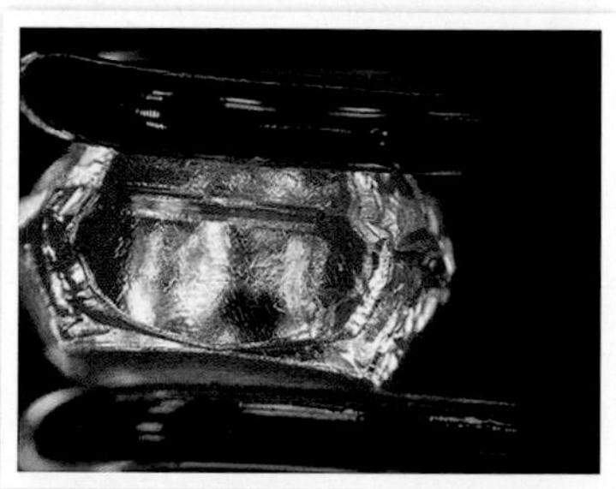

圖 24-111 CVD 合成鑽石內之非鑽碳

（3）放大檢查

放大檢查 CVD 合成鑽石可見的內含物除了表面呈曲折鋸齒形的羽裂紋外，還有兩類：一是非鑽碳，二是氮滲質。

1. 非鑽碳

不規則深色包裹體和點狀包裹體，此包裹體為非鑽碳，與 HTHP 合成鑽石的金屬助熔劑內含物不同。放大甚至肉眼直接觀察，即可見平行的生長色帶，如圖 24-110、24-111 所示。

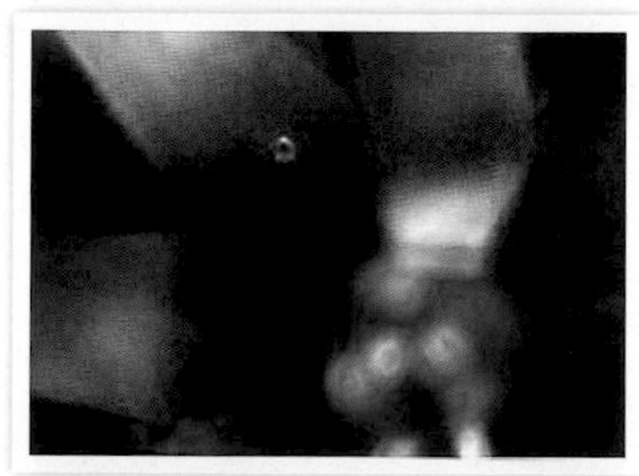

圖 24-112 Cotton Ball

某些 CVD 鑽石中可以找到黑色、不透明的非鑽碳內含物，狀似黑色棉球（Cotton Ball）。內含物可以是以單個晶體出現（圖 24-112，放大 50x），或是圍繞著平行於生長方向的洞痕。當以正交偏光觀察這種 Cotton Ball 時，會出現兩道或四道光芒，有人認為可為診斷特徵，但這種現象應該是有內含物就有可能發生，因此不建議視為診斷特徵。

圖 24-113 照片中為 Apollo 合成鑽石 courtesy Sharrie Woodring

某些 CVD 鑽石樣品中（圖 24-113，放大 20x），在腰圍附近發現的內含物，應是未被完全去除的多晶鑽石。

一顆 CVD 鑽石旋轉 180° 的兩側腰圍附近均發現黑色內含物。

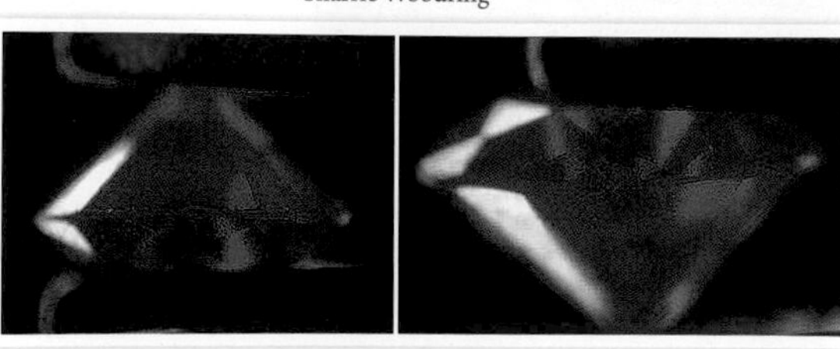

圖 24-114

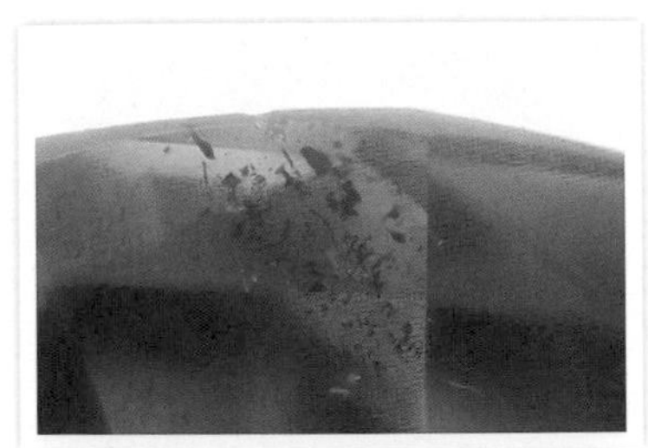

圖 24-115 雲霧狀氮滲質 courtesy Joe C. C. Yuan

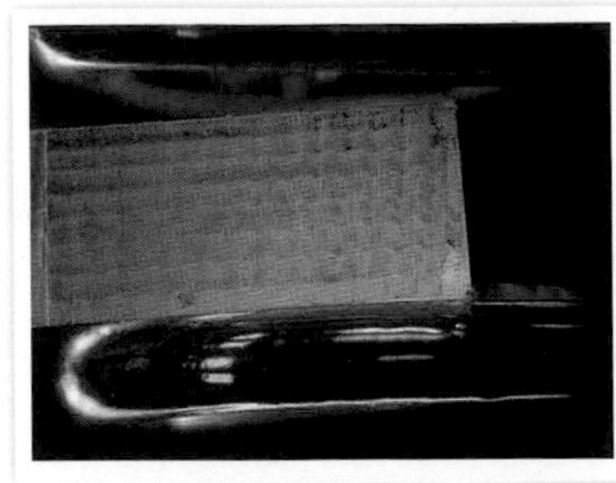

圖 24-120 層狀平行的生長紋理

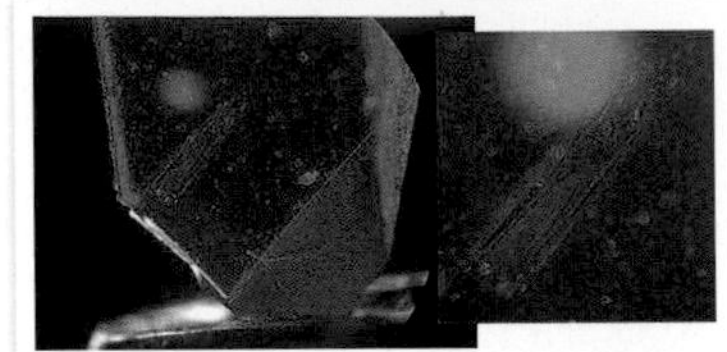

圖 24-116

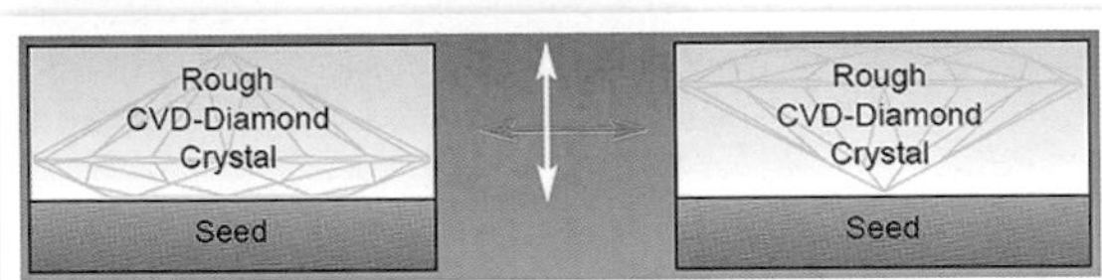

圖 24-117 與晶體生長方向有關的內含物

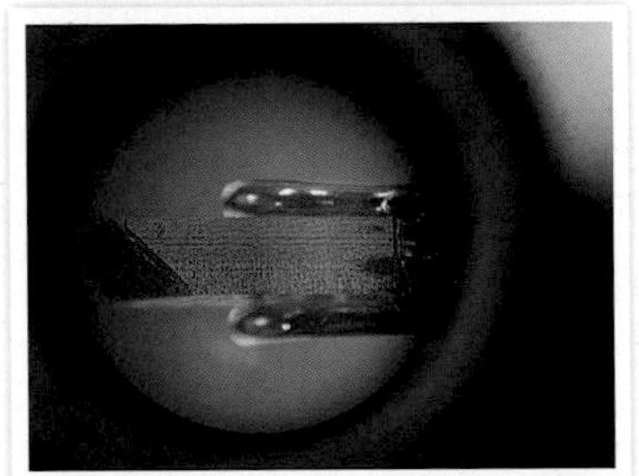

圖 24-118 CVD 鑽石生長紋

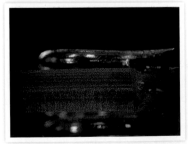

圖 24-119 CVD 鑽石柱狀生長紋

2. 氮滲質

以掃描電子顯微鏡觀察發現：氮摻雜鑽石（NDD）中的氮滲質並沒有進入鑽石晶格中，而是位於 NDD 的晶粒界面之 sp^2 結構中。所以如果以寶石顯微鏡觀察，則會發現氮滲質呈雲霧狀，並局限在一個平面上（圖 24-115），再放大觀察就會發現該雲霧狀內有針狀包裹體。

圖 24-116 中一顆 CVD 鑽石原石內特殊爪狀內含物，其中黑色內含物沿平面分布。

CVD 鑽石通常會依圖 24-117 所示方位切磨。在切磨時，偶爾未將所有的種晶切除，殘留的種晶是薄薄的一層，可能會在桌面或尖底處發現。白色的箭頭是指 CVD 鑽石生長的方向，刻面的 CVD 鑽石，可能沿這個方向會發現洞痕和內含物。黃色箭頭是指垂直於 CVD 鑽石生長的方向，某些 CVD 鑽石在沿這個方向的平面上會發現有雲狀物。

3. 特殊生長模式

CVD 鑽石生長模式是一層一層的，因此由與晶體生長正交方向觀察時，會發現柱狀、層狀的生長紋理，如圖 24-118 至圖 24-120 所示。

（4）正交偏光下異常消光（干涉色）

正交偏光下 CVD 合成鑽石在有強烈的異常消光，不同方向上的消光也有所不同，如圖 24-121 至圖 24-126 所示。其中有條帶狀，交錯之條帶狀甚而有可能發展成「榻榻米」狀。特殊的異常消光模式，是 CVD 合成鑽石有效的診斷特徵。

（5）在長短波紫外線下螢光

在長波紫外線的照射下，CVD 合成鑽石通常有很弱的橘黃色螢光（圖 24-127）；在短波紫外線的照射下，CVD 合成鑽石通常有弱至中度的橘黃色螢光。有些則無反應。但經過退火處理後，螢光會變為綠色。

圖 24-121

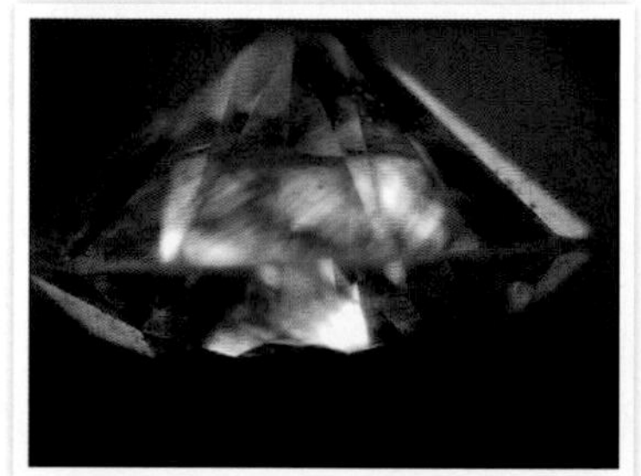

圖 24-122

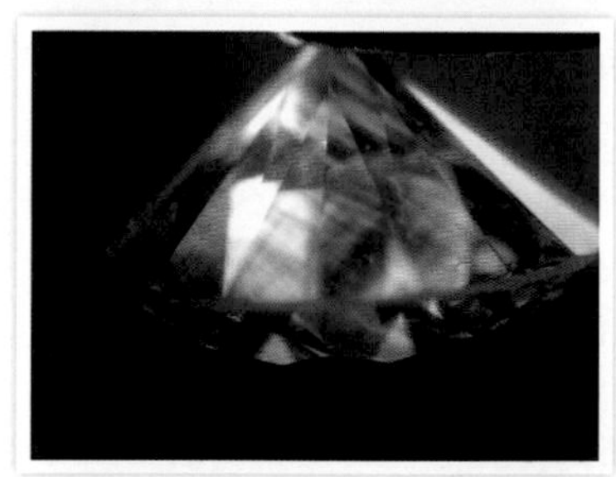

圖 24-123

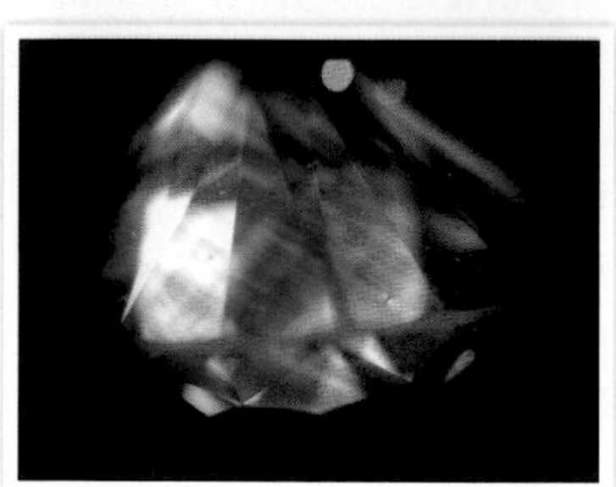

圖 24-124

圖 24-125

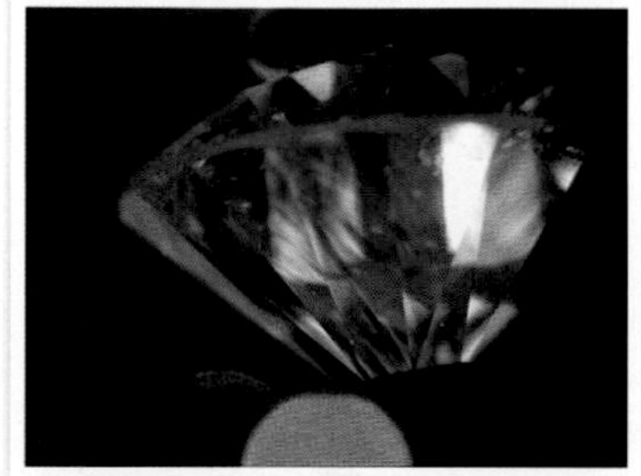

圖 24-126

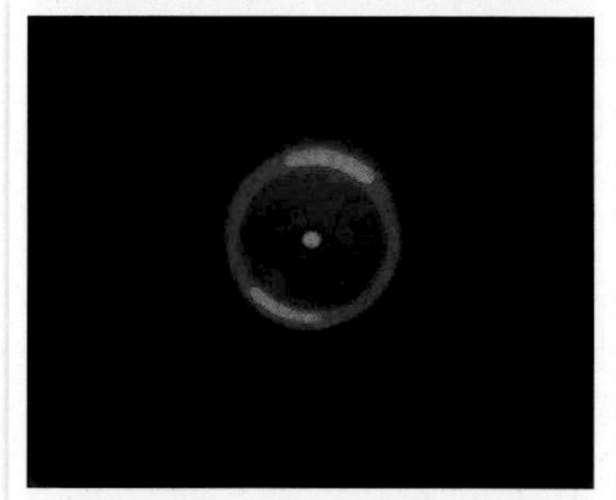

圖 24-127 長波紫外線下，CVD 合成鑽石橘黃色螢光（外面藍色的一圈為塑膠盒螢光）

圖 24-128

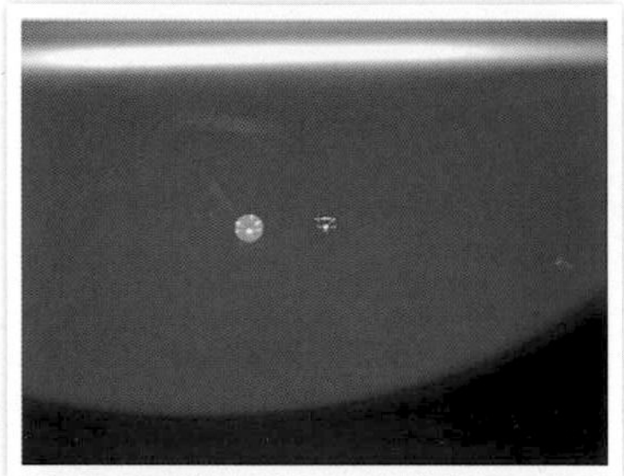
圖 24-129

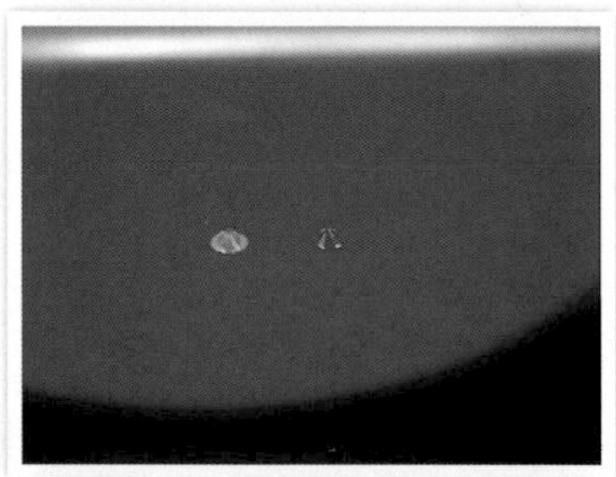
圖 24-130

圖 24-131

圖 24-132

以一顆 30 分的天然鑽石與 CVD 合成鑽石作比較：
圖 24-128 左為天然鑽石，右為 CVD 合成鑽石（以下各圖左右位置均相同），從正面或側面，均無法區分。

以紫外光照射，天然鑽石顯現微弱藍色，CVD 合成鑽石則顯現橘紅色，如圖 24-129 及圖 24-130 所示。

如果 CVD 合成鑽石生長出來是棕色，再經 HPHT、退火處理，則螢光反應會改呈綠色。因此看鑽石螢光時，對這兩種顏色要特別注意。

（6）磷光
所有的 CVD 合成鑽石都有很強的磷光，通常是藍色。

腰圍
CVD 合成鑽石的腰圍如圖 24-131 與圖 24-132 所示，與天然鑽石相同，不能作為診斷特徵。

先進的鑑別方式

世界各地的鑑定所均面臨區分天然與合成的鑽石的問題，當合成鑽石的技術更臻完美時，前述傳統的鑑識方法顯然有所不足。合成鑽石業者往往高喊「不用擔心合成鑽石」，但是他們真的會誠實標示嗎？讀者要如何自保呢？前面詳細解釋過，鑽石像樹木生長一樣，會圍著核心生長，在實驗室培育出來的鑽石，與天然的鑽石在結構上就是不一樣，因此我們可根據紅外光譜、DiamondSure、DiamondView 等儀器進行鑑別，這些儀器可以檢查鑽石的放大甚至是原子的缺陷，分別介紹如次：

紫外可見近光譜
CVD 合成鑽石的色心 –270nm 心：部分天然 II a 型棕褐色鑽石和 CVD 合成鑽石經 HPHT 處理產生的 N-V 心，具重要的鑑定意義，是人工處理的有力證據之一。

同時我們由圖 24-133 中也可以注意到 254nm 短波紫外光（SW-UV）可穿透天然鑽石，CVD 合成鑽石則不行。另外根據研究：所有無色、近無色 CVD 鑽石均有 231nm 吸收峰，天然鑽石則無。

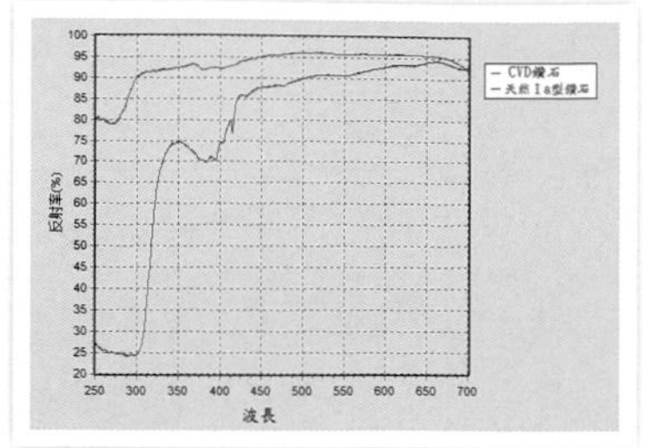

圖 24-133

紅外線 - 可見光 - 近紅外線光譜儀（UV-Visible-NIR absorption spectroscopy）

紅外光譜顯示的 1344cm^{-1} 微弱吸收峰是由不純的孤氮產生。此外，持續偵測到局部震動弱尖峰在 1341，1355，1358，1363，1375，1379，1405（氫氣）和 1450 cm^{-1}（H1a）。觀察到一個有趣的特徵是中紅外光譜共存的尖銳吸收峰 3107 和 3123 cm^{-1}。這兩者與氫有關，3107 cm^{-1} 則普遍的存在於 Ia 型天然鑽石中，但 3123 cm^{-1} 吸收峰特別與 CVD 合成鑽石相關。

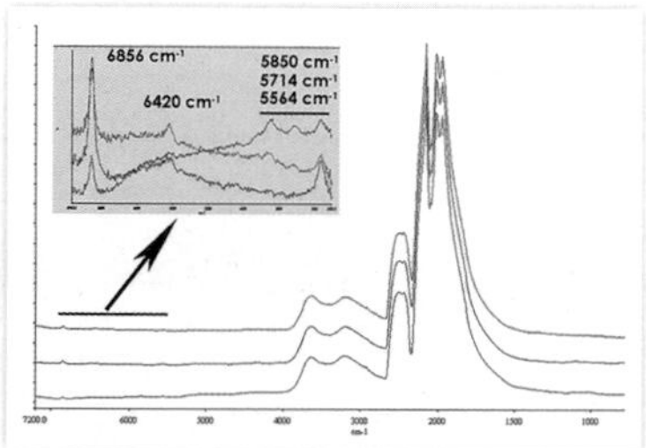

圖 24-134 courtesy Thomas Hainschwang

圖 24-134 之 CVD 合成鑽石在 6856 和 6420cm^{-1} 有弱或尖銳的吸收峰，這些吸收峰與氫有關，是天然鑽石中從來沒有觀察到的。 CVD 合成鑽石雖然可能有很少量的 Ib 型，但一般是 II a 型。天然鑽石中以孤氮（Ib）形式存在的含量非常低。

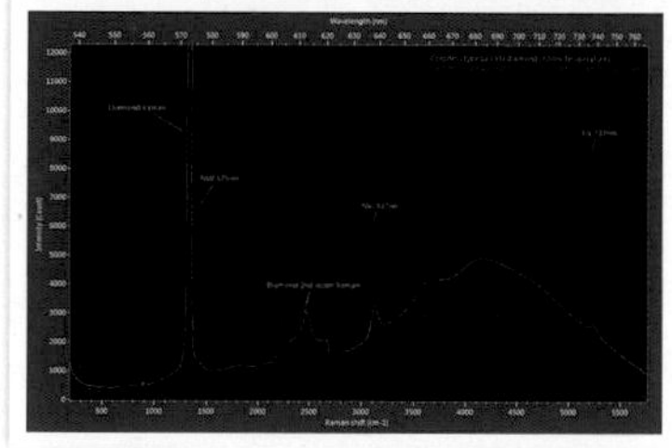

圖 24-135

拉曼光譜儀

拉曼光譜

拉曼光譜是利用特定波長的鐳射（單色光）照射樣品，而使用分光光度計分析光線散射的情形。強度的減弱和光進入樣品之前和之後由樣品分散的能量被稱為拉曼位移。分光光度計將光線的變化繪製為圖形。拉曼光譜是以低溫 （通常浸在液態氮中）樣本完成，通常用於分析經顯微鏡聚焦寶石的特定區域或內含物。

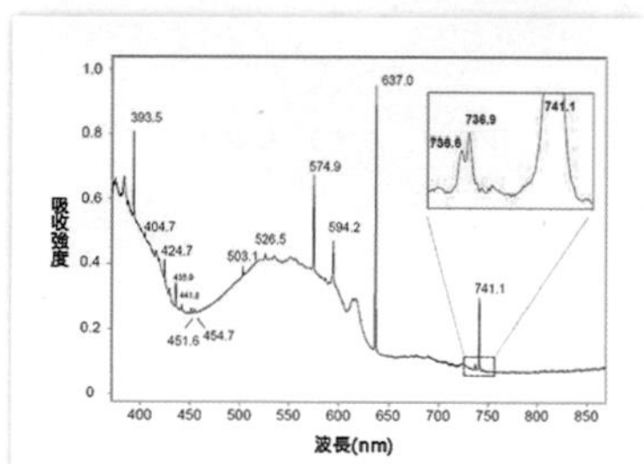

圖 24-136

瑞士寶石鑑定所 SSEF 研究發現：拉曼光譜在低溫（約 -120℃）使用綠色鐳射（514.5 nm）發現由矽所致的 737.5nm 吸收峰。這個峰值是典型的 CVD 合成鑽石所有，在天然或高溫高壓合成鑽石中從來未發現。矽有關的吸收峰（736.6/736.9 nm 成對出現，亦稱為 737 nm 吸收峰）是一種可靠的 CVD 合成鑽石鑑定特徵。

圖 24-135 中之光譜顯示 CVD 合成鑽石，在室溫及液態氮溫度下拉曼光譜的差異。液態氮溫度冷卻強化了 PL 峰、窄化光譜寬度並使峰值向較更短的波長飄移。強矽空缺峰位於約 737 nm （實際上在 736.6/736.9 nm 雙線，如圖 24-136 所示）是一個非常好的 CVD 合成指標。但是要注意：許多天然 IIa 型鑽石在與 737 nm 相近的 741nm 處有弱到中度的峰，這是一般輻射的 GR1 峰，操作必須小心時區別。

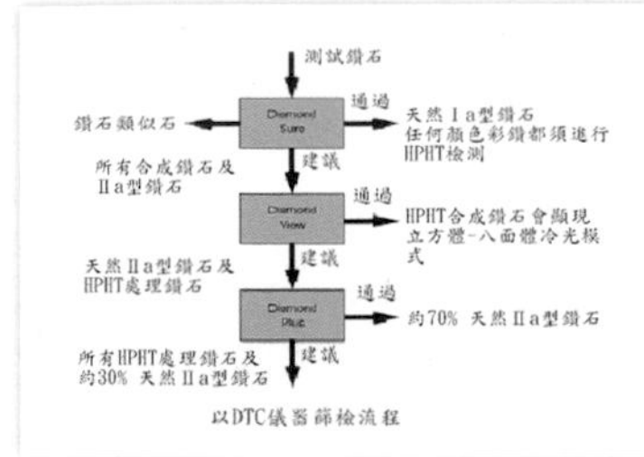

圖 24-137

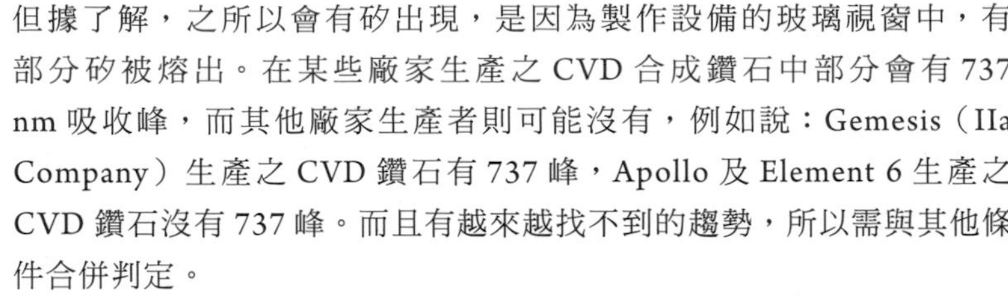

但據了解，之所以會有矽出現，是因為製作設備的玻璃視窗中，有部分矽被熔出。在某些廠家生產之 CVD 合成鑽石中部分會有 737 nm 吸收峰，而其他廠家生產者則可能沒有，例如說：Gemesis（IIa Company）生產之 CVD 鑽石有 737 峰，Apollo 及 Element 6 生產之 CVD 鑽石沒有 737 峰。而且有越來越找不到的趨勢，所以需與其他條件合併判定。

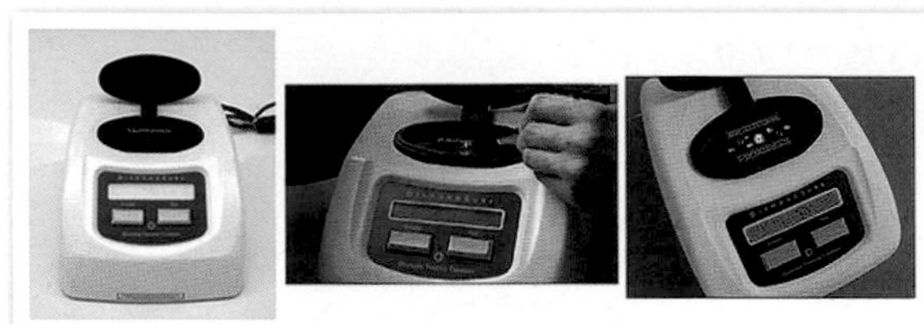

圖 24-138

除非故意摻雜矽，否則 HPHT 合成鑽石做通常不會有 SiV^- 缺陷。最近的研究顯示：在 CVD 過程中使用過量的矽或其他摻雜可以把鑽石轉變為吸引人的藍色，因此很有可能會進入市場中。但是這種鑽石不難辨認，只要比較 PL 光譜中的矽 – 空穴峰，就可以將其與天然藍鑽區分出來。

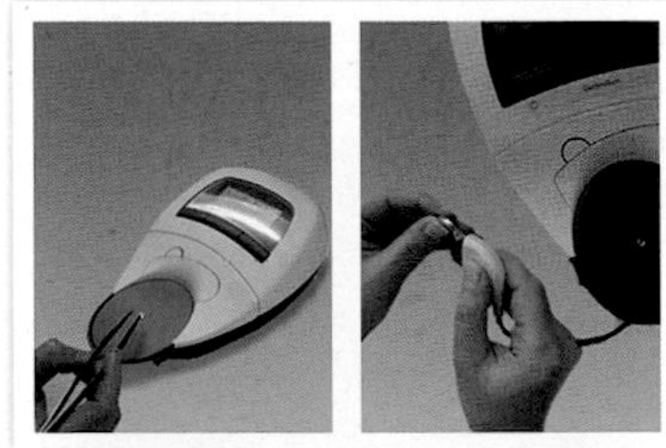

圖 24-139

另有研究指出，CVD 合成鑽石經 HPHT 處理後：

1. 以 514 nm 氬雷射，在紫外線 ~ 可見光吸收光譜下 : 發現 365、520 nm 消失，所以可點來判定化學蒸氣沉澱法合成鑽石是否有經過 HPHT 處理
2. 以 325 nm 氦鎘雷射 , 在紫外線 ~ 可見光吸收光譜下 : 在 503nm 在（H3），415 nm（N3），451 及 459 nm 有吸收
3. 拉曼光譜中 1540 cm-1 會消失（B）

圖 24-140 DiamondSure courtesy DE Beers

DeBeers 研發的鑽石鑑定儀器

DeBeers 為分辨天然與合成的鑽石、天然與改色的鑽石，研發了三種儀器，即 DiamondSure、DiamondView 及 DiamondPlus，其流程如圖 24-137 所示。其中 DiamondPlus 係針對偵測改色的鑽石，將在鑽石優化處理中介紹，在此不再贅述。DiamondSure 則是就鑽石的吸收光譜進行分析，一旦懷疑是合成的鑽石，就以 DiamondView 進行分析，DiamondView 是藉由紫外光解析晶體內部結構，讀者對此等儀器一定要有所認識。以下就 DiamondSure 及 DiamondView 詳細介紹如次。

DiamondSure

DiamondSure ™是用來區分拋磨鑽石是天然鑽石或者需更深入分析以確認其特性的一種簡單方便的方法。操作簡單，只要將拋磨的鑽石，桌面向下，放置在探針上，通過度量分析其吸收光譜。只需幾秒就能展示出結果。此外，鑲嵌（圖 24-139）和裸石（圖 24-140）均可檢測，檢測範圍 0.1~10 克拉。

DiamondSure 為 Debeers 研發的鑽石鑑定儀器，原理為可檢測出天然 Cape（開普系列）鑽石造成的 415.5nm 光譜吸收線（圖 24-141），98％以上的天然鑽石可見到這條吸收線，但是遇到優化處理的鑽石，像

是鐳射鑽孔、輻照、裂隙充填與熱處理鑽石則需要進一步測試協助判定。

圖 24-141

檢測方式為將待測樣品拋磨好的桌面朝下置於探測器之上，此時儀器可自動檢測分析，數秒後顯示幕上將出現檢測結果。顯示 Pass（圖 24-142）說明樣品具有天然鑽石特有的 415.5nm 吸收線；若未顯示 Pass，則此樣品將需進一步測試，約略有 1~2% 的樣品有機會須要進行進一步測試（圖 24-143），之中包括了極少部分的 I 型鑽和原本就稀少的 II 型鑽石。甚至對於 HTHP 處理鑽石、CVD 合成鑽石及一些鑽石仿品儀器也會提示進行進一步檢測，故 DiamondSure 對於鑽石的鑑定十分重要。

圖 24-142

DiamondSure 利用 UV-Vis 光譜中 N3 色心 415nm 吸收峰作為鑒別特徵，可以將天然鑽石中占 98% 的 Ia 型鑽石先辨識出來，其餘 2% 沒有 415nm 峰的鑽石將被過濾出來後，再作進一步檢測。

圖 24-143

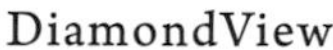
DiamondView

DiamondView 是 DiamondSure 檢測儀器的補充。用 DiamondSure 檢測出的問題鑽石，可用 DiamondView 來完成進一步的檢測和鑑定（圖 24-144 至圖 24-146）。

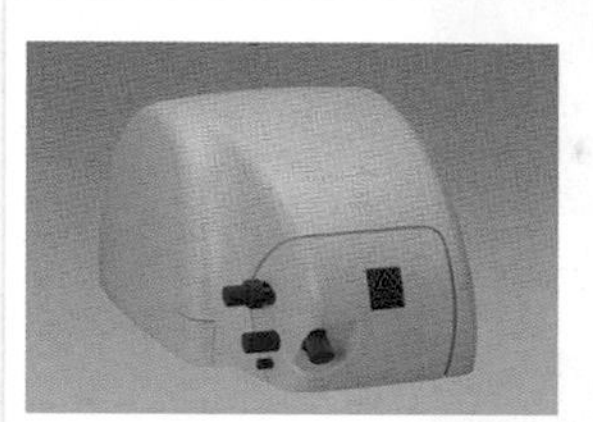
圖 24-144

DiamondView 的工作原理是根據鑽石的螢光圖片而做出判斷。DiamondView 的 CCD 鏡頭依鑽石在短波螢光下的表面結構而展示出相應的螢光圖片（圖 24-147 至圖 24-149）。合成鑽與天然鑽的螢光顏色和結構區別非常大（例如典型的高溫高壓製程合成鑽石的四瓣狀生長域圖案），這樣 DiamondView ™可協助寶石鑑定機構和珠寶專家對鑽石是否是天然還是合成做出判斷。

圖 24-145 DiamondView courtesy DE Beers

CVD 鑽石的 DiamondView 圖片中則會顯示特殊生長紋理。

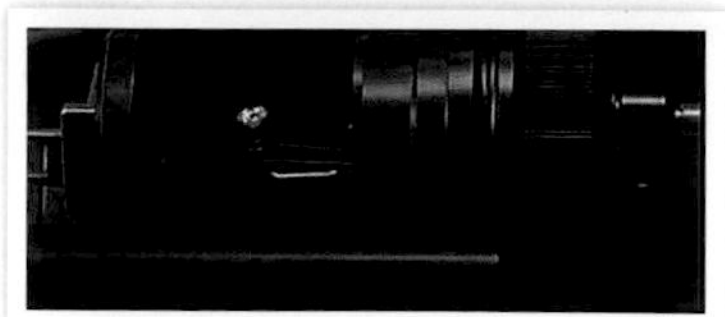
圖 24-146

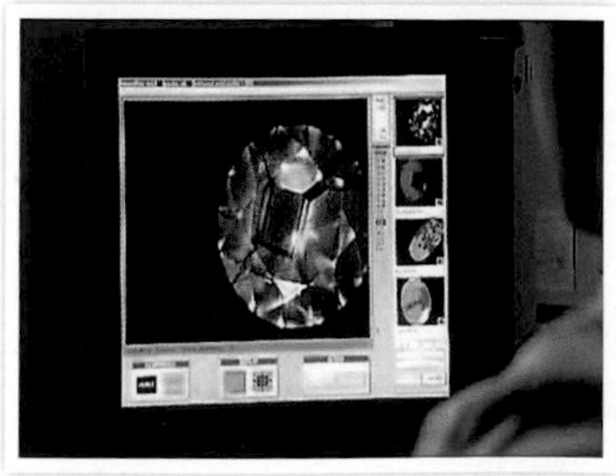
圖 24-147

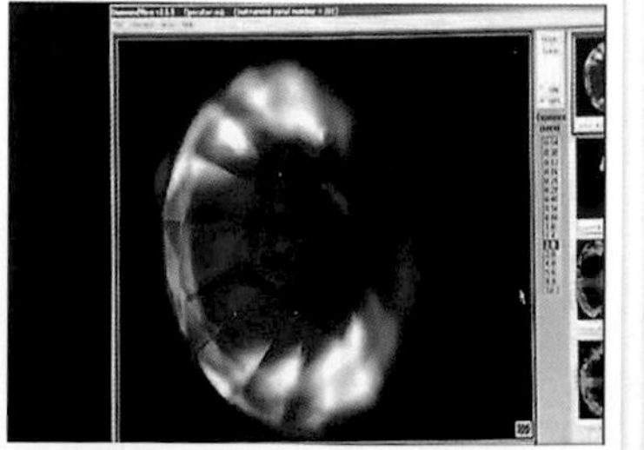
圖 24-148

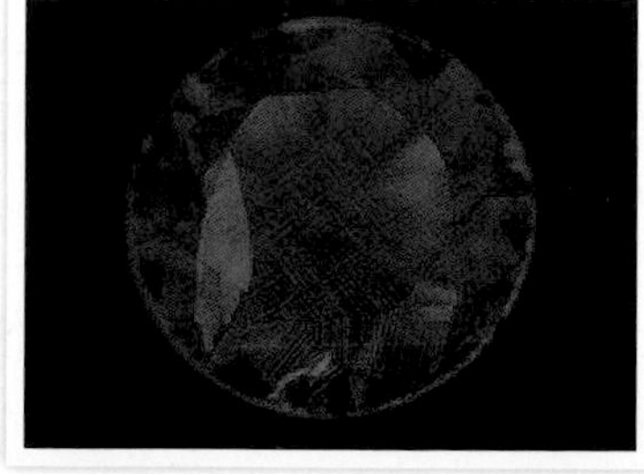
圖 24-149 CVD

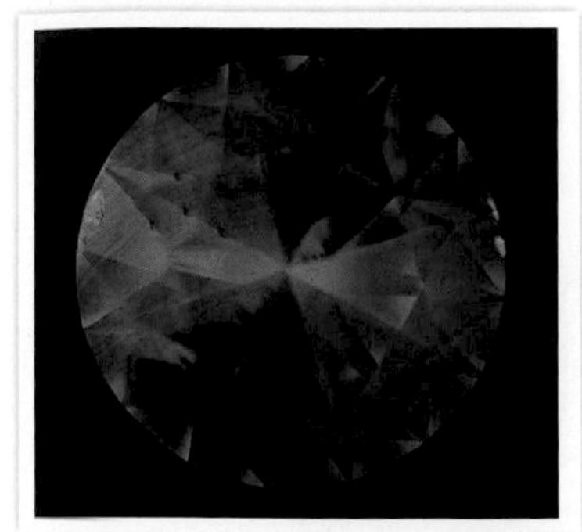
圖 24-150 在 IIa 型 CVD 合成鑽石中弧形條紋

DiamondView 或類似螢光顯微鏡下

幾乎所有的鑽石在深紫外光激發下會發螢光。當紫外線輻射的波長小於 225 nm 就不會進入鑽石，表示說它的增長結構在表面上。HPHT 合成 IIa 型鑽石：發藍色帶白色螢光，立方 – 八面體的生長區塊。持續的藍色磷光。CVD 合成 IIa 型鑽石：藍色、綠色或橙色螢光帶弧形條紋，由亭部看得最清楚。可看到磷光。

圖 24-151 這張 CVD 薄片的 DiamondView 圖片中卻顯現了立方八面體的生長圖案，可能源自種晶。

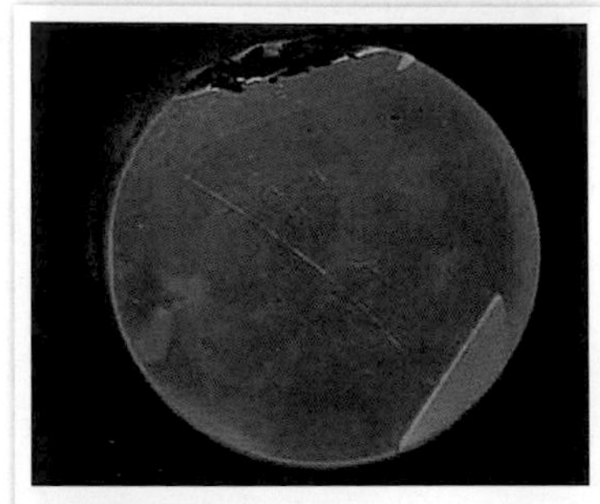
圖 24-151 出自日本中央寶石實驗室

未經氮摻雜的高純度的 CVD 合成鑽石在 Diamond View 下可以看到藍色的螢光反應及線條，而Ⅱ a 型天然鑽石在 Diamond View 下的外觀，它具有藍色的螢光反應及「馬賽克」般的網狀外觀。CVD 合成鑽石經 HPHT 處理後，在 Diamond View 下可以看到綠色的螢光反應。

案例

以 Diamond View 檢視「Adia Created Diamonds」：AOTC 近期生產的一組 24 顆典型的高溫高壓近乎無色的合成鑽石進行研究。所有樣本皆是切磨成圓形明亮式，尺寸從 0.21 至 0.57 克拉，絕大多數為無色至近乎無色，其中有 6 顆成色為 F，其餘有 20 顆成色為 G ～ J，只有一顆成色等級低於 N（帶灰藍色色彩），其餘的 3 顆為淡色或很淡的藍色。

圖 24-152

後面這幾顆樣本的顏色分布不尋常地均勻，而沒有高溫高壓合成鑽石常見的色域，淨度分布十分廣泛，從 VVS 至 I2 都有。金屬助熔劑內含物具有不透明的金屬外觀，孿晶紋並不明顯，而樣本中僅有始終如一的干擾色（灰 / 藍色）。

紅外線吸收光譜顯示此批樣本具有Ⅱ a 及Ⅱ b 型鑽石，而Ⅱ b 型鑽石含有少量的硼元素，氫及硼元素使鑽石帶有黃色及藍色。

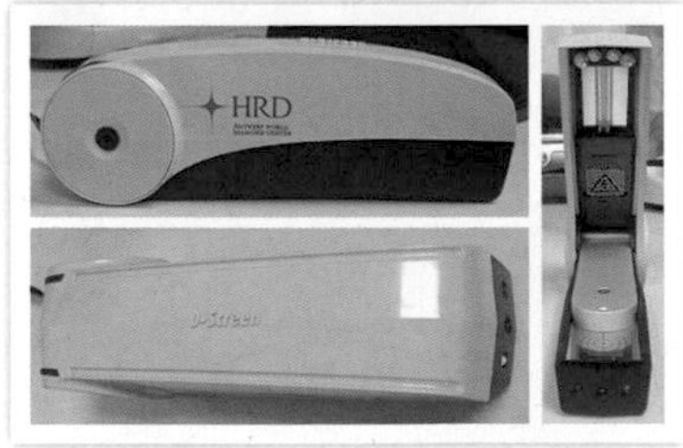

圖 24-153 HRD D–Screen

在 Diamond View 下具有強藍色至綠色螢光反應及強烈藍色磷光反應（圖 24-152 左、右），圖片中清晰地顯示典型的合成鑽石立方八面體的生長圖案。

HRD（比利時鑽石高層議會）在安特衛普，根據測試深紫外光穿透能力的原理，開發一款專門用來分辨合成鑽石（包括 HPHT 與 CVD）與經高溫高壓處理鑽石的儀器（圖 24-153），其大小稍微超過一個平常用的釘書機，如圖 24-154 所示。可測試範圍：顏色從 D 到 J 重量從 0.2 到 10 克拉。售價約 3595 美元。

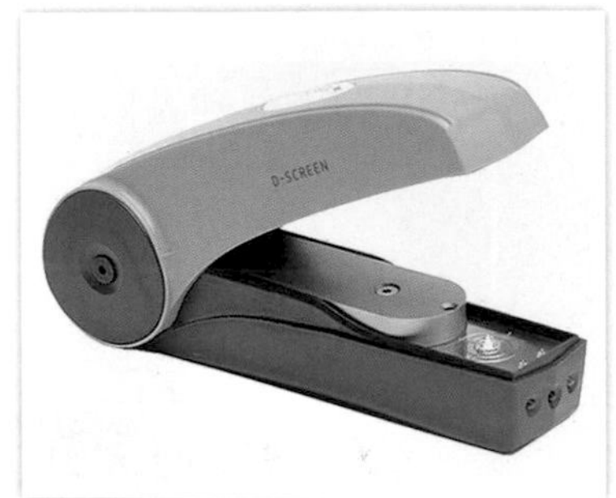

圖 24-154

綠色指示燈亮時：表示鑽石不是合成的，顏色也未經高溫高壓處理。

橙色指示燈亮時：表示鑽石可能是合成的或高溫高壓顏色處理，這顆鑽石需要送實驗室作進一步的檢查。

紅色指示燈亮時：表示電池電力不足或設備非正常。

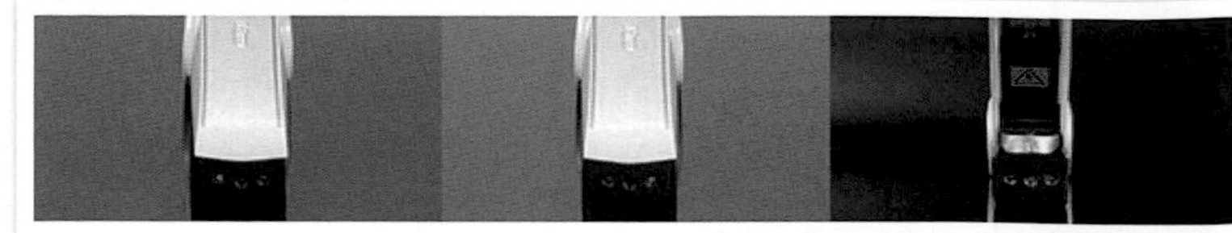

圖 24-155

Pointers for Identification

仿效 Diamond View 中陰極光偵測系統，以波長 405nm 的藍紫光照射物體，以顯示其生長型態，如圖 24-156 所示。

此種作法只對含氮量高的 I 型合成鑽石（帶黃色調的）有效，對無色或是藍色的 II 型合成鑽石無效。CVD 鑽石是一層一層生長，也沒有八面體的生長圖案。

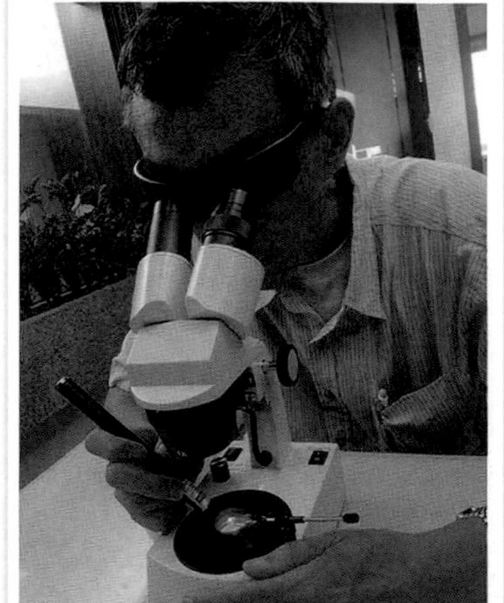

圖 24-156

陰極光偵測系統

陰極光偵測系統，CL（Cathodoluminescence System）是附屬於場發射型掃描式電子顯微鏡之下，對發光材料，單光 CL 影像可以提供高解析度的影像，應用到地質學、礦物學、材料科學中，可用以檢測半導體材料、岩石、陶瓷、玻璃等材料，已獲得其組成、生長與品質的資訊。

一顆 0.28 克拉微棕色 CVD 合成鑽石的陰極（CL）發光。CVD 合成鑽石在強束電子（CL）下往往發出強烈的橙帶褐色光。在某些時候，所見的圖案可以透露出生長的歷史。CVD 鑽石經高溫高壓處理後，CL 顏色通常變更為藍色。

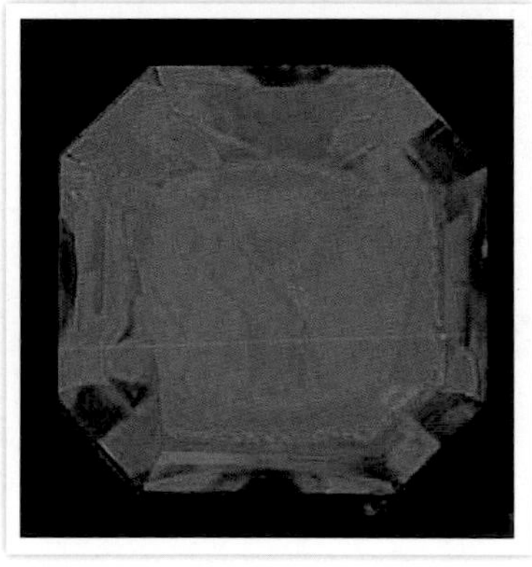

圖 24-157 courtesy Pat Heyman, University of British Columbia

CVD 鑽石樣品在高溫高壓處理以淡化顏色前和後之 CL 光譜圖。在 575nm 的頻段導致的發橙色光，以高溫高壓處理後則轉變成 430nm 並發藍色光。CL 譜對於顏色和發光強度提供一種客觀、定量的記錄方法。

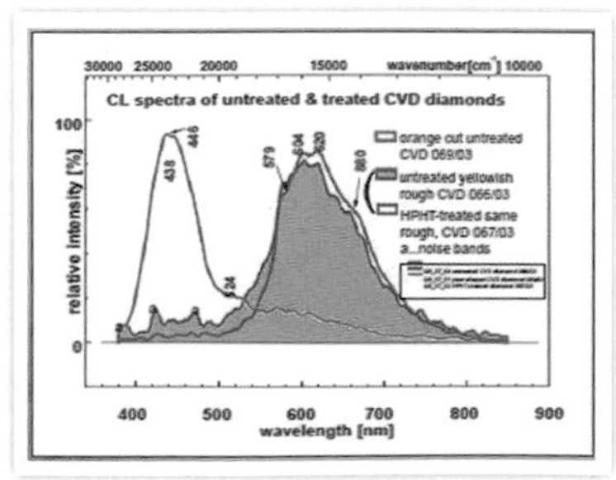

圖 24-158 courtesy Johann Ponahlo

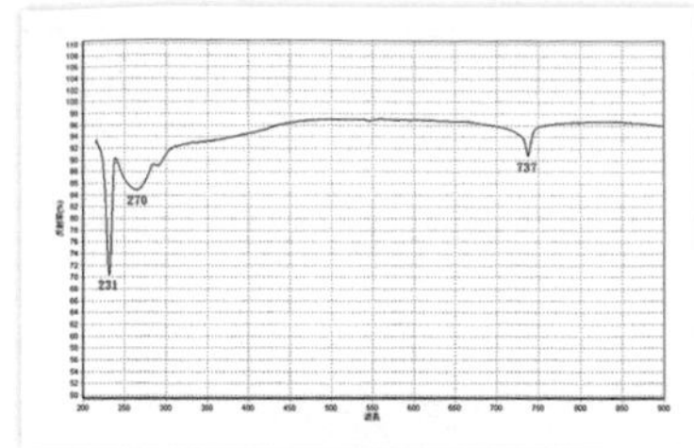

圖 24-159

圖 24-160 Photo courtesy GIA.

綜合前述，將各吸收峰整理如圖 24-159 所示，其中：
737nm 部分有，部分沒有；
270nm 部分不明顯；
231nm，天然鑽石均無，目前所見之 CVD 鑽石均有。

GIA 於 2014 年 1 月，在紐約發表一款鑑定天然與非天然鑽石之儀器，稱為 DiamondCheck（圖 24-160）。DeBeers 也在 2014 年 7 月發表專門鑑定米粒鑽天然與非天然鑽石之儀器（synthetic melee screening）。DeBeers 研發的是專門用來測是米粒鑽的，可以一次驗一堆小鑽；而 GIA 的 DiamondCheck，一次只能檢查一顆鑽石。兩強競相投入研發，足見 CVD 合成鑽石的鑑定確實造成困擾，才引起大家重視。

碳同位素分析 Isotopes of Carbon
由以上分析得知，CVD 合成鑽石的檢驗相當困難。諸如螢光顏色、吸收峰、零聲子線等，都可能隨廠商製作過程與後續處理而改變。如果改變到實在無法辨識，最後只能就「碳同位素」進行分析。因為 CVD 合成鑽石的成長過程迅速，同位素均一，而天然鑽石則帶有 25 ～ 30% 不同的碳分布。但碳同位素分析非常昂貴，最好還是不要用到才好。

常常有人問：在購買時，手邊沒有先進儀器，如何快速分辨出無色、近無色 CVD 合成鑽石與天然鑽石？

答：小顆例如 1 分大小的鑽石，售價大概是 1 ～ 2 美元，GIA 驗這樣的一顆鑽石，大概要 12 美元（最大 0.20 克拉，黑鑽石達 0.50 克拉），根本不符經濟效益，因此我們必須學會自行篩選，如有疑問，可先剔除。以儀器取得難易度，建議篩選順序如下：

1. 檢查紫外螢光反應
2. 偏光顯微鏡觀察
3. 檢查 415nm 線。

天然、HPHT 及 CVD 合成鑽石性質一覽表

特性	天然	HPHT合成	CVD合成
碳源	有機來源	石墨	氣相(甲烷)
晶型	通常為八面體，十二面體，工業級為立方體	立方八面體	扁平的4個生長方向
典型顏色	棕色、黃色、無色稀少、各種顏色	黃色、無色稀少、藍色(摻添硼)	棕色、無色稀少、藍色(摻添硼)
類別	大多Ⅰa，Ⅰb、Ⅱa、Ⅱb較少	大多Ⅰb，Ⅱa、Ⅱb較少	大多Ⅱa，有可能Ⅱb
雜質	氮、氫、硼	氮、硼、鎳	<0.1ppm氮、氫、矽(源自基底)
內部特徵	碳點、散佈的晶體、劈裂、孿晶紋	金屬內含物、雲狀助熔劑白色針點、沙漏狀色帶、生長區塊孿晶紋	沿平行種晶的晶面有小針點、無孿晶紋
大小	可大至數百克拉	1克拉屬常見	通常半克拉，可至克拉以上
螢光(CL)	大多數呈藍色，可能有各種顏色，LW>SW	黃至黃綠色，分帶現象，SW>LW，磷光	橘黃色、藍色短波：藍帶綠色，SW>LW
正交偏光圖案	鑲嵌圖案、榻榻米	不明顯	柱列狀
典型吸收峰	Cape線，即415nm、452nm、465nm和478nm	孤氮1130cm^{-1} 鎳700和800nm之間	(N-V)$^{-}$575、637 nm 氫3123 cm^{-1} 矽736.6/736.9 nm

鑑定概要

當試圖確認鑽石的來源究竟是天然的或是人工合成的時，以標準的寶石學設備仔細檢查，有時將提供確鑿的證據。即使無法確認，也可能提供提示，指示該樣本應送到配備了先進的儀器和有經驗的寶石鑑定所，進行進一步的測試。

合成鑽石的診斷特徵：
· 金屬內含物（利用磁性測試證實）
· 依照立方八面體生長模式的孿晶紋、色域及螢光

天然鑽石的診斷特徵：
· 以手持分光鏡觀察到 Cape 線（415、450、478nm）
· 天然鑽石的內含物，例如石榴石、橄欖石和鑽石晶體
· 原石表面出現帶有三角印痕的天然面的證據（惟 CVD 生長之鑽石亦有三角印痕）
· 長波紫外光下強藍色反應

樣本應送往鑑定所進行進一步測試的特徵：
· 短波螢光比長波螢光強
· 持續的磷光
· 橘黃到橘紅色螢光
· 十字交叉或柱狀圖案的雙折射應變圖案
一般而言，只要有疑問，就應該將樣本送往鑑定所進行進一步測試！

鑑定所採用的進一步測試：
· 紫外 / 可見 / 近紅外光譜
· 紅外線光譜
· De Beers' 的檢測儀器
· 陰極射線觀察
· 拉曼光譜和其他光致發光光譜

24-7 合成鑽石鑑定書

EGL 自 2001 年起對於人造鑽石開立鑑定報告，而 GIA 則是自 2007 年起才開始開立。北美的 EGL 對鑑定合成鑽石相當在行，並有其制式之內容，如圖 24-161 所示，與天然鑽石鑑定書之內容大致相同。其鑑定書樣本如圖 24-162 所示。

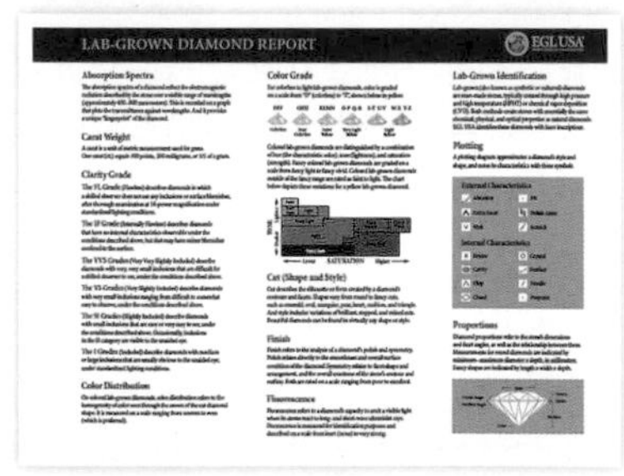

圖 24-161 會在備註欄中載明：「Laboratory created」

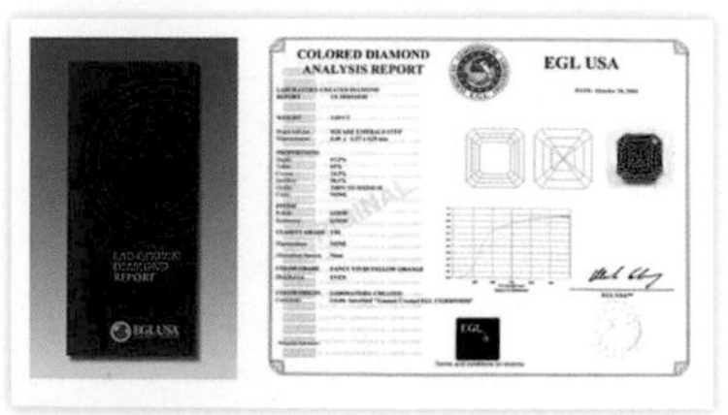

圖 24-162

圖 24-163

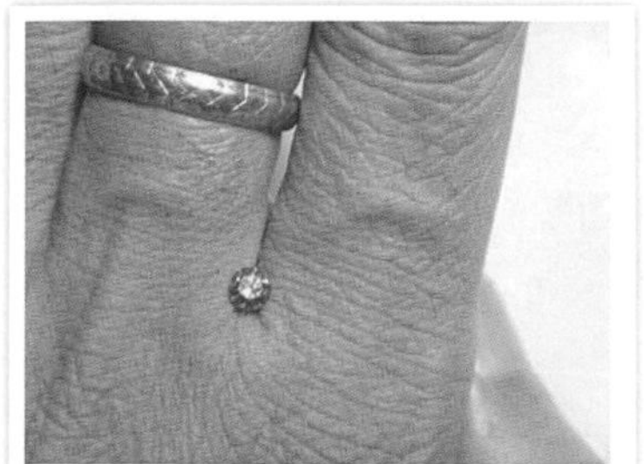

圖 24-164

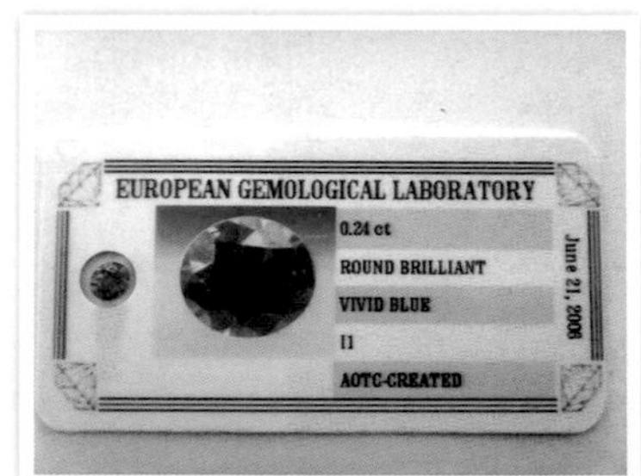

圖 24-165

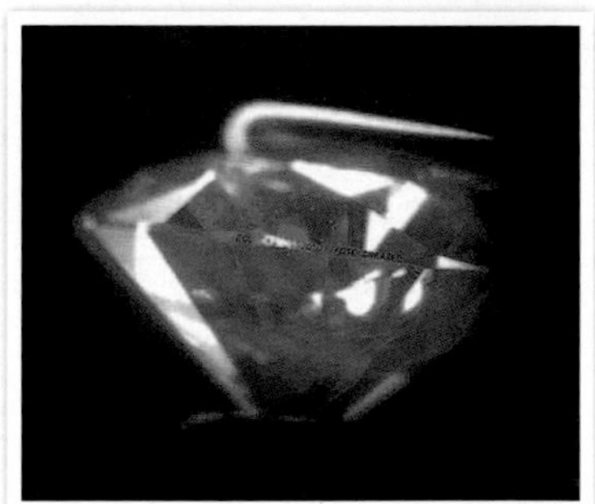

圖 24-166

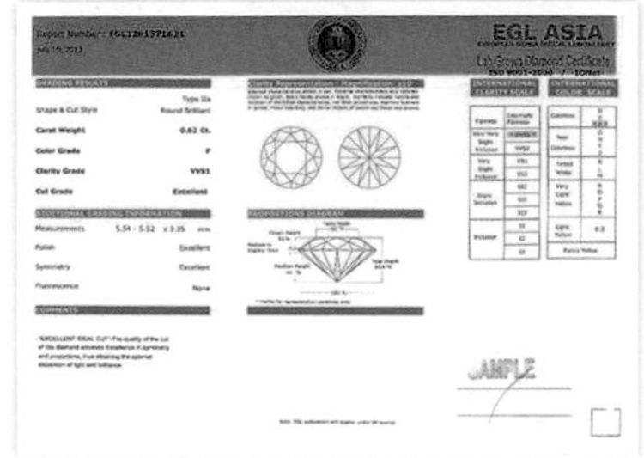

圖 24-167

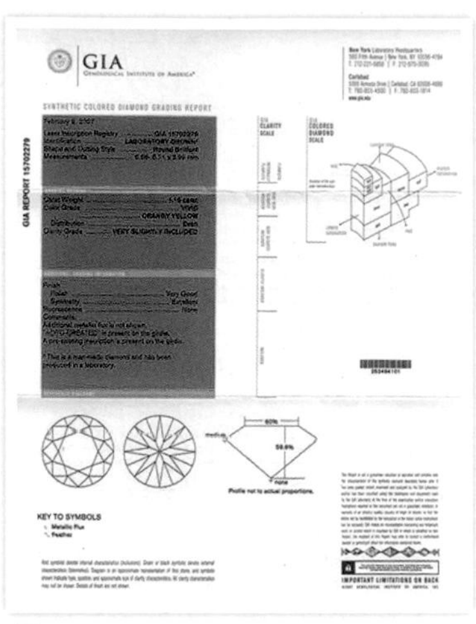

圖 24-168

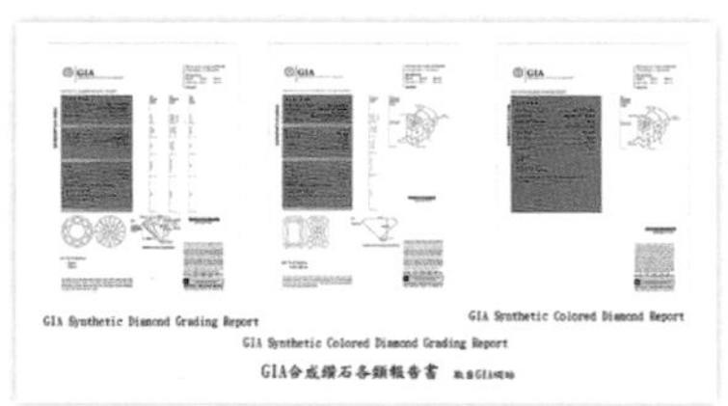

圖 24-169

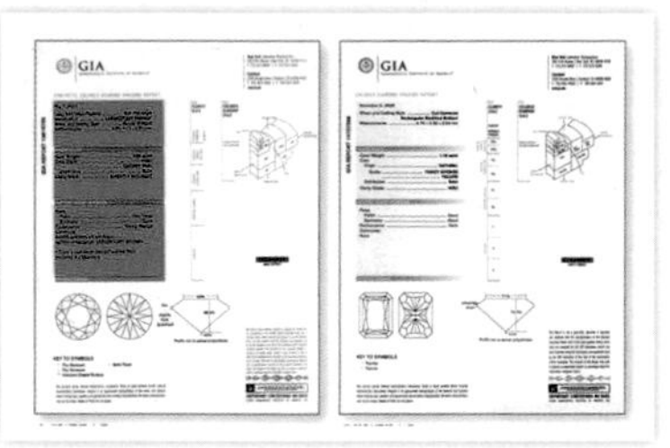

圖 24-170

圖 24-171

圖 24-172

EGL USA 實驗室天然鑽的報告是反藍色，合成鑽石的報告則是反灰色，如圖 24-163 所示。圖 24-164 中作者手背上的一顆藍色鑽石，其鑑定書如圖 24-165 所示。EGL 鑑定合成鑽石時會在腰圍加以雷刻標示，如圖 24-166 所示。圖 24-167 為 EGL Asia 的合成鑽石報告書，報告書看起來明顯與 EGL 的天然鑽石報告書不同，該報告書的頂部有一道黃色的橫條。

GIA 合成鑽石鑑定書實例如圖 24-168 及圖 24-169 所示。當 GIA 對合成鑽石開具鑑定書時，會將反藍部份改為反黃處理，如圖 24-170 所示之對比。自 2014 年 1 月 1 日起，GIA 更新報告書的格式，合成鑽石鑑定書以銀色色系代表，如圖 24-171 所示，與以金色色系代表的天然鑽石（圖 24-172）有所區隔。

那麼兩者的差異在哪裡呢？2010 年初，某家寶石商將同一批三顆藍色的合成鑽石分別送至 EGL 及 GIA 做鑑定，發現以下結果：

1. 顏色方面：EGL 評出來三顆的顏色分別是「Fancy light blue」、「Fancy blue」及「Fancy intense blue」，而 GIA 評出來的顏色全是「Fancy intense blue」。
2. 淨度方面：EGL 評出來三顆的淨度分別為 VVS2、SI1 等；而 GIA 卻只寫「Very Slightly Included」。

就以上結果分別討論如次：

1. 顏色方面：GIA 評顏色時會去找特徵色，也就是說鑽石中單一最暗的點；而 EGL 則是會取整顆鑽石平均的顏色，這樣的結果比較趨近人的眼睛所看到的事實。如果只憑鑑定書在網路上販賣，那麼購買者依 GIA 鑑定書所期待的顏色，與實際拿到的顏色恐怕會有很大落差。
2. 淨度方面：EGL 的評定是依尋常天然鑽石的標準分出等級；而 GIA 卻只寫「Very Slightly Included」，這樣的語句僅是指 VS，並沒有分出是 VS1 或是 VS2，似乎不夠明確。

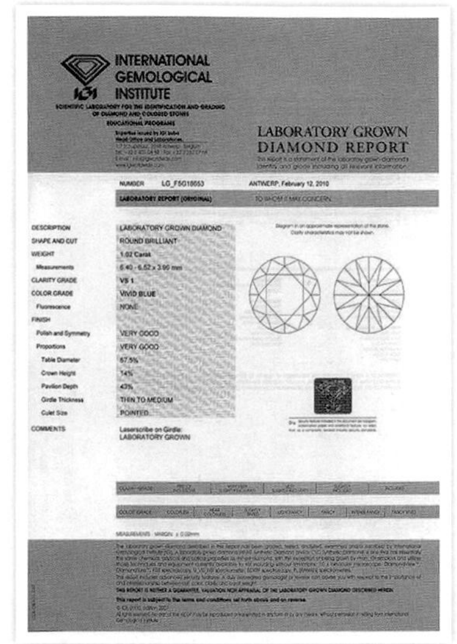

圖 24-173

IGI Certificate

IGI 證書中會註明：LABORATORY GROWN DIAMOND。當 IGI 對合成鑽石開具鑑定書時，會將反藍部份改為反黃處理，如圖 24-174 所示之對比。IGI 會在合成鑽石腰圍刻字（圖 24-175），並在鑑定書上標明（圖 24-176）。

圖 24-174

American Gem Society（AGS）

AGS 則在 2011 年宣佈將開始對 0.23 克拉（含）以上的白色人造鑽石進行分級。

圖 24-175

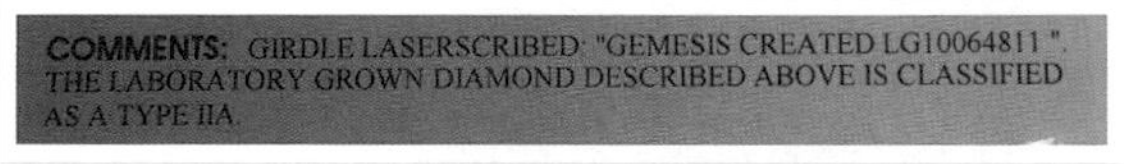

COMMENTS: GIRDLE LASERSCRIBED: "GEMESIS CREATED LG10064811". THE LABORATORY GROWN DIAMOND DESCRIBED ABOVE IS CLASSIFIED AS A TYPE IIA.

圖 24-176

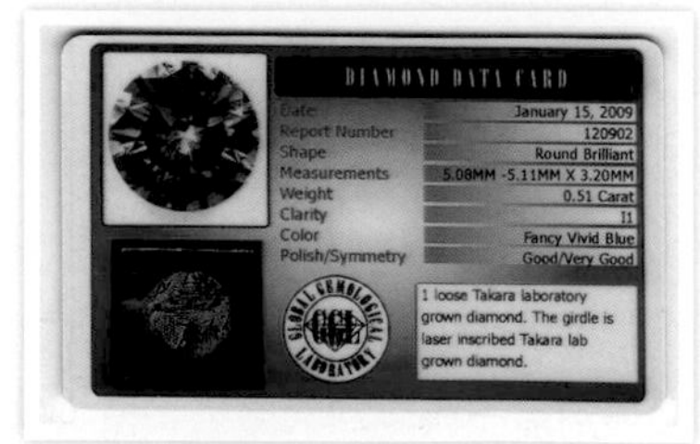

圖 24-177 其它鑑定所合成鑽石證書

24-8
物理氣相沉積（PVD）與類鑽石（DLC）

CVD 是所謂化學氣相沉積法，那麼有沒有物理氣相沉積法？還真的有。鑽石為高溫高壓穩定相，若要在較低的溫度及壓力下合成鑽石薄膜則需有氫原子的存在，一九七五年後各國使用化學氣相沈積法成長鑽石薄膜者，大都選加上大量的原料。傳統 CVD 製程有熱裂解法及熱燈絲裂解法，由於 CVD 化學反應皆在平衡狀態下進行，故其所生成之薄膜的品質及特性必受到熱力學及反應動力學限制，反應溫度仍然相當高。

物理氣相沈積（物理蒸鍍）（PVD）

PVD 顧名思義是以物理機制來進行薄膜澱積而不涉及化學反應的製程技術，所謂物理機制是物質的相變化現象，如蒸鍍（Evaporation），蒸鍍源由固態轉化為氣態，濺鍍（Sputtering），蒸鍍源則由氣態轉化為電漿態。

PVD 法係以真空、測射、離子化、或離子束等法使純金屬揮發，與碳化氫、氮氣等氣體作用，在加熱至 400 ～ 600℃（1 ～ 3 小時）的工件表面上，蒸鍍碳化物、氮化物、氧化物、硼化物等 1 ～ 10 μm 厚之微細粒狀晶薄膜，因其蒸鍍溫度較低，結合性稍差（無擴散結合作用），且背對金屬蒸發源之工件陰部會產生蒸鍍不良現象。其優點為蒸鍍溫度較低，適用於經淬火——高溫回火之工、模具。若以回火溫度以下之低溫蒸鍍，其變形量極微，可維持高精密度，蒸鍍後不須再加工。

CVD 與 PVD 之比較

1. 選材：
化學蒸鍍－裝飾品、超硬合金、陶瓷
物理蒸鍍－高溫回火之工、模具鋼

2. 蒸鍍溫度、時間及膜厚比較
化學蒸鍍－ 1000℃附近，2 ～ 8 小時，1 ～ 30 μm（通常 5 ～ 10 μm）
物理蒸鍍－ 400 ～ 600℃，1 ～ 3 小時，1 ～ 10 μm

3. 物性比較
化學蒸鍍皮膜之結合性良好，較複雜之形狀及小孔隙都能蒸鍍；唯若用於工、模具鋼，因其蒸鍍溫度高於鋼料之回火溫度，故蒸鍍後需重施予淬火－回火，不適用於具精密尺寸要求之工、模具。

不需強度要求之裝飾品、超硬合金、陶瓷等則無上述顧慮，故能適用。物理蒸鍍皮膜之結合性較差，且背對金屬蒸發源之處理件陰部會產生蒸鍍不良現象；但其蒸鍍溫度可低於工、模具鋼的高溫回火溫度，且其蒸鍍後之變形甚微，故適用於經高溫回火之精密工具、模具。

至於中國砂輪推出的鑽石陣鑽石碟的表面，則是以物理氣相沈積法（PVD）被覆約 1 微米厚度的薄層的「無晶鑽石」（Amorphous Diamond），無晶鑽石是不含氫的純碳類鑽碳（Diamond-Like Carbon 即 DLC），與一般 DLC 特性不同，其內所含的鑽石鍵結高達 85%，故無晶鑽石與 CVD 沈積的鑽石性質相似。PVD 沉積的 DLC 用途廣泛，可用為模具塗層及硬碟護膜等。若要生長較厚的鑽石膜，原子必須擴散至晶格內的穩定位置，因此基材溫度要提高，但也不能高到使生出的鑽石轉化成石墨。

近年來膜狀的鑽石合成技術突飛猛進。鑽石膜的厚度，可自奈米至毫米。薄膜常以物理氣相沉積的方法生成。厚膜則多以化學氣相沉積的方法獲得。

類鑽碳（Diamond-Like carbon 簡稱 DLC）鍍膜是在德國研發成功的一種特別鍍膜技術，所鍍的鑽石膜附著力相當優越，不會像一般其它鑽石鍍膜銑刀會因高速切削而剝離，不管是附著力甚至硬度及粗糙度都非台灣或亞洲鍍膜技術所能到達。但生出鑽石的原子排列只是短程有序，但長程排列則含極多缺陷，甚至也含大量雜質，故稱為類鑽碳。類鑽石鍍膜可應用於相當多用途且有顯著成效，目前著重於刀具和模具的市場。

一般鎢鋼製刀模具在經過類鑽石膜後，能增加 4 倍的壽命。

圖 24-178 類鑽碳的結構

類鑽碳膜 DLC

所謂的類鑽碳膜（DLC，Diamond Like Carbon）即以碳為原料，利用物理或化學的方法沈積於基材表面所形成之薄膜材料。由於碳原子能以三種混成軌道存在（圖 24-178 為類鑽碳的結構）。隨著此三種混成軌道比例之不同，碳膜能表現出各種不同的物理及機械性質。依 C-C 鍵結比例之不同，碳膜共可區分為：

（1）鑽石膜（diamond films）—— C-C 形成 100％鍵結
（2）類鑽石膜（diamond like）—— C-C 形成混合鍵結
（3）石墨（Graphite）—— C-C 形成 100％鍵結
（4）類高分子薄膜（Polymer-like film）—— C-C 以混合鍵結，屬於非晶質膜

非晶質類鑽碳膜的物性比較表

	ADLC	多晶鑽石	天然鑽石
密度（g/cm^3）	1.7~1.8	3.52	3.52
維克氏（Hv）	1500~6000 kg/mm2	8000~10000 kg/mm2	10000~12000 kg/mm2
折射率	2.0~2.4	2.3~2.4	2.4

若依碳膜之機械性質區分，則分為「硬質碳膜」及「軟質碳膜」，其中鑽石薄膜及類鑽石薄膜因硬度較高屬於硬質碳膜，而石墨及類高分子膜因硬度低是屬於「軟質碳膜」。硬質碳膜除了硬度非常高之外，尚具有非常低的摩擦係數及優越的電絕緣性，超高熱傳導性，耐酸鹼性，化學鈍性，光穿透性，生物相容性，光滑及耐磨耗特性等，由於這些優越特性的組合，使得硬質碳膜在機械，電子、半導體等工業之應用日益廣泛。

24-9 不同顏色合成鑽石的價位比較

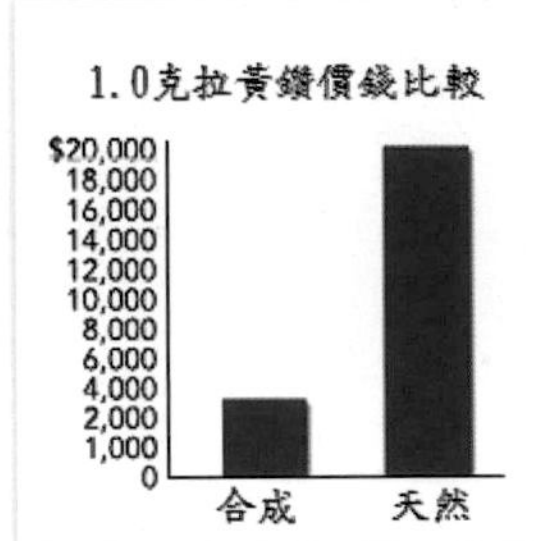

圖 24-179

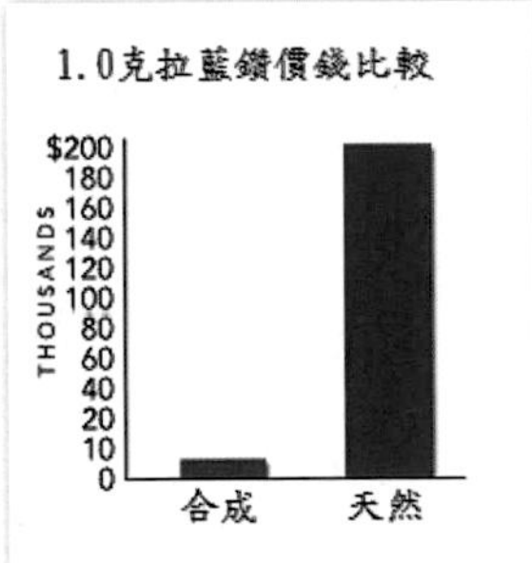

圖 24-180

同樣的合成的黃色鑽石的價格約為天然黃色鑽石的四分之一（圖 24-179）；合成的藍色鑽石的價格則約為天然藍色鑽石的十分之一（圖 24-180）。說明了：由於特殊顏色的彩鑽價位甚高，導致同樣是實驗室合成的鑽石，與天然彩鑽的價差卻有天壤之別。

網路上某家合成鑽石的售價如圖。

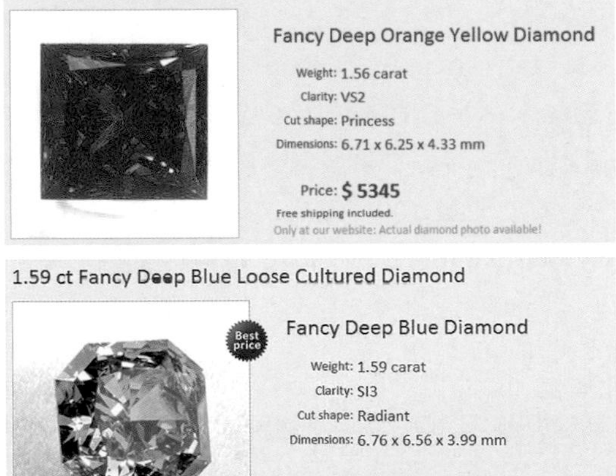

比較之下，紅色還是比較貴。

但每家鑽石生產商有不同的分銷模式，使得在定價上可能會有差別。因此以上的比較在市場上也並非完全正確，後面我們會舉更多的實例來說明。

工業用鑽生產廠商

1.Element Six ——南非、英國

2.General Electric ——美國

3.IIjin ——韓國

4.Sumitomo ——日本

5. 其他——俄國、美國、歐洲、中國

作為珠寶用途的寶石級鑽生產廠商
1.Advanced Optical Technology（只做 HPHT）——歐洲、加拿大
2.Chatham（只做 HPHT）——亞洲、美國
3.Gemesis（HPHT 及 CVD）——美國
4.Scio Diamond（只做 CVD，前 Apollo）——美國
5. 其他——白俄羅斯（New Age）、俄國（Tairus）、烏克蘭、中國

圖 24-181

目前生產上市之公司有：
Sumitomo
Apollo Diamond 麻州波士頓
Gemesis 佛羅里達州邁阿密
Chatham 舊金山
Life gem
其成份構造與鑽石相同，以彩鑽為主，白鑽最好僅達 I color。

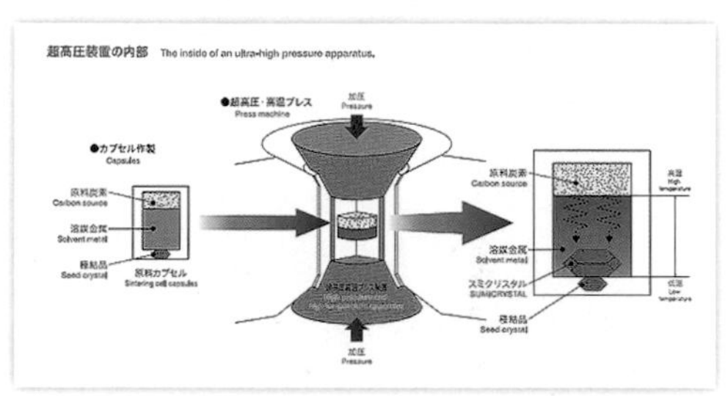

圖 24-182

Sumitomo（住友電工）曾於 1982 年時合成出一顆 1.2 克拉單晶鑽石，當時為世界上最大人造鑽石之一。

24-10 銷售寶石級的公司

目前生產合成鑽石之公司有許多家，茲將其中有寶石級問世的代表性公司介紹如次。

Apollo Diamond 阿波羅公司

圖 24-183 阿波羅鑽石生產設備

阿波羅鑽石公司是一家位於美國麻州波士頓的公司，銷售無色、藍色、粉紅色以及黑色的合成鑽石，其品質相當好，有時專門用來區分合成鑽石與天然鑽石的儀器也很難能分出來。

圖 24-184 阿波羅鑽石成品

阿波羅鑽石寶石公司主席 Bryant Linares 說他對合成鑽石將找到其在市場上的位置這一點很有信心。

Linares 說：「我看阿波羅就像加利福尼亞的葡萄酒廠家，一開始，一些人可能只喝波爾多葡萄酒，但最終加利福尼亞的葡萄酒市場還是發展起來了。我猜想人造鑽石也會發生發生同樣的情況。」

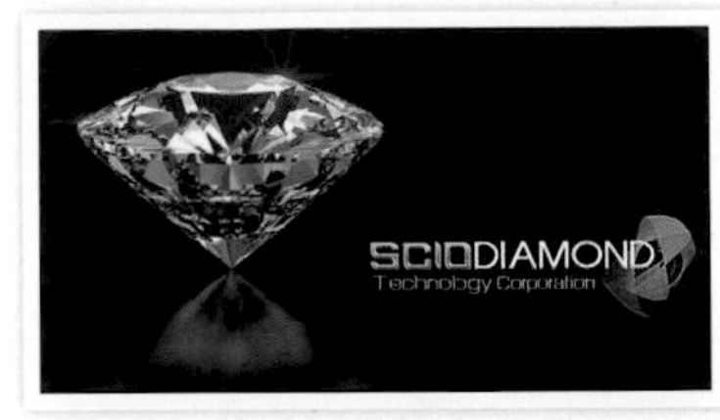

圖 24-185 Scio

美國波士頓 Apollo diamond 公司以 58,000 磅壓力和 2,300 度高溫製造出和天然鑽石化學組成一樣的人造鑽石。2007 年開始 GIA 提供 Apollo diamond 證書。

Apollo diamond 公司已以 250 萬美元售予 Scio Diamond Technology Corporation。

圖 24-186 Gemesis 工廠

Lab-Diamond Maker Reaches 1,000 Carat Milestone, Ships to Customers
美國南卡羅來納州的 Scio Diamond Technology Corporation 於 2012 年 8 月 1 日宣稱：它已以化學氣相澱法產生了超過 1,000 克拉的鑽石單晶並已開始交貨給客戶。

圖 24-187 Gemesis 未切磨鑽石原石

Gemesis

Gemesis 是一間設在美國佛羅裡達州萊克伍德牧場（Lakewood Ranch）的人造鑽石公司。當年 GE 的 HPHT 生產的流程係供工業用，非當寶石用，直到 Gemesis 簡化了流程，才得以生產高品質的鑽石。根據了解，目前 Gemesis 生產的鑽石最大在 1.2~1.4 克拉左右。

圖 24-188

Gemesis 曾經辦過競賽，就以圖 24-186 中合成鑽石為獎品，其中：上 GRAND PRIZE: The Gemesis Angel Halo ring featuring a 1-carat colorless lab-created diamond （retail value $5,000），下 RUNNER-UP PRIZE: The Gemesis Halo pendant featuring a 1-carat fancy yellow lab-created diamond （retail value $3,800）。

Gemesis 的世界最大最白人造鑽石。圖 24-187 之 1.29 克拉、成色 E、淨度 VVS2、祖母綠切割、最純淨的 II a 型鑽石，IGI 證書，售價 7,633.64 美元。

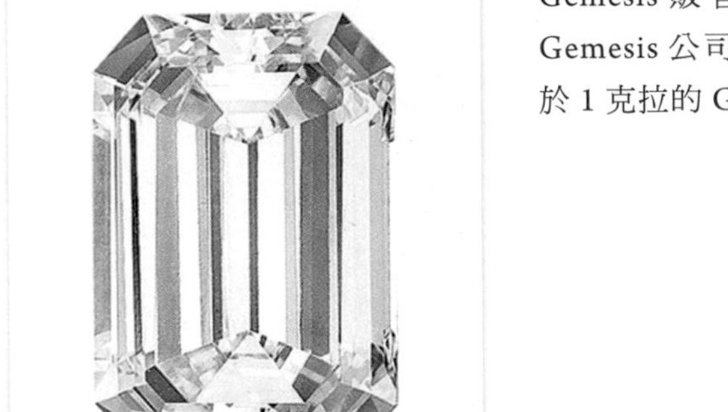
圖 24-189 Apr 23, 2013

Gemesis 販售的合成鑽石，只要大於 0.25 克拉，就會雷射刻上 Gemesis 公司名稱 Gemesis 印記與編號（圖 24-189）。此外，所有大於 1 克拉的 Gemesis 合成鑽石，都附有美國 EGL 或 GIA 的鑑定書。

Gemesis 公司在其官方網站上銷售 Gemesis 合成鑽石，如圖 24-190 所示。

圖 24-190 Gemesis 切磨黃色鑽石

因為彩色鑽石在鑽石工業中，量少但是獲利高，價格高於無色鑽石，自 2003 年起，Gemesis 開始銷售彩色鑽石，惟截至 2012 年 10 月止，Gemesis 的彩鑽只有黃色（Gemesis 的行銷總監 Martin DeRoy 告訴筆者：The only Gemesis fancy color lab-created diamonds are yellow.），成色等級可達 Fancy vivid；淨度 Clarity 為 slightly included（SI）至 internally flawless（IF）。一般而言，Gemesis 的黃彩鑽的售價大約是同等品天然鑽石的四分之一到五分之一。以均為 1.0 克拉圓鑽為例，售價如圖 24-193 所示。其中無色：\$4371/ct；黃色：\$4485/ct。為什麼？ Martin DeRoy 告訴筆者：「因為每顆鑽石的價格都是依評等結果的決定的」，也就是說其訂價是參考市售同等級天然鑽石的價格而定。

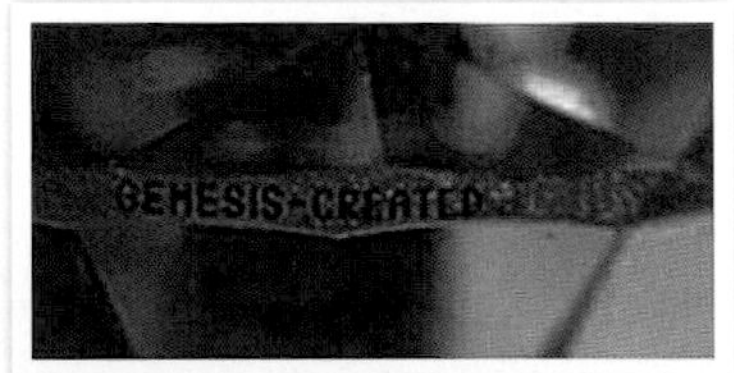

圖 24-191

天然黃鑽 1 克拉可賣 2 萬美金，但 Gemesis 公司的黃鑽產品 1 克拉售價僅為 4,000 ～ 5,000 美元。對於大多數的鑽石鑑定所而言辨識天然鑽石與合成鑽石並不是太困難的事，反倒是什麼才是合成鑽石合理的市場價位？據 Gemesis 公司表示它們將透過網路平台販售無色合成鑽石給美國及加拿大的消費者，價位上以 0.50 到 0.69 克拉 / 成色 H/ 淨度 VVS 為例，售價是美金 2,888（克拉單價）；如果其他品質等級相同，重量介於 0.90 到 0.99 克拉的合成鑽石，售價是美金 4,806（克拉單價），約照 Rapaport 報表六至七折。他們的定價原則是不會像同品質等級的天然鑽石那麼貴，但是也不是棄之不心疼的價位！

圖 24-192

圖 24-193

前面提到：到 2012 年 10 月止，Gemesis 的彩鑽只有黃色。但是到 2013 年 10 月，情況又有所不同了，Gemesis 宣佈製成粉紅色彩鑽並開始銷售了，如圖 24-194 所示。

圖 24-194

Gemesis 的粉紅色彩鑽分為 Blush Pink 及 Brillant Pink 等兩種，如圖 24-195 所示。

圖 24-195

	ROUND	1.20	BRILLIANT PINK	SI1	IDEAL	$7200.14
	ROUND	1.17	BRILLIANT PINK	SI1	IDEAL	$7020.14
	ROUND	1.13	BRILLIANT PINK	VVS2	EXCELLENT	$6780.14
	ROUND	1.00	BRILLIANT PINK	SI1	IDEAL	$6000.12
	ROUND	0.97	BRILLIANT PINK	VS1	EXCELLENT	$4526.76
	ROUND	0.92	BRILLIANT PINK	VVS2	IDEAL	$4906.76
	ROUND	0.92	BRILLIANT PINK	VVS2	IDEAL	$4906.76
	ROUND	0.91	BRILLIANT PINK	VS1	VERY GOOD	$4853.43
	ROUND	0.91	BRILLIANT PINK	VVS2	EXCELLENT	$4246.75
	ROUND	0.91	BRILLIANT PINK	VS1	EXCELLENT	$4246.75

圖 24-196

	ROUND	0.90	BLUSH PINK	VS1	VERY GOOD	$4200.08
	ROUND	0.90	BLUSH PINK	VS1	EXCELLENT	$4200.08
	ROUND	0.88	BLUSH PINK	VS1	IDEAL	$3520.07
	ROUND	0.78	BLUSH PINK	VS1	IDEAL	$3120.06
	ROUND	0.74	BLUSH PINK	VVS2	IDEAL	$2960.06
	ROUND	0.71	BLUSH PINK	VS1	EXCELLENT	$2840.06
	ROUND	0.71	BLUSH PINK	VS1	EXCELLENT	$2840.06
	ROUND	0.71	BLUSH PINK	VVS2	IDEAL	$2840.06
	ROUND	0.70	BLUSH PINK	VS1	VERY GOOD	$2800.06
	ROUND	0.68	BLUSH PINK	VS1	IDEAL	$2720.05

圖 24-197

圖 24-198

圖 24-199 Chatham 製造的 0.85 carat 粉紅色人造鑽石

其價位分別如圖 24-196 及圖 24-197 所示。

也有配好檯販售的，如圖 24-198，可以選 14k 或 18k，豪華一點或是低調型。

Chatham 在人造紅寶、藍寶、亞歷山大石及蛋白石領先了超過 60 年，現在 Chatham 也以高溫高壓法生產鑽石。Chatham 人造鑽石，顏色包括黃色、粉紅色和藍色，黃色鑽石的價格大概是相等天然鑽石的一半多一點。Chatham 在銷售人造鑽石時，會強調它們生產人造寶石的歷史，以及利用網路銷售。

約 1993 年舊金山的「人工祖母綠」發明人卡洛恰騰 Carroll Chatham 之子湯姆恰騰藉前蘇聯解體之機，取得先前用於國防科技的合成鑽石技術，向世界宣佈推出「恰騰製寶石級人工鑽石」（Chatham Created Diamond），一時之間，全球寶石業為之撼動。1994 年湯姆恰騰曾經來台灣，分別於台北和台中做了兩場演說，他曾比喻：「人工鑽石（寶石）之於天然鑽石，一如冰箱所製冰塊之於天然冰」。

Chatham 的顏色有很多種，如圖 24-200 所示。價位則如圖所示。

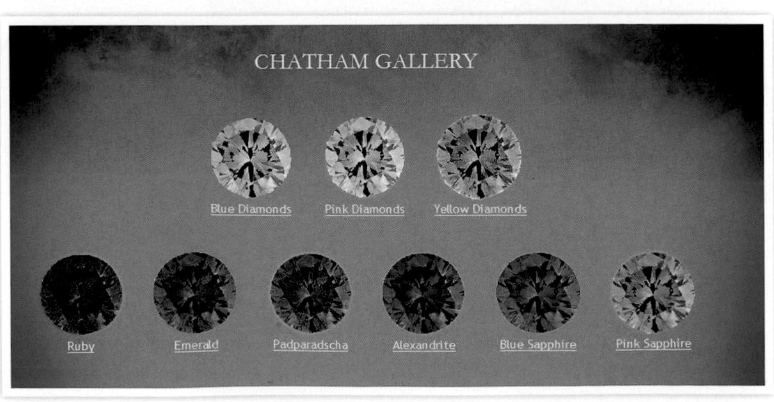

圖 24-200

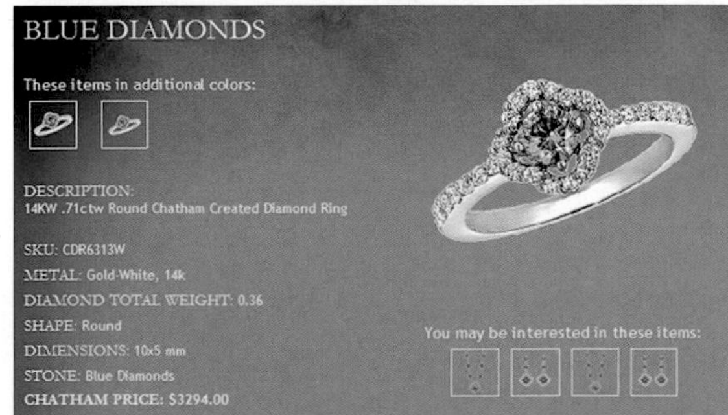

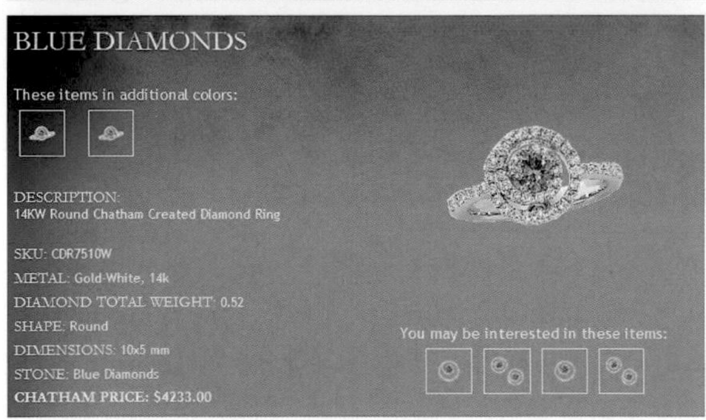

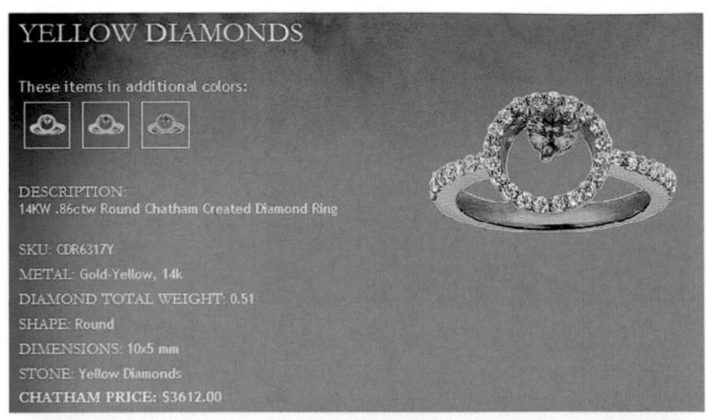

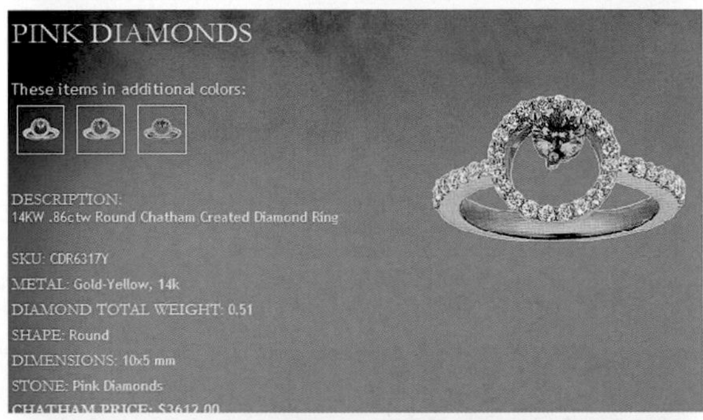

Chatham 人造鑽石的價格：0.71 克拉粉紅色人造鑽石配 14K 金，2010 年 11 月時售價 3478 美元，2012 年 10 月時售價 3294 美元，所以價錢在降！

圖 24-201 生命寶石紅彩鑽

圖 24-202 生命寶石藍彩鑽

圖 24-203

COLORED DIAMOND ANALYSIS REPORT

EUROPEAN GEMOLOGICAL LABORATORY
A Member of the EGL USA Group

DATE: December 27, 2005

LABORATORY-CREATED DIAMOND REPORT	[illegible]
WEIGHT	[illegible] CT
Shape and cut	ROUND BRILLIANT
Measurements	[illegible] mm
PROPORTIONS	
Depth	[illegible]
Table	[illegible]
Crown	[illegible]
Pavilion	[illegible]
Girdle	MEDIUM
Culet	NONE
FINISH	
Polish	VERY GOOD
Symmetry	VERY GOOD
CLARITY GRADE	[illegible]
Fluorescence	CROSS PATTERN
Absorption Spectra	None
COLOR ORIGIN	AS-GROWN
COLOR GRADE	FANCY VIVID YELLOW
Distribution	EVEN
Comments	LABORATORY CREATED DIAMOND

European Gemological Laboratory™

EGL

圖 24-204

LifeGem 生命寶石

生命寶石是一種另類的人造鑽石，因為是以取自家庭成員或是寵物身上的碳製造的，所以標榜的是：敬獻給你及你的家庭。其方式是：由與你有特殊關係的人或寵物的骨灰中或頭髮中取得碳，例如先將人體 5 ～ 10 克髮絲，經過 1800 度到 3000 度的高溫間碳化，並在控制下生成石墨，再將石墨以類似地殼模擬環境下高溫高壓處理。根據克拉數的不同，大約經過 8 ～ 24 周，即可生成鑽石原石，時間愈長，晶體愈大。其物理與化學性能檢測均與天然鑽石無異，並在硬度一項還稍有超出。再依顧客指定切磨成型，並在腰圍上雷射刻字。

一般而言，人造或合成鑽石售價低於天然鑽石，但生命寶石卻是例外。因為訴求的是其獨特的情感寄託價值與意義，當然要價比天然鑽石更高。據瞭解 0.25 克拉要價 3,000 美金，0.5 克拉要價 6,000 美金，1 克拉要價 15,000 ～ 20,000 美金。

生命寶石於 1999 年在伊利諾州 Elk Grove Village 成立，目前在歐洲、英國、日本、台灣、澳洲及加拿大都有辦事處，可配合取得所需的碳。目前，已成功開發出白鑽、黃彩鑽、紅彩鑽（圖 24-201）、綠彩鑽及藍彩鑽（圖 24-202）等多種不同選擇，證書上則有頭髮成分的詳細分析，也就是獨特的「生命密碼」。如果情侶想做結婚對戒，他們可以用兩個人的頭髮合起來做出鑽石；或者新生胎兒、老年壽辰，均可做成紀念鑽石，永久保存。

AOTC

AOTC® CREATED DIAMONDS

AOTC 使用 BARS 傳統溫度梯度法生產人造鑽石（圖 24-203）。產量：在兩處歐洲基地生產，年產量超過 10,000 克拉，其中 80% 為工業級，2,000 克拉為寶石級。人造鑽石晶體主要在 1~4 克拉，拋磨後 0.5~2 克拉。大部分產量是供工業用途使用，例如：刀具、砧具、基板、電極及光學視窗等。AOTC 以 Adia Created Diamonds 的名義在北美銷售合成鑽石，近來亦可透過「D.NEA LLC」（http://d.neadiamonds.com/）買到。AOTC 銷售的合成寶石級鑽石，均附 EGL USA 的證書（圖 24-204）。

Adia Diamonds

Adia 鑽石總部位於密西根州 Battle Creek，使用 HPHT 法製造寶石級人造鑽石。Adia 合成鑽石是在歐洲生產，在比利時安特衛普切磨。經由零售商 Pearlman 珠寶或是透過網站 www.adiadiamonds.com 進行銷售。所生產的顏色包括無色、黃色和藍色等，其中黃色的售價約為天然鑽石的一半。

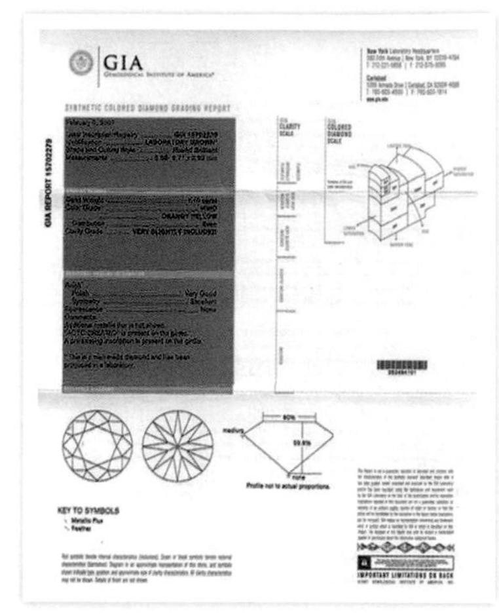
GIA
GIA REPORT 15702279
SYNTHETIC COLORED DIAMOND GRADING REPORT
Polish .... Very Good
Symmetry .... Excellent
Fluorescence .... None
medium
none
Profile not to actual proportions.
KEY TO SYMBOLS
Metallic Flux
Feather
IMPORTANT LIMITATIONS ON BACK

圖 24-205 AOTC 的 GIA 證書

Tairus

TAIRUS 泰羅是一家俄羅斯科學院西伯利亞分院，與泰國 Tairus 合資設於曼谷的公司。泰羅公司以水熱法生產祖母綠、紅寶、藍寶及綠柱石等各種寶石。生產合成鑽石則是近年來的事，泰羅公司在 HPHT 法中使用分裂球（Split Sphere）法，過程中則使用鹼性碳酸鹽液（Na_2CO_3, K_2CO_3）石墨及草酸脫水產生 C-O-H 溶液，模擬自然環境，以製造人造鑽石，對改進顏色上有所貢獻。

圖 24-206

Tairus 主要生產黃彩（Fancy Yellow）系列（圖 24-206），包括到豔彩（Vivid）級、橘色和干邑色。製造起來比較困難的無色和藍色，則還沒達到水準。

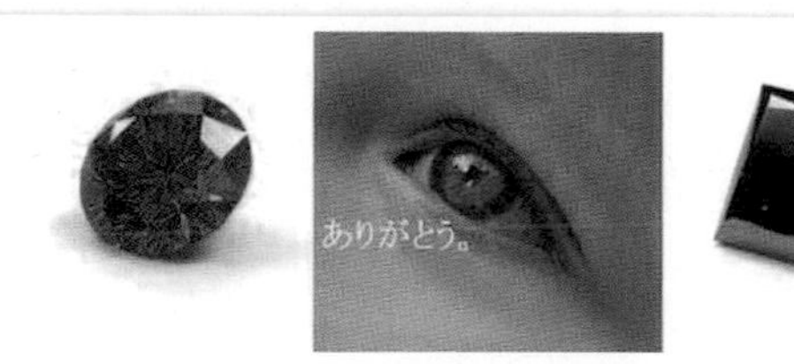

圖 24-207

New Age Diamonds

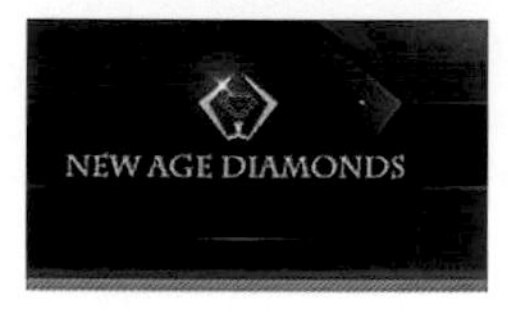

新時代鑽石公司是一家俄羅斯合成鑽石的製造商，採用高壓高溫（HPHT）法生產寶石級人造鑽石。年營業額約 700 萬美金。

新時代鑽石公司在日本有一套獨特的銷售方式，是以活的或已過逝的人或寵物的毛髮訂製鑽石，像日本的「Heart-in Baby Diamonds」就是以新生兒的頭髮所製造出來的，用來創造紀念性的價值。

新時代鑽石公司製造的鑽石顏色多樣化，其中最便宜的是黃色的，最貴的是紅色的，1 克拉的價格在 4000 ～ 6000 美金。

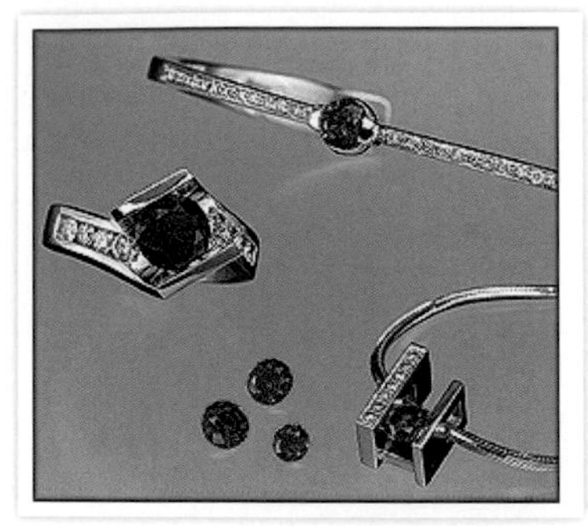

圖 24-208

圖 24-207 為該公司產品，用嬰兒頭髮製造出的人造鑽石。賣點是「妳的獨有鑽石」，日本專賣。價錢為 $3500 美金 0.2 carat canary yellow 至 $17000 美金 0.8carat chameleon red diamond。

Lucent Cultured Diamond

圖 24-208 為 Lucent 製造的人造鑽石「Imperial Red Diamonds」0.15-0.33 ct.。

合成鑽石的賣點

合成鑽石往往被誤認為「假鑽」，其實她是不折不扣的「鑽石」，只是培育她的環境是實驗室，而不是大自然。在推廣合成鑽石時，人們多半會說：「天然的最好」，因此銷售合成鑽石確實有其困難度。但考量合成鑽石的特質，可以有以下賣點：

1.「真鑽」：合成鑽石是物美價廉的百分之百真鑽，絕非「假鑽」。

2.「環保」：為取得天然鑽石，必須在地球上製造出醜陋的巨大坑疤，對環境造成嚴重衝擊。

3.「人道」：取得天然鑽石的過程中，往往引發如血鑽石等的悲劇，站在人道的立場，應該加以避免。

IGI 發現數百顆未公開的合成鑽石

IGI 在安特衛普和孟買的鑑定所收到數百顆未公開的 CVD 合成鑽石，鑑於合成鑽石日益增多，IGI 特別發出警示（INTRA-LABORATORY ALERT Undisclosed submissions of colorless to near-colorless CVD synthetic diamonds to IGI）如圖。

The CVD synthetics submitted in unusually large numbers were as follows:

- Mostly F to J Color, Clarity VVS – VS. Internal characteristics were feathers, pinpoints, small dark crystals. The inclusions are strikingly similar to natural inclusions, hence, microscopic observation is insufficient to conclude.
- Sizes ranged from 0.30 ct to 0.70 ct.
- Polish, Symmetry and Cut were either "Excellent" or "Very Good".
- Bruted or faceted girdles.
- They were all type IIa and were referred as such by DiamondSure.
- When tested using DiamondPlus all the synthetics gave a "refer CVD" result.
- When viewed in DiamondView they showed bluish green fluorescence and blue phosphorescence, with characteristic striations.
- The synthetics showed moderately strong photoluminescence from H3 and nitrogen-vacancy optical centres (zero-phonon lines at 503 nm and 575/637 nm respectively).
- They also exhibited photoluminescence at 737 nm that is attributed to silicon-vacancy centres.
- Absence of any laser inscription.

緊接著 Diamond Trading Company（DTC）警告看貨人（sightholders），在比利時、印度及中國，也發現 CVD 合成鑽石，其特徵雷同，並指向同一來源。如次：

Undisclosed submissions of CVD synthetics to grading laboratories

DTC Research Centre has been notified of three recent instances of undisclosed submission of CVD synthetics to grading laboratories in Belgium, India and China. In each case the synthetics had very similar characteristics and may therefore have had a common source. They were readily identified by the gemmological laboratories involved (IGI and NGTC) but members of the trade should take note of the particular characteristics of the CVD synthetics and of the need to be particularly vigilant.

- The CVD synthetics were near-colourless (F - J colour.)
- Sizes ranged from 0.3 ct to 0.6 ct but the majority have been 0.5 ct - 0.6 ct.
- They were type IIa and were referred as such by DiamondSure.
- When tested using DiamondPLus all the synthetics gave a "refer CVD?" result.
- When viewed in DiamondView they showed bluish green fluorescence and blue phosphorescence, with characteristic striations.
- The synthetics showed moderately strong photoluminescence from H3 and nitrogen-vacancy optical centres (zero-phonon lines at 503 nm and 575/637 nm respectively).
- They also exhibited photoluminescence at 737 nm that is attributed to silicon-vacancy centres.

珠寶業界中的處理及合成米粒鑽

設計珠寶中常採用小型的彩色鑽石，主要為黃色、粉紅色及黑色，而且在全球各地也相當普及，同時也有那些未經公開告知的合成商品。鑽石報價表的發行人 Martin Rapaport 表示有某些零售業者在銷售某些商品時，並沒有完全公開，其中亦包括了高溫高壓處理，他提及此點並不會令人覺得十分驚訝，因為在珠寶設計師中，此種鑽石的需求越來越大，而彩鑽在天然鑽石中所佔的比例僅有萬分之一。

圖 24-209 中這些 0.05~0.30 克拉大小的米粒鑽是 Chatham Created Gems 公司所製的合成鑽石，戒指中密釘鑲的 93 顆天然鑽石，其總重達 1.12 克拉。圖 24-210 中小的（0.01 到 0.05cts）人造黃色鑽石，以其顯著的顏色和尺寸特別受歡迎。

2012 10 月 Rapaport 封面故事特寫就是人造鑽石，如圖 24-211 所示。

圖 24-209

圖 24-210

圖 24-211

24-11 合成鑽石的應用

鑽石有一些特性就如同它的外表那般閃耀奪目。它既不怕化學藥劑的腐蝕，也可抗壓縮與抗輻射。鑽石的傳熱速率比任何其他物質都要快，電阻又出奇的高，同時可以穿透可見光、X 光、紫外光及大部分的紅外光。就以上特性而言，鑽石都是出類拔萃，遠遠超過其他所有物質。

人造鑽石年產量約三百至六百公噸，其用途相當廣泛，應用於寶石，只佔極小部分。其應用例如：高硬度耐磨耗工業用的磨具、刀具等工具；鑽石二極體、鑽石半導體晶片、鑽石積體電路；抗高溫高壓、強烈輻射線、高鹽分及其他惡劣環境之材料；高效率、低摩擦、永遠不需潤滑的機械軸承；薄膜被覆在光碟、硬碟上，能預防磁碟腐蝕，避免刮傷；高頻通訊產業之鑽石表面聲波元件；義肢、假牙等。

人工奈米鑽石的應用

醫學界也運用「人工奈米鑽石」做為人體替換組織的耐磨程度上，例如早期的心血管支架都是純金屬，表皮細胞很容易長上去，久而久之心血管又變細，但新的心血管支架表面鍍上鑽石膜，結果可以讓支架保持暢通更久。人工髖關節的更換上，也是鍍上一層鑽石膜，可以增加耐磨程度，避免產生疤痕組織等。

Chapter 25

第 25 章
鑽石優化處理

the basic of diamond identification

鑽石是稀有的、珍貴的，而鑽石的價格是取決於鑽石的 4C。4C 中切磨，靠切磨師努力創造出光彩；重量則似已無法改變，否則就不是鑽石了；其餘的 2C，淨度及顏色則是人們千方百計地想要優化處理鑽石的方向，這可以分為包括兩部分方面來討論，亦即：一是對鑽石中的內含物如石墨等加以處理以提高鑽石淨度，稱之為淨度優化處理，二是改善鑽石的顏色，稱之為顏色優化處理。

要注意的是：有的優化處理是永久性的，有的則不是，讀者要懂得區分。另外，經過優化處理的鑽石，其價格也與未經處理的相似品質鑽石的價格不同，一定要切記。

淨度優化處理

（1）雷射鑽孔處理

（2）裂縫充填處理

顏色優化處理

（1）傳統的顏色優化處理

（2）包膜處理

（3）HPHT 改色處理

（4）輻照改色處理

25-1 淨度優化處理

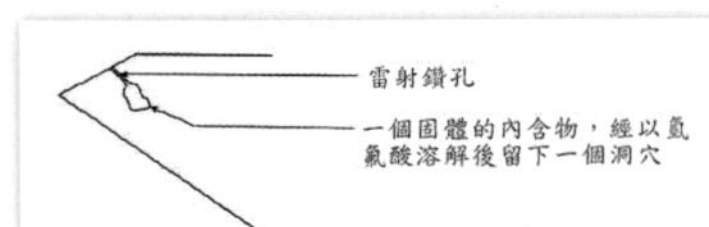

圖 25-1 雷射鑽孔

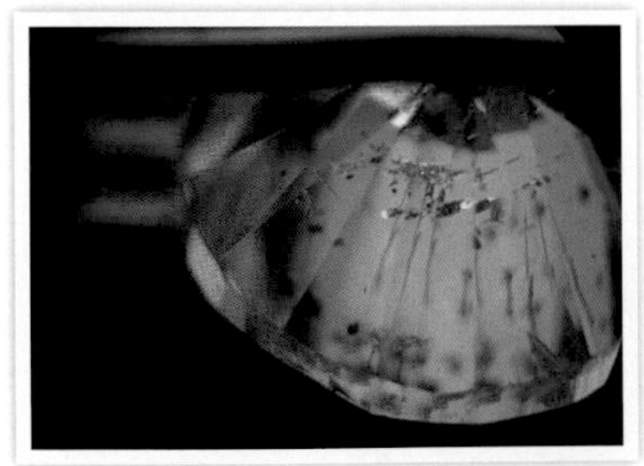

圖 25-2 Courtesy Anu Manchanda

圖 25-3

淨度優化處理

（1）雷射鑽孔處理 LASER DRILL HOLE （L.D.H）

（2）裂縫充填處理 FRACTURE FILLING （F.F）

雷射鑽孔處理 LASER DRILL HOLE（L.D.H）

甚麼叫雷射鑽孔處理？就是用雷射在鑽石中燒出一個直達內含物的很小的孔道，內含物可被雷射燒掉；或者雷射打孔後用酸漂白（圖 25-1）。處理後的雷射孔道可用玻璃或環氧樹脂封住，以免髒物進入孔道。它可以使暗色內含物變淺，使鑽石變得好看，如圖 25-2 所示。

為什麼要這樣做？談到淨度優化處理，最先想到的就是把明顯度高，也就是鑽石的黑色內含物去除，於是人們想出用雷射鑽孔後，再酸洗漂白的方式。效果如何？請看圖 25-3 兩張雷射鑽孔前後比較圖：左邊是雷射鑽孔處理前，在桌面下有一個很明顯的黑色內含物（紅色圈內），經過雷射鑽孔處理後，黑色內含物被漂白了，明顯度降低了很多。

再看圖 25-4 兩張雷射鑽孔前後比較（圖 25-4）：左邊是雷射鑽孔處理前，在鑽石內有許多明顯的黑色內含物，選擇其中之一，經過雷射鑽孔處理後，黑色內含物被漂白了，與其餘未處理的黑色內含物相比，明顯度顯然降低了很多。

圖 25-4

以上兩個例子中，鑽石內部黑色內含物被漂白了，明顯度降低了，在淨度評級時，可獲得較好的等級，也提高了鑽石的價格。

在 1960 年代開始，雷射鑽孔處理問世，是為傳統的雷射鑽孔處理模式。而雷射鑽孔處理發展至今，大致有兩種雷射鑽孔（L.D.H）型式：外部雷射鑽孔及內部雷射鑽孔。

圖 25-5

（1）外部雷射鑽孔

先談外部雷射鑽孔，此即前面說明的傳統的雷射鑽孔處理模式，亦即從鑽石的表面用雷射在鑽石中燒出一個直達內含物的很小的孔道（直徑 0.02 ～ 0.04mm，約為人類毛髮的寬度），每鑽一孔約需 30 ～ 45 分鐘，然後將鑽石內部深色內含物燒掉或以酸蝕去除，經過這種方式處理的鑽石，可在 10 倍放大鏡下發現雷射的孔口和孔徑。如圖 圖 25-5 及圖 25-6 所示。

圖 25-6

傳統的雷射鑽孔

記得在第 10 章〈淨度特徵解說〉中，提到雷射鑽孔（L.D.H）嗎？在淨度觀察時，發現了雷射鑽孔，不但會降低淨度等級，在淨度製圖時還要將其畫入圖中，常常有人問：何苦呢？從前面幾張雷射鑽孔前後比較圖，可以明白：雷射鑽孔將深色（黑色）的內含物變得看不清楚了，取而代之的是非常細微、比較難發現的雷射鑽孔孔口和孔徑，明顯度確實改善了很多。

圖 25-7 Courtesy Eric Erel

法國巴黎的 Dr. Eric Erel 將觀察到的雷射鑽孔孔口和孔徑攝影如圖 25-7，處理後在鑽石表面留下雷射鑽孔，沿著鑽孔，很容易看到內部裂隙被順著鑽孔灌進去的酸給漂白了。圖 25-8 換一個角度，由表面延伸至內部裂隙的雷射鑽孔孔徑更容易看到。

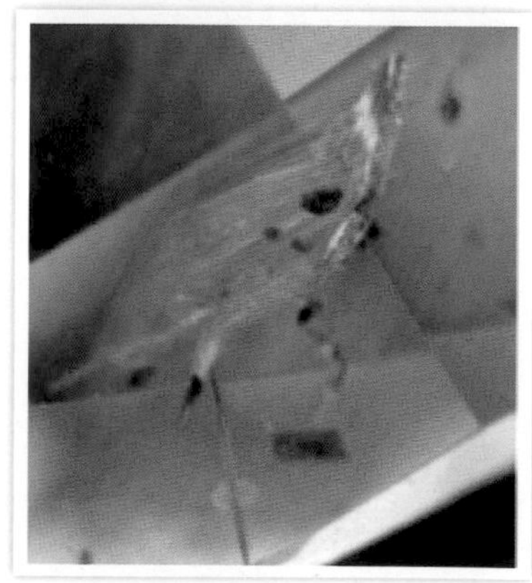
圖 25-8 Courtesy Eric Erel

內部雷射鑽孔孔洞

KM 技術：

2000 年引入，KM（Kiduah Meyuhad）希伯來語意指「特別打孔」。可有兩種處理方法：

A. 破裂法（裂化技術）：

應用於品質較差、有明顯近表面內含物，伴有裂隙裂紋的鑽石。以雷射光束聚焦接近表面的內含物，為其加熱，令其膨脹並產生足夠壓力（應力），從而令解理（裂隙）延伸至表面，為深色內含物提供了通道，再

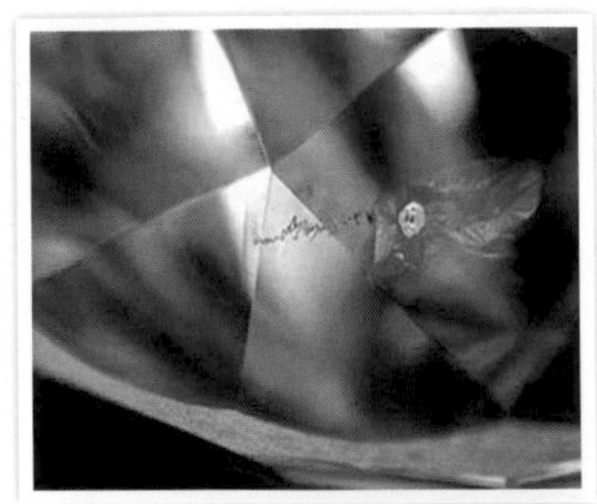

圖 25-9 Courtesy Robert Weldon

加壓灌酸，以減少深色內含物可見性。這種方式看不到表面打孔痕，但可能在解理或內含物鄰近出現一個或多個內部通道。這種次生裂隙與天然裂隙相似，但處理不得要領易使鑽石破裂。

B. 縫合法（裂隙連接技術）：
用新的雷射孔將鑽石內部天然裂紋與表面裂隙連接起來。在鑽石表面產生平行的外部孔，狀似天然裂紋。然後通過裂隙處理鑽石的內含物。如圖 25-9 所示。

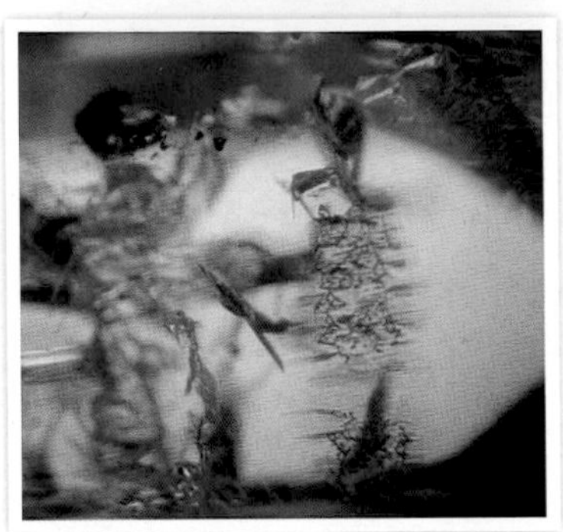

圖 25-10

以這種方式處理的鑽石，因為不會在表面留下孔口協助鑑識，所以比傳統的雷射鑽孔更加不容易被查覺。經過這種方式處理的鑽石，往往在正常的羽裂紋旁邊可以找到各式各樣長的像蟲似的細微小管洞，這正是內部雷射鑽孔的特徵。

Dr. Eric Erel 有一張照片為以上講法作了一個詮釋，相當傳神，如圖 25-10。照片中可以看到由鑽石的表面延伸至已被溶化的內含物的裂隙間，有顏色深暗的像蟲似的管道，看起來有點噁心。再注意看下一張照片（圖 25-11），其中「孔孔相連到天邊」，就很容易瞭解內部雷射鑽孔的整體理念。

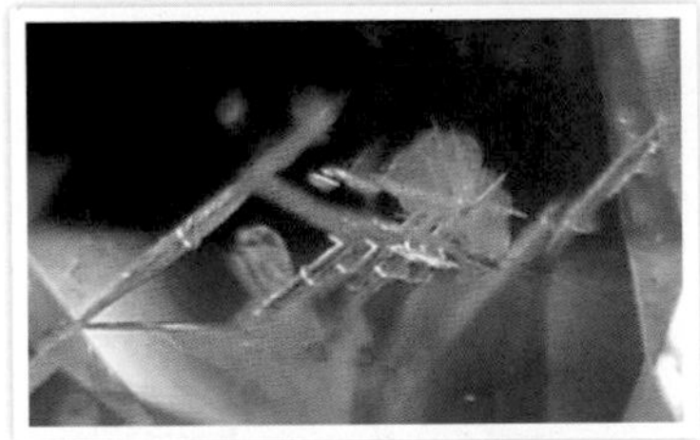

圖 25-11 Courtesy Thomas Hainschwang

內部雷射鑽孔由黑色內含物創造出一個通達表面的羽裂紋，經由這個通道進行酸洗。圖 25-12 左處理前，右處理後。內部雷射鑽孔可由處理留下的點、彎曲的線及碟狀特徵加以鑑識，如圖 25-13 所示。

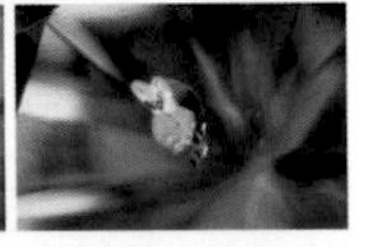

圖 25-12 Internal laser treatment Courtesy S. F. McClure

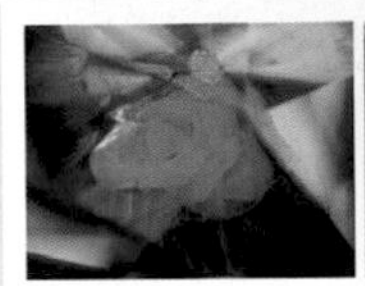

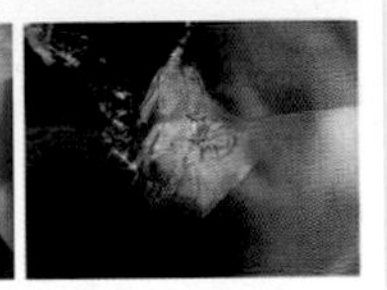

圖 25-13 Courtesy S. F. McClure

鑑別方法：

（1）側面觀察：許多雷射處理的鑽石是從冠部打孔的，用 10 倍放大鏡從鑽石側面仔細觀察，可能發現雷射的孔口和孔徑。凡通過冠部的鑽孔，從亭部一側觀察時較易看出這些孔，鑲嵌後鑽孔的孔眼有可能因將鑽石鑲在首飾中會掩蓋孔口，使檢測較為困難。

（2）觀察從鑽石表面反射的光：當觀察雷射孔時，最好觀察從鑽石表面反射的光，雷射孔將顯示為使刻面表面連續中斷的黑點。

（3）雷射洞必然是圓管形，而鑽石原有蝕溝則可能有各種不同形狀，可以藉此區分。

（4）一些深色的包裹體無法完全清除，殘絲隨著雷射鑽孔裂隙旁小節理存在，狀似蜈蚣（裂隙為軀幹，小節理為蜈蚣足，圖 25-14 ），此為 KM 技術標準特徵。

（5）雷射技術的發展已可達雷射孔徑 0.015mm，使雷射孔的觀察更困難，因此鑑別時應加注意或採更高倍數放大觀察。

這種形式的雷射鑽孔在 GIA 的鑽石分級報告書（Diamond grading report）中會是在備註內註明「internal laser drilling is present.」（出現內部雷射鑽孔）如圖 25-15 及圖 25-16。

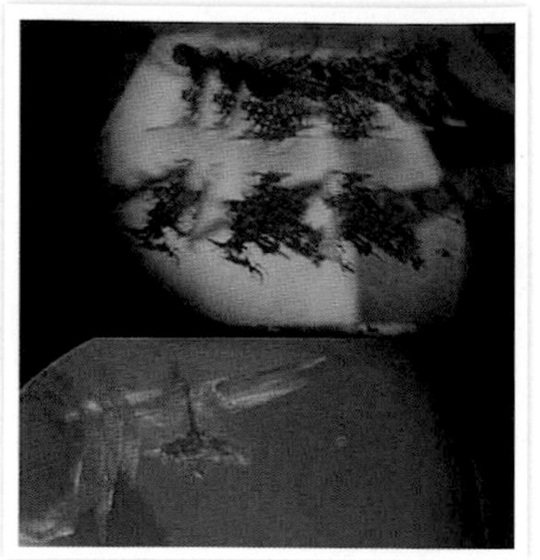
圖 25-14 Internal laser treatment Courtesy Anu Manchanda

GRADING RESULTS

Carat Weight .... 0.47 carat
Color
Origin .... NATURAL
Grade .... FANCY INTENSE
.... YELLOW
Distribution .... Even
Clarity Grade SI2

ADDITIONAL GRADING INFORMATION

Finish
Polish .... Excellent
Symmetry .... Good
Fluorescence .... Faint
Comments:
Additional clouds, pinpoints, internal laser drilling and surface graining are not shown.

圖 25-15 Internal laser drilling GIA 報告書附註

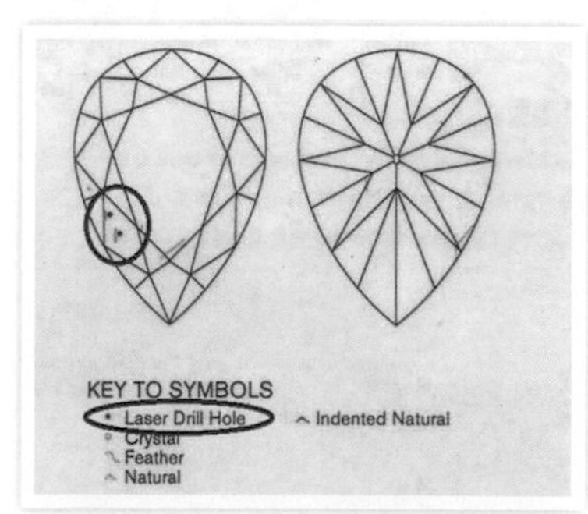

圖 25-16 Internal laser drilling GIA 報告書製圖

裂縫充填處理 FRACTURE FILLING（F.F）

玻璃充填處理

將高折射率的玻璃充填到具有裂隙的鑽石中，使它的淨度看上去似乎得到改善，從而更易出售。它的主要改善對像是具有開放性裂隙的鑽石，不論鑽石大小均可使用此法進行處理。所用的充填物質是折射率近似於鑽石的物質，與用於玻璃粘劑及維修擋風玻璃的物質類似。充填物質的確切化學成份隨不同製造商而有不同，但都含有重金屬鉛，折射率近似於鑽石，以及可在較低溫度下液化，以便注入斷口，這些物質還必須無色及不容易結晶。常用的物質包括鉛（Pb）、硼（B）、鉍（Bi）、氯（Cl）、氧（O）及溴（Br）。

充填處理亦可用於充填雷射處理方式所造成的內部通道。如圖 25-18 所示，左側為填充前，右側為填充後。

必須認知的是：

（1）充填後，裂隙可見度降低，淨度得到改善，但它的處理效果不持久；加熱、酸或超音波清洗時均可將其破壞。而且充填的鉛玻璃有時呈黃色調，會降低鑽石的色級。

（2）目前精於鑽石充填處理的公司主要有三間，即 Yehuda、Koss 及 Goldman Oved。這幾間公司幾乎可為任何大小的鑽石提供斷口充填處理，而其他公司只能充填某個重量範圍的鑽石。Yehuda 傾向於不充填低於 0.25 克拉的鑽石。

（3）填充過小的鑽石，是比較不經濟的。

以 Yehuda 公司舉例說明如下：

Yehuda 淨度優化處理過程

在 1982 年，一位著名的以色列科學家 Zvi Yehuda 發現了一個方式提高鑽石淨度。它是一個將鑽石可看見的缺點改變成肉眼無法看見的專利過程。 鑽石的缺點依然存在，只是能不再被看見。

圖 25-17

技術性的解釋如下：

在 Yehuda 淨度改進過程中，將極微量的材料加入到含有一個羽裂紋的鑽石中， 這種材料的光學性能和鑽石一樣。當光從一個媒介移動到另一個時，會形成路線改變或反射。當光試圖穿過有一羽裂紋的未優化的鑽石時，光撞擊羽裂紋會四處反射，所以我們看得見羽裂紋，此時鑽石看來是不乾淨的。Yehuda 鑽石，因為使用與鑽石有同樣光學特徵的材料，光可以穿過天然羽裂紋。因為光柱「認為」它仍然在同一材料（鑽

圖 25-18

石）中行進並且維持繼續它的原始路線。

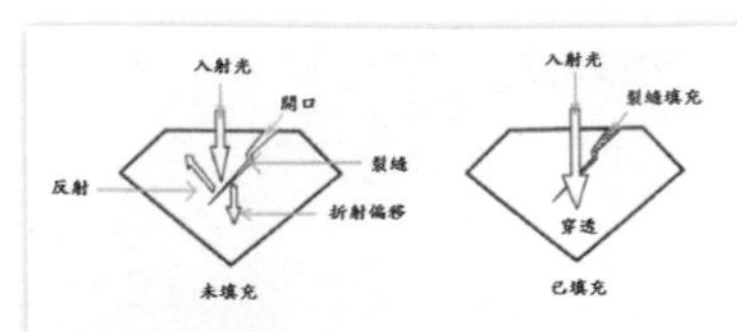

圖 25-19

以圖 25-19 來說明：
左圖：當白光通過裂縫時，光線被反射或折射偏移，使得鑽石看起來是不透明或不完全透明的。
右圖：白色光通過裂縫內玻璃狀物質，由於它的折射率與鑽石相近，光不產生折射，所以它看起來像透明無裂紋的鑽石。

圖 25-20 Courtesy Yehuda

淨度優化處理沒有改變鑽石，它仍然是天然鑽石，只是它更好看了。用於充填羽裂紋的材料是非常微量的，Yehuda 的淨度改善過程幾乎沒有增加鑽石任何的重量，或是說根本無法察覺到。看一看 Yehuda 的淨度處理前後對照圖片（圖 25-20、圖 25-21）就很容易理解。

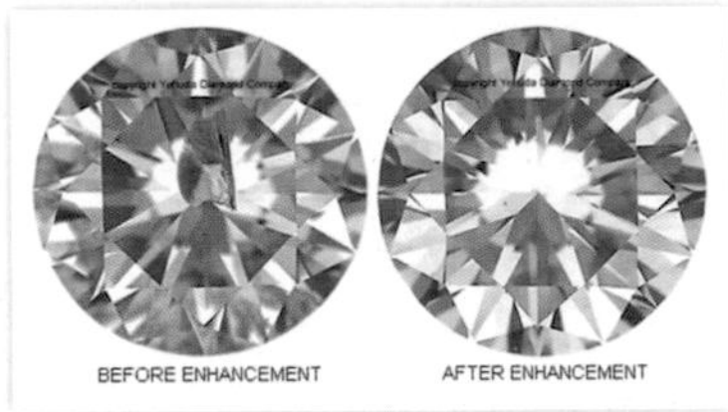

圖 25-21 Courtesy Yehuda

淨度優化處理的好處
玻璃充填處理使得大多數的鑽石在光學上消滅了「羽裂紋」。 結果能以為較低的價格買到視覺效果相似的鑽石。所有 Yehuda 鑽石與其他鑽石一樣全來自天然礦場。淨度改善過程肉眼是無法看見的。 只有受過訓練的寶石專家才知道這是一顆 Yehuda 淨度優化處理的鑽石。

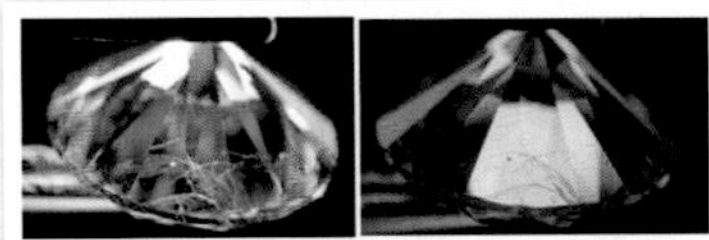
圖 25-22

鑑定裂縫填充
1. 閃光效應
2. 捕獲流動構造
3. 雲狀外觀
4. 充填物顏色
5. 用水測試

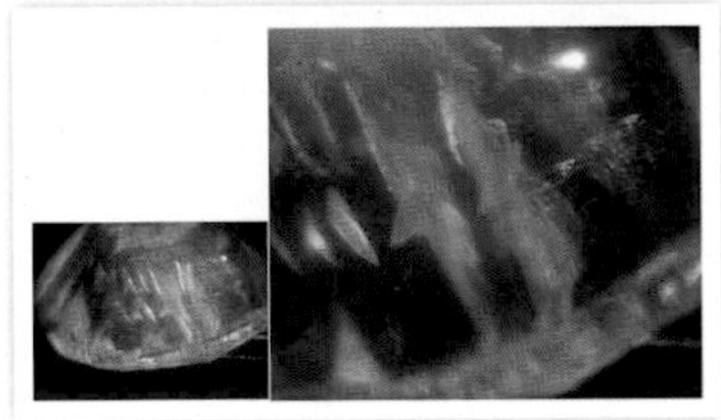
圖 25-23

鑑定時，可以暗場顯微鏡檢測，經裂縫填充處理的鑽石裂紋及表面，以及：
（1）閃光（flash）效應：多數經過填充的鑽石都會出現閃光效應。這種效應會出現一系列顏色，如黃橙——紫紅色或藍色——綠色等，或是這些顏色的組合。這是因為雖然充填物的折射率與鑽石相近，但對各種波長的光，並非完全相同，因此在適當的光照條件下，充填物會產生非常特徵的干涉色閃光。一般而言，在暗場照明下為黃橙到紫色閃光，在明場照明下為藍到綠色閃光，但與觀察的角度息息相關，千萬不要拘泥某種顏色。圖 25-22 是同一顆鑽石，從不同角度觀察，看到不同的閃光顏色。

在放大鏡下晃動填充的鑽石，在平行或幾近平行裂縫與腰圍間，會不停地看到閃光閃爍，但是因為是經過反射，所以看到閃光的位置，不一定是裂縫的位置，這是裂縫填充鑽石的特徵。如果使用光纖照明，就更容易觀察。

未經填充鑽石的裂縫也會產生彩虹色反光，因此要避免將未充填鑽石的裂縫產生的彩虹般外觀（彩虹色）誤認為閃光效應，如圖 25-23 。

那麼，到底怎麼區分鑽石的裂縫產生的彩虹色與填充鑽石的閃光效應？裂縫在搖動時會反有單一顏色的光（圖 25-24），如紅或綠，顏色係隨厚度寬窄不同而異。如果反光是七彩，就是沒有填，因為空氣在裂縫中色散成七彩光。所以看到閃光的單色光就是填充的特徵，像彩虹般的七彩光就不是，這種觀察用在有色寶石也是同樣有效。

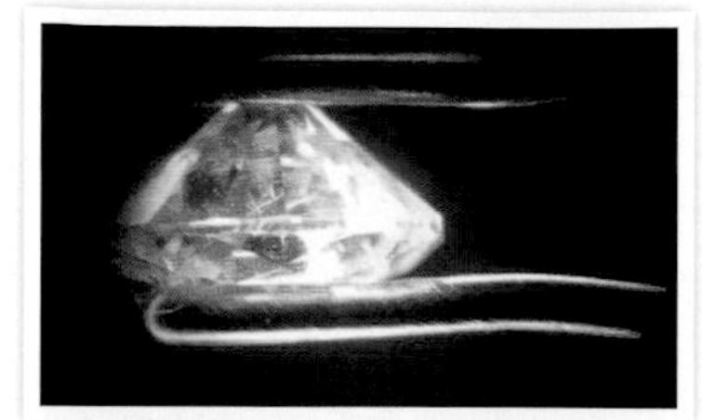

圖 25-24

再看幾張裂縫填充的觀察結果：圖 25-25 似火燒的閃光、圖 25-26 藍色閃光、圖 25-27 填充之玻璃及藍色閃光。

圖 25-25

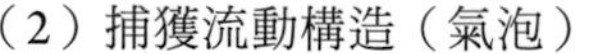

（2）捕獲流動構造（氣泡）：

填充物質透過真空方式注入，並通過毛細管道進入鑽石的空隙中，該過程會使充填裂隙內常保留充填物充填過程中的流動構造，流動構造有助於分辨經裂縫填充處理的鑽石。

某些情況下，氣泡會在冷卻過程中進入充填物質，在處理過程中，被捕獲的地方會看到扁平的氣泡，如圖 25-28 所示。同時，這些流動構造如氣泡等會在鑽石中形成指紋狀的圖案，當填充物厚度較厚，產生乾涸時則會形成碎裂結構或是龜裂紋。

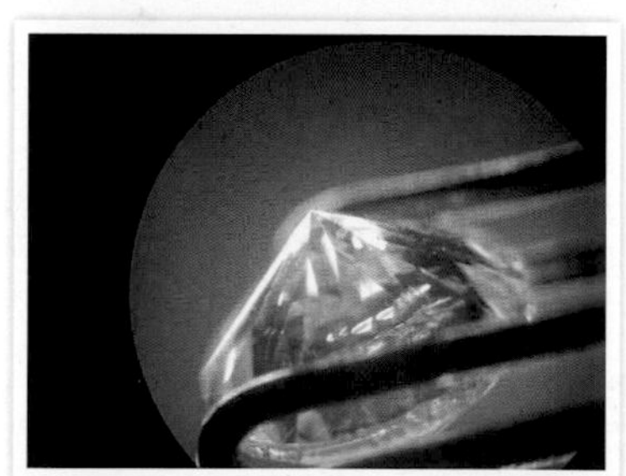

圖 25-26

（3）雲狀外觀或絮狀結構：

裂縫填充過程會使鑽石的裂隙（例如羽裂紋）變得模糊。在顯微鏡下，這種情況會顯示天然鑽石中不存在的玻璃狀物質及生長線。充填物過厚時，會降低鑽石的透明度，可產生一種絮狀結構，有時這種絮狀結構會形成雲狀外觀或演變成一種網狀結構。

（4）充填物顏色：充填物比較厚時，能見到淺棕色至棕黃色或橙黃色充填物的顏色，如圖 25-29 所示。充填物經過加熱後變黃色也變得不透明。

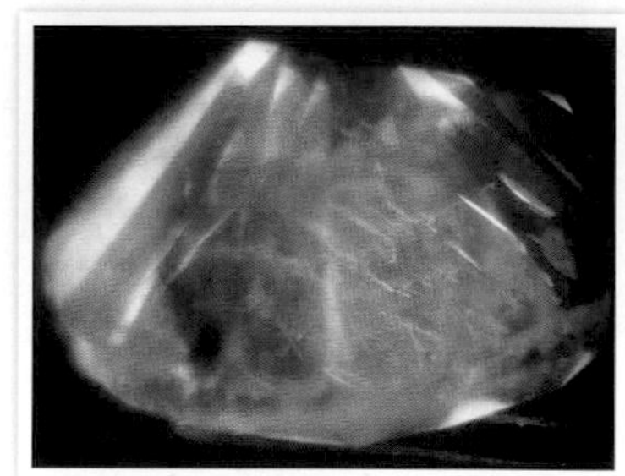

圖 25-27

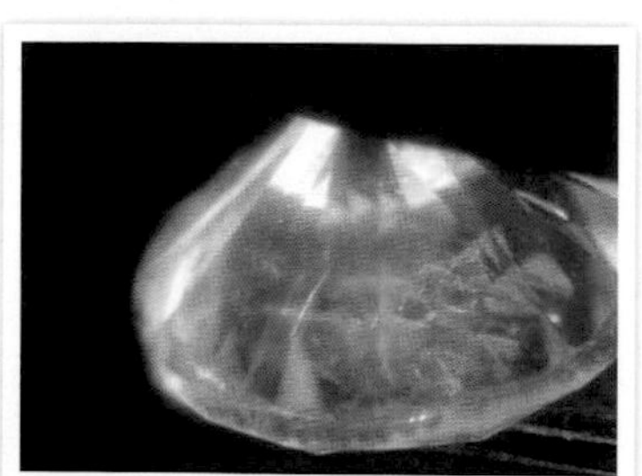

圖 25-29

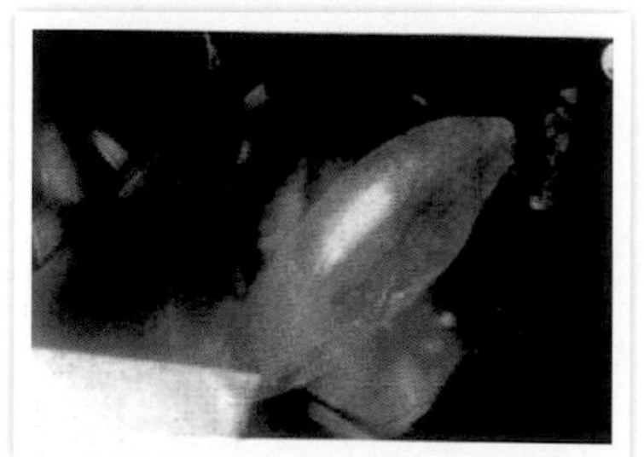

圖 25-28

圖 25-30 courtesy S. F. McClure

（5）用水測試：以鑷子夾住鑽石並放在顯微鏡下，利用沾水的小畫筆將水刷過裂縫，看看水分是否會滲入裂縫，如果會，鑽石很可能未經填充處理。惟裂縫過小時，水也可能進不去。

（6）如果歷經以上測試，仍懷疑鑽石是否經過裂縫填充處理，不妨交給鑑定所鑑定確認。

裂縫充填處理非永久性處理

如果經過人工修飾內含物，會在鑑定報告備註欄中載明。一旦見到就是鑽石淨度優化處理的證據。國際級鑑定所（GIA、HRD、IGI、 EGL 等），一般會將永久性處理（L.D.H. 或 H.P.H.T.）載明於備註欄中，但裂縫充填處理鑽石，裂縫並未消失，只是使他們對肉眼造成無形的錯覺。充填處理的鑽石，可能因為修理、清潔和陽光的熱腐蝕填料或使它的顏色變暗，甚至充填物可能會溶化流走，因此不永久，GIA 是不會開證書的。鑽石裡的填充物很容易受到熱的影響形成可見的空隙，如圖 25-30 所示。

未告知顧客鑽石經過填充優化處理是違法的

美國聯邦貿易委員會 FTC（Federal Trade Commission） 在其 2001 年 1 月版的珠寶購買指南中強調：「未告知顧客鑽石經過填充優化處理是違法的」，並建議只購買經 GIA、AGS、HRD 或 EGL 認證之鑽石。玻璃充填處理的鑽石，價格只有未處理的 1/4 ～ 1/5。

24-2 顏色優化處理

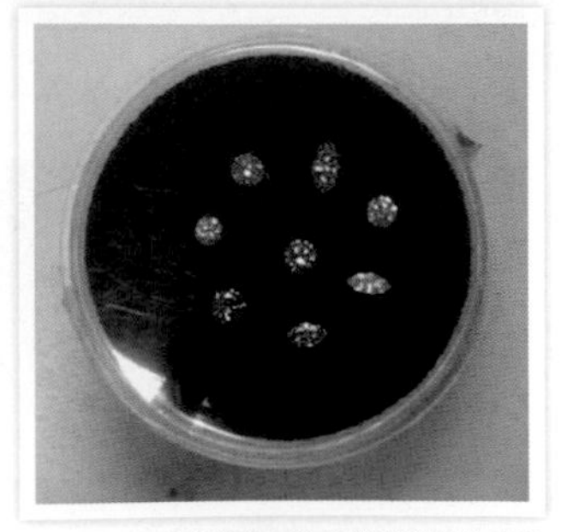

圖 25-31 照片中的鑽石均經過顏色優化處理

顏色改色或優化處理改色並不是用來隱藏鑽石的瑕疵，這也是鑽石改色與優化處理其他寶石不同的地方。事實上，既存的內含物或瑕疵經處理後，可以看到的可能變得更多，而不是更少。例如，改成藍色的鑽石，在暗的背景色中反而更容易看到羽裂紋。可能改色處理成的顏色如圖 25-32 所示；各種顏色改色的方法如圖 25-33 所示。

（1）傳統的顏色優化處理
（2）包膜
（3）HPHT 鑽石
（4）輻照改色鑽石
（5）複合式的處理方式

傳統的顏色優化處理的方法

為了改善鑽石的顏色，很古老的處理方法是在鑽石表面塗上薄薄一層帶藍色的、折射率很高的物質，這樣可使近無色鑽石顏色提高 1 ～ 2 個級別，更有甚者在鑽石表面塗上墨水、油彩、指甲油等，以便提高鑽石顏色的級別，也有的在鑽戒底托上加上金屬箔。這些方法很原始，也極容易鑑別，例如：

（1）斑狀的顏色：表面的磨蝕會去除部分塗層，使顏色呈斑狀。
（2）塗層剝落：隨時間會有部分塗層開始從表面剝落。
（3）粒狀外觀：塗層會使表面有稍顯粗糙的外觀，其光澤不如未塗層鑽石的那麼高。
（4）拉曼光譜：出現特殊的拉曼峰位的位移。

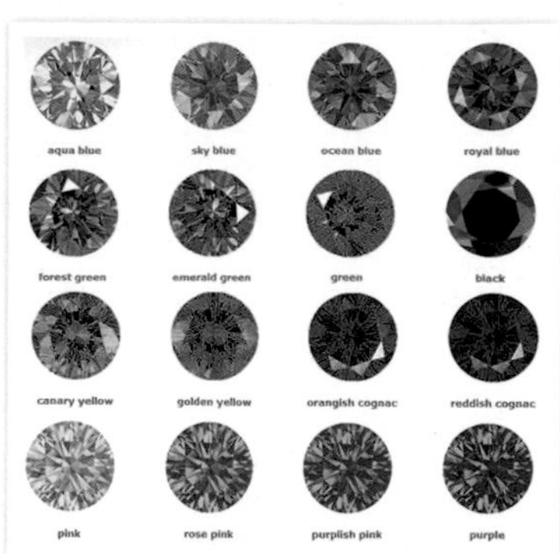

圖 25-32

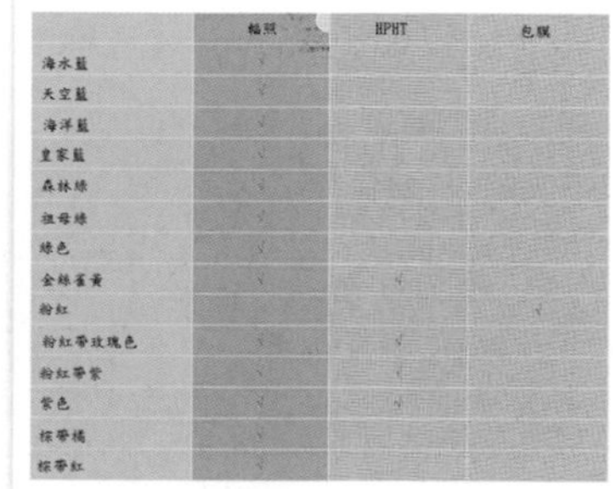

	輻照	HPHT	包膜
海水藍	√		
天空藍	√		
海洋藍	√		
皇家藍	√		
森林綠	√		
祖母綠	√		
綠色	√		
金絲雀黃	√	√	
粉紅			√
粉紅帶玫瑰色	√	√	
粉紅帶紫	√	√	
紫色	√	√	
棕帶橘	√		
棕帶紅	√		

圖 25-33

表皮染色鑽石的實例

1983 年蘇富比拍賣會中有一顆 9.58 克拉的粉紅鑽，在拍賣前預先給客人觀賞。就在這預展會中那顆天然色的粉紅鑽被人盜走，換了一顆在腰部加上一點粉紅色指甲油的無色帶黃的鑽石，惟鑽石的折射令整顆鑽石看來呈粉紅色，事後被發現，蘇富比也因此負擔責任。

包膜（Coating）

包膜（被覆）技術存在已久，不但用於鑽石，也應用於其他各種寶石。用於鑽石的，以往都用鑽石包住玻璃或是蘇聯鑽，來仿冒鑽石，其厚度在 20 ～ 30nm 間，如圖 25-34 所示。當使用熱導測針測試時，可能一樣會發出 BB 聲，也顯示為鑽石，這是鑽石的仿品。

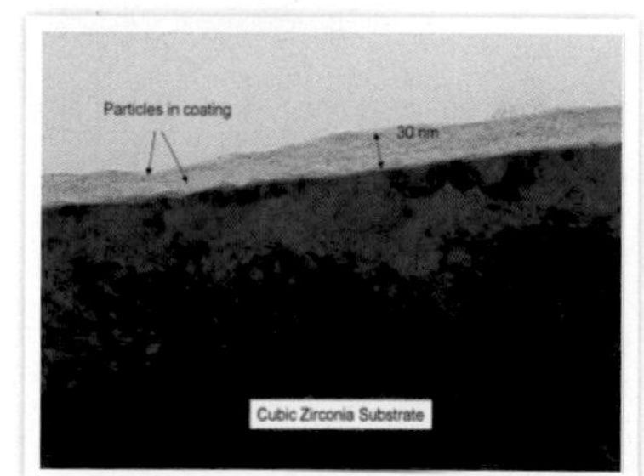

圖 25-34

圖 25-35 為鑽石鍍膜設備，圖 25-36 為在鑽石鍍膜艙中進行無定形鑽石處理。

圖 25-35

但是，在這裡要討論的是藉由包膜改變鑽石的顏色。包膜技術是最早用於改變鑽石的顏色的方法之一，藉著膜層的顏色，使無色或是接近無色的鑽石，呈現出各種顏色。一般要改變鑽石顏色的包膜，都僅在亭部刻面。

圖 25-36

圖 25-37

圖 25-37 所示的這顆 0.52ct 塗粉紅色的鑽石，於 2006 年 8 月提送測試，據說是最先提送測試的包膜鑽石。圖 25-38 的三顆 0.70 ～ 1.05 克拉鑽石的濃粉紅顏色 經證明是表面塗層的結果。圖 25-39 這顆 4.02ct 紫粉紅色鑲成首飾的鑽石顏色不均勻。

圖 25-38 Elizabeth Schrader

要偵測此一手法不難，不外乎是根據以下特徵：

（1）在反射光源下或透射光下從桌面透視底部應可檢視出包膜處理

（2）在表面見到擦不掉的似灰塵般的白色污點

（3）穿透光下見到彩虹、跨越刻面直線的橙色彩虹線條

（4）在包膜的區域見到氣泡

（5）有些類似物體表面上液體乾涸的痕跡

（6）在包膜的區域見到磨損或是無色區域，俗稱「掉漆」（圖 25-40 ）

（7）小區域的包膜受損所引起的細微明亮的粉紅及橙色閃光。

特別是如果看不見，就將鑽石浸入清水中，會見到磨損的刻面稜線顏色較其他部位淡，很容易就被發現。

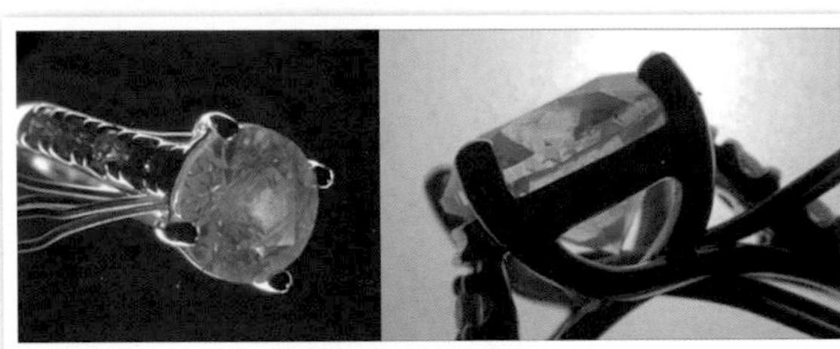
圖 25-39

表面塗層的鑽石由亭部以漫散反射光觀察時可以看到反光膜。此外，所有塗層的刻面都會看到無色的點和線（圖 25-41）。

圖 25-42 是一顆 Coating 的黑鑽在 Diamond View 下很明顯看出來刻面連接處的 Coating 都被磨掉了。

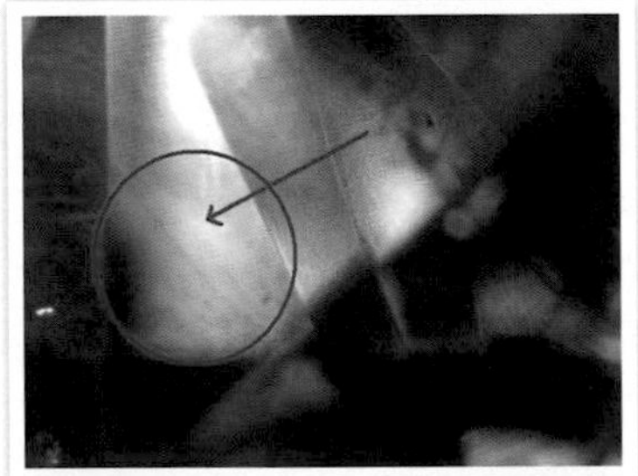
圖 25-40

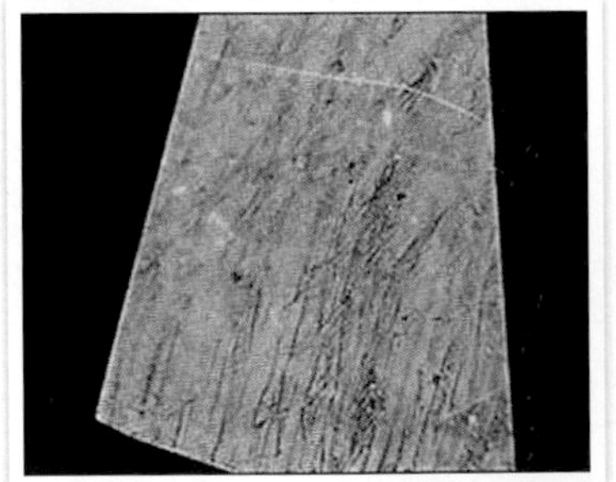
圖 25-41 Courtesy Wuyi Wang

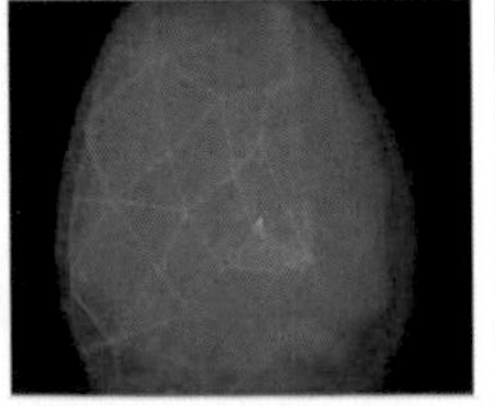

圖 25-42

GIA 公佈的一個案例

GIA 紐約鑑定中心曾經檢視了一顆顏色分佈均勻高飽和度的 1.09 克拉橙紅色圓型明亮式鑽石（圖 25-43），如此高飽和度的顏色在天然鑽石中十分稀有，通常僅見於處理或合成鑽石中。在放大觀察下，此顆鑽石不見天然、處理或合成鑽石中常見的色域或孿晶紋。

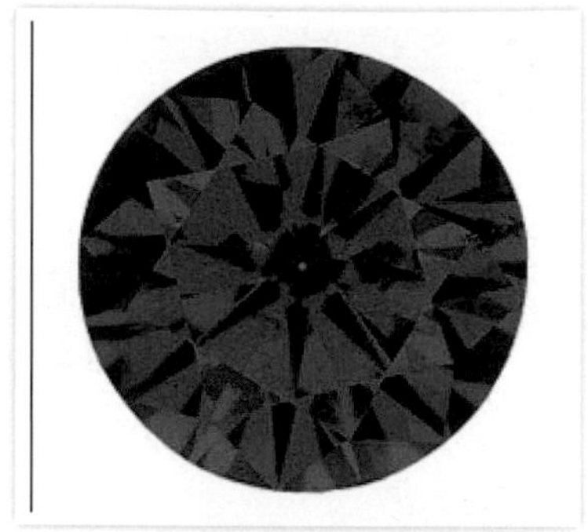

圖 25-43

以反射光源觀察，發現底部刻面及刻面稜線上有無色區域（圖 25-44），看起來真的很像「掉漆」，此點指向此鑽石為塗層處理。

在長波紫外線下可見鑽石正面呈現弱藍色螢光反應，而在短波紫外線下呈現非常弱的黃色螢光反應。兩種反應都呈現斑塊狀。但鑽石底部居然無螢光反應，顯示其螢光反應為某物所遮蔽。以紅外線光譜檢測顯示此鑽石為 Ia 型鑽石。在紫外線 - 可見光 - 近紅外線光譜下，它具有 480nm 的 吸收帶，此為典型橙黃至黃橙色鑽石常有的反應，而不是強橙紅色鑽石應有的反應，在 DiamondView 下見到此顆鑽石底部塗層磨損處具有斑塊狀的藍色螢光反應，而冠部刻面並無塗層的跡象。
放大鏡下更進一步地觀察，發現第二種處理。

圖 25-44

透視底部檢測時，在裂縫中可見嵌在其中的氣泡，指向其為玻璃填充。雖然填充鑽石的閃光效應通常很容易檢視，然而此顆鑽石的裂紋被高飽和度橙紅色塗層所遮蔽，僅在使用強光纖燈觀察時， 見到幾處有閃現光效應。以 X 光螢光光譜檢測，偵測到此鑽石含鉛，而確認此鑽石經玻璃填充。

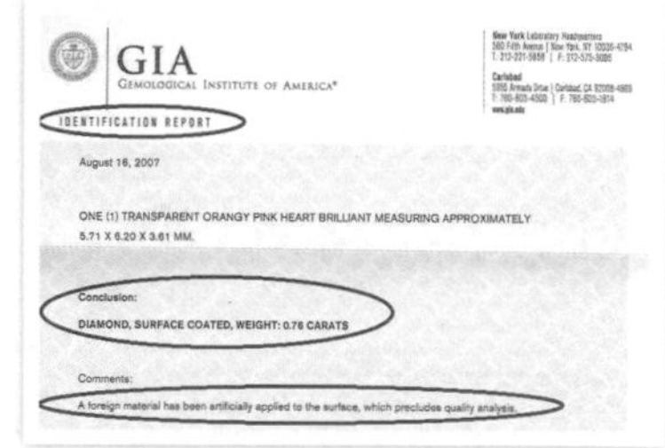

GIA
GEMOLOGICAL INSTITUTE OF AMERICA®

New York Laboratory Headquarters

Carlsbad

IDENTIFICATION REPORT

August 16, 2007

ONE (1) TRANSPARENT ORANGY PINK HEART BRILLIANT MEASURING APPROXIMATELY 5.71 X 6.20 X 3.61 MM.

Conclusion:

DIAMOND, SURFACE COATED, WEIGHT: 0.76 CARATS

Comments:

A foreign material has been artificially applied to the surface, which precludes quality analysis.

圖 25-45 GIA 塗層鑽石鑑定報告書

在此鑽石上同時見到了兩種處理，因為塗層及玻璃填充均不屬永久性處理，所以 GIA 鑑定中心對此鑽石僅開具鑑定報告書而不出具分級報告書。

塗層處理鑽石之塗層，若經酸洗會剝落。圖 25-46 為塗層處理之橙色鑽石在硫酸中煮沸之前；圖 25-47 為塗層處理之橙色鑽石在硫酸中煮沸之後，兩相對照，即可以瞭解為何塗層不屬永久性處理。

圖 25-46

圖 25-47

圖 25-48

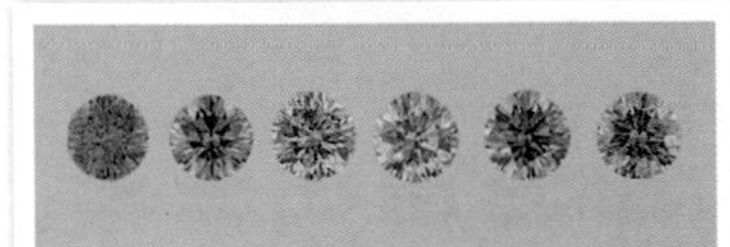
圖 25-49

圖 25-48 所示原本是棕色的 0.09ct 塗層處理之橙色鑽石上部分塗層已經熔化。

美國的 Serenity technology 公司，本世紀初研發了一種新的包膜技術，叫作奈米結晶鑽石被覆（Nanocrystalline Diamond Coating），奈米結晶殼層的平均厚度在 5 ～ 30nm 間，這種技術可以讓 CZ 或摩星石經：
（1）白色被覆層使其看起來像無瑕、顏色評級達 G-H 的鑽石，亮光亦有所改善。
（2）近白色被覆層使其看起來像無瑕、顏色評級達 J/K 的鑽石，亮光亦有所改善。
（3）製造出近似天然鑽石的粉紅色、黃色、藍色、紅色及橙色。

Serenity technology 公司將 0.4ct 的鑽石被覆後可以形成各種顏色，如圖 25-49 所示。這種技術製造的被覆包膜，用 10x 放大鏡很難查覺，必須用更高倍數的放大或是特殊儀器才能看出端倪，觀察重點與一般包膜處理之特徵相同。要注意的是：小顆粒的寶石放在一起，比較可能有磨損；大顆寶石單獨存放，沒有磨損，部分在反光下也不見彩虹，則要特別留意。

HPHT 處理鑽石

所謂 HPHT 處理鑽石即經過高壓（High Pressure）及高溫（High Temperature）處理過的鑽石，為什麼要將鑽石即經過高壓高溫處理？答案是改變鑽石的顏色。

GE 鑽石

GE 鑽石為一種新的顏色優化處理的方法。1991 年時，Lazare Kaplan 國際公司的子公司海外飛馬公司（Pegasus Overseas Limited，日後改名為 Bellataire Diamonds（百樂特拉，或 Monarch Diamond），宣佈由奇異（美國通用電器公司）公司的科學家發展出一套新的技術，可以改善天然鑽石的顏色及其他性質。奇異公司及 Bellataire 公司宣稱：這種處理技術完全不含傳統如輻射、雷射鑽孔、被覆及裂縫填充的作法，是永久性、不可逆的，並於 1999 年開始上市。

其實在公開宣佈處理鑽石訊息前，Bellataire 公司就曾經將一批已經處理的鑽石，分別送往包括 GIA Gem Trading Laboratory 在內的眾家鑑定所打證書。結果所有各家的證書都沒提到任何異狀。

「產業的誠信危在旦夕」

當時 GIA 感到相當震驚，因此 GIA 的前校長 Bill Boyajian 說：「GIA 對這種所謂的處理之發展毫無所悉，並且到目前為止，由有關各方能得到的資訊也極少。當一個公司將進行寶石處理前，通常事先都會找 GIA

諮詢。早期的諮詢是揭露處理方式的一個重要階段，因為這樣可以使GIA 將新的發展，對業內人士達到宣導和教育的使命，並得以保護消費者。因為資訊的不足，使得 GIA 尚未發現任何確鑿的證據，可以識別此類處理。這種特定的方式固然屬GE的業務範疇，但要具備識別處理，進而鑑定出鑽石經由該種方式處理的能力，則屬鑽石業的業務範疇。鑽石如果曾以任何方式處理，業者有權知道，消費者當然也應該知道。產業的誠信危在旦夕。」

圖 25-50 高溫高壓修復型鑽石

Pristine Type II diamond crystal.

Diamond crystals subjected to volcanic heat and pressure.

Atomic structure misaligned, resulting in an off-color diamond.

Patented Bellataire High Pressure/ High Temperature Process.

Restored alignment of the diamond crystal, resulting in a dazzling Bellataire Diamond.

Bellataire Diamond is truly Nature's Hidden Gem.

圖 25-51

奇異公司向美國寶石學院 GIA 展示了處理的進程，原來這些鑽石是經過了高壓高溫（HPHT）的洗禮。接著 GE、L.K 國際公司及 GIA 和其他主要鑑定所就共同研究，找出這類寶石的特徵，以供比對鑑定。

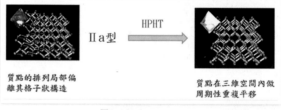

GE 鑽石

GE 採用高壓高溫（HPHT）的方法改變鑽石體色，包括有兩種類別：一是將比較少見的Ⅱ a 型褐色（注意：非黃色）的鑽石（其數量不到世界鑽石總量的 1%）處理成具有 D-E-F 顏色的白 。此類型又稱為高溫高壓修復型（圖 25-50 ）。二是將帶褐的鑽石處理成綠 - 黃綠色彩 ，偶爾可出現淡粉色或淡藍色。此類型又稱為高溫高壓優化型。

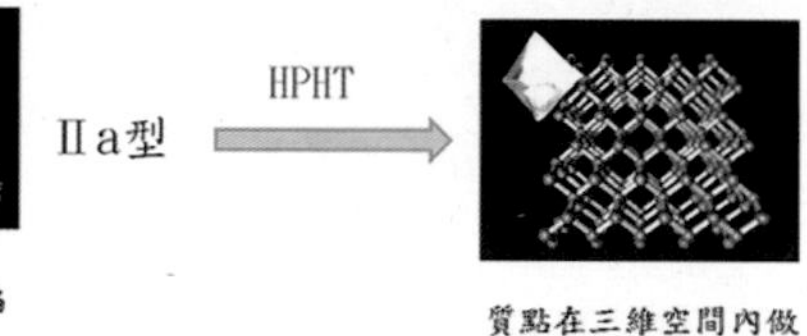

圖 25-52

HPHT 高壓高溫鑽石的技術說明

以 HPHT DIAMOND 為賣點的鑽石品牌 BELLATAIRE Diamond 的廣告詞說：「Ⅱ a 型鑽石原是以純碳無其他雜質所組成，所以顏色是 D，它在形成過程中經過火山噴發帶出地面的過程中，因為受到溫度、壓力和爆炸擾動的影響，扭曲了晶格，造成晶體結構上的缺陷，而成為帶有褐黃的體色。HPHT 高溫高壓的處理方法讓被扭曲的Ⅱ a 型鑽石的 DNA 缺陷還原，將褐黃色Ⅱ a 型鑽石處理成具有 D-E-F 顏色的白 。」即所謂 HTHP 處理，如圖 25-51 所示。

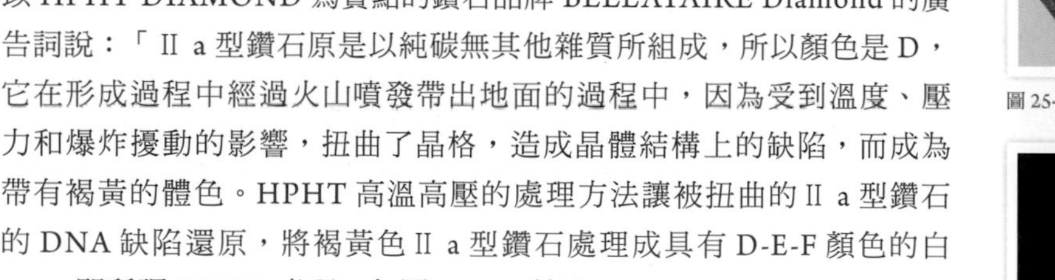

圖 25-53 Courtesy Robert Weldon

以圖 25-52 作說明：左側Ⅱ a 型褐黃色鑽石，其晶格有部分遭到扭曲（以褐黃色鍵代表），經過高壓高溫（HPHT）處理後，經扭曲的晶格回復到應該有的整齊排列，顏色也就由褐黃色改變為無色（白色）。

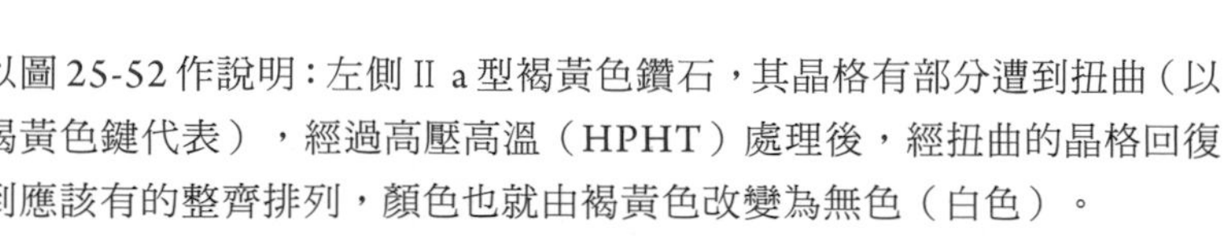

圖 25-54 Courtesy Bellataire

實物的變化如圖 25-53 所示，左側為未處理前，呈褐黃色；右側則為經 HPHT 處理後，呈白色透明。

圖 25-54 為 Bellataire 公司的成品，外觀看起來與一般白色透明無異。Bellataire 公司的成品，都會有編號，如圖 25-55 所示。

圖 25-55 Courtesy Bellataire

圖 25-56 Courtesy Bellataire

圖 25-57

圖 25-58 Courtesy Sundance

圖 25-59

圖 25-60

圖 25-56 照片中這些梨形和中間 12.12 克拉枕墊形鑽石之前都是棕色的，但經過 Bellataire 處理成無色及 Fancy purplish pink。

2000年2月，GE宣告說：已成功使用HPHT法生成寶石級黃到綠色「霓虹」Ia 型、粉紅色的Ⅱ a 型和藍色Ⅱ b 型鑽石，如圖 25-57 所示。

圖 25-58 為 Sundance HPHT 高壓高溫設備，這個高壓高溫裝置，與我們在第 24 章〈合成鑽石與鑑識〉中所見過的 HPHT 合成鑽石的裝置是一樣的。經過此裝置的洗禮，就會把圖 25-59 左側未經高溫高壓處理前顏色偏褐的鑽石，轉變為右側白顏色的鑽石。

圖 25-60 中馬眼形未經高溫高壓處理前顏色偏褐，圖中左右兩顆圓形經高溫高壓處理後顏色變白。

將以上說法，以圖 25-61 說明如次：

圖 25-61 中所謂鑽石中的褐色生長紋，就如同圖 25-62。

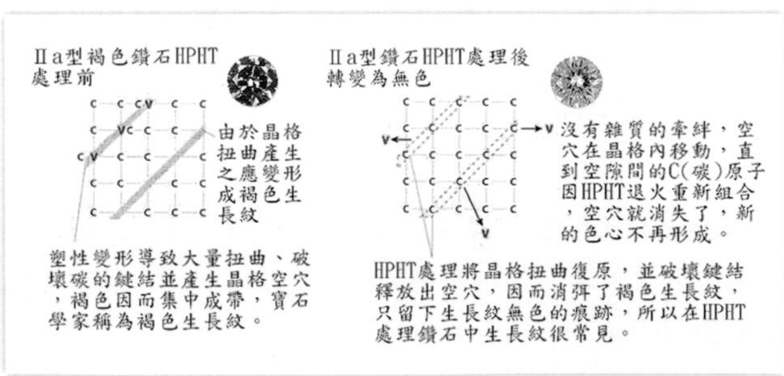

圖 25-61

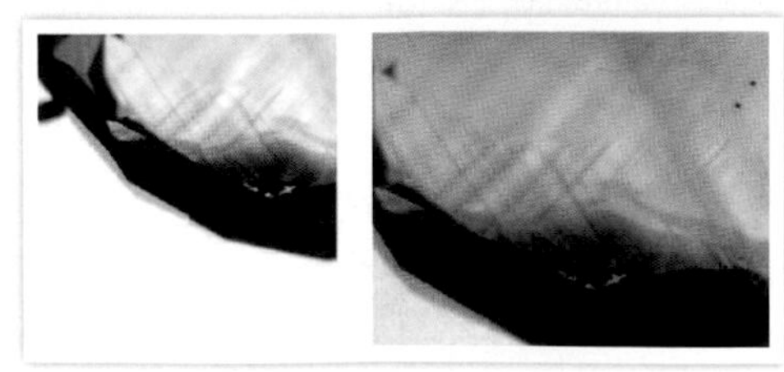

圖 25-62

位於瑞士的古柏林寶石試驗室（Gübelin Gem Laboratory）研究則認為：鑽石中微量的氮，經過高溫高壓處理，微量的氮被重整，會使得褐色的鑽石轉為白色的鑽石（Gary Roskin：Gubelin Gem Lab Concludes Study of GE POL Diamonds）。這種講法與前述思維似有不同，提供讀者參考。

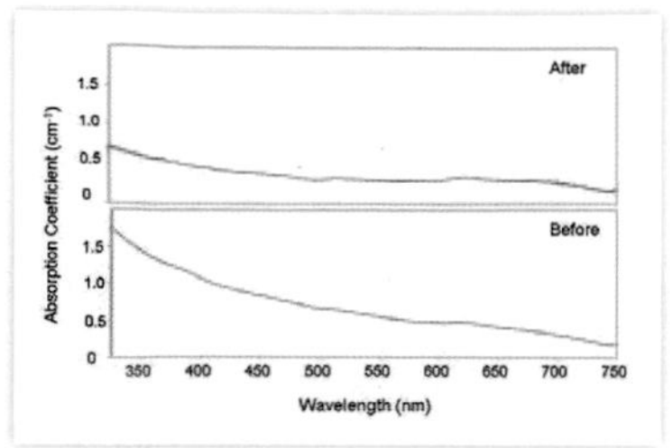

圖 25-63 Courtesy James E. Shigley

圖 25-64

James E. Shigley 在其發表之 "High-Pressure–High-Temperature Treatment of Gem Diamonds" 中將處理前後之光譜作出比較，如圖 25-63 所示。其中 II a 型棕色鑽石的可見光譜（Before），顯示其從藍色（400nm）延伸到紅色（700nm）的吸收。高溫高壓退火處理後，將此吸收消除很多（After），因而使得鑽石近乎無色。

這些高淨度的鑽石，帶褐或灰色調而不是黃色調，經過處理後的顏色大都在 D 到 G 的範圍內，但因晶格曾被反復扭曲而稍具霧狀外觀，看起來比較模糊。II a 型鑽石仍有極少數含氮而呈黃色，HTHP 處理亦可將其氮原子去除或移至不明顯處，而使鑽石呈現白色（有色改為無色）。HTHP 處理鑽石在高倍放大下可見內部紋理、常見羽毛狀裂隙，並伴有反光、露到鑽石表面的裂隙、部分癒合的裂隙、解理以及形狀異常的內含物。一些經處理的鑽石還在正交偏光下顯示異常明顯的應變消光效應。並因晶格曾被反復扭曲而呈現麻花狀紋路，稱之為編織效應（或稱榻榻米效應）。

II 型鑽石是唯一可以從褐色被變換到高價無色等級的成色 D 的一個類型。 此外，HPHT 還可以將偏棕色的 II a 型粉紅鑽或藍色的 II 型鑽石中的棕色處理掉，使其成為漂亮的粉紅色和藍色。

天然和 HPHT 處理粉紅色鑽石鑑定：
天然粉紅色鑽石以塑性變形，致 550 ～ 555nm 吸收寬峰為特徵。HPHT 處理粉紅色鑽石中除出現 550 nm（±5nm）吸收寬峰外 尚伴生 HPHT 處理相關的 470 ～ 475nm 具有鑑定意義的特徵吸收峰。

II b 型：產生藍色

如果一顆鑽石的氮含量幾乎無法檢出，而卻含有元素硼，這些鑽石會被認定為 II b 型。如同前述 II a 型的情況一樣，在高溫高壓過程的條件下，棕色的顏色將消失，而硼的存在則會導致藍色。此類的鑽石是最稀有的，大約只佔所有鑽石的 0.1 %。EGL USA 等大型實驗室，每年會看過數十萬顆鑽石，其中天然 II b 型鑽石也不過只有十幾顆。

II b 型處理前很難看到藍色而是像 II a 型和 I aB 型帶棕的色調。經過與 II a 型相同的處理程序，隨著硼的濃度和塑性變形的大小，顏色會從淡藍色變成灰藍色。圖 25-64 所示一顆 Fancy Light Gray-Blue 的鑽石經以 HPHT 法處理成 Fancy Blue 的顏色。

圖 25-65

圖 25-66 Courtesy Sharon Ferber

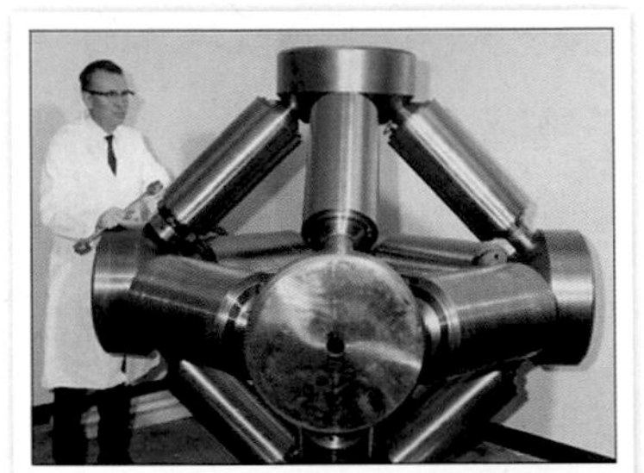
圖 25-67

圖 25-68 Courtesy Thomas Hainschwang

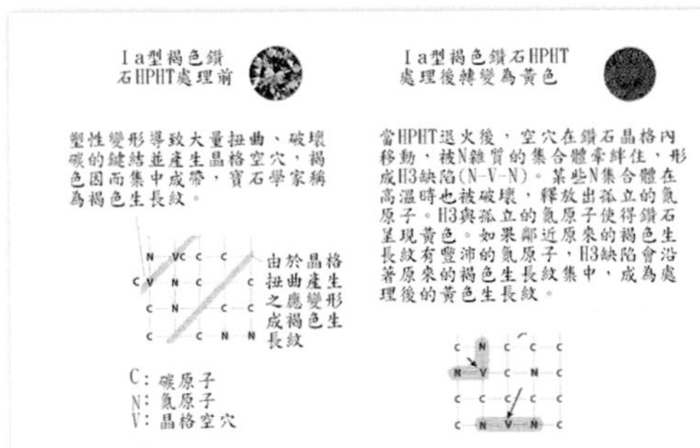

圖 25-69

高壓高溫優化型

在本章節一開始我們提到 HPHT 改色有兩種類別，前面我們花了很多時間討論處理Ⅱ a 型鑽石，現在我們要討論另外一種顏色處理方法，是以高溫高壓法將常見帶棕褐色的 Ia 型鑽石，處理成綠－黃綠色彩（圖 25-65），偶爾可出現淡粉色或淡藍色，該類型鑽石又稱為高溫高壓優化型鑽石。圖 25-66 為由帶褐色（左）經 HPHT 處理成綠 - 黃綠色（右）的效果。

Nova 鑽石

美國猶他州普洛佛市（Provo UT）的 Novatek 工業用鑽石製造廠，於 1999 年偶然發現，經由高溫高壓過程，可以改變鑽石的顏色，於是成立了 Nova 鑽石公司以開拓此一市場。

Nova Diamond 公司藉由所謂棱柱形加壓（prismatic presses）方式（圖 25-67 ）革新了高溫高壓技術，將天然 IaAB 型鑽石的棕色轉變為更具吸引力的濃黃至綠色。在那之後該公司又發展出將Ⅱ a 及Ⅰ aB 型棕色鑽石轉變為接近無色和帶粉紅色的技術。該類型鑽石又稱為高溫高壓優化型（HPHT Enhanced）或諾瓦鑽石（NovaDiamond）。

該類型鑽石發生強烈的塑性變形，異常消光強烈，顯示強黃綠色螢光並伴有白堊狀螢光，實驗室內經由大型儀器的光譜研究可將 Nova 鑽石與天然鑽石區分開。這些鑽石刻有 Nova 鑽石的標誌，並附有唯一的編號和證書。

由於公司的領導者 David Hall（Tracy Hall 之子），認為這是不正當的生意，而公司不願成為詐欺的一員，於是 Nova 鑽石於 2001 年放棄高溫高壓處理鑽石事業。

原名聖丹斯鑽石（Sundance Diamonds），現在改名為 Suncrest 鑽石，是工業用合成鑽石的主要業者 US Synthetic 的附屬公司，於 2001 開始提供高溫高壓處理鑽石。Suncrest 目前是美國最大的高溫高壓鑽石處理商。

圖 25-68 左為一顆 Ia 型棕帶黃色鑽石，經處理後轉變為綠帶黃色並發出強烈綠色螢光。圖 25-68 中為剛處理完畢，表面霧霧的，必須重新切磨才能如圖 25-68 右。圖 25-68 右中的黑色內含物，本來在左圖處理前不明顯，處理後石墨化，變暗也變得明顯。

Ⅰ a 型黃褐色鑽石

Ia 型的黃棕色經過 HPHT 處理，轉變為鮮艷的黃綠色或綠黃色，究竟是發生了什麼事？有沒有辦法可以偵測出來？比照Ⅱ a 型鑽石的模式，以圖 25-69 說明。

可以將其詮釋為：由於Ⅰa 型鑽石存在雜質氮原子和空位，因此在鑽石原有晶格錯位基礎上，經由 HPHT 處理進一步加劇其塑性變形的強度，促進晶格缺陷的增殖和轉移，從而達到改色目的。

偵測方法

天然豔彩的黃綠色鑽石異常地稀少，除以光譜儀測試外，HPHT 處理的黃綠色鑽石會有幾項足以區分的特徵：

・本體顏色飽和度高。

・該類型鑽石發生過強烈的塑性變形，內部有棕色至黃色攣晶紋，異常消光強烈。

・圍繞結晶狀內含物的裂縫。

・濃郁黃綠色螢光，尤其是在長波紫外燈下，或是強烈白色光下例如說纖維光燈，顯現濃郁黃綠色螢光並伴有白堊狀螢光，如圖 25-70 及圖 25-71 所示。任何鑽石具強到很強的白堊狀綠色螢光（或是白色又帶一點藍色）都很可疑，因為這種鑽石在大自然中非常少見。

圖 25-70

圖 25-71

HPHT 處理鑽石上有石墨化現象

因高溫使得內含物被石墨化，如圖 25-72 所示，這一點往往可以當作診斷特徵，不過也不該忘記天然的內含物也有黑色的。

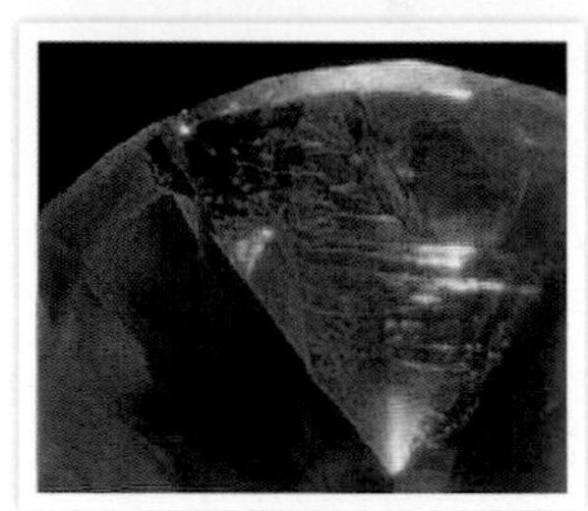

圖 25-72 Nova HPHT 處理鑽石上的石墨化現象

HPHT 處理鑽石上棕色攣晶紋與色域：

經過處理的鑽石，經常可以觀察到典型的棕色攣晶紋，而天然綠色的鑽石，帶的攣晶紋是黃色的。這些棕色攣晶紋又將鑽石劃分為黃色色域，如圖 25-73 所示。

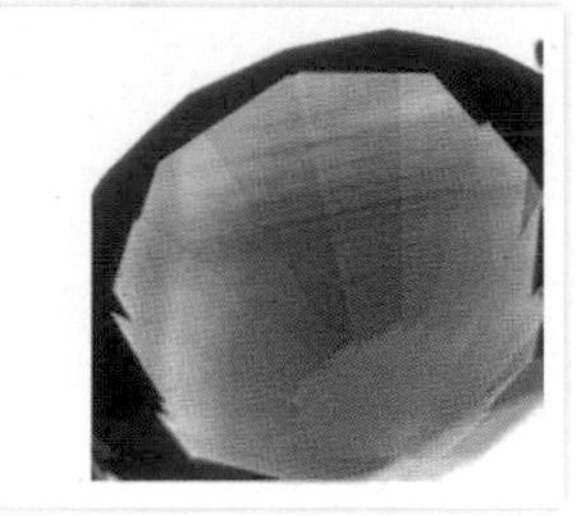

圖 25-73 Nova HPHT 處理鑽石上黃色色域

HPHT 處理鑽石的光譜特徵

James E. Shigley 在其發表之「High-Pressure —— High-Temperature Treatment of Gem Diamonds」中，藉由比較光譜說明其變化：Ia 型棕色鑽石高溫高壓退火處理前，在可見光譜波段中 415 和 503nm 處有強烈吸收（分別由於 N3 和 H3 的光學色心），以及以 520nm 為中心的寬吸收帶（圖 25-74 中下側光譜）。處理之後，後者寬帶已被移除，而 H3 吸收帶強度增加（450 至 500nm 間之寬帶）。這些光譜變化產生 Ia 型鑽石棕色到黃綠色顏色的轉變。由圖中我們亦可瞭解：當鑽石發極強黃綠色光，就要在 UV/VIS 中檢查 415nm、450 至 500nm（特別是 473 nm）。

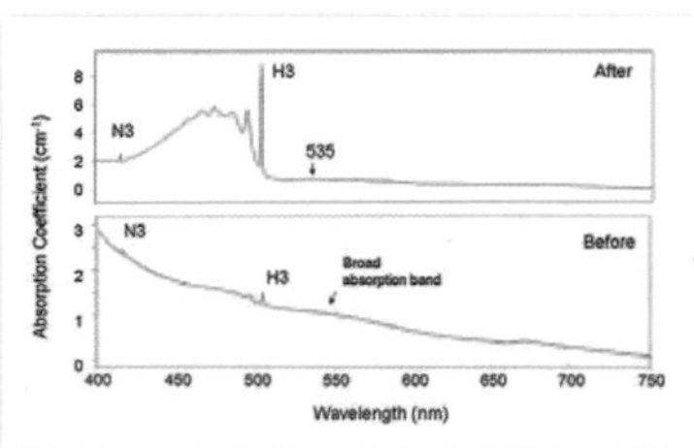

圖 25-74 Courtesy James E. Shigley

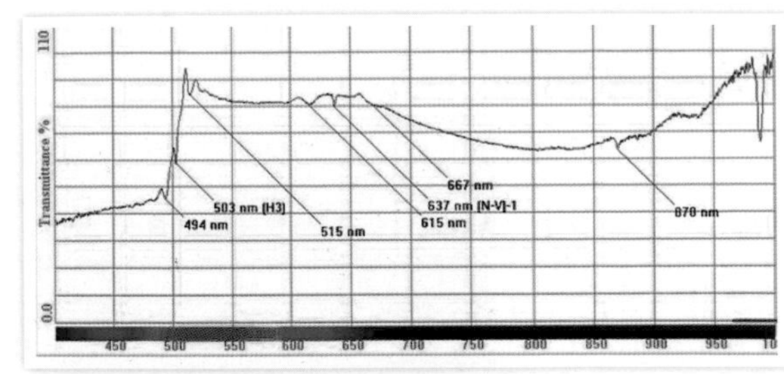

圖 25-75 Courtesy Thomas Hainschwang

光譜中如果可以見到：503nm 處強峰、473 心（±1）nm、475～495nm 的峰帶、505 和 515nm 的峰出現，就應該產生懷疑，因為 473 心（±1）nm 是由晶格錯位轉換所形成的一種特殊點缺陷群色心，很可能與 HPHT 處理有關。但不要把以上峰值當作高溫高壓處理的診斷性指標，那麼什麼才是診斷性指標呢？ Ia 型鑽石含有相當量的氮，構成了特殊形態的缺陷，這就是 Ia 型鑽石在 HPHT 處理後轉變顏色的原因。

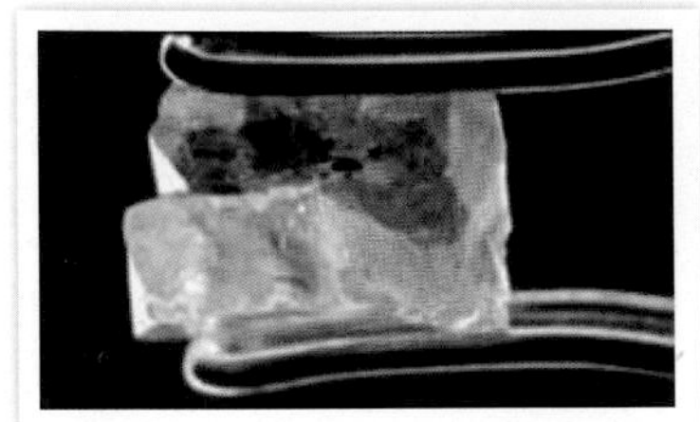

圖 25-76

因此我們只要從光譜中找出氮缺陷的特徵，就足以鑑識出這類 HPHT 處理鑽石，例如說圖 25-75 所示為一顆原本棕色的經 Novatec HPHT 改為黃綠色的 Ia 型鑽石，低溫下可見 / 近紅外光譜（VIS/NIR）光譜，其中 H2 色心之 986nm 是其特徵。986±1nm 處的 H2 心為Ⅰ a 型鑽石經 HPHT 處理過程中誘發產生的色心，在 HPHT 處理時，呈電中性的 H3（N-V-N）$^{\circ}$ 心與孤氮發生反應，轉變為的 H2（N-V-N）$^{-}$。這些特徵可以藉由觀察相對簡單吸收光譜而得，一般具規模的鑑定所都可以辦得到。

Ⅰ a 型天然和 HPHT 處理黃色鑽石小結：
Ⅰ a 型天然鑽石特徵峰：415+452+477 nm
Ⅰ a 型 HPHT 處理鑽石特徵峰：415+473+986 nm

Ⅰ aB 型

Ⅰ aB 型鑽石具有四個氮與空穴的 B 集合體，卻在以下項目中與Ⅱ a 型鑽石相同：在短波紫外線（254nm）下呈透明；在可見光譜中，很少吸收可見光譜中的藍色部分；低氮含量。使得Ⅰ aB 型鑽石與Ⅱ a 型鑽石具有一些相同的特徵。

EGL USA 及法國南特大學的寶石研究機構，曾對Ⅰ aB 型的高溫高壓處理進行研究。研究中將低氮含量的Ⅰ aB 型鑽石與Ⅱ a 型鑽石做比較，發現大部分未經處理的原始鑽石無論何種類型均顯現棕色變晶紋，而且都集中在鑽石中有變形缺陷的區域。

例如：經在 60 kilobars 壓力下加熱至約 2200℃，不到一分鐘的時間，根據起始顏色和含氮量，顏色改善至無色（E-F）至淺棕色（U-V 範圍）。其中一顆 1.36 克拉淡棕色原石樣本沿鑽石中間的劈裂成為雙色（近無色和很淡的黃色，如圖 25-76 。棕色變晶紋在處理後看不到了，螢光則沒有任何變化。

Fritsch 及 Deljanin（2001）認為：含一小部分棕色無定形碳的棕色層或變晶面是致色的原因。高溫高壓處理時，這些無定形碳在鑽石結晶完好區域的周圍重新結晶。結果釋放出來的空穴並沒有與氮互相作用，而是擴散到鑽石外。在某些情況下Ⅰ aB 型鑽石，就像Ⅱ a 型鑽石變的更無色，637nm 處的吸收帶（N-V 缺陷）處理後變得更強。

與Ⅱ a 型鑽石不同的是：在處理中並沒有產生孤氮。一些Ⅰ aB 型鑽石處理後顯示出一個弱的 N3 色心，並因而成為淺黃 - 灰色（Deljanin and Fritsch 2001）。在放大下，大多數樣品顯現出曾歷經 HPHT 中過程中使用高溫（約 2250℃）的跡象。例如很劇烈的石墨化作用，即處理後的鑽石內有黑色石墨斑點、在裂隙處有石墨存在等。

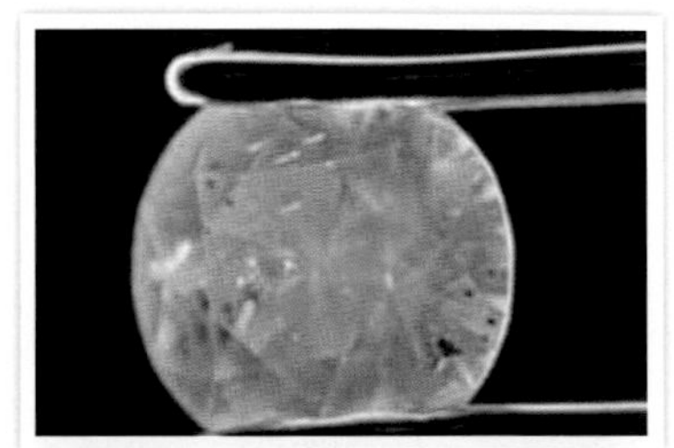
圖 25-77 Courtesy EGL-USA

整體的外觀帶灰色。表面和裂隙看起來像是被腐蝕到霧霧的。陰極發光顏色成為強烈的藍白色或靛色（Ⅱ a 型處理鑽石也有類似反應）。圖 25-77 所示一顆經高溫高壓處理後的 0.59 克拉明亮式拋磨鑽石，可以看到石墨化的內含物和被腐蝕的特徵。

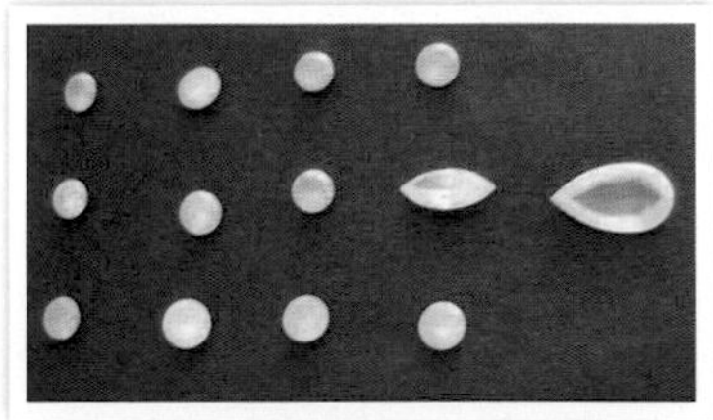
圖 25-78 Courtesy of EGL USA

HPHT 處理小結

HPHT 條件，為多數棕褐色及褐黃色鑽石晶體缺陷的修復或增殖，提供了足夠的均向壓力和勢能。HPHT 處理有助於多數Ⅱ a 型褐黃色鑽石中錯位重組、湮滅，並修復至塑性變形前初始穩定狀態；有利於Ⅰ a 型褐黃色鑽石中錯位攀移和增殖，且在原有晶體缺陷基礎上，加劇其塑性變形程度。

圖 25-79

HPHT 處理鑑定方法

（1）外觀：外觀稍呈霧狀，呈褐或灰色調而不是黃色調。在高倍放大下可見內部紋理、常見羽毛狀裂隙，並伴有反光，裂隙常出露到鑽石表面、部分癒合的裂隙、解理。如圖 25-78 所示每一顆鑽石的表面都會發生石墨化、呈霧狀，因此每一顆鑽石都需要重新拋磨。

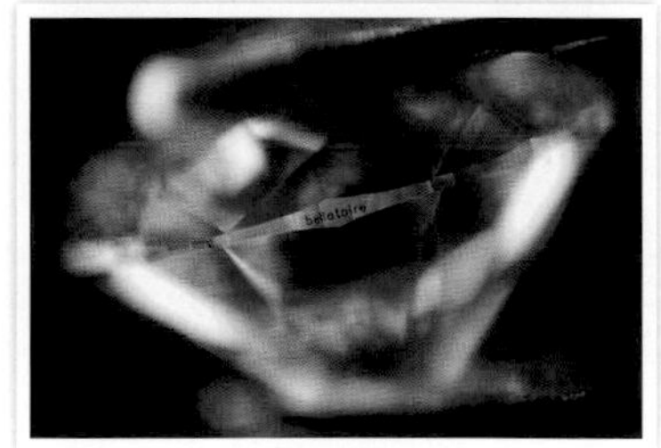

圖 25-80

（2）GEPOL 標記：這種方法處理的鑽石鑒定起來比較難，通用電氣公司曾承諾由他們處理的鑽石在腰圍表面用雷射刻上「GEPOL」（神馬海外有限公司 General Electric and Pegasus Overseas Limited，簡稱 GEPOL）或「Bellataire」字樣，如圖 25-79 及圖 25-80。部分早期處理的鑽石腰部有 GEPOL 的標記，但這個特徵並不是一定存在，也有可能被去除掉。

（3）淨度：HPHT 處理鑽石的淨度通常很高，一般在 VVS 以上。這是由於如果有內含物存在的話，在高溫高壓條件下其結果是不可控制的，有可能會沿著內含物裂開，圖 25-81 即為一個處理失敗裂開的案例。

圖 25-81

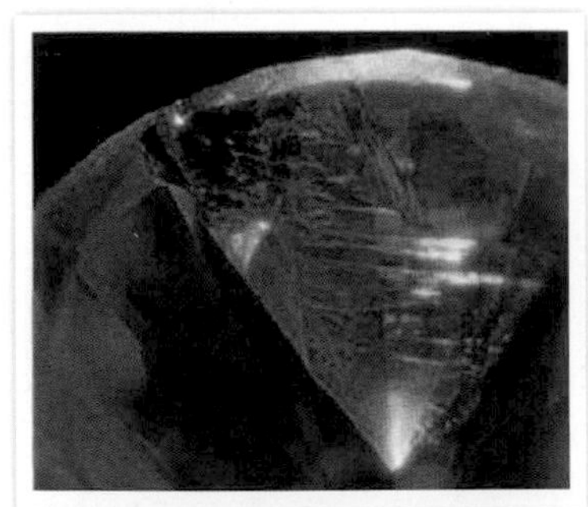

圖 25-82 Nova HPHT 處理鑽石上的石墨化現象

圖 25-83 II 型鑽石經 HPHT 處理後石墨化及暈輪（光圈）效應

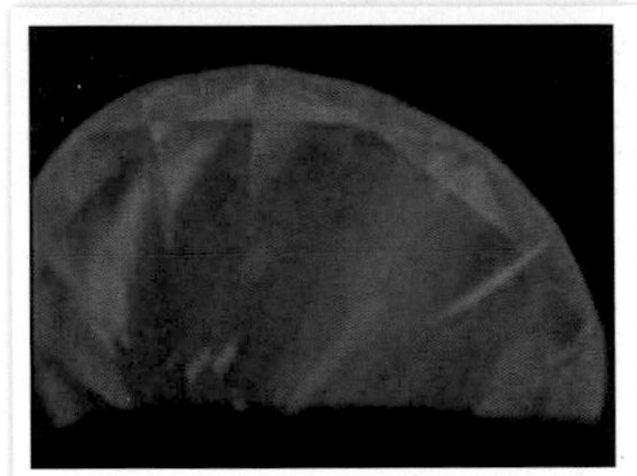

圖 25-84 黃綠色的螢光

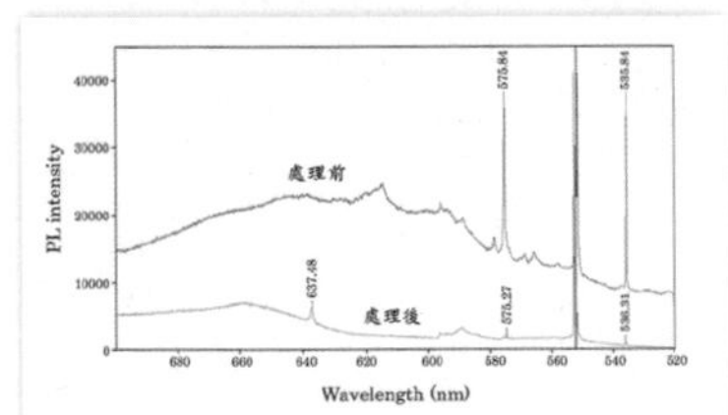

圖 25-85

圖 25-86

以前進行高溫高壓處理的鑽石淨度要求很高，現在要求比較寬鬆，主要是看內含物的種類與位置而定，例如說如果有羽裂紋（feather）就不好；如果是位於深處的內含晶（crystal）就可以接受。另外，鑽石的形狀也很重要，例如說心型的就很容易破裂，比較不適合。

（4）形狀及大小：早期 HPHT 處理的鑽石顆粒較大，花式居多。處理過程的唯一限制是加壓艙的大小不能容納大於 70ct 的鑽石。處理前的顏色都帶棕色調，淨度都在 SI1 以上。如果鑽石大顆就要單獨的處理。費用方面：每克拉大約 $400，相當昂貴，因此之前只會對大於 1.00ct 的進行處理。然而，現在從 0.20ct 到 1.00 ct 的鑽石都在處理，甚至米粒大小的鑽石進行處理也時有所聞。

（5）吸收光譜：在吸收光譜模式上可能出現新的吸收光譜，如 473、986 nm，而 415nm 的吸收光譜不容易見到。

（6）內含物與石墨化現象：部分鑽石中因高溫使得內含物產生的熔融現象，出現形狀異常的特別內含物，或在內含物的週圍發生石墨化現象，這一點往往可以當作診斷特徵，如圖 25-82 所示為 II 型鑽石經 HPHT 處理後石墨化及暈輪（光圈）效應，不過也不該忘記天然的內含物也有黑色的。也有可能發現異常的應力裂紋，如圖 25-83 所示。

（7）螢光特徵：會給人強烈藍色螢光的錯覺，其實在紫外線燈下並無螢光或只有微螢光。部分鑽石中可能出現特殊的螢光特徵，如含氮的強黃綠色螢光並伴有白堊狀螢光，如圖 25-84 所示。

（8）拉曼光譜：拉曼光譜會出現特殊的拉曼峰位的位移。例如：一顆棕鑽 HPHT 處理前與處理後在 –150℃以 514nm 雷射的光致光光譜比較，如圖 25-85 所示。圖中明顯看出 575nm 峰經處理後位移至 637nm。

（9）楊楊米效應：一些經處理的鑽石還在正交偏光下顯示異常明顯的應變消光效應。並因晶格曾被反復扭曲而呈現麻花狀紋路，稱之為編織效應（或稱楊楊米效應）。所謂楊楊米效應如圖 25-86 所示。

以一顆 1.00 克拉，圓型明亮式白鑽（圖 25-87）舉例。以暗場照明觀察，如圖 25-88 所示。復以正交偏光觀察，如圖 25-89 所示，很容易就看到「榻榻米現象」。

圖 25-87

其實榻榻米效應並非只在 HPHT 處理鑽石上出現，在天然 II a 型鑽石上也會出現，那麼到底怎麼區分呢？榻榻米效應是由於平行於八面體的 {111} 平面的一個、兩個甚至三個面，受到外力產生塑性變形所致；而天然鑽石中，榻榻米現象是一種生長紋，不太可能同時存在那麼多個具不同扭曲變形形態又那麼強烈的區域。

圖 25-88

（10）螢光特徵：EGL USA 研究發現經 HPHT 處理的鑽石，以螢光顯微鏡觀察有「螢光籠」（fluorescence cage）現象，亦即沿著切磨的邊和刻面頂點有特殊發光交會圖案，如圖 25-90 所示。 I a 型 HPHT 處理之彩色鑽石甚至不用濃螢光就可以看到。

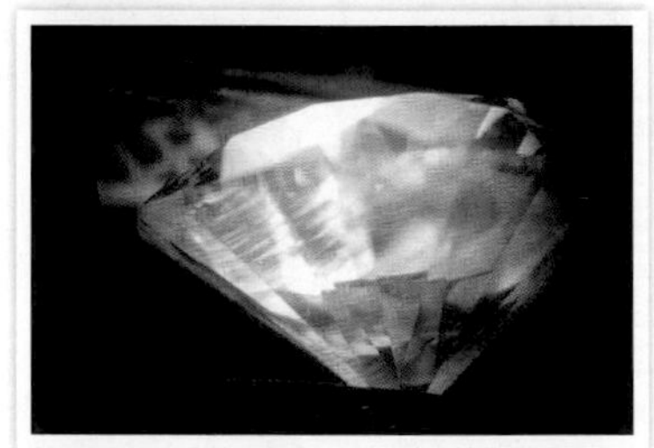

圖 25-89

借助以下特殊儀器

除透過前述的鑑別方法外，國際知名機構無不致力研發新的儀器設備，以偵測高　高壓處理鑽石，較著名的包括：

（1）SSEF Diamond Spotter Type Ⅱ A（圖 25-91）

（2）Diamond Sure / Diamond View

（3）Diamond PLus

由前述討論知道：HPHT 可以將 II 型鑽石處理成無色、純淨的粉紅色或藍色。要辨識鑽石的類型，往往必須借助實驗室中，例如說紅外線光譜儀等較高階儀器，但一般商家或鑽石收藏者不見得擁有此類儀器，於是在巴塞爾的瑞士寶石學院（SSEF），與在法國的南特大學，共同發展一具兩部分組成的設備，容易地用以區別 II 型與 I 型的鑽石。Spotter II 分成兩個部分：一是 DSPOT，另一則是短波紫外發光器。

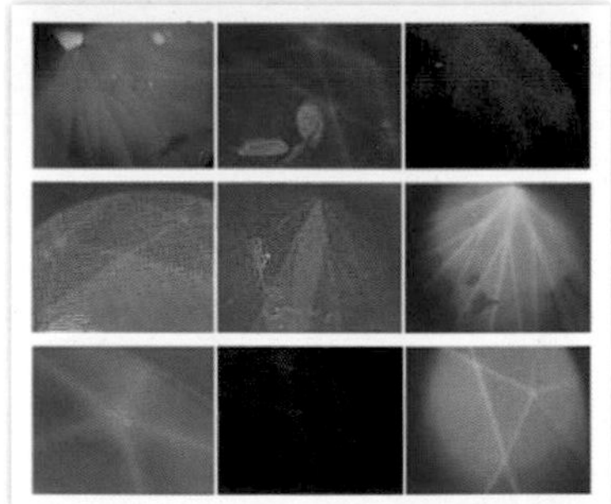

圖 25-90

圖 25-91

圖 25-92

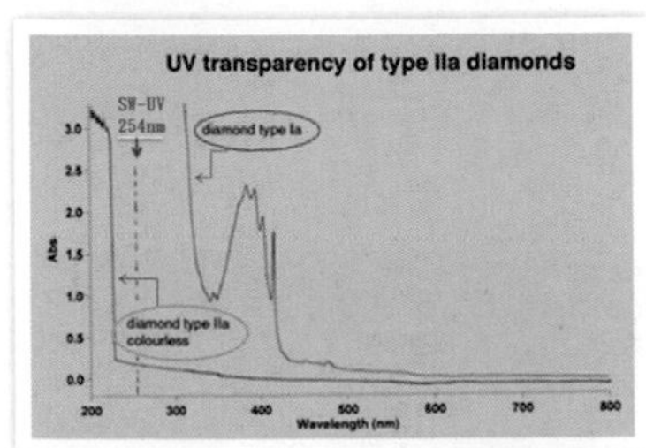

圖 25-93

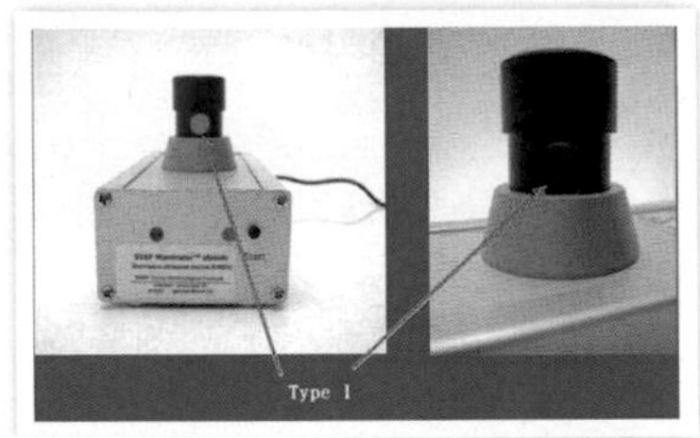

圖 25-94

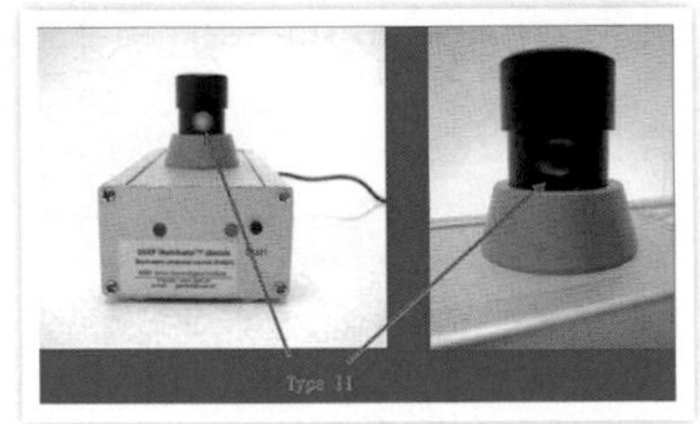

圖 25-95

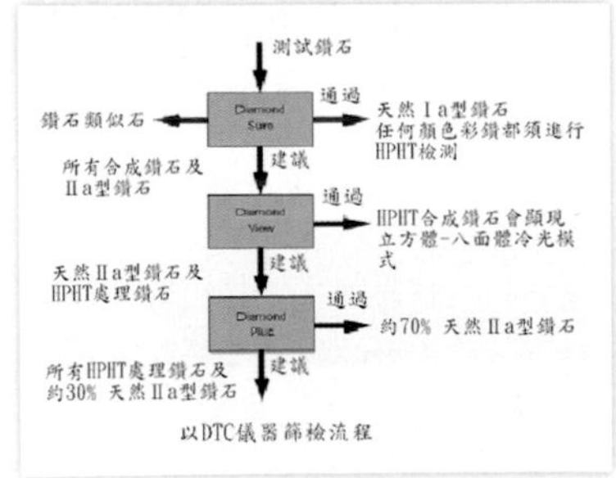

圖 25-96

DSPOT：

DSPOT（圖 25-92）在放置鑽石的屏幕之上做了一個孔。使用軟塑膠料防止漏氣及漏光並且將較小的鑽石固定在位置上。發光器是為容易用使用而設計，並且避免了當使用傳統 SWUV 燈時可能對眼睛造成傷害的所有危險。

短波紫外發光器：

Spotter II 的技術原理是根據 II 型鑽石對短波紫外（SWUV）光是透明的，而絕大多數 I 型的鑽石會阻擱 SWUV 光，如圖 25-93 所示。

使用 SSEF Diamond Type Ⅱ Spotter 時，將被測試的鑽石放置在 SWUV 光源（SSEF 發光器屬於此一部分）及 SSEF Diamond Spotter 間。如果被測試的鑽石是 I 型的鑽石，石頭將阻攔 SWUV 光，使得屏幕保持白色（圖 25-94）。而當被測試的鑽石是 II 型的鑽石時，石頭讓 SWUV 光通過，螢幕則會發出綠色光（圖 25-95）。SSEF Diamond Spotter 使用於已切磨的鑽石或鑽石原石都一樣簡單。

在高壓力高溫度（HPHT）處理的鑽石在市場銷售之前，多數 寶石實驗室傳統上使用紅外光譜儀鑑別 II 型鑽石，這種可以在先進的實驗室被運用的方法昂貴，並在交易時使用相當不方便。這種新的、價格低廉（整套售價約 500 美元 / 只買 DSPOT 為 150 美元）。

SSEF 在測試了數百顆日內瓦鑽石專家的庫存鑽石，並發現迷惑的結果後，開發了 Diamond Type Ⅱ Spotter，並於 2000 年 4 月宣佈成為第一個有科學能力辨認 HPHT 處理鑽石的實驗室。II 型鑽石在鑽石市場上只約佔 1% 到 3%，但是 2000 年日內瓦佳士得的冬季拍賣會上成色號稱為 D、重量介於 3.26 和 60.19 克拉之間的鑽石有 80% 都登錄為 II 型鑽石。在同一批中更驚奇地發現超過 10 克拉的鑽石，清一色是 II 型鑽石。這表示 HPHT 的處理不僅影響到已知 1% 到 3% 的鑽石市場，甚至涵蓋了大型、高品質、高價格的優質鑽石的市場。

Spotter 在日內瓦測試試驗期間，證明了能挑出所有 II 型鑽石，沒有例外。另外，在數百次的測試之中還發現了罕見純淨的 IaB 型鑽石。但 SSEF Spotter 只能辨認出 II 型鑽石，寶石經銷商必須在辨認出來後，進一步送至實驗室證實其顏色是否受過 HPHT 處理。同理，還可以應用 Spotter 對近無色的鑽石是否為 CVD 合成的做初步篩檢。

DTC 儀器

另外還可根據 DTC 篩檢流程（圖 25-96）以 DiamondPlus 儀器進行鑑別。

DiamondView 或類似螢光顯微鏡下

天然未經處理的 IIa 型鑽石與天然 IIa 型經高溫高壓處理後，都可見到藍色螢光與錯位紋路。

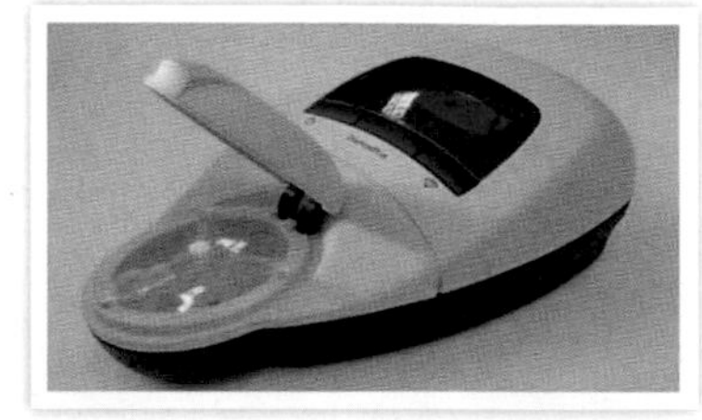
圖 25-97

DiamondPlus（如圖 25-97）
DiamondPLus 是 DTC 鑽石研究中心開發的一台精密、小巧的鑽石篩選儀器，可用於切磨鑽石或鑲嵌鑽石的篩選。其基本功能是鑑別、區分高溫高壓處理的 II 型鑽石。作為使用該儀器的提前需要借助於 DiamondView 或紅外光譜或其它寶石學方法確定待鑑別的鑽石為天然 II 型鑽石，而非合成鑽石。

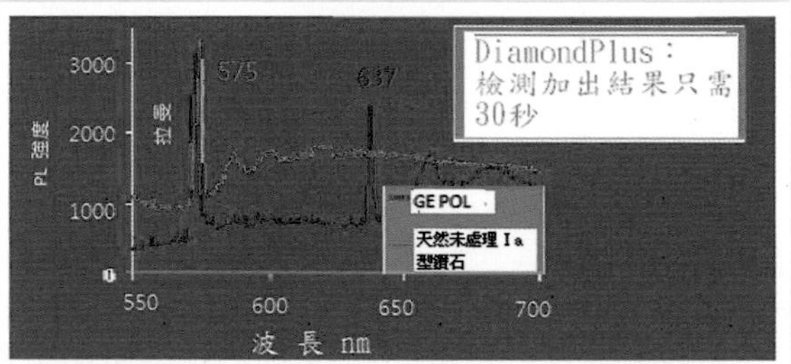

圖 25-98

DiamondPlus 為手提式儀器，體積小且使用簡便。全自動化分析，容易解讀，測試時間短（測試一個只需 30 秒），可以處理大量樣品。DiamondPlus 的設計原理是在液氮環境中檢測鑽石的陰極發光強度，HTHP 處理的 II 型鑽石在 575nm、637nm 處出現強峰，這與天然鑽石有明顯差異，如圖 25-98 所示。

儀器的工作原理是雷射光致發光測量技術，在 15 秒內會顯示測試結果 - 通過或建議進一步檢測。如果檢測的為合成鑽石，則顯示為「建議進一步檢測」或「疑為 CVD 合成鑽石」，該儀器還可以鑑別經輻照處理的鑽石，一粒鑽石未被確認或建議作進一步檢測，並不能斷然判斷這粒鑽石就一定是合成鑽石或高溫高壓處理鑽石，需要協助其它手段。標準的寶石學方法用於鑑別合成鑽石仍然是有效的手段。此外液氮溫度下雷射激發陰極發光光譜測量，可以幫助確認鑽石是否經過高溫高壓處理。

該儀器除了剔除所有的高溫高壓處理 II 型鑽石外，大約 1% 的未經處理的 II 型天然鑽石也會被懷疑，這些被懷疑的鑽石可借助實驗室更靈敏的光致發光光譜檢測進行鑑別。特別提請注意：該儀器對高色級的 II 型鑽石測試較靈敏，隨著鑽石含褐色成分提高，測試靈敏度會有所降低、懷疑率會增加。該儀器要求在液氮低溫下工作，出於這個原因儀器用於測試成品鑽石更好，不適合測試鑽石首飾。不能用於非鑽石的材料，因為溫度的急劇變化可能引起破裂，測試的顯示結果皆為「未找到鑽石」。該儀器僅用於 II 型天然鑽石的檢測，不適合於其他寶石或鑽石仿製品的檢測。

官方說法這類鑽石全世界僅 1000 ～ 2000 顆，但事實上可能十倍都不止。如果發現大顆、顏色等級高、售價又便宜，讀者諸君務必特別留意。市場上有很多家用高溫高壓法處理鑽石的公司，GE 公司並不是惟一的一家。每一家鑽石處理廠商處理出來的鑽石，依據該公司能獲得的原始材料及其個別處理的方法，會有不同的特性，因此以上鑑別方法並無法涵蓋所有的高　高壓法處理鑽石，因此鑑定上一定要靈活。連 DTC 都持續將其列為研究的課題，讀者不可不知。

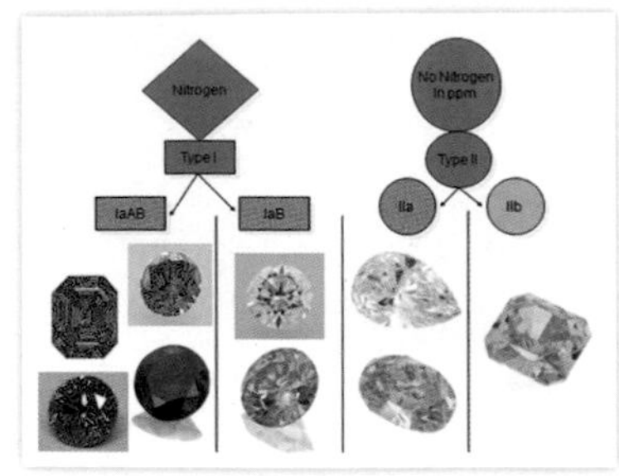

圖 25-99

總結 HPHT 改色處理

HPHT 改色是藉由創造出自然界的熱和壓力，然後將鑽石置入這些極端條件中的鑽石，因為鑽石礦物結構性的改變，從而導致顏色的改變。改變後的顏色與鑽石原始的顏色有關，可以將其分為兩種類型，即：Type Ⅰ和 Type Ⅱ。

自然界中大約有 95 ～ 98％的鑽石都是 Type Ⅰ，之所以這樣分類是因為其氮含量為中度到高度，也正因為如此其顏色就是黃色或帶黃色。Type Ⅰ的鑽石經過高溫高壓改色，會從 cape 色（黃色）變化成為橙色、綠色和濃的黃色。

自然界中大約有 2 ～ 5％的鑽石是 Type Ⅱ，其氮含量很低。Type Ⅱ的鑽石可能因為晶體結構錯亂而呈棕色，有時甚至帶淺淺的橙色調。Type Ⅱ的鑽石經過高溫高壓改色，會由棕色變化成為無色，近無色，粉紅色和藍色。如圖 25-99 所示。

有一點必須要考慮的，就是只有淨度高的鑽石才能承受高溫高壓的過程，任何羽裂紋或其他形態的內含物無法吸收加諸於鑽石的高壓，因而會產生裂隙。高溫高壓處理的鑽石相當穩定，在日常使用上並不需要特別注意照顧。

選擇改色材料

幾乎所有鑽石都帶有顏色或說具潛在的顏色，但某些鑽石就是要比其他鑽石更適於改色。為某種特定顏色選擇正確的改色材料是整個過程中最難的一部分，也是成功與否的關鍵，在這方面除了經驗外，更需要進一步研究以建立正確系統知識。

由Ⅱ a 型棕色鑽石轉換為 D 至 H 的顏色等級的白鑽，HPHT 顏色優化處理的費用如下表所示：

大小	價格
1 克拉及以下	每克拉美金＄150
2 克拉到 3 克拉	每克拉美金＄200
3 克拉到 5 克拉	每克拉美金＄250
5 克拉到 10 克拉	每克拉美金＄400
10 克拉到 20 克拉	每克拉美金＄600

HPHT 處理成白鑽的售價

一般白鑽的售價大約是照 Rapaport 報表打七折到八折，而經 HPHT 處理成白鑽的售價則約照 Rapaport 報表打四折（依據大小，三折到折七不等）左右。

專門找尋適合材料送往處理的 Robert J. Galask 先生告訴筆者說：進行

處理的公司向他收取的處理費是依據處理完成後的售價而定。筆者詮釋如次：處理完成後的顏色是受鑽石材料的類型所左右，類型選定後，其可以改的顏色已大致決定。例如說可以處理成粉紅色的材料，不會浪費只處理成黃色。惟完成後顏色不同，要經過的程序卻也大不相同，有的難（例如說粉紅色），有的容易，因此應該說處理的收費是取決於處理的難易度。同理，售價也依顏色而大大不同。

以 Suncrest 公司為例介紹

Suncrest 是一家位於美國猶他州專門從事高溫高壓改色鑽石的公司（圖 25-100）。早在西元 1999 原先專門製造工業需求的工業用鑽石商 Suncrest（以前叫 Sundance）就被要求對含氮元素的 II a 鑽石施以高溫高壓（HPHT）改色處理成較白的 E-F 成色等級鑽石，從此有了改色鑽石的生成。

Suncrest 高溫高壓改色鑽石是將 II a 型含氮元素的鑽石加溫至攝氏 2,600 度，再給予壓力將顏色提升到受消費者喜愛的比較白的成色。過程僅需要十五分鐘就能將原先不討人喜愛的棕褐色轉變成較受市場歡迎的成色 H 或更白的成色等級。圖 25-101 至圖 25-105 所示為經 HPHT 改色之鑽石。

圖 25-100

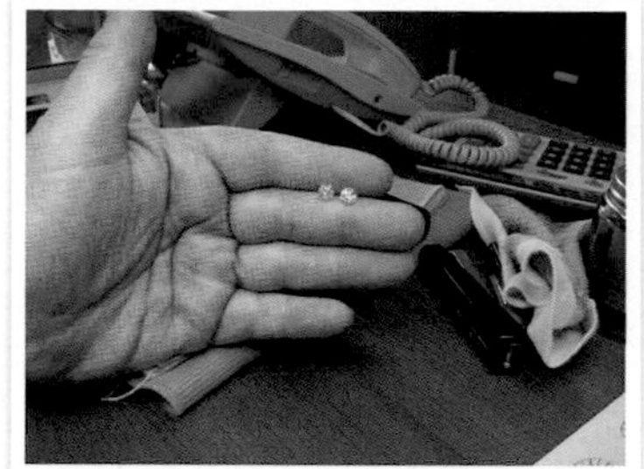

圖 25-101

圖 25-102 HPHT 改色鑽石近照

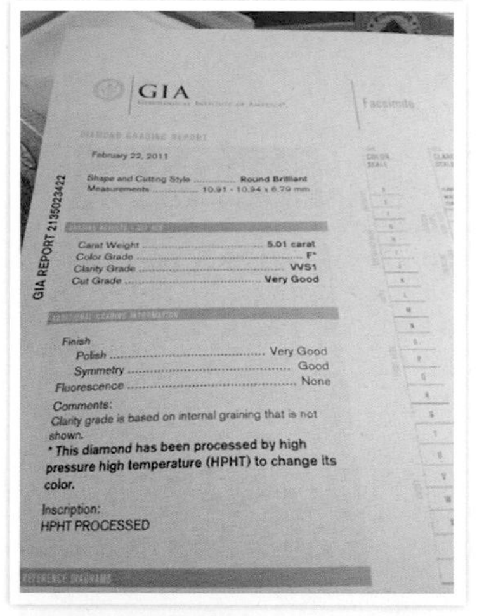

GIA

Facsimile

February 22, 2011

GIA REPORT 2135023422

Shape and Cutting Style .... Round Brilliant
Measurements .... 10.91 - 10.94 x 6.79 mm

Carat Weight .... 5.01 carat
Color Grade .... F*
Clarity Grade VVS1
Cut Grade .... Very Good

Finish
Polish .... Very Good
Symmetry .... Good
Fluorescence .... None

Comments:
Clarity grade is based on internal graining that is not shown.
* This diamond has been processed by high pressure high temperature (HPHT) to change its color.

Inscription:
HPHT PROCESSED

圖 25-103 GIA 鑑定報告

圖 25-104 早期 HPHT 處理

圖 25-105 2012 年 HPHT 處理

據 Suncrest 公司表示他們不單單可以將鑽石改成消費市場喜愛的白色，並且已經成功的以高溫高壓（HPHT）加輻照處理（irradiation）成功改色出粉紅色鑽石，命名為「The Provo Rose」（圖 25-106 至圖 25-108）在市場銷售。當然，Suncrest 也能將棕褐色 II a 型鑽石改成受消費者喜愛的彩黃鑽。Suncrest 改色處理後可以有許多種顏色，如圖 25-109。

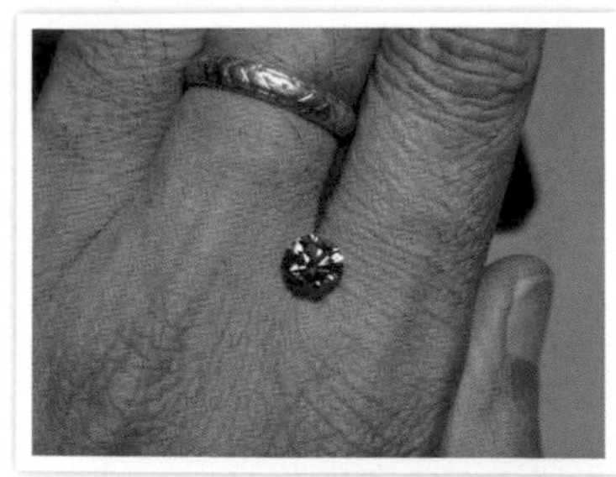

圖 25-106 Sundance 以複合程序處理出來的「Provo Rose」

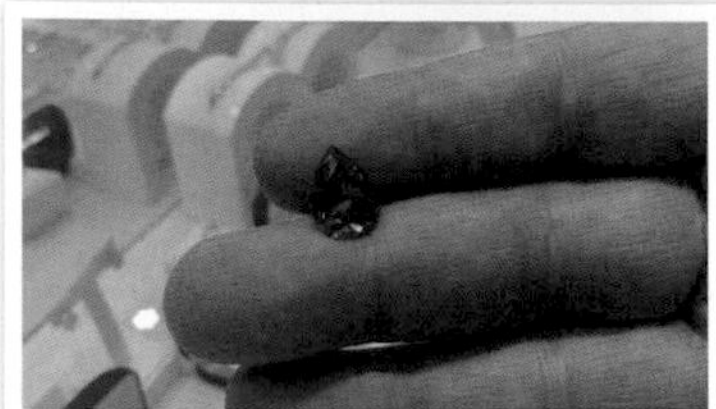

圖 25-107 Provo Rose 實物照 1

圖 25-108

圖 25-109

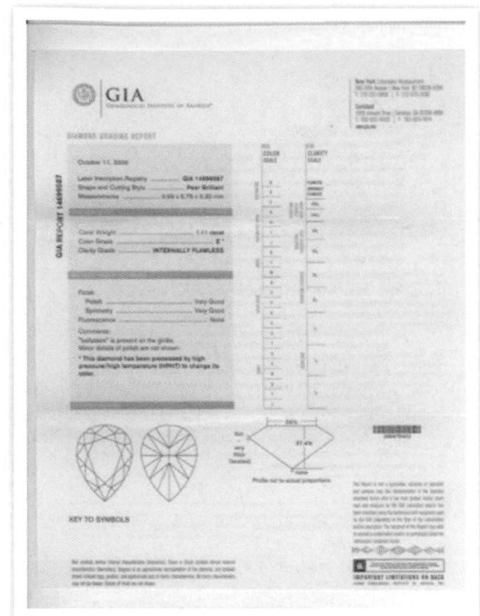

圖 25-110

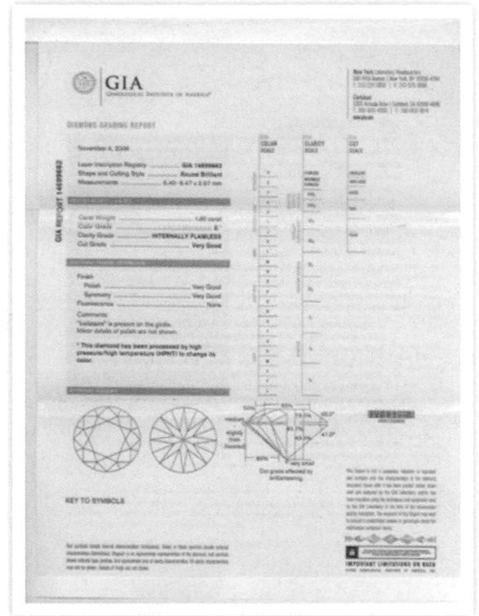

圖 25-111

GIA 報告書

如經 GIA 檢驗後，發現為經過高溫高壓法改色的鑽石，與輻射改色鑽石相同，會不經同意在腰圍上刻 HPHT 的字樣（圖 25-112）。並在報告書中會註明：「This diamond has been processed by high pressure / high temperature（HPHT）to change its color」，如圖 25-113 所示。

圖 25-112

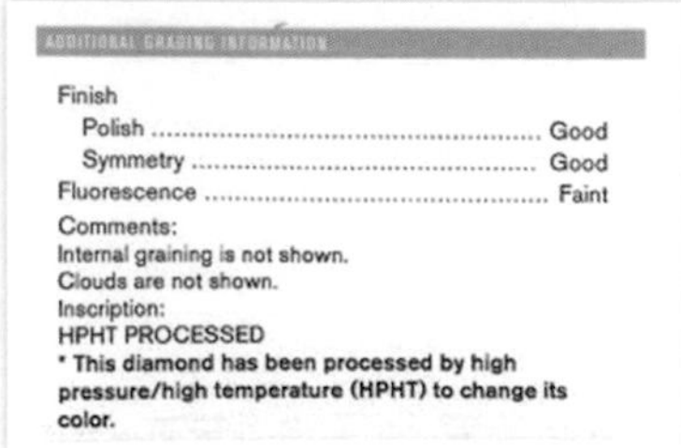

ADDITIONAL GRADING INFORMATION

Finish
Polish .... Good
Symmetry .... Good
Fluorescence .... Faint
Comments:
Internal graining is not shown.
Clouds are not shown.
Inscription:
HPHT PROCESSED
* This diamond has been processed by high pressure/high temperature (HPHT) to change its color.

圖 25-113

特別注意：不同於天然彩鑽，經過高溫高壓法改色的鑽石，色源（original）部分，會特別註明：「HPHT PROCESSED」，如圖 25-114 所示。

因為 HPHT 處理鑽石一時造成業界困擾，因此 GIA 特別做出聲明。GIA 的聲明：「GIA 欲意透過鑑定經處理過的鑽石以達到保護公眾的目的。GIA 理解某些客戶可能在不知情的情況下，將經高溫高壓處理的鑽石送到我們的實驗室進行鑑定與分級，因此不會懲罰這些人。GIA 的政策僅是停止與反復和故意提送高溫高壓處理鑽石（或多次同樣處理的鑽石）公司的業務往來。GIA 還會將犯規者的名單提供給 WFDB（World Federation of Diamond Bourses，世界鑽石交易所聯盟）及 IDMA（International Diamond Manufacturers Association，國際鑽石製造商總會）。」

IGI 證書

圖 25-115 所示為一顆經 HPHT 處理之鑽石，IGI 開立之證書如圖 25-116 所示。

與 GIA 相同，也在報告書中會註明：經 HPHT 處理，如圖 25-117。

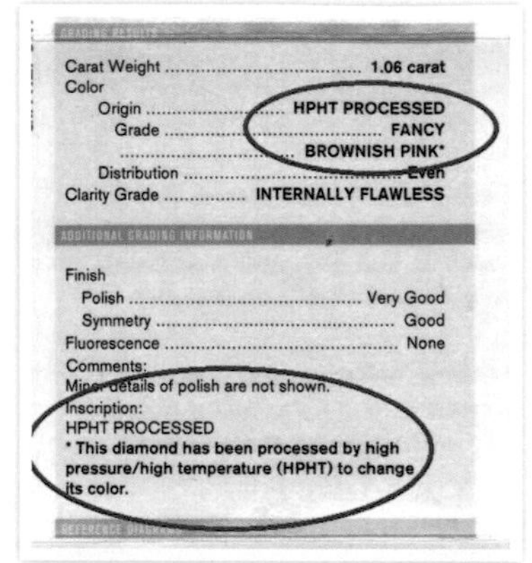
Carat Weight .... 1.06 carat
Color
Origin .... HPHT PROCESSED
Grade .... FANCY
.... BROWNISH PINK*
Distribution .... Even
Clarity Grade .... INTERNALLY FLAWLESS

Finish
Polish .... Very Good
Symmetry .... Good
Fluorescence .... None
Comments:
Minor details of polish are not shown.
Inscription:
HPHT PROCESSED
* This diamond has been processed by high pressure/high temperature (HPHT) to change its color.

圖 25-114

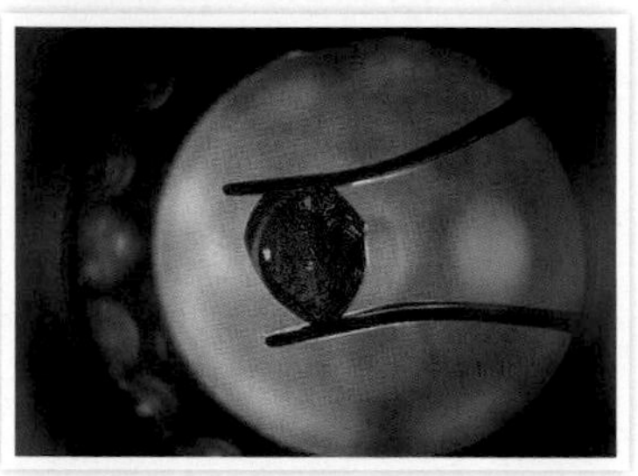

圖 25-115

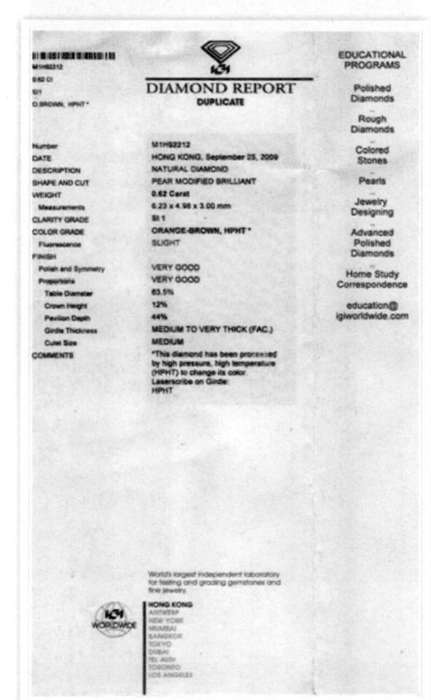
DIAMOND REPORT
DUPLICATE

EDUCATIONAL PROGRAMS
Polished Diamonds
Rough Diamonds
Colored Stones
Pearls
Jewelry Designing
Advanced Polished Diamonds
Home Study Correspondence
education@igiworldwide.com

Number	M1H92212
DATE	HONG KONG, September 25, 2009
DESCRIPTION	NATURAL DIAMOND
SHAPE AND CUT	PEAR MODIFIED BRILLIANT
WEIGHT	0.62 Carat
Measurements	6.23 x 4.98 x 3.00 mm
CLARITY GRADE	SI 1
COLOR GRADE	ORANGE-BROWN, HPHT *
Fluorescence	SLIGHT
FINISH	
Polish and Symmetry	VERY GOOD
Proportions	VERY GOOD
Table Diameter	63.5%
Crown Height	12%
Pavilion Depth	44%
Girdle Thickness	MEDIUM TO VERY THICK (FAC.)
Culet Size	MEDIUM
COMMENTS	*This diamond has been processed by high pressure, high temperature (HPHT) to change its color. Laserscribe on Girdle: HPHT

圖 25-116

*This diamond has been processed by high pressure, high temperature (HPHT) to change its color.
Laserscribe on Girdle:
HPHT

圖 25-117

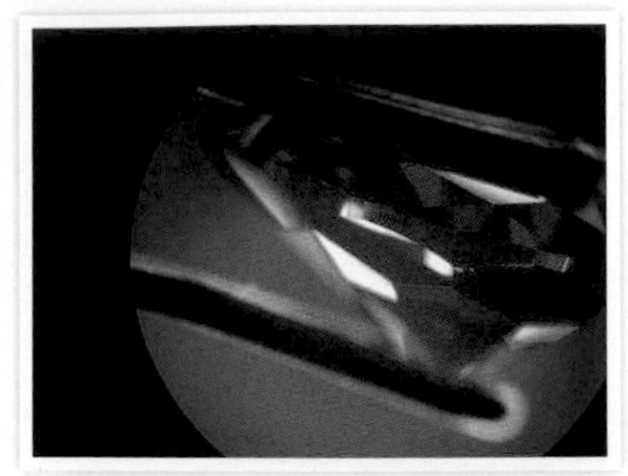

圖 25-118

圖 25-119 正交偏光下顯示出鑲嵌圖案表示它是顆 Ia 型鑽石

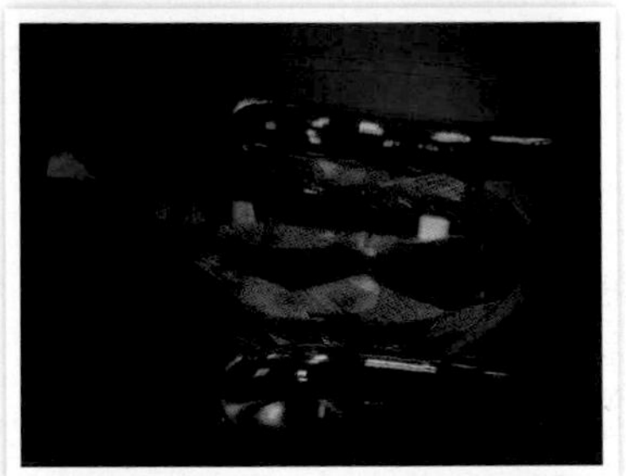

圖 25-120 正交偏光下顯示出強烈榻榻米效應表示它是經過 HPHT 處理

圖 25-121 鑲嵌圖案與榻榻米效應同時出現

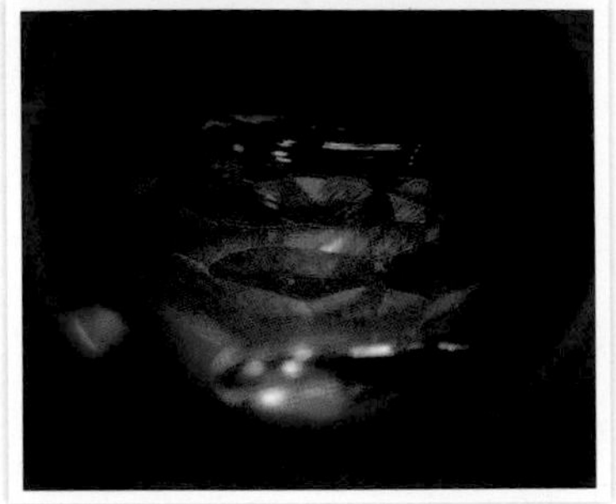

圖 25-122 HPHT 雷刻與榻榻米效應

對該鑽石進行檢查，如圖 25-118 至圖 25-122 所示。

誠實告知

一般而言，經 HPHT 處理的鑽石，白鑽價位約為天然同等品的 40 ~ 50%；彩鑽視顏色，差距可能更大或較小，銷售者有必要誠實告知客戶。如前所述，除了 GE 外，還有許多其他的廠商也進行 HPHT 處理鑽石，例如 Lucent、Nova、Suncrest 公司等等。高溫高壓改色的結果是不可逆且恆久不變的，被改過成色的鑽石不會再變回原來的成色。但是美國聯邦貿易委員會（FTC）規定買賣優化處理之鑽石時，賣方應明白告知。

原始製作 HPHT 鑽石的公司，除可在所生產之鑽石上刻上特殊的標誌外，並可以求他們的銷售商於販售鑽石的同時，必須提具體說明鑽石是經過高溫高壓改色的。但是當鑽石經過幾手銷售管道（例如大盤商、中盤商、零售商等），處理過的訊息可能就隨著被轉手而被掩蓋了。更何況鑽石在還有在二手市場、當舖及網路拍賣市場流通的可能性，讀者務必對此特別提高警覺。

粉紅鑽的問題

粉紅鑽石的日漸受到消費者喜愛及價錢日益高漲導致市面上人為改色處理粉紅鑽的出現。這一最新鑽石人為改色處理方式是經過高溫高壓再加以輻射處理最後施以相對低溫處理三個不同步驟完成，可以將氮含量高 Ia 型的天然淺黃或淺褐色鑽石改色成粉紅色、紅色及紫色鑽石。這種高溫高壓改色處理方式早在 2004 年前後就已經普遍使用在改變有色寶石的顏色。

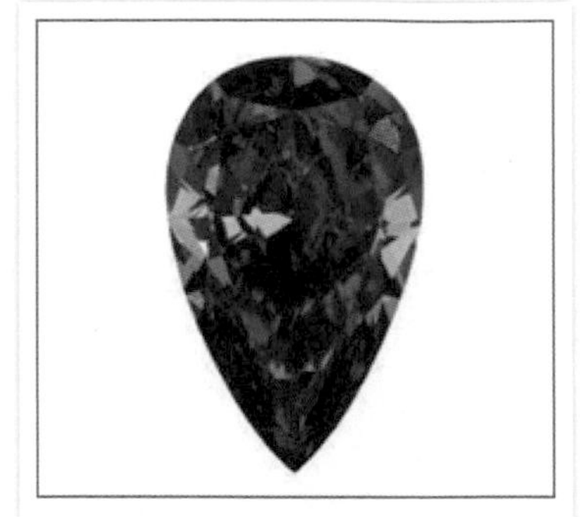

圖 25-123

天然粉紅色鑽石、紅色鑽石及紫色鑽石可見色域（顏色分布不均勻）現象，這是因為鑽石在地底結晶時外來壓力造成的自然現象。外來壓力造成碳原子滑動使得上述幾種天然彩鑽的顏色呈現直條的生長紋，寶石學理稱這種特徵為「顏色孿晶紋」（或稱顏色成長紋），並視這特徵為天然鑽石的證據。

圖 25-124 這些鑽石的顏色可能來自輻照處理或是輻照處理加上退火處理

「顏色孿晶紋」被視為天然粉紅鑽、天然紅鑽石及天然紫色鑽石最佳的證據，但是現在卻發現經過最新三步驟人為處理改色過的鑽石也會看見天然彩鑽才看得見的「顏色孿晶紋」。在顯微鏡下看見顏色分布不均勻的現象被視為是另外一個天然彩鑽才會有的特徵，但是新型三步驟人為處理改色鑽石也顯現天然彩鑽才看得見的色域特徵。

德國籍教授 Dr. Heiner Vollstädt, of SedKrist GmbH 及 Dr. Andru Katrusha 博士兩人將一顆淺褐色天然 Ia 型鑽石施以高溫高壓（HPHT）處理（溫度高達攝式 2200 度），顏色會轉變成帶綠的黃色，再施以輻射處理顏色就變成深綠色，再將深綠色的鑽石以攝氏 1000 度高溫持續加熱兩小時，就會變成帶紫的粉紅色。這一顆被改色處理過的鑽石顯現出天然粉紅鑽石才可見的色域特徵。將這一顆人為改色處理粉紅色鑽石分別以紫外線長、短波照射，會呈現橘色及帶綠的黃色螢光反應，有別於天然 Ia 型鑽石的螢光反應在長波下通常呈現藍色，短波照射多顯現出黃色。

輻照改色鑽石及其鑑定

輻照改色法，也就是用放射照射的方法來改變鑽石的顏色，可算得上是永久性的改色法。利用輻照可以產生不同的色心或是影響晶格構造，從而改變鑽石的顏色，輻照鑽石視其輻射種類不同，幾乎可以呈現任何顏色。這種輻照改色方法只適用於有色而且顏色不好的鑽石，例如 P-Q 的顏色呈現出黃色，卻又不足以稱為彩鑽，可以處理加深飽和度或是改變其色調。輻照改色後的顏色基於多年經驗，某種程度上是可以預測的，但是冀望得到準確想要的顏色，恐怕多少會有點失望。一般而言，想用輻照改色法提升 K 色級以上鑽石的顏色級別是很困難的。

圖 25-125

圖 25-126

圖 25-127

圖 25-128 courtesy Dusan Simic

圖 25-125 為 GIA 成色 V 的鑽石，經輻照處理後成為圖 25-126 所示之黃彩鑽。圖 25-127 所示為兩顆原約 G Color 的鑽石經輻照處理成藍鑽。圖 25-128 中這只戒指鑲嵌的鑽石是經輻照改色的天然鑽石。

淬火與退火

各位一定看過鐵匠打鐵（鋼）的過程吧！他會先將鐵塊在火爐裡燒得火紅（圖 25-129 之 1、2），接著將火紅的鐵塊放在鉆台上，用鐵鎚不停的敲打（圖 3），再將鐵塊浸入水中，此時冒出一陣白煙（圖 4），於是重複動作，直到完成作品。

看似枯燥無聊的重複動作，其實在金屬材料學上，代表了幾個重要的意義：其一，將鋼鐵塊在火爐裡加熱，是付予鐵塊熱量，使鐵塊溫度升高到一個足以改變其性質的溫度；其二，打鋼鐵鍛造，打造出需要的層次與形狀；最後用水或油降溫，降溫的過程可以很快或是很慢，就看要打造出甚麼樣的成品而定。譬如說用水降溫，冷卻速度快，硬度高，韌性低；用油降溫，冷卻速度慢，硬度高，韌性高。用土拌沙加水有如自然冷卻，冷卻速度慢，較硬，不易損壞。很快降溫稱之為淬火（quenching），慢慢來的稱為退火（Annealing）。

在退火的過程中，材料的原子或晶格空位的移動釋放內部殘留應力，透過這些原子重組的過程來消除材料中的差排，也改變了材料的性質。當然，材料內部的改變程度，是與退火的時間長短有關，要想達到需求的性質，可以藉退火的時間長短來控制。

輻照鑽石的故事

就在居禮 1898 年發現鐳與釙後不久，有一位威廉庫克斯爵士（Sir William Crookes）（圖 25-130），偶然受到啟發，在 1904 年的時候，將無色的鑽石埋在鐳化合物 (radium salts) 中一年的時間，結果實驗相當成功，如同自然環境般，將鑽石的顏色改變為暗綠色。只是顏色僅在淺層，而且鑽石還帶有輻射性。從此，人們知道可藉由輻照改變鑽石的顏色，同時也增加了鑽石鑑定者一個新的課題：就是區分鑽石的顏色究竟是天然的，還是經過輻照改色來的。

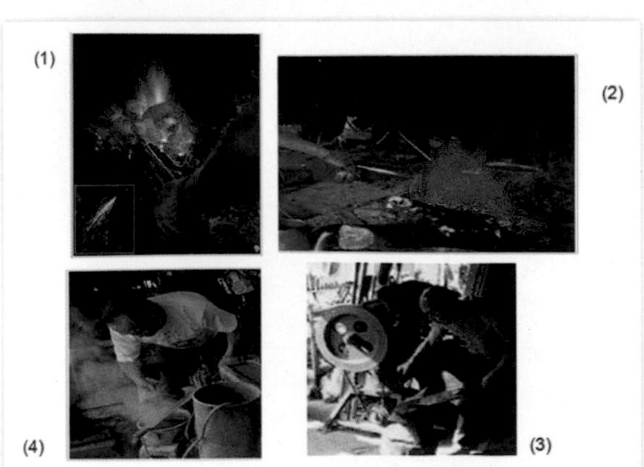

圖 25-129

圖 25-130 Sir William Crookes

輻射是什麼？

輻射就是一種能量，是一種射線能量大到可以使原子的外層電子游離（圖 25-131），又可分為電磁波輻射和粒子輻射兩種。

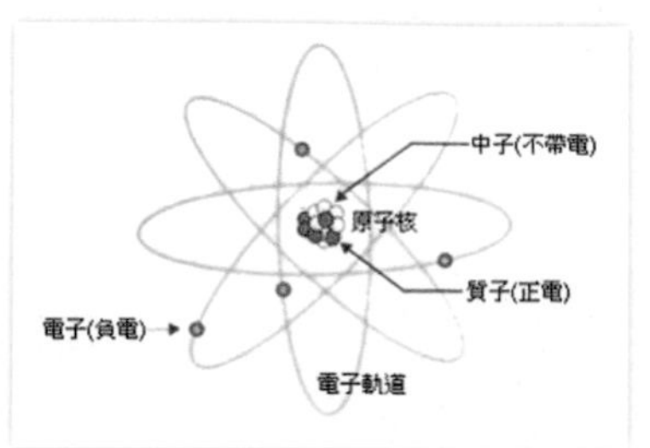

圖 25-131

輻射如何產生？

1. 來自放射性元素的蛻變（衰變）。
2. 來自產生輻射的機器：如 X 光、微波爐。
3. 來自核反應：如核能發電場、宇宙射線。

常見輻射種類：

1. 阿法（α）射線：

為氦（He）的原子核，核內含有兩個質子及兩個中子，穿透力很弱，一張厚紙板即可將它阻擋，速度則為光速的十分之一。

2. 貝他（β）射線：

乃是「電子」，具有中等穿透力，需 0.1 公分的鋁板才可阻檔其穿透，速度為光速的一半。如圖 25-132 所示。

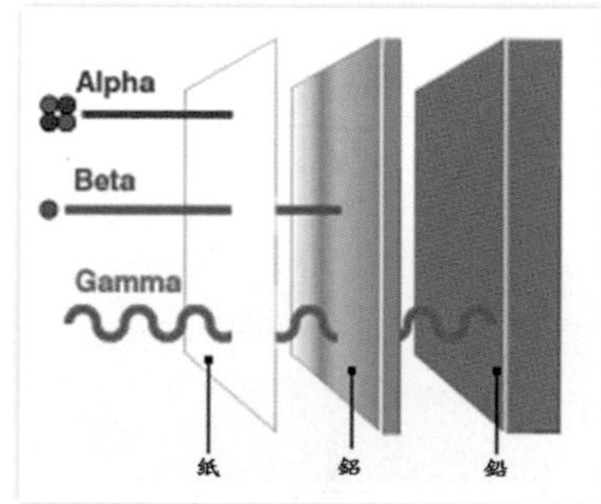

圖 25-132 不同種類輻射穿透能力

3 伽馬（γ）射線：

即高能量的電磁波，穿透力強，需 1.5 公分的鉛板才能阻止其穿透，速度與光速相等。

4. 侖琴（X）射線：

當帶電粒子在加速或減速的過程中，會釋出電磁波，而在巨大的加速過程中所釋出的電磁波具有高能量，當其波長在 10~12×10-8m 則形成 X 射線。常用於醫界。

5. 中子（η）射線：

中子射線即中子流，中子是原子核的基本粒子如圖 25-133 所示。

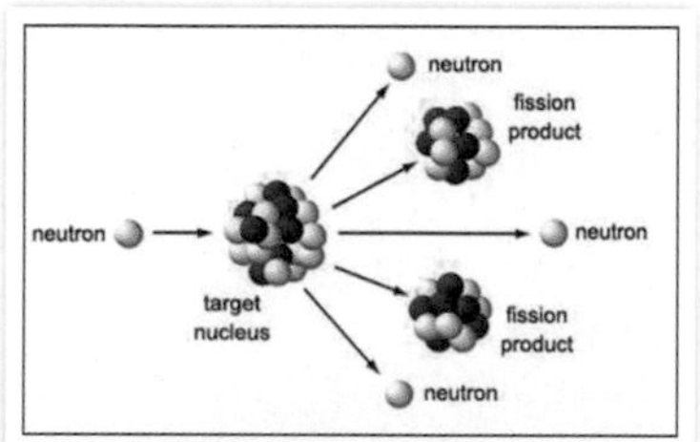

圖 25-133 在核分裂過程中發出的中子

這種能量就類似我們前面所說的，將鐵塊在火爐裡加熱，是付予鐵塊熱量。輻射的種類不同，付予鑽石的能量不同，其顏色改變當然可能不同。例如圖 25-134。

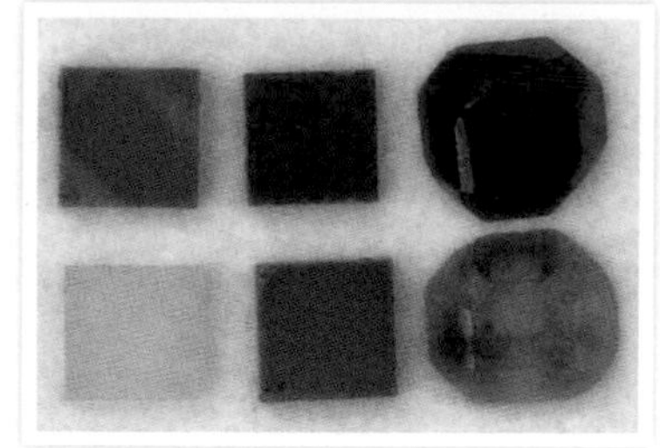
圖 25-134 Courtesy Wikimedia

圖中純鑽石經輻照及退火處理前後。由左下方順時鐘方向：

(1) 初始狀況 (2×2mm)

(2-4) 以不同劑量的 2-MeV 電子進行輻照。

(5-6) 以不同劑量進行輻照並在 800℃ 進行退火處理。

輻照

輻照是能源，包括：

・高能亞原子粒子

・電磁輻射

圖 25-135

圖 25-136

圖 25-137

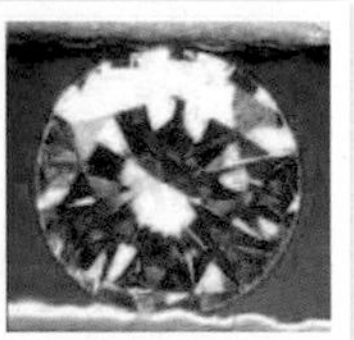
圖 25-138 Courtesy Thomas Hainschwang

輻照導致鑽石的色心 – 晶格中的缺陷：
– 空穴
– 複合缺陷

用於處理鑽石的輻照：
・鐳鹽（最早的處理方式，現在已不使用）
・由高能量粒子的轟擊：
– 由直線加速器或迴旋加速器產生的 Alpha 粒子
・正價氦加速器
– 由直線加速器產生的 β 粒子
・電子
– 由核子反應爐產生的中子
・由鈷 60 源產生的 Gamma 射線

退火 (Annealing)

再來是打鐵中「退火」的過程：打鐵時，藉由退火的過程改變材料的性質，同樣的，在輻射處理後，也可以藉由「退火」的過程控制，使鑽石晶體的變化快或慢、程度深或淺，自然也可以使鑽石產生不同的顏色變化。

好，讓我們為退火 (Annealing) 做一個簡單的說明：「退火大多接續在輻射後，是在適當的溫度緩慢升溫或降溫的過程，從而加深或改變鑽石的顏色。退火往往可以使彩鑽成為更鮮明的黃色、橙色或粉紅色。其結果係依鑽石原有的成分、溫度以及退火時間長短而定。」

圖 25-135 至圖 25-137 中的鑽石顏色均為輻照加退火處理的結果。圖 25-138 左一顆藍色的鑽石經過珠寶商二度以火炬加熱很不幸地變成右邊的顏色。

在 GIA 的教材中，將 annealing 翻譯為熱鍛。誠然，annealing 有鍛造、改造的意思，但中文「鍛」這個字帶金字旁，多少有點鐵工（blacksmith）的意味，如同鐵塊放在鉆台上，用鐵鎚不停的敲打的動作，但無論在前打鐵的例子或輻射後熱處理，annealing 都只是溫度下降的速度或是持續停留在某溫度時間的控制，完全看不出有鐵工（blacksmith）、鍛鍊或磨鍊的意思，因此筆者認為還是比照金屬材料學將 annealing 翻譯為「退火」，或是比照岩石科學翻譯為「冷卻」，甚至就翻譯為「熱處理」比較適宜。為延續以上的說明，以下均以「退火」代表說明。

輻照處理方式

根據前述輻照常見的種類，以及實務上使用的方式，可以將輻照處理大致分為：

1. 以放射性元素鐳照射
2. 粒子迴旋加速器（The Cyclotron）
3. 核子反應爐（Nuclear Reactor Method）
4. 凡第葛拉夫發電機中加速的電子（Van de Graff Generation Method）

物理放射性核種	半衰期
碳14	5700年
鉀40	13億年
鈷60	5.3年
鍶90	29年
碘131	8天
銫137	30年
氡222	3.8天
鐳226	1600年
鈽239	24000年
鈾238	45億年

圖 25-139

輻照種類：

輻照類型	輻照後的生的顏色	加熱溫度和加熱後產生的顏色	鑑別特徵 / 註釋
鐳鹽	綠色		顏色僅限於鑽石的表層，強放射性，現已不再使用。
迴旋加速器	綠到藍綠色	約 800℃ 黃到金黃色、褐色	顏色僅限於鑽石的表層特徵的標誌。現已無廣泛使用
鈷 60 產生的 γ 射線	藍或藍綠色		顏色可穿透整個鑽石，但要幾個月時間。無廣泛使用
原子反應爐中加速的中子	綠到黑色	500℃ 到 900℃ 橙到黃、褐到粉紅色	顏色可穿透整個鑽石
凡第葛拉夫發電機中加速的電子	藍、藍綠、綠色	約 500℃ 到 1200℃ 橙到黃、粉紅色	顏色可穿過鑽石表層（約 0.5mm 深）

1. 以放射性元素鐳照射：例如前述威廉庫克斯爵士，將鑽石埋在有放射性的鐳化合物中，藉由該元素的蛻變，改變鑽石的顏色。不過這種作法，能模仿的就是自然界的輻射，所以如同自然界能改變的顏色受限、僅處理到鑽石表層、輻射殘留強，可能危害健康，因此已不再使用。圖 25-139 所示為各種放射性元素的半衰期，如果以放射性元素照射改色，恐怕要等很久才能使用。

圖 25-140 勞倫斯教授與他旁邊的迴旋加速器

2. 粒子迴旋加速器（The Cyclotron）：

1930 年代，歐內斯特·勞倫斯教授（Professor Ernest Lawrence）（圖 25-140）在加州伯克萊分校工作時，建造了迴旋加速器（圖 25-141），一種以磁場將帶電原子粒子加速到高速度的設備。迴旋加速器的發明引導在 40 年代和 50 年代的鑽石輻照實驗。

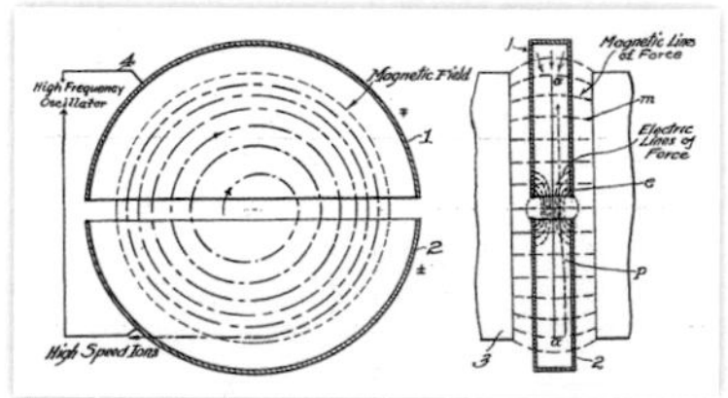

圖 25-141 1934 年勞倫斯專利的回旋加速器圖

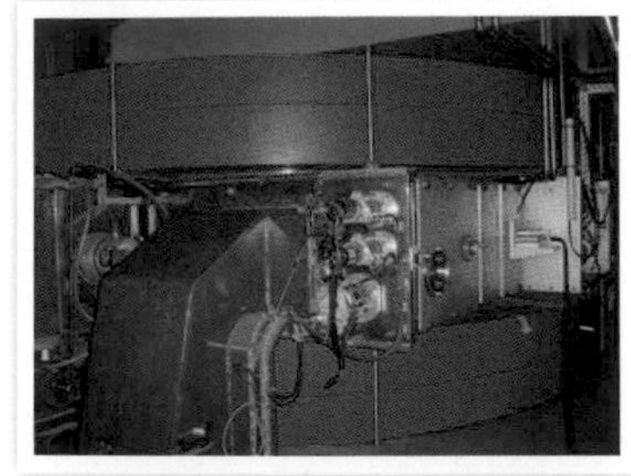
圖 25-142 粒子迴旋加速器粒子束出口

圖 25-143 射出之粒子束

圖 25-144 粒子束激發燈泡發光

圖 25-145 Photo Courtesy of Stanford Linear Accelerator Center

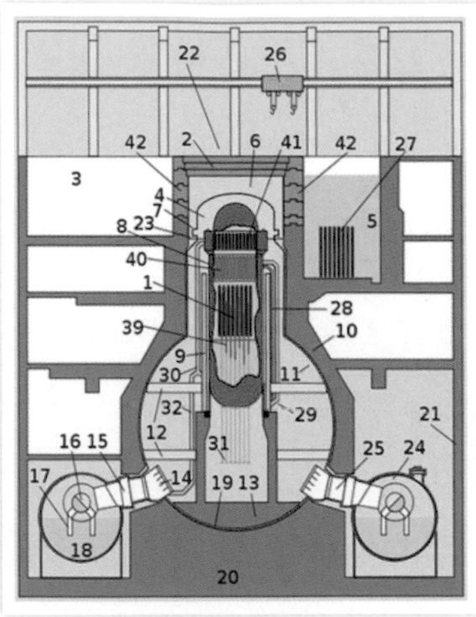

圖 25-146 日本福島第一核電廠 1 至 5 號機使用的典型沸水反應爐馬克 1 號截面圖

圖 25-147

圖 25-148 Courtesy Purdue University

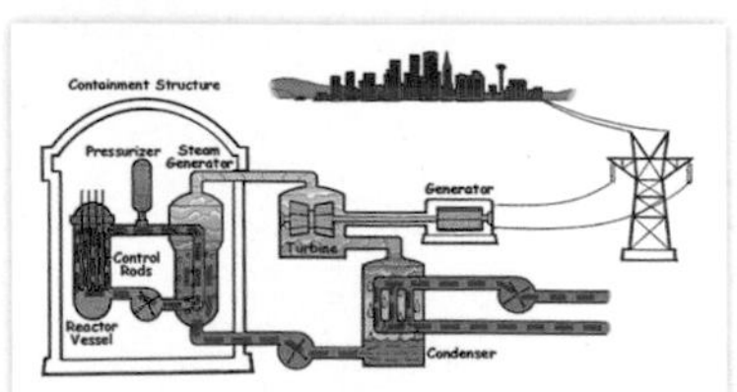

圖 25-149

粒子迴旋加速器是 1932 年開始使用，最早的輻射方式，在粒子迴旋加速器中，帶電的粒子（質子及氘子 *）經由繞行強烈的電磁場，被高電壓及高頻振盪提升能量。當粒子達到足夠的速度，就會被導引通過管道，形成粒子束（圖 25-142 至圖 25-144），用來衝擊鑽石。衝擊後的顏色與隨後之退火控制有關，一般來說會帶綠、黃到帶橘棕。這種衝擊相當淺（約 0.2mm），所以只限於用在已切磨完的鑽石。有時為使顏色分佈更均勻，冠部和亭部都會被安排衝擊。由於此種衝擊相當密集，也有人稱之為轟擊，似乎也蠻恰當。

* 氘子（deuteron）係由一個質子和一個中子構成，是最簡單的複合原子核。

直線加速器

當粒子速度接近光速時，粒子迴旋加速器需提供更多的能量才有可能讓粒子繼續運行，而這時可能已經達到粒子迴旋加速器機械上的極限，因此直線加速器 (即 Linear Accelerator) 被發展出來 (圖 25-145)。其中的粒子循直線前進，而非迴旋前進，大量使用於醫療用途，以用於治療癌症。

3. 核子反應爐（Nuclear Reactor Method）

反應爐是一種啟動、控制並維持核裂變（Nuclear fission）或核融合（Nuclear fusion）反應的裝置，如圖 25-146 至圖 25-149 所示。

在反應爐裡，熱能主要有以下幾個來源：

1. 反應碎片通過和周圍原子的碰撞，把自身的動能傳遞給周圍的原子。
2. 裂變反應產生的伽瑪射線被反應爐吸收，轉化為熱能。
3. 反應爐的一些材料在中子的照射下被活化，產生一些放射性的元素。這些元素的衰變能轉化為熱能。這種衰變熱會在反應爐關閉後仍然存在一段時間。

所以透過核子反應爐改色的鑽石，可能遭受高溫熱能、伽瑪射線、貝他射線、中子射線以及其他各式各樣的射線。

圖 25-150

既然接觸到各種不同強度穿透力的射線，核子反應爐法可以貫穿整顆鑽石，顏色也會比較一致、比較均勻。這種方法主要的優勢是容許高達數百克拉的許多顆鑽石同時被處理，而且原石和已拋光的鑽石都可以。因此就單一鑽石言，其成本會比較低。但是鑽石最後被處理成何種顏色，還是與退火的程序有關。剛輻射完的鑽石是綠色的，但是可以經由 500℃ 到 900℃ 退火的程序產生粉紅色、紅色、黃色、藍色、褐色或是橘色。只是這些顏色並不穩定，因此當遇到高熱時間過久，還是有可能產生變化，要非常非常小心。經過這種方式處理的鑽石，除非使用實驗室精密的儀器，否則是很難偵測出來的。

圖 25-151

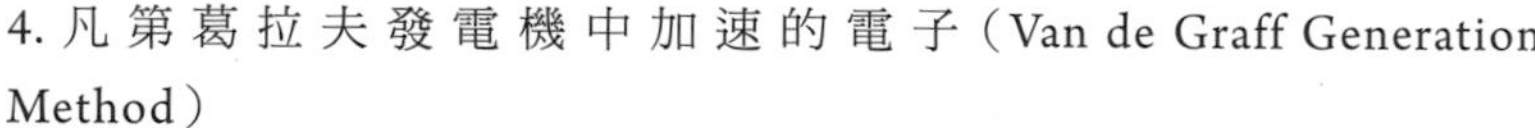

4. 凡第葛拉夫發電機中加速的電子（Van de Graff Generation Method）

有人把 Generation 或 Generator 翻譯為發生器，也有人翻譯為發電機，究竟甚麼是 Van de Graff Generation 或 Generator？請看以下的說明：1929 年時，普林斯頓大學的物理學家 Robert J. Van de Graff（圖 25-150）發明了一台藉摩擦生電的機器（見圖 25-151 及圖 25-152），商業上的應用，最初是在 1931 年，用於推動某間廉價商店的輸送帶（圖 25-153），由此看來，似乎發電機的翻譯法，比較能表達原始創意。

圖 25-152

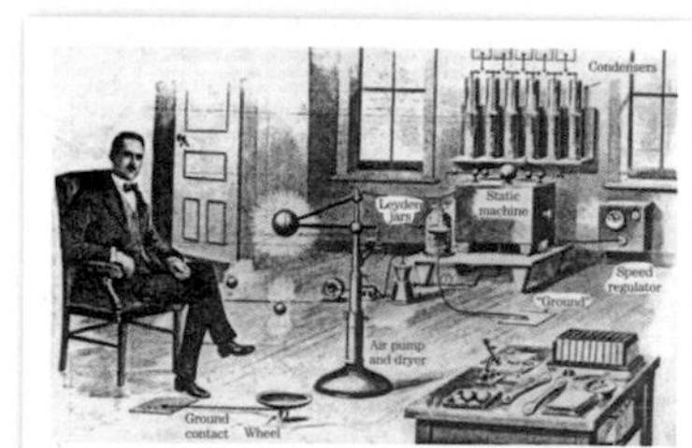

圖 25-153

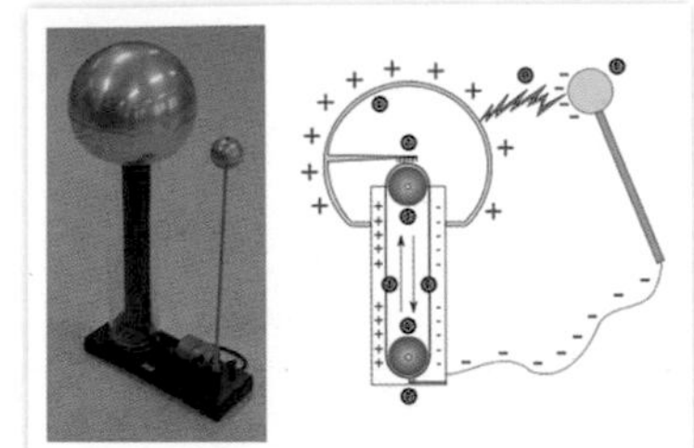
圖 25-154

圖 25-155 Courtesy David Monniaux

圖 25-156

圖 25-157

圖 25-158

其外型及工作原理如圖 25-154 所示：

看到圖 25-154，讀者一定有個疑問：這個像玩具的東西，真能輻射改變鑽石顏色？不錯，圖中所示的原始型，在美國的網路上以一個 180 ~ 250 美元的價錢販售，的確不能產生輻射效果。但今日的凡第葛拉夫發電機經過一連串改進，包括絕緣材料、機體內抽成真空及機件排列方式等，已經可以達到包括 5 megavolts 的電壓（電位差），致使電子被加速到相當程度，加上其他設備配合，已可達到輻射能力（讀者也可以自己試試看喔）。但畢竟是電子的輻射，如前述說明，穿透力屬中等，其改色範圍僅能穿過鑽石 1nm~2mm 左右深的表層。

在巴黎 Jussieu 校區的地下室中，使用 Van de Graaf 加速器產生之光束線已進行各項實驗，圖 25-155。

圖 25-156 所示為具有輻射能力的 Van de Graaf 加速器。

以凡第葛拉夫發電機法為例，根據鑽石原本的顏色，它可以使鑽石產生帶藍的顏色。普通 cape 級（黃）的鑽石經過此一程序處理，可以改變成帶藍的綠色或是帶綠的藍色，如圖 25-157 所示。其中輻照處理後左圖帶藍的綠色稱為 Forest Green，右圖帶綠的藍色稱為 Aqua-Blue。圖 25-158 中三顆鑽石均為輻照鑽石，上方鑽石的顏色就有點綠帶藍。圖 25-159 為顯微鏡下的輻照鑽石。

這類處理過的鑽石非常普遍，所以要對這種輻照的可能性提高警覺。如果要得到完全藍的鑽石，就必須使用無色的鑽石，不過即便如此，恐怕也不是絕對的保證。為達到改色的目的，把難得的無色等級鑽石拿去輻照，顯然是很不智的作法。要偵測這種改色處理，只要在實驗室中測試導電性就可以了。因為天然的藍鑽含微量的硼，因此可以導電。而改色處理的藍鑽是因為是晶格改變，因此不導電。同樣的，可以再經過約 500℃到 1200℃退火的程序，可以使鑽石呈現出橙到黃或是粉紅色。

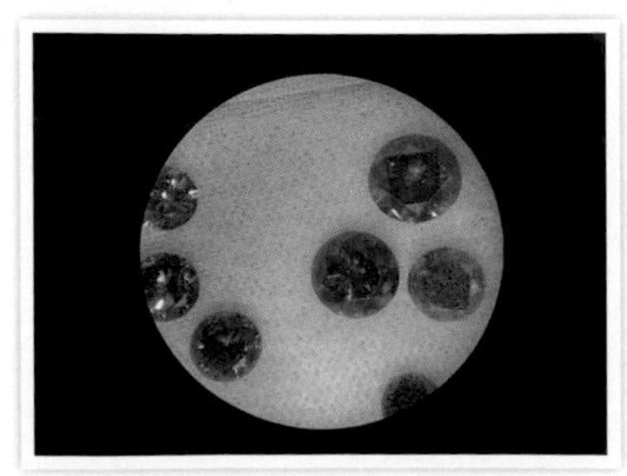
圖 25-159 顯微鏡下的輻照鑽石

要白鑽，還是要輻照改色的藍鑽？

彩鑽價格飆漲，藍鑽更是不得了。圖 25-160 所示為未改色的白鑽及改色的藍鑽，如果是你，會選擇要哪一種？

圖 25-160

輻射殘留（Radioactive Residue）

經以上三種輻照方式處理後的鑽石，一般而言都偵測不到輻射殘留，但也不敢說是絕對的，所以還是要多加留意。其他輻射改色的方式還有：

(1) 鈷 60 產生的 γ 射線：鈷 60 的符號是：27Co60，這表示它有 27 個質子及 33 個中子，同時他具有放射性。鈷 60 先放出一個貝他粒子轉變成鎳 60，但此時鎳 60 原子核仍很不穩定，它又迅速放出兩道加馬射線，才形成穩定的鎳 60 同位素。所以，一個鈷 60 原子自發性地蛻變時，會放出一個貝他粒子和二道加馬射線。

鈷 60 放射源的應用非常廣泛，幾乎遍及各行各業，在醫學上，以往常用於癌和腫瘤的放射治療。但因鈷 60 的穿透力較不足，對於胸、腹部及骨盆腔的治療，因為腫瘤位置往往較深，及高能直線加速器的廣泛使用，鈷 60 已漸漸被取代。

用鈷 60 產生的 γ 射線輻射後的生的顏色為藍或藍綠色，但因需時甚長，已無廣泛使用。

圖 25-161 蓋格記數器 (Geiger counter)

(2) 鋂 (Americium)-241

近年來，綠色的鑽石改以鋂 -241 輻射改色，這樣處理的鑽石可以蓋格記數器（圖 25-161）偵測出來。

推測經輻照處理後鑽石改變顏色的原因

1. 鑽石晶體受輻照後產生熱能，形成類似高溫高壓處理的過程，例如說：熱能使內含物消失，鑽石的透明度與顏色因此而改善；加熱過程中，鑽石的結晶構造可能因為熱而癒合或重新結晶，相對來說原本存在於鑽石中的缺陷就會減少，而提高透明度甚至會改變顏色。

2. 鑽石晶體受輻照後產生熱能，產生氧化還原反應，例如說：黑色或棕色的鑽石包含了石墨等黑色內含物，影響美觀，於是將其處理整個呈現黑色。

3. 鑽石晶格受輻照後產生變形，吸收某部分光線，例如說：紅鑽的形成原因，可能是因為晶格結構扭曲所造成，而使鑽石呈現紅色。如果接受輻射能量，鑽石晶格有可能被某種程度的扭曲，扭曲程度不同，就會吸收不同的光線，而使鑽石呈現出不同的顏色，例如紅色、粉紅色或橙黃色。

4. 鑽石晶格受輻照後產生原子錯移或說造成色心，例如說：綠鑽因生成過程中經天然輻照而改變晶格結構，致使呈綠色外觀，如果經過人為輻

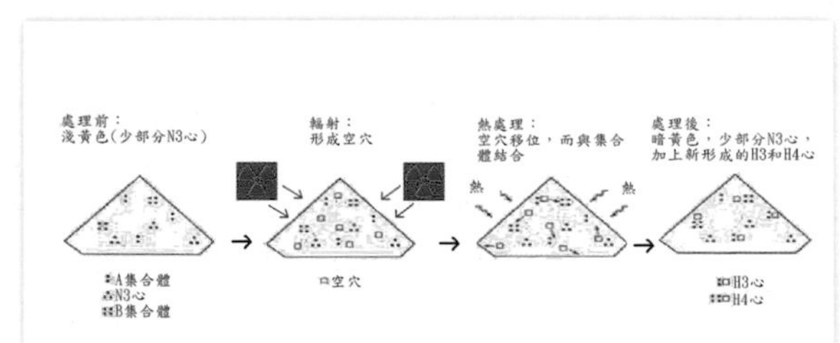

圖 25-162

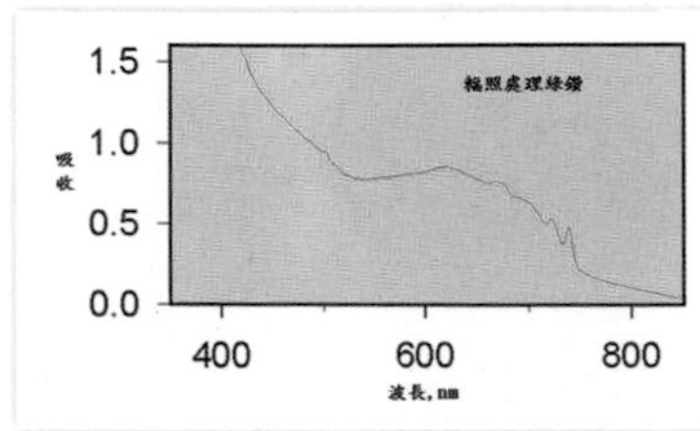

圖 25-163 輻照綠鑽吸收譜帶

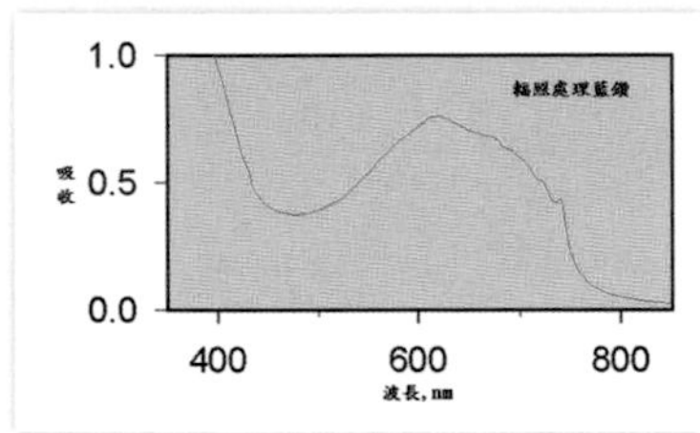

圖 25-164 輻照藍鑽吸收譜帶

照，可能也可造成同樣結果。
究竟何者正確？

鑽石經輻照後再熱處理改變顏色示意圖

先看圖 25-162，做一個初步的瞭解：

圖 25-162 中經輻照後再熱處理，產生的是 H3 和 H4 色心，此等色心使得鑽石顏色呈現黃色、橘色或者褐色，而前面提到的 N-V 色心，則使鑽石顏色呈現粉紅色。推究其差異在於：

1. 起始材料類型不同：呈粉紅色的起始材料是Ⅰb 型鑽石，而呈黃、橘色的起始材料是Ⅰa 型鑽石。
2. 輻照的種類與劑量不同。
3. 退火處理的溫度高低不同。

輻照導致色心缺陷的成因

根據前人研究顯示，鑽石中輻照導致色心的形成與下列 4 種因素有關：

(1) 鑽石晶格位上原子或離子的電離或激發；
(2) 中子與鑽石晶體中原子核的相互作用，導致鑽石晶格位上離子的遷移；
(3) 鑽石晶格位上出現正、負離子空位或空位聚集；
(4) 線狀偏移。

因而導致以下十種常見的輻照誘發色心：

1.GR1 色心
2.637 色心
3.595 色心
4.H3 和 H4 色心
5.3H 色心
6.477 色心
7.H1b 和 H1c 色心
8.N-V 色心
9.NDl 色心
10.S1 色心

1.GR1 中心：所謂 GR 是指 General Radiation，而 1 表示第一躍升。在所有類型的鑽石中，經過各種類型的輻射處理作用，都可產生 GR1 色心，所以可以把它稱為一般輻照色心。GR1 色心的第一躍遷形成吸收譜帶，其零聲子線位於 1.673eV (741nm) 處，在紅光處吸收，它由鑽石的一般輻照作用引起。與其相伴隨的還有位於 2.8810 到 3.0007eV(412~430nm) 之間的 GR2-8 譜線條。GR 色心與鑽石晶體因輻射產生的空位缺陷有關。因此，晶體可能呈藍色和綠色。GR1 心和 N3 色心共同產生綠色。

天然的綠鑽是在自然界中接觸到輻射，而產生 GR1 色心。威廉庫克斯爵士或是其後的輻射處理鑽石是在人為的環境下，使鑽石接觸到輻射，而產生 GR1 色心。因為致色原因都是 GR1 色心，所以要判定綠鑽的色源是天然的或是人為的，有時有點困難。除了在第 13 章天然彩色鑽石一章中提到可以觀察其色形外，人為輻射的綠鑽，可能同時帶有 620nm 吸收線，如果觀察到這條吸收線，就可以判定其為人為輻射改色綠鑽。但 620nm 吸收線會因溫度變化而消失，因此輻射處理的綠鑽也可能看不到這條吸收線。

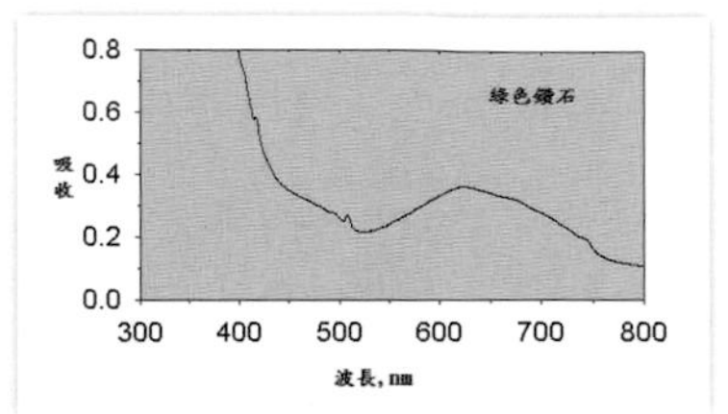

圖 25-165 天然綠鑽吸收譜帶

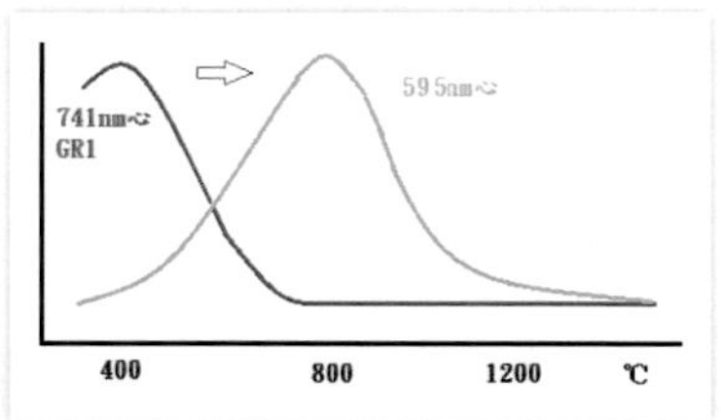

圖 25-166 鑽石輻照退火處理與色心的演化

2.637 nm 中心：637 中心 (1.945eV) 是Ⅰ b 型鑽石 (N 心) 遭到輻射損傷 (V) 後、再經過 700℃～ 800℃退火，誘生的 (N-V) 心，會使晶體呈現綠黃色、淺褐色。但如與 575、595 nm 心聯合作用，就會使鑽石呈粉紅色、紫紅色。Ⅱ a 型合成鑽石，就常藉產生此色心而呈現紫紅色。

3.595nm 中心：1956 年 GIA 的研究人員發現Ⅰ a 型鑽石經輻射處理後在高溫退火（600℃～ 800℃）條件下，可以產生 595 中心（圖 25-166），而天然鑽石沒有。595 中心（2.086eV）主要出現在褐色、黃色、綠色調的鑽石中。天然的 595 中心與其它色心共生情況複雜。在綠色鑽石中，它與 GR1、3H 色心相伴，其強度較弱。在褐色鑽石中，它常與 H3 相伴。

595nm 線在天然狀態的鑽石（未經過任何處理）中出現的情況非常少見。人們進而認識到，對於一顆帶色的鑽石，其吸收光譜中有 595nm 線則表明其顏色與處理作用有關。反之，彩色鑽石光譜中如果沒有該譜線則表明其顏色成因有可能是天然的。既然是判斷處理的診斷特徵，就有人會想辦法讓它消失，研究結果顯示：如果經過處理的黃色鑽石被加熱到 1000℃，則 595nm 線會被破壞，而鑽石的顏色不會發生實質性的變化。這種結果或許早已為那些處理人員所了解，從而設法使經過處理的鑽石有一種天然鑽石的光譜特徵。

4.H3 和 H4 中心：研究表明，當Ⅰ a 型鑽石中所有的氮都以 A 心（兩個氮集合體）形式存在時，用輻射處理，再高溫退火（800℃或更高），N-V-N 就呈電中性，產生 H3 吸收，即 503nm 的零聲子線和短波處的一個吸收帶。這種吸收使鑽石呈現黃色、橘色或者褐色，顏色的深淺取決於鑽石先前所遭受輻射的劑量。
經歷輻照和退火的鑽石，空穴為 B 心（四個氮集合體）捕獲而產生 H4 心，即光譜中 496nm 零聲子線和短波處的一個吸收帶的吸收，這種吸收同樣使鑽石呈現黃色、橘色和褐色。

簡言之：鑽石中由輻射產生的空穴分 為 A 和 B 氮集合體所捕獲而形成 H3 和 H4 中心。即 H3 為兩個氮原子（A 型）與一個空穴結合產生；H4 為雙偶氮原子（B 型）與雙空穴結合產生。天然黃色鑽石中也可能

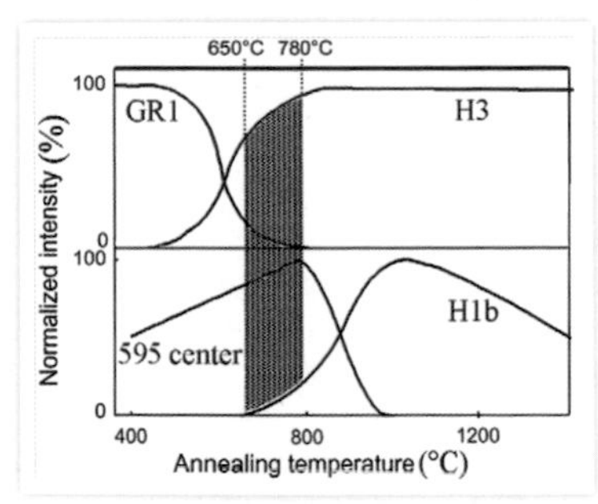

圖 25-167 Courtesy E. Gaillou et al

有 H3 心與 H4 心，通常 H3 心會強過 H4 心。

如果人工輻射的含有 H4 心占主導地位的鑽石加熱到 1500℃，則 H4 心吸收譜帶的強度可明顯減少，而 H3 心的吸收譜線強度增大，從而使得譜帶非常接近在天然鑽石譜帶中所觀察到的情況。將寶石級鑽石加熱到 1500℃常有很大的冒險性，但是這種極不尋常的處理方法目前已經應用到寶石貿易中。

對於自然出現的帶有 H3 心的鑽石吸收光譜，儘管它只含有 H3 心系統，事實上所有的氮都以 B 型聚合態形式存在於鑽石中，因而很少有因 A 型氮作用而使螢光消失的現象，鑽石在白光的激發作用下表現出明亮的綠色螢光效應。

當鑽石經受超劑量的輻射處理後又經過退火作用時，這時 H3 和 H4 吸收譜帶變得很強，並且鑽石實際上在波長小於 490nm 時是不透明的。與天然出現的具 H3 和 H4 心的鑽石光譜明顯不同，這時鑽石呈現出一種橘黃色的顏色，但其光譜特徵不同於未經處理的天然鑽石的光譜。

5.3H 中心：當經過中子輻射處理的鑽石又被熱處理到 350℃～ 400℃之後，在 504nm 處出現一條相當強度的吸收譜線，有時在 492nm 處還有相伴的譜帶出現（室溫下測定）。

Dawies 研究認為在低溫退火條件下得到的 504nm 譜線是另外一個不同的光學色心的零聲子線，用 3H（2.462 eV）表示。當加熱到 425℃時，這些譜帶完全消失，然而當退火溫度上升到 700℃～ 1000℃時，在 504nm 處的譜線又重新出現（在 504nm 處有吸收的是 3H 中心的零聲子線），這時相伴隨的還有 497nm（H4）的譜線。
3H 中心與 H3 中心是吸收波長非常接近的兩個中心，3H 心的零聲子線在 504nm 處，在較低的溫度下（<425℃）穩定。H3 心的零聲子線在 503.7nm 處，只在高溫退火時才會出現，兩者的吸收譜帶形狀也不同，採用高精度光譜儀在 100K 下測試兩者譜線的位置略有不同。

6.477 心：有些鑽石在長波紫外光的激發作用下會表現出一種明亮的黃色螢光。其光譜特徵可以看成是Ⅰb 型鑽石的吸收光譜與峰值在 2.6eV（477nm）處的小峰複合而成。吸收帶零聲子線位置在 520nm。

7.H1b 和 H1c 中心：除以上輻照色心外，鑽石經輻照及退火後還會產生位於近紅外區譜線吸收的兩個中心主心 H1b 和 H1c 心。圖 25-167 為鑽石輻照退火處理與色心的演化，H1b 為 2024 nm，H1c 為 1936 nm，它們對顏色的貢獻不大，但在天然彩鑽和人工改色彩鑽的鑑別中起著重要的作用。

8.N-V 中心：氮原子與空穴結合產生。在Ⅰb 型鑽石中主要是帶負電的氮 - 空穴心（$(N\text{-}V)^-$）。（$(N\text{-}V)^-$）產生了 637nm 的零聲子線和短波區的吸收帶，賦予鑽石粉紅色。若鑽石之前遭受過更大劑量的輻照，則此時可能呈現粉紅～紅色，一些氮 - 空穴心呈電中性（$(N\text{-}V)^0$），產生 575nm 的零聲子線。

9.NDl 心：負電荷空穴色心 (V^-)。主要出現在Ⅰa 型鑽石中，其 CL 發光主峰位於 388(±2) nm 處，一般疊加在 A 型譜帶上。儘管其 CL 發光光強度相對較弱，但具有重要的標型和鑑定意義。

10.S1 心：S1 心屬一種典型的輻射損傷心，發光峰位於 515 ～ 520 nm 範圍內，一般發射強藍綠色或黃綠色光。研究顯示，S1 心與 N3、N2 心關係密切，屬 N-V 缺陷結構類型。

這些輻照誘發色心究竟對鑽石的顏色有何影響呢？先看天然色心對鑽石的顏色的影響，再看輻照與退火導致色心對鑽石的顏色的影響：

天然色心種類及顏色表現：

A 集合體：晶格相鄰位置上 2 個氮原子—沒有顏色

B 集合體：晶格相鄰位置上 4 個氮原子和空穴—沒有顏色

N3 色心：晶格相鄰位置上 3 個氮原子和空穴—淡黃色

C 色心：孤氮原子—濃黃色

GR 色心：空穴（即晶格中少 1 個碳原子）—綠色到藍色

N-V 色心：晶格相鄰位置上孤氮原子和空穴—粉紅色至紅色或紫色

N-V-N (H2、H3）色心：空穴與 A 集合體結合—綠色

H4 色心：空穴與 B 集合體結合—黃色、橙色或棕色

輻照與退火導致色心種類及顏色表現：

GR 色心：空穴（741nm）—綠色到藍色

NDl 心：V^-，主要出現在Ⅰa 型鑽石中，388(±2) nm

N-V 色心：晶格相鄰位置上孤氮原子和空穴—粉紅色至紅色或紫色 ($N\text{-}V^-$637nm) / 褐色、黃色、綠色調的鑽石 ($N\text{-}V^0$575nm)

N-V-N (H2(986nm)、H3(503.7nm)）色心：空穴與 A 集合體結合—綠色

H4 色心：496nm，空穴與 B 集合體結合—黃色、橙色或棕色

3H 心：中子輻照加 350℃～ 400℃熱處理，在 504nm(492nm)

595 心：輻照加高　(600℃～ 800℃) 退火處理，相伴出現

H1b(2024nm)、H1c(1936nm) 不影響顏色

S1 色心 (515 ～ 520 nm)—藍綠色或黃綠色

輻射改色鑽石之鑑定

既然瞭解了輻射改色的方式以及鑽石變色的原因，那麼我們就可以找出偵測的方法。例如說：

1. 既然來自轟擊，一定會形成色帶；
2. 既然晶體晶格改變，吸收光譜一定會改變；
3. 導電性的差異；
4. 螢光反應應該會有所改變等等。

輻射改色鑽石及其鑑定

色帶：

a. 顏色分布特徵

– 顏色特別濃

– 色帶分布位置及形狀

– 亭部顏色呈傘狀圍繞 (雨傘效應 Umbrella effect)

b. 吸收光譜

c. 導電性

d. 在紫外線燈下有強螢光反應

顏色分布特徵

色帶分布位置及形狀：

天然致色的彩色鑽石，其色帶為直線狀或三角形狀，色帶與晶面平行。而人工輻照改色鑽石顏色僅限於刻面鑽石的表面，因此，將在鑽石薄的位置有顏色集中的現象。例如，刻面鑽石經電子輻照會在尖底、腰圍或稜線上產生顏色集中。

色帶分布位置及形狀與切磨形狀及輻射照方向有關，而與其結構無關。因為當轟擊來自鑽石的冠部時，則刻面鑽石的腰稜處將顯示一深色色環；當轟擊來自鑽石刻面側面時，則刻面靠近轟擊源一側顏色明

圖 25-168 色帶分布 1

圖 25-169 色帶分布 2

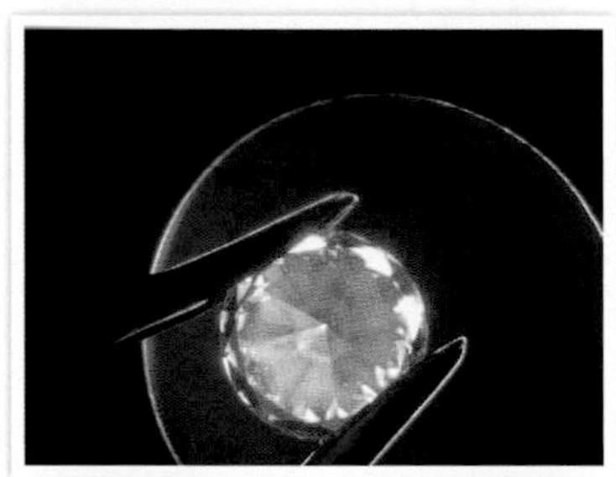
圖 25-170

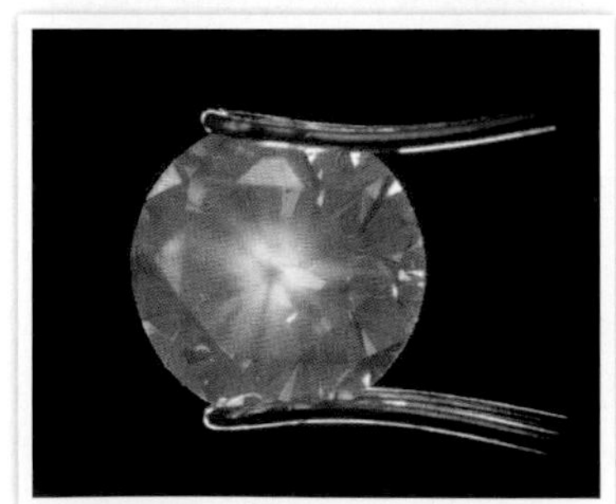
圖 25-171 正面

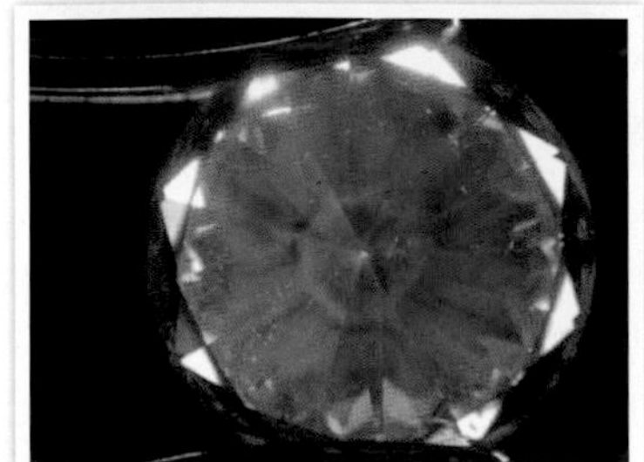
圖 25-172 背面

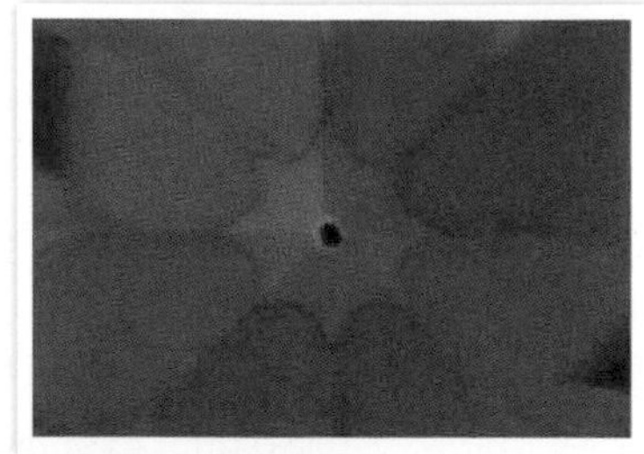
圖 25-173

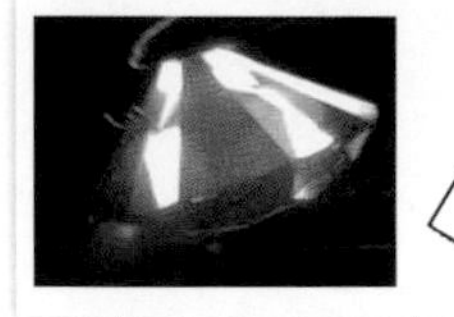
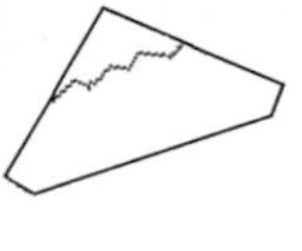
圖 25-174

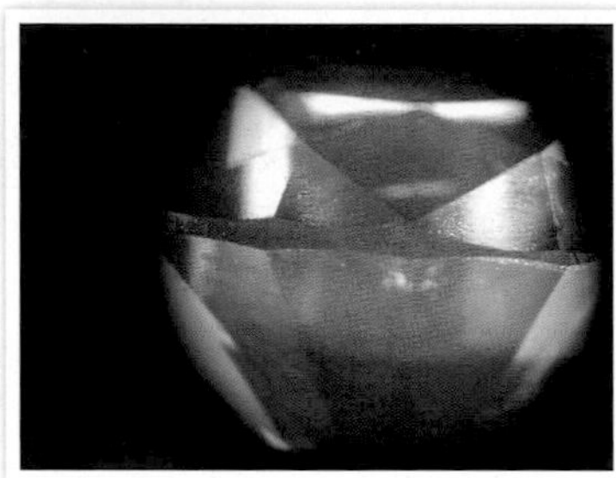
圖 25-175

顯加深，這種現象很容易被查覺（圖 25-168 及圖 25-169）。如果將鑽石放在二碘甲烷溶液或油中，以顯微鏡放大觀察就更容易發現了。

雨傘效應 Umbrella effect（亭部顏色呈傘狀圍繞）

當來自回旋加速器的亞原子粒子，從亭部方向對圓型多面切磨鑽石進行轟擊時，透過桌面可以看到輻射形成的顏色呈傘狀圍繞亭部分布（圖 25-171 及圖 25-172），有似「張開的傘」（圖 25-173）。

如果換作是階梯形切磨的鑽石，在上述條件下，則僅能顯示出靠近底尖的長方形色帶。

雨傘效應成因：

由側面觀察，比對圖 25-174 右紅色線在圖左相對位置，有一道沿著亭部刻面及腰下刻面的黃色帶，形成雨傘效應的原因一目瞭然。

一旦發現這樣的輻照處理雨傘效應，就會在腰圍刻上「IRRADIATED」的字樣，如圖 25-175 所示。

要注意的是早期輻照處理的鑽石才會有雨傘效應，新式的處理方式已不復存在，其原因如輻照處理方式一節所述。

2. 吸收光譜

GR1 線：輻照處理的鑽石顯示 741nm 處的吸收線（GR1 線），但這條吸收線也見於天然輻照的鑽石，不能作為處理的證據。一個最有名的例子就是德勒斯登綠鑽，它是由天然輻照致色，但具有 GR1 線。

原本含氮的無色鑽石經輻照和加熱處理後可產生黃色。據認為這種黃顏色是由 H3 和 H4 色心引起的，且以 H4 色心占優勢，而天然黃色鑽石沒有 H3 或 H4 色心，或是色心不明顯，在吸收光譜中，由 H4 色心引起的吸收線的存在被認為是鑽石經輻照的證據（GR1 線，即 741nm 處的吸收線）。但沒有 H4 色心，並不能說明鑽石的顏色就一定是天然的。

輻照後進行熱處理：

如輻照隨後進行熱處理，會誘發位於橙黃區 595nm 處的一條吸收帶（圖 25-176），可以 UV Visible 紫外－可見光譜儀（見圖 25-177）觀察到。

紫外－可見光可偵測的波長範圍介於 10 ～ 700nm，可以檢測出離子的濃度藉以分辨天然色鑽石或改色鑽石的差別。紫外－可見光對於彩鑽的鑑定尤其重要，可以經由檢測出不同顏色彩鑽所呈現的不同光譜吸收峰進行人工改色或天然彩鑽的區別。例如輻照處理的彩鑽，可能出現 595nm 的吸收峰，但是若再經過攝氏 1000 度以上高溫處理的程序，此吸收峰將消失，但若有出現此吸收峰就一定是人工輻照鑽石。

如鑽石未曾充分加熱，741nm（GR1 線）會繼續存在。如果經輻照再加熱而成的黃色鑽石，就會有 595nm 的吸收線。但是在樣品輻照後再次加熱的過程中，隨著溫度的不斷上升，如加熱到 1000℃以上，595nm 線將消失，在紅外線區的 1936nm 和 2024nm（H1b 和 H1c 線）處將出現兩條新的線，這兩條線必須使用 FTIR 來觀測。因此，只要有 595nm 或 Hlb 和 H1c 線的出現，將是輻照鑽石的鑑定依據。

3. 導電性

天然藍色鑽石由於含微量元素 B 而具有導電性，而輻照而成的藍色鑽石則不具導電性。要注意的是：並非所有天然藍彩鑽都是由硼致色，在市場上，有些天然灰帶藍，或是藍帶綠的鑽石不導電，但是是非常非常稀有的。圖 25-178 為可攜式 SSEF 藍色鑽石測試機（Blue Diamond Tester），是專門用來測試鑽石的導電性的。

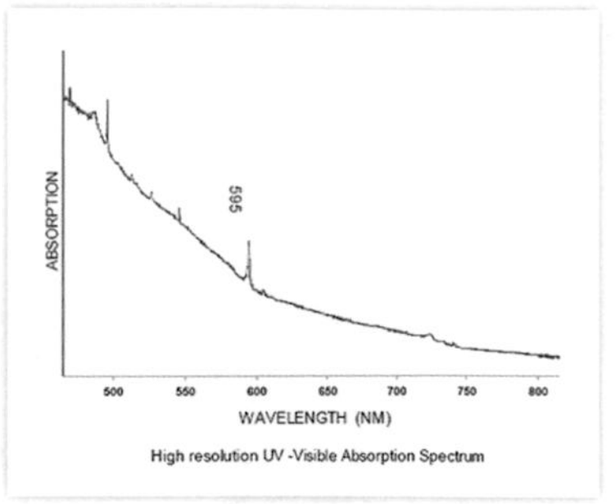

圖 25-176

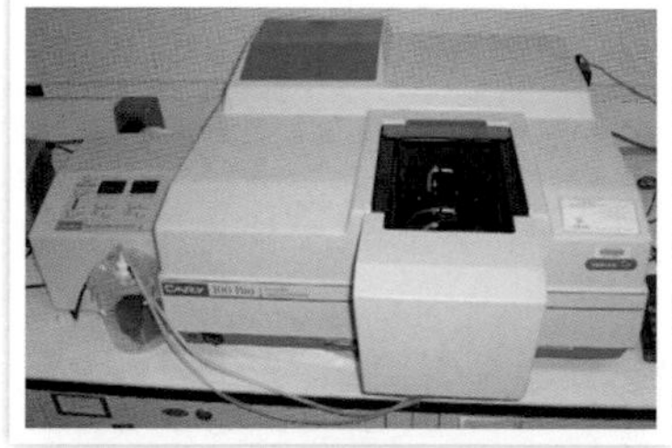

圖 25-177

圖 25-178

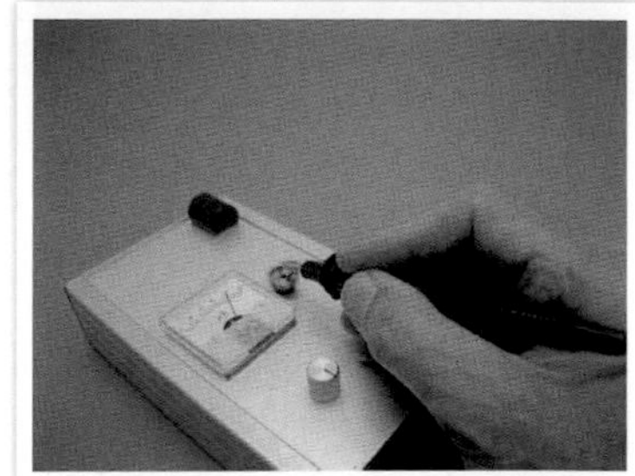

圖 25-179 SSEF Blue Diamond Tester 2

圖 25-180

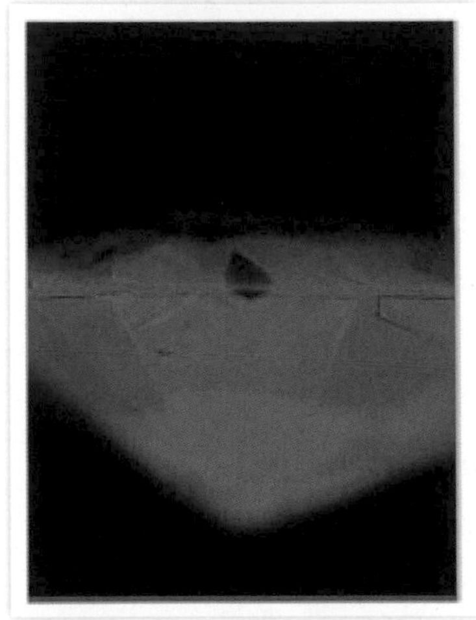
圖 25-181

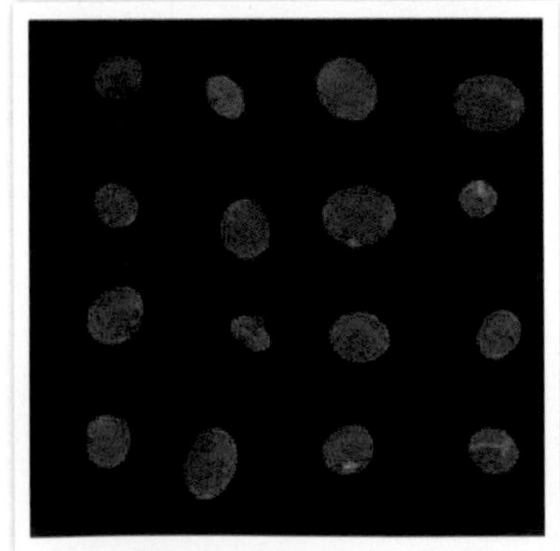
圖 25-182

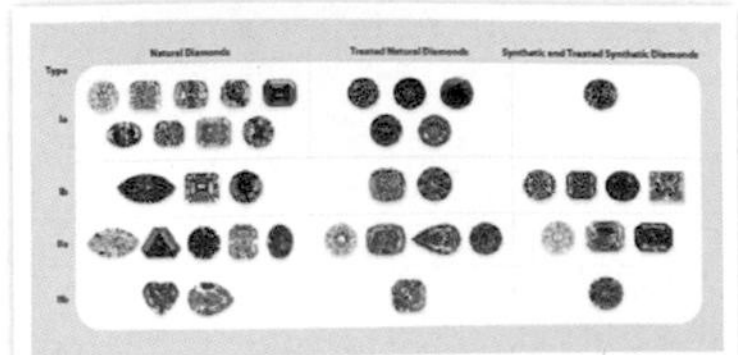
圖 25-183

4. 在紫外線燈下有強螢光反應

例如一顆 Fancy Deep Brown- orange 的輻照處理彩鑽（圖 25-180），以 DTC 的 DiamondView 檢查，發現亭部顯現強藍色螢光，冠部及腰圍則是強黃綠色螢光，兩者涇渭分明（圖 25-181）。其中亭部的強藍色螢光是由 N3 所致，而 H3 則使得冠部及腰圍發出強黃綠色螢光。圖 25-182 中經輻照處理的粉鑽在紫外螢光照射下呈現橙色。

IRRADIATED 與 HPHT 比較

IRRADIATED（輻照）及 HPHT（高溫高壓）都是用在鑽石的顏色優化處理，兩者在顏色優化方面究竟有何不同？

1.HPHT 處理，可以加色也可以減色；

2.IRRADIATED 處理，只可以加色不可以減色。

3.HPHT 處理的顏色比較像天然的，IRRADIATED 處理的顏色比較不自然。

4. 價格方面： HPHT 處理的比 IRRADIATED 處理的貴。

複合式處理方式

近期出現的部分人工處理彩色鑽石，由以往單一輻照，或輻照退火，或高溫高壓（HPHT）處理，發展為 HPHT 與輻照退火複合式處理，處理後鑽石的顏色更加艷麗、持久（圖 25-183）。

想要得到粉紅色的彩鑽嗎？就要創造出 N-V 色心，但是自然界Ⅰb 型鑽石極為稀少，甚至比Ⅱ型鑽石還少，但是以 HPHT 合成的鑽石，大多是Ⅰb 型；或是說將Ⅰa 型先以 HPHT 處理，創造出Ⅰb+Ⅰa 型後，再加以輻照以及退火處理，就可以產生粉紅鑽，於是就有了「複合式處理」，亦即以合成、HPHT 處理、輻照或是退火處理等方式的組合式處理 。

複合式處理案例：複合式處理產生粉紅鑽

圖 25-184 所示的粉紅鑽是經過三個步驟製成的：

1. 天然Ⅰa 型鑽石經過 7Gpa-2150 ～ 2450℃的 HPHT 處理成Ⅰa ＋Ⅰb 型鑽石，這樣做的目的是使其產生 C 色心（N）；

2. 再經過 2MeV 的輻照，使其產生空穴（V）；

3. 隨後以＜ 1100℃的退火處理，使其產生 N-V 色心，即可呈現粉紅色。

以下將市售之彩色鑽石，其成因依顏色分類如次，以方便比對。

	**紫紅／粉紅色鑽石顏色成因：** 晶體晶格排差缺陷（天然） 表面塗層處理 HPHT 處理 HPHT+ 輻照退火複合式處理 HPHT 合成 + 輻照退火處理 CVD 合成 + 輻照退火處理 例如圖 25-185
	**黃色鑽石顏色成因：** 氮雜質替位（天然） 輻照退火處理 HPHT+ 輻照退火複合式處理 HPHT 合成 HPHT 合成 + HPHT 複合式處理
	**藍色鑽石顏色成因：** 硼雜質替位（天然） 輻照處理 HPHT 處理 HPHT、CVD 合成
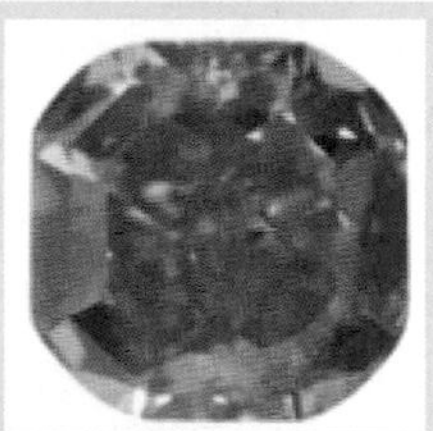	**黃綠色鑽石顏色成因：** 天然 HPHT 處理 HPHT+ 輻照退火複合式處理 HPHT 合成 + HPHT 複合式處理
	**藍綠色鑽石顏色成因：** 天然輻照 人工輻照處理 HPHT 合成 + 輻照

圖 25-184

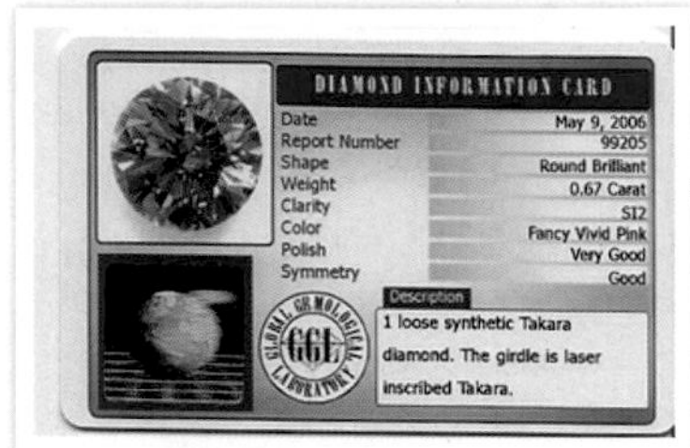

DIAMOND INFORMATION CARD

Date	May 9, 2006
Report Number	99205
Shape	Round Brilliant
Weight	0.67 Carat
Clarity	SI2
Color	Fancy Vivid Pink
Polish	Very Good
Symmetry	Good

Description

1 loose synthetic Takara diamond. The girdle is laser inscribed Takara.

圖 25-185

Carat Weight .... 10.22 carat
Color
Origin .... NATURAL
Grade .... FANCY INTENSE
.... YELLOW-GREEN
Distribution .... Even
Clarity Grade VS2

圖 25-186 天然致色

討論了那麼多，應該會鑑別輻照處理的鑽石了吧！現在，讓我們思考一個進階的問題：在彩鑽的章節中，我們知道天然綠色鑽石，是由自然界輻照而來，那麼天然的綠鑽與人為輻照處理的綠鑽究竟有何不同？要如何鑑定？答案是很難，許多配備高階儀器的鑑定所也很難判定，有時候將鑽石樣本送去鑑定，半年一年後答案出來了是：「undetermined」（無法決定）。據說 GIA 是根據輻射蛻變的速度來判定，提供給讀者參考。

輻照改色鑽石之鑑定書

許多彩鑽都經過輻照處理，必須透過高階鑑定設備來確定，或由鑑定書確定顏色來源。一般天然色源的會載明：NATURAL（圖 25-186）；而經輻照改色的就載明：ARTIFICAILLY IRRADIATED（人工輻射）。

GIA 證書顏色部分如果有 * 號，看附註就會有「The diamond has been artificially irradiated to change its color」（圖 25-187 及圖 25-188）（另一種是 HPHT，另見 HPHT 改色說明），說明這一顆鑽石的顏色是經過輻照改色的。GIA 在檢驗時如發現輻照處理鑽石，會不經同意在腰圍上刻 irradiated 的字樣（圖 25-189 及圖 25-190）。

圖 25-191 證書寫了 IRRADIATED 又寫了 HPHT，而 * 後面寫的是這顆鑽石的顏色是經過輻照處理，那麼這顆鑽石倒底是經過 IRRADIATED 還是 HPHT 處理？還是都有？

注意看：IRRADIATED 及 HPHT 是寫在 Additional Inscription 之下，表示在腰圍上被刻了這兩個字；而經 GIA 檢驗，認為這顆鑽石是經過 IRRADIATED 處理而非 HPHT 處理。

複合式處理法 GIA 證書，如圖 25-192 所示。

IGI 證書
以圖 25-193 中一顆黃綠鑽為例，IGI 證書如圖 25-194 所示。其螢光反應如圖 25-195 所示。

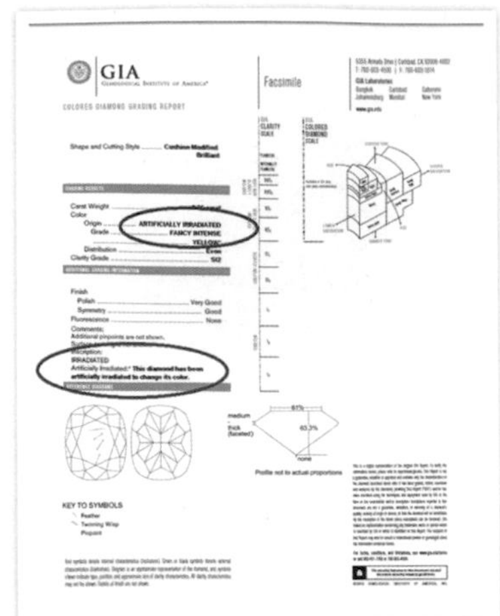
GIA
Facsimile
COLORED DIAMOND GRADING REPORT
ARTIFICIALLY IRRADIATED
FANCY INTENSE YELLOW
IRRADIATED
Artificially Irradiated.* This diamond has been artificially irradiated to change its color.

圖 25-187

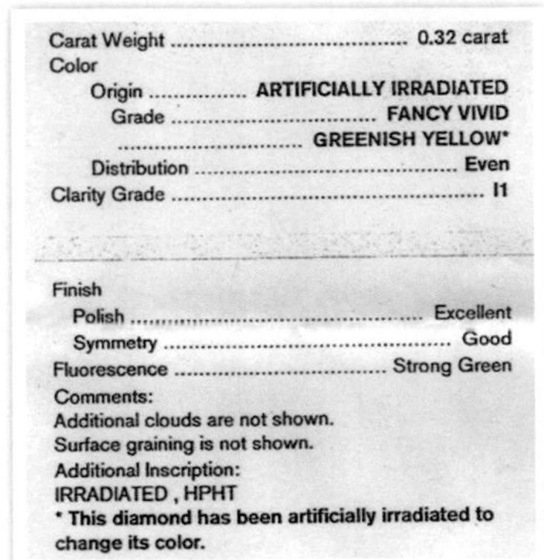
Carat Weight .... 0.32 carat
Color
Origin .... ARTIFICIALLY IRRADIATED
Grade .... FANCY VIVID
.... GREENISH YELLOW*
Distribution .... Even
Clarity Grade I1

Finish
Polish .... Excellent
Symmetry .... Good
Fluorescence .... Strong Green
Comments:
Additional clouds are not shown.
Surface graining is not shown.
Additional Inscription:
IRRADIATED , HPHT
* This diamond has been artificially irradiated to change its color.

圖 25-188

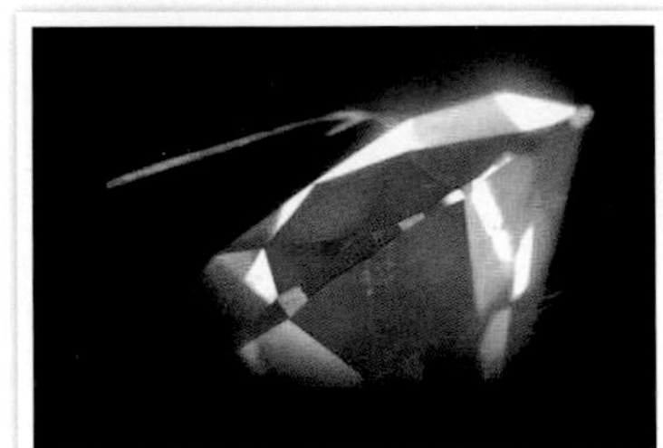
圖 25-189

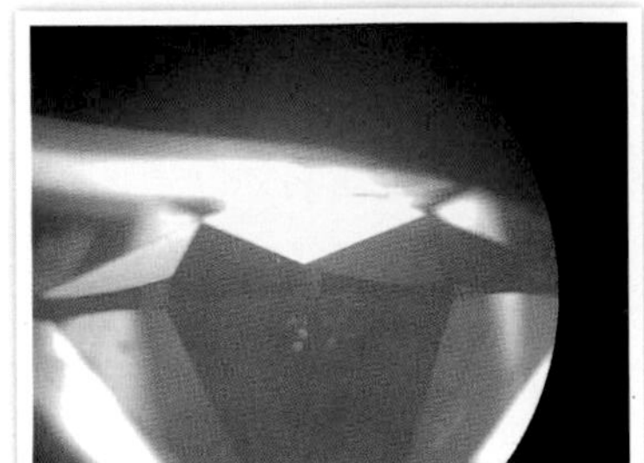
圖 25-190 輻照改色 GIA 腰圍刻字 2

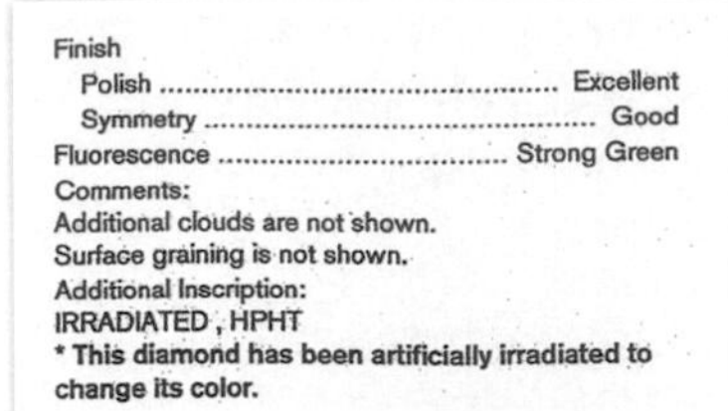
Finish
Polish .... Excellent
Symmetry .... Good
Fluorescence .... Strong Green
Comments:
Additional clouds are not shown.
Surface graining is not shown.
Additional Inscription:
IRRADIATED , HPHT
* This diamond has been artificially irradiated to change its color.

圖 25-191

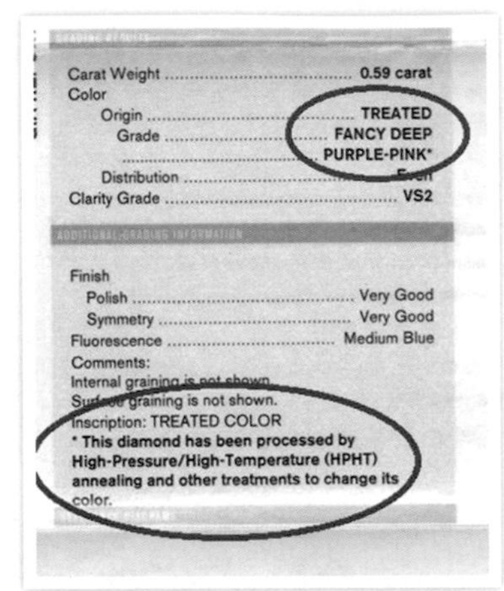
Carat Weight .... 0.59 carat
Color
Origin .... TREATED
Grade .... FANCY DEEP
.... PURPLE-PINK*
Distribution .... Even
Clarity Grade VS2

Finish
Polish .... Very Good
Symmetry .... Very Good
Fluorescence .... Medium Blue
Comments:
Internal graining is not shown.
Surface graining is not shown.
Inscription: TREATED COLOR
* This diamond has been processed by High-Pressure/High-Temperature (HPHT) annealing and other treatments to change its color.

圖 25-192

圖 25-193

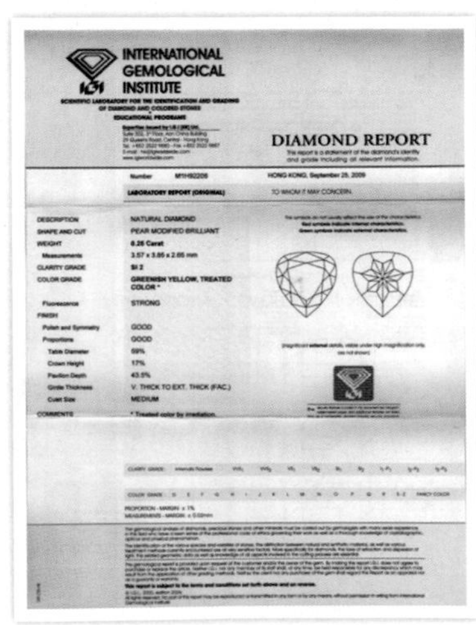
INTERNATIONAL GEMOLOGICAL INSTITUTE
DIAMOND REPORT

圖 25-194

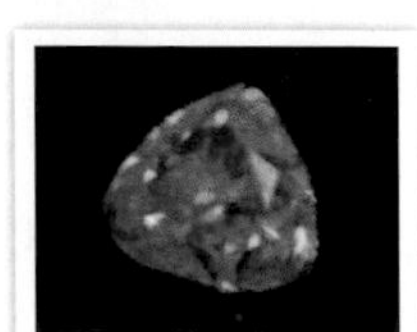
圖 25-195

輻照改色鑽石之價位

輻照改色鑽石之價位決定於處理完成後，其賞心悅目的程度。買家必須充分瞭解它的價值遠低於極為相似的天然品。就算再漂亮，也應該依照顏色濃度低或是顏色不佳的鑽石的價值，加上部份合理的處理費用，再加上視覺享受的價值，作一綜合評估。

如果要買一顆不知出處的濃郁彩鑽，除非有權威鑑定所（例如 GIA、EGL（USA）等）所開立天然色源的證書，否則最好就把它當做是輻照改色的鑽石。圖 25-196 所示之這顆粉紅鑽的顏色是由 Gemesis Ib 型合成鑽石經由輻照和退火後所致。

圖 25-196

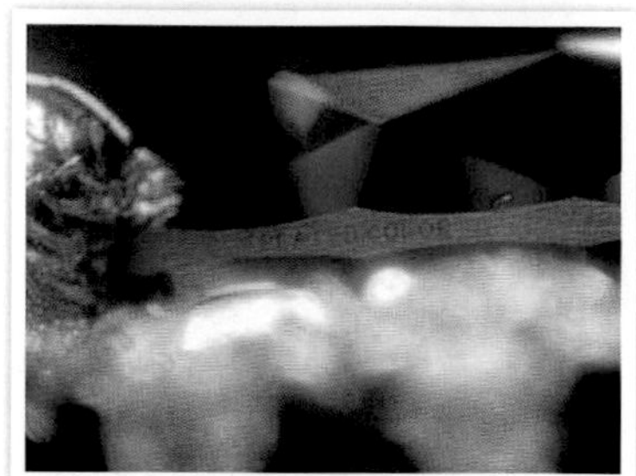

圖 25-197

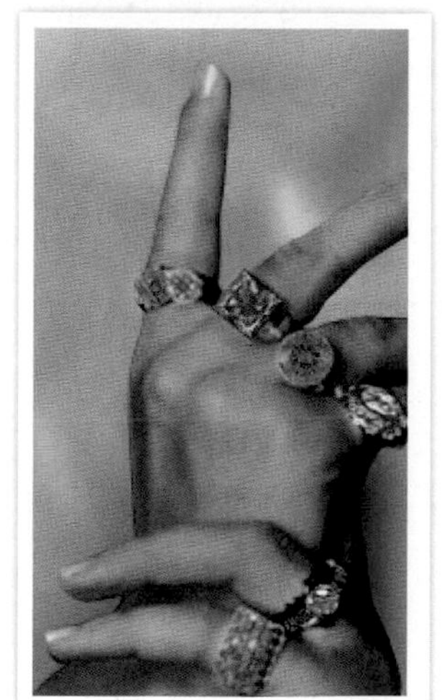

圖 25-198

優化處理鑽石的銷售

購買顏色優化處理鑽石有很多很好的理由，包括：

1. 因為它們獨特、
2. 可以買得起、而且
3. 很時尚
4. 因為現在各種顏色、形狀和大小都可以持續供貨

顏色優化處理鑽石的價格仍由 4C 的變化決定，即：克拉數、淨度、顏色和車工——就如同決定白鑽價格的標準方式。

顏色優化處理鑽石的價格與白鑽的比較

如果鑽石的淨度是相似的，大部分顏色優化處理鑽石的價格會比白鑽略低，惟處理成黑色的鑽石比白鑽便宜很多；3. 處理成粉紅色或紫色的鑽石會比白鑽貴很多。

不同顏色之間價格差異的原因

原材料的成本和製作困難度決定了不同的顏色的價格差異。處理成黑色的鑽石價格相對便宜，因為要產生黑色是最容易的，並且可以使用任何淨度還過得去的鑽石作為原始材料。處理成粉紅色或紫色的鑽石貴很多，一方面因為持續生產相當困難，另一方面因為很難預測原材料帶的顏色能不能被處理掉，因此原材料也很難選。

銷售優化處理的鑽石

1. 要有足夠的知識：首先要確保你已經充分瞭解。除非你自己確實瞭解所有事實，否則無法消弭任何可能的誤解。

2. 知識要完整：必須瞭解有關這產品的一切，因此不要遺漏任何可以幫助你穩當銷售的蛛絲馬跡。

3. 誠實：公開、誠實地討論優化處理的過程一或任何其他細節。不迴避買方的任何問題，答案也不要有任何地方含糊不清或是模稜兩可。

4. 精明機靈：能夠仔細地瞭解客戶的反應。有些人喜歡知道很多，但當你跟另一些人講得太多時，他們會呆滯在那裡。根據客戶的反應調

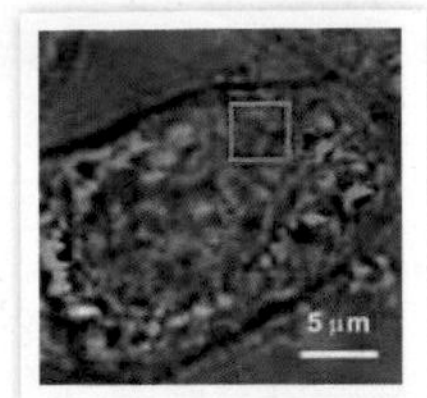

圖 25-199

整接待的技巧，是非常重要的。

記住：「人類有一件很有趣的事，就是當人們出自本能地充分瞭解一件事情後，就會無法抗拒的被它吸引住。」

明白告知

作者強烈建議的顏色優化鑽石的賣家採取下列步驟，明白告知客戶鑽石的來歷，以避免任何可能的法律問題：

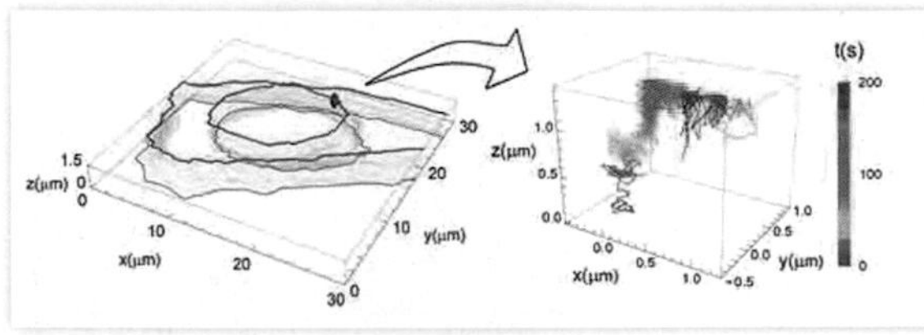

圖 25-200

1. 以書面方式明白告知客戶這些鑽石是經過顏色優化處理的事實。所謂書面方式包括開立的發票、帳單，以及展示櫃內的標示、貨籤等。

2. 告知客戶照料此類鑽石之特殊要求，也就是說告訴買方當需要維修或更改尺寸時，一定要她告知工匠這些鑽石是經過顏色優化處理的，這樣子工匠才會採取適當步驟進行，避免造成傷害。例如說經以輻射改色的鑽石，不可將鑽石加熱到超過 450℃；披覆塗層鑽石則要避免接觸極端溫度（高於 500℃）、接觸到酸或是拋磨材料（不可重新拋磨）；裂縫填充鑽石也要避免接觸高溫等。

處理過鑽石的應用

對寶石業而言，聽到經過處理的鑽石，就聞之色變。但在科學上則不同，奈米鑽石經過處理後可帶有螢光，螢光奈米鑽石經過激發後就會發光，也經過實驗確認對人體有無傷害，因此可將其植入人體中，經過定位和標記，追蹤了解細胞或藥物的運作，如圖 25-199 及圖 25-200 所示。

圖 25-199 及圖 25-200（"Mass Production and Dynamic Imaging of Fluorescent Nanodiamonds",Nature Nanotechnology 3（2008）: 284-288.）所示為單一個螢光奈米鑽石（35 nm）於活細胞（HeLa cell）內的三維追蹤。圖 25-199 細胞吞噬螢光奈米鑽石後的白光與螢光影像重疊圖。圖 25-200 利用三維影像重建，標示出細胞核與細胞質的相對位置圖 25-200（左）。針對圖 25-199 黃色框內的單一個螢光奈米鑽石，連續追蹤 200 秒後所得到的三維軌跡圖 25-200（右）。

Chapter 26

第 26 章
認識鑽石類似石

the basic of diamond identification

知道圖 26-1 中的「人」是誰嗎？其實「她」不是「人」，「她」是 2005 年日本世界博覽會愛知縣展出的女性模擬機器人。在第 24 章合成鑽石中我們談過合成鑽石，合成鑽石雖然是人工做出來的，但合成鑽石的的確確是鑽石。而機器人不一樣，機器人不是「人」，是做出來長的像人的「機器」。此處我們要談的「鑽石類似石」，與合成鑽石不同，它只是長得像鑽石，而不是鑽石。

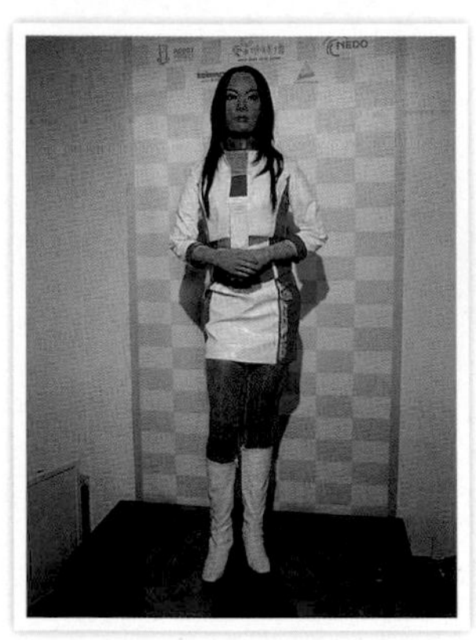

圖 26-1

廣告常說「高貴不貴」，鑽石身為寶石之王，卻是「高貴又貴」的。因此，在無力購買、避免損失、或是刻意欺瞞的種種因素下，各式各樣的鑽石的替代品，或是說鑽石的類似品應運而生。我們必須學會如何分辨鑽石與其類似品，避免受騙上當。

喜歡哪一個？

答：由左至右依次為施華洛世奇水晶鑽，蘇聯鑽，摩星鑽，鑽石

26-1 分辨合成鑽石與類似品

首先，把「合成鑽石」與「鑽石的類似品」定義分別如次：

「所謂合成鑽石（synthetic），指成分、構造、一切性質等同天然鑽石的人造材料。」。

「所謂鑽石的類似品（仿石，Look-Likes、Simulation、Imitation），泛指一切外觀類似天然鑽石的物質，可以是天然的，也可以是人造的材料。」

茲將一般瞭解的鑽石的類似品列表，並按其出現年代分別說明。

鑽石類似品列表

寶石名稱	折射率	色散	比重	硬度	單折射 SR／雙折射 DR	紫外線反應	對 X 光透明度
鑽石	2.417	0.044	3.52	10	SR	由惰性變化到強藍或黃色（長波下較明顯）	透明
合成摩星石	2.65～2.69	0.104	3.22	9.25	DR	橙色（變化的）	不透明
鍶鈦石	2.409	0.190	5.13	5～6	SR	惰性	不透明
立方氧化鋯	2.18	0.060	5.6 至 6.0	8	SR	長波下呈微弱橙 - 棕色，短波下呈黃色	不透明
YAG	1.833	0.028	4.55	8～8.5	SR	長波下呈黃色，短波下呈弱至無	不透明
合成金紅石	2.61～2.90	0.300	4.25	6.5	DR	惰性	不透明
鋯石	1.925～1.984	0.038	4.70	6～7.5	DR	長波下呈黃色，短波下呈弱至無	不透明
釓鎵榴石	2.02	0.045	7.02	6.5	SR		
拓帕石	1.612～1.622	0.014	3.56	8	DR	短波下呈弱帶黃或帶綠	半透明
石英	1.544～1.553	0.013	2.65	7	DR	惰性	半透明
合成尖晶石	1.727	0.020	3.63	8	SR	長波下呈惰性，短波下呈淺藍綠白色	半透明
合成藍寶石	1.760～1.768	0.018	3.99	9	DR	短波下有時呈藍白	半透明
玻璃或人造玻璃	1.470～1.70	0.01～0.031	2.30～4.5	5～6	SR	長波下呈弱藍或惰性，短波下呈較強或強藍	不透明
鑽石包覆玻璃或蘇聯鑽	NA	NA	NA	10			

無色鋯石

表內所稱鋯石為天然鋯石（Zircon）化學成分 $ZrSiO_4$，屬四方晶系。鋯石（Zircon）有著接近 2 的高折射率，珠寶業界曾大量使用無色鋯石當作鑽石的替代品，也有世界知名品牌珠寶公司拿鋯石當配石鑲嵌在珠寶飾品上。與前述立方氧化鋯不同，鋯石是天然寶石，即便不是鑽石，漂亮的鋯石還是有其身價。

玻璃

玻璃在寶石學裡常稱為 stras 或 strass 玻璃，或是 paste。玻璃很早就被用來仿鑽石，尤其是加入氧化鉛後提升其色散和亮光，更是唯妙唯肖。十九世紀末至二十世紀初出現的新替代品是玻璃夾層石榴石，冠部是無色石榴石，底部則是無色玻璃，冠部的無色石榴石是增強堅固性。時間到了 1930 年代，合成無色剛玉〈Synthetic Corundum〉以及合成尖晶石〈Synthetic Spinel〉的產製因為有著更高的硬度而更適用於珠寶飾品上，玻璃仿品逐漸式微了。

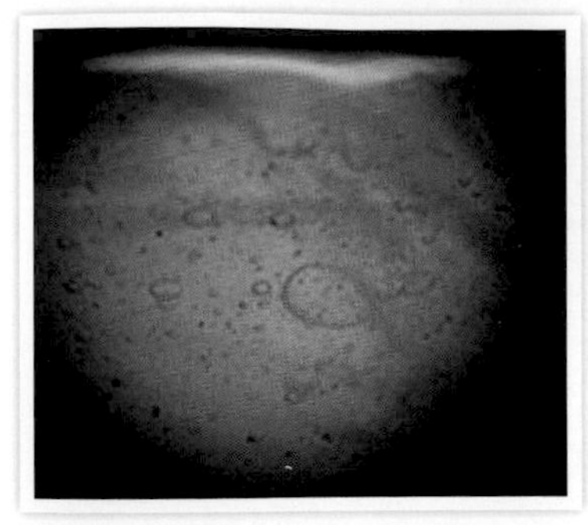
圖 26-2

玻璃不但用來仿鑽石，也用來仿翡翠、白玉等玉石，雖然不是絕對，但往往帶有氣泡（圖 26-2）或流紋，很容易被檢查出來。

合成金紅石

合成金紅石（Synthetic Rutile）的商業量產始於西元 1948 年，鍶鈦石（如圖 26-3）（Strontium Titanate）則是於 1953 年問世，這兩種替代品都是用維紐耳（Verneuil process）合成製法製作而成。相較於之前的替代品這兩個合成品的光澤更接近真實的鑽石，它們的高色散光學效應比先前的替代品更迷人，但是缺點是硬度只有 6、體色帶黃、具強烈雙折射，由這些特性可協助與鑽石作區分。

圖 26-3

鍶鈦石（Strontium Titanate）化學成分 $SrTiO_3$，密度：5.13 熔點：2080℃，自然界中並不存在，常被稱為瑞士鑽。鈦酸鍶作為一種基礎的介電原材料，被廣泛應用於電容器、壓敏電阻、PTC 熱敏電阻器等精密電子陶瓷領域。鍶鈦石的硬度只有 5 到 6，太軟，在 10 倍放大下刻面的邊緣圓鈍很容易看出來。

圖 26-4

YAG

YAG（如圖 26-4）：釔鋁石榴石 Yttrium Aluminum Garnet，化學成分 Y3Al5O12，常被稱為美國鑽。

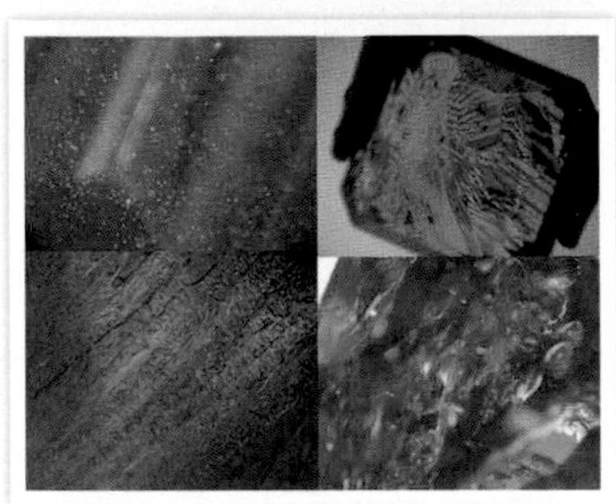
圖 26-5

直到 1960 年代由於工業、軍工鐳射材料需要，採用熔體提拉法生長而有 YAG（人造釔鋁榴石 Yttrium aluminate）的產出，YAG 的硬度有 8，折射率是 1.83，色散則是 0.026，就以各方面條件來看都比之前的任何一個替代品要接近鑽石，於是普遍被使用在珠寶飾品上，當時最常見的就是 YAG 被模仿切成和巨星依麗莎白所擁有的一顆 69.42 克拉水滴形鑽石一樣。YAG 一直普遍被珠寶市場使用並且商人以多種不同名稱促銷直到 1980 年代。YAG 穩坐鑽石替代品的龍頭寶座長達二十年，在此同時，其他許多合成製品試圖想要打敗 YAG 以稱霸都不可得！ YAG 內部明顯可見點狀的助融劑內含物，與鑽石截然不同，只要透過觀察就可以分辨。圖 26-5 為 80 年代用人造釔鋁榴石摻三價鉻製造仿祖母綠寶石之內含物。

立方氧化鋯

圖 26-6

表內所稱立方氧化鋯（Synthetic Cubic Zirconia）為人工合成的仿造鋯石，化學成分 ZrO_2（二氧化鋯），常被稱為「方晶鋯石」、「蘇聯鑽」或是「 CZ 」。注意其英文為 Cubic Zirconia，說明了兩點：

a. 屬立方晶系，與天然鋯石四方晶系不同。

b. Zirconia 比 Zircon 多了「ia」，說明它只是「似」鋯石而非鋯石。

圖 26-7

對一般消費者而言，立方氧化鋯是市場上最像鑽石的仿品。所謂合成鑽石其成分與天然鑽石相同都是碳，只是是經過人工的程序製造出來。而立方氧化鋯則不同，其化學成分是氧化鋯（ZrO_2），完全不是碳。

1973 年，蘇聯的科學家在莫斯科 Lebedev 物理學院中，以一種稱為 Skull 坩堝的程序生產出來。其方式是將氧化鋯的粉末加熱，然後在坩堝中逐漸冷卻。一旦混合物冷卻下來，外層崩裂，內層則用來切磨成形（圖 26-6 為 Cubic Zirconia 的生產 courtesy Wikipedia）。

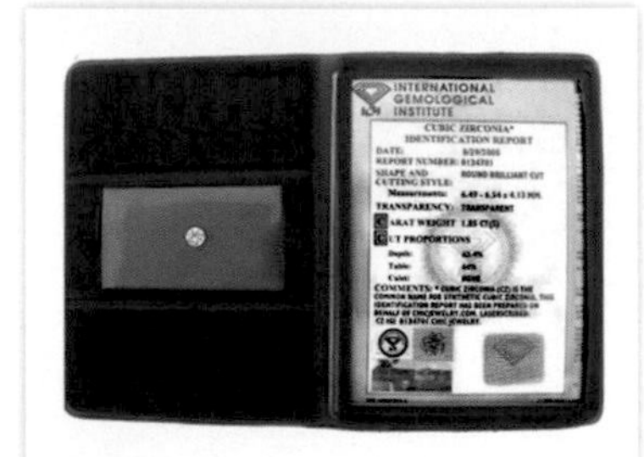

圖 26-8

與大部分天然的鑽石不同，立方氧化鋯總是無瑕的，而且從無色到各種顏色。折射率 1.80 到 2.17，比鑽石的 2.417 低；摩氏硬度 8 到 8.5，比鑽石的 10 低；比重 5.8，比鑽石的 3.52 高。

Swarovski（施華洛世奇）於 1976 年，率先按 GIA 鑽石切磨標準以機器切磨立方氧化鋯，創造出無與倫比的品質和光彩供應珠寶業。之後，又開發出花式切磨法以及媲美真鑽顏色的各種顏色立方氧化鋯，如圖 26-7 所示。

此外，方晶鋯石也可以有證書，如圖 26-8 所示為 IGI 的 CZ 證書，千萬不要以為有國際級鑑定所開出來的證書就是真鑽，要看清楚證書內容。

圖 26-9 courtesy Wikipedia

釓鎵榴石 GGG：gadolinium gallium garnet，與立方氧化鋯同時發展出來，但從未在市場上出現。

合成摩星石

1894 年法國科學家亨利 ‧ 莫桑博士（Dr. Henri Moissan）首次由美國亞利桑那州隕石坑的隕石碎片中，發現存在著碳、矽完美結合的稀有礦物質粒子非常明亮！但數量非常有限，且地球上並無此成分的礦石，故開始研發。1905 年為了紀念莫桑博士的貢獻，故命名為莫桑石（Moissanite）！圖 26-9 由左至右分別為莫桑博士、隕石坑及莫桑石。

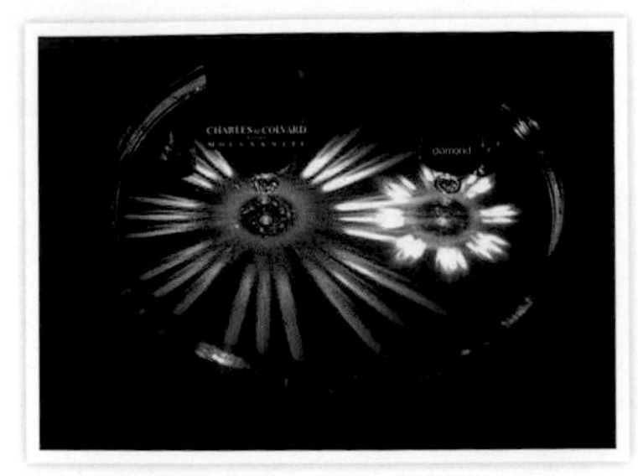

圖 26-10 courtesy 3C

圖 26-11

1980 年代末期，北卡羅來納州 Cree 公司（克理公司）研製了生產大型單粒莫桑石晶體的專有製程，並與 Charies & Colvards（查理斯科瓦公司）展開一項為期三年的專案研究，終於在 1998 年成功的以商業化方式生產莫桑石（Synthetic Moissanite）並售予寶石及珠寶市場，華人飾品界稱呼它摩星鑽。

莫桑石所含有的粒子是合成碳化矽 SiC，近乎無色，非常接近鑽石。硬度為 9.25 僅次於鑽石，但其色散為鑽石 2.5 倍，莫桑石與鑽石之火光水影測試如圖 26-10 所示，莫桑石展現出近乎完美對稱的火光。

莫桑石硬度為 9.25 僅次於鑽石，雖硬卻很脆，所以撞到會破裂，斷口呈現貝殼狀。加溫可以耐熱至攝氏 1100 度，但是溫度過高有可能會變色。莫桑石的顏色大部份是透明無色，淺灰，黃，淺綠色，一般而言，莫桑石的顏色比 J 好的並不常見，從亭部觀察有較明顯的綠色，灰色色調，如圖 26-11 所示的莫桑石綠色色調，是相當罕見的顏色。但也可以經由控制製造出大多數的顏色。

鑽石的切割是 57 或 58 個刻面，而莫桑石是 93 面的切割，或是有可能依鑽石的切割法切割。因為比重 3.21 小於鑽石的 3.52，所以同體積的莫桑石，重量會小於鑽石。例如說：同樣直徑是 6.5mm，鑽石重量是 1 克拉，而莫桑石只有 0.88 克拉。由於莫桑石是仿鑽石，因此莫桑石是以直徑公釐（mm）計算出售，訴求與鑽石之面積完全相同，重量克拉數值就僅做參考。所謂莫桑石就是人工仿鑽石，成份是碳和矽製作而成，但因製作過程相當複雜，又有國際的專利保護，所以價格不便宜，台灣的售價，標稱 0.5 克拉（非重量）的約為 9,600 元，標稱 1.0 克拉（非重量）的約為 23,000 元，值不值得買？就見仁見智了。

簡單辨識法：

拋光：

　釔鋁石榴石：硬度 8 拋光良好。

　立方氧化鋯：硬度 8 拋光良好。

　鋯石：硬度 7 拋光良好。

　合成金紅石：硬度 5.5 ～ 6.5 拋光不良。

　釓鎵榴石：硬度 5.5 拋光不良。

放大觀察：鑽石可能有：三角印記、腰圍天然面、鬍鬚紋、生長紋、拋光方向等。

光譜：大部分鑽石在 415.5nm 有吸收線，黃鑽尤其顯著。

螢光（紫外線長波）：大約 60％的鑽石發出藍色、綠色螢光。鍶鈦石一般呈惰性。釔鋁石榴石無到弱橘色。立方氧化鋯無到弱黃色。

其他仿品包括：白色藍寶石、無色尖晶石及無色金紅石，由於它們在外觀上與鑽石有明顯差異，要假裝是鑽石很容易被識破。白色藍寶石具弱雙折射，外觀上缺乏火彩；相對於鑽石，尖晶石、金紅石等太軟，在 10 倍放大下，觀察磨損或是圓鈍的刻面邊緣，就很容易被識破。

實務上，最常遇到的則是蘇聯鑽與莫桑石，後面我們會特別將其分別加強說明，再與鑽石綜合比較，以利讀者更為熟悉其分辨。

26-2 寶石學鑑定

前表中列舉了已知的的鑽石類似品，如果要將表中類似石一一鑑識出來，最好有一些儀器，包括：折射儀、分光鏡以及測比重的比重液等，再按照圖 26-12 中寶石學的鑑定流程，即可將其一一分辨出來。

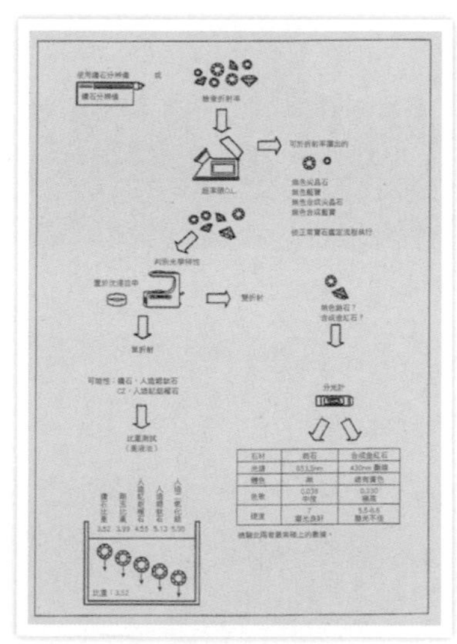
圖 26-12 courtesy AIGS

經云：「藥有八百零八味，人有四百零四病。病不在一人之身，藥豈有全用之理！」我們既然只要區分出鑽石與非鑽石，就不必照前述鑑定方法全部執行。古人云：藥不執方，合宜而用。

以上的鑑定方法不但能鑑定出鑽石，也把鑽石的類似石一一鑑定區分出來。但對只要確認待測寶石是否是鑽石的人而言，以上的鑑定方法太過複雜。幸虧鑽石有許多與眾不同的特性，譬如說：

（1） 鑽石的比重 3.52。
（2） 鑽石為單折射寶石，折射率 2.417。
（3） 鑽石的硬度 10，拋光良好，具金剛光澤。
（4） 鑽石導熱性優異。
（5） 鑽石具親油性。
（6） 鑽石之生長特徵
（7） 鑽石之螢光反應
（8） 鑽石之吸收光譜

以上皆可以據以設計一些辨別真假鑽及其類似品的方法。

茲將辨別真假鑽及其類似品的方法，按「徒手／肉眼」、「簡單儀器輔助」及「高階儀器檢測」等層次分別說明如次。

圖 26-13

圖 26-14

圖 26-15

圖 26-16

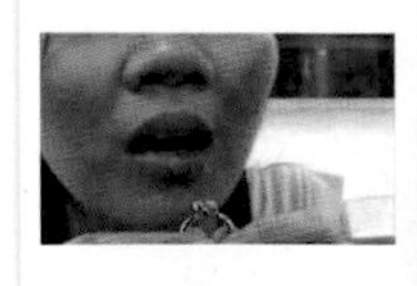

圖 26-17 呵氣法

肉眼 / 徒手

透視測試法

將鑽石桌面朝下放在畫了黑線的紙上，嘗試可否透過鑽石看到線。透過一顆切磨比例良好的圓鑽絕對不能看到底下的線，這是因為鑽石的折射率很高的緣故，因此如遇到折射率也很高的模仿品，例如摩星鑽（Moissanite），這個方法就無法分辨了。但方晶鋯石及鑽石包覆玻璃則可看到線，亦即可將其排除圖 26-13 由左至右分別為鑽石、莫桑石、方晶鋯石。或者把兩粒寶石放在一張畫上圓點的白紙上。人造 CZ 可清晰地看穿圓點，真鑽石則不行。

鑽石可能因為切磨形狀或是尺寸大，致使從某個角度亦可透視（圖 26-14），運用此方法時務必小心。

圖 26-15 一顆 2.10 克拉鑽石的鑽戒，圖左放在白紙上，底下沒有字；圖右放在字上，在鑽石邊緣隱約可見扭曲的字形。

外觀的判別——用眼睛

先檢查看看是不是拼裝石！鑽石的美主要來自它對光所產生的特殊效果（圖 26-16），這種光的效應就是我們常稱的亮光、火光和閃光。亮光，是由鑽石內部及表面反射至肉眼的全部光量，它和寶石的折射率有關，寶石的折射率越高則亮光越強，鑽石、蘇聯鑽和瑞士鑽的折射率都相當，所以亮光也差不多，美國鑽和水晶折射率較小，所以亮光較差。

火光，又稱彩虹光，也就是光學上所稱的色散，就是白光分散成各色的能力，鑽石較一般寶石具有更高的色散能力，因此當我們看到彩虹光時，往往誤認是體色。YAG（美國鑽）色散只有 0.028 太小了；合成金紅石色散 0.300 及鍶鈦石色散 0.190 又太大了，所以極為艷麗，反而不真，很容易和鑽石區別出來。天然鋯石與立方氧化鋯的色散分別為 0.038 及 0.060，其實與鑽石的 0.044 很相近。閃光，與刻面和拋光有關。

觸感測試法

鑽石的導熱性很強，用舌頭、面頰、手背觸及鑽石，感覺是冰涼的。不過大部分天然寶石都是感覺冰涼的，因此實務上區分能力弱。

呵氣法

天然鑽石傳熱能力佳，熱氣散得快也冷得快。將要測試的鑽石靠近嘴巴，輕輕呵氣，使被測試的鑽石蒙上一層輕霧，此時立即注視該鑽石霧氣揮發的情形，如為天然鑽石，霧氣將立即散去（圖 26-17），反之霧氣會在仿冒鑽石上維持一陣子，才會散去。此種作法相當合理，是大多數教室會教或是口耳相傳的作法，但據觀察，一般人使用此法有兩個障礙：1. 大多數的人分不清楚甚麼是快？什麼是慢？ 2. 如經鑲嵌，金屬會延緩霧氣散去的時間。所以真要藉助此法，還要多多練習才是。

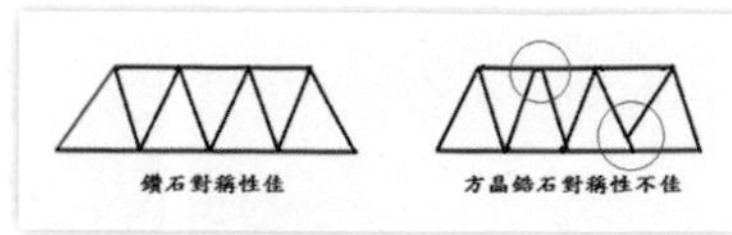

圖 26-18 對稱性示意

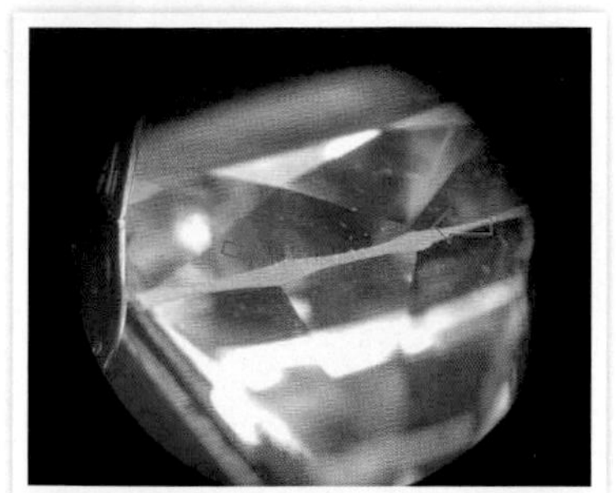
圖 26-19 對稱瑕疵

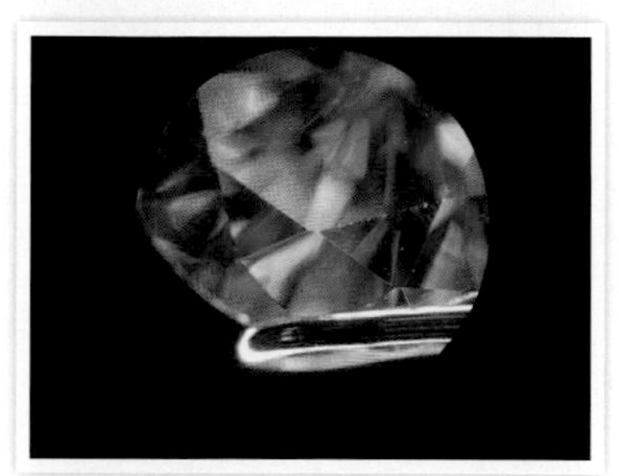
圖 26-20 對稱瑕疵與磨損

親油性法

鑽石對油脂有一種「吸油力」，仿冒鑽石則無此特性。人手指的皮膚上會分泌一些微量的手油，用拇指磨擦鑽石，拇指會感到一種膠黏性，不易滑動，這種粘性是真鑽所特有的，而仿冒鑽石則會讓拇指有滑溜的感覺。鑽石對油脂有明顯親和力，這個性質在選礦中被用於回收鑽石，在塗滿油脂的傳送帶上將鑽石從礦石中分選出來。此種作法相當務實好用，但使用後清潔鑽石會有一點麻煩。

劃線法

鑽石親油性，用油性筆在鑽石上劃線，線條連續。如果不具親油性，線條斷斷續續。此種作法為親油性法的延伸。

滴水法

鑽石有托水性也就是說親油斥水性，在鑽石桌面上滴水，若水珠能長時間保持球形便是真品，而仿製品上的水滴則會相對較快的擴散開來。鑽石的斥水性是指鑽石不能被濕潤，水在鑽石表面呈水珠狀形不成水膜。該性質可用來鑒別鑽石與其仿製品，但使用該方法前應仔細清洗寶石。

簡單儀器輔助

放大鏡觀察特徵

外在：檢查腰圍（表面形式－蠟狀、顆粒狀、拋光；是否有小缺口、鬍鬚狀、天然面）、刻面邊緣的品質、表面（攣晶紋、拋光線等）。內部特徵（羽毛狀劈裂、內含晶、攣晶紋－真鑽的指標）。

放大鏡觀察外在特徵：
用 10 倍放大鏡觀看鑽石的刻面與刻面之間的稜線交角是否對稱，如圖 26-18 對稱性示意、圖 26-19 對稱瑕疵、圖 26-20 對稱瑕疵與磨損。

用 10 倍放大鏡觀看鑽石的刻面與刻面之間的稜線是否清晰銳利：
鑽石由於硬度極高，在切磨後刻面極為光滑，而且刻面與刻面的相接的稜線非常銳利，而且不易刮花。一般模仿品，硬度較低，所以稜線較圓鈍，甚至會有許多碰傷缺口。（例如：常見於二氧化鋯石「蘇聯鑽」）。如看到刻面的邊緣圓鈍或刮花了的，便要提高警惕。

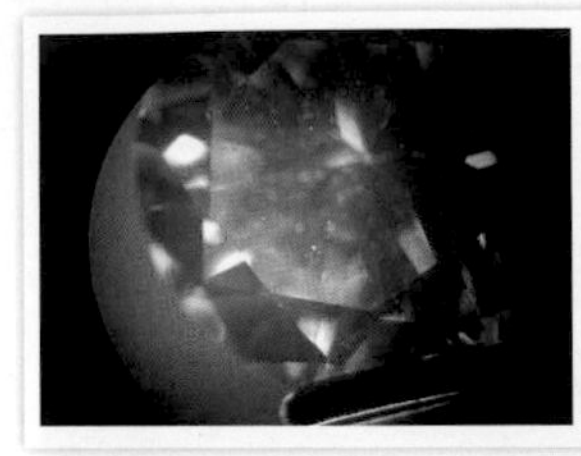

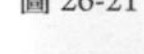
圖 26-21

鑽石硬度首屈一指，除了鑽石可以互相刮花外，其他的寶石都不能損傷它的表面，所以刮花的機會也相對減少，相反地，其他寶石或模仿品的刻面的邊緣圓鈍及表面刮花的程度及機會，比鑽石大大增加。圖 26-21 是方晶鋯石（左）與鑽石（右）。圖 26-22 為磨損與對稱瑕疵，冒仿品的刻面稜線常常會出現磨損的情況。

圖 26-22

用 10 倍放大鏡觀看鑽石的天然面（naturals）：鑽石的腰部經常可以發現鑽石的天然面與額外刻面，這是切割師為了保留較多的鑽石重量而留下來的，這些天然面不僅是鑽石的特徵，也是用來證明天然鑽石的最好證據，而方晶鋯石或是莫桑石則經過切磨，是沒有天然面與額外刻面的。若鑽石留有天然面，天然面上有機會發現到鑽石獨有的「三角形生長紋」，就是真鑽的最好證據。圖 26-23 為鑽石的 Trigon。

圖 26-23

在第 18 章〈切磨分級解說〉中我們說過：鑽石的腰圍可以是刻面的、拋光的或是顆粒磨沙狀的，如圖 26-24 為真鑽顆粒狀腰圍，圖 26-25 為真鑽拋光刻面腰圍。觀察鑽石的腰部，若是顆粒磨沙狀腰圍就適合用此方法，鑽石因為比任何冒仿品堅硬，因此不會像冒仿品般出現細條狀的紋路。

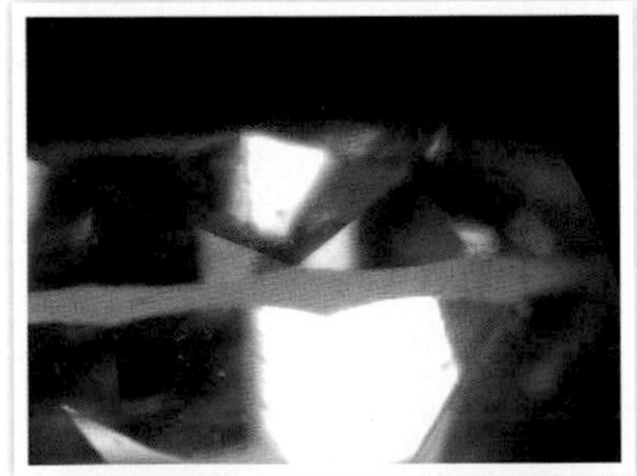
圖 26-24

圖 26-25

以往所見蘇聯鑽的腰圍，常出現細條狀的紋路，看上去與鑽石不同，如圖 26-26 及圖 26-27 所示。但現代拋磨的技術進步後，細條狀的紋路不見了，蘇聯鑽的腰圍也可呈現拋光面，如圖 26-28 所示。因此觀察腰部藉以區分之作法只是參考辨法，不能用作確證性方法。

此外在第 4 章〈鑽石的寶石學特徵〉中談過：若鑽石出現斷口，外觀通常皆為階梯狀，而仿品幾乎都會呈現彎弧或貝殼狀等不同形狀。

圖 26-26 細條狀紋路的蘇聯鑽腰圍 1

用直徑與深度計算公式來算重量

由於天然鑽石有一定的切割比率及比重，所以可利用計算公式求得其重量的方式來辨別其真偽。如果計算出的重量和實際重量相差很大，差異大於或小於 5%的話，有兩種可能：其一是這顆鑽石的車工太差，其二為它是模仿品。

圖 26-27 細條狀紋路的蘇聯鑽腰圍 2

用直徑與深度計算公式來算重量 /（圓鑽）重量 =（平均直徑）^{2} × 總深度 × 0.0061，詳第 21 章〈鑽石的重量〉中重量計算公式之其他應用乙節。

圖 26-28 拋光面的蘇聯鑽腰圍

或是查次表：圓形明亮式車工克拉數相對該有的直徑

克拉數（ct）	圓鑽直徑（mm）
0.01	1.3
0.05	2.4
0.10	3.0
0.20	3.8
0.25	4.1
0.33	4.4
0.50	5.15
0.75	5.9
1.00	6.5
1.50	7.4
2.00	8.2
3.00	9.35
5.00	11.1
10.00	14.0

圖 26-29 用二碘甲烷（密度 3.32 克 / 立方厘米）液測，莫桑石上浮，鑽石下沉。

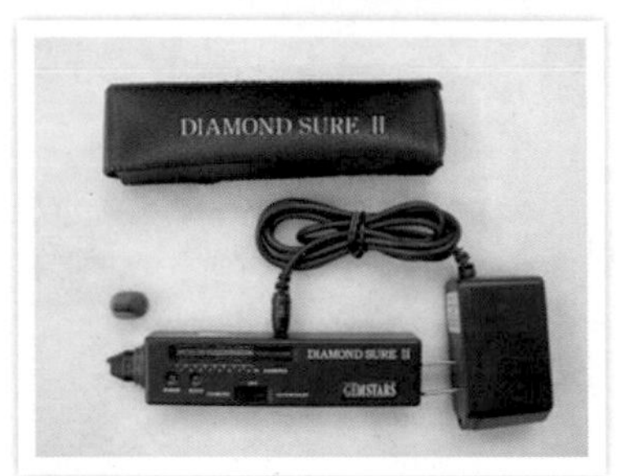

圖 26-30 鑽石導熱測試儀

比重液

天然鑽石與其他寶石或仿品的比重皆不相同，所以可利用比重液方式將其分辨出，但僅限於未鑲嵌的寶石，例如鑽石的比重為 3.52，合成碳化矽（俗稱摩星鑽）的比重為 3.22，所以當使用的比重液為 3.32 時，將鑽石放入比重液，則鑽石會沉下去，而合成碳化矽（摩星鑽）放入比重液時則會浮在表面（圖 26-29）。（比重液的化學成分為二碘甲烷，有毒，所以在使用上要特別小心。）但這種方法也是只能提供參考之用，還要佐以其他方法才能鑑定，因為只要比重超過 3.3 的寶石都會沉入比重液中。

淨水測比重

蘇聯鑽、瑞士鑽、美國鑽和鋯石之比重在 4.55 ～ 5.8 間，與天然鑽石之比重 3.52 相差甚遠，很容易用測比重法加以區分，舉例而言：有一顆寶石，在空氣重 1.11ct，在水中重 0.79ct，其比重＝ 1.11 /（1.11 － 0.79）＝ 3.47 ≒ 3.52，因此應為天然鑽石。但此法在測小於 30 分的寶石時誤差很大，必須非常謹慎。

加熱法

鑽石加熱後，會迅速將熱傳出去，放在白紙上時，熱會令水氣蒸發，而使鑽石在白紙上不停移動位置，好似跑來跑去。

導熱性探針

鑽石導熱測試儀：配備有熱感探針，可以評估待測試寶石的導熱性。因為鑽石導熱比目前所有已知物質都來的快，此一特性被應用來區分鑽石與透明的鑽石類似品。

鑽石導熱測試儀由筆狀探針組成，前面有一個金屬頭，這個金屬頭以電加熱。後面則是一個控制盒，盒子中有電路線圈，可以在金屬頭接觸到待測試寶石表面時，記錄相對損失的溫度。（這種溫度的損失可以由控制盒中尺規讀取，某些測試儀則以發出嗶嗶聲做為警示）。

使用這種探針時要記得：

1. 這種探針只能用在區分是不是鑽石（亦即無法將類似品的種類鑑定出來）。
2. 依照廠牌的不同，這種探針可以測試小至 0.03 克拉的石頭（有時可以更小）。
3. 當測試已鑲嵌小鑽時，要特別注意探針頭不是接觸到座檯（因為金屬也是優良的熱導體）。
4. 可能因為鑽石上沾黏灰塵、雜質、電池電位低探針傾斜使得探針頭未接觸待測物等因素而出現不準確結果。

鑽石探針的原理是測導熱性，但坊間銷售鑽石探針的業者往往號稱是測硬度，言之鑿鑿說硬度幾就可顯示幾格，甚至一些鑽石業者也不明究理跟著附和，究竟熱導儀可不可能等同測硬度？要解答這個問題，最簡易的方式就是比較熱導率與硬度，茲以鑽石常見類似石及金屬列表如下。

摩氏硬度	熱導率 w/（m · k）	物質
10	870 ～ 2010	鑽石
9.25	230 ～ 630	摩星石
9	20 ～ 262	剛玉、合成剛玉
8 ～ 8.5	1.7	蘇聯鑽
8	‹70	YAG
7.5	83.9	鋯石
6.5	99 ～ 135	合成金紅石
6.5	‹55	GGG
5	1.1	玻璃
4	60	鐵
3	380	銅
2.5 ～ 3	410	銀

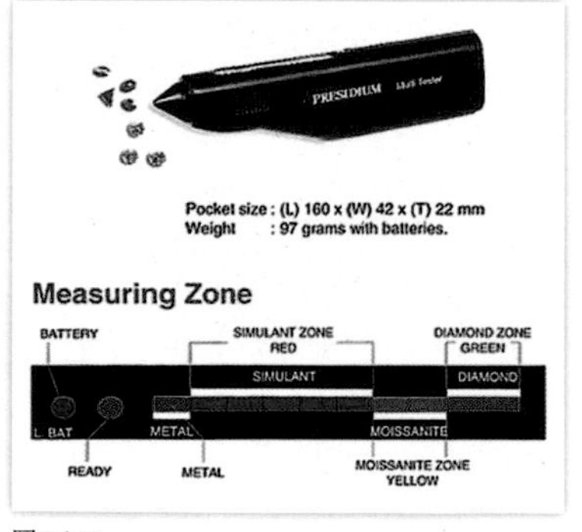

圖 26-31

由上表可知：

1. 熱導率與硬度並不呈線性關係，業者號稱測硬度並不正確。
2. 鑽石與摩星石熱導率太過接近，儀器不夠精密（如鑽石探針）就分辨不出來。
3. 大部份剛玉都有三格以上反應，是因為其熱導率高，而非硬度。

鑽石對熱的傳導是各種物質中最好的，遠比金、銅等金屬高，利用此特性可以用導熱針測試，但由於科技的發達，導熱針對新一代鑽石模仿品合成碳化矽（俗稱摩星鑽）的測試卻也呈現真鑽的反應，因此必須再進行紫外線穿透測試。

莫桑石檢測儀

鑽石與摩星石熱導率相當接近，前述導熱性探針儀器無法分辨出鑽石和莫桑石的不同（一樣都會 B.B 叫），因此必須再用其他方式鑑別。依據鑽石的：

1. 導電性
2. 近紫外光穿透性

等原理特性，有兩類儀器被發展出來，分別介紹如次：

使用莫桑石檢測儀須知：

對於摩星鑽，導熱性探針無效，必須以莫桑石檢測儀測試。

依據前述兩種原理發展出來的莫桑石檢測儀，測試時均應與熱導儀配合使用。因為莫桑石的導熱性與鑽石相似，用熱導儀能區分絕大部分仿鑽石而不能區分莫桑石。所以要在熱導儀測定一顆寶石有可能是鑽石，又有一定懷疑可能是莫桑石時，才用莫桑石檢測儀來測試。

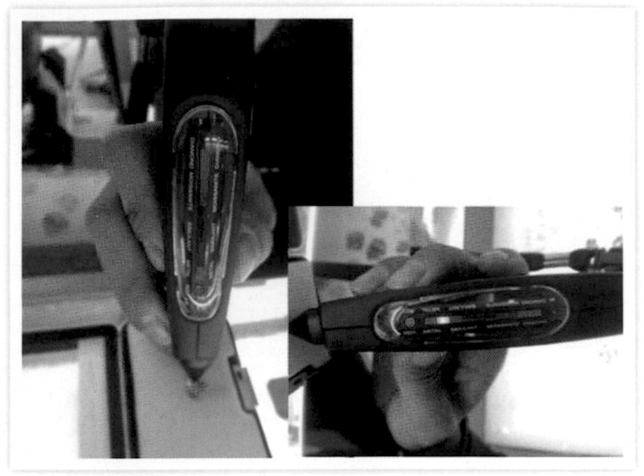
圖 26-32 莫桑石檢測儀實務操作

PRESIDIUM MOISSANITE TESTER II

PRESIDIUM MOISSANITE TESTER II 碳化矽檢測儀，是利用鑽石和莫桑石的導電性不同加以區分。測試時應與熱導儀配合使用，先分辨出是鑽石或是莫桑石後，再以此儀器測試加以區分。

圖 26-32 為莫桑石檢測儀實務操作，圖左亮綠燈，表示測到的是鑽石；圖右亮紅燈，表示測到的不是鑽石。但如同前述熱導測鑽筆，當接觸角度不對、電力不足或是待測寶石表面不乾淨時，亦可能顯示不正確結果。

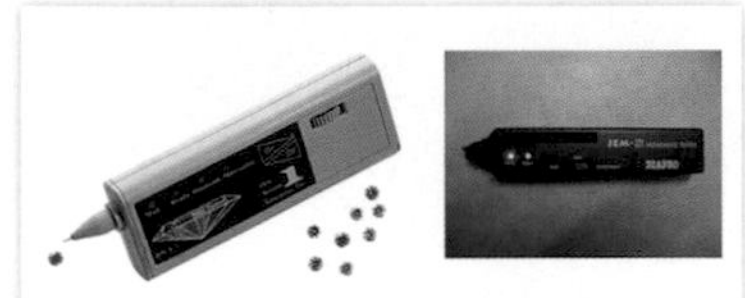
圖 26-33 其他廠牌莫桑石檢測儀

一般而言，天然鑽石不導電，莫桑石會導電，可藉此區分鑽石與莫桑石。但是，此方法鑑別無色的莫桑石很有效，但對有顏色的可能就不準。例如說：

1. 天然黑鑽不導電，經改色的黑鑽會導電。
2. 天然黑鑽與黑色莫桑石都不會顯示為 MOSSONITE，當顯示為 MOSSONITE 時，反而證明其為經改色的黑色天然鑽石。

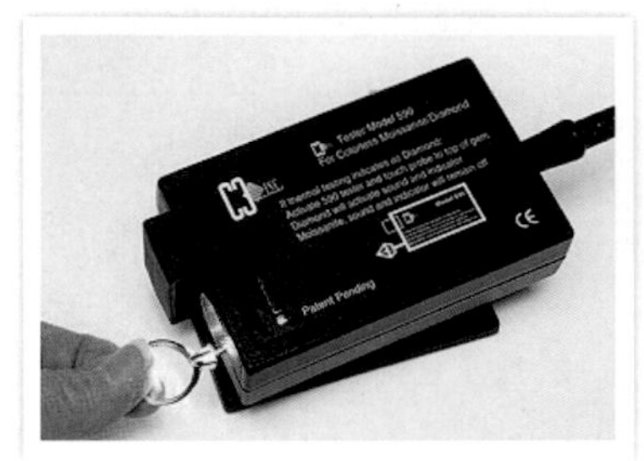

圖 26-34

除了 PRESIDIUM，還有其他廠牌的莫桑石檢測儀如圖 26-33 所示。

紫外線測試儀

儀器原理是依據是鑽石和莫桑石在近紫外線（425nm）時具有不同的性質， Charles&Colvard 提供的莫桑石測試儀可測試其對紫外線的吸收情況。鑽石會讓紫外線通過，而莫桑石則會吸收這些紫外線波長。

C3 公司的 Tester Model 590 型近無色碳化矽 / 鑽石檢測儀

依據無色至淺色鑽石對長波紫外線具有穿透性，合成碳矽石具吸收產的原理製成，設計儀器對鑽石會發出〔嘀〕聲並閃綠燈告示，此儀器的售價較便宜，每台售價 89.95 美元。

專門用來測量鑽石導熱的測試筆，無法分辨出鑽石和莫桑石的不同（一樣都會 B.B 叫），當以熱導儀先分辨出是鑽石或是莫桑石後，再用美國 C3 公司 590 型無色碳化矽 / 鑽石檢測儀鑒別，如圖 26-34 所示。

優點：對無色至淺色鑽石檢測的效果明確，不會誤判。
缺點：對具色調較深的鑽石，不論是天然或處理的顏色或合成彩鑽均會誤判，造成業者在銷售時測試的麻煩。

用 10 倍放大鏡觀看該鑽石的單折射或雙折射

天然鑽石屬於單折射寶石，合成碳化矽（摩星石）則是雙折射。利用十倍放大鏡從鑽石桌面往亭部看下去，可見到底尖附近的稜線有重影現象，或偏些角度自風箏面亦可見到底尖附近的稜線有重影的現象時則可能是合成碳化矽或其他雙折射的寶石，而不會是天然鑽石（後續有詳盡解說及圖片）。

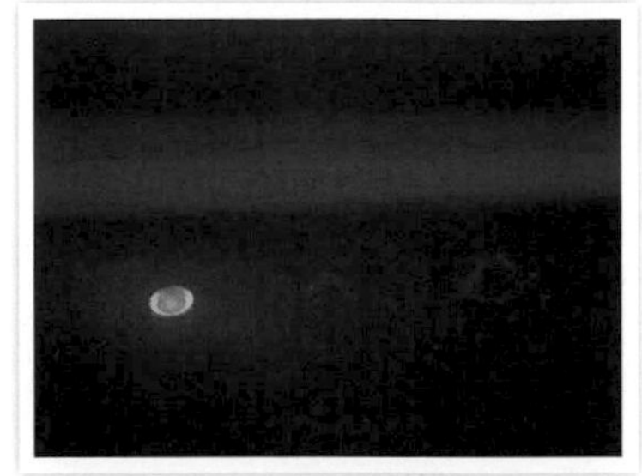
圖 26-35 自左至右分別為鑽石，莫桑石，立方氧化鋯

螢光燈

在第 15 章螢光反應解說中，我們解說過鑽石可能有的螢光反應，在螢光燈長波照射下，「蘇聯鑽」呈杏黃色（粉橘黃色）反應，莫桑石無反應，鑽石的反應則不一，或藍色，或黃綠色甚至沒有反應（如圖 26-35）；短波照射下，「蘇聯鑽」反應或弱或強，莫桑石呈紫紅色反應（如圖 26-36）。對於整批的鑽石，可以用螢光燈照射看看，若混有「蘇聯鑽」或莫桑石，可迅速分辨出來，但此方式並不是 100%準確。

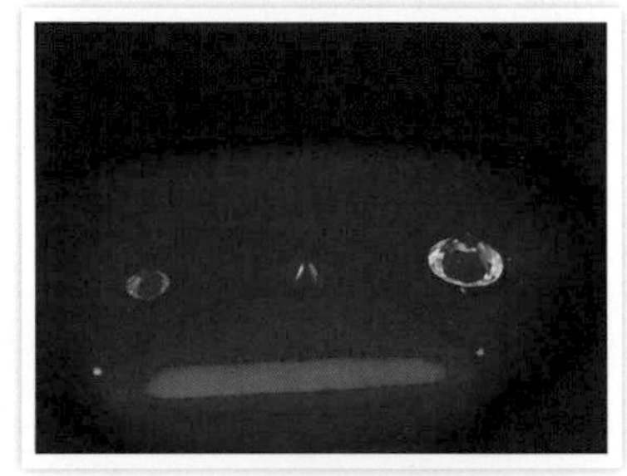
圖 26-36 自左至右分別為鑽石，莫桑石，立方氧化鋯

高階儀器檢測

反射儀

反射儀（又稱「鑽石之眼」、「光澤儀」、「寶石儀」、「珠寶之眼」等），如圖 26-37 所示。

鑽石及其許多類似品之折射率均大於 1.80，已超出商業折射儀可測試的範圍。坊間就有一種寶石反射儀，反射儀根據透明材料的反射率與折射率存在的關係（斯涅耳定律），通過測量寶石拋光平面的反射率來間接地測量出寶石的折射率，能夠協助鑑定超出商業折射儀所能測試範圍的鑽石仿製品的鑒定，還可以區分鑽石和合成碳矽石，彌補熱導儀的不足。不論是已鑲嵌的鑽石或是鑽石的類似石，只要有一個平坦面可供測試時，這個儀器特別好用。（裸石很少有問題，因為可藉由測試其物理性質來做鑑定）。

圖 26-37 反射儀

The Presidium Gem Tester

如圖 26-38 所示，每台售價 219 美元。鑽石與摩星石熱導率太過接近，此儀器不夠精密分辨不出來。

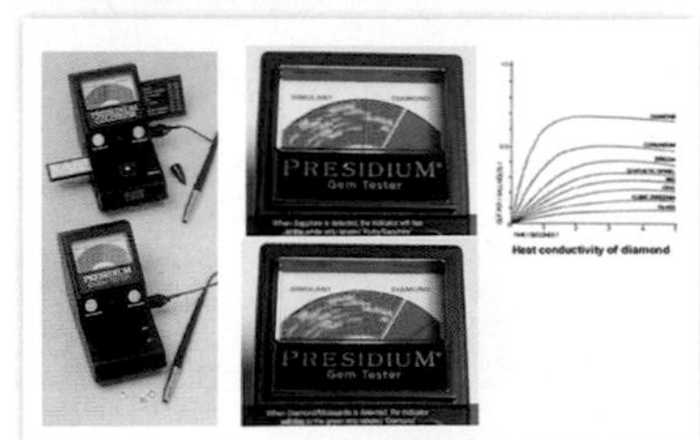

圖 26-38

光譜儀

大部分鑽石在 415.5nm 有吸收線，黃鑽尤其顯著。

X 光透視鑑別器／X 射線照相法

前幾年有一報導（圖 26-39），說一竊賊在珠寶展中，吞下一顆 1.5 克拉鑽石。遭逮捕後，被帶到醫院照 X 光，X 光片顯示該竊賊度中有一顆石頭，看到這裡，已經知道在其肚中的不是真鑽，為什麼？因為鑽石的成分為碳，X 光可穿透，仿品的成分大都為矽或鋁等，X 光不易穿透。根據這個原理，鑽石透過 X 射線會使膠片曝光，仿品吸收 X 射線不能使膠片曝光。所以在 X 光片上，鑽石將不顯像，仿製品則會出現影像。X 光鑑別器價格昂貴，而且操作需執照，因此這種鑑別法較少採用。

聲東擊西男吞假鑽偷真鑽

大陸珠寶展場 同夥趁亂竊40萬真品

圖 26-39

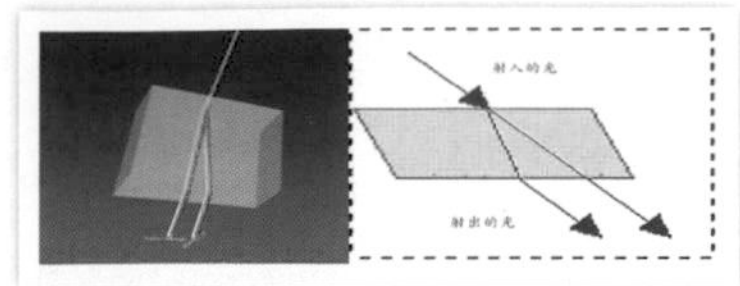

圖 26-40 雙折射

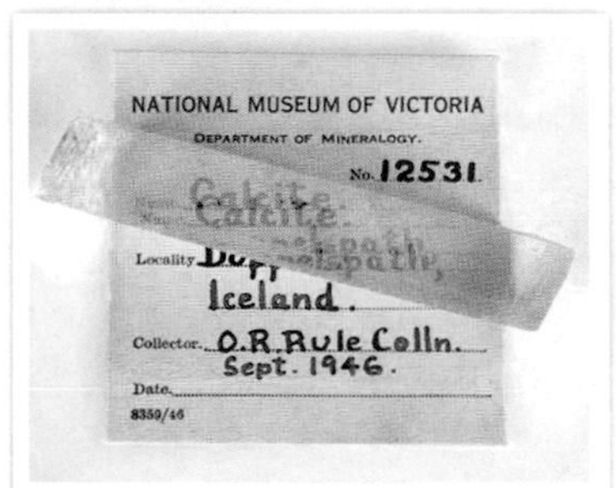

圖 26-41

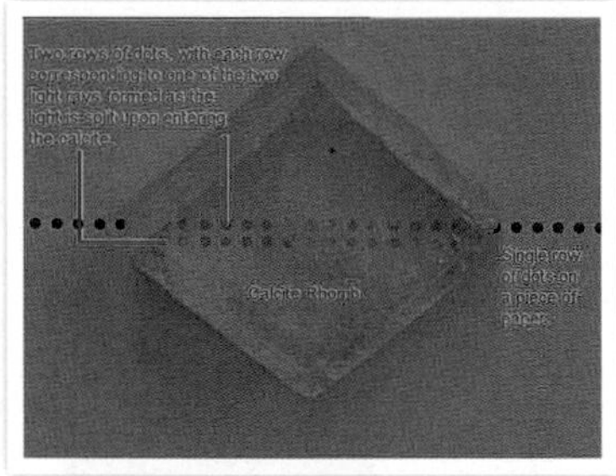

圖 26-42

單折射與雙折射

鑽石的許多特性在前述章節中均已陸續介紹，不再贅述。而其「單折射」雖然也介紹過，但為了與「雙折射」寶石做出區分，特別將單折射與雙折射所產生的現象說明如次： 當一束光線穿入寶石時，因寶石與空氣的密度不同，光的速度有所改變，並偏離原行進路線，就稱為折射。如果偏離的光維持一束，稱為單折射；如果偏離的光分成兩束，稱為雙折射，如圖 26-40 所示。

礦物中，方解石因具高度雙折射率，往往被用來舉例說明，如圖 26-41 所示，其中方解石背景紙條上的字，經折射成雙影。再看圖 26-42，方解石背景紙條上的點線，經折射成兩條線。鑽石是單折射寶石，不會產生雙影或雙線，利用此一特性，很容易將鑽石與其他雙折射的類似石區分開來。

莫桑石的鑑識方法

分辨鑽石及其類似品時，實務上可以採用熱導儀先行過濾（因為熱導儀售價尚稱經濟），將大部分的類似品排除。但由於使用熱導儀無法將鑽石與莫桑石區分出來，在鑑定上往往造成困擾，因此將莫桑石的鑑識方法詳細闡述如次，以便讀者快速簡易地即可將莫桑石辨識出來。

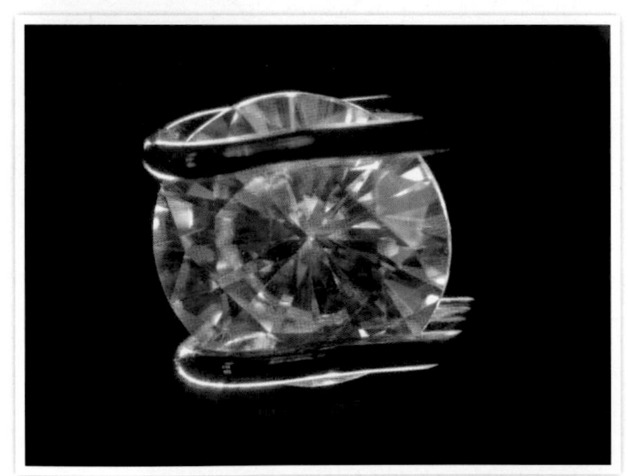

圖 26-43 莫桑石重影現象

莫桑石除如前述：

（1）由於色散非常高（ 0.104 ），肉眼觀察莫桑石火光比鑽石強，但亮度常常不及鑽石。

（2）莫桑石的顏色等級很少高過 J，最高的與鑽石 H、I 色相當，且從亭部觀察有較明顯的綠色，灰色色調。

（3）比鑽石輕 （比重 3.22 ）。用二碘甲烷（比重 3.32）液測，莫桑石上浮，鑽石下沉。

（4） 莫桑石在正交偏光鏡下轉動 360 度呈四明四暗非均質體消光現象。鑽石呈全暗的均質體消光現象。

等特徵外，

常用來鑑識莫桑石的重點尚包括：

由於雙折射，會有重影現象

與鑽石不同的內含物（白色長絲氣泡）

切割方向性

腰圍

雙折射、重影現象

因為莫桑石擁有極高的雙折射率而鑽石並無雙折射的現象，因此其檢測方法可以利用十倍放大鏡於寶石的刻面上利用多重角度加以觀察，莫桑石會有雙重影像出現（就像是拍照焦距沒調整好一樣），如圖 26-43 所示。

而鑽石卻無重影現象只有單一影像，這就是莫桑石（或其他仿品）雙折射的不同所致，這是用來判斷是否為真鑽石的很好方式。

要看到尖底的重影現象，會依觀察的方位有所不同，一般是透過冠部主刻面例如風箏面看尖底、背部刻面出現重影，如圖 26-44 至圖 26-48 所示。

練習：圖 26-49 中是莫桑石還是鑽石？

答：尖底為單一影像，所以這顆是真鑽。

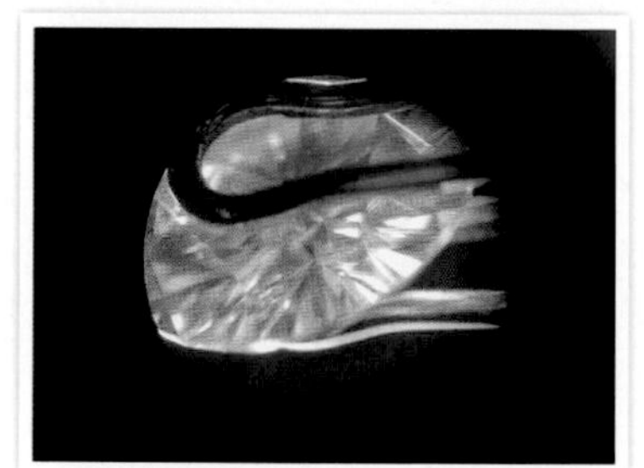

圖 26-44 莫桑石尖底重影 1

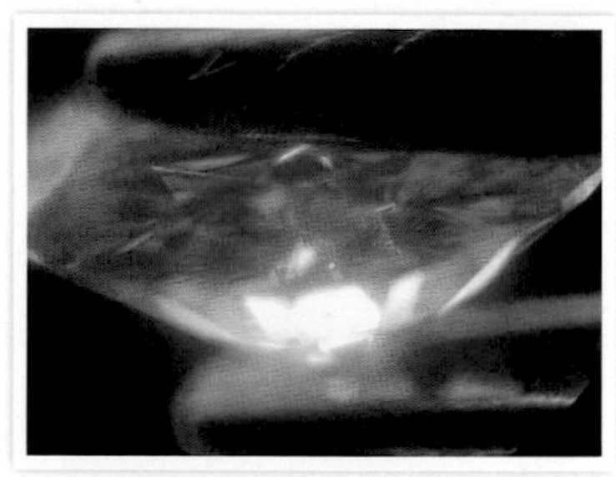

圖 26-47 莫桑石尖底重影 4

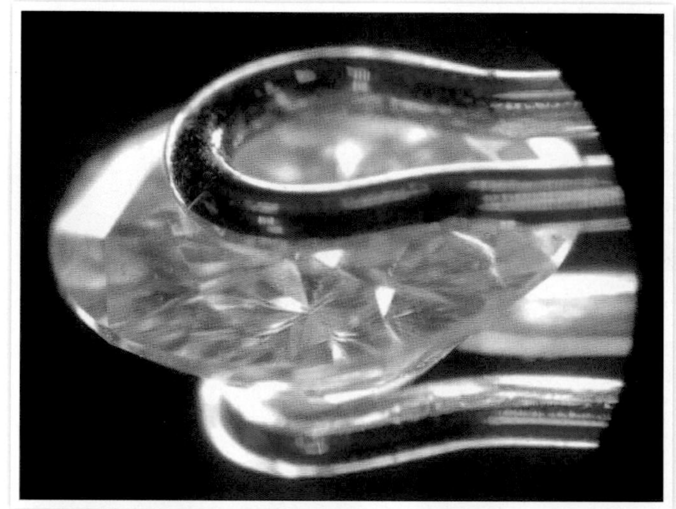

圖 26-45 莫桑石尖底重影 2

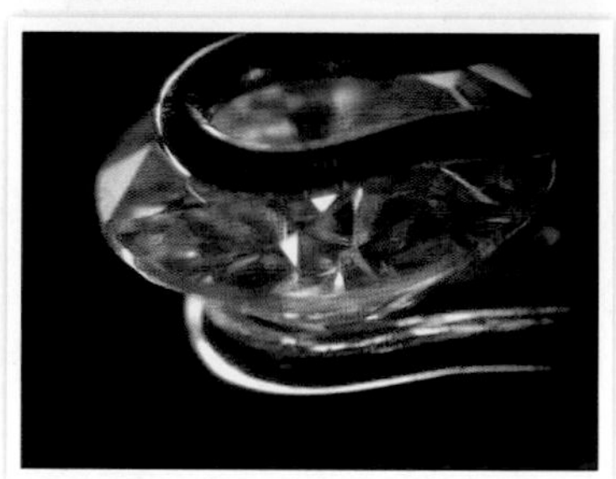

圖 26-46 莫桑石尖底重影 3

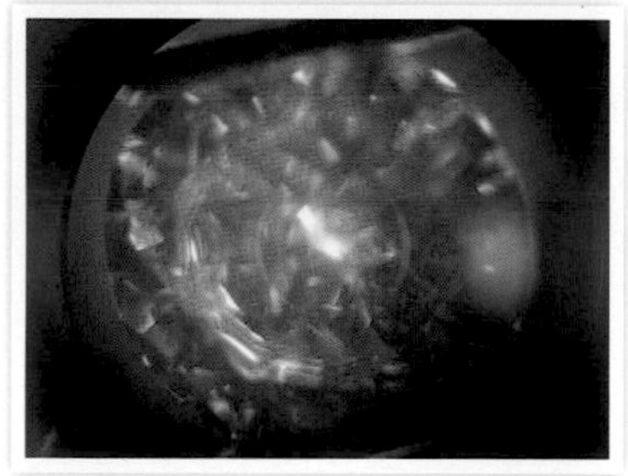

圖 26-48 莫桑石背部刻面重影

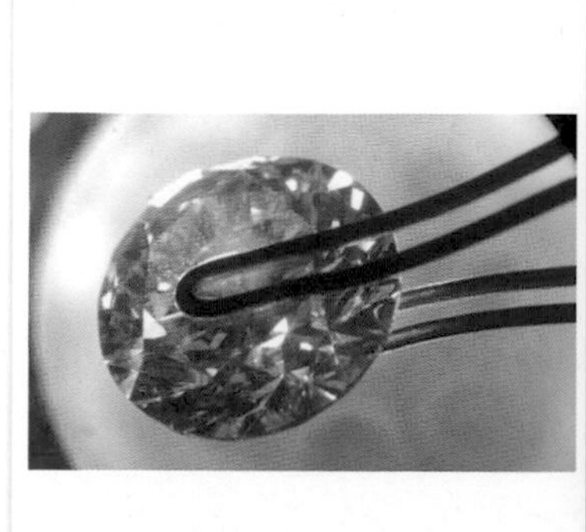

圖 26-49

與鑽石不同的內含物（白色長絲氣泡）

莫桑石一般除有雙折射、重影現象外，往往在平行亭部的方向有典型像針狀的白絲氣泡（STRINGERS）內含物，但不是必然存在。所謂針狀的白絲氣泡（STRINGERS）內含物如圖 26-50 至圖 26-58 所示。

圖 26-50 莫桑石正面白絲氣泡 1

圖 26-51 莫桑石正面白絲氣泡 2

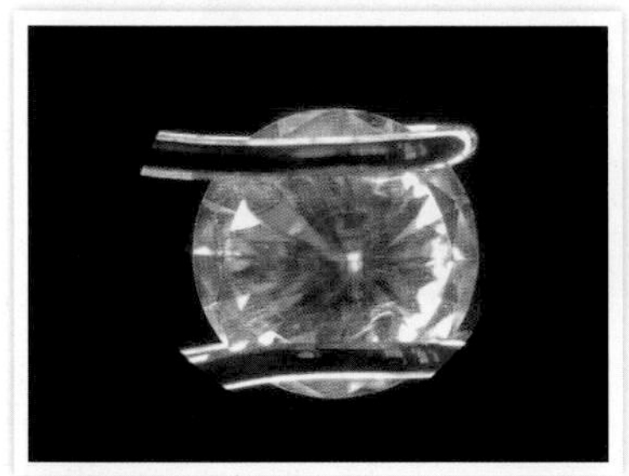

圖 26-52 莫桑石正面白絲氣泡 3

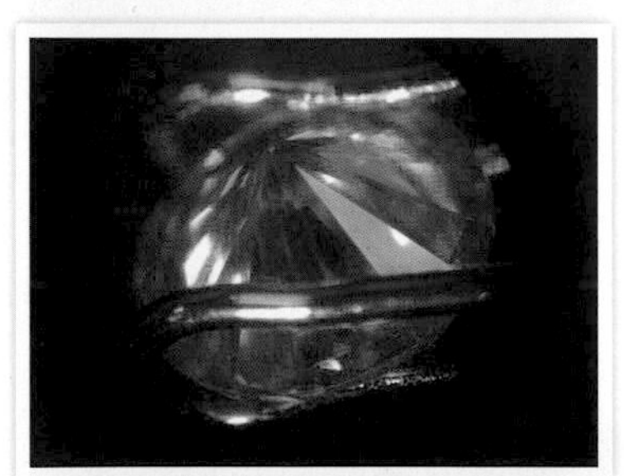

圖 26-53 莫桑石背部白絲氣泡 1

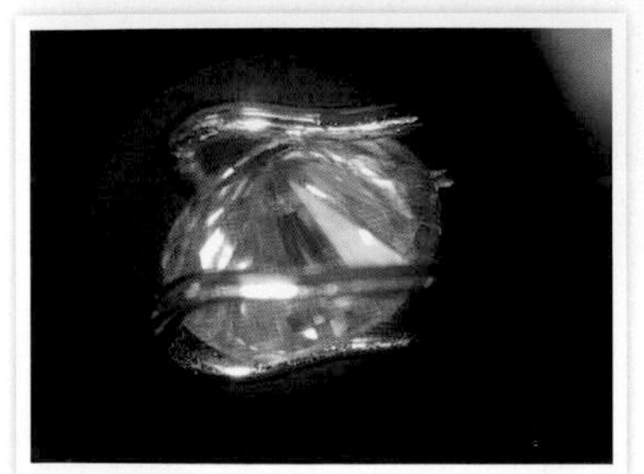

圖 26-54 莫桑石背部白絲氣泡 2

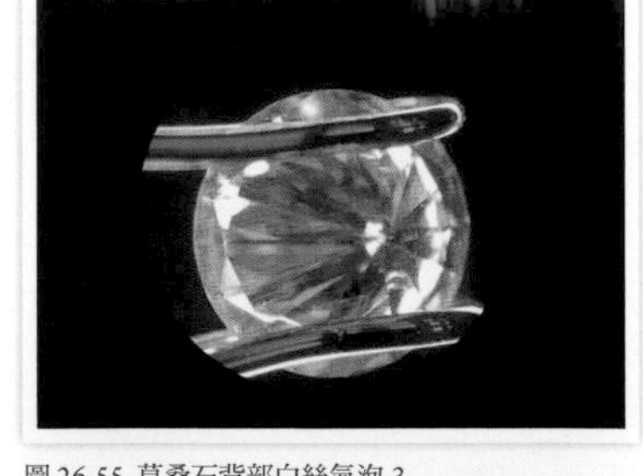
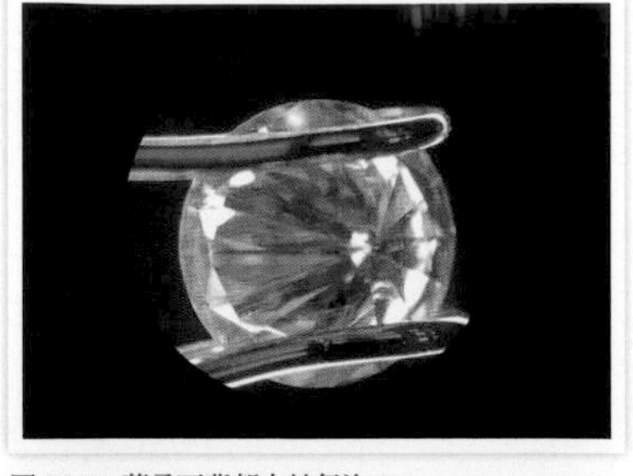

圖 26-55 莫桑石背部白絲氣泡 3

圖 26-56 莫桑石側面白絲氣泡 1

圖 26-57 莫桑石側面白絲氣泡 2

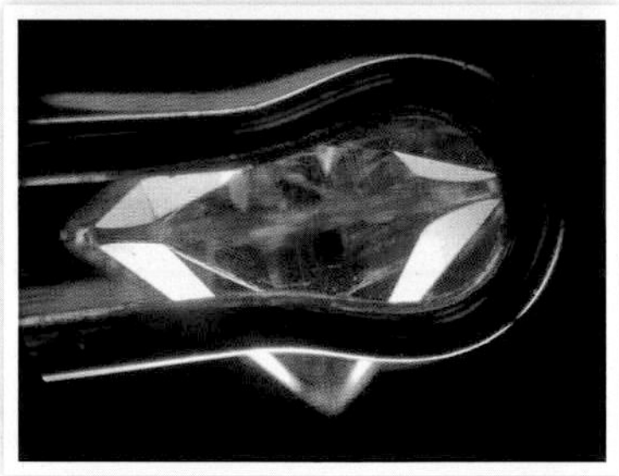

圖 26-58 莫桑石側面白絲氣泡 3

有雙影又有細長管狀物：

莫桑石存在明顯的針狀或管狀內含物，鑽石則沒有。 鑽石則含有天然晶態狀體，雲狀物，裂隙等內含物，但不會有莫桑石存在明顯的針狀或管狀內含物，且無重影現象。莫桑石的白絲氣泡（STRINGERS）內含物是在製造過程中產生，不是說不能去除，而是不經濟。

切割方向性

鑽石的硬度有其方向性，往往會因為結晶方向的不同而方向性有異，因此鑽石切割師傅在切割鑽石時必須不斷的改變切割方向，由硬向軟的方向切割，因此以十倍的放大鏡來觀察寶石切割面中所留下的細紋，會發現細紋的方向並不一致，而莫桑石的細紋方向會有其一致性，但是細紋方向一致的並不一定就是莫桑石，幾乎所有仿鑽石的寶石其細紋方向都是一致的，故重點在於研判是否為真的鑽石即可。

腰圍

鑽石腰部常見原始晶面，莫桑石的腰圍是經過拋光的（圖 26-61 至圖 26-64），是所謂透亮的腰圍（GLASSY GIRDLE），看上去與鑽石不同。但是鑽石腰部也有經過拋磨的，因此觀察腰圍只是參考辦法，不能用作確診性方法。

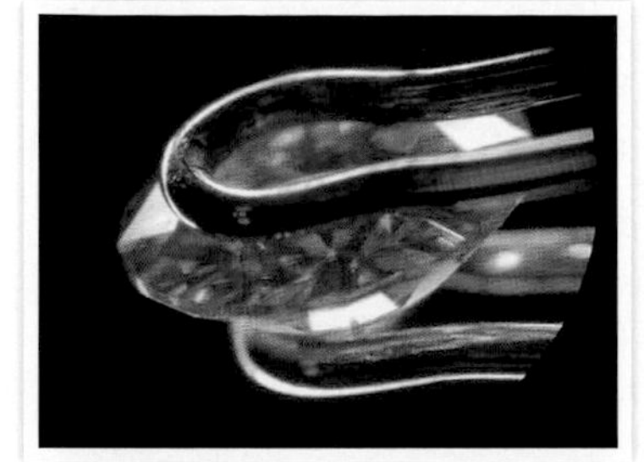

圖 26-59 莫桑石有雙影又有白絲氣泡 1

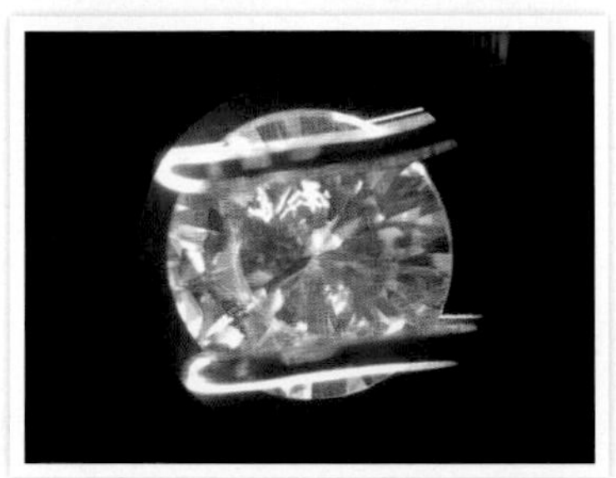

圖 26-60 莫桑石有雙影又有白絲氣泡 2

圖 26-61 莫桑石腰圍 1

圖 26-62 莫桑石腰圍 2

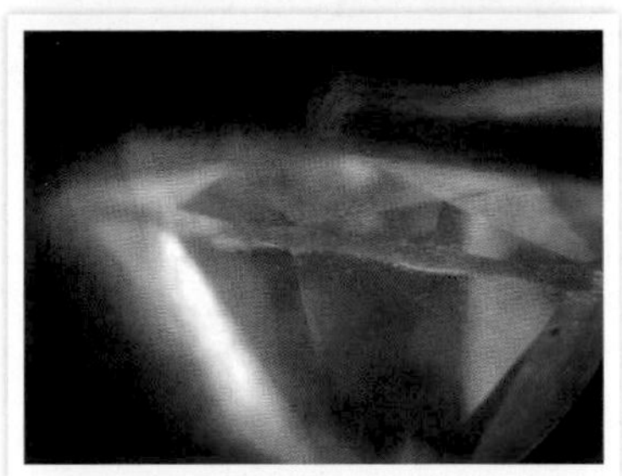

圖 26-63 莫桑石腰圍 3

圖 26-64 莫桑石腰圍 4

圖 26-65 John I. Koivula

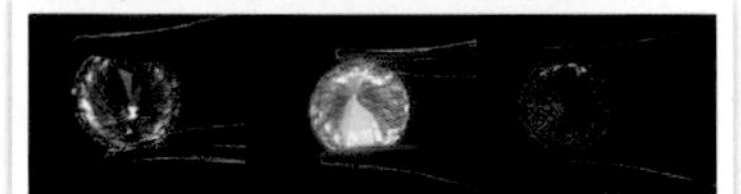

圖 26-66 顯微鏡下反光

圖 26-67

數年前大陸國檢曾經發現以品質差的莫桑石冒充黑彩鑽。2012 年中的時候，美國洛杉磯市場上兜售一顆 10 克拉左右號稱「黃鑽」的寶石，經鑑定後發現其實是莫桑石，說明了莫桑石也可能經過輻射改色仿冒彩鑽，鑑定時不可不慎。

綜合比較鑽石、莫桑石及蘇聯鑽

性質	鑽石 Diamond	合成莫桑石 SiC	蘇聯鑽 CZ
RI	2.417	2.648 ~ 2.69	2.18
Dispersion 色散	0.044	0.104	0.060
SG 比重	3.52	3.22	5.80
導熱	快	快	慢
呵氣消散	快 （鑲爪則慢）	快	慢
折射	單折	雙折	單折
劃線由反面視劃線法最好用頭髮，以免因太粗，雙線重疊	低或無法視穿	無法視穿	可視穿（分為兩條）
內含物	有各種內含物	長條白絲狀氣泡 （像白色蜘蛛絲）	一般乾淨 無 / 白點氣泡
隔鐵板加熱到 450℃ （鑲好的測試法）	不變	變橘黃色 John I. Koivula*（GIA 首席研究員）說	不變
腰圍	砂霧狀	亮面	亮面
鬚狀腰圍	有 因為微小羽裂紋	無	無
硬度	10	9.25	8.5
刻面	銳利	銳利	不銳利
顯微鏡下反光 **	有各種顏色	反藍色多	背底反橘光
用手搓磨 （不衛生法）	尖又黏（因為親油）	滑	鈍又滑

*John I. Koivula（圖 26-65）不僅是寶石學界的大師，他更是一位傑出的劇作家，知名影集裡頭善用科學解決問題的「馬蓋先」，便是出自他的筆下。

** 圖 26-66 左為真鑽在顯微鏡下所見的反光，中為莫桑石之反光，右為鑽石仿品方晶鋯石在顯微鏡下所見的橘黃色反光。

鑽石雙層石 （或稱夾層石、組合鑽石）

又稱 piggy-back diamond　騎背鑽：一扁平鑽置於另一較小鑽之上的鑽石二層石。圖 26-67 中的戒指，左側採封底鑲，只看得到鑽石冠部，沒看到底部，無法瞭解其全深。右側的戒指，可以看到冠部與尖底，卻是兩顆小鑽中間夾其他物質，意圖混淆。

GIA 曾驗到一顆鑽石如圖 26-68 所示，經檢視後發現，是以兩顆薄片鑽石重疊，意圖營造出大顆鑽石的印像。

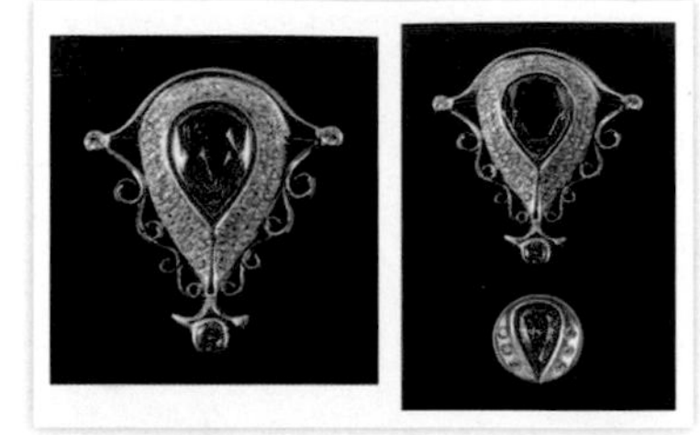

圖 26-68 雙層鑽石 courtesy GIA

鑽石仿製品出現後，鑽石雙層石就沒有存在的必要。便宜又好看的人造方晶鋯石基本上消除了鑽石雙層石的產製。

圖 26-69 是雙層石示意圖，圖 26-70 所示為夾層紅寶，經放大觀察側面，就很容易看出。

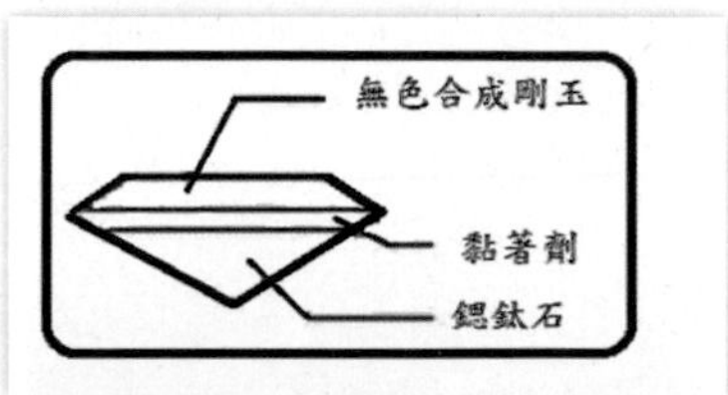

圖 26-69

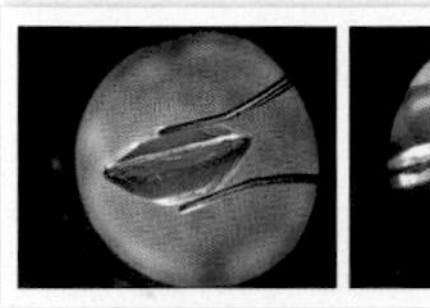
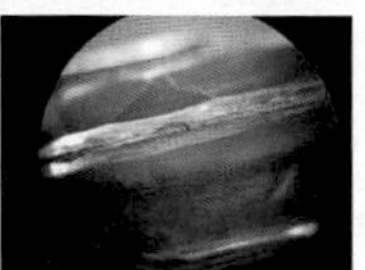

圖 26-70 夾層紅寶

有幾種形式的鑽石雙層石，經常在古董珠寶出現，如下：

1. 無色合成藍寶石（剛玉）+ 人工合成鈦酸鍶（鍶鈦石）。利用合成藍寶石的高硬度和鈦酸鍶的強火彩結合起來，達到仿鑽石的效果。
2. 冠部為天然的鑽石，利用了冠部薄層鑽石的金剛光澤和高硬度。底部則為某些無色的類似品，例如合成白色尖晶石、白色藍寶石，或是天然的無色寶石，如白色拓帕石或水晶。
3. 小鑽石 + 小鑽石，將二者拼合成一個整體。
4. 將薄鑽石直接鑲嵌到金屬上。

在圖 26-71 左例中，冠部鑽石提供高度表面光澤，及像天然外觀的色散。在右例中，冠部的尖晶石或藍寶石保護底下較軟的鍶鈦石，並將亭部不自然的高色散降低至相當程度。

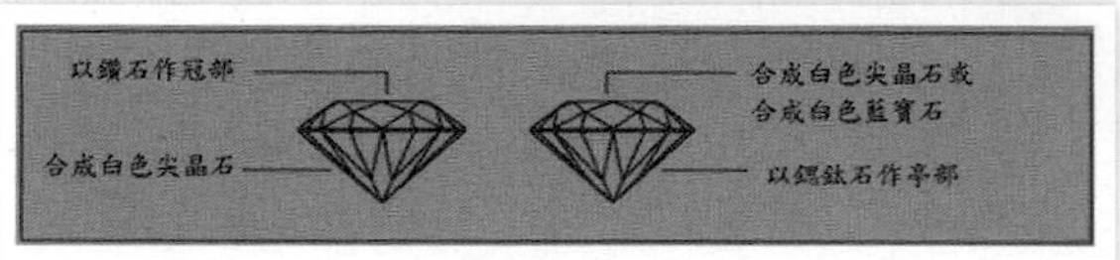

圖 26-71

鑑定

為偵測這些仿製品，可以進行以下試驗：

1） 如果冠部及底部是不同的材質，用顯微鏡觀察，冠部和底部的光澤會有差異。或者在寶石桌面上置一小針尖，可見兩個反射像（天然鑽石無）。一個來自桌面、一個來自接合面。

2） 天然鑽石在各個角度上都因其反光閃爍，不會被看穿；組合石底部為折射率低的寶石，反光能力差，有時甚可透光。

3） 利用顯微鏡觀察，從側面找出兩層組合物中間的膠結接合層的痕跡，並可能會發現氣泡的分離面，便可確定它是拼合石。

4） 如果冠部及底部是不同的材質，用顯微鏡觀察，冠部和底部的光澤會有差異。

5） 浸在二碘甲烷中，像合成無色尖晶石、藍寶石以及水晶就消失的無影無蹤；而明顯度高的材料如鑽石及鍶鈦石就如鶴立雞群般。

圖 26-72 鑽石包覆立方氧化鋯

圖 26-73

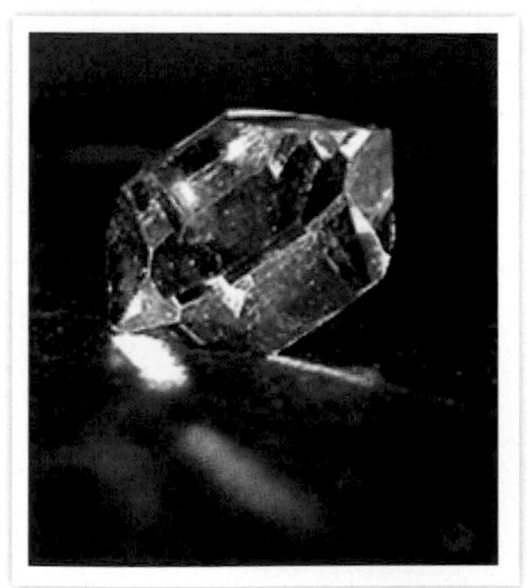
圖 26-74

鑽石包覆立方氧化鋯（或玻璃）

此類仿品係以以下三部分組合而成
1）等級高、切磨良好的立方氧化鋯為中心
2）以折射率高過鑽石的光學塗層披覆
3）再以無定形碳完整包覆

經筆者以鑽石導熱儀測試，結果是否定的（反應極微）；用其它方式測試，其表現亦與立方氧化鋯（蘇聯鑽）無異，根本經不起考驗，因此認為以鑽石披覆的效果只是避免氧化，增加耐用性而已。有些書本聲稱是「鑽石包覆玻璃」，但筆者以為即便以折射率 2.18 的立方氧化鋯為中心都容易被識破，更何況折射率只有 1.5 的玻璃，應該更不可能。

赫爾基摩（賀其蒙）鑽石（Herkimer Diamond）
赫爾基摩鑽石水晶是在美國紐約州赫基蒙郡（Herkimer Country, NY, USA，位於紐約市北方約 50KM 處圖 26-73）所發現的一種特殊雙頭水晶（double-terminated quartz）。

由於該地的岩層具有合適的生長環境，能長出天然的雙頭水晶，其具有 18 個面，2 個頂點，晶體呈透明無色，好比鑽石一般漂亮，故得到「赫爾基摩鑽石」的美稱。

仔細看兩者結晶外型相差很多，鑽石沒有柱狀，但水晶有柱狀而且在柱面上可見垂直 C 軸的生長紋理，兩端各有六個三角形組成的兩組菱面體；手感比重相差很大，鑽石比重為 3.52，水晶比重為 2.60 ～ 2.65。

台灣屏東枋山層的砂岩裂隙內亦有雙頭水晶的產出，然因許多晶體在結晶發育過程中，包裹土壤或因溶液中成分不足而致晶體生長並不完整，晶體的透明度通常亦差些。

圖 26-75 施華洛世奇水晶鑽

鑽飾

一般來說，使用真鑽的鑽飾稱為珠寶，使用人工鑽如蘇聯鑽或水晶鑽的鑽飾稱為飾品，但是真鑽所使用的台座材質卻不一定限定於貴重金屬如 K 金，只因台灣保值觀念較重，目前國內的珠寶主流仍以貴重金屬為主。蘇聯鑽飾的運用則廣泛了許多，皮革、塑膠或是木頭，各種材質的多元運用都呈現了不同的設計美感，在國際設計上，許多財力受限的設計師們常使用蘇聯鑽以達到同樣的視覺效果。

圖 26-76 施華洛世奇水晶鑽網站介紹

坊間常見標示「Made with CRYSTALLED Swarovski Element」，即為使用施華洛世奇水晶鑽所做為的飾品，雖然十分亮眼，但購買時要確實認知清楚。至於水晶鑽或稱水鑽是什麼呢？其實就是含鉛的玻璃。

據說施華洛世奇水晶鑽最初是使用於德國的高速公路，利用其良好的反光，標示分隔車道，之後才發現可用於當作飾品使用。圖 26-76 為施華洛世奇水晶鑽網站介紹資料。

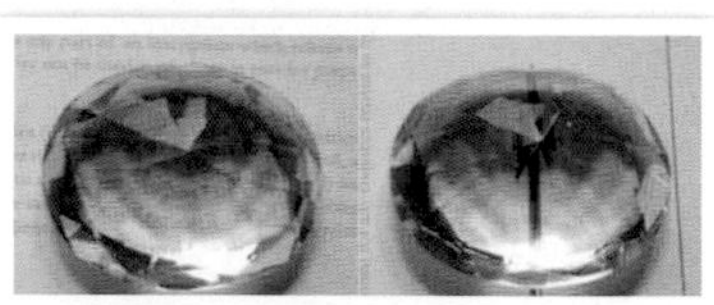
圖 26-77 石英水晶類視覺可穿透

石英水晶類視覺可穿透，如圖 26-77 所示。施華洛世奇水晶鑽稍微側視，即可看穿底部，如圖 26-78 所示。施華洛世奇水晶鑽腰圍則如圖 26-79 所示。

圖 26-78

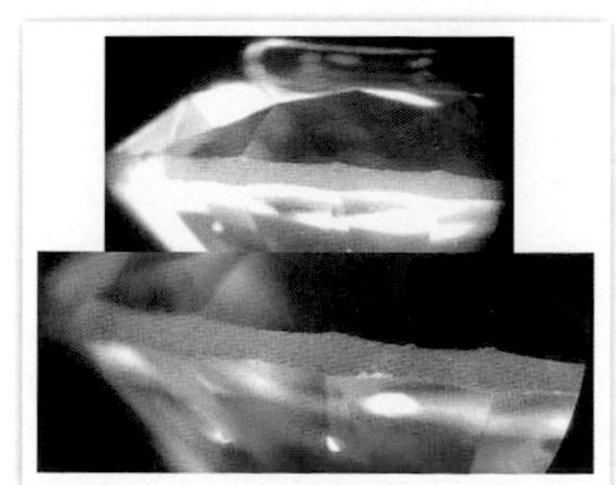
圖 26-79 施華洛世奇水晶鑽腰圍

圖 26-80

另外，有一種商業上稱為萊茵石的石頭，英文名：crystal，rinestone，其實就是水鑽，又名水晶鑽石。因為世界上水鑽的產地主要在歐洲的萊茵河區，所以水鑽又稱「萊茵石」，萊茵石也是箔底石與含鉛玻璃的通稱。

圖 26-80 中這一條仿古手鍊，採用白色與綠色玻璃當配鑽，主石則是玻璃貓眼。

恭喜你會辨認真假鑽，不會被騙了。

Chapter 27

第 27 章
以進階儀器鑑定鑽石

the basic of diamond identification

鑑定鑽石時，除了前述傳統寶石學儀器與工具外，還有因應「合成鑽石」與「優化處理鑽石」所衍生之鑑定問題，而發展出來的進階儀器。本章將依：進階儀器介紹與鑑定鑽石的進階儀器應用等二項主題分別說明。

27-1 進階儀器介紹

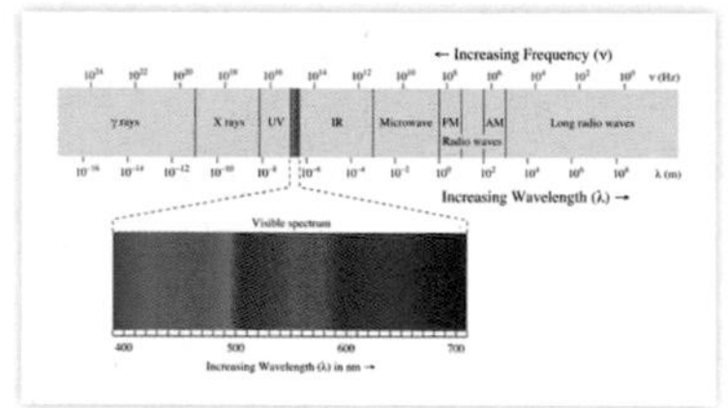

圖 27-1

在鑑定寶石時，最重要一件事就是不能破壞寶石，因此不得將寶石裂解進行化學分析。寶石學家爰引用使用於物理與化學分析之非破壞性儀器，來對寶石進行偵測分析。這些儀器的理論多半基於「光譜」（Spectrum）分析，只要讓光線照射寶石，就可以依寶石對光的反應進行寶石分析，不致對寶石造成破壞。

「光」，其相關理論已在第 15 章〈螢光反應解說〉與第 17 章〈光行進與鑽石切磨理論〉中加以闡述，本章節將著重於儀器之原理與運用。「光」除了我們可以看到的可見光外，還有波長較短的紫外線光、X 光，以及波長較長的紅外線光等（圖 27-1）。可見光、紫外線光、X 光、紅外線光，均屬於電磁輻射，都可被運於「光譜」分析之列，其間的差別就在於波長（或說是頻率）*。

> * 波長（wavelength，λ）：由一波上的某一點到相鄰波之對應點的直線距離，單位 nm。
> 頻率（frequency，ν）：單位時間內所通過波的數目，單位 Hz。

不同波長的光，具有不同的能量，波長愈長（頻率愈高），能量愈低；波長愈短（頻率愈低），能量愈高。當寶石中的原子接觸到不同波長的光，當吸收了不同的能量，就會有不同的反應。譬如說：
波長 780 ～ 3 x 105nm 的紅外光（IR），會影響分子旋轉振動的性質。
波長 180 ～ 780nm 的紫外光與可見光（UV/Vis），會影響鍵結電子的性質。
波長 0.01 ～ 10nm 的 X 光（x – 射線），會影響內層電子的性質。

因此，我們可以將這些光譜儀器再分為兩類：

1. 吸收光譜：
因為寶石的不同成分（分子、原子）、鍵結或是晶格缺陷，會選擇性的將光線中某些頻率吸收或減弱，造成光譜中出現吸收線或吸收帶*。因此可以不同頻率的光照射寶石，依光線的反射或穿透結果，檢視其吸收光譜，再比對特徵光譜，以判斷寶石的性質，這種方式亦稱為吸收光譜（Absorption）。屬於此類的儀器有分光鏡、分光光譜儀（spectrophotometer）、UV-VIS、FTIR 等。

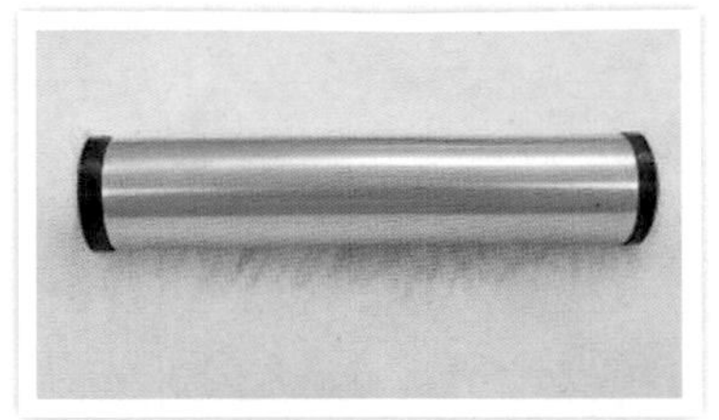
圖 27-2

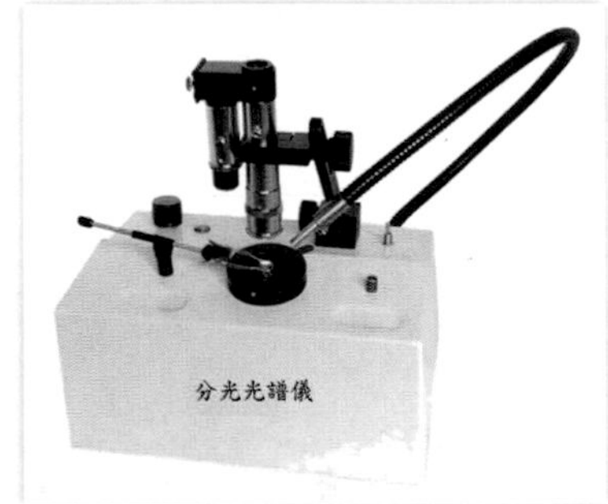

圖 27-3

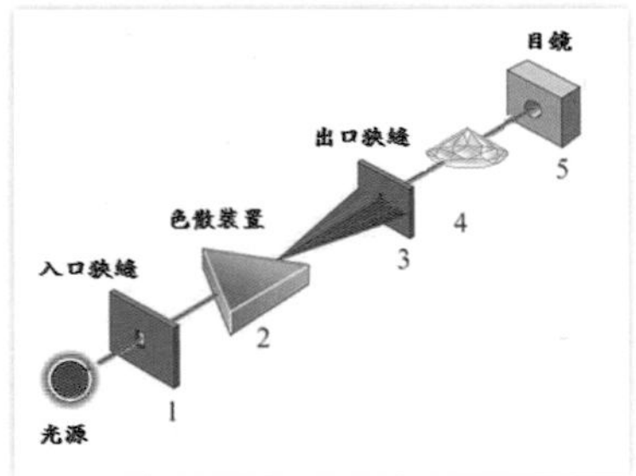

圖 27-4

* 吸收線在光譜上因為沒有光出現會成為一條黑線；若是以光線強度而言，會是非常弱的，也就是說光線強度到此頻率處會突然降下來，形成一個波谷。但是我們在觀察時，有時為凸顯其特徵性，將強度倒過來看，亦即強度高的在底，強度弱的在頂端，於是由強度改為吸收，如此一來，波谷就變成了波峰，因此我們常說「吸收峰」。

2. 光致光譜：
以集中或是高能量的光照射寶石，寶石吸收能量使物質中的分子達到各種激發態（包括電子激發態、振動激發態、轉動激發態）；由於激發態是不穩定的，物質會回到基態（ground state）或其他中間能態而把吸收的能量以發光型式釋放出來。由寶石之發光光譜，比對特徵光譜，即可判斷寶石的性質，這種方式亦稱為光致光、光發光，或是光致發光（luminescence）。屬於此類的儀器有 Raman（拉曼）、LIBS（雷射誘導解離光譜）、XRF（X 射線螢光光譜儀）等。
分別敘述如次。

吸收光譜

1. 分光鏡、分光光譜儀

分光鏡、分光光譜儀是用來量測寶石在特定波長下的吸收光譜（absorption spectrum）之儀器，圖 27-2 所示為手持分光鏡，圖 27-3 所示為分光光譜儀，均屬於寶石實驗室常規儀器，可以觀察的範圍為 380 ～ - 780 nm 可見光光譜的範圍，其構造原理如圖 27-4 所示。我們常說鑽石在 415nm 處有吸收線（詳第 4 章〈鑽石的寶石學特徵〉），指的便是以此類儀器觀察所得。

圖 27-5 紫外－可見光光譜儀

2.UV-VIS 紫外－可見光光譜儀

亦即在波長 180 ～ 780nm 的紫外光與可見光範圍內，以單光束（single-beam），或是波長自動變換，對寶石進行掃瞄，以獲得其吸收光譜之儀器，如圖 27-5 所示。UV-VIS 比前述用肉眼觀察之光譜儀解析度高，可以察覺許多肉眼無法區分的吸收峰，且可以電腦將圖像記錄下來。紫外－可見光光譜儀之內部構造如圖 27-6 所示，所記錄之光譜如圖 27-7 所示。

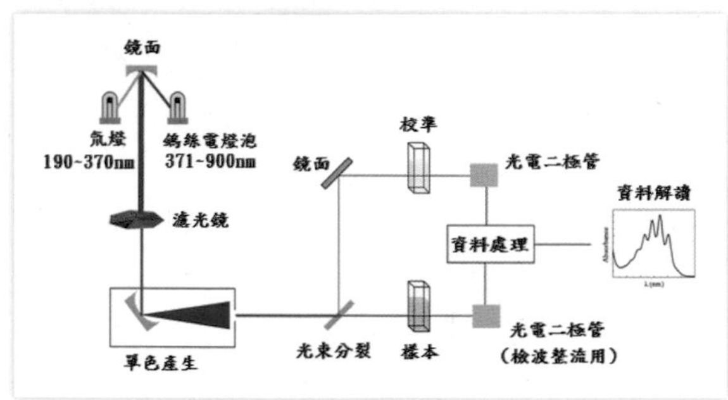

圖 27-6 紫外－可見光光譜儀內部構造

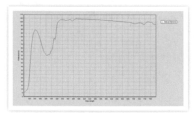

紫外可見光可偵測的波長範圍介於 10 ～ 700nm，可以檢測出離子的濃度藉以分辨天然色鑽石或改色鑽石的差別。例如高溫高壓處理強黃到黃綠色鑽石含氮的形式的不同將造成吸收光譜的不同。紫外可見光對於彩鑽的鑑定尤其重要，可以經由檢測出不同顏色彩鑽所呈現的不同光譜吸收峰進行人工改色或天然彩鑽的區別。例如輻照處理的彩鑽，可能出現 595nm 的吸收峰，但是若再經過攝氏 1000 度以上高溫處理的程序，此吸收峰將消失，但若有出現此吸收峰就一定是人工輻照鑽石。

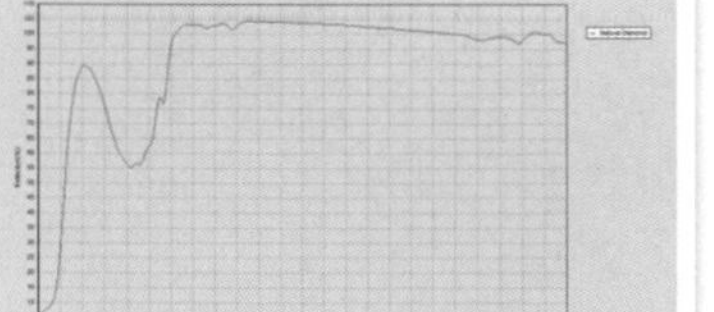
圖 27-7 天然鑽石紫外－可見光光譜圖

3.FTIR（傅立葉轉換紅外線光譜儀）

Fourier transform infrared spectroscopy（FTIR）以中文說是：「傅立葉轉換紅外線光譜儀」，要分成兩個部分加以解釋，一是紅外線光譜，另一個則是傅立葉轉換，分別敘述如次：

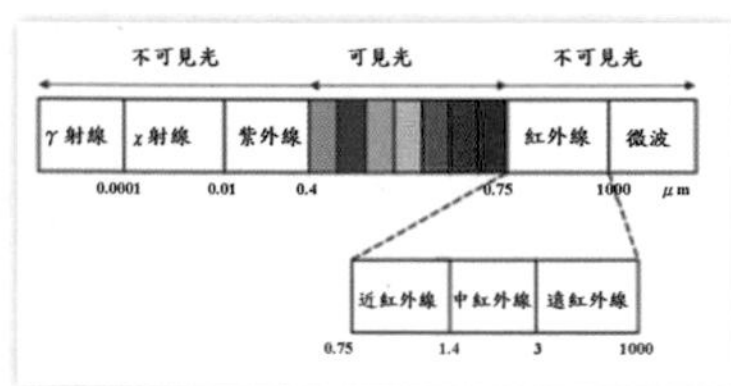

圖 27-8

紅外線光譜

我們知道物質由分子組成，分子則由原子以鍵結連接，當接受輻射能量時會產生運動，運動的形式有很多種，包括轉動、振動、移動等。當局限於特定頻譜寬度以內的輻射時，分子則只會產生振動。分子振動分為兩種形式，一為伸縮振動（stretchingvibration），一為彎曲振動（bending vibration）。所謂伸縮振動是原子沿其鍵的方向作有規律的運動；至於彎曲振動則是一種改變鍵角的運動。兩化學鍵若有一共同原子，則其兩端的原子或原子團因運動而導致鍵角改變便是彎曲振動。利用紅外光和分子作用所產生的分子振動的原理，來記錄分子吸收紅外光之後所呈的振動模式（vibrational modes），記錄吸收光的相對強度對紅外光波長（λ）所得的圖，即稱為紅外光譜。

紅外線（圖 27-8 ）依不同波長範圍可分為近紅外線（0.72-3 μm）、中紅外線（3-6 μm）、遠紅外線（6-15 μm）與極遠紅外線（15-1000 μm）。為了易於溝通，科學家常用波數（wave number）來代替波長，作為描述分子振動模式之用。wave number（單位是 cm^{-1}） = 1 / λ（以 cm 為單位）。以此換算紅外線範圍的波數是在 10 ～ 13,888 cm^{-1} 之間。

有機化學中有所謂官能基、官能團或功能團，官能基就是決定有機化合物化學性質的的原子或原子團。在區分烷類、烯類與炔類時，我們就是看官能基中的碳與碳之間是否存在著雙鍵或三鍵，譬如說烯類的雙鍵與炔類的三鍵，我們就可稱為其官能基。不同的官能基，在分子振動時，會有不同的譜峰位置，一般在 600 ～ 3600 cm-$^{-1}$ 之間，恰巧是紅外線光譜波長的範圍內。因此測得樣品之紅外光譜後，比對譜峰位置，就可以知道該物質為何種物質（圖 27-9）。紅外光譜，特別是波數範圍在 400 ～ 1500 cm^{-1}，有時也被稱為分子的指紋區，鑑定分子時特別要注意分析這一段光譜。

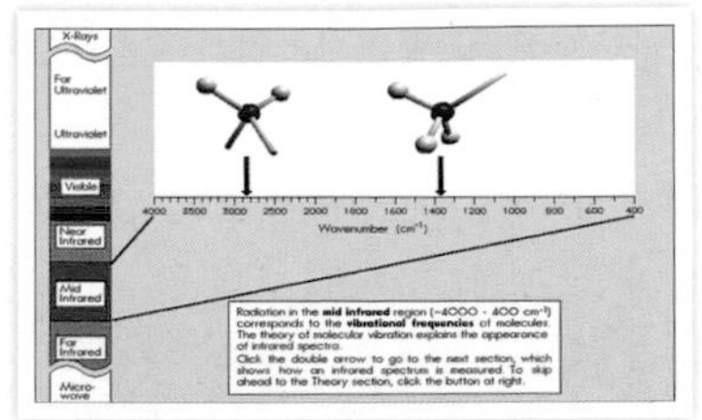

圖 27-9

以紅外線光譜鑑定寶石時，要注意分析的區段可能會不同，譬如說鑑定翡翠，要注意分析的區段是在 2800 ～ 3200 cm^{-1}，A 貨在 2800 ～ 3200 間都是平順下滑的線，而 B 貨在此區段則會出現所謂的五指峰。鑑定鑽石的類別要注意分析的區段可能會是 800 ～ 1332 cm^{-1}；而鑑定鑽石是天然的或合成的，要注意分析的區段則可能要擴大到 800 ～ 4000 cm^{-1}。常見的紅外光譜的波數範圍則是在 400–4000 cm^{-1}。

圖 27-10

現在來瞭解傅立葉轉換紅外線光譜儀的構造，其外形如圖 27-10 所示，內部構造則如圖 27-11 所示。

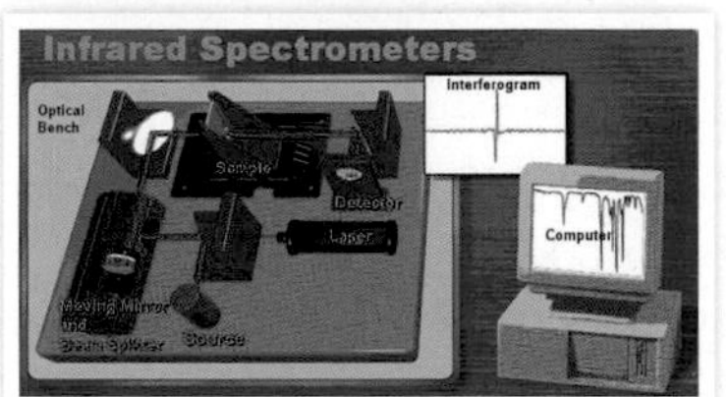

圖 27-11

FTIR、紫外－可見光光譜等吸收光譜的目的，是要測量樣本在每個波長吸收了多少的光。紫外－可見光光譜儀是使用最簡單的「分散型光譜儀」技術，亦即利用單色光束照射在樣本上，測量有多少的光被吸收，並在不同的每個波長下重複進行。

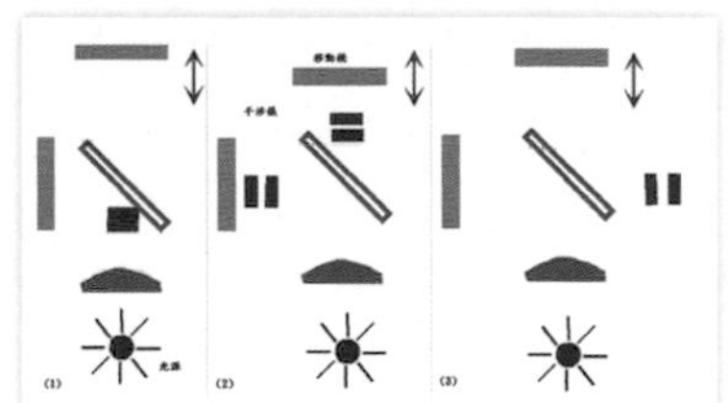
圖 27-12

傅立葉轉換紅外線光譜儀的作法不同，是照射一束一次含有許多種頻率的光並測量有多少的光是被樣本所吸收的。接下來，此束光被修改成另一組的頻率，提供第二個數據。過程重複進行多次。過程重複進行多次。之後，電腦將所有的數據整合分析並推斷出在每個光波長下的吸光值。

傅立葉轉換紅外線光譜儀的心臟是干涉儀（interferometer）。干涉儀由一定組態的鏡子所構成，包含光束分離，不動鏡像、移動鏡像。當前述含所有波長的寬帶光束射到干涉儀時，其中一面鏡子會以馬達促使其移動。當鏡子移動時，光束中每個波長的光會藉由干涉儀，因為波干擾的影響，造成週期性的阻斷、傳輸。不同的波長會有不同的速率，所以在每個時刻，光束在通過干涉儀後都會產生不同的光譜。圖 27-12（1）光源發出光束；（2）光束經過干涉儀干擾；（3）干擾後到達偵測儀。

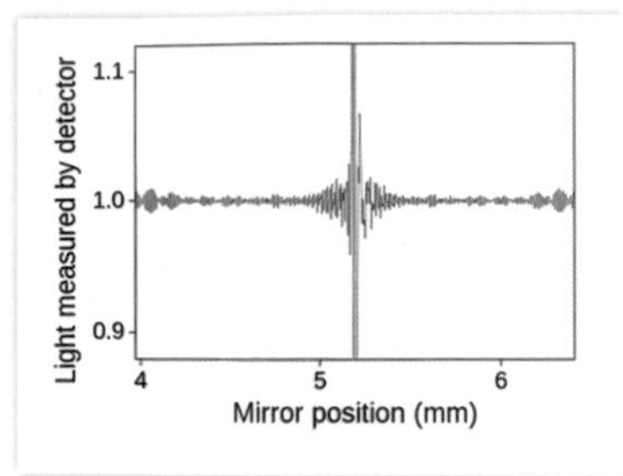

圖 27-13 FTIR 干涉圖 Courtesy Wikipedia

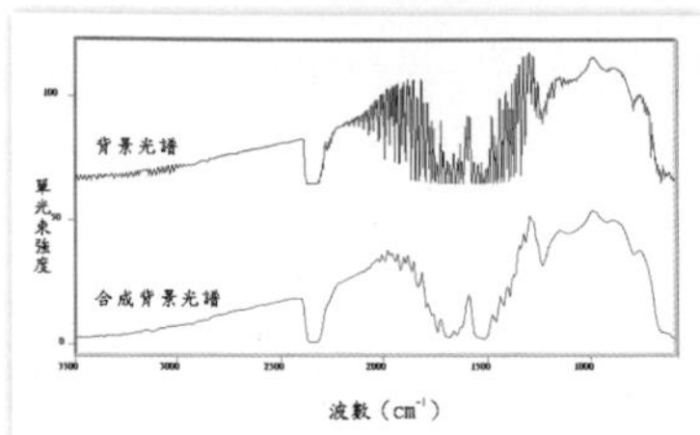

圖 27-14

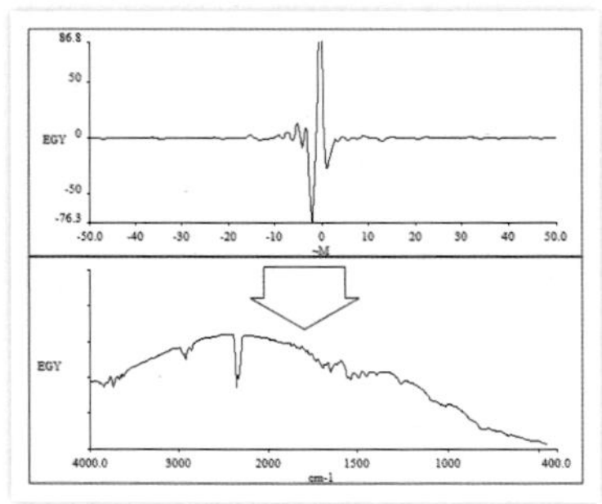

圖 27-15 傅立葉轉換成紅外線（IR）光譜示意

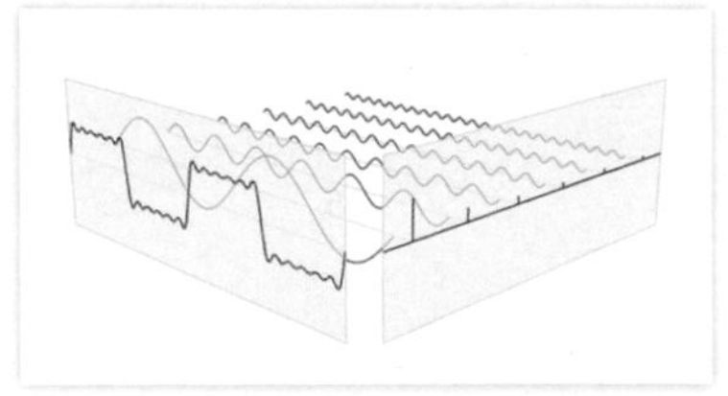

圖 27-16 傅立葉轉換 courtesy Wikimedia

經由干涉而到達偵測儀的資料如圖 27-13 所示，圖中中央峰位於 ZPD 位（「零路徑差異」或零相位差）擁有最大值的光所通過的位置。

傅立葉轉換紅外線光譜儀可採單靜態系統（Monostatic system）或雙靜態系統（Bistatic system）。所謂單靜態系統是指：光源與接收器設置於偵測路徑的同一端。對開放光 FTIR 而言，光線通常經反射鏡反射後折回。所謂雙靜態系統是指：光源與接收器分置於偵測路徑的兩端。

校正

在使用傅立葉轉換紅外線光譜儀，而無樣品的情況下，干涉的來源加上光學路徑的氣體含量首先被偵測到，必須加以校正。然後樣品被放置在光束和干擾器中來記錄現象。在有或無樣品的存在下，干涉的轉換告知光的頻率到達偵測器。一個全範圍的波長之兩個干涉轉換的差異構成了傳送光譜（圖 27-14）。

圖 27-13 中所示之干涉圖，代表那個時間，偵測儀記錄到最大值的光所通過的位置，也就是一個隨著時間變化的光波振幅記錄，並非我們所要的吸收光譜，因此需要經由傅立葉轉換分析，轉而顯示成干涉頻率的 IR 光譜，如圖 27-15 所示。

傅立葉轉換（Fourier transform）

傅立葉轉換是數學家傅立葉推導出的一個公式，目的在將函數分解。做法是用內積運算萃取出一個函數內的各種不同頻率之正、餘弦函數的分量，即可將任何連續性函數分解成各種不同頻率的三角週期性（trigonometric periodic）函數的線性組合，即為傅立葉級數：

$$f(x) = a_0 + \sum_{n=1}^{\infty} [a_n \cos(nx) + b_n \sin(nx)]$$

其中 an 和 bn 是實頻率分量的振幅

傅立葉轉換

連續傅立葉變換將平方可積的函數 f（t）表示成複指數函數的積分或級數形式。

這是將頻率域的函數 F（ω）表示為時間域的函數 f（t）的積分形式

$$F(\omega) = \mathcal{F}[f(t)] = \int_{-\infty}^{\infty} f(t)e^{-i\omega t}\,dt.$$

將時間域的函數 f（t）表示為頻率域的函數 F（ω）的積分

$$f(t) = \mathcal{F}^{-1}[F(\omega)] = \frac{1}{2\pi}\int_{-\infty}^{\infty} F(\omega)e^{i\omega t}\,d\omega.$$

連續傅立葉變換的逆變換（inverse Fourier transform）

一般可稱函數 f（t）為原函數，而稱函數 F（ω）為傅立葉變換的像函數，原函數和像函數構成一個傅立葉變換對（transform pair）。

其意義在於：可將將前述干涉圖之訊號，經過運算轉換到頻率的角度來顯示。如圖 27-16 所示，傅立葉變換將與時間相關的函數（紅色）以及與頻率相關的函數（藍色）作出聯結。如此一來，吸收量就可以在不同頻率中以峰值形式表示。

將樣本所得之吸收光譜與標準圖譜中吸收峰位置比較，如圖 27-17 所示，就可以瞭解樣本所含物質為何。例如使用 FT-IR 來鑑定鑽石及其仿品，如圖 27-18 所示，很容易看出其間差異。

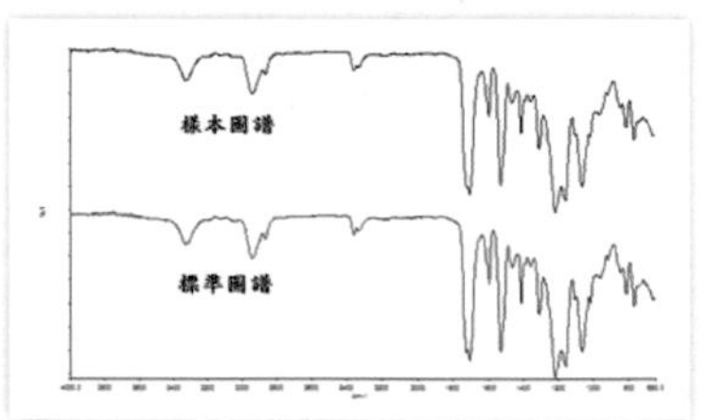

圖 27-17

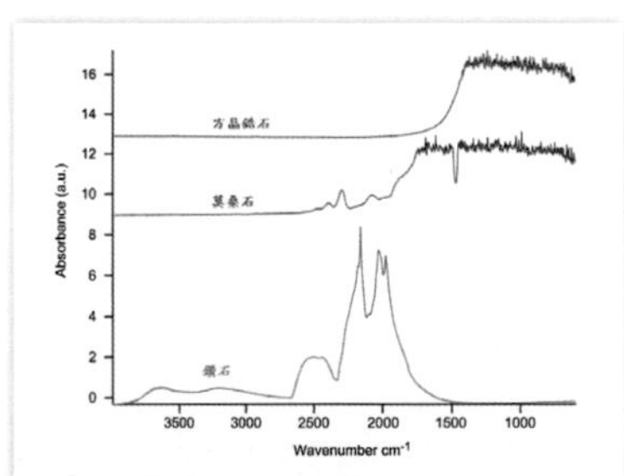

圖 27-18

光致光譜

光致發光是一種探測材料電子結構的方法，它與材料無接觸且不損壞材料。光直接照射到材料上，被材料吸收並將多餘能量傳遞給材料，這個過程叫做光致發光。這些多餘的能量可以通過發光的形式消耗掉。由於光激發而發光的過程叫做光致發光。光致發光的光譜結構和光強是測量許多重要材料的直接手段。

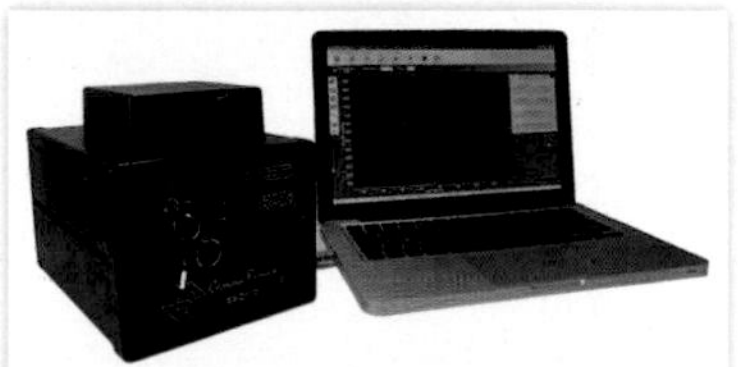
圖 27-19 Raman 光譜儀 Courtesy MAGI Gemological Instruments

Raman（拉曼） 光譜儀

Raman 光譜

在介紹傅立葉轉換紅外線光譜儀 FTIR 時，我們提過分子接受輻射能量時會產生運動，現在我們介紹一個相關的名詞：「聲子」（phonon）。「聲子」，是固態物理學中的名詞。微觀來看，任何固態物質皆是由原子排列堆積而成，彼此間進行著如彈簧般的震動（圖 27-20），產生帶有能量的量子，稱之為聲子，因此我們可以將聲子定義為「結晶態固體中晶格振動的簡諧振動模式的能量量子」。聲子的概念是由俄國物理學家伊戈爾（Igor Tamm）於 1932 年提出，英文是 phonon。聲子名稱源自希臘字 φωνή（phonē），這是因為長波長聲子會引起聲音。

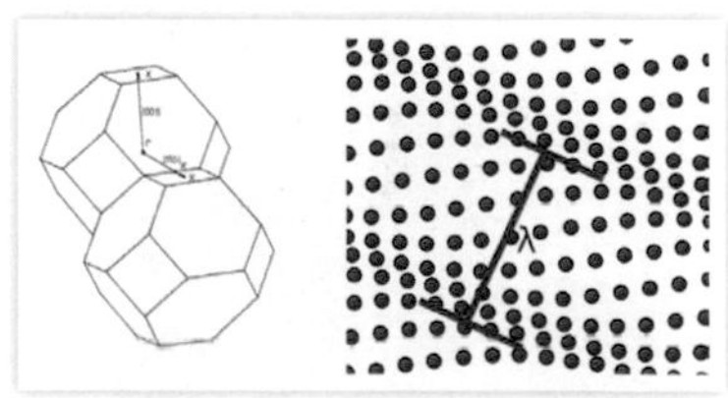
圖 27-20

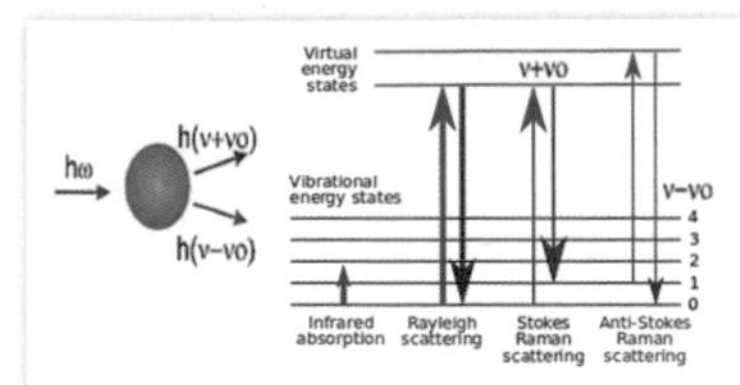

圖 27-21 Stoke line & Anti-stoke line 示意圖

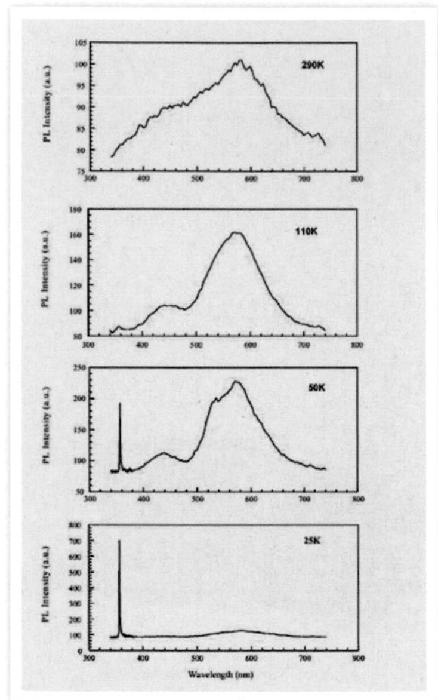

圖 27-22

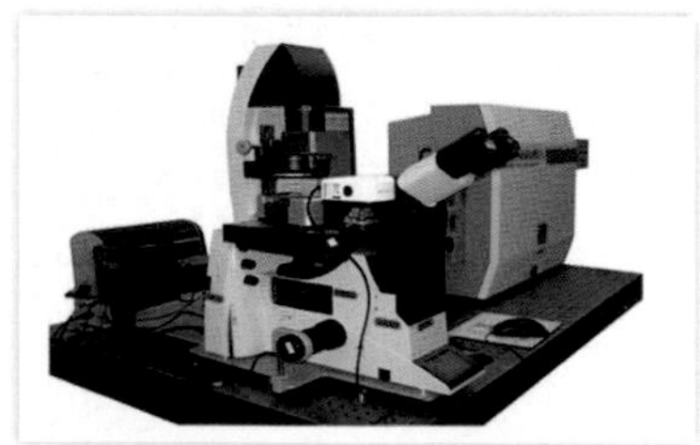

圖 27-23

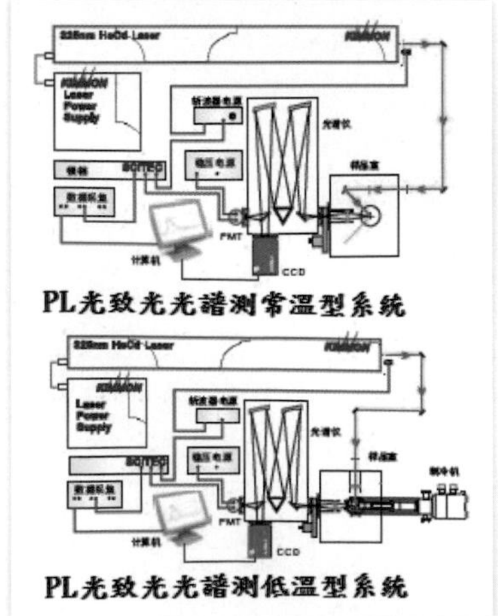

圖 27-24

聲子為晶格中的振動，不同的振動模式就有不同能量的聲子。所謂的拉曼（Raman）光譜，是藉由聲子和光子的交互作用，測量散射後的光子，經電腦運算光子在作用前後能量的差，來得知聲子的振動模式（vibration mode）。即：

雷射能量—振動譜能量 = 拉曼散射光能量（振動譜能量對應分子結構）

雷射能量—拉曼散射光能量 = 振動譜能量

在光子和聲子碰撞時，聲子可能吸收部份光子能量，也有可能釋放部分能量予光子。對於自發拉曼效應，光子將分子從基態激發到一個虛擬的能量狀態。當激發態的分子放出一個光子後並返回到一個不同於基態的旋轉或振動狀態。在基態與新狀態間的能量差會使得釋放光子的頻率與激發光線的波長不同。如果最終振動狀態的分子比初始狀態時能量高，所激發出來的光子頻率則較低，以確保系統的總能量守衡。這一個頻率的改變被名為 Stokes shift（圖 27-21）。如果最終振動狀態的分子比初始狀態時能量低，所激發出來的光子頻率則較高，這一個頻率的改變被名為 Anti-Stokes shift。拉曼效應是由於能量透過光子和分子之間的相互作用而傳遞，是一個非彈性散射。根據其表現，即可再進一步的做定性分析，確認材料類別。

振動模式中有一最特別，類似吸收光譜中的「吸收峰」的是「零聲子線」，解釋如次：因週期性結構之緣故，導致電磁波通過晶體時由於反射波對入射波造成干涉，會發生所謂的頻溝現象（Band gap），阻擋在某些頻率振盪之電磁波通過。例如於鑽石內的色心，可能使得某特定頻率被吸收而無法通過，在光譜上就會顯現出所謂「零聲子線」。因此當觀察到特定「零聲子線」時，就可了解鑽石帶有何種色心。

溫度增高時，原子震動加劇，非輻射系統之間交互作用機率的增加，使得「零聲子線」強度減弱，比較難以察覺；但當溫度降低時，原子震動慢下來，使得「零聲子線」明顯易見，因此欲觀察鑽石晶體的特定「零聲子線」時，需要將鑽石冷卻至某種特定溫度，才看的到。

同樣物質，在不同溫度的光譜如圖 27-22 所示。

Raman（拉曼）光譜儀如圖 27-23 所示，其系統結構如圖 27-24 所示。

拉曼散射為一非彈性散射，與 FTIR 僅限於使用紅外光區不同，通常用來做激發的雷射光範圍為可見光、近紅外光或者在近紫外光範圍附近。一個樣品被一束雷射光照射，照射光點被透鏡所聚焦且通過分光儀分光。波長靠近雷射的波長時稱為彈性瑞利散射（Rayleigh 散射）。自發性的拉曼散射是非常微弱的，瑞利散射的強度相對來說就強很多，如果不過濾雷射光或瑞利散射，結果是拉曼光譜會很微弱，導致測定困難。因此在拉曼光譜儀內要先去除雷射光，才能得到能量的微小差異。過去拉曼分光儀利用多個光柵去達到高度的分光，再用光電倍增管為拉曼散射訊號的偵測計，其需要很久的時間才能得到結果。而現今的技術，帶阻濾波器 （notch filters）可有效的去除雷射光且光譜儀或傅立葉轉換光譜儀和影像處理用的 CCD 感光耦合元件 （Charge-coupled Device）偵測計的進步，使得利用拉曼光譜研究材料特性越來越廣泛。

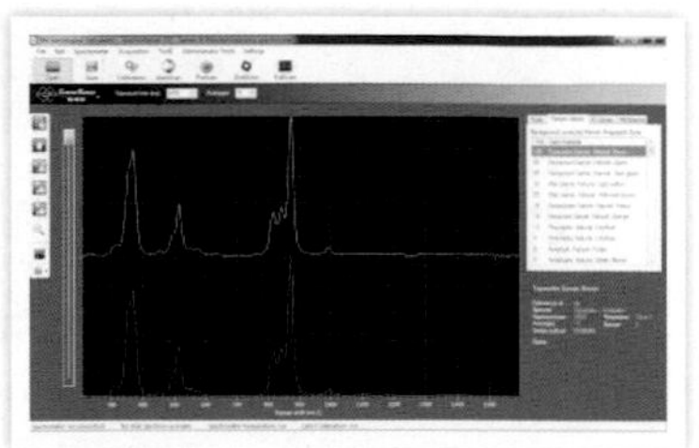
圖 27-25

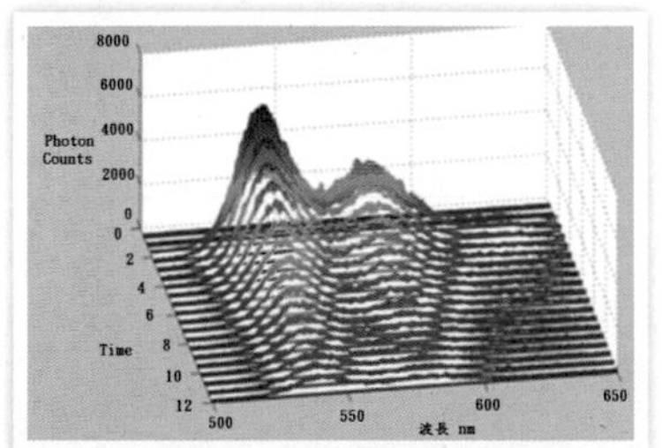

圖 27-26

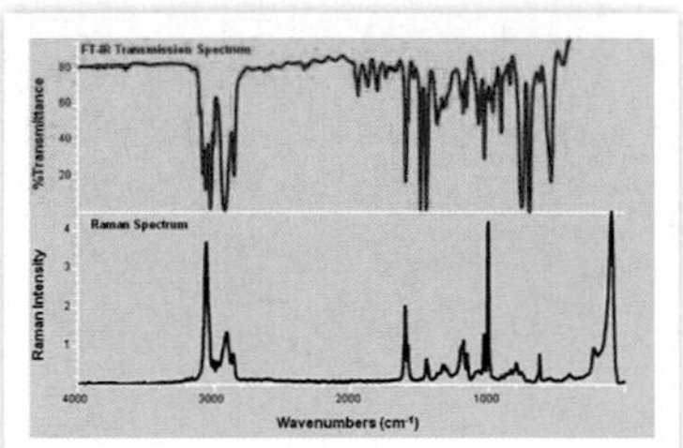

圖 27-27

譬如說：以波長 325nm 的氦鎘雷射作為激發光源，經透鏡聚焦入射於樣品上，而樣品所輻射出的螢光經由物鏡收光導入分光儀中解析，再將光訊號送進 CCD 增強訊號，並將輸出訊號同時提供到鎖相放大器（lock-in amplifier）使之與光路上的截波器（chopper）同步，以提高訊號對雜訊的比，最後以電腦繪出光譜訊號（圖 27-25）。

拉曼光譜具有兩種資料收集模式：

（1）同時型：光譜儀按確定譜段，在資料獲取時不掃描（多道 CCD 探測器每一畫素對應一確定波長，同時進行資料收集）。

（2）混合型光譜儀連續掃描：只記錄一次可能受雜訊干擾不準，因此設定一秒內連續記錄多次，將多次紀錄平均（多道 CCD 探測器每一畫素要從所設定的波段上一步一步掃過， 每一個波長的光譜強度資料是所有畫素對應該波長的強度值的平均）。如圖 27-26 所示。

拉曼光譜是對紅外光譜的補充技術。這兩種技術都是檢驗分子層級的振動和旋轉之變化。不同的是說：紅外線是量測紅外光吸收量，拉曼則是量測光的散射量。這兩種技術是互補的，可以顯現出一個分子中不同的地方。圖 27-27 所示為同一物質的紅外線及拉曼光譜。

27-2
鑑定鑽石的進階儀器應用

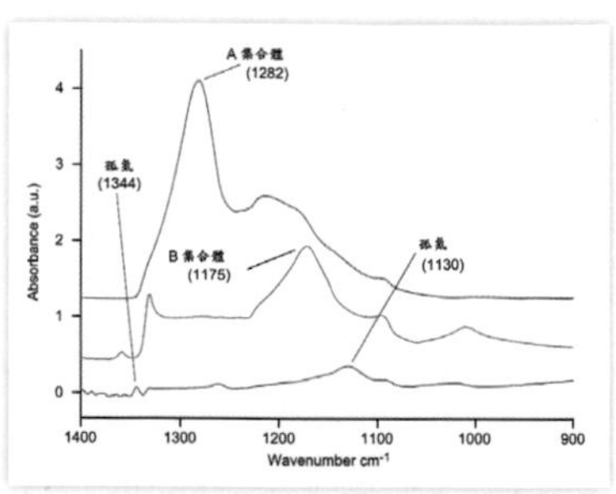

圖 27-28

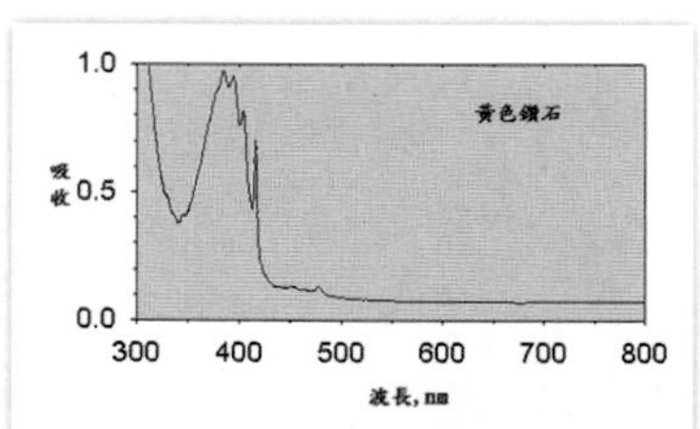

圖 27-29

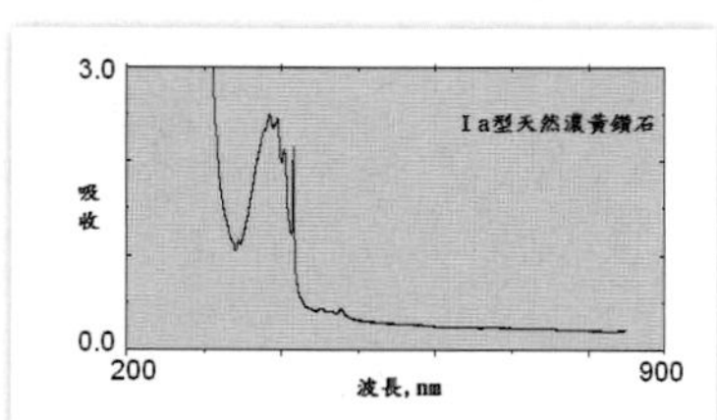

圖 27-30

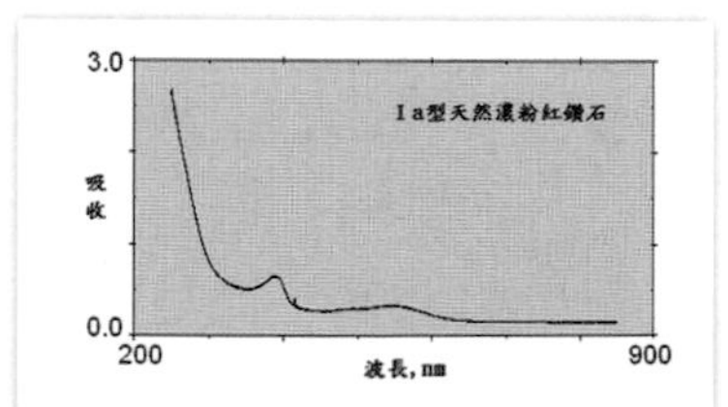

圖 27-31

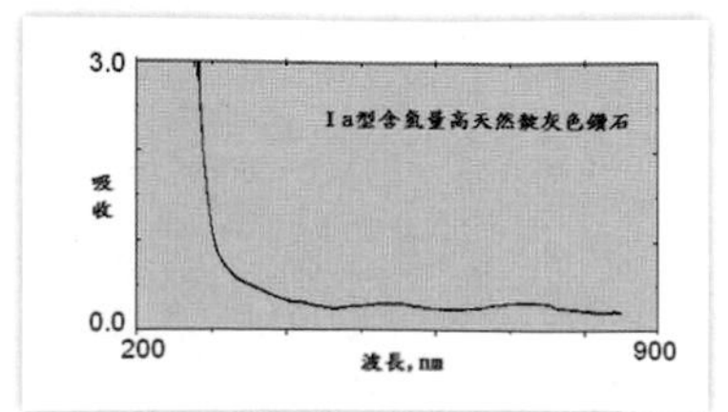

圖 27-32

約 2%的天然鑽石屬於 IIa 型，所謂其 IIa 型是指：在 FTIR（傅立葉轉換紅外線光譜儀）下看不到氮雜質。換句話說：大約 98%的無色至黃色（Cap 系列）的鑽石可以就下列單一方法或其組合方式認定為天然的和可能未經 HPHT 處理：

（1）檢測 N3 的吸收峰，以光學分光鏡或光譜儀檢查 415nm。

（2）以 FTIR 檢測 IaA 和 / 或 IaB 型氮缺陷光譜峰。（詳第 3 章鑽石結晶學之吸收光譜）

（3）以觀察對於 SWUV 的不透明度 或以 UV-VIS-NIR 光譜儀進行篩選。

Ｉ aA、Ｉ aB 及Ｉ b 型鑽石的典型 FTIR 氮缺陷光譜峰，如圖 27-28 所示。

以下來看一些天然Ｉ型鑽石光譜：

Ｉ a 型天然黃鑽光譜，如圖 27-29 所示。

Ｉ a 型天然濃黃鑽石光譜，如圖 27-30 所示。黃色濃，代表 N3 色心多，415nm 線自然較強。

Ｉ a 型天然濃粉紅鑽石光譜，如圖 27-31 所示。

Ｉ a 型含氫量高天然靛灰色鑽石光譜，如圖 27-32 所示。其中氫峰在 $3107cm^{-1}$，也就是約 322nm 處，要在紫外線光譜上才看的到。

Ⅰb 型天然濃棕橘色鑽石光譜，如圖 27-33 所示。Ⅰb 型天然鑽石中的氮缺陷，是以孤氮存在，沒有 N3 色心的 415nm 線，而是在 1130 / $1344cm^{-1}$（744、885nm）處的吸收峰，以紅外線光譜儀檢查更為明顯。

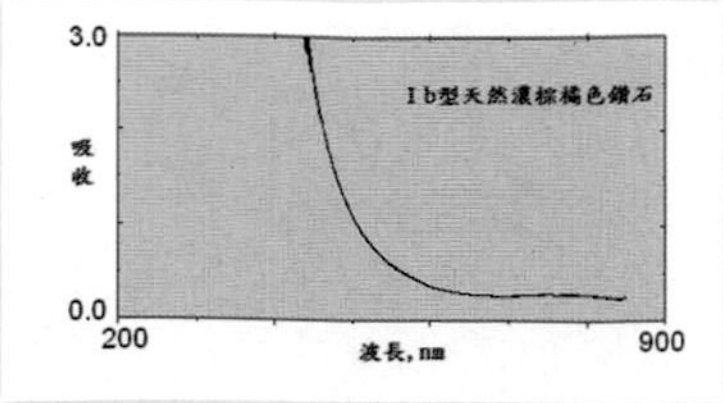

圖 27-33

還有一種比較特別的是天然綠色鑽石光譜，如圖 27-34 所示。

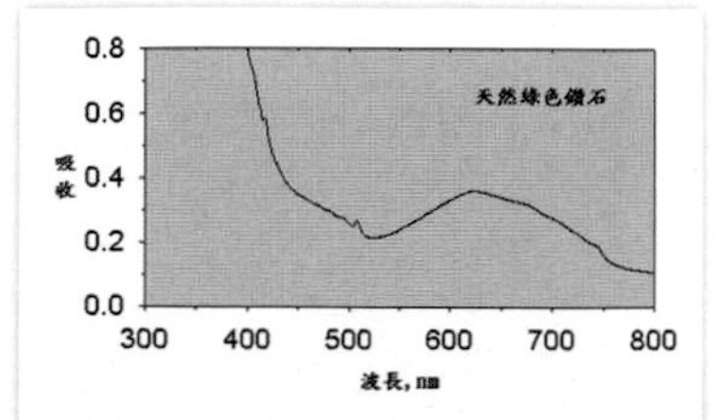

圖 27-34

如果經過前述測試顯示樣品為 IIa 型，則其可能是屬於下列之一：
（a）天然未處理的 IIa 型鑽石；
（b）天然 IIa 型鑽石，但經過高溫高壓改色處理；
（c）HPHT 合成的 IIa 型鑽石；
（d） CVD 合成的 IIa 型鑽石。

以下來看一些天然 II 型鑽石光譜：
Ⅱa 型天然棕黃色鑽石光譜，如圖 27-35。

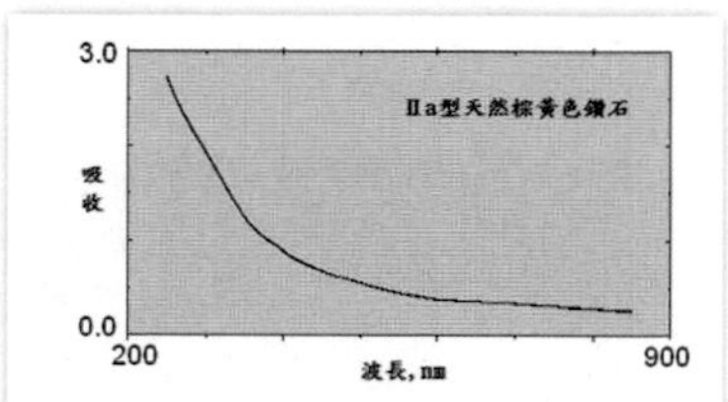

圖 27-35

Ⅱb 型天然藍鑽是由硼致色，如圖 27-36，不會顯示 415nm 吸收峰。

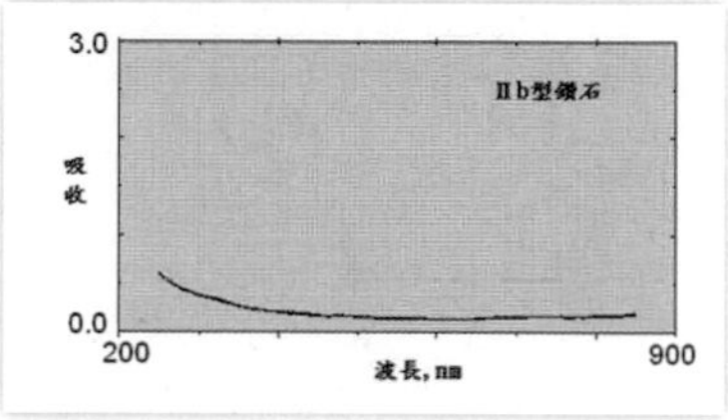

圖 27-36

沒有一種儀器可以單獨對以上各種的無色 IIa 型鑽石能夠有效的區分，必須依靠多種技術的組合，才能有可靠的結果。這些包括：異常雙折射、DiamondView 或類似裝置的濃紫外螢光檢查、螢光顯微鏡與光譜以及光致發光（例如拉曼光譜儀）室溫與液態氮降溫光譜檢查等等。

HPHT 合成鑽石、CVD 合成鑽石、HPHT 改色處理、輻照改色處理、退火處理等，已分別在第 24 章〈合成鑽石與鑑識〉及第 25 章〈鑽石優化處理〉中詳細說明，本章將就其中以光譜儀器分析之部分歸納整理。

HPHT 合成鑽石

光譜特性：
1. 缺乏 415nm Cape 特徵線。
2. UV-VIS 在可見光譜的 700 和 800nm 之間顯示鎳線。拉曼光譜在 415.8、429.7nm 處有峰或是 613、694nm 處有峰。
3. Ib 型孤氮會顯現 1130 / $1344cm^{-1}$ 處的吸收峰。
4. 硼則會顯現 $2457cm^{-1}$ 處的吸收峰和以 $1290cm^{-1}$ 為中心的吸收帶。

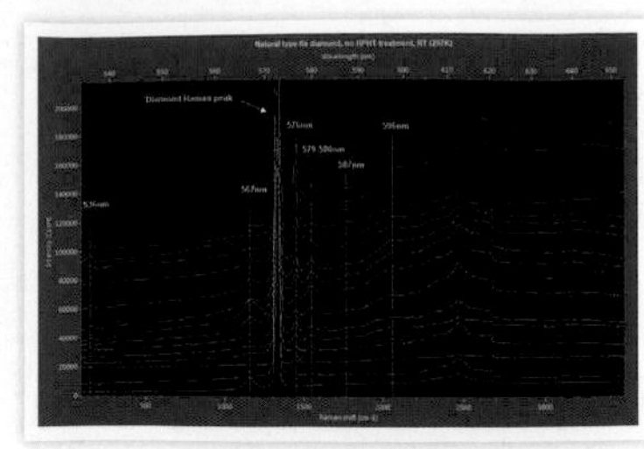
圖 27-37

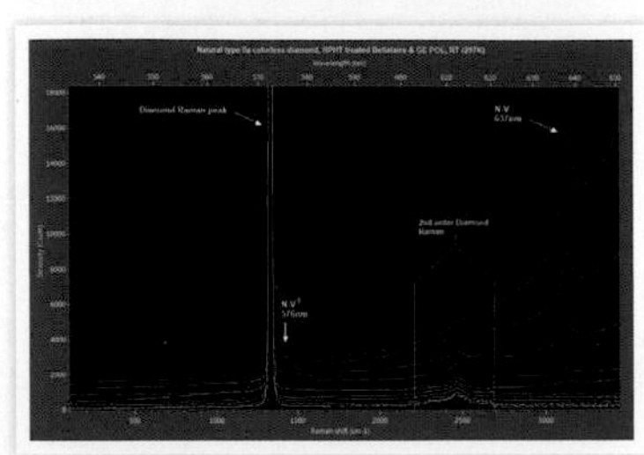
圖 27-38

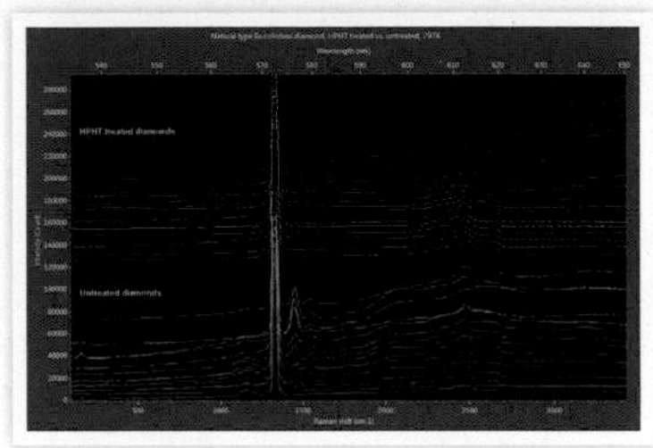
圖 27-39

CVD 合成鑽石

光譜特性：
1. 缺乏 415nm Cape 特徵線。
2. N-V 心的 270nm 峰（UV-VIS）。
3. 231nm 峰（UV-VIS）。
4. 氫的 3123 cm^{-1} IR 吸收峰。氫的 6856 和 6420cm^{-1} 有弱或尖銳的 IR 吸收峰。
5. 拉曼光譜在 737 nm 的強矽空缺（Si-V）峰。

HPHT 改色處理

光譜特性：
1. HTHP 處理的 II 型鑽石在 575nm、637nm 處出現強峰。
2. 473 心（±1）nm 峰／（470 ～ 475nm）特徵吸收峰。
3. 986±1nm 處的 H2 心為Ⅰ a 型鑽石經 HPHT 處理過程中誘發產生的色心。

未經處理的鑽石

天然未經處理的 IIa 型鑽石表現出一系列典型的小光致發光峰，這些峰值在進行 HPHT 處理或退火處理後往往會被轉移。如圖 27-37 ，在室溫下，光致光在 536 nm、567 nm、579-580 nm、587 nm 和 596 nm 處發光峰是未經 HPHT 處理、天然 IIa 型鑽石非常強有力的指標。

大部分未經處理的鑽石，在室溫下以 576 nm 峰，表現出晶體中未帶電荷的氮空穴（$N\text{-}V^0$）缺陷。此一缺陷如果帶負電荷（$N\text{-}V^-$），就會在 637nm 引起發光峰。在 576 nm 處的強峰，再加上缺乏 637nm 的峰，可以說是一個鑽石樣品未經高溫高壓處理的另一個非診斷線索。

經高溫高壓處理的鑽石

HPHT 處理會去除或急遽減弱未經處理的鑽石出現的大部分的發光峰。其頻譜可能少掉任何光致發光（PL）的特徵，只看得到較為次級的鑽石拉曼峰或產生新的發光峰，如圖 27-38 所示。在某些情況下，氮空穴缺陷在 576 nm（$N\text{-}V^0$） 和／或 637 nm（$N\text{-}V^-$）處的表現，不像峰而會像較寬的隆起。在一般商用級溫度下的退火處理，含有孤氮的鑽石，637 nm 峰通常會強過 576 nm，但這種說法並不能當作是診斷依據，因為已經有許多例外的情形發生。

造成天然未經處理的鑽石上述發光峰之晶格缺陷尚不完全清楚。然而，為了去除 IIa 型鑽石的顏色，其在高溫下退火處理後的變化趨勢，卻提供了偵測處理非常好用的辦法。

比較室溫下光譜

把經高溫高壓處理和未經處理的天然 IIa 型鑽石之光譜繪製在同一張圖上，但為方便比較起見，將垂直向上下移動錯開，如圖 27-39 所示，就很容易看出兩者的差異。

液態氮浸泡，LNT（77K）（liquid nitrogen temperature）

圖 27-40 液態氮浸泡

將鑽石冷卻到接近液態氮的溫度 –77K，可以縮小頻譜寬度，這樣就會使得光致發光峰更強、更明顯，甚至還可以看到一些室溫下看不到的發光峰。冷卻也會使使峰值向較更短的波長飄移。

一般而言，所有不夾雜有大型內含物或嚴重裂隙的鑽石，都能忍受在液氮浸泡中的溫度急劇變化（圖 27-40），不需要在浸泡前特別採取預防措施。但是如果可以的話，將鑽石放在略高於液態氮處一段時間，將有助於稍微減少溫度變化衝擊。液態氮的用量不大，約 5ml 即可，但操作時需特別注意安全。

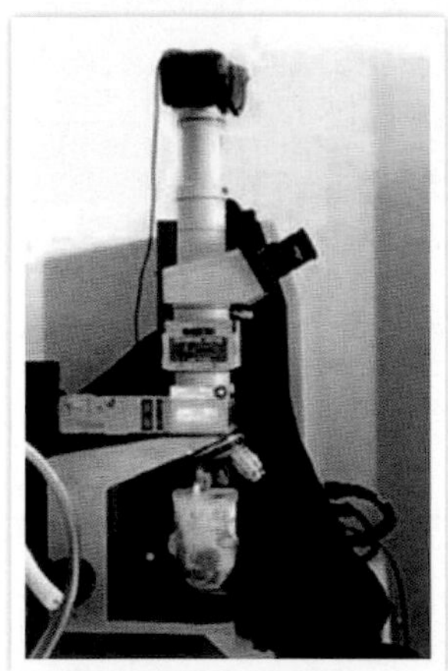
圖 27-41

圖 27-41 所示的是顯微鏡和拉曼光譜儀的頂端附加了一台相機。顯微鏡對準沉浸在超冷液態氮瓶中的 GE/POL 鑽石，以便讀得較清晰、強烈的發光峰。

未經處理的鑽石

圖 27-42

液態氮的溫度可以看見一些在室溫下不可見的 PL 峰，例如說 558 nm、 566 nm、 569 nm、 575.8 nm 及 579 nm，如圖 27-42 所示。這些峰的存在，是 IIa 型鑽石未經 HPHT 處理的有力證據。當然，並不是每一顆未經處理的 IIa 型鑽石都一定有那些峰，峰的強度也會有差異。558nm 峰，在相對較低的溫度下就會被破壞，但 575.8nm 和 579 nm 處的峰則在較高的溫度處理下仍能存留。在 560-580nm 的範圍內，如果只有單獨的一個峰，會是經過處理的一個指標。

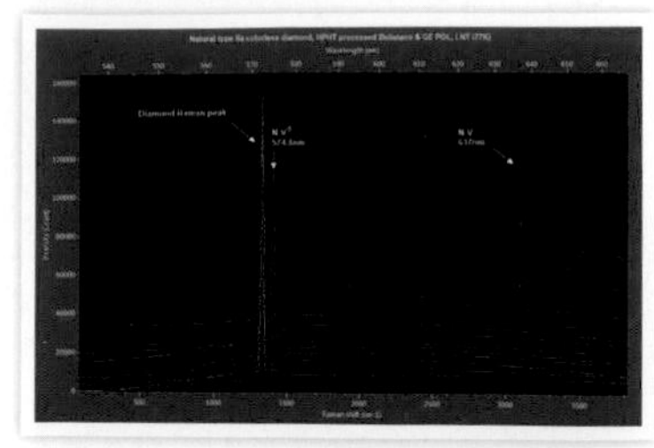
圖 27-43

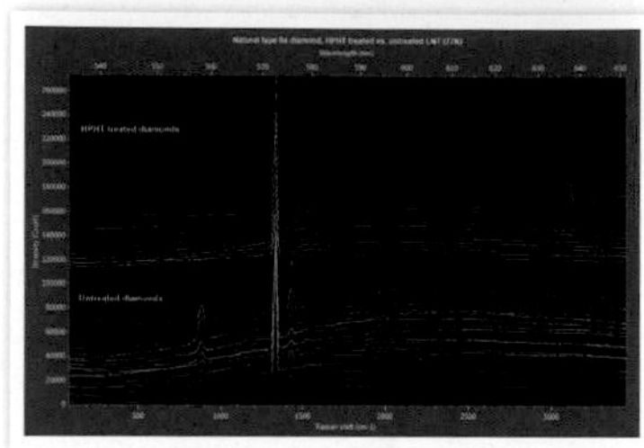
圖 27-44

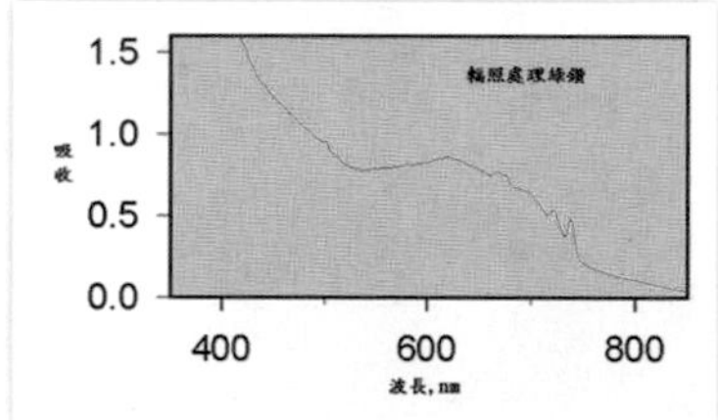

圖 27-45

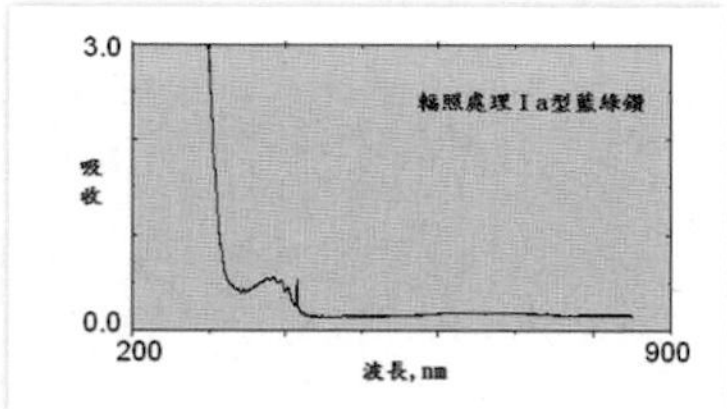

圖 27-46

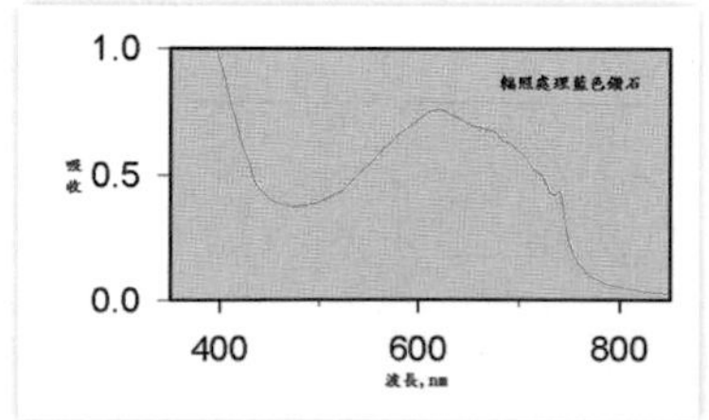

圖 27-47

高溫高壓處理過的鑽石

與室溫的情形類似，液態氮降溫會顯現出 HPHT 條件下大部分的 PL 峰。商用級溫度下處理通常會使 N-V 缺陷消失，新可能形成的晶格缺陷取決於孤氮缺陷和空穴集合體在原鑽石內的濃度。因此，處理過和未處理過的鑽石都可能含有 N-V 缺陷。有時候，高溫高壓處理過的鑽石，其 637 nm 的峰值會非常的強，而在初始的 IIa 型、成色好的鑽石中，其強度幾乎可以略而不計。

一般而言，在液態氮降溫下，經高溫高壓處理過的無色 IIa 型鑽石，只會顯現鑽石特徵的拉曼光譜，以及 574.8nm 和 / 或 637nm 的 N-V 缺陷（圖 27-43）。強烈的 637 nm 峰是原本為暗棕色高度錯位鑽石的典型結果。拉曼光譜研究指出：575nm 和 637nm（N-V 中心）的強度與褐色濃度的關連性，最暗的褐色材料具有最強的 N-V 中心。不過，某些處理過的鑽石不會顯示任何發光峰，而這是未經處理的鑽石所不太會發生的事。

液態氮譜的比較

把經高溫高壓處理和未經處理的天然 IIa 型鑽石之液態氮光譜繪製在同一張圖上，但為方便比較起見，將垂直向上下移動錯開，如圖 27-44 所示，就很容易看出兩者的差異。

除了 GE、Suncrest 外，許多其它的廠商也會以 HPHT 處理鑽石，因此在市場上接觸到這類鑽石將是避免不了的。目前最可能的有效偵測方式，是使用光譜儀（spectrophotometer）以及光致發光頻譜儀（photoluminescence）進行分析。讀者諸君應隨時注意這方面的進展，獲得最新的資訊，只有如此才能有辦法對抗不實的欺騙行為。

輻照改色處理

光譜特性：

1. 741nm 一般輻照色心
2. 388（±2） nm（V^-）
3. 515 ～ 520 nm S1 心（N-V）

741nm 峰明顯的輻照處理綠鑽，如圖 27-45 所示。

輻照處理Ｉ a 型藍綠色鑽石光譜，如圖 27-46 所示。741nm 峰不明顯，顏色可能是 N3 色心與空穴共同作用所致。

輻照處理藍色鑽石光譜，如圖 27-47 所示。

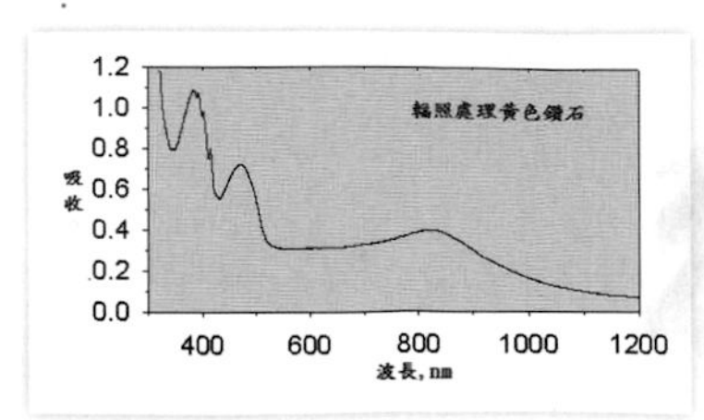

圖 27-48

輻照處理黃色鑽石光譜，如圖 27-48 所示。

退火處理（含輻照後續處理）

光譜特性：

1. 637 nm 心是Ⅰb 型鑽石（N 心）遭到輻射損傷（V）後、再經過 700℃～ 800℃退火，誘生的（N-V）心：紫紅色鑽石。
2. 595 nm 心是Ⅰa 型鑽石經輻射處理後在高　退火（600℃～ 800℃）條件下誘生：褐色、黃色、綠色調的鑽石。
3. 503nm H3 吸收。
4. 496nm H4 吸收。
5. 2024 nm H1b，1936 nm H1c（由 595 nm 來）。
6. 575nm（N-V）^{0}、637nm（N-V）$^{-}$。
7. 504nm（492nm）3H 心：中子輻照加 350℃～ 400℃熱處理。

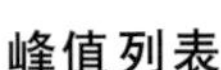

峰值列表

將前述各種峰值依序整理如下表，當分析樣品光譜時，查表之峰值，即可略知成因為何。

峰值	測試儀器	成因
231nm	UV–VIS	CVD 合成
270nm	UV–VIS	CVD 合成
388nm	CL	輻照處理
2457cm-1	UV–VIS 、IR	硼 / HPHT 合成
415nm	UV–VIS	N3
470 ～ 475nm	UV–VIS、Raman	HPHT 處理
477nm	Raman	退火處理
496nm	Raman	退火處理 H4
503nm	Raman	輻照退火處理 H3
504nm	Raman	輻照退火處理 3H
515 ～ 520 nm	Raman	輻照處理
575nm		HPHT 處理 / 輻照退火處理
595nm（594nm）	UV–VIS、Raman	輻照退火處理
637nm	Raman	HPHT 處理 / 輻照退火處理
737nm	UV–VIS	CVD 合成
741nm	UV–VIS、Raman	輻照處理
700 ～ 800	UV–VIS、Raman	HPHT 合成
1344 cm-1	UV–VIS	C 心 / HPHT 合成
1130 cm-1	UV–VIS	C 心 / HPHT 合成
986nm	UV–VIS、IR	HPHT 處理 H2
1936 nm	Raman	輻照退火處理
2024 nm	Raman	輻照退火處理
3123 cm-1	IR	CVD 合成

例如：檢測樣品出現特徵吸收峰或圖中光譜，請問經過何種處理？

案例一：

樣品出現 415、475、986nm 特徵吸收峰，
出現 1372、1008、1404、1526、3107 cm^{-1} IR 吸收譜帶。

答：986nm → HPHT 處理
綜合分析結果認為該樣品經過 HPHT 處理。

案例二：

樣品出現 594、477、453nm 特徵吸收峰，
出現 3107 cm^{-1} 和 I a 型 IR 吸收譜帶。

答：594nm →輻照退火處理
綜合分析結果認為該樣品經過輻照退火處理。

案例三：

樣品出現 594、550、470、308nm 特徵吸收峰，
出現 1450、1361、1281、1176 cm^{-1} 特徵的 IR 吸收譜帶。

答：594nm →輻照退火處理
470nm → HPHT 處理
綜合分析結果認為該樣品經過輻照 +HPHT 綜合處理。

案例四：

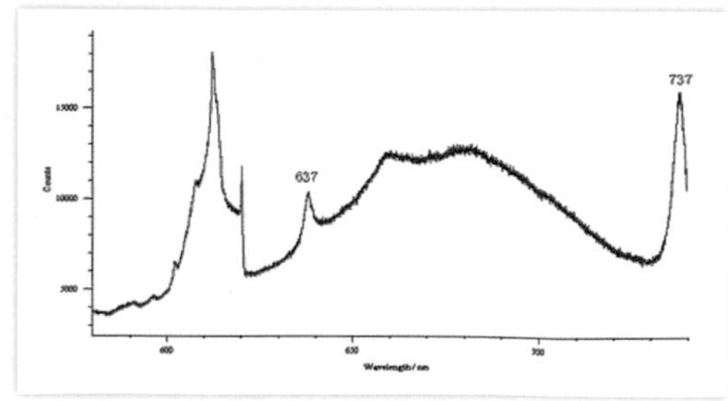

答：737nm → CVD 合成
637nm → HPHT 處理
綜合分析結果認為該檢測樣品是 CVD 合成鑽石再加上 HPHT 退火處理。

案例五：

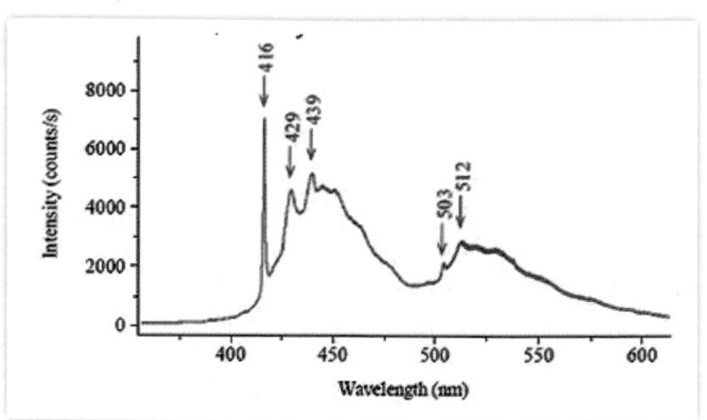

答：503nm →輻照退火處理

案例六：

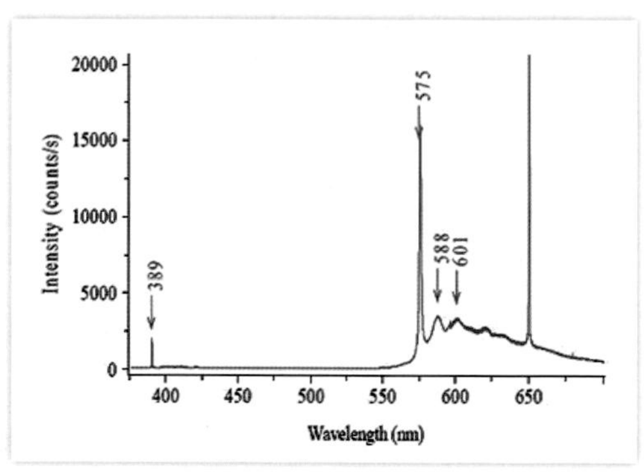

答：575nm → HPHT 處理

案例七：

圖中有橘色、紅色兩條譜線，試分別判斷其屬性。

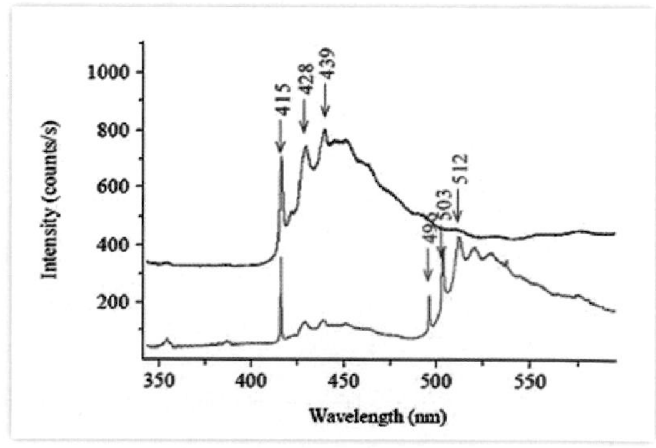

答：496nm →輻照退火處理
503nm →輻照退火處理
綜合分析結果表明橘色線為輻照退火處理鑽石；紅色線為天然鑽石。

附錄一 圓形鑽石分級表格

圓形鑽石分級表格

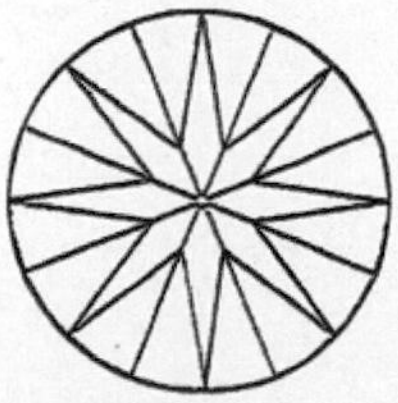

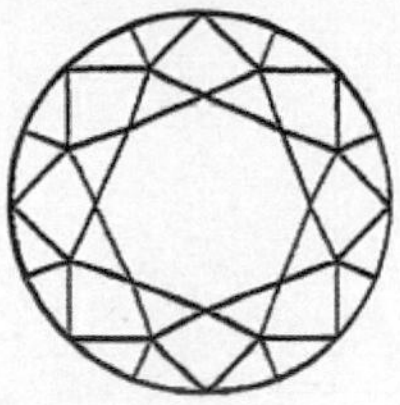

鑽石編號：________________

直徑________mm ________mm 全深________mm

重量________Ct.

切磨：

全深百分比________%

超重百分比________%

桌面百分比________mm ________%

冠部角度________°

冠部高度百分比________%

星型刻面百分比________%

腰圍厚度________min.________max.

底深百分比________% 角度________°

腰圍厚度百分比________%

腰下刻面百分比________%

尖底大小________

磨光________

對稱________

切磨等級________ ________等級

備註________

淨度：________ ________等級

顏色：________ ________等級

螢光反應________強度 ________顏色

備註：________

符號代表：

附錄二 花式鑽石正反面圖

☐ Certificate
☐ Consultation
☐ Mini Cert
Total Depth:
Table Width:
Crown Height:
Pavilion Depth:
Girdle Thickness:
Polish:
Symmetry:
Cut:
Culet:
Clarity:
Graining:
Color:
Fluorescence:
Comments:

☐ Certificate
☐ Consultation
☐ Mini Cert
Total Depth:
Table Width:
Crown Height:
Pavilion Depth:
Girdle Thickness:
Polish:
Symmetry:
Cut:
Culet:
Clarity:
Graining:
Color:
Fluorescence:
Comments:

☐ Certificate
☐ Consultation
☐ Mini Cert
Total Depth:
Table Width:
Crown Height:
Pavilion Depth:
Girdle Thickness:
Polish:
Symmetry:
Cut:
Culet:
Clarity:
Graining:
Color:
Fluorescence:
Comments:

☐ Certificate
☐ Consultation
☐ Mini Cert
Total Depth:
Table Width:
Crown Height:
Pavilion Depth:
Girdle Thickness:
Polish:
Symmetry:
Cut:
Culet:
Clarity:
Graining:
Color:
Fluorescence:
Comments:

☐ Certificate
☐ Consultation
☐ Mini Cert
Total Depth:
Table Width:
Crown Height:
Pavilion Depth:
Girdle Thickness:
Polish:
Symmetry:
Culet:
Clarity:
Graining:
Color:
Fluorescence:
Comments:

☐ Certificate
☐ Consultation
☐ Mini Cert
Total Depth:
Table Width:
Crown Height:
Pavilion Depth:
Girdle Thickness:
Polish:
Symmetry:
Culet:
Clarity:
Graining:
Color:
Fluorescence:
Comments:

☐ Certificate
☐ Consultation
☐ Mini Cert
Total Depth:
Table Width:
Crown Height:
Pavilion Depth:
Girdle Thickness:
Polish:
Symmetry:
Culet:
Clarity:
Graining:
Color:
Fluorescence:
Comments:

☐ Certificate
☐ Consultation
☐ Mini Cert
Total Depth:
Table Width:
Crown Height:
Pavilion Depth:
Girdle Thickness:
Polish:
Symmetry:
Cut:
Culet:
Clarity:
Graining:
Color:
Fluorescence:
Comments:

附錄三 練習問題

1. 試述鑽石的價值由何決定？
2. 試述彩鑽的定義為何？
3. 鑑定鑽石用的放大鏡基本要求為何？
4. 試述鑽石結晶的習性為何？
5. 如何分辨真假鑽？
6. 鑽石優化處理中哪些是永久性的，哪些是非永久性的？
7. 鑑定鑽石用的儀器有哪些？
8. 如何鑑定藍色鑽石？
9. 何謂金伯利進程？
10. 世界最大的刻面鑽石為哪一顆？顏色為何？
11. HPHT 鑽石是什麼意思？
12. 圓形鑽與花式鑽石鑑定內容有何不同？
13. 如何判別鑽石的類型？
14. 螢光對鑽石的影響為何？
15. 寶石顯微鏡與生化顯微鏡的差異為何？
16. 三角印記 Trigon 是什麼？對鑑定鑽石有何用處？
17. 沒有比色石，如何鑑定鑽石顏色？
18. 試述鑽石的特徵有哪些？
19. 試述鑽石的成因有哪些？
20. 試述目前鑽石的產地有哪些國家？
21. 鑽石切磨的理論基礎為何？
22. 如果你是一位顧客，如何分辨鑽石與證書是否相符？
23. 試述瑕疵如何影響鑽石的淨度等級？
24. 試述如何分辨鑽石的內含物與外在瑕疵？
25. 試舉例說明 EGL 與 GIA 鑑定制度上的不同處？
26. 何種淨度特徵對鑽石耐用度影響最小？
27. 棕色鑽石如何評級？
28. 鑑定鑽石的環境如何較佳？
29. GIA 白鑽證書與彩鑽證書有何不同？
30. GIA 彩鑽有哪些級別？
31. 所謂香檳彩鑽石是什麼意思？
32. 切磨好壞對鑽石價值影響如何？
33. 銷售鑽石有哪些管道？
34. 等級不高的彩鑽如何銷售？
35. 收購已鑲鑽石應注意那些事情？
36. 花式鑽石應避免哪些瑕疵？
37. 假如你是一位櫃姐，如何銷售強螢光的鑽石？
38. D、E、F 具為無色，應如何區分？
39. 何謂全內反射？
40. 一克拉有 GIA 證書的粉鑽要多少錢？
41. 影響鑽石折扣的因素為何？
42. 何謂釘頭鑽？
43. 何謂魚眼鑽？
44. IF 的鑽石可以有何特徵？
45. II a 型的鑽石有何特徵？
46. 假如在鑽石公園發掘到一顆石頭，你如何判斷其是否為鑽石？
47.「鑽石，鑽石，亮晶晶」，鑽石何以會亮晶晶？
48. 鑑定鑽石時，觀察腰圍有無助益？
49. 何謂開普 (Cape) 鑽？
50. 紅色的鑽石有何特徵？
51. 為什麼大部分鑽石帶黃色？
52. 合成鑽石的方法有哪些？
53. 試述莫桑石的鑑定特徵？
54. 試述如何用重量計算公式區分鑽石與非鑽石？
55. 鑽石的折射率是多少？是否以折射儀量測？
56. 鑽石的淨度優化處理方式有哪些？
57. 鑽石的顏色優化處理方式有哪些？
58. 鑽石何以被稱為寶石之王？
59. 鑽石淨度分級時要考慮的因素有哪些？
60. 腰圍有何用途？如何判斷是否適當？
61. 如何判斷鑽石是天然的或合成的？
62. 如何判斷鑽石是否經過處理？
63. 冠角的設計有何作用？
64. 如何判斷是否為白彩鑽？
65. 夾帶鑽石過海關，X 光機測的出來嗎？
66. 蘊藏鑽石的岩石有哪幾種？
67. 如何取得一組比色石？
68. 如何銷售合成鑽石？
69. 如何銷售優化處理鑽石？
70. 鑽石製圖中哪些要畫？哪些可以不畫？
71. 變色龍鑽石變色方向有哪幾種可能？
72. 如何測試是否為變色龍鑽石？
73. Argyle 鑽石中 PP、P、PR 何者價值較高？
74. Argyle 粉鑽中 1~9 的飽和度何者價值較高？
75. 哪些彩鑽只有一個等級？
76. 在鑽石業成功的條件為何？
77. 國際級鑑定所有哪幾家？
78. 鑽石的解理有何用處？
79. 黑領結是如何造成的？
80. 鑽石的重量單位為何？如何測定？
81. 鑽石的周邊行業有哪些？
82. 如何得知已鑲鑽石的重量？
83. De Beers 與鑽石業關係為何？
84. 何謂 Golconda 鑽石？
85. 何謂鑽石的異常雙折射？
86. 如何區分鑽石原石晶形？
87. HPHT 處理鑽石有何特徵？
88. CVD 合成鑽石有何特徵？
89. HPHT 合成鑽石有何特徵？
90. 為何品牌鑽石價格較高？
91. 鑽石若有破損可如何處理？
92. 鑽石髒了，對鑽石有何影響？
93. GIA 天然鑽石與合成鑽石的鑑定書有何差別？
94. Cut grade Excellent 的鑽石是否一定有八心八箭？有八心八箭的鑽石是否 Cut grade 一定是 Excellent ？
95. 各大鑑定所各有何特色？
96. 比色燈的基本要求為何？
97. 回收鑽石是利用鑽石哪些特性？
98. 何謂「Sight」？
99. 標準圓形明亮是有 57 個刻面，為何有更多或更少的刻面形式？
100. 試分析收藏頂級鑽石的優缺點。

鑽石鑑定全書

the basic of diamond identification

作　　者　樊 成
美術設計　韓衣非
責任編輯　張曉芃
企畫選書人　賈俊國

總 經 理　賈俊國
副總編輯　蘇士尹
行銷企畫　張莉榮・廖可筠

發 行 人　何飛鵬
出　　版　布克文化出版事業部
台北市中山區民生東路二段 141 號 8 樓
電話：(02)2500-7008　傳真：(02)2502-7676
Email：sbooker.service@cite.com.tw
發　　行　英屬蓋曼群島商家庭傳媒股份有限公司城邦分公司
台北市中山區民生東路 141141 號 2 樓
客服專線：02-25007718；25007719
24 小時傳真專線：02-25001990；25001991
服務時間：週一至週五上午 09:30-12:00；下午 13:30-17:00
劃撥帳號：19863813 戶名：書虫股份有限公司
讀者服務信箱：service@readingclub.com.tw
城邦網址：http://www.cite.com.tw
香港發行所　城邦（香港）出版集團有限公司
香港灣仔駱克道 193 號東超商業中心 1 樓
電話：852-25086231 或 25086217　傳真：852-25789337
Email：hkcite@biznetvigator.com
新馬發行所　城邦（新、馬）出版集團
Cite（M）Sdn. Bhd.（458372U）
41, Jalan Radin Anum, Bandar Baru Sri Petaling,
57000 Kuala Lumpur, Malaysia.
電話：603-90578822　傳真：603-90576622
Email：cite@cite.com.my

印　　刷　韋懋實業有限公司
初　　版　2018 年（民 107）07 月
售　　價　3000 元

城邦讀書花園 www.cite.com.tw　布克文化 WWW.SBOOKER.COM.TW　Color Stone 彩石珠寶